フランスワイン
テロワール・アトラス

Grand Atlas
des Vignobles
de France

ブノワ・フランス 編

東京大学名誉教授
飯山敏道　監修

フランスワイン
テロワール・アトラス

飛鳥出版

本書に記載された地図はオリジナルなものであり、許可なく複製・転載することを禁ずる。

　本書の多数の地図に描かれているぶどう畑の範囲の境界画定は、大部分が、INAOのデザイン事務所が補填した土地台帳を出典としており、ワイン産地の各村々の役場に配布されている。ここでなされた転写は、唯一ブノワ・フランス出版社の責任によってのみ実施されていて、いかなる場合においてもINAOはこの責任を負わない。

　本著に掲載されているぶどう畑の範囲は、INAOが画定したゾーンと一致しており、この地においてはアペラシオンの名を冠したワインを生産すること、もしくは植えることが可能である。実際には、必ずしもこれら範囲とぶどうが植えられている範囲、あるいはワイン生産のため要求されている範囲とは一致しない。

©Éditions SOLAR, Paris, 2002

ブノワ・フランス監修のもと、以下の協力を得ている。

クリステャン・アスラン(国立農業研究所、アンジェ=インター=ロワール)、**ジャン=リュック・ベルジェ**(フランス・ワインぶどう栽培技術センター)、**ギョーム・ボッカチオ**(ニーム自然史博物館)、**エリック・ボワスノ**(ラマルク醸造研究所、メドック)、**ローラン・ブルド**(コルス地域農業活性化構想)、**ミシェル・カンピ**(ブルゴーニュ大学)、**エティエンヌ・カール**(トゥーレーヌ研究所)、**セルジュ・ショーヴェ**(ソーテルヌ醸造研究所)、**グザヴィエ・ショーネ**(醸造学博士、土壌、栽培全般、ボルドー)、**アンドレ・コンバ**(サヴォワ・アカデミー)、**ベルトラン・ドルニー**(サンセール醸造栽培研究所、サントル=ロワール)、**ドミニク・ドラノエ**(ナント県立分析指導研究所)、**アンヌ=フランス・ドルデック**(シャンパーニュ地方ワイン生産同業委員会、ぶどう栽培技術部門)、**ヴァンサン・デュモ**(国立コニャック産業局栽培研究所)、**ジャック・デュトー**(ボルドー大学醸造学部)、**ジルベール・フリブール**(全国原産地名称研究所、ヴァランス)、**マルク・ガルシア**(トゥールーズ国立理工科学校)、**ジャン=クロード・ジャキネ**(モンペリエ大学)、**ジャン=クロード・ラカサン**(カナル・プロヴァンス社)、**ピエール・ラヴィル**(国立地質調査所)、**ジャン=ローラン・マイヤール**(ヴァン・ド・ターブルとヴァン・ド・ペイに関する全国協会)、**ジャン=ピエール・マルティネス**(ロワール=エ=シェール県農業醸造研究所)、**イザベル・メルージュ**(農業技師、ボルドー)、**フランソワ・ミロ**(コート・ド・プロヴァンス産業局)、**ジャン=ミシェル・パサル**(全国原産地名称研究所、トゥール)、**クロード・ポール**(ビュジェ・ワイン同業者組合)、**ジャック・ピュイゼ**(醸造技術者)、**ジャッキー・リゴー**(ディジョン大学)、**ブリュノ・リヴィエ**(全国原産地名称研究所、アンジェ)、**マリー=クロード・セギュール**(国立アルマニャック産業局栽培技師)、**クロード・シトレール**(ルイ・パストゥール大学地質調査所、ストラスブール)、**ピエール・トール**(ルシヨン栽培醸造研究所)、**ジョルジュ・トリュック**(クロード・ベルナール大学土壌科学センター、リヨン)、**エリック・ヴァンサン**(全国原産地名称研究所、テロワール策定技師、ディジョン)

また同時に以下の諸機関の協力も得ている。

全国原産地名称研究所(INAO)、国立地理研究所、国立地質調査所、国立農業研究所、メテオ・フランス、全国ワイン同業者連合会(ONIVINS)、原産地名称連合会、ラ・ルヴュ・デュ・ヴァン・ド・フランス誌、ル・ルージュ・エ・ブラン誌

本書の使い方

• 現在、例えばオックスフォード階はオックスフォーディアンとの名称が地質用語としては一般的だが、本書の読者は地学の専門学徒ではないので、敢えて階、期などの仏語のエタージュ、英語のステージにあたる語を送って、理解の一助を図った。これは地質用語だけでなく、ぶどう品種──例、ピノ・ノワールではなくピノ・ノワール種──、またフランスの各地方、町村に関しても出来る限り、それが地名であることが分かるように表記した──例、ブルゴーニュ地方、ヴォーヌ=ロマネ村等々──。

• 地質関係の術語に関しては「新版地学事典」1996に準拠した。

• 原書で用いられている( )は訳書では── ──のかたちで表記し、また訳注は(訳注:□□)で記した。

• カナ表記はヴも用いた(例、Vin de Pays はバン・ド・ペイではなくヴァン・ド・ペイ)。

• 本書では、AOC ワインのみならず、VDQS も取り上げている。そのため、各アペラシオンの詳解ページにおいて、VDQS はその旨を記してある。

• 地質用語が頻出するため、用語解説のページを設けてある。また各ページで、地質用語解説に詳解されている語は、青文字で表記した。

この書物を、シノンの栽培家、故アルベール・ゴッセに深い感謝の念とともに捧げる

「物事をよく知るためには、細部まで熟知しなければならない。
しかし、それはほとんど限りがないので、我々の知識は、いつもうわべだけで不完全である」
フランソワ・ド・ラ・ロシュフコー──箴言──

はしがき

　世界中のワイン生産国のなかで、フランスはその卓越したイメージに恵まれている。

　テロワールの豊かさと気候の多様性によって、フランスは実に様々なタイプのワインを生産することができる。その土地で代々続いた生産者によって獲得されてきた2000年以上にわたる経験から、フランスのワインは、あらゆる点でお手本ともなっている。
　この財産が文化的、歴史的な側面においては世界でも唯一無二なものだとしても、経済的な面では、今日の消費者の要望に応える長く寝かせなくてすみ、資金の回収も容易な本物からかけ離れたワインとの競争に国際的な市場においてさらされている。

　このことはフランスワインにとって大きなジレンマといえよう。

　実際、フランスワインの産地毎の独自性や特徴、それにワインの名声といったものを保護することは必要である。また同時に、経済的にも成り立つためには、消費者の期待を理解し、あるいはフランスワインの素晴らしさを知ってもらうため、潜在的な顧客層に手ほどきをすることが必要である。
　我々の競争相手であるいわゆる新世界のワインと較べて、フランスワインの優位性を納得させることは知識的な面では難しいものがあるが、その卓越性は比べものにならないほど高く、大きいことは明らかである。
　今日の消費者はますます好奇心旺盛で、文化的、なかでも知的側面において進歩しつづけており、もはや味わいの上で満足感をもたらすような「よい」だけのワインでは、その欲求は満たされなくなっていることは看過できないことである。彼らを我々のAOCワイン、つまり情熱的で、聴覚に訴えかける音楽や視覚に訴える絵画のように、嗅覚と味覚を愉しませてくれる芸術作品であるワインに向けさせなければならない。
　フランスワインは、そのほとんどが芸術作品であると断言できるだろう、というのも2000年にわたる耕作は、各地方やアペラシオン、またそれぞれの村において生産者たちが、細部においてまでテロワールから適した品種、さらに年毎にもっとも完璧に「土地の風味」を引き出す術について、伝統に裏打ちされた知識とといったものを熟知しているからである。
　上記のような科学や技術とともにこの芸術を生み出すテロワールを支配するときに、そこから引き出されるワインはありふれたものにはならない。際立った表情に恵まれ、それを味わう際には、まさに数多の芸術作品に接したときと同様の感動がもたらされる。そして消費者は、ワインという液体が、その道の指導者や師とされる人々の決まり事によってテイスティングされるためだけのものでなく、まずは食卓で、食事とともに愉しむべきであることに気付かなければならない。
　朝、釣りにいく前に供されるシンプルなカスクルートから、もっとも洗練された祝宴の料理まで、フランスでは必然的に、あらゆるタイプの料理にその皿の喜びを増し、忘れられないひとときをもたらすワインが存在する。我々のこのワインという、伝統とかけがえのない財産を深く理解することが、誤った道を避けるための唯一の選択である。

　この著作では、それぞれの異なるテロワール毎の素晴らしいスペシャリストの助けを借りて、フランスのぶどう畑の豊饒さと多様性が明らかにされることを願っている。また同時に、この際立った豊かさを備えた世界で唯一のワインという財産の長所を体得するのに最適の知識をもたらしてくれることを願っている。

ブノワ・フランス

サヴォワ	160
▶バ・シャブレ	163
▶サヴォワ前山地区	164
▶クリューズ・ド・シャンベリー	166
▶コンブ・ド・サヴォワ	167

ビュジェ	168

ブルゴーニュ	170
▶シャブリ	177
▶シャブリ・グラン・クリュ	180
▶コート・サン・ジャック、コート・ドーセール、クーランジュ・ラ・ヴィヌーズ、イランシー、サン=ブリ、シトリー、エピヌイユとヴェズレー	181
▶コート=ドール	182
▶コート・ド・ニュイ	184
▶マルサネとフィサン	186
▶ジュヴレ=シャンベルタン	188
▶モレ=サン=ドニ	191
▶シャンボル=ミュジニー	192
▶ヴジョーとクロ・ド・ヴジョー	194
▶ヴォーヌ=ロマネ	196
▶ニュイ=サン=ジョルジュ	198
▶コート・ド・ボーヌ	200
▶アロース=コルトン、ペルナン=ヴェルジュレスとラドワ=セリニー	202
▶サヴィニー=レ=ボーヌとショレ=レ=ボーヌ	205
▶ボーヌ	206
▶ポマールとヴォルネー	208
▶モンテリー、オーセイ=デュレスとサン=ロマン	210
▶ムルソー	212
▶ピュリニー=モンラシェ	214
▶シャサーニュ=モンラシェ	217
▶サントネーとマランジュ	218
▶コート・シャロネーズ	220
▶マコネー	222

ボジョレーとリヨン地区	224
▶クリュ・ボジョレー	228
▶コトー・デュ・リヨネ	231

ローヌ河流域	232
▶ローヌ北部栽培地域	238
▶コート・ロティ	240
▶コンドリューとシャトー=グリエ	242
▶サン=ジョゼフ	243
▶コルナスとサン=ペレ	245
▶エルミタージュ	246
▶クローズ=エルミタージュ	248
▶ディオワ	249
▶ローヌ南部栽培地域	251
▶コート・デュ・ローヌ・ヴィラージュ	252
▶タヴェル	254
▶リラック	255
▶ジゴンダス	256
▶ヴァケラス	257
▶シャトーヌフ=デュ=パプ	258
▶ヴァン・ドゥー・ナテュレル	260
▶コート・デュ・トリカスタンとコート・デュ・ヴィヴァレ	261
▶コート・デュ・ヴァントゥーとコート・デュ・リュベロン	262

プロヴァンス	264
▶コート・ド・プロヴァンス	267
▶バンドール	270
▶パレット、カシスとベレ	272
▶コトー・デクス=アン=プロヴァンスとレ・ボー=ド=プロヴァンス	274
▶コトー・ヴァロワとコトー・ド・ピエルヴェール	275

コルス	276
▶パトリモニオ	278
▶アジャックシオ	279

ラングドック	280
▶コトー・デュ・ラングドック	284
▶サン=シニアン、フォジェールとクレレット・デュ・ラングドック	285
▶コルビエール	288
▶フィトゥー	292
▶ミネルヴォワ	293
▶リムー	296
▶コート・ド・ラ・マルペールとカバルデス	297
▶コスティエール・ド・ニーム	298
▶ヴァン・ドゥー・ナテュレル	299

ルシヨン	300
▶ヴァン・ドゥー・ナテュレル	301

コニャック	304

アルマニャック	306

用語解説と索引	308
地質用語解説	308
アペラシオン索引	312
地名索引	315

テロワールの概念からテロワールのワインへ

「テロワール Terroir」というフランス語は、ますます世界中で用いられるようになってきている。

広い分野の多くの生産物において、この概念の導入が叫ばれている。テロワールに注意を払うということは、確かにマーケティングの原則に則った販売の論拠でもあるが、またそれは、本物であることや独自性に対する消費者の大きな関心に応えるものでもある。この消費者の関心や欲求にとってテロワールが意味するものとは、それぞれの産物を通じての、生み出された土壌や地形など、産地との強いつながりではないだろうか？

この産地とその産物の根底をなすような価値の追求は、一時のファッションに過ぎないのだろうか？たとえそうだとしても、大きくテロワールの概念に含まれる生産の技術やノウハウといったものに基づく質の追求は存在する。そしてそのような本物であり、かつ理にかなった産物であれば、消費者にはっきりとした満足感をもたらしてくれる。このような消費者の動向は、魂のこもっていない平凡で標準化された製品に抗うものである。広く工業化された今日の世界において、テロワールは、質の証としてますます必要とされてきている。

テロワールの産物を通して、消費者は産地との結びつきを求めている。そしてその産物が他にはまねのできないものとなるのは、まさしくこの面においてである。

ぶどう樹とワイン：テロワールの概念を当てはめることができる歴史的文化的モデル

テロワールに関する最初の出典は神話のなかに見い出すことができる。産するワインの、本物としての証を伝えるテロワールの概念は、古代エジプトにおいて初めて出てくる。この時代、良質のワインは、蓋に封印がしてある大きな壺に入れられていた。そこにあるマークや印、記載は、買い手に、壺に入れられたワインの原産地について、今日のワインのラベルがマネ出来ないほどの情報を与えてくれた。

この方法はこの時代ずっと続けられ、ギリシャ、次いでローマによって広く受け継がれ、ことにローマではアンフォラの壺が、今日におけるリュー=ディやドメーヌ、クロのような原産地に結びついた様々な情報を備えていた。

18世紀初めには、キアンティのようなトスカーナのワインが、領主の御触れにより、生産区域の境界が定められ、その領内で生産されるようになった。同じ世紀のあいだ、ポルトとトカイのワインのテロワールが同様に定められ、1855年にはメドック地区のぶどう園が、「クリュ」の概念を含むテロワールによって等級を定められた。

フィロキセラ禍は19世紀末、ヨーロッパのぶどう畑に大損害を与え、このテロワールの概念をめちゃくちゃにしてしまった。再び発展するには、1935年の生産者たち——特にルロワ男爵の尽力まで待たねばならず、このときをもって「原産地名称制度」として結実した。またこの時期、上院議員で大臣のジョゼフ・カピュが、フランスにおける原産地名称制度AOCを公認する全国原産地名称研究所INAOを設立した。

原産地名称：テロワールの概念の具現化

フランスで形成されたAOCの概念は、その産地と、単一あるいは複数のぶどう品種、そして栽培技術との結合である。そしてこの結合のなかにテロワールの概念も含まれている。これによってワインに、他では再現できず、また他の地域に移すこともできない特徴が付与される。その結果、生産者は彼らのテロワールを通じての表現をせまられることになり、ぶどう品種の選択ひとつとっても、醸造技術同様、ワインを通したテロワールの表現力の強弱につながることとなる。

このように生産者は、その産地性を強固にし、テロワールとの関係に支障をきたさないために、ぶどう樹の栽培方法や、醸造方法の選択において、古来からの伝統を重んじなければならない。それぞれのテロワールに関連したワインの独自性の保持は、消費者を満足させるとともに、歴史的なぶどう栽培地の大部分で実践され、続いている。

AOC制度は独自の体系を形づくっており、フランスで生産されている多くのワインの名声に大きく貢献している。

アペラシオンとは、地域毎の気候、地質や土壌、それに主要な表土のタイプといった顕著な自然要因を備え、それを体現している産地のことである。

すべてのアペラシオンは必然的にテロワールの存在と結びつき、それぞれが、その土壌——ぶどう栽培及び土壌、地質的特徴——の多様性や、状況や環境——地勢や固有の微気候を決定付けるぶどう畑の向き——と密接に関連する、経験や上質のワインの生産に適した技術が、産地全体とりわけヨーロッパの栽培地には見られる。これはアペラシオン固有のぶどう品種が、独自の特徴を表現するためには、テロワールにとって不可欠な要素であることを意味している。

このようにテロワールを形づくっている諸々の要因は、幾世紀ものあいだにアペラシオン固有のぶどう品種を育て上げ、その風土に完全に適応する姿をつくり上げた。つまり、全体的にそれぞれの固有品種は土着のものとなり、テロワールを形成する一部となっている。

それぞれのアペラシオンの内部では自然要因に多少の変動を生じ、ぶどう樹の生育や栽培に影響し、ワインの感覚的特徴の上にも何かしらの差異をもたらしている。INAOと栽培家たちは、テロワールの境界線のみならず、この多様性に対しても、いくつかの非常に重要な決定と取り組んでいる。というのも地形、あるいはぶどう品種や台木の選択、表土の維持など、これらの決定の影響は、何十年間も続くからである。

その産地の潜在的な力を体現するという点からも、AOCの制度は、ぶどう樹が植えられている自然環境を特徴付けている様々な点と、この制度が定めている栽培品種や収穫量といった要件とのあいだには、その一致が自ずと見てとれる。

テロワールの概念

フランスのぶどう栽培のAOC制度の基礎となるテロワールの概念は、自然および人的な2つの基本的な要因の統合である。それはテロワールにおける相互の関係や作用がアペラシオンの独自性を形成しているからである。

現在では、バイオテクノロジーや法律、さらには文学といった面からも、テロワールを定義付けるアプローチが試みられている。我々の関心を呼ぶ分野である物理学や生物学が関係する方面からは、様々な言辞がテロワールを、農業的な潜在力を備えた土地の広がり、と定義付けている。それは土壌の物理的な要件、また産物を生み出す能力にも関連しており、それぞれのテロワールが備えている固有の可能性を示してもいる。

以上のことから、ぶどう栽培地の潜在的な能力を特徴付ける必要性と利点が生じるのである。テロワールという言葉からは、土壌のタイプやその特殊性、さらにそれが位置する地理的な空間や気候などが想起される。そしてそこにはまだ、明らかになった事がら以外にもあまり知られていない要素が数多くある。このような研究の段階では、生み出されるワインが備える特徴との関係はいまだ十全に確立されてはいない。しかしながらテロワールの概念はそこにも存在理由とその独自性があるのである。

つまりテロワールは、いくつかの要素の連鎖——自然環境、年毎の異なる気候、ぶどう品種、人的な要因——といったことから形成された複雑な体系と見なされているため、この概念は、最近の数十年間を見ても様々な解釈がなされているのである。

歴史的、また人間のかかわりによるアプローチ

1963年にクンホルツ=ロルダ Kuhnholtz-Lordat が提唱した「選ばれた種子」理論や、1983年ブラナ Branas によって定義された「生き残ってきた種子」理論は、自然とそこにかかわる人間とのあいだでおこなわれてきたぶどう栽培のなかで、良質のぶどうの

テロワールのワインへ

生産にもっとも適したぶどう樹が生き残ってきた状況への考察である。したがってぶどう樹に対するアプローチから離れることは、上記の状況の退潮をまねくことになる。

統計的な数字からのアプローチ

最近の情報技術の進歩は、環境の変数を空間的に管理できるという状況をもたらしている。そのためテロワールを特徴付けている諸要因に対して、いくつかの新しい試みがなされている。このような情報技術の方法は、素早く、一見、魅力的に見えるが、その結果を実際のぶどう栽培に応用するにはまだ多くの問題を残している。現段階では一般的に、テロワールと生み出されるぶどう果やワインのあいだの関係を、このやり方によって明確にするには十分ではないといえる。

テロワールの特徴付けの体系的なアプローチ

この方法論では、ぶどう栽培地域を主要な構成要因のいくつか、たとえば気候や土壌、岩石の種類、ぶどう樹の台木と接木の組み合わせなどで特徴付けられる生態系の集まりとして考え、これら種々の因子がぶどう樹に与える影響を見るものである。

基礎となるひとまとまりのテロワール Unite Terroir de Base の概念は、ロワール地方で考案された。これを援用するとアペラシオンは多少大きい UTB として現すことができる。この UTB の域内では、自然要因はぶどう畑に、同質のワインを生産するための十分に均一な状況を与えていると考える。この研究方法は、同一性と特徴付け、UTB の正確な地図の作成法などを含み、以下のような自然環境を構成するいくつかの要因のなかで研究されている。

- 地質年代と母岩の性質から見る地質的な構成要因。
- その土地の典型的な特徴を土壌のなかの農業土壌的な構成要因、すなわち3つに区別できる、母岩の性質、風化、その変質物の点からモデル化して考察する。
- 地形と標高、強度や斜面の向き、景観などの諸点を結び付け、考察される環境。

この方法は、利用できる水分量の保持や果実の熟す速度、あるいは生き延びる活力の問題など、ぶどう樹の自然環境における生育の主な状況をも詳らかにしている。

ワインを通じてのテロワールの表現

テロワールがぶどう樹やぶどう果、そしてワインに及ぼす影響は、地質や土壌、風景や局地気候と関係している環境的要因や、ぶどう品種や台木といった生物的な要因とともに、人的要因をも包含したものであり、すべてが直接あるいは間接的に結びついている。これらの要因ひとつひとつに無視できるものはなく、すべてが重要である。

UTB それぞれのなかでぶどうが育まれるが、それはしっかりとしたぶどう栽培やつくりを通じてこそテロワールを表現することができ、ワインのなかに見い出すことができる。そして物理的な面でも細かなニュアンスを備えた特徴は、ぶどう樹の特性によく適応した栽培方法の実践と、注意深い収穫の結果からもたらされ、もっとも高いレヴェルで現れる。

実際生産者は、ワインの独自性の表現という目的のために、できる限りふさわしいぶどう栽培の過程をたどるべきである。それはつまり生育サイクルに見合ったぶどう樹の仕立て方、また収穫の方法や最適な期日、そして完成品としての異なるキュヴェのブレンドなど、市場に出すまでの働きかけすべてをおろそかにはできないのである。

UTB の概念と、それに付随した「母岩や風化」といった考えは、ロワール地方のアンジューのぶどう栽培地で発達したが、テロワールの特徴付けを自然要因から総合的に判断する場合、実際性があることは明らかである。また現実に UTB をそれぞれのアペラシオンに当てはめ生産者が利用することは可能であり、日々の作業や UTB をもとに商品化を図る場合においてもまた有効である。

したがって、ワインを通じてのテロワールの表現は、生産者がぶどう樹の働きに及ぼす諸々の自然要因の影響を観察し、それを通じての熟慮の賜物ともいえる。また、それぞれのテロワールの典型としての出来上がったワインの独自性と素性の正しさは、最大限のテロワールの力を引き出すことにより初めて可能となるものである。

文化的な賭け

フランスにおけるテロワールの概念は、ぶどう栽培での原産地名称制度の主たる基準であり、自然要因はアペラシオンの基本的な支えである。しかしぶどう樹の存在や人の介入がなければ、テロワールも存在しない。

1996年に G. パイヨタンは、以下のような考察を加えている。「テロワールはぶどう樹と結びついている。土地だけではテロワールを形成できない。少なくともそこにぶどう樹を加えなければならない。このぶどう樹がテロワールを表現できるように、つまり2つの異なるテロワールのあいだにある違いがよくわかるようにしなければならない。するとここに弁別の問題が浮上してくる。その際テロワールはぶどう樹がその相違をうまく表現するための、いわば立会人といった形相を帯びるのである。」この話題は、1996年アンジェ市で開かれた「テロワールとぶどう栽培」の討論の際、取り上げられた。

さらに、絶えず客観的な視点を備えた基準からの栽培地やテロワールの境界への取り組みが必要不可欠である。それはテロワールのみにとどまらず、テロワールにかかわる人も含み、その十全な表現のために必要なことで、一言でいえば工業的な論理に対抗するものである。

このテーマにおける科学的なアプローチは、研究の多様性と複雑さ、その影響の相互作用、またワインを通じての反応などの理由によって限りがある。しかしながらこのアペラシオンを護り、我々のテロワールが忘れ去られてしまわないよう保護するためには、力強く働きかけることがなければならない。

この作業のひとつは、教育と啓蒙、育成にある。我々は消費者にテロワールを通じての風味、味わいの繊細さを理解してもらわなければならず、その繊細さとは、テロワールのワインと、消費者に媚び、技術だけに頼りつくられたワインとの違いを区別できるものでなくてはならない。

同じように彼らに、環境やぶどう品種、伝統的な栽培技術との相互関係によって知ることができる真実といったものに、感動をおぼえてもらいたい。

非常に古くからのワイン生産諸国——それはつまりヨーロッパの栽培地のことだが——は、長い年月をかけて研究するようなことがなくても、ワインのなかに明らかにされるテロワールの特質といったものを把握してきた。環境や地方毎に異なる独自のぶどう品種と、何世代も続いておこなわれてきた観察により確立された伝統的な技術などのあいだの緊密な関係は、それぞれの栽培地のなかに厳然と存在している。

これは新世界のワインに対して我々が有する利点である。素晴らしいテロワールになり得る場所が存在しないと考えるのは愚かなことだし、そこでつくられるワインがいつかその真実の姿に到達しないであろうと想像するのも愚かなことである。しかし、それに到達するには長い時間を必要とする。そうであれば、それを待ちながら、2000年以上にわたる伝統的なぶどう栽培から得てきた我々に与えられた恩恵を大いに享受しようではないか。

最終的に、テロワールを生かし続けることというのは慣習や伝統といったものも意味し、つまりこのような文化の問題なのである。

現在と未来の消費者には、際立った個性を備えた多くの種類のワインが選択できるようでなければならない。文化的な賭けは、明らかに経済的な利益にも資するのであるから。

テロワールのワインこそが真のワインである

グラス1杯のワインのなかに、我々は3つの力を見い出している。ひとつは土、すなわち地質と土壌から構成される広大な耕作地。2つめは大気、これは気候、いわゆる年毎に異なる「ヴィンテージ」である。そして3つめは、その土や大気といったワインの生まれる地を、香りや味わいのなかにしっかりと反映させる手段であるぶどう品種──単一あるいは複数──の選択、つまり人のかかわりである。

そこに、素晴らしい大地や大気、ぶどう樹があるとき、人はワインを生み出す。幾世代にわたり、積み重ねられてきた観察や知識をもとに、人は、大地や大気が育てたぶどうを、ワインに仕上げる。ワインはまさにこれらの総合物といえるのである。

畑で育て上げ、人は熟したぶどう果を収穫し、発酵ののちタンクや樽を経て瓶に詰め、熟成させる。ワインは最終的に食卓という場にのぼり、そこで我々はこの高貴な飲み物を味わう。気取りのないもの、もしくは複雑なものであれ、色調や風味、味わいといったワインが備える要素を五感から感じ取り、それが真のワインであると判断する。なぜなら人は経験と知識から、ワインが生まれ育った土地の気候やぶどう品種といった自然要因をそこに見い出し、その類似性からワインを推し量るからである。

そこで、我々は2つの事がらを心に留めおかねばならない。ひとつは自然要因全体、もうひとつは自然要因と、ワインの味わいとの関係である。自然要因は、味わいのなかにその姿を現す。仮に味わいというものがなかったとするなら、我々はワインを通じてその生まれ出た環境や自然要因を知ることもなく、またそれらについて関心をもつこともないからである。

自然要因

テロワールを構成する自然要因のなかでも以下の2つが主要な役割を担っている。

土

土壌の構成はひっくり返されている(訳注:地層や地質が断層、褶曲などによって、古い年代から順に積み重なっていないことを指している)が、ぶどう栽培地においては、水の流れによって削られた箇所などを観察することによって、その形成を知るのは容易である。

また、斜面が広がったところにおいては、種々の地層が露出している箇所で、動植物がそれぞれに順応して生育していることを知ることができる。

土壌はその厚み、湿度や構成している粒の大きさも様々であり、変化に富んでいる。砂、黄土、粘土、石灰、有機物、微量元素などといった要素も非常に多様である。また、それぞれの割合によって土壌を砂質、礫質、粘土質、粘土石灰質などという分類が可能となるが、「ぶどう畑質」といったひとつの決まったタイプの土壌はなく、それぞれの要素の多寡による各土壌のタイプが、ワインを特徴付ける大きな要因となっている。

そしてこれが、原産地名称の区画設定に先立つ基本原理である。

空気

土壌と同様に、多くの変数が存在する。

積算温度
昼間の気温を足し算した合計。地方によって、摂氏3,000度から3,800度と幅がある。

日照時間
日の光があたっている時間。ぶどう樹の光合成に直接作用する。

降雨量
ぶどう樹は、年間およそ400ミリメートルから600ミリメートルの雨を必要とする。

風
各栽培地の気象の特徴を際立たせる決定的な要素である。

微気候
以下に記す要素は限られた状況を示すにすぎないが、さらに詳述しようとするとそのための細かな要素は際限がなくなってしまう。

- 標高　100メートル上がる毎にほぼ1度気温は低下する。高いところにある栽培地のぶどうが熟すためには、その標高に応じて年間積算温度に相当する熱量のおよそ10パーセントが余計に必要になるということである。

- 向き　朝日あるいは夕日を浴びる斜面で栽培されたぶどうは、それぞれ異なった生育をとげる。

- 方角　東、西、北、南、それぞれの方角にある畑は、ぶどうの組成に違いをもたらす。特に日照量の影響によるところが大きい。

- 大量の水　これは大河、河川、湖、海などに近いことは、気候の緩衝要因としてぶどうに影響を及ぼすことになる。

以上のような観察の結果、フランスには30あまりの気候区分があることが明らかにされた。気候区分はほぼ100キロメートルごとに現れるが、それらは大陸性、北方性、海洋性、地中海性気候の影響をうけ、さらに局地気候や微気候に分類される。

自然要因とワインが人に与える感覚との関係

これが本質的な点となる。土壌や大気の要素はすべてグラスの底に再び見い出すことができる。影響を与えるものとして、不変要因、可変要因の2つがある。

不変要因

土壌、あるいは地理的状況によってもたらされる。

土壌

その組成と性質は、様々なかたちでワインに影響を及ぼす。

- 土壌の肥沃さ　土壌が過度に肥沃だったり、かなり厚い表土の影響をうけていたり、成分の配分がかたよっている場合は、植物は冗長する。ひいては、収穫量が増え、そこからは個性がなく、特徴の備わっていないワインが生産される。このようなワインは水っぽい、痩せている、凡庸などと評されることになる。このような視点は、ワイン産地の境界を設定する上での本質的な根拠となっている。

- 構成要素の割合　我々はワインを味わうとき、どれだけの構成要素が味わいの特徴を描き出しているのか、容易に感じることができる。手にした土の味わいと口に含んだワインのそれとのあいだに存在する関係を知るためには、味わうワインが育った畑の土を一握りすくってみるだけで十分である。

珪酸分──砂、砂礫など──はキメ細かさをもたらす。

粘土　ほとんど緻密で「粘性」を感じさせ、噛むことができるようなボディがしっかりとある。このため、粘土はワインのタンニンと構成成分に直接働きかける。

石灰岩　コクをもたらし、ある種のしなやかさがあり、柔軟性をもたらす。

以上のような経験のもとには、もはやテロワールの否定はかなわない。このような経験はテクノロジーやヴィエーユ・ヴィーニュを追い求めることよりはるかに重要である。

そして、すべての点はここにある。我々は、ワインというものを感動や感覚でとらえ、あるいはそれが美味であると盲信するようなスタンスにいる。このような思いは分かち合う価値があるかもしれないが、同時に問題もはらんでいる。知ることができ、そこに教育や研究を重ね、新たな発見とそれを理解し、書き表せるようになるために、これら異なったレヴェルのアウフヘーベンが我々には求められている。

これは、その所有するテロワールについて十分に熟知していない栽培者たちのために、アペラシオンの組合がおこない、もしくはおこなわなければならないことを出発点としている。加えて上記の基本要因の他に、下の要素も必要である。

粗い珪酸分──礫、砂利──
土壌の熱を蓄積し、植物の呼吸に影響を及ぼす環境をつくり出す。このため、糖分が凝縮し、ひいては力強く、アルコール分も高くなる。

微量元素　影響がすべて把握できているわけではないが、ポリフェノールが凝縮した鉄や、独特の芳香とマグネシウムの存在との関連性が認められている。

しかし、注意も必要である。我々は、現実には我々が微生物学的にバランスをとっている土

真のワインである

壌、また自然の前にいる。ワイン本来の特徴をもたせ、あるいは真のグラン・ヴァンを生み出すということの意味を履き違え、土壌に肥料や改良剤などを加えるというのはまったくの笑止である。

大量の水の存在

周辺に大量の水が存在するということは、微気候に影響する。気温の低下だけでなく、再び上昇する場合もそれが大きく急になることを避け、気候を和らげる。

この存在は、貴腐菌が繁殖にも役立っている。水辺や土壌からの湿気が貴腐菌が繁殖を促し、中甘口や甘口ワイン生産に結びついている。

可変要因

毎年同じではなく、変化する要因としては気象条件が挙げられる。ヴィンテージ毎に気象条件は異なり、ワインのスタイルに影響を与える。このことが同じ銘柄のワインにも差異をもたらし、年毎の相違を生んでいるのである。

したがってワインという産物はどんな商品よりもずっと変化の多いものなのである。ワインはある一定の特性をもったものではなく、環境の変化にしたがうのである。また、ワインが若くまだ完全な状態ではないときも、最上な状態に達するまで待てば、よい熟成を見せるのである。

気温

生育期の積算温度は、ワインの潜在的な力強さに関係してくる。合計が低いと、白ワインの場合はどちらかというと辛口で酸味が優り、赤ワインはアルコール度数が上がらなく、飲みやすくなる。逆に高くなると、ワインはボディを増し、より力強くまろやかになる。

したがってここでいえるのは、得たエネルギーは瓶内での熟成に作用を及ぼすということである。つまり、ワインの寿命の将来性は積算温度に左右されるということになる。しかし、それぞれのワインの持ち味を最大限に享受するには最上の状態となるまで辛抱強く待つことを知らなければならない。

日照時間

日照時間が長ければ長いほど、ワインはポリフェノールと香り高さを備える。しかしこれらが過度になると、ポリフェノールが濃縮しすぎて重いワインとなる。

雨

開花期に結実不良を助長するのがこの雨である。結実不良は収量を抑え、果実の成分を凝縮させる。逆に収穫時の降雨は、ぶどう果を水ぶくれにし、収穫量も増えるが、備わる成分量は少なくなる。

風

風はぶどうの味方である。しかし、干上がらせる効果があるので、全てのよいことと同様に限度がある。適度な風はぶどう果の水分を乾燥させ、収穫時にはカビを寄せ付けつつ、糖分と酸を凝縮させるというパスリヤージュ法の助けとなる。ワインには、風の一部もグラスの底に横たわっているといえる。

季節のサイクル

ぶどう樹の開花から果実の生理的成熟まで100日間かかる。季節の移り変わりを見ると、夏至の後では日は短く、光も少なくなる。したがって、開花が早かった年はより多くの光の恵みをうけ、遅ければ「内気」なワインとなる。

■

我々は、気取りのないワインであれ、複雑なそれであれ、その個性を育むのは、ぶどう樹が生育する環境を取り巻く様々な自然要因であることを知る。ぶどうは我々に好意的な、そして豊饒な蔓性の植物である。我々の伴侶であり、また育てた人柄をも思い起こさせる。謙虚なそして敬う気持ちなしに栽培に従事する輩や、名声を夢見て、濃厚さに過度な樽香を付し歴史的なワインの真似事にひたすら突き進む者、そしてしっかりとしたケアが必要にもかかわらず、保管には頓着せずワインを買い漁る消費者を見て、ぶどうは悲しむ。

今日、ワインにおけるアペラシオンの概念は、他の農作物においても、非常に有用なものとなっている。アペラシオンの概念は、ワインを味わう喜びに加え、自然の諸要因からワインがその芳香や味わいを醸しだすように導いた人の思いを感じさせてくれる。

それは常に最善をつくし、ワインをその生まれ出るテロワールの独自性を備えたものにしようとする、たゆまぬ努力や創意工夫の賜物なのである。

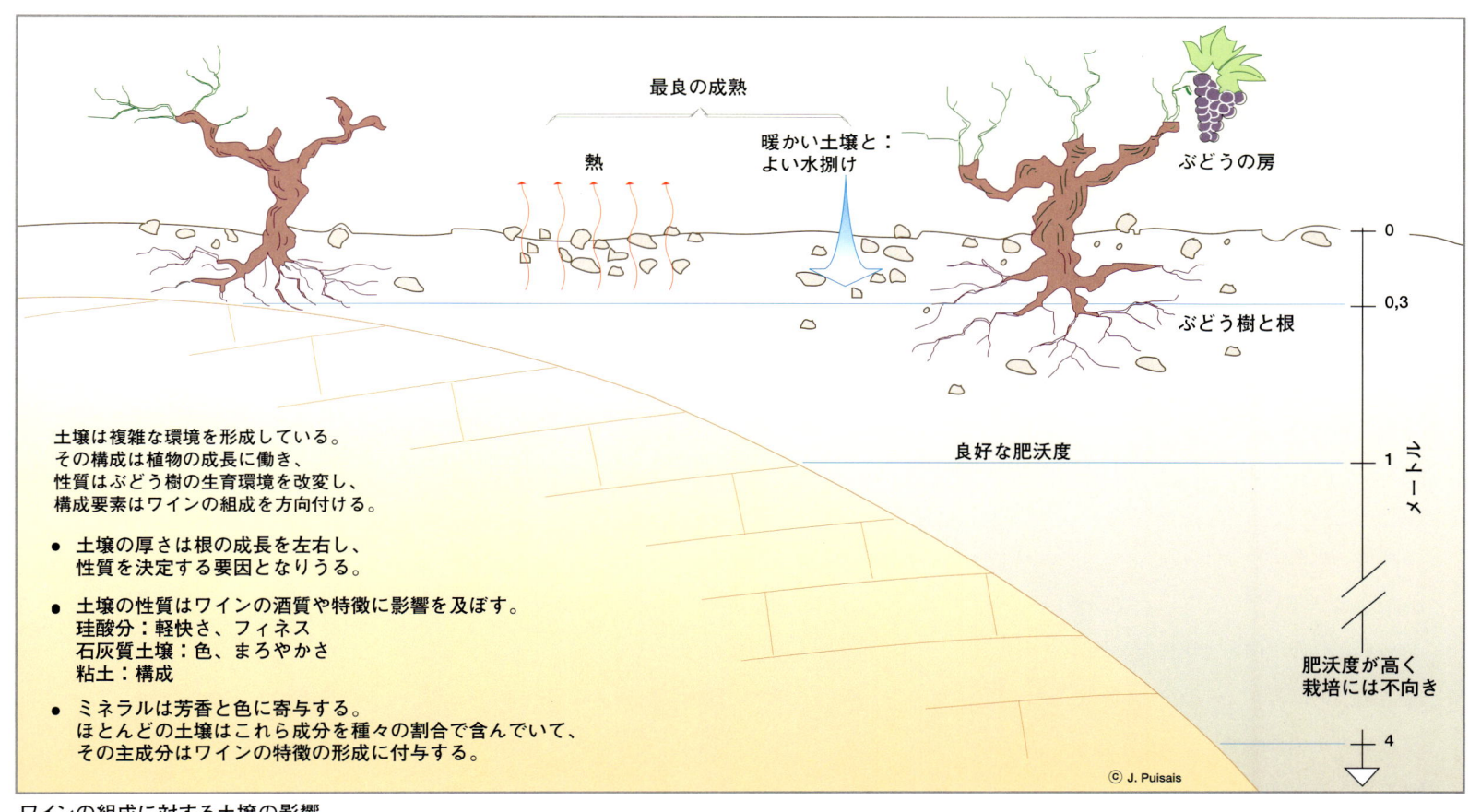

土壌は複雑な環境を形成している。その構成は植物の成長に働き、性質はぶどう樹の生育環境を改変し、構成要素はワインの組成を方向付ける。

- 土壌の厚さは根の成長を左右し、性質を決定する要因となりうる。
- 土壌の性質はワインの酒質や特徴に影響を及ぼす。
  珪酸分：軽快さ、フィネス
  石灰質土壌：色、まろやかさ
  粘土：構成
- ミネラルは芳香と色に寄与する。ほとんどの土壌はこれら成分を種々の割合で含んでいて、その主成分はワインの特徴の形成に付与する。

ワインの組成に対する土壌の影響

地質分布図

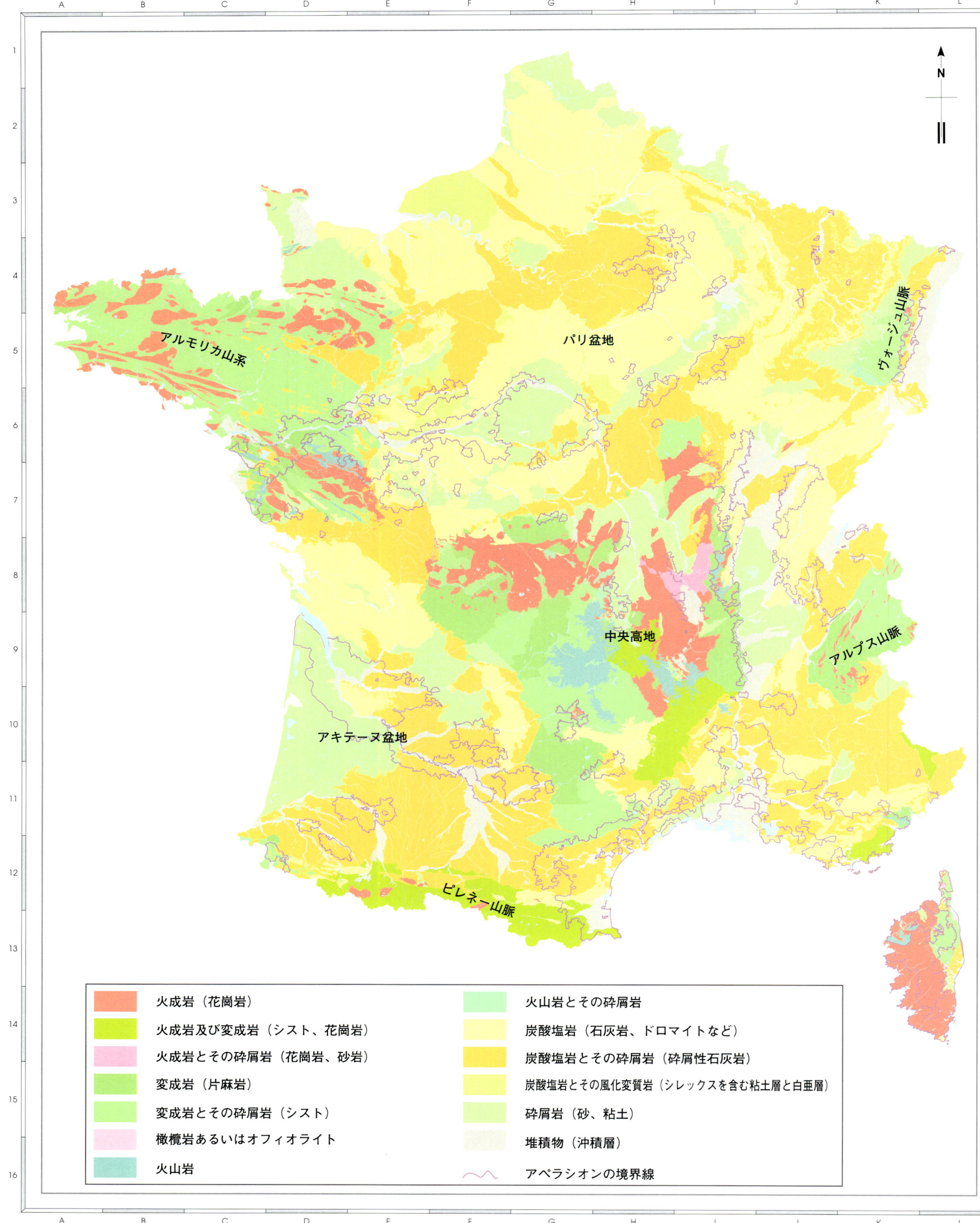

栽培地と地質年代の対応表

地質年代区分			第四紀		第三紀				中生代							古生代											
100万年毎の地質年代			0	2	4	23	33	46	65	96	146	154	175	205	230	240	245	290	305	320	355	360	409	439	455	510	570	585	650	1000
		地質年代	完新世	更新世	中新世	漸新世	始新世中部から上部	暁新世から始新世下部	白亜紀上部	白亜紀下部	ジュラ紀上部	ジュラ紀中部	ジュラ紀下部	三畳紀上部	三畳紀中部	三畳紀下部	ペルム紀	ステファン階（石炭紀）	ウェストファリア統、ナムール統、ヴィゼー統上部（石炭紀）	ヴィゼー統下部、トルネー統（石炭紀）	デヴォン紀中部から上部	デヴォン紀	シルル紀	オルドヴィス紀上部	オルドヴィス紀下部と中部	カンブリアン紀	ブリオヴェール系上部（原生代上部）	ブリオヴェール系下部（原生代下部）	原生代
主なぶどう栽培地域																														
シャンパーニュ	サン=ティエリーとアルドル																													
	コート・ド・シャンパーニュ																													
	コート・デ・バール																													
	コート・デ・ブラン																													
	モンターニュ・ド・ランス																													
	ヴァレ・ド・ラ・マルヌ、プティ・エ・グラン=モラン																													
アルザス	アルザス全域																													
ボルドー	アントル=ドゥー=メール、オー=ブノージュ																													
	ムーリスとリストラック																													
	グラーヴとペサック=レオニャン																													
	マルゴー、サン=ジュリアン、サンテステフ																													
	ポイヤック																													
	ポムロール																													
	サンテミリオン																													
南西地方	ベルジュラック																													
	カオール																													
	ガイヤック																													
	ジュランソン																													
	マディラン																													
ロワール	アンジューとアンジュー・ヴィラージュ																													
	アンジュー・コトー・ド・ラ・ロワール																													
	シノンとブルグイユ																													
	コート=ドーヴェルニュ																													
	ミュスカデ																													
	サンセール、中央フランスの栽培地																													
	ソミュール=シャンピニー																													
	トゥーレーヌとヴヴレー																													
ジュラ	コート・デュ・ジュラとアルボワ																													
	アルボワ・ピュピヤンとシャトー=シャロン																													
	エトワール																													
ブルゴーニュ	シャブリ																													
	コート・ド・ニュイ																													
	コート・ド・ボーヌ																													
	コート・シャロネーズ																													
	マコネー																													
ボジョレー	ボジョレー																													
	ボジョレー・ヴィラージュ																													
	クリュ・ボジョレー																													
	モルゴン																													
ローヌ北部	コート・ロティ																													
	コルナス																													
	エルミタージュとクローズ=エルミタージュ																													
ローヌ南部	コート・デュ・ローヌ・ヴィラージュ																													
	シャトーヌフ=デュ=パプ																													
	ジゴンダス																													
	タヴェル																													
プロヴァンス	コート・ド・プロヴァンス																													
	バンドール																													
コルス	アジャックシオ																													
	パトリモニオ																													
ラングドック	コトー・デュ・ラングドック																													
	ミネルヴォワ																													
	コルビエール																													
ルシヨン	コート・デュ・ルシヨン																													
	コート・デュ・ルシヨン・ヴィラージュ																													
	バニュルス																													

アペラシオン一覧

原産地名称ワイン＆

アルザス
アルザス
アルザス・クレヴネール・ド・ハイリゲンスタイン
アルザス・エデルツヴィケール
アルザス・シャスラ
アルザス・シルヴァネール
アルザス・ピノ または アルザス・クレヴネール
アルザス・ミュスカ
アルザス・ピノ・グリ
アルザス・リースリング
アルザス・ゲヴュルツトラミネール
アルザス・ピノ・ノワール
クレマン・ダルザス
アルザス・グラン・クリュ
アルザス・グラン・クリュ・アルテンベルグ・ド・ベルグビーテン
アルザス・グラン・クリュ・アルテンベルグ・ド・ベルグハイム
アルザス・グラン・クリュ・アルテンベルグ・ド・ヴォルクスハイム
アルザス・グラン・クリュ・ブラント
アルザス・グラン・クリュ・ブリュデルタール
アルザス・グラン・クリュ・アイヒベルク
アルザス・グラン・クリュ・エンゲルベルク
アルザス・グラン・クリュ・フロリモン
アルザス・グラン・クリュ・フランクスタイン
アルザス・グラン・クリュ・フフェルステンタム
アルザス・グラン・クリュ・ガイスベルグ
アルザス・グラン・クリュ・グルッケルベルグ
アルザス・グラン・クリュ・ゴルデール
アルザス・グラン・クリュ・ハッチブール
アルザス・グラン・クリュ・ヘングスト
アルザス・グラン・クリュ・カンツレールベルグ
アルザス・グラン・クリュ・カステルベルグ
アルザス・グラン・クリュ・ケスレール
アルザス・グラン・クリュ・キルヒベルグ・ド・バール
アルザス・グラン・クリュ・キルヒベルグ・ド・リボヴィレ
アルザス・グラン・クリュ・キッテルレ
アルザス・グラン・クリュ・マンブール
アルザス・グラン・クリュ・マンデルベルグ
アルザス・グラン・クリュ・マルクラン
アルザス・グラン・クリュ・メンヒベルク
アルザス・グラン・クリュ・ミュエンヒベルグ
アルザス・グラン・クリュ・オルヴィレール
アルザス・グラン・クリュ・フェルシグベルグ
アルザス・グラン・クリュ・フィングストベルグ
アルザス・グラン・クリュ・プレラーテンベルグ
アルザス・グラン・クリュ・ランゲン
アルザス・グラン・クリュ・シュロスベルグ
アルザス・グラン・クリュ・ロザケール
アルザス・グラン・クリュ・セーリング
アルザス・グラン・クリュ・シェーネンブーク
アルザス・グラン・クリュ・ゾンマーベルグ
アルザス・グラン・クリュ・ゾンネングランツ
アルザス・グラン・クリュ・スピーゲル
アルザス・グラン・クリュ・スポレン
アルザス・グラン・クリュ・スタイネール
アルザス・グラン・クリュ・スタイングリュブレール
アルザス・グラン・クリュ・スタインクロッツ
アルザス・グラン・クリュ・フォルブール
アルザス・グラン・クリュ・ヴィーヴェルスベルグ
アルザス・グラン・クリュ・ヴィネック・シュロスベルグ
アルザス・グラン・クリュ・ヴィンツェンベルグ
アルザス・グラン・クリュ・ツィンクフレ
アルザス・グラン・クリュ・ツォツェンベルグ

オー゠ド゠ヴィ
マール・ダルザス・ゲヴュルツトラミネール

アルマニャック
アルマニャック
バザルマニャック
アルマニャック゠テナレーズ
オータルマニャック

ボルドー
ボルドー
ボルドー・クレーレ
ボルドー・ロゼ
ボルドー・ムスー
ボルドー・セック
ボルドー・シューペリュール
クレマン・ド・ボルドー

メドック地区
メドック
オー゠メドック
マルゴー
ムーリス
リストラック
サン゠ジュリアン
ポイヤック
サンテステフ

グラーヴ
グラーヴ
グラーヴ・シューペリュール
ペサック゠レオニャン
セロン
ソーテルヌ
バルサック

アントル゠ドゥー゠メール地区
アントル゠ドゥー゠メール
アントル゠ドゥー゠メール・オー゠ブノージュ
ボルドー・オー゠ド゠ブノージュ
プルミエール・コート・ド・ボルドー
カディヤック
グラーヴ・ド・ヴェイル
コート・ド・ボルドー゠サン゠マケール
サント゠フォワ・ボルドー
ルーピアック
サント゠クロワ゠デュ゠モン

リブルヌ地区
コート・ド・カスティヨン
ボルドー・コート・ド・フラン
コート・ド・ブール
ブライ
コート・ド・ブライユ
プルミエール・コート・ド・ブライユ
サンテミリオン
サンテミリオン・グラン・クリュ
リュサック゠サン゠テミリオン
モンターニュ゠サン゠テミリオン
ピュイスガン゠サン゠テミリオン
サン゠ジョルジュ゠サン゠テミリオン
ポムロール
ラランド・ド・ポムロール
ネアック
フロンサック
カノン・フロンサック

オー゠ド゠ヴィ
フィーヌ・ボルドー

ブルゴーニュ
ブルゴーニュ
ブルゴーニュ・クレーレ
ブルゴーニュ・ロゼ
ブルゴーニュ・オルディネール
ブルゴーニュ・グラントルディネール
ブルゴーニュ・アリゴテ
ブルゴーニュ・パストゥグラン
ブルゴーニュ・ムスー
クレマン・ド・ブルゴーニュ

シャブリ地区
プティ・シャブリ
シャブリ
シャブリ・プルミエ・クリュ
シャブリ・グラン・クリュ
　ブランショ
　ブグロ
　レ・クロ
　グルヌイユ
　ブルーズ
　ヴァルミュール
　ヴォーデジール

オーセール地区
ブルゴーニュ・コート゠ドーセール
ブルゴーニュ・クーランジュ゠ラ゠ヴィヌーズ
ブルゴーニュ・シトリー
イランシー
サン゠ブリ

トネール地区
ブルゴーニュ・エピヌイユ

ヴェズレー地区
ブルゴーニュ・コート・サン・ジャック
ブルゴーニュ・ヴェズレー

コート゠ドール
ブルゴーニュ・モントルキュル
ブルゴーニュ・ル・シャピトル

コート・ド・ニュイ
コート・ド・ニュイ・ヴィラージュ
マルサネー（＆プルミエ・クリュ）
マルサネー ロゼ
フィクサン（＆プルミエ・クリュ）
ジュヴレ゠シャンベルタン（＆プルミエ・クリュ）
　シャペル゠シャンベルタン
　シャルム゠シャンベルタン
　グリオット゠シャンベルタン
　ラトリシエール゠シャンベルタン
　マジ゠シャンベルタン
　マゾイエール゠シャンベルタン
　リュショット゠シャンベルタン
　シャンベルタン
　シャンベルタン゠クロ゠ド゠ベーズ
モレ゠サン゠ドニ（＆プルミエ・クリュ）
　クロ・ド・ラ゠ロシュ
　クロ・サン゠ドニ
　クロ・デ・ランブレ
　クロ・ド・タール
　ボンヌ・マール
シャンボル゠ミュジニー（＆プルミエクリュ）
　ミュジニー
　ボンヌ・マール
ヴジョー（＆プルミエ・クリュ）
　クロ・ド・ヴジョー
ヴォーヌ゠ロマネ（＆プルミエ・クリュ）
　エシェゾー
　グランゼシェゾー
　ロマネ゠サン゠ヴィヴァン
　リシュブール
　ロマネ゠コンティ
　ラ・ロマネ
　ラ・ターシュ
　ラ・グランド・リュ
ニュイ゠サン゠ジョルジュ（＆プルミエ・クリュ）

オート・コート・ド・ニュイ
ブルゴーニュ・オート・コート・ド・ニュイ

コート・ド・ボーヌ
ブルゴーニュ・ラ・シャペル・ノートル・ダム
コート・ド・ボーヌ・ヴィラージュ
ラドワ（＆プルミエ・クリュ）
ペルナン゠ベルジュレス（＆プルミエ・クリュ）
アロース゠コルトン（＆プルミエ・クリュ）
　コルトン
　コルトン゠シャルルマーニュ
　シャルルマーニュ
ショレ゠レ゠ボーヌ
サヴィニー゠レ゠ボーヌ（＆プルミエ・クリュ）
ボーヌ（＆プルミエ・クリュ）
コート・ド・ボーヌ
ポマール（＆プルミエ・クリュ）
ヴォルネー（＆プルミエ・クリュ）
ヴォルネー゠サントノ
モンテリー（＆プルミエ・クリュ）
オーセイ゠デュレス（＆プルミエ・クリュ）
サン゠ロマン
ムルソー（＆プルミエ・クリュ）
ブラニー（＆プルミエ・クリュ）
ピュリニー゠モンラシェ（＆プルミエ・クリュ）
　シュヴァリエ゠モンラシェ
　バタール゠モンラシェ
　ビアンヴニュ゠バタール゠モンラシェ
　モンラシェ
シャサーニュ゠モンラシェ（＆プルミエ・クリュ）
　バタール゠モンラシェ
　クリオ゠バタール゠モンラシェ
　モンラシェ
サントーバン（＆プルミエ・クリュ）
サントネー（＆プルミエ・クリュ）
マランジュ（＆プルミエ・クリュ）

オート・コート・ド・ボーヌ
ブルゴーニュ・オート・コート・ド・ボーヌ

コート・シャロネーズ
ブルゴーニュ・コート・シャロネーズ
ブズロン
リュリー（＆プルミエ・クリュ）
メルキュレ（＆プルミエ・クリュ）
ジヴリー（＆プルミエ・クリュ）
モンタニー（＆プルミエ・クリュ）

マコネー
マコン
マコン・シューペリュール
マコン・ルージュ
マコン・ブラン
マコン・ロゼ
ピノ・シャルドネー・マコン
マコン・ヴィラージュ
ヴィレ・クレッセ
サン・ヴェラン
プイィ・フュイッセ
プイィ・ロシェ
プイィ・ヴァンゼル

オー゠ド゠ヴィ
マール・ド・ブルゴーニュ
オー゠ド゠ヴィ・ド・ヴァン・ド・ブルゴーニュ
オー゠ド゠ヴィ・マール・オリジネール・デュ・サントル゠エスト
オー゠ド゠ヴィ・ヴァン・オリジネール・デュ・サントル゠エスト

ボジョレー
ボジョレー
ボジョレー・シューペリュール
ボジョレー・ヴィラージュ
サンタムール
ジュリエナ
シェナ
ムーラン゠ア゠ヴァン
フルーリー
シルーブル
モルゴン
レニエ
コート・ド・ブルイィ
コート・ド・ブルイィ・プルミエ・クリュ
ブルイィ

リヨネ
コトー・デュ・リヨネ

ビュジェ
ヴァン・デュ・ビュジェ
ヴァン・デュ・ビュジェ・ムスー
ヴァン・デュ・ビュジェ・ペティヤン
ヴァン・デュ・ビュジェ・ヴィリュー゠ル゠グラン
ヴァン・デュ・ビュジェ・モンタニュー
ヴァン・デュ・ビュジェ・マニクル
ヴァン・デュ・ビュジェ・セルドン
ヴァン・デュ・ビュジェ・セルドン・ムスー
ヴァン・デュ・ビュジェ・セルドン・ペティヤン
ルセット・ド・ビュジェ
ルセット・ド・ビュジェ・モンタニュー
ルセット・ド・ビュジェ・ヴィリュー゠ル゠グラン

オー゠ド゠ヴィ
オー゠ド゠ヴィ・ド・ヴァン・オリジネール・ド・ビュジェ
オー゠ド゠ヴィ・ド・マール・オリジネール・デュ・ビュジェ

シャンパーニュ
シャンパーニュ
コトー・シャンプノワ
ロゼ・デ・リセ

オー゠ド゠ヴィ
マール・ド・シャンパーニュ

コニャック
コニャック
グランド・シャンパーニュ
プティット・シャンパーニュ
フィーヌ・シャンパーニュ
ボルドリ
ファン・ボワ
ボン・ボワ

ヴァン・ド・リクール
ピノー・デ・シャラント

コルス
コルス
コルス・サルテーヌ
コルス・カルヴィ
コルス・コトー・デュ・カップ・コルス
コルス・フィガリ
コルス・ポルト・ヴェッキオ
アジャクシオ
パトリモニオ

ヴァン・ドゥー・ナチュレル
ミュスカ・ド・カップ・コルス

ジュラ
コート・デュ・ジュラ
アルボワ
アルボワ・ピュピヤン
エトワール
シャトー゠シャロン
クレマン・デュ・ジュラ
コート・デュ・ジュラ・ムスー
アルボワ・ムスー
エトワール・ムスー

ヴァン・ド・リクール
マクヴァン・デュ・ジュラ

オー゠ド゠ヴィ
オー゠ド゠ヴィ・ド・マール・オリジネール・ド・フランシュ゠コンテ
オー゠ド゠ヴィ・ヴァン・オリジネール・デュ・フランシュ゠コンテ

アペラシオン一覧

オー=ド=ヴィ　アペラシオン索引は p312

ラングドック

コトー・デュ・ラングドック・ラ・メジャネル
コトー・デュ・ラングドック・カブリエール
コトー・デュ・ラングドック・ヴェラルグ
コトー・デュ・ラングドック・ラ・クラープ
コトー・デュ・ラングドック・モンペイルー
コトー・デュ・ラングドック・ピクプル・ド・ピネ
コトー・デュ・ラングドック・ピク・サン=ルー
コトー・デュ・ラングドック・カトゥールズ
コトー・デュ・ラングドック・サン=ドゼリー
コトー・デュ・ラングドック・サン=ジョルジュ=ドルク
コトー・デュ・ラングドック・サン=サテュルナン
クレレット・デュ・ラングドック
フォジェール
リムー
サン=シニアン
ミネルヴォワ
ミネルヴォワ・ラ・リヴィニエール
コルビエール
カバルデス
コート・ド・ラ・マルペール
フィトゥー
コスティエール・ド・ニーム
クレマン・ド・リムー
ブランケット・ド・リムー
ブランケット・メトード・アンセストラル
クレレット・ド・ベルガルド
コート・ド・ミロー

ヴァン・ドゥー・ナテュレル

ミュスカ・ド・サン=ジャン=ド=ミネルヴォワ
フロンティニャン
ミュスカ・ド・フロンティニャン
ヴァン・ド・フロンティニャン
ミュスカ・ド・ミルヴァル
ミュスカ・ド・リュネル

ヴァン・ド・リクール

クレレット・デュ・ラングドック
フロンティニャン
ミュスカ・ド・フロンティニャン
ヴァン・ド・フロンティニャン

オー=ド=ヴィ

オー=ド=ヴィ・ド・フォジェール
オー=ド=ヴィ・ド・マール・オリジネール・デュ・ラングドック
オー=ド=ヴィ・ド・ヴァン・オリジネール・デュ・ラングドック

ロレーヌ

コート・ド・トゥール
モゼル

オー=ド=ヴィ

マール・ド・ロレーヌ
ミラベル・ド・ロレーヌ

プロヴァンス

コート・ド・プロヴァンス
コトー・デクス・アン・プロヴァンス
レ・ボー・ド・プロヴァンス
バンドール
ベレ
カシス
パレット
コトー・デュ・ピエルヴェール
コトー・ヴァロワ

オー=ド=ヴィ

オー=ド=ヴィ・ド・マール・オリジネール・ド・プロヴァンス
オー=ド=ヴィ・ド・ヴァン・オリジネール・ド・プロヴァンス

ルシヨン

コート・デュ・ルシヨン・ヴィラージュ
コート・デュ・ルシヨン・ヴィラージュ・カラマニー
コート・デュ・ルシヨン・ヴィラージュ・ラトゥール・ド・フランス
コート・デュ・ルシヨン・ヴィラージュ・レケルド
コート・デュ・ルシヨン・ヴィラージュ・トータヴァル
コリウール

ヴァン・ドゥー=ナテュレル

バニュルス
バニュルス・ランシオ
バニュルス・グラン・クリュ
モーリー
モーリー・ランシオ
グラン・ルシヨン
グラン・ルシヨン・ランシオ
ミュスカ・ド・リヴザルト
リヴザルト
リヴザルト・ランシオ

サヴォワ

ヴァン・ド・サヴォワ・ムスー
ヴァン・ド・サヴォワ・ペティヤン
ヴァン・ド・サヴォワ・アプルモン
ヴァン・ド・サヴォワ・アルバン
ヴァン・ド・サヴォワ・アイズ
ヴァン・ド・サヴォワ・アイズ・ムスー
ヴァン・ド・サヴォワ・アイズ・ペティヤン
ヴァン・ド・サヴォワ・ショターニュ
ヴァン・ド・サヴォワ・シナン
ヴァン・ド・サヴォワ・シナン・ベルジュロン
ヴァン・ド・サヴォワ・ベルジュロン
ヴァン・ド・サヴォワ・クリュエ
ヴァン・ド・サヴォワ・ジョンギュー
ヴァン・ド・サヴォワ・マリニャン
ヴァン・ド・サヴォワ・マラン
ヴァン・ド・サヴォワ・モンメリアン
ヴァン・ド・サヴォワ・リパイユ
ヴァン・ド・サヴォワ・サン=ジャン=ド=ラ=ポルト
ヴァン・ド・サヴォワ・サン=ジョワール=プリューレ
ルセット・ド・サヴォワ
ルセット・ド・サヴォワ・フランギー
ルセット・ド・サヴォワ・マレステル
ルセット・ド・サヴォワ・マレステル=アルテッス
ルセット・ド・サヴォワ・モンテルミノ
ルセット・ド・サヴォワ・モントゥー
クレピー
セイセル
セイセル・ムスー

オー=ド=ヴィ

オー=ド=ヴィ・ド・マール・ド・サヴォワ
オー=ド=ヴィ・ド・ヴァン・ド・サヴォワ

南西地方

ベルジュラック地区

ベルジュラック
ベルジュラック・セック
コート・ド・ベルジュラック
モンラヴェル
コート・ド・モンラヴェエル
オー・モンラヴェル
ベシャルマン
ロセット
ソシニャック
モンバジヤック

マルマンド地区

コート・ド・デュラス
コート・デュ・マルマンデ

アジャン地区

ビュゼ
コート・デュ・ブリュロワ

ロマーニュ

ヴァン・ド・ラヴィルデュー
コート・デュ・フロントネー
コート・デュ・フロントネー・フロントン
コート・デュ・フロントネー・ヴィロドリック

ケルシー

カオール
コトー・デュ・ケルシー

シャロッス

テュルサン
コート・ド・サン=モン
マディラン
パシュラン・デュ・ヴィク・ビル・セック
パシュラン・デュ・ヴィク・ビル

アルビジョワ

ガイヤック
ガイヤック・ドゥー
ガイヤック・ムスー
ガイヤック・プルミエール・コート

ベアルン

ベアルン
ベアルン=ベローク
ジュランソン
ジュランソン・セック

ペイ・バスク

イルレギィ

ルエルグ

マルシヤック
ヴァン・ダスタン
ヴァン・ダントレーグ・エ・デュ・フェル

ヴァン・ド・リクール

フロック・ド・ガスコーニュ

オー=ド=ヴィ

オー=ド=ヴィ・ド・ヴァン・ダキテーヌ
オー=ド=ヴィ・ド・マール・ダキテーヌ

ロワール河流域

ナント地区

グロ・プラン・デュ・ペイ・ナンテ
ミュスカデ
ミュスカデ・コトー・ド・ラ・ロワール
ミュスカデ・コート・ド・グラン=リュー
ミュスカデ・セーヴル・エ・メーヌ
コトー・ダンスニ・ピノ・ド・ラ・ロワール
コトー・ダンスニ・マルヴォワジー
コトー・ダンスニ・シュナン・ブラン
コトー・ダンスニ・ピノ・ブーロ
コトー・ダンスニ・ガメ
コトー・ダンスニ・カベルネ

ヴァンデ

フィエフ・ヴァンデーン・マルイユ
フィエフ・ヴァンデーン・ブレム
フィエフ・ヴァンデーン・ヴィクス
フィエフ・ヴァンデーン・ピソット

ポワトゥー

ヴァン・デュ・トゥアルセ
オー・ポワトゥー

アンジュー、ソミュール、トゥーレーヌ地区

ロゼ=ロワール
クレマン・ド・ロワール

アンジュー

アンジュー
アンジュー・ガメ
アンジュー・ムスー
アンジュー・ペティヤン
アンジュー・ヴィラージュ
アンジュー・ヴィラージュ・ブリサック
カベルネ・ダンジュー
ロゼ・ダンジュー
ロゼ・ダンジュー・ペティヤン
アンジュー・コトー・ド・ラ・ロワール
サヴニエール
サヴニエール・クレ・ド・セラン
サヴニエール・ロシュ・オー・モワーヌ
コトー・ド・ローバンス
コトー・デュ・レイヨン
コトー・デュ・レイヨン・ボーリュー=シュル=レイヨン
コトー・デュ・レイヨン・ファイ=ダンジュー
コトー・デュ・レイヨン・ラブレ=シュル=レイヨン
コトー・デュ・レイヨン・ロシュフォール=シュル=ロワール
コトー・デュ・レイヨン・サン=トーバン=ド=ルイネ
コトー・デュ・レイヨン・サン=ランベール=デュ=ラテ
コトー・デュ・レイヨン・ショーム
ボンヌゾー
カール・ド・ショーム

ソミュロワ

ソミュール
ソミュール・ムスー
ソミュール・ペティヤン
カベルネ・ド・ソミュール
コトー・ド・ソミュール
ソミュール=シャンピニー

トゥーレーヌ

トゥーレーヌ
トゥーレーヌ・ムスー
トゥーレーヌ・ペティヤン
トゥーレーヌ・アゼ=ル=リドー
トゥーレーヌ・アンボワーズ
トゥーレーヌ・メスラン
トゥーレーヌ・ノーブル・ジュエ
ブルグイユ
サン=ニコラ=ド・ブルグイユ
シノン
ヴーヴレー
ヴーヴレー・ムスー
ヴーヴレー・ペティヤン
モンルイ
モンルイ・ムスー
モンルイ・ペティヤン
コトー・デュ・ロワール
ジャスニエール
コトー・デュ・ヴァンドモワ
シュヴェルニー
クール・シュヴェルニー
ヴァランセー

中央フランス地区

オルレアン

ロワール河流域 (続き)

コトー・デュ・ジェノワ
コトー・デュ・ジェノワ・コーヌ=シュル=ロワール
ルイィ
カンシー
ムヌトゥー=サロン
プイィ=シュル=ロワール
プイィ=フュメ
サンセール
シャトーメイヤン

ブルボネ

サン=プルサン

ロアネ

コート・ロアネーズ

オーヴェルニュ

コート・ドーヴェルニュ
コート・ドーヴェルニュ・ブード
コート・ドーヴェルニュ・シャンテュルグ
コート・ドーヴェルニュ・シャトーゲイ
コート・ドーヴェルニュ・コラン
コート・ドーヴェルニュ・マダルグ

フォレ

コート・デュ・フォレ

オー=ド=ヴィ

オー=ド=ヴィ・ド・マール・オリジネール・デ・コトー・ド・ラ・ロワール
オー=ド=ヴィ・ド・ヴァン・オリジネール・デ・コトー・ド・ラ・ロワール
マール・ドーヴェルニュ

ローヌ河流域

コート・デュ・ローヌ

北部栽培地域

コンドリュー
シャト=グリエ
コート・ロティ
サン=ジョゼフ
コルナス
サン=ペレ
サン=ペレ・ムスー
クローズ=エルミタージュ
エルミタージュ

ディオワ

シャティヨン・アン・ディオワ
クレレット・ド・ディ
コート・ド・ディ
クレマン・ド・ディ

南部栽培地域

コート・デュ・ローヌ・ヴィラージュ
コート・デュ・ローヌ・ヴィラージュ・ロシュギュード
コート・デュ・ローヌ・ヴィラージュ・サン=モーリス=シュル=アイグ
コート・デュ・ローヌ・ヴィラージュ・ヴァンソブル
コート・デュ・ローヌ・ヴィラージュ・ケラーヌ
コート・デュ・ローヌ・ヴィラージュ・ラストー
コート・デュ・ローヌ・ヴィラージュ・ロア
コート・デュ・ローヌ・ヴィラージュ・ルセ=レ=ヴィーニュ
コート・デュ・ローヌ・ヴィラージュ・パントレオン=レ=ヴィーニュ
コート・デュ・ローヌ・ヴィラージュ・セギュレ
コート・デュ・ローヌ・ヴィラージュ・ヴァルレア
コート・デュ・ローヌ・ヴィラージュ・ヴィザン
コート・デュ・ローヌ・ヴィラージュ・ローデュン
コート・デュ・ローヌ・ヴィラージュ・サブレ
コート・デュ・ローヌ・ヴィラージュ・サン=ジェルヴェ
コート・デュ・ローヌ・ヴィラージュ・シュスクラン
コート・デュ・ローヌ・ヴィラージュ・ボーム=ド=ヴニーズ
ヴァケラス
ジゴンダス
シャトーヌフ=デュ=パプ
リラック
タヴェル
コトー・デュ・トリカスタン
コート・デュ・ヴァントゥー
コート・デュ・リュベロン
コート・デュ・ヴィヴァレ
コート・デュ・ヴィヴァレ・オルニャック・ラヴァン
コート・デュ・ヴィヴァレ・サン=モンタン
コート・デュ・ヴィヴァレ・サン=ルメズ

ヴァン・ドゥー=ナテュレル

ミュスカ・ド・ボーム・ド・ヴニーズ
ラストー
ラストー・ランシオ

オー=ド=ヴィ

オー=ド=ヴィ・ド・マール・デ・コート・デュ・ローヌ
オー=ド=ヴィ・ド・ヴァン・デ・コート・デュ・ローヌ

ぶどう栽培地全図

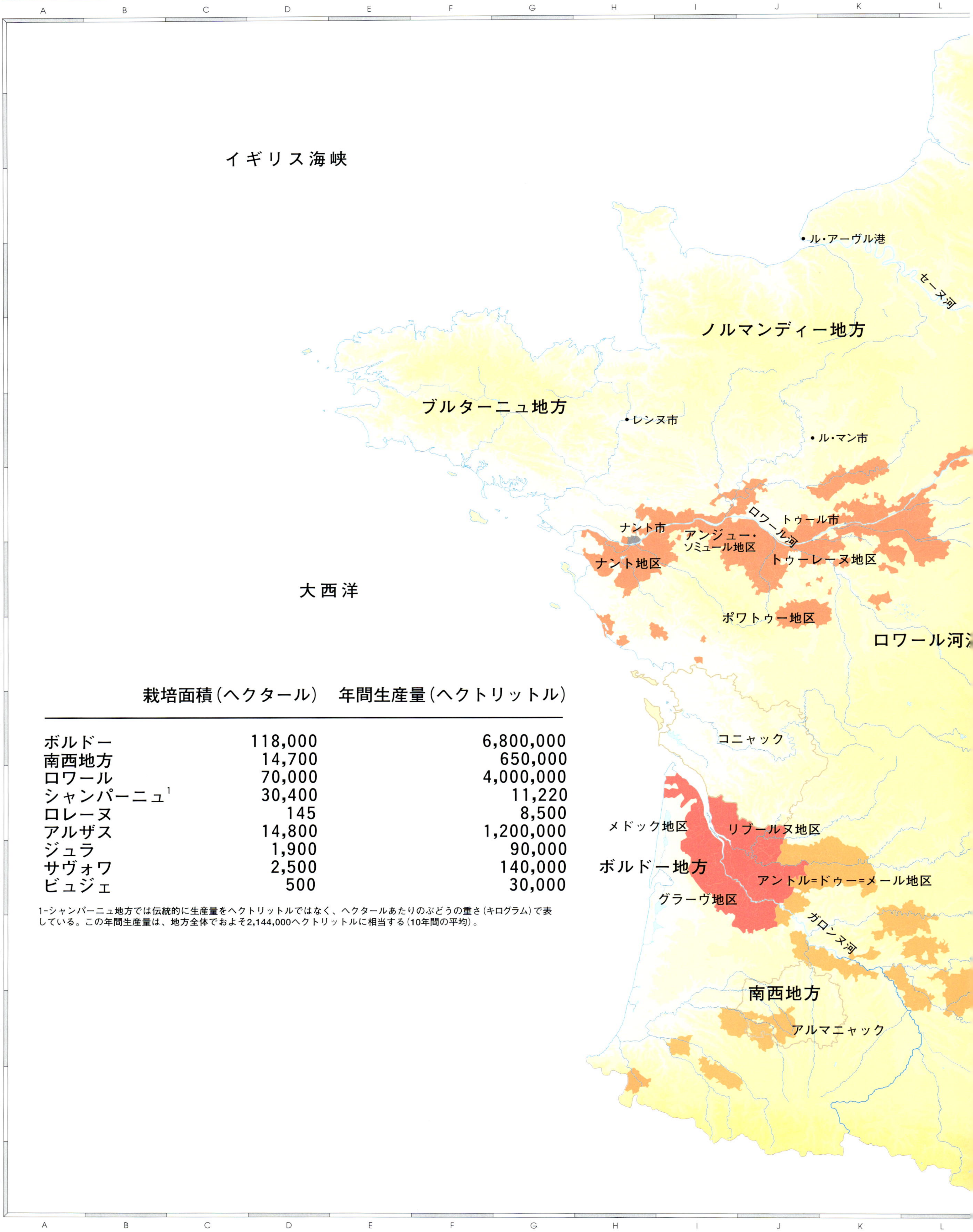

イギリス海峡

ノルマンディー地方

セーヌ河

・ル・アーヴル港

ブルターニュ地方

・レンヌ市

・ル・マン市

ロワール河
トゥール市
ナント市　アンジュー・
　　　　　ソミュール地区
ナント地区　　　トゥーレーヌ地区

大西洋

ポワトゥー地区

ロワール河

	栽培面積（ヘクタール）	年間生産量（ヘクトリットル）
ボルドー	118,000	6,800,000
南西地方	14,700	650,000
ロワール	70,000	4,000,000
シャンパーニュ[1]	30,400	11,220
ロレーヌ	145	8,500
アルザス	14,800	1,200,000
ジュラ	1,900	90,000
サヴォワ	2,500	140,000
ビュジェ	500	30,000

コニャック

メドック地区　リブールヌ地区
ボルドー地方　アントル=ドゥー=メール地区
グラーヴ地区
ガロンヌ河

南西地方

アルマニャック

[1] シャンパーニュ地方では伝統的に生産量をヘクトリットルではなく、ヘクタールあたりのぶどうの重さ（キログラム）で表している。この年間生産量は、地方全体でおよそ2,144,000ヘクトリットルに相当する（10年間の平均）。

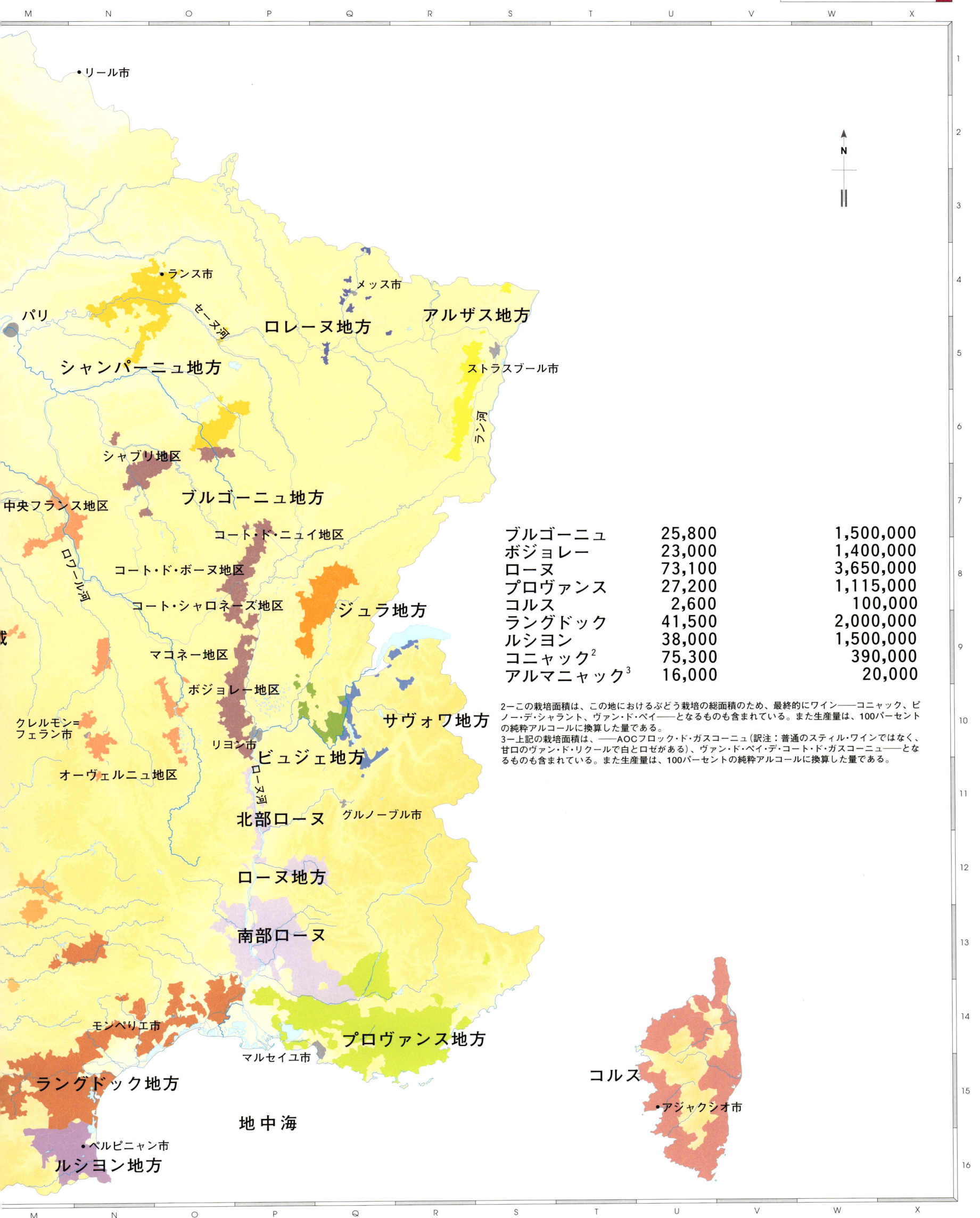

BORDEAUX
ボルドー地方

有名なボルドーの栽培地は、北緯45度線上に位置するジロンド県に広がる。温暖で湿潤な気候を背景に、世界に名だたる大銘醸を始め、幅広い酒質の赤、それに辛口、甘口の白などのワインを生んでいる。その上それらの多くはたいへんよく熟成する。

統計
栽培面積：118,000ヘクタール
年間生産量：6,800,000ヘクトリットル

■ ぶどう栽培の始まりとその来歴

1152年の、アリエノール・ダキテーヌと後にプランタジネット朝ヘンリー2世となる未来のイギリス王との婚姻は、ボルドー・ワインとイギリスの長い歴史の幕開けとなった。

ボルドーにおいてぶどう栽培は、1世紀にはおそらくケルト人蛮族のもとでおこなわれていたであろう。彼らが耐寒性のあるぶどう品種として選んだのはビテュリカ Biturica 種で、今日のカベルネ種の祖先にあたる。

12世紀、フランスと別れた女王アリエノール・ダキテーヌと、後に未来のイギリス王、プランタジネット朝ヘンリー2世との婚姻は、イギリスとアキテーヌ地方間のボルドー・ワインを含む商業中心の交易の始まりを意味する。この時代からイギリスはボルドー・ワインびいきとなり、現在にいたっている。

17世紀、蒸留のためにワインを買い付けるオランダ人が現れると、貿易は新しい時代を迎えた。

18世紀、アンティーユ諸島（訳注：西インド諸島）との交易における輸出は、フランス革命まで増え続けた。販売形態は樽から瓶へと移り、ロンドンの上流階級がボルドーの高級酒に慣れ親しんだのもこの時代のことである。

19世紀中頃にボルドーのぶどう園に深刻な大打撃を与えたうどん粉病は別として、ジロンド河左岸のシャトーにヒエラルキーを確立した有名な1855年の格付けが示すように、ジロンド県のぶどう産地はこの頃栄華を謳歌していた。

1865年から1887年にピークを迎えた産業革命は、ぶどう栽培にまで影響を及ぼさなかった。

19世紀末になって、初めてボルドーは偽悪品が原因で相場が急落する大きな混乱に巻き込まれた。これを防ぐため、ジロンド県のぶどう栽培者達は1911年にアペラシオン区域を策定し、法令にもとづく体系を編み出したが、これは1936年、全国原産地名称研究所 INAO から正式に承認されることとなった。

また、1855年の格付けを補うように、メドックのクリュ・ブルジョワが1932年、サンテミリオンのグラン・クリュ・クラッセとクリュ・クラッセが1954年、同じくグラーヴのクリュ・クラッセが1959年、それにメドックのクリュ・アルティザンが1994年、というような、新しい格付けが設けられた。

■ 産地の景観

ジロンド県の地形は、ジロンド河の湾状の河口を地理的境界線として、大きく様子の異なる2つの地域に分けられる。

大西洋沿岸地域に位置するボルドーの栽培地は、西と東では異なった地理的状況を見せている。

河口の西側では、海に向かってやや下り気味の広大な台地に、有名なメドックや、グラーヴ、ソーテルヌといった産地と、大西洋とぶどう産地を隔てる非常に広大なランドの森が広がっている。

サンテミリオンとポムロールを含む東側は、より高低さのある起伏に富んだ地形であるが、急な斜面はなく、標高も100メートルを超えることは珍しい。

ガロンヌ河とドルドーニュ河の2つの大きな水路によって、ボルドーの水系は構成されている。2つの河は合流して大西洋にいたる前に、ジロンド河として湾状の河口を形成している。他にもあちこちに流れる小河川が、ぶどう畑の水捌けに効果的な役割を果たしている。

■ 気候

北極と赤道の中間にあたる北緯45度に位置するボルドーのぶどう産地は、海洋性の温暖な気候の恩恵を享受している。

メキシコ湾流の影響で、カリブ海からの暖流がアキテーヌ地方沿岸に沿って流れていて、気候は温暖で寒暖の差も緩やかである。さらにランドの広大な松林は、衝立となって西風からぶどう畑を護ると同時に、気温の変動を緩やかにする機能と湿度を保つ役割も果たしている。

温暖な気候にありながらも、ぶどう栽培者たちにはぶどうの生育サイクルの初期に降りる春霜や、結実期――開花期の次の段階――に結実不良を惹き起こす冷雨、実を結んだぶどうに大きな被害を与える雷雨・雹等々の不安材料がある。

■ 地質と土壌

全体にボルドーは、大きな造山運動の影響を受けておらず、堆積層からなる地質も時代が新しく、ほとんど水平である。

第三紀末期のアルプスとピレネーの褶曲の様々な余波が、この地方を北西から南東へと横切る地層撓曲を惹き起こしたことに注意しておかねばならない。この撓曲は大きな河川の元となったばかりでなく、ひいてはジロンド河の右岸と左岸に見られる非対称性の要因ともなった。また上の理由からとりわけ様々な第三紀の地層が地表に露出し、ぶどう栽培地のなかに見られるのである。

アペラシオンの色別・タイプ別リスト

- バルサック
- ブライ
- ボルドー
- ボルドー・クレーレ
- ボルドー・コート・ド・フラン
- ボルドー・オー・ブノージュ
- ボルドー・ムスー
- ボルドー・ロゼ
- ボルドー・セック
- ボルドー・シューペリュール
- カディヤック
- カノン・フロンサックまたはコート・カノン・フロンサック
- セロン
- コート・ド・ブライ
- コート・ド・ボルドー・サン＝マケール
- コート・ド・ブールまたはブールまたはブールジェ
- コート・ド・カスティヨン
- クレマン・ド・ボルドー
- アントル・ドゥー・メール
- アントル・ドゥー・メール・オー＝ブノージュ
- フロンサック
- グラーヴ
- グラーヴ・ド・ヴェール
- グラーヴ・シューペリュール
- オー＝メドック
- ラランド・ド・ポムロル
- リストラック・メドック
- ルーピアック
- リュサック＝サンテミリオン
- マルゴー
- メドック
- モンターニュ＝サンテミリオン
- ムーリザン・メドック
- ネアック
- ポイヤック
- ペサック・レオニャン
- ポムロール
- プルミエール・コート・ド・ブライ
- プルミエール・コート・ド・ボルドー
- プルミエール・コート・ド・ボルドー*
- ピュイスガン＝サンテミリオン
- サント＝クロワ＝デュ＝モン
- サント＝フォア＝ボルドー
- サンテミリオン
- サンテステフ
- サン＝ジョルジュ＝サンテミリオン
- サン＝ジュリアン
- ソーテルヌ
- 赤
- 辛口白 (1)
- 甘口白 (2)
- 発泡 (3)
- クレーレット
- ロゼ

(1) 1リットルあたりの残糖が4グラム以下
(2) 1リットルあたりの残糖が4グラム以上
(3) 白とロゼ
* コミューン名があとにつく

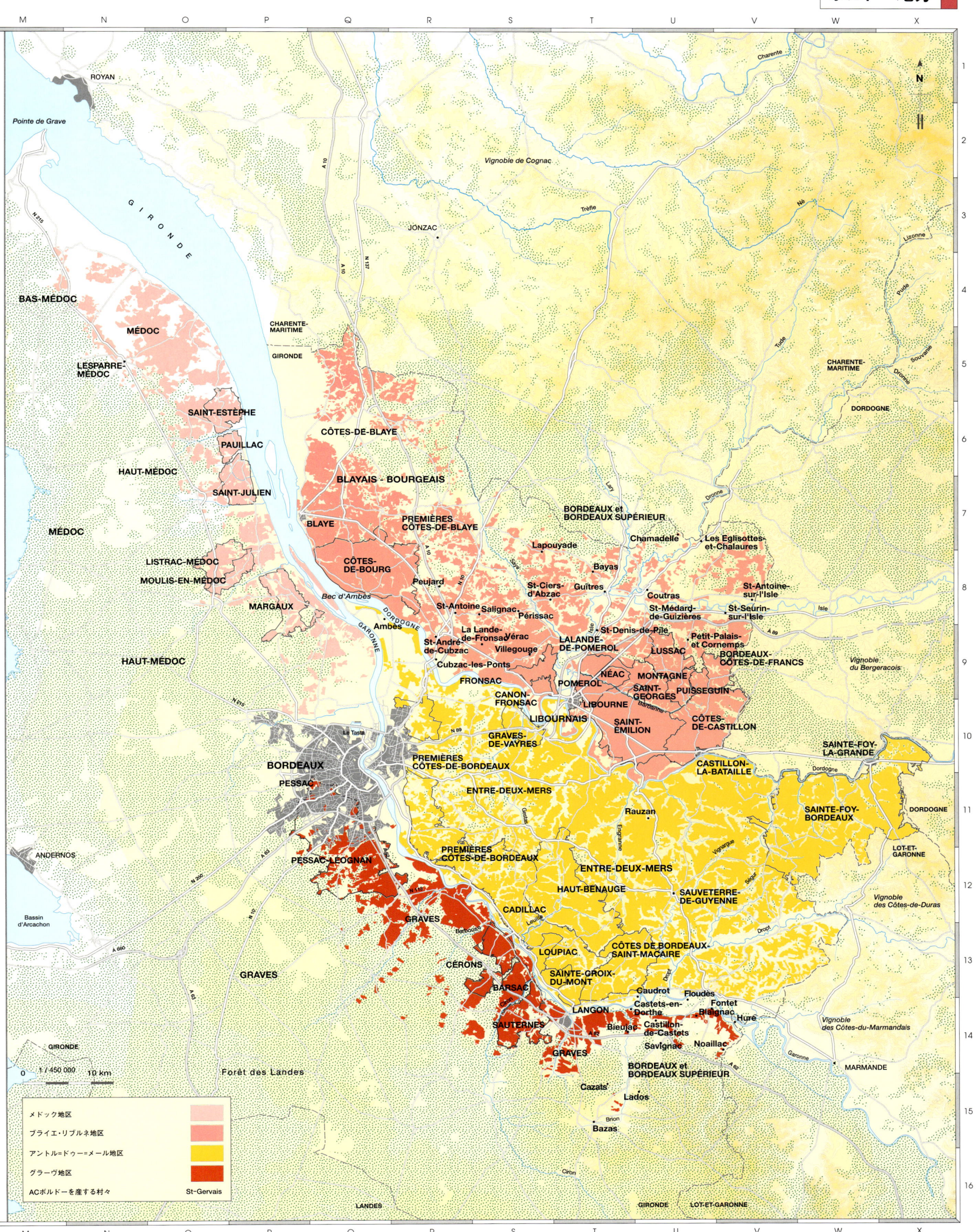

ボルドー地方

もっとも古い地層は第三紀始新世中期の5000万年前まで遡れるが、主としてジロンド河の右岸に見られ、メドックでも認められる。これがルテシア階のブライユ泥灰岩とブライユ石灰岩で、他にもレディ階のプラサック石灰岩、リュード階のサンテステフ石灰岩が見られ、サンテステフを過ぎて南に下ったリストラックやムーリス周辺のぶどう畑は泥灰岩質になってくる。

3540万年前から2330万年前の漸新世の地層は、ジロンド県のなかで非常に広範に見られる。

・フロンサックのサンノワ階のモラッセは、リブルネ地区——フロンサック、サンテミリオン、サンテミリオン衛星地区——の丘陵全域で見られる。この崩れやすい堆積岩は、粘土を多く含んだ石灰質土壌を生み出している。この地域の地質や土壌の状況は水捌けがよいため、ぶどう樹の根付きも良好で、植樹を可能にしている。東に向かうと、古くは「ペリゴールの砂と粘土」と呼ばれた硬い地層に変わる。

・ボルドー地方における伝統的な建築石材となるスタンプ階のヒトデ石灰岩は、ブール・シュル・ジロンド、アントル゠ドゥー゠メールの様々な場所だけでなく、ガロンヌ河左岸のバルサックや、さらに局地的にはグラーヴやメドックと、あちこちで見られる。この地層の上のあるサンテミリオンの薄い地層は、バランスがとれ、組織と豊富な石灰質を含む優れた土壌となっている。

・フランス南西部アジャン地方のシャッティ階のモラッセは、通常泥土が豊富なために緻密ではない。ボルドー地方ではアントル゠ドゥー゠メールに特に多く見られる。

以上の地層、特にアジャン地方のモラッセは、その多くが侵蝕され、一部はピレネー山地や中央高地から流れ出た河川の堆積物で覆われている。

また、500万年前の鮮新世の「細礫混じりの粘土」は、コート・ド・ブール、プルミエール・コート・ド・ボルドー、アントル゠ドゥー゠メール、ならびにジロンド河左岸のぶどう栽培地西部で見られる。

粗い組織の沖積土が大量に出現するのは、大河が形成されるのと同時期の、160万年以上前の第四紀のことである。イール沖積層——サンテミリオン北西部、ポムロール、ラランド・ド・ポムロール——と、ドルドーニュ沖積層——サンテミリオン南部、グラーヴ・ド・ヴェールそして特にオー゠メドックやグラーヴ、ソーテルヌの基盤を構成しているガロンヌ河左岸——がこれにあたる。やや酸性で、風と地表を流れる雨水の作用でクループ毎に分かたれた栽培地は、土壌は厚いが通気性はよく、ぶどうの根を深く張りやすくしている。

他に新しい時代の堆積物があり、第三紀堆積物を一部覆っている泥土や、ぶどう栽培には適さないが、時にガロンヌの礫・砂質沖積土を覆っている「ランドの砂」がこれにあたる。

地質とワインの結びつき

ボルドー地方でこの関係を明らかにするのは容易ではない。ボルドーの名だたる赤ワインを生みだす畑のぶどうのほとんどは、珪質の第四紀礫・砂質沖積土で栽培されている。この土壌をもつアペラシオンとしては、オー゠メドックの60あまりのグラン・クリュ・クラッセ、ほとんど全てのグラーヴのグラン・クリュ・クラッセとなる13の赤ワインを産するぶどう園、さらにまた一部であるがサンテミリオンの2つのプルミエ・グラン・クリュ・クラッセや格付けはないがポムロールの様々なぶどう園があげられる。

しかしながら、これらの沖積土壌だけが最高の酒質を生むとは限らない。サンテミリオンを例に取れば、ヒトデ石灰岩やフロンサック地区のモラッセでも優れたワインは生まれるからである。

サンテミリオンの13あるプルミエ・グラン・クリュ・クラッセのうち8つは、石灰質とモラッセが混じった土壌に分散している。ポムロールのいくつかの著名なクリュについても、区画によっては、原因は不確かであるが間違いなく漸新世の非常に粘土質の多い堆積上にある。

同じ母岩上で異なるタイプのワインを生んでいることも、これを証明する好例であろう。オー゠メドックとグラーヴの赤ワイン、グラーヴの白ワインとソーテルヌの甘口がこれにあたる。同じことは、ヒトデ石灰岩の土壌を持つサンテミリオンの赤やグラーヴの白ワインのいくつか、またバルサックの甘口白ワインについてもいえる。

他の土壌タイプについても同様なことがいえる。レンジナから、茶色の石灰質もしくはカルシウム質土壌、または茶色レシヴェ土、もしくはレシヴェ酸土を経て、ポドゾルへと進んでゆく多様な土壌でさえ、赤でも白でも非常に優れたワインを生むことは可能だからである。

強調しておかなければならないのは、最上のワインを生んでいる土壌でも、以前からぶどうが栽培されていなかったならば、今日ボルドーでもっとも華々しいぶどう園とされているところのいくつかは、アペラシオンの区域からもはずされてしまっていた、ということである。それは端的にいえば水捌けのよくない土壌も見られるということである。ポムロールのいくつかのシャトー、グラーヴのシャトーひとつ、ソーテルヌの有名ぶどう園の多くがこの土壌である。

■ ぶどう品種

赤ワイン用に6品種、白ワイン用には8品種がボルドー・ワインの生産に関する政令に記載されている。地域とアペラシオンによって、用いる品種とその割合には変化が見られる。

赤ワイン用品種

メルロ Merlot ボルドーでもっとも多く栽培されている品種である。その面積は、赤ワイン用作付け面積111,000ヘクタールのうち65,000ヘクタールで、6割近くを占めている。

特にリブルネ地区全域に多く見られ、13,000ヘクタールのうちの9,800ヘクタール、つまり栽培面積の4分の3以上を占めている。この割合はサンテミリオンとその衛星地区も同様である。ポムロールでは80パーセント、フロンサックでは85パーセントにも達し、両地区が粘土質主体の土壌であることを証明している。

メドックの産地では、カベルネ・ソーヴィニヨン種に主要品種の座を譲るが、それでも16,350ヘクタールのうち7,000ヘクタールと、43パーセントはメルロ種が栽培されている。メルロが多いのはリストラックの57パーセント、ムーリスでも47パーセントを占めており、こちらも土壌に粘土質が多く含まれていることを示している。同じ理由でサンテステフも40パーセントと多い。ポイヤックとサン゠ジュリアンでは30パーセント以下、マルゴーでは35パーセントを少し上回る割合で植えられている。

その他の赤ワインを産出している地区では60パーセント近くになり、グラーヴでは53パーセント、ペサック゠レオニャンでも46パーセントという割合となっている。

メルロは様々なタイプの土壌に適応する、柔軟性のあるぶどう品種だが、礫質土壌では早く熟すため、過熟のリスクに対処しなければならず、収穫日の設定は重要な要素となる。反面、ポムロールやリストラックのような粘土質土壌、またはもっと一般的に第三紀層が地表に露頭しているような土壌では、素晴らしい個性を発揮する。

ボルドーのテロワール

ボルドー地方

カベルネ・ソーヴィニヨン Cabernet Sauvignon

ボルドー全域で栽培されており、その面積は30,000ヘクタールに近く、赤ワイン用品種のなかでは27パーセントを占めている。

栽培比率が5割を超えるメドックでは、まさに「ぶどう品種の王様」である。ポイヤックとサン＝ジュリアンでは65パーセントに迫り、なかでもクリュ・クラッセのある第四紀の礫質クループでは7割から8割にまで達する。グラーヴでも盛んに栽培されており、作付け面積は全体の37パーセントにあたる1,000ヘクタールにおよぶ。メルロ種が主体のペサック＝レオニャンでも5割近く、605ヘクタールに上る。

それに対し、リブルネ地区では7.5パーセントと少なくなり、サンテミリオンでは6.5パーセント、ポムロールでは4.2パーセントが栽培されているに過ぎない。上記以外のボルドー産赤ワインのアペラシオンでは22パーセントを占めている。

固化の度合いが低く、熱くなりやすい土壌で栽培される必要のある晩熟型のぶどう品種のため、砂礫質土壌がそのポテンシャルを発揮させるのにもっとも向いている。反面メルロ種とは対照的に非常に気紛れなぶどう品種で、どのような土壌でも適応するというわけではない。

カベルネ・ソーヴィニヨン種からつくられたワインは、熟成すると複雑味と豊満さが増し、香り豊かで偉大なコクを備えるものとなる。その特有のタンニンは、豊かで品位のある味わいを特徴付ける。

カベルネ・フラン Cabernet Franc

ボルドーではときにビデュール Bidure 種と呼ばれることがある。14,000ヘクタール以上で栽培され、この地の赤ワイン用品種では約13パーセントを占めている。

メドック地区ではあまり栽培されておらず、栽培面積の4.5パーセント、745ヘクタールに過ぎない。また8つの各アペラシオンでの比率もほぼ一定している。

対してリブルネ地区では赤ワイン用としては17パーセントと作付け割合が高くなる。耕作面積のおよそ20パーセントをカベルネ・フランが占めるサンテミリオンではブーシェ Bouchet 種とも呼ばれ、歴史あるぶどう品種のひとつである。4.5パーセントのペサック＝レオニャンと同様、グラーヴでも8パーセントと、ほとんど見られない。

カベルネ・フラン種は、たいへん粘土の多い土壌もしくは粘土質層の下盤をもつ砂質の土壌を好む。また、メドックの土壌では、リブルネ地区などにはぶどう品種の特性が現れない変則的な品種でもある。

カベルネ・フラン種からつくられるワインはカベルネ・ソーヴィニヨン種に近いタイプのものとなるが、較べるとカベルネ・ソーヴィニヨン種より、色は薄くタンニンも弱いが、よく熟成する。

コットまたはマルベック Cot, Malbec

かつてリブルネ地区およびサンテミリオンで「プレサックの黒」と呼ばれていた、もっともすぐれた品種のひとつであったこのぶどうは、今日ボルドーの赤ワイン用の割合では0.9パーセントを占めるに過ぎない。

この品種はサンテミリオンの石灰質土壌の台地から、色濃く、タンニンの多い豊かなワインを生んでいたが、天候の影響をうけやすいぶどうなため、フィロキセラというよりはむしろ、1956年の大寒波で致命的な打撃をこうむった。それ以降、飲みやすく、ごく若いうちから愉しめるワインとなるメルロ種に、コット種は植え替えられた。

プティ・ヴェルド Petit Verdot

プティ・ヴェルド種は付け足しのようにとらえられがちだが、作柄のよくない年には利用価値がある。他のぶどう品種に欠ける色やタンニンを、自己主張することなくワインに付与する。しかし現在のところ、ボルドー全体における面積は420ヘクタールで、0.4パーセントを占めるに過ぎない。

もっとも盛んに栽培されているメドックでは、昔はパリュスだけに栽培が限られていた。成熟はカベルネ・ソーヴィニヨン種よりも少し遅く、毎年熟するとは限らないので評判はよくない。プティ・ヴェルド種は水分を得やすい土壌――砂利混じり粘土質、粘土質など――を好む。

カルムネール Carmenère

ボルドーでは歴史の彼方に追いやられてしまったぶどう品種。フィロキセラ禍以前はメドックで栽培され、名声を誇っていた。濃い色調としっかりとしたボディ、カベルネ・フラン種よりきつくないタンニンが、卓越した酒質のワインを産することで知られていた。

虚弱で収量の少ないこの品種は、フィロキセラ禍の後、再び植樹されることなく見捨てられてしまった。現在、再植の動きはあるものの、7ヘクタール――赤ワイン用作付け面積の0.1パーセント――で栽培されているに過ぎない。

🍇 白ワイン用品種

セミヨン Sémillon ボルドー全体で8,500ヘクタール以上にわたって栽培されており、これは白ワイン用品種の約55パーセントに相当する。

甘口ワインの産地では7割を超える主要品種で、なかでも高級甘口ワインを生むソーテルヌとバルサックでは約9割に達するものの、辛口白ワインの生産地では4割ほどを占めるに過ぎない。上記からも分かるように、ボルドーの甘口ワインの評価を高めているのは、ボトリティス・シネレア菌が付着しやすいこのセミヨン種である。

この品種から出来るワインが繊細で酸味の穏やかなことは、辛口と同じように甘口でも、酸味を補うためにソーヴィニヨン・ブラン種とアサンブラージュされることからも頷ける。

ソーヴィニヨン・ブラン Sauvignon Blanc ボルドーの白ワイン用ぶどう品種の33パーセントを占め、5,000ヘクタール以上で栽培されている。4分の3以上が辛口ワイン、残りは甘口を生んでいるが、その栽培比率はアペラシオンによって様々である。

概してソーヴィニヨン・ブラン種からつくられたワインは繊細で香り高いものとなる。貴腐菌は付きにくいが、セミヨン種やミュスカデル種主体の甘口ワインの酸味を補うためにも用いられる。

ミュスカデル Muscadelle ボルドーでは1,000ヘクタール以上で栽培され、白ワイン用ぶどう品種の7パーセントを占めている。4分の3以上は辛口ワインのアサンブラージュに、残りは甘口ワインに用いられる。しかし、その割合はバルサックで3.5パーセント、ソーテルヌで3パーセント以下でしかない。

ミュスカデル種からつくられるワインは、優しいマスカットのアロマが印象的な、たいへん香り高く豊かな甘口である。

ユニ・ブラン Ugni Blanc アペラシオン・ボルドーを名乗る産地で約650ヘクタールほど栽培されているが、そのうち400ヘクタールはブライエ地区に集中している。軽やかで酸味の強いワインを生むのが特徴である。

コロンバール Colombard 栽培面積250ヘクタールで、白ワイン用品種の約2パーセントにあたる。ブライエ地区がそのほとんどを占めるが、アントル＝ドゥー＝メールでも少量が見られる。酸味があってアルコール分の少ないワインを生む。

その他の白用ぶどう品種 メルロ・ブラン、モーザック、オンドンの各品種も認められているが、それぞれを合わせても栽培面積は100ヘクタールほどである。メルロ・ブラン種はあまり質がよいとはいえず、あとの2つはボルドーというより南西地方、特にガイヤックで栽培されている。

■ ボルドーの気候条件とヴィンテージ

ボルドーでは年によって気候条件が大きく異なる。同じようなワインを二度と産することができないのはこのためである。

多くの研究者たちが、年毎の気象条件とワインの質との関係を論理的に関連付けようと努めてきた。J.リベロ＝ガヨンとエミール・ペイノーによると（1960）、伝統的なぶどう品種で良好な収穫を得るには、4月から9月末までに以下の条件が必要となる。

- 平均気温の積算が摂氏3,100度以上
- 真夏日（最高気温が30度以上）が15日以上
- 降雨量が250ミリメートルから350ミリメートル
- 日照量が1250時間以上

上の観察から2人は、ヴィンテージにおける成功と見なされる酒質、積算した平均気温から降雨量の合計を引いて得られる値のあいだに、相関関係が存在することを示した。

年	A 平均気温の合計	B 降雨量 (mm)	差 A−B	ヴィンテージの評価
1927	3085	467	2618	悪い
1929	3267	225	3042	卓越
1932	3038	677	2361	悪い
1937	3221	382	2839	非常によい
1946	3061	261	2800	平均
1947	3478	259	3219	卓越
1954	2904	311	2593	平均以下
1955	3247	375	2872	非常によい
1961	3295	214	3081	卓越
1968	3107	458	2649	平均以下
1972	2900	339	2561	平均
1975	3250	362	2888	非常によい
1982	3331	289	3042	卓越
1984	3112	423	2689	平均
1990	3472	319	3153	卓越
1992	3325	557	2768	平均

ヴィンテージの質と、気象条件、ヴィンテージの評価の関係。数値はタステ＝ロートンによる。

Médoc
メドック

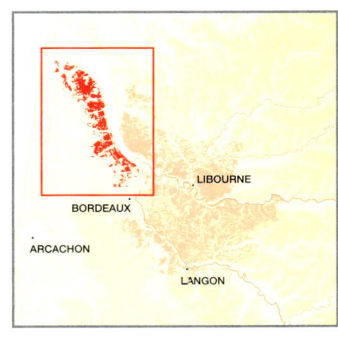

メドックは、東はボルドー市から10キロメートルほど北、ガロンヌ河がジロンド河と名前を変えるあたりからジロンド河口のポワント・ド・グラーヴまで、西は大西洋までの領域とされている。南のブランクフォール水路から、北のアルカション湾まで、全体は三角形の半島の形をしている——メドックとはラテン語で水の真ん中「イン・メディオ・アクア」の意——。

■ 産地の景観

メドックでは緩やかな丘陵と標高の低い台地に、河を臨むぶどう畑が広がっている。

メドックのぶどう栽培地は、幅5から15キロメートル、長さ約70キロメートルという鋭角三角形のかたちをしていて、湾状のジロンド河口に沿って約16,000ヘクタールの広さがある。このような形状となっているのは、地形の形成期に河口堆積の恩恵をうけた、ぶどう栽培にきわめて適している砂礫主体の地質が帯状をなしているためである。

クループと呼ばれる、標高が低く緩やかな台地の広い頂部でぶどうは栽培されている。ぶどう畑のすぐ西に広がる、ガスコーニュ地方のランドの森から南へ連なるメドックの荒地は、砂質・親水性土壌で残念ながら高級ワインの産地には適してはなく、松林やトウモロコシがもっぱら育成されている。

■ 気候

メドックの気候は、水が豊富で湿潤であることが特徴である。この湿度が寒暖の差を穏やかにし、日光も和らげてくれる。

ボルドーの気温は年間を通して穏やかで、年間の最低気温の平均が摂氏7.8度、また同じく年間の最高気温の平均は17.5度である。気温がマイナス15度から20度に達するような冬の厳しい寒さは稀であり、また真夏でも気温が35度を超えることは稀である。

ゆっくりと暖まりゆっくりと冷える大西洋に加え、大きなジロンド河口の豊かな水は、年間の気温の振幅を抑える決定的な要因となっている。一方で日々の水の蒸発は、日中の日射を一部遮り、夜間は逆に熱の一部を輻射して、一日の気温の高低さを小さくするのに寄与している。

ぶどう畑の近くまで迫った広い松林も、葉から水分を蒸散させて同じような役割を果たしている。つまり、日光は雲霧によってしばしば適宜遮られているのである。

降雨量は年間938ミリメートルと多く、また年間を通じて一定である。メドックは、世界の銘醸地のなかでぶどうの成熟期にもっとも雨の多い産地のひとつではあるが、1985年から86、89、90、95、2000、01年といった年には長期にわたる無降雨を記録してもいる。また、大気中の相対湿度は年間平均で81パーセントと高い。

他の多くのワイン産地とは対照的に、メドックのぶどう畑の地形は比較的平坦であるため、高低差や日照における畑の向きの条件がよくても、メドック独特の気候のなかでは、それほど大きな相違点は見出せないことを強調しておきたい。

とはいえやはり、ジロンド河に面している部分は、窪地よりも有利な条件を享受していて、朝方の霜と、その他ぶどう栽培にとって不都合な状況から護られる利点もある。

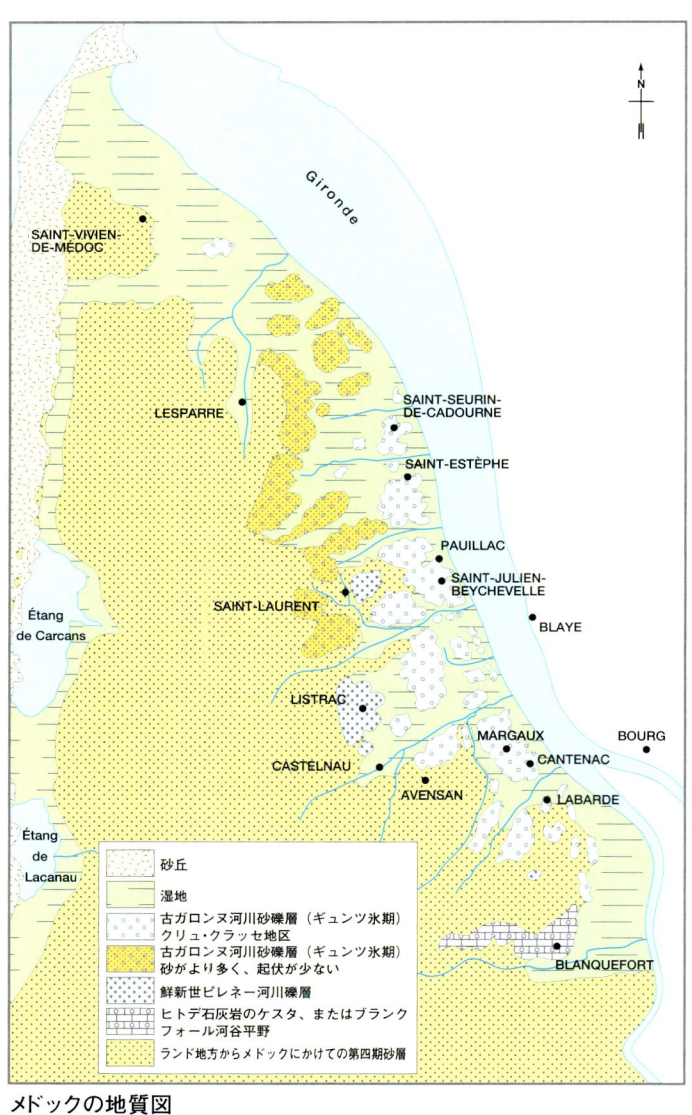

メドックの地質図

■ 地質

沖積層が多い点と地形的な観点から、メドックは一見単調なテロワールのようだが、実際は多様な地質から構成されている。

メドックは、アキテーヌ盆地の西部を形成する自然な延長部分である。メドックの標高は最も高いところでも43メートルと低く、沖積層を主とする地層はこの地区の地勢が多様性を欠くと思わせる。実際のところ、この地域の地形は、多くの地史を秘めたこの地区の地質的背景を表すには不十分である。

古生代基盤 1,400メートルから2,500メートルと様々な深さに存在する。シャラント地方やペリゴール地方では中生代の被覆層を明らかにともなって露出しているが、メドックでは露出していない。

第三紀基盤 メドックは、第三紀全般にわたり徐々に沈降し、この時代の様々な時期に堆積した地層のジロンド向斜の一部になっている。しかしながら、ジロンド河やガロンヌ河下流の窪地の3つの第三紀主要石灰岩層は向斜ではなく侵蝕による露出である（p.28地質断面図参照）。これら3主要石灰岩層は、それぞれ以下の通り。

• ブラーユ石灰岩——始新世中期——、リストラックやクケクで露頭が見られるブラーユ石灰岩は、場所によりクケク石灰岩、ヴァレイラック石灰岩、ベガダン石灰岩等の名前がついている。

• サンテステフ石灰岩——始新世前期——、サンテステフ、ポイヤック、サン＝ジュリアン、リストラックで露頭が見られる。

• ヒトデ石灰岩——漸新世中期——、リストラックまたはポイヤックの西、サン＝ソーヴル、ヴェルティーユとシサックで見られる。

これらの石灰岩は、それぞれその上部の石灰岩と接する部分に泥灰石質、粘土質、砂質の堆積物が介在することによって、それぞれ分離されている。メドックの土壌のもととなる主要石灰層は、このようにして第四期の沈降以前に第三紀によって形成されている。

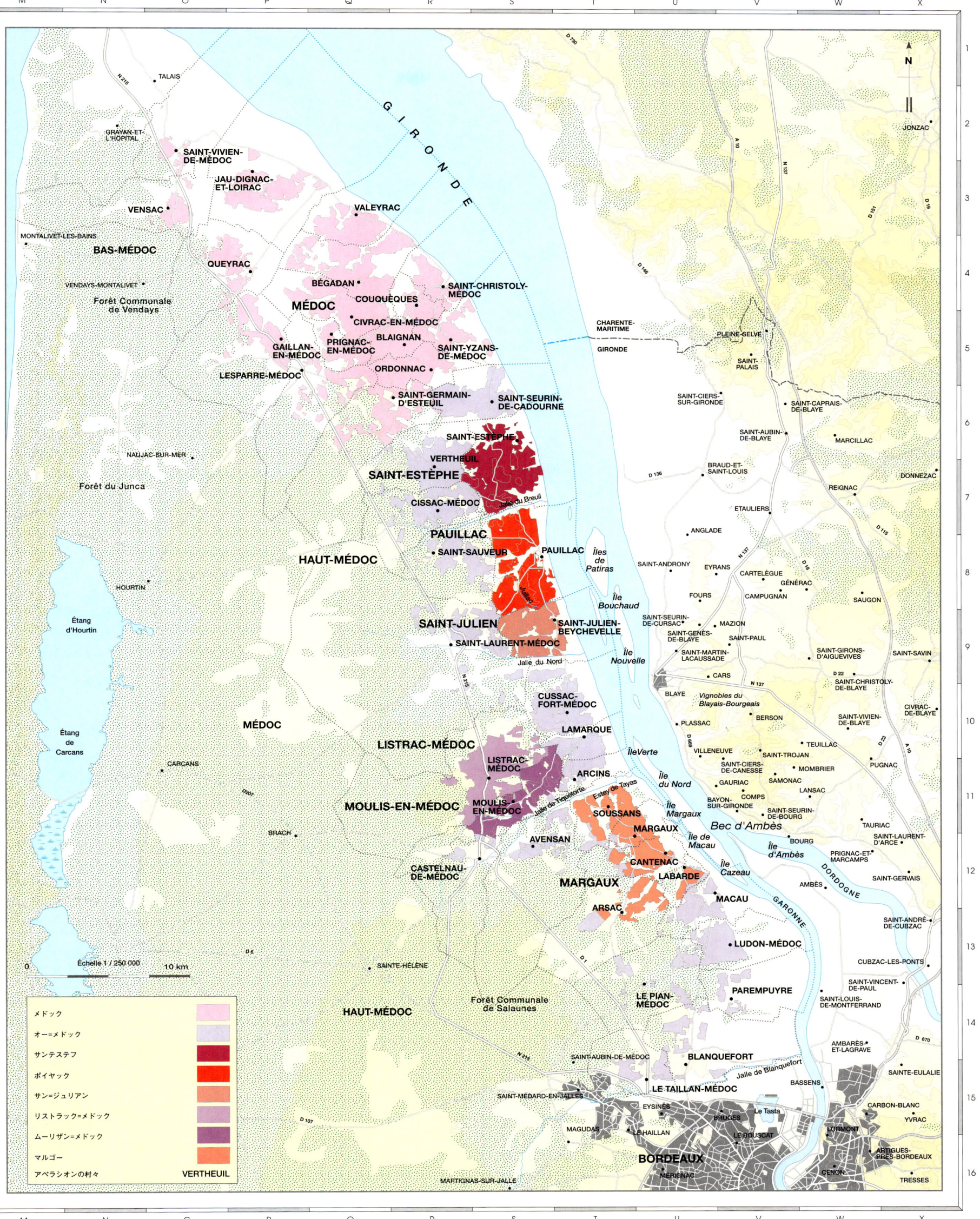

ボルドー ◆ メドック

結局この基盤は脆い——泥土、粘土、砂——か、耐性に欠けて——石灰質の堆積物は通常薄い——いて、侵蝕に弱い性質を示す。

メドックの第三紀基盤層の特徴のひとつとして、海からの堆積と河からのそれが複雑に交叉する条件下にあるため、堆積物が非常に多彩であることがあげられる。

第三紀末期とピレネー河川礫層
中新世の末期、多くの場合強く変質したり若干固化した第三紀層を水面上に表しながら海は後退していった。第三紀初期の鮮新世のあいだに、ピレネー山脈の侵蝕によって生じた莫大な岩屑の塊が、堆積層となってピレネー河川砂礫層と呼ばれる古い礫の段丘を形成しながらジロンド河流域に流れてきた。これは、黄色い砂岩のガレ——河原等にある大小の丸石——や、白色石英、黒リディア石——黒色形質岩——で構成された粘土砂質の古い砂礫である。

第四紀黎明期とガロンヌ河川礫層
更新世のあいだに、のちにドルドーニュ河とガロンヌ河となる大河が、沖積段丘となる砂、礫、ガレを押し流した。この岩屑の堆積物は、メドック全域を覆いつくした。一部は侵蝕によって除かれたにもかかわらず、現在も表土の9割を占めている。

この岩屑物は、変質に対して非常に強い耐性がある。岩石学的構成は、石英と硅岩が大部分であるが、特にペリゴールを起源とするシレックスも混じっている。また、多くがピレネーを起源とする黒リディア石が混じっていることも付記しておきたい。

土砂は、ピレネー山脈から数百キロメートルにわたってとりわけ急流や、もう少し長さ距離は短いが中央高地から流れ出る河川にとって押し流された。山塊をも隆起させた造山運動による地殻構造の波がメドックを沈降させたときに、ピレネー山脈ともう少し長さは短いが中央高地からの数百キロメートルにわたる強い水流によって、土砂は運ばれた。この作用はメドックの第三紀堆積物に、一方で谷などを刻むのに、また一方で礫の層で覆うのに効を奏した。

要するにこの沖積堆積物は、複数起源の砂礫層の堆積によってできたものである。以下のように区別することができる。すなわち上部から

• ガロンヌ河川砂礫層、ギュンツ氷期——古第四紀、更新世下部、約120万年前——。ピレネー河川砂礫層露出地域よりも河口に近く、その土壤はメドックの上質ぶどう園の多くを擁している。古い礫層よりも痩せている。

• ミンデル氷期、リス氷期、ウルム氷期の礫が、更新世中期・上期——70万年から1万年前——に堆積した沖積層。この層は、メドックでは大部分が侵蝕されてしまい、今日ではあまり見られない。

同じく第四紀中期のあいだに、気候の寒期と暖期の繰り返しが惹き起こした地滑り現象によって、多様な沖積層が、現在見られるクリュペとなって出現した。2つのクリュのあいだに見られる裂け目は、もとの砂礫段丘に対する、水流による侵蝕の結果でもある。

砂の侵入
更新世末期のリス氷期に、ランド台地を覆っていた砂が西風に乗ってジロンド地方に侵入した。幸いなことに、メドックの多くの礫質クリュは埋没を免れた。

第四紀現世沖積土
砂礫のクリュ全てのふもとまで進入した、フランドル海進——完新世、1万年前——による泥土と砂質粘土の堆積物である。この堆積物は、砂礫のクリュを分断するとともに、囲い込みもした。また、ジロンドでいうパリュスを形成し、この肥沃な土地でもぶどうは栽培されているが、それほど上質ではないワインを生む土壤のアペラシオンはACボルドーかACボルドー・シューペリュールとなっている。

砂の侵入とメドックの洪水は、結果としてぶどう栽培に使用できる面積をかなり減少させてしまった2つの重要な現象である。

■ 土壤

メドックでは、「ランドの砂」と呼ばれる高地の砂地と、北に広がるフランドル低地のあいだの帯状となった砂礫のクループのみにぶどうが栽培されている。

メドックには2つの大きなタイプの土壤がある。

第四紀初期、第四紀礫質沖積層のなかで発達した土壤
メドックの著名な赤ワインのクリュの多くは、ギュンツ氷期の砂礫質沖積土の上にあり、オー=メドックの60を数えるクリュ・クラッセの土壤もこれにあたる。

これらは粘土質分のない礫質、ときにはポドゾルでさえある。全体の4割から8割を占めるふんだんな礫ゆえに、組織は粗く、通常、粘土と泥土はごくわずかしか含まれていない。

礫質土壤は、ふつう粘土質土壤に較べて湿気が少ない。同じ熱量を受けたとしても、礫質のほうが早く温まる。この性質は、メドックでもっとも多く見られるカベルネ・ソーヴィニヨン種のような晩生型のぶどう品種に特に適している。

メドックの礫質土壤でもっとも重要な特徴のひとつは、その大きな滲透性である。この滲透性は、ひとつは雨水を自然に排水するのに好都合な土壤の粗い組織、もうひとつは排出した水を河口に流す役割を担うジロンド河や小河川に帯状に沿うクループにぶどう畑が広がる原因でもある。

オー=メドックのクリュ・クラッセは総じて同じような条件下にある。差異としては、長いものは5メートルにも達するぶどうの根の深さである。同じく不圧地下水の存在によって、窒息する環境では生き延びることができない根はその成長が制限される可能性がある。ぶどう栽培に最適なのは、根が十分に入り込めるだけの深さがある土地である。すなわち低い丘の頂部、もしくは斜面である。

これらの土壤においてぶどうの水分補給は、雨水を迅速に流し出す天然の排水システムがあるために過剰ということはなく、また日照が続く年も、根が張っていった多量の土から補われるので水分が欠乏することはない。

結局、メドックの礫質土壤の優れた特徴、と同時に長所となっているのは、気候の変化、特にアキテーヌの海洋性気候特有の雨量の影響を抑える力である。砂礫のお蔭で、ぶどう畑は毎年ほぼ一定の生産量の恒常性を保っている。

肥沃で豊かな第三紀粘土質層の背斜もしくは斜面下部に発達した肥沃な土壤
メドックのぶどう園の多くは、第三紀層の露出箇所に植えられたぶどう樹の区画を若干所有している。多様な岩相は、この層から生まれた土壤が極めて複雑であることを物語っている。礫質土壤とは対照的に、小石や礫はほとんど存在しない。土壤の粒子の細かい構造は、粘土、泥土、砂で構成され、比率は土壤によって大きく異なる。また、ぶどう樹への水分補給に優れ、なおかつ過多ということもない。これらの土壤は、一般的に保湿に優れ冷涼である。この土壤は、カベルネ・ソーヴィニヨン種より、メルロやマルベック種のような早生なぶどう品種に適している。

メドックではいくつかの例外を除いて、このタイプの土壤はその出来上がるワインの質からみてぶどう栽培に最適な土壤ではない。

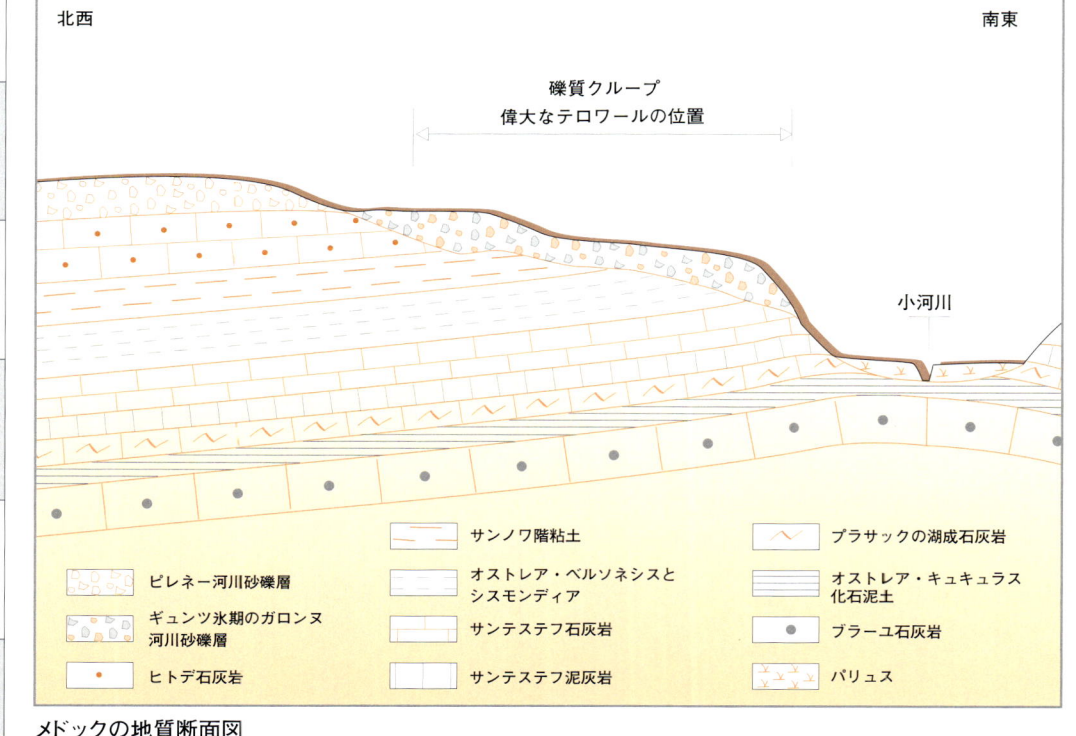

メドックの地質断面図

ボルドー ◆ メドック

🍇 ぶどう品種

5種類の赤ワイン用ぶどう品種がメドックでは栽培されている。ここではカベルネ・ソーヴィニヨン種が王様であり、主にメルロ種がこれを補助する。

カベルネ・ソーヴィニヨン種 メドックでもっとも広く見られるぶどう品種で、栽培面積の54パーセントを占めているが、クリュ・クラッセのぶどう畑のある第四紀の礫質クループにいたっては、8割にまで達することもある。カベルネ・ソーヴィニヨン種が生む豊富なタンニンと香り高さに満ちたワインは、熟成を経るとその魅力を増大させ、また、本来気紛れなこのぶどう品種は好条件下で栽培されると、非常な複雑味をワインに付与する。

メルロ種 フルーティーで肉付きのよいワインを生む。また、カベルネ・ソーヴィニヨン種より柔らかく、しばしばボディも軽くなる。このため、カベルネ・ソーヴィニヨンとメルロ種は、お互いに補助し合うぶどう品種となっている。メルロ種はメドックの耕作面積のうち4割で栽培されている。

カベルネ・フラン種 カベルネ・ソーヴィニヨン種に似たワインを産出するが、色も薄くポリフェノールも少ない。その代わり、しばしばフィネスとエレガントさで傑出し、熟成のポテンシャルも大いに備えている。メドックの栽培面積では5パーセントを占める。

プティ・ヴェルド種 メドックではわずか1パーセントの栽培面積しかない。ワインは色濃くタンニンも豊富だが、荒削りでフィネスに欠けることも少なくない。ワインに活を入れるぶどう品種で、軽いヴィンテージには少量用いられる。

マルベック種 フルーティーで柔らかいワインを産するが、色は薄く、しばしばフェノール分が低めである。

白ワイン用品種 あまりメドックでは見られない。栽培されているのは、ボルドーの伝統的な品種のソーヴィニヨン・ブラン、セミヨン、ミュスカデル種である。

■ ワイン

メドックは、体系的に分類された8つのアペラシオンと、1855年以降機能している60に上るぶどう園の格付けでもって、世界的に有名である。

アペラシオン ACボルドーしか名乗れないいくつかの栽培地域を例外として、メドック半島の全てのワインはACメドックを名乗ることができる。

メドックは大きく、南部のオー=メドックと、北部のバ=メドックの2つに分かれていて、オー、バの名称は、河の流れの上流、下流からきている。サン=スラン=ド=カドゥールヌ村以北に位置するバ=メドックはACメドックしか名乗れないが、オー=メドック地区で産するワインはACオー=メドック、ACメドック双方を名乗れる。

オー=メドックでは、主に河沿いの高い酒質のワインを産する地域が6箇所限定されていて、南からマルゴー、ムーリス、リストラック、サン=ジュリアン、ポイヤック、サンテステフのアペラシオンを独自にもっている。

また、オー=メドックの中央部では60のぶどう園が、1855年に格付けされた。この格付けはAOCとは別であるが、発布された1855年にはアペラシオン制度も酒質の良し悪しを示すヒエラルキーもなく、この格付けがワインの質の上下に指標をもたらした。ぶどう畑そのものではなく、その所有者に付与されたこの格付けの有効性については議論の余地があるが、現在も大方はこの格付けに効力がある。

同じく、メドックの419のぶどう園がクリュ・ブルジョワに、335のぶどう園がクリュ・アルティザンに格付けされている。

ワインのタイプ 礫質土壌からつくられるワインは上品で繊細である。タンニンは、気品溢れる素晴らしいブケを増す熟成を可能にし、心地よく複雑な味わいを醸しだす。

粘土質土壌から生まれるワインは色が非常に濃くて逞しいが、礫質土壌から産出されるワインよりもフィネスに欠ける。いくつかを例外として、粘土質土壌で産するワインは早くピークに達する。

統計（AOC メドック）
栽培面積：4,900ヘクタール
年間生産量：290,000ヘクトリットル

統計（AOC オー=メドック）
栽培面積：4,400ヘクタール
年間生産量：250,000ヘクトリットル

1855年の格付け
プルミエ・グラン・クリュ・クラッセに関しては1973年の格付けを適用

Premiers Grands Crus Classés 第1級
Ch. Lafit-Rothschild	シャトー・ラフィット=ロチルド	ポイヤック
Ch. Latour	シャトー・ラトゥール	ポイヤック
Ch. Margaux	シャトー・マルゴー	マルゴー
Ch. Mouton Rothschild	シャトー・ムートン・ロチルド	ポイヤック

Deuxiemes Grands Crus Classés 第2級
Ch. Rauzan-Ségla	シャトー・ローザン=セグラ	マルゴー
Ch. Rauzan-Gassies	シャトー・ローザン=ガシー	マルゴー
Ch. Léoville Las Cases	シャトー・レオヴィル・ラス=カーズ	サン=ジュリアン
Ch. Léoville Poyferré	シャトー・レオヴィル・ポワフェレ	サン=ジュリアン
Ch. Léoville Barton	シャトー・レオヴィル・バルトン	サン=ジュリアン
Ch. Durfort-Vivens	シャトー・デュルフォール=ヴィヴァンス	マルゴー
Ch. Gruaud Larose	シャトー・グリュオー・ラローズ	サン=ジュリアン
Ch. Lascombe	シャトー・ラスコンブ	マルゴー
Ch. Brane-Cantenac	シャトー・ブラーヌ=カントナック （カントナック村）	マルゴー
Ch. Pichon-Longueville	シャトー・ピション=ロングヴィル	ポイヤック
Ch. Pichon Longueville Comtesse de Lalande	ピション・ロングヴィル・コンテス・ド・ラランド	ポイヤック
Ch. Duucru-Beaucaillou	シャトー・デュクリュ=ボーカイユ	サン=ジュリアン
Ch. Cos d'Estournel	シャトー・コス・デストゥルネル	サンテステフ
Ch. Montrose	シャトー・モンローズ	サンテステフ

Troisièmes Grands Crus Classés 第3級
Ch. Kirwan	シャトー・キルヴァン （カントナック村）	マルゴー
Ch. d'Issan	シャトー・ディッサン （カントナック村）	マルゴー
Ch. Lagrange	シャトー・ラグランジュ	サン=ジュリアン
Ch. Langoa Barton	シャトー・ランゴア・バルトン	サン=ジュリアン
Ch. Giscours	シャトー・ジスクール （ラバルド村）	マルゴー
Ch. Malescot Saint Exupéry	シャトー・マレスコ・サンテグジュペリ	マルゴー
Ch. Boyd-Cantenac	シャトー・ボイド=カントナック （カントナック村）	マルゴー
Ch. Cantenac Brown	シャトー・カントナック・ブラウン （カントナック村）	マルゴー
Ch. Palmer	シャトー・パルメ （カントナック村）	マルゴー
Ch. la Lagune	シャトー・ラ・ラギューン （リュドン村）	オー=メドック
Ch. Desmirail	シャトー・デスミライユ	マルゴー
Ch. Calon-Ségur	シャトー・カロン=セギュール	サンテステフ
Ch. Ferrière	シャトー・フェリエール	マルゴー
Ch. Marquis d'Alesme Becker	シャトー・マルキ・ダレーム・ベケール	マルゴー

Quatriemes Grands Crus Classés 第4級
Ch. Saint-Pierre	シャトー・サン=ピエール	サン=ジュリアン
Ch. Talbot	シャトー・タルボ	サン=ジュリアン
Ch. Branaire	シャトー・ブラネール	サン=ジュリアン
Ch. Duhart-Milon	シャトー・デュアール=ミロン	ポイヤック
Ch. Pouget	シャトー・プージェ （カントナック村）	マルゴー
Ch. la Tour Carnet	シャトー・ラ・トゥール・カルネ （サン=ローラン村）	オー=メドック
Ch. Lafon-Rochet	シャトー・ラフォン=ロシェ	サンテステフ
Ch. Baychevelle	シャトー・ベイシュヴェル	サン=ジュリアン
Ch. Prieuré-Lichine	シャトー・プリューレ=リシーヌ （カントナック村）	マルゴー
Ch. Marquis de Terme	シャトー・マルキ・ド・テルム	マルゴー

Cinquièmes Grands Crus Classés 第5級
Ch. Pontet-Canet	シャトー・ポンテ=カネ	ポイヤック
Ch. Batailley	シャトー・バタイイ	ポイヤック
Ch. Haut-Batailley	シャトー・オー=バタイイ	ポイヤック
Ch. Grand-Puy-Lacoste	シャトー・グラン=ピュイ=ラコスト	ポイヤック
Ch. Grand-Puy Ducasse	シャトー・グラン=ピュイ・デュカス	ポイヤック
Ch. Lanch Bages	シャトー・ランシュ・バージュ	ポイヤック
Ch. Lanch Moussas	シャトー・ランシュ=ムーサ	ポイヤック
Ch. Dauzac	シャトー・ドーザック （ラバルド村）	マルゴー
Ch. d'Armailhac	シャトー・ダルマイヤック	ポイヤック
Ch. du Tertre	シャトー・デュ・テルトル （アルサック村）	マルゴー
Ch. Haut-Bages Libéral	シャトー・オー=バージュ・リベラル	ポイヤック
Ch. Pèdesclaux	シャトー・ペデスクロー	ポイヤック
Ch. Belgrave	シャトー・ベルグラーヴ （サン=ローラン村）	オー=メドック
Ch. Camensac	シャトー・カマンサック （サン=ローラン村）	オー=メドック
Ch. Cos Labory	シャトー・コス・ラボリ	サンテステフ
Ch. Clerc Milon	シャトー・クレール・ミロン	ポイヤック
Ch. Croizet-Bages	シャトー・クロワゼ=バージュ	ポイヤック
Ch. Cantemerle	シャトー・カントメルル （マコー村）	オー=メドック

Margaux
マルゴー

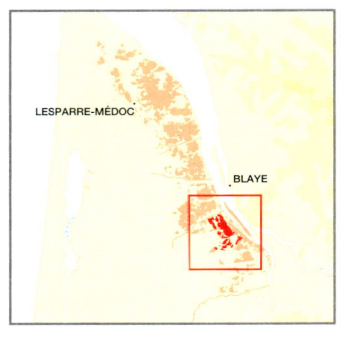

　マルゴーはメドック地区でもっとも南に位置する村名アペラシオンであり、その広い栽培面積だけでなく産するワインの酒質においても、たいへん重要な産地のひとつである。第四紀の優れたクループ上に、第1級のシャトー・マルゴーを始めとする、1855年の格付けで最多を誇る21のぶどう園や、多くの著名なクリュ・ブルジョワが集まっている。

■ 産地の景観

マルゴーはメドックにある村名アペラシオンではでもっとも大きい。タヤック川を北端に、マルゴー村を含め5つの集落を包括する。

　アペラシオン・マルゴーの区域は次の村落に広がっている。北部のスサン村は、グラン・スサン、ブリッシュ、ベサン、リシェ、ル・ペズ、そして最も有名なタヤックにマルサックと、村自体が複数の集落から構成されている。マルゴー村とカントナック村はアペラシオンの中央部に位置する。南西に、一部だけがマルゴーのアペラシオンに含まれるアルサック村があり、ラバルド村はアペラシオンの境界線となる南端に位置している。

　ぶどうが植えられている土地は、長さ約6キロメートル、幅は最大で3キロメートルの長方形の形状をなしている。地形の変化が少なく、ポイヤックやサンテステフに較べ起伏も小さく、標高10メートルから24メートルの第四紀の礫質沖積層に畑は広がっている。

　ぶどうの栽培地は以下の通りいくつかに分けることができる。

アペラシオンの中心部
マルゴー村とカントナック村からなり、水および風による侵蝕でいくつもの小さなクループに寸断された台地を形成している。マルゴーとカントナックを隔てる台地の鞍部は、ほとんどが乾燥している。

　マルゴーの集落はやや窪んだ場所にあるが、北も南も緩やかな起伏のクループに囲まれ、アペラシオンで最上のぶどう畑を擁している。南にはシャトー・ブラーヌ=カントナック（第2級）とシャトー・キルヴァン（第3級）がある標高21メートルのクループ、18メートルのクループにはシャトー・ディッサン（第3級）とシャトー・パルメ（第3級）、シャトー・ローザン=セグラ（第2級）とローザン=ガシー（第2級）が、そしてより北にシャトー・マルゴー（第1級）のクループがある。このシャトー・マルゴーの裏手、県道2号線の東に沿って、マルゴーの集落からポイヤックに向かう、8メートルから15メートルのクループがアペラシオンで最良の地である。また、県道の西側にはシャトー・マレスコ・サンテグジュペリ（第3級）、シャトー・ラスコンブ（第2級）を始め、アペラシオン・マルゴーのぶどう園を数多く擁する、さらに高い標高20メートルのクループがある。

　東側がジロンド河沿岸のパリュスに向けて大きく開いているこれらのクループは、西と南を低地の湿地帯に囲まれ、降った雨水はオンティーグ川を伝わり、さらにジロンド河口に流れ込む。この湿地帯に急な傾斜で盛り上がっているマルゴー=カントナック台地の周縁部分には、シャトー・ブラーヌ=カントナック（第2級）、シャトー・ローザン=セグラ（第2級）、シャトー・キルヴァン（第3級）、シャトー・プージェ（第4級）、そして同じくジャン・フォール集落に位置するシャトー・ボイド=カントナック（第3級）といった格付けシャトーがある。

アペラシオンの北部
スサン村方面のこの地には大きなシャトーがないが、規模は小さいながらもたいへん良質なクリュ・ブルジョワやクリュ・アルティザンのぶどう園がある。

　標高はシャトー・ラベゴルス（クリュ・ブルジョワ）とタヤック川のあいだで低くなり、平均で10から12メートル前後となる。起伏はあまりなく、湿地帯がぶどう栽培地帯を大きく減少させている。しかしながらいくつか例外として、シャトー・ラ・トゥール・ド・モン（クリュ・ブルジョワ）、シャトー・ディレム・ヴァランタン（クリュ・ブルジョワ）などがあるマルサックや、シャトー・タヤック（クリュ・ブルジョワ）、シャトー・オー=タヤック（クリュ・ブルジョワ）などがあるタヤックのクループ、もしくはペズとタヤックのあいだに位置するシャトー・パヴィユ・ド・リューズ（クリュ・ブルジョワ）があるモーカイユやベルヴュー、マランといった優れた砂礫クループも数ヵ所存在する。

アペラシオンの南部
マルゴーとカントナックの台地の境界線となるラバルドの湿地帯の向こう側となる。ここでは、とりわけ細切れの沖積平野が、美しく離れ小島の群島のように一群の高い酒質のワインを生むクループを形成している。標高16メールのシャトー・ジスクール（第3級）のクループ、もしくはラバルド村の東側、ジロンド河近くの礫質ペレール小丘が識別できる。後者には連なるぶどう畑のなかに、パリュスの低地に沿うシャトー・ドーザック（第5級）とシャトー・シラン（クリュ・ブルジョワ）がある。

アペラシオン西部
アルサック村の方向で、アペラシオンでもっとも高い標高24メートルの美しい砂礫の小丘を擁している。この丘で、シャトー・デュ・テルトル（第5級）は極めて恵まれた畑にぶどうを栽培している。同じくこの地では、点在する砂礫質の優れた小丘に畑を所有するシャトー・ダングリューデやシャトー・モンブリゾンのような、クリュ・ブルジョワに格付けされている質のよいぶどう園も見られる。

■ 地質と土壌

マルゴーの礫質土壌は、素晴らしいワインを育て上げるのにもっとも適している。

　アペラシオン・マルゴーは、第四紀に、河川が比較的柔らかい第三紀漸新世堆積物を削って形成された。ここでは河川が、プラサックの湖成石灰岩からなる地層に接している。この第三紀層は、サン=ジュリアン、ポイヤックそしてサンテステフその他の村名アペラシオンの礫質クループのほとんどの基盤をなす有名なサンテステフ石灰岩よりも古い。

　マルゴーにおいて、プラサックの湖成石灰岩で構成された沖積層の下層盤は、厚さは9メートルから11メートルと比較的均一だが、岩相の多様さに特徴が表れている。

　アペラシオン・マルゴーは、メドック南部の第四紀ガロンヌ河川礫層の広い領域を構成している。堆積物の厚さは4から11メートルと幅がある。もっとも厚いところは、県道2号線の東側、ラベゴルスの正面から100メートルほど行ったところにあるトロワ・ムーラン（22メートル）のような高いクループの頂部に見られる。

　砂礫はほとんどが中粒で、シャトー・ラトゥールやシャトー・デュクリュ=ボーカイユ、シャトー・モンローズで見られるほど大きくはなく、土壌に占める割合は非常に大きい。

　アペラシオン西部のヴィルフガスやマルティナン、ヴェルナドットで見られるリス氷期に風で運ばれてきた砂は、礫のなかに入り込み、ぶどう栽培地としてのポテンシャルを一部奪い取っている。

　マルゴーの礫質土壌は、素晴らしいワインを育て上げるのにもっとも適した土壌のひとつと見なされている。総じて、マルゴーその他すべてのもっとも優れた産地において、礫質の土壌は、4メートルから11メートルと幅広い厚さにわたって比較的均一な構造をしている。土壌の構成はサン=ジュリアンやポイヤックに似ている。しかしながら、直径数センチメートルの大きさの小石が非常に大きな割合を占めているのがマルゴーの特徴であり、とりわけ透水性が高く、3メートルから5メートルという深さはぶどうの根が張るのに適している。

　また有機物に乏しく、ぶどうにとって滋養となる窒素やカルシウム、マグネシウムのようなミネラルも少ない。礫質の表土は痩せているが、地表からそれほど深くないところにある第三紀基盤岩には、ぶどうの根が入り込んで、根自らが岩の亀裂に支根をのばしている。

　マルゴーでは地下水溜りが大きな役割を果たしている。表土からの地下水の深さは、第三紀基盤岩を覆っている砂礫の厚さによる。ぶどう樹にとってもっとも魅力ある土壌とは、降った雨水がすぐに排出されて深部にある地下水に影響を与えないような状態にある。

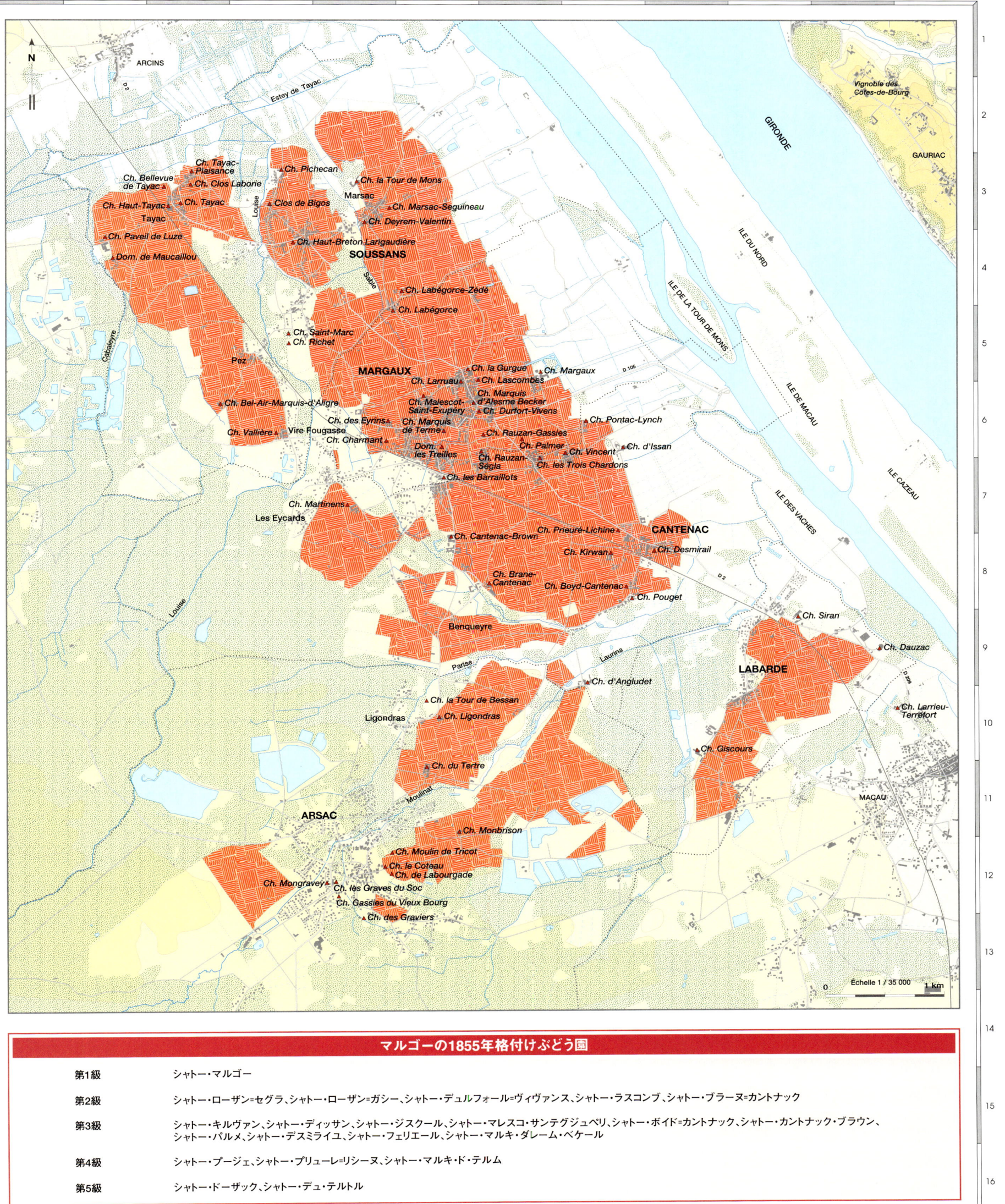

マルゴーの1855年格付けぶどう園

第1級	シャトー・マルゴー
第2級	シャトー・ローザン=セグラ、シャトー・ローザン=ガシー、シャトー・デュルフォール=ヴィヴァンス、シャトー・ラスコンブ、シャトー・ブラーヌ=カントナック
第3級	シャトー・キルヴァン、シャトー・ディッサン、シャトー・ジスクール、シャトー・マレスコ・サンテグジュペリ、シャトー・ボイド=カントナック、シャトー・カントナック・ブラウン、シャトー・パルメ、シャトー・デスミライユ、シャトー・フェリエール、シャトー・マルキ・ダレーム・ベケール
第4級	シャトー・プージェ、シャトー・プリューレ=リシーヌ、シャトー・マルキ・ド・テルム
第5級	シャトー・ドーザック、シャトー・デュ・テルトル

ボルドー ◆ メドック ◆ マルゴー

このマルゴーの土壌の特徴はぶどう樹の根を深部にまで張らせるため、表面の薄い土壌での水分量のトラブルがぶどう樹には及ばないということになる。

つまり厚い礫質土壌は、強い乾燥にも、また同時に雨量過多にも対応することができるのである。

マルゴーとカントナック台地 アペラシオンでもっとも優れた地であることは間違いない。水捌けのよい理由は、
- 東：ジロンド河口に向かって開いている。
- 南：ラバルド湿地帯に流れ込む小河川、オンティーグ川とパリーズ川が形成する、張り巡らされた水路網がよく発達している。
- 西：サーブル川とルイーズ川の小河川が見られる。

アペラシオン・マルゴーで最上の土壌があるのは、この台地上である。たいへん機能性に富んだテロワールの地形は、台地の南側面を限定する湿地帯の低地を見下ろすジロンド河に沿ったシャトー・パルメやシャトー・ディッサンのクルーペ、さらにシャトー・ブラーヌ＝カントナックのクルーペ上に見られる。

これらのクルーペのうちもっとも傑出した土壌は、シャトー・マルゴーに属している。スサン方面への村の出口、右手に県道2号線が走る小さなクルーペの上に、この土壌はある。この土壌中の砂礫の多さは、「石を積んで周囲を固めることなく、井戸を掘ることができる」という言い伝えがあるほどである。極上のワインを生むのに必須の比類ない特性が集約して見られる地形である。

アペラシオン南部 ラバルド湿地帯の先にあり、性質は上記の土壌に似通っている。

この土壌は、それぞれが離れているクルーペを形成している。クルーペは、各々が小さな水路を伝わって湿地帯に雨水が流れ出す効果的な天然の排水路に取り囲まれている。いくつかのムーリナ、ローリナ、パリーズの小河川は、それぞれテルトル、アングリューデ、ジスクールの各小丘の排水を担っている。

北部 砂礫の厚さは減少してくる。しかしながらくっきりとした形状の小丘には、数多くの小さな流路を伝わってタヤック川に注ぐ水路網が常に存在している。例えばルイーズ川はタヤックとスサンの排水を、カバルイール川はペズとベルヴューそれにアペラシオン北西部にあるモーカイユの排水を、さらにマルサック北部の寄り集まった小川は、シャトー・ラ・トゥール・ド・モンなどのぶどう畑がある小丘の周辺の排水を担っている。

アペラシオンの西境界部 ヴィルフガスとバンケールのあいだに広がり、砂礫はあまり厚くなく根も浅い。ランドの砂に多少なりとも覆われた土壌の組成は、他に較べより細かい。内陸に奥まった一帯では、小丘の上やジロンド河沿岸の礫質台地に較べ天然の排水システムの力がかなり劣り、地下水の水位を十分に下げることができない。

上記から分かるようにマルゴーには、他のメドックにはあまりない、第三紀層の露出箇所に発達したぶどう畑がある。ここでは、ポムロールのシャトー・ペトリュスで見かける粘土鉱物の一種スメクタイトを含む、極めて特殊な粘土質の岩相が発達している。このような土地は少ないが、マルゴーとカントナック台地の低地部分、砂礫地帯とパリュスのあいだに露出している。

これらの土壌は保っている地下水の量が多いが、ぶどう樹によって消費されにくい。粘土質土壌は自ら閉じ込めている水分を、干上がれば干上がるほど保持しようとする作用がある。一方、この粘土質はその不浸透性で、雨水が下の地層に浸透するのを食い止める役割も果たしている。このような粘土質土壌は、ぶどう栽培には非常に適している。なぜなら、礫質土壌と同じく、海洋性気候がもたらす雨水の増減を緩和する能力があるからである。

■ ぶどう品種とワイン

アペラシオン・マルゴーは、カベルネ・ソーヴィニヨン種が支配する地のひとつである。1855年に格付けされたぶどう園は、どこもほぼ作付けの65パーセント前後をカベルネ・ソーヴィニヨン種が占めている。

格付け以外のクリュでは5割ほどしか栽培されていないが、それぞれのぶどう園での栽培比率の開きは3割から7割と非常に大きく、この広いアペラシオンにおいて様々な表土と地質の存在、およびそのもとで栽培がおこなわれていることを知ることができる。

しかしながら、メルロ種――年により用いる割合は2割から4割――の多くが礫質の厚い土壌に植えられている、ポイヤックのシャトー・ピション・ロングヴィル・コンテス・ド・ラランド（第2級）のように、多くの例から外れたぶどう園も存在する。マルゴーでこれにあたるのが、シャトー・パルメ、シャトー・ブラーヌ＝カントナック、シャトー・ローザン＝セグラである。この礫質土壌で栽培されるメルロ種は稀に見る優雅さが備わるが、むしろ非常に深みのあるタンニンで構成され、偉大なカベルネ・ソーヴィニヨン種と完ぺきに釣り合うバランスをもたらす。

マルゴーのワインには、独特のスタイルがあり、なかでも女性らしさが他のメドックのアペラシオンに較べてより強く出ているといわれる。実際、丸みを帯び、肉厚で柔らかいヴォリューム感のある味わいによって特徴づけられる。タンニンの構成は、他のアペラシオンに全く引けを取らないにもかかわらず、ポイヤックのような筋肉質の力強さはワインに通常は現れない。むしろ甘美で完全に一体化した、甘く余韻の長いタンニンがその真骨頂である。

この特徴はメルロ種に特に著しいというものではない。ポイヤックやサン＝ジュリアンのようにアサンブラージュにおいて、その効果が稀にしか現れないものではない。マルゴーでは、カベルネ・ソーヴィニヨン種も同じように滑らかで、その豊満で深みのある味わいは、人をして羨望せしめる、やさしさをもって後を引く。

最上のぶどうが有名なマルゴー＝カンテナックの礫質台地で栽培されるにしても、ピュック・サン・ペイルの優れたクルーペで栽培されるシャトー・マルゴーのたいへん素晴らしいカベルネをあげないわけにはいかない。

メドックでは稀なスメクタイトが多く見られる粘土質の第三紀層の土壌においても、優れたカベルネ・ソーヴィニヨン種が植えられていることがある。この土壌においてカベルネ・ソーヴィニヨン種は、上記とは反対の性格のワインを生み出す。ビロードのような滑らかさは多少失われるが、下品になることなく並外れた力強さと、非凡な濃厚さを見せる。

アペラシオン・マルゴーではカベルネ・フラン種（栽培面積の6パーセント）、プティ・ヴェルド種（同4パーセント以下）は、高く評価されている。プティ・ヴェルド種は、アペラシオンのフィネスとストラクチャーを支える力強いタンニンをワインにもたらす。

カベルネ・フラン種は、フィネスとエレガントさを付与しカベルネ・ソーヴィニヨン種と調和する。このアペラシオンでも、特にテルトルのぽつんと離れた小丘やアルサックの小丘において、引き締まって緻密なタンニンの構成とフィネスを結びつける見事なカベルネ・フラン種が栽培されている。

また、マルゴーではアペラシオン・ボルドーとなる（訳注：マルゴーのアペラシオンで認められているのは赤ワインだけなので、同アペラシオンで産する白のアペラシオンはボルドーとなる）白ワインも少量生産している。10数ヘクタールのソーヴィニヨン・ブラン種が単独で、シャトー・マルゴーによってヴィルフガスの砂質砂礫土壌で栽培されている。このぶどう品種は、非常に高く評価され極めて質の高いワインを、100年以上前からごく少量産出している。

統計
面積：1,500ヘクタール
年間生産量：74,000ヘクトリットル

マルゴーの栽培地質図

Moulis et Listrac
ムーリスとリストラック

ムーリスとリストラックのぶどう畑には、メドックの他のいくつかの村名アペラシオンに見られる多くの小河川、水路網がない。しかしながら2つのアペラシオンに共通する、ぶどう栽培に適したガロンヌとピレネーの河川砂礫層からは、ムーリスの繊細でエレガントなタイプと、リストラックの力強く骨格のしっかりとしたワインという、それぞれに優れた酒質と長い熟成に耐える赤が生み出されている。

ムーリス Moulis

ムーリスもしくはムーリザン・メドック Moulis-en-Médoc を名乗れる産地の面積は、メドックの村名アペラシオンでもっとも小さい。

■ 産地の景観

アペラシオン・ムーリスは、南西から北東の方向、西のリストラックの村と東のラマルク=アルサン村のあいだに、帯状で8キロメートル弱にわたって広がっている。

ムーリスのぶどう畑は、森や農地のなかに離れ小島のような小さなクループとなって、緩やかな起伏の上に点在している。

鉄道線路に近いアペラシオンの北東部には、シャトー・グラン=プージョーが位置する、上質の砂礫クループがある。標高26メートルのこのクループのさらに北には、標高23メートルのシャトー・モーカイユのクループがある。

他のアペラシオンに較べて、特にララヨー川に沿ったシャトー・グラン=プージョーのクループの南部分は起伏に富んでいる。この砂礫一帯に、シャトー・シャス=スプリーン、シャトー・プージョーやシャトー・モーカイユといったムーリスの著名なぶどう園がある。また、シャトー・デュトリュシュ・グラン・プージョーやシャトー・グラナン・グラン・プージョー、シャトー・グレシエ・グラン・プージョーのような良質のクリュ・ブルジョワも数多く見られる。

ララヨー川の南西、くっきりとした起伏から先の集落方向には、別の礫質クループである標高23メートルのブリヨット=ギュティニャンがある。ムーリスの集落とその周辺地区との境界線となるシャトーのある窪地を通過すると、カストルノー=ド=メドック村に接するムーリスの最南西端にたどり着く。ここにあるのは、シャトー・ムーラン・ア・ヴァンが拠を置く礫質のブケラン・クループと、モーヴサン・クループ(シャトー・モーヴサンとシャトー・ポメイ)がある。これらのクループは標高30から37メートルで、リストラック台地へと連なってゆく。

■ ぶどう品種とワイン

力強くタニックなリストラックとは対照的に、ムーリスのワインははるかにフィネスがあり、エレガントである。

ムーリスのぶどう畑は、メドックの栽培面積の4パーセントを占めている。ムーリスにはリストラックと同様1855年の格付けクリュはないものの、ワインを生んでいる40あまりのぶどう園のうち、クリュ・ブルジョワは31(訳注:1932年のリスト)にのぼり、これはアペラシオンの生産量の9割近くを占める。

一般的に第三紀層の露出の多い箇所では、熱しやすく水分の少ない土壌に適している晩生型のぶどう品種——カベルネ・ソーヴィニヨン種等——はあまり見られないにもかかわらず、ムーリスでは全品種の45パーセントをカベルネ・ソーヴィニヨン種が占めている。また、ガロンヌおよびピレネーの河川砂礫層のクループにあるぶどう園は、カベルネ・ソーヴィニヨン種をさらに高い割合で栽培していて、その比率は5から7割にまで達する。

カベルネ・フラン(栽培比率は6パーセント)とプティ・ヴェルド種(同じく3パーセント)も見られるが、これら2つのぶどう品種は、一般的に粘土質基盤が地表近くにある礫質土壌で栽培されている。

エレガントでかつ繊細、と形容できるムーリス産ワインだが、お隣リストラックのようなタニックな力強さは見られず、複雑さに富んだ魅力と豊かさがある。

第四紀の砂礫土壌から産出されるワインは、マルゴーやサン=ジュリアンに相通ずるものがあり、それぞれの特徴であるタンニンのフィネス、複雑さがある。

古い砂礫土壌から生み出される赤はより軽くはあるが、非常に洗練されバランスがとれている。加えて熟成に耐えるしっかりした骨格ももち合わせている。

粘土質土壌で栽培されるメルロ種はタニックで、礫質のそれに較べ柔らかさや風味に欠けがちなワインとなる。しかしながら完熟すると、アサンブラージュされるワインをしっかりと支えるストラクチャーをもたらす。

■ 地質と土壌

異なる特性をもつ様々な土壌が、ムーリスのぶどう畑にはみられる。

ムーリスの第三紀層の基盤は、サンテステフ石灰岩と始新世の泥土質層で構成されている。基盤はなかでもアペラシオンの中央部、ムーリスの集落とその周辺にあるムーリネ(シャトー・アントニーク)やデュプレシス(シャトー・デュプレシス・ファブル、シャトー・デュプレシス・オーシュコルヌ等)、メーヌで露出している。

これら第三紀層は、北東部にあるアペラシオンでもっとも優れた、モーカイユやグラン・プージョー、ブリヨット=ギュティニャンといった礫質クループの基盤となっている。クループは、サンテステフ、ポイヤック、サン=ジュリアンおよびマルゴーで見られるのと同じ起源の、ギュンツ氷期(下部第四紀更新世)の大きなガロンヌ河川砂礫層に属する。西に向かって伸びたクループは、侵食によって完全に剥奪される前に、ペイルルバードのところで石灰質の小丘(リストラックの背斜ドーム)によって境界付けられている。

アペラシオンの端となる南西部では、ガロンヌ河川砂礫層より古いピレネー河川砂礫層(第三紀末期鮮新世)がブケラン小丘とモーヴザン小丘を形成している。この2つの小丘はリストラック台地の南延長部分を構成し、ヒトデ石灰岩(漸新世スタンプ階)で構成された頂部の裏側に広がっている。これらは、粘土質粗砂の残留土壌によって形成されたペイルルバード平地の窪地とカステルノー川の小谷を見下ろしている。

異なる特性を持つ様々な土壌が、ムーリスのぶどう畑には見られる。

- 第四紀の礫質堆積物のなかで発達した礫質土壌が、もっとも質がよい。この土壌は中程度の大きさの砂礫で構成され、一般的に厚く(10メートルまで)、水捌けがよく、土地は痩せ、湿度が低いので温かい。またララヨー、ポン・デソン、オーゲ、ティケトルトの各水路は、過度の降雨による水分を排出させる。

ジロンド河から奥まっているにもかかわらず、土壌的に最上の礫質土壌が集まっているムーリスのぶどう畑は、ポイヤックやサン=ジュリアン、マルゴーに比肩しうる。

- 第三紀の礫質堆積物に発達した礫質土壌は、より粘土と砂質の多い土壌である。砂礫で構成されたこの土壌は、これは第四紀(リス氷期)に風で運ばれた砂に覆われたからである。しかしながら、リストラックと同様、この土壌はぶどうを栽培するのには魅力的であり、良質のぶどうを育むのに適している。近隣の低地に対して張り出した状態は、特にジャレット川とエギュベル川を利用しての排水を容易にしている。

- 粘土石灰質土壌は、特にアペラシオンの中心、中央低地にみられ、第三紀の基盤が露出しているこの土壌は、多少なりとも多めの砂を含んだ粘土石灰質で構成され、湿り気がある。土質は劣り、排水は難しいので早生型のぶどう品種の栽培——とりわけメルロ種——に向いている。

統計

栽培面積:600ヘクタール
年間生産量:30,000ヘクトリットル

ボルドー ◆ メドック ◆ ムーリスとリストラック

リストラック Listrac

リストラックは、メドックの村名アペラシオンのなかでムーリスに次いで最も面積が小さい。

■ 産地の景観

ムーリスからさらに内陸に入っているリストラックは、河口に沿って走る「シャトー街道」から外れた所にある。

リストラックとムーリスは、メドックのなかで「ジロンド河に臨んでいない」2つのアペラシオンである。リストラックはメドックのぶどう栽培地の西端に位置し、同時にぶどう畑と森林の境界線ともなっている。

このアペラシオンの地形は独特なものである。

- 西部では、点在する起伏の少ない礫質の上にぶどう畑が断続的に広がっている。南にはフォンレオーのクループがあり、北上するとベルニケとセメイヤンのクループ、そしてアペラシオン北端にはフルカのクループがある。これらヒトデ石灰岩基盤に堆積した砂礫丘は、標高40メートルから45メートルになる、メドックで最も高い台地(ムーラン・ド・ラ・グレール)を形成している。

- 北はフルカ、南はフォンレオーまでリストラックの集落を通りぬける軸上に、もうひとつのぶどう畑を取り囲む懸崖がある。これが、村の東、メドラックの集落やグラン・プージョー方面に向かって広がる標高22メートルの「リストラックの窪地ドーム」と呼ばれるペイルルバードの大きな窪地である。

- アペラシオンの北東部、ペイルルバード窪地の縁にあたるメドラックには、ムーリスのシャス・スプリーンとプージョーの北の延長部となる、標高26メートルの優れた砂質クループがある。

統計
表面積:650ヘクタール
年間生産量:38,000ヘクトリットル

■ 地質と土壌

リストラックでは窪地ドームが形成する独自の地形と、その周辺部に3種類の異なる土壌が見られる。

ぶどう畑は、第三紀にドームを形成した地質構造の上にある。ペイルバードと同層位に位置するこのドームは、第四紀に水および風による侵食によって削られ、リストラックの起伏を際立たせた。侵食は重なっていた第三紀の地層を、サンテステフやプラサック石灰岩よりも古いブラーユ石灰岩——同じく始新世中期のリストラック・ルテシア階石灰岩とも呼ばれる——と同じ層位の地層にいたるまで剥奪した。

ペイルルバード窪地は、ブラーユ石灰岩からリストラック台地の砂礫の基盤を形成するヒトデ石灰岩——漸新世スタンプ階——までのいくつもの第三紀の地層が露出している背斜谷を形成している。この窪地は、西は急斜面——漸新世の柔らかい基盤と下層泥灰岩の起伏——を、東はメドラックとグラン・プージョーのクループを見上げるかたちになっている。

ペイルルバード窪地を取り囲む砂礫の成り立ちは、西側と東側では異なる。

- 西側には、鮮新世のピレネー河川砂礫層が認められる。これは最も古いものである。この河口の堆積は、第四紀に侵食されつくされる前に存在していたドームの西側周縁によって食い止められた。

- 東側で優勢なのはガロンヌ河川砂礫層である。この河川砂礫層はメドラックやグラン・プージョーのあるドームの反対側に堆積した。

つまり、砂礫層の河口堆積とそれに続くドームの侵食は、幅3キロメートルにわたってピレネーおよびガロンヌ河川砂礫層が堆積していない欠損箇所を形成した。現在のペイルルバード窪地である。

ここでは3種類の土壌が見られる。

礫質土壌は、リストラック台地のピレネー河川砂礫層で発達した。この砂礫は、ギュンツ氷期砂礫よりも粒が細かい。また、量も少なく粘土質をより多く含み、黄色砂岩のガレと白い石英およびリディアン石の礫で構成されている。ペルルバード窪地の上にあるリストラック台地は、東に向かって自然に排水するララヨー、トリ、ポンの各小河川で縁取られている。第四紀の礫質土壌とは全く異なりながらも、この土壌は良質のぶどうを育てるのに適している。

天然の排水に恵まれた第四紀沖積層に発達した土壌は、痩せた土地であり、その土質は他のアペラシオンに見られるギュンツ氷期を起源とする土壌によく似ている。この土壌は特にメドラック集落周辺で見られる。

第三紀の露出部分に発達した土壌は、特に広大なペイルルバード窪地の層位で見られ、重く、比較的水分と栄養素に富んだ、粘土石灰質である。また、しみこんだ水分を脇から排出できる十分な傾斜のある箇所もあり、メルロ種の栽培に問題はない。

ムーリスとリストラックの栽培地質図

🍇 ぶどう品種とワイン

高い比率のメルロ種から生み出されるワインが濃い色合いとコク、タンニンが強く、加えて長く熟成するということは、そこに占める粘土の存在の重要性を裏付けている。

リストラックでは、カベルネ・ソーヴィニヨン種は、耕作面積の6割ほどを占めるメルロ種に王座を奪われている。この品種はジロンド河に沿った土壌よりも、熱くなく、生育が遅くなるここの土壌のほうが適している。

もしリストラックで、カベルネ・ソーヴィニヨンやカベルネ・フラン種(3パーセント)にとってのガロンヌ河川砂礫層(ペイルドン=ラグラヴェット、ローゼット)に相当するような、上質のテロワールを求めるとすれば、それはもっとも一般的なピレネー河川砂礫層のクループ上ということになる。これらのクループはフルカ(シャトー・フルカ・オスタン、シャトー・フルカ・デュプレ、シャトー・フルカ・ルバネ)、トリ(シャトー・フルカ・デュモン)、さらにベルニケ=セメイヤン(シャトー・セメイヤン、シャトー・フォンレオー)に見られる。

また、台地の急な斜面で栽培されているプティ・ヴェルド種(3パーセント以下)も、良質なワインを生む。

他方で、ソーヴィニヨン・ブラン、ミュカデル、セミヨン種の各白用品種も栽培されている。

リストラックのワインは、コクがあり、しっかりしたタンニンのストラクチャーがあることで知られている。

第三紀層の露出部の粘土石灰質土壌でもっとも多く栽培されているメルロ種は、強い構造があり、アサンブラージュの際ヴォリュームをもたらし、しばしばワインのベースとなる。

古い礫質クループ(ピレネー河川砂礫層)で栽培されているカベルネ・ソーヴィニヨン種は、ポイヤックやサン=ジュリアン、マルゴーのような緻密さと複雑さとまではいかないが、ワインに繊細さを与える。そのタンニンは、リストラックのワインをバランスのよいものとするフィネスとエレガントさをもたらし、加えて寿命の長さも付与する。

リストラックは、最初の数年こそは時に少しとがったタンニンを感じさせるが、ゆっくりと熟成し、時とともに洗練されながらしっかりとしたボディの赤となる。

シャトー・クラルク、シャトー・フォンレオー、シャトー・サランソ=デュプレでは、少量のACボルドーの白ワインも生産されていて、ボディ豊かでアロマに富んだ、清涼感をもたらす辛口となる。

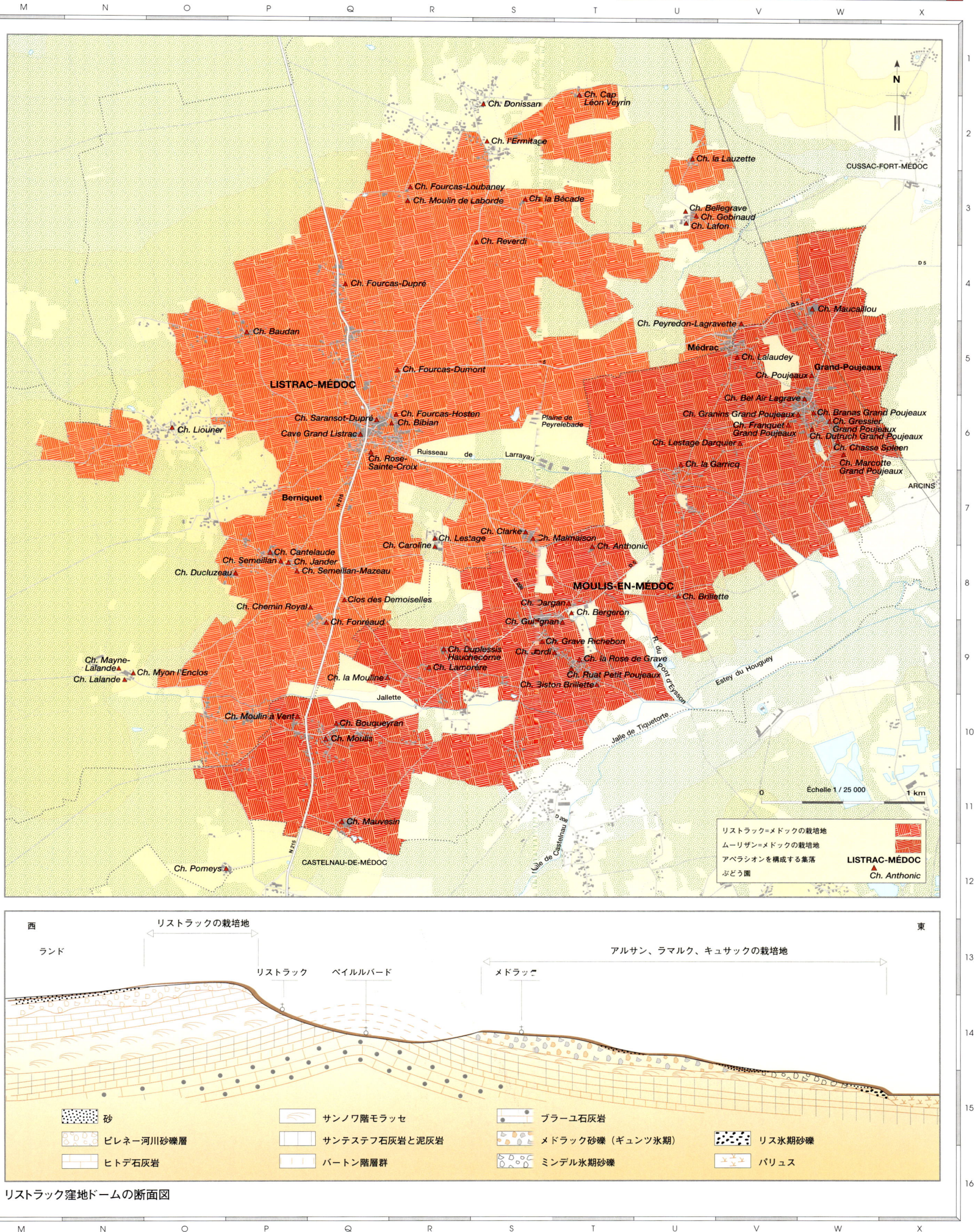

ボルドー ◆ メドック ◆ サン=ジュリアン

Saint-Julien
サン=ジュリアン

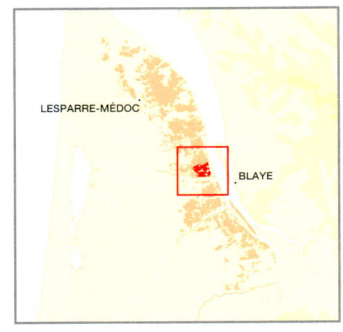

　サン=ジュリアン=ベイシュヴェル村はオー=メドックのほぼ中央部に位置するが、その村の周辺に広がるのが高い酒質のワインを産する小さなアペラシオン、サン=ジュリアンである。ポイヤックやマルゴー同様、メドックでも有数の良質なクルーを擁し、それらには1855年の格付けに数えられた11の有名ぶどう園があり、その11シャトーだけでアペラシオンの全生産量の8割近くを産出している。

■ 産地の景観

サン=ジュリアンの栽培地を構成している良質なクルーは、ジロンド河に臨んでいる。

　サン=ジュリアンのぶどう畑は、北はポイヤックと接するジュイヤック川から南は ACオー=メドックとの境となるノール川まで、ジロンド川に沿い3.5キロメートルほどにわたって連なっている。

　一辺およそ4キロメートル弱の、ひとかたまりとなった正方形に近い形状のアペラシオン全体は、ギュンツ氷期砂礫の恵まれたテロワールからなる。段丘は、数多くの水路網に広く開いている良質なクルーの集合体を形成しているが、そのクルーはサンテステフやポイヤックほど分断されていない。

　大きく2つに分かれた段丘は次のような状況にある。

　ノール川に沿った、ベイシュヴェル湿地に位置する標高15から21メートルの段丘の南側には、シャトー・ブラネール(第4級)、シャトー・グリュオー・ラローズ(第2級)、そしてその西にはシャトー・ラグランジュ(第3級)がある。

　東側は、パリュスの低地の上、ジロンド河の湾状の河口に沿い、最上のテロワールが見られる低めの標高(10から16メートル)に、南からシャトー・ベイシュヴェル(第4級)、シャトー・デュクリュ=ボーカイユ(第2級)、シャトー・ランゴア・バルトン(第3級)、その北にシャトー・レオヴィル・バルトン(第2級)、シャトー・レオヴィル・ポワフェレ(第2級)が連なる。サン=ジュリアンでもっとも名高いクルーにある石垣で囲まれたシャトー・レオヴィル・ラス・カーズ(第2級)の畑——ジュイヤック川の対岸にあるラトゥールの小丘に、ほとんど完璧なまでに似ている——までこの段丘は続いている。

統計
表面積：910ヘクタール
年間生産量：48,000ヘクトリットル

■ 地質と土壌

ポイヤックやサンテステフのぶどう畑同様、サン=ジュリアンも第四紀砂礫土壌の素晴らしいテロワールの上にぶどう畑は広がっている。

　サンテステフやポイヤックのぶどう畑と同じく、第三紀漸新世の柔らかく薄い堆積物のなかの、ボルドー地方でもっとも多く見られるヒトデ石灰岩は、砂礫が堆積する前にかなり侵蝕された。

　サン=ジュリアンでは、ほとんど一様にサンテステフ石灰岩とサンノワ階粘土の地層上に第四紀沖積土壌がある。8メートルにも及ぶ厚い沖積土は、ポイヤックと共通する礫質層の一部をなしている。シャトー・デュクリュ=ボーカイユもしくはシャトー・ベイシュヴェルの土壌には、シャトー・ラトゥール(ポイヤック)やシャトー・モンローズ(サンテステフ)と同様に、中程度の大きさの砂礫が混じった大きな砂礫が見られる。

　サン=ジュリアンでもっとも日照に恵まれた、村の東部のクルー——ジロンド河口やベイシュヴェル湿地に沿った箇所——から離れると、沖積土の組成はやや砂を増してくる。この沖積土は、風に運ばれた更新世末期(リス氷期)の砂に一部侵蝕されているため、この砂によってぶどう栽培に適した土地が限られたところにしか発達していない。

　ポイヤックのように、サン=ジュリアンも第四紀に堆積した素晴らしい砂礫を受け継いでいる。ここで発達した土壌は全体として痩せて深部まで達し、排水に優れている。グラン・ヴァンを育むもっとも質の高い土壌として、ベイシュヴェル湿地に向かってと、もうひとつジロンドの河口に面してよく開けた、2つの段丘が挙げられる。標高10から15メートルのこれらクルーは、ポイヤック(シャトー・ラトゥールなど)やサンテステフ(シャトー・モンローズ)等、河に沿った他の著名なアペラシオンに共通している。

　アペラシオン南部、ベイシュヴェル村の周辺の土壌はとりわけ痩せていて厚い。ここで栽培される樹勢の弱いぶどうはしばしば雨の少ない夏に水不足に陥りやすいが、このような条件は偉大なフィネスを誇るワインを産出するぶどう樹に適している。

　ジロンド河から離れた西部では、土壌は多少その利点が失われる。組成は砂が増し、あまり機能していない排水を促す流れは、乾季のあとに姿を消すとはいえ場所によっては高位置に地下水溜りを形成する。このためこの地に植えられているぶどうは概して樹勢が強い。

　サン=ジュリアン北部では基盤に粘土が多くなり、お隣のポイヤックとその偉大なテロワールを思い起こさせる。天然の排水、とりわけジュイヤック川が非常によく機能していて、これに当てはまるのが、シャトー・レオヴィル・ラス・カーズやシャトー・ムーラン・リシュ(レオヴィル・ポワフェレのセカンド、かつクリュ・ブルジョワ)のクルーであるが、さらに人工的に排水路を設け、水捌けが強化された。その結果、土壌は痩せた表土の組成と、排水をよくした粘土質の特性等が非常にうまく調和したものとなっている。

■ ぶどう品種とワイン

カベルネ・ソーヴィニヨン種が支配するこの地においては、非常に繊細かつエレガント、さらには偉大な力強さも兼ね備えたワインが生み出される。

　サン=ジュリアンのぶどう畑は、ポイヤックと同様にカベルネ・ソーヴィニヨン種の牙城である。このアペラシオンを構成する2つの段丘の深い礫質の暖かく水はけのよい土壌は、カベルネ・ソーヴィニヨン種の香りならびに味わいの溢れんばかりの長所を発揮するのに必要な全ての要素を備えている。

　しかしながらアペラシオンの南部と北部では、生まれるワインに多少違った性質がみられる。

　言い替えると、ワインの力強さの度合い及び安定性にある種の傾向を見い出すことが可能である。南部にあるシャトー・ベイシュヴェル——非常にエレガントで類いまれなフィネスのあるワインを産出する——からポイヤックにいたる、アペラシオン最北端に位置するシャトー・レオヴィル・ラス・カーズ——ぶどう畑はシャトー・ラトゥールに隣り合ってい

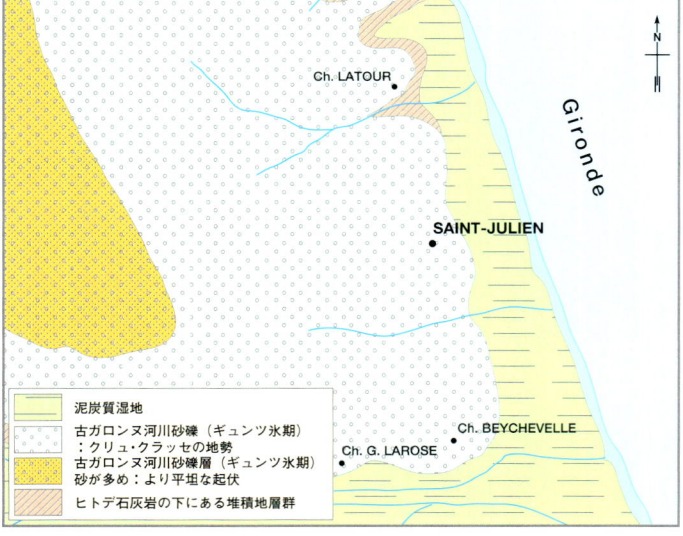

サン=ジュリアンの地質図

ボルドー ◆ メドック ◆ **サン゠ジュリアン**

る——へと一般的に見てこの傾向は強まってゆく。そのラス・カーズでは、メドックのグラン・ヴァンにふさわしいたいへん力強く、豊かで複雑さに満ちたワインを産する。

ジロンド河から離れたアペラシオン西部は、より砂が多くなり水捌けもほどほどで、メルロ種の栽培に適したものとなっている。それほど痩せていないこのテロワールにおいて、カベルネ・ソーヴィニヨン種ほど気紛れではないメルロ種は、緻密で引き締まった構成が際立つ、丸みのあるワインを生む。シャトー・タルボ(第4級)やシャトー・ラグランジュ、シャトー・ブラネールがこれにあたる。

サン゠ジュリアンで生み出されるワインは、ヴィンテージ毎のバラつきが少なく非常に安定していることで、他のメドックのアペラシオンとは明らかに異なり、これがサン゠ジュリアンの偉大なテロワールの大きな特色となっている。

また、メドックでもっともしっかりしたタイプとなるサン゠ジュリアンのワインは、好まれやすいポイヤックのワインとは対照的に、ある種の味覚の鍛錬を必要とし、加えて長い熟成を経ないと真価を発揮しない。

サン゠ジュリアンの各シャトーはアペラシオンのなかでも好立地に畑を擁しているにもかかわらず、小さなこの村で生み出し得る最上のワインを生産するため、その切磋琢磨には目覚しいものがある。

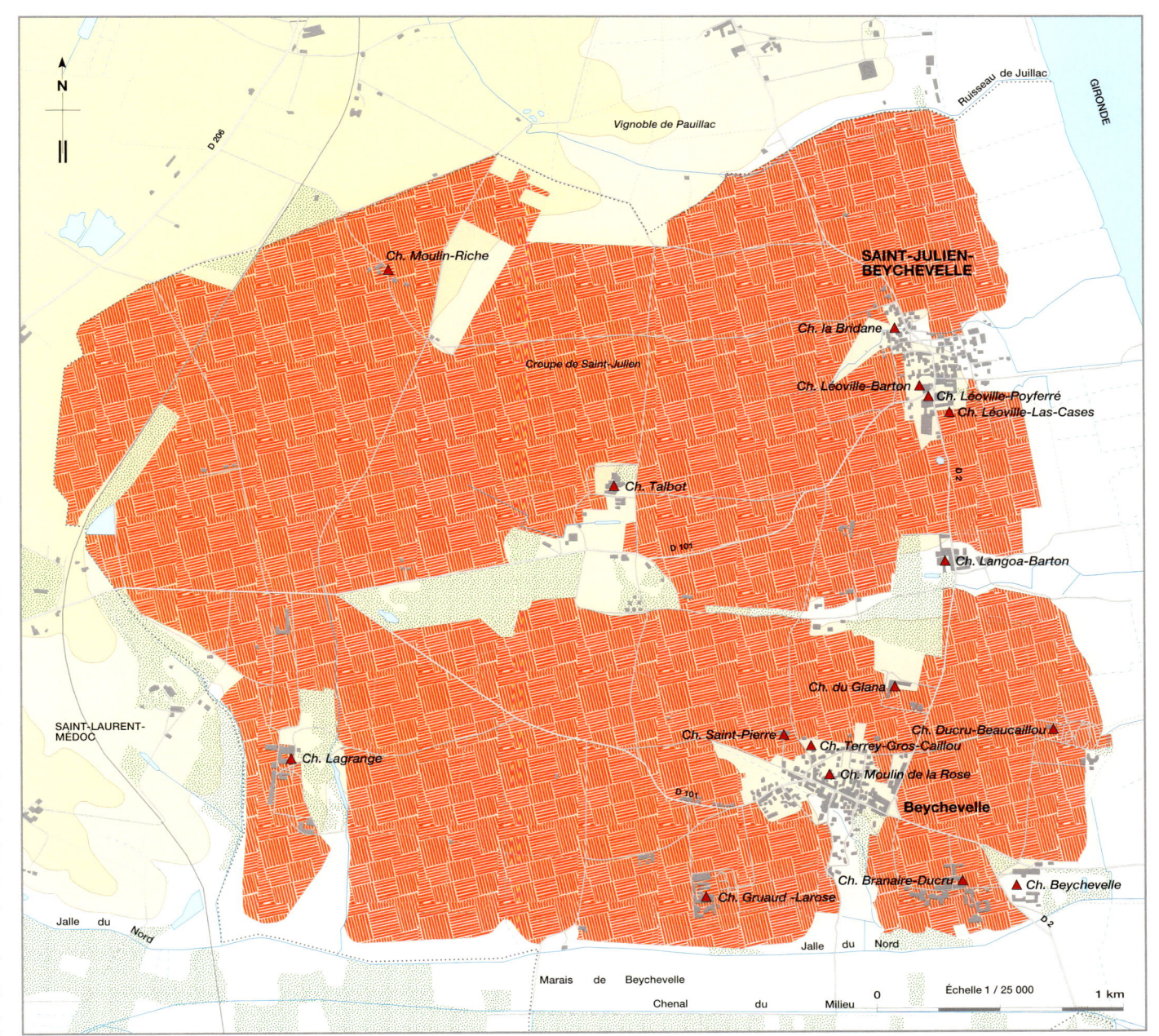

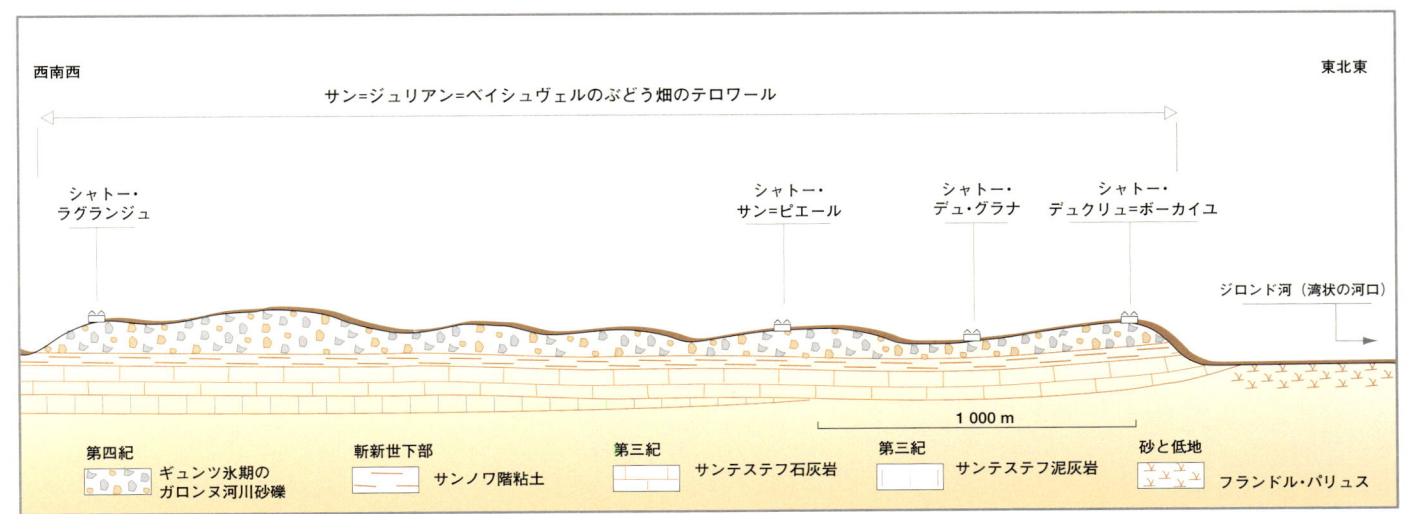

サン゠ジュリアン゠ベイシュヴェルのぶどう畑断面図

サン゠ジュリアンの1855年の格付けぶどう園

1級	なし
2級	シャトー・レオヴィル・ラス・カーズ、シャトー・レオヴィル・ポワフェレ、シャトー・レオヴィル・バルトン、シャトー・グリュオー・ラローズ、シャトー・デュクリュ゠ボーカイユ
3級	シャトー・ラグランジュ、シャトー・ランゴア・バルトン
4級	シャトー・サン゠ピエール、シャトー・タルボ、シャトー・ブラネール、シャトー・ベイシュヴェル
5級	なし

ボルドー ◆ メドック ◆ ポイヤック

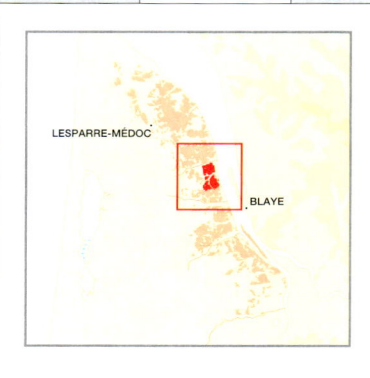

Pauillac
ポイヤック

ボルドー市と、大西洋と接するジロンド河口のラ・ポワント・ド・グラーヴからほぼ等距離にあるポイヤックは、メドックのワイン産業の中心である。1,200ヘクタールにおよぶ耕作面積はメドックの8パーセントに相当する。1855年に格付けされたメドックの60あまりのぶどう園のうち18シャトーがポイヤックにあり、さらに5つが第1級格付けのうち3つを占めている。この格付けされた18のぶどう園の生産量だけで、アペラシオン全体の85パーセントに上る。

■ 産地の景観

ポイヤックのぶどう畑は、ジロンド河口に南のサン=ジュリアンから北はサンテステフまで、6キロメートル以上にわたって連なっている。

サン=ジュリアンの境となる南のジュイヤック川と、サンテステフとの境界となる北のブルイユ水路の湿地帯とに挟まれたジロンド河沿岸に、ポイヤックのぶどう畑はある。起源とその構成は非常に均質で、たいへん優れた礫質の沖積層の上にあり、加えてメドックで一、二を争う広い面積がある。

栽培地は、ガエ水路が流れる窪地により大きく2つの地区に分けることができる。第四紀に地層の侵蝕を容易にしたという点、また土壌の排水を促進するという点でこの窪地は意義深いものがある。

次にガエ水路の南北両栽培地の特色をまとめてみよう。

ガエ水路北側の栽培地

数多くのクループで構成され、水路南側に較べクループは起伏に富んでいて、その形状もはっきりしている。第四紀の堆積盆の自然開削は、標高16メートルから27メートルのいくつかの素晴らしい小丘を出現させた。それらは数々の自然水路網が張り巡らされ、地下水までもが効率的に排水されている。

ガエ水路に張り出した高低さのある斜面の上、アルティーグやカニョンの集落周辺にシャトー・ピブラン(クリュ・ブルジョワ)やシャトー・ダルマイヤック(第5級)、シャトー・コロンビエ=モンプルー(クリュ・ブルジョワ)がある。

さらに北、やや窪まったところを過ぎると高さ26メートルほどの台地にシャトー・ポンテ・カネ(第5級)のぶどう畑が現れる。この台地はシャトー・ムートン・ロチルド、シャトー・ラフィット=ロチルド、2つの第1級格付けぶどう園を擁する、メドックでもっとも評価の高いクループに続いているが、このクループは標高30メートルに達する。ここはポイヤックの礫質のぶどう栽培地のなかで最上部に位置している。

ほどほどの起伏がみられる台地の北部は、上部の地層はブルイユ川に向かって際立った傾斜を示し、標高差25メートルにおよぶ斜面がある。この傾斜はシャトー・ラフィット=ロチルド近辺と、ミロンの集落のさらに西、シャトー・デュアール=ミロン(第4級)のぶどう畑があるルベル小谷と同じ地層のところで顕著である。

県道2号線の東側、大きくジロンド河に向かって開いている標高の低い(16メートルから18メートル)クループで構成されている。これらのクループ上には、シャトー・クレール・ミロン(第5級)、シャトー・ラ・フルール・ミロン(クリュ・ブルジョワ)や、さらにポイヤックの町とプヤレ集落のほぼ中間のパダルナック小丘にはシャトー・ペデスクロー(第5級)やシャトー・ダルマイヤック(第5級)がある。

ガエ水路南側の生産区域

緩やかな起伏で構成されており、その10から23メートルにおよぶ標高の変化は、概ね水路の北側より小さくなっている。ジュイヤック川のすぐ先にあるサン=ジュリアン=ベイシュヴェル付近に、この区域でもっとも傑出したテロワール——第1級格付け、シャトー・ラトゥールのぶどう園が広がる——の地がある。ぶどう畑は標高15メートルほどの輪郭のはっきりしたクループにあり、シャトーの周辺を取り囲む形に広がっている。また、南はジュイヤック川、東はジロンド河、北はバログ・クループとの境界線を成すサン=ランベール小谷と、三方の天然の効果的な排水が臨める水路に向かって、クループは緩やかに傾斜している。

シャトー・ラトゥールでは、ラフィットのぶどう畑の斜面に較べると12メートルと、高低差はあまり大きくない。標高も全体的にラフィットより高くはないが、これはシャトー・ベイシュヴェルやデュクリュ=ボーカイユ、レオヴィル・ラス・カーズ、モンローズ等があるジロンド河沿いのクループではごく普通に見られる高さである。

県道2号線の西側、シャトー・ラトゥールの小丘と向かい合うところに、これまたぶどう栽培に適した礫質のクループが出現するが、この高さ21メートルのクループにシャトー・ピション=ロングヴィルとピション・ロングヴィル・コンテス・ド・ラランド、2つの第2級格付けシャトーのぶどう畑が広がっている。

これらの傑出したテロワールの北、サン=ランベール集落とポイヤックの町のあいだ、バージュ集落に非常に素晴らしいクループがある。上記の2つよりくっきりとしたかたちではないが、北側を流れるゴンボー川のお蔭で水捌けに恵まれたこの地には、シャトー・ランシュ・バージュ(第5級)がある。

そしてバージュ集落の西、ガエ水路を見下ろす斜面では、シャトー・グラン=ピュイ=ラコスト(第5級)が典型的なポイヤック・ワインとなる極めて上質なぶどうを栽培している。これより西に向かいランド台地に近づくと、傾斜はどんどん緩やかになり、ぶどう栽培の点から見ると、テロワールの地勢も少しずつ長所を失ってくる。

■ 地質と土壌

メドックの他のアペラシオンに較べ、ポイヤックではギュンツ氷期の砂礫が多くぶどう畑に含まれているが、その礫の大きさは、ジロンド河の沿岸と内陸部では異なっている。

サン=ジュリアンやサンテステフのようにポイヤックでも、耐性に欠ける第三紀漸新世の地層は、侵蝕がかなり進んでいる。したがってジロンド河に近いクループは、さらに古いサンテステフ石灰岩の層準の地層に支えられている。これに当てはまるのが、例えばシャトー・ラフィット=ロチルドやムートン・ロチルドである。シャトー・ラトゥールの畑は、多少泥灰質から粘土質のサンテステフ石灰岩も混ざっているが、ぶどう園の西部の畑はサンノワ階粘土の地層の上にある。

アペラシオン西部の内陸部では、ヒトデ石灰岩(漸新世中期)で形成されたケスタ上にギュンツ氷期の砂礫層があり、ぶどう畑が広がっている。またここより東では畑はピレネー河川砂礫層の上にある。種々の第三紀地層——ヒトデ石灰岩とサンテステフ石灰岩のあいだの岩石——の不整合な砂礫は、すべての泥灰粘土質層(始新世上期のオストレア・ベルソレンシス、もしくは漸新世後期のサンノワ階粘土)を覆っている。2つのシャトー・ピションとシャトー・ランシュ=バージュ、シャトー・バタイイ(第5級)などがこれに当てはまる。

ポイヤックのテロワールを構成する砂礫は、ギュンツ氷期層に属する。サンテステフに非常によく似ている基盤をもつ、より厚い堆積物は、平均で8メートルに達する。第四紀のあいだに、沖積土の堆積が何回か繰り返され、多様な大きさの砂礫を運んできたと考えられる。シャトー・ラフィット=ロチルドやムートン・ロチルドのある、さらに古いことは間違いない標高の高い地にある、大粒の砂礫の割合が極めて高いジロンド河近くの砂礫土壌では、その粒の大きさの違いが際立っている。

ボルドー ◆ メドック ◆ **ポイヤック**

ボルドー ◆ メドック ◆ **ポイヤック**

シャトー・ラトゥールのぶどう畑は、同じくジロンド河沿いに位置する他の格付けぶどう園と共通した大粒の砂礫であることに留意しておきたい。サン＝ジュリアン＝ベイシュヴェル村のシャトー・デュクリュ＝ボーカイユやサンテステフのモンローズ、さらにはポイヤックのぶどう畑で最も北のムセとアンセイヤンの集落に広がるシャトー・ラフィット＝ロチルドの畑がそうである。

サン＝ジュリアン＝ベイシュヴェル村とともに、ポイヤックは今日までギュンツ氷期の地層がもっともよく残っているぶどう栽培地のひとつである。ここポイヤックでは、なぜ多くのぶどう畑が第四紀沖積土のなかで発達した礫質土壌なのかを理解できる。

サンテステフとの違いは、この礫質堆積物についてポイヤックのほうがより厚いことにある。

基盤は粘土質であることが多い。シャトー・ラトゥールがこれにあたるが、他にもガエ水路南部のぶどう園で多く見られる。ここを境に、シャトー・ラフィット＝ロチルドやムートン・ロチルドのクルーブの基盤層を構成しているサンテステフ石灰岩、もしくはジロンド河沿岸から離れた、南西部にあるぶどう栽培地、シャトー・ポンテ＝カネ周辺の基盤層を構成しているヒトデ石灰岩のような石灰質基盤の上の砂礫が非常に多くなる。

粘土質露頭もいくつか認められる。始新世初期シスモンディア・オキシターナ泥灰岩とオストレア・ベルソネンシス泥灰岩（訳注：双方ともに、古代の貝の化石が見られる）が、部分的に内陸部からの砂によって覆われているシャトー・ピブラン（クリュ・ブルジョワ）がその一例である。

ガエ水路の北部 シャトー・ラフィット＝ロチルドやムートン・ロチルドの偉大なテロワールの地勢では砂礫が非常に厚く、しばしば8メートルを超える。土壌は、ポドゾル化した古いもので非常に痩せている。この土壌は数世紀にわたって——特に18、19世紀と20世紀初頭に——人の手により深く耕され、掘り起こされた。このことは、メドックのクリュ・クラッセに格付けされた特に優れた礫質土壌に限ったことではなく、土砂の流失を防ぎ土壌の保全のためには、常に極めて重要な手段であった。ときに70センチメートル前後と深く掘り下げて、ヒースの腐葉土、その他の堆肥、あるいは泥灰、湿地の土といった有機物を混合することによって、稀に見る土壌の貧弱さを補い、化学的・物理化学的性質を向上させることが目的だった。この人間が耕した層は未だ土壌に同化していないので、今日でも地表に露出しているところがある。

シャトー・ラフィット＝ロチルドとムートン・ロチルドの台地は、カベルネ・ソーヴィニヨン種に向いた地勢を形成している。非常に地味に乏しく暖かい土壌、ぶどうが養分を十分に吸い上げられるだけの深さ、極めて機能的な天然の排水による少ない湿気等、栽培するのに必要な性質がすべて揃っている。特にシャトー・ラフィット＝ロチルドのぶどう畑と関係あるブルイユ川方面、ムートン・ロチルドに関係するプヤレ川方向にこれらの排水路が見られる。

その南、シャトー・ポンテ＝カネのクルーブやジロンド河に近いクルーブは、粘土石灰質の基盤がより地表近くに迫っている。ここでは豊富な粘土質に較べ砂礫は少なめで、上記のような傑出した土壌状況とはなっていない。

ポンテ＝カネ丘陵南部、ガエ水路が横切るブラン湿地を見渡す斜面の土壌は、非常に透過性の高い粘土質砂で形成されている。この土壌は、始新世初期泥灰質基盤——シスモンディア・オキシターナ泥灰岩石とオストレア・ベルソネンシス泥灰岩——を覆っていて、多少浸透性は劣るが、きつい傾斜によって雨水の排出には優れている。

ガエ水路の南部 シャトー・ラトゥールがある、もうひとつの傑出した栽培地である。シャトー・ラフィット＝ロチルドよりも低い標高のクルーブでは、この地を特徴づけている大粒の砂礫が、始新世初期の粘土質基盤（サンテステフの地層に見られる粘土石灰質土壌とその基盤）をほとんど覆っている。この基盤は、クルーブの頂部を除いてそれほど深くないところにある。この大粒の砂礫の並外れた貧弱さは、基盤とのバランスをとっているものと考えられる。全体的に天然の排水も極めて良好に機能していたが、19世紀初頭から、人々は地中深くに排水のための配水管を備えて水を排出しやすいよう、耕すぶどう畑にとって最適な状態をつくり上げる術を知っていたことを付け加えておこう。

隣のサンテステフのぶどう畑と同様、ここポイヤックでも、表土の砂礫の組み合わせと石灰質もしくは泥土質基盤の多様性こそが、クリュ・クラッセのヒエラルキーの要因となっている。シャトー・ラトゥールではたいへん恵まれたことに、高いレヴェルのバランスを享受している。

県道2号線の反対側には、シャトー・ピション＝ロングヴィルとシャトー・ピション・ロングヴィル・コンテス・ド・ラランドの一部分を擁する礫質土壌の優れた小さなクルーブがある。ピション・ラランドの残り部分はシャトー・ラトゥールと同じクルーブに位置している。これらの並外れた土壌は、他のメドックのもっとも偉大な栽培地と較べても優るとも劣らず、その厚い土壌は、特にポイヤックとサンジュリアンの境界線となっているジュイヤック小川のお蔭で水捌けに優れている。

村の西部にあるシャトー・バタイイ、オー＝バタイイ（第5級）、ランシュ＝ムーサ（第5級）は、起伏の小さい台地の砂質の多い礫質土壌でぶどうを栽培している。形状のくっきりしているクルーブに較べ、排水がやや劣るので、土壌のポテンシャルは多少下がる。大雨が降ると上部の帯水層が水を含み、ぶどう果が水ぶくれになるまで、ぶどう樹に十分水分を補給してしまうことが見られる。

シャトー・グラン＝ピュイ＝ラコスト、クロワゼ＝バージュ（第5級）、ランシュ＝バージュのぶどう畑のほとんどは、ガエ水路とムーサ川、双方へ向けて非常に水捌けに優れているきつい傾斜の礫質土壌にある。

ポイヤックの栽培地質図

凡例：
- 泥炭質湿地
- 古ガロンヌ河川砂礫層（ギュンツ氷期）；クリュ・クラッセ所在地
- 古ガロンヌ河川砂礫層（ギュンツ氷期）；砂が多く、起伏が少ない
- ヒトデ石灰岩の上盤堆積物
- 砂の多いヒトデ石灰岩の上盤堆積物
- 堆積物とランド砂の薄層
- 第三紀石灰岩の露頭；起伏が少ない
- 鮮新世のピレネー河川砂礫層

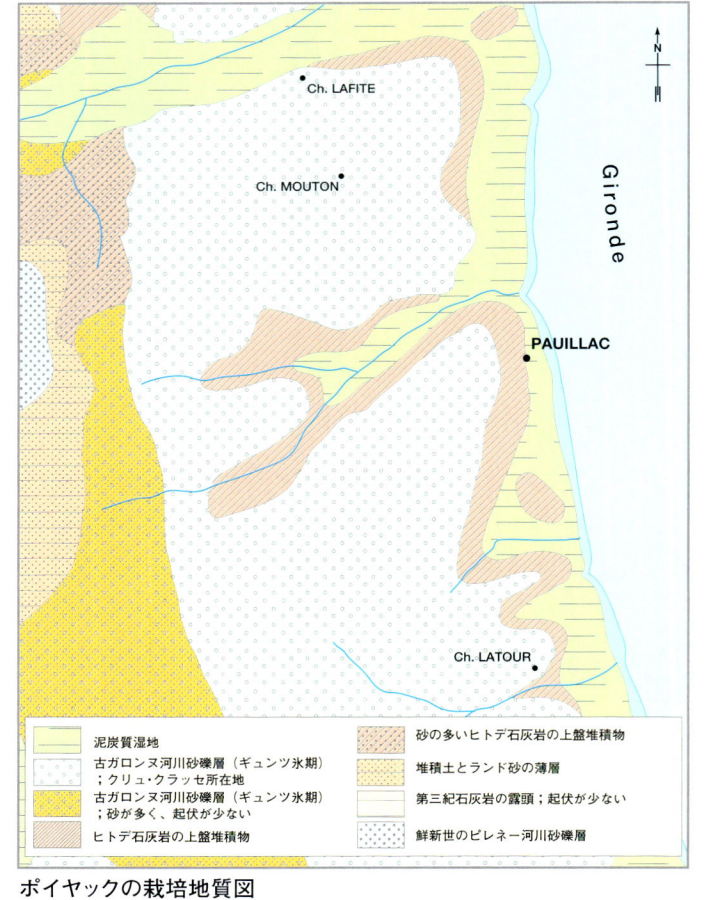

🍇 ぶどう品種とワイン

カベルネ・ソーヴィニヨン種はその力量を最大限発揮できるテロワールをポイヤックに見い出し、洗練されエレガントで、気品溢れる傑出したワインを生んでいる。

18のシャトーが1855年の格付けにその名を連ね、合わせた生産量はポイヤック全体の85パーセントを占める。また生産量の8パーセントを醸造する16シャトー（訳注：1932年のリスト）がクリュ・ブルジョワに、同じくアペラシオンの2パーセントを生産する7クリュがクリュ・アルティザンに格付けされている。加えて協同組合も生産量の数パーセントを産出している。

ポイヤックはカベルネ・ソーヴィニヨン種の栽培にお誂え向きの地であるということができる。なぜならこのアペラシオンのテロワールにおいてカベルネ・ソーヴィニヨン種は、自らの傑出した特性を余すところなく、しかも最大限に発揮するからである。1855年の格付けシャトーでは、平均で栽培比率の61パーセントをカベルネ・ソーヴィニヨン種が占めている。

加えて、より傑出した土壌においては7割を超え、8割にまで達する比率で栽培されている。

ポイヤックといえども、当然メルロ種も栽培されている。しかし、ポイヤックをポイヤックたらしめているのはカベルネ・ソーヴィニヨン種であり、このアペラシオンの特質ともいえる、比類ない構造とフィネスをワインに付与するのもこの品種である。他方、ワインに豊富なタンニンももたらしながら、常に並外れた洗練さを保ち

統計
面積：1,200ヘクタール
年間生産量：65,500ヘクタール

ボルドー ◆ メドック ◆ **ポイヤック**

続けるが、これはカベルネ・ソーヴィニヨン種といえども至難の技である。このアペラシオンのワインは精緻な構造と力強さ、フィネスがうまく組み合わさっているワインだと表現できるが、フィネスは、非常に地味に乏しい土壌と、なくてはならない効果的な——我々の祖先が敷設した排水溝も忘れてはならないが——天然の排水網に由来するものと思われる。

ポイヤックのワインは、まだごく若いうちから卓越したエレガントな味わいを発揮する。そして熟成とともに、西洋スギ、タバコ、革等の素晴らしいアロマを得て、実際には非常に複雑であるにもかかわらず、ある種、絶対的な完ぺきさに到達するようになる。その頂点に達したときには、特にワインに通じていなくとも誰もが堪能できる風味や味わい、アロマ、口当たりとなる。

とはいえ、生み出される最上のグラン・ヴァンがそのアペラシオンにふさわしいものとしても、同じアペラシオン内でも、様々なテロワールがそれに基づいた、異なったワインを生んでいる。であるから、ワインを味わう人間それぞれの好みの違いにより、シャトー・ラトゥールの力強さよりもシャトー・ラフィット=ロチルドのフィネスやムートン・ロチルドのビロードのような滑らかさが好まれる場合もありうる。

賞賛されるようなメルロ種は、粘土がしばしば地表近くに迫っている土壌で栽培されているポイヤックで栽培されているメルロ種は二番手に追いやられる品種である、ということには救いようがないのだろうか？そうとは言い切れまい。ポイヤックで栽培されているメルロ種の多くは、格調高く、上質なワインを生んでいる。もっとも偉大なクリュにおいてもカベルネ・ソーヴィニヨン種から生まれるような、筋肉質で複雑なワインと同じレヴェルに達することは確かに稀ではあるが、アサンブラージュによってヴォリューム感と肉厚さをワインに与える、という大きな役割をメルロ種は担っている。

ている。これに対応するのが、例えば、シャトー・ラトゥールのジュイヤック川を見下ろす申し分ない斜面や、サンテステフ方面へと向かうプヤレ集落の出口にある県道2号線に沿った栽培地である。このポイヤックの北の端にある台地は、その頂部の砂礫土壌には、シャトー・ムートン・ロチルドとラフィット=ロチルドの素晴らしいカベルネ・ソーヴィニヨン種が栽培されている。

ポイヤック産ワインにおける、メルロ種のポテンシャルを示すよい例は、シャトー・ピション・ロングヴィル・コンテス・ド・ラランドであろう。粘土質だけではなく深い砂礫も含んだ基盤の礫質土壌に植えられているメルロ種は、ここでは栽培比率の35パーセントを占める。アサンブラージュでカベルネ・ソーヴィニヨン種を上回ることはないが、このシャトーのワインを際立たせるメルロ種らしい、エレガントさと滑らかさをワインに付与している。

最後に、排水が十分ではなく、地表近くに帯水層——ぶどう果の生育期には消失するにせよ——を生じさせる、ぶどう栽培に最適とはいえない土地でもカベルネ・ソーヴィニヨン種は逞しく高酒質のワインを生みはする。しかしながら、最上のテロワールの地に較べるとフィネスや複雑味、緻密さに欠ける。

ポイヤックのぶどう栽培地の俯瞰図

1855年に格付けされたポイヤックのワイン（訳注:ムートンは1973年、第1級に格上げ）	
第1級	シャトー・ラフィット=ロチルド、シャトー・ラトゥール、シャトー・ムートン・ロチルド
第2級	シャトー・ピション=ロングヴィル、シャトー・ピション・ロングヴィル・コンテス・ド・ラランド
第3級	なし
第4級	シャトー・デュアール=ミロン=ロートシルト
第5級	シャトー・ポンテ=カネ、シャトー・バタイイ、シャトー・オー=バタイイ、シャトー・グラン=ピュイ=ラコスト、シャトー・グラン=ピュイ・デュカス、シャトー・ランシュ=バージュ、シャトー・ランシュ=ムーサ、シャトー・ダルマイヤック、シャトー・オー=バージュ・リベラル、シャトー・ペデスクロー、シャトー・クレール・ミロン、シャトー・クロワゼ=バージュ

ボルドー ◆ メドック ◆ サンテステフ

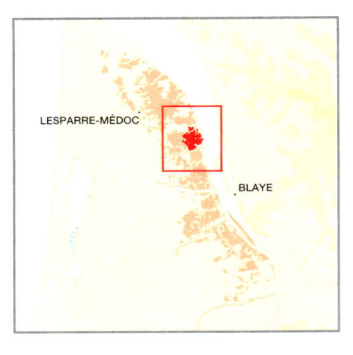

Saint-Estèphe
サンテステフ

サンテステフのぶどう畑は、メドックの村名アペラシオンでは最北に位置する。粘土の多い土壌で、他の産地に較べて高い割合でメルロ種が栽培されている。カベルネ・ソーヴィニヨン種とアサンブラージュされるメルロ種は力強く豊かで、長い熟成に適したワインを生む。

■ 産地の景観

南はブルイユ水路でポイヤックと隔たれたぶどう畑は、北はサン゠スラン゠ド゠カドゥルヌの手前まで広がっている。

サンテステフにはクループが多いが、それぞれの輪郭はくっきりとしている。

それらのクループは構成する砂礫の質から、大きく3つのゾーンに分けることができる。

標高の高い(19〜23メートル)ゾーンは、シャトー・ラフィット゠ロチルドの延長線上にあり、ブルイユ水路に面した水捌けのよいクループを形づくっている。ここにはシャトー・コス・デストゥルネル、コス・ラボリィ(第5級)、ラフォン・ロシェ(第4級)があり、そこからブランケ、レサック、ペズの各集落へ、そしてさらにサン゠コルビアンの集落を中心にシャトー・ボー゠シット(クリュ・ブルジョワ)とシャトー・ル・ボスク(クリュ・ブルジョワ)等がある飛び地となっているクループへと連なっている。

標高の低い(12〜16メートル)ジロンド河沿いの砂礫層のゾーンは、水捌けのよい、くっきりと分断された形状のクループが並んでいる。ここに位置するのは、シャトー・オー・マルビュゼ(クリュ・ブルジョワ)、シャトー・モンローズ(第2級)、シャトー・メネ(クリュ・ブルジョワ)、シャトー・フェラン・セギュール(クリュ・ブルジョワ)それにシャトー・カロン゠セギュール(第3級)である。

アペラシオンの中央部分(標高10〜20メートル)は、起伏が穏やかであり、したがって傾斜は緩やかで、排水に恵まれていない箇所が多くみられる。クリュ・ブルジョワのぶどう園の多くがここにある。

ぶどう品種とワイン

他のアペラシオンに較べメルロ種が多く見られるものの、メドックで栽培されている品種は全て揃っている。メルロ種は粘土質土壌では、力強くかつデリケートなワインとなる。

表土近くに粘土質基盤があるため、メルロ種の比率はジロンド河沿岸の他のアペラシオンに較べて高く、4割を占めている。

多くは見られないカベルネ・フラン種は、サンテステフの土壌をよく物語っている。シャトー・コス・デストゥルネルとラフォン゠ロシェのあいだのロシェ台地、シャトー・モンローズ近辺のフォン゠プティト台地、アペラシオン西部のクテラン等の土壌で栽培され、天候に恵まれた年には傑出したワインとなる。

水捌けのよい土壌を必要とするカベルネ・ソーヴィニヨン種は、アペラシオン周縁部で栽培されている。

サンテステフのワインは、マルゴーやポイヤック、サン゠ジュリアンのワインと較べて逞しく、繊細さに欠けるとよく形容される。確かにワインは、豊かで力強いタニックなストラクチャーや、メルロ種のコクを纏った、自然に備わった力強さがある。柔軟さとボディを兼ね備えたワインは、熟成すると常に複雑で、完璧にバランスのとれた甘美なブケを見事に発達させる。

下盤に粘土があることは、この特性と恐らく無関係ではない。しかしながら、粘土を覆っている第四紀礫質沖積土が、ワインにフィネスをもたらしているものとも考えられる。つまり、場所によって土壌の組成のバランスが異なるということが、サンテステフのワインをひとつの型に定義するのを難しくしている要因といえるかもしれない。

この多様性を分かりやすくするために、例をあげてみよう。泥灰より石灰の多い下盤をもち砂礫が深いフォン゠プティトのクループでつくられたワインは、稀に見るフィネスと複雑さを備えるが、印象に残る力強さはそれほどでもないということになる。

サンテステフはまた、シャトー・フェラン・セギュール、オー゠マルビュゼ、メネ、レゾルム・ド・ペズ、ド・ペズ、トゥール・ド・ペズ、ル・ボスクといったクリュ・ブルジョワの素晴らしい酒質で、確固とした評価を得ている。

統計
面積:1,230ヘクタール
年間生産量:69,000ヘクトリットル

■ 地質と土壌

サンテステフの地質的特性は、サンテステフ石灰岩と呼ばれる始新世第三紀の基盤にある。

ここでは砂礫が堆積する前の基盤がうけた侵蝕が広がっている。第三紀漸新世の脆弱な泥灰岩とヒトデ石灰岩は強く侵蝕された。

サンテステフの礫質沖積層は他のアペラシオンの基盤岩石よりも古い、第三紀始新世の地層の上に広がっている。この地層は石灰堆積層やこれを整合に覆っているオストレア・ベルソネンシス泥灰岩に対比される。

しばしば泥灰岩によって分断されているサンテステフ石灰岩の露頭は、シャトー・コス・デストゥルネルやド・マルビュゼ、カロン゠セギュールといったいくつかのぶどう園の礫質クループ下部で観察することができる。

ギュンツ氷期の沖積層からなる砂礫は、ポイヤック段丘から地続きとなってサンテステフ段丘を形成していて、沖積土の厚さは4から7メートルと変化に富んでいる。サンテステフでは、地表付近にみられる泥灰石灰質の下盤が、土壌全体に独特な豊かさをもたらしていて、サンテステフの砂礫層がポイヤックやサン゠ジュリアンほど貧弱ではないことが観察できる。

クループはそれぞれがくっきりとはしているが起伏は少ない。また、第三紀下盤の不浸透性が強い層の上部を伝わって、各クループの下部を縁取る、まさに排水運河ともいうべき多くの小河川へ、雨水は効率よく排出されている。

ジロンド河やブルイユ水路付近のクループで発達した土壌、すなわちアペラシオンのもっとも外側に見られるテロワールは特に優れている。1855年の格付けぶどう園や、サンテステフでトップ・クラスのクリュ・ブルジョワが、この土壌にあるのは偶然ではない。

最西部——アヤン、トルピアン、ロージャックの各集落、そしてサンテステフとの境界付近のヴェルティーユ村周辺——に見られる粘土質もしくは砂質粘土の強い土壌はさらに肥沃となり、ぶどう樹への水分補給はわずかに不足する。あまり見られないギュンツ氷期の砂礫は、より古い第四紀後期のピレネー河川砂礫層由来の土砂に混じることが多い。多少質の劣るこの土壌では、サンテステフで最上といわれるぶどう畑は見られない。

サンテステフの栽培地質図

ボルドー ◆ メドック ◆ **サンテステフ**

1855年に格付けされたサンテステフのぶどう園	
第1級	なし
第2級	シャトー・コス・デストゥルネル、シャトー・モンローズ
第3級	シャトー・カロン゠セギュール
第4級	シャトー・ラフォン゠ロシェ
第5級	シャトー・コス・ラボリ

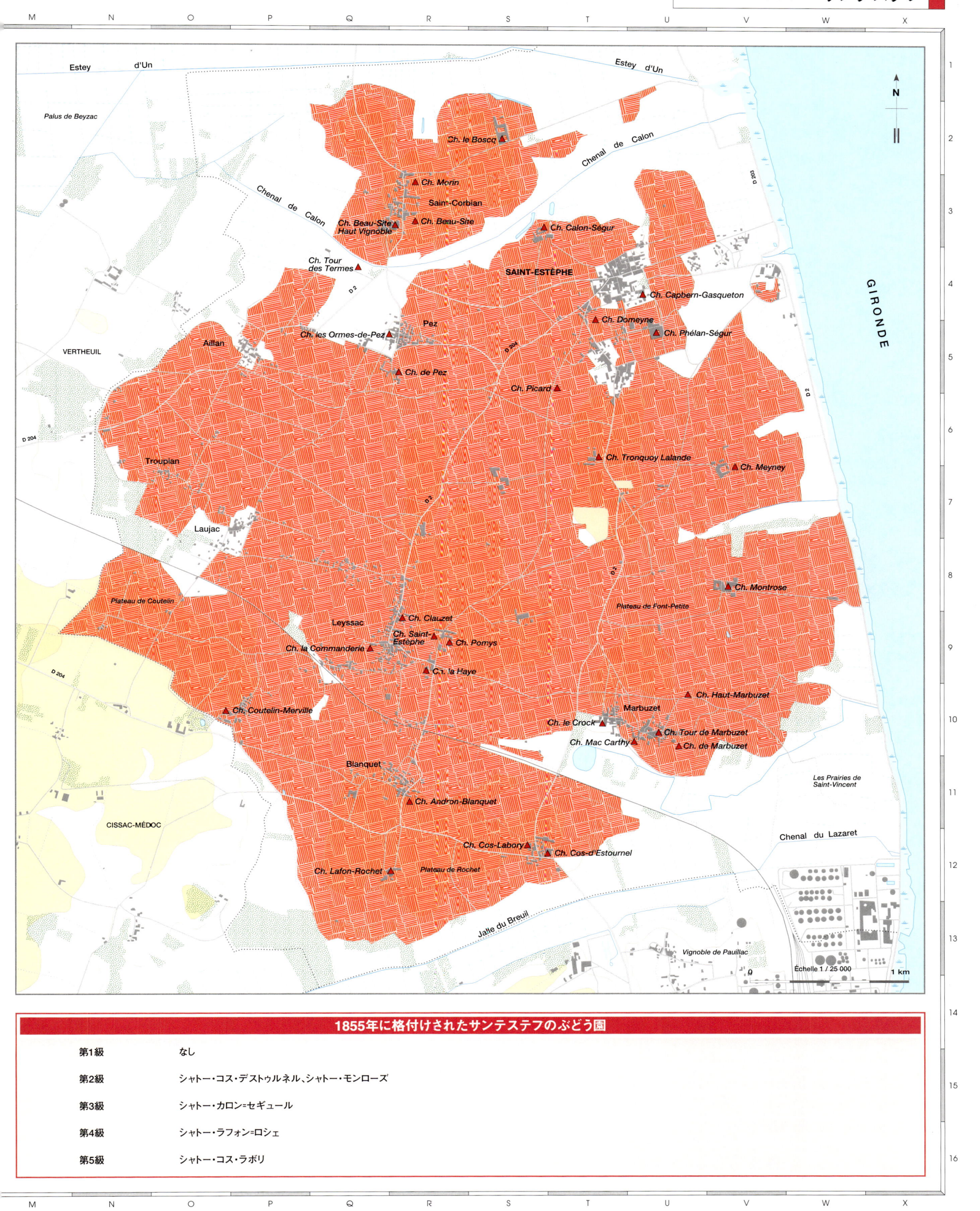

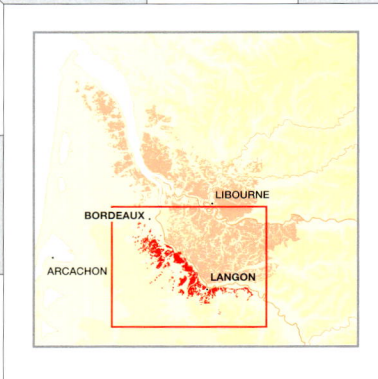

ボルドー ◆ グラーヴ地区

Graves
グラーヴ地区

ボルドーにおける歴史的ぶどう栽培地を抱えるグラーヴ地区は、フランスのワイン産地で唯一、砂礫（グラーヴ）という土壌の性質を名前に冠したアペラシオンである。素晴らしい赤ワインのほかに、たいへん人気の高い辛口白ワインも生産している。さらにソーテルヌとバルサックの地では、中甘口の白と世界で最上と評される甘口白ワインを生んでいる。

■ 産地の景観

ぶどう栽培地はガロンヌ河に沿って、長さ50キロメートル、幅15キロメートルから20キロメートルの帯状をなしている。

グラーヴ地区は北はボルドー市のブランクフォール川から、南はランゴンの村の先まで連なっている。東はこの南北を結ぶガロンヌ河に50キロメートルにわたって沿い、西は、大西洋を隔てるランドの広大な森に接していて、この森によりぶどう畑は保護されている。この地区は以下のアペラシオン——グラーヴ、グラーヴ・シューペリュール、ペサック=レオニャン、セロン、ソーテルヌ、バルサック——で構成されていて、ぶどう畑は、起伏の少ないクループや台地に広がっている。

グラーヴ地区北部では、栽培地がボルドー市の郊外の都市化によって侵食されていて、この市街地化はぶどう畑——それも最上級の——に、大きな悪影響を及ぼしている。それでも多くのぶどう畑が離れ小島のように、ビルやマンション、商業地帯、工場そして道路のなかに取り残されて点在しているが、ボルドー市とブランクフォール川に挟まれた栽培地の最北部は、現在では完全に姿を消してしまっている。

■ 気候

森林と河川に挟まれたこの地区のぶどう畑は、理想的な気候条件を享受している。

温暖な海洋性気候に加え、ぶどうの生育温度を調節するガロンヌ河と、雨をもたらす西風から護ってくれるランドの森という2つの恩恵をグラーヴ地区はうけている。低地で霜の害をうける地域と冷気がよどむ森に囲まれた地域には、ぶどうは植えられていない。

■ 地質と土壌

砂礫——グラーヴ——がいたるところに広がるこの地区は、外見上メドック地区に似ているように見える。しかしながら、相違点がいくつかある。

グラーヴ地区の表土は、小石と様々な色の砂礫のほか、粒の大きい砂、細かい物質が混じり合っている。しばしばワインの色調に褐色をもたらす、酸化鉄で固められた砂で基盤は構成されている。

この地区の複雑さについて記すなら、まずペサック=レオニャンを含んでいる北部を分けなければならない。北部の表土は外見上メドックの表土と非常に似ているが、地質と組織の多様性という点においては極めて異なっている。

アペラシオン南部では第三紀石灰岩の露頭が見られるが、特に薄い砂やローム層が砂礫質沖積土を覆っていることがあるピュジョル=シュル=シロンでしばしば見られる。

このアペラシオン南部においてはさらに、ボーティラン、ポルテ、アルバナ、そしてソーテルヌとバルサックを取り囲むシロンの各台地の相違を区別しなくてはならない。

土壌が多種多様であるボーティラン台地は、一般的に痩せた砂礫と砂で構成されている。粘土質は稀で、アキテーヌ階の石灰岩が地表に露出している。この土壌は、暑い年に色のよく出てタニックなワインを産出する優れた地層である。

シロン川とブリオン川の周辺では、それぞれの河川がガロンヌ河の古い沖積土を押しのけて、栽培可能な粘土質砂をわずか50センチメートル前後かぶっただけの石灰質基盤をむき出しにさせている。2つの川のあいだにあるランディラス、ビュド、ランゴン、サン=ピエール=ド=モン、マゼールの各村では、砂礫、砂、粘土、ロームが薄い層をなして重なっている。ガロンヌ河の古い段丘が見られる。この土壌の複雑な特徴は、ボルドーでもっとも乾燥している局地気候と結びつき、ワインにオリジナリティーを与えている。

🍇 ぶどう品種

赤ワインのベースとなるのはメルロ種であり、白の主品種はセミヨン種となる。

グラーヴとペサック=レオニャンの赤ワインは、主にメルロ種を用い、その作付け面積は全体の半分以上を占める。メルロ種は、カベルネ・ソーヴィニヨン種とより割合は少ないがカベルネ・フラン種がアサンブラージュされる。辛口ワイン（グラーヴとペサック=レオニャン）と中甘口白ワイン（グラーヴ・シューペリュール、セロン、ソーテルヌそれにバルサック）は、ソーヴィニヨン・ブラン種が多いペサック=レオニャンを除いて、主要品種であるセミヨン種の割合が大きい。またソーヴィニヨン・ブラン種は、中甘口と同様、全ての辛口白ワインのアサンブラージュに用いられるが、ミュスカデル種は、ほんのわずかしか用いられていない。

■ ワイン

グラーヴでは、松脂の香りのする、他に類を見ない素晴らしいキメの細かさが際立った味わいの赤ワインのほか、幅広い一連の白ワインを産出する。

グラーヴ Graves

このアペラシオンでは赤（生産量の75パーセント）と、白ワインを生産している。主にグラーヴの北部で産する赤ワインの使用品種は、メルロ種（53パーセント）、カベルネ・ソーヴィニヨン種（37パーセント）それにカベルネ・フラン種である。くっきりとした印象で、ボルドーの他のワインに対して簡単に見分けることができる。燻した香りやタール、杜松、核のある果物（サクランボや西洋スモモ）、西洋スギ、そしてとりわけ松脂のアロマがある。また、非常に個性的で独自の素晴らしいキメ細やかな味わいが備わっているが、この味わいは、ボルドーの他のワインには見出しにくく、あるとすればコート・ド・ブールのアペラシオンだが、多少劣る。

セミヨン種（70パーセント）が主となる辛口の白は、用いる品種の比率や生産者が選択する醸造法により幅広いタイプがみられる。

グラーヴ・シューペリュールは高い割合（85パーセント）でセミヨン種を使用し、中甘口タイプの白ワインに用いられるアペラシオンである。

統計（グラーヴ）
面積：3,200ヘクタール
年間生産量：182,000ヘクトリットル

統計（グラーヴ・シューペリュール）
面積：480ヘクタール
年間生産量：20,000ヘクトリットル

格付け

1855年の格付け

第1級

Ch. Haut Brion シャトー・オー・ブリオン	（赤）	（ペサック）

1959年の格付け

Ch. Bouscaut シャトー・ブスコー	（赤・白）	（カドゥジャック）
Ch. Carbonnieux シャトー・カルボニュー	（赤・白）	（レオニャン）
Domaine de Chevalier ドメーヌ・ド・シュヴァリエ	（赤・白）	（レオニャン）
Ch. Couhins シャトー・クーアン	（白）	（ヴィルナーヴ=ドルノン）
Ch. Couhins-Lurton シャトー・クーアン=リュルトン	（白）	（ヴィルナーヴ=ドルノン）
Ch. de Fieuzal シャトー・ド・フューザル	（赤）	（レオニャン）
Ch. Haut-Bailly シャトー・オー=バイイ	（赤）	（レオニャン）
Ch. Haut Brion シャトー・オー・ブリオン	（赤）	（ペサック）
Ch. Laville Haut Brion シャトー・ラヴィル・オー・ブリオン	（白）	（タランス）
Ch. Malartic-Lagraviere シャトー・マラルティック=ラグラヴィエール	（赤・白）	（レオニャン）
Ch. la Mission Haut Brion シャトー・ラ・ミッション・オー・ブリオン	（赤）	（タランス）
Ch. Olivier シャトー・オリヴィエ	（赤・白）	（レオニャン）
Ch. Pape Clément シャトー・パプ・クレマン	（赤）	（ペサック）
Ch. Smith Haut Lafitte シャトー・スミス・オー・ラフィット	（赤）	（マルティヤック）
Ch. la Tour Haut Brion シャトー・ラ・トゥール・オー・ブリオン	（赤）	（タランス）
Ch. Latour-Martillac シャトー・ラトゥール=マルティヤック	（赤・白）	（マルティヤック）

ボルドー ◆ グラーヴ地区

セロン Cérons

ソーテルヌとバルサックに隣接する3つの集落で中甘口の白ワインを生産している。

ポダンサック、イラの集落と同様、グラーヴ地区のほぼ中央に位置するセロンの村では、ガロンヌ河の段丘に広がる栽培地で、グラーヴと中甘口白ワインであるセロンのアペラシオンを名乗れるワインを生んでいる。

土壌は、粘土石灰質の地質上に発達した小石と大粒の砂からなる珪質砂礫土で構成されている。

西にガルガル川が流れるセロンの村は、サン=クリック川を挟んでバルサック村の対岸にある。イラ村は高速道路を越えたところにあり、盆地で隔たれた礫質のクループが連なっている。ポダンサック村のほとんどは、ガロンヌ段丘中部にできた礫質の広い台地に位置している。

セロンのワインは、セミヨン種(75パーセント)、ソーヴィニヨン・ブラン種(20パーセント)、ミュスカデル種(5パーセント)の各品種の、過熟もしくは貴腐に達したぶどうからつくられる。多くのワインは芳醇かつエレガントだが、ソーテルヌに較べ線の細いところがある。

統計
面積：80ヘクタール
年間生産量：2,600ヘクトリットル

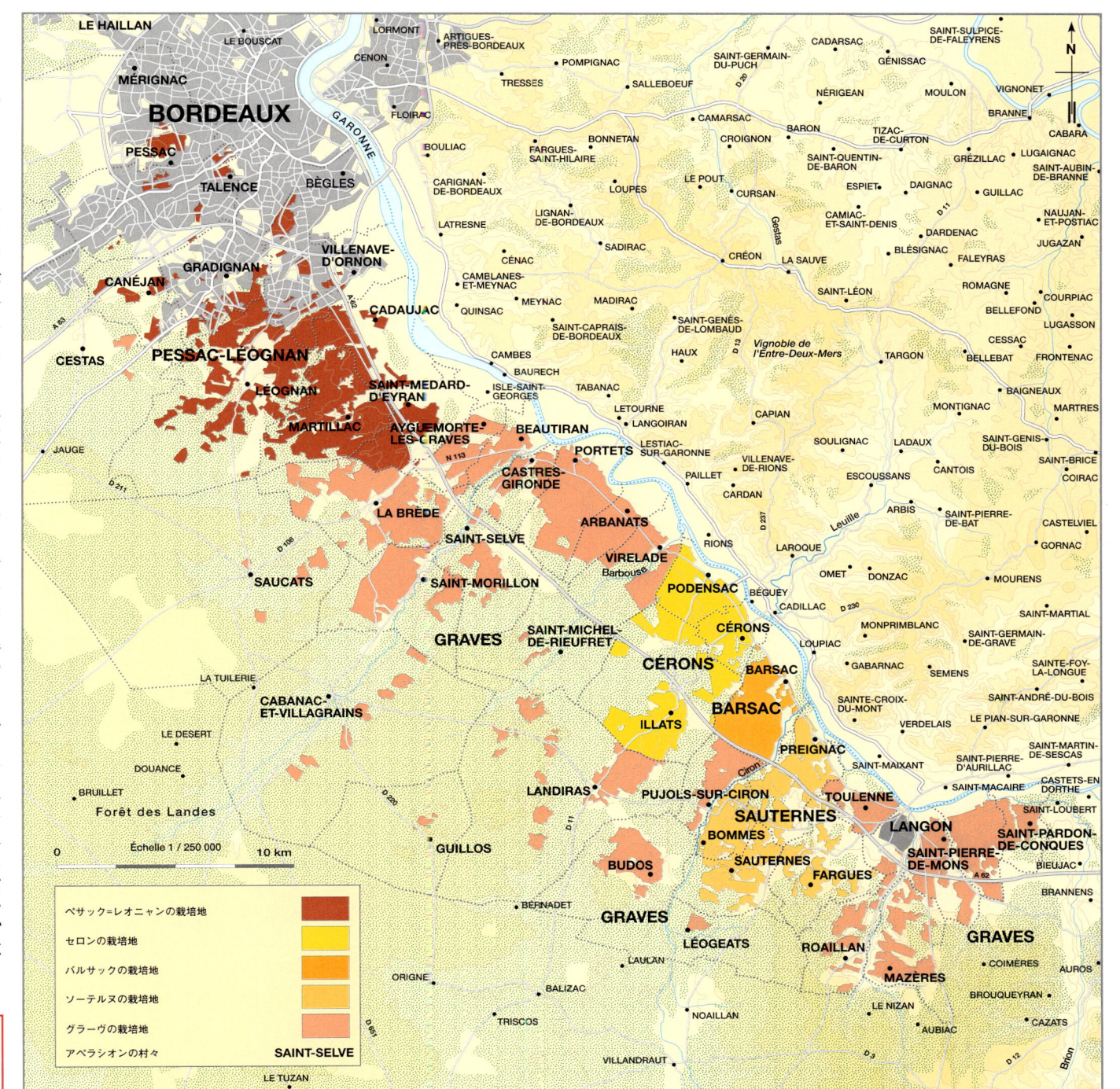

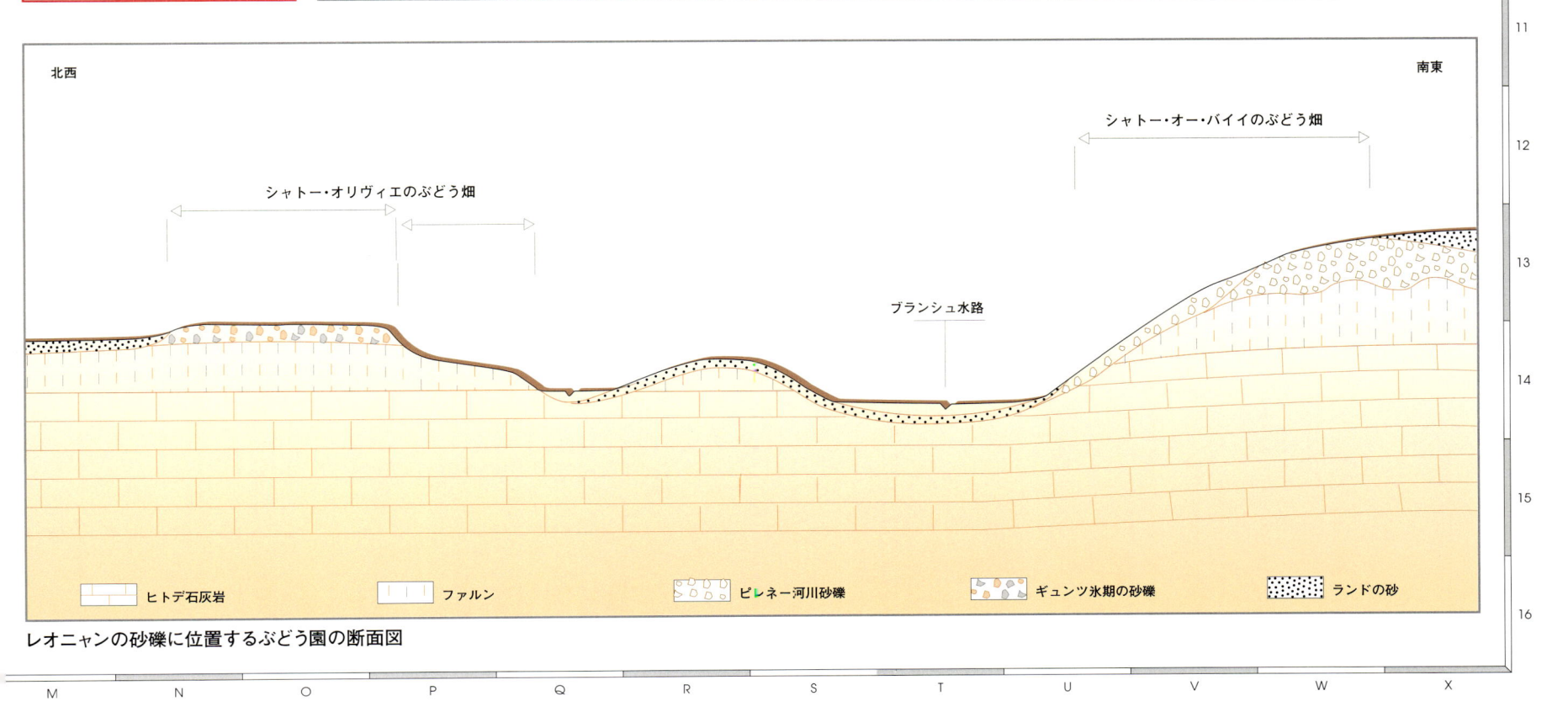

凡例：
- ペサック=レオニャンの栽培地
- セロンの栽培地
- バルサックの栽培地
- ソーテルヌの栽培地
- グラーヴの栽培地
- アペラシオンの村々　SAINT-SELVE

断面図凡例：
- ヒトデ石灰岩
- ファルン
- ピレネー河川砂礫
- ギュンツ氷期の砂礫
- ランドの砂

レオニャンの砂礫に位置するぶどう園の断面図
（北西―南東、シャトー・オリヴィエのぶどう畑、シャトー・オー・バイイのぶどう畑、ブランシュ水路）

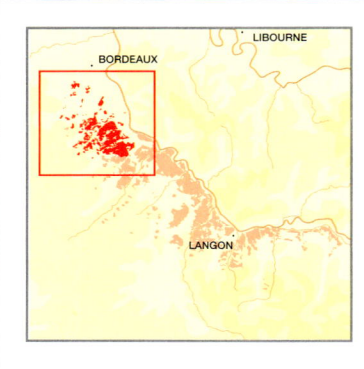

| ボルドー ◆ グラーヴ ◆ ペサック=レオニャン |

Pessac-Léognan
ペサック=レオニャン

かなり広大なグラーヴの栽培地は、その全域にわたって同じスタイルおよび水準のワインを生産しているわけではなく、北部のテロワールは南部に較べてはるかに優れたワインを産出している点に留意しなければならない。このため、新しいアペラシオンであるペサック=レオニャンが1987年誕生したのである。

■ 産地の景観

この優れたテロワールは都市化に耐え、その特質に似つかわしくない環境のなかで生き長らえている。

アペラシオン・ペサック=レオニャンの北部は、ボルドー市郊外のビルやマンション、工業や商業地帯それに道路といった、産出するワインの素晴らしい酒質とはあまりにかけ離れた景観のなかにある。残念なことにこの都市化は、偉大なポテンシャルを誇るテロワールの、永遠の消滅を招いてしまった。

都市化されたゾーンを離れると、景観は伝統的なぶどう産地らしくなる。効率的な排水を保証する傾斜のきつい斜面を備え、砂礫の堆積が特徴である、丸みをおびた円丘状のくっきりとしたクループの連なりを見ることができる。

排水はブールド水路、ブランシュ水路、ル・コルドン・ドール、ソカといったガロンヌ河に流れ込む、多くの小さな流れによって保たれている。

■ 気候

ボルドー特有の局地気候が、ペサック=レオニャンと他のグラーヴの産地を分けている。

グラーヴ地区の中央部に位置するポルテのぶどう栽培地や、南部のランゴンに広がるぶどう畑と区別するために、ペサック=レオニャンは「北のグラーヴ」もしくは「ボルドー市のグラーヴ」とも表現される。

ペサック=レオニャンはグラーヴ地区の最北部にあり、その端はボルドー市の南部および南西部と接している。また、西側に沿うランドの森に護られ、さらに気温の変動を緩衝するガロンヌ河の恩恵を享受している。

温暖で湿度が一定と、ぶどう栽培に好都合なこの気候は、ジロンド県の極めて代表的な気候であるといえる。北緯45度にある同県は、すぐ近くの大西洋の影響も受けている。

そして、ペサック=レオニャンの砂礫質のテロワールは、モンテスキューが住んでいた城のあるブレド村を横切るソカ川で示される、気候境界線の北にある。

この境界線は、ここを境にソーテルヌ、バルサック、セロンでの中甘口や甘口ワインづくりに必要とされる貴腐菌が異なった働きをすることでも知られている。

ペサック=レオニャンの砂礫質のテロワールは、貴腐が付着しにくい独特の微気候の影響下にある。このミクロ・クリマの条件下では、赤および辛口白ワイン用のぶどう果を腐敗させてしまうため、ボトリティス・シネレア──この場合は貴腐菌ではなく灰色カビ(プリテュール・グリーズ)と呼ばれる──は徹底的に駆除される。

統計
面積：1,400ヘクタール
年間生産量：71,250ヘクトリットル

■ 地質と土壌

ペサックの表土はメドックの土壌によく似ていて、異なるのは基盤である。

粘土、砂、アリオス、石灰岩、ファルン(訳注：貝殻化石片が混じった石灰岩)からなる基盤の上にペサック=レオニャンのぶどう畑は広がっている。この基盤は、第三紀末から第四紀の氷河期に少しずつ物質を堆積し、そこからガロンヌ河の昔の流れをたどることができる。

砂利と水に転がされたガレで構成された砂礫の厚さは、約20センチメートルから3メートルと幅広い。

石英や黄、白、赤、ピンクの硅岩、碧玉、瑪瑙、燧石、リディア石などの砂礫を含み、ペサック=レオニャンのテロワールの多彩さは際立っている。

ぶどうあるいは潅木しか生えない地味の貧しさは、ペサック=レオニャン独自のワインを産出している。

🍇 ぶどう品種

赤ではグラーヴ地区と異なりカベルネ・ソーヴィニヨン種がメルロ種に較べ若干多く、白ではソーヴィニヨン・ブラン種がセミヨン種を凌駕している。

メドックのグラン・ヴァンと同じく、ペサック=レオニャンの赤ワインもストラクチャーと高貴さ、エレガントさをもたらすカベルネ・ソーヴィニヨン種が49パーセントと若干多く、丸みとデリケートさを補うためにメルロ種が46パーセントほど栽培されている。

白ワインはソーヴィニヨン・ブラン種(69パーセント)からつくられ、セミヨン種(29パーセント)とミュスカデル種が補助品種となっている。

■ ワイン

ペサック=レオニャンの赤ワインはメドックより評価されにくく、言わば、通向きのワインである。

ペサック=レオニャンの赤ワインは、フランスでもっとも素晴らしいワインのひとつに数えられる。

深く濃く生き生きとした色合いで、紫の色調が特徴的である。若いうちは閉じて荒削りで、複雑で熟れた果実やヴァニラ、炒ったアーモンドの香りが際立っている。口に含むと厚みがあり肉付きがよく、引き締まってエレガントな良質のタンニンが感じられる。熟成を経るとプルーンとトリュフの素晴らしいアロマが備わり、味わいもフィニッシュに柔らかなタンニンを感じ、バランスもよくなる。

最上級のメドックのクリュ・クラッセのような傑出したエレガントさとは異なるが、個性豊かでたいへん上品なワインである。

多くの白も、赤ワインとまではいかないにしろ非常に質が高く、なかには長く熟成するものもある。

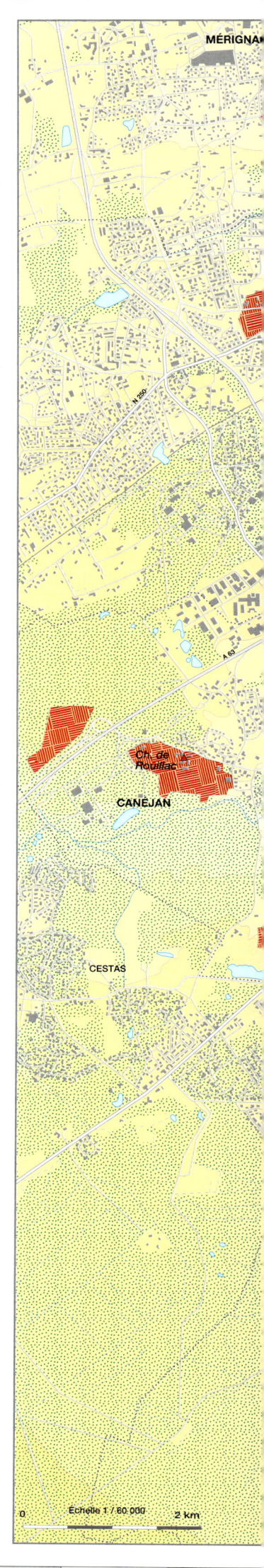

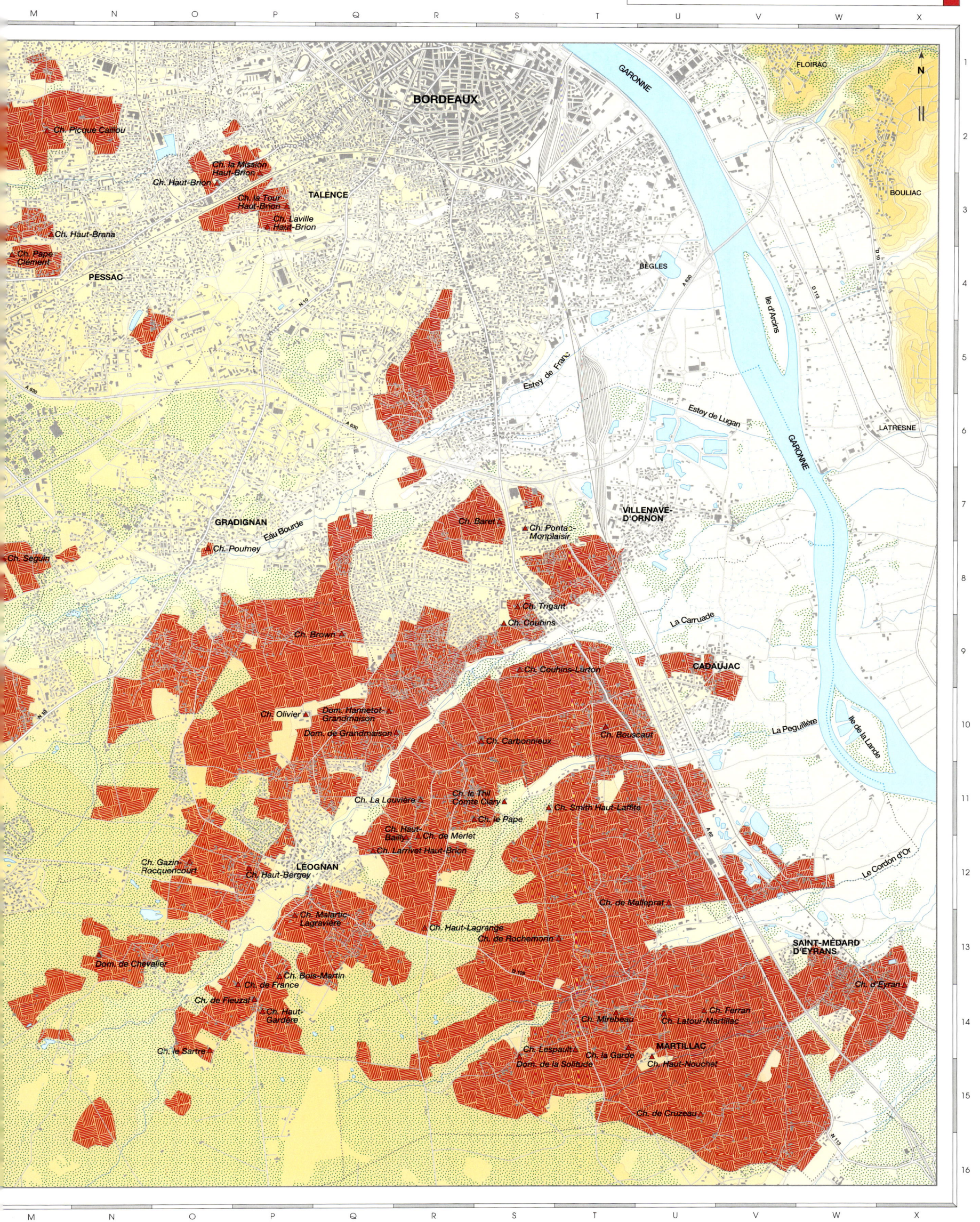

ボルドー ◆ グラーヴ ◆ ペサック=レオニャン

ボルドー ◆ グラーヴ ◆ ソーテルヌ ◆ バルサック

Sauternes et Barsac
ソーテルヌとバルサック

この2つの生産地は、世界でもっとも有名な甘口白ワインを生み出す、特殊な気象条件の恩恵を享受している。ボトリティス・シネレアという菌により、ぶどうはコンフィ化し、つくられるワインは、まさにネクターともいうべき口当たりで、類まれなるエレガントなアロマを身に纏うこととなる。また、この神秘的なワインは非常に長く熟成する。

■ 産地の景観

ソーテルヌとバルサックのぶどう畑は、ボルドー市の南東約40キロメートルのガロンヌ河沿いにある。

栽培地は北東のガロンヌ河、南はランドの松林を境界線としている。

ぶどう畑は、ガロンヌ河の小さな支流であるシロン川の両側に広がっている。この川はバルサックのアペラシオンと、ソーテルヌのアペラシオン――ソーテルヌ、プレニャック、ボンム、ファルグの各集落からなる――との境界線となっている。

ソーテルヌのぶどう畑は、シャトー・ディケムを取り囲む輪のかたちをした標高の低いクループに広がっている。

■ 気候

貴腐ぶどうを得るために期待できる微気候の条件がこの地にはある。

ソーテルヌとバルサックのアペラシオンを特徴付ける海洋性気候は、年間を通じての降雨(年平均900ミリ)が多量かつ不均一に分散していることが顕著である。雨は冬によく降り夏は夕立をともなう、一方、雹は春に突発する。

しかし、これらのアペラシオンを特徴付けるワインをもたらす気象の効果は、ガロンヌ河の近く、特にその支流であるシロン川周辺にぶどう畑が広がっていることによっている。この川こそがボトリティス・シネレア菌を繁殖させるのに必要な朝霧を秋に発生させるのに、なくてはならない存在となっている。

もうひとつこの地の特徴的な点であるクループの起伏は、日照に恵まれた天気のよい日には霧を払い、さらにぶどうの糖分を凝縮させて過熟を促進させることを容易にしている。

この過熟期には、短かい湿潤な期間と長い乾いた期間を交互に繰り返す、特殊な気象コンディションが必要である。前者は貴腐菌の胞子の発芽を促し、菌糸体を成長させ、後者はぶどうの成分を凝縮させ化学変化を起こさせる効果がある。

天候不順、特にソーテルヌ地区は雨量によって、貴腐ぶどうから甘口ワインがつくれない年もある。過度に乾燥したときにはボトリティス・シネレア菌が繁殖せず、逆に雨が多すぎると灰色カビに達し、ぶどうの腐敗を招いてしまうのである。

■ 地質と土壌

本質的に気象条件に起因することがらが多いとはいえ、その多様な土壌は、異なるクリュに個性と特徴を付与している。

土壌のほとんどは、ガロンヌ川付近で十数メートル、シャトー・ディケム周辺で約80メートルと、北から南に向かって標高が高くなる、ガロンヌ河とシロン川の砂利礫質の古い段丘の上にある。これら段丘は風と水によってかたちが変わり、クループを形成する起伏となった。

反対に、上層にあるバルサックの土壌は、より平坦な地形(10メートルから15メートル)で、1メートル前後とあまり深くない砂の堆積で構成され、赤色化し、またしばしばカルスト化した非常に浸透性の高いヒトデ石灰岩の上にある。ソーテルヌの土壌は、常に砂礫と砂の不均質さが特徴である。オー=メドックとよく似ている土壌だが、より粘土が多い。

この多様性が、多くのぶどう園に個性と特徴を与えている。

例えば、ソーテルヌでもっとも有名なぶどう園、シャトー・ディケムの大部分は、ほとんど砂礫のない砂の薄い層が被さった粘土質ドームの上にある。あまり浸透性のない粘土質の上には、周囲を侵蝕されて孤立した地層が形成された。しかしこの粘土質ドームは排水が不完全なため、これらの地層上では酸欠で根の発育が阻害されてしまう。今日のシャトー・ディケムを振り返るとき、そこでは19世紀、いやそれ以前から総延長100キロメートル以上にわたる配水管の敷設がおこなわれてきたのである。水捌けのよい土地でしか生きられないぶどう樹を生育させたということは、畢竟、人の手によってぶどう園が創造された、いや考え出されたともいえるケースのひとつである。

🍇 ぶどう品種

これら他に類を見ないワインに用いられる、セミヨン、ソーヴィニヨン・ブランそれにミュスカデル種は、この2つのアペラシオンを特徴付ける口当たりと粘性をもたらすために互いに補い合っている。

甘口ワインづくりに使用される主要品種は、セミヨン種(70パーセント)、ソーヴィニヨン・ブラン種(25パーセント)、ミュスカデル種(5パーセント)である。ぶどうは、破れていない果皮に貴腐を形成するボトリティス・シネレア菌が惹き起こす過熟をまって、順次選果されながら収穫される。貴腐ぶどうは乾燥ししおれて「焼けた」実の状態となる。これはぶどう果汁が半減するほどの凝縮を現している。凝縮は糖分を非常に上昇させるが(1リットル中350から400グラム)、貴腐菌は酸、なかでも酒石酸を低下させるので酸度はそれ

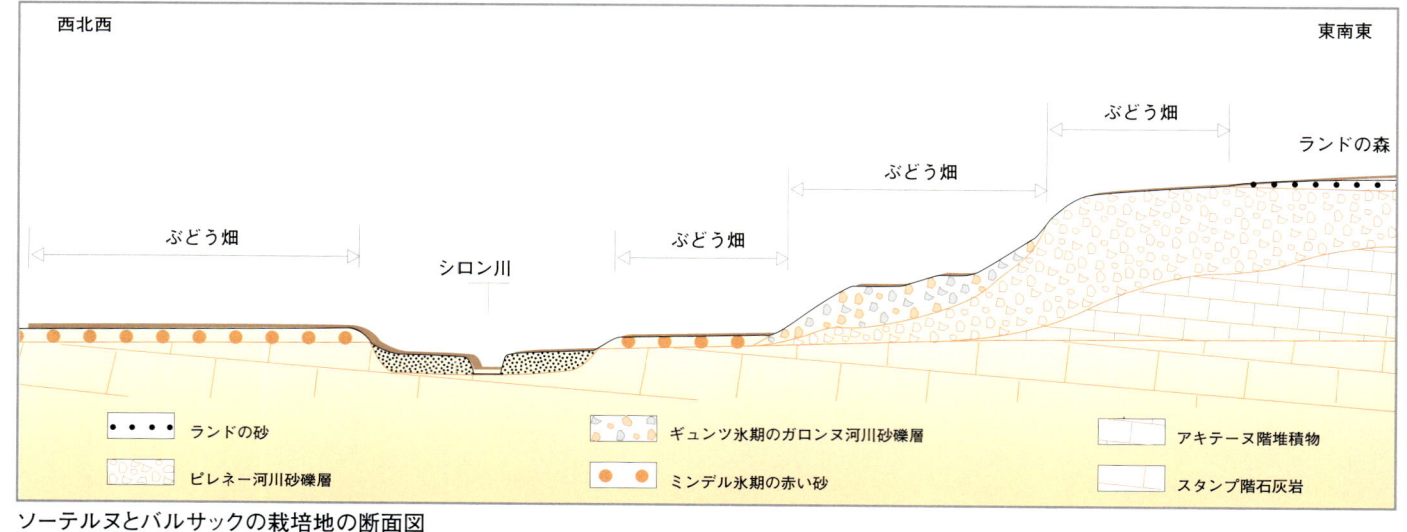

ソーテルヌとバルサックの栽培地の断面図

ボルドー ◆ グラーヴ ◆ **ソーテルヌ** ◆ **バルサック**

ほど上昇しない。
　その他、ボトリティス・シネレア菌はグリセロールとその特徴的なアロマを生成する。
　過熟の現象の本質的な部分(訳注：糖分の凝縮)が進んでいるあいだは、ぶどう樹とぶどう果の関係は薄くなっている。この間に働く大きな条件は気候の影響である。そのために、恐らく土壌の役割が無視できるとはいわないまでも、根本的な事柄ではないように見えるのである。

■ ワイン

その素晴らしさは常軌を逸している！とボルドー人はこのワインを褒め称える。

ソーテルヌとバルサックのワインは、芳醇さとエレガントさの奇跡である。たいへんにコクがあり、その繊細さとフィネス、粘性は精緻に表現するのが難しい。ゆったりとして余韻が長く、持続性のある柑橘類の複雑なアロマが際立っていて、非常に長く熟成する。

ソーテルヌとバルサックの1855年格付け

上級第1級
Ch. d'Yquem　シャトー・ディケム　ソーテルヌ

第1級
Ch. la Tour Blanche　シャトー・ラ・トゥール・ブランシュ　ボンム
Ch. Lafaurie-Peyraguey　シャトー・ラフォリィ＝ペラゲイ　ボンム
Ch. Clos Haut-Peyraguey　シャトー・クロ・オー＝ペラゲイ　ボンム
Ch. de Rayne Vigneau　シャトー・ド・レイヌ・ヴィニョー　ボンム
Ch. Suduiraut　シャトー・シュデュイロー　プレニャック
Ch. Coutet　シャトー・クーテ　バルサック
Ch. Climens　シャトー・クリマン　バルサック
Ch. Guiraud　シャトー・ギロー　ソーテルヌ
Ch. Rieussec　シャトー・リューセック　ファルグ
Ch. Rabaud-Promis　シャトー・ラボ・プロミ　ボンム
Ch. Sigalas Rabaud　シャトー・シガラ・ラボー　ボンム

第2級
Ch. Myrat　シャトー・ミラ　バルサック
Ch. Doisy Daene　シャトー・ドワジィ・デーヌ　バルサック
Ch. Doisy Dubroca　シャトー・ドワジィ・デュブロカ　バルサック
Ch. Doisy-Védrines　シャトー・ドワジィ・ヴェドリーヌ　バルサック
Ch. d'Arche　シャトー・ダルシュ　ソーテルヌ
Ch. Filhot　シャトー・フィロ　ソーテルヌ
Ch. Broustet　シャトー・ブルステ　バルサック
Ch. Nairac　シャトー・ネラック　バルサック
Ch. Caillou　シャトー・カイユー　バルサック
Ch. Suau　シャトー・シュオ　バルサック
Ch. de Malle　シャトー・ド・マル　プレニャック
Ch. Romer du Hayot　シャトー・ロメール・デュ・アヨ　ファルグ
Ch. Lamothe　シャトー・ラモット　ソーテルヌ
Ch. Lamothe Guignard　シャトー・ラモット・ギニャール　ソーテルヌ

統計（ソーテルヌ）

面積：1,650ヘクタール
年間生産量：30,500ヘクトリットル

統計（バルサック）

面積：620ヘクタール
年間生産量：13,500ヘクトリットル

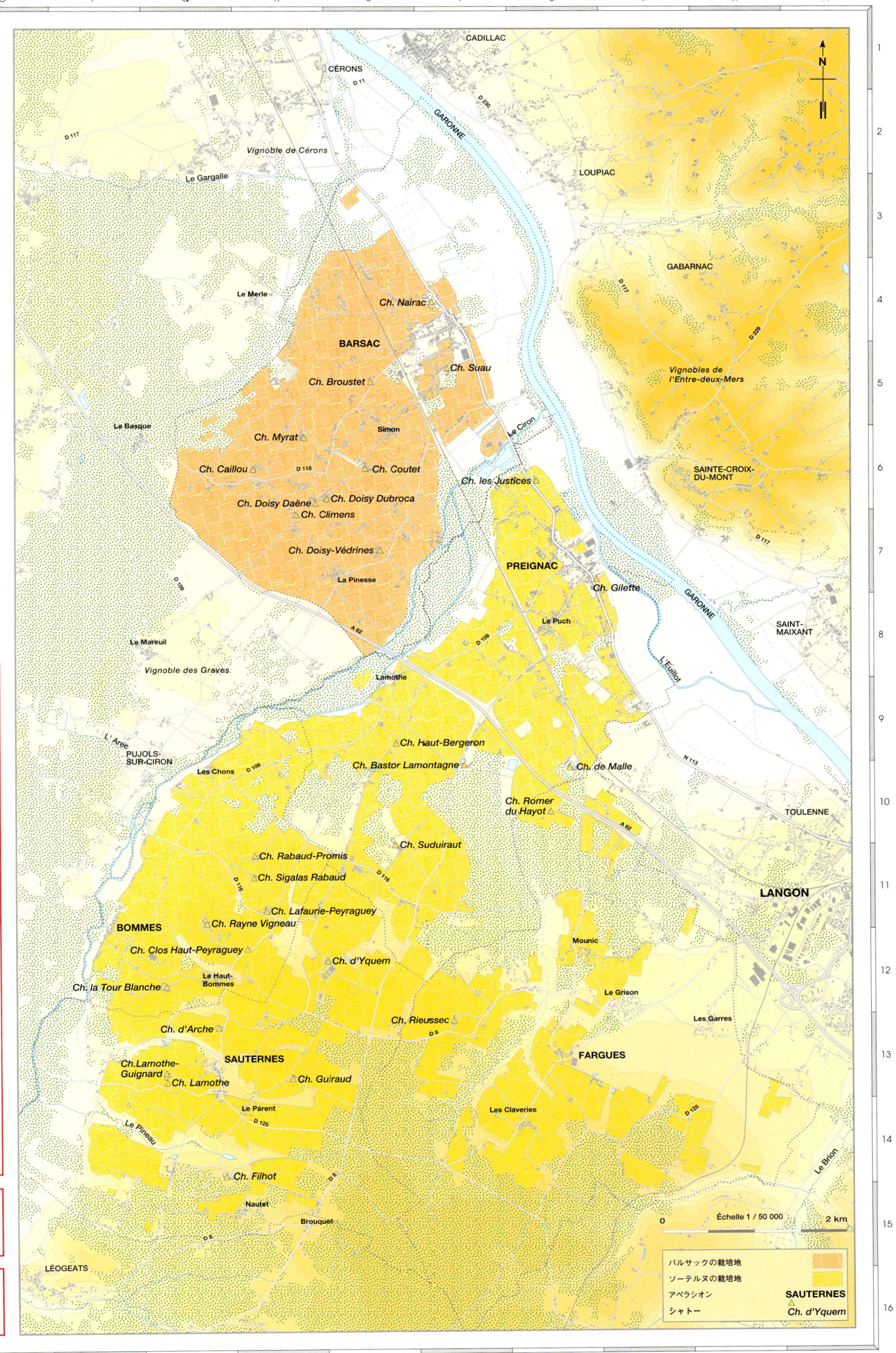

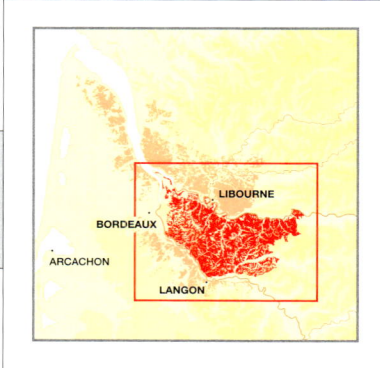

Région de l'Entre-deux-Mers
アントル=ドゥー=メール地区

この地区はアキテーヌ地方の2つの大河、ガロンヌ河とドルドーニュ河のあいだ、というその位置が名前の由来になっている。多彩な土壌が見られるこの地区では様々な種類のぶどうが植えられた栽培地があり、そのうちのひとつのアペラシオンにアントル=ドゥー=メールの名が冠されている。ボルドーの銘醸地にあって、アントル=ドゥー=メールのワインは、それほどの名声を勝ち得てなく、不当に低く評価されている。

■ 産地の景観

古代よりアントル=ドゥー=メール地区は、ひとまとまりとなった独自の地域を構成していた。事実、ガロ・ロマン時代には既にこの地をインテル・デュオ・マリア（訳注：ラテン語でふたつの海の間）と名付けている。

アントル=ドゥー=メールは地理的に、南西をガロンヌ河、北はドルドーニュ河、そして東をジロンド県の境界線によって限られた地域である。栽培地の景観は複雑で変化に富んでいる。ドルドーニュ河とガロンヌ河の支流エスクアック、オイユ、デュレーズ、ドロプの小河川が土地を削ることによって丘、台地、小丘等がと形成されている。

生産地北西、ドルドーニュ河沿いのヴェールの村から中央西部のクレオン台地まで、標高は海抜5メートルから115メートルへと変化し、ルーピアックの北西のベゲ丘陵の下部からスサックとゴルナックの上部までは、標高5メートルから140メートルまで上昇する。またローザン、ネリジャン、ジェニサックの各台地は50メートルから90メートルまで段状に並んでいる。

この地区に多くのアペラシオンがあるのは、それぞれの生産地を個別化したいためである。しかしながら、これらアペラシオンの全てがテロワールの異なりを反映しているとはいえない。ボルドーとボルドー・シューペリュールのアペラシオンのほうが、クリュの概念を浮き彫りにしつつ現実に即しているように思われる。

アントル=ドゥー=メール地区の赤ワインには以下のアペラシオンがある。

- プルミエール・コート・ド・ボルドー、ガロンヌ河の右岸沿岸、ランゴン市の対岸からアンバレ・エ・ラグラーヴ村まで
- グラーヴ・ド・ヴェール、ドルドーニュ河左岸、リブルヌ市のほぼ対岸
- サント=フォワ=ボルドー、アントル=ドゥー=メール地区最東部、ドルドーニュ河左岸、サント=フォワ=ラ=グランドの町周辺

その他、アントル=ドゥー=メール地区で産する赤ワインは、ボルドーまたはボルドー・シューペリュールを名乗れる。

またアントル=ドゥー=メール地区は、アントル=ドゥー=メール、ボルドー・ブラン、サント=フォワ=ボルドーといったアペラシオンの白ワインで有名である。アントル=ドゥー=メール地区全域の栽培面積は5万ヘクタールを超える。

■ 地質と土壌

複雑な起伏と結びついたアントル=ドゥー=メール地区の土壌の多様性は、この地区のテロワールをたいへん多彩なものにしている。

プルミエール・コート・ド・ボルドーの各集落とグラーヴ・ド・ヴェールのぶどう畑、それにラ・ソーヴとクレオンの各村に、更新世の礫質沖積土が広がっている。これら沖積土は厚さ10メートルに達し、緻密で粘土質の基質物に包まれていて、赤ワイン用品種の栽培に非常に適している。

沖積土はしばしば粘土質の堆積物を覆っていて、プルミエール・コート・ド・ボルドーの丘陵の頂部に現れているアジャン・モラッセがこれにあたる。同じく粘土質の堆積物が、ローザン、ソヴテール、カステルヴィ、スサックの丘の上部に見られる。台地でも丘の斜面でも、石灰質粘土は水捌けがよければ赤、白双方のぶどうの栽培に適している。

ヒトデ石灰岩はアントル=ドゥー=メール地区においてはよく見られ、他では「アントル=ドゥー=メール石灰岩」の名称がつけられているほどの地質の層準となっている。ガロンヌ河に近い丘陵では、このヒトデ石灰岩はアジャン・モラッセの下に姿を現している。ドルドーニュ河に近くなるほどこの層は上部へ昇り、グレジャック、ティザック、ローザン、ジュガザン、リュガソンなどの台地を形成している。このヒトデ石灰岩は、北東に位置するサンテミリオンと南西に位置するバルサックの各石灰質台地を繋ぐ地質的ハイフンとなっている。

場所により母岩の上に発達した土壌の厚さは様々で、50センチメートルから1.5メートルと変化に富んでいる。石灰質土壌が上部にあれば赤ワイン用品種の栽培に特に適しており、石灰質土壌が深層にあれば白ワイン用のぶどう品種がその持ち味を十分に発揮する。

礫質、粘土質、石灰質の3系統の土壌は、アントル=ドゥー=メール地区の多くの栽培地におけるぶどう品種を決定する大きな要因となっている。

この地方によく見られる4つめのタイプは、硅質土壌である。これは、泥土粘土質で組成された深いレシヴェ土であり、硅質土壌は古ガロンヌ河の非常に古い細かな沖積土と、石灰質のアジャン・モラッセの地層の上に発達していて、かなり肥沃である。

またこの硅質土壌がアントル=ドゥー=メール地区では高い――標高100メートルを超えることも多い――位置に見られるが、それは気温が低いということにも繋がってきて、その結果ぶどうの成熟はより遅くなる。実際、プルミエール・コート・ド・ボルドーに較べ1週間ほど遅くなる。これら2つの要因から、硅質土壌はどちらかというと白ワインの生産に向いているということができる。

統計
面積：7,500ヘクタール
年間収穫量：400,000ヘクトリットル

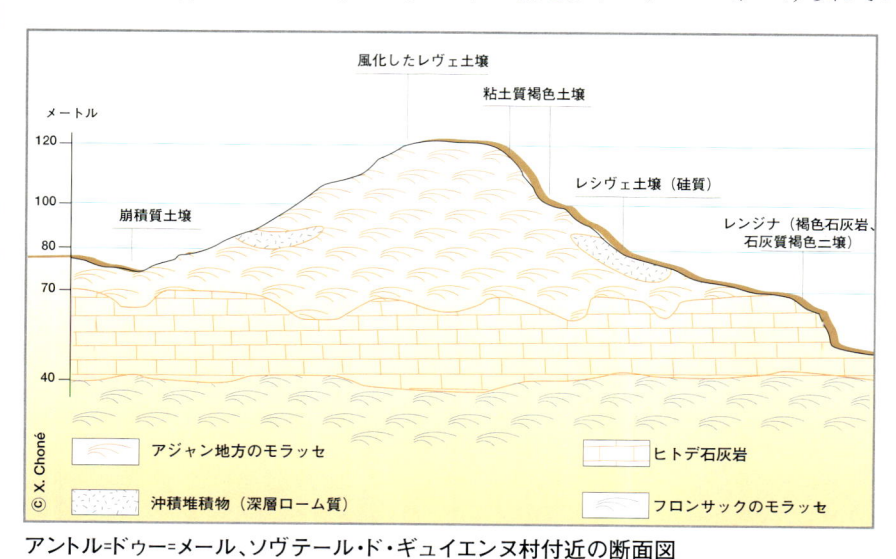

アントル=ドゥー=メール、ソヴテール・ド・ギュイエンヌ村付近の断面図

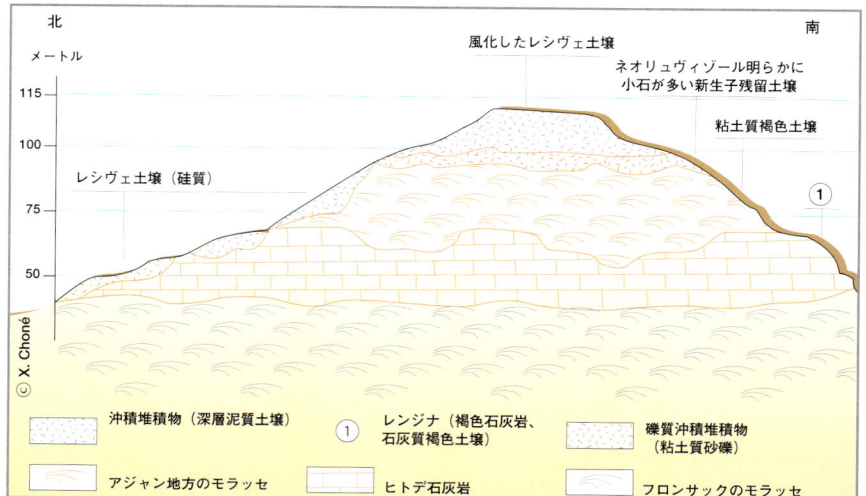

アントル=ドゥー=メール、クレオンとカピアンの集落付近の断面図

ボルドー ◆ アントル=ドゥー=メール地区

🍇 ぶどう品種とワイン

歴史的にアントル=ドゥー=メール地区は辛口と甘口の白ワインを多く生産してきたが、ここ最近になってこの傾向は赤ワイン優勢へと逆転している。

アントル=ドゥー=メール地区の主要赤ワイン用品種はメルロ種である。その早生性と栽培の容易さは、この地区の多様な条件によく適合する。これに反して、より晩生であるカベルネ・ソーヴィニヨン種とカベルネ・フラン種の両品種は少数派であり、この地では全栽培面積の2割以下である。

白ワイン用に用いられている主要2品種はソーヴィニヨン・ブラン種とセミヨン種である。この地区の白ワインがここ数年で酒質の著しい向上を遂げたことを記しておかなければならない。生産されるワインは、柑橘類とパッション・フルーツのアロマがみられる辛口がほとんどである。アサンブラージュにおけるセミヨン種の低い割合と由来するテロワールによって、ワインのキレ味には変化が見られる。いくつかの例外を除いて、これらワインの大部分は熟成期間が短く、その多くは5年以内で飲まれるべきであり、それを過ぎるとアロマティークなフレッシュ感は弱まる。

アントル=ドゥー=メール地区のいくつかの赤とプルミエール・コート・ド・ボルドーのワインは、その酒質のレヴェルの高さで定評がある。そのアロマの複雑性、深い色調、タンニンの凝縮感と優雅さは、良年においては15年という期間の熟成も可能であり、ワインを産出するテロワールのポテンシャルの高さを浮き彫りにしている。加えてこの地区における最近のぶどう栽培と醸造技術の発展は、更なるワインの向上をも予感させていて、アントル=ドゥー=メール地区の多様なテロワールとそこから生み出される赤ワインは、まだまだ我々にこの地区の可能性を示唆してくれている。

アントル=ドゥー=メール Entre-deux-Mers

辛口で溌剌とした白ワインを名産とした産地は多様である。河に沿ったパリュスに新しい沖積土壌や、礫質土壌の小丘が見られる。また、粘土珪酸質や粘土石灰質土壌からなる台地もある。

ピュジョル、ソヴテール=ド=ギュイエンヌあるいはペルグリュといったいくつかの集落にある産地は、ブルベーヌが見られる。セミヨン種が45パーセントともっとも多く、ソーヴィニヨン・ブラン種（40パーセント）がこれ補い、他にミュスカデル種とユニ・ブラン種もある。

かつて甘口ワインを生んでいたアントル=ドゥー=メールは、今日辛口ワインの生産しか認められていない。またメルロ種とカベルネ・ソーヴィニヨン種からつくられる一部の良質な赤ワインは、ボルドーまたはボルドー・シューペリュールのアペラシオンで販売される。プルミエール・コート・ド・ボルドーのぶどう畑に沿う、同様のテロワールがみられる9つの集落は、オー=ブノージュの名前を付すことができる。このアペラシオンは辛口白に対してはアントル=ドゥー=メールに続けて、また中甘口の白ワインに対してはボルドーのアペラシオンに付け加え、ボルドー・オー=ブノージュを名乗ることができる。

統計
面積：1,500ヘクタール
年間生産量：95,000ヘクトリットル

プルミエール・コート・ド・ボルドー Prèmieres Côtes de Bordeaux

プルミエール・コート・ド・ボルドーの栽培地は、ランゴン市対岸のサン=メクサンの村からボルドー市郊外の村、アンバレまでのガロンヌ川右岸、南東から北西へ連なっている。

ガロンヌ河の多くの支流によって起伏のあるでこぼこ状になり、その河川に張り出した丘の上にぶどう畑は広がっている。

ぶどう畑を構成する土壌は主として石灰質、粘土石灰質、それに礫質で、ガロンヌ河に沿う部分は砂質が多く、内陸部では粘土と粘土珪酸岩が多くなる。

産地の北部では、メルロ種（53パーセント）、カベルネ・ソーヴィニヨン種（30パーセント）、カベルネ・フラン種（15パーセント）、マルベック種などを用いた、力強く骨格のしっかりとした赤ワインの生産にとりわけ適している。南部は甘口白ワインの生産に向いていて、アペラシオンはプルミエール・コート・ド・ボルドー、もしくはカディヤックとなる。

統計
面積：3,500ヘクタール
年間生産量：195,000ヘクトリットル

カディヤック Cadillac

あまり知られていない控えめなこのアペラシオンは、サン=メクサンとボレックの集落間に連なるアペラシオン・プルミエール・コート・ド・ボルドーと重なるゾーンで、貴腐ぶどうを含む、数回に分けて摘まれる糖度の上がったぶどうから、高い酒質の中甘口と甘口ワインを産出している。INAOによる収穫量の制限から、カディヤックの最上級ワインは対岸のソーテルヌ、バルサック産ワインのいくつかとは張り合える価値がある。セミヨン種が88パーセントと大部分を占めており、ソーヴィニヨン・ブラン種（10パーセント）とミュスカデル種が補完している。

統計
面積：200ヘクタール
年間生産量：6,700ヘクトリットル

コート・ド・ボルドー=サン=マケール Côtes de Bordeaux-Saint-Macaire

カディヤックとルーピアック、サント=クロワ=デュ=モンの栽培地の南東延長部に位置するコート・ド・ボルドー=サン=マケールは、甘口白ワインのみを産出しているアペラシオンである。ぶどう畑は、ガロンヌ河に並行しそれに直角に入り込む谷によって分断されている一連の斜面上にある。ここにはセミヨン種（55パーセント）、ソーヴィニヨン・ブラン種（33パーセント）、ミュスカデル種、ユニ・ブラン種が混植されている。安定した酒質とはいえないために、これら甘口ワインは赤ワインに徐々に取って代わられてきているが、これら赤のアペラシオンはボルドーまたはボルドー・シューペリュールとなる。

統計
面積：55ヘクタール
年間生産量：2,300ヘクトリットル

グラーヴ・ド・ヴェール Graves de Vayres

グラーヴ・ド・ヴェールの栽培地はドルドーニュ河の左岸、ボルドー市とリブルヌ市の間に位置している。礫質土壌でメルロ種（70パーセント）、カベルネ・フラン種（17パーセント）そしてカベルネ・ソーヴィニヨン種から、主としてコクがあり濃い色調の赤ワインを生産している。ほとんどが辛口となる白ワインは、セミヨン（70パーセント）を主に、ソーヴィニヨン・ブラン（18パーセント）、ミュスカデル、ユニ・ブラン各品種を用いている。このアペラシオンの半甘口白ワインの生産は現在見られなくなったようである。

統計
面積：660ヘクタール
年間生産量：40,000ヘクトリットル

サント=クロワ=デュ=モンとルーピアック Sainte-Croix-du-Mont et Loupiac

この2つの産地はガロンヌ河を挟んでソーテルヌとバルサックの向かいにあり、ぶどうはセミヨン（85パーセント）、ソーヴィニヨン・ブラン（10パーセント）、ミュスカデルの3品種が栽培されている。ボトリティス・シネレア菌の作用を受けるワインは、対岸のそれに較べると、さすがに豊満さと複雑味では劣る感が否めないが、とはいえ上質な甘口白である。

サント=クロワ=デュ=モンの産地は3つに分けることができる。ガロンヌ河に沿った粘土石灰岩上の、ガロンヌ河とガルシェイ川からの霧の影響を受ける真南を向いた斜面、次に成熟が遅くなる南西を向いた斜面の上に位置するラマルクの礫質粘土台地、そして北部に位置する多彩なテロワールをもつ大きな台地である。

ルーピアックもよく似た形状であるが、小河川の存在がガロンヌ河からより遠く離れた斜面まで霧の効果を存続させている。

統計（サント=クロワ=デュ=モン）
面積：430ヘクタール
年間生産量：16,500ヘクトリットル

統計（ルーピアック）
面積：400ヘクタール
年間生産量：15,000ヘクトリットル

サント=フォワ=ボルドー Sainte-Foy-Bordeaux

このアペラシオンは、すぐ東のドルドーニュ県に位置するソシニャックとデュラスのワイン産地との境目をなすジロンド県の東端にある。粘土石灰質とブルベーヌの土壌から、生産の9割を占める、頑丈なタンニンを含む長熟なタイプの赤ワインを産出する。白は主として甘口タイプを産するが、用いるのはセミヨン種（55パーセント）、ソーヴィニヨン・ブラン種（40パーセント）、それにミュスカデルとユニ・ブランの各品種である。また現在では、辛口白ワインの生産は見られなくなったようである。

統計
面積：350ヘクタール
年間生産量：19,000ヘクトリットル

ボルドー ◆ アントル=ドゥー=メール地区

ボルドー ◆ アントル=ドゥー=メール地区

凡例

- アントル=ドゥー=メールの栽培地
- サント=フォワ=ボルドーの栽培地
- グラーヴ・ド・ヴェールの栽培地
- プルミエール・コート・ド・ボルドーの栽培地
- カディヤックの栽培地
- オー=ブノージュの栽培地
- ルーピアックの栽培地
- サント=クロワ=デュ=モンの栽培地
- コート・ド・ボルドー=サン=マケールの栽培地
- アペラシオンを構成している村々 SAINTE-GEMME

Échelle 1 / 175 000　7,5 km

53

ボルドー ◆ サンテミリオン

Saint-Emilion
サンテミリオン

ドルドーニュ川の右岸、ボルドー市の北東およそ30キロメートルにあるサンテミリオンのぶどう畑は、間違いなく世界でもっとも有名なワインを産出している。フランスのワイン生産地において、輝かしい歴史的遺産であるサンテミリオンの素晴らしい丘は、エレガントでかつ力強く、しっかりとしてタニックな、たいへん長く熟成する傑出した赤ワインを生んでいる。

■ 産地の景観

サンテミリオンとサンテミリオン・グラン・クリュと2つのアペラシオンで構成されている産地の面積は5500ヘクタールにおよび、9つの村に広がっている。

9つの村のうち8つは旧サンテミリオン管轄区域を引き継いでいる。9つの村々とは、サンテミリオン、サン=クリストフ=デ=バルド、サン=ローラン=デ=コンブ、サンティポリット、サンテティンヌ=ド=リス、サン=ペイ=ダルマン、ヴィニョネ、サン=シュルピス=ド=ファレイラン、そしてリブルヌ市のごく一部である。

ぶどう畑は、南はドルドーニュ河北側の低地、北はイール川の支流であるバルバンヌ川まで続いている。この地において農作物はぶどうただ一色であり、旧管轄区域の3分の2でぶどうが栽培されている。

また、各つくり手の規模は比較的小さく平均6ヘクタールであり、7から12ヘクタールを耕作している栽培農家が数多くあり、これはほぼかつての小作農の規模と同じである。

■ 気候

ボルドー市の北東30キロメートルに位置するサンテミリオン地区は、温暖なアキテーヌ海洋性気候の影響下にある。

アキテーヌ地方海洋性気候は、穏やかで年間を通して比較的一定している月間平均気温——12月、1月が摂氏6度で、7月、8月が20度——が特徴である。これに合わせて湿度も比較的高く——平均約75パーセント——、19世紀にアメリカから入ってきた、植物に対する病害虫（訳注：フィロキセラ）の蔓延を助長している。

曇天が多いことが主な原因で、日照はどちらかというと限られている——4月から9月の間の平均日照時間は1250時間——。その結果ぶどうの成熟は遅くなり、果実の色付きは収穫量を抑えた場合しか十分とはならない。

降雨量は全体として多く——年間800ミリメートル——、夏のあいだはわずかな差で最低量を記録するものの、年間を通して平均的によく配分されている。ぶどうが成熟する時期の6、7週間に100ミリメートル以上の雨が降る。

年によって気温の変動は看過できないほどになってきている。1956年の年間平均が11.7度であった——特に冬の記録的な厳寒が報告されている——のに対し、1982年は14.3度であった。

同じく降雨量も平均値に対して大きく変動がある。1960年の1160ミリメートルに対し、1989年にはわずか450ミリメートルであった。

これらの状況が、ぶどうの樹の生育サイクルに大きな早まりをもたらし、極端な場合は収穫時が5週間以上もズレることがある。ボルドーにおいて非常に重要な概念となるヴィンテージは、いわばこの変動の産物なのである。

■ 地質と土壌

ボルドーの他の産地と同様に、サンテミリオンのぶどう畑を支えるのは第三紀と第四紀の地層群である。

サンテミリオンのぶどう畑の基盤を構成する、やや侵食されやすい第三紀地層群は、イール川とドルドーニュ河によって切り込みがつけられた。これら2つの主要な河川がサンテミリオンの西と南を流れており、これらが第四紀のあいだに粗粒の沖積層を形成した。最近の海進は、低地に細粒の堆積物をもたらした。

第三紀層群

第三紀のアキテーヌ盆地は、堆積相に変化の多い時代であった。時として場所によっては、異なった岩相が同時に堆積する環境にあった。これが大陸岩屑性の堆積や湖底堆積、沿岸堆積そして海底堆積である。サンテミリオン地区の露出している岩石（漸新世）の多くは石灰岩である。

● **フロンサックのモラッセ**
フロンサックのモラッセ層は軟質の石灰岩であり、基本的に組織は細かい（粘土質泥岩）が、場所によっては粗粒のものも見られる（ところどころ砂岩化した薄層をともなう砂質水路）。

● **カスティヨンの粘土** 石灰岩塊をともなう緑色の粘土で、厚さわずか1メートル。フロンサックのモラッセとヒトデ石灰岩とのあいだに見られる。崩積土に覆われているため、斜面の南側および西ではわずかしか存在しない。しかしながらその不浸透性のため、標高55メートルの線に沿って現れている。総じて傾斜がより緩やかな北側斜面では、ごく小さな面積ながら何箇所かの露頭が見られる。

● **ヒトデ石灰岩** この海成化石石灰岩は多少硬質であり、若干不均一でもある。すなわち下部から上部に向かって、あまり厚くないカキ殻を含む粘土層、続いて1から数十メートルの微粒で砂質石灰岩の厚い基盤（石灰質砂岩）、そして最後に化石を多く含む粒の粗い地層（石灰礫岩）の順で構成されている。この地域に大きな造構運動の影響がなかったために、ヒトデ石灰岩の基底はほぼ水平である。また、その位置は標高55メートルを中心に数メートルの変動があり、西と北に向かってわずかに高くなっている。

このヒトデ石灰岩からなる台地の西、サンテミリオンの村周辺では、石灰泥岩の侵食によってもっとも均一な地層であり、石灰砂岩が露出している。石灰砂岩もしくは露天採石場での採掘で利用されていた。この旧管轄区域の他の場所では、石灰泥岩の露頭が一番多く見られる。

● **ヒトデ石灰岩を覆う粘土質泥岩層** サンテミリオン地区のもっとも標高の高い地点では、ヒトデ石灰岩のさらに上に粘土質泥岩層がある。この層は厚さが2メートルを超す箇所もあるが、詳細な時代は詳らかではない。これはアジャン・モラッセに相当するものと考えられる。

第四紀層群

● **第四紀沖積層** アペラシオン北西部にイール川珪質沖積物、南部にはドルドーニュ河の礫質沖積物が見られる。これらは沖積世より時代が新しいと考えられる。この2つの河川が影響する範囲の境界は、鉄道線路よりやや北側、リブルヌ・バイパスとテルトル・ドゲのあいだと考えられる。

● **時代の新しい沖積土**
フランドル階のこの堆積物は、ドルドーニュ河北側の低地に見られ、粒子の細かさと、その堆積過程が他の沖積土とは異なっている。わずかに炭酸塩化していることがある。この湿気が多く肥沃なゾーンは、地元ではパリュスと呼ばれ、一般にアペラシオン区域から除外されている。

起伏の形状

サンテミリオンにおける地形の生成は、モラッセの堆積と第三紀石灰岩堆積という形成期と、イール川とドルドーニュ河が流域を削ってゆくという侵食期があった。結果としてアペラシオンの中心部に、石灰岩台地（漸新世スタンプ階）ができあがった。台地はモラッセ（サンノワ階）が露出している沖積平野（第四紀）を見下ろす斜面に囲まれている。

侵食はヒトデ石灰岩台地を激しく解体し、その表面が波打った形状となった。局地的にヒトデ石灰岩形成より後のモラッセの地層の痕跡が残っている。このモラッセは残丘のかたちをしていて、例としてモンドのリュー・ディが挙げられる。

斜面は、硬質の石灰岩が軟らかいモラッセの上に堆積しているため、それと分かる箇所があちこちにある。石灰岩が消滅したとき、侵食は非常に早く下層のモラッセを運び去っていった。斜面の構成が不均一なため、斜面において同一物質が変質を受けたとき、南や西を向いている斜

面は北や東を向いている斜面に較べてそれがはっきり現れる。北の斜面では多くの水路が地表を伝う雨水を排水するのに対し、北東の水路は谷線の底に位置し、斜面の向きも様々である。

イール川の沖積土は、アペラシオンの北東部において一連の礫質クループで構成されている。より東寄り、南寄りになると、沖積土は砂質の崩壊性物質でできた斜面となり、砂礫を含まない場合がほとんどである。

ドルドーニュ河の沖積土については、独立した段丘が存在しないことが指摘できる。しかし、砂礫質堆積物を主とする時代の新しい沖積土周辺では、侵蝕されていないクループや斜面もある。同様に第三紀層の露頭のごく近くに、第四紀の砂が斜面の上部に存在してもいる。

イール川とドルドーニュ河の沖積平野は、その粗い組織にもかかわらず傾斜が緩やかなため、帯水層の問題を抱えている箇所がところどころ見られる。ドルドーニュ河流域の西から東に向かって層が薄くなってゆく砂は、排水上の大きな役割を果たしている。サンテミリオンの丘陵の低地では被覆層が厚く、河川まで緩やかな傾斜を描いている。対して、サンテティエンヌ・ド・リスの丘陵近くでは被覆層がとても薄く、川までの標高差はわずかなので排水を妨げている。

🍇 ぶどう品種

サンテミリオンにおけるぶどう品種では、メルロ・ノワール種がかなり大きな比率を占めている。

メルロ種はカベルネ・フラン種──サンテミリオンではブーシェと呼ばれている──と、少量ではあるがカベルネ・ソーヴィニョン種とコット種──マルベックまたはノワール・ド・プレサック──によって補われている。

この地において、ぶどうは非常に古くから栽培されていたにもかかわらず、サンテミリオンのワインが全体的に経済的な成功を収めたのは比較的最近のことである。

1855年のボルドー・ワインの公式格付けには、サンテミリオンのぶどう園はひとつも選ばれていない。サンテミリオンで格付けが誕生したのは、それから1世紀後の1954年のことである。

現在、格付けぶどう園のなかで高く評価されているワインは、オー・メドックやグラーヴの最上級シャトーのそれと変わらない値段で販売されている。

サンテミリオンのワインが有名になったのは、19世紀を通じて、カベルネ・ソーヴィニョン種よりも少し早熟で、マルベック種よりもボディのある、サンテミリオンの多様な土壌に適したメルロ・ノワールの導入後であると考えられる。この成功に続いて、ドルドーニュの平地のようにかつてぶどう栽培が放棄されたゾーンも、全面的に開発された。

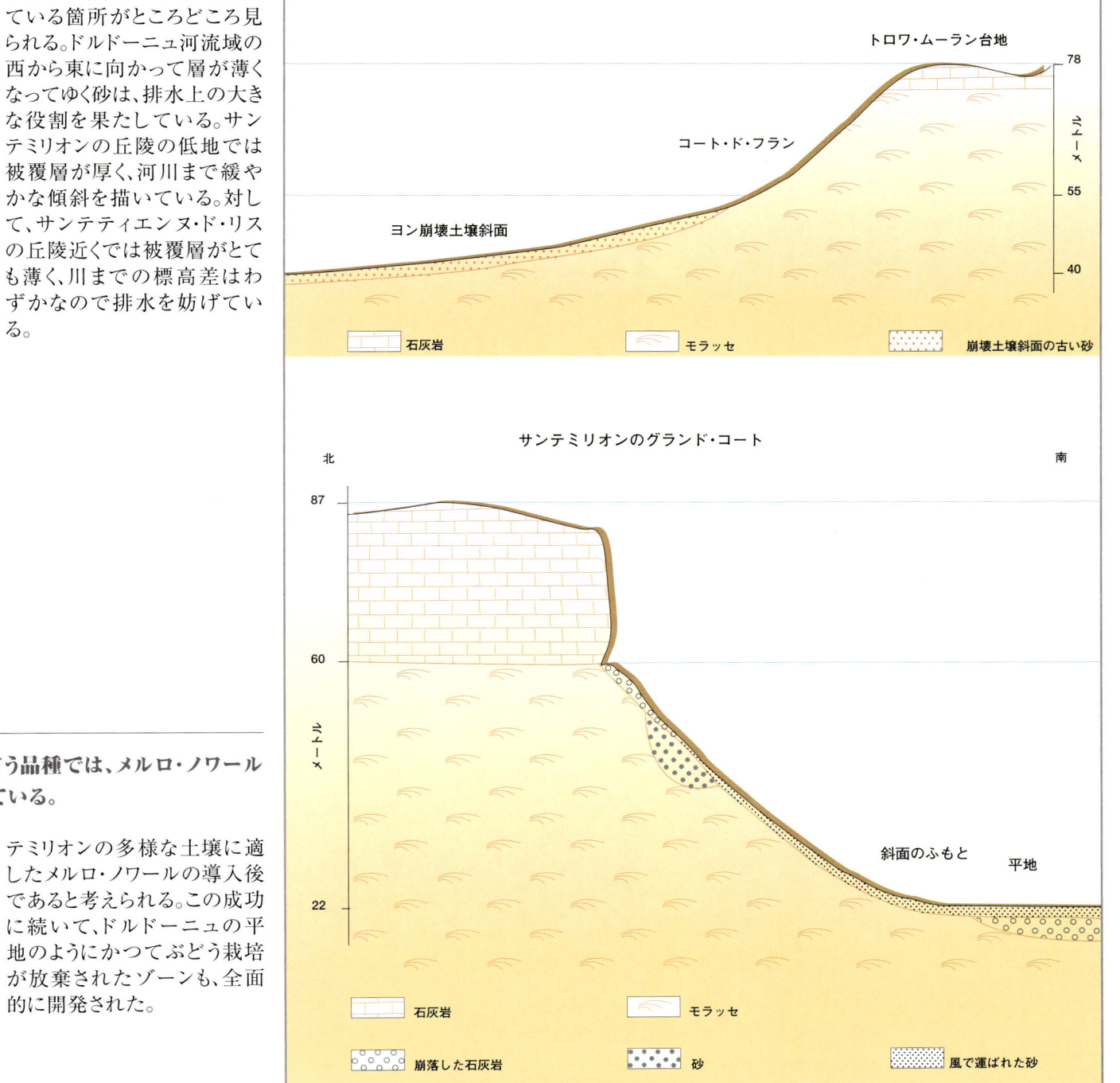

コート・ド・フラン（プティット・コート）とヨンの砂質崩壊土壌斜面

トロワ・ムーラン台地
コート・ド・フラン
ヨン崩壊土壌斜面

78
55
40

石灰岩　モラッセ　崩壊土壌斜面の古い砂

サンテミリオンのグランド・コート

北　　　　　　　　　　　　南
87

60

22

斜面のふもと　平地

石灰岩　モラッセ
崩落した石灰岩　砂　風で運ばれた砂

サンテミリオンにおける2つの丘陵地の比較断面図

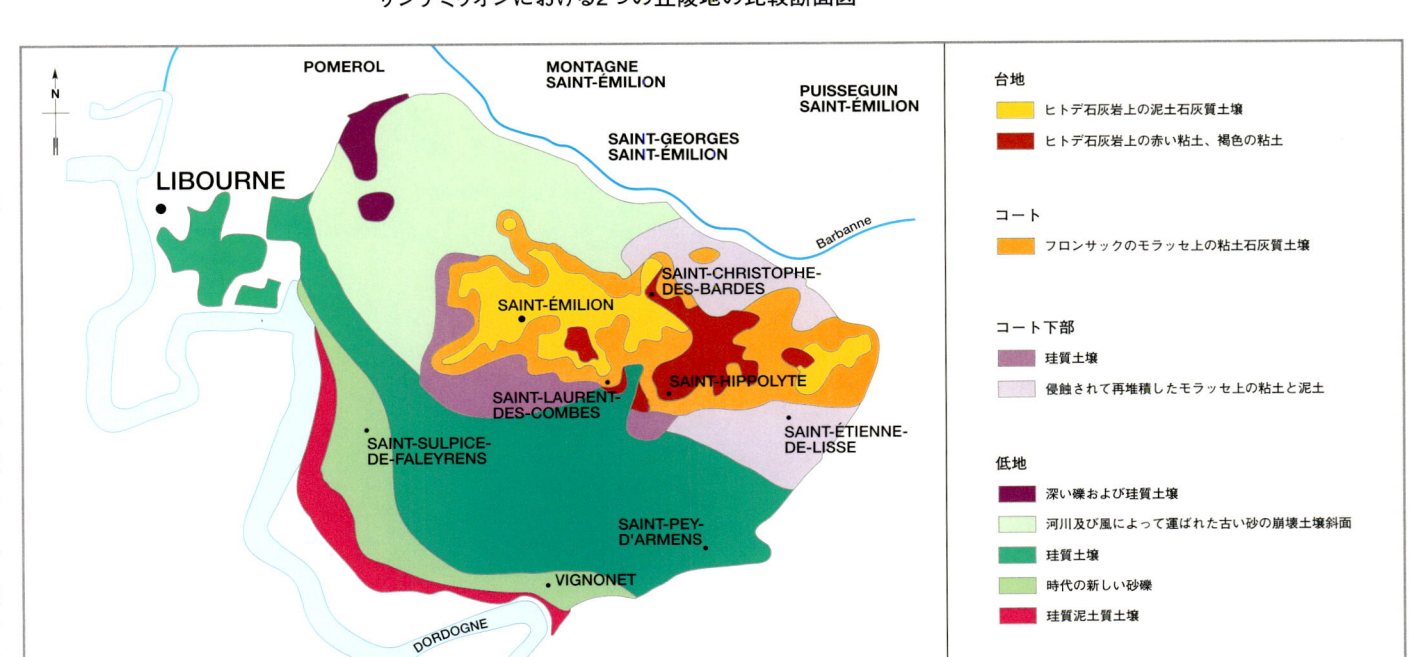

サンテミリオン地区の地質模式図

POMEROL　MONTAGNE SAINT-ÉMILION
PUISSEGUIN SAINT-ÉMILION
SAINT-GEORGES SAINT-ÉMILION
LIBOURNE
Barbanne
SAINT-ÉMILION　SAINT-CHRISTOPHE-DES-BARDES
SAINT-LAURENT-DES-COMBES　SAINT-HIPPOLYTE
SAINT-SULPICE-DE-FALEYRENS　SAINT-ÉTIENNE-DE-LISSE
SAINT-PEY-D'ARMENS
VIGNONET
DORDOGNE

台地
- ヒトデ石灰岩上の泥土石灰質土壌
- ヒトデ石灰岩上の赤い粘土、褐色の粘土

コート
- フロンサックのモラッセ上の粘土石灰質土壌

コート下部
- 珪質土壌
- 侵蝕されて再堆積したモラッセ上の粘土と泥土

低地
- 深い礫および珪質土壌
- 河川及び風によって運ばれた古い砂の崩壊土壌斜面
- 珪質土壌
- 時代の新しい砂礫
- 珪質泥土質土壌

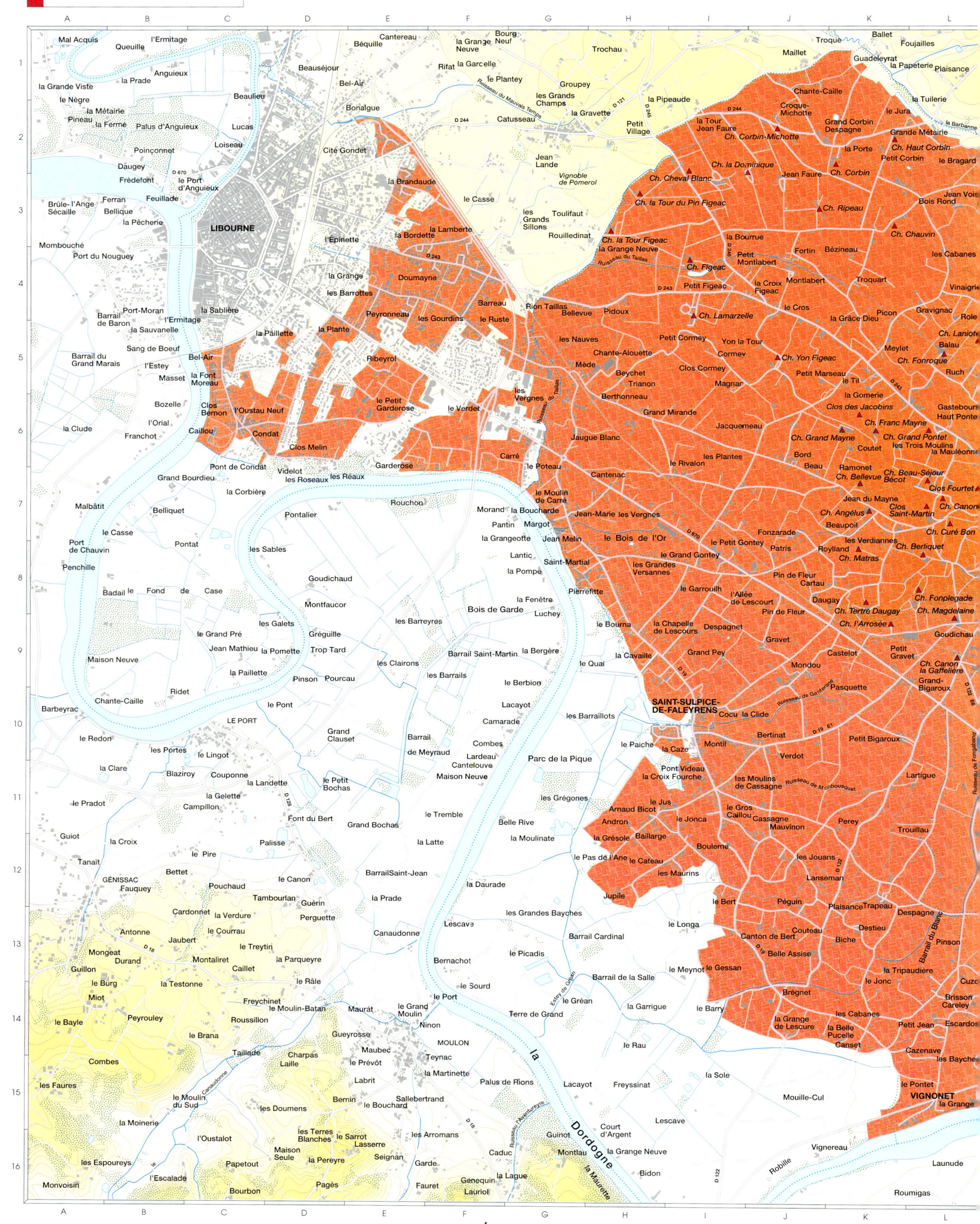

ボルドー ◆ サンテミリオン

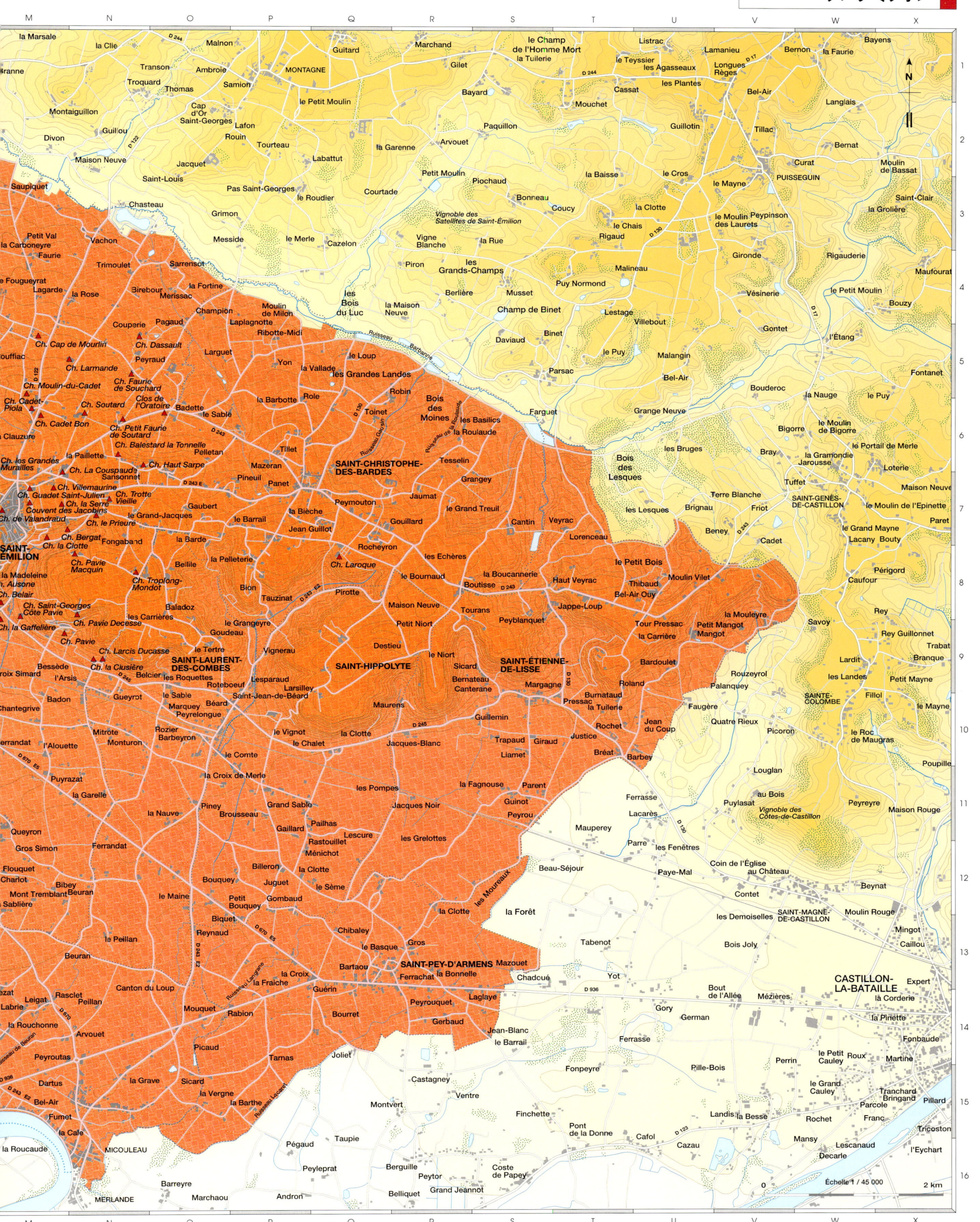

ボルドー ◆ サンテミリオン

ボルドー ◆ サンテミリオン ◆ モンターニュ ◆ サン=ジョルジュ ◆ リュサック ◆ ピュイスガン

■ ワイン

母岩の性質、加えてそれより影響は小さいものの地形的な理由から、このワイン生産地は非常に多様な地質が特徴となっている。

プルミエ・グラン・クリュ・クラッセのぶどう園の全てが集中するサンテミリオンの村だけでも、全く異なるタイプの土壌が少なくとも4種類見られる。

フロンサック地区のモラッセ上の土壌 多くは粘土質組織で、豊富な石灰分のため良質な構造と高い貯水能力を備えている。したがって、水の供給が問題になることはごく稀にしか起こらない。しかしながら、排水が良好という点からもこの地では、根がとどく深さに帯水層はない。

この斜面でのぶどうの成熟サイクルはそれほど早くはなく、毎年平均している。過熟となる危険もそれほどないため、遅い収穫も可能である。この地のワインは、pH値が平均して低いため非常に鮮やかで美しい色調をし、際立つフレッシュな果実を想わせる多彩なアロマも備わる。タンニンは力強く筋肉質だが、丸みを帯びている。ワインは卓越した長熟タイプで、特に後述の台地のものとよい相性を見せる。

ヒトデ石灰岩上に広がる土壌 緻密で亀裂がなくほぼ水平で、上述の土壌に近い化学的性質を示す。厚さは40センチメートルから70センチメートルほどで、活性石灰分が有機物のミネラル化を抑制しているので、通常は窒素分が過剰にならない。土壌の薄さからすると、驚くべきことに、この台地ではぶどう樹は決して深刻な水不足に悩まされることはない。ヒトデ石灰岩に含まれる水分は──根が石灰岩に入り込むことはないが──、岩石に多数見られる亀裂の毛管現象により、水分が供給され、ぶどう樹の生育に大いにかかわっていることが証明されている。乾燥した年の夏の初めにぶどう樹によって吸収される水分の、50パーセント以上がこのシステムによるものである。降雨量の多い時期には、ヒトデ石灰岩は過剰な水分を吸収し、根が張っている位置に水が溜まってしまう心配はない。結果として、水の供給はどちらかというと少なめで、安定している。

ぶどうの樹の成長はバランスよく、生育サイクルは平均的である。このタイプの土壌では収穫量が過剰になることは稀である。斜面のワインと全く同じように、台地のワインも比較的pH値が低く、これが鮮やかな色と、素晴らしい瑞々しさを与えている。過熟になる危険はあまりなく、普通はかなり遅く収穫することが望ましい。この土壌のワインは、色合い及びタンニンのフェノール化合物の量では優れていないが、全く攻撃的でないタンニンの質で傑出している。アロマは若いときには控えめだが、熟成すると豊かさを増し、たいへん素晴らしい複雑さが備わる。そして口に含んだ後の余韻の長さは感動的でさえある。若いときにはあまり力強いとは思えないこれらのワインは、素晴らしい熟成を重ねる。13あるプルミエ・グラン・クリュ・クラッセのうち、1つだけがこの石灰岩上から産出され（シャトー・トロット・ヴィエーユ）、8つが斜面と台地のワインのアサンブラージュである（シャトー・オーゾンヌ、シャトー・ベレール、シャトー・マグドレーヌ、シャトー・カノン、シャトー・ボー=セジュール、シャトー・ボーセジュール=デュフォー=ラガロース、クロ・フルテ、そしてシャトー・パヴィ）。

砂礫質土壌 このアペラシオンのわずかな部分しか占めていない。この土壌は、ほとんどのオー=メドックの土壌とたいへん似ている──高い浸透性、細粒の土中に砂が多いこと、泥土と粘土の含有がとても少ないこと──が、もっとも大きな違いはここでは一貫して地下数メートルの深さに地下水がないということにある。通常、夏の初めは水の供給に支障はないが、乾燥した年には7月の終わりから容易でなくなることもある。

春になるとすぐに暖まるこの土壌は、ぶどうの成熟を早めるため、収穫開始日の選択が重要なものとなる。過熟となるケースも出てくるからである。あまり肥沃ではないこのタイプの土壌では、収穫量は概して少ない。ワインのアルコール度数は平均的で、総酸量は常に他の土壌よりも少ない。色はかなり濃いが、pH値が高いために急速に褪せてしまうことがある。タンニンは十分にあり、熟成を経ると柔らかくなるが、若いワインではカタいこともある。礫質土壌のワインの主な長所は、熟成すると並外れた複雑さに成長する、豊かなアロマにある。ワインは口に含むととても長い余韻を感じさせる。2つのプルミエ・グラン・クリュ・クラッセ（シャトー・シュヴァル・ブラン、シャトー・フィジャック）のぶどう畑のほとんどはこの礫質上にある。

砂質土壌 透水性の高いこの土壌の周辺だけでなく、石灰質の丘の低部の傾斜上でも、小石がなく表土にごく僅かな砂利のある砂質土壌である。それほどではない深さに位置するさらに組織の細かい層──斬新世のモラッセ──の存在が、帯水がかなり少ないことも重なって、ぶどうの樹が根を張るのを妨げている。先の2つのぶどう園に部分的に見られるこれらの土壌は、他の2つのプルミエ・グラン・クリュ・クラッセ（シャトー・ラ・ガフリエール、シャトー・アンジェリュス）のぶどう畑のほとんどを占めている。

これらの排水性の高い地区を、サンテミリオンの大部分を占める砂質土壌と混同しないようにすることが大切である。地形的に水平な後者は、ぶどうの生育サイクルのほとんどの期間でも地表近くに帯水層がある。したがってぶどうの樹勢は強く、成長も収穫時期の遅くまで続く。そのため上述したぶどうのような凝縮は得られない。しかしながら、若いときにはフルーティーで飲み心地がよい、比較的早く熟成するワインとなる。色はほどほどに濃く、熟成すると急速に煉瓦色を帯びる。

統計
面積：5,500ヘクタール
年間生産量：275,000ヘクトリットル

モンターニュ=サンテミリオン Montagne-Saint-Emilion

サンテミリオンの北東部、バルバンヌ川の右岸にあるモンターニュ=サンテミリオンのぶどう畑は、モンターニュの村とその周辺のサン=ジョルジュ、パルサックの集落にある。

作付けの4分の3を占めるメルロ種は、粘土質および粘土石灰質、しかしところによっては珪質粘土および礫質粘土の土壌で、力強く構成がしっかりとした長熟のワインを産する。しかしながら、サン=ジョルジュのワインにある優雅さが備わっているとは限らない。

統計
面積：1,600ヘクタール
年間生産量：92,000ヘクトリットル

サン=ジョルジュ=サンテミリオン Saint-Georges-Saint-Emilion

サン=ジョルジュの栽培地はモンターニュのアペラシオンに含まれるが、そのなかでもサンテミリオンと向き合う真南の、有名なスタンプ階のヒトデ石灰岩の露出しているもっともよい斜面を占めている。

作付けの4分の3以上を占めるメルロ種が、ボディに富んだ気品あるワインを産出している。長熟タイプで、隣接するサンテミリオンに対しても、それなりに張り合うことのできるワインである。

統計
面積：185ヘクタール
年間生産量：10,000ヘクトリットル

リュサック=サンテミリオン Lussac-Saint-Emilion

リュサックのアペラシオンはサンテミリオン地区の北部を取り囲んでいる。その南東部のぶどう畑の土壌は、大半がサンテミリオンに近い粘土石灰質で、北部ではかなり粘土質が強くなる。そしてあまり広くない礫質台地が西部を構成している。

7割弱を占めるメルロ種がフルボディで逞しく、シンプルなものの熟成に耐えるワインを生み出している。

統計
面積：1,450ヘクタール
年間生産量：85,000ヘクトリットル

ピュイスガン=サンテミリオン Puisseguin-Saint-Emilion

サンテミリオン地区の北東端に位置するピュイスガンのぶどう畑は、時に作業が困難なほどの台地とそのすそ野を覆っている。

石灰質および粘土石灰質の土壌は、硬質な岩石の基盤上にあり、あまり深くない。

約8割を占めるメルロ種、補助品種としてカベルネ・フラン（15パーセント）、カベルネ・ソーヴィニヨンそしてマルベック種が、しっかりしたボディで力強く、かなりタニックな、長期熟成に耐える赤ワインを生産している。

統計
面積：750ヘクタール
年間生産量：44,000ヘクトリットル

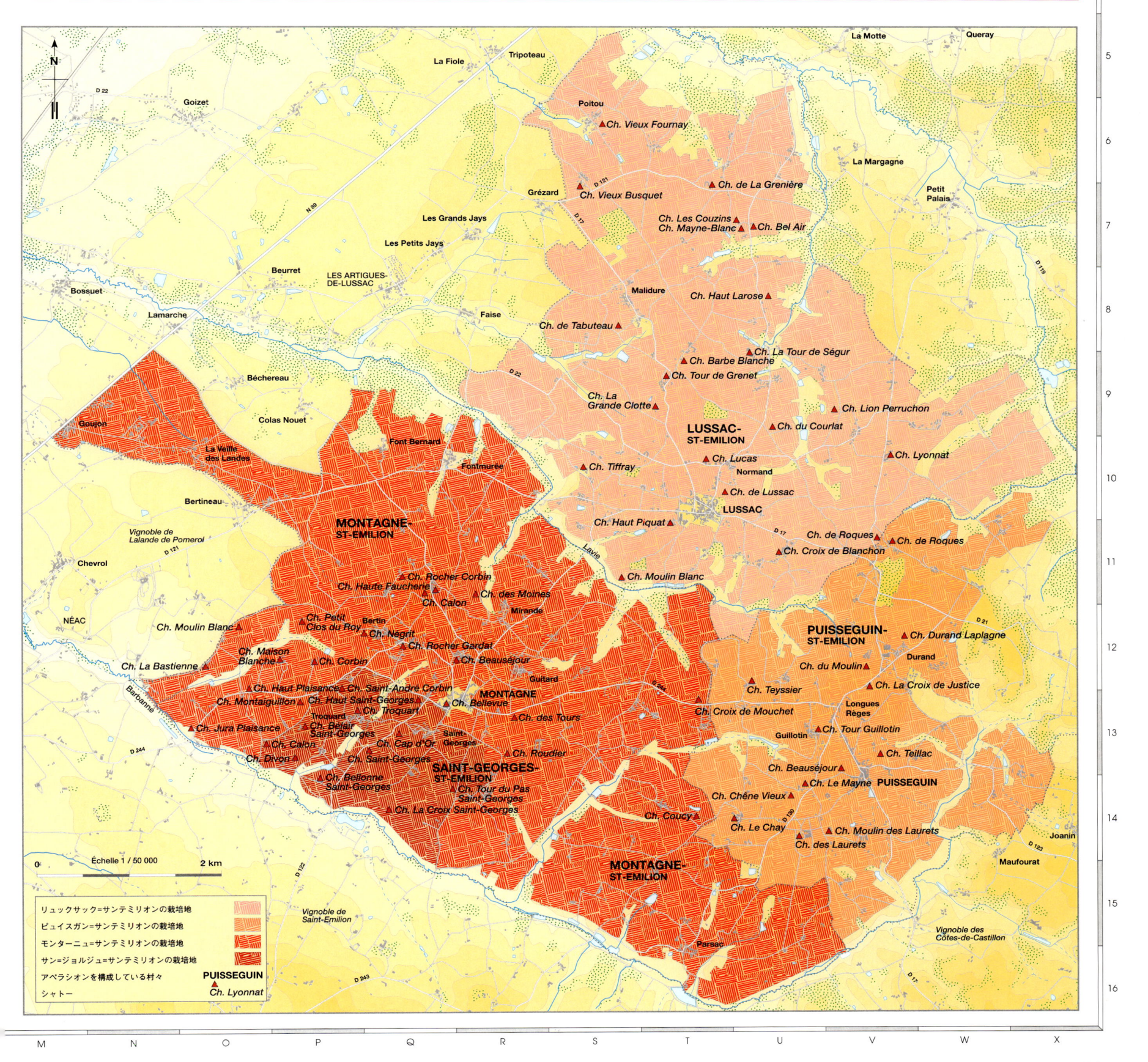

ボルドー ◆ サンテミリオン ◆ モンターニュ ◆ サン=ジョルジュ ◆ リュサック ◆ ピュイスガン

サンテミリオンの1996年格付け

サンテミリオン・プルミエ・グラン・クリュ・クラッセ

A
- Ch. Ausone シャトー・オーゾンヌ
- Ch. Cheval Blanc シャトー・シュヴァル・ブラン

B
- Ch. Angélus シャトー・アンジェリュス
- Ch. Beau-Séjour-Bécot シャトー・ボー・セジュール=ベコ
- Ch. Beau séjour-Duffau-Lagarrosse シャトー・ボーセジュール=デュフォー=ラガロス
- Ch. Belair シャトー・ベレール
- Ch. Canon シャトー・カノン
- Ch. Figeac シャトー・フィジャック
- Ch. la Gaffelière シャトー・ラ・ガフリエール
- Ch. Magdelaine シャトー・マグドレーヌ
- Ch. Pavie シャトー・パヴィ
- Ch. Trotte Vieille シャトー・トロット・ヴィエーユ
- Clos Fourtet クロ・フルテ

- Ch. l'Arrosée シャトー・ラロゼ
- Ch. Balestard la Tonnelle シャトー・バレスタール・ラ・トネル
- Ch. Bellevue シャトー・ベルヴュー
- Ch. Bergat シャトー・ベルガ
- Ch. Berliquet シャトー・ベルリケ
- Ch. Cadet Bon シャトー・カデ・ボン
- Ch. Cadet-Piola シャトー・カデ=ピオラ
- Ch. Canon la Gaffelière シャトー・カノン・ラ・ガフリエール
- Ch. Cap de Moulin シャトー・カプ・デュ・ムーラン
- Ch. Chauvin シャトー・ショーヴァン
- Ch. Corbin シャトー・コルバン
- Ch. Corbin-Michotte シャトー・コルバン=ミショット
- Ch. Curé Bon シャトー・キュレ・ボン
- Ch. Dassault シャトー・ダソー

- Ch. Faurie de Souchard シャトー・フォリー・ド・スシャール
- Ch. Fonplegarde シャトー・フォンプレガルド
- Ch. Fonroque シャトー・フォンロック
- Ch. Franc Mayne シャトー・フラン・メーヌ
- Ch. Grand Mayne シャトー・グラン・メーヌ
- Ch. Grand-Pontet シャトー・グラン=ポンテ
- Ch. Grandes Murailles シャトー・グランド・ミュレーユ
- Ch. Guadet Saint-Julien シャトー・ガデ・サン=ジュリアン
- Ch. Haut Corbin シャトー・オー・コルバン
- Ch. Haut Sarpe シャトー・オー・スナルプ
- Ch. la Clotte シャトー・ラ・クロット
- Ch. la Clusière シャトー・ラ・クリュジエール
- Ch. la Couspaude シャトー・ラ・クースポード
- Ch. la Dominique シャトー・ラ・ドミニク

グラン・クリュ・クラッセ

- Ch. Lamarzelle シャトー・ラマルゼル
- Ch. Laniote シャトー・ラニオット
- Ch. Larcis Ducasse シャトー・ラルシ・デュカス
- Ch. Larmande シャトー・ラルマンド
- Ch. Laroque シャトー・ラロック
- Ch. Matras シャトー・マトラ
- Ch. Moulin du Cadet シャトー・ムーラン・デュ・カデ
- Ch. Pavie Decesse シャトー・パヴィ・ドセス
- Ch. Pavie Macquin シャトー・パヴィ・マカン
- Ch. Petite Faurie de Soutard シャトー・プティット・フォリー・ド・スタール
- Ch. Prieuré シャトー・プリューレ
- Ch. Ripeau シャトー・リポー
- Ch. Saint-Georges Côte Pavie シャトー・サン=ジョルジュ・コート・パヴィ
- Ch. la Serre シャトー・ラ・セール

- Ch. Soutard シャトー・スータール
- Ch. la Tour du Pin Figeac シャトー・ラ・トゥール・デュ・パン・フィジャック
- Ch. la Tour Figeac シャトー・ラ・トゥール・フィジャック
- Ch. Tertre Daugay シャトー・テルトル・ドゲ
- Ch. Troplong Mondot シャトー・トロロン・モンド
- Ch. Villemaurine シャトー・ヴィルモーリーヌ
- Ch. Yon Figeac シャトー・ヨン・フィジャック
- Clos des Jacobins クロ・デ・ジャコバン
- Clos de l'Oratoire クロ・ド・ロラトワール
- Clos Saint-Martin クロ・サン=マルタン
- Couvent des Jacobins クーヴァン・デ・ジャコバン

凡例
- リュックサック=サンテミリオンの栽培地
- ピュイスガン=サンテミリオンの栽培地
- モンターニュ=サンテミリオンの栽培地
- サン=ジョルジュ=サンテミリオンの栽培地
- アペラシオンを構成している村々 PUISSEGUIN
- シャトー ▲Ch. Lyonnat

Échelle 1 / 50 000

Pomerol
ポムロール

ポムロールのぶどう畑は粘土質の多い土壌に広がり、メルロ種が他のどこよりも素晴らしい魅力を発揮している。ここでは、お隣のサンテミリオンと較べてまろやかさと繊細さの際立ったワインが生産されている。滑らかでつやのある個性によって、ポムロールのワインはしばしばボルドーが生むブルゴーニュといわれる。

■ 産地の景観

ポムロールはぶどう畑で覆われた台地であり、数本の道路で分断され、そここに木々が木陰をつくっている。

およそ800ヘクタールあるポムロールのアペラシオンは、ポムロールの集落全体と、リブルヌ市の北東に位置する段丘の中腹と底部の250ヘクタールほどを占めている。

西では、ペリグーの町にいたる国道89号線がパリとボルドーを結ぶ鉄道をまたいでいる。

ぶどう畑の多くは、高さ40メートル前後に達する台地を北東から南西に横切っているこの国道の東側に位置している。北東部は、台地はバルバンヌ川のほうへ下っており、ラランド・ド・ポムロールと境を接している。また南東の境界では、畑はなだらかな斜面をテラス川まで下り、そこでサンテミリオンと隔てられている。

■ 気候

気候は、海の存在のため冬暖かく、夏暑い温暖なボルドー地方の気候である。

ジロンド県全体と同様に、大西洋に近い温暖な気候である。冬は温暖で湿気が多く、春は早く夏は通常暑い。夏のあいだはしばしば激しい雷雨が長く乾燥する期間を中断させる。秋は長く続き、たいていの場合晴れる日が多くぶどうを完熟させることができる。ポムロールのほぼ全体が水捌けのよい台地で、また朝から晩まで日照量を享受できる斜面の向きに恵まれている。

🍇 ぶどう品種

メルロ種はポムロールの粘土質の土壌に、その特徴を開花させる最適の状況を見い出している。

ポムロールでは2種のカベルネも用いることができるが、メルロ種がメインである。このぶどう品種の根は乾燥したところを好まず、ポムロールの粘土質の土壌ではその生育に十分な水分供給をうけることができる。

ポムロールでメルロ種はすでにテロワールのあらゆるニュアンスを表現し、最上ともいえる状態に達しているにもかかわらず、この地における歴史は浅い。その存在の最初の記述は20世紀の初頭にさかのぼり、その頃、ブーシェ——カベルネ・フラン——、ノワール・ド・プレサック——マルベック——種にとって代わった。

つくられるワインは青みがかった深く濃い色合いで、若いうちは赤や黒の果実のアロマを纏い、熟成につれしばしば黒トリュフのアロマを帯びるようになる。わずかに酸味を感じさせ、柔らかく繊細でまろやか、常によい熟成が望めるワインである。

■ 地質と土壌

小さな面積にもかかわらずポムロールのぶどう畑のテロワールは均一ではなく、アペラシオンのそれぞれの区画が、とりわけ水をめぐる点で興味深い対比を見せている。

ボルドーの栽培地全体で土壌はたいへん多様性に富んでいるが、それはボルドーやブルゴーニュといった大きく地方毎のレヴェルだけでなく、レジオナルや村名アペラシオンにおいても同様である。

このような土壌の多様性は当然ポムロールのぶどう畑にも当てはまり、狭い面積のなかにも性質の異なる区画が特定される。それぞれの区画において、メルロとカベルネ・フラン種は、ぶどう園毎といったもっとも小さい範囲でその魅力のすべてを発揮し、産するワインの多様性を表現している。

ポムロールの栽培地はイール川とドルドーニュ河との合流地点に広がり、たいへんはっきりした性質の異なる2つの斜面が現れた盆地にある。フロンサックのぶどう畑のあるイール川の右岸は、川の最高水位にある沼沢地から、直接、40メートルの高さに達するポムロールの突き出した丘陵まで通じている——p62、図2——。

最近の地質の研究によると、高い段丘の第四紀の沖積土の下盤は、かつてペリゴールの砂と粘土の名で呼ばれていた漸新世の物質からもたらされたと考えられている。シャトー・ペトリュスの有名な侵蝕窪地の粘土はこの地層に関連している——p62、図3——。

河川の作用による4つの段丘がポムロールのぶどう畑には現れていて、それはギュンツ氷期の高い段丘と、リス氷期に関連した中位の3つの段丘である。ここで見られる中央高地からの物質は、砂と礫、そして酸化鉄の赤く薄い層に覆われた丸い小石——場所によって2センチメートルから6センチメートルと様々である——などである。これらはたいていの場合、ブロンドの石英、黒やブロンドのシレックス、変成岩や花崗岩の礫である。

高い段丘では、この沖積土の大きい粒の堆積は、更新世下期の100万年前から続いた河川の豊富な水量を証明している。この時代の厚さの異なる鱗状配列の段丘は、土壌の多様性を生んだ種々の物質の急激な堆積を現している。

リス氷期の段丘:砂と小さな砂礫
アペラシオンの西には中程度の段丘が続き、その上には大粒の成分と粗い砂、礫、ところどころ黄土色の小さな砂礫などで構成された厚い褐色の土壌が広がっている——p62、図4B——。またここではわずかにレシヴェ化された褐色土壌も見られ、その名が示すように、粘土の移動と厚い層の堆積によって特徴付けられる。このレシヴェ作用の現象は、褐色化作用のプロセスと重なり、しばしば大西洋気候のタイプのもとに現れる。

粗い砂の多い割合は、土壌の高い孔隙率をもたらしている。したがって滞水力はわずかで、自然の排水は素早くおこなわれる。この段丘では、地下水の位置は深部にあるため肥沃さが軽減され、ぶどう樹はその根を数メートルの深さまで伸ばし、もっとも乾燥する夏のあいだでさえ十分な水分供給をうけることができる。

灰色の砂と「クラス・ド・フェール」
アペラシオンの南と西の部分では、深くまで土壌が発達している。これは平均で1メートルに達する厚さの砂の覆いで、粘土砂質の深い層準位に広がっている——p62、図4A——。過渡的段階では、白くなった層が常に見られ、鉄分が再び酸化された錆色の斑点と、フェロマンガンの多くの塊の堆積をともなっており、水分の活発な循環を証明している。この塊はこの地で「クラス・ド・フェール(訳注:直訳は鉄の垢)」、または「石炭殻」と呼ばれ、良質のワインの生産に適していると伝統的に考えられてきた。人々はこの塊を、古い時代の土壌生成論でとらえてきたが、その理論はこの角ばったかたちとはまったく相容れないものである。この塊の組成はむしろ雨期の一時的な滞水などによる土壌の特殊な水分状況の結果であるといえるだろう。

このフェロマンガンの塊からぶどう樹がうける恩恵は、不確かではあるが、夏期における地層の滞水の減少と下盤の脱色状況が、上質なぶどう果を生み出す水分状況に関連しているようである。今のところ科学は、この「クラス・ド・フェール」が生み出す錬金術の謎を解明するにはいたっていない。

ポムロールの台地:礫と粘土
アペラシオンの中心部分は、ポムロールの教会を取り巻くの台地上に位置し、砂礫からなる褐色土壌で形成され、礫と小石の割合が大きいことが特徴である。砂礫の多さの割合は区域によって異なり、もっとも小石の多い表土は台地の北の縁に広がっている。一例を示せば、礫質の表

ボルドー ◆ ポムロール

土の断面を見ると、表面近くでは平均で3分の2ほどの大粒の成分を含み、それが2メートルの深さからは8割近くに達していることがわかる──p62、図4D──。

ぶどう樹の根は、土壌の最初の1メートルは、粘土で覆われた丸い小石などが硬く密集しているために、伸びるのを制限されるが、この点が、オー=メドックの栽培地で見られる礫質の表土と異なっている。

雨水の排出は、細かい土壌の多孔性によって、表土付近では非常に良好である。そのため夏のあいだは保水量がわずかとなり、ぶどう樹はたびたび水不足のストレスに見舞われる。この季節、表土に水分を供給するのは雨だけである。さらに、石英とシレックスの純度の高い、様々な大きさの小石は、ぶどう果に光と熱を反射しており、同時に夜の涼しさの緩衝材の役割も果している。

この高い段丘の土壌には、ところどころ30センチメートルから60センチメートルと異なる厚さの漸新世がベースとなる粘土質の地層が見られる。そのため表土は特徴のある組成が支配的である。つまり、第四紀の段丘に由来する礫質の覆いは、直接、重く密集して明るい灰色と赤みのある黄色の混じった色の粘土で構成された第三紀の下盤の上に広がっているのである──p62、図4C──。

この表土はボルドー地方の土壌のなかでも独特なものである──粒度分析によると、深部の地層では7割もの粘土を含んでいる──。X線回折による粘土の鉱物的分析では、主に2つのタイプが明らかにされている。

ひとつは、イライトを多く含むほとんど膨潤しない粘土で、他方はアペラシオンの東に位置し、特にスメクタイトで形成された膨潤性のある粘土である。

台地の頂部にはほとんど礫質の覆いがなく、「ペトリュスの粘土」が露出している。このテロワールが生むワインの特に際立った酒質は、ぶどう果を非常にうまく成熟させる特殊な表土の水分機能によって説明できるだろう。

水分をしっかり留めておくことのできる粘土の細かい組成のために、水分量は構成物質の真ん中ではわずかなままである。ぶどう樹の根は夏のあいだ粘土の干裂に入り込み、乾燥のひどさに対してますます表土を利用している。

雨水の後は、粘土の膨張によって表土は全体的に不透過性になる。この機能は、深部の地層の組織のあいだに見られる枝根の多さによって明白である。しかし、枝根のほとんどはぺしゃんこにされたり、ヘリンボーンのかたちにつぶされて壊死してしまう。支根は冬のあいだに枯れ、夏には新たに成長する。

このようにして、ポムロールの栽培地の水分供給は決して過度になることも不足することもないのである。

ポムロールにおいては、沖積土の物質は様々な堆積の偶然性によって不均質さを見せているが、これがアペラシオンの表土が大きく異なっている理由でもある。

しかしこのようなテロワールの多様性にもかかわらず、ポムロールのワインは常に高いレヴェルを保っている。

その感覚印象的な特徴は、確かに毎年異なっているものの、年から年へ一貫して現れるために、土壌の性質と対比させることができる。

現在の科学の立場では、以上のことがらは通過点に過ぎない。解明された土壌の特殊な水分状況を除き、剪定や

ボルドー ◆ ポムロール

ヴァンダンジュ・ヴェールトにより収量を抑えるというようなことからは、香りや味わいの相違を細かく説明することができず、いまだ多く残されている土壌の研究にゆだねられている。

いくつかの自然要因の結びつきと同様、栽培のノウハウやその伝承といった人的な要件も、ぶどう果の生理的成熟やグラン・ヴァンを生み出すことに一役買っている。そしてこの栽培地が生み出すワイン全体を見回すと、ポムロールという共通の刻印が感じられる。それは肉厚で、ある種ジビエ風味とでも表現できるワイン各々のキャラクターである。

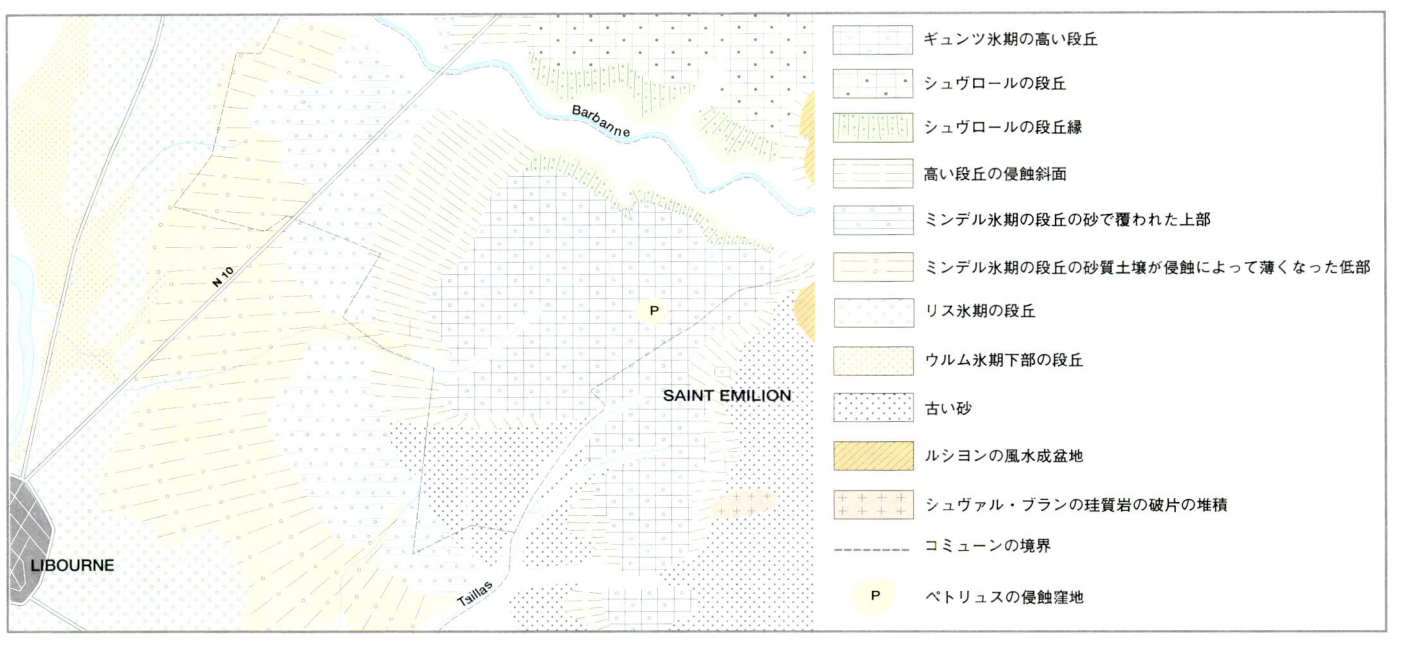

凡例:
- ギュンツ氷期の高い段丘
- シュヴロールの段丘
- シュヴロールの段丘縁
- 高い段丘の侵蝕斜面
- ミンデル氷期の段丘の砂で覆われた上部
- ミンデル氷期の段丘の砂質土壌が侵蝕によって薄くなった低部
- リス氷期の段丘
- ウルム氷期下部の段丘
- 古い砂
- ルシヨンの風水成盆地
- シュヴァル・ブランの珪質岩の破片の堆積
- コミューンの境界
- P ペトリュスの侵蝕窪地

[1] ポムロールの階段状になった砂礫層の地図

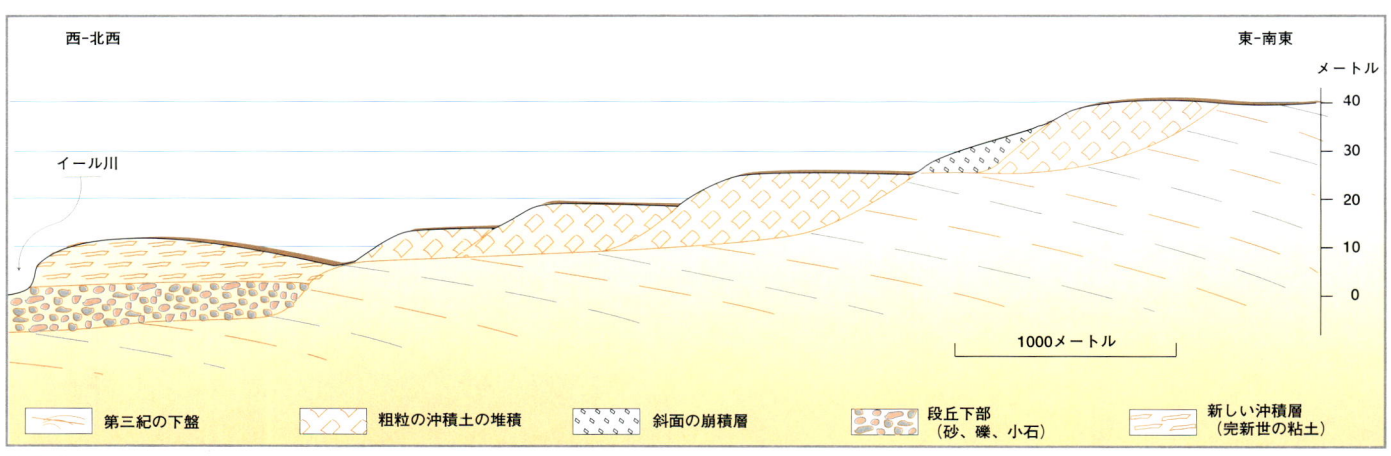

凡例:
- 第三紀の下盤
- 粗粒の沖積土の堆積
- 斜面の崩積層
- 段丘下部（砂、礫、小石）
- 新しい沖積層（完新世の粘土）

[2] ポムロールの栽培地の断面図

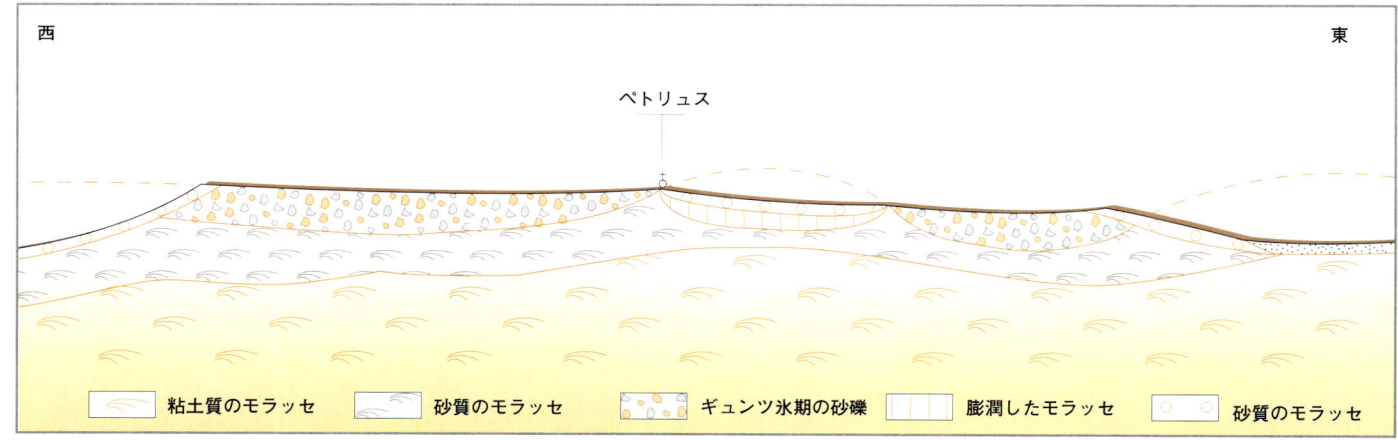

凡例:
- 粘土質のモラッセ
- 砂質のモラッセ
- ギュンツ氷期の砂礫
- 膨潤したモラッセ
- 砂質のモラッセ

[3] ペトリュスの浸食窪地

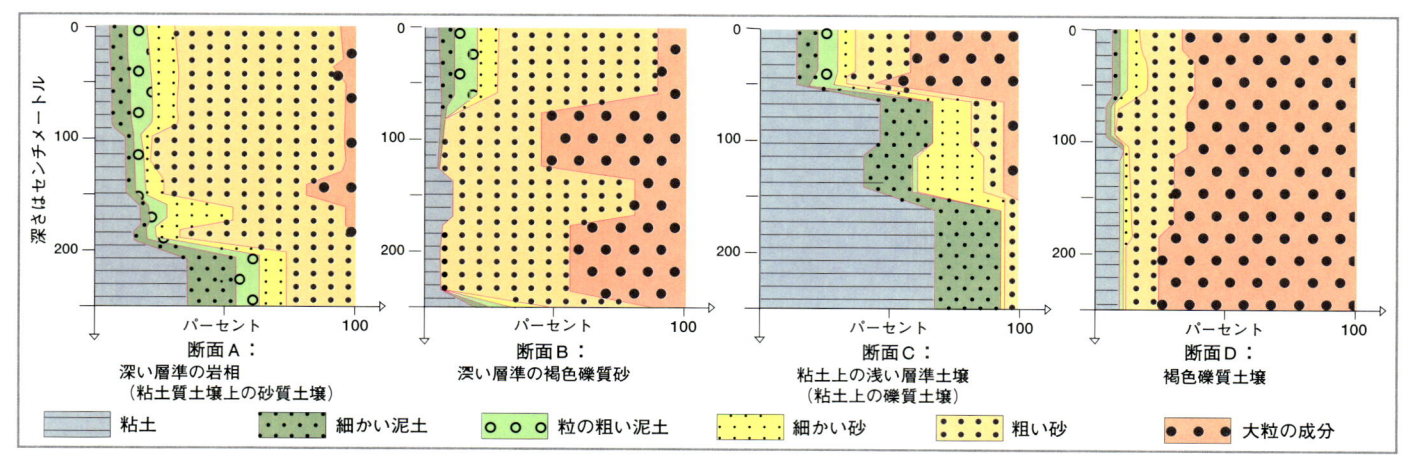

断面A：深い層準の岩相（粘土質土壌上の砂質土壌）
断面B：深い層準の褐色砂質砂
断面C：粘土上の浅い層準土壌（粘土上の礫質土壌）
断面D：褐色礫質土壌

凡例:
- 粘土
- 細かい泥土
- 粒の粗い泥土
- 細かい砂
- 粗い砂
- 大粒の成分

[4] 深さに応じたポムロールの土壌の粒度分析

ボルドー ◆ ポムロール ◆ ラランド・ド・ポムロール

■ ワイン

ポムロールのテロワールとワインは、全体としてはある統一性が見られるとしても、他の産地と同様、土壌のタイプの数だけワインもある。

小さい砂礫の砂質の褐色土壌 ワインは、中位の濃さと色合いで、やや早めに熟成し、それとともにサクランボやサーモン、レンガ色のニュアンスを帯びるようになる。

香りはたいていの場合、内にこもるようではなくすぐに発散し、動物的な風味にときにジビエの肉や皮も感じられる。また若いうちは、カシスやスグリのような赤や黒系の果実のアロマが発達し、暑かった年にはコンフィやジャムの香りを備える。

口に含むと比較的軽いのが特徴である。これは直線的で滑らかなワインで、アフターには、よく熟して溶け込んだ軽いタンニンが感じられる。若いうちはそれが、カタく引き締まり、軽い苦味として残る。雨の多い年には、ほとんどがシャープでさらさらして、滑らかなもののアフターはやや短くなる。

このテロワールのワインはそのシンプルさと果実味、エレガントな繊細さで評価される赤である。

粘土質砂上の砂質土壌 この土壌が生むワインは、前述のワインと似ているが、やや粘性がある。その軽い構成はときにアルコール分を感じさせる特徴を表すが、確かに、よい年のものはくらくらするようなコクのあるワインになる。

酸が少ないにもかかわらず、ワインには柔らかさといった感じはない。逆にややがっしりしたまま、メンソールやカンゾウのようなすがすがしいアロマに溢れている。

ワインはたいへん評価が高く、すぐに魅力が発揮される人気のあるタイプである。

大きい礫から砂質褐色土壌 暗いガーネットから多少鮮やかなルビー色まで、収穫年と醸造方法によって異なる色合いが特徴となるワインである。

若いうちは、控え目にしかアロマを感じさせないため、開かせるにはカラフでのデカンタージュが必要である。よい年のものには、若いうちでも煮ぶどうや、最良の年には干しぶどうのアロマが感じられる。そして熟成の頂点に達すると、非常なエレガントさのなかに、熱帯の木や皮、コーヒー、つぶの小さな果実の香りを発達させる。

ほとんどの場合ワインは、カタく引き締まった骨格で、アフターに角のある渋いタンニンが残り、これが若いうちは、濃く長く感じられる苦味とともに、ほどよい収斂味をもたらしている。このタイプのワインは若いときは渋く、10年前後の熟成の後にしか開花しないといえるが、ときにはかえってそれが長所といえるだろう。

その魅力の絶頂に達したとき、メンソールや、このアペラシオンに特徴的なスミレのアロマを纏い、アフターにはオレンジの皮やローストしたアーモンド、サクランボのアロマも感じさせる。これはたっぷりとして瑞々しく、アフターの長いワインである。熟成した後は、シナモンやヴァニラ、タバコやスモークした香りを帯びてくる。また同時に動物やジビエのニュアンスのアロマを備え、次に述べる土壌のものと同様、ときにエレガントなミネラル分の風味も感じさせる。そして熟成能力に優れている。

粘土上の浅い砂利混じりの土壌 若いうちは暗く深い、青みがかった紫の色合いが特徴である。発するアロマは力強く、複雑である。ラズベリーやキイチゴ、カシスといった果実の香りを纏うが、熟成すると、エレガントで複雑味溢れるなかに、動物やジビエの強い香りが感じられる。この複雑さのなかには、さらに黒トリュフ、葉巻、コーヒー、タール、炭の香りも見つけることができる。

口に含むとまろやかでたっぷりとし、同時にがっしりとした肉厚さも感じさせるが、ときに滑らかで柔らかさもあるワインである。

この素晴らしいグラン・ヴァンは、うまく覆い隠された繊細なタンニンによるビロードのようなつやのある滑らかさが特徴の、非常にポムロールらしさを感じさせるワインである。この土壌からのワインはたいてい、長期にわたって熟成させることができる。

統計
栽培面積：800ヘクタール
年間生産量：37,000ヘクトリットル

ラランド・ド・ポムロール Lalande de Pomerol

ラランド・ド・ポムロールのアペラシオンでは、ポムロールにやや近いワインが生産されており、この栽培地には北東で接し、北西でサンテミリオンに続いている。

ラランド・ド・ポムロールの栽培地は、その面積の大部分がバルバンヌ川の右岸の台地に位置し、そこからポムロールのぶどう畑に続いている。そしてポムロールと同様、ラランドのぶどう畑もペリグーの町にいたる国道89号線の両側に広がっている。

畑は、この道路の両側に位置する2つの集落に植えられていて、それらはアペラシオンの名称ともなっている西側のラランド・ド・ポムロールと、東のネアックの村々である。

ネアックの集落に広がる畑では、アペラシオン・ネアックのワインを生産することができるが、商業的にはラランド・ド・ポムロールほど重要でないため、もはや需要のない有名無実と化したアペラシオンである。

アペラシオンは、ポムロールの地に自然と続いている。土壌は赤い色をして、ラランドの集落では砂礫が多く、ネアック村はより粘土と粘土質の砂礫が多くなっている。また西に向かうにつれて次第に砂質土壌が多くなっている。

ポムロールのように土壌に粘土質が見られるということは、メルロ種を多く栽培するのに適していて、全体の4分の3を占めている。またカベルネ・ソーヴィニヨンとマルベック種も補助品種となりうるが、ここではカベルネ・フラン種がもっとも多くメルロ種とブレンドされている。

ラランドのワインはポムロールのものにやや似ていて、ことにネアック村の土壌で産するもっとも優れたワインは、お隣のいくつかのクリュとも競うことのできるものである。

ワインは深みのある紫色で、多くの場合豊かで粘性があり、繊細で優しいタンニンを含んでいる。そしてよく熟成する。

ラランド・ド・ポムロールの集落側で産するワインは、若いうちによく感じられるフィネスを備えている。とはいえこのワインも良年のものはよい熟成を見せる。

統計
栽培面積：1,150ヘクタール
年間生産量：58,000ヘクトリットル

ボルドー ◆ コート・ド・ブラーユ ◆ コート・ド・ブール

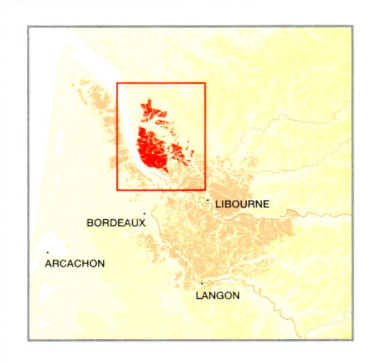

Blayais et Bourgeais
ブライエとブールジェ

これらふたつの隣合わせのアペラシオンは、ボルドーのぶどう栽培地域の北西端に位置し、相違も見られるが、互いに相補う関係にある。ここでは興味を引く赤白双方のワインが、伝統的な品種——赤はメルロ、カベルネ・ソーヴィニヨン種、白にはソーヴィニヨン・ブランとミュスカデル種——を用いて生産されている。これらは価格と質の見合ったお買い得——カリテ・プリ——のワインとして人気がある。

ブライエ Blayais

多様性に富んだ土壌からは、赤、白ともにすっきりとした素直なタイプの興味をそそるワインが生み出される。

■ 自然環境

ブライエの栽培地はボルドー市からおよそ30キロメートル、メドックの対岸、ジロンド河の右岸に位置する。

ぶどう畑は、ブライ市周辺のジロンド河河口の南付近から西へ広がっている。その南側は石灰岩あるいは粘土質石灰岩の丘が連なり、北から北東方向は起伏のある広い台地上に砂の多い緩やかな斜面が広がっている。

北にリモージュ山地、東は中央高地、南をピレネー山脈に護られたぶどう畑は、大西洋からの海風をうけるため、メキシコ湾流の影響で温暖となる海洋性気候の恩恵をこうむっている。栽培地の東側も、湾状の大きな河口からもたらされる温暖な気候の影響をうけている。

平均の降雨日数は年間約160日で、降雨量は800ミリメートル。また日照時間は240日、2000時間あり、ぶどうの成熟に適した環境である。

■ 地質と土壌

ブライエの土壌は20種類ものタイプが確認できるたいへん複雑なものであるが、大きくは石灰岩、粘土質石灰岩、砂質、細礫の4つの丘陵に区分される。

南西部に広がる粘土質石灰岩の丘陵は、おおむね始新世中期の「ブラーユ石灰層」と始新世後期の「プラサック湖成層」、「カキの化石を含む粘土層」といった異なる地層から構成されている。漸新世の砂質と細礫質の地層は北西部に広がっており、帯水層のある浅い層で化学的にかなり貧弱な土壌といえる。

🍇 ぶどう品種とワイン

産するワインのアペラシオンは辛口の白、赤ともにブラーユまたはブライエ、コート・ド・ブラーユ、プルミエール・コート・ド・ブラーユがある。

南西部の粘土質石灰土壌の地域は、軽くて心地よい赤ワインの産地となっており、逆に、シリカを含んだ土壌の北東側では白ワインが多くみられる。これらの白ワインはフルーティーな辛口で人気があるが、現在のところ全生産量の3.5パーセントほどしかない。赤ワインの品種はメルロ種が4分の3を占めており、次いでカベルネ・ソーヴィニヨンが2割、それにカベルネ・フラン種となっている。白ワイン用のぶどう品種は4割をソーヴィニヨン・ブラン種が占め、次いでユニ・ブランが3割強、そして残りにメルロ・ブランやシュナン・ブラン、コロンバール種といった何種類かが見られる。

統計
栽培面積:5,900ヘクタール
年間生産量:340,000ヘクトリットル

ブールジェ Bourgeais

ブールジェのぶどう畑はすべてボルドーのコート——丘陵——に位置し、その典型的なワインを産する。

■ 自然環境

ジロンド河の河口およびドルドーニュ河と平行に走る3本の丘陵が、ぶどう畑それぞれの異なった環境をつくり出している。

ブールジェの栽培地はブール=シュル=ジロンド郡の14の村々にまたがっていて、ぶどうは、ほとんど河口とほぼ平行に走る3つの丘陵で栽培されている——最初の丘陵はブールの町からヴィルヌーヴ村までジロンド河に沿って延びており、2本目はトーリアックからランサック村を通ってサモナックの集落まで、そして3つめはテュイヤック村からサン=トロジャン村のあいだに位置する——。

畑は、ドルドーニュ河とジロンド河を見下ろすことのできる、ところどころ切り立った石灰質の丘陵の上に広がっている。この丘陵は、ジロンド河の支流であるブルイヨン水路に約15キロメートルにわたり沿っていて、北東はブライエのぶどう畑との境界を示し、南東は、プリニャック=エ=マルカンプの集落まで続いている。この地域では、畑は様々な環境の違いと微気候の恩恵をこうむっていて、これらのことが、生産されるワインの性質に大きな影響を及ぼしている。

■ 地質と土壌

基盤層は、ヒトデ石灰岩と呼ばれ、建築材料として用いられるとても硬い石灰岩である。この石灰岩は特にボルドー市街の建築に利用されてきたものである。

ぶどう畑の西では、ヒトデ石灰岩がところどころ露出しているが、同時に新しい薄い泥土で覆われたところもある。東側がブライエの小石混じりの砂質土壌なのに対し、中央部は主に鮮新世の礫質粘土土壌である。「ジロンド県のスイス」とも呼ばれるこれらたくさんの小さな谷間では、フロンサックのモラッセの露出がしばしば見られ、粘土質石灰岩土壌をつくり出している。

🍇 ぶどう品種とワイン

このアペラシオンでは赤、白双方のワインを産しているが、生産量の98パーセントを占め、その酒質と個性にしばしば驚かされるのは赤ワインである。

最初の2つの丘陵——ひとつは県道669号線に沿っていて、他方はトーリアックからヴィルヌーヴの村々までジロンド河と平行に走っている——では、このアペラシオンでもっとも骨格のしっかりした完璧な赤ワインを産する。ワインは、メルロ——68パーセント——、カベルネ・ソーヴィニヨン——21パーセント——と若干のマルベック種からつくられる。これらは個性の際立った、エレガントな良質の赤で、グラーヴのものに似たフィネスを備えており、ボルドーの「コート」のもっとも典型的なワインといえる。

ブライのアペラシオンも名乗れるピュニャック村では、少量の白ワインもつくられていて、ソーヴィニヨン・ブラン種が約半分を占め、残りは、セミヨンやミュスカデル、メルロ・ブラン、コロンバール種が使用されている。

統計
栽培面積:3,900ヘクタール
年間生産量:230,000ヘクトリットル

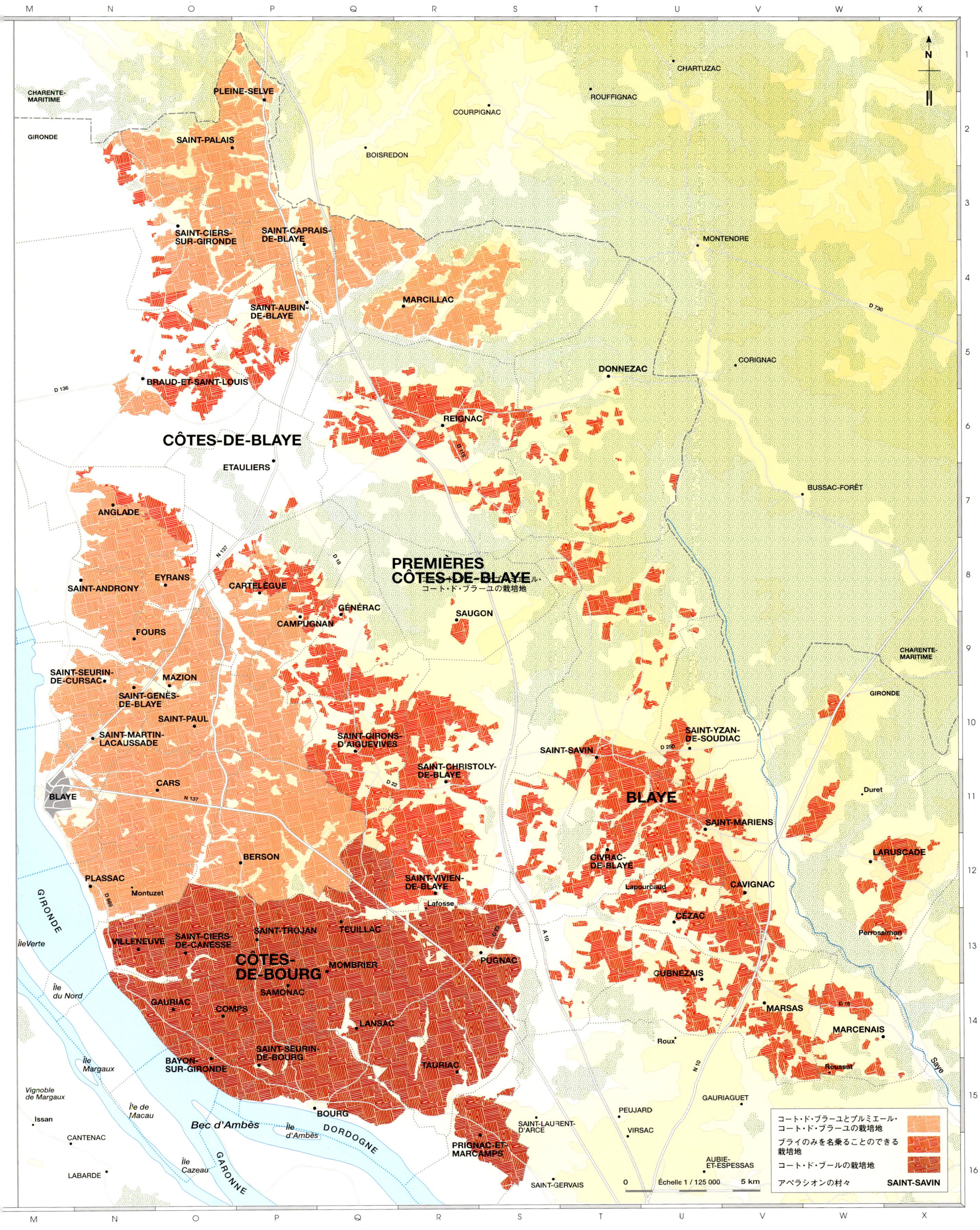

CÔTES-DE-BLAYE
PREMIÈRES CÔTES-DE-BLAYE
コート・ド・ブラーユの栽培地
BLAYE
CÔTES-DE-BOURG
CHARENTE-MARITIME
GIRONDE
PLEINE-SELVE
SAINT-PALAIS
SAINT-CIERS-SUR-GIRONDE
SAINT-CAPRAIS-DE-BLAYE
SAINT-AUBIN-DE-BLAYE
MARCILLAC
BRAUD-ET-SAINT-LOUIS
ETAULIERS
REIGNAC
DONNEZAC
CHARTUZAC
ROUFFIGNAC
COURPIGNAC
BOISREDON
MONTENDRE
CORIGNAC
BUSSAC-FORÊT
ANGLADE
EYRANS
SAINT-ANDRONY
CARTELÈGUE
GÉNÉRAC
CAMPUGNAN
SAUGON
FOURS
SAINT-SEURIN-DE-CURSAC
MAZION
SAINT-GENÈS-DE-BLAYE
SAINT-PAUL
SAINT-MARTIN-LACAUSSADE
SAINT-GIRONS-D'AIGUEVIVES
SAINT-CHRISTOLY-DE-BLAYE
SAINT-SAVIN
SAINT-YZAN-DE-SOUDIAC
CARS
SAINT-MARIENS
Duret
LARUSCADE
BERSON
PLASSAC
Montuzet
SAINT-VIVIEN-DE-BLAYE
Lafosse
CIVRAC-DE-BLAYE
Lapourcaud
CAVIGNAC
CÉZAC
Perrossimon
VILLENEUVE
SAINT-CIERS-DE-CANESSE
SAINT-TROJAN
TEUILLAC
MOMBRIER
PUGNAC
CUBNEZAIS
SAMONAC
GAURIAC
COMPS
LANSAC
MARSAS
MARCENAIS
Roux
BAYON-SUR-GIRONDE
SAINT-SEURIN-DE-BOURG
TAURIAC
Rousset
BOURG
PRIGNAC-ET-MARCAMPS
SAINT-LAURENT-D'ARCE
PEUJARD
VIRSAC
GAURIAGUET
AUBIE-ET-ESPESSAS
SAINT-GERVAIS
GIRONDE
DORDOGNE
GARONNE
Bec d'Ambès
Île d'Ambès
Île Cazeau
Île de Macau
Île Margaux
Île du Nord
Île Verte
Vignoble de Margaux
Issan
CANTENAC
LABARDE
Saye
D 136
D 730
N 137
D 18
D 22
D 250
A 10
N 10
Échelle 1 / 125 000
0
5 km
コート・ド・ブラーユとプルミエール・コート・ド・ブラーユの栽培地
ブライのみを名乗ることのできる栽培地
コート・ド・ブールの栽培地
アペラシオンの村々
SAINT-SAVIN

ボルドー地方 ◆ フロンサック ◆ カノン・フロンサック

Fronsac et Canon Fronsac
フロンサックとカノン・フロンサック

サンテミリオンの台地の東の延長にあり、イール川によってポムロールの台地から分断されている、フロンサックとカノン・フロンサックの栽培地は、特に赤の銘醸の生産に最適の土壌を備えている。この地域は「リブールヌ産銘醸の歴史的発祥の地」といわれている。

フロンサック Fronsac

このわずかな広さの栽培地は、赤の銘醸を産するためのあらゆる条件を兼ね備えている。

■ 自然環境

イール川の右岸に位置し、フロンサックのアペラシオンのぶどう畑は多少起伏のある丘陵に連なっている。

畑はフロンサックの7つの村々——ラ・リヴィエール、サン=ジェルマン=ド=ラ=リヴィエール、サン=ミシェル=ド=フロンサック、サンテニャン、サイヤンそれにガルゴン——からなる栽培地域にある。それらはイール川とドルドーニュ河が蛇行するあいだに広がり、起伏に富んだ地形で、この両河川の合流地点を見下ろしている2つの小丘——標高61メートルのカノンの丘と、同じく76メートルあるフロンサックの丘——に特徴付けられる。フロンサックのクリマは他のリブールヌ地区の栽培地と同様、海洋性気候のためぶどうがよく成熟するのに好都合となっている。

■ 地質と土壌

ぶどう畑は地形上2つの異なった区域に分けられる、すなわちドルドーニュ河とイール川にはさまれた谷間と台地である。

ドルドーニュ河とイール川にはさまれた谷間には段丘がなく、新しい沖積土層で形成されている。台地のすそ野から頂部までは次の地層が見られる。

- イール川だけに見られるフロンサックのモラッセの下の土壌
- イール川と同じように、ドルドーニュ河に露出したフロンサックのモラッセ
- 岩棚を形成し、台地の山腹に露出しているカスティヨンの石灰岩
- 場所によって異なる土壌を示しているヒトデ石灰岩
- 主に栽培地の北、サイヤンの村周辺で見られるペリゴールの砂質土壌
- サイヤンの集落の東でわずかに見られる礫混じりのランド砂岩の粘土層

台地の土壌には次のようなものがある；

- 深さ30センチメートルから80センチメートルほどに位置するヒトデ石灰岩の母岩がある、粘土質石灰岩土壌と石灰岩を含まない粘土質砂層に由来する土壌
- 古い岩棚の礫混じりの粘土層の褐色レシヴェ土壌
- ペリゴールの砂質土壌中に多く見られるレシヴェ酸土
- モラッセで覆われた斜面は一般的に褐色石灰岩質土壌である。

🍇 ぶどう品種とワイン

リブールヌ地区では圧倒的に優勢のメルロ種は、ここでは力強く、長熟なタイプのワインを生む。

石灰質の台地とモラッセを含む斜面によって、フロンサックのワインはしっかりとして力強く、タンニンが豊富で、サンテミリオンのワインに似ている。また豊かで繊細な味わいはポムロールのワインをも彷彿とさせる。ここでは栽培の85パーセントを占めるメルロ種がほとんどを占め、次いで、1割ほどのカベルネ・フラン、それにカベルネ・ソーヴィニヨン種が用いられている。ワインは強い個性を備えた、長期熟成タイプのものになる。

統計
栽培面積：850ヘクタール
年間生産量：46,000ヘクトリットル

カノン・フロンサック Canon Fronsac

フロンサックの栽培地に囲まれるかたちで広がるカノンの丘陵の素晴らしい土壌から、アペラシオン特有の個性をもったワインが生み出される。

このアペラシオンは、より優れた土壌の均一性と斜面の向きによって、フロンサックのアペラシオンと区別されている。土壌はサンテミリオンに似ているが、より薄い石灰質の台地と、名高いフロンサックのモラッセで覆われた段丘を形成している砂岩層から成り立っている。畑はすべて南向きで、栽培されているぶどうは、フロンサックよりは少ないものの約7割がメルロ種で、他にカベルネ・フランとカベルネ・ソーヴィニヨン種がほぼ同じ比率で見られる。

カノン・フロンサックのワインはその生一本によって特徴付けられる。力強く、スパイシーで、時間の経過とともに複雑なアロマ——例えばトリュフのような——を備える。

統計
栽培面積：300ヘクタール
年間生産量：16,500ヘクトリットル

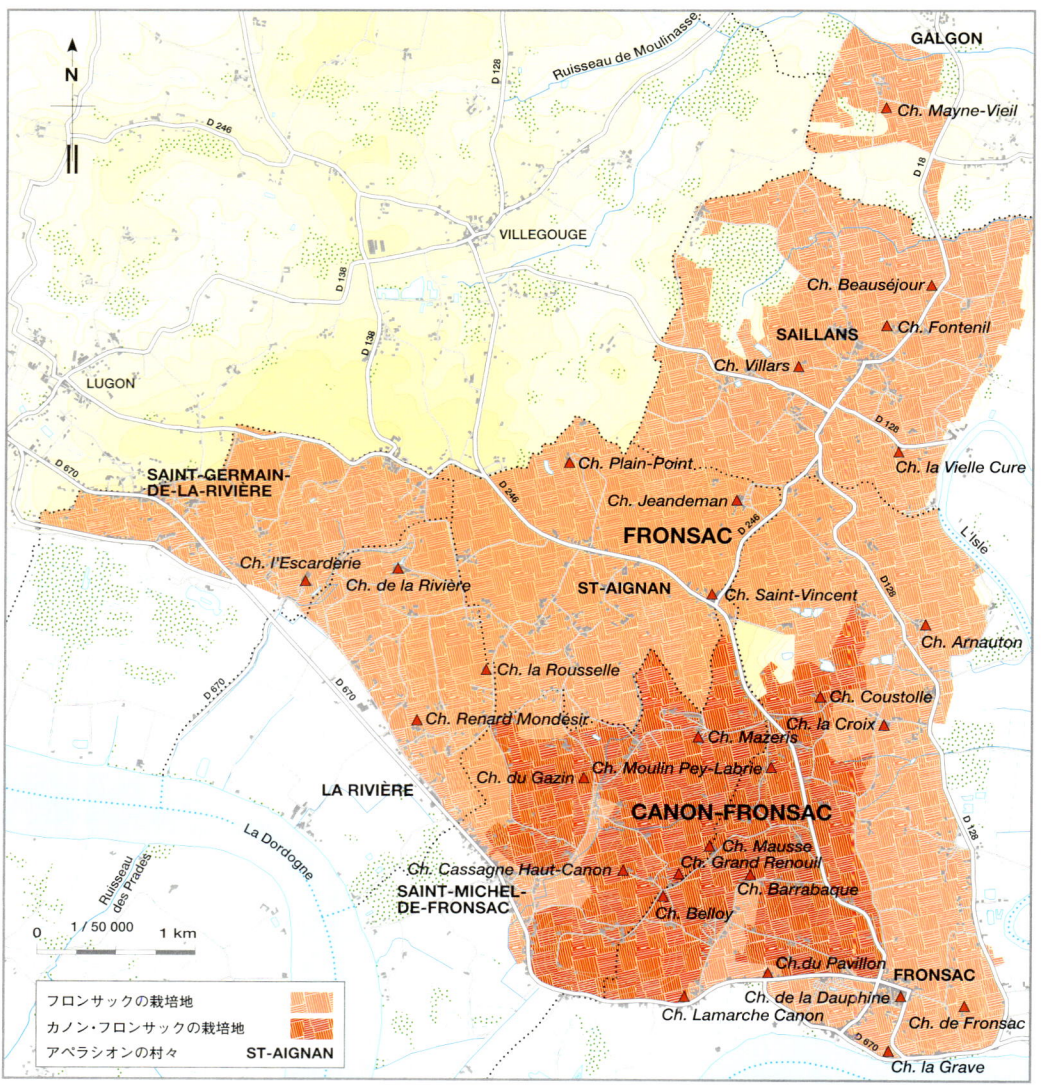

Bordeaux Côtes de Franc et Côtes de Castillon
ボルドー・コート・ド・フランとコート・ド・カスティヨン

これら2つは、ベルジュラックの栽培地が広がるドルドーニュ県に接する、ボルドーのワイン生産地帯の北東端に位置する。この地はリブールヌ台地から地続きとなっている上質なワインを生むテロワールに恵まれているため、他に較べ特に際立っている。したがってワインはこの地域特有の個性が備わったものとなる。

ボルドー・コート・ド・フラン Bordeaux Côtes de Franc

赤ワインで有名なアペラシオンだが、同時に質のよい白を生む条件にも恵まれている。

■ 自然環境

ボルドーでもっとも小さいアペラシオンのひとつであり、畑は3つの集落——フラン、サン=シバール、それにタヤック——にまたがっている。

サンテミリオンの東およそ10キロメートルのところに広がるコート・ド・フランのぶどう畑は、この地方でもっとも高い東向きの丘陵に位置する。また、ボルドーのなかでもその北東端という位置関係から他の地域に較べ、厳しい冬に暑い夏という大陸性気候の影響をより強くうけている。また、イール川とドルドーニュ河に囲まれているため、雨や雷雨、雹は斜面をたどって河川に流れこむことから、ぶどう畑はそれらの影響を避けることができる。これらの地形と特徴ある気候は土壌およびぶどう品種と相俟って、アペラシオン特有のワインの性格を形づくっている。

■ 地質と土壌

泥灰質と石灰質、あるいは粘土質からなる土壌で、ところどころ名高いポムロールの「クラス・ド・フェール」が見られる。

アペラシオンの南部では、土壌はアジャンの石灰岩質のモラッセで覆われたヒトデ石灰岩で構成され、表土は暖かくぶどう樹が深く根を張るのに適している。アペラシオンの残りの部分は、フロンサックの石灰岩のモラッセで覆われ、地質は大粒の砂、小礫、石英質の礫などからなる。また土壌は、この地の小河川や池などの水路網をつくり出している。

🍇 ぶどう品種とワイン

赤ワインの質の高さで名高いが、コート・ド・フランのぶどう畑は同時に、辛口と甘口双方の白ワイン——ここではボトリティス菌が活発に働くので——もわずかながら生産している。

芳醇で繊細、穏やかなタンニンを含む熟成タイプの赤ワイン用のぶどうは約半分をメルロ種が占め、次いでカベルネ・フランとカベルネ・ソーヴィニョン種の2品種が同じくらいの割合で用いられている。白はセミヨン種が6割、ミュスカデルとソーヴィニョン・ブランがそれぞれ2割ほど栽培されている。

この珍しい白ワインは、樽発酵され、蜂蜜やパイナップル、柑橘類のアロマを纏い、ボディがあり、芳醇でエレガントなワインである。また小河川に恵まれているために、ボトリティス・シネレアがよく活動するので良質の甘口白ワインも生産されるが、悲しいかなあまりに数が少なく貴重なものとなっている。

統計
栽培面積：510ヘクタール
年間生産量：29,000ヘクトリットル

コート・ド・カスティヨン Côtes de Castillon

サンテミリオンの東に隣り合い、かつてこの名で流通していた赤ワインの産地である。

■ 自然環境

ところどころ100メートルを超える標高の丘陵にあるぶどう畑は、9つのコミューンに連なっている。

広大なボルドー地方の東、ドルドーニュ県の県境近く、コート・ド・カスティヨンは南および南東向きの丘陵に広がっている。このような立地のため、ぶどう畑は海洋性の温暖な気候と大陸的な気候の、双方の恩恵をうけている。その結果、ぶどう樹の生育期間は暑く、乾燥し、秋にはぶどう果の完熟に最適の、乾燥した晴天をもたらす微気候がみられる。

🍇 ぶどう品種とワイン

カスティヨンのぶどう畑では、高級ワインの産地であるお隣のサンテミリオン同様、赤ワインのみを産する。

リブールヌの他の栽培地と同じくここでも植えられている大半がメルロ種で、全体のおよそ7割を占めている。次いで3割弱のカベルネ・フラン種と、若干のカベルネ・ソーヴィニョン種が見られる。カスティヨンのワインはほとんどが、鮮やかな色合いの骨格のしっかりしたワインで、アフターに穏やかなタンニンが残る。また滑らかで繊細な口当たりのワインのため、若いうちに飲んでもおいしいが、その多くはよく熟成もする。

■ 地質と土壌

土壌中の石灰岩と鉄分のおかげで良質のぶどう栽培が可能となっている。

ドルドーニュ川ほとりのぶどう畑の土壌は、石灰岩の破片を含んだり含まなかったりする沖積土で構成されている。浅い部分には、鉄分を含む層が認められる。畑の北では、丘陵上部に達するところでは石灰岩質粘土から泥灰土壌が見られ、下部には礫質砂岩と粘土質砂岩土壌が広がる。川の周辺には礫質の土壌が見られるが、丘陵の斜面を上がるにつれ土壌は泥灰土とモラッセで構成され、次いで石灰質になってくる。またところどころ母岩も露出している。

統計
栽培面積：3,000ヘクタール
年間生産量：179,000ヘクトリットル

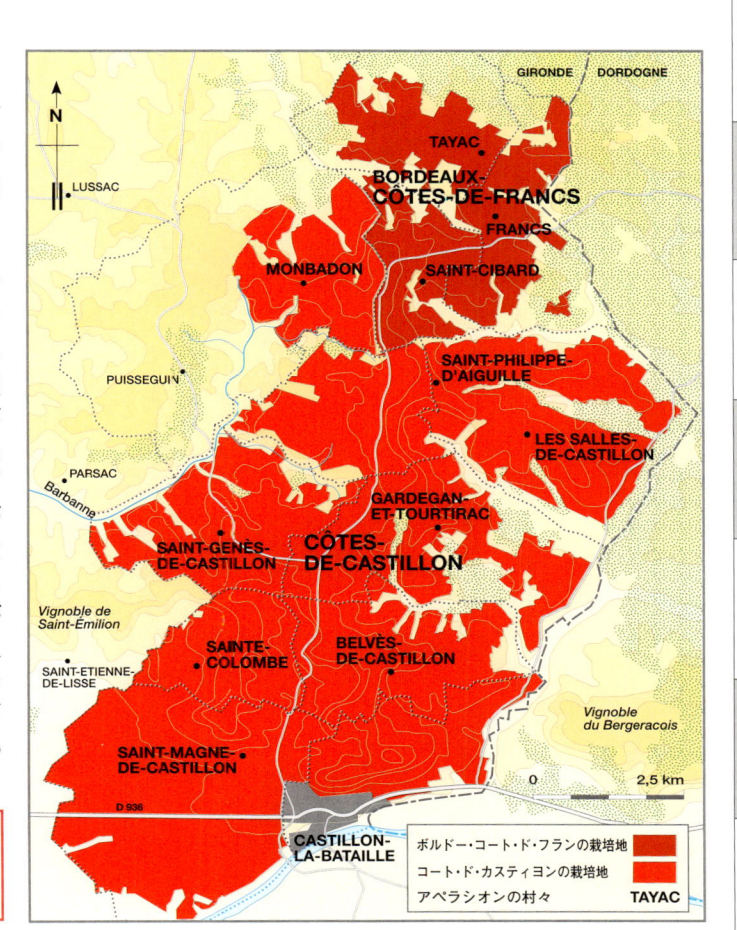

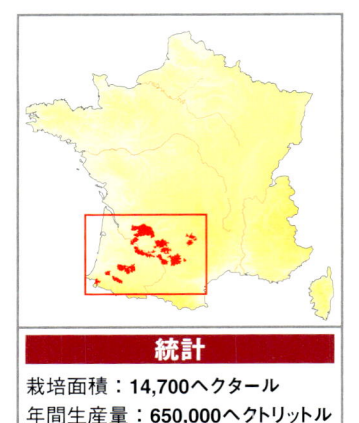

SUD-OUEST
南西地方

南西地方

南西地方のワインという名のもとに寄せ集められた、異なる伝統をもった産地を、一括りにまとめられる実体的な境界線は存在しない。アキテーヌ盆地から、ガロンヌ台地、トゥールーズ地方、アドゥール盆地を通って、バスク地方とアヴェロン地方の山岳部で、生産されている様々なワインと、それを生み出す多くのぶどう品種や気候、土壌のタイプなどをかろうじて述べることができるにすぎない。

統計
栽培面積：14,700ヘクタール
年間生産量：650,000ヘクトリットル

■ 気候

アキテーヌ盆地は、主として海洋性気候といえるが、同時に地中海性気候とピレネーおよび中央高地による山岳気候の影響もうけている。

この広範囲の地方に特有の気候といえば、一般的には温暖なことがあげられる。この地方では冬、雪はほとんど降らない。また春と夏には雨が豊富で、オータン風──南仏の激しい南西風──による地中海性気候の影響によって西へいくほど暑くなる。したがってこの地では驟雨や雹に見舞われるおそれがしばしばある。ピレネー山脈とモンターニュ・ノワール（訳注：フランス中央部、南部周辺の高地）からのフェーン現象のおかげで、秋には晴天の日が多く、ぶどうの成熟には好都合となっている。

■ 地質と土壌

南西地方の産地は、主に第三紀の堆積地層と段丘にみられる、川成沖積層の上に広がっている。

フランス南西地方のぶどう畑は、その多くがアキテーヌ盆地の第三紀時代の堆積地層上、あるいは第四紀に河川の流れが形づくった段丘の沖積層の上に広がっている。しかしながら、例外が2つある。産地の南部、ピレネー山脈のふもとで産するイルレギィ──バスクのワイン──と、中央高地のアヴェロンの栽培地である。

アキテーヌ盆地 中心部は、モラッセと呼ばれる様々な比率による粘土、砂、石灰岩からなる細かい砕屑岩堆積物によって、およそ1500メートルの厚さまで水平に覆われている。地質学者によって使われるこの「モラッセ」という言葉は、ぶどう栽培農家ではテルフォール──粘土質石灰土壌──と呼ばれている。というのもこのモラッセが、盆地の大部分に特有ななだらかな丘のクループの地勢をもたらしているからである。

このモラッセの集まりは、数キロメートルにわたって広がっている、厚さ数メートルの白っぽい石灰岩層をはさみ、地形上ところどころ小さく切り立っている。これはほとんど湖成の石灰岩であるが、アキテーヌ盆地の北西では海洋の化石を含んでいる。

この古い平野では、河川が渓谷を侵食して、川底に多少粒の大きい沖積土が堆積した。そして第四紀の氷河期と間氷期の変遷のうちに次々と変わる気候によって侵食が繰り返されてきた。その結果、河川の側面には何段かの堆積段丘を見ることができる。

北東周辺部 モラッセの下にはしばしば、コースと呼ばれる石灰質下盤の台地が現れる。いくつかの断層と、曲率半径の大きいわずかな褶曲による、変形のほとんどないこの地層は、ジュラ紀と白亜紀の中生代のものである。これらは岩塊状、あるいは小岩板状を呈している。

ところどころ鉄を含む土壌の表層沈積や、鉄分を含んで赤みを帯びた粘土質砂岩がコースの石灰岩を不規則に覆っている。

アキテーヌ盆地の南 ピレネー山脈のふもとであるこの地域で、ぶどう栽培の好条件となっているのは、土壌の性質よりも起伏のある地形による、様々な微気候によるところが大きい。

盆地の東側 この地域は中央高地の入り口にあたる。この侵食された古い山地では、激しく変形し、再結晶した変成岩の層が火成岩とともに露出している。ぶどう栽培はこの特殊な土壌の利も得ているが、むしろ微気候による恩恵のほうがときには好都合となっている。

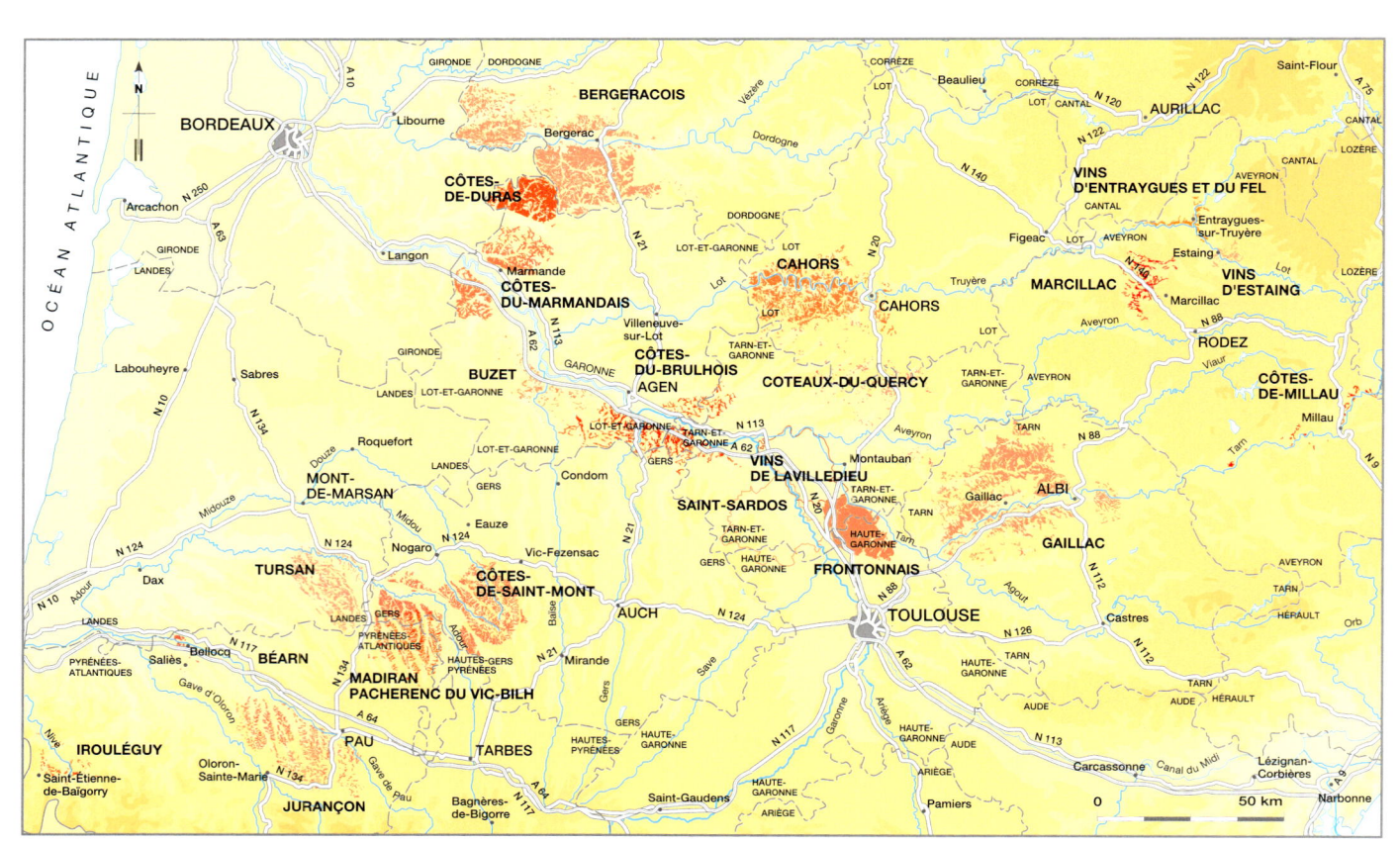

南西地方

■ 伝統的なぶどう品種

この広大な地域では、多くのアペラシオンを構成している変化に富んだ土壌が、結果としてぶどう品種の多様性をもたらしている。これらの品種の大部分は伝統的に、それぞれ独自の用いられ方をしている。

黒ぶどう品種

アブリュー Abouriou 早生で多産なこのぶどうは、コート・デュ・マルマンデの補助品種としてブレンドされている。ワインはフルーティーで色付きよく、タンニンが豊富となる。

コット Cot 多くの別名をもつこの品種は、原産地であるカオールではオーセロワ種と呼ばれる。16世紀にはすでにパリ地方で、「カオールのぶどう」としてその名を知られていた。多産ではなく霜や病害虫に弱いが、色付きよくタンニンの豊富なワインとなる。中程度にアロマティークだが、熟成が進むにつれ、黒トリュフなどの複雑なアロマをかもしだす。

クルビュ・ノワール Courbu Noir このぶどうは、ベアルンのアペラシオンの政令にのっとって、逸話的な方法で栽培されている(訳注：第二次大戦後、この地の市長がベアルンのアペラシオンを有名にするロゼを考案するが、そのロゼには6品種を用いることに定め、そのなかにこのクルビュ・ノワール種が入っていることを指すものと思われる)。ワインは繊細で軽く、わずかに収斂性がある。

デュラス Duras とても古い歴史があるこの品種は、今ではガイヤックのぶどう畑でしか見られない。ぶどうは薄い砂の多い土壌か、痩せた石灰質土壌で、日当たり良好な場所を好む、というのもうどん粉病にかかりやすいからである。ワインは色付きよく繊細で、アルコールの高いものになる。フレッシュで上品なタンニンは熟成につれ、まろやかな口当たりとアフターの長さを伴って、スパイシーな風味を醸し出すようになる。

フェール・サルヴァドゥ Fer Servadou この品種は南西地方ではあちこちで栽培されており、アヴェロンではマンソワ種の名で、そしてガイヤックではブロコル種の別名で呼ばれている。ぶどうは耐寒性があり、春先にしばしば霜害に見舞われる地区で栽培されている。色鮮やかでこの地方の典型的なワインになり、若いうちから数年以内が飲み頃。またマディランではわずか3パーセントではあるが、ピナン種の名称で栽培されていて、ワインにまろやかさと繊細さ、ブケを付与する。

ジュランソン・ノワール Jurançon Noir コトー・デュ・ケルシー(VDQS)で認可されたぶどう品種のひとつであり、カベルネ・フラン種のごく限られた補助品種。ヴァン・ド・ラヴィルデュー(VDQS)では2番目に多く用いられているぶどうである。この品種はかなりな多産で、かつて植えられていたカオールから駆逐された経緯がある。ワインはあまり良質とはいえず、色合いも薄い。

マンサン・ノワール Manseng Noir タナ種に似た、ベアルンで栽培されているぶどう品種のひとつ。色付きもよく力強く、良質の熟成タイプのワインとなる。

メリーユ Mérille 別名ペリゴール種と呼ばれ、ベルジュラックのワイン用ぶどう品種のひとつで、フロントネーの補助品種である。ワインは軽く、個性に乏しいものになり、今日ではごく少量が栽培されているだけである。

ネグレット Négrette この品種は900年以上前にテンプル騎士団によってキプロス島から持ち込まれた。独特の個性があるネグレット種はヴァン・ド・ラヴィルデュー、フロントネーの主要品種であり、なかでもフロントネーではぶどう樹全体の5割から7割を占めている。また湿気を嫌い、果皮が薄いため、病害虫に弱いが、この地方のレシヴェ沖積土壌という痩せた土地に適応したという側面があるが、ワインはとてもアロマティークで、スミレやボタンのような花の香りとカシスや桑の実といった熟した赤や黒の果実の香り、そして甘草の香りも感じられる。ネグレット種使用の赤は、熟成型が多い南西地方のワインのなかでは無視することのできない、若いうちに飲んでおいしいタイプである。

プリュネラール Prunelart ガイヤックの典型ともいえる伝統的なこの品種は、フィロキセラによって絶滅した。今日、政令で栽培は許可されていない。しかしながら中世の時代から優れた品種のひとつと考えられてきたこの品種を、再び栽培しようとする研究がおこなわれている。出来上がるワインは力強く色付きのよい、たくましい熟成タイプになる。昔からこのワインは「有り余るボディに唯一無二の風味が備わり、ボルドーを凌駕する人気ワイン」といわれてきた。

タナ Tannat タナ種は南西地方の多くのアペラシオンで用いられている品種だが、もっとも典型的な個性を発揮するのはマディランにおいてであり、全耕作面積の55パーセントを占めている。とても丈夫な品種で、出来上がるワインもがっしりしたたくましいものとなり、またその名が示すとおりタンニンも豊富で、何年かの熟成を経ないと評価されにくいワインといえる。この特筆すべきタンニンの強さとアルコールの高さ、十分な酸味とが、長熟タイプのグラン・ヴァンを生む不可欠の構成要素といえるだろう。

その他の黒ぶどう品種

カベルネ・フラン、カベルネ・ソーヴィニヨン、メルロ種といったボルドーの品種は、南西地方、特にボルドーとの境界あたりでよく用いられている。ガメとシラー種は、コトー・デュ・ケルシー、ラヴィルデュー、エタンとミロー、マルマンデ、フロントン、ガイヤック等で栽培されている。

白ぶどう品種

アルフィアック Arrufiac このぶどうはコート・ド・サン・モン、特にパシュラン・デュ・ヴィクビルで多く見られる。このアペラシオンの品種のなかではもっとも原地性の強いもので、栽培が強制されているわけではないが、現在ぶどう樹の3割がこの品種である。辛口で、花の香りをもった芳醇なワインとなる、この地区の典型的なぶどう品種である。

バローク Baroque テュルサンの典型的な品種で、9割以上を用いてのワインの生産が規定されている。粒が大きく、多くの房をつけるたいへん生産性の高いぶどうである。栽培農家のなかには、バローク種はあまりアロマティークではなく、生産量のコントロールが難しい品種という声も聞かれる。しかし収量を抑えると、ワインは香り高くいきいきとした味わいとなる。

この不都合を補うために、より質の高いワインを生む少産型のクローンの研究がなされなければならない。

カマラレ Camaralet この無名の品種はベアルンとジュランソンのぶどう畑で栽培されている。生まれるワインは繊細でエレガント、スパイシーなアロマがある。

グロ・マンサン Gros Manseng ジュランソンとパシュランにおいてはシャロスの名称(訳注：かつてはフォール・ブランシュ、オンデン種等ともにこの名で呼ばれていた模様)で、そしてベアルンの主要な白ワイン用品種である。プティ・マンサン種より生産性が高く、辛口ワイン用の品種だが、ボトリティス菌に耐性もあり、またパスリヤージュから甘口ワインをつくることができる。ワインには十分な酸があり、パイナップルやマンゴーなどのトロピカル・フルーツの香りをもつ。

ローゼ Lauzet ジュランソンの古い品種で、今日でもごく少量だが香り高くコクのあるワインを生んでいる。

ラン・ド・レル l'En de l'El 春先の霜害に弱いこのガイヤックの品種は、新鮮で香りのよい酸味のほとんどないワインを生み出す。甘くて繊細、エレガントなワインになるので、栽培量は増えつつある。

モーザック Mauzac この品種はガイヤックの栽培の6割を占める。田舎風の丈夫で、霜害や病害虫にも強く、酸味の少ない、りんごの香りをもったアロマティックなワインになる。

オンデン Ondenc このぶどう品種はかつてガイヤックで多く栽培されていたが、フィロキセラ禍以降、ほとんど姿を消した。数ヘクタールだけが残っており、黄金色の辛口ワインがつくられている。

プティ・クルビュ Petit Courbu ジュランソン、ベアルン、パシュランで見られるこの品種は、辛口白ワイン用として大いに利用されている。腐敗と結実不良を起こしやすく、他の品種より早く成熟するが、この問題を解決するために、寒冷な北向きの土地に植えられている。評判のよい、フレッシュで芳醇な若々しいワインとなり、グロ・マンサン種とブレンドすることで、繊細さと野の花の香りを兼ね備える。

プティ・マンサン Petit Manseng ジュランソンとパシュランの甘口ワイン用の品種。病気に対する耐性が強いので、ワインは遅摘みでつくられる。糖度が非常に高くなるにもかかわらず、十分な酸味があり、とても複雑なアロマをもったワインになる。

ラフィア・ド・モンカード Raffiat de Moncade この生産性の高い品種はベアルンでのみ栽培されている。病気に対する耐性が強く、香りは控えめだがフレッシュで、典型的な火打石の風味のワインになる。

その他の白ぶどう品種

ソーヴィニヨン・ブラン、セミヨン、ミュスカデル種といったボルドーの伝統的なぶどう品種は、南西地方でも多く栽培され、とりわけ同地方の近辺で多く見られる。シュナン・ブラン種は、ガメ・ブラン種の名でアヴェロンで栽培され、ユニ・ブラン種はベルジュラックで見られる。

南西地方 ◆ カオール

Cahors
カオール

ロット河にかかるヴァラントレ橋で有名なカオールの町は、世界的に認められたワインの地でもある。ロワール地方ではコット、ボルドーではマルベックとして知られているオーセロワ種から、常に評価を得てきた力強いワインがつくられている。カオールは黒い色合いで、長く熟成させることのできる優れたワインである。

■ 産地の景観

ロット河がところどころ川幅を狭くしたり広くしたりしながら谷間を蛇行し、そこに張り出したジュラ紀の石灰岩の台地にぶどう畑は広がっている。

カオールのぶどう樹は、台地から見下ろすように、ロット河の沖積層の段丘に植えられている。ロット河はカオールの町とピュイ=レヴェックの集落のあいだを東から西へ、決して広くはない沖積土の平野部を蛇行しながら流れ、コースと呼ばれる石灰岩台地の切り立った山腹に溝をつくっている。ケルシーのコースにある、このロット河によってできた溝は、東はカオールから西はピュイ=レヴェックまで約30キロメートルにわたって伸びている。

谷の底は沖積層で薄く覆われた段丘に囲まれていて、川の水がゆったりと流れている。川は大きな蛇行を描いていて、コースの上からは素晴らしい景観を愉しむことができる。台地の上に到達すると、標高差があるのがわかる。トリュフが採れる樫の森が、この土地の自然の森林植物群落にもっともよく対応している。

この茂みはぶどうが栽培されていないすべての地域を覆っている。森のなかでもぶどうが植えられている部分は、台地の上の平らなところである。向きがよく、そこから下は中生代の地層の谷となっている。

■ 気候

カオールのぶどう畑は、地中海の影響も感じられる大西洋の気候の恩恵をうけている。

アキテーヌ盆地の西に位置するカオールは、海洋性気候に特徴付けられるが、南のほうでは地中海の影響をうけているが、産地の特殊な地形によって、これが顕著に弱められている。

すなわち、温暖で湿気の多い気候がこの地の特徴だが、海から離れていることと中央高地に近いこと——東に50キロメートルしか離れていない——によって弱められている。またこのことが冬のあいだの穏やかな気候をおおいに弱めている。

ロット河の東西の向きは、西風を飲み込んで、コースに吹き上げてくる。

反対に北北西や南風のときは、フェーン現象の効果で、谷底は少しだけ再び温暖となる。

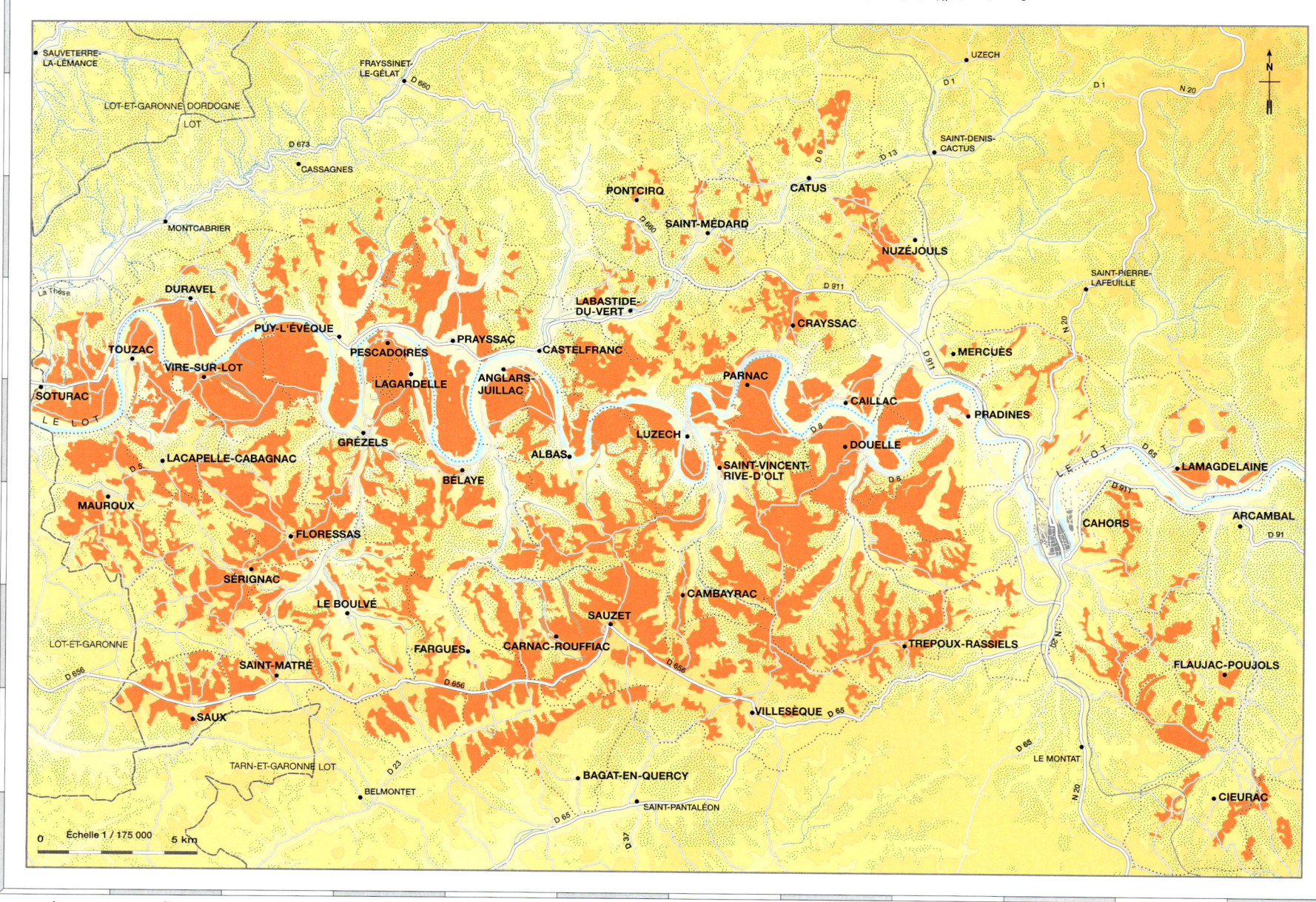

南西地方 ◆ カオール

■ 地質と土壌

ぶどう畑は2つの地質の集合の上にある。ひとつは石灰岩台地で形成され、もうひとつは昔のロット河の沖積物の段丘から形成されている。

2つの地質的集合が、カオールのぶどう畑の土台になっている。ひとつは谷間のなかで、ロット河の沖積層の段丘である。コースの起伏のふもとは崖からの転がり落ちた石や砂の堆積が縁取っている。もうひとつは台地の上、ときおり鉄鉱石を含む累層で覆われた石灰岩で形成されている。

3段の堆積物の段丘がロット河の谷間を覆っている。その構成要素は中央高地に由来し、石英の丸い小石や砂利や砂で、土壌を柔らかく酸性にしている。それぞれの堆積物の厚さは不規則であるが、通常は数メートルしかない。段丘の上部はぶどう栽培に適しているが、下のほうは土壌が肥沃すぎてぶどう畑はほとんど見られない。断崖の下部は「グレーズ」と呼ばれ、あらゆる大きさの石灰岩の礫が堆積している。また、ところどころ急な傾斜でもぶどう樹の栽培はおこなわれている。

2つの土壌のタイプが、質的にその構成物質において全く相反している——段丘の丸い珪質岩と、堆積中のごつごつした石灰質の小石——にもかかわらず、組織において——粒度測定上のすべての小石や岩片——において接近していることは興味深い。

コースの台地は、主としてジュラ紀のキンメリッジ階の海成化石を含む石灰岩で構成されており、あるところは塊状のしっかりとした地層として、また別の箇所では泥灰岩質の地層をはさんでいる。興味深いことに上記の集合体において、この地方で様々な気候の変遷と結びついて起こった表層の多くの風化を、地質のうえから見ることができる。

同じ時代の酸化したレシヴェ土の堆積や、鉄鉱石を含んだ赤い砂や粘土、そしてあるときは非常に硬く小さく、またあるときはとても柔らかい、鉄を含んだ殻のようなものなどが、台地の頂部を形成し、またすそ野の部分を覆っている。

南のキンメリッジ階の地帯は、砕屑岩と鉄鉱石を含む砕屑岩片で覆われ、湖成の白色石灰岩の2つ目の台地は、シウラック石灰岩と呼ばれ、カオールのぶどう畑のなかでももっとも南仏のタイプに近い土壌となっている。

🍇 ぶどう品種

ここではオーセロワと呼ばれるコット種は、生まれ故郷のこの土地で、その完璧さを発揮している。

コット カオールのワインらしい個性をもたらし、このアペラシオンにおける栽培の7割を占めている。平均的な生産能力で、あまり肥沃な土地を好まない。というのも生育にむらがあり、ダメージを受けやすいからである。ワインはタンニンが豊富で、色付きよく、桑の実やスロー、スパイスのアロマをもち、熟成につれ、黒トリュフの香りを備えるようになる。ワインには十分な酸味があるが、あまり質のよくない土壌では酸が強すぎるきらいがあるワインとなる。

メルロ ボルドーの品種であるメルロ種は、ここでは栽培の2割を占めている。とても早生のぶどうで、春先の霜にやられやすい。酸味がごくわずかで、果実とアルコールによるオイリーさとまろやかな味わいを感じさせるワインとなる。

タナ 南西地方で多く見られる典型的な品種——カオールでは栽培の1割ほど——で、タンニンの豊富なことで知られている。ワインは色付きよく、スパイシーで、タナ種によってカオールのワインの熟成能力は確実なものにされている。

■ ワイン

カオールのワインは力強く、若いうちは渋みが強く親しみにくいことが多い。古い時代の台地のような素晴らしいテロワールで生産されると、ワインは明らかに長熟タイプとなる。

カオールのワインはその深い色合いと力強さ、長期保存できるワインとして、歴史的に「黒ワイン」と呼ばれてきた。その名声にもかかわらず、その独自性におけるある進歩が起こっている。実際我々は今日、このアペラシオンに、多くのタイプのワインを見い出すことができる。これらの多様なワインは、用いられている醸造法はもちろん、テロワールにもよっている。

フル・ボディのワインがつくられている多くのアペラシオンと同様に、この地でも「樽香の乗った」流行のワインづくりが席捲したが、この伝統を無視した風潮は、たくましさも十分で、新樽にも負けないカオールの強い個性を、わずかに変えたにとどまった。

現在、カオールの生産者の多くは、それぞれに異なったタイプのワインを生産している。

ひとつは短期間の醸しによる「軽いワイン」で、フルーティーで、ラズベリーやスグリのような赤い果実のアロマがあり、まろやかで、すぐに飲める軽い口当たりのものである。

また同様に、伝統的なワインもある。ガーネットの輝くような色合い、若いうちは香りが閉じているが、熟成につれてスモモのジャムや、時には黒トリュフの香りを帯びる。これらはコクがあり、深いタンニンとアフターに長く残る余韻のある、がっしりしたワインである。

独特の個性があり、豊かで純粋な明確さのあるこれらのワインであるが、カオールの真の独自性という点においては、それが十分に発揮されていないのは残念なことである。というのも我々はしばしば、商業的あるいは流行に応えるという点から、本来そぐわないボルドー風のワインに仕立て上げるようなことをおこなっている。過度のメルロ種栽培の増加、過熟気味のぶどう果の収穫、長期間の醸し、微酸化促進法——ミクロ・オキシジェネイシオン——、そして最後に新樽での熟成、とこうしてつくられたワインはとても凝縮味のある、いわゆる今風の味わいになるが、その結果、もはやその地典型の個性を失うばかりでなく、生産者たちが思い描いたワインともほど遠いものになっている。

このような逸脱は、ワインのアペラシオンの概念とイメージを損なうものでしかない。

上記の状況を避けるためのぶどう畑の管理計画と、個性を保ちながら優れた質のワインを生産する方法を栽培家たちに提案するように、ある研究計画がカオールに導入された。

その結果、ワインはよりバランスのとれたフルーティーで、長く熟成することのできるタンニンの豊富なものになり、それらはロット河の谷間のもっとも古い沖積層の段丘と、グレーズの斜面、それにコースの鉄鉱物を含んだ土壌とで、生産されている。

水分が豊富で土壌が肥沃すぎる段丘のもっとも低部と、薄い層で水分に限りがあるコースの石灰質土壌の斜面では、バランスが悪く、オイリーさに欠け、長く熟成させるのに不向きなワインが生まれる。

この計画に続いて、実際に存在しているといえるカオールのクリュを公認し、格付けしようとする要求が高まっている。この格付けによって、消費者は、もっとも典型的なワインはどこのものか、すぐ飲んでおいしいワインはどの土地のものかといったことも含めて、歴史的な土壌について理解を深めることができる。

統計

栽培面積：4,300ヘクタール
年間生産量：250,000ヘクトリットル

カオールのテロワールの断面図

南西地方 ◆ コトー・デュ・ケルシー

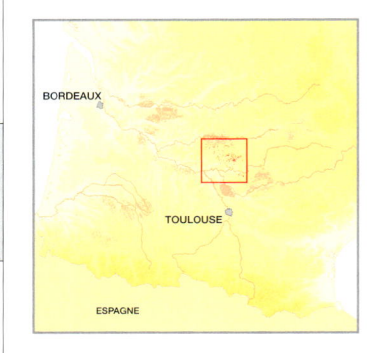

Coteaux-du-Quercy
コトー・デュ・ケルシー(VDQS)

コトー・デュ・ケルシーの栽培地は、タルン=エ=ガロンヌ県とロット県にまたがり、モントーバン市とカオールのほぼ中間、タルン川の流域に広がっている。カオールと土壌は異なるが、栽培されている品種は似通っていて、カオールほどフル・ボディではないが似たタイプの赤ワインを生産している。この違いを生み出しているのは主にカベルネ・フラン種の存在である。

■ 産地の景観

アキテーヌ盆地の周縁に位置し、モラッセを形成している第三紀の堆積物の上にぶどう畑は広がっていて、北へ向かうと「ケルシー・ブラン」と呼ばれる石灰岩の土壌になる。

産地の北部に見られるシウラック石灰岩と、南の部分に位置するモラッセとのあいだの、小河川の谷間に連なる丘陵地が、コトー・デュ・ケルシーの主な栽培地である。

カオールのアペラシオンの南の区域は、ケルシー・ブランと呼ばれる第三紀の湖成石灰岩がカルスト地形を形成し、排水機能に優れた水路網と、ドリーネ(訳注:石灰岩の丘に特有の窪地)が多く見られる。そこは樫の幼木が繁茂し、なかにはトリュフができるものもある。表土は通常薄く、場所によって黒色や赤色を帯びたレンジナ土(訳注:石灰岩礫と砕屑質物からなる土壌)が見られる。

反対に産地のもっとも南の部分では、モラッセからの漸移帯とは非常に対照的な地形が見られる。多湿で緑に覆われ、主に農作物の栽培が盛んな場所である。ここでの細粒砕屑堆積物は不均一で、粘土質、砂質、ときには小粒礫など、様々な層準が見られる。この集まりの上に発達した土壌はテルフォールと呼ばれるタイプで、茶色からカーキ色をした粘土石灰質土壌である。

上述の2つの地質学上の集まり以外に、コトー・デュ・ケルシーの限られた区域がジュラ紀の石灰岩で構成された土壌に広がって、コサードの集落の南まで続いている。ここでは、酒蔵から直にアヴェロン川を臨むことができるブリュニケルの集落のように、モラッセが顔を出している。

■ 気候

冬と春は海洋性気候、夏と秋はオータン風(訳注:南西風)の影響を受ける。

年間の平均降雨量は約720ミリメートルである。冬と春には、雨は頻繁に降るが、夏と秋はオータン風の影響で乾燥した季節となる。その結果、ぶどう畑では多量の蒸発拡散が起こる。1年間の平均気温は13度前後で、したがって、このタイプの気候に加え、乾燥、または水分の多い土壌に適応する台木の選択と、栽培に関する優れた知識が必要となる。

🍇 ぶどう品種とワイン

カオールに近いことから、ケルシーの栽培地では同様のぶどう品種を用い、同じ意図でワインを生産している。

ここではカオールと同じコット、メルロ、タナ種のぶどう樹が主に栽培され、シラー、ガメ、ジュランソン・ノワール種が補助している。しかしながら、カオールのワインとの違いを際立たせるのは、カベルネ・フラン種である。ワインの質はここ数年で劇的に向上し、またコトー・デュ・ケルシー栽培家組合の願いもあって産地策定の境界が実現し、コトー・デュ・ケルシーはAOCに昇格した(訳注:コトー・デュ・ケルシーは2000年にヴァン・ド・ペイからVDQSに昇格したが、2005年時点でAOCにはなっていない)。

赤ワイン カオールよりも発酵期間が短く、またコット種よりもタンニンの少ないカベルネ・フランとガメ種を用いるため、ワインはまろやかで、口中に赤い果実のアロマを感じさせるフルーティーなものとなる。ワインは比較的早く飲み頃を迎えるが、数年間は寝かしておけもする。

ロゼワイン このワインはカベルネ・フランとガメ、ジュランソン・ノワール種からつくられ、濃い色合いで、香りの強いたいへんフルーティーなワインである。さっぱりして飲み心地がよく、若いうちが美味。

統計(2005年時点で、VDQS)
栽培面積:400ヘクタール
年間生産量:15,000ヘクトリットル

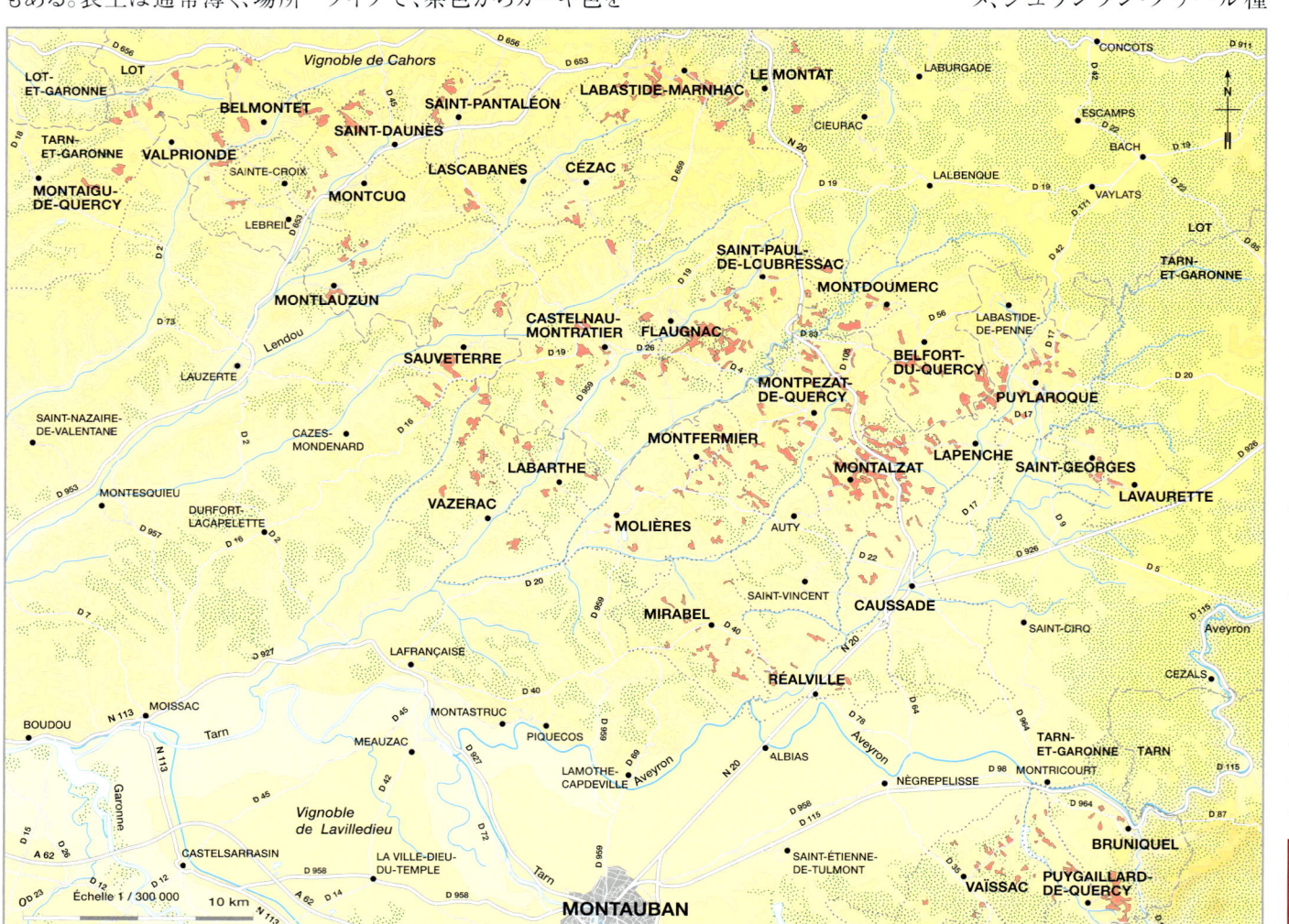

Gaillac
ガイヤック

ガイヤックでは歴史的にもともと白ワイン——特に微発泡性の白ワイン——で有名だったが、今日ではその大部分が赤ワインになるほど、生産は変化してきている。栽培品種には多くの種類があるが、土着のぶどう——白ワインではモーザックやラン・ド・レル種、赤ワインではデュラス、フェール・サルヴァドゥ種——がワインを典型的なものにしている。

■ 産地の景観

タルン川の両岸に広がるガイヤックの産地の地形は、広い段丘と広大な台地のなだらかな丘陵とで構成されている。

トゥルーズ市から約50キロメートル北東に位置するガイヤックの村は、タルン川の右岸に張り出すかたちとなっている。半径およそ50キロメートルにわたって円形に広がっているぶどう畑の真ん中に村はある。畑は3つの地形的区分に分けられる。

- タルン川の沖積層の平野は、互いにはまり込んだ広い段丘を備え、河の左岸に大きく発達していて、産地の南半分を占めている。
- もっとも高低さのある部分で約280メートルに達する断面の丸みを帯びたモラッセは、アペラシオンの中心部から北にかけての骨格を形成している。
- コルド=シュル=シエルの村周辺の石灰岩台地は産地の北限まで広がっている。

タルン川は、ガイヤックより25キロメートルほど上流の中央高地に源を発し、北東から南東方向に流路をとり、アルビ、ガイヤック、ラバスタンの各市町村を結んでいる。川はサン=シュルピスの集落で北西に向きを変え、さらに60キロメートルほど下流、モントーバン市付近でガロンヌ河に合流している。

左岸は、ときにかなりの砕屑堆積物に縁取られた、数段の平野が広がっていて、段間の高低差は数十メートルに達している。

右岸の、明らかにより低い平野は、その広がりもそれほど大きくない。

タルン川があたかも、現在の低い平野をさらに活発に侵蝕しているような景観は驚くべきことである。

タルン川の平野の北西に見られる、丸い頂部をもったモラッセの丘陵は傾斜も緩やかである。しかしながらその山腹には、部分的に小さな樫の森で覆われた石灰岩が露出し、まるで傾けた頭部に冠をかぶせたようである。

産地の北のはずれに近い区域には石灰岩の層が多く露出して、あたかも中空の峰に網掛けしたような景観となっている。

■ 地質と土壌

ガイヤックのワインが多様性に富んでいるのは、おそらくぶどう畑が3つの異なる地質の上に分布しているためと考えられる。

ガイヤックでは3つの土壌のタイプが見られる。沖積平野における大小の大きさからなる砕屑性土壌、モラッセの丘陵の粘土石灰質土壌、数珠繋ぎになった台地の石灰質土壌の3タイプである。

タルン川の谷間は非対称になっているため、もっとも高い段丘がもっとも古く、よりレシヴェ土壌化していて、ぶどう栽培には好都合となっている。これらの段丘はタルン川の左岸にある。もっとも低い台地は湿度が高くぶどう樹が植えられることはめったにない。

しかしながら平野でも、沖積土の堆積物の粒度において、あるいは土壌構成要素の割合においても不均一なため、ぶどう畑が見られない部分がある。かわりに、川床が非常に深く削り込んでいる台地の下部では、栽培に適した箇所を局地的に生んでいる。

沖積段丘 酸化した土壌で、赤白両方を生むが、より適しているのは赤ワイン用の品種である。

モラッセの丘陵 勾配が排水を容易にしているため、その日照に恵まれた格好の斜面を備えた山腹は、良質のぶどうを生む。粘土砂質土壌——ときに粘土石灰質土壌——が、しばしば厚くなっている。ここは、赤白双方のぶどうが植わっているが、段丘の最上段の日当たりのよい斜面では白ワインが優勢で、ガイヤック・プルミエール・コートのようなアペラシオンとなっている。

石灰岩台地 この数珠繋ぎになった台地は、南にわずかに傾斜しており、ヴェール川の谷間の北に広がっている。表土は一般的に浅く、硬い石灰岩上の赤色石灰質、あるいは泥灰石灰質中の砂利の多いレンジナ土である。

この区域の畑は標高250メートルから300メートルのところに位置し、ぶどうが成熟するのがもっとも遅いところでもある。台地では徐々に赤ワインの品種が増えつつあるが、この区域では白ワインの生産が伝統的である。

■ 気候

アキテーヌ盆地の東の端に位置するガイヤックは気候の様々な影響——例えばオータン風——をうける交差点、といえよう。

温暖で湿気の多い海洋性気候が、アキテーヌ盆地すべてに影響しているが、盆地の東端に当たるガイヤックは、北西はグレシーニュ山塊、東と西は中央高地の支脈に囲まれた緩い窪地になっていて、特殊な微気候の恩恵をうけている。

この地では5月から9月にかけて、まったく雨が降らないことがしばしばある。しかしその一方、海洋性気候の影響はぶどう畑に到達するまえに、グレシーニュの山塊によって阻まれたり、ときにはガイヤックを越えて中央高地のさらに高い斜面まで達することがある。

この乾燥現象は、オータン風と関連する地中海性気候の影響でさらに激しくなっている。この南西風は、標高1100メートルになる、モンターニュ・ノワールの最高峰、ピック・ド・ノルを越えて、ぶどう畑のある丘陵と平野に達する。山脈の南の山腹に湿気を落としてしまうフェーン現象のため、ぶどう畑を乾燥させる作用がおこるのである。

■ ぶどう品種

ガイヤックのぶどう畑には歴史ある伝統品種が多く見られ、なかにはこの地区でしか栽培されていないものもある。

白ワイン用品種

モーザック 栽培の6割を占め、丈夫で霜や病害虫に強い。ワインはりんごの香り豊かなもので、酸味はやや弱い。

ラン・ド・レル 春の霜害を受けやすい。ワインは新鮮で香り高いが、酸はほとんどない。この品種の栽培量は増えつつある、というのもワインは甘く、とても繊細で上品なものになるからである。

オンデン この地元の品種はフィロキセラ禍以前にはたくさん栽培されていたが、今では数ヘクタールしか見られない。ワインは辛口で、うっとりするような黄金色をしている。

その他の白ワイン用品種
ガイヤック地方ではミュスカデル種を栽培していて、アロマティークで、ムスクの香りをわずかに含んだ甘口のワインとなる。ソーヴィニヨン・ブラン種はガイヤックのアペラシオンにそぐわないという意見もあるが、栽培されているぶどうからは、とても香り高いワインが生まれる。

赤ワイン用品種

デュラス この品種はとても古く、ここでしか見られない。ワインは繊細で色付きよく、スパイシーな香りがあり、まろやかで心地よくアフターに残る。

ブロコル 別名フェール・サルヴァドゥ種。ワインは色付きよく、この地方の典型といったタイプで、若いうちでも、また数年寝かせた後でも愉しめる。

プリュネラール アペラシオンの典型ともいえる、良質のワインを生み、現在、再植がおこなわれている最中である。

その他の赤ワイン用品種
メルロ、カベルネ、シラー、ガメ種といった品種もガイヤックでは栽培されている。

南西地方 ◆ ガイヤック

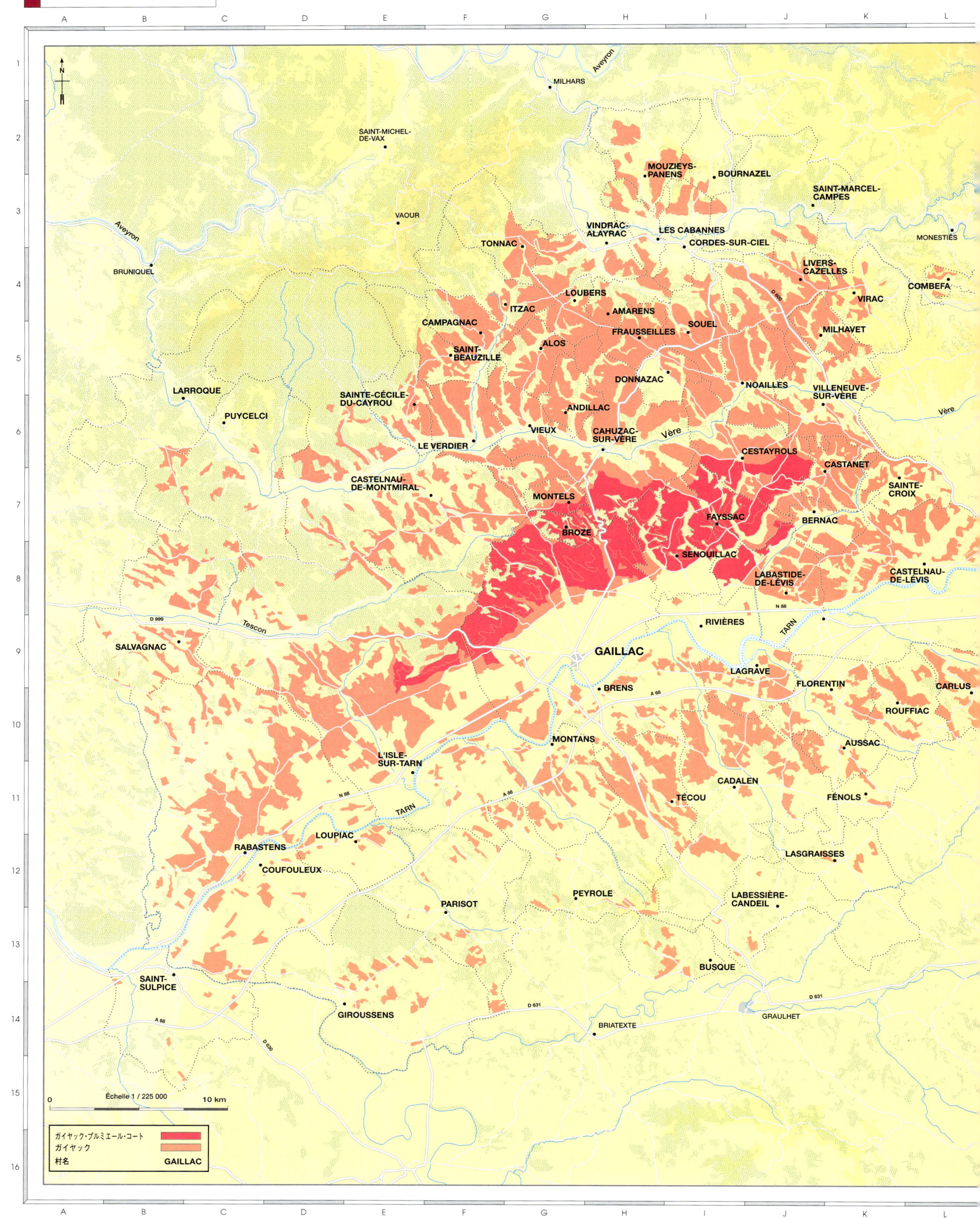

凡例:
- ガイヤック・プルミエール・コート (赤)
- ガイヤック (橙)
- 村名: GAILLAC

縮尺 1 / 225 000　0 — 10 km

主な地名:

- MILHARS
- SAINT-MICHEL-DE-VAX
- VAOUR
- BRUNIQUEL
- MOUZIEYS-PANENS
- BOURNAZEL
- SAINT-MARCEL-CAMPES
- VINDRAC-ALAYRAC
- LES CABANNES
- CORDES-SUR-CIEL
- MONESTIÉS
- TONNAC
- LOUBERS
- AMARENS
- SOUEL
- LIVERS-CAZELLES
- COMBEFA
- ITZAC
- FRAUSSEILLES
- VIRAC
- CAMPAGNAC
- ALOS
- MILHAVET
- SAINT-BEAUZILLE
- DONNAZAC
- LARROQUE
- SAINTE-CÉCILE-DU-CAYROU
- ANDILLAC
- NOAILLES
- VILLENEUVE-SUR-VÈRE
- PUYCELCI
- VIEUX
- CAHUZAC-SUR-VÈRE
- LE VERDIER
- CESTAYROLS
- CASTANET
- CASTELNAU-DE-MONTMIRAL
- MONTELS
- FAYSSAC
- BERNAC
- SAINTE-CROIX
- BROZE
- SENOUILLAC
- LABASTIDE-DE-LÉVIS
- CASTELNAU-DE-LÉVIS
- SALVAGNAC
- GAILLAC
- RIVIÈRES
- BRENS
- LAGRAVE
- FLORENTIN
- CARLUS
- ROUFFIAC
- MONTANS
- AUSSAC
- L'ISLE-SUR-TARN
- CADALEN
- FÉNOLS
- RABASTENS
- LOUPIAC
- TÉCOU
- LASGRAISSES
- COUFOULEUX
- LABESSIÈRE-CANDEIL
- PARISOT
- PEYROLE
- BUSQUE
- SAINT-SULPICE
- GIROUSSENS
- BRIATEXTE
- GRAULHET

河川: Aveyron, Vère, Tarn, Tescon

南西地方 ◆ ベルジュラック地区

■ ワイン

ベルジュラック地区は、辛口や甘口の白ワインと同じく、赤やロゼワインの産地がモザイク状に集まっている。ボルドー地方に隣接しているので、同じぶどう品種が栽培され、ワインの特徴も似通っている。

石灰質の層準は全部で4種のものが見られるが、その地形、植物相において独特だという以上に、この栽培地の土壌に多様性を与えている。

同様に、アペラシオンの北東の谷間の低部に現れている白亜紀の石灰岩は、崩落堆積物の上にあるか、あるいは表面が滑り、あまり厚くないペリゴールの砂と混じっている箇所以外はぶどう畑には向いていない。

ボルドー地方北東部に位置するアペラシオンである、コート・ド・カスティヨンからフロンサックに見られる、アジャンの連続した湖成石灰岩は、構造台地を形成しており、その表土は脱灰赤色粘土を含み痩せている。表面が凍結にともなって破砕され、崩落すると、俗称「グルワ土」と呼ばれる深いレンジナ土を形成する。あまり肥沃でないために、規則的な水分の供給が可能であると、ぶどう栽培にとっては好都合となる。これは右岸のモンラヴェルのアペラシオンで発達しているが、ここではもろくて目の粗い有名な海成のヒトデ石灰岩がコート・ド・カスティヨンの石灰岩層を覆っている。

白ワイン

アペラシオンは産地別では5つがあるが、そのうちのベルジュラックに関してはアルコール度数と糖分のパーセンテージの違いによって、さらに3つのアペラシオンに区別されている。

ベルジュラック・セック しなやかで香りのよい、フルーティーな辛口で、若いうちに飲まれる。

コート・ド・ベルジュラック 上記のワインと特徴は似ているが甘口仕立てとなっていて、よりまろやかで長く熟成させることができる。

コート・ド・ベルジュラック・モワルー コート・ド・ベルジュラックよりもアルコール度数と糖分のパーセンテージが高く、甘口。まったりしたなかにもフレッシュ感のあるワインは、若いうちでも、また熟成させた後でも愉しめる。

統計
栽培面積：3,400ヘクタール
年間生産量：185,000ヘクトリットル

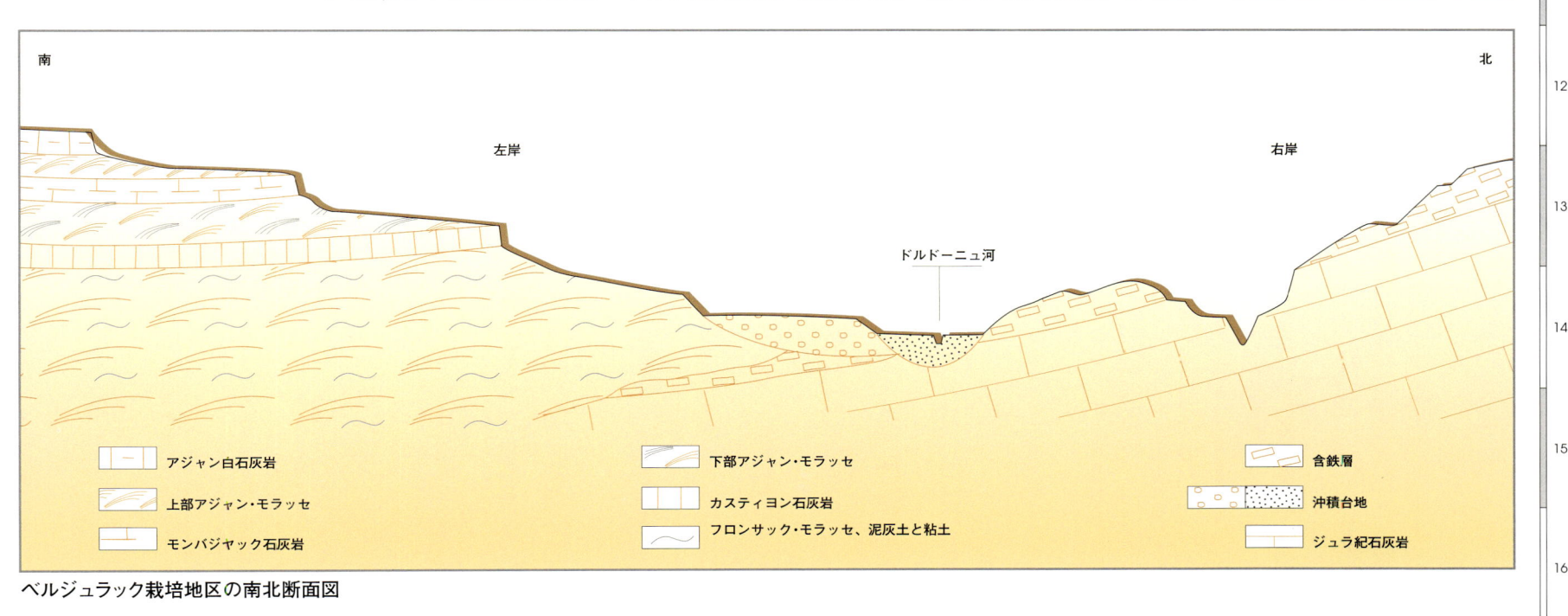

下記の4つのアペラシオンは、ベルジュラック地区に含まれはするが、それぞれ独立した産地である。

モンバジャック この地区でもっとも有名なアペラシオン。ここではセミヨン、ミュスカデル、ソーヴィニヨン種による甘口ワインのみがつくられている。朝もやが発生した後、ゆっくり晴れてゆく特殊な微気候によって、貴腐菌が発達し、かなりのぶどうの糖分の凝縮がおこる。この特別な環境で、ワインは黄金色でアカシヤの蜂蜜と果実のコンフィの香りをもち、アフターも長く、たいへん長命な素晴らしいものになる。

統計
栽培面積：1,800ヘクタール
年間生産量：45,000ヘクトリットル

ソシニャック 甘口でオイリー、豊かでアプリコットの香りとアーモンドの味わいのあるワインで、特に良年には熟成につれ、蜂蜜の香りと、特徴的なくるみの風味を纏うようになる。

統計
栽培面積：70ヘクタール
年間生産量：1,700ヘクトリットル

ロゼット このほとんど用いられていない小さなアペラシオンでは、ベルジュラックの名前で販売されるやや甘口のワインを、セミヨン種のみから生産している。ワインは輝く色合いとフレッシュな香りのなめらかでエレガントなもので、比較的早く飲まれるタイプ。

統計
栽培面積：22ヘクタール
年間生産量：30ヘクトリットル

モンラヴェル このアペラシオンは大きく2つに分けられる区域で白ワインのみを生産している。

オー＝モンラヴェル 丘陵の最上部を占めている。あまり知られることなくつくられているごく甘口ワインで、モンバジャックに似ており、熟成のポテンシャルも高い。

コート・ド・モンラヴェル 上記のアペラシオンを取り囲み、ボルドー地方との境まで延びている。ワインは甘口で、上のものよりさらっとしているが、熟成もできる。

統計
栽培面積：395ヘクタール
年間生産量：20,000ヘクトリットル

赤ワイン

この地区の白ワインのお陰で赤ワインが存在しているといえる。

ベルジュラックのアペラシオンにはベルジュラック・ルージュとコート・ド・ベルジュラックの2つがあり、他にペシャルマンがある。

ベルジュラック・ルージュ このアペラシオンは主に、メルロとカベルネ・フラン種からつくられる。軽く滑らかでフルーティーなワインは、若いうちにちょっと冷やして愉しむのに適している。

コート・ド・ベルジュラック フルーツ・ジャムと干しスモモの香りの、熟成も可能な複雑でしっかりしたワイン。用いる品種の割合は生産者にゆだねられているが、もっとも多くベースになっているのはカベルネ・ソーヴィニヨン種で、これがワインに強さを与えている。

統計
栽培面積：5,800ヘクタール
年間生産量：342,000ヘクトリットル

ペシャルマン この地区で唯一赤ワインのみを生産しているアペラシオン。畑はベルジュラック市のすぐ東の丘陵に、およそ300ヘクタールにわたって広がっている。ワインはアペラシオンで決められている4つの品種を、およそ次の割合で用いている。カベルネ・ソーヴィニヨン（35パーセント）、カベルネ・フラン（30パーセント）、メルロ（20パーセント）、コット種（10パーセント）。このワインは樽熟成するが、それに耐えられるだけのしっかりした構成がある。ワインはゆたかでこくがあり、フルーティーで、干しスモモとカラメルの風味をもち、長く熟成させられる。ペシャルマンのワイン全体に共通の長所は、他の赤ワインに較べ、酒質が安定していることである。

統計
栽培面積：385ヘクタール
年間生産量：19,000ヘクトリットル

ロゼワイン

ベルジュラック・ロゼ 新鮮さと香しさに満ちたこのワインは、生産された翌年には飲まれるべきである。

統計
栽培面積：380ヘクタール
年間生産量：23,000ヘクトリットル

ベルジュラック栽培地区の南北断面図

凡例：
- アジャン白石灰岩
- 上部アジャン・モラッセ
- モンバジャック石灰岩
- 下部アジャン・モラッセ
- カスティヨン石灰岩
- フロンサック・モラッセ、泥灰土と粘土
- 含鉄層
- 沖積台地
- ジュラ紀石灰岩

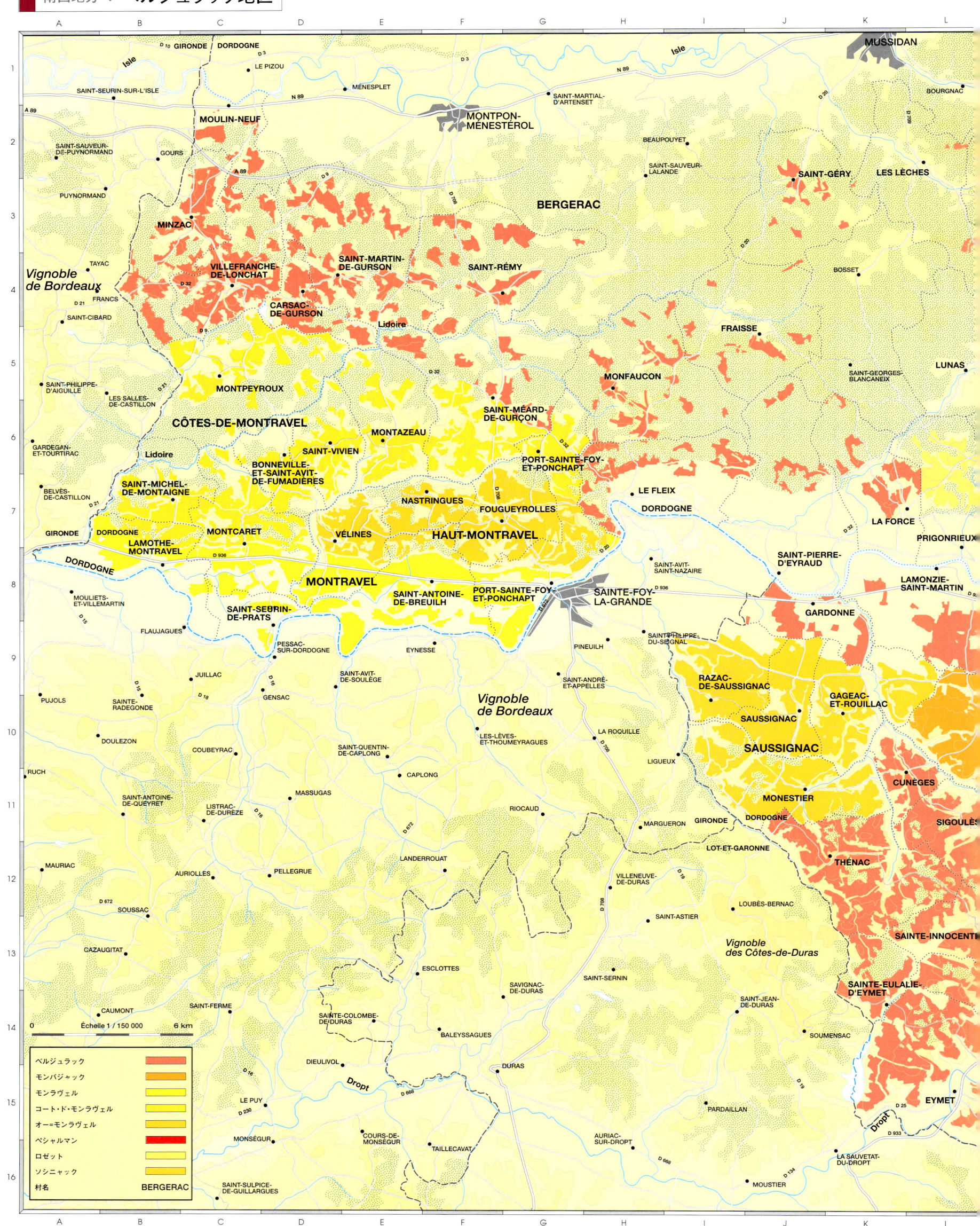

南西地方 ◆ ベルジュラック地区

凡例:
- ベルジュラック
- モンバジャック
- モンラヴェル
- コート・ド・モンラヴェル
- オー=モンラヴェル
- ペシャルマン
- ロゼット
- ソシニャック
- 村名: BERGERAC

Échelle 1 / 150 000

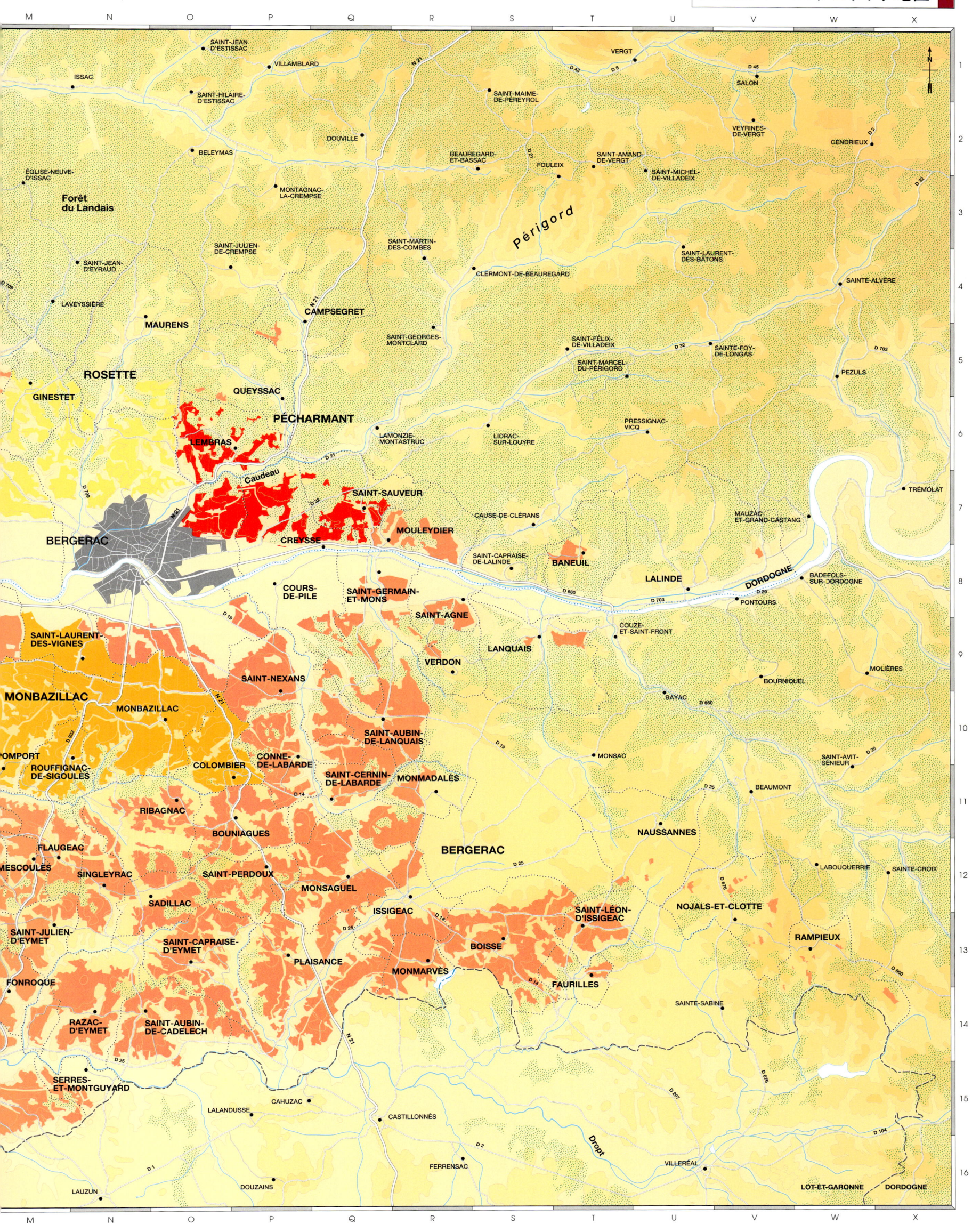

南西地方 ◆ ベルジュラック地区

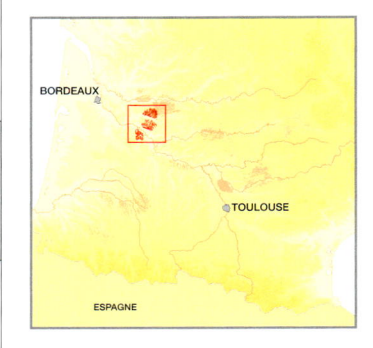

南西地方 ◆ コート・ド・デュラス

Duras et Marmandais
デュラスとマルマンデ

コート・ド・デュラスとコート・デュ・マルマンデの産地の西端は、ボルドーのアントル゠ドゥー゠メールのぶどう畑に接し、またガロンヌ河の左岸にあるマルマンデの飛び地の西の端は同じくグラーヴ地区に接している。これらのことから、栽培されているぶどう品種はボルドーのものと同じく、ワインも似通ったものとなっている。

コート・ド・デュラス Côtes de Duras

有名なのは白ワインだが、今日では赤、ロゼともにつくられている。

■ 産地の景観

マルマンドの町とベルジュラック市のあいだ、ガロンヌ河の小さな支流であるドロー川の右岸の谷間にデュラスの村落がある。

コート・ド・デュラスのアペラシオンの栽培地は、アキテーヌ地方東部の石灰岩とモラッセとの互層からなる、緩い斜面の丘陵の上に広がっている。コート・ド・デュラスの地勢は、水平なモラッセの柔らかい層と石灰岩の硬い層からなる地質で、この地方の典型的なものである。

曲がりくねった川は平地に段丘を刻んでいる。構造的に平坦な石灰岩層準の平地は多くのドリーネを擁し、急峻な斜面で区切られている。この地層と同一層準の石灰岩は頂部で台地を形成している。また、モラッセの層準は石灰岩の段丘あいだの緩い斜面を形づくっている。

■ 気候

海洋の影響がはっきりしているこのアペラシオンのぶどう畑は、丘陵の日照に恵まれた山腹に広がっているので、谷のほうは畑としては見捨てられている。

大西洋からおよそ100キロメートル内陸に入ったコート・ド・デュラスのぶどう畑は海洋性気候の影響をうけている。高低差の大きい谷底では凍結の恐れが常に付きまとうので、ぶどうはこの低いところは避けて、台地や日当たりのよい斜面の上に広がっている。

雨は年間を通して一定の恵みをもたらし、また収穫時期の秋に少なくなる。日照量はぶどうがよく成熟するには十分である。

■ 地質と土壌

石灰岩とモラッセの互層がコート・ド・デュラスの土壌の地質学的性質を特徴付けている。

土壌はベルジュラックの地質的層位の南延長に当たっている。ドロー川の上流付近の細粒成分の少ないレジヴェ土壌の台地を別にして、畑は丘陵にも広がっている。そのうちのいくつかは、レンジナ土の痩せた土壌の石灰岩の台地にあるが、春先の霜害の恐れがあるため、それらの丘のドリーネの底は避けられている。その他は、モラッセの層の流土による緩やかな斜面の酸性もしくは中性の土壌に広がっている。

🍇 ぶどう品種

コート・ド・デュラスのアペラシオンはボルドーの栽培地のすぐ東側に接しているので、同地方の伝統品種を用いるのに適している。

メルロ、カベルネ・フラン、カベルネ・ソーヴィニヨン、コット種の4品種がアペラシオンで認められていて、デュラスの赤ワインの生産に用いられている。

栽培の60パーセントを占めているのがメルロ種である。次いで、2つのカベルネがほぼ同じ面積で、35パーセントずつを占めており、残りはここではマルベック種の名で知られているコット種が栽培されている。

コート・ド・デュラスの白ワインは、主としてソーヴィニヨン・ブラン種からつくられ、この品種は最近ますます多く栽培されている。次いでセミヨンとミュスカデル種が用いられている。

ボルドー地方で用いられているぶどう品種への偏りを是正するため、INAOは白ワインの生産に、ガイヤックでよく見られるモーザック種や、この地ではピノー・ド・ラ・ロワール種と呼ばれるシュナン・ブラン種、ガイヤックの別の品種であるオンデン種などのぶどうを用いることを許可している。

ところが、現実にはこれらの品種はデュラスではもはや見られないか、もしくは非常に細々と栽培されているのみである。

■ ワイン

コート・ド・デュラスのアペラシオンで産するワインの種類は多い。実際この地では、こくのあるタイプと柔らかめの赤、それにロゼ、辛口および甘口の白がある。

コート・ド・デュラスの栽培地では伝統的に甘口と半甘口のワインがつくられている。このワインの質のよさによってデュラスは1937年、アペラシオン認定にいたった。栽培品種がボルドーと同じであることから、ベルジュラックやボルドーのワインとの違いを見つけることが難しい。ワインにデュラス独自の個性を持たせる研究は、テロワールと用いられるぶどう品種の特徴がどうワインに現れるかについての、深い研究によるところが大である。

実際、デュラスのワインがいかにこくがあってがっしりしていても、ボルドーのメドックやサンテミリオンのグラン・ヴァン、またカオールやマディランに見られるような要素を含んではいない。ワインを見栄えよくするためのこの樽熟成という方法は、ワインに含まれている本来の要素を取り去ってしまう。

より軽い赤ワインもコート・ド・デュラスでは生産されている。このワインは鮮やかなルビー色で、さくらんぼのようなフルーティーな香りをもつ。しっかりした口当たりの、比較的早く愉しめるタイプのワインである。

赤ワイン デュラスの赤ワインはこくがあって、なめし皮のような上品で豊かな香りがある。このテクスチャーのおかげで、生産者のなかにはワインをオークの新樽で熟成させる者もいる。この樽熟成は、その期間を短く限定したときにのみ効果を発揮する、というのも長すぎるとテロワールの特徴を弱めるだけだからである。

ロゼワイン セニエでつくられる、色の濃いロゼワインである。そのやり方は、黒ぶどうの果皮が果汁に色を移し始めた後に、果汁を抜き取り発酵させる。この方法はコート・ド・デュラスでロゼワインをつくるのに定められた唯一の方法である。

辛口の白ワイン 多くがソーヴィニヨン・ブラン種からつくられる。このぶどう品種はワインにニワトコの香りと生き生きとしたフレッシュさを与えている。ワインは樽熟成が過度にならない限り、とてもフルーティーで心地よいものになる。

甘口の白ワイン 辛口がソーヴィニヨン・ブラン種なら、甘口はセミヨンとミュスカデル種からつくられる。最良のものは貴腐菌であるボトリティス・シネレアが付くことによって得られるが、通常は遅摘みされたぶどうからつくられている。樽で熟成され、その香りが感じられる。また繊細な味わいで、桃やメロンの香りがある。

統計

栽培面積：1,730ヘクタール
年間生産量：105,000ヘクトリットル

南西地方 ◆ コート・デュ・マルマンデ

コート・デュ・マルマンデ Côtes du Marmandais

マルマンデのぶどう畑は、南東をビュゼ、北にデュラス、西はボルドーの名高い産地に取り囲まれている。

■ 産地の景観

ぶどう畑はガロンヌ河の両岸に広がっている。右岸は丘陵の起伏の上に、左岸では沖積台地の上に広がっている。

アペラシオンの名称にもなっているマルマンドの村は、ガロンヌ河の右岸にあり、アジャンとボルドー市から等しく約60キロメートル離れたところにある。

コート・デュ・マルマンデのぶどう畑はガロンヌ河の両岸に広がっていて、標高の高いところに分布する沖積台地と、アキテーヌの第三紀の水平層とに分かれている。この2つの栽培地は、ぶどう畑が見られない地帯を形成しているガロンヌ河の肥沃な平野によって分断されている。多くの河川が走るガスコーニュ地方の一般的に非対称な地形は、ぶどう畑においてもよく見られる。

もっとも険しい丘のある右岸の、アキテーヌの第三紀層が丸いモラッセの丘のなかに現れている。第三紀石灰岩の互層に相当して急斜面が形成されている。

左岸では、古代の沖積台地が下盤の第三紀を覆い、段丘をともなった広い谷間の山腹を形成している。

■ 気候

海が近いことは、降雨と気温、それに夏の暑さにも影響を与えている。

大西洋から約100キロメートル離れているコート・デュ・マルマンデのアペラシオンは、海洋性気候の影響を強く受け、温暖で湿気が多いというぶどう栽培に最適の条件下にある。

大西洋からの湿気を含んだ風はジロンドの河口からガロンヌ河へ昇り、ぶどう畑に大量の雨をもたらす。これは特に、春の開花の時期と秋の成熟周期の初めの頃に起こる。通常夏はとても乾燥しており、秋はぶどう果のよい成熟を迎えるのに十分な日照量に恵まれている。

■ 地質と土壌

畑は、ガロンヌ河の右岸では崩壊層土壌、左岸では沖積層の上に広がっている。

この地方の一般的な地質は、アキテーヌの粘土質石灰岩の層群で構成され、モラッセが優勢で、数メートルの厚さの石灰岩を挟んでいる。また部分的に泥岩質になっている。

石灰岩はガロンヌ河の右岸では若干レシヴェ化した褐色の崩壊層の土壌をもたらしている。これに反し石灰岩の上では、石灰岩の溶出で生じた残留粘土がレンジナ土に混ざっている。

左岸ではいくつかの種類の沖積土の堆積が第三紀の地層を覆っている。この土壌は第三紀層が古ければ古いほど変化していて、台地の高所においてはポドゾル化している。

統計
栽培面積：1,370ヘクタール
年間生産量：86,000ヘクトリットル

🍇 ぶどう品種

ボルドーで見られる何種類かの品種と、若干の土着のぶどうが見られ、辛口と甘口の白ワイン、また最近では赤ワインの生産も多くなっている。

1990年にアペラシオンの認定を獲得するまで、マルマンデの栽培品種は、メルロ、カベルネ・ソーヴィニヨン、カベルネ・フラン種というボルドーの忠実なコピーであった。

このときより、INAOでは生産者に、栽培面積の少なくとも4分の1は、マルベックやフェール・サルヴァドゥ種のような南西地方独自の品種か、あるいはシラーやガメ種のような他の地方由来の品種をひとつから数種類栽培することを義務付けている。

土着のぶどうであるアブリュー種は同様に認可リストの品種のひとつである。この品種はマルマンデのワインに独自の特徴を与えている。生産量が多く、メルロ種のように早熟で、フルーティーで色付きのよい独特の個性をもったワインを生む。

白ワインは主にソーヴィニヨン・ブラン種からつくられるが、セミヨン、ミュスカデル、ユニ・ブラン種によって補われている。

■ ワイン

このアペラシオンではいくつかの珍しい白とロゼが生産されている。種類の豊富な赤ワインには、熟成タイプとフルーティーさを愉しむ若いタイプの双方がある。

種々のぶどうの割合に応じて、タイプの異なる赤ワインがつくられている。

熟成タイプのワインは、アブリュー種が最低4分の1以上用いられ、残りはボルドー品種、特にカベルネ・ソーヴィニヨン種によって補われる。ワインは樽熟成もされ、プラムの風味がある調和のとれたものとなり、まろやかになるには時間を要する。

早飲みタイプの伝統的なワインは、美しいルビー色でバランスがよい。ワインはこの地方の品種、特にアブリュー種をうまく使ってつくられている。

これらのワインは少量しか生産されていない。また悪いワインではないがやや個性に欠けている。というのもこのようなワインは他のアペラシオンでも多く見られるからである。

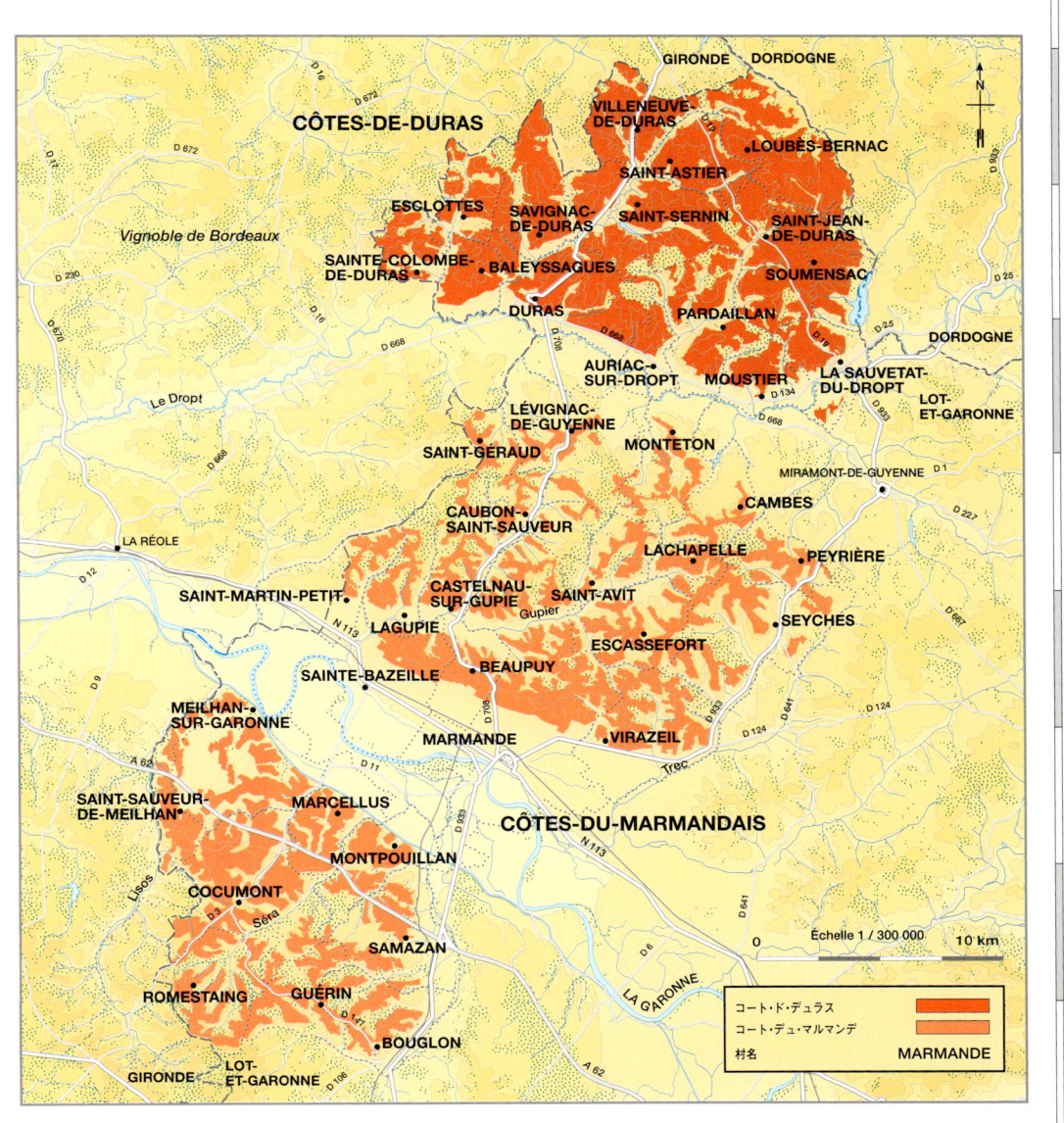

81

南西地方 ◆ ビュゼ

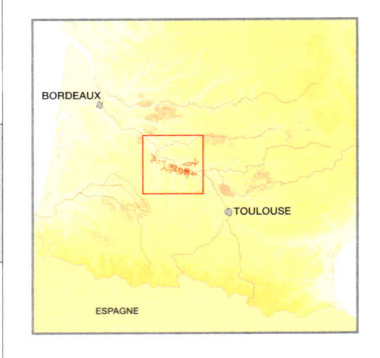

Buzet et Côtes du Brulhois
ビュゼとコート・デュ・ブリュロワ

ビュゼとブリュロワの栽培地は、ボルドーの影響下にあるにせよ、地理的には本来の個性を発揮するのに、十分離れている。品種の選択の幅はここでは広げられ、地方色の濃いぶどうが畑で栽培されている。海洋性の気候の影響はボルドーより少ないが、一方で地中海の影響を受け始めるところでもある。

ビュゼ Buzet

ビュゼは、アジャンの町の西、25キロメートルほど下流で、ガロンヌ河に合流しているバイーズ川のほとりにたたずむ集落である。

■ 産地の景観

畑は主にバイーズ川の両岸、アキテーヌ盆地特有のモラッセ層群の小丘の上に広がっている。

ビュゼのぶどう畑はおよそ40キロメートルの長さにわたって、ガロンヌ河の左岸側だけに広がっている。ロッテ=ガロンヌ県に位置し、東がアジャンの町、北をトナン、西はカステルジャルー、南にネラックの各集落に囲まれるようにしてある。

バイーズ川は、ガロンヌ河がドルドーニュ河と合流し、ジロンド河口を形成する前の、もっとも大きな支流である。この川はランムザン（訳注：p68、D16のタルブ市の東南、30キロメートルほどに位置する。）の町周辺の台地をピレネー山脈に沿って下って、ガスコーニュとアルマニャックのぶどう畑を横切り、ほぼ直線で南北に約130キロメートルにわたって流れている。バイーズ川は、ビュゼの村の数キロメートル先のところでガロンヌ河に合流する前に、ぶどう畑を2つの区域に分けるように横切っている。

このことはガロンヌ河左岸の洪積台地の北側斜面に広がる小丘にとっては都合がよい。

■ 気候

ビュゼの栽培地は、全面的に大西洋気候の恩恵に浴していて、それは、気温勾配が低く日照量が大で、朝もやが立つことなどの特徴となって現れている。

大西洋岸からおよそ140キロメートル離れている地理的状況から、ビュゼのぶどう畑は海洋性気候の恩恵を十全に受けている。ランドの森以外に大西洋とのあいだをさえぎる障害物や起伏はないのでなおさらである。近くに海があることと同じくらい、緑に覆われた丘陵地の存在も重要で、このことが、年間の気温較差を小さくしている。

逆に同じ理由から、降水量は多くなるものの、一年を通じてうまい具合に振り分けられている。

日照量は十分で、特に収穫期には晴天が多いので、ぶどうの成熟にはとても都合がよい。しかしながらアペラシオンの周囲には、ガロンヌ河や、バイーズ川、ジェリーズ川などたくさんの河川が流れているために、朝方の霧が起こりやすく、過度の霧は、この地方の多くで栽培されているメルロ種に、この品種がかかりやすい腐敗をもたらすことになる。

■ 地質と土壌

ビュゼのぶどう畑では、ガロンヌ河流域の沖積土層と、アキテーヌ盆地の複雑なモラッセの両方が見られる。

このアペラシオンでは、アキテーヌ盆地の複雑なモラッセが、ほぼ水平に積み重なった状態となっている主に4つの地層から形成されている。それは下から上まで次のとおりである。

- アルマニャックのモラッセは、多少砂質を含む粘土石灰岩からできた陸成の堆積物の集まりである。
- アジャンの灰色石灰岩は、数十メートルの厚さの陸成石灰岩で、様々な堆積物と、約20メートルの厚さで陸成、海成双方が混ざった泥土とが積み重なって形成されている。
- アジャンの白色石灰岩は、15メートルの厚さの石灰岩層で、それはところどころ柔らかかったり、硬かったりする。
- アジャンのモラッセは、地質学上もっとも上の層で、丸い丘陵の緩やかクループを形成している。ぶどう畑の土壌は、ちょうどガロンヌ河流域の平均的な台地に見られるように、石灰岩の層位ではレンジナ土で、同じようにモラッセの部分では茶色の土壌となっている。

🍇 ぶどう品種とワイン

隣接するボルドーの栽培地の影響が、ぶどう品種にも現れている。生産されているのはほとんど、この地に適したメルロ種からつくられる赤ワインである。

メルロ種はビュゼの赤ワインを産するぶどう畑の60パーセントほどを占めている。それにカベルネ・フランとカベルネ・ソーヴィニヨン種が15パーセントずつ栽培され、残りがコットとマルベック種となっている。

赤ワイン 生産量の95パーセントを占め、基本的には上に述べたとおりか、それに近い割合での品種が用いられている。また他ではあまり見られないが、アペラシオン・ビュゼのワインはすべて樽で熟成される。発酵期間や樽熟成の長短によって、できあがるワインは様々なタイプのものとなる。

若いうちに飲まれるワインは、干しスモモの香りのたいへんフルーティーなもので、滑らかでまろやか、何より飾り気がなく、市場で受け入れやすいタイプといえる。

ビュゼのワインは、ややカタい味わいでタンニンが豊富なため、数年間寝かせることができる。熟成が進むと、タンニンがこなれて、熟した果実の風味──干しスモモやサクランボ──を纏うようになる。

1955年以来、アペラシオンの生産量の95パーセントを担っているビュゼの協同組合の努力のおかげで、彼らはボルドーの典型的なぶどう品種を用いながらも、この地の個性あるワインを生み出している。今日ビュゼのワインは、多くの他のボルドー「衛星地区」のものよりフルーティーで、濃い色合いをしている。さらにより南仏的なニュアンスも感じさせる。この仕上げに、各品種の個性をさらに発揮させる目的で、テロワールをより研究することがおこなわれている。つまり、痩せた泥砂の土壌はカベルネ・ソーヴィニヨン種に適し、砂質にはカベルネ・フラン種、そしてもっとも深い粘土石灰質土壌にはメルロ種という具合にである。この努力は1972年のAOC獲得によって報われた。

ロゼワイン ロゼワインはアペラシオンで指定されている3つのぶどう品種からセニエでつくられている。ワインは鮮やかなスグリの色合いの、フレッシュで喉の渇きを癒してくれる、若いうちに愉しむワインである。

白ワイン 白ワインのぶどう品種もボルドー地方のものが使われていて、大半がセミヨン種、残りがソーヴィニヨン・ブランとミュスカデル種で使われている。この3つを合わせても、栽培面積の5パーセントにしかならない。

あまり個性のない白ワインのなかで目立つのは、ソーヴィニヨン・ブラン種からごく少量生産されているものである。このワインはソーヴィニヨン・ブラン種がビュゼのテロワールで発揮する、独特のスグリの香りとトロピカルフルーツ、柑橘類、アカシヤの花、そして稀に蜂蜜の香りを感じさせてくれる。

統計

栽培面積：1,900ヘクタール
年間生産量：110,000ヘクトリットル

コート・デュ・ブリュロワ Côtes du Brulhois VDQS

アジャンの町の南、ガロンヌ河の左岸、ブリュロワのぶどう畑のある丘陵は、西はジェール川、東はガロンヌ河との合流地点のあいだに広がっている。

■ 産地の景観

ぶどう畑が面している起伏は、非対称の山腹のあるとても安定した丘陵に見られる。

南北の軸に平行した川や支流は、ガロンヌ河の左岸側に流れ込んでいる。これらの流れは、ガスコーニュ地方を、西側の山腹が切り立ち、東側は長い緩やかな斜面となる、非対称の渓谷に刻んでいる。ぶどう畑は、丘の頂部分とガロンヌ河を臨む斜面上の、礫の小さな積み重なりで区切られた階段状に並ぶ、多くの小丘の上に広がっている。

■ 気候

海洋性気候の影響があるとしても、それは小さく、むしろ地中海の影響を受け始めるところといえる。

お隣のデュラスやマルマンデ、ビュゼといったアペラシオンのように、ブリュロワのぶどう畑は海洋性気候の影響下にある。しかしながら180キロメートルと比較的海から離れているため、寒い季節の調整効果は弱められている。一方で産地のある部分では、地中海の影響をわずかながらうけているところもある。

■ 地質と土壌

ブリュロワの栽培地は、もともとガロンヌ河流域に発達した台地を形成している柔らかく礫質の土壌に広がっている。

ブリュロワでぶどうが植えられているところはどこも礫質である。これはガロンヌ河の左岸に発達する台地を構成する沖積層に、沖積土の礫と堆積物が見られる。これらはモラッセの下盤のある緩やかな斜面を覆っている。

場所にかかわらず、礫質の土壌は、レシヴェ土であり、赤粘土を含み厚く水捌けがよい。

■ ぶどう品種とワイン

ボルドーでの栽培品種にこの地方独特の品種が補われ、ボルドー・ワインをお手軽にしたような「ブリュロワの黒ワイン」が生産されている。

白ワインを生産していないこの産地では黒ぶどうのみが栽培されている。ボルドーに近いことは栽培品種にも影響を与えていて、メルロ種（25パーセント）、カベルネ・ソーヴィニヨン種（10パーセント）、カベルネ・フラン種（30パーセント）が使用されている。しかしながら、タナ種（25パーセント）、コット種（6パーセント）、フェール・サルヴァドゥ種（2パーセント）など、この地方のぶどうも用いられている。これら3つの品種はブリュロワのワインに南仏らしさを付与し、ボルドーの色合いを薄めている。

赤ワイン このワインは中世より「ブリュロワの黒ワイン」として知られてきた。安易なワインを生産する傾向を阻止するため、ブリュロワの生産者たちは伝統的な品種を好むようになった。ワインは肉付きよく、たいへん個性的で、鮮やかなルビー色、タンニンがあり、完熟フルーツと果実のコンフィのような特徴的な風味がある。数年経つと、トーストしたパンと干しスモモの香りを放つようになる。

ロゼワイン ロゼはコットとメルロ種、それに2つのカベルネ種からセニエによってつくられる。生き生きしてまろやかで、繊細で心地よい赤い小さな果実のアロマがある。若いうちに冷やして愉しむべきワインである。

統計

栽培面積：250ヘクタール
年間生産量：13,500ヘクトリットル

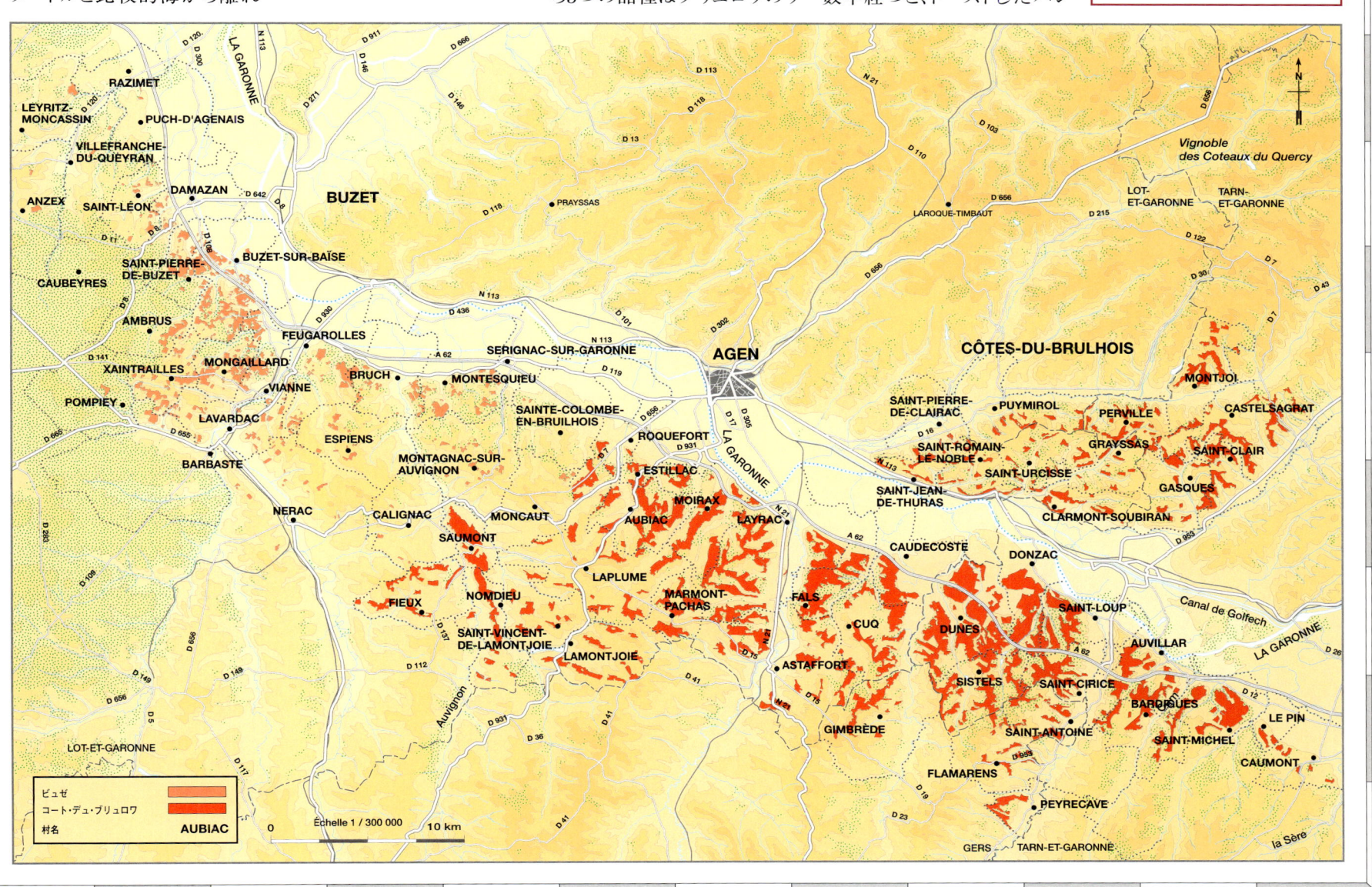

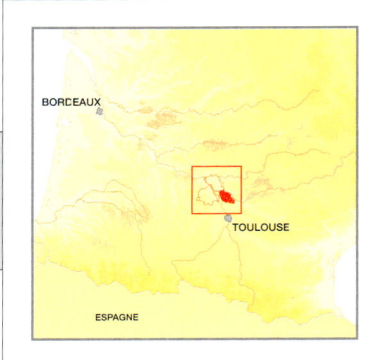

南西地方 ◆ コート・デュ・フロントネー ◆ ヴァン・ド・ラヴィルデュー ◆ サン=サルド

Fronton, Lavilledieu et Saint-Sardos
フロントン、ラヴィルデューとサン=サルド

上記3つの産地はトゥールーズ市の下流、ガロンヌ河の両岸に広がり、とても個性的な赤ワインを、いくつかのロゼとともに生産している。ネグレット種というぶどうはこれらの産地によく適していて、フロントンではあちこちで栽培され、ラヴィルデューでもよく見られる。タナ種はサン=サルドのぶどう畑で用いられている。これら産地固有の品種は、真のテロワールのワイン――風土の個性が感じられるワイン――を生んでいる。

コート・デュ・フロントネー Côtes du Frontonnais

フロントンのアペラシオンでは、孤高の品種である、ネグレット種からつくられる赤ワインが有名である。

■ 産地の景観

トゥールーズ市の北30キロメートル、平行に流れるガロンヌ河とタルン川のどちらからも丁度半々のところに、フロントンの小さな要塞都市が建設されていた。

アキテーヌ盆地の谷の一般的な非対称性により、また北西に向かって平行に流れているガロンヌ河とタルン川から同じくらいの距離にあるにもかかわらず、フロントンの町はタルン川の左岸のほとんど傾斜のない長い山腹に位置している。したがってぶどう畑もすべて、この川の沖積台地の高いところに広がっている。

南東に長さ約20キロメートル、幅約10キロメートルの広さで、フロントンのぶどう畑はタルンの谷間の左岸でもっとも高い3つの台地を占めている。この川の沖積土壌は異なった3つの堆積環境の時代のもので、西に向かって標高とその時代を増している。もっとも古いものは標高190メートルの高台の平野である。ここから北東に向かって低くなり、川面から少なくとも100メートル下まで下がっている。

この台地の地形はおおむね平らである。風景の変化は、排水を担う小川があまり変化のない斜面を削って生じた、ほとんど目立たない丸い丘、あるいは崖錐による起伏である。

■ 気候

地中海性気候の傾向のある大西洋気候――夏のあいだしばしば降雨量が少なく、春に多い――がフロントネーの特徴である。

アキテーヌ盆地のほぼ中央にあたり、フロントネーのぶどう畑は主に大西洋からの風をまともにうけている。しかしながら250キロメートル先に中央高地の最初の支脈が控えているので、海の湿気を含んだ風は、しばしばもっと東にある起伏に雨をもたらす。以上のような状況から夏から秋にかけての7、8、9、10月はむしろ乾燥しているといえる。

この地方の乾燥をもたらすからっ風、東からのオータン風は、ぶどう栽培に無視できない影響をおよぼす。地中海から吹いて、中央高地とピレネー山脈のあいだのスイユ・ド・ノルーズ（訳注：P282、B11）の運河の流れの狭まったところを通過してスピードを上げるまえに、その湿気をモンターニュ・ノワールの山腹とラングドック地方はコルビエールの丘陵で雨に変える。この激しく、乾燥した風は、ぶどうの粒から水分を取り去り、ボトリティス菌の発生を阻害する。

■ 地質と土壌

栽培地は、土壌学上もっとも進化した土からなる、タルン川左岸の3段の沖積台地に固有的に広がっている。

3段からなる沖積台地がぶどう畑の土壌に珪酸分――礫と砂――と多くの泥土をもたらしている。これらは特に石灰質のものをまったく含まないことが特徴である。

この堆積物は、酸性化と化学成分の溶脱、粘土分の低下などをうけ、地表面から深いところまで見られる。その結果、水分を含み酸性の、この地方で「ブルベーヌ」と呼ばれる土壌が多く形成されている。これは構成粒子の粒度、大きな成分――小石――のあるなしと、小さい粒の成分――砂や泥土――の豊富さによって特徴付けられる

4つのタイプの土壌がそれぞれどの台地に見られる。7割が粒の大きい小石を含む礫質土壌、土壌の5割の礫を含む礫質ブルベーヌ、細かい砂が豊富な砂質ブルベーヌ、泥灰土が豊富な白ブルベーヌの4つである。

ネグレット種がワインにほとんど酸味をもたらさず、酸化しやすいために、この品種からつくられたワインの酸味を改良する研究が最近進んでいる。土壌の分類がおこなわれ、上述したタイプの土壌それぞれにネグレット種が異なった反応を見せることが示された。

もっとも酸味のあるワインは礫質ブルベーヌから得られ、次いで礫質土壌、砂質ブルベーヌ、最後に白いブルベーヌの順で酸が少なくなっていった。

🍇 ぶどう品種とワイン

フロントンの赤とロゼはネグレット種からつくられるエレガントなワインで、香り高くフルーティーで若いうちに飲まれる。

ネグレット種 ネグレット種は今から900年前、テンプル騎士団によってキプロス島より持ち込まれた。コート・デュ・フロントネーで独特な個性を発揮する主要品種で、栽培面積の5割から7割を占めている。ネグレット種はこの地の痩せたレシヴェ土である沖積土に特に適している。湿気を嫌い、果皮が薄いため腐敗しやすい。オータン風はボトリティス菌の発生を妨げ、果実を乾燥させるのでこの品種には好都合である。出来上がるワインはスミレやボタン、カシスや桑の実の熟した赤い果実、ときには甘草の香りが備わるたいへんアロマティークなものとなる。

しかしながらタンニンは少なく、特に酸が欠けていて、酸化しやすいワインとなる。この心地よいワインは若いうちに飲むタイプで、南西地方の一連の熟成タイプのなかにあっては無視できない、一服の清涼剤ともいえるワインである。ネグレット種を補うのは、この地方のフェール・サルヴァドゥ、コット種であり、同様にシラーやカベルネ・フラン、カベルネ・ソーヴィニヨン、ガメ種も使われている。

赤ワイン ネグレット種は単一で醸造される品種で、ワインにフルーティーさとスミレの花と甘草の香りをもたらす。ワインはそこそこ濃い色合いだが、酸味が少ないため、アフターの長さに欠ける。またしばしば他の様々な品種とブレンドされて、ネグレット種本来のフレッシュさを覆い隠されてしまいがちなのは残念なことである。カベルネ・フランやカベルネ・ソーヴィニヨン、シラー、コット、そして時折ガメ種などとブレンドされ、ワインに繊細で濃い色合い、スパイシーな香りとアフターの長さ、および4年から5年熟成できる構成をもたらす。しかしながらネグレット種の割合やブレンドする品種、加えて醸造法の違いによってワインは様々なタイプとなる。また樽熟成したワインもつくられているが、ネグレット種のワインを樽で熟成させるのは、ぶどう品種の個性を追いやるだけで、市場に迎合しているに過ぎない。

ロゼワイン ネグレット種に、2種のカベルネかシラー、あるいはガメ種をほんの少しブレンドしてセニエでつくられる。このロゼは、美しく深い色合いで酸味の少ないたいへんフルーティーなもので、人気も高い。酸味に欠けるというネグレット種の特徴が、赤ワインの場合は欠点となるが、ロゼでは長所に変わる。

統計

栽培面積：2,200ヘクタール
年間生産量：110,000ヘクトリットル

南西地方 ◆ ヴァン・ド・ラヴィルデュー ◆ サン=サルド

ラヴィルデュー LavilledieuVDQS

フロントンの北西、ラ・ヴィル=デュー=デュ=タンプル村のぶどう畑はタルン川の台地の低く広い平野に広がっている。

ほとんど起伏のないこの沖積平野は、あらゆる粒度の砕屑堆積物から形成されている。そのなかで粗粒の砂、礫、小石の区域だけがぶどう栽培に適している。この土壌が不規則に散らばっているために、畑のまとまりもあちこちに点在している。

気候はコート・デュ・フロントネーと似ている。

フロントネーに近いため、ラヴィルデューではネグレット種が10パーセントほど栽培されているが、他にカベルネ・フランとガメ、それにシラー種も約25パーセントずつ植えられ、タナ種も15パーセントほど見られる。

赤ワイン 上記の品種がどれかひとつ突出しているわけではなく、これらの品種が様々な割合でブレンドされているので、特徴付けるのが難しいワインである。濃い色合い、まろやかでバランスよく、フルボディで、味わいが口中に長く残るワインになる。

ロゼワイン カベルネ・フランとシラー種からつくられるが、フランの割合が多ければフルーティーに、シラーの割合が多ければよりコクのあるワインとなる。

統計
栽培面積：150ヘクタール
年間生産量：4,500ヘクトリットル

サン=サルド Saint-SardosVDQS

サン=サルドの産地はフロントネーの西に広がっている。

サン=サルドのぶどう畑はガロンヌ河の左岸、ロマーニュ地方の中央に広がっている。この歴史的なぶどう畑は1114年の建立以来、大きな影響を与え続けてきたグラン=セルヴ大修道院に由来している。

サン=サルドの栽培地域は、主にガロンヌ河のもっとも高い沖積台地にあり、ぶどう栽培に最適なブルベーヌ土壌を含んでいる。同様にモラッセの下層土が現れている茶色の石灰質土壌もぶどう畑に向いている。

気候は、大西洋と地中海の2つの気候の影響下にあるフロントネーの気候と似ており、ぶどうの成熟を助けて、病害虫の発生を抑えるオータン風の恩恵を受けている。

INAOの政令では、主な栽培品種はシラーとタナ種であり、それにカベルネ・ソーヴィニヨン、メルロ種を補うことになっていたが、今日ではこの2つの使用は義務付けられてはいない。

サン=サルドでは、赤ワインとロゼワインのみが生産されている。

赤ワインは通常、伝統的な醸造法でつくられている。ワインは濃い色合いで、シラー種からスパイシーな香りを、タナ種からはボディとカシスのアロマを感じさせる、個性的なものである。というわけで鼻腔と口中で感じるまろやかさとラズベリーのアロマはカベルネ・フラン種によるものである。決して長熟タイプではないが、3年から8年ほど寝かせて置いたものは、次第になめし皮や獣肉、ジビエのような香りを帯びてくる。

ロゼワインも独特の個性があり、生き生きとしたバラ色、ラズベリーのような赤い果実のアロマと花の香りを感じさせる。さらには十分な酸味もあるため、キュッとした爽やかさがある。この魅力的なロゼはその若さを愉しむワインである。

統計
栽培面積：170ヘクタール
年間生産量：10,000ヘクトリットル

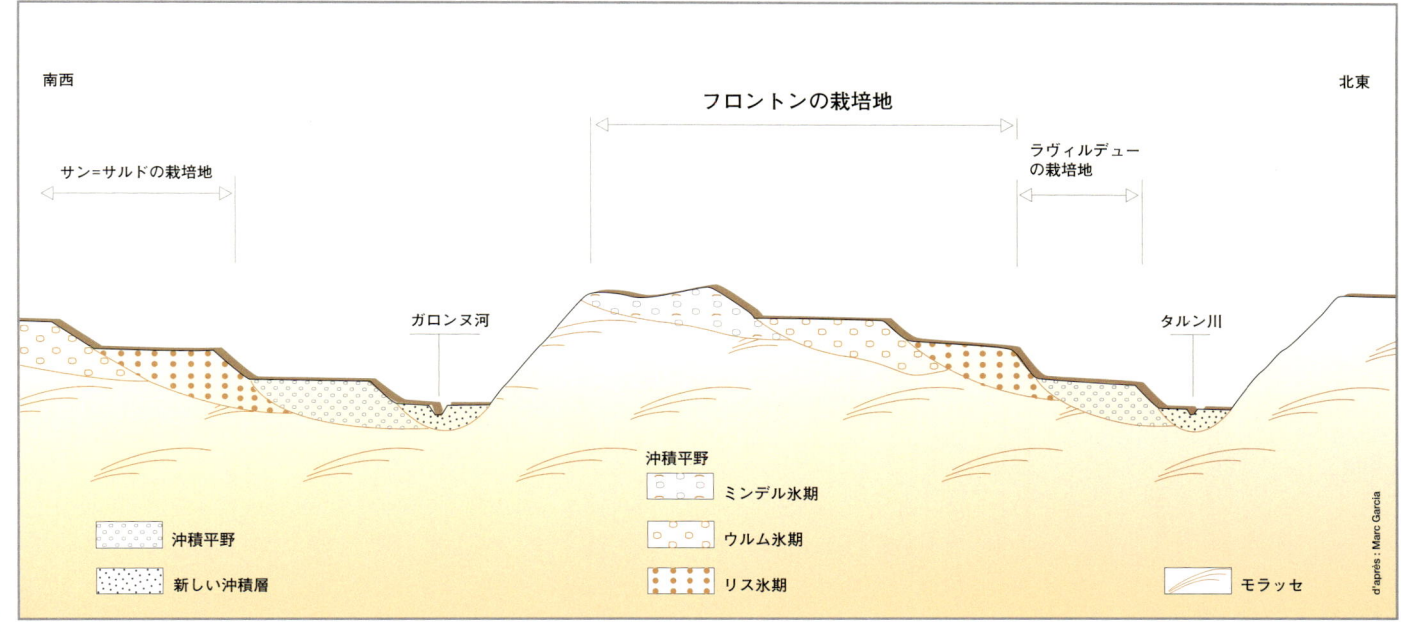

フロントン、ラヴィルデュー、サン=サルドのぶどう栽培地のテロワール

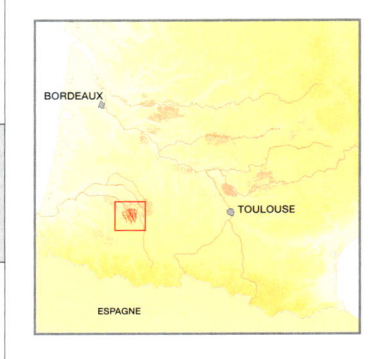

南西地方 ◆ マディラン ◆ パシュラン・デュ・ヴィク・ビル

Madiran et Pacherenc du Vic Bilh
マディランとパシュラン・デュ・ヴィク・ビル

マディランの赤ワイン用のぶどう畑とパシュランの白ワイン用の畑の歴史は、紀元前1世紀前まで遡って、今日までずっと同じ境界を覆ってきた。これらのワインの独自性は、この地の独特な栽培品種によるところが大きい。タナ種は、その名が示す通り、タンニンが豊富でがっしりしたとても個性的なワインを生む。アルフィアック種は、グロ・マンサンとプティ・マンサン、およびクルビュ種に補われて、しばしば他に類を見ない白ワインとなる。

■ 産地の景観

マディランはアキテーヌのモラッセの丘陵を拠点とし、そこはピレネー山脈を南から北へ下ったアドゥール川の流れが描いたカーブに囲まれた左岸側である。そこで川は西へ方向を変え、バイヨンヌで大西洋に注いでいる。

マディランのアペラシオンが広がる地形は、起伏がモラッセの下盤と結びついているアキテーヌ盆地特有のものである。この下盤から、柔らかな起伏のある丘陵を備え、非対称の谷間が点在する景観が生まれている。

マディランは、頂の標高が350メートルを越えるものもある丘陵地である。この丘はガスコーニュの南西部に続き、北ピレネーのふもとまで広がっている。

ぶどう畑はアドゥール川の左岸だけに見られ、川が南北から西へと方向を変えるカーヴの部分に囲まれていて、西の方へツルサンのアペラシオンまで延びている。

この丘陵地は特に痩せていて、地形は次の2つに分けられる。

主要なクループ 南北に走り、西の斜面は険しく、東の斜面は緩やかな傾斜という非対称になっている。これが、ガスコーニュ地方の谷間に見られる、もっとも古典的で有名な非対称である。

横断している丘陵 前出のクループを横断して、南北方向の高まりを東西方向に広く削り込んでいて、平板状の斜面を形成している。このことが北向きの斜面は冷たく、逆に、南面はとても暑いという、第二の非対称性を形成している。

■ 地質と土壌

モラッセの丘陵で形成され、マディランの土壌は、部分的に淘汰の進んだ円礫の層準が見られ、まれに石灰岩層が現れている。

1500メートルを越える厚さでアキテーヌ盆地を満たしている莫大な量のモラッセがマディランの丘陵の大部分を形成している。ところどころ、数メートルの薄い湖成石灰岩層の挟みが山腹に露出している。

この岩相の単調さは、古い堆積土層の集積とモラッセの上にあるモコールの堆積土の集積が見られるポント階(訳注:第三紀上部の階で、淡水および風によって集積した堆積物を主とする)によって破られている。この上に細粒の風成ローム層が堆積し、これを現在の川が谷を削り、下がった。したがってほとんどの丘の頂は、石英の多い礫質堆積物と細粒黄土(ローム)を被っている(断面図参照)。

これらの水平堆積墨層を非対称的に河川が削ったおかげで、この地域に多様なぶどう栽培土壌と地形が形成された。

したがって丘の頂部は、石英の多いモコール礫質土壌でぶどう栽培に適しているが、黄土で水分を含んだ土壌の区域は、ぶどう畑に向いていない。

丘陵の高い山腹で、石英質崩積土層が粘土・石灰岩のモラッセを覆っている箇所はマディランのワインづくりのぶどう栽培には最適の土壌といえる。

崩積層の小石が限られた場所しか占めていないとしても、ぶどうは日当たりのよい粘土石灰質の山腹に植えられている。反対に、斜面の底部で、粘土から泥土の崩積層の集まったところは排水に難があるため、ぶどうの栽培には適さない。

マディランの土壌について、もうひとつ見落とせないのは、数メートルの厚さの湖成石灰岩が限られた範囲で露出しているところである。そこも当然ぶどう栽培には適したところとなっていてこの地、独特の景観を形づくっている。

■ 気候

大西洋の影響で、マディランの気候は、夏の降雨量の少ないこと、またもっとも高い丘の上が山地の気候の傾向にあることが挙げられる。

海から100キロメートル、ピレネー山脈から50キロメートルのところにあり、標高はもっとも高いところで400メートルあり、ぶどう畑は大西洋気候の恩恵をうけている。年間の降雨量は1000ミリメートル以下、日照量は1900時間、平均気温は12.5度である。

この状況はぶどう栽培には好都合であるが、しかしながらそれを制限する要素もある。つまり谷底は夜間の冷たい空気をためこんで、凍結しやすくなる。また春の強い雨や夏の暑さと嵐、続いて暑く乾燥し時々霧が発生する秋と、赤ワインにとっては無視できない悪条件がある。だが、白ワインの生産にとっては逆に利点ともなる。

アドゥール川に近いサン=モンの産地付近、つまり栽培地のもっとも南の区域は丘陵の高い標高によって、北の区域より寒冷である。

マディラン Madiran

この南西地方のリーダー的存在のアペラシオンでは、その素性、力強さ、香り、熟成の長さにおいて優れたワインが生産されている。

🍇 ぶどう品種(69ページも参照)

マディランのワイン生産には4つのぶどう品種が定められている。そのなかで、タナ種はこの土地に最も適した品種である。

タナ タナ種はこのアペラシオンの個性を与える品種で、用いる比率は最高で6割、最低でも4割が義務付けられている。現在、畑の50パーセント以上でタナ種が栽培されている。ぶどうはたいへん色濃くタンニンが豊富で、できあ

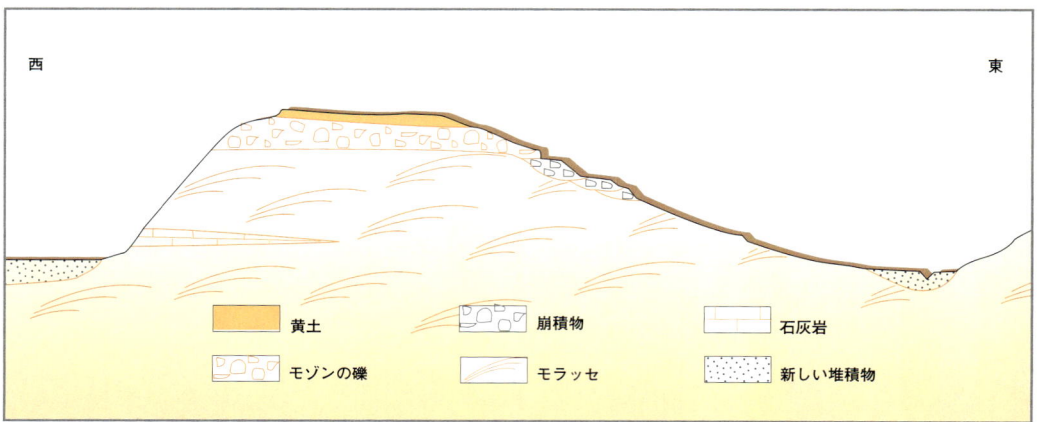

凡例:黄土、崩積物、石灰岩、モゾンの礫、モラッセ、新しい堆積物

マディランの小丘の断面図

南西地方 ◆ マディラン ◆ パシュラン・デュ・ヴィク・ビル

がるワインもがっしりとし、何年かの熟成を経ないと評価されにくい。並外れたタンニンの凝縮感、自然なアルコール分の高さ、バランスのよい酸味などによって、このワインは長期熟成のグラン・ヴァンに欠かせない要素をすべて兼ね備えている。

フェール・サルバドゥ この地方原産のぶどうで、ベアルンのピナン種と同じである。数年前から再び栽培されるようになり、現在は耕地の3パーセントを占めている。ワインは滑らかで色が薄くアルコールも平均的で、タナ種を用いたワインにまろやかな繊細さを与え、飲み頃を早める効果がある。

カベルネ・フラン ボルドーの品種だが、ロワール地方等でも栽培されている。ワインに柔らかさを与え、香りの補足効果をもたらす。

カベルネ・ソーヴィニヨン ボルドーにおいて際立つ品種で、まろやかなタンニンと口中でのバランスのよさをもたらす。

■ ワイン

この力強くがっしりとした赤ワインをめぐって、2つの流派が対立したり、補い合ったりしている。

タナ種は、タンニンの並外れた豊富さにおいて特別な品種であるが、丈夫でがっしりしているため、熟成するまでに長いあいだ寝かせておかなければならないワインである。若いうちは、赤や黒のフルーツの香りが特に感じられ、カタく閉じた味わいをもたらすタンニンの力強さのため評価されにくい。

熟成が進むと、タンニンが溶け込んで柔らかくなり、ワインはたいへんエレガントな、トーストしたパンやスパイスに特徴付けられるアロマを発散するようになる。この自然な複雑さは、樽での熟成によってさらに強調される。多くの生産者が、樽熟成はワインに備わる特徴を早く開かせるために必要だと考えている。このバリックでの熟成が旧樽でおこなわれると、ワインから過度なタンニンを取り去ることができ、また新樽——多くは樫樽——の場合は、ワインにヴァニラの香りのような優雅なアロマを与えることができる。ただ若いときはワイン本来のアロマは薄れ、タンニンが目立つ。

しっかりして力強いという際立った特徴によって、特にタンニンが豊富なこのワインらしい特徴を留めておくか、それとも市場にもっと早く出せるワインをつくるかという論議を、栽培家達のあいだにまき起こしている。

このような論議が醸し出されてくるのも、彼等はマディランの特徴、ことにタンニンが豊富であることを留めながらも、同時にやはりなるべく早く出荷したいからなのである。

アペラシオンの古い政令では、ワインは市場に出荷されるまで3年間は寝かせておくことが義務付けられていた。今日ではこの制約は1年に短縮された。その結果、より軽めなワインをつくるため、タニックにならないように、発酵期間を短くしなければならないのだろうか？カベルネ・フランとカベルネ・ソーヴィニヨン種の使用割合を増やして、タナ種の厳しさを和らげなければならないのだろうか？最新の技術である微酸化促進法（ミクロ・オキシジェネイシオン）によって、ワインを人工的にまろやかにし、熟成を早め「古く」しなければならないのだろうか？

これがマディランに異なったタイプのワインが多く見られる理由である。伝統に固執してタンニンの強い長期熟成のワインをつくりだす生産者もいれば、一方では、すぐに飲める「市場受けする」ワインを生む生産者もいるのである。

最後にひとつだけ付け加えるならば、マディランは「他のどんなワインとも間違えることのない」独特なワイン、ということである。

統計
栽培面積：1,300ヘクタール
年間生産量：70,000ヘクトリットル

パシュラン・デュ・ヴィク・ビル Pacherenc du Vic Bilh

パシュランのぶどう畑は、モラッセの丘陵でもっとも粘土質である台地の、傾斜した西側の山腹に広がっている。この若い時代の土壌は良質の白ワインを産する。

🍇 ぶどう品種（69ページも参照）

パシュランのワインは、シャロッスとベアルンで見られる固有の4つの品種からつくられているが、そのなかで土着のものは、アルフィアック種である。

アルフィアック パシュランの典型的な品種で、ワインは辛口で、花の香りの香しいものになる。

プティ・クルビュ ぶどう畑ではよく見られ、辛口で若いうちはとても香り高いワインとなる。

グロ・マンサン この地方でもっとも多く栽培されているぶどうで、辛口にも甘口にもなり、どちらもトロピカルなアロマを備えるようになる。

プティ・マンサン ピレネーの甘口ワイン用の伝統的な品種で、貴腐菌への耐性があり、遅摘みすることができる。高い糖分にもかかわらず、甘口ワインのバランスを保つのに欠かせない強い酸味がある。ワインにはトロピカル・フルーツや蜂蜜、ローストの風味など複雑なアロマが感じられる。

■ ワイン

辛口と甘口のワインが生産されている。収穫の年やぶどうの熟し具合によって、生産者は双方のワインをつくる恩恵に恵まれることがある。

パシュラン・モワルー 糖度の上がったプティ・マンサン種を選別してつくられるが、プティ・クルビュやグロ・マンサン種がブレンドされることもある。プティ・マンサン種はこの特殊なテロワールの個性をよく現している。ワインは、パイナップルやグレープフルーツ、マンゴーやコーヒーの香りを纏う。ワインはもっぱら新樽で熟成されるが、その期間は収穫年によって異なり、9ヵ月間も寝かせることがある。強い酸味と糖分の高さが、ワインにバランスのよさと長期熟成できるポテンシャルを付与している。

パシュラン・セック ベースはグロ・マンサン種で、アルフィアック種とブレンドすることもあり、新鮮で軽やかだが、樽香の乗ったタイプもある。早めに飲むべきワインである。

統計
栽培面積：250ヘクタール
年間生産量：10,250ヘクトリットル

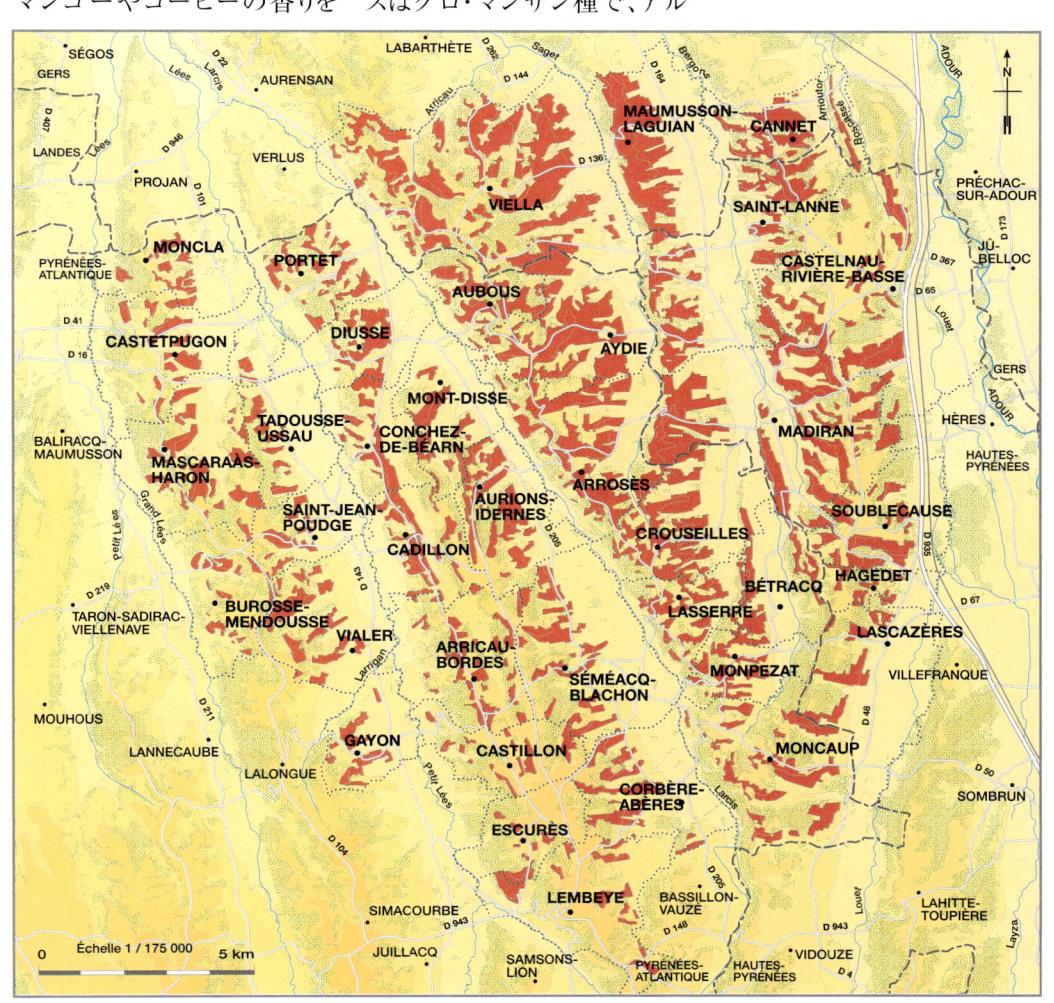

南西地方 ◆ ジュランソン

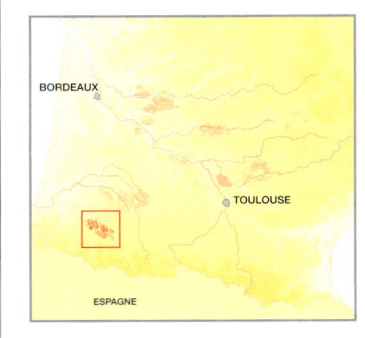

Jurançon
ジュランソン

この甘口の白ワインは、ベアルン地方の首都ポーにある城塞のふもとで生み出される。この城はフランス国王、後のアンリ4世が洗礼をうけたところでもある。いくつかの文献によれば、998年から14世紀にいたるあいだ、ジュランソンのワインに関して、歴代のベアルンの王がこの地に「クリュ」の概念を導入した記述が残っている。それはフランスでもっとも最初のワインの格付けであり、ワインを保護する試みだったといえよう。

■ 産地の景観

ジュランソンのぶどう畑は、北をポー川、南はオロロン川に挟まれたピレネー山脈のふもとの丘陵に広がっている。

ジュランソンのアペラシオンが広がる丘陵は、ピレネー山脈のふもとにあり、オロロン川とポー川のあいだにはめ込まれるかたちになっている。標高は300メートルを越えることなく、谷間はピレネーに近い南部で切り立っている。

ジュランソンの栽培地は、大きく南から北に向かい、東西の幅は40キロメートルほどにわたって帯状に続いている。この地理上の帯は、ポー川に流れ込んでいる直線状のいくつかの小さな小川によって規則的な斜めの切り込みが付けられている。これらの10本以上にのぼる小河川の流れは、栽培地と同じく大きく南から北へ向かって、新しい断層に沿っている。

このひし形に裁断された切り込みは、北西部のモネアンの集落付近で、非対称の幅広い渓谷の丘陵群になっている。

山腹は、南から南東にかけての斜面が険しい。この傾斜面は、砂岩質のフリッシュ（訳注：砂岩、頁岩からなる混濁粒堆積岩）とラスーブの集落周辺に見られる石灰岩で構成された下盤岩石の硬さによるものである。

北西の栽培区域では、丘の勾配はより緩やかで、非対称の山腹はガスコーニュの典型的な地勢に当てはまっている。

丘陵全体の上部には、比較的平らなところが多く、ぶどう畑を臨む多くの小道が走っている。

■ 気候

ジュランソンは、大西洋からの暑く乾燥した風の、海洋性気候の影響下にある。したがって、ぶどうの植え付けは微気候や局地気候に左右される。

一般的な気候学は、この地域の総合的な特徴や気温勾配についての情報を与えている。しかし、ぶどう品種の植え付け区分について説明できるのは、微気候や局地気候のレヴェルとなる。

大西洋から100キロメートルほど離れ、ピレネー山脈を背にして、ジュランソンは西や北西からの気圧の変動を直接うけている。年間の平均降水量は1115ミリメートルで、多雨地域といえる。

ぶどう畑はピレネー山脈のふもとに位置しているとはいえ、年間平均気温は摂氏13度近くとなる。この理由は、ひとつは曇りの日が多いこと——温室効果——と、もうひとつはピレネー山脈の頂上を背にしてぶどう畑に吹き降ろす、フェーン現象の影響によるものである。

日照量は年間1900時間と平均的というよりはむしろ少なく、これは海洋の気象変動が山々が連なるピレネー山脈でしばしば遮断され、雲量が多くなる要因となっているためである。

しかしながらこれらの一般的な考察は、区域によって違いがある。南部では北部に較べ、より標高が高く緑も多く、寒冷である。丘陵の谷底では平均気温はさらに低いが、これは冷たい空気が下に集まるためで、フェーン現象の影響を、高所のほうが強く受けているせいでもある。また、北向きの斜面では丘陵の勾配が激しいため、日照量ははるかに少ない。

以上から、ぶどう栽培にとってもっとも理想的な土地とは、谷の高台にある向きのよい、たくさんの小さなすり鉢状の地形ということになる。そこではぶどう樹が必要とするあらゆる気候的な利点が備わっている。そこはまさに自然の天国で、優れたワインを生むためのぶどう樹がゆっくりと育まれる。

■ 地質と土壌

ピレネー山脈とアキテーヌ盆地の境に位置し、ジュランソンのぶどう畑は、南部のフリッシュ、北部のモラッセ、中央部の礫岩、3種の下盤の上に広がっている。

畑は、南部ではピレネー領域の石灰岩と硬いフリッシュの上に広がっているのに対し、北部においてはアキテーヌ独特の粘土砂岩質のモラッセ上に広がっている。

これらの2つの区域のあいだに、石灰岩質をもとに構成された「ジュランソンの礫岩」が、地質学上の2つの領域を横断するように形成されている。

ジュランソンの南部分にあたるラスーブ集落付近には、フリッシュがたくさん見られる。これは粘土・砂岩質で、泥灰岩やときに砂質である。なかにはとても硬い層が見られるが、これは砂岩や石灰岩である。

これらの層は、ピレネーの造山運動によって構造が変わり、東西方向に走行をとって配列している。この土地の南斜面は透水性のある礫質土壌であり、ぶどう栽培の見地からすると大きな利点といえる。

ジュランソンの集落がある北東部では、畑に、その名も「ジュランソン」と呼ばれる礫岩質土壌があちこちに見られることが特徴である。それはところどころ礫質粘土層に覆われている。

上記の累層のなかに、いくつかの小河川が小規模なすり鉢上の窪みを掘っている。これらは特に谷壁の上部に集まっていて、そこには多くのぶどう畑が理想的に点在し、素晴らしい景観を形づくっている。

ぶどう畑の北西にあって、もっともジュランソンらしいワインを生むモネアンの村落の区域は、土壌がより粘土質で、なだらかなクループの丘陵に位置する。古い堆積土は、いくつかの頂の上に残っていて、斜面下部の、ぶどう畑に適した小さな扇状地に丸い小石を供給している。

凡例	
礫質粘土	パラスーの円礫岩
フリッシュ	ガンの泥灰岩土
モラッセ	ラスーブの石灰岩
ジュランソンの円礫岩	堆積台地

ジュランソンのテロワール

🍇 ぶどう品種とワイン

ジュランソンでは3つのぶどう品種が、まったく異なるの2つのタイプのワインを生んでいる。ひとつは甘口、もうひとつは辛口のワインで、それぞれに3品種が割合を変えて用いられている。

スペインから吹く熱風と太陽が水分の蒸発を促して、乾燥台のぶどうの糖分を凝縮させるパスリヤージュという手法は、ジュランソンの特徴的な気候にマッチし、甘口ワインを生んでいる。気候的にあまりよくない年には、ぶどうは上記のような状態にならず、むしろ辛口の生産に向くようになる。この特殊性が、2つのアペラシオンの付与につながっている。ジュランソン、というと甘口ワインのことで、もうひとつはジュランソン・セックといい、辛口の白となる。

これらは、グロ・マンサンとプティ・マンサン、プティ・クルビュ種からつくられる。カマラレとローゼ種は政令には記載されている品種だが、今日ではぶどう畑にその名残が見られるだけである。

ジュランソン 甘口、極甘口といった糖度の高いワインで、プティ・マンサン、グロ・マンサン種からつくられる。これらのぶどう樹はより凝縮された果実を摘むため、11月から12月まで絶えず畑で選別され、かなりの遅摘みとなっている。

グロ・マンサン種の比率が高いワインは、柑橘系のアロマをもったフルーティーでしなやかな飲み心地のワインで、若いうちに飲まれるタイプである。この品種はパスリヤージュによって甘口ワインをつくっているにもかかわらず、素晴らしい辛口のワインもつくることができる。現在では少しずつ、プティ・マンサン種に取って代わられつつある。

伝統的なジュランソンは、プティ・マンサンとグロ・マンサン種の2つ品種からつくられる。上質で、様々なキャラクターを感じさせ、糖分が高く複雑さがある。

より質の高いワインを生産するため、プティ・マンサン種はだんだんと単独で用いられるようになってきている。平均でヘクタール当たり15ヘクトリットルと収穫量が少なく、その粒の小ささや、果皮が厚く腐敗しにくいことが、糖分の並外れた凝縮を支えている。そして高い酸度も備えている。遅摘みで収穫されると、豊かで複雑なアロマをもち、蜂蜜とトロピカル・フルーツのニュアンスがある。とても凝縮されていて、キャラメルやローストした香りも感じられる。

ジュランソン・セック 通常はグロ・マンサン種に、ほんの少しプティ・クルビュ種がブレンドされる。このプティ・クルビュ種は収穫量が少なく、結実不良や腐敗を起こしやすいため、弱い品種と考えられていた。よくグロ・マンサン種とブレンドされ、繊細さと野の花の香りのような特殊なアロマを備えるようになる。

辛口もジュランソンでは3つのタイプに分かれる。ひとつはグロ・マンサン種からつくられる軽いワインで、フルーティーで香り高く、しなやかな口当たりですぐに飲めるタイプ。もうひとつは果実や白い花の香りをもち、力強さを備えた伝統的なワイン。十分な酸味があり、数年間寝かせておくことができる。最後に、より上質のワインがある。完熟したぶどうを厳しく選別するため、ワインは、複雑でオイリーな、マンゴーやライチといったトロピカル・フルーツや蜂蜜の香りの、素晴らしい熟成タイプとなる。

統計
栽培面積：950ヘクタール
年間生産量：47,000ヘクトリットル

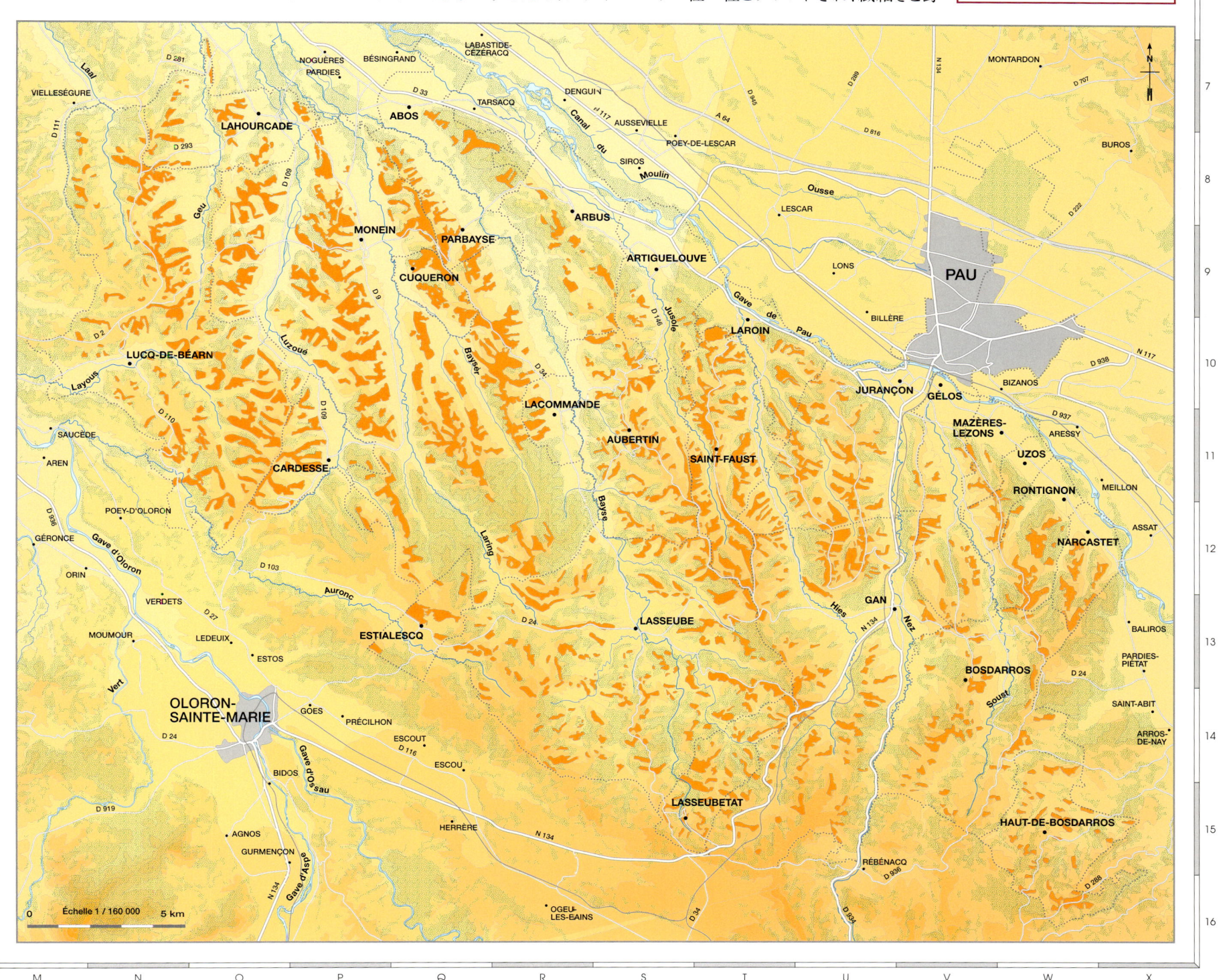

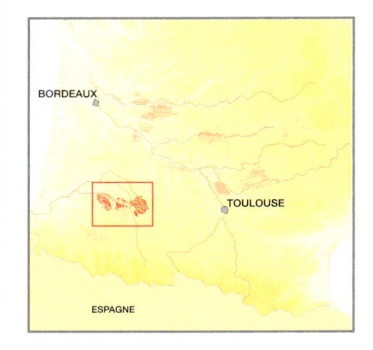

南西地方 ◆ テュルサン ◆ コート・ド・サン=モン ◆ ベアルン

Tursan, Saint-Mont et Béarn
テュルサン、サン=モンとベアルン

シャロッスとベアルンのワイン産地は、マディランとジュランソンというこの地方の有名アペラシオンの陰に隠れてしまっている感がある。実際、ここではあまり目立たない同じようなタイプのワインが見られる。しかしながらこの地固有の品種であるテュルサンのバローク種や、ベアルンのラフィア・ド・モンカード種などを用いた、たいへん個性的なワインもある。

テュルサン Tursan VDQS

12世紀には、この伝統ある産地のワインはスペインやイギリスに輸出されており、15世紀以降は、ドイツとオランダにも輸出されてきた。

■ 産地の景観

ランドとガスコーニュとベアルン、各地方との境にあり、畑はランド的というより、ガスコーニュ的な起伏の丘陵の上に広がっている。

テュルサンのぶどう畑はアドゥール川の南、マディランのアペラシオン区域のすぐそば（訳注：テュルサンの南東にマディランの栽培地はある）にある。この近さにもかかわらず、テロワールの違いと固有の品種によって、マディランとははた異なる良質のワインを生産している。

たいへん力強いお隣のマディランと一線を画するため、ここテュルサンの栽培地ではより軽くフルーティーで、早く飲めるワインづくりをおこなっている。

■ 気候

このアペラシオンは、降雨量の多さと厳しい暑さが特徴の海洋の影響をまともにうけている。

およそ80キロメートルと大西洋に近いため、テュルサンは海洋性気候の影響が大きい。降水は十分にあるが、夏のあいだは南風と東風が厳しい暑さをもたらす。

冬は通常暖かく、春に雨が多く、しばしば遅霜のおそれがある。夏の暑さがそのまま長く、10月の終わり頃まで続く場合が見られる。

■ 地質と土壌

石灰岩層とモラッセ、褐色の砂、礫の堆積など、テュルサンのぶどう畑の地質は多様である。

テュルサンのぶどう栽培区域はとても変化に富んだ地質である。

丘陵の低い部分は、しばしば水平の石灰岩層に相当していて、これが特徴ある、アキテーヌのモラッセ層群である。この石灰岩の上には、異なる厚さの陸成の褐色砂層があるが、その厚さは数十メートルになることもある。この砂質層の上は、厚さ数メートルにおよぶ雑多な粘土層である。そして丘陵の頂部分は、マディランのように、礫に冠上を覆われている。この岩石からなる崩積物は、丘陵を形成している斜面下部に位置するぶどう畑に、恵まれた土壌を提供しながら広がっている。

ぶどう品種

ここでは、シャロッスの伝統的な黒ぶどう品種であるタナ種が、2つのカベルネ種とブレンドされて用いられている。そして白ワイン用にはこの地独自の品種であるバローク種が使われている。

黒ぶどう品種

テュルサンの赤とロゼワインの生産には4つのぶどう品種が定められている。

タナ 豊富なタンニンがワインにしっかりした骨格を与えている。テュルサンではタナ種は他の産地に較べて早く成熟する。

ブシィ マディランではカベルネ・フラン種の同義語だが、テュルサンでは2つのカベルネ種——フランとソーヴィニヨン——がこの名で呼ばれる。この2つの品種のうち、この地で多く用いられるのはカベルネ・フラン種であり、ワインに赤い果実のアロマと滑らかさをもたらす。カベルネ・ソーヴィニヨン種はぶどうがうまく完熟したときには、ワインにボディと香り高さを付与するが、砂質土壌であるこの地ではなかなか容易ではない。

一方、フェール・サルヴァドゥ種の地方名であるピナン種とブレンドされ、ワインに色付きと凝縮感を与えるが、砂質土壌では豊かさに欠け、金属的な味わいをもたらすことがある。

白ぶどう品種

テュルサンの白ワイン用の主要品種は、ここでしか栽培されていないバローク種である。この品種はテュルサンの代表的なぶどうで、ワインには9割以上を用いることが政令で規定されている。バローク種は多産なのでいつもとは限らないが、うまく収量をコントロールでき収穫量を絞れたときには、ソーヴィニヨン・ブラン種を思わせるような、心地よい生き生きとしたワインになる。バローク種からつくられるワインは通常アルコール度数が高くなる。

他の品種は多くの種類にわたり、なかでも割合が多いのはグロ・マンサンとプティ・マンサン種だが、特にワインに生気をもたらすのはソーヴィニヨン・ブラン種である。

余談になるかもしれないが、上記以外の品種の話しも述べておこう。というのももはや畑に存在しないと思われるぶどうで、存在するとしても、それは政令によって最終的に残しておくべき品種であるかどうか、実験的に栽培されているにすぎない品種についてだからである。クラヴリー種は繊細で芳醇なワインをつくる場合に用いられ、アルコール度は高い。クリュシネ種はおそらくロワール地方のシュナン種と同義語で、ラフィア種は、アルフィアック種のことかラフィア・ド・モンカード種のことか、両方とも同じ意味の語なので定かでない。クラレ・デュ・ジェール種はおそらくブラン・ダム種、つまりクレレット種のことであろう。

■ ワイン

テュルサンではしっかりとしたフルーティーな赤ワインと、よく知られたロゼワインが生産されている。しかしアペラシオンをもっとも象徴しているのは辛口の白ワインである。

赤ワイン テュルサンの赤ワインには2つのタイプがある。

ひとつは主にカベルネ・フランとタナ種を使って、短い醸し期間によって早く飲めるようつくられたワイン。このワインは赤い果実（ラズベリーと桑の実）と松の香り（ランドの松林はここから遠くない）をもった香り高いもので、バランスがよく、冷やして飲むのに最適。

もうひとつはアペラシオンで認められている4品種からつくられる、より凝縮感のあるワインで、主品種となる2つのカベルネが、ラズベリーやカシスの香りの、フィネスある味わいをもたらす。またしっかりとした骨格と複雑さがあり、ソフトなタンニンを感じさせ、数年間寝かせる価値がある。

ロゼワイン カベルネ・フラン種やタナ種からセニエでつくられる。輝くバラ色をしたフルーティーなワインで、冷やして愉しむのにぴったりである。

白ワイン 基本的にバローク種からつくられるが、グロ・マンサンやプティ・マンサン、ソーヴィニヨン・ブラン種も用いられる。ワインは辛口でバランスがよく、ほどよい酸味があり、花の香りが備わる。香りの強いぶどうであるソーヴィニヨン・ブラン種が、多く使われないことが望ましい。多く使われすぎると、この地の独自性が失われてしまう。

統計

栽培面積：440ヘクタール
年間生産量：25,000ヘクトリットル

南西地方 ◆ コート・ド・サン=モン

コート・ド・サン=モン Côte de Saint-Mont VDQS

コート・ド・サン=モンは紀元前4世紀にスペインからやって来たギリシャ人によって初めてぶどうがもたらされた地であり、1050年からはベネディクト派のサン=モンの大修道院によって発展してきた。

■ 産地の景観

サン=モンのぶどう畑はアドゥール川の両岸、モラッセの丘陵に広がっており、マディランとよく似た景観である。

産地は、サン=モン、エニャンとプレザンスの各集落を中心に広がっていて、南はマディラン、北はバザルマニャックまでを含む。

アドゥール川の両岸を覆っているぶどう畑は、ほとんどが砂質粘土のモラッセの丘陵にあり、一部は沖積台地の上に広がっているものもある。

アドゥール川に沿って延びているこの沖積台地は、大部分が水分を含んだ細粒の砂質粘土層に覆われているので、ぶどう樹が植えられている栽培地となっているのはごくわずかである。

■ 気候

海洋性気候は河川によって調整されているので、貴腐菌であるボトリシス・シネレアの発達が促進される。

海洋性気候の傾向から夏が特に暑いことがある。気温較差はアドゥール川の調整効果によってマディランほど激しくなく、秋には川の流れが早朝の霧を発生させ、ボトリティス菌の発達にとって都合がよいものとなっている。

■ 地質と土壌

マディランと同じく砂質粘土に礫質、粘土質の土壌で、それぞれに異なるテロワールから赤、ロゼ、白ワインが生産されている。

コート・ド・サン=モンのぶどう畑は、モラッセの丘陵にあるマディランの畑とまったく同じ土壌である。逆に、バザルマニャック（訳注：アルマニャックの生産地のひとつ）に達しているアドゥール川で区切られた2つの区域は、マディランに接している土壌が赤ワインに適した粘土質なのに較べて、より砂質が勝った土壌である。

🍇 ぶどう品種

この産地で栽培されているぶどう品種はお隣のマディランによく似ている。

タナ種が主に栽培の60パーセントを占めている。次いでこの地でフェール・サルヴァドゥ種と呼ばれているピナン種が20パーセント、それにカベルネ・ソーヴィニヨンとカベルネ・フラン種が見られる。

白ワイン用に用いる品種はパシュラン・デュ・ヴィク・ヴィルと同じだが、割合は異なっている。アルフィアックとプティ・クルビュ種はどちらかを最低20パーセント用い、プティ・マンサン種を20パーセント以内のパーセンテージで、そしてグロ・マンサン種が60パーセントの範囲内、という比率が定められている。さらにクレレット種も見られる。

■ ワイン

赤ワインはマディランに、白ワインはパシュランに似ているが、どちらもより軽いタイプである。

赤ワイン 基本的にタナ種からつくられる。ワインはマディランに似ているが、そのしっかりした骨格はない。樫樽で熟成されるものも見られる。

濃いルビー色の深い色合いのワインである。口に含むとまろやかで、最初の数年も心地よいワインだが、熟成するにつれ、熟した果実のアロマをもつようになる。とはいえあまり長く熟成させないほうがよい。

白ワイン 通常は辛口だが、アドゥール川に近いところでは甘口ワインの生産を可能にしている。これらはしばしば樽で熟成させられる。ワインはフレッシュで、白い花の香りを纏っている。

ロゼワイン タナとカベルネ・フラン種からセニエでつくられる。フルーティーで生き生きとしており、つくられてすぐに愉しむタイプのワインである。

統計

栽培面積：1,050ヘクタール
年間生産量：50,000ヘクトリットル

南西地方 ◆ ベアルン ◆ ベアルン・ベローク

ベアルンとベアルン・ベローク Béarn et Béarn Bellocq

古代ローマの入植者たちは、ベロークの丘陵がぶどう栽培に適した土壌であることを認識していた。

■ 産地の景観

現在ベアルンの産地は、3つの区域からなっている。

最初の2つの区域は、マディランとジュランソンのアペラシオンとその隣接地の一部に重なっている。ベロークとサリード=ベアルン、オルテーズの村落からなる3番目の区域は、ここだけがベアルン・ベロークを名乗ることができる。

ピレネー山脈の安定地塊は基本的に白亜紀上部と第三紀の堆積で占められている。この区域は、東西の方向のポー川の谷間、南東から北東の向きのオロロン川のそれの2つの谷の周縁に広がっている。この2本の流れは、物理的に区別できる2つの区域を限定している。

・ポー川の北側で、オルテーズまで広がっている丘陵地帯。
・2つの流れのあいだには、サレイ川によって掘られた別の丘陵地が発達している。この区域の標高は平均で150メートルになる。

■ 気候

ぶどう畑は海洋性気候の影響をうけているが、ピレネー山脈のふもとにあるため、気温が高いという恩恵も被っている。

西の大西洋から吹く風がほとんどのため、湿気を含んでいる。北風は春の霜をもたらすことがある。極端な気候条件はほとんどないに等しく、温暖である。しかしポー川やオロロン川の流れに近いところでは灰色カビ病の発生の原因となる早朝の霧の発生を引き起こす。

降雨量はかなり多いが、年間を通じてうまく分散されているため、十分な日照量をともなっていることに特徴がある。

■ 地質と土壌

ぶどう畑は性質の異なる2つの区域に広がっていて、ひとつは丘陵、もう一方は沖積平野にある。

丘陵 3つの区域に分けられる。ひとつはフリッシュ（ベロークに見られる）で形成され、褐色の表土は酸性で、水分を含む傾向のある粘土質は、その斜面の排水能力により、ぶどう栽培を可能としている。

もうひとつは石灰質のまさった泥灰岩層で、背斜と向斜で形成されている。

最後はモラッセと礫岩の区域で、ポー川の丘陵を形成しているが、北向きのためぶどう栽培にはほとんど向かない。

沖積平野 ポー川の沖積平野は粗粒の沖積層で、細粒の沖積土の階段段丘の下部はぶどうの栽培にほとんど向いていない。段丘の上部は粗粒で、礫と古い岩石の礫からなっていて、時折、粘土が堆積している。土壌は褐色、酸性で、排水は良好である。礫の厚さ、4メートルから5メートルのところがぶどう栽培には適している。

🍇 ぶどう品種とワイン

隣接するアペラシオンであるマディランとジュランソンのぶどうが栽培されているが、心地よいワインを生むためいくつかの特殊な品種が補われている。

赤とロゼワイン これらは力強さを与えるタナ種からつくられ、カベルネ・フラン種がアサンブラージュされる。他にカベルネ・ソーヴィニヨン、フェール・サルヴァドゥ、クルビュ・ノワール、マンサン・ノワール種なども用いられる。

白ワイン プティ・マンサン、グロ・マンサン、クルビュ、ソーヴィニヨン、ローゼ、カマラレ種からつくられが、同様にこの地のみで見られる珍しいラフィア・ド・モンカード種も使われ、生き生きとして芳醇、火打石のアロマをワインに与える。

統計（ベアルン）
栽培面積：135ヘクタール
年間生産量：4,975ヘクトリットル

統計（ベアルン・ベローク）
栽培面積：82ヘクタール
年間生産量：4,300ヘクトリットル

南西地方 ◆ イルレギィ

Irouléguy
イルレギィ

このバスク地方にある産地は、ロンスヴォー大修道院の修道士が建物の周りにぶどう樹を栽培したことに始まる。畑は18世紀に隆盛を迎え、19世紀末には1700ヘクタールに達した。大西洋から30キロメートルほど離れた山地に点在する畑は、数キロメートル北東のエスペレットの唐辛子畑がうけているフェーン現象の影響を、同様にこうむっている。

■ 産地の景観

ぶどう畑は、直径15キロメートルほどの大きな盆地に、北東に開いて点在しており、バスクの高い峰々に囲まれている。

周りをとり囲んでいる峰々は、場所によって1000メートルの標高に達し、ニーヴと呼ばれているイルレギィ地方の急流が見られ、谷の下まで通じている。

この流れは2つの水路網を形づくっている。ひとつは南西から北東の方向に流れている、アルデュード、アルネギィ、イリベリーの各河川、もうひとつはニーヴ渓谷の中ほどを南東から北西に流れているロイバール川。これら渓谷の網の目状の水路によって、イルレギィ全体の地勢は、角の丸くなった四辺形のかたちになっている。産地の中心は、ピック・ド・ジャラで、標高800メートルに達する。

この環境でぶどう畑はたくさんの小さな区画に分かれており、その多くは標高200メートルから400メートルのところにある。

■ 地質と土壌

イルレギィの土壌は、**砂岩、粘土、石灰岩、沖積土**が継ぎはぎのパッチワーク状になった下盤岩上に形成されている。

イルレギィ地方の地質は複雑で、ペルム紀の砂岩、三畳紀の砂岩質粘土、ジュラ紀の石灰岩、そして第四紀の沖積土と、これらすべての上に土壌が構成されている。

この異なった地質の下盤の上に、2種類に大別される土壌が見られる。

- 第四紀の沖積土による土壌で、ジュラ紀の石灰岩の礫が混ざり、その下層部は粘土分が豊富で重く、遅摘みする品種の栽培に向いている。
- 赤い砂岩質の土壌で、とても痩せており多孔質であるが、ぶどう樹に必要な水分を保つには十分で、果実をうまく成熟させることができる。

これらの土壌は場所によっては600メートル以上の標高の台地上に見られるが、それはぶどう栽培の限界の高さともなっている。

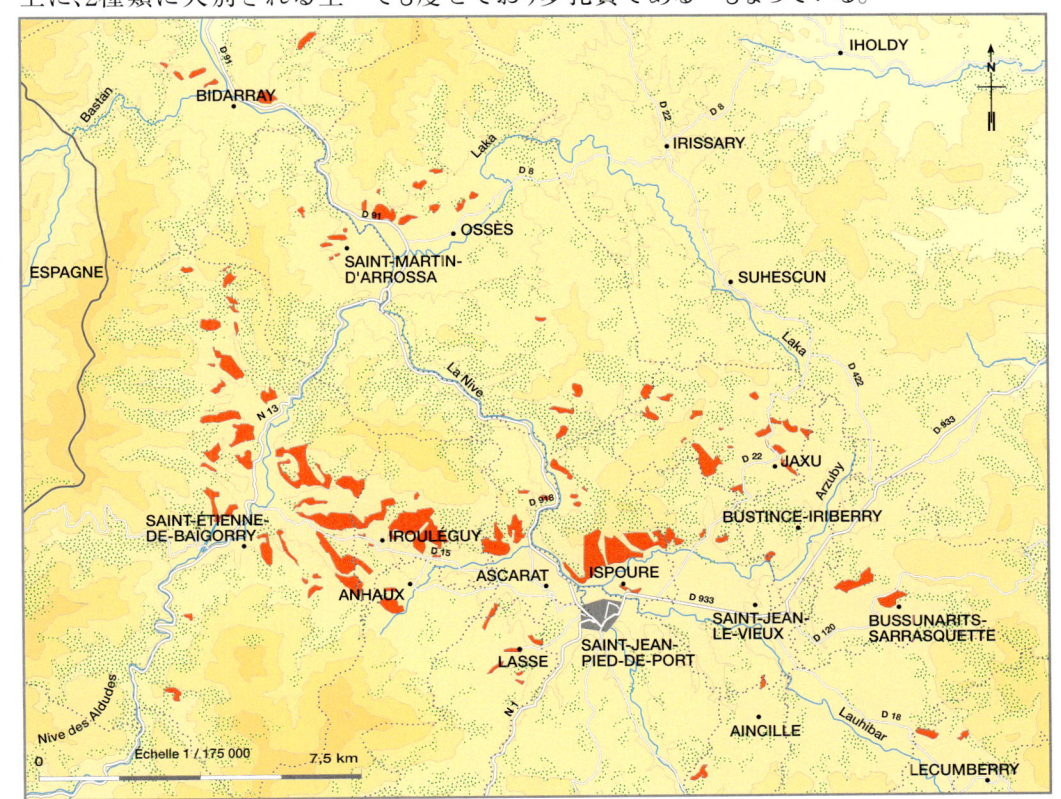

■ 気候

海から30キロメートルほど離れ、ピレネー山脈の北のふもとにあるイルレギィの盆地では、ぶどう畑に峰々を越えて吹きつける、熱く乾燥したフェーン現象の風に負うところが大きい。

イルレギィのぶどう畑は海から30キロメートルほどしか離れていない。したがって大西洋から畑に達する風は水蒸気を多量に含んでいる。しかしながらイルレギィの盆地は東から北にかけて1000メートルに達する高さの山々に囲まれている。西ではスペインとの国境にあたるアルデュードの峰が、北のほうではアルザメンディ、ウルシュヤとバイギュラの山々が山塊群を形成している。

そのため、海からの風はこの山々の西側の斜面――エスペレット地方――に雨を降らせ、一方でイルレギィのぶどう畑に熱く乾燥した風をもたらしている。

同じ現象が南からの風でも起こる。気団がピレネー山脈を越えて、同じ原理で同様の熱と乾燥を畑にもたらしている。

つまりこの産地は山と海からの、非常に地域的な局地気候の恩恵に与っている。イルレギィの南西になる山の反対側は、全面的な微気候――雲が多く、雨が豊富、年間を通しての高い気温――が見られ、そのおかげで有名なエスペレットの唐辛子も生産されている。

🍇 ぶどう品種とワイン

産地の地形的条件から生産量は少なく、また収穫は手摘みでおこなわれる。

もっとも多く見られる赤ワイン用の品種はタナ種で、その割合がワインに多かれ少なかれしっかりした骨格を与えている。次いでカベルネ・フランとソーヴィニヨン種が用いられている。

赤ワイン イルレギィの赤ワインは美しいルビー色で、完熟したフルーツとヴァニラ――樽で熟成されることが多いため――、そして生産者が強調する特色のシナモンのアロマがあり、アフターも長く、真価を発揮するまで少なくとも5年間は寝かせるべきワインである。

ロゼワイン ほとんどが、観光旅行者の需要に応えるために生産されている。カシスとときおりサクランボのアロマがあり、余韻もほどよいワインである。

白ワイン ジュランソンの主要な2つの品種、プティ・マンサンとグロ・マンサン種からつくられる。用いるぶどう品種は同じだが、産するのは甘口はなく辛口のみ。ワインは特徴的な白い花とトロピカルフルーツの香り、ときにグレープフルーツの香りも感じられる。またほどよい酸味がフレッシュさと口中に長く残る風味をワインに与えている。

統計
栽培面積：210ヘクタール
年間生産量：7,600ヘクトリットル

| 南西地方 | ◆ ヴァン・ダントレーグ・エ・デュ・フェル ◆ マルシヤック ◆ ヴァン・デスタン ◆ コート・ド・ミロー |

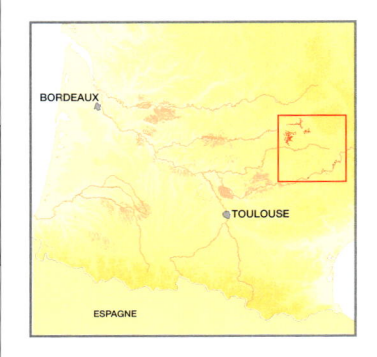

Vignobles de l'Aveyron
アヴェロンの栽培地区

アヴェロンの対照的で多様な産地は、中央高地とラングドックの平野のあいだ、赤い地肌の山々やセガラ（訳注：中央高地の痩せた酸性土）の石灰岩高原など、異なる小さな景観がモザイク状に連続しているなかにある。この様々な区域のなかで、アヴェロンの栽培地は、テロワールに深く結びついた典型的な特質を備えたワインづくりによって発展しようとしてきた。

ヴァン・ダントレーグ・エ・デュ・フェル Vins d'Entraygues et du Fel VDQS

ルエルグ（訳注：旧地方名、ロデズの南西に広がる一帯）のぶどう畑は、ロデズ（訳注：アヴェロン県の県庁所在地である古都）とオーリヤック（訳注：カンタル県の県庁所在地）の町のほぼ中間にあり、南東に大きく蛇行しているロット川の谷間の中心部にある。

このアペラシオンは中央高地と地中海の二重の影響をうけている。山々に囲まれているため、ぶどう樹は寒さと激しい風から護られ、春は気温の上昇に都合がよい。畑はすべて南向きにあるとはいえ、寒冷な環境にあるため、収穫時期は遅くなる。降雨量は、谷間に吹き込む西風の影響をうけるときは多くなりやすい。しかし、夏のあいだは大体乾燥している。

位置的には、この産地はオーベルニュの最南端にあたる。畑はアントレーグの村の近く、フェルの集落にあり、村の南西の丘にある。そしてロット川に向かって下っている、切り立った石ころだらけの斜面を備えた台地の部分を占めている。大部分がシストを含んでいるため、土壌は白ワインに適している。

赤ワインの品種は主にマンソワ種——フェール・サルヴァドゥ種の地方名——で2つのカベルネとガメ種も用いられている。白ワインはシュナン種からつくられ——この地ではガメ・ブラン種と呼ばれる——が、病害虫に強い反面発芽が早く、春の霜の被害を受ける恐れがある。ワインは辛口で、香り豊かなフルーティーなもので、十分な酸味がある。

ガメとカベルネ・フラン種からつくられる赤ワインは、滑らかでフルーティーな口当たりのよいものに仕上がっている。

ロゼはガメとカベルネ・フラン種からセニエによってつくられる、心地よい味わいのものである。

アントレーグのワインは比較的早飲みタイプといわれているにもかかわらず、白ワインは寝かせることも可能である。アーモンドとリンゴの香りのフルーティーなワインは、ロワールの白を思わせるような酸味があり、口中に心地よい果実の味わいが残る。

統計
栽培面積：22ヘクタール
年間生産量：900ヘクトリットル

マルシヤック Marcillac

ロデズの町の入り口、マルシヤックの小さな谷は、特徴のある赤ワインを生む興味深いぶどう栽培の地である。

マルシヤックの谷間は、ロット川とその支流であるドゥルドゥ川の合流地点にある。この谷は、東側には石灰岩台地が見下ろせる丘陵と、西と南側は高い山地を備え、カンタルの台地で両側が切り立って、迷路のように入り組んでいる。谷の土壌は3つのタイプに分けられる。

• 赤土、石灰岩の残留土で粘土質であり、酸化鉄が豊富で、紫がかった色をしている。

• 崩積層の土壌で、傾斜が激しいために落ちてきた石灰岩の礫が豊富。

• とても薄い典型的なレンジナ土、あるいはドロマイト質の泥灰土。

風から護られた状況で、マルシヤックの谷は、半山岳地帯に栽培されているにもかかわらず特殊な微気候の恩恵をうけている。ここでは、内陸性気候がもたらす夏の暑さと乾燥とともに、大西洋の影響もうけている。ぶどうはほとんど台地で栽培されるが、南向きの斜面にも植えつけられている。

カベルネ・フランとメロ種も許可されている品種だが、ワインは基本的に、この地とよい相性を見せている、フェール・サルヴァドゥ種の名でも知られるマンソワ種からつくられ、特徴あるものとなっている。濃く透明感のあるガーネット色で、赤い果実の香りと十分な酸味、ほどよいタンニンがあるが、攻撃的な味わいは感じられない。

台地の頂部で、選別された最良のぶどうからつくられるワインは若いうちはカタさもあるが、樽で熟成され、また、タンニンもしっかりしているので数年間は寝かせておくことができ、カカオの凝縮した香りを備えた特徴あふれるものとなる。

マルシヤックではほんの少しだけロゼワインを生産している。フルーティーで心地よく、若いうちに愉しむものである。

統計
栽培面積：190ヘクタール
年間生産量：6,500ヘクトリットル

ヴァン・デスタン Vins d'Estaing VDQS

アントレーグよりもロット川の上流にあり、エスタンは中央高地の花崗岩の山々と出会うところである。

エスタンのぶどう畑はアントレーグの産地に近く、ロット川の上流の両岸にあり、気候条件はアントレーグと一緒である。畑はエスタンの村を取り囲むようにあって、その地形はとても起伏に富んでいる。ぶどう畑はほとんど南向きの斜面にあり、花崗岩に由来する土壌は酸性で、多くの礫を含んでいる。この地は赤ワインの生産に適している。

赤ワインの品種はいくつかある。マンソワ、ガメと2つのカベルネ種が栽培されており、一方土着のぶどうである、ピノ・ノワール種の亜種であるピノトゥ・デスタン Pinotous d'Estaing も見られる。白ワインはシュナン種からつくられ、ガイヤックのモーザック種がブレンドされる。

赤ワインはフルーティーで様々なアロマが備わり、用いられる品種に由来する味わいを感じさせる。この赤ワインは若いうちに飲まれる。

セニエからつくられるロゼワインは、フルーティーで、口当たりよく心地よい味わいのもの。

シュナン種がベースとなる白ワインは、ほんの少しだけモーザック種がブレンドされる。やや辛口で、モーザック種の特徴であるリンゴの香りを感じさせるアロマティックなワインである。このワインは寝かせておくこともでき、熟成につれて蜂蜜のアロマを醸しだすようになる。

統計
栽培面積：16ヘクタール
年間生産量：600ヘクトリットル

コート・ド・ミロー Côtes de Millau VDQS

畑は石灰質のタルン川の谷間に点在し、アヴェロンのなかではもっとも南に位置する。

地理的状況から、コート・ド・ミローのぶどう畑は地中海性気候の多大な影響をうけている。

ぶどう樹が石灰岩質崩積物の薄い層の上にある場合、夏のあいだの乾燥は激しい。一方、泥灰質の場合は、乾燥はそれほどひどくない。

赤ワイン用の栽培品種は最低3割のガメ種が用いられ、残りはシラー、カベルネ・ソーヴィニヨン、フェール・サルヴァドゥ、デュラス種で補われている。伝統的な醸造法の場合、ワインは軽く、フルーティーな赤い小さな果実のアロマがあり、標準的なワインに見られなくなった心地よさを感じさせるもの。熟成につれてよりスパイシーになり、後口に長く残る味わいをもつようになる。

ロゼワインは基本的にガメ種からセニエでつくられる。主な特徴は、素晴らしい果実味と際立ったスミレのアロマである。

白ワインは辛口で、シュナンとモーザック種からつくられる。ワインは、りんごの香りと軽い酸味があるという点で、アントレーグのワインと較べられることが多い。

統計
栽培面積：60ヘクタール
年間生産量：2,500ヘクトリットル

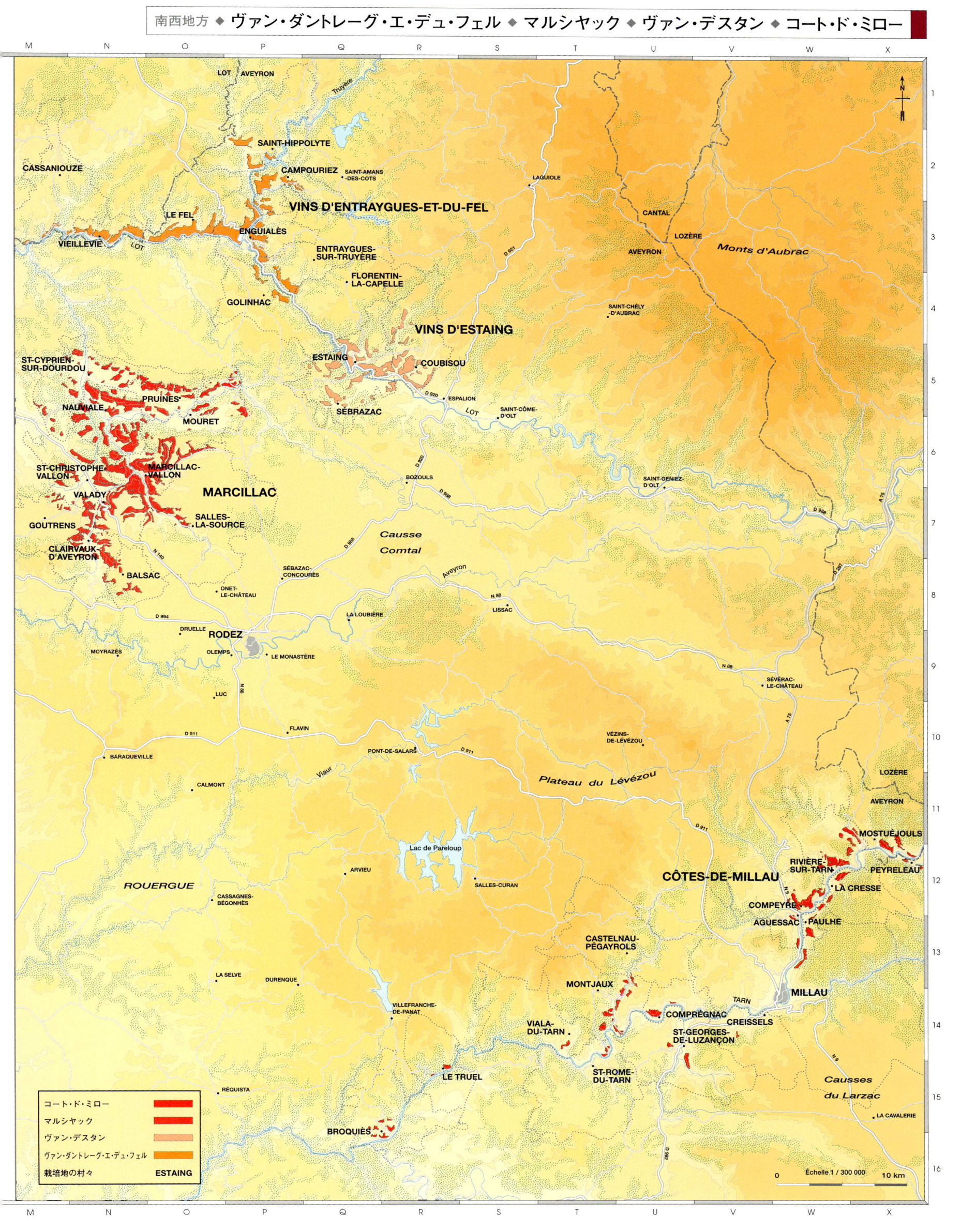

南西地方 ◆ ヴァン・ダントレーグ・エ・デュ・フェル ◆ マルシヤック ◆ ヴァン・デスタン ◆ コート・ド・ミロー

Vallée de la Loire
ロワール河流域

ロワール河流域

統計
- 栽培面積：70,000ヘクタール
- 年間生産量：4,000,000ヘクトリットル

ジェルビエ・ド・ジョン山系（訳注：下図、G16）からナント市にいたるまで、およそ1000キロメートルにわたって、ロワール河は本流とその支流近辺に大小のまとまりをもった多くの産地が連なっている。人々は多様なテロワールが見られるこの広大な流域で、ヴァラエティーに富んだワインの生産ができるように、多くのぶどう品種を用い、古くから続く様々な製法を採り入れてきた。

■ ぶどう栽培の始まりとその来歴

ローマ帝国の崩壊以来、ロワール地方とそのワインは、フランスの歴史と一体となって歩んできたといえる。

ロワール河流域のぶどう畑はローマ人によって植樹されたナント地方を除き、大修道院の奨励の下、5世紀以降、発展を遂げてきた。

陸上輸送の安全性への不安から河川での輸送手段のほうがより確実だったため、流域のぶどう畑は商業的にも容易に発展することができた。

1154年、プランタジネット朝アンジュー候のアンリ2世がイギリスの国王に即位して以来、アンジュー地区のワインは飛躍的な発展を遂げた。その後およそ1000年近くにわたり、フランスとイギリスの国王たちはロワールのワインの名声に貢献してきた。

15世紀にフランソワ・ラブレーは、カベルネ・フラン種が、ブルトン（訳注：カベルネ・フラン種の地方名であると同時に、ブルターニュ地方を指す形容詞でもある）種という名でこの地にもたらされた、と記載しているように、ロワールでは輸出に加えて、新しいぶどう品種の導入も容易となった。

一方、より多様なワインを捜し求めていたオランダの仲買人によっても、19世紀の半ばまで流域の各産地の開発と発展は支えられてきた。

フランス革命は、この流域のぶどう畑にも荒廃をもたらし、特にヴァンデの戦いの舞台となったアンジューとナント地区ではひどい痛手を受けた。

19世紀末にはフィロキセラの危機がフランス全土のほとんどを襲い、ロワール地方もまたその被害を免れなかった。

その後、生産者達の最大の関心事はワインの質の向上の追及となり、それが今日まで名声を博しているアペラシオンの誕生へとつながっている。

■ 産地の景観

ぶどう畑はロワール河の両岸と、本流および支流にせり出した丘陵と台地の部分に広がっている。

ロワール河はヴィヴァレ地方とヴレ地方の境界で生まれている。河は第三紀の時代に起こった大きな断層に沿ってすぐに北へと方向を換えている。さらに峡谷から盆地へ流れロアンヌ付近で広い平地に出、ヌヴェールの南でアリエ川を合流して水量を増す。その後第三紀に形成された一面貝殻砂で覆われているパリ盆地の沈降の周縁の高まりに流れは沿い、オルレアンで西に向かって流路を大きく換えている。河はその後緩い盛り上がりで分けられたトゥーレーヌとアンジュー地区にさしかかる。トゥーレーヌ地区ではベリーとリモージュ地方からのいくつかの河川──シェール川、アンドル川、クルーズ川を合流して広くなったヴィエンヌ川──を、アンジュー地区ではメーヌ川とその支流群──マイエンヌ川、サルト川、ロワール川（訳注：綴りはLoirで大河Loireとは異なる）──を合流している。その後ロワール河はシレックス質のアルモリカ台地のあいだを通り、ナント市付近の構造盆地であるグランド・ブリエール湿地で河口に達し、その流れを終えている。

ロワール河は行政上の5つの地方──オーヴェルニュ、ローヌ＝アルプ、ブルゴーニュ、サントル、ペイ・ド・ラ・ロワール──の13の県にまたがって流れ、変化に富んだ風景に調和した73に上るアペラシオンを擁している。これらの産地は、広々とし澄み切ったこの地方特有のニュアンスに富んだ、陽の光と木陰が織りなす景観に包まれている。

このようにロワール地方のぶどう畑は河の流れとともにあり、その景観は、文化および歴史的なつながりを構成している背骨ともいえるだろう。

ロワール地方はアキテーヌ、ラングドック＝ルシヨン各地方に次いでフランス第3位の生産地であり、これら流域のぶどう産地は、この地方に不可欠な経済的な立役者でもある。

ぶどう品種、ワインのタイプ、生産機構、土壌、気候、これらすべてにおいて多様性に富み、はっきりとした差異が見られる産地全体は、東から西に、オーヴェルニュ、中央フランス、トゥーレーヌ、アンジュー＝ソミュール、ナントの5つの大きな栽培地区に分けることができる。

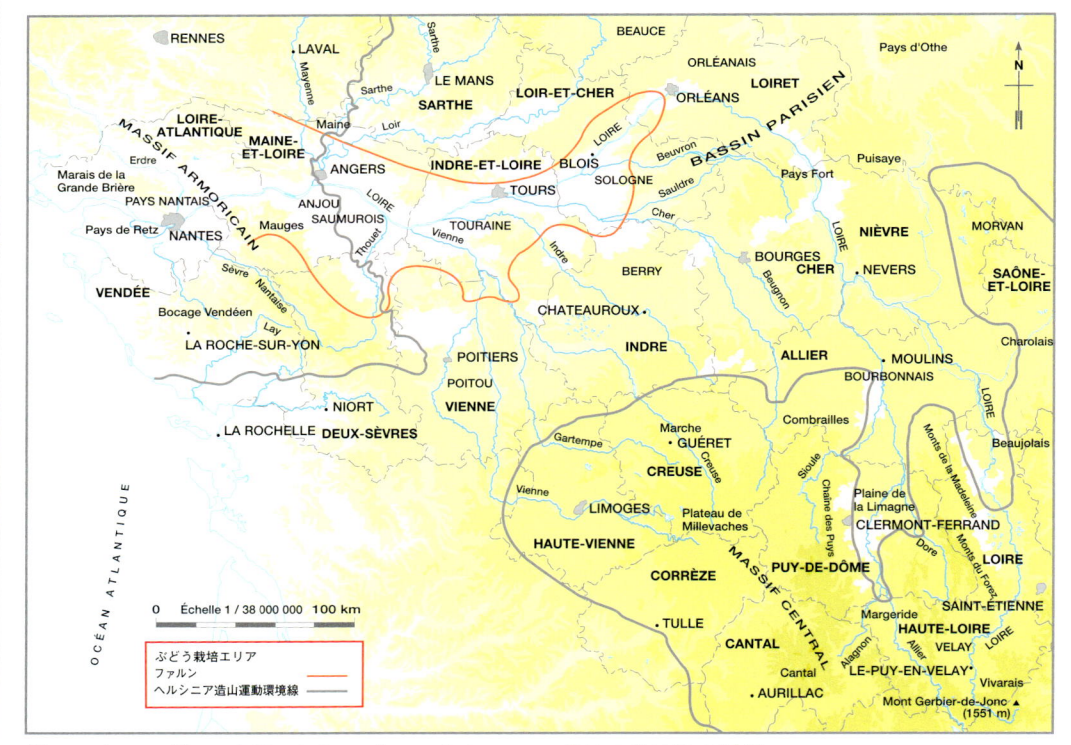

■ 気候

ロワール河とその支流は流域の気候の調整役を務めていて、微気候や局地気候などの様々な気象状況の存在を助けている。

この地方におけるぶどう栽培の気候上の境界線は、地図上には現れない様々な要素によって、北と南を分けるロワール河の流れとは異なっている。加えて、年毎に異なるぶどうの熟し具合とワインの質にとって、地域の気候的な性質が重要となることはたいへん興味深いことである。

ロワール地方の多くのワイン産地に見られる気候の特徴

ジェルビエ・ド・ジョン山系からナント市へいたるロワール盆地の栽培地の景観

- ぶどう栽培エリア
- ファルン
- ヘルシニア造山運動境界線

ロワール河流域

■ 地質と土壌

ロワール地方は、ヘルシニア造山運動でできた花崗岩、シスト、片麻岩で構成された中央高地とアルモリカ山系のあいだに横たわる、地質土壌学的にも変化に富んだ地である。またそれら、2つの山の連なりはポワトゥーで会している。

は、温和で多少弱められた海洋性気候の影響である。

しかしながら、海から離れていることと散発的に大陸性気候が見られることや、起伏や山の斜面に近いことによる変化などの影響で年間を通じての気温較差がはげしく、特に冬の気温の低下が顕著である。

高地の付近を除いて降水量は少なく、春は乾燥している――特にアンジューとトゥーレーヌ地区――。また、夏のあいだに夕立のようなにわか雨がしばしばあることも特徴のひとつである。

これほど景観に違いがあり、地理的に多くの要素がある地方においては、共通した気候特性というものはないといえるだろう。

ロワール河と多くの支流は、土壌、気候と各産地間の差異を際立たせると同時に和らげる働きもしている。そしてその結果生み出すワインの多様性にも寄与している。

中央高地とアルモリカ山系のあいだに横たわるロワール河は、風と水の流れによって数千年のあいだに運ばれた石灰質堆積物、砂や粘土、礫や泥土からなるパリ盆地に、その河床をおいている。この地方のぶどう畑がそれぞれの産地に応じた特徴をもって発達してきたのは、この珪質や粘土質、石灰質の粒子や、岩石粒の集合体のなかにおいてである。

であるから、地質土壌学的ないくつかの特色を挙げ、ぶどう栽培への影響を確かにもたらしている多くの地質の種類を指摘することができる。したがってぶどう樹の根が深く入り込んだところに現れる母岩――シスト、ロワール地方によく見られるテュフォー――を考えなければならない。この母岩に加わった様々な風化や風食堆積物、といった要因による亀裂が見られる。

この地方の土壌は以下に挙げるような物理的特色をもつ5つの種類に分けられる。

硬い岩石層 地質的にの下盤は、60センチメートルほどの深さにある、シストや砂岩、石灰岩などによって構成されている。このタイプの地質はアンジュー地区のコトー・デュ・レイヨン、コトー・ド・ローバンス、コトー・ド・ラ・ロワール、それにサンセールの各産地の小石だらけの土壌、あるいは「大なべの底」と呼ばれているトゥーレーヌ地区においてよく見られる。

柔らかい岩石層 この土壌はチョークともろいシストとで構成されている。岩は60センチメートルほどの深さに現れており、このタイプの土壌ではぶどうの根は柔らかい岩に入り込んでいくことができる。この土壌はソミュール地区、ブルグイユ、シノンで頻繁に見られ、またサンセールや、この土壌を「オーヴュイ」と呼ぶトゥーレーヌ地区にも広がっている。

風化した岩石層 硬い岩石あるいは柔らかい岩石が風化した岩、シレックスを含む粘土などが3つめのグループを形成している。土壌はより深く、およそ120センチメートルの深さにならないと岩に達することができない。このタイプの土壌は下盤がシスト、石灰岩、片麻岩など様々な岩石から形成されていて、ロワール地方のあちこちで見ることができる。

砂利質、砂質、礫質層 これらはわずかな粘土を含んでいて、4つめの土壌のタイプを形成している。ロワール河とその支流の台地と、古くから最近にかけての沖積土層がこのタイプに組み入れられている。この土壌はぶどう畑に水捌けのよさをもたらしている。

風化した上層土 様々な成分で構成されている5つめの土壌のタイプである。物理的な特徴は粘土層の上の黄土で、地層構成物と小石が120センチメートル以上の厚さに見られる。このタイプはロワール地方で比較的多く見られ、前述の通り土壌はとても厚い。また粘土質のため、水捌けが悪く、雨の多い年には厄介な問題となる。

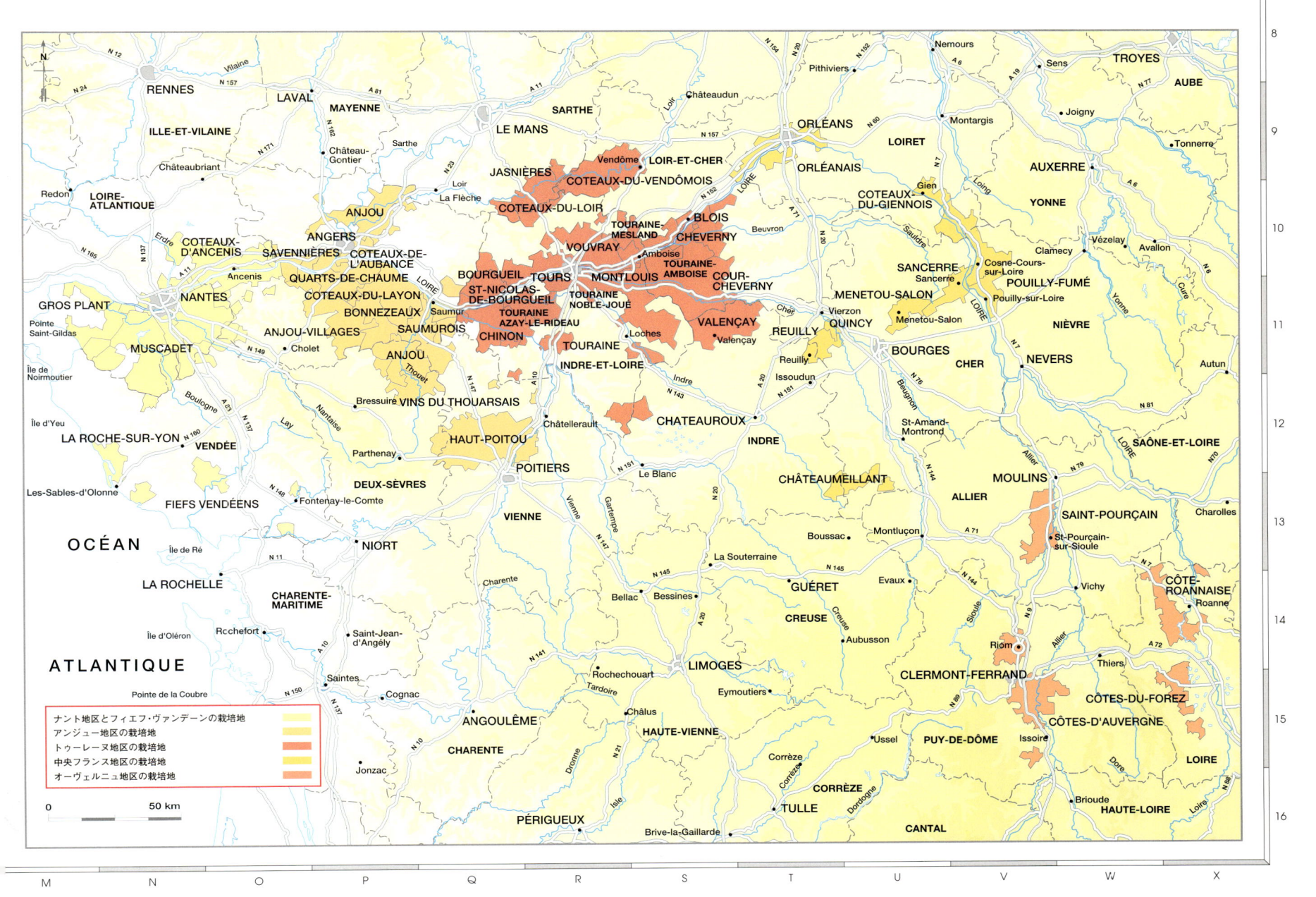

ロワール河流域

■ ぶどう品種

ロワール川流域のワイン産地ではぶどう栽培に適した土地に恵まれ、異なるテロワールと気候の影響をうけつつ、それぞれの条件によく適応したヴァラエティに富んだ多くののぶどう品種が用いられている。

🍇 黒ぶどう品種

カベルネ・フラン Cabernet Franc スペインのバスク地方が起源のこの品種はロワール地方ではブルトン種の名前で用いられている。このぶどうはアンジュー、アンジュー・ヴィラージュとブリサック、ソミュール、シノン、ブルグイユ、サン=ニコラ=ド=ブルグイユの各アペラシオンの主要品種である。気候的にもっとも条件のよいところでは枝は短く剪定されている。ぶどうの房の数は平均的で、実は小さい。質的に向上する潜在能力を秘めたアロマティークなワインである。その力が発揮されるのは粘土石灰質あるいは粘土珪質土壌で、砂質土壌にも適応する。

カベルネ・ソーヴィニヨン Cabernet Sauvignon ロワール地方で最近栽培され始めたこの品種は成長が遅いのが特徴で、たくましく、成熟までの周期が長い。水捌けのよい、むしろ乾燥気味の、日当たりのよい礫質土壌に適しており、特にアンジュー・ヴィラージュとブリサックのシレックス土壌との相性がよい。カベルネ・フラン種の後に完熟して収穫されたときには、ワインの色は際立って鮮やかになる。ヴィンテージにもよるが、カベルネ・ソーヴィニヨン種のワインは熟成する力がある。

コット Cot 収量を抑えてつくられると、この早熟なぶどうは色付きのよいタニックな、香りも豊かで、柔らかくしなやかな口当たりのワインになる。たくましい品種だが結実不良を起こしやすい。コット種は主にトゥーレーヌ地区で用いられている。

ピノ・ノワール Pinot Noir この品種は比較的丈夫で生産性も高いが、発芽が早く春の霜の害をうけやすい。粘土石灰質の土壌で下盤岩石が柔らかく、水捌けのよいところがもっとも適していて、厚い土壌は向いていない。サンセールとトゥーレーヌ地区の東側の栽培地に多く見られる。

グリ・ムニエ、ピノ・ムニエ Gris Meunier ou Pinot Meunier 果皮が灰色で繊細なこの品種はオルレアンの栽培地の主要品種である。独特の個性のあるロゼと赤ワインになり、砂質および礫質の古い沖積土層での栽培に適している。

ピノ・グリ Pinot Gris ピノ・グリあるいはマルヴォワジー種はトゥーレーヌ=ノーブル=ジュエ、コトー=ダンスニで栽培されている。ピノ・ノワール種の灰色版といったふうだが、生み出すワインは白である。かなり丈夫だが収量は少なく、北部の産地に適した品種である。ほどよくこくのあるアロマティークで繊細なワインを生み出す。

ガメ Gamay ガメ種は発芽が早く収量の多い、灰色ベト病にかかりやすいぶどうである。岩石層が根が張るのを邪魔しない限り、浅い土壌でも栽培される。土壌の層が厚いところでは、わずかな水分と肥沃さが制限され、剪定をしっかりおこない樹勢を抑えた場合に、この品種はとてもよい結果をもたらす。トゥーレーヌ、アンジュー、コトー・ダンスニ、オー=ポワトゥー、フィエフ・ヴァンデーンでよく見られる。

ピノー・ドーニス Pineau d'Aunis このぶどうの性質はカベルネ・フラン種に似ている。灰色ベト病にかかりやすく、収量は安定していない。丈夫さは中程度、乾燥にほとんど影響されず、表土が薄い土壌によく適応する。この品種の栽培は目立たないが、コトー・デュ・ロワールとヴァンドームのワインの個性に貢献している。

グロロー Grolleau 良質のワインを生むためにはグロロー種の収量は抑えられなければならない。残念ながら肥沃な土壌に植えられることが多く、あまりかえりみられない状態にある。しかし痩せた土壌に植え、当然ながら樹勢が抑えられれば、見直されるべき価値のある個性的なワインを生み出す。そのもっともよい例はアゼ=ル=リドーのロゼである。

ガメ・ド・ブズとガメ・ド・ショドネー Gamay de Bouze et Gamay de Chaudenay 果肉も色付いたこれらのぶどうは、トゥーレーヌでロゼの生産に栽培することが認められている。しかし実際には滅びつつある品種である。

🍇 白ぶどう品種

シュナン Chenin この万能なぶどう品種は、この地方ではピノー・ド・ラ・ロワールの名前で、長期熟成できる素晴らしい甘口と辛口の白ワインを産する。シュナン種はアンジュー、ソミュールとトゥーレーヌ地区の象徴的な白ワインの品種である。早く発芽する丈夫なぶどうで、その潜在的な力は土壌の肥沃度合いに左右される。栽培方法や石灰岩質、シレックスといった土壌の違いによって、甘口や辛口の異なったタイプのワインになるため、収穫時期や方法もそれぞれに適したやり方で生産されている。豊かな酸味があり、優雅さを保ちながら生き生きとしたたくましいワインになる。もっとも素晴らしいシュナン種は遅摘みされ、蜜のアロマをもったたいへん凝縮感のある、甘口、やや甘口、そして辛口にもなり得るワインである。

ソーヴィニヨン Sauvignon ソーヴィニヨン・ブラン種はこの地方の辛口白ワインの基本となる品種であり、独自性をも付与している。サンセールやプイィ=フュメ、カンシー、ルイィ、ムヌトゥー=サロン、コトー=デュ=ジェノワ、シュヴェルニー、そしてトゥーレーヌでは単独で用いられる。並外れて樹勢の強いこの品種は、痩せているかあまり肥沃でない土壌で樹勢の弱い台木を使って、しっかりと剪定をおこなう必要がある。出来上がるワインは辛口の、上品で繊細な味わいが特徴で、すぐにそれと見分けることができる。ソーヴィニヨン・ブラン種のアロマは若いうちは、テロワールや収穫年や栽培方法によって異なるとはいえ、エニシダ、カシス、黄楊等の特有のニュアンスが備わる。

ムロン・ド・ブルゴーニュ Melon de Bourgogne ブルゴーニュ原産のこの品種は、ミュスカデのベースになっていて、11,000ヘクタールにわたって栽培されている。発芽が早く、比較的収量は少ないが、剪定はキツめになされる。ムロン種は、粘土珪質であまり風化されていない土壌によく適応する。ワインは、香りは控えめだがバランスの良いフレッシュで心地よいものになる。シュル・リー製法で生産されると十分熟成にも耐えうる。

フォル・ブランシュ Folle Blanche グロ・プランで用いられる品種であり、おそらくシャラント地方原産である。発芽が早く収量も多いため、剪定をしっかりおこなうことによってコントロールする必要がある。また灰色ベト病にかかりやすい。アルコール度は低く、きりっとした酸の豊かなフレッシュで軽いワインとなる。

アルボワ Arbois この地方ではムニュ・ピノー Menu Pineau 種と呼ばれ、アルボワ地方とはまったく関係がない。トゥーレーヌ地区で栽培され、特にロワール=エ=シェール県で多く見られる。平均的な房と小さな実で灰色ベト病に強い。果実に糖分の蓄積力があり、しばしば酸味が弱くなる。軽んじられている品種だが、見直されるべきぶどうでもある。

シャスラ Chasselas この早生の品種は3月の終わりに発芽し、8月の後半には成熟する。したがって天候に大きく左右されることが多い。出来上がるワインは香りに特徴が無く、しばしば酸味に欠ける。単一で醸造され、ワインはプイィ=シュル=ロワールのアペラシオンとなる。

ネグレット Négrette 南西地方原産の発芽の遅い品種で、フィエフ・ヴァンデーンで広く栽培されている。結実不良を起こしやすく、そのため収量が安定しないことがある。ぶどうの房と実は小さく鮮やかな色をしている。でき上がるワインはアロマティークで心地よく、特に礫質、砂質土壌によく適応する。

シャルドネ Chardonnay シャルドネ種は豊富な酸を保ちつつ、うまく熟することができる。この品種に適しているのは石灰質あるいは泥灰質の土壌である。シャルドネ種は他のぶどう品種とブレンドされてもその特徴を保つことができるため、様々なアペラシオンの補助品種となっている。

グロロー・グリ Grolleau Gris グロロー・ノワール種の灰色版。成熟すると果皮と実がわずかに色付く。樹勢が強いので、枝を短く刈り込む必要であり、水分の供給の少ない土壌で栽培されるほうがよい。

ロモランタン Romorantin この品種はロワール=エ=シェール県が原産である。房は平均的で粒は小さい。ロモランタン種は熟成タイプのフルーティーでとても心地よいワインになり、クール=シュヴェルニーやヴァランセーで栽培されている。

サン=ピエール・ドレ Saint-Pierre Doré サン=プルサンの土着の品種であり、ひっそりと栽培され、もはや逸話的ですらある。

サシー Sacy トレサリエ Tressalier 種の名でよく知られており、サン=プルサンで栽培されているが、上述のサン=ピエール・ドレ種より収量は多い。収量をコントロールすると、ワインは辛口でたくましい興味を引くものになる。

ロワール河流域 ◆ ナント地区とヴァンデ

Pay Nantais et Vendée
ナント地区とヴァンデ

ロワール河流域の最西端、大西洋に注ぐ手前の河の南側に広がっているナント地区とヴァンデの栽培地は、辛口白ワインの地としてことに有名である。ミュスカデはシー・フード好きのあいだではよく知られた銘柄だが、他にも複雑さを備え、熟成が可能なタイプも存在する。

ナント地区の栽培地

ナント地区の栽培地の特徴は主に3つの自然要因から成り立っている。すなわち海が近いことによる海洋性気候、アルモリカ山系の変成岩や火山岩を含む地質、ロワール河とその支流に形成された丘の起伏、である。

■ 産地の景観

ロワール河と大西洋のあいだの緩い斜面に広がるぶどう畑は、水捌けと地域に決定的影響を与える湿地帯の存在に大きく特徴付けられている。

様々な地形的要因と河川の影響をうけている気候の要因は、地質的・土壌学的要因よりも強くこの産地のテロワールを特徴付けている。ロワール河と大西洋のあいだに位置するこの地域は、湿潤な地帯——グラン=リュー湖、グーレーヌ湿地帯——を含んでおり、これがテロワールにもっとも重大な影響を与えている。

しかし表土と基盤も多様性に富んでおり、他の地区の産地同様、性質の異なったワインを生み出している。

ナント地区のぶどう畑の分布を大まかに見て地理的に分類してみると、ロワール河口からアンスニに延びたロワールの谷線を北の底辺とし、クリッソン地域を頂点とする、倒立三角形のなかに入る。これを自然要因の別の基準で見ると、この三角形の境界は大体年間800ミリメートルの等降雨量線に相当している（下図参照）。

この地形は、10から90メートルの高さにあるこの地区の、ぶどうの成熟の速度を決定付ける別の要因になる。これらの小さい起伏はヘルシニア造山運動で生じた大きな起伏とその後（訳注：およそ2億5千万年のあいだ）の激しい侵蝕——第三紀、鮮新世と第四紀（現世）にいたるあいだ——の結果である。このすべての条件が同じであると仮定した場合、ぶどうの成熟度はその地の標高と反比例する。

ぶどう栽培にもっとも適した斜面は、概して多くが川の沿岸か断層地帯に沿っている。ミュスカデ・コトー・ド・ラ・ロワールのアペラシオンのぶどう畑は、この地区のなかではもっとも傾斜があるところとして知られていて、その斜度はしばしば5度以上になる。

水捌けを担う水路網による温度の調節はぶどうの成熟にとってたいへん重要である。したがって北部のぶどう畑でもっとも早熟なのは、間違いなくグラン=リュー湖とグーレーヌ湿地帯に沿ったわずか10メートルから40メートルの小さな勾配の斜面にある畑である。

■ 気候

ほとんど気温較差のない海洋性気候といえるが、局地的な気候にも大きく支配されている。

ナントの南西、グラン=リュー湖の窪地や南東のグーレーヌ湿地帯のような存在が、ぶどう畑に及ぼす気候的な要因のなかでもっとも重要な役割を演じている。その影響は日照量、降雨の頻度と量、気温調節などすべてに及んでいる。突然の雷雨や雹など気候上のアクシデントはまれであるが、襲われれば重大な結果を招く。またこの地区でのぶどう栽培では、春霜の頻度を考慮に入れておかなければならない。

したがって、ぶどう樹の生理的なサイクルと栽培の限界を考慮した上で、生産者たちは良質のワインを得るのにもっとも適した、海洋性の傾向をもった気候の土地を選択してきている。

■ 地質と土壌

ナントのぶどう畑の主要なそして複雑な地質は、古生代を起源として2つにはっきり区別できる。

ひとつは酸性岩で、鉱物種が少なく片麻岩、シスト、雲母片岩、花崗岩で構成されている。もうひとつは中性もしくは塩基性の岩で、マグネシウム、鉄を主成分に含む鉱物が豊富で、斑れい岩、角閃石、プラジナイトなどからなる。

ほとんどが茶色の酸性土壌にもかかわらず、土壌は多様性に富んでいる。ぶどう栽培の点からいえば、土壌の質は主に次の3つの基準で判断される。肥沃さ、湿度、土壌が暖かくなる度合いで、ぶどうの成熟の早さはこれらに左右される。

例としてナント地区で、上に述べた2つの種類の土壌がぶどうの早熟さに及ぼす結果を以下に示そう。

粗い組織の土壌 ほとんど風化していない母岩上の薄い土壌で、浸透性があるため保水力に欠け、夏の終わりには水分不足によるぶどう樹のストレスを惹き起こす危険がある。この痩せた土地は春先にすぐに暖まり、果実が早く成熟するのに好都合である。ぶどうの収量をうまく調節すれば、ワインづくりにとってよい土壌といえる。

砂質泥土の土壌 角閃石の母岩上に平均的な厚さで、亀裂があり風化した岩石のポケットが見られる。地形がぶどう栽培にとって具合がよければ、水捌けが十分でありながら水分をうまく保つこともできる。ここではぶどうの根は深くまで入り込み、成熟は半ば遅くなる。というのも根が深部に達しているところでは土壌はゆっくりと暖まるからである。凸状の土地はそこそこの肥沃さをもたらす。

泥砂質の土壌 土壌は厚いが、上層部は不透水性である。中間の層位では柱状の粒の粗い粘土があるため保水性を保っている。深いところの母岩は斑れい岩である。この土壌は透水性がなく、地形があまりよくないと水分の分布状況に問題を生ずるおそれがある。また暖まるのに時間がかかるため発芽が遅くなる。ここでは保水が大切で、土壌は肥沃であるが、斜面で栽培されたぶどうは、その質のよさが顕著に現れる。

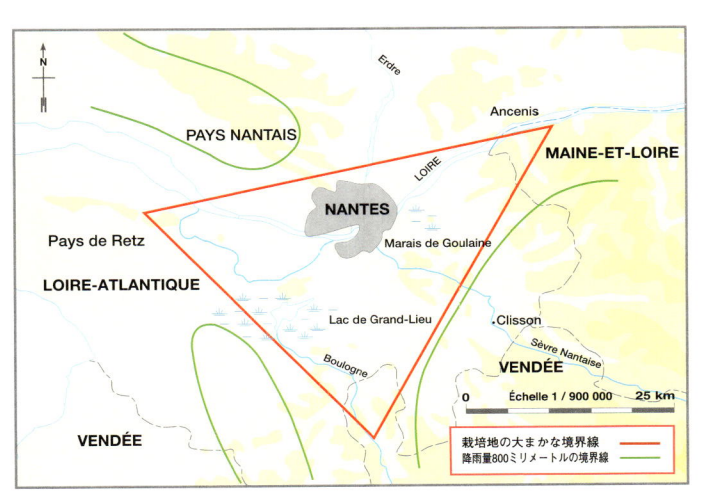

栽培地を示す大まかな三角形と降雨量800ミリメートルの境界線

統計（ナント地区）
栽培面積：13,500ヘクタール
年間生産量：790,000ヘクトリットル

99

ロワール河流域 ◆ ナント地区とヴァンデ

ぶどう品種とワイン

この地域においては3つの産地が隣り合い、時に重なり合っている。

ミュスカデ Muscadet ナント市の南、ロワール＝アトランティック県、それにメーヌ＝エ＝ロワール県とヴァンデ県の境のいくつかの集落にわたって広がっている。

ミュスカデを名乗れる産地は、グラン＝リュー湖とアンスニのあいだの広大な範囲にある。それらはナント市の南東のミュスカデ・ド・セーヴル・エ・メーヌと、ナント市とアンスニの町のあいだを流れるロワール河の両岸にあるミュスカデ・デ・コトー・ド・ラ・ロワール、それにナント市の南西に広がるミュスカデ・コート・ド・グラン＝リューの、大きく3つのアペラシオンに分けられる。

ワインは、この地でミュスカデ種と呼ばれるムロン・ド・ブルゴーニュ種からつくられ、この良質のぶどう品種からは、大方若いうちに飲まれる辛口の白ワインが出来上がる。伝統的に発酵中からその後の数ヵ月間、オリを引かずにワインと一緒に置かれ、その結果ミュスカデ・シュル・リー（訳注：シュルは上、リーはオリの意）は新鮮さを保ちつつそれなりの粘性もある、まろやかな口当たりのワインになる。

ミュスカデは同時に驚くほど熟成能力のあるワインでもある。その結果、確かに銘酒としての特徴を身に纏い、加えてたいへん複雑なアロマも備える。またぶどう栽培に影響を与える自然要因は様々なので、生み出されるワインの骨格やアロマ、熟成能力などに差異を生む結果となる。したがってこの地方の生産者は今日、まだあまり知られずうまく利用されていないミュスカデのポテンシャルに熱心な関心を寄せていて、とりわけテロワールの力を引き出し、特徴付けるという基本的な努力がなされている。

しばしばミュスカデに添えられる「シュル・リー」という名称は、特殊な土壌に関係するのではなく、伝統的な醸造法に関する事柄である。この方法には主に2つの効果がある。まずオリ引きをしないために酸化を防ぎ、発酵で得られる炭酸ガスの損失を避けることができるため、ワインにフレッシュさと潑剌とした味わいを残すことができる。一方で発酵を司る酵母からできるオリは、より複雑なアロマとなる様々な化合物を取り込み、それが熟成期間中のワインの香りを発達させるのである。

グロ・プラン（VDQS）Gros Plant 地理的に海に近く、ミュスカデよりも広い範囲にわたっていて、その一部は重なっている。ここで生産される白ワインは、この地方ではグロ・プラン種と呼ばれているフォル・ブランシュ種からつくられ、辛口となる。この品種は生産量が多くなり、酸が豊富で、アルコール分が低くなるので、剪定をしっかりおこない収量を抑えなければならない。生産者たちは、ほどよい酸はあるものの、より豊かなボディのワインになるよう、栽培方法や醸造方法を工夫してきた。

グロ・プラン種には地理的条件以上に、海を感じさせてくれる要素がある。というのもその味わいは他のワインにはない、ヨードと塩気のある貝類のような風味を思い起こさせるからである。

コトー・ダンスニ（VDQS）Coteaux d'Ancenis このワインはロワール＝アトランティック県の東、ナント市とアンジュー地区のあいだのロワール河両岸の丘陵で生産されている。ここではガメ種から赤ワインとロゼワインがつくられている。結晶片岩質の浅い土壌で、ぶどう果の成熟に適した傾斜のある場所で栽培されている。ロワール特有の軽快さを残しながら、ガメ種はこの土壌から色づきと複雑なアロマを引き出し、良質のワインを生み出している。

またこの地では、別名マルヴォワジー種と呼ばれるピノ・グリ種から甘口の白ワインがつくられることがある。他にシュナン種とカベルネ種も栽培されてはいるが、あくまでも話しの種にすぎない。

ヴァンデの栽培地 VDQS

ヴァンデの栽培地は、ロワール河の影響をうける一帯からは外れている。海洋の影響が残っているとはいえ、どちらかといえばアキテーヌ地方（訳注：ボルドーおよび南西地方）の栽培地を思い起こさせる。

■ 産地の景観

ロワール河とアキテーヌ地方のあいだに位置し、産地は広さの著しく異なる4つの区域に分けられる。

点在する産地は、ヴァンデ県の南部では、大西洋沿岸のブレム・シュル・メールやマルイユ・シュル・レイ、南東ではヴィクスの丘陵とピソットの町周辺に見られる。

ブレムのぶどう畑は、昔塩田があった湿地に沿った緩やかな斜面に広がっている。15メートルから30メートルと、わずかな高低差しかなく、海からの風と湿地帯の影響をうけている。伝統的につくられているのは白とロゼワインである。

マルイユのぶどう畑はヨン川とレイ川の流域に沿った丘陵を覆っている。25メートルから60メートルの高さの緩斜面で、ところどころ勾配は急になっている。各ぶどう品種の生育度合いの違いによって区画が定められ、白、ロゼ、赤ワインがつくられている。

■ 地質と土壌

北部は古生代、南部は中生代の地質となっていて、この点においてもちょうどロワール地方とアキテーヌ地方の変わり目を示している。

地質的な累層がこの変わり目のもっともよい例証になるだろう。一般的にぶどう畑の土壌は茶色の酸性土あるいはレシヴェ土壌で、とりわけヴィクス方面の中生代の基盤上の土壌は、茶色の石灰質である。

ブレム・シュル・メールのぶどう畑は古生代の基盤上に広がっている。母岩はしばしば結晶片岩や流紋岩、片麻岩で形成されている。

マルイユ・シュル・レイのぶどう畑はその大部分が古生代の結晶質岩石——結晶片岩、流紋岩等々——上にある。もっとも南寄りのわずかな部分だけジュラ紀の石灰岩に支えられている。

ヴィクスのぶどう畑はもっとも南にあり、中生代を起源とする石灰岩を基盤として広がっている。またピソットのぶどう畑は総じて結晶片岩の基盤上にある。

ここから数十キロメートルのところにヴィクスのぶどう畑が、もっとも高いところでも25メートルしかないポワトゥーの湿地——島——を占めている。礫質の痩せた土壌の緩やか斜面の台地という地勢は赤ワインとソーヴィニヨン種の白ワインに向いている。東側ピソットのぶどう畑は、高低差90メートル以上あるメルヴァンの森のはずれの斜面に広がっている。この地域がフィエフ・ヴァンデーン（訳注：ヴァンデ領地の意）で、もっとも成熟の遅いところである。ここでは白ワインとロゼワインが好んで生産されている。

■ 気候

夏期の日照量は地中海沿岸地方と同じである。

大西洋沿岸地帯はヴァンデのなかでももっとも雨の少ない地である。ブレムでは年間の降雨量が700ミリメートル以下なのに対し、マルイユでは750ミリメートル、ピソットでは800ミリメートルとなる。日照時間は長く2000時間以上になり、そのうち1000時間が6月から9月にあたる。海に近いことで気候の較差が和らげられ、めったに遅霜に襲われることはなく、雷雨もまたアキテーヌ地方より少ない。

ぶどう品種とワイン

栽培されているぶどう品種と生産されるワインからも、ロワール地方と南西地方が交差するところであることが分かる。

4つの区域では赤も白も同じ品種が栽培されているが、その割合はそれぞれの産地の伝統や自然要因、ワインのタイプによって異なっている。全体では、軽い赤ワインが40パーセント、滑らかで瑞々しいロゼが45パーセント、フルーティーで潑剌とした白ワインが15パーセントほどとなっている。これらはすべて飲みやすいもので、若いうちに愉しむ。

• マレイユ・シュル・レイ区域（250ヘクタール）は、赤とロゼを特に多く生産している。ピノ・ノワールとガメ種からつくられ、独自性を出すためにほんの少しネグレット種がブレンドされている。白ワインの生産量はわずかで、シャルドネとシュナン種からつくられる。

• ブレム・シュル・メール区域（110ヘクタール）では赤、白、ロゼそれぞれ同じような割合である。赤とロゼ用には上記のマレイユと同じ品種が使われ、白のベースにはシュナンとグロロー・グリ、シャルドネ種が用いられている。

• 30ヘクタールほどのヴィクスでは、4割をソーヴィニヨン・ブランとシュナン種が占め、赤用には2つのカベルネが主として用いられている。

• ピソットのぶどう畑もおよそ30ヘクタールで、シュナンとシャルドネ、それにムロン・ド・ブルゴーニュ種を加えて、それぞれが3分の1ずつ植えられている。赤用の品種はガメ、ピノ・ノワールとカベルネ種であるが、この成熟の遅い地域ではロゼワインとなることが多い。

統計
栽培面積：450ヘクタール
年間生産量：24,500ヘクトリットル

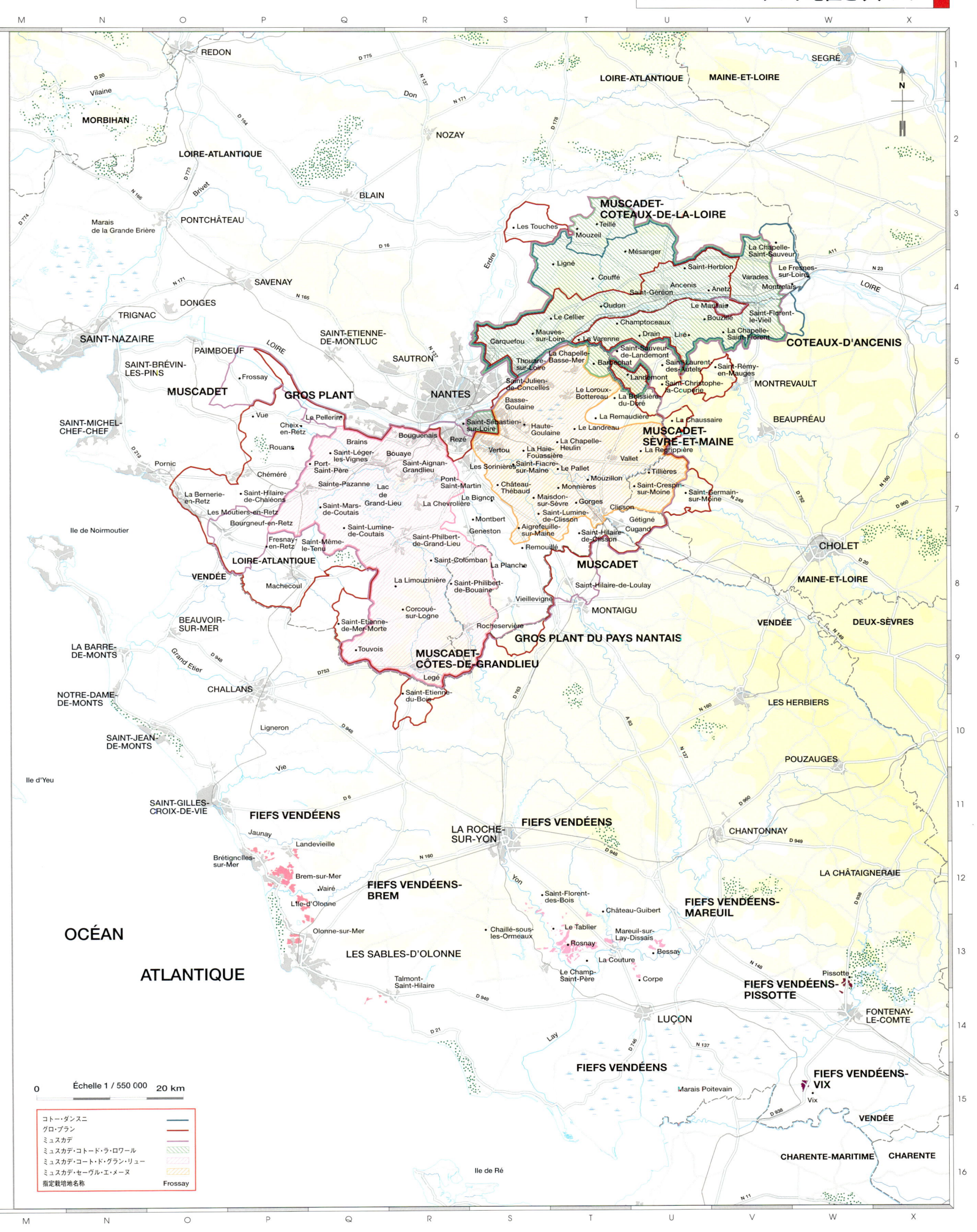

ロワール河流域 ◆ ナント地区とヴァンデ

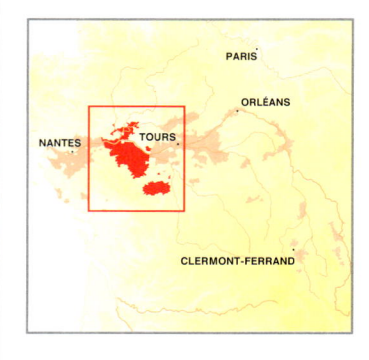

ロワール河流域 ◆ アンジューとソミュール地区

Anjou et Saumurois
アンジューとソミュール地区

ナント市とトゥーレーヌ地区のあいだ、アンジューとソミュール地区のぶどう畑は互いに隣り合い、気候的影響、また土壌のタイプという点からも、その特性を分かち合っている。そのような条件のもと、両地区はぶどう栽培には最適で、あらゆるタイプのワイン──滑らかで力強い赤ワイン、辛口にやや甘口から甘口の白ワイン、辛口とやや甘口のロゼワイン、そして同じような種類の発泡酒など──が生産されている。

■ 産地の景観

ぶどう畑はロワール河の支流ヴィエンヌ川の河口から、流域の幅が急に狭くなるアンスニまで河の両岸に連なっていて、広々とした雄大な景観に溶け込んでいる。

トゥーレーヌ付近で幅3キロメートルから4キロメートルで流れているロワール河は、ブルグイユの産地付近から、白亜紀セノマン階の砂質層の河床をさらに広げている。その後抵抗のない河床に、川幅は10キロメートル(訳注:通常流れている川幅ではなく、河川敷の幅)近くにまで達する。この景観はおよそ70キロメートルにわたってメーヌまで続き、アンジューの流域を形成している。アルモリカ渓谷が始まるポン=ド=セとアンジェ市の下流で、最初に遭遇するアルモリカ山系の硬い岩石群のためロワール河の幅は約2.5キロメートルに狭められ、標高50メートルから60メートルの高さの丘陵のあいだを下っている。

ブルグイユからアンジェ市にかけての左岸の広大な平野は主として穀物栽培と牧畜にあてられている。右岸はカンド=サン=マルタンからポン=ド=セにかけて、南東から北西方向の丘陵を背にして、平野と面している。この丘陵の斜面がソミュールとアンジューの産地の中心部分である。さらに下流に行くとオーバンスとレイヨンのぶどう畑がある。アンジェ市とメーヌ川の河口を過ぎて河の北側の岸には、日当たりのよい南向きの斜面がアングランドまで広がっていて、そこには有名なサヴニエールのぶどう畑が点在している。

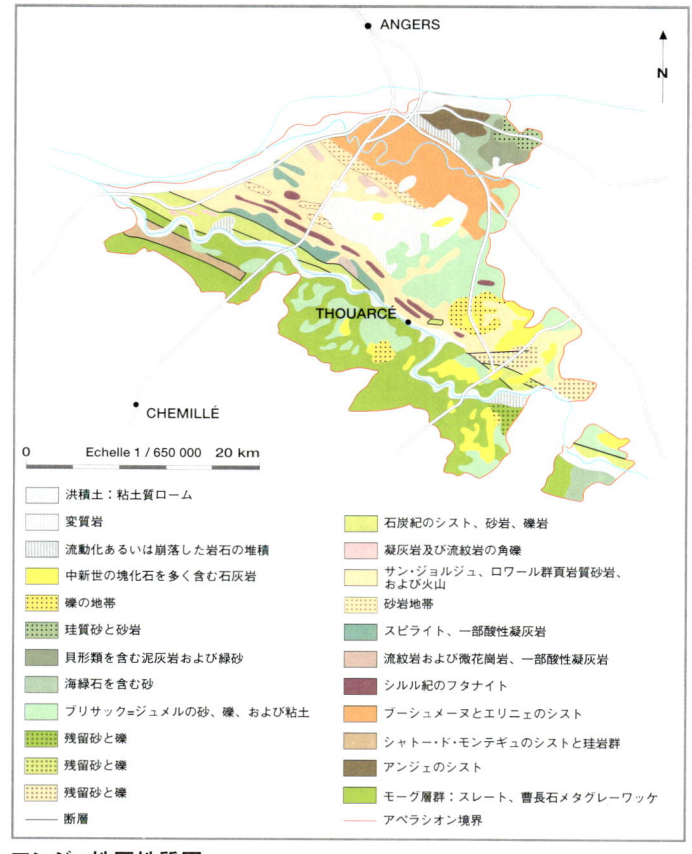

アンジェ地区地質図
ヘルシニアン造山運動と堆積地層の境界線

■ 地質と土壌

アンジューとソミュール地区の産地の土壌は対になっている。というのも双方では2つのまったく異なる地質の上にぶどう畑が広がっているからである。ソミュールの栽培地はパリ盆地の延長の上にあり、他方、アルモリカ山系に由来する土壌に位置するのがアンジューである。

東側はパリ盆地の堆積物からなる。この地は石灰質の白亜で、白色の粘土石灰質の割合が高い土壌が特徴的であり、これがソミュールの産地に相当している。土壌はかなり厚く、母岩は柔らかいものとなっている。そのおかげで全体的にぶどうは根を深くまで張り、保水力にも優れている。

西側は、硬い結晶片岩と変成岩を含んだアルモリカ山系の東のほとりに粘土岩質の土壌が広がっている。ざっと見るだけでもアンジューでは赤にロゼ、辛口から中辛口、それにやや甘口から甘口と、すべてのタイプの白ワインを生産している。ここでの土壌はソミュールのものと強い対照を示している。この地区の土壌はほとんどが浅く、硬い母岩の上に発達しているため保水能力に乏しい。このことはむしろ良質のぶどう畑にとっては都合がよい。

土壌的要素が決定的となるこの広大な産地全体のなかで、ぶどう畑は、基盤の地質的性質や起伏、斜面の向きなどによってきちんと画定された場所に広がっている。

ぶどう栽培の北西の限界にあるこの地では生育の遅い品種は完熟しない。確かにシュナン種はカベルネ・ソーヴィニョン種と同じく、薄く小石だらけで水捌けのよい理想的な土壌の場合を除いては、この過酷な気候状況ではなかなか完熟の域には達しない。

ぶどうの栽培に適した環境の大部分は、ロワール河やレイヨン川、それにリス川の流域や、ソミュールの白亜を含んだ小高い丘のように、地質的断層によって形成された斜面である。

1950年代から1970年代にかけては、この地のぶどう畑はもっとも理想的であると同時に、非常に傾斜がきつく耕作が難しいために放棄されていた。このような経緯は安易な商業的需要に応えるためで、多い収量と機械化しやすい土地での栽培が増えた結果からであった。

今日では質を追求したワインを求める声が日増しに高まり、上記のような最適な土壌への回帰がおこなわれつつある。特にレイヨンの栽培地で顕著で、この動きによって、かつて見捨てられていたぶどう畑の石垣や、小さな小屋までもが再利用されるにいたっている。さらに土壌のケアと、異なった土壌相を再組成するために、多くの客土が行われた。

現在では丘陵のもっとも困難な場所も拓かれ、アンジューとソミュール地区のテロワールの品位の高さは、ますますそのワインにおいて証明されてきている。

■ 気候

気候は気温の面では温暖な海洋性で、季節較差はそれほどではなく、いわゆる「アンジェの暖かさ」といわれるほどである。

主に大西洋から吹いている南西の風は湿気を多く含んでいる。しかしながらぶどう畑は、コルテとモージュの高い丘陵によって雨を遮られている。湿気を含んだ風が丘陵に達すると、再び冷やされて降雨をもたらす。気象学ではよく知られたフェーン現象によるものだが、これがある斜面と別の丘陵における湿気に大きな相違が見られる要因となっている。

風がアンジュー地区に達するときにはすでにかなり乾燥している。そのためこの地区のほとんどのぶどう畑では、毎年600ミリメートル以下の降雨量となっている。

この微気候はレイヨンのセイヨウヒイラギ樫や、ソミュールで生育するバナナのような植生の存在によっても明らかである。3月から8月にかけての水分の不足は、植物からの蒸散や降雨量と、土壌からの蒸発を比較してもモンペリエがある地中海地方に相当するくらいである。

ロワール地方では気候的な境界もはっきりしている。というのもぶどう畑はほとんどが河川の南側に発達していて、ロワール河の大きな影響を、気温や降水状況は与えられているからである。

統計
栽培面積:14,800ヘクタール
年間生産量:670,000ヘクトリットル

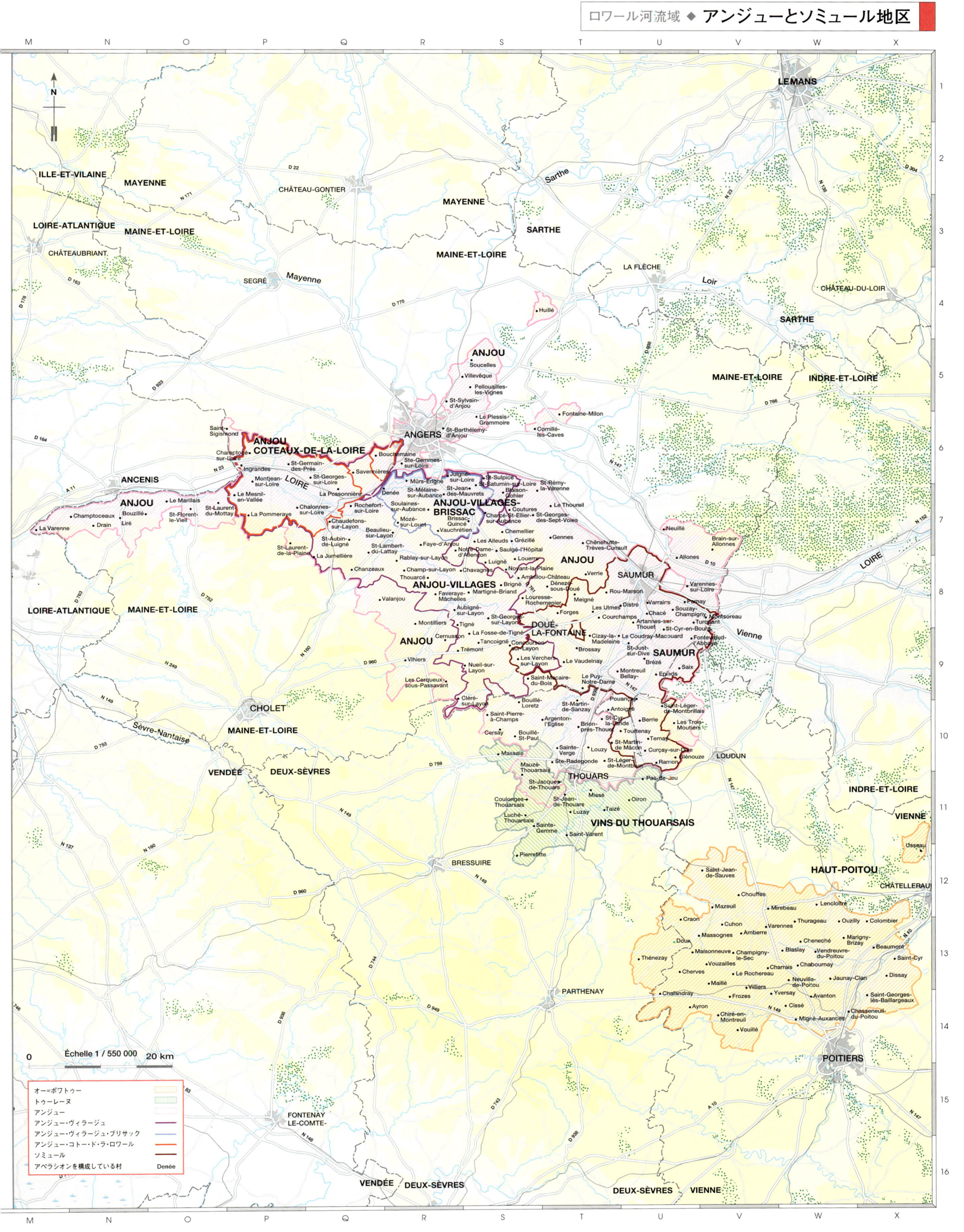

ロワール河流域 ◆ アンジューとソミュール地区

ロワール河流域 ◆ アンジューとソミュール地区

🍇 ぶどう品種とワイン

アンジューの非常に多様な土壌と多くの微気候によって、この地方ではあらゆるタイプのワインを生み出すことができる。すなわち辛口から中辛口、やや甘口から甘口までの、非発泡もしくは発泡性の白ワイン、早飲みタイプのフルーティーな赤と熟成向きのしっかりした赤、あるいは辛口とやや甘口の非発泡と発泡性のロゼワイン等々である。

この地区には隣り合った31ものアペラシオン——29のAOCと2つのVDQS——があり、過去1991年から2000年までの10年間の平均生産量は、年に788,000ヘクトリットルに達する。AOCワインに関しての内訳は、白ワインが240,000ヘクトリットル、ロゼワインが265,000ヘクトリットル、赤ワインが253,000ヘクトリットルとなっており、それにオー=ポワトゥーとトゥアルセのVDQSワインの30,000ヘクトリットルが加えられる。

ほとんどすべてのタイプのワインを、アンジューとソミュール地区では生産している。具体的には発泡性の白ワイン——アンジュ・ムスー、ソミュール・ムスー、クレマン・ド・ロワール——、非発泡性の辛口の白——アンジュ・ブラン、ソミュール・ブラン——、中辛口の白——サヴニエール、コトー・ド・ソミュール——、甘口の白——コトー・デュ・レイヨン、コトー・ド・ローバンス、アンジュー・コトー・ド・ラ・ロワール、ボンヌゾー、カール・ド・ショーム——である。また辛口のロゼ——ロゼ・ド・ロワール——と、やや甘口のロゼ——ロゼ・ダンジュー、カベルネ・ダンジュー——、軽い赤——アンジュー・ルージュ、ソミュール——、しっかりしたタイプの赤ワイン——アンジュー・ヴィラージュ、ソミュール・シャンピニー——などがある。

赤ワインとロゼワイン これらの多くが栽培面積の8,600ヘクタールを占めるカベルネ・フラン種からつくられ、残りのわずかな部分にカベルネ・ソーヴィニヨン種が645ヘクタールほど栽培されている。この2つの品種は赤ワインと、ロゼであるカベルネ・ダンジューのアペラシオンの主要品種である。ガメ種も栽培されていて、1,450ヘクタールの広さがある。この品種は主にアンジュー・ガメのアペラシオンとアンジューのアペラシオンのロゼワインに使用されている。しかしロゼの主要品種はグロロー種で、現在合計で2,550ヘクタールが栽培されている。

カベルネ・フラン種はボルドー原産のぶどうであるが、ロワール地方ではしばしばブルトン種の名で呼ばれている。というのは以前はブルターニュ(訳注:ブルトンはブルターニュの、という意味もある)の一地方という位置付けであったナントまで、海路で運ばれてきたとされるからである。この品種の栽培は11世紀まで遡って、様々な文書のなかに現れている。

ソミュールの石灰質土壌で栽培されると、カベルネ・フラン種は良質のソミュール・シャンピニーやソミュール・ルージュといったアペラシオンのワインになる。これらは優雅で繊細なタンニンを含んだすっきりとした骨格のワインでうまく熟成させることができる。

地区の西側のシストが見られる土壌で栽培されているカベルネ・フラン種は、アンジュー・ルージュとアンジュー・ヴィラージュ、アンジュー・ヴィラージュ・ブリサックのアペラシオンになる。この土壌ではワインはタンニンを多く含み、若いうちは厳しい味わいだが、時間がたつにつれてタンニンが溶け込み、黒い果実や森の下草のような複雑なアロマを纏うようになる。

カベルネ・ソーヴィニヨン種はほとんどがシストの土壌で栽培され、ワインは熟成タイプのものとなるが、若いうちでもカベルネ・フラン種のワインほど厳しい味わいにはならない。

ガメとグロロー種はさして評判にはならないワインになるが、それはおそらく1950年代から1960年代にかけて、収量が多くなる土壌に植え付けられたためである。それを再び薄い表土に限定して栽培をはじめ、特にグロロー種はたいへん良質のロゼワインを生み出すようになった。

この品種は1810年にトゥール市の近くで発見、選別されたもので、自然な状態では収量が多くなるため、丘陵で収量を制限しながら栽培された場合には潜在的なアロマティックさが発揮されることとなる。

白ワイン アンジュー・ソミュールの白ワインは、ピノー・ド・ラ・ロワール種と呼ばれるシュナン種から主につくられ、栽培面積のうち5,750ヘクタールを占めている。この品種は研究によって、10世紀以前に移植、選別されたピノー・ドーニスまたはシュナン・ノワール種由来であることが明らかにされている。

シュナン・ブラン種からは非発泡性と同時に発泡性のワインも生産される。またこの品種はサヴニエールのぶどう畑のように収穫時に選別され、上質の甘口ワインの醸造に欠かせないボトリティス・シネレア菌が付きやすいことも明らかである。

この豊満なぶどうは栽培された土壌の個性をとても反映しやすいので、消費者にはこの甘口のワインがアンジューでもトゥーレーヌでも、地理的にどこのものか比較的わかりやすいといえるだろう。

ソーヴィニヨンとシャルドネ種はこの地区では付随的なものと考えられている。しかし両方ともこの地方特産である発泡性のソミュール・ムスーのアペラシオンにおいてシュナン種の補助品種として使われていて、ときとして際立ったワインになる。

トゥアルセ
Thouarsais VDQS

トゥアルセのぶどう畑はソミュールの南に広がっている。

ドゥー=セーヴル県に属するトゥアルセの栽培地は20ヘクタールほどにすぎないが、ぶどうの生育には適した地である。トゥアルセは降水量が600ミリメートル以下と乾燥しており、土壌の質は良好である。特にぶどう栽培には適したこの地の、トアルス階の黄色石灰質土壌が向いている。ここではシュナンとシャルドネ種から生き生きとした香り高い白と、カベルネとガメ種から赤とロゼがつくられている。カベルネ種の赤は2、3年熟成させることができる。

オー=ポワトゥー
Haut-Poitou VDQS

ヴィエンヌ県に属し、フレッシュでフルーティーなワインが生産されている。

オー=ポワトゥーは、シャトルローの町の南西とポワティエ市の北西、国道147号線の両側に広がる産地である。470ヘクタールの面積では、多くの品種から赤、白、ロゼワインが生産されている。白ワインはソーヴィニヨン、シャルドネ、シュナン、ピノ・ブラン種、赤とロゼワインはピノ・ノワール、ガメ、メルロ、コット、2つのカベルネ、ガメ・ド・ショドネー、グロロー種からつくられる。

現在、栽培地は再編成の時期を迎えていて、目標はより適した土壌にソーヴィニヨン、ガメ、カベルネ・フラン種を植えることである。これらの土壌は2つの異なる地質から形成されている。ひとつはグルア Grouasと呼ばれる、小石の多い厚みのない土壌を含むジュラ紀の台地。もうひとつはセノマン階の泥灰土と白亜に発達した土壌を含むテューロン階のケスタである。

オー=ポワトゥーはフルーティーで滑らか、繊細な味わいの、若いうちに飲まれるワインである。

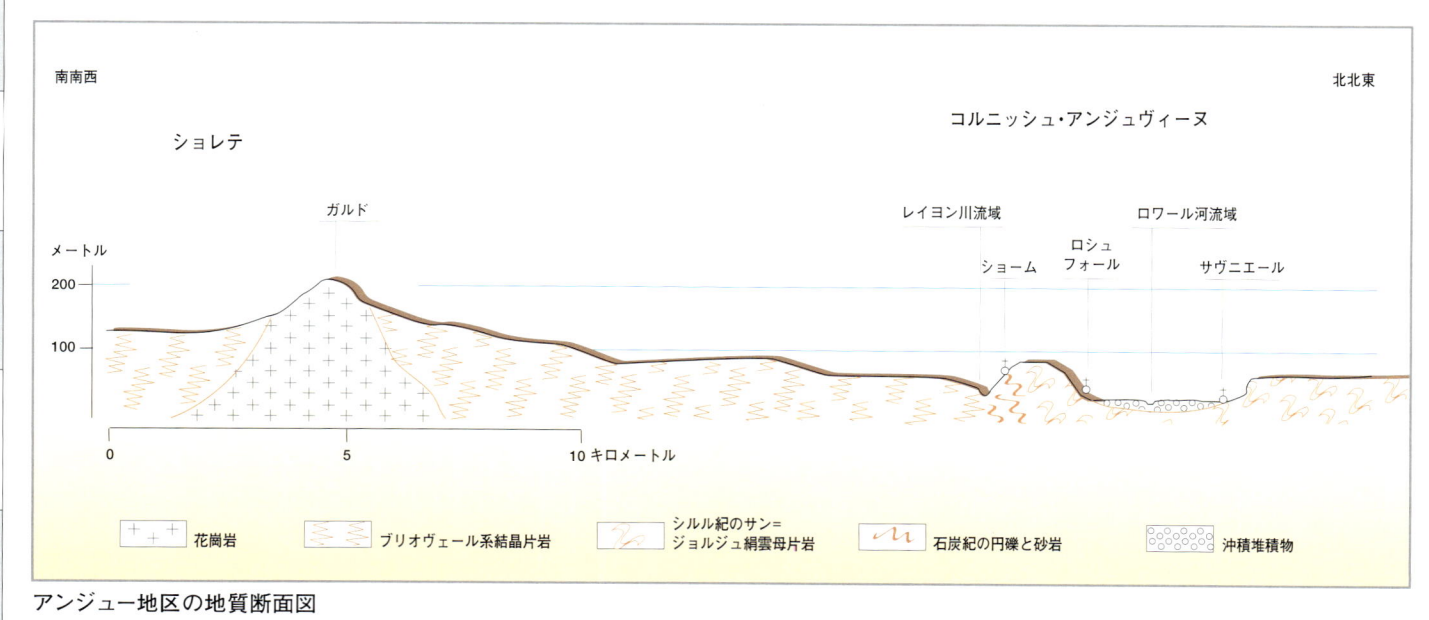

アンジュー地区の地質断面図

ロワール河流域　◆　アンジュー地区　◆　コトー・デュ・レイヨン　◆　コトー・ド・ローバンス

Layon et Aubance
レイヨンとオーバンス

ロワール河の左岸に連なるこの産地では、たいへんよい評判の、素晴らしい甘口の白ワインが生産されている。ロワール河の小さな支流であるレイヨン川とオーバンス川の存在によって、この甘口ワインに際立った個性を与えるボトリシス・シネレアという貴腐菌の発達が促されている。

コトー・デュ・レイヨン Coteaux du Layon

レイヨンのぶどう畑ではシュナン種のみから、とても評判のよい甘口の白ワインが生み出されている。繊細さとフィネス豊かな、芳醇さに溢れたワインである。

■ 産地の景観

ぶどう畑はレイヨン川の両岸に連なり、川は南東から北東に向いた浅い谷の窪みを流れている。

レイヨン川に分けられ、ぶどう畑は川の両岸の異なった地層の上に広がっている。右岸には支流が2つしかなく、斜面は65メートルから75メートルの標高差で起伏に富み、2段からなる著しい傾斜をしめしている。左岸側は川の上流では起伏はあまりないが、下流で20メートルを超えない程度での高低差を見せている。この岸には支流がたくさんあり、水量も多く、アペラシオンに独特の影響を与えている。これらすべての支流は南西から北東に流れていて、サン=ランベール・デュ=ラテのイローム川の谷間のように急峻な斜面のある、両側が切り立った谷を描いている。左岸の支流の谷は、南東向きの連続した小さな丘陵を区切っており、この地の気候条件におけるぶどう栽培に適したところである。

■ 地質と土壌

ぶどう畑は複雑で、主としてレイヨン川の右岸に侵蝕によって露出した母岩上に発達した土壌に広がっている。

レイヨンのぶどう畑は次の5つのタイプの土壌に区別される。
- 角礫を含む酸性土壌
- 石炭紀の礫岩、砂岩、角礫岩上の砂利交じりの土壌
- 石炭紀のシストの厚みのない土壌
- シルル紀の石英やフタナイトが入り込んだあまり厚みのない土壌
- 曹長石玄武岩上の塩基性土壌

これらの土壌のタイプが入り混じって、ぶどう畑はそれぞれ異なった景観を見せている。レイヨン川の下流、マルティネ・ブリアンの集落までの右岸では、石炭紀のサン=ジョルジュ=シュル=ロワール層群の上で均質の集合を形成している。左岸では両側の切り立った渓谷と砂利混じりのクループのある景観のなかに、険しい斜面がブリオヴェール系のシスト層上にみられる。

マルティネ・ブリアンの周辺、レイヨン川の蛇行のなか、ぶどう畑は川の流れに沿って、ブリオヴェール系のシスト上の丘陵を形成している。石炭紀層上の急傾斜の小丘も同様である。この累層はマリネ付近、マルティネ=ブリアンの南東にある村落で実際に見ることができる。川の上流では、石炭紀層群とサン=ジョルジュ=シュル=ロワール層群上に形成されている大きな斜面がコンクルゾン=シュル=レイヨン、ヴェルシェール=シュル=レイヨンの集落において見られる。

レイヨン川の景観は、ぶどう畑がブリオヴェール系のシスト上にある断続的な小さな丘陵を形成していることが特徴的である。これらの累層は、ヌイユ=シュル=レイヨンとパサヴァン=シュル=レイヨン、クレレ=シュル=レイヨンの各村においてよく見られる。

テロワールの潜在的な力を明らかにするために、栽培家たちは収量を厳しく制限する必要を感じている。そのため第一に、それぞれの区画毎の質に応じて、きちんとした境界の画定をおこなっている。

■ 気候

特殊な気候条件がボトリティス・シネレア菌にとっては不可欠である。

ボトリティシス・シネレア菌（貴腐菌）によってつくられる他のすべての甘口ワインと同じように、レイヨンのぶどう畑は特殊な気候条件の下にある。風あるいは太陽には菌の発生を促す夜間の霧を消散させる役目があり、湿気が果実に残ったままだともはや貴腐ではなく灰色カビ病になり、収穫は無駄になってしまう。ぶどう果の状態と種々の性格のワインにおいて、様々な気候的要因の影響を受けることがよく分かる。

🍇 ぶどう品種とワイン

この長く熟成できる豊かな甘口のワインを生産するのに用いられるぶどうは、シュナン・ブラン種ただ一種のみである。

シュナン種は完全にこの地方に適応しており、非常に優れた甘口ワインを生んでいる。ワインはうまく醸造されるとたいへん質の高いものになり、近年そうなる割合はどんどん高まっている。豊かさと優雅さの両方を兼ね備え、決してベタついたり甘すぎることなく、骨格がはっきりして口中に長く残るワインである。どの時期に飲んでも心地よいワインだが、年とともに際立って複雑なアロマを備えるようになる。

土壌の質によって、6つの集落がコトー・デュ・レイヨンのアペラシオンに名前を連ねることが許されている（訳注：2003年、ロワール地方で初めてのプルミエ・クリュ、ショーム・プルミエ・クリュ・デ・コトー・デュ・レイヨンが認められた）。

統計
栽培面積：1,600ヘクタール
年間生産量：45,000ヘクトリットル

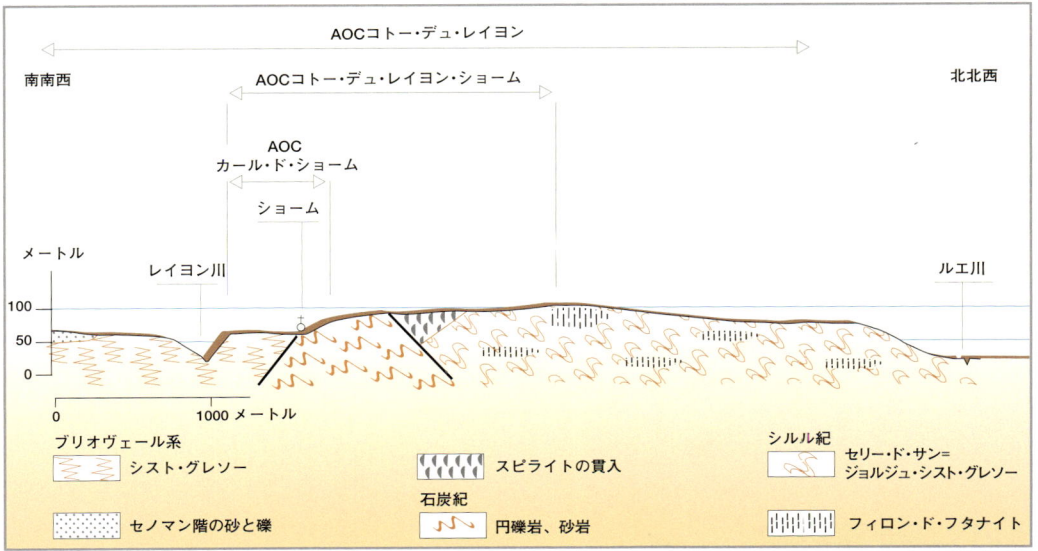

ロシュフォール=シュル=ロワールからサン=ランベール=デュ=ラテにかけてのレイヨンにおける断面図

ロワール河流域 ◆ アンジュー地区 ◆ コトー・デュ・レイヨン ◆ コトー・ド・ローバンス

コトー・ド・ローバンス Coteaux de l'Aubance

この産地では、繊細でバランスのよい、軽い口当たりの甘口ワインが生産されている。

■ 産地の景観

ロワールの大河と名前の由来となる小さなオーバンス川のあいだにあって、ぶどう畑は向きのよい丘陵と台地に広がっている。

あまり知られていないオーバンスの栽培地は、ロワール川と平行に半円を描くように集まった10の村落からなっている。西側はロワール河に面したローバンス川の河口によって、北は川の谷間にさえぎられている。この産地の景観は、台地と様々な向きの小さな丘陵によって特徴付けられ、そこには多くの微気候が見られる。

■ 地質と土壌

オーバンスのぶどう畑では土壌はたいへん均質で、ぶどう樹は色の濃い、古いアルモリカ山系基盤の土壌でのみ栽培されている。

アルモリカ山系のシストあるいはシスト砂岩質の累層上をオーバンスのぶどう畑が占めている。この良質な基盤は、ロワール河に向かって緩やかに傾斜している広い台地を形成し、およそ50メートルから90メートルの斜面に、ぶどう畑は広がっている。

これはオーバンス川とロワール河、そして古生代の基盤台地の侵蝕による土壌である。厚みがなくすぐに暖まり、保水能力に乏しいことが特徴である。これらの要因によってぶどうは驚くほど早く熟すため、この地では良質の過熟気味のぶどうを収穫するのにはそれほどの苦労はない。

■ ワイン

長いあいだレイヨンの弟分と見なされ、また甘口ワインへの関心のなさもあってレイヨン以上に不利益を被っていたが、今日この産地は上質なワインへの嗜好の復活によって、その真の独自性が見直されている。

コトー・ド・ローバンスでは、シュナン種単一の素晴らしい甘口ワインがつくられてきたが、消費者には隣のレイヨンのワインと見なされてしまう苦い経験を味わってきた。さらに甘口ワインへの関心の低さから、多くの生産者が並みの、価格の安いワインづくりを余儀なくされて、このアペラシオンのイメージを損なってきた。甘口のワインが注目を集めるようになった今日、コトー・ド・ローバンス本来のあるべき姿が見直され、生産者達はテロワールの潜在的な力とワインの特性をはっきり認識するようになった。

レイヨンの栽培家たちと同じような過程を踏んで、彼らはとても真摯にワインの特徴を引き出そうとしていて、今では異なるテロワールそれぞれの持ち味を引き出すことに余念がない。

コトー・ド・ローバンスのワインは繊細で上品に甘く、力強さもあり、数年は寝かせることができる。

統計
栽培面積：137ヘクタール
年間生産量：4,200ヘクトリットル

ロワール河流域 ◆ アンジュー地区 ◆ ボンヌゾー ◆ カール・ド・ショーム

ボンヌゾー Bonnezeaux

レイヨン川の真ん中、ボンヌゾーのぶどう畑は3つの丘陵にあり、複雑で大変繊細な甘口ワインが生産されている。

■ 産地の景観

ボンヌゾーのぶどう畑は、川の右岸、トゥアルセの村と川を見下ろす南西向きの3つの丘陵に広がっている。丘陵はレイヨンのぶどう畑としてはもっとも傾斜が急でおよそ9度から11度の斜度になっている。これらは、通称ボールガールと呼ばれる西の丘陵と、「モンターニュ」と呼ばれている、プティ・ボンヌゾーの集落近くより始まっている中央の丘陵とが特に目立っている。北側には小さな起伏のある、平均で90メートルの台地が見られる。

■ 地質と土壌

ボンヌゾーの丘陵はサン=ジョルジュ・シュル・ロワール層群——オルドヴィス紀の上部からデヴォン紀の下部にかけてのシスト砂岩との火山質物——に属し、セノマン階の砂利粘土質や砂質粘土の累層によって覆われている。侵蝕によりシストの基盤が露出しているのに対し、砂と粘土は斜面の反対側と台地に残ったままである。

土壌は浅く、粗粒物が多く、淡黒色でところどころ赤紫——緋色のシスト——を呈している。また多くの帯状のフタナイト——青みがかった灰色の珪質岩——と石英粒がところどころ露出している。

■ ワイン

急な斜面と浅い土壌、風によってぶどう果は乾燥し、干しぶどう状態となり、シュナン種の果汁に濃縮がもたらされることになる。この種の過熟は繊細さと複雑さ、新鮮さと力強さを備えたワインになりうる。主なアロマは白い花——アカシアやセイヨウサンザシ——の香りを含んだドライフルーツと、同時に際立った柑橘類——グレープフルーツ、パイナップル、レモン——、あるいは洋ナシやプラムのアロマを感じさせる。ワインはたいへん気品があり、長く熟成させることができる。

統計
栽培面積：160ヘクタール
年間生産量：2,000ヘクトリットル

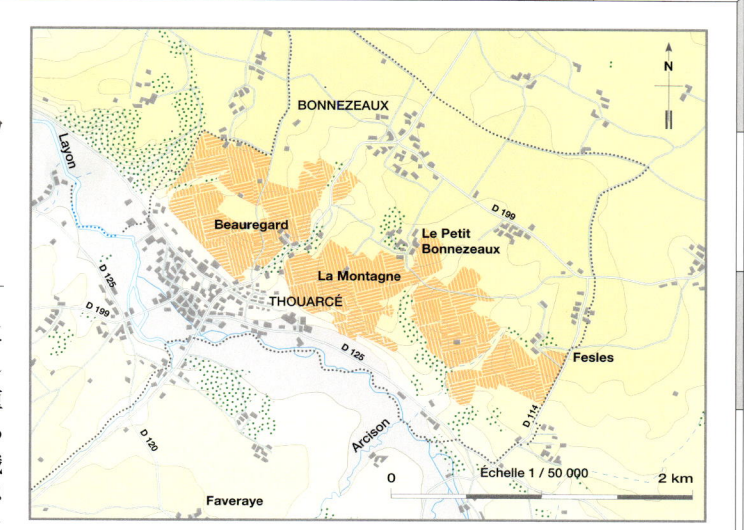

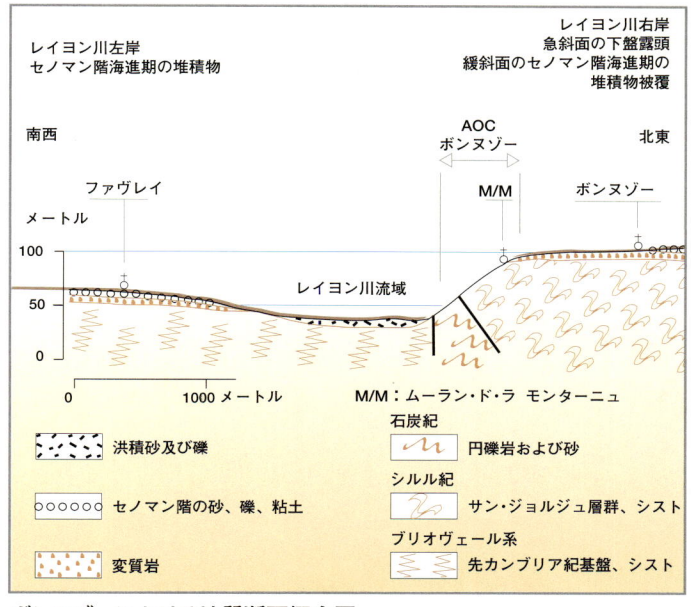

ボンヌゾーにおける地質断面概念図

カール・ド・ショーム Quarts de Chaume

レイヨンの栽培地の端、川の右岸にあるカール・ド・ショームのぶどう畑は、力強く豊かで、熟成に時間にかかるが上質なワインを生み出す。

■ 産地の景観

カール・ド・ショームのぶどう畑はレイヨン川の右岸の非常に特殊なところを占めている。この小さなアペラシオン全体を構成している畑は、ロシュフォール=シュル=ロワールの集落にある丘陵の下部に広がっている。ここは日差しが理想的に降り注ぐちょうど南向きになったところである。さらにレイヨン川の支流に垂直に交わる2つの谷線が、行政上の境界線と同じようにはっきりとした自然の境界を定めており、ぶどう畑もこれによってその範囲を限定されている。実際この丘陵の集まりは、ボーリュー=シュル=レイヨンとサントーバン=ド=リュネの集落のあいだに舌状に広がった土地に相当する。この区画が2つの村のあいだの舌状地に限られている理由は、11世紀にロシュフォール=シュル=ロワールの修道院の修道女がこのテロワールの特殊性を見抜いて以来、その修道院によって長い年月にわたり所有されてきたためである。

上記が今日まで続くアペラシオンの特殊な境界の事情である。

■ ワイン

カール・ド・ショームはシュナン種からつくられ、この品種独特のフィネスに溢れ、精妙さと力強さを合わせもった、素晴らしいワインである。アロマは貴腐による過熟したぶどう独特の蜂蜜、蝋、オレンジを思わせるものである。とても長く熟成させることができるワインで、よい年のものは100年でさえ寝かせておくことができ、時とともに際立って複雑なアロマと味わいを備えるようになる。

■ 地質と土壌

丘陵の下部はブリオヴェール系の硬いシスト、通常レイヨン川の左岸に現れている累層で形成されている。この累層はレイヨン川の右岸を基本的に形成しているシルル紀と石炭紀由来の土地に囲まれた、一種の飛び地を形づくっている。この丘陵の地形図を見れば、ぶどう畑がより高い起伏に囲まれて風から護られており、これがぶどうがうまく成熟するのに役立っていることが分かる。さらにこの起伏によって生じる微気候が乾燥と湿気を交互にもたらし、貴腐菌の発達に好都合となっている。

統計
栽培面積：42ヘクタール
年間生産量：645ヘクトリットル

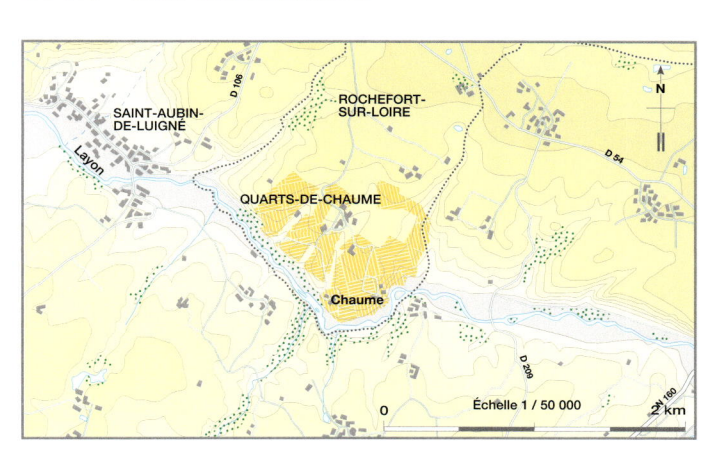

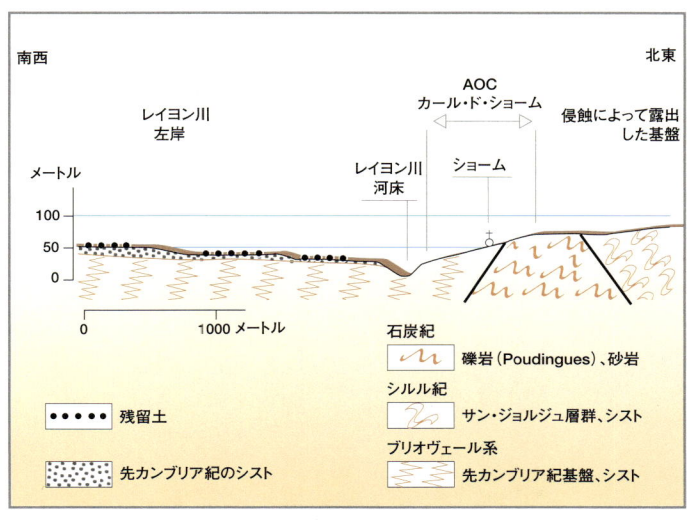

カール・ド・ショームにおける地質断面概念図

ロワール河流域 ◆ アンジュー地区 ◆ サヴニエール

Savennières
サヴニエール

歴史あるサヴニエールのぶどう畑では、素晴らしい酒質を誇る白ワインがひっそりと生産されているが、このワインがロワール地方における「グラン・クリュ」に値するのは明白である。この産地は、シュナン種から辛口あるいはやや辛口で柔らかい口当たりで、比類なき長熟ワインが生み出されるための、素晴らしいテロワールを占めている。

■ 産地の景観

サヴニエールのぶどう畑は、アンジェの町からおよそ15キロメートルほど下流のロワール河右岸の、眺めのよい丘陵に広がっている。

サヴニエールは、ブシュメーヌから下流のポソニエールの集落まで、幅500メートルから3キロメートル、長さ約10キロメートルにわたり帯状に連なっている。ぶどう樹は、南南東に向いた4つの丘陵にロワール河に垂直に向かって栽培されている。畑は風から護られているが、その北の延長は風をまともにうけるため、穀物栽培がされている土地に続いている。

サヴニエールのアペラシオンで策定された342ヘクタールのうち、114ヘクタールの畑が実際に使われており、これらはサヴニエール――285ヘクタール――とブシュメーヌの一部――28ヘクタール――、それにポソニエールの一部――29ヘクタール――の各集落に分散している。

過去10年間のこの地での平均の栽培面積は82ヘクタールあまりで、年間の平均生産量も2800ヘクトリットルと少なく、1ヘクタールあたりの生産量は平均で34ヘクトリットルしかなく、フランスの辛口白ワインではもっとも低い数字であることは明らかである。

■ 地質と土壌

サヴニエールの地質累層はアルモリカ山系に属し、シストがその代表である。

大部分がシストと、砂岩を含むシストで構成された下盤には、ところどころ火山岩の脈が見られる。これらは原岩が酸性のときは流紋岩と呼ばれ、塩基性の時は玄武岩と呼ばれる。また第四紀の風成砂質層も見ることができる。丘陵において母岩は地表にとても近く、土壌は薄い。このような状況は、良質のワインを生むためのぶどう樹にとって、非常に都合がよいといえる。

■ ワイン

シュナン種単独からつくられるサヴニエールのワインは、他のアンジュー地区の銘酒が甘口から濃厚な甘口なのに対して、基本的に辛口である。

サヴニエールはシュナン種のみからつくられ、コクがあり、蜂蜜や菩提樹、カリンの香りのするたいへん芳醇なワインである。またロワールの辛口白ワイン特有の、果実味とほんの少しの苦味を合わせ持った味わいがある。

サヴニエールには、単独のアペラシオンをもつ、ロシュ・オー・モワーヌとクレ・ド・セランの区画が特別の名声を得ており、なかでもクレ・ド・セランはアンジューでもっとも有名な区画である。

この2つの土壌はロワール川に張り出した岩山の斜面にあり、素晴らしいワインの生産に必要なあらゆる条件を兼ね備えたところである。

ロシュ・オー・モワーヌの丘陵は33ヘクタール、クレ・ド・セランは合計で7ヘクタールある3つの区画からなる。もっとも広く向きのよい区画はル・グラン・クロ――4ヘクタール――で、ロワール河の流れと垂直に交わった小さな谷――クレ――によって他の区画と分けられている。

気候的な要因を調整している川の影響に照らし合わせてみると、この環境は、極端な乾期や暑さ寒さを和らげる、ぶどう畑にとって非常に特殊なものである。この状況は貴腐菌やパスリヤージュにとって好都合だが、目的はそれではない。ぶどう果の成熟の最良の状態とは過熟する前であるため、収穫はそのときを見計らっておこなうことになる。つまるところ、この地のワインに産地独特の性格を付与するのは、栽培家の手腕によるところが大きい。

醸造方法や収穫年によってワインは辛口になったりやや辛口になったりする。やや辛口のワインは、10年の熟成を経た後にはここ独特のテロワールの複雑さや豊かさをよりはっきりと現すようになる。

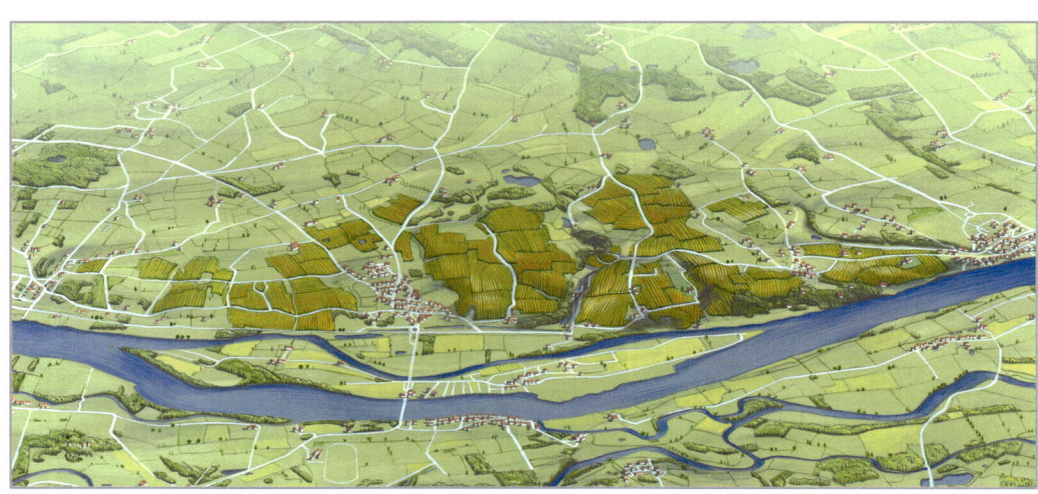

サヴニエールの栽培地の南東から北西にかけての鳥瞰図

統計

栽培面積：82ヘクタール
年間生産量：2,800ヘクトリットル

ロワール河流域 ◆ ソミュール地区

Saumurois
ソミュール地区

伝統的にはアンジュー地区に属するが、土壌の性質からはむしろトゥーレーヌ地区の産地の延長とみなされている。この地の下盤は白亜を含んでおり、良質の白ワインと、より名の知られたソミュール=シャンピニーというアペラシオンの赤ワインが生産されている。

■ 産地の景観

ソミュール地区はテュフォーと密接に関係しており、アンジューがアルモリカ山系に関連しているのとは一線を画している。

堆積層上の土壌に広がる他の産地のぶどう畑と同じように、斜面の中間部分を占めている。丘の頂は樹木に覆われ、谷間と斜面の下部は穀物栽培と牧畜にあてられている。

■ 気候

アキテーヌ地方と地中海の影響の前線が及んでいることが、質のよいぶどう畑が見られる理由のひとつである。

ソミュール地区のぶどう畑は乾燥している。降雨量は、より大西洋に近いショレ市が約800ミリメートルなのに対して580ミリメートルに過ぎない。南の植物相が見られることは、温和な気候とポワティエ地方が近いことによって説明がつく。ソミュール=シャンピニー地区は、ロワール河に近いことから、その調節効果によって気温の差が和らげられている。

■ 地質と土壌

ぶどう畑はテューロン階の白亜上に広がっていて、テューロン階の下部、中部と上部の3つの層に分けられる。

テューロン階下部は、強石灰質の泥灰土を含み、砕屑性の石英に乏しい白亜で構成されている。広い台地の頂部は穀物栽培に適しているが、ぶどう畑には丘陵とその下の「白亜土壌」が適している。

中部は海緑石を含む砂質白亜の、有名な「ソミュールのテュフォー」である。この下盤はぶどう畑の下部斜面を形成している。

テューロン階上部では砕屑分が多くなる。また砂質あるいは海緑石を含む石灰岩の、黄色凝灰岩、および細砂岩から泥灰土の互層の地層にいたるまで、様々な岩相が現れている。この地層は丘陵の上部を占めており、ソミュール地区のあちこちで見られ、ぶどう畑に利用されている。ソミュール=シャンピニーの評判のぶどう畑は様々な岩片——砂、砂利、粘土——で覆われた石灰岩上にあり、それらがワインに種々の性質をもたらしている。もっとも特徴的な土壌はスゼ、ダンピエール、シャントル、ヴァレン、パルネの各集落のものである。

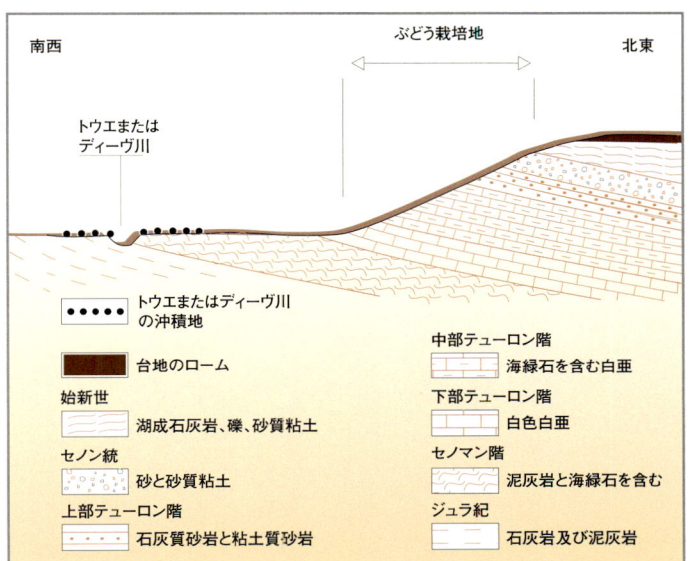

ソミュール地区地質断面概念図

🍇 ぶどう品種とワイン

トゥーレーヌとアンジューのあいだにあるこの地区では、白ワインとソミュール=シャンピニーのような良質の赤ワインの両方がつくられている。

赤ワインについては、トゥーレーヌ地区以上に2つのカベルネ種が同じくらい生産されており、時おりピノ・ドーニス種もこれに加わっている。これらは熟成も可能な、興味を引くワインである。この地区の秀逸なワインはソミュール=シャンピニーで、テュフォーと粘土質砂岩の台地から生まれる。この特殊な土壌で生育される2つのカベルネ種は、独特のフィネスをもつ力強いワインを生み出す。お隣のトゥーレーヌのワインと同様、長く熟成させることができる。また白ワインの主要品種であるシュナン種から、とても繊細でバランスのよい中辛口の、コトー・ド・ソミュールがつくられていることも忘れてはならない。

統計

栽培面積：4,270ヘクタール
年間生産量：151,000ヘクトリットル

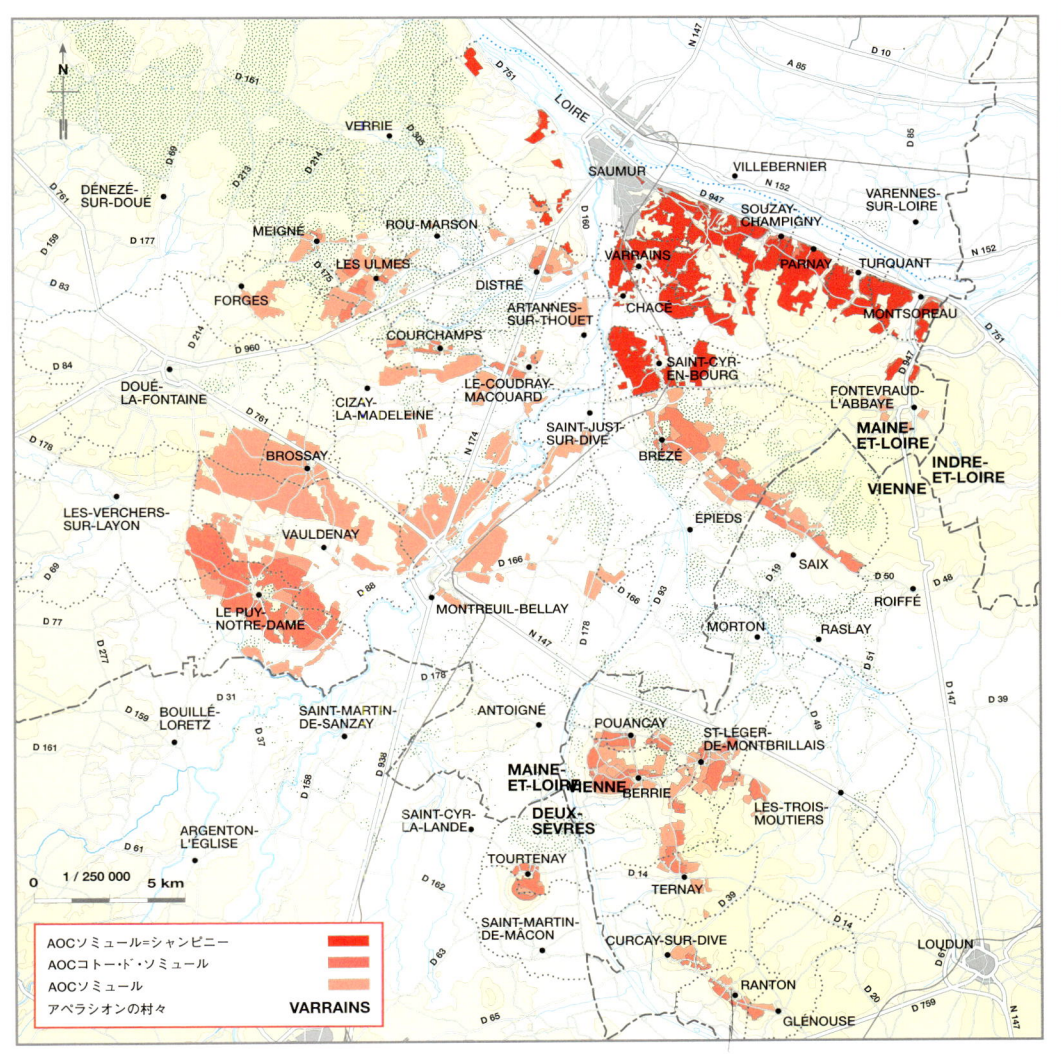

ロワール河流域 ◆ トゥーレーヌ地区

Touraine
トゥーレーヌ

ソミュール地区の東側、ブロワ市まで延びているトゥーレーヌ地区は、ロワール地方のなかでも歴史的に名高い産地である。ぶどう畑は種々のタイプの土壌に広がり、気候は、西からは海洋の、東からは陸の影響を同時にうけている。この産地からつくられるワインは地域的な特性よりも、むしろヴィンテージの影響が大きく、その年毎の様々なキャラクターを備えたものが生み出されている。

■ 産地の景観

ロワール河とシェール、アンドル、ヴィエンヌの3つの支流と、その他多くの小河川がともにトゥーレーヌ地区を横切っている。

これらの河川網は地質時代を通じて、中生代と第三紀の柔らかい基盤上に広く川筋を刻んでいる。

ぶどう畑は台地の上と、部分的に侵食された台地の縁に長く延びている。この状況は日照を得るのにたいへん具合よく、風からもさえぎられ、降雨の後の過剰な地下水の排出にも都合がよい。

50メートル近い高さの谷間と台地のあいだは切り立った断崖になっており、くり抜いた洞窟は、以前は岩窟住居に用いられていたが、現在はカーヴとして利用されている。

■ 地質と土壌

トゥーレーヌの基盤は中生代、テューロン階特有の地層群で形成されている。それらの多くはこの地方で「テュフォー」と呼ばれている有名な白亜である。

中新世に進行したアルモリカ山系の崩壊とともに、化石が豊富な石灰質堆積物をもたらした海が現在のロワール地方に広く進入した。その後海退しながら、当時セーヌ河と合流していたロワール河の流れを変えていった。ロワール河本流とその支流は、石灰岩基盤を高さにしておよそ50メートルほど刻んで、現在の丘陵を形成した。谷間の底部は砂質と礫からなる沖積土で覆われていて、ぶどう栽培には適したところとなっている。丘陵と台地の上部は白テュフォーを黄テュフォーが覆っている。その上にはやはりぶどう栽培に都合のよい粘土珪質の層が現れており、湖成石灰岩がさらに乗っている。

評判のよい土壌のなかには丘陵に沿った粘土石灰質土壌であるオービュイ aubuis とこの地方で呼んでいる土壌と、凝灰岩が見られる。その厚みは丘陵の下にいくほど薄くなっている。この土壌においてはぶどう樹の生育は遅くなりがちであるが、芳醇で力強いワインを生み出すのに適している。他のぶどう畑は珪質粘土のペリュシュ perruches と呼ばれている土壌に植えられている。ここから生まれるワインは非の打ちどころのない上質なものとなる。

■ 気候

北方に位置するトゥーレーヌ地区のぶどう畑は、南の産地に較べさらに年毎の気候条件に依存するところが大きい。

トゥール市の測候所においてぶどうの生育期間——3月21日から10月31日まで——におこなわれた調査で気象上の変化を観察すると、過去40年間の平均は積算気温で3318度、降雨量394ミリメートル、日照時間は1464時間となり、これらはすべて良質のワインを生産するのに適した気候条件の値となる。しかしながら数字を詳細に調べると、年毎に大きな相違があるのも事実である。トゥーレーヌ地区の栽培ではこの差異があるために、平均的な特徴を引き出すことが難しい。

このようにこの地では年毎の気象条件の影響が大きいので、生まれるワインもヴィンテージによって異なった顔を見せるが、それがまたこの地区の魅力にもなっている。

🍇 ぶどう品種とワイン

収穫された年毎の特徴に加えて、トゥーレーヌのアペラシオンのワインには産地や品種、醸造方法に由来する様々な違いが見られる。

トゥーレーヌ地区全域で産するワインが名乗れるトゥーレーヌ AC の白、ロゼ、赤は多くのぶどう品種を用いることができる。白ワインにはシュナン、ソーヴィニヨン、アルボワとシャルドネー種が使用でき、赤とロゼワインは、ガメとカベルネ・フラン、コット、カベルネ・ソーヴィニヨン、ピノ・ノワール、ピノ・ムニエ、ピノ・グリ、ピノ・ドーニス種から生産されている。グロローとガメ・ド・ショドネー、ガメ・ド・ブーズ種に関しては、単一でロゼワインにのみ使用が許されている。多くの品種を選択できることは、様々な土壌に最適のぶどう品種を選択できることにほかならず、それはワリーのようなテロワールに植えられたソーヴィニヨン種が、特に優れているということにも現れている。同様の成功例で、ガメ種がソアン付近で、フルーティーな魅力あふれるシンプルな赤ワインを生んでいることを付け加えておこう。これら2つのトゥーレーヌ地区を象徴するワイン以外にも、他の品種、あるいはもっと成功したブレンドによるワインがあることも忘れてはならない。

トゥーレーヌのみのアペラシオンをもつワインの他に、その独自性を反映した地区の名称を連ねたワインも存在する。

トゥーレーヌ・アンボワーズ Touraine Amboise このアペラシオンはアンボワーズの町に近いロワール河の両岸、複数の集落に広がり、赤、白、ロゼの3種類のワインを生産している。もっとも有名な赤ワインは、ガメ、コットとカベルネ・フラン種のブレンドからなるが、生産者の手腕によってワインはバランスのよい味わい深いものになる。ロゼは白と同じ品種、ピノー・ド・ラ・ロワール種からつくられ、辛口あるいは中辛口になる。

トゥーレーヌ・アゼ=ル=リドー Touraine Azay-le-Rideau このアペラシオンではシュナン種から主に辛口もしくは中辛口の白ワインを生産している。辛口仕上げのロゼは、ロワー

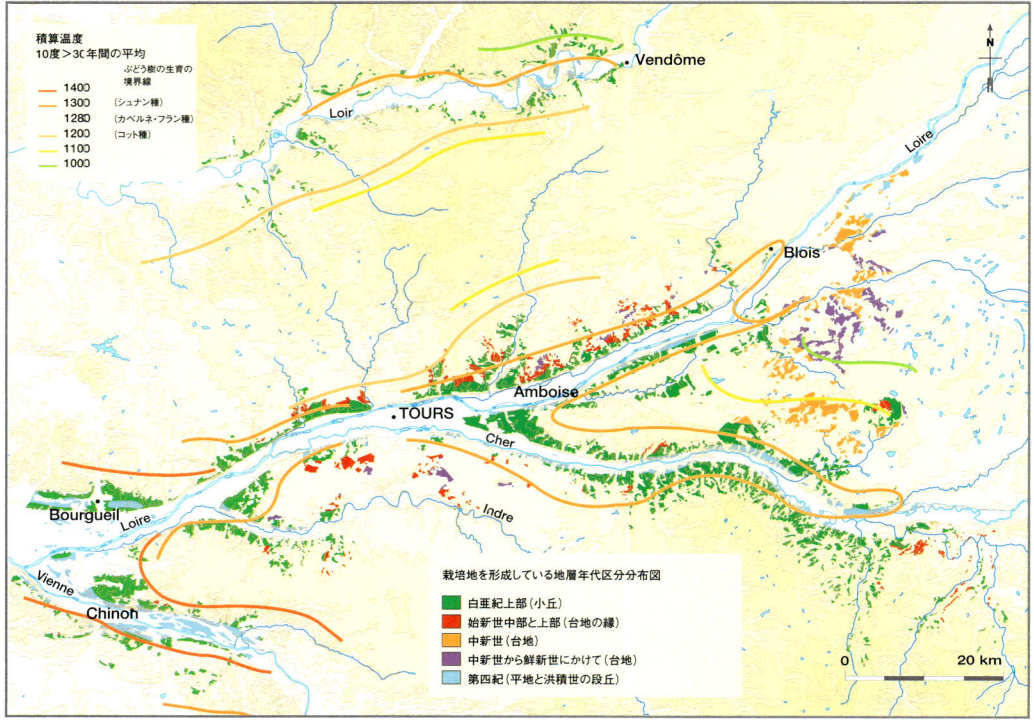

地層年代区分による栽培地分布と各ぶどう品種毎の積算温度の境界分布図

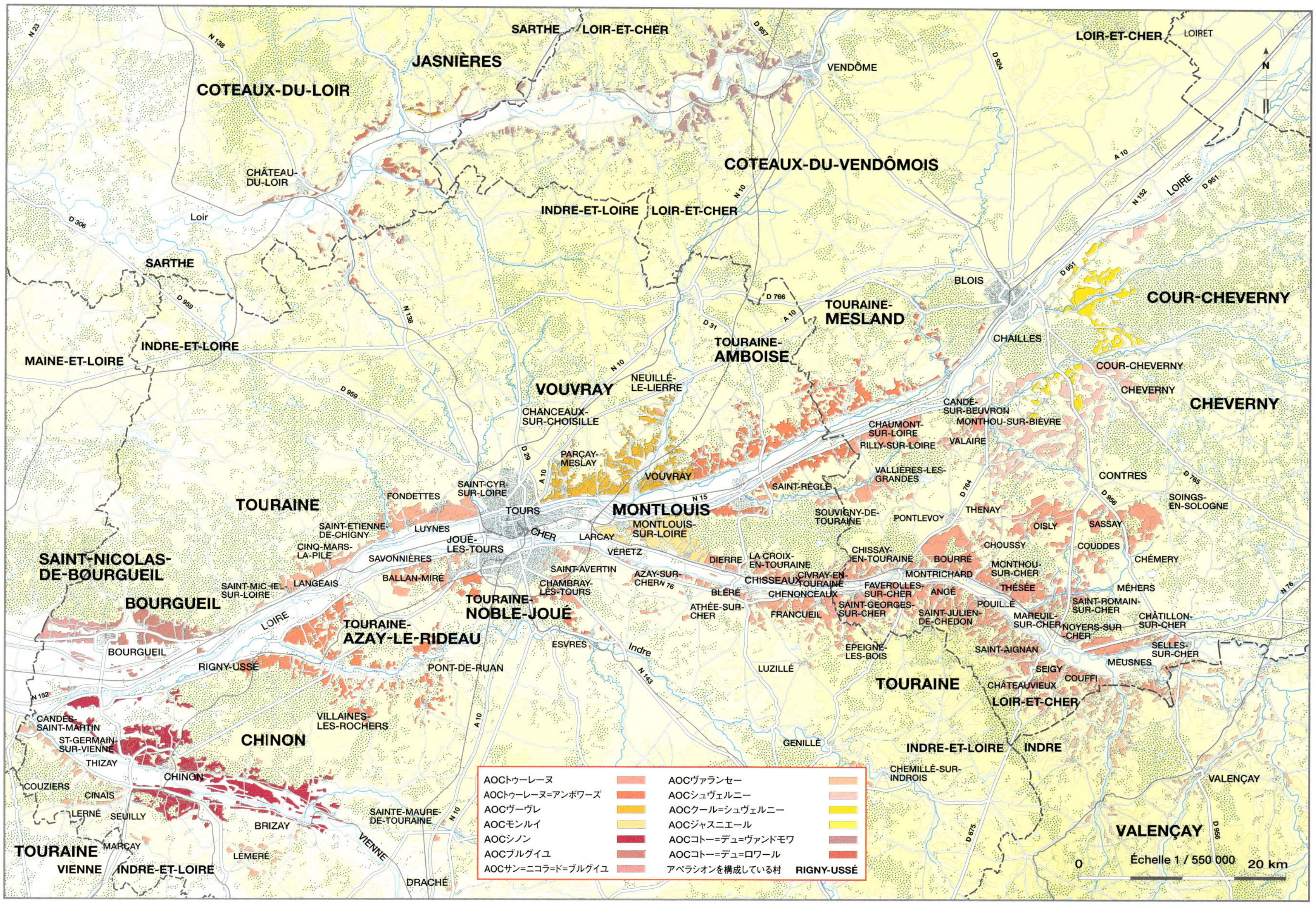

ロワール河流域 ◆ トゥーレーヌ地区

ル河の右岸、サンク=マール=ラ=ピルの集落からのグロロー種を最低6割使用し、ガメとカベルネ・フラン種によって補われている。

トゥーレーヌ・メスラン
Touraine Mesland　産するほとんどは赤とロゼワインである。赤はガメとコット、カベルネ種からつくられ、ロゼというより灰色がかった（訳注：灰色のフランス語はグリgrisだが、ワインで使われる場合は玉葱の皮に近い色をさす）ロゼワインは、ガメ種の直接圧搾によって生産されている。白も少量あり、シュナンとソーヴィニヨン種から辛口のフルーティーなワインがつくられる。

トゥーレーヌ・ノーブル・ジュー
Touraine Noble Joue　最近認められたこのアペラシオンでは、ピノ・ノワールとピノ・グリ、ピノ・ムニエ種から辛口のロゼがつくられている。

統計（AOCトゥーレーヌ）
栽培面積：5,550ヘクタール
年間生産量：290,000ヘクトリットル

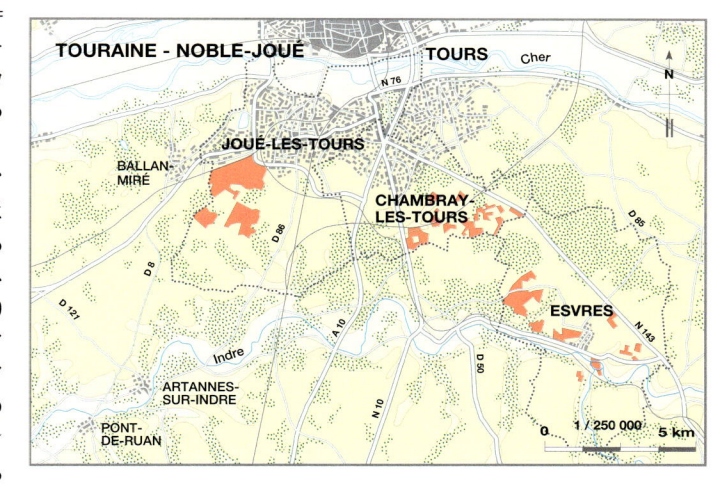

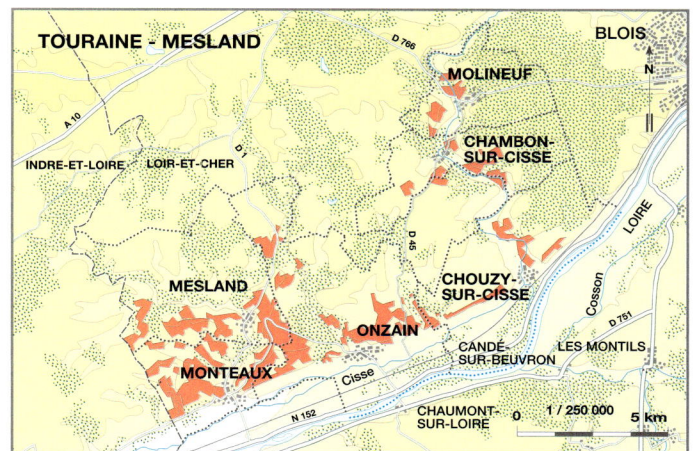

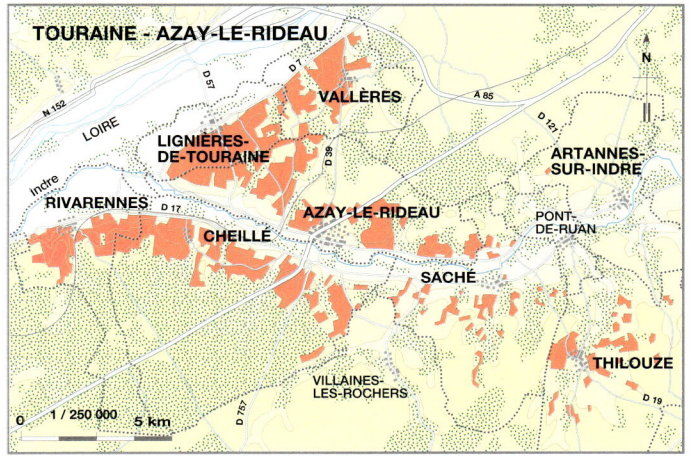

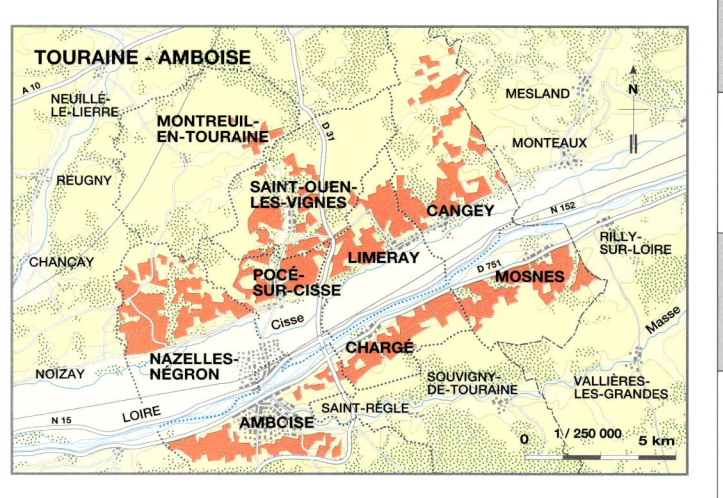

ロワール河流域 ◆ トゥーレーヌ地区 ◆ シノン

Chinon
シノン

トゥール市の南西およそ40キロメートルのところに広がるシノンのぶどう畑は、ロワール河と合流する手前のヴィエンヌ川に沿った断崖を背にしている。偉大なラブレーの思い出に満ちた古い街並みは、ジャンヌ・ダルクがシャルル7世に謁見した中世の要塞城に護られている。ここでは有名な赤ワインとほんのわずかなロゼと白ワインがつくられている。

■ 産地の景観

シノンのアペラシオンはヴィエンヌ川の両岸の18の集落にまたがっており、そこはロワール河左岸のヴェロン地区を形成している三角州のなかである。

ぶどう畑は、かつてフランソワ・ラブレーの一族が所有していた有名なクロ・ド・レコーの区画がある小さなシノンの町の周りと同じような、ところどころ切り立った斜面のある丘陵に分かれている。畑はまたヴィエンヌ川に沿った台地にも広がっている。台地は多く丘陵の延長部分を形づくっており、台地と丘陵の境に沿って道路が走っている。台地自体もところどころ「ピュイ」と呼ばれる低く丸い丘の形態をとって平野まで延びている。この地形は特にぶどう栽培に適しており、ピュイ・リヴェ、ピュイ=バクル、ピュイ=ガラン、ピュイ=リゴーなど、「ピュイ」の名のついた区画がたくさんある。

ヴェロン地区はロワール河からヴィエンヌ川を切り離した一種の三角州で、2つの景観が見られる。もっとも高い部分は春には土壌が早く暖まり、また水捌けがよく、質のよい畑になっている。より低い部分は小川と濠が縦横に走っているため、ぶどう栽培には不向きで、ポプラの林で覆われていたり、牛の飼育のための放牧がおこなわれている。シノンの町を見下ろす北東側の台地は、アンドル川まで達する国有林で覆われている。南にはリシュレの豊かな小麦畑が広がっている。

■ 気候

シノンの栽培地特有の気候は、西側が海洋性、東側が大陸性といった、ロワール河に一般的に見られる気候特性の縮図といえるだろう。

この地の気候的な性格は、海に近いということだけでは説明できず、西の栽培地が位置するヴェロン地区を縁取っているロワール河とヴィエンヌ川の気象条件によるところが大きい。この2つの河川によってかなりの湿気がもたらされ、1年を通して気温が和らげられている。しかしアペラシオンの東、パンズーあるいはイル=ブシャールの集落のほうではこの影響はずっと少なく、気候はより対照的である。

ぶどう畑を形成している長く続く丘陵では多くの微気候が見られ、同じ年であっても場所によってぶどう樹の生育条件は異なる。さらにトゥーレーヌ地区のすべてのアペラシオン同様、シノンでもヴィンテージ毎に影響をうける気候は異なる。この様々な差異が、同じシノンとはいえ異なる持ち味のワインを生み出している。

■ 地質と土壌

シノンのぶどう畑では、異なった2つのタイプの土壌が見られ、「礫質土壌のワイン」と「凝灰岩質土壌のワイン」が生産されている。

栽培地の土壌の分布はとても不均質で、ロワール河とヴィエンヌ川の流れに沿って、しばしば変化している。この独特な栽培地の複雑さを理解するには、土壌のタイプについて細かく述べる必要がある。

礫質のワインの土壌は砂ともちろん礫で形成されている。このような土壌はトゥーレーヌでは「ヴァレンヌ」と呼ばれ、それは以下のようなリュー=ディ（訳注:区画の名称）と繋げて表される。ヴァレンヌ・ア・クラヴァン=レ=コトー、ヴァレンヌ・デュ・グラン・クロ・ア・サジイ、あるいはヴィーニュ・デ・ヴァレンヌ・ア・サヴィニー=アン=ヴェロン等である。そしてこれらの下盤は大きく3つの区域に分けられる。

最初の区域はシノンの町の東、ヴィエンヌ川の上流に位置し、クルジーユからクラヴァン=レ=コトーの集落まで広がっている。この礫質の大きな栽培地は幅2キロメートルから4キロメートル、長さ約12キロメートルにわたって連なっている。ここにはピュイと呼ばれるぶどう畑に適した低い丘が点在している。例えばクルジーユの集落にピュイ=リヴェ、パンズーにシュズレ、クラヴァン=レ=コトーにブリアンソンという具合に。もっとも低部は冠水しやすいのでぶどう畑はなく、牧畜や他の農作がおこなわれている。

2つ目の区域は上述の区域と平行にヴィエンヌ川の左岸に沿ったところにある。この狭い帯状の産地はイル=ブシャールを東の端としてタヴァンとサジイを通ってアンシェの村まで続いている。それからフォブール・サン=ラザールのリヴィエールの集落で少し幅を広げ、シノンの町に向かい合うラ・ロシュ=クレルモーまで続いている。

ヴァレンヌの3つ目の区域はヴェロン地区のサヴィニー=アン=ヴェロンの集落に位置している。この区域はロワール河に沿って、プティ・シュゼの周囲からボーモン=アン=ヴェロンとアヴォワーヌまで続いている。

一方、粘土石灰質の凝灰岩は流域を見下ろす丘陵と台地に広がっている。この岩はヴィエンヌ川の右岸ではアヴォン・レ・ロシュ、パンズー、クラヴァン=レ=コトー、シノンやボーモン=アン=ヴェロンで見られ、左岸ではアンシェ、リグレ、リヴィエール、ラ・ロシュ=クレルモーで確認できる。また産地の中心から外れたロワール河のほとりのユイムでも見られる。この粘土質石灰岩の基盤は春暖まるのが遅い。したがって晩熟だが熟成タイプのワインにしっかりした風味を付与している。

シノンにおいてぶどうは、ミラージュと呼ばれるところどころ凝固した砂で覆われた粘土石灰質の台地で栽培されている。ここでは熟成できるフィネスにあふれたフルボディの赤ワインが生産されている。

ヴィエンヌ川流域沿い、クラヴァン=レ=コトーより右岸の地質断面概念図

統計

栽培面積：2,250ヘクタール
年間生産量：116,000ヘクトリットル

ロワール河流域 ◆ トゥーレーヌ地区 ◆ シノン

ぶどう品種

ロワール地方でブルトン種と呼ばれるカベルネ・フラン種が、この地での栽培のほとんどを占めている。この品種こそがシノンの赤ワインに真の個性を与えている。

カベルネ・フラン種は、スペインはバスク地方原産のカルムネ種の仲間である。この品種はロワール地方に海路もたらされた。ブルトンという名前の由来はリシュリュー枢機卿の財務官だったブルトン神父がこの地で栽培を始めた、あるいは、ブルターニュ地方(訳注：フランス語でブルターニュの、という形容詞はブルトン)の水夫がアドールのワインを海上輸送で運んできた、等々の説がある。

シノンのワインづくりにおいて、ブルトン神父は様々な栽培地のうち最適の区画を選んだのはまちがいない。というのもシノンのワインはブルグイユを除いて、ロワール地方でもっとも完璧な香りと味わいに達しているからである。カベルネ・ソーヴィニヨン種は1割以内で加えることが許されているが、悪い年には成熟しにくいため、使用されることはほとんどない。さらにこの品種の繊細さと特性が、シノンのワインの性格にとって行儀よすぎる印象を与えるためである。この2種類の品種構成はロゼについても同じことがいえる。

シノンの珍しい白ワインは、その由来については不明のシュナン種単独からつくられる。6世紀から9世紀のあいだにアンジューではすでに見られ、15世紀初めに「アンジューのぶどう」としてトゥーレーヌに持ち込まれた。このたくましい品種はときに厳しい環境のシノンの栽培地にうまく適応している。遅摘みされたとき、ワインは芳醇で豊かなボディの、オイリーな味わいとなり、よい年にはやや甘口から甘口仕上げとなることさえある。シュナン種の酸の潜在的なポテンシャルは比較的高く、このためワインはしばしば長く熟成させることができる。

ワイン

シノンのアペラシオンでは95パーセントとその大部分で、テロワールの如何を問わず、独特の性格を纏った赤ワインが生産されている。

シノンの赤ワインは、収穫された年やテロワールの性質、あるいは醸造方法によって異なる特徴をもつ。より豊かなワインからシンプルなものまで見られるこの一連のワイン全体を、一言で定義するのは容易ではない。しかしながらこの独特なテロワールはカベルネ・フラン種の性格によく合っていて、それぞれの土壌が異なるキャラクターをワインに付与している。

もっともシンプルな土壌では、いわゆる「復活祭のワイン」(訳注：収穫した翌年の春には飲まれる。転じて若飲みのワイン)がつくられている。このワインは芳醇だが、品種からもたらされる一種のカタさがある。また同時に飲みやすく、混じりけのないわかりやすい味わいのワインである。これはすぐに飲むべきワインであり、フルーティーさと並外れた若々しさが愉しめるワインである。

礫質土壌のワインは生産の大部分を占めており、「復活祭のワイン」から、粘土石灰質土壌で生み出されるものまで含まれる。このワインはフィネスと繊細さが特徴で、若いうちはその果実味によって隠されているが、年とともに魅力を放つようになる。熟成に値するものは注意深く熟成庫で寝かせておく必要があるが、そうでないものはなるべく早く飲むべきである。この土壌においては、生産者が目指したワインのタイプということより、ヴィンテージの良し悪しのほうがより重要となる。

凝灰質土壌から生まれるワインはこのアペラシオンの支配者である。この粘土石灰質の土壌はワインに卓越した特徴をもたらす。ワインは骨格のしっかりした濃い色合いの力強いもので、たいへん長く熟成させることができる。特によい年のものは半世紀寝かせておいても大丈夫なほどである。シノンのワインはよくスミレのアロマが特徴となるので、ブルグイユのワインと判別できるといわれていて、これがこの似通った性質の産地を区別するそこそこ信頼できる基準といえよう。

生産量の4パーセントほどのロゼはフルーティーな心地よいワインで、ぶどう品種の特徴がよく出た味わいとなる。

1パーセントとごく少量しかないが、最近関心を再び集めている白ワインは、それでもまだひっそりと生産されている。リジェ、その名もずばりのシャン・シュナン、サヴィニー＝アン＝ヴェロンなどの石灰質土壌に由来するものは特に素晴らしいワインになる。ラブレーが「タフタ」と呼んだこの白は、また見事に熟成するワインでもある。

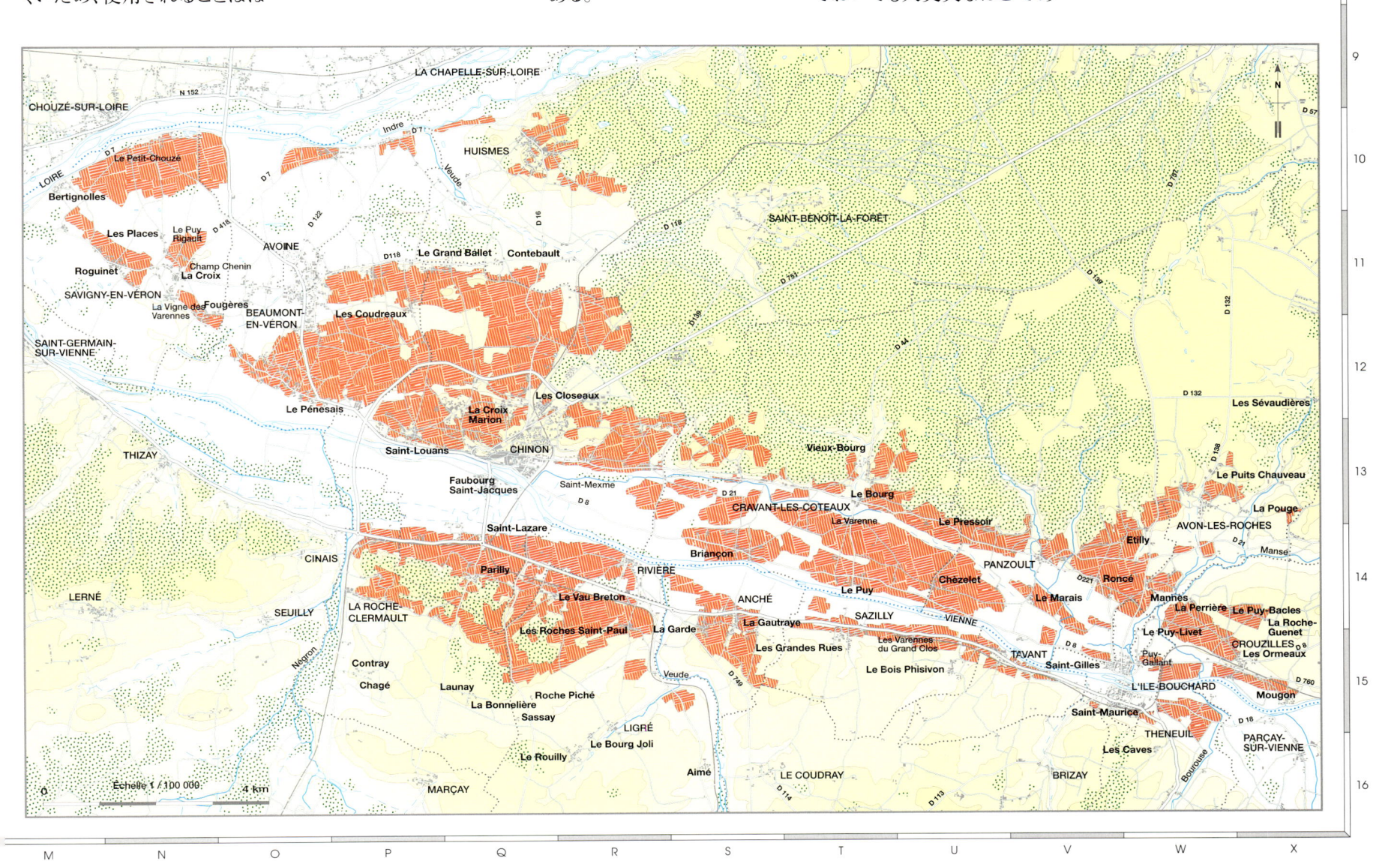

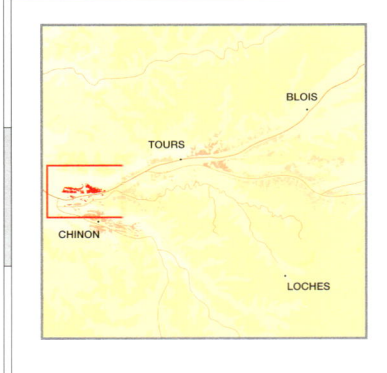

ロワール河流域 ◆ トゥーレーヌ地区 ◆ ブルグイユ ◆ サン=ニコラ=ド=ブルグイユ

Bourgueil et Saint-Nicolas-de-Bourguil
ブルグイユとサン=ニコラ=ド=ブルグイユ

ロワール河の右岸、トゥール市の西、約50キロメートルに位置するブルグイユとサン=ニコラ=ド=ブルグイユの栽培地が、サン=パトリスの集落を起点とする丘陵と台地を占めている。そこにはアンジューの広い平野とブロワの町からランジェの村までのロワール河流域を特徴付けている崖の起伏との、中間的な風景が見られる。

■ 産地の景観

トゥール市からサン=ミシェル=シュル=ロワールの集落まで続く、白く大きな崖が川床近くから立ち上がり、道路と鉄道によってのみ分断されている。

サン=ミシェル=シュル=ロワールを過ぎ、河が大きく緩やかに湾曲し始めたところで流域は広がり、多様性に富んだ地層、累層が露出し、ぶどうの栽培に適した土地が表れる。流域は柔らかい基盤を含み、西に位置するアンジェ市の下流まで約40キロメートルにわたって続き、そこでアルモリカ山系の最初の起伏と出会い、より険しい風景を形づくっている。

ブルグイユとその西に続くサン=ニコラ=ド=ブルグイユの栽培地は広々とした景観のなかに連なり、ロワール河の右岸のみに位置している。畑はサン=パトリスからシュゼ=シュル=ロワールにいたるロワール河右岸の8つの集落にまたがっている。畑が広がる起伏は段階状に発達していて、同時に土壌の性質も異なっている。河川から台地のせり上がりはなだらかで、急激な勾配の変化は感じさせない。しかしながら上部のぶどう畑のいくつかは高低が底部よりはっきり表れている斜面にあって、うける日照量の度合いを強めている。この景観は、丘陵の端を侵蝕しながら北から南へ流れているシャンジュオン川に遮断されている。斜面はブネとレスティニェの集落のあいだでは南西に向いており、反対にブルグイユの町の西では南東に向いている。

平地では、シャペル=シュル=ロワールとシュゼの集落のぶどう畑が、ロワール河の古い沖積土に小島状に発達している。この特殊な風の強い場所は「モンティーユ」と呼ばれ、かつて製粉業者に利用されていたところである。巧みに地形を利用した土台のある風車の並びがその証拠である。

■ 地質と土壌

河川と高低差60メートル以上の台地に広がっている栽培地は、性質の異なった種々の自然条件の箇所に分けられる。

川岸から離れ丘陵を登り始めると、「ヴァレンヌ」の名で呼ばれる砂質と泥土質の現世堆積物が幅2キロメートルから10キロメートルの区域を覆っている。この区域はぶどう栽培には不向きで、農地としてアスパラガスなどの野菜の栽培や牧畜がおこなわれている。ところどころ古期沖積土が数メートルの厚さで残っている。この土壌はぶどう栽培に適しており、シュゼ=シュル=ロワールとシャペル=シュル=ロワールの村の畑はここを占めている。

それに平行したより高台の数キロメートルにわたる場所はすべてぶどう畑になっている。ここの土壌は場所により、粒度が様々な粗粒の砂と礫から構成されている。この地帯の48メートルから55メートルにいたる斜面は、集落にまたがり谷に続き、特にぶどう畑に最適となっている。この水捌けのよい礫と砂質の土壌は春すぐに暖まって、ぶどうの早い生育をもたらす。またさらに上部では土壌は砂質に粘土の混じったものになる。このような2つのタイプの土壌に畑は広がっているが、ブルグイユのぶどう樹の多くは最初のタイプの土壌で栽培されている。

丘陵のより高いところは、地元で「愛すべき土地」と呼んでいる粘土石灰質の粘着性の強い土壌になる。これは石灰岩台地に含まれる優れた石灰質黄土で、石灰岩の基盤上に発達している。

ブルグイユのぶどう畑の中心となるブネの集落は、石灰質白亜を含む良質の粘土質石灰岩土壌のため、もっと開拓されてよい。ブネの凝灰質土壌は雲母や海緑石のような特殊な鉱物の恩恵を受けている。これらは鉄分とカリウム、マグネシウム等の物質に分解される。この成分は容易にぶどうの根と同化し、石灰質土壌でよくみられる塩化第二鉄に起因する被害から護ってくれる。一方海緑石の存在は、白亜がもたらすわずかだが安定した水分の供給と結びついて、ぶどうの成熟が遅くなるのを助けている。また同時に色付きをよくするアントシアンや、タンニンをもたらすポリフェノールの生成を助長している。また、樹齢の安定したぶどう畑の要因として、加えてテロワールの個性を最大限にワインにもたらすという点からもブネの集落に見られるヴィエーユ・ヴィーニュの存在は大きい。

さらに上になるとテューロン階上部の砂質粘土土壌が見られる。

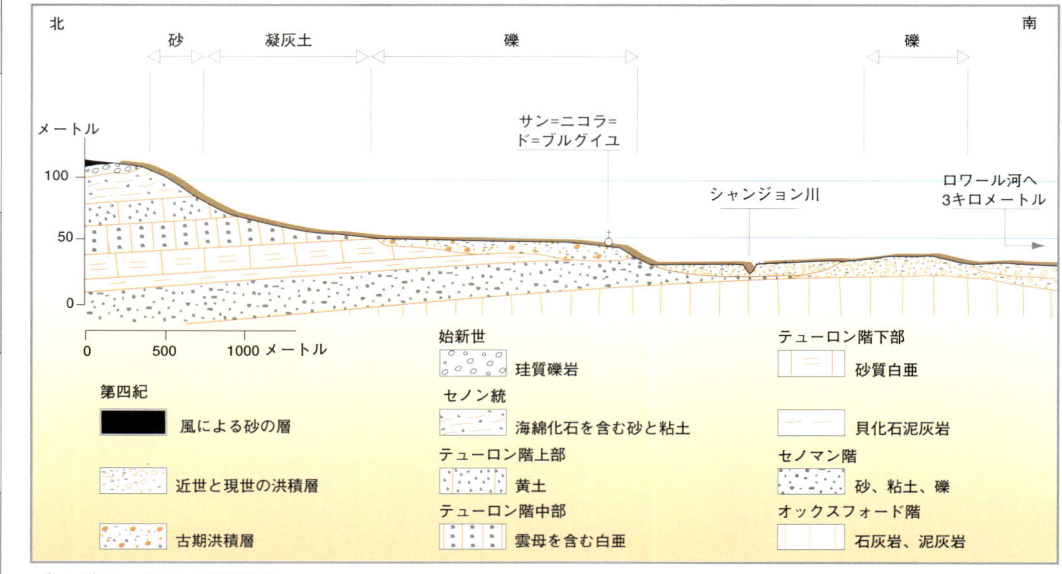

■ 気候

ブルグイユとサン=ニコラ=ド=ブルグイユの気候は基本的には他のトゥーレーヌ地区と同じだが、地理的に西の端であるということから、他よりも海洋性の気候の影響が大きい。

海洋の影響はトゥーレーヌの他の産地より大きい。風は主に西南西から吹くが、時々北東に変わる。西南西の風は湿気と暖かさをもたらし、陸からの東北東の風は冬の厳しい寒さと夏の猛暑をもたらす。

台地を占めている、うっそうとした森林で覆われた山々の影響によって、北からの風がさえぎられこの地の気候のバランスを保っている。ぶどう樹の生育期間の日中の積算気温は他のトゥーレーヌ地区より高い。

ブルグイユ台地の断面図

統計（ブルグイユ）
栽培面積：1,320ヘクタール
年間生産量：73,000ヘクトリットル

統計（サン=ニコラ=ド=ブルグイユ）
栽培面積：1,000ヘクタール
年間生産量：50,000ヘクトリットル

ロワール河流域 ◆ トゥーレーヌ地区 ◆ ブルグイユ ◆ サン゠ニコラ゠ド゠ブルグイユ

■ ワイン

ブルグイユとサン゠ニコラ゠ド゠ブルグイユでは赤ワインが98パーセントと、生産量のほとんどを占めており、残りはロゼワインだけで白ワインはつくられていない。

栽培されている土壌の性質から、ブルグイユの赤はいわゆる「礫質土壌のワイン」か「凝灰岩土壌のワイン」のどちらかである。土壌の観点からすると通常この地では、当然ながら礫質土壌のワインがもっともよく見られる。ブルグイユでフィネスあふれ、エレガントで魅力的な熟成タイプのワインとして有名なのはこのタイプである。サン゠ニコラ゠ド゠ブルグイユのワインは粘土砂質の土壌でつくられ、際立ったフィネスのある、ともかくその名に偽りなしのワインである。「凝灰岩土壌のワイン」は様々な区画で生産されているが、特にブネの集落に多く、若いときはまだ細身の味わいながら、生き生きとした濃い色合いのものとなる。長く熟成させることができるので、年とともにワインは開花していく。アロマと味わいにとても複雑な特徴が備わっている。区画の名を冠し、それぞれのキュヴェ毎に分けられた礫質と凝灰質土壌のワインの市場性はますます高まっている。しかしながらこれらの異なった土壌のワインは、それぞれの特徴がよりよいバランスになるよう、しばしばブレンドされてもいる。

ブルグイユのワインはラズベリーのアロマによってシノンのワインと見分けられるといわれているが、それほど絶対的なものでもない。ただブラインド・テイスティングでも分かりはするので、この似通ったアペラシオンのワインを区別するにはそこそこ確実な判断基準だろう。

他のトゥーレーヌ地区でしばしばおこなわれるように、ロゼワインはセニエでつくられている。この方法はタンク中に残った果汁がさらに濃縮することになり、よりボディのある赤ワインをつくることができる。つまり赤ワインの色とタンニンのもとになる果皮で構成された果帽の固形成分はタンクのなかにすべて残されている。ロゼ用として取り出された果汁の後にタンクに残された果汁に対しては、この固形成分の割合が多くなるため、その構成成分がさらに富んだものになっているからである。

ロゼワインは新鮮でフルーティーな心地よいものだが、一方でカベルネ・フラン種の特徴がしっかりと感じられるワインでもある。

ぶどう品種

赤ワインとロゼワインの主品種であるカベルネ・フラン種が、栽培地のほとんどで見られる。

ブルグイユとサン゠ニコラ゠ド゠ブルグイユの赤とロゼワインには、この地でブルトン種と呼ばれるカベルネ・フラン種がほとんど全面的に用いられていて、それに10パーセント以内でカベルネ・ソーヴィニヨン種のブレンドが許されている。しかしたとえ生産者のなかに、味わいを補って洗練したワインにするカベルネ・ソーヴィニヨン種にこだわる者がいたとしても、その多くは用いていない。カベルネ・ソーヴィニヨン種は生育期間の長い晩熟型の品種のため、春先に霜害の危険を伴うこの地では栽培は難しいからである。

ブルグイユ

ブネ ブルグイユの中心にあたるこの集落では、アペラシオンでもっとも豊かで完璧なワインがつくられている。85パーセントと畑の大部分は白亜の台地にある粘土石灰質の丘陵に広がり、残りは砂と礫で構成された土壌にある。この丘陵の向きは素晴らしく、大部分が真南に向き、少しだけ南東から南西に通称「グラン゠モン」の方へ向いている。台地を覆っている森のおかげで畑は北風から護られているだけでなく、より適した微気候がもたらされている。数年前からブネの生産者たちはテロワールの特徴がよく現れるように、収穫されたぶどうを各区画毎に別々に醸造するようになっている。グラン゠モンは薄い土壌で上部に位置するが、コクのある長く熟成できるワインを生み出す。より厚い粘土質の土壌にあるマルキーズとラゲニエールの区画からはボディのあるオイリーなワインが生産される。レスティニェの集落との境界で、より上部にあるボーヴェとヴォモローの区画は石灰質の多い土壌で、バランスのよい繊細で典型的な熟成タイプのワインがつくられる。丘陵のやや下部のロセとクロ゠セネシャルの区画は、石灰分の少ない土壌で同じようなタイプのワインが生産されているが、ボーヴェのワインより特徴は控えめである。

シュゼ゠シュル゠ロワール 砂と礫の土壌のみから生産されるワインは、たいへんエレガントなものになる。ビュット・ド・モンタシャンの区画は堆積した「モンティーユ」と同じタイプのテロワールである。

アングランド 6割が石灰質で構成され、残りは砂と礫の土壌である。この集落には3つの有名な区画、泥灰質土壌のブリュネティエールとベザール、深い粘土質上の礫質土壌のブロティエールがある。

ラ゠シャペル この小さな村は砂と礫の土壌にあり、コルヌ・デュ・セール、カイヤルディエール、トロワ・マリの有名な区画がある。

レスティニェ 集落の土壌は55パーセントがテュフォーとシリカで構成されており、残りが砂と礫の土壌である。480ヘクタールの畑があり、このアペラシオンでもっとも広い村である。数年前から協同組合が生産の多くを担っており、区画毎のワインづくりを選択している。ビュザルディエール、オーシャン、エヴォワ、ボールガール、シャトー・ルイの各区画では、珪質粘土石灰質の土壌の特徴が表れたとても魅力的なワインがつくられ、礫質土壌の特徴はシュヴァリエールとシャトー・ラ・フィルベルディエール、シャン・ピゾーの区画に表れている。

サン゠パトリス 7割がテュフォーでシリカを含む土壌、残りが砂と礫の土壌からなる集落は、未耕作の地が残されている。挙げるべき区画は粘土石灰質ではブエ、珪質粘土石灰質ではシェネとバルボテース、クロ・デ・ジュラン、砂と礫質土壌ではグラヴォワである。

サン゠ニコラ

この集落では2割がテュフォーとシリカ土壌で残りが砂と礫から構成され、ブルグイユとほとんど変わらないワインを生産している。テュフォーとシリカ土壌でもっとも有名な区画はボーピュイ、マルガーニュ、クロ・ロリュー、クロ・ド・レポワスとヴォー゠ジョミエである。砂と礫の土壌ではベルジオニエールが有名である。

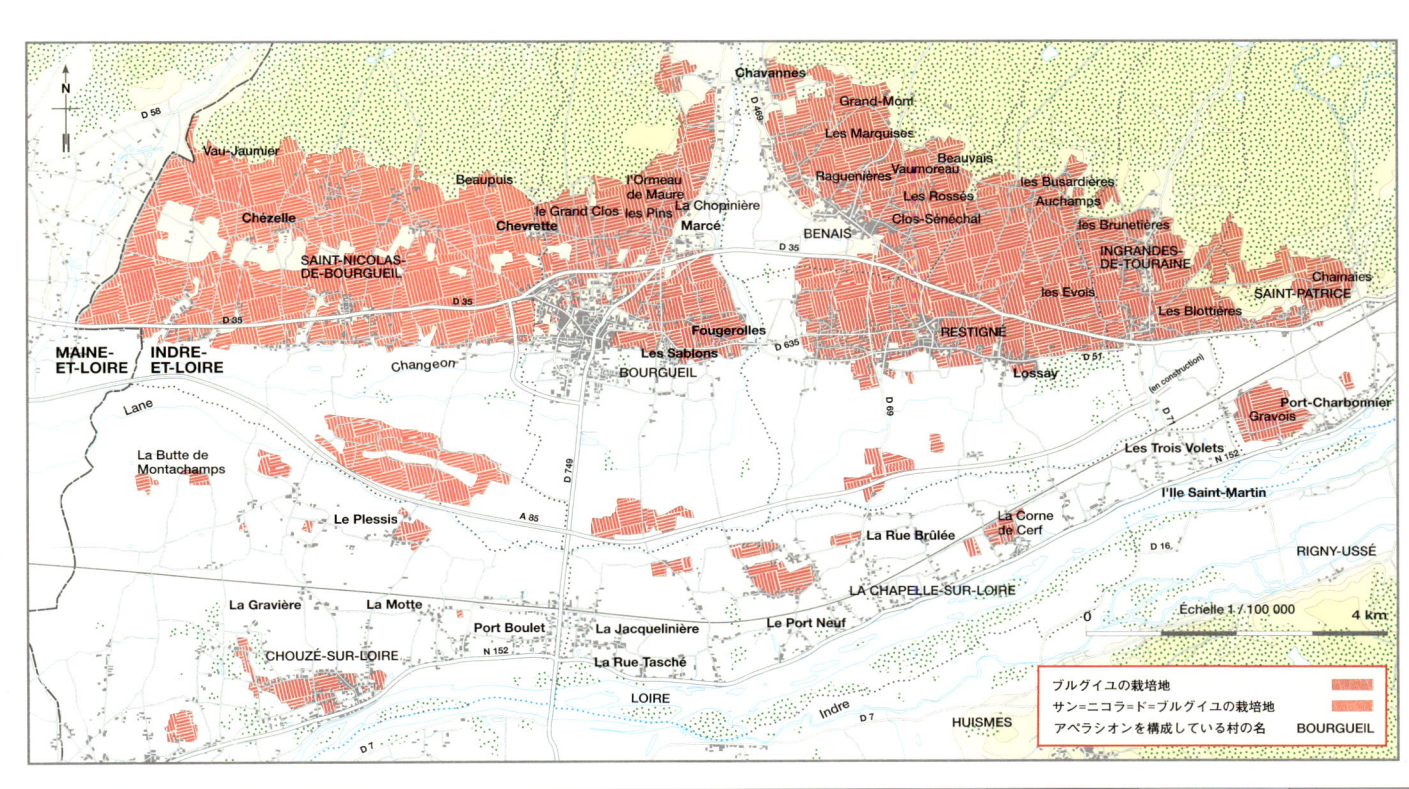

115

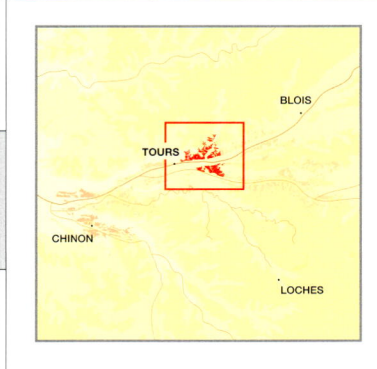

ロワール河流域 ◆ トゥーレーヌ地区 ◆ ヴヴレー ◆ モンルイ

Vouvray et Montlouis
ヴヴレーとモンルイ

ヴヴレーとモンルイの栽培地では白ワインのみが生産されている。畑はトゥール市から約10キロメートルほどロワール河の上流に位置し、ヴヴレーは右岸に、モンルイは左岸に広がっている。これら2つの産地ではシュナン種が単独で用いられている。ワインはヴィンテージによって辛口、やや甘口、甘口に仕上げられるが、これらのアペラシオンの特徴がもっとも表現されているのはやや甘口につくられたワインである。

■ 産地の景観

ヴヴレーのアペラシオンはトゥール市のすぐ東からノワゼーの集落までのロワール河の右岸の丘陵に位置し、モンルイはヴヴレーの対岸、ロワール河とシェール川のあいだの岸辺に広がっている。

ヴヴレーのぶどう畑は、ロワール河を見下ろす高さ50メートルほどの、台地と崖を削っている多くの小さな谷の斜面に広がっている。この有名なぶどう畑のある渓谷には「コケット(浮気女)」や「ボンヌ・ダーム(賢婦人)」など意味深長な名前が付けられている。ロワール河に沿って国道を走ってもぶどう畑は見えず、黄色いテュフォーの崖と、そこに掘られているかつての洞窟式の住居があるばかりである。畑に行くには回り道をしながら丘陵をジグザグにたどらなければならない。

ロワール河のもう一方の岸のモンルイの畑についても同じで、崖を登って行かなければぶどう畑にはたどりつけない。モンルイの栽培地は南に向きを変えたロワール河を見下ろす、険しい台地から続く緩やかな丘陵の先、シェール川の平野まで広がっている。ぶどう畑はこの台地と平野まで延びた丘陵まで広がっているが、谷に達するところで畑は止まっている。

■ 地質と土壌

ヴヴレーとモンルイのぶどう畑は、トゥーレーヌではテュフォーの名で表される、テューロン階の石灰岩台地の上に広がっている。

掘られたカーヴ内は、緻密で白い岩肌が、ところどころシレックスの脈が認められるもろくて粒の大きな黄色いテュフォーで覆われている。細かく見るとテュフォーはシレックス片を含む粘土と台地の黄土、それに風によってもたらされた砂の層で覆われている。

ヴヴレーでぶどうは2つのタイプの土壌で栽培されている。ひとつは30センチメートルから40センチメートルの薄い「オービュイ」と呼ばれる粘土石灰質土壌で、もうひとつはずっと厚い「ペリュシュ」と呼ばれる珪質粘土土壌である。最初のタイプはロワール河にもっとも近い部分で見られ、2番目は最初のタイプと黄土質土壌との中間的性質のもので、ぶどう畑には適さず森で覆われ、穀物栽培がおこなわれている。同じタイプの土壌がかつてはロワール河と合流していた川の流れに侵蝕された谷の丘陵に広がっている。

モンルイのぶどう畑は珪質粘土の土壌が大半を占めており、ところどころ風による砂質土壌が見られる。ぶどうの根は土壌にたいへん深く入り込み、母岩の種々の層を利用している。

■ 気候

ヴヴレーとモンルイの栽培地の気候がたとえ他のトゥーレーヌ地区のそれと同じようでも、ワインのスタイルと同様、違いをもたらしているのは微気候である。

ヴヴレーの栽培地の気候は、それぞれ特殊な気候状況を生み出しているいくつかの規模の小さな谷によって形成されている。この谷の斜面は東向きから西向きと様々で、排水も上々で風と寒さから畑を護っている。

モンルイのぶどう畑では、ヴヴレーに較べ全般的に南を向いた配列が揃った丘陵の、恩恵を受けている。起伏のうねりだけがそれぞれのぶどう畑の向きを変化させているこの状況は、ぶどうの成熟にとってはたいへん都合のよい要因となっている。

🍇 ぶどう品種とワイン

ヴヴレー、モンルイともに、シュナン種単一からほぼすべてのタイプのワインがつくられている。

丈夫な品種であるシュナン種は、この2つのアペラシオンで、全面的に魅力を発揮できる完璧な環境を見出している。香りと味わいの面でその品種の個性を十全に現わし、アカシアやクローブ、カリンの際立ったアロマのあるワインを生んでいる。

ヴヴレーではモンルイと同じく、非発泡、発泡、微発泡、辛口、やや甘口、甘口、ごく甘口と、あらゆるタイプのワインがつくられている。この多様性が、ヴィンテージ毎に一様ではないぶどうの出来具合にうまく対応してくれる。ぶどうがうまく成熟できない晩熟な年には、スティル・ワインに振り分けられる割合は生産量の3分の2程度しかない。反対にぶどうが早熟だった年には、ワインはより特徴のある辛口またはやや甘口になり、これらはアペラシオンの真の特色を分かりやすく説明しているワインとなる。そしてたいへん気候に恵まれた年には、ぶどうは甘口から極甘口のワインになり、とても長く熟成させることができるものとなる。

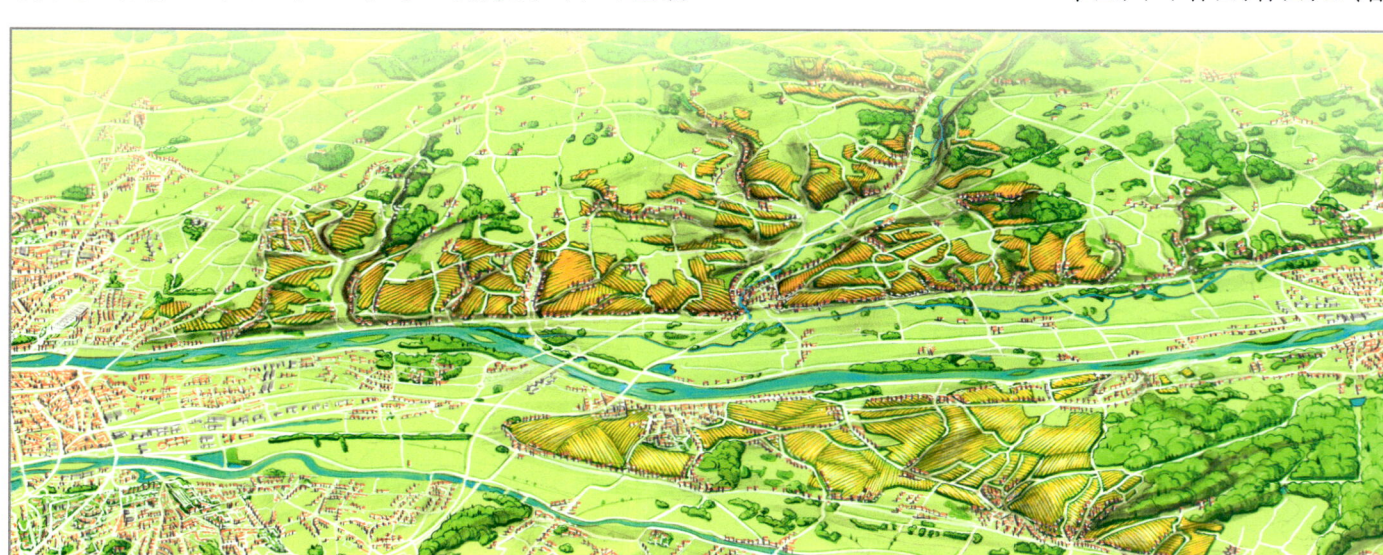

ヴヴレーとモンルイの栽培地の鳥瞰図

統計(ヴヴレー)
栽培面積:2,200ヘクタール
年間生産量:100,000ヘクトリットル

統計(モンルイ)
栽培面積:500ヘクタール
年間生産量:20,000ヘクトリットル

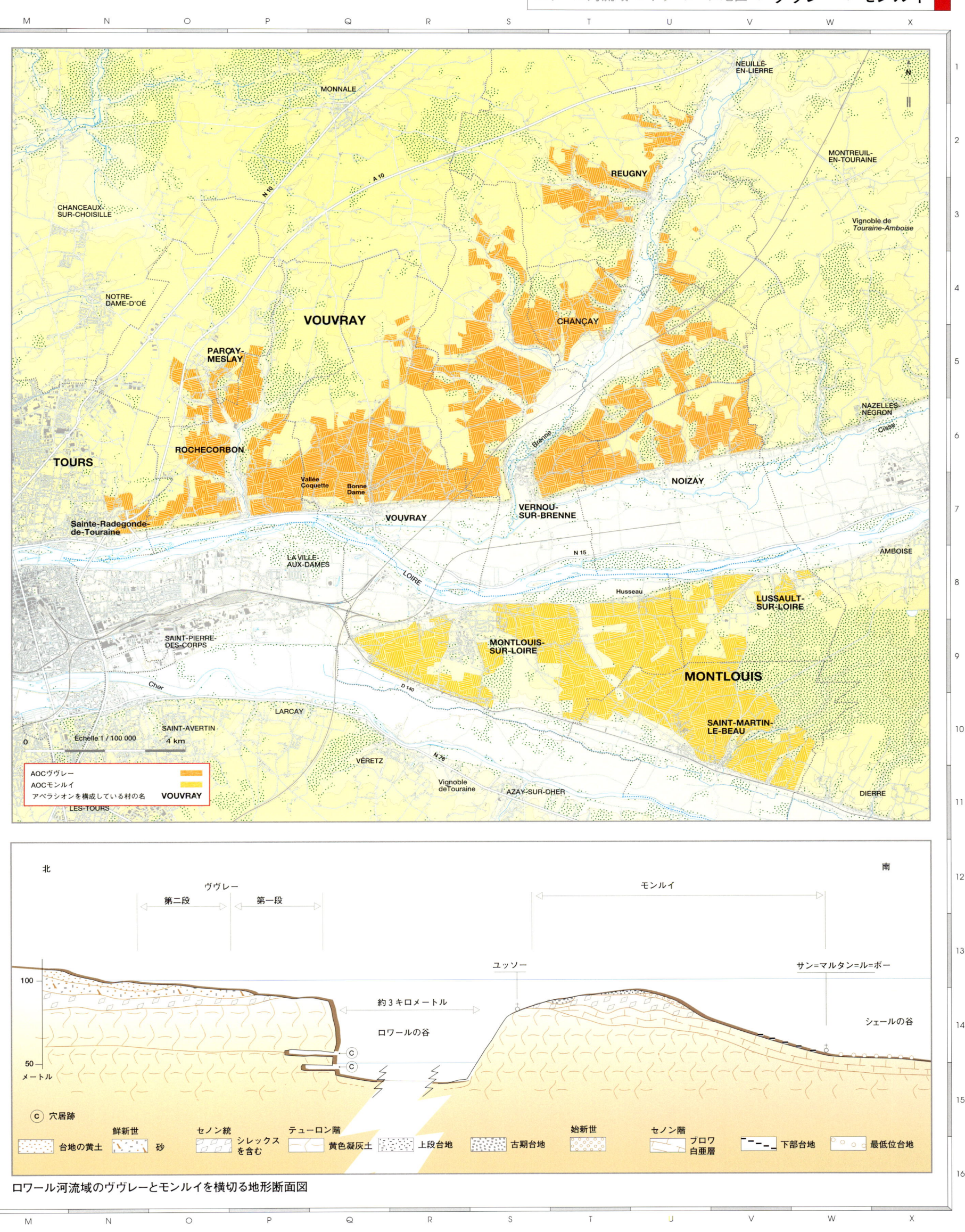

ロワール河流域 ◆ トゥーレーヌ地区 ◆ ヴヴレー ◆ モンルイ

凡例

- AOCヴヴレー
- AOCモンルイ
- アペラシオンを構成している村の名 **VOUVRAY**

Echelle 1 / 100 000　4 km

地形断面図

北　　　　　　　　　　　　　　　　　　　　　　　　　　　　南

ヴヴレー：第二段、第一段
モンルイ

ユッソー　　サン=マルタン=ル=ボー

約3キロメートル
ロワールの谷
シェールの谷

C 穴居跡

凡例:
- 台地の黄土
- 鮮新世 砂
- セノン統 シレックスを含む
- テューロン階 黄色凝灰土
- 上段台地
- 古期台地
- 始新世
- セノン階 ブロワ白亜層
- 下部台地
- 最低位台地

ロワール河流域のヴヴレーとモンルイを横切る地形断面図

117

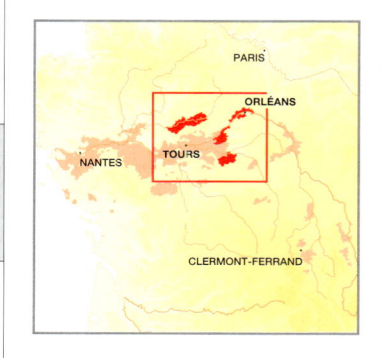

ロワール河流域 ◆ サルト ◆ ヴァンドーム ◆ オルレアン ◆ シュヴェルニー ◆ ヴァランセー

Autres Vignobles de Loire
ロワール河流域のその他の栽培地

　流域に数多くの産地を擁するこの地方には、ロワール河と多くの支流に沿って小島のように栽培地が点在している。あるところはトゥーレーヌに近く、またあるところは中央フランス地区に近くという具合であるが、これらの栽培地はアンジューやトゥーレーヌのようなまとまった大きな地区は形成してはいない。しかしこれらはすべてが歴史的由緒のあるもので、ロワール河両岸の「フランスの庭園」と呼ばれる景観にとけ込み、景勝地となっている。

コトー・デュ・ロワール Coteaux du Loir

　トゥール市の北、この栽培地は泥灰質層の上にシレックスを含む粘土や砂質の層が重なっている。川の両側が切り立ったところでは、岩石層が露出して東と西に向いた丘陵を形成している。気候は陸の影響を受けた穏やかな海洋性の状況を呈している。ピノ・ドーニス種からつくられる赤とロゼは、興味をそそられるワインで、ピーマンのアロマを感じさせる。辛口の白ワインはフルーティーで主にシュナン種からつくられる。

統計
栽培面積：71ヘクタール
年間生産量：3,100ヘクトリットル

ジャスニエール Jasnières

　ジャスニエールのごく小さいぶどう畑は、ロワール河の支流のロワール川（訳注：綴りは Loir）の右岸に広がっている。真南に向いた傾斜のきつい丘陵の斜面に広がり、土壌には日光と熱を反射するシレックスを多く含む。東では様々な大きさの礫から大きな石灰岩への変化が見られる。シュナン種によってリンゴと燧石のアロマを感じさせる白ワインがつくられる。ワインは辛口から甘口まであり、どれも長く熟成させることができる。

統計
栽培面積：54ヘクタール
年間生産量：2,500ヘクトリットル

ヴァンドーム周辺 Vendômois

　支流のロワール川の両岸にある栽培地の斜面の向きはよく、温暖な海洋性気候の恩恵をうけている。小石混じりの台地に泥土と粘土石灰質で形成された土壌が広がっている。白ワインはシュナン、シャルドネー、ソーヴィニヨン、ピノ・ブラン種からつくられる。有名なヴァン・グリ（訳注：玉葱の皮の色をしたロゼワイン）を生むピノ・ドーニス種は、ガメや2つのカベルネ、コット種とともにに赤ワインにも用いられる。

統計
栽培面積：150ヘクタール
年間生産量：6,000ヘクトリットル

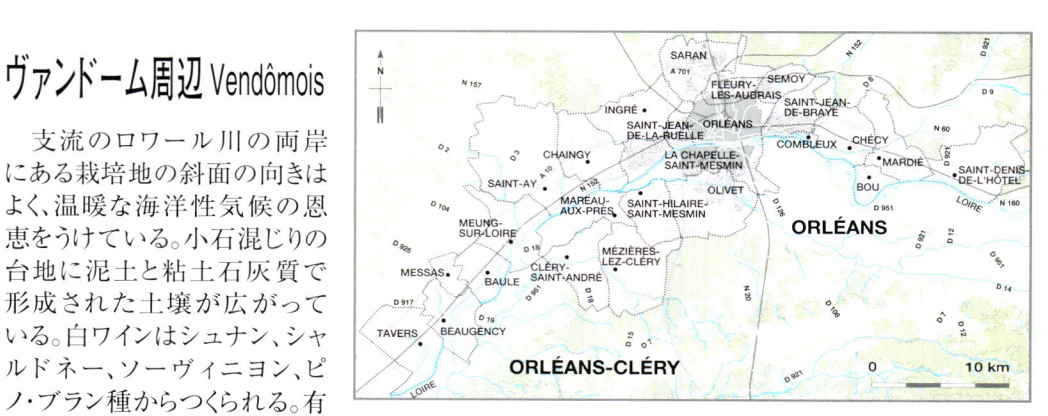

オルレアン、オルレアン＝クレリ Orléans, Orléans-Cléry

　このぶどう畑は17世紀には3万ヘクタールにわたっていたが、19世紀のフィロキセラ禍によってほとんど消滅してしまった。現在残る150ヘクタールの畑はロワール河の両岸に不均一に広がり、オルレアンの下流の左岸ではより単調になっている。気候は陸の影響のある海洋性気候で、降雨量は年間を通して一定である。砂質ないし礫質の土壌で、オーヴェルナ・ブラン種と呼ばれるシャルドネー種と、まれにピノ・グリ種から新鮮でバランスのよい白ワインがつくられる。赤とロゼワインが生産量の4分の3を占め、オーヴェルナ・ノワール種と呼ばれるピノ・ムニエ種とノワール・デュー種と呼ばれるカベルネ種と、ピノ・ノワール種を用いる。フルーティーな軽い口当たりで、1年以内に飲まれるべきワインである。

統計
栽培面積：150ヘクタール
年間生産量：7,000ヘクトリットル

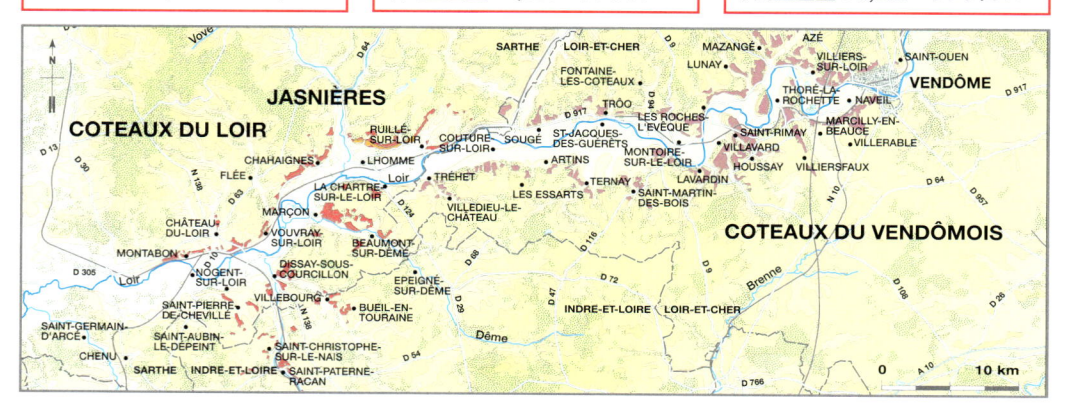

シュヴェルニー、クール＝シュヴェルニー Cheverny, Cour-Cheverny

　ブロワの南、ロワール河の左岸に位置し、シュヴェルニーとクール＝シュヴェルニーの産地は川とうっそうとした森の影響を受けている。北では畑は河川の丘陵と段丘に広がり、気候は穏やかである。南と南東ではシレックス混じりの粘土を含んだ砂質土壌で、ソローニュの森によってより大陸性気候である。南西では土壌はより不均質で、粘土石灰質土壌とソローニュの砂と粘土、シレックスを含む丘陵が見られる。気候的には冬は比較的穏やかである。降雨量は年平均640ミリメートルで、年間を通して一定である。 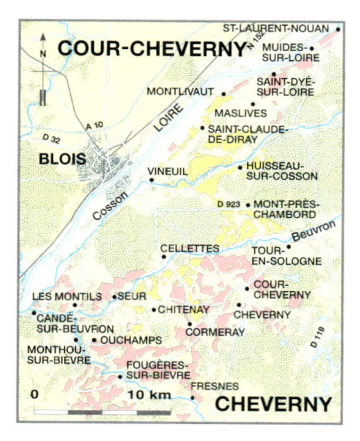
　シュヴェルニーの赤とロゼはガメとピノ・ノワール種からつくられ、補助品種として、2つのカベルネとコット、そしてロゼのみにピノ・ドーニス種がブレンドされる。ソーヴィニヨン種が白の主要品種だが、それにシャルドネーとシュナン、そして絶滅寸前のアルボワ種がブレンドされることもある。
　クール＝シュヴェルニーの生産にはロモランタン・ブラン種のみが使用される。

統計
栽培面積：490ヘクタール
年間生産量：23,800ヘクトリットル

ヴァランセー Valençay

　ベリーやソローニュ、トゥーレーヌと隣り合わせのヴァランセーのぶどう畑は、シェール川とその支流を見下ろす緩やかな勾配の丘陵に広がっている。土壌は「ペリューシュ」と呼ばれるシレックスを含む粘土質、あるいは最上層の粘土と名づけられた粘土上の砂質泥土のタイプがみられる。気候はトゥーレーヌ北部と似通っている。 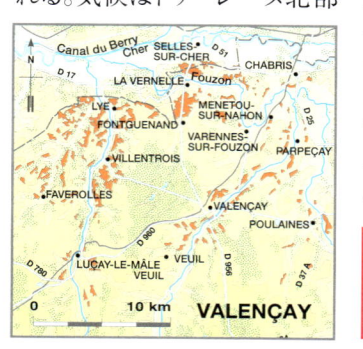
　生産量の6割を占める赤ワインは、ピノ・ノワールとガメ種の微妙なブレンドによってつくられるが、これらの品種はシレックスを含む土壌では魅力を特に発揮することができる。やはりシレックスを含む粘土でよく成熟するコットや2つのカベルネ種が補助品種として用いられる。1割ほどのロゼは早飲みタイプ。生産量の3割を占める白は、主にソーヴィニヨン種からつくられ、燧石のアロマが感じられる。またシャルドネー種がブレンドされることもある。

統計
栽培面積：130ヘクタール
年間生産量：8,000ヘクトリットル

ロワール河流域　◆　**中央フランス地区**

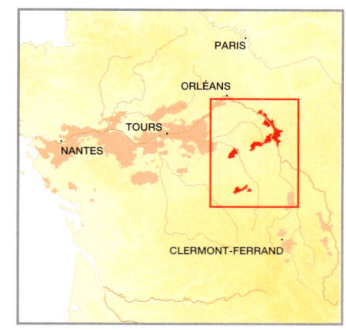

Centre-Loire
中央フランス地区

サンセール、プイィ、カンシー、ルイィそれにムヌトゥー=サロンのアペラシオンが集まっている中央フランス地区の栽培地は、ソーヴィニヨン・ブラン種における最上の地ともいえるほど、この品種のたいへん複雑な個性を発揮させるのに、非常に適した気候とテロワールの恩恵を受けている。この品種自体の個性に加え、テロワールとヴィンテージ毎の特徴が備わり、この地ならではのワインが生み出されている。

■ 産地の景観

産地は広大な穀物畑と放牧地のなかのあちこちに点在しており、小区画から数百ヘクタールにいたる栽培地がある。

地理的に広い範囲に点在しているにもかかわらず、中央フランスを形成している産地は共通した景観を呈している。

ぶどう畑はその多くが起伏の穏やか台地上の小区画、あるいは丘陵を横切る小河川に面した斜面に見られる。そのなかには例えばサンセールの広大な畑のように、切り立ったきつい勾配の斜面が、小さい丘陵の連なりを分断しているようなところもある。

■ 地質と土壌

ぶどう畑はパリ盆地の南東、中生代の海の堆積物からなる石灰質の地層が形づくっている三日月型の地帯に広がっている。

この地では伝統的に栽培地のその独自の性質を表すテロワールを、それぞれタイプ毎に分け、名前が付けられている。

テール・ブランシュ Terres Blanches キンメリッジ階が80メートルから120メートルの厚さの層を形成している。この層は貝の化石を含む柔らかい石灰岩層と、風化した多少粘土質が混じる泥灰岩で構成されている。ここでは細かい貝殻片を含み、ときにこれが多く集まり化石塊を形成していることもあり、またアンモナイトも見られる。淡い褐色の石灰質土壌で、場所によっては厚さ150メートルにおよぶ。

この土壌はサンセールとプイィのぶどう畑のほとんどで見られ、またムヌトゥー=サロン全体や、ジェノワとルイィのある区域にも見られる。

カイヨットとグリヨット Caillottes et Grillottes オックスフォード階は石灰質の土壌に由来するが、硬い場合はカイヨット、もろく割れやすい場合はグリヨットと呼ばれる。これらはレンジナ土あるいは褐色レンジナ土を含んでいる。30センチメートルから50センチメートルと薄く、痩せていて熱しやすく、礫が非常に多い。これはサンセールとプイィの広い面積を覆っている。この土壌は早く暖まるためにぶどうの成熟が早く、バランスのよいフルーティーで柔らかい口当たりのワインが生まれる。

硬い石灰岩の地層であるポートランド階の層は、西または北西のサンセール、プイィの北側に見られる。この褐色のレンジナ土もカイヨットと呼ばれる。石灰岩礫の割合は5パーセントから80パーセントと幅があり、泥土が非常に多いこともある。ポートランド階はまた珪粘土質の堆積物で覆われたサンセールの小丘の土壌の基盤にもなっている。そしてオックスフォード階とポートランド階はルイィとジェノワでも多少見られる。

シャイユー Chailloux より新しい沖積層と崩積層からできた珪質土壌である。含有物質は細かい成分——粘土、泥土——と多少大きい粒——砂、礫、小石——が混じり合っている。これらは厚さ数十センチメートルから数メートルである。この白亜紀と始新世の累層はシリカが豊富で、シレックスも多く、また化石化した海綿とウニもしばしば見られる。この層はキンメリッジ階とポートランド階の上に堆積し、白亜と泥灰土には稀にしか見られない。この土壌は小石やシャイユー、一般的にはシレックスと呼ばれる岩石が侵蝕されて生じた褐色の土壌のタイプに属している。通常、小丘に見られ、サンセールのぶどう畑や、プイィのサン=タンドレン丘陵、ジェノワのサン=ペール南部とジェノワ北部などがこれにあたる。サンセールとプイィのトラシー=シュル=ロワールでは白亜紀のオーブ階と始新世の砂と粘土も見られる。

その他の土壌のタイプ ベリーの湖成石灰岩と粘土がカンシーのぶどう畑とルイィの一部を形成している。ここは主に第四紀の沖積土で覆われ、30センチメートルから5メートル以上の厚さの層を成し、シリカ——砂と礫——と粘土と黄土が種々の割合で混ざっている。

■ 気候

中央フランスのぶどう畑は微気候による変化が顕著な半大陸性の気候である。

広大な中央フランス地区の産地にある、それぞれの測候所で観測された気温と降雨量は、微気候をもたらす多くの要因のため、同じ区域内でさえ大きく異なっている。この状況から気候は全体的に大陸性から半大陸性と考えられる。

平均気温は冬でマイナス摂氏1度、夏は摂氏26度と、霜の心配はあまりなく、降水量は600ミリメートルから800ミリメートルと、標高によって異なっている。そしてそこには見落とせない傾向が見出せる。

南東のカンシーとルイィはもっとも暑く、そして乾燥している。特にぶどう樹の生育期間に顕著で、この2つのアペラシオンの大部分は、隣接するほかの産地に較べて成熟が早くなる要因といえる。

東部では平均気温と降水量は少し高く、この気候はサンセールよりプイィの方にはっきり表れている。

上記2つのアペラシオンのあいだに位置するムヌトゥー=サロンでは、サンセールと比肩し得る積算気温であるが、降雨量はわずかに多い。

南部では冬場の気温がもっとも低く、穏やかな降雨量が年間を通じて一定のシャトーメイヤンのぶどう畑がもっとも涼しい。

中央フランスの栽培地に吹く風は北東の微風で、標高と丘陵の向きによって様々な影響を与えている。しかしサンセールなどでは、ぶどう畑に突き出した台地によって風から護られている。

多くの河川の存在もまた気温を調節している要素である。ロワール河は気候を和らげ、9月にはぶどうの成熟に都合がよい早朝の霧の発生を促している。

この状況はサンセールやプイィ、コトー・デュ・ジェノワでしばしば見られる。この現象はノアン川もプイィとジェノワの南で同じ役割を担い、カンシーのシェール川やルイィのアルノン川もまた同様である。

斜面の向きはぶどうの生育のサイクルに大きく影響する。同じ区域でさえ、向きの違いによって成熟の度合いに3週間の開きが見られるほどである。

そのような状況にもかかわらず、ソーヴィニヨン・ブラン種にとってこの地の斜面は最適といってよいが、年毎の天候による種々の影響は免れない。晩熟の年には南と南東向きの畑でもっとも早く成熟し、若いときに強烈なアロマをもったワインができる。反対に西や北、北西向きでは成熟は遅れるので、早生あるいは平均的な年のほうが都合がよい。

ワインの質、特にソーヴィニヨン・ブラン種のワインに気候や微気候の影響がもたらす性格の違いははっきりしているものの、まだ研究の余地がある。

ロワール河流域 ◆ 中央フランス地区

ぶどう品種

ソーヴィニヨン・ブラン種とピノ・ノワール種は中央フランスのテロワールでは特に素晴らしいワインを生み出す。

ソーヴィニヨン・ブラン このぶどうは手間をかけてやる必要のある、ごまかしのきかない品種といえる。自然状態では収量過多になる丈夫なぶどうで、最良の果実を得るためには剪定を厳しくして、痩せた土壌で栽培する必要がある。

もしぶどう樹が早熟で収量が多すぎた場合、この品種の大きな魅力であるアロマが失われてしまう。また反対に成熟が十分でないとアロマは大雑把でぼやけたものになってしまう。しかしうまく成熟して収量がコントロールされた場合には、ワインは辛口でエレガント、バランスがよくすぐにそれと分かる個性溢れるものとなる。

ソーヴィニヨン・ブラン種のアロマは特に若いうちは独特で、花や果実の香りのなかにエニシダやカシス、ツゲの香りを感じさせる。これら一般的特徴はさらに、テロワール、ヴィンテージ、栽培状況によって変わってくる。

中央フランスではソーヴィニヨン・ブラン種のぶどうが、総面積4000ヘクタール弱のなかの、それぞれ適した小区域で真価を発揮している。そしてサンセールからルイ、ムヌトゥー=サロンとジェノワの畑を通ってプイィからカンシーにまで広がっている。

しかしながらソーヴィニヨン・ブラン種はすべての土壌に適応しているわけではない。例えば丘陵の高所、ポートランド階の土壌はピノ・ノワール種からは素晴らしい赤ワインを生むが、ソーヴィニヨン・ブラン種ではエレガントさに欠けたワインとなる。

ピノ・ノワール 丈夫で多産な品種だが、霜にやられやすい。中央フランスの産地のように水捌けがよく、基盤の柔らかい粘土石灰質の土壌では特に魅力を発揮する。このぶどうからつくられるワインも、テロワールや収穫年、生産者などによって性質に大きな違いが見られる。

ソーヴィニヨン・ブラン種のワインはシンプルでわかりやすく、香りと味わいをとても複雑にするテロワールを知り抜いたワインであるといえる。生き生きしたものからフルボディのものまで様々なタイプがある。若いうちに飲むほうがより愉しめるとしても、もちろん数年間寝かせることもできるワインである。

119ページで述べた異なるテロワール——テール・ブランシュ、カイヨット、グリヨット、シャイユー——において、それぞれの土壌の興味深い違いを反映したワインを生み出している。

ピノ・ノワール種単独からつくられる赤ワインの伝統は、もともと白ワインを重点的に生産してきた中央フランス北部の畑において決して否定されることはないだろう。ほとんどがフルーティーで軽く、若いうちに飲まれることが多いとはいえ、土壌や収穫年、醸造方法によって興味深いものとなるし、また数年間の熟成に耐えられるワインともなる。

同じようにピノ・ノワール種からつくられるロゼワインの生産量は少ない。しかしながら区画をよく吟味し、収量を厳しく制限しながら手間をかけて醸造されたときには、この地の気候のおかげで、新鮮で美しいフィネスあるワインになる。ピノ・ノワールあるいはピノ・グリ種からつくられるこのロゼワインは時間とともにうまく熟成し、若いうちに愉しむのはもちろん、2年から3年寝かせることもできる。

テール・ブランシュのワイン 通常粘土分に富み硬くしまっていて、丘陵の上部に見られるこのテロワールは冷えた土壌であると考えられている。ぶどうの成熟の最終段階である9月の表土の温度も、ぶどう果の温度も低い。この特殊な状況はぶどうの生育を段階的に遅らせるのに適しており、素早く短期間に成熟するより質をコントロール出来る点で都合がよい。しかしながらこの土壌でも南や東に向いた丘陵で勾配のきついところでは暑くなり、ぶどう果が早熟するところもある。

このようなテロワールでは、最適な収穫の期日を見極めることによって、ぶどうの糖分の含有量は上がりさらに酸味も蓄えられ、生き生きとしながらもたっぷりとしたワインとなる。

また一方で、貴腐菌となるボトリティス・シネレア菌がこの土壌でしばしば発達する。この菌によって糖分の凝縮と豊富なグリセリン、pHの増加がもたらされ、ワインはまろやかな甘口になる。しかしながら貴腐菌の付いたぶどうの割合は抑えられるべきで、この菌の過剰な発達は、アロマとソーヴィニヨン・ブラン種特有のフレッシュさを低下させてしまうからである。

テール・ブランシュのワインの魅力を発揮させるには時間がかかるのが常である。温度をコントロールしながら特別に細かい澱と接触させたまま醸造するので、なかには収穫した翌年の9月まで開かないものもある。

アロマは成長するにつれ長く残るようになり、最初の数ヵ月は控えめだが、徐々に複雑さを身に付けたワインに変化していく。とても良質のワインであり、ときにスイセンやアヤメのようなニュアンスのある花や果実のアロマを纏っている。

白ワインにとってもっとも適している地質といえるテール・ブランシュだが、畑の水捌けの問題をコントロールできたときには、ピノ・ノワール種から良質の赤ワインも同時に生産することができる。

カイヨットのワイン このテロワールに植えられているぶどう樹は通常早熟であるが、表土が薄ければ薄いほど、生育は早くなる。というのもカイヨットを形成している白い石灰岩を多く含む礫が、日中蓄えた熱を夜間に放出するからである。このよく知られた、ぶどう樹の生育にとって都合のよい現象は多くの畑で見られる。ぶどうの糖度は上がり酸もほどほどで、よいヴィンテージに恵まれると最上のバランスを備えるものとなる。

この土壌で生み出される白ワインは、柔らかいものからたくましいものまで、様々なタイプが見られるが、常に最初の数ヵ月において、豊かで強烈な特徴あるフルーティーな香りを放ち、もてる特色を全面に表す。そして収穫の翌年には特に心地よいものとなる。

中央フランスの栽培地ではソーヴィニヨン・ブラン種のワインこそが、この地の代表である。

カイヨットのテロワールにおいては、赤ワイン用のぶどう品種のフェノール分もよく熟し、よい年には色の濃い、フルーティーでコクのあるワインになる。したがってほとんどが骨格のしっかりした熟成能力のあるものとなる。

グリヨットのワイン グリヨットから生産される白は、カイヨット産のワインに似通っていて、特にぶどう樹が若いときにはアロマがより際立ち早く発達する。この場合、ソーヴィニヨン・ブラン種特有のツゲの香りが感じられ、あまり熟成させずに若いうちに愉しむべきである。

樹齢のやや古いぶどう樹では、根は石灰質白亜の土壌のバランスのとれた水分の供給を最大限にうけとることができる。というのもぶどうの根は地中深くまで伸び、母岩の亀裂にまで支根を食い込ますことが出来るからである。このテロワールに植えられた樹齢50年以上のヴィエーユ・ヴィーニュからのワインは、フルーティーさに加え熟成能力もある。ぶどうが十分に熟した状態で収穫がおこなわれると、ワインは酒精強化ワインを思わせるような、果実の砂糖漬けや蜂蜜の香りをともなったものに変身する。

シャイユーのワイン シレックスや粘土、砂で構成された珪質土壌で、一般的に温かいため、ぶどうは成熟しやすい。しかしながら粘土の含有量や基盤の性質、微妙な表土の深さの違いなどがぶどうの生育に無視できない影響を与えていて、この現象が出来上がるワインのタイプに大きな差異をもたらしている。

例えばもっとも薄くて軽い表土の白ワインは最初は心地よいものだが、夏を過ぎると衰え始めるものもある。このようなタイプのワインは、何年も寝かせるようなことはせず、早めに愉しむのがよいといえる。シャイユーのテロワールにおいては、フェノール分という点から見ても赤ワイン用の品種も、もちろんよく生育する

厚い粘土質の表土から生まれる白ワインは、より長いしつけと澱との接触が必要で、この育成期間は一年かあるいはそれ以上長引く場合もある。このようにしつけられたワインは若いうちはカタさを残している。スパイスの微妙な香りがこのテロワールのワインの特色だが、特徴的な燧石のアロマもしばしば感じ取ることができ、その多くの風味は長く続く。熟成の能力も大いにあるため、いくつかのワインは最良の状態に達するまで長く寝かせておくことが必要である。

シャイユーの赤ワインは美しい色合いとタンニンの多い、骨格のしっかりしたバランスのよさを備えている。このワインが若いときのアロマティークなニュアンスは驚くべきもので、瓶詰めから1年たって始めて魅力を発揮させるようになる。

ロワール河流域 ◆ 中央フランス ◆ プイィ=フュメ プイィ=シュル=ロワール

Pouilly-Fumé
プイィ=フュメ

プイィ=シュル=ロワールのぶどう畑はロワール河の右岸、ニエーヴル県に位置し、左岸にあるサンセールのちょうど向かい側にあたる。ここでは2つの辛口白ワインが生産されている。ひとつはソーヴィニヨン・ブラン種からつくられる素晴らしいワイン、プイィ=フュメと、もうひとつはシャスラ種からつくられる、控えめだがフレッシュで魅力溢れるプイィ=シュル=ロワールである。

■ 産地の景観

プイィの栽培地はロワール河に沿って広がり、ところどころ勾配の急な斜面が見られる丘のゆるやかな起伏を占めている。

ロワール河に沿ったぶどう畑の西の部分は、ぶどう栽培の中心地のロジュの集落付近と同じようにところどころ大きくうねった高低差のある起伏を見せている。太陽の沈む方に向いて川からもたらされる暖かさの恩恵を受けている斜面はキンメリッジ階のテロワールで、ぶどう栽培には最適である。より平坦な区域では石灰質と砂の土壌が産地の内側に向かって広がり、真ん中にはまだ周辺が侵食されていない時代の名残であるサンタンドランの丘が人目を引いている。

栽培地の東と北では、あいだにノアン川の流れをはさんだサン=ローランとヴィリエの集落に見られるような小丘の高まりがある。

■ 地質と土壌

断層、落下、沈降等の複雑なシステムは、プイィのテロワールの多様性の要因となっていて、この地ではそれらを伝統的に4つに分けている。

キンメリッジ階の地質 あるいはテール・ブランシュと呼ばれ、プイィ──ブール、ロジュ、ノゼの区画──とサンタンドランの集落のぶどう畑の中心部分にみられる。

オックスフォード階 トネールとヴィリエの集落に見られる石灰岩で、この地質はプイィではカイヨットと呼ばれ、栽培地の東の大部分、プイィとサンタンドラン、それにサン=ローラン、サン=マルタンの各集落の土壌のほとんどを占めている。ポートランド階の地層は北部のサンタンドランとトラシー=シュル=ロワールの集落で露頭している。

シレックスの地質 多少粘土質のこの地質は、キンメリッジ階とポートランド階の地層で、トラシーの北および東、またロシュの集落、そして標高270メートルほどのサンタンドランの丘にも見られる。粘土膠結物はところどころ浸透性を欠き、ぶどうは排水が可能となるだけの勾配のある斜面でしか栽培されない。

砂質の台地 この台地は標高160メートルから200メートルと、それほど高くなく平坦で、多少なりとも石灰岩の破片が多少豊富な褐色の地層で形成されている。この台地はトラシーとプイィの東に点在している。

■ 気候

プイィ=シュル=ロワールの地は降雨量に偏りがなく、比較的温暖な気候の恩恵を受けている。

遅霜の害をうけやすいこの産地では、4、5月に霜による被害が頻繁に起こるために生産量が安定せず、伝統的な畑の一部が1950年代に消滅してしまった。今日では霜への対策がとられ、この区域でも再び栽培が始められている。ロワール河とノアン川に沿った低地では発芽がもっとも早い。また夏の雷雨にもしばしば見舞われる。

🍇 ぶどう品種とワイン

この地でブラン・フュメ種と呼ばれるソーヴィニヨン・ブラン種はプイィ=フュメの専有品種であり、シャスラ種はプイィ=シュル=ロワールのアペラシオン用のぶどうである。

不透過性で暖まるのが遅いキンメリッジ階のテロワールではぶどうの成熟が遅いため、ソーヴィニヨン・ブラン種は開くのに時間はかかるが、豊かで上品なアロマのワインになる。

この地でクリと呼ばれるカイヨットのワインは香り高くエレガントで、比較的早く熟成する。

シャイユーのシレックスから生まれるワインはカタく閉じていて、長く熟成させられる骨格のしっかりしたものとなり、とても複雑なアロマを発達させるようになる。砂質の台地でできるワインは、香り高く心地よいもので早く熟成する。シャスラ種は独特の性格をもっており、アルコール分と酸味が少なく、まろやかでたいへん心地よく喉の渇きを癒してくれるワインになる。

統計
栽培面積：1,150ヘクタール
年間生産量：73,180ヘクトリットル

ロワール河流域 ◆ 中央フランス ◆ サンセール

Sancerre
サンセール

サンセールの栽培地はシェール県の北東、ロワール河の左岸、サンセールの丘を中心に2500ヘクタール以上にわたって広がっている。ここでは特徴のはっきりした非常に上質な白ワインと、たいへん魅力的な赤ワインが生産されている。

■ 産地の景観

サンセールの栽培地は中央フランス地区では、もっとも起伏に富んでいる。そして頂部分が250メートルから400メートルに達する丘陵が連なっている。

サンセールの丘陵の景観は、長い地質年代を通じて繰り返された変動によって形成された。アルプスの褶曲の余波で、異なる断層と侵蝕がくっきりとぶどう畑を形づくっている。また勾配も大きく、場所によっては20度を越える傾斜のところもある。

畑は180メートルから350メートルの標高がある丘陵の斜面にある。起伏の底部にはビュエ、シャヴィニョール、アミニー、サン゠サテュール、ヴェルディニーなどの、よく知られたワインを産する村々が集まっている。それらの集落に広がる畑は、この地の中心であるサンセールの丘を取り囲んでいて、この景観こそがアペラシオンの大きな特徴でもある。

緩やかな谷間がそれぞれの丘陵を区切り、それらは多かれ少なかれロワール河に向かって開いている。またあちこちに見られる小河川は当然ながらすべてロワール河本流に注いでいる。

この起伏に満ちた丘陵は、それぞれにぶどう畑の異なった向きの主な原因であり、様々な微気候をもたらしている。これらすべての状況がこの地の畑におけるテロワールの複雑さを生んでいる。

■ 気候

サンセールの丘陵は、栽培地の西に広がる雄大な景観の広大な台地によって風をさえぎられている。

西から来る雲はしばしば雨をもたらすが、サンセールの西に位置する台地の高所を越えるのは容易ではない。この標高差によってサンセールの栽培地全体の降雨量が抑えられ、他の産地に較べて少ないことの説明がつく。

ロワール河につながる多くのなだらかな谷間では雷雨にしばしば見舞われるが、特に5月と6月に激しく、これはぶどうの成長期にとって有害である。

ぶどう畑が丘陵より低いところ、すなわち河川の近くにある場合は、気候はより和らげられる。河川が気温の調整の役割を担っているためである。

これらすべての状況と、起伏によってもたらされる様々な微気候とが相俟って、ぶどうがうまく熟する要因となっている。

統計
栽培面積：2,540ヘクタール
年間生産量：161,560ヘクトリットル

■ 地質と土壌

テール・ブランシュ、カイヨット、グリヨット、シャイユーなどのこの地特有の名称で呼ばれている地質は侵蝕によって形成され、顕著に見られる2つの断層によって削られている。

サンセールの土壌は、多くの断層によりむき出しとなった種々の岩石の侵蝕によって形成されており、そのうちの有名な2つのサンセール断層とトヴネー断層が、ぶどう畑をところどころ横切っている。またこれらの断層により、西にあるジュラ紀上部の地層と東の白亜紀と始新世の累層が接している。

この侵蝕現象は3つの土壌のタイプをもたらしており、そのうちの2つ──キンメリジッジ階のテール・ブランシュ、オックスフォード階とポートランド階のカイヨットとグリヨット──は栽培地の西側を占め、もうひとつは東側のシレックス混じりの粘土質のシャイユー土壌である。

キンメリジッジ階の土壌

テール・ブランシュを指し、ケスタ台地のより急な斜面側に見られる。この白い地層は石灰質の豊富な泥灰土からなり、多くのぶどう畑の区画を覆っていて、例えばクレザンシー村──シャンタン、レイニー──、サンセール村──アミニー、シャヴィニョール──、ヴェルディニー村──ショドゥー、ショドネー──、シュリ゠アン゠ヴォー村──ブール、マンブレ、シャンブル、メゾン゠サレ、シャップ──等に見られる。また少なくはあるが、モンティニー、ヴォーグ、ビュエ、サント゠ジェムの各集落にも広がっている。

オックスフォード階の土壌

この地層は主に産地の中央部分である斜面の下部と丘陵の低部を形成している。カイヨットとグリヨットのテロワールは、ビュエとクレザンシー、サンセール、ヴェルディニーの各集落の大部分とメネトレオル、トヴネー、ヴィノン、ヴォーグの各村の限られた区域を占めている。硬い石灰岩を含むポートランド階の地層は、アペラシオンの西と北西のもっとも高い斜面に位置する、クレザンシー、ビュエ、ムシトー゠ラテル、シュリ゠アン゠ヴォーの各村落で見られ、ケスタ台地の前面にあたる。またこのテロワールはサンセールの丘のふもとの深い層にも見られる。

シレックスの土壌
このテロワールはアペラシオンの東に、もっともはっきりと現れている。その多くは丘の上部の、サント゠ジェム、バネ、サン゠サテュール、サンセール、メネトレオル、ヴィノン、トヴネー、シュリ゠アン゠ヴォーなどの集落で見られる。始新世の砂と粘土からなる土壌はサンセールの栽培地の東から南にかけて数十ヘクタールにわたって点在している。

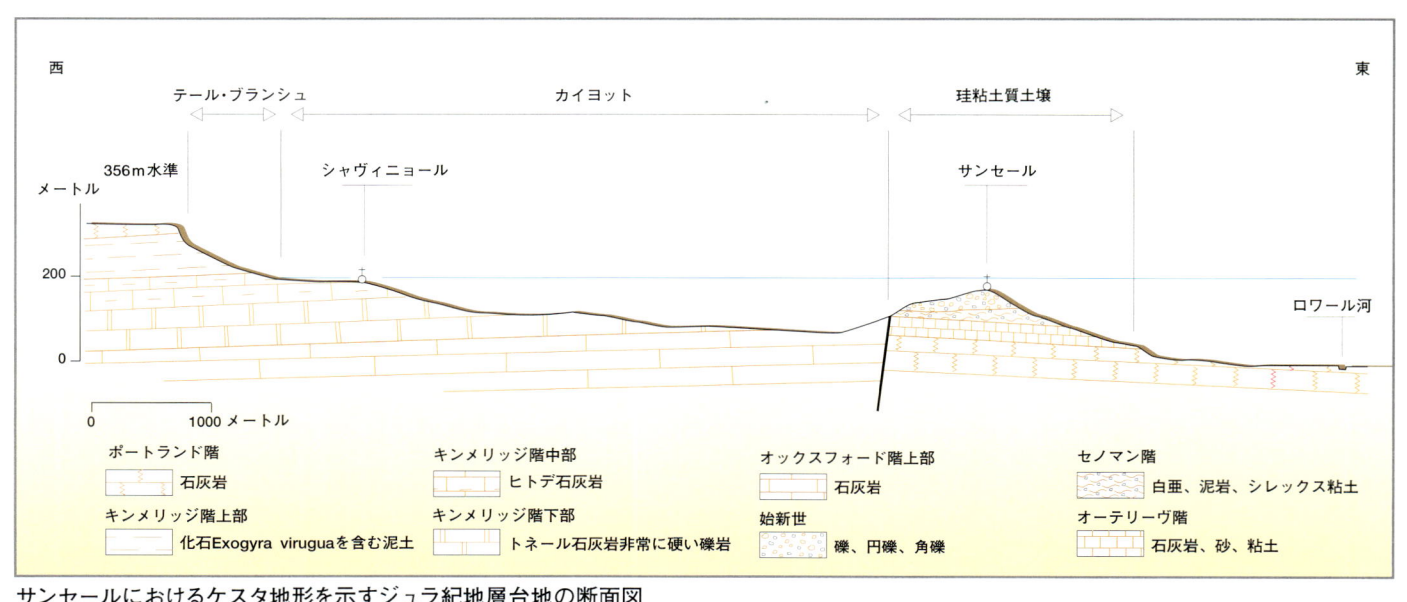

サンセールにおけるケスタ地形を示すジュラ紀地層台地の断面図

ロワール河流域 ◆ 中央フランス ◆ サンセール

■ アペラシオンの村々

サンセールのアペラシオンは14の村々で構成されており、その各々が、ワインに多様性をもたらしている4つの異なる地質および土壌からなっている。

バネ アペラシオンの北東、バネの畑は15ヘクタールほどしかない。シレックス土壌のみが見られ、ソーヴィニヨン・ブラン種が栽培されている。

ビュエ 450ヘクタール近くの畑が広がる集落で、その3分の1にピノ・ノワール種が植わり、土壌の割合はカイヨット（55パーセント）、グリヨット（30パーセント）、残りがテール・ブランシュとなっている。

クレザンシー=アン=サンセール クレザンシーの集落には290ヘクタールの畑があり、4分の1近くがピノ・ノワール種である。構成は半分がカイヨット、それにグリヨットが1割、テール・ブランシュ4割。

ムヌトゥー=ラテル この村落の畑は70ヘクタールほどで、大部分でソーヴィニヨン・ブランが植えられている。土壌は85パーセントがカイヨット、15パーセントがテール・ブランシュで構成されている。

メネトレオル=スー=サンセール 畑は4割のカイヨットに6割のシレックス土壌が見られる。生産量の85パーセントが白ワインである。

モンティニーとヴォーグ この2つの集落では55ヘクタールに満たない畑で、ほとんど白ワイン（82パーセント）が生産されている。カイヨット、グリヨットそれにテール・ブランシュが3分の1ずつの割合となっている。

サント=ジェム=アン=サンセロワ この村ではソーヴィニヨン・ブラン種が8割を占めている。土壌はカイヨットが1割、テール・ブランシュが3割、そして6割のシレックス土壌で構成されている。

サン=サテュール 95パーセントとシレックス土壌が支配的なこの村では、白ワインがその9割と大部分を占める。残りの5パーセントの土壌はカイヨットである。

サンセール 400ヘクタールほどの広さがあり、4分の3でソーヴィニヨン・ブラン種が植えられている。土壌はカイヨットとシレックス、ほぼ半々から形成されている。有名なシャヴィニョールの区画があるのはこの村で、その構成は35パーセントのカイヨットと15パーセントのグリヨット、そして半分がテール・ブランシュである。アミニーの小集落も含まれ、そこでは6割のカイヨットと、4割のグリヨットの地質から85パーセントを占める白ワインを生産している。

シュリ=アン=ヴォー 230ヘクタールの畑のうち8割をソーヴィニヨン・ブラン種が占め、また土壌の割合はカイヨットが40パーセント、テール・ブランシュが55パーセント、そしてシレックスが5パーセントとなっている。含まれるマンブレの集落では3割のカイヨットと7割のテール・ブランシュのテロワールから、白ワインを同じような割合で生産している。

トゥネーとヴィヨン この2つの集落は合計で70ヘクタールの畑があり、6割ほどのソーヴィニヨン・ブラン種が栽培されている。地質は25パーセントのカイヨットと20パーセントのグリヨット、55パーセントのシレックスで構成されている。

ヴェルディニー 400ヘクタールにおよぶ広さがあり、4分の3でソーヴィニヨン・ブラン種が栽培され、その土壌の構成は25パーセントのカイヨットに20パーセントのグリヨット、それにテール・ブランシュが55パーセントとなっている。

🍇 ぶどう品種

赤とロゼワインがピノ・ノワール種からつくられるのに対して、白ワインはソーヴィニヨン・ブラン種の独壇場である。

中央フランスの他のすべての産地と同じように、サンセールでも白ワインにはソーヴィニヨン・ブラン種、赤ワインにはピノ・ノワール種が用いられている。シングル・ギュヨ式の剪定——2つの芽がある短梢と、最大8つの芽のある長梢のみ残す——がここでは通常おこなわれている。しかし数年前から生産者のなかには、再び短梢のみに剪定する者もいる。これは主にぶどう樹の樹齢を延ばそうとするためで、生産者はみなそれぞれ、より樹齢の高い樹からは安定して質のよいワインができることをよく理解しているからである。

■ ワイン

サンセールではテロワールの多様性と同時に、起伏によって生じる多くの微気候の影響のもと、いくつかのタイプのワインがつくられている。

アペラシオンの西、もっとも高く急な丘陵のキンメリッジ階のテール・ブランシュからつくられるワインは、オイリーでこくがあり、豊かでときにエキゾチックな香りを纏っている。これらは緻密な構成要素からなる高い酒質の白ワインで、サンセールの名声を維持してきたもののひとつである。テール・ブランシュのワインは若いうちはカタく閉じていて、通常その魅力が開花するまでに時間を要する。

土壌が早く暖まるためにぶどうの成熟が早いカイヨットとグリヨットのテロワールから生まれるワインは、一般的により繊細、フルーティーで柔らかく、菩提樹と白桃のアロマが感じられる。このワインは前述のものとシレックス土壌のシャイユーとのアウフヘーベンされたワインというべきものである。このなかには、まろやかなものからたくましいものまで、いくつかのタイプがあり、比較的早く熟成する。

シレックス土壌であるシャイユーからのワインはたくましく活気があり、若いうちにとても心地よい燧石のアロマといったはっきりした特徴を纏っている。熟成もさせられるが、時間が経つにつれ、この魅力をなす明らかな特徴は失われてしまう。

ピノ・ノワール種からつくられる赤は、長いあいだありふれたワインを生産する風潮に苦しめられてきた。クレザンシーやビュエ、ムヌトゥー=ラテル、シュリ=アン=ヴォーなどのいくつかの集落の区画において、この品種はよい相性を表す。さらに収穫される年の気候に恵まれると、優れた熟成タイプのワインが生まれる。

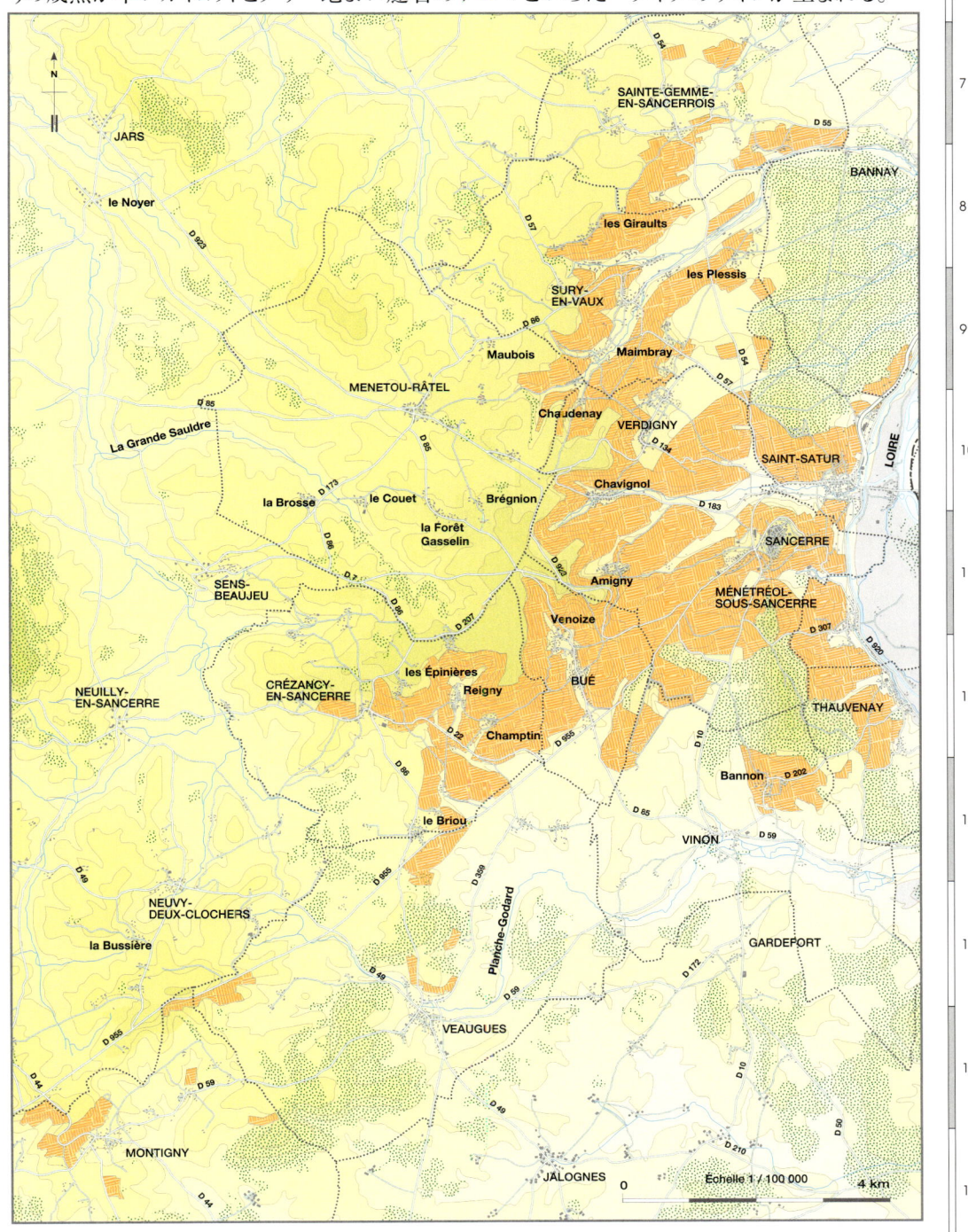

123

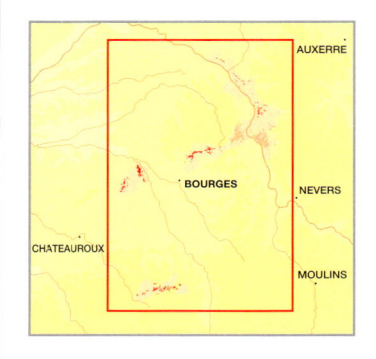

ロワール河流域 ◆ 中央フランス ◆ カンシー ◆ ルイィ ◆ ムヌトゥー=サロン ◆ ジェノワ ◆ シャトーメイヤン

Autres Vignobles du Centre-Loire
中央フランスのその他の栽培地

中央フランス地区の評判は、ほとんどサンセールとプイィ=フュメのアペラシオンによるものだが、同様なテロワールが他にも見られ、いくつかの栽培地がある。この2つの有名なワインほど知られていないが、これらの産地でもソーヴィニヨン・ブラン種とピノ・ノワール種が栽培されている。そのワインのほとんどはたいへん良質で、ときにリーダー的存在の2つのアペラシオンに匹敵するほどである。

ムヌトゥー=サロン Menetou-Salon

この産地はほとんどがキンメリッジ階の石灰質堆積物で構成された土壌に広がっている。その特殊な形によって、この地で「雌鳥の耳」と呼ばれる細礫が地表に表れている。

ムヌトゥー=サロンの集落がある西の区域では、景観は穏やかで、土壌は粘土質が勝っている。モローグ集落のある東部では丘陵は荒々しく、また標高も高く、土壌はところどころシレックスも見られるが、より石灰質が多い。ソーヴィニヨン・ブラン種がベースとなる白ワインは総じて素晴らしく、注目すべきロゼと赤ワインになるピノ・ノワール種は、良年には熟成タイプを生む。

統計
栽培面積：380ヘクタール
年間生産量：24,250ヘクトリットル

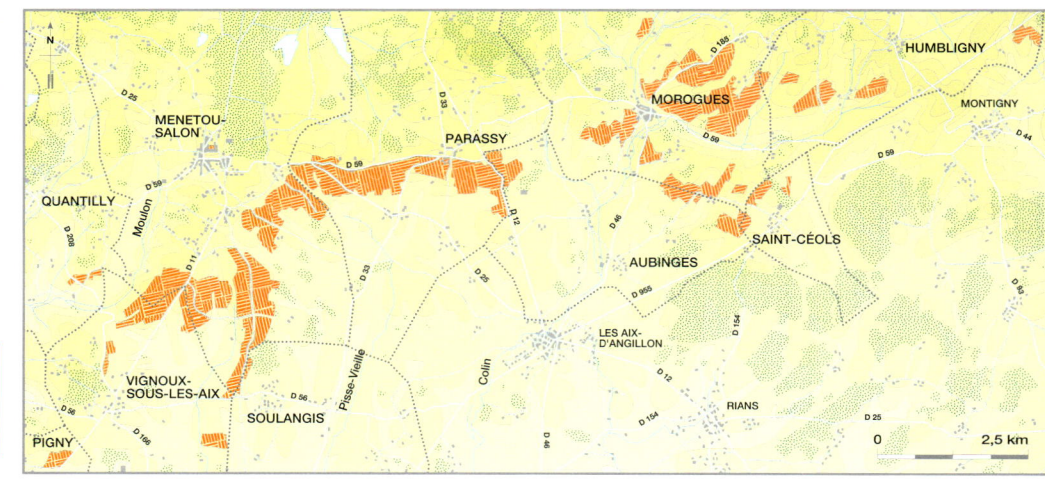

ジェノワ Giennois

栽培地は「コヌ断層」と呼ばれる断層によって、2つの区域にはっきりと分けられる。ブリアールとジアンの町周辺の北部は、シレックスの混じる粘土質だが石灰質土壌も点在している。反対に南のコヌの町周辺のぶどう畑は、プイィに近く、局地的にシレックスの堆積物を含むキンメリッジ階とオックスフォード階の石灰質の母岩上に広がっている。地質の性質が異なっているため、ワインの特徴も様々だが、ソーヴィニヨン・ブラン種から白ワインを、ピノ・ノワールとガメ種からは赤とロゼワインがつくられている。

統計
栽培面積：150ヘクタール
年間生産量：6,900ヘクトリットル

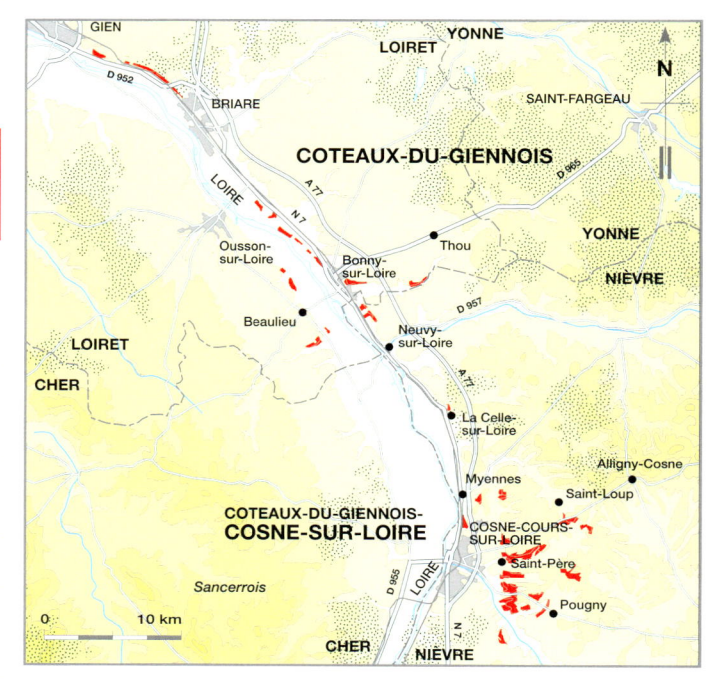

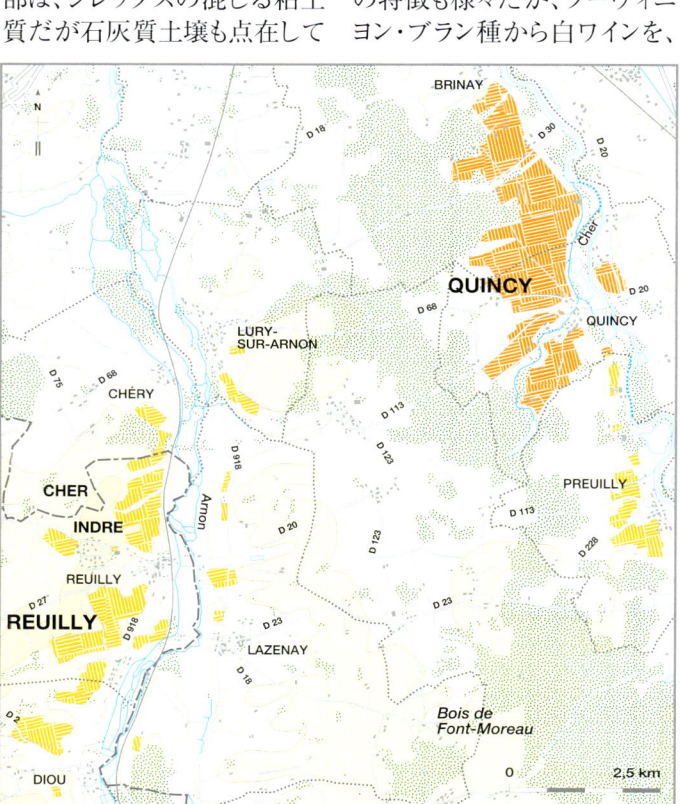

カンシー Quicy

旧ベリー地方の石灰質平野で、カンシーのアペラシオンはシェール川の左岸と、ほんの少しのヴィララン区画が右岸に広がっている。ぶどう畑はシェール川を見下ろす東向きの台地の斜面に植えられている。湖成石灰岩を覆う新しい堆積物の上に、砂礫質や砂質、砂質泥土の土壌が見られ、下盤は鉄分と粘土分に富んでいる。白ワイン用のソーヴィニヨン・ブラン種に適しており、とても魅力的で愛好家にとって引く手あまたのワインを生む。

統計
栽培面積：170ヘクタール
年間生産量：10,500ヘクトリットル

ルイィ Reuilly

ルイィの栽培地はぶどうの生育にたいへん適した気候に恵まれており、泥灰石灰質土壌が見られる斜面中部と、砂と礫質土壌になる斜面上部にそれらは植えられている。ソーヴィニヨン・ブラン種を主に白ワインが、ピノ・ノワール種は赤とロゼワインに用いられている。ここでは有名なヴァン・グリ(訳注:ロゼワイン)がピノ・グリ種からつくられている。

統計
栽培面積：150ヘクタール
年間生産量：8,700ヘクトリットル

シャトーメイヤン Châteaumeillant

シャトーメイヤンのぶどう畑は中央フランス地区で、もっとも南のなだらかな丘陵にあって、中央高地の最初の支脈にさしかかっている。畑は砂、砂岩、泥灰土を含んだ三畳紀の古い累層の上にあり、そばにはヘッタン階の石灰岩の区域がある。東側は変成岩と雲母片岩が露出した土壌で、特に後者はヴェドムの集落で見られる。白ワインの生産はないシャトーメイヤンでは、赤とロゼワインが、ガメとピノ・ノワール、それにピノ・グリ種からつくられている。

統計
栽培面積：90ヘクタール
年間生産量：5,150ヘクトリットル

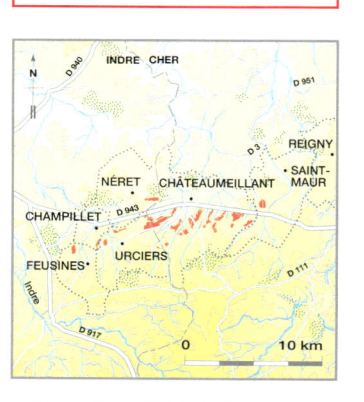

ロワール河流域 ◆ サン゠プルサン ◆ オーヴェルニュ ◆ ロワネ ◆ フォレ

Vignobles d'Auvergne
オーヴェルニュの栽培地

これら4つの栽培地はオーヴェルニュの山地に形成されている。地質学上の状況からは、古生代（一部先カンブリア紀）の岩石がワインにはっきりしたテロワールの特徴を与えている。これはペペライトやポゾランなどの火山性の土壌や花崗岩起源の土壌、また同時に粘土石灰質の土壌やリマーニュの地溝に堆積した第四紀の沖積土などと関係している。

サン゠プルサン Saint-Pourçain

フランス中央高地はブルボネ地方の中心に位置するサン゠プルサン（VDQS）の産地は、中央高地の結晶質を含む基盤——古期変成岩、花崗岩からなる台地——の中央部に生じた地溝を埋めている第三紀層上の土壌にある。この栽培地はフランスでもっとも古いもののひとつで、アリエ川の左岸、アペラシオンの名称にもなっているサン゠プルサンの町を通って、ムーランからシャンテルまでの19の集落に広がっている。5キロメートルから7キロメートル幅の帯状の土地にあり、南東から西に向いた一続きの丘に沿っていて、260メートルから300メートルの高さで、シウル渓谷やアリエ渓谷、ブブル渓谷などを見下ろしている。これらの土壌は、粘土石灰質の第三紀の堆積物起源のものから花崗岩起源のものまで、種々の土壌からなっている。

白ワインはサシーとサン゠ピエール・ドレ種といった、独特のアロマが感じられるこの地の品種からつくられている。ガメとピノ・ノワール種の赤ワインは、テロワールの多様性を反映した複雑な味わいから、高く評価されている。

統計
栽培面積：600ヘクタール
年間生産量：30,000ヘクトリットル

コート・ドーヴェルニュ Côtes d'Auvergne

中央高地の火山の活動は、オーヴェルニュ（VDQS）のぶどう畑のテロワールにはっきりと刻み込まれている。地中深くから運ばれた玄武岩を主とする溶岩は、火山滓（ポゾラン）とペペライトが混ざり合っており、シャトーゲイ、マダルグ、コラン、シャンテュルグとブドといったオーヴェルニュ独特のテロワールをもった区画を生み出している。すべての畑は険しい斜面の火山に由来する円錐形の山腹に位置し、ガメ種はこの環境によく適応している。

ここでは赤ワインとロゼワイン用にガメ種が主に栽培され、ピノ・ノワール種が補助品種として使用されている。オーヴェルニュ独特のテロワールが、これらの区画から生まれるワインのキャラクターを形づくっている。マダルグでは火山に由来する成分が見られないため、ワインは滑らかなものとなる。ブドの赤色粘土はワインに粘着性をもたらす。ペペライトの豊富なシャトーゲイではワインは他に例を見ないいぶした風味を纏い、コランのポゾランはオーヴェルニュのロゼワインを生む土壌である。シャンテュルグの畑はクレルモン゠フェランの市街地にあり、残念ながら都市化の波に飲み込まれている。

ロゼワインには南のワインのニュアンスが感じられ始め、また赤ワインはさくらんぼやビガローを思わせる風味で、この地方の郷土料理によくマッチする。

わずかな生産量の白ワインはシャルドネ種からつくられている。

統計
栽培面積：400ヘクタール
年間生産量：20,000ヘクトリットル

コート・ロアネーズ Côte Roannaise

ロワール県の北、コート゠ロアネーズのぶどう畑は、ロワール地溝とアリエ地溝とを分けている中央高地の一支脈、マドレーヌ山地の東南の斜面に連なっている。多くの小河川が山から流れ落ちて斜面を横切り、サンタンドレ集落のブテラン丘陵やアンビエルル村のモンプレジール丘陵の例のように、ぶどう栽培に都合のよい環境が形づくられている。

ぶどう畑は大部分が古期岩石（花崗岩）で構成され、昔からこのような環境に適応しやすいといわれているガメ種を、赤とロゼワイン用に取り入れてきた。コート゠ロアネーズのワインはほとんどが自然発生する炭酸ガスによる無破砕浸漬法で醸造されており、この製法はワインにバランスのよい軽さとフルーティーさ、チェリーや野生のクロイチゴの香りをもたらす。またアンビエルルの集落は評判のよい良質のロゼワインの生産地でもある。

統計
栽培面積：170ヘクタール
年間生産量：8,000ヘクトリットル

コート・デュ・フォレーズ Côtes du Forez

クレルモン゠フェランとサンテティエンヌのあいだ、フォレーズの産地は標高400メートルから600メートルのあいだの向きのよい高地にある。

テロワールは母岩の風化によって形成された、暖まるのが早い花崗岩起源の砂岩で、玄武岩の丘が花崗岩の基盤上に入り込んでいる。

畑は、西風をさえぎる衝立の役目を果たしているフォレーズの山の恩恵を受けている。火山性の玄武岩の丘の性質と暖かい花崗岩起源の土壌が、豊富なタンニンをガメ種に付与している。

統計
栽培面積：200ヘクタール
年間生産量：9,500ヘクトリットル

シャンパーニュ地方

Champagne
シャンパーニュ

パーティーや祝いの席の象徴ともいえるシャンパーニュは、なにより唯一無二のテロワールのワインであることを忘れさせるくらいの名声に恵まれている。その多くが、様々な区画から収穫され、また異なったヴィンテージのブレンド、という特殊な製法によるが、独自性に富み、複雑さにあふれたワインの最たるものといえよう。

統計
栽培面積：30,400ヘクタール
年間生産量：11,220キログラム（1ヘクタールあたり）

シャンパーニュ地方では伝統的に生産量を、ヘクトリットル（体積）ではなく、ヘクタールあたりの収穫されたぶどうの重さ（キログラム）で表している。年間生産量にすると、10年間の平均で2,144,000ヘクトリットルとなる。

■ ぶどう栽培の始まりとその来歴

シャンパーニュ地方のぶどう畑の存在はおそらくもっとも古い時代までさかのぼれるだろう。発見されたぶどう葉の化石によって、ぶどうが第三紀には存在していたことが証明され、またその他多くの事柄によって、ぶどうはこの時代以前には栽培されていたことが明らかになっている。

ローマ時代にはすでにシャンパーニュの丘陵はぶどう畑で覆われていたが、カエサルの軍隊はそれをさらに発展させた。フランスの他の多くの産地と同様に、シャンパーニュの成功は聖職者、特にベネディクティト派よるところが大きく、なかでももっとも有名なのは1668年から1715年のあいだ、オーヴィレール修道院の糧食担当の修道士だったドン・ペリニヨン師である。根拠はなにもないのだが、彼をシャンパーニュ製法の発明者とするなら、ウダール神父と彼の兄弟だったドン・リュイナール師のことも忘れてはならない。2人とも今日我々が知っているような発泡するシャンパーニュの開発をおこなった者である。20世紀の初め、1911年の危機として知られている暴動が起こった。これは当時、現在よりも広い範囲で生産されていたシャンパーニュの産地を確定する政令をめぐって発生したものだが、そのとき画定された境界線は今日でも有効である。

歴史的には、ぶどう畑を襲う極端な気候状況——冬と春の霜、雹をもたらす雷雨、病気等——のために生じる、慢性的なぶどうの供給の問題を一時的にしのぐために、生産者達はブレンドをおこなわざるを得なくなったとされている。また異なる品種のブレンドは、単一品種のワインよりもさらに満足のいくバランスをとることが可能になるからである。

ある単一年の収穫だけでつくられたヴィンテージ入りのシャンパーニュには久しく高い付加価値が付けられてきたが、最近では個性の際立ったテロワールの特徴を生かしたワインの生産が徐々に拡大してきている。そのため土壌に関する知識が、ことのほか重要になってきた。

今日、種々のテロワールの自然条件に合ったぶどう樹の栽培とその環境の保全が図られているが、そのためにはそれぞれのテロワールの特徴を詳細に知ることがますます必要となってきている。

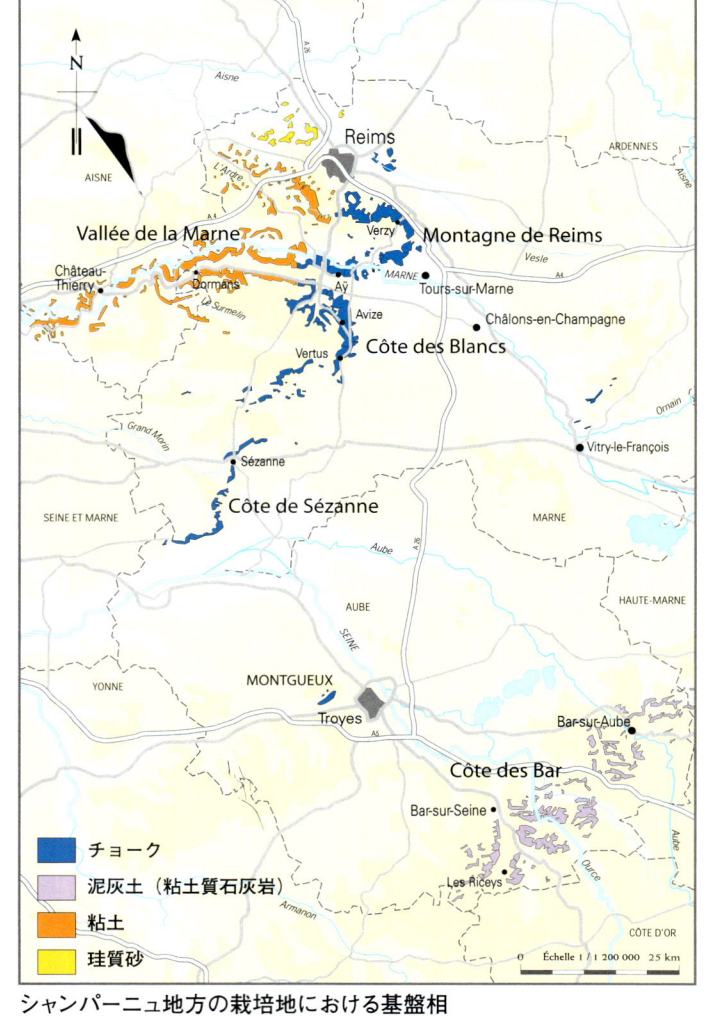

■ 地質と土壌

地質学的には比較的均質であるにもかかわらず、シャンパーニュ地方の丘陵の栽培地はモザイク状に細かく分かれている。岩石、土壌、起伏の組み合わせが、この広大な産地をたいへん多様性に富んだものにしているからである。

シャンパーニュ地方の栽培地の大半は、いずれも炭酸塩の土壌に由来している。

この共通に見られる特徴をふまえた上で、いくつかの大きな区域毎に区別することは可能である。

石灰質の土壌

この土壌はランスの南からセザンヌ、およびヴィトリ=ル=フランソワ周辺でよく見られる。さらにこの土壌はいくつかのタイプに分けられる。

白亜質上に発達した土壌はぶどう樹にとって恵みの地である。非常に多孔質なので、保水性が十分であると同時に排水性もあるため、水分を保つことができる。この土壌はノジャン=ラベスからコート・デ・ブラン、セザンヌ、ヴィトリ=ル=フランソワまで見られる。多くが斜面の中央部にあり、ぶどう畑に好都合のカルシウムの作用という物理的な素晴らしい特性を備えている。シャルドネー種はこの土壌にたいへん適している。

石質の、硬い石灰岩上で乾燥しやすいにもかかわらず、ぶどう畑としてはよい特性を備えた土壌は、ヴァレ・ド・ラルドルやヴァレ・ド・ラ・マルヌの丘陵の上部でも見られる。

キンメリッジ階の土壌は、斜面の平らな部分の石灰岩の層と勾配をなしている泥灰土の層が交互に配列していて、主にオーブの栽培地に見られる。この重くて透水性のない土壌は、深く根を張るのが難しく、ピノ・ノワール種に適している。

非石灰質の土壌

この土壌は、泥土や砂質、粘土の基盤上に発達している、第三紀のクイズ階やスパルナス階の時代のものである。

ここでは土壌改良が必要なくらい透水性の高いものであるか、あるいは反対にスパルナス階の粘土質土壌の場合は不透水性となる。

これらの異なったタイプの土壌は、栽培地にとって害をなす表土の流出や地滑りを惹き起こすことがある。これらの基盤は主にランス、ヴァレ・ド・ラ・マルヌ、サン=ティエリーの栽培地に見られ、特にピノ・ムニエとピノ・ノワール種に適している。

凡例：
- チョーク
- 泥灰土（粘土質石灰岩）
- 粘土
- 珪質砂

シャンパーニュ地方の栽培地における基盤相

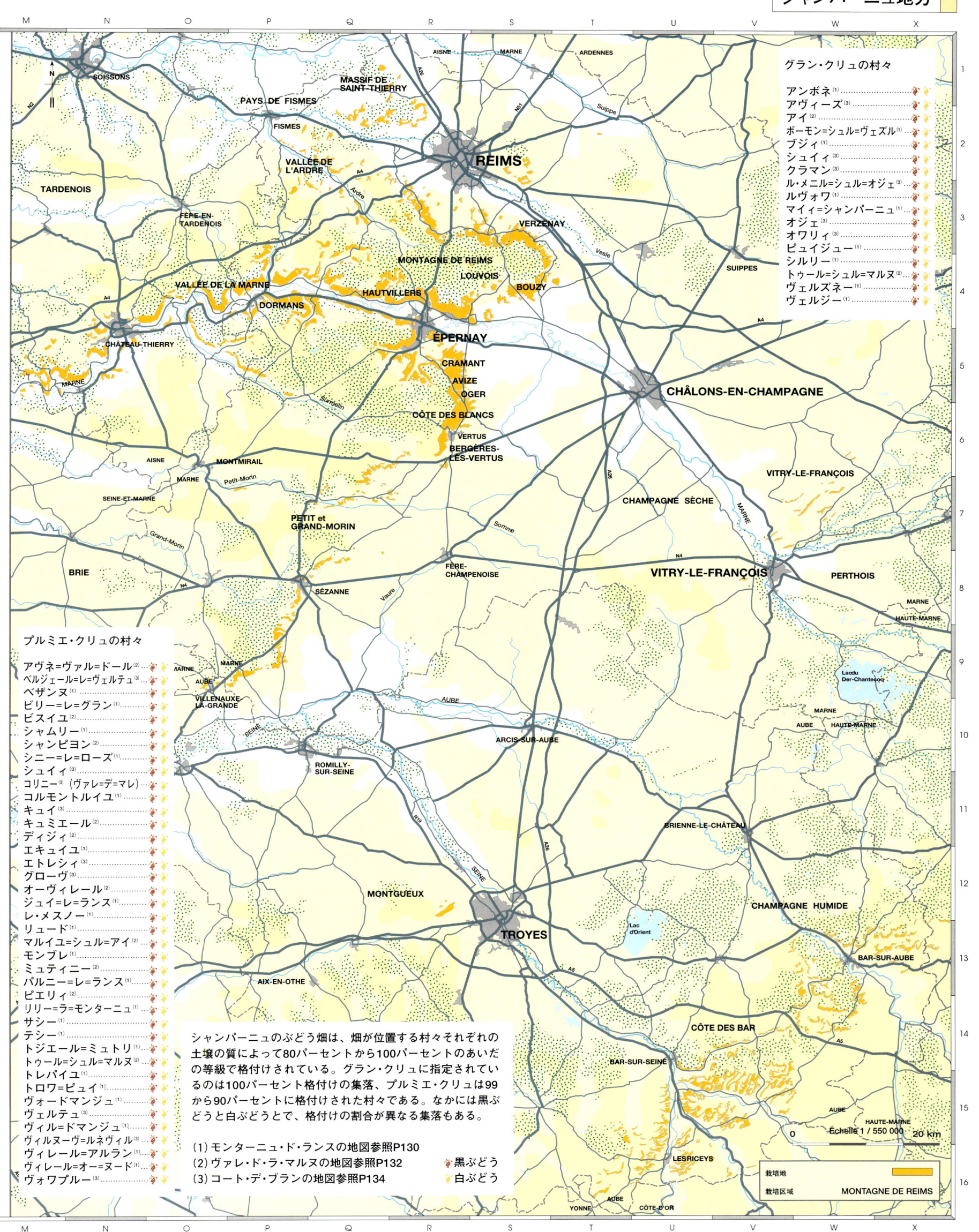

シャンパーニュ地方

グラン・クリュの村々

- アンボネ (1)
- アヴィーズ (3)
- アイ (2)
- ボーモン=シュル=ヴェズル (1)
- ブジィ (1)
- シュイィ (1)
- クラマン (3)
- ル・メニル=シュル=オジェ (3)
- ルヴォワ (1)
- マイィ=シャンパーニュ (1)
- オジェ (3)
- オワリィ (3)
- ピュイジュー (1)
- シルリー (1)
- トゥール=シュル=マルヌ (2)
- ヴェルズネー (1)
- ヴェルジー (1)

プルミエ・クリュの村々

- アヴネ=ヴァル=ドール (2)
- ベルジェール=レ=ヴェルテュ (3)
- ベザンヌ (1)
- ビリー=レ=グラン (1)
- ビスイユ (2)
- シャムリー (1)
- シャンピヨン (2)
- シニー=レ=ローズ (1)
- シュイィ (3)
- コリニー (ヴァレ=デ=マレ)
- コルモントルイユ (1)
- キュイ (3)
- キュミエール (2)
- ディジィ (1)
- エキュイユ (1)
- エトレシィ (3)
- グローヴ (1)
- オーヴィレール (2)
- ジュイ=レ=ランス (1)
- レ・メスノー (1)
- リュード (1)
- マルイユ=シュル=アイ (2)
- モンブレ (1)
- ミュティニー (2)
- パルニー=レ=ランス (1)
- ピエルィ (2)
- リリー=ラ=モンターニュ (1)
- サシー (1)
- テシー (1)
- トジエール=ミュトリ (1)
- トゥール=シュル=マルヌ (2)
- トレパイユ (1)
- トロワ=ピュイ (1)
- ヴォードマンジュ (1)
- ヴェルテュ (3)
- ヴィル=ドマンジュ (1)
- ヴィルヌーヴ=ルネヴィル (3)
- ヴィレール=アルラン (1)
- ヴィレール=オー=ヌード (1)
- ヴォワプルー (3)

シャンパーニュのぶどう畑は、畑が位置する村々それぞれの土壌の質によって80パーセントから100パーセントのあいだの等級で格付けされている。グラン・クリュに指定されているのは100パーセント格付けの集落、プルミエ・クリュは99から90パーセントに格付けされた村々である。なかには黒ぶどうと白ぶどうで、格付けの割合が異なる集落もある。

(1) モンターニュ・ド・ランスの地図参照P130
(2) ヴァレ・ド・ラ・マルヌの地図参照P132
(3) コート・デ・ブランの地図参照P134

黒ぶどう
白ぶどう

栽培地
栽培区域　MONTAGNE DE REIMS

Échelle 1 / 550 000
0　　　20 km

シャンパーニュ地方

■ 産地の景観

シャンパーニュのぶどう畑は5つの県にまたがって異なる区域に分けられ、数百メートルの幅の細長い帯状に広がっている。そして可能な限り最良の栽培条件を見出すため、丘陵地が選ばれている。

7割近くと、栽培地の多くはマルヌ県に広がっている。パリ地域圏に向かって広がる畑のうち、エーヌ県とセーヌ＝エ＝マルヌ県には畑の1割が含まれている。さらに南には残りの2割がオーブ県とオート＝マルヌ県に広がっている。

マルヌ県

ケスタ地形の起伏と、ぶどう栽培に占有されている白亜質の平野が一帯の景観を形成している。台地の上部が森で覆われているのに対して、栽培地は丘陵部分を占めている。丘陵のぶどう畑の幅は数百メートルから数キロメートルまでの違いがある――もっとも広いところはモンターニュ・ド・ランスの北で5キロメートル――。この丘陵ではぶどうの単作がほとんどで、わずかな木立が機械化耕作の難しいところに残っているばかりである。

流域の起伏と結びついた景観はかなり狭く閉ざされていて、特にヴァレ・ド・ラ・マルヌのようなこの地の主要な栽培地の狭まりは、そこに垂直に交わっている谷間に顕著である。

オーブ県

主として県の南東部を占める栽培地は、やや狭い流域の起伏と結びついてぶどう畑は比較的まとまっている。森が、台地とアペラシオン内でもぶどうの栽培がされてない区域を覆っている。

ケスタ台地の起伏

パリ盆地のなか、ケスタ地形の形成は数次にわたっている。パリ盆地の隆起はアルプスの造山運動の余波で起こり、積み重なった堆積物の重さでこの盆地の沈降がこれにともない、地層の傾斜がもたらされた。種々の岩石の硬さによる差別侵食から、地層の傾斜に支配されたケスタ地形が形成された。

イル＝ド＝フランスのケスタは、北と東、および南側の斜面をぶどう畑が占めているモンターニュ・ド・ランス、同様にコート・デ・ブランの東向きの斜面や南東に延びたコンジ＝ヴィルヴナールとセザンヌの起伏に見られる。

ヴィトリ＝ル＝フランソワ地区では畑はコート・ド・シャンパーニュの丘陵を覆っている。トロワの近く、モングーの丘は残丘になっている。

オーブ県では栽培地はコート・デ・バールの丘陵に広がっているが、これを切り刻んだ谷間の影響が大きい。

流域の丘陵

マルヌ河とその支流は、イル＝ド＝フランスの丘陵に深く切り込み、流域のぶどう栽培に適した斜面を露わにしている。

オーブ県では多くの小河川がコート・デ・バールを切り刻み、ぶどう栽培に適した丘陵を形成している。それらはバール・セカネ、セーヌ河沿いの丘、レーニュ、ウルス、アルスとサルス川に沿った丘陵、バール・シュル＝オーボワのオーブ、ランディオン、ブレス等の川沿いとヴァル・ダルデンス等の丘陵である。

この起伏の複雑さは現在もなお起こっている地殻の変動によって、また起伏と傾斜の度合いの非対称さによっても強調されている。東と南向きの斜面では、傾斜がなだらかな西から北向きの斜面よりも霜が降りるものの霜解けも早く、それが頻繁に繰り返されている。

■ 気候

北緯48度から49.5度に位置するシャンパーニュの栽培地は、ぶどう栽培の北限である。ここでは陸の影響をうけた海洋性気候が見られる。

ぶどう畑全体の年間平均気温は摂氏10度をわずかに超える程度だが、海洋性気候の影響で夏と冬の差が少ない――7月と1月の差が摂氏15.8度――。

この影響は、年間を通して安定した降雨、平均で650ミリメートルから700ミリメートルという好条件をもたらしている。陸のほうの影響は、ぶどうの生育に害をもたらす、冬と春の霜に現れている。

年間日照量は1650時間と平均的で、その4分の1以上が栽培にとって重要な7、8月に集中している。ぶどうの成熟は遅くなるが、ワインに求められる新鮮さとフィネスをうまく備えたものになる。

また一方で栽培にもっとも適した区域の畑は最大の日照を享受している。

🍇 ぶどう品種とワイン

多様性に富んだテロワールから生まれるシャンパーニュのワインには、ピノ・ノワール、ピノ・ムニエ、シャルドネ種が、区域毎に異なった割合で用いられている。

この地方における、3つのぶどう品種の用いられる割合は偶然によるものではない。それは自然環境の様々な状況にもっともうまく適応するような経験に基づく知識に導かれた結果である。

ぶどう樹の仕立て方は、ヘクタールあたり約8000本となるよう植栽密度は高めで、また肥料や害虫予防の作業は全て機械化されている。しかし収穫作業は100パーセント手摘みのままである。

シャルドネ Chardonnay シャルドネ種は栽培面積の28パーセントを占めている。一定の水分供給が必要な品種で、イル＝ド＝フランスの丘陵周辺やコート・ド・シャンパーニュの白亜質土壌に特に適している。この品種はワインにフィネスをもたらし、若いうちは花の香りとミネラルの風味を付与している。ワインはゆっくりと熟成し、その後も新鮮さを長いあいだ失わないままでいる。またこの品種が単一で用いられるとブラン・ド・ブランとなる。

ピノ・ノワール Pinot Noir 栽培面積の38パーセントを占め、使用比率は様々だがすべての地区で栽培されている品種である。泥灰土と石灰質の土壌を好むため、オーブ県のコート・デ・バールで主に栽培されている。同様にこの品種にとって理想的なより深い白亜質土壌のモンターニュ・ド・ランスにもよく見られる。ピノ・ノワール種はシャンパーニュにさえ、ボディと力強さのあるたくましさを与える。この品種はシャンパーニュの要であり、特徴を発揮させ、長期熟成を保証してくれる。

ムニエ Meunier シャンパーニュの栽培の34パーセントを占め、ヴァレ・ド・ラ・マルヌのより粘土質の斜面にたいへん適している。この品種はワインに花の香りとまろやかさを与える。ムニエ種からつくられるシャンパーニュは早く熟成する（訳注：下ではピノ・ムニエという表記も見られるが、ここではただムニエとあるため、訳書もそれに従った）。

珍しい品種 シャルドネ、ピノ・ノワール、ピノ・ムニエ種に加えて、シャンパーニュのアペラシオンの規定ではアルバン Arbane とプティ・メスリエ Petit Meslier 種の使用が許可されている。この2つの品種はかつてオーブの地で多く栽培され、今でもそこに名残が見られる。

シャンパーニュ地方の栽培地

シャンパーニュのぶどう畑は、伝統的に20の地区に分けられている。この区分は土壌の均質性や使用品種といった栽培方法に基づいて決められている。今日、土壌、基盤層、起伏の状態や気候などのデータからそれぞれの地区を特徴付ける作業が、多くの関係者――農業会議所、国立農業研究所、ぶどう栽培者組合――の協力を得、シャンパーニュ職業評議会によっておこなわれている。また同様に今までの経験に基づいた土壌の知識は科学的なデータによってどんどん補われている。

20の地区の区分	大きな区域	20の地区
	モンターニュ・ド・ランス	サン＝ティエリー丘陵
		ヴァレ・ド・アルドル
		エクイユ地区
		シニー＝レ＝ローズ地区
		ヴェルズネー地区
		トレパイユ＝ノジャン＝ラベス地区
		ブジィ＝アンボネ地区
	ヴァレ・ド・ラ・マルヌ	グランド・ヴァレ・ド・ラ・マルヌ
		エペルネー地区
		ヴァレ・ド・ラ・マルヌ右岸
		ヴァレ・ド・ラ・マルヌ左岸
		コンデ・アン・ブリー地区
		シャトー＝ティエリー東地区
		シャトー＝ティエリー西地区
	コート・デ・ブラン	コート・デ・ブラン
	プティ・エ・グラン・モラン	コンジ＝ヴィルヴナール地区
		セザンヌ地区
	コート・ド・シャンパーニュ	ヴィトリ＝ル＝フランソワ地区
	コート・デ・バール	バール・セカネ
		バール・シュル＝オーボワ

Saint-Thierry et Ardre
サン゠ティエリーとアルドル

モンターニュ・ド・ランスの延長部分で、イル゠ド゠フランスの丘陵の裏側にあたり、エーヌ川とセーヌ河のあいだのゆるやかに傾斜した広大な台地がパリに向かって西へ続いている。このシャンパーニュ地方の北西にあたるのがフィム地域、またその西、ヴェール川とマルヌ河のあいだにはタルドノワ地域がある。

■ サン゠ティエリー丘陵

900ヘクタールに及ぶサン゠ティエリー丘陵の栽培地はヴェール川によってヴァレ・ド・アルドルの産地と分けられており、シャンパーニュ地方でもっとも北の部分を占めている。

この地方はエーヌ川に向かって延びている丘陵の南の縁を形成し、栽培地はケスタ台地の斜面に沿って続いている。畑は比較的なだらかな傾斜地にあり、主に東と南東、および南に向いている。この景観は白亜質土壌の平野とランス市のほうへ広がっている。

地質は大部分がサネット階とクイズ階の砂と、スパルナス階の粘土等の累層群で形成されている。畑のなかにはルテシア階の硬い石灰質とサネット階の泥灰土の累層に植えられているものもある。

この累層は石灰質のほとんどない砂質で、侵蝕されやすい。中心からはずれた約40ヘクタールのブリモンの栽培地は丘陵の北東で残丘を形成している。この残丘の東部分に植えられたぶどう樹はシャンパーニュ階の白亜質土壌に広がっている。

古くから赤ワインの生産が盛んだった経緯もあり、サン゠ティエリー丘陵で栽培されている品種は大部分が黒ぶどう、しかもピノ・ムニエ種である。これらの諸条件から、この地では早めの収穫をおこなうことができ、ワインは芳醇、滑らかで力強く、比較的早く最良の状態に達する。

■ ヴァレ・ド・アルドル

地理的位置からいって、この地区は確かにもっとも寒冷な地に位置する栽培地のひとつである。

イル゠ド゠フランスの丘陵の裏側は、エーヌ川とセーヌ河のあいだを東から西へ、また北から南になだらかに傾斜した広大な台地となって西の方へ続いている。泥灰土と砂の土壌を侵蝕して、この地区の多くの谷間が、泥灰土層を混じえ、粗粒の石灰岩層まで深く入り込んでいる。ヴェール川の支流で流れの急なアルドル川周辺では、可塑性のある粘土の基盤まで侵蝕が進んでいることがしばしば見られる。

難所というほどではないにしろ、地理的に交通の難しい状況によって、かつてはこの地方は孤立していた。幹線道路がほとんどないため、ぶどう栽培は自家用消費を満たすことを目的としているに過ぎなかった。

現在の950ヘクタールにおよぶぶどう畑は、北東から西にいたる丘陵の様々な向きに小さな区画がパッチワーク状に形成されている。

地質学上の主な累層はルテシア階とバートン階の泥灰土と硬い石灰岩、そしてクイズ階の砂質とでできている。またわずかなぶどう畑がシャンパーニュ階の白亜質とスパルナス階粘土の土壌で栽培されていることを付け加えておこう。

この畑でもっとも一般的な土壌は粘土質で、多くは表土の石灰分が溶脱されている。また同時に石灰分を含んだ砂質の土壌も見られる。

時おり甚大な被害をもたらす春の霜の害は、生育期間が短く難しい気候条件にも適応するピノ・ムニエ種の栽培ということで、事なきを得ている。この品種はここでは栽培面積の4分の3を占め、その多くは残り2品種とブレンドされてフルーティーなワインがつくられる。

少し離れた南東にある30ヘクタールほどのジェルメーヌの栽培地は、植林された区域のなかにあり、収穫を不安定にしがちな難しい微気候の影響をうけている。

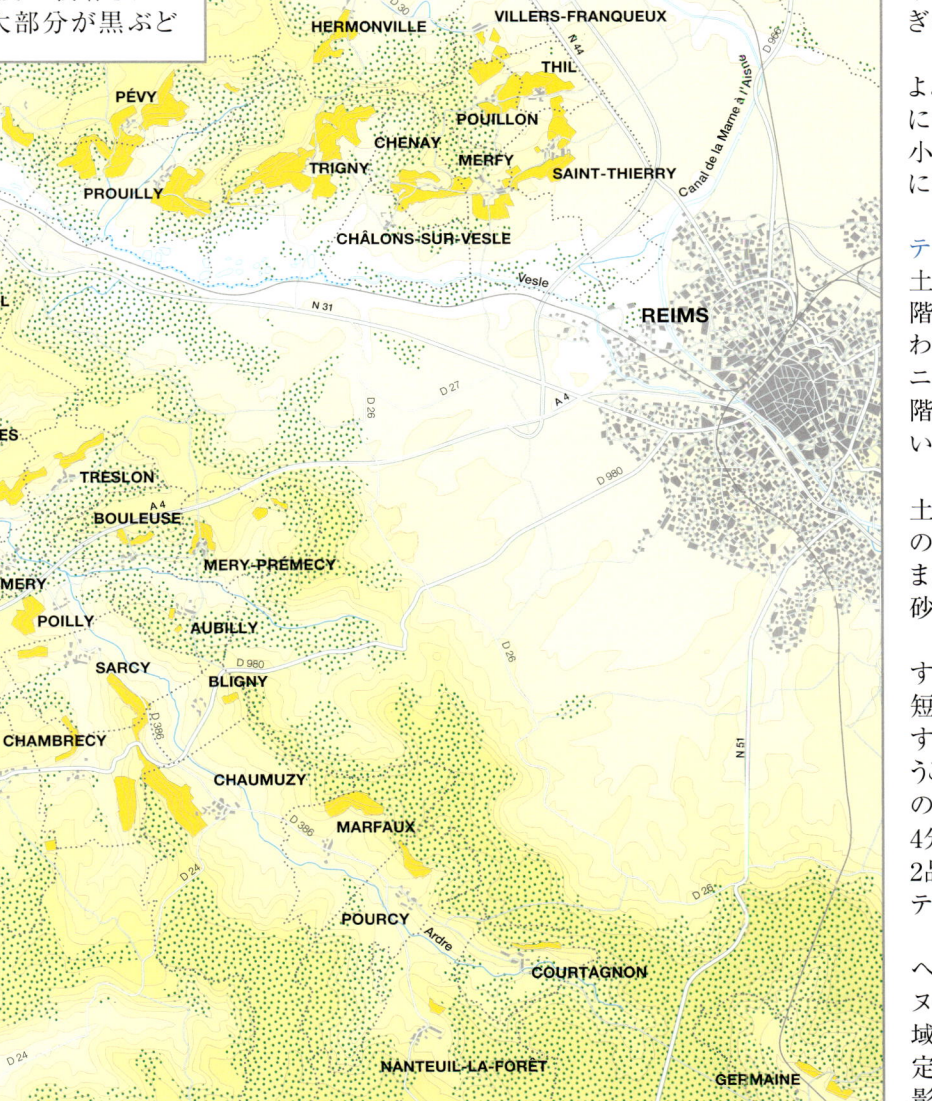

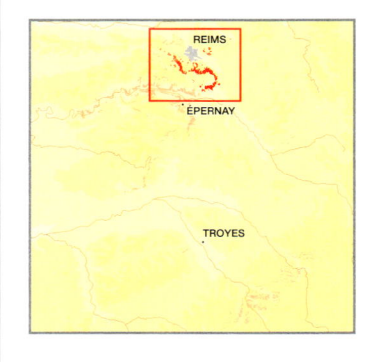

シャンパーニュ地方 ◆ モンターニュ・ド・ランス

Montagne de Reims
モンターニュ・ド・ランス

標高300メートルに満たないこの地をモンターニュ（訳注：山地、山塊）と呼ぶのはいささか大げさかもしれない。しかしながらこの言葉は、白亜質の平野と標高差の激しい起伏の始まりのあいだに見られるはっきりした地形のずれによって裏付けられている。そしてぶどう栽培にとっては理想的な地でもある。

■ 様々な産地

モンターニュ・ド・ランスとは、ランス市とエペルネーの町を結ぶように円弧を描いたイル=ド=フランスの丘陵の斜面に広がる素晴らしいワインを生む栽培地のことである。

ランス市近郊に広がり、大修道院と修道院の存在、ぶどう畑のない地区まで幹線道路が通っていること、これらすべてのことがこの区域でのぶどう栽培を大きく発展させてきた。

5世紀には、ランス市のサン・レミ司教の遺言にぶどうの栽培について記載があり、また古い年代記には、蛮族と戦っていたクローヴィス王に勝利を約束する祝別のワイン樽がここから贈られたと記されている。

モンターニュ・ド・ランス
ランス市からエペルネーの町まで円弧を描いているところ、イル=ド=フランスの丘陵の斜面にぶどう畑は広がっている。この半円の丘陵は谷壁と大きな斜面を結ぶ線に平行な河川の連なりで形成されていて、ぶどう栽培における斜面の向きは多様性に富んでいる。

全体は大きく、モンターニュ西部——エクイユ地区——、モンターニュ北部——シニー=レ=ローズ、ヴェルズネー地区——、モンターニュ東部——トレパイユ地区——、モンターニュ南部——ブジィ地区——に分けられる。

モンターニュ西部 モンシュノーから北西に延びた地区で、ヴェール川の北、サン・ティエリーの栽培地まで続いていて、東と南の地区に較べて標高は低くなっている。ぶどう畑は主に東から北東の向きの斜面を占めている。ぎざぎざに入り組んで、丘陵は突き出たところとへこんだところ、残丘等から形成されている。ヴェール川沿いの国道がサン=ティエリーの産地とこの丘陵を2つに分けている。

斜面は大きな窪みを形成しており、平均6度以上の勾配があり、上部では最大20度にも達する。

累層は重要度の順に挙げると、サネット階とクイズ階の砂、スパルナス階の粘土、ルテシア階とバートン階とサネット階の泥灰土、また同様にルテシア階とバートン階の硬い石灰岩などが見られる。丘陵の下部にある畑のぶどう樹はシャンパーニュ階の白亜にも植えられている。

これらの地層に由来する土壌は、丘陵の上部は多少炭酸塩を含んだ粘土質で、下部では同じく炭酸塩を含んだ、砂質となっている。

この地区は比較的寒冷な微気候の影響があり、霜害にしばしば襲われる。

クルセル=サピクールからセルミエまで栽培地は1600ヘクタールにも及ぶ。ここでは伝統的に黒ぶどう——3分の2を占めるピノ・ムニエと4分の1ほどのピノ・ノワール種——が栽培されている。

上記のように大半の畑の主要品種がピノ・ムニエ種なのに対して、エクイユの村では8割以上をピノ・ノワール種が占めている。

東の国道51号線を渡るとすぐ、粘土と砂は消えて白亜質の土壌に変わる。

モンターニュ北部と東部
斜面の形状は大体似通っているが、向きは様々である。なだらかな斜面で、平均で3、4度の傾斜しかなく、上部でややきつくなっている。栽培地は白亜質の平野に広がっており、ぶどう畑のある斜面は森林の上部に連なっている。

丘陵を形成している種々の地層の性質と硬度がこの大きく窪んだ斜面を説明してくれる。

褐炭を含んだ粘土層と緑色泥灰土の上に、バートン階とリュード階の侵蝕されにくい石灰岩が丘陵の上部の急な斜面を形成している。ブリー珪質岩は、現在森で覆われた懸崖を形成しているケスタ台地のすそ野を補強している。この台地の珪質岩はシレックスや砂とともに建造物の材料として利用されていた。

この地区の森の珍しいもののひとつにフォー・ド・ヴェルジ（訳注：ヴェルジの大鎌の意）の存在がある。曲がりくねった枝や幹のブナの高木が見られ、なぜそのようになったかは謎である。

丘陵の残りの部分は全般的にへこんだり隆起したり入り組んでいて、ぶどう畑を様々な向きに置いている。侵蝕によっては岬状の起伏を形成している箇所もあり、有名なヴェルズネーの風車はそのひとつにある。

質のよいぶどうを生む北向きの畑の特性には素晴らしいものがある。この斜面の向きの効果は、日照量は少ないが、傾斜が緩やかなために畑が陰りすぎないことである。

この地区ではぶどう畑は、シャンパーニュ階の白亜とその風化したもの、サネット階の泥灰土と砂、スパルナス階の粘土などの地層上に広がっている。

このきめの軽い炭酸塩化した土壌は、主に白亜かその風化物の上にあって、多くの崩積物層を含んでおり、その崩積物は多少の珪質岩と白亜質の礫の割合が大きい。粘土質と砂質石灰岩の土壌の小さな窪みが丘陵の上部で見られる。

特定の場所の「サンドリエール（訳注：直訳は灰入れ。ここでは岩石中の炭質物を多く含む小さな窪みを指す）」が見られる褐炭を含む土壌は、ぶどうの萎黄病に対抗する手段として——というのもこの土壌は特に鉄分が豊富だからである——、また色が黒いので土壌が早く暖まる要因と考えられている。

ヴィレール=アルランからヴェルジまで、ぶどう畑は2360ヘクタールにわたって広がり、その多くで黒ぶどうが栽培されている。

モンターニュ北部ではピノ・ノワール種が30パーセントなのに対してピノ・ムニエ種が45パーセント以上栽培されているが、ヴェルジとヴェルズネー地区では栽培面積の約8割にピノ・ノワール種が植わり、逆転している。

白亜質の土壌で東向きの斜面のあるヴィレール=マルムリとトレパイユ、ヴォードマンジュの各集落では、シャルドネー種が優勢になっていて、その広さは600ヘクタールにおよぶ。この品種は、ワインを特徴付けるフィネスやフルーティーさ、高い酸を備え、黒ぶどうとのアサンブラージュによって完璧な熟成を遂げる。

土壌と栽培品種の点の類似からこの地区と関連しているノジャン=ラベスの残丘はランスの東に位置し、350ヘクタール近くの畑がひとつにまとまっている。

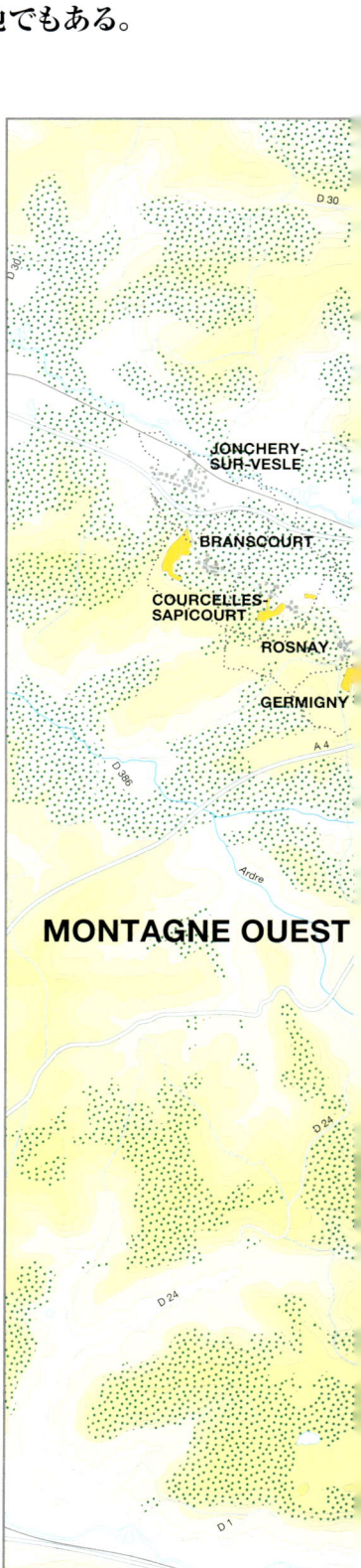

シャンパーニュ地方 ◆ モンターニュ・ド・ランス

モンターニュ南部 この地区の斜面の向きは南東で、ブジィとアンボネを含めて現在1100ヘクタール近くの面積を擁し、新たな植付けも含め、栽培品種の4分の3をピノ・ノワール種が占めている。

歴史的にこの地区には評判のよいワインを産するための多くの切り札があった。

まず地理的にランスとエペルネーのあいだ、という需要に応えるのに好都合な理想的な地の利にあり、加えてぶどうの成熟に最適の南向きの斜面を備えていることである。

16世紀以来ブジィの赤ワインの名声は、シャンパーニュのなかでもトップクラスにあった。とはいえ収穫時の状況には厳しいものがあり、実際ぶどうは、よく選別され、もっとも完熟した状態で摘まなければならず、暖かい日に収穫をおこなう必要がある。

主要品種であるピノ・ノワール種は特に選別を厳しくおこない、収量もより制限している。

同じピノ・ノワール種からつくられる、泡の立たない普通の赤ワイン（訳注：アペラシオンはコトー・シャンプノワ）も有名で、赤い果実、特によく熟したラズベリーや、スミレのような花のアロマが感じられる、評判のよいものである。

1927年の境界設定の際にはまったく忘れられていた、ブジィのすぐ西隣のフォンテーヌ＝シュル＝アイの村落は最近、この地区に加えられたばかりである。

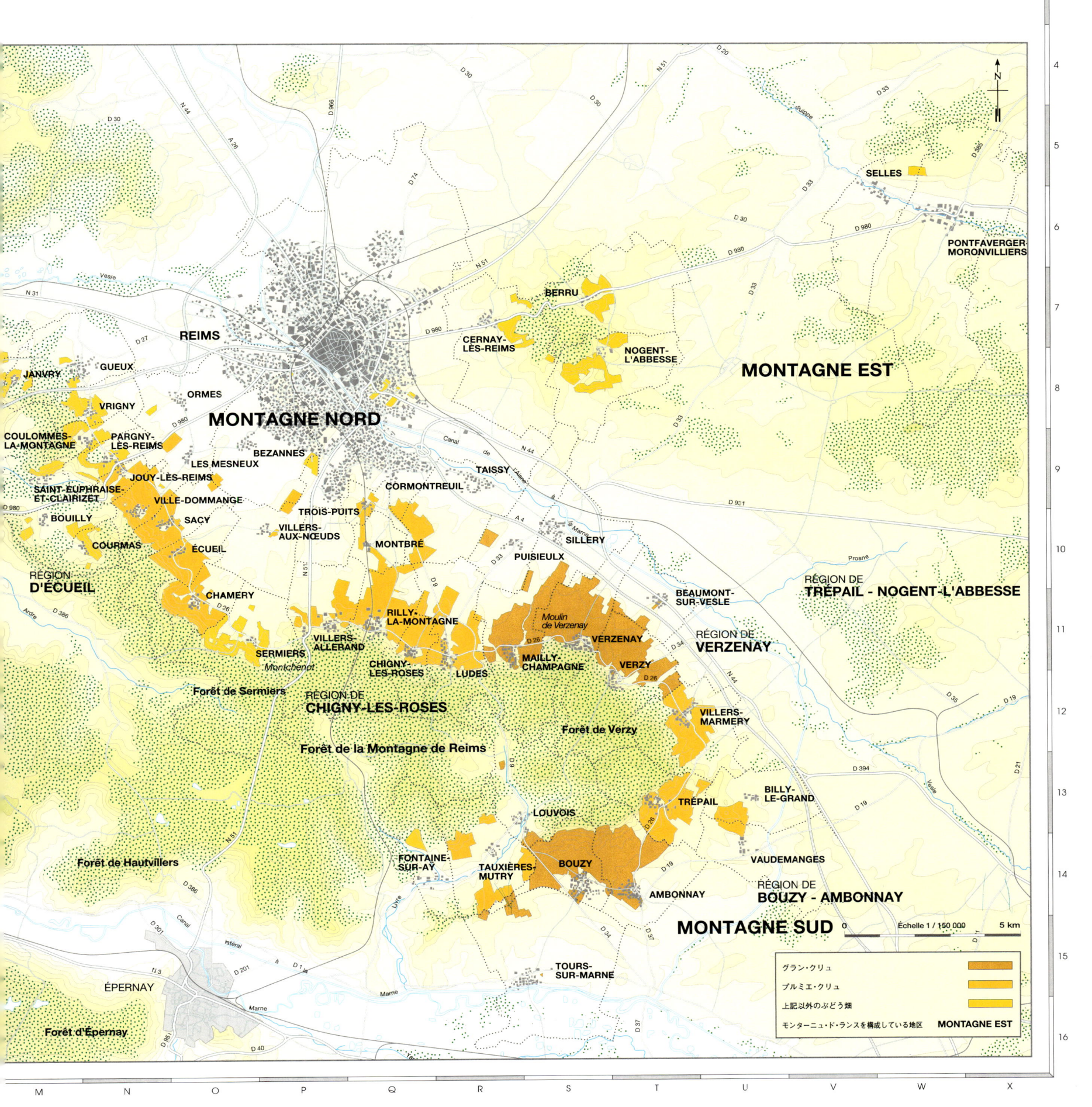

131

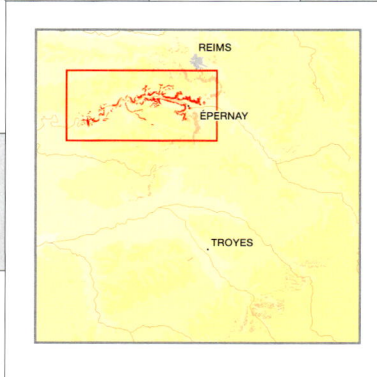

シャンパーニュ地方 ◆ ヴァレ・ド・ラ・マルヌ

Vallée de la Marne
ヴァレ・ド・ラ・マルヌ

この長く延びた地区は異なる自然環境が入り混じり、そのため産するワインも多様性に富んでいて、シャンパーニュ地方のなかでももっとも複雑な産地であることは間違いないだろう。ヴァレ・ド・ラ・マルヌはパリ盆地に向かって狭くなっており、右岸には南向き、左岸には北向きの2つの斜面にぶどう畑は連なっている。北向きの斜面はシャトー＝ティエリー付近で徐々に消える。

■ ヴァレ・ド・ラ・マルヌ

ヴァレ＝ド＝ラ＝マルヌのぶどう畑はマルヌ川とその支流に沿って、エペルネーの町からセーヌ＝エ＝マルヌ県まで8000ヘクタールにわたって広がっている。グランド・ヴァレとエペルネー付近では3つのぶどう品種が栽培されているが、なかでもピノ・ムニエ種が全体の7割強から8割を占めている。

アイからパリ地域圏に向かうとマルヌ河は突然第三紀の台地に両側を挟まれる。河川は斜面のあいだを流れ、その間の広い森によってぶどう樹が栽培されている畑はとぎれとぎれになる。狭い流域だがルイユ付近等、ところどころ広くなっている。

丘陵はしばしば非対称で、それはおそらく氷河期の結氷と解氷現象の連続が原因と思われる、差別侵蝕によるものである。

東や南東、南に向いた斜面

流域の幅は数百メートルを超えることはなく、斜面のぶどう畑の勾配は平均で約8度ほどだが、ところどころ急なところは25度にもなる。

は結氷と解氷の交互の連続を受けやすく、勾配はなだらかで表土は厚い。

一方西や北西に向いた斜面の勾配はより急で、表土は薄くなっている。

マルヌ河の第三紀の連続した斜面は、粘土質の層を多く含み、土地の移動現象や、突発的な土地の起伏を起こしやすい。今日でも見られる

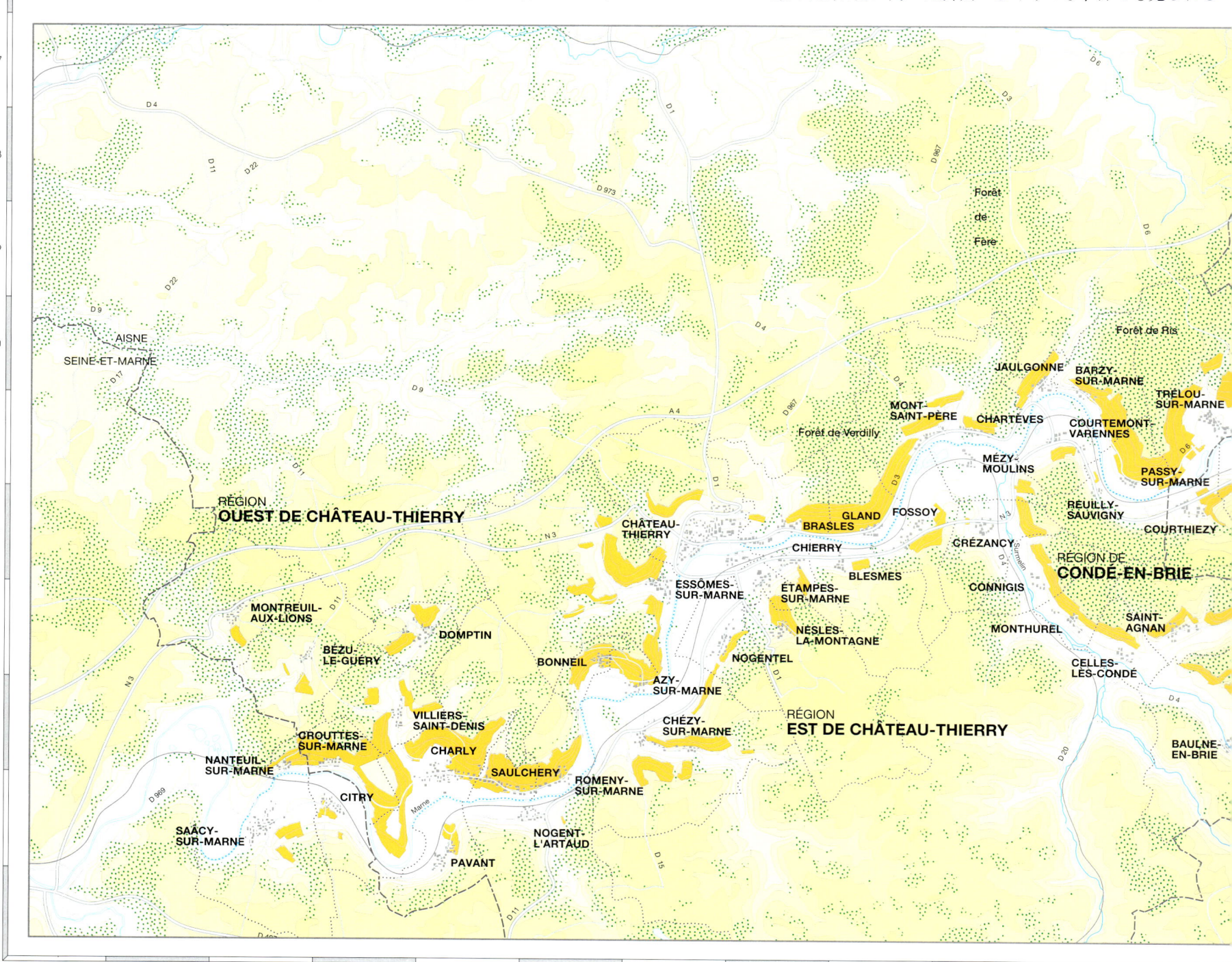

シャンパーニュ地方 ◆ ヴァレ・ド・ラ・マルヌ

この斜面の力学的な動きは、勾配を急変させ崩落も起こすため、場所によってはぶどう栽培が困難となっている。

もっとも古い地殻の運動は第四紀の初期の更新世に起こり、緩やかな勾配を形成し、もっとも新しい第四紀末期である完新世の動きが岩石を、現在の形状とあまり変わらない斜面の勾配に寄せ集めた。

ヴァレ・ド・ラ・マルヌのほぼ中頃、ドルマンからパリの方向に地層の傾斜に沿ってたどると、シャンパーニュ階の白亜は深部に消え去り、シェジィではスパルナス階の層の露出、シャルリィ=シュル=マルヌではクイズ階の露出といったように、新しい地層が傾斜地の底部に現れる。

また窪地の連続によって示される、マルヌ河の向斜谷の構造は注目すべき特徴である。

ぶどう畑の地層はその多くがルテシア階とバートン階の泥灰土とやや硬めの石灰岩で構成され、ところどころにクイズ階とサネット階の砂やスパルナス階の粘土が現れている。

ヴァレ・ド・ラ・マルヌに合流している小河川の両岸の丘陵にもぶどう畑は広がっている——ベルヴァル、フラゴ、セモワーニュ、シュルムラン川等々——。シュルムラン川の斜面では、畑は他の多くの丘陵と同じ地層上にあるが、その向きは南西である。

ピノ・ムニエ種がここでは8割を占めている。石灰質のほとんどない土壌に有効な早生の台木と組み合わせると、マルヌ川左岸の、斜面の向きがあまりよくないところでもよい結果をもたらす。

10世紀から15世紀までは河川の交通によってヴァレ・ド・ラ・マルヌのワインは運ばれていた。この時代はそれがワインをよい状態でパリやノルマンディー、あるいは海を通ってフランドル地方やオランダ、イギリスまで運ぶ商業手段だった。

■ ラ・グランド・ヴァレ・ド・ラ・マルヌ

この地区はオーヴネ=ヴァル=ドールからキュミエールの村落までをひとつにまとめたところで、ここでは流域はまだ広く、畑は南向きの斜面に広がっている。

ランスからエペルネーにいたるあいだは、ディジィからオーヴィレールまでの各集落の丘陵によって形成されたすり鉢状の窪地から、ヴァレ・ド・ラ・マルヌの入り口の素晴らしいパノラマを愉しむことができる。

丘陵はモンターニュ・ド・ランスに較べて起伏に富み、平均的な勾配は6度ほどだが、急なところでは20度以上に達する。

基盤層はきめの軽い炭酸塩化した土壌を生む白亜である。丘陵の上部ではぶどうはより粘土質の勝った土壌で栽培されている。

この地区で有名なワインを生む畑は、ヴァレ・ド・ラ・マルヌとモンターニュ・ド・ランス、コート・デ・ブランからの道路の交差するところに位置し、生産と運搬の点でたいへん都合がよく、以前からその名を知られてきた。

ラ・グランド・ヴァレ・ド・ラ・マルヌの栽培地は1700ヘクタールにわたって広がっており、6割近くがピノ・ノワール、2割弱がピノ・ムニエ種と大部分が黒ぶどうである。また有名なブジィの赤のように、この地区でも赤ワイン(訳注：泡の出ない普通のワインで、アペラシオンはコトー・シャンプノワ)の生産も続いている。

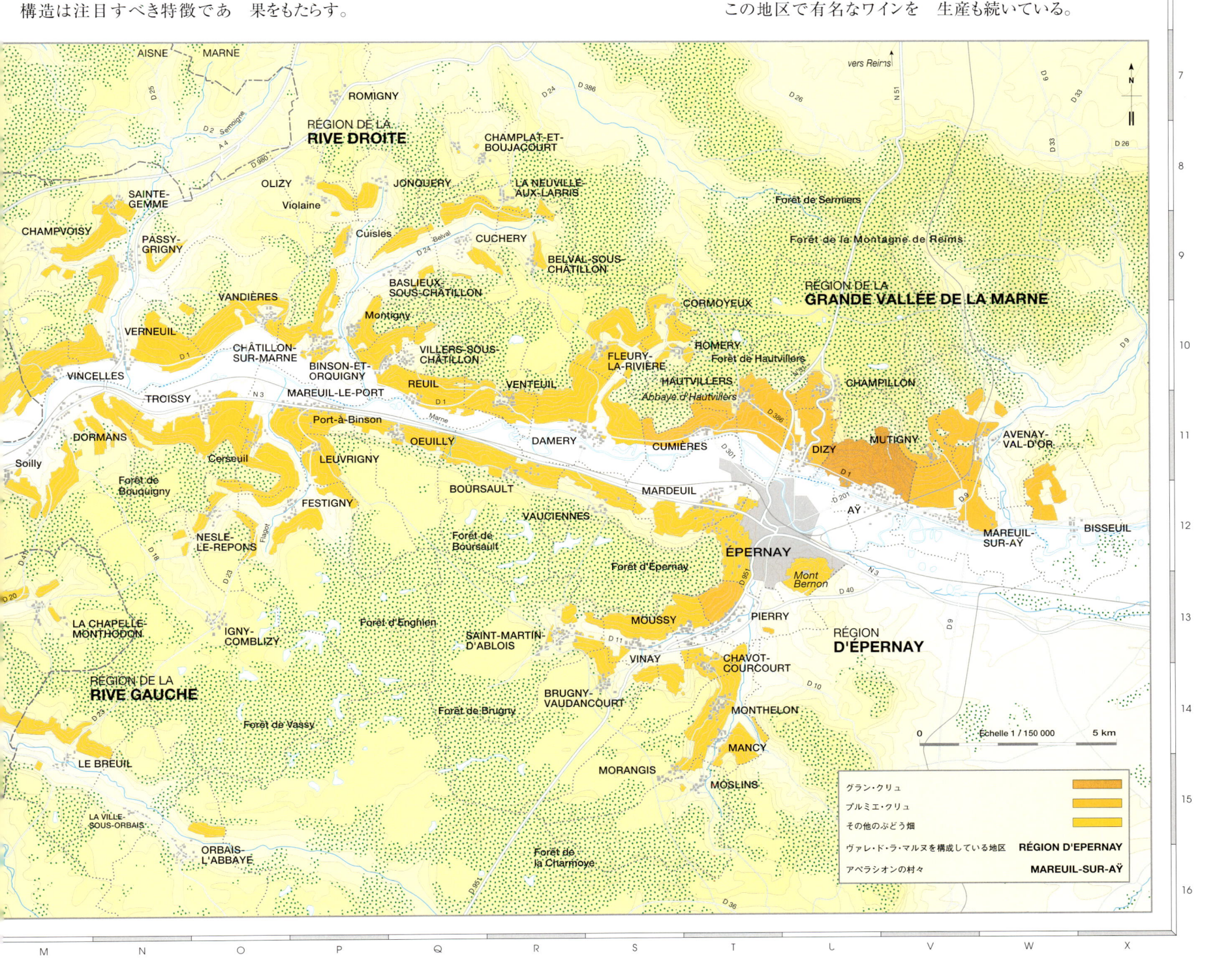

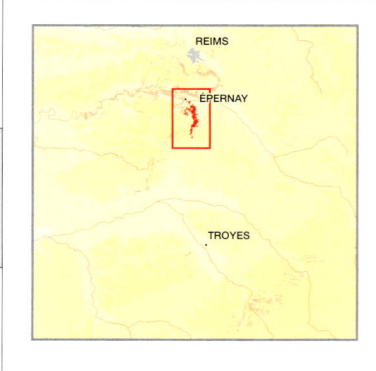

シャンパーニュ地方 ◆ コート・デ・ブラン

Côte des Blancs
コート・デ・ブラン

シャルドネー種による素晴らしい酒質で有名なこの地の繁栄は、エペルネー、ランス、シャロン=アン=シャンパーニュから延びている往来の交わりという、地理的な位置の利点によるところが大きい。

■ モンターニュ・ド・ランスの南の延長部分

モンターニュ・ド・ランスのワインよりも地味だが、コート・デ・ブランのワインはこれら有名な産地の発展を促したシャンパーニュ製法の技術の習熟によって向上してきた。

コート・デ・ブランのワインの生産量は18世紀の半ばまでは減少し続けていた。

ワインは酸がキツくあまり評価されないものだった。「栓が飛び出すワイン」の名声は、この地味な産地に価値をもたらし、特にアヴィーズのような栽培地の発展を惹き起こした。

ぶどう畑はモンターニュ・ド・ランスの南、イル=ド=フランスのケスタ台地の延長部分に連なっている。畑の多くが東に向いた斜面を占め、白亜質の平野の上に広がった森をすそにひかえている。

この幅数百メートルから数キロメートルにわたる広大な丘陵ではぶどう栽培がほとんどである。

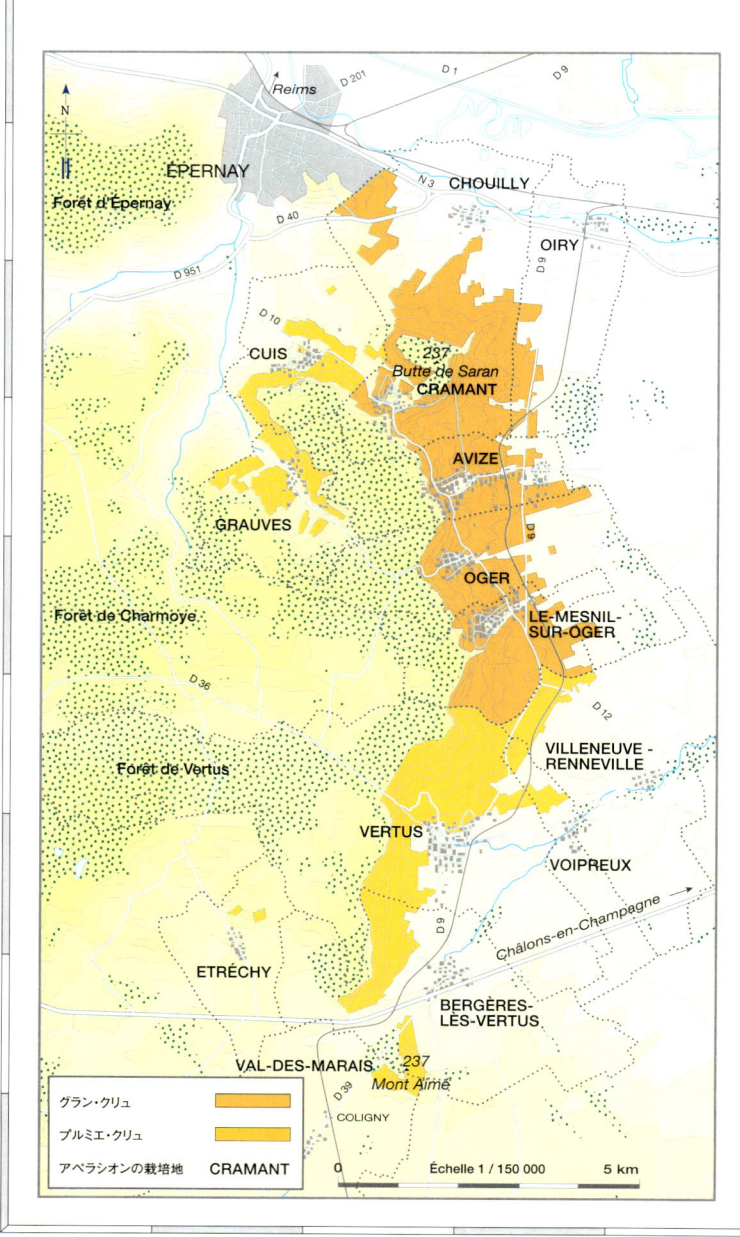

コート・デ・ブラン

この地は、北にサランの丘、南はエメの丘という2つの残丘を配している。長く延びた丘陵は、白亜質の平野と接している付近の勾配が平均5度前後と比較的なだらかである。丘陵の上部では斜面の勾配はよりキツく、20度以上に達するところもある。

珪質岩が丘陵の基盤になっているモンターニュ・ド・ランスと異なり、コート・デ・ブランではこの岩石層は厚みがなく、丘陵の基盤は断崖に見られる、非常に厚い層になった硬い石灰岩となっている。

この地区のぶどう畑はほとんどがシャンパーニュ階の白亜とその風化した土壌に広がっていて──白亜質の礫──、土壌はかなり炭酸塩化し、軽くきめの細いものである。

白亜質の土壌はシャンパーニュ地方のぶどう栽培を特徴付ける決定的な要素である。コート・デ・ブランはもちろん、ヴィトリ=ル=フランソワやモングーでも相は少々異なるが、白亜が基盤となっている。

コート・デ・ブランの白亜は純粋で石灰分が強く、侵蝕によって変化をうけることがほとんどなかった。

この地層は7500万年前の暖かく浅い海に堆積した単細胞藻類の石灰質の微小な外皮で形成されている。方解石の結晶を結び付けているセメントが欠如しているため、この岩石の孔隙率は大変高くなっている──4割が空洞──。この孔がたくさんあるために白亜は柔らかくもろく、滞水性がとても高い。実際白亜はまるでスポンジのように水分を吸収する。白亜の平均的な直径の細孔は、理論上およそ40メートルの毛管上昇の能力を示している。

白亜の帯水層──飽和状態の部分──と飽和されていない部分のあいだに、厚さがときと場所によってまちまちの連続した帯水溜りのうねりがある。したがって表土への水分供給は、飽和されていない部分の厚さが40メートル以下である限り、たとえ夏のあいだでも常に可能である。

白亜の農地の土壌はたいへんよい水捌けながら、夏のあいだにもぶどうへの一定の水分供給を確保している。

一方白亜は凍裂しやすい。実際水分の凍結で生じる圧力によって岩石の破砕が起こる。

さらに温度と湿度を一定に保つ性質のおかげで、白亜はワインの貯蔵庫として理想的な材質であり、比較的柔らかく掘削が容易でもあるため、ここには総延長200キロメートル以上に及ぶ地下セラーが掘られている。

建築と公共工事の材料として、また工業用製品として、農業、工業、家庭用の優れた貯水タンクとして、あるいは農業やぶどう栽培の支えとして、白亜はシャンパーニュ地方に正真正銘の経済的な豊かさをもたらしている。

白亜は侵蝕されやすいため、景観はなだらかな起伏を見せ、数百メートルの厚さで分布している。

つまり白亜上に発達した土壌は水分の供給の点からぶどう畑にとっては特に効果的で、同じく物理的な性質によって、土壌の構造を栽培に適したものとし、雨が続くようなときは迅速な排水を保証している。

しかしながら石灰分、特に活性石灰分と非同化性鉄分が少ないことは、ぶどうの萎黄病を引き起こしやすくなる。この状況を改善するためには適した台木を選ぶことが重要である。

白亜はコート・デ・ブランの基盤のほとんどを占めているが、丘陵の上部のぶどう畑ではスパルナス階の粘土とルテシア階の泥灰層が見られ、粘土質の土壌となっている。

コート・デ・ブランのぶどう畑は3300ヘクタールにわたり、その95パーセント以上でシャルドネー種が栽培されている。しかしヴェルテュとグローヴの村落では他と異なり約1割の黒ぶどうが植えられている──ヴェルテュではピノ・ノワール、グローヴではピノ・ムニエ種──。

この栽培地からのシャンパーニュはほとんどがシャルドネー種のみでつくられ、香りと味わいの双方に素晴らしい持続性のある大変エレガントなものになる。

シャルドネー種は単一で用いられると、白ぶどうからつくられた白ワイン、つまり有名なブラン・ド・ブランになる。

またテロワールと気候の状況がうまく合致した場合は、生産者のなかには、単一の区画からヴィンテージ・シャンパーニュをつくるものもいる。

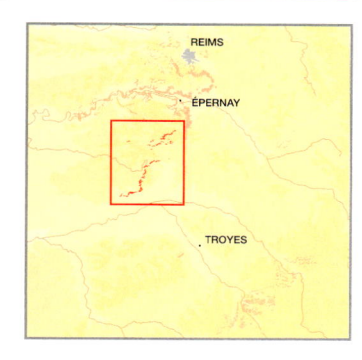

シャンパーニュ地方 ◆ プティ・エ・グラン=モラン

Petit et Grand-Morin
プティ・エ・グラン=モラン

この地区のぶどう畑の最近の発展は歴史的な理由によるところが大きい。実際、この畑が拓かれた時代にはセザンヌ地区は、ここから50キロメートルほど離れたトロワ教区に属していた。バロワにもっとも近いことが幸いしたのである。

特にフランドル地方やイギリスなどの北方への輸出において、シャロンやランスに拠を構えた競争相手に対して、セザンヌの栽培者は地の利を得ていなかった。

しかしながらこの地区は近代的な運搬と通信手段を取り入れ、発展を遂げた。

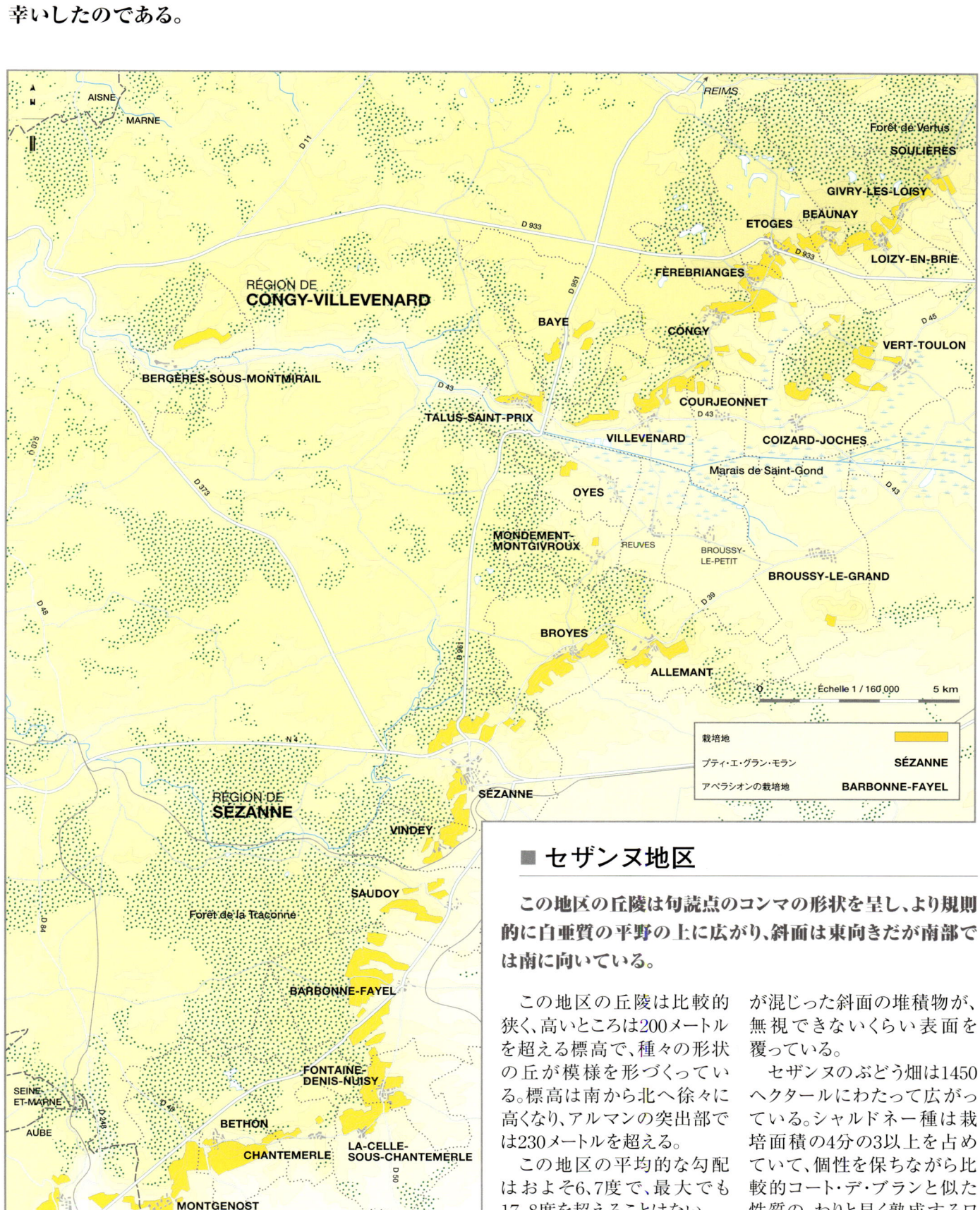

■ コンギィ=ヴィルヴナール地区

コート・デ・ブランの南に延びたところ、コンギィ=ヴィルヴナール地区はさらに波形に入り組んだ丘陵である。

ぶどう畑のある丘陵はあまり広くなく、せいぜい数百メートルで、コート・デ・ブランの丘陵の南に続いている。平均的な斜面の勾配はさらに小さく、およそ5度ほどである。

この地区の地質学的な主な基盤層は白亜だが、一部のぶどう畑はルテシア階の泥灰土と石灰岩、サネット階の泥灰土、またクイズ階の砂層の上にも広がっている。またスパルナス階の粘土上にもほんの少し見られる。サン=ゴンの沼地が近いため、この地区には特殊な局所気候がもたらされている。

現在、ぶどう畑は960ヘクタールにわたっている。ぶどう品種はどれかひとつに偏ってはいないが、もっとも多いのはピノ・ムニエ種で栽培面積の半分を占めていて、次いでシャルドネ種が見られる。これらがブレンドされると、ワインはほとんどピュアでバランスのとれたものとなる。

■ セザンヌ地区

この地区の丘陵は句読点のコンマの形状を呈し、より規則的に白亜質の平野の上に広がり、斜面は東向きだが南部では南に向いている。

この地区の丘陵は比較的狭く、高いところは200メートルを超える標高で、種々の形状の丘が模様を形づくっている。標高は南から北へ徐々に高くなり、アルマンの突出部では230メートルを超える。

この地区の平均的な勾配はおよそ6、7度で、最大でも17、8度を超えることはない。

白亜が多い土壌だが、スパルナス階の粘土と、特徴的な赤い土壌由来の脱炭酸塩化作用を受けてできた粘土とが混じった斜面の堆積物が、無視できないくらい表面を覆っている。

セザンヌのぶどう畑は1450ヘクタールにわたって広がっている。シャルドネ種は栽培面積の4分の3以上を占めていて、個性を保ちながら比較的コート・デ・ブランと似た性質の、わりと早く熟成するワインになる。

シャンパーニュ地方 ◆ コート・ド・シャンパーニュ

Côte de Champagne
コート・ド・シャンパーニュ

マルヌ県のヴィトリ゠ル゠フランソワとオーブ県のモングーの産地は、今日あまり知られていないが、双方ともに優れた栽培の地で、主としてシャルドネー種から興味深いワインを生んでいる。

■ ヴィトリ゠ル゠フランソワ地区

歴史的な素晴らしい名声にもかかわらず、ヴィトリ゠ル゠フランソワのぶどう畑は19世紀に衰退し、消滅の危機にさらされた時代を経験した。

コート・デ・バールの石灰質の台地と、白亜質の平原──乾いたシャンパーニュ──のあいだにあるペルトワの地は、多湿なシャンパーニュの肥沃な地区のひとつである。

起伏はゆったりとなだらかで、連なる「湿冷草原」と古い時代の準平原化作用をまぬがれた非対称の小さな谷や小高い丘とその頂などが見られる。

平原の平均的な標高はおよそ120メートルで、ヴィトリ゠アン゠ペルトワの北、丘陵のもっとも高いところでは208メートルに達する。

コート・ド・シャンパーニュの丘陵に広がったヴィトリ゠ル゠フランソワ地区のぶどう畑は、主に南東と南向きの斜面にあり、最適な日照の恩恵がうけられる。さらにその恩恵は、平均の勾配は8度前後だが、最大20度近くに達する比較的急な斜面によっても増している。

ここではテューロン階の白亜が地質の大部分を占めている。それは柔らかく、灰色がかった泥灰質である。土壌は浅く、泥灰質の白亜とその風化したもの──白亜の礫──で形成されている。

ぶどう畑は19世紀に完全に消滅してしまった。これは社会的紛争、過大な課税、悲惨な気候条件の年などに立て続けに見舞われたためだが、鉄道網の発達によって、地中海産のワインが競争相手として現れたことも原因のひとつであった。

ヴィトリ゠ル゠フランソワのぶどう畑の再興は比較的新しく、1990年代の初頭である。現在ぶどう畑はマルヌ県の15の集落に260ヘクタールにわたって広がっている。

ほとんど独占的にシャルドネー種が栽培されており、そのワインは仲買商や生産者、あるいは協同組合によって販売されている。

■ モングー地区

モングーのぶどう畑は、穀物畑の平野の真ん中にポツンとある小島のように存在する。

トロワ市から約5キロメートル西に位置するモングーの小さなぶどう畑は中世のシャンパーニュ伯爵の所領だった。この小さな島のようなぶどう畑は、標高270メートルのコート・ド・シャンパーニュの残丘を取り巻いている穀物畑の平原の上に張り出している。

畑のある丘陵は平均で7度前後と比較的の傾斜があり、斜面の向きは主に南東で、ぶどうの生育には最適の条件である。

畑の土壌は大部分がチューロン階の白亜だが、なかにセノン統──コニャック階──の白亜がわずかに見られるところもある。

1919年には2ヘクタールしかなかったぶどう畑が、現在では190ヘクタールまで広がった。栽培品種はシャルドネー種が8割以上を占め、注目すべきワインがつくられている。

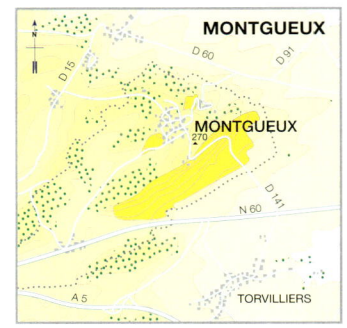

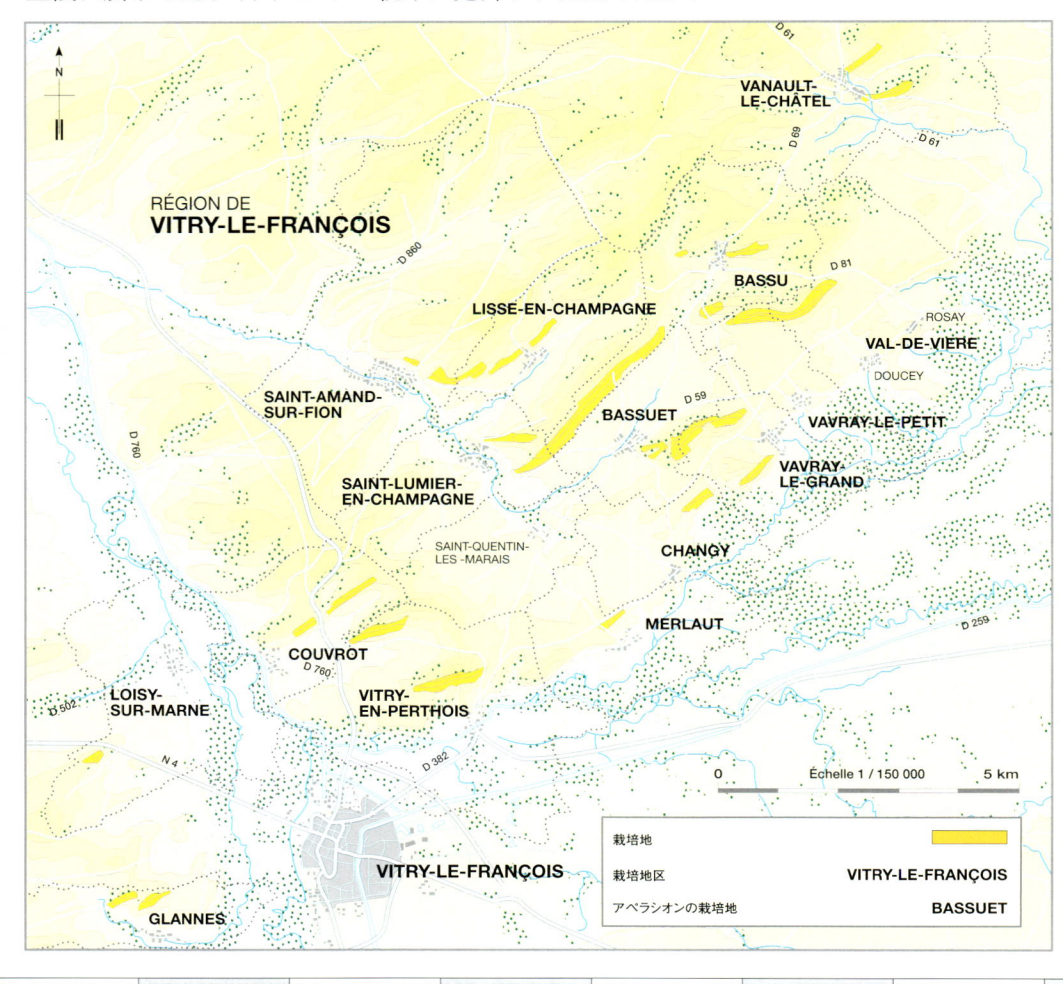

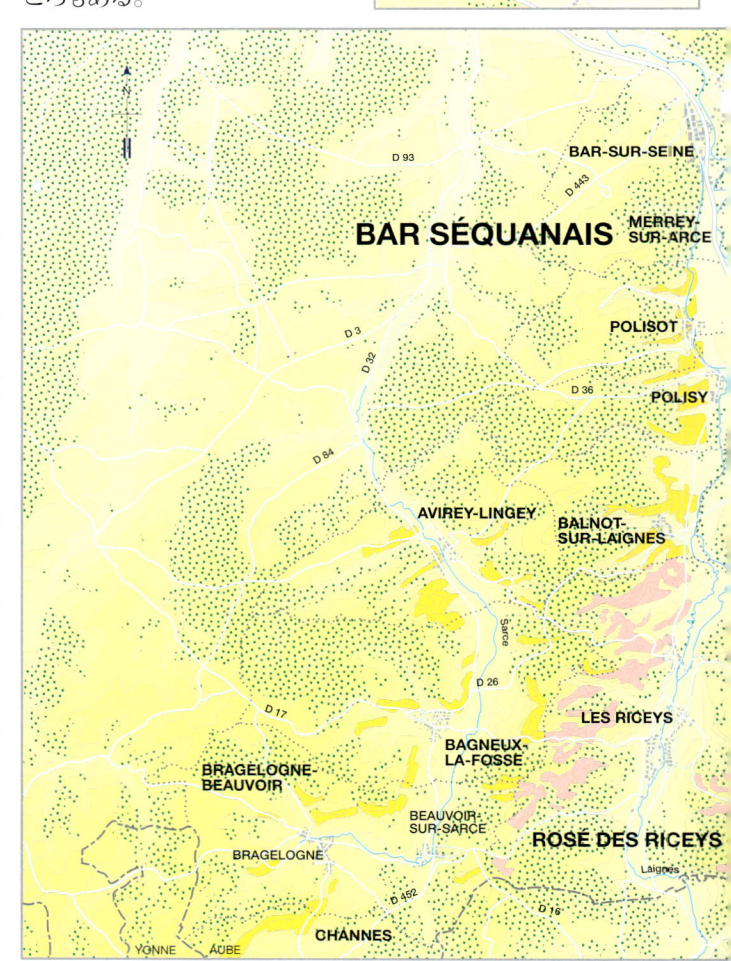

Côte des Bar
コート・デ・バール

コート・デ・バールの栽培地はシャンパーニュの南東に一大地区を形成していて、その歴史は波乱に富んだものといえるだろう。それはオーブ県の産地がシャンパーニュのワイン生産に適していることを理解させた、1911年の暴動（訳注：p126を参照）が必要だったからである。

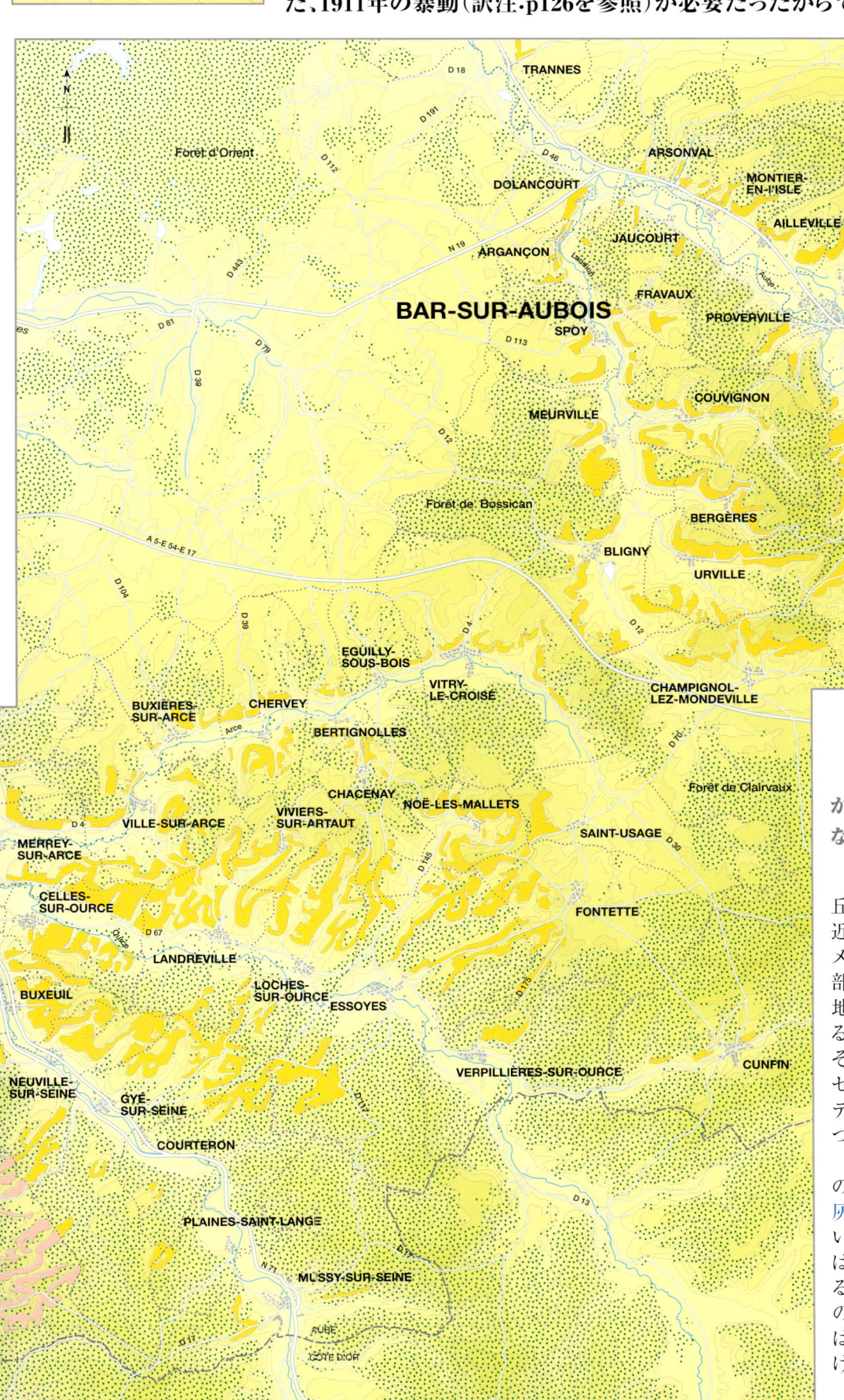

■ シャンパーニュの南の栽培地

コート・デ・バールの景観は、マルヌの白亜質の平原のなかにあって、谷の集まりによって波状に入り組んだかたちになった丘陵が際立っている。

この地区のぶどう畑のある丘は傾斜が強く、平均で10度近くの勾配がある。幅数百メートルの広さで、丘陵の頂部は針葉樹に囲まれ、この産地の風景を特徴付けている狭い谷から突き出している。それらはサルス、レーニュ、セーヌ、ウルス、アルス、ランディオン、オーブの各河川がつくりだしたの谷である。

オーボワの丘陵は石灰岩の台地とキンメリッジ階の泥灰土の斜面から形成されている。斜面の泥灰質の土壌は、灰色で石灰質粘土である。台地の土壌は硬い石灰岩の上に形成されていて、表土は非常に薄く、溶脱作用をうけている。

オーボワのぶどう畑は、マルヌ県の栽培地よりおよそ100メートルほど標高が高く、明らかに雨が多い。

現在畑は6620ヘクタールに及び、主要品種はピノ・ノワール種で栽培面積の8割以上を占めている。

シャンパーニュとコトー・シャンプノワの生産の他に、リセの村のピノ・ノワール種から、ロゼ・デ・リセのアペラシオンで有名な非発泡のロゼワインがつくられている。

ロゼ・デ・リセのアペラシオンのようにワインにその由来する村の名前を付け加えるのは、シャンパーニュ地方では例外的にこの産地に見られるだけである。

ロレーヌ地方 ◆ モーゼル ◆ コート・ド・トゥール

Lorraine
ロレーヌ

モゼール川（訳注：ドイツの著名ワイン産地を擁するモーゼル川と同じ）に沿って広がる古い歴史があるロレーヌの栽培地は、フィロキセラの大きな被害に遭い消滅の危機に瀕し、残ったのはこの地の特徴をよく表すテロワールのぶどう畑のみである。今日ではモゼールとコート・ド・トゥールとして知られ、白、赤、グリのフルーティーで心地よいワインが生産されている。

統計
栽培面積：145ヘクタール
年間生産量：8,500ヘクトリットル

■ ぶどう栽培の始まりとその来歴

モゼールの歴史的なぶどう畑は、経済的、政治的、社会的な数々の苦難にもかかわらず生き残ってきた。

ロレーヌ地方にローマ軍がたどり着いたとき、ぶどう畑はすでにそこにあったと、4世紀の詩人アウソニュウスが伝えている。

モゼール渓谷を行き交った交通網はこれらのぶどう畑の存在と無縁ではなく、またフランスの他の地方と同様に、このぶどう畑も大修道院のおかげで発展した。1789年、ぶどう栽培の自由が許されると、収量は多いが、質的に劣る品種が導入されるようになった。19世紀半ばにはロレーヌの畑は30,000ヘクタールに及んだが、良質のワインの生産には適さない栽培地がほとんどだった。そしてフィロキセラの到来でぶどう畑は全滅した。その後交通の発達により、競合する他産地の販路の広がりと同時に、それまでの質の悪さが災いしてこの地の再興を危うくしていた。さらに産業革命によって畑の労働力が減少し、その結果、現在のコート・ド・トゥールやモゼールのように栽培に適して質のよいワインを生む畑のみが残ることとなった。

■ 気候

複雑な状況だが、微気候は畑にとって好都合で、夏から秋の気候はぶどうがうまく成熟するのにとても適している。

様々な影響をうけているロレーヌ地方の気候を定義づけるのは難しい。海洋性の気候が優勢かと思えば、北部や大陸性の気候も感じられるといった具合で、次々に起こる様々な予測できない状況の原因となっている。

年間の平均降水量——メッツ＝オーニーの観測地点において——は735ミリメートルで、一年を通して均等に分布定している。平均気温は摂氏9.9度で、季節による寒暖の差が激しい。年間日照時間は1580時間で、霧のかかる日も64日と多く、湿度も72パーセントから90パーセントと高い。

ヴァン・グリ

農業省の定義によるとヴァン・グリは、「白い果肉で金色の果皮」のぶどうを直ちに圧搾して、白ワインと同じようにつくられるワインである。また、ぶどうも、それ自体灰色の品種と呼ばれるものである。

白ぶどうのみからつくられる辛口の白ワインをブラン・ド・ブランと呼ぶのと同様に、ピノ・グリのような灰色のぶどうのみからつくられるワインをグリ・ド・グリと呼ぶ。これは独特の色の薄さが特徴となるロゼワインのことである。

ピノ・ムニエ種からつくられるオルレアンのワインや、ルイィでピノ・グリ種からつくられるものなどフランスにはヴァン・グリがいくつか存在するが、もっとも有名なのはこの地方のグリ・ド・トゥールである。

コート・ド・トゥールのアペラシオンのヴァン・グリは、ガメとピノ・ノワール種のブレンドによってつくられるが、双方合わせて85パーセント以上、またピノ・ノワール種は最低15パーセント以上使用されなければならない。さらに補助品種としてオーセロワやピノ・ムニエ、オーバン種などが15パーセントを超えない範囲で用いられる。

美しいサーモンピンクの淡い色合いで、スグリやカシスのような赤い果実のアロマを纏ったワインである。生き生きとした味わいのとてもフルーティーなワインはわかりやすく、冷やすとより風味の引き立つ、若いうちに愉しむべきものである。

モゼール Moselle VDQS

モゼールのぶどう畑は国境を越えて連なる産地全体の南部に位置している。

モゼールのぶどう畑はモゼール川を見下ろす約250メートルの標高の丘陵に連なっている。この栽培地は中心部と少し外れた2地区との、3箇所からなる。ひとつはメッツ市と同じ標高で東西南北に延びた軸沿いに40キロメートルにわたって連なり、2つ目はコンツ＝レ＝バン地区のティオンヴィル市の北東に位置し、3つ目は南東、ヴィク＝シュル＝セイユの村に点在している。土壌は粘土石灰岩質で、南南東の向きのやや急な斜面で栽培されている。モゼール川に影響される気候は、ぶどうが健全に成熟するのに適している。夏は暑く冬は厳しいが、川の存在とその流れの曲折が、大気を和らげ、ぶどう畑の庇護ともなっている。

モゼールの白、グリ、ロゼ、赤のワインの醸造には主に5つの品種——ミュラー＝トゥルガウ、オーセロワ、ピノ・ノワール、ピノ・グリ、ピノ・ブラン種——が導入されている。またゲヴュルツトラミネール、リースリング、ガメ種などその他の品種も3割以内の範囲で、またピノ・ムニエ種も同じように用いられている。

統計
栽培面積：35ヘクタール
年間生産量：2,000ヘクトリットル

コート・ド・トゥール Côte de Toul

ミラベル（訳注：スモモの一種）の果樹園と土地を争奪しているこの産地では、有名なヴァン・グリを生産している。

コート・ド・トゥールの栽培地はトゥールの町の西に位置し、南北の川の流れに沿っておよそ20キロメートルにわたって8つの集落上に連なっている。ぶどう畑のある丘陵はモゼール川に張り出しており、川はトゥールで特徴的な湾曲を見せている。斜面は東から南に向いて、主に西から吹く風から畑を護っている。冬は寒く乾燥していて、春先に霜の降りることは少ない。夏は暑いが雷雨はほとんどなく、収穫の良し悪しを決定付ける秋はたいていよく晴れている。

コート・ド・トゥールの土壌は古代のサンゴ層の隆起の名残である。標高はブリュレイ、リュセ、パニィで245メートルから325メートルあり、ブレノとブリニーでは380メートルの高さに達する。

丘陵はオックスフォード階の多量の石灰岩を含む古代の堆積土と、多量の石灰岩礫が混ざった土壌で覆われ、斜面は10度前後の勾配になっている。ここでは石灰質の少ない小石だらけの褐色の珪質粘土と、小石のほとんどない粘土シレックス土壌が見られる。

白ワインはオーセロワ種からつくられ、赤ワインはピノ・ノワール種から生み出される。この地区独特の有名なヴァン・グリはガメとピノ・グリ、オーセロワ種を用いる。

統計
栽培面積：110ヘクタール
年間生産量：6,500ヘクトリットル

ロレーヌ地方 ◆ モーゼル ◆ コート・ド・トゥール

■ ぶどう品種

ロレーヌの特殊な気候のため、栽培されているぶどうはすべて早生品種である。

🍇 白ぶどう

オーセロワ この品種の原産地については定かではないが、20世紀初めにはすでにロレーヌ地方で栽培されていた。発芽が遅く、生育の早さと安定した収量が見込めるこの品種はこの地方にたいへん適している。ワインはフルーティーでまろやか、香り高いものである。このぶどうはモゼールの使用品種だが、トゥールの白ワインとヴァン・グリにも用いられている。

ミュラー＝トゥルガウ リースリングとシルヴァネール種の交配品種である。丈夫で収量の多いぶどう樹はモゼールで栽培され、生き生きとしてフルーティー、麝香の香りを纏ったワインを生む。

ピノ・ブラン 花の香りをもったフルーティーな辛口の心地よいワインで、モゼールで栽培されている。

🍇 黒ぶどう

ガメ ボジョレー由来の早生の品種で、春の霜害を受けやすい。ガメはトゥールの丘陵の粘土質土壌に適しているといわれ、ヴァン・グリのベースになっている。またモゼールの赤ワインに用いられる場合は15パーセントを超えてはならない。

ピノ・ノワール ロレーヌ地方で多く見られるこの品種は2箇所の栽培地で、通常フルーティーでやや酸味のあるエレガントな味わいで、また長い醸しをおこなった場合は繊細なタンニンを纏ったワインとなる。

🍇 その他の品種

前述の品種に加えてモゼールとコート・ド・トゥールの規定ではゲヴュルツトラミネールとピノ・ムニエ、ピノ・グリ、リースリングとアリゴテ種の使用が許されている。またロレーヌ地方特有の古い品種で、コート・ド・トゥールのヴァン・グリの二次的な品種であるオーバンAubin種の存在も付け加えておこう。しかしながらこれらマイナーな品種は話の種にしか存在していないようである。

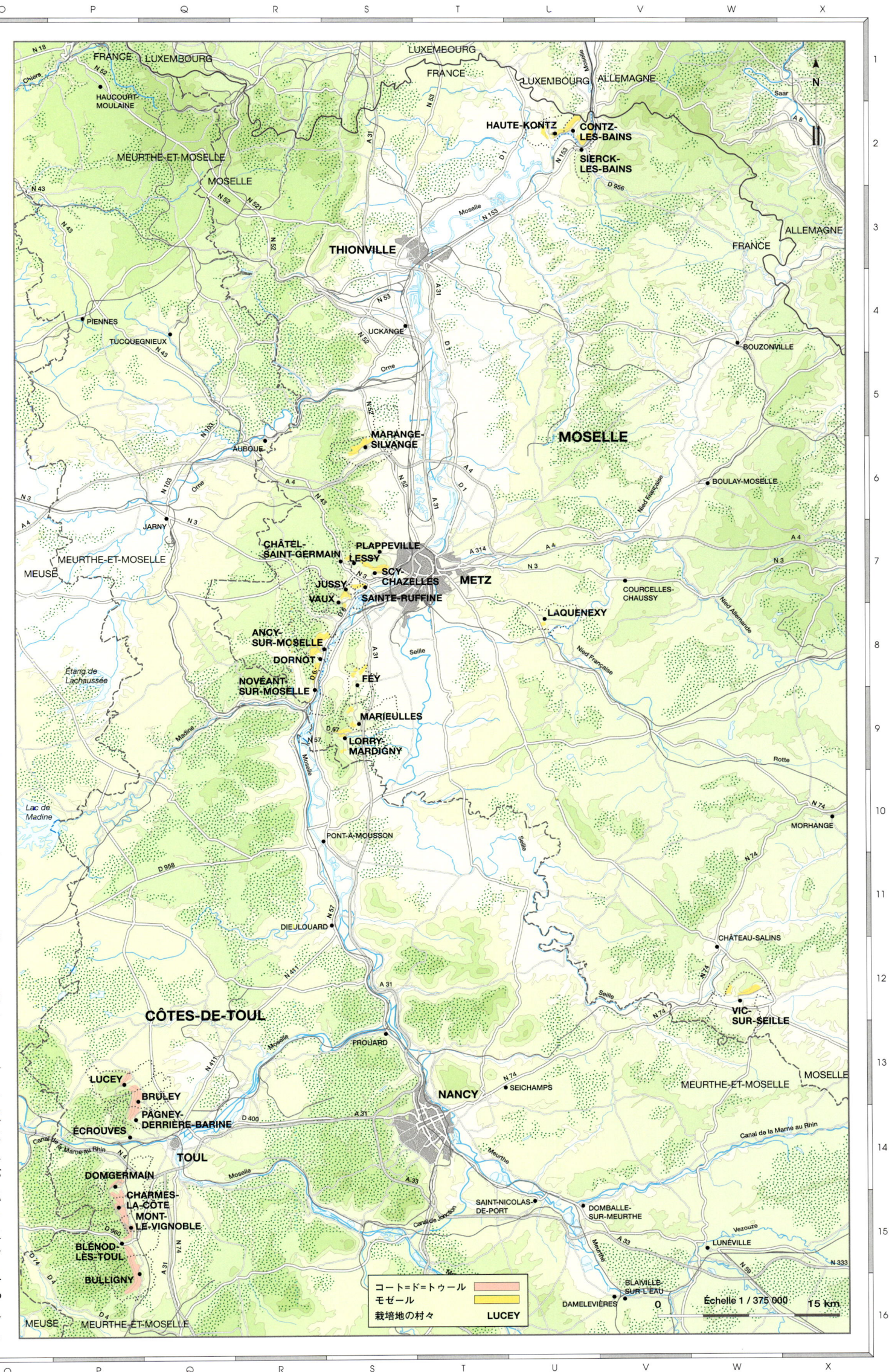

Alsace
アルザス

アルザスのぶどう畑はヴォージュ山脈のふもと、北からから南へおよそ100キロメートルにわたって連なる、緑のリボンといった景観を呈している。海洋の影響からアルザスを護る山脈が、この緯度としては例外的な気候をアルザスにもたらしている。この地におけるテロワールはきわめて多彩で、それがあらゆる種類のワインのなかに豊かに表現されている。そのいくつかはフランスでもっとも偉大なワインに数えられる。

統計
栽培面積：14,800ヘクタール
年間生産量：1,200,000ヘクトリットル

■ ぶどう栽培の始まりとその来歴

ぶどう樹はその栽培に関する知識などとともにローマ人によってもたらされた。そのぶどう栽培は中世になるや栄華を謳歌し、大きな名声を博した。

今日いまだにライン地方の森で幾種もの野生ぶどうが見られる。また、後氷河期のさまざまな堆積物のなかにぶどう果を食していた証拠が見つけられはするが、そのラブルスカ種が現在のアルザスのぶどうの真の祖先であるかどうか定かではない。

むしろ、ライン河流域にぶどう栽培の展開を見るためには、ローマ軍の到着と携えてきたぶどう品種を待つべきであろう。アルザスのぶどう栽培に一時的な衰退を引き起こした5世紀のゲルマン諸族侵入後に再興し、そしてメロヴィング朝とカロリング朝統治下で、続いて司教管区と、7世紀に建立された大修道院の影響のもと、ぶどう栽培は安定した発展を見せていった。中世、そのぶどう畑は最盛期をむかえ、三十年戦争がアルザスを壊滅させる17世紀まで、大いなる名声を享受していた。荒廃と試練の2世紀の後、第一次世界大戦終結後に、ぶどう畑は復興が始まった。アルザスのぶどう栽培者たちは、かつて彼らの産地の名声を確立させたその酒質に賭けることを決意し、その結果、アルザスにまた以前の威光を回復させたのである。

■ 自然要因

アルザスのぶどう畑はヴォージュ山麓からライン平野にいたる丘陵地を占めている。

山地、丘、そして平野に隣接するアルザスの変化に富む景観は、基盤を構成する岩石がきわめて多様なことによる。それは、活発な動きに満ちた地史の遺産なのである。5000万年前から、ライン地溝の出現によって深い起伏が形成された。しかし、ヴォージュとアルザスの歴史を理解するためには、10億年前までさかのぼる必要がある。古生代と中生代における、海洋性、大陸性、潟湖性の相次ぐ沈殿物の堆積が、ヴォージュ—シュヴァルツヴァルト(訳注：ドイツ南西部の鬱蒼とした森林に覆われた山地、黒い森)単一地塊を形成する古い火成岩基盤を覆っていった(図A-①)。ジュラ紀の終わり、火山活動によって不安定化の最初の前兆があらわれ、1億年間にわたるライン地方全体の隆起、そしてそれにともなう侵蝕が始まる(図A-②)。第三紀、引張り応力と破断が、地表を沈降させ、次いでアーチ状のライン地塊頂部が、堆積物の被覆層とともに陥没にまでいたる(図A-③から⑥)。この南北に走る断層が、幅30キロメートルから40キロメートル、長さ約100キロメートルという地溝の範囲を決定することとなる。現在では、溝の縁から中央まで、大断層の2つの系によって、地形図上3つの部分に分けることができる。

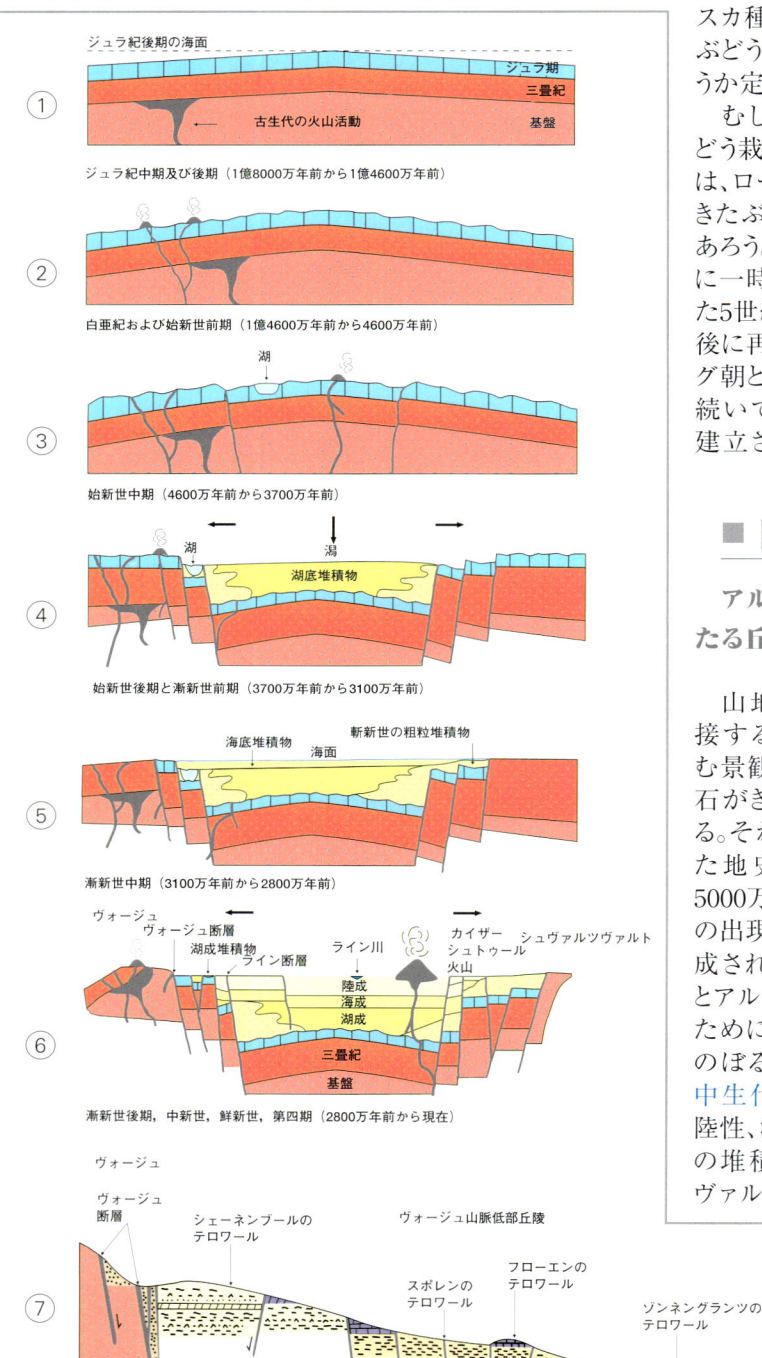

[A] ライン地溝帯の形成と断面図
① ジュラ紀海面下のライン地塊
② 隆起、侵蝕、火山活動
③ 陥没と破砕
④ 陥没断層、地溝の充填
⑤ 沈降、海進、地溝縁の削磨、削落
⑥ 地溝縁の上昇、侵蝕、火山活動

アルザス

3つの地質的なまとまり——ヴォージュ山脈低部丘陵の特異性

ヴォージュ山脈 標高400メートルから1400メートルに位置し、ヴォージュ—シュヴァルツ・ヴァルトの古い地塊の結晶質基盤岩(訳注:変成岩や火成岩)をあらわにして、ところどころでヴォージュ砂岩層を残している。

花崗岩、片麻岩、シスト、火山性地層や砂岩堆積物などが見られるのがここである。それらは基本的には古生代の岩石類の分布した地域の土壌であり、山地を形成した地質に基づく起伏は、この地域一帯を陥没させたヴォージュ断層群に起因している。そして断層によって生じた破砕岩石を運び出し、堆積錐のかたちに積み上げながら、多くの谷が山を深く削り、そこはやがて平野部のぶどう畑によって覆われていく。

ヴォージュ山脈低部丘陵地 標高200メートルから400メートルまでの幅があり、多少の差はあれ狭い帯状の地域をかたちづくっている。地溝形成とともに陥没したせいで、中生代堆積物の被覆層を保存している。

一方、侵食によって、頂部にあった土壌がそこに運ばれ、さらに山地に並行するこれらの前山の丘陵は、新第三紀と第四紀の山裾の隆起にともなって、後期になって初めて起伏を際立たせた。中生代の岩石の脇に、第三紀の礫岩堆積物が丘の東部を縁取るように覆っていて、ぶどう畑の主要部分はこの丘陵地にある。

沖積平野 標高120メートルから220メートルで地溝中央部を占めている。丘陵と平野との僅かな高低差は、地質構造上の大きな変動を隠している。隠された変動とは、山のふもとの崩壊土壌によってできた斜面で覆われたライン断層なのである。調査が示すところでは、陥没した中生代土壌の上に、第三紀泥石灰岩の土壌が2000メートルから2500メートルの厚さで地溝を満たし、今度はそこがヴォージュ地方の河川による第四紀の堆積土によって覆われた。

平野のぶどう畑が位置するのはここ、広い堆積錐の上であり、風によって運ばれてきた黄土の上にも同様に広がっている。アルザスのぶどう畑がめったに山裾に寄り添わず、もっぱら経済的な理由によって多くの場合平野部へと向かうとしても、その特権的栽培地は常に丘陵地であった。地形的、地質学的な独自性から「ぶどう畑ゾーン」の名称があるほどである。

ヴォージュ断層とライン断層とのあいだの、この断層間地帯、4つの破断地域はそれぞれ独自の規模をもち、断層は同時に南北、そして東西へ向いている。強い応力にさらされた土地は「階段状に」切り分けられ陥没している。そしてこれらの小地塊を襲った侵食が、鉱物学的にも年代的にも非常に多様な土地の並列する、地質学的モザイクをつくり出したのである。

主要な4つの破断地区

ぶどう畑がもっとも大規模に広がる地域を形成している(図B)。次に見るように北から南へ、それぞれの地区が何らかの独自性を備えることになる。

- サヴェルヌ破断地区は、基盤の点からはもっとも大きく多様性に富んでいる。大きな三日月形で、主として後背地には砂岩を主とするヴォージュ砂岩地帯が控えている。南部の3分の1は火成岩をもつ古い基盤のなかにに入り込んでいる。ぶどう畑はその北端では点在する程度にすぎないが、南端のマレンハイムからバールとアンドローまでは、全面的にぶどう栽培地となっている。そこには、崩落土、沖積土と黄土を含むほとんどすべての堆積岩が見られる。粘土・泥灰岩土壌が、バルブロンの内地溝帯で最上の栽培地となっている。

- リボーヴィレの破断地区(図C)は、4キロメートルほどの広さで、結晶質基盤のヴォージュのふもとに位置している。

陥没断層の並列した構成は注目に値し、北をサンティポリットに、南をテュルクハイムではさまれている。石灰質と泥灰・石灰・砂岩質のテロワールに隣接して、粘土泥灰質と砂岩、何よりも泥灰石灰質の礫岩こそがこの破断地区の土壌の独自性を構成している。2つの広い堆積錐が、その扇状褶曲部で、リボーヴィレとカイゼルベルグ地区を、切り離したり覆ったりしていることを付け加えておかねばならない。

- ルーファック、ゲブヴィレール破断地区はヴェットルスハイムとソルツのあいだの20キロメートル、もっとも幅広いところで10キロメートルにわたる。この陥没の複雑さは様々な方角に走る断層網によって表されている。そしてこれが花崗岩とヴォージュ基盤岩の地区を3つに分けている。

コイパー粘土の地溝、続いて人目をひく起伏をなし地塁状に盛り上がったヴォージュ砂岩の中央地帯、最後にジュラ紀の石灰岩と第三紀の礫岩とともに深く沈降した地帯の3つで、これは平野部の周縁部となっている。

この破断地区でのぶどう栽培用のテロワールは砂岩、泥灰岩、そして石灰岩であるが、それらは、泥灰石灰岩、泥灰砂岩という2つのタイプの第三紀礫岩の存在によってとりわけ特徴づけられている。黄土のテロワールはここではもっとも発展したぶどう畑となっている。

- タン破断地区は、実際にはゲブヴィレールのそれに連続している。およそ20キロメートルにわたり細長いひも状の姿をみせ、ヴュエンハイムとセントハイムのあいだで、古生代のヴォージュ基盤岩(グレーワッケ)に沿っている。

断層による垂直陥没は重要である。山との接触で、土壌はすりつぶされ、中生代土壌の丘陵がここではほとんど完全に第三紀の珪酸質の崩落堆積物、すなわち非常に粘性の高い泥灰質砂岩によって覆われてしまっている。しかしながら山地側のひとつのぶどう畑はテュール川の谷間入り口にへばりついている。それが、アルザス唯一の典型的な火山性テロワールの上に位置する畑である。

これらの破断地域のあいだに位置する丘陵地帯

ヴォージュとラインの大断層は合流し、あるいはひとつの地質事変として重なり合う傾向にある。そこでは山地と平

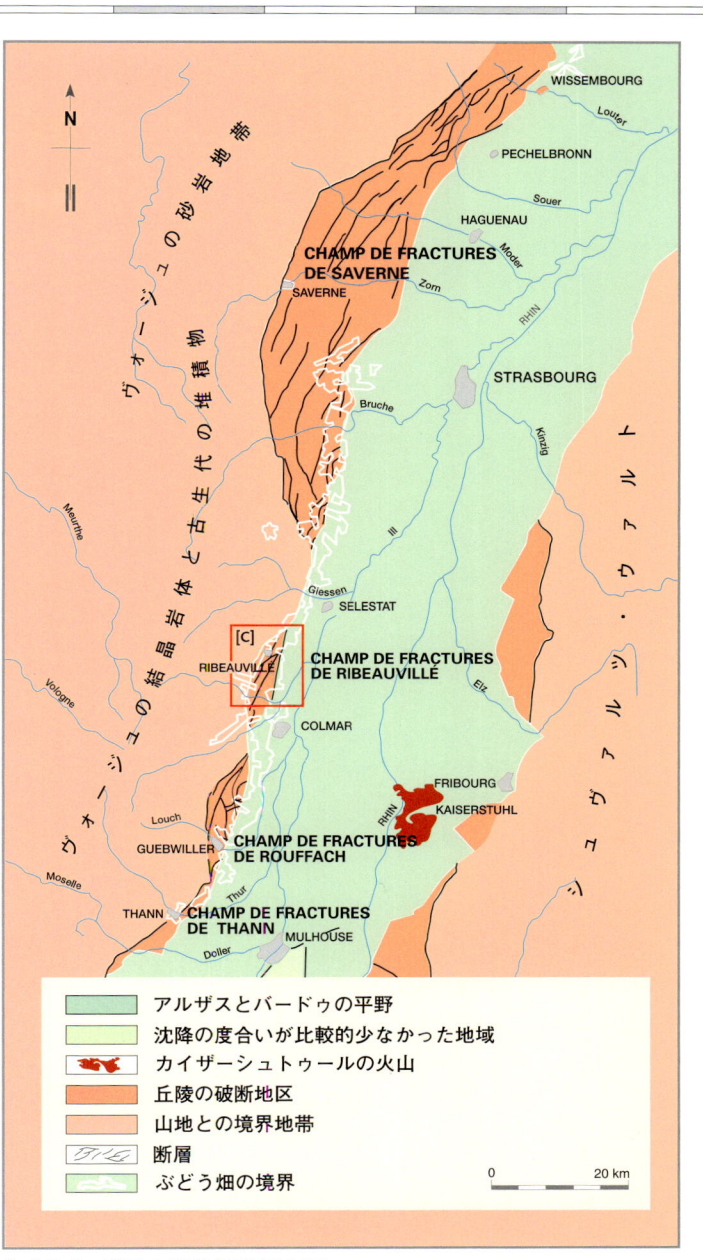

[B] **ライン低地の構造地質概念図**
ライン地溝内のアルザスの地質概念図。北から南へ、サヴェルヌ、リボーヴィレ、ルーファックとゲブヴィレール、タンの破断地区。

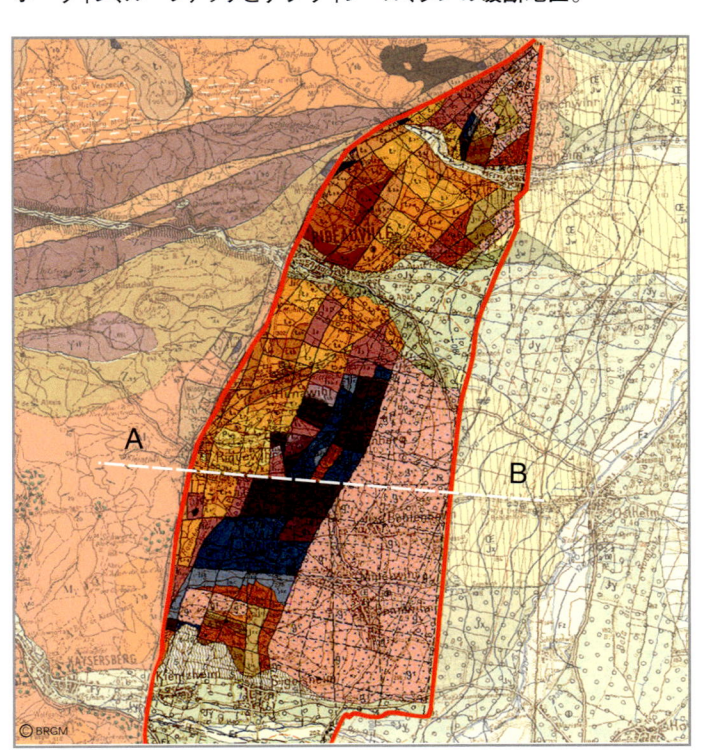

[C] **リボーヴィレの破断地区、北部**
このわずか幅4キロメートルほどの小地区のモザイク土壌は、アルザスのテロワールにきわめて複雑な様相を付与している。

アルザス

■ 気候

アルザスの栽培地はぶどう栽培のほとんど北限に位置してはいるが、その気候特性はぶどうにとっても好条件となっている。

野との直截な接触がある。このことから、多くの場合花崗岩質のヴォージュ基盤岩に侵蝕が進んでいる。他にもましてぶどう畑ではきわめて重要な、この地層破壊の産物が、山麓地帯をつくりだしている。そこは崩落堆積物層の斜面と、第三紀の終わりから第四紀の扇状地から構成されている。

ヴォージュ山脈低部丘陵の東側境界線には地溝陥没時の後背地の侵蝕に由来する第三紀の堆積物が見出される。当時山地に露出していた岩石の証拠となる礫岩である。これらの石灰岩、砂岩、花崗岩は水の作用で円礫状に磨かれ、次いで水中に浮遊する粘土に覆われる。これらの礫岩は湖あるいは中央地溝を占めていた海の縁に広く積み重なり、そして現在の平野となっている。

標高150メートルから400メートルのあいだで、ぶどう畑はヴォージュ山脈を背後に控え、海洋の影響からしっかりと護られている。

早いが気まぐれで晩霜の被害を受けることもある春、頻繁な雷雨をともなう暑い夏、全般的には乾燥し好天であるが気温の逆転がある秋等、不都合もあるが、ぶどう畑は、はっきりとした大陸的気候傾向への、過渡的特性に恵まれている。こうした状況下で、ゆっくりとぶどうの成熟がもたらされ、天賦のアロマを纏い、ワインにフィネスを与えることとなる。

年間平均気温は摂氏10度だが、この20年間で小数点以下の単位で上昇している。100メートルにつき0.5度の気温勾配で標高によって差がある。その結果、標高400メートル付近の平均は9度に下がる。このことから、栽培地の上方限界は380メートルを越えることはめったになく、30メートルの違いがすでにぶどうの成熟に変化をもたらすことがわかっている。

氷点を下回る日は80日あるが、15日以上連続することはほとんどない、厳しい冬——1月の平均は1.1度——と、それに対する大陸性気候の暑い夏、といっても25度を越える日は45日と、過度に暑いわけではない——7月の平均気温は19度——。

この種の中気候とは別に、アルザス固有の気象と温度を指摘しておかねばならない。雹をともなった夏の雷雨時に、極端な気温の変化は15度にも達する。

秋と春、冷たい空気と年間70日におよぶ霧が平野と谷間に停滞するとき、一方では丘陵地と山地は太陽にさんさんと照らされており、高度が上がるほど気温も上がるという、気温の逆転現象が生じる。

降水量は栽培地では年間600ミリメートルから700ミリメートルと少なく、年平均で2,300ミリメートルの雨量のあるヴォージュ頂部に比較して、アルザスのぶどう畑が海洋の影響を免れていることを示している。年によってかなり差があるとしても、東西軸でのこうした雨量差はフランスの他の地域では見られないものである。

降水量がもっとも多いのは暑い季節である。春先の雨、そしてしばしば雹をともなう夏の頻繁な雷雨が、丘陵斜面の土壌を侵蝕する。10月、雨はとまって4月、5月よりも少なくなり、これはヴァンダンジュ・タルディヴ(訳注：遅摘み)用ぶどうの成熟にとって好都合である。

ライン地溝のヴォージュ山脈底部丘陵の降雪は、その量や平均25日から30日という期間においても当然わずかなもので、ぶどう畑にはほとんど影響がない。しかし航空写真で指摘されるような雪解けが、ぶどうの生長の始まりに好適な気候的要因を享受できる地域がどこであるかを確定させてくれる。

日照量は、多くの場合気温を左右するものであるが、日照の積算時間で計算され、4月から9月のぶどう生育期に集中して1600時間から1800時間となっている。年間で平均すると、水平線上に太陽が出ている期間は36パーセントでしかないが、ぶどうの生育期間に限れば45パーセントを超える。

秋、気温の逆転現象がアルザス平野を霧のなかに包み込むとき、ヴォージュ山脈低部丘陵は陽光のなかに浮かび出ている。

実際、最適な気候条件であって、その石灰質土壌の上の自生植物相が証明するとおり、ときとして地中海性気候と同様の条件となる。

風。通気、あるいはむしろ通気性の無さが、気温の逆転現象の原因である。というのもアルザスでは比較的風が少なく、平均風速は時速9キロメートルに過ぎない。

西から吹く主要な風は平野部では、南南東から北北西に走るライン地溝の向きによって方向付けられ、その主たる流れは南西風となる。それは谷から平野へと夜の冷気を移動させる。この風向きは高気圧の天気のときには逆転し、北東から冷たく乾いた空気が運ばれてくる。

一般的にいって、ヴォージュ山脈低部丘陵地帯は、森に囲まれていることも多く、風の流れから護られている。

微気候は、種々のぶどう畑の様々な地形がそれぞれの栽培地の気候条件の総体を変化させるため、多彩である。日当たり、通気性、流れに近いことからくる空気の湿り具合や、夜の土壌冷却、そして雨の量さえ、その土地の向きや高度、斜度によって様々である。

ヴォージュ山脈低部丘陵で、斜面の中部付近に高温度帯が見られるのもこうした理由による。このベルト状の土地では、温度は丘陵の下部および上部より摂氏1度から1.5度高い。また、夜間にも、気温の低下が少ないことが、同様にはっきり見てとれる。この高温帯は、必ずしも南向き斜面の性格というわけではなく、向きに関係なく、非常に強い傾斜の上で顕著に見られる。

局所気候はミクロクリマと土壌との緊密な結びつきに起因する特徴を有する気候のことである。それは、北方のぶどう栽培にとってもっとも重要な判断基準となる。地上でのぶどうの成長を条件付けるあらゆる気候要因は、同時に土壌下にも作用する。土壌はその性質と環境に応じて、気候の影響を変化させるのである。

各区画に見られる多くのタイプの土壌は、日中および夜間の輻射のみならず、蓄熱、水の流れと滞留などの現象に対し、各種各様の影響を与える。独特な局所気候をつくりだすのは、土壌や岩石における多孔度と不浸透性、色までも含めたそれぞれの性質なのである。

このように、ぶどう畑においては、同じ土壌が、地形内での向きや立地条件にしたがって、あるときはぶどう栽培にとって有利に、あるときは不利に働く。

地質学、土壌学的なテロワールの概念と、地質基盤とあらゆる環境とに結びつけた、実際的でより完全なテロワール概念とを、区別することの利点はここにある。この場合、パラメータの複数性が、ひとつのテロワールの定義そのものを複雑にしてしまう。アルザスに例をとれば、似通った特徴をもった石灰岩——土壌も含む——のテロワールは、たとえそれらが同一基盤の上であろうと存在しない。研究は現在このような事象を解明する方向で進んでいる。

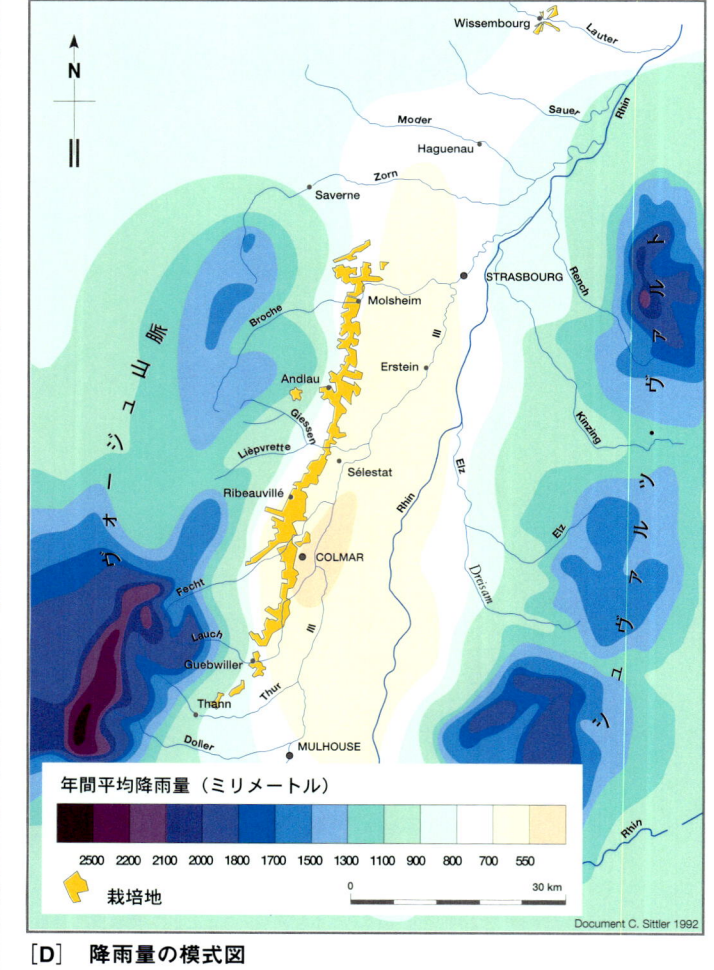

[D] 降雨量の模式図

バ＝ラン県とオーラン県の30年間(1931－1960年)における年間平均降雨量。海洋性気候の影響が強くヴォージュ山脈とシュヴァルツ・ヴァルト頂部付近に集中し、ライン地溝やアルザスのぶどう畑にはほとんど及んでいない。コルマールでの降雨量は550ミリメートルを下回り、フランスでももっとも少ない地域と見なされる。

アルザス

■ ぶどう品種とワイン

フランスの他のぶどう栽培地域と反対に、アルザスのワインのラベルに見られるのは、テロワールではなくぶどう品種である。

19世紀末以来、それまで複数のぶどう品種のブレンドからつくっていた慣習を止め、規制も設け、ワインを単一のぶどう品種で生産することにした。そこで長いあいだの経験によって、アルザスの数多い種類の土壌に対してそれぞれに適合したぶどう品種の絞り込みをおこなった。一方これと平行してこの時代には接ぎ木の技術が広まり、台木と挿し枝の組み合わせが非常に大切なことも認識されてきた。

今日では「ぶどう品種に対するテロワールの優位」とでもいえるような状況で、「リュー=ディ」の付いたワインが出回るようになってはいるが、モノセパージュの傾向は変わっていない。

品種についていえば白ぶどう(シルヴァネール、シャスラ、ピノ・ブラン、ミュスカ、リースリング、)灰色ぶどう(ピノ・グリ)赤ぶどう(ゲヴュルツトラミネール)、黒ぶどう(ピノ・ノワール)が用いられているが、ワインはすべて白に仕上げられている。ただしピノ・ノワール種はロゼワインあるいは赤ワインとなる。

白ぶどう

シルヴァネール Sylvaner 1,824ヘクタール—12.4パーセント この晩生の品種はあまり気難しくなく、むらのない安定した生産量で、粘土泥灰岩基盤にある程度の深さまでの石灰質砂岩の土壌を好む。このぶどうから生まれるワインは軽く、フレッシュでフルーティーである。石灰岩土壌に植えられたシルヴァネール種はある種のフェネスと丸みを帯び、珪質土壌では、よりその特徴は弱くなる。

シャスラ Chasselas 135ヘクタール—0.9パーセント 18世紀にオー=ラン県で発見された品種で、この、白またはバラ色の果皮のぶどうは、非常に早生でシルヴァネール種に較べると、肥沃で暖かくかつ水分を含む土地を好むため、生産量は不安定である。どちらかといえばニュートラルでフレッシュなワインを産し、クレマン・ダルザスまたはエーデルツヴィケール等のブレンド用となることが多い。

ピノ・ブランとオーセロワ Pinot Blanc et Auxerrois 3,070ヘクタール—20.8パーセント これらの品種はやや晩生——オーセロワ種はロレーヌ由来で、ピノ・ブラン種に較べるとやや早生。ブレンド用としてもまた単一品種としても、商品化されるようになってきている——で、栽培は容易で、泥土を好む。ピノ・ブラン種にはより軽く石混じりの土壌、オーセロワ種には密度が高く石灰岩質が向いている。ワインは、シルヴァネール種より骨格がしっかりしながらも丸みがあり、好ましい酸のある芳醇なものであり、オーセロワ種ではややその特徴は軽い。

シャルドネー Chardonnay 102ヘクタール—0.7パーセント やや晩生の、ブルゴーニュ地方のこの有名な白ぶどうは、アルザスではクレマンのためにしか認められていない。出来上がるワインはフィネスがあり、バランスもとれた、アロマに満ちたものとなる。オーセロワ種同様粘性の高い石灰岩質土壌を好む。

ミュスカ Muscat 345ヘクタール—2.3パーセント アルザスでは1510年に文献に登場し、果皮はときにバラ色であり、2種の変異種がある。このミュスカ種は地中海周辺で見られるものと同一だが、アルザスでは遅く熟する。非常に早生ではあるが生産量が不安定なミュスカ・オトネル Muscat Ottonel 種にしばしば代用される。前者は、石灰岩よりも珪酸質の、石混じりの土壌を好み、オトネルのほうは、むしろ厚い泥土がちな様々な下層基盤を受け入れる。この2種をブレンドするにせよしないにせよ、軽く辛口で、ぶどうが強く香り、麝香を思わせる非常にアロマティークな独特の風味を纏う。これはアルザスにおけるアペリティフ・ワインである。

リースリング Riesling 3,369ヘクタール—22.9パーセント 15世紀にライン地方からもたらされたとしても、アルザスのリースリング種はドイツの同種や世界で見られるリースリング種とは別物である。このアルザスの至宝は非常に晩生、しかし安定した生産量で、花崗岩と砂岩に、石や砂、泥土がある程度混じり、素早く暖まり、排水が確保される土壌が適する。シレックスあるいは火山岩質、また変成岩上の土壌がワインに麝香の香りを付与する。その控えめなボディとアロマは、様々なテロワールのニュアンスを容易に反映する。辛口で繊細、気品あるワインは、快い果実香の生き生きとした酸と結びついている。

灰色ぶどう

ピノ・グリ Pinot Gris 1,760ヘクタール—11.9パーセント 17世紀にアルザスにやって来たという伝説だけで、トケ種で有名なハンガリーとは関係がないこのぶどうは、ブルゴーニュ地方におけるピノ・ブーロ種である。非常に早生なため不安定な収穫量で、厚い豊かな泥灰質石灰岩または粘土泥灰質の岩石と土壌を好む。ワインは魅惑的で力強い新鮮なブケがあり、アロマティークである。みごとな酸が素晴らしい熟成を保証し、遅摘みに最適な品種でもある。

ロゼぶどう

ゲヴュルツトラミネール Gewurztraminer 2,637ヘクタール—17.9パーセント アルザスにおいてのみ特徴を最大限表現しうるこの品種は、トラミネールまたはサヴァニャン・ローズ種と同系統の香りの強い選抜種である。早生で気難しく、泥質石灰岩のような、厚く適度に石灰質の土壌を好む。珪質土壌ではその性格を弱める。豪奢でしっかりした骨格のワインは、口に含むと柔らかな印象を受け、果実、バラ、スパイス——ドイツ語で Gewürz ——等のアロマが豊かに香る。アルザスを代表するこのワインは長期熟成が可能である。

黒ぶどう

ピノ・ノワール Pinot Noir 1,337ヘクタール—9.1パーセント このブルゴーニュの高貴な品種はアルザスにおいては中世に多く栽培されていた。変化に富み、比較的晩生で、石がちの石灰質土壌で最良の結果が得られるが、アルザスでは花崗岩質の粗い砂の上の土壌でも同様である。サクランボの香りを纏い、非常にバランスのとれた、ロゼまたは昔風の赤ワインは、アルザスらしさを十全に表したものとして成功している。

特殊なもの

エーデルツヴィケール Edelzwicker 135ヘクタール—0.9パーセント 「高貴なブレンド」ワインを意味するこの名称は、いろいろな区画のぶどうを混ぜて収穫するか、または品種の異なる複数のワインをブレンドした昔のやり方の名残である。AOC アルザスとしては、用いる各白ぶどう品種の割合に何ら規制はなく、その個性を決定するための生産者の考えにまかせている。しばしばうまくつくられ調和のとれたワインとなり、多くはこの地の居酒屋ヴィンシュテュブ Winstub での飲用に供給される。

ジャンテ Gentil かつてアルザスの高貴種ぶどうにあてられていたこの用語は、今日、リースリング、ピノ・グリ、ゲヴュルツトラミネール、ミュスカのうち、ひとつまたは複数の品種を少なくとも5割用いたブレンドからなるワインに、認証テースティングの後に与えられている。この方法は、テロワールの表現により効果的なブレンドの伝統を再発見させるものである。

ヴァンダンジュ・タルディヴとセレクション・ド・グラン・ノーブル Vendanges Tardives et Sélections de Grains Nobles この2つの表示はゲヴュルツトラミネール、ピノ・グリ、リースリング、ミュスカ種に限り、過熟した果実を手摘みで収穫してつくられたワインに与えられる。ヴァンダンジュ・タルディヴは果実をぶどう樹になっているままでの乾燥の後、収穫、発酵させる。セレクション・ド・グラン・ノーブルに関しては、ボトリティス・シネレア菌の繁殖の後、高いレヴェルの果汁の天然濃縮が求められ、規制のもと最上の甘口ワインが生まれる。

アルザス・グラン・クリュ アルザスのワインが基本的にはその品種名によって知られているとはいえ、長いあいだ評価されてきた偉大なワインを産出する優れたテロワールも、その適性において、このアルザス・グラン・クリュの格付け対象となった。表示は区画の名称であるリュー=ディが記され、特別な規制の対象となり、ぶどうはリースリング、ピノ・グリ、ゲヴュルツトラミネール、ミュスカ種の4品種しか認められていない。

クレヴネール・ド・ハイリゲンスタイン Klevner de Heiligenstein この品種はサヴァニャン・ローズの一種で、ハイリゲンスタイン、ゲルトヴィレール、ゴクスヴィレール、オベルネの4地区に限られた呼称である。東向きのなだらかな斜面の、石と砂と粘土の混じる土壌が、この「香りの地味なゲヴュルツトラミネール」を育成し、麝香臭の少ない骨太で調和のとれた、評判のよいワインを生む。

経験に基づいた、よい相性を見せるアルザスのぶどう品種と土壌

ぶどう品種	土壌
リースリング	砂、粘土、泥土質土壌、まろやかさをもたらす
シルヴァネール	厚い砂と石灰岩質土壌、繊細さをもたらす
ミュスカ	泥土、砂、石灰岩質土壌
ピノ・ブラン	軽く肥沃な泥土が繊細さをもたらす
ピノ・ノワール	砂質石灰岩質土壌
オーセロワ	重い粘土、泥灰土壌
ミュスカ・オトネル	砂と泥土にわずかの石灰岩質土壌
ゲヴュルツトラミネール	厚い泥灰土に平均的な石灰岩質土壌
シャスラ	乾燥しにくい、平均的から肥沃な種々の土壌、
ピノ・グリ	厚く肥沃な粘土、泥土土壌、または火山岩

アルザス

ぶどう栽培の村々

村名	座標
アルベ	D12
アメルシュヴィール	T5
アンドロー	E11
アヴォルスハイム	G6
バルブロン	E5
バール	F10
ベブレンハイム	U4
ベンヴィール	U5
ベルグビーテン	F5
ベルグハイム	V3
ベルグホルツ	T12
ベルグホルツ＝ツェル	S11
ベルナルドヴィレール	F9
ベルナルドヴィレ	D12
ベルステット	I1
ベルヴィレール	S14
ビショッフスハイム	G8
ブリエンシュヴィレール	E13
ベルッヒ	E8
ブルクハイム	G10
ビュル	R12
セルネー	R15
シャトゥノワ	E15
クレブール	J3
コルマール	U7
ダーレンハイム	G5
ダンバッハ＝ラ＝ヴィル	F13
ダンゴルスハイム	F5
ディーフェンタル	E14
ドルリスハイム	G7
エギスハイム	U8
アイヒホーフェン	F11
エプフィグ	F12
エルゲルスハイム	H5
フレクスブール	E5
フルデンハイム	H4
ゲルトヴィレール	G10
ギンブレット	I1
ゴクスヴィレール	F10
グーヴェルシュヴィール	T9
ゲブヴィレール	R12
ハルトマンスヴィレール	R14
ハットスタット	U9
ハイリゲンスタイン	E10
ヘルンシュハイム＝プレ＝ド＝コルマール	U9
ハウゼン	V5
ユナヴィール	T4
ヒュッセレン＝レ＝シャトー	S8
インゲルスハイム	U6
イッテルスヴィレール	F12
ユングホルツ	R13
カッサンタル	T6
カイゼルスベルグ	S5
キーンハイム	H2
キエンツハイム	T5
キンツハイム	E15
キルシュハイム	G4
キュトルスハイム	H3
レンバッハ	P16
マーレンハイム	G4
ミッテルベルグハイム	E11
ミッテルヴィール	T4
モルスハイム	G6
ミュツィグ	F7
ニーデルモルシュヴィール	S6
ノルドハイム	G3
ノタルテン	E12
オベルホーフェン＝レ＝ヴィッセンブルク	K2
オベルモルシュヴィール	T9
オベルネ	G9
オダルツハイム	F4
オルシュヴィール	S11
オルシュヴィレール	D16
オゼンバッハ	S10
オストフェン	H5

凡例:
- AOCアルザス
- クレヴネール・ド・ハイリゲンスタイン
- アルザス・グラン・クリュ
- 栽培地の村々
- Steinklotz
- MOLSHEIM

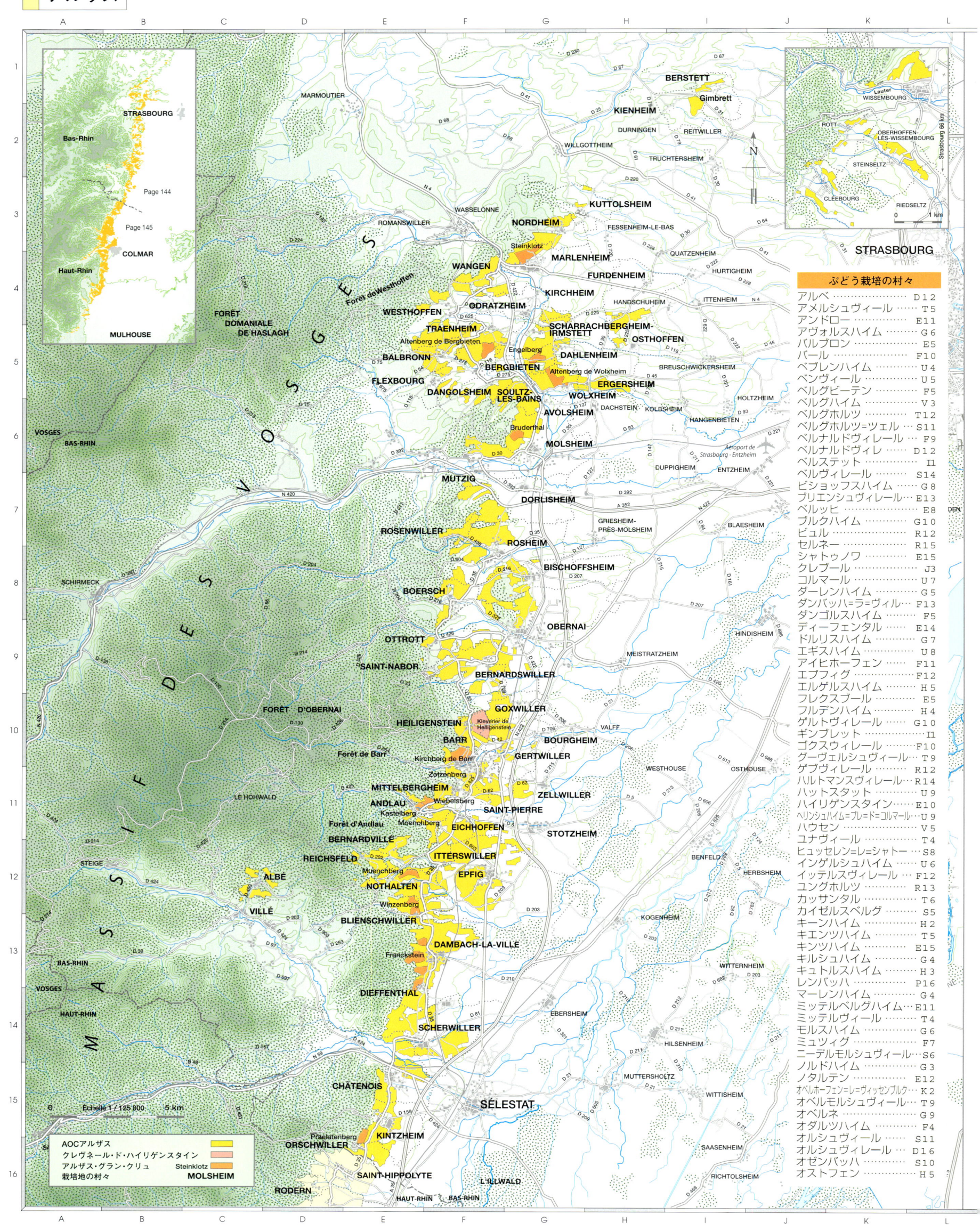

Echelle 1 / 125 000

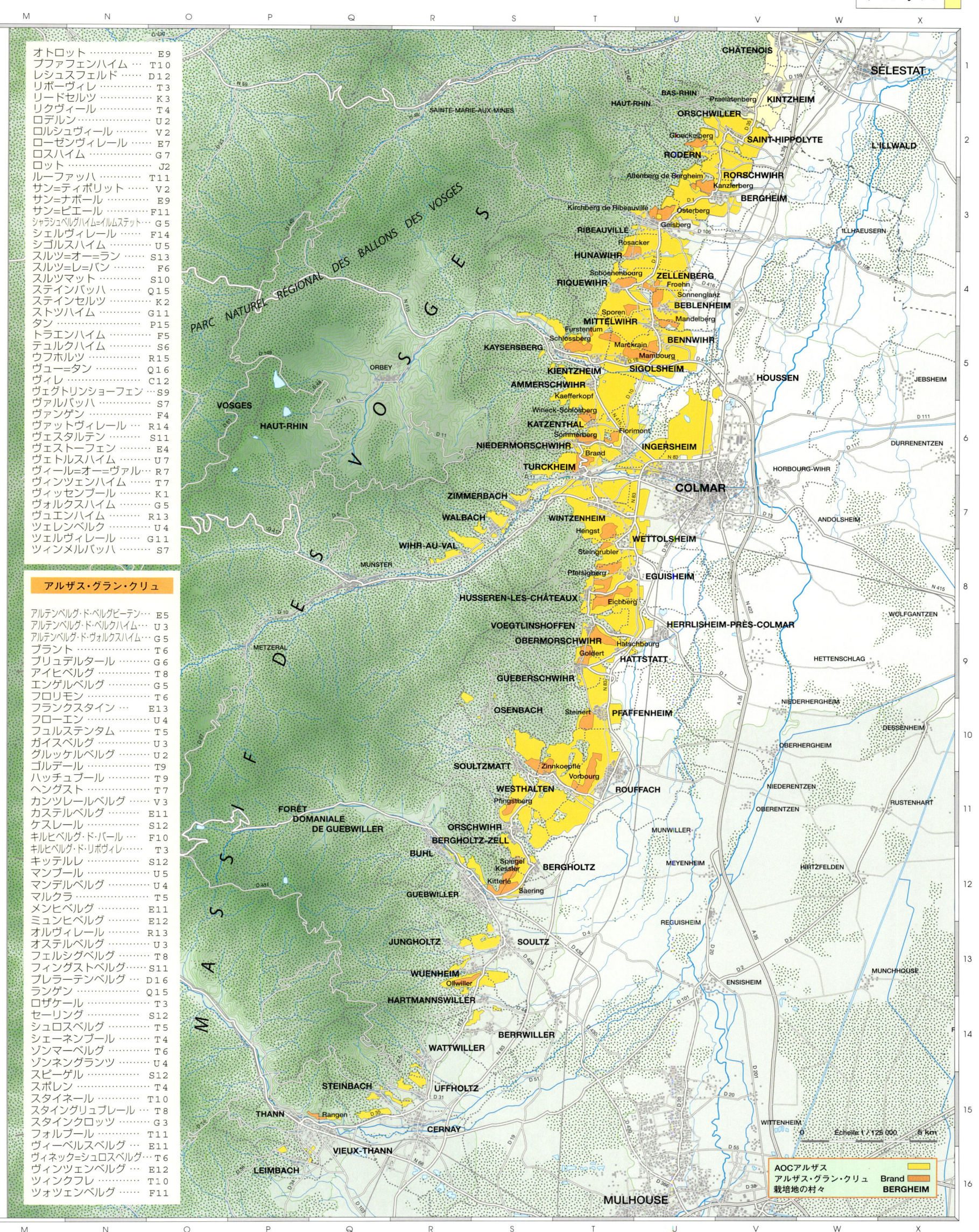

アルザス

オトロット	E9
プファフェンハイム	T10
レシュスフェルド	D12
リボーヴィレ	T3
リードセルツ	K3
リクヴィレ	T4
ロデルン	U2
ロルシュヴィール	V2
ローゼンヴィレール	E7
ロスハイム	G7
ロット	J2
ルーファッハ	T11
サン=ティポリット	V2
サン=ナボール	E9
サン=ピエール	F11
シャシュベルグハイム=イルムステット	G5
シェルヴィレール	F14
シゴルスハイム	U5
スルツオー=ラン	S13
スルツ=レ=バン	F6
スルツマット	S10
ステインバッハ	Q15
ステインセルツ	K2
ストツハイム	G11
タン	P15
トラエンハイム	F5
テュルクハイム	S6
ウフォルツ	R15
ヴュータン	Q16
ヴィレ	C12
ヴェグトリンショーフェン	S9
ヴァルバッハ	S7
ヴァンゲン	F4
ヴァットヴィレール	R14
ヴェスタルテン	S11
ヴェステーフェン	E4
ヴェトルスハイム	U7
ヴィール=オー=ヴァル	R7
ヴィンツェンハイム	T7
ヴィッセンブール	K1
ヴォルクスハイム	G5
ヴュエンハイム	R13
ツェレンベルク	U4
ツェルヴィレール	G11
ツィンメルバッハ	S7

アルザス・グラン・クリュ

アルテンベルグ・ド・ベルグビーテン	E5
アルテンベルグ・ド・ベルグハイム	U3
アルテンベルグ・ド・ヴォルクスハイム	G5
ブラント	T6
ブリュデルタール	G6
アイヒベルグ	T8
エンゲルベルグ	G5
フロリモン	T6
フランクスタイン	E13
フローエン	U4
フュルステンタム	T5
ガイスベルグ	U3
グルックケルベルグ	U2
ゴルデール	T9
ハッチュブール	T9
ヘングスト	T7
カンツレールベルグ	V3
カステルベルグ	E11
ケスレール	S12
キルヒベルグ・ド・バール	F10
キルヒベルグ・ド・リボヴィレ	T3
キッテルレ	S12
マンブール	U5
マンデルベルグ	U4
マルクラ	T5
メンヒベルグ	E11
ミュンヒベルグ	E12
オルヴィレール	R13
オステルベルグ	U3
フェルシグベルグ	T8
フィングストベルグ	S11
プレラーテンベルグ	D16
ランゲン	Q15
ロザケール	T3
セーリング	S12
シュロスベルグ	T5
シェーネンブール	T4
ゾンマーベルグ	T6
ゾンネングランツ	U4
スピーゲル	S12
スポレン	T4
スタイネール	T10
スタイングリュブレール	T8
スタインクロッツ	G3
フォルブール	T11
ヴィーベルスベルグ	E11
ヴィネック=シュロスベルグ	T6
ヴィンツェンロベルグ	E12
ツィンクフレ	T10
ツォツェンベルグ	F11

AOCアルザス
アルザス・グラン・クリュ　Brand
栽培地の村々　BERGHEIM

Sols d'Alsace
アルザスの土壌

アルザスの地質の複雑さは、土壌、テロワールの多様性に結びつく。その鉱物学的な性質と、肥沃さとによって、ここでは13の異なるタイプに分類される。栽培が認められている10種類ほどのぶどう品種との適合性は、常に考察の対象とされている。

■ 花崗岩と片麻岩の土壌

花崗岩、片麻岩、あるいは他の結晶質の岩が、アルザスの多くの栽培地の基盤を占める。そもそもが噴出性（訳注：火山噴火、地表付近への岩脈の貫入など）、あるいはマグマ起源であるこれらの岩石はリースリングによく適応する鉱物組成をもっている。

この土壌や岩石には、石英と長石、雲母の結晶が、肉眼でほとんど常に見てとれる。鉄とマグネシウムを主成分に含む鉱物（訳注：有色鉱物）が岩の色調を暗くしている。

硬い岩の代表のように思われている花崗岩は地表で自然にさらされていると容易に風化変質する。深部の岩は表面に出たときの減圧によって亀裂が入り、その構成鉱物（訳注：ミネラル）は崩壊し、石英粒を主とする粗粒の花崗岩質砂を形成する。

このテロワールの化学的な豊かさは鉱物の種類（訳注：ミネラルの多様性）に依存している。石英は土壌をほぐし、通気性を高める物理的な役割しかない。黒雲母は鉄分とマグネシウムを供給する。白雲母は小薄片となるものの、通常それ以上は分解しない。長石は、粘土へと分解する過程で、アルミニウム、カリウム、ナトリウム、カルシウムをもたらす。

この粘土鉱物は水分を保つのに欠かせないが、同時に他の有効ミネラルを固定する役割もある——p149粘土泥灰岩質土壌参照——。

粗粒表土は有機成分をほとんど保持しない。それは珪質土壌で、化学的には酸性、有効ミネラルに富み、斜面下部では雨水の作用でそれらの成分を肥沃な土壌に濃集している。他の箇所では土壌は薄く、雨水を保持できないため乾燥に弱い。したがってこの土壌では、暑い年より、平均的な気候の年のほうがぶどうにとっては適している。

ぶどう畑は、種々の花崗岩あるいは片麻岩上に位置していて、その豊かな風化泥層が、生まれるワインにそれぞれの個性を付与している。

2種の雲母を含むダンバック、シェルヴィレールの花崗岩、タンネンキルヒ、キンツハイムの花崗岩、シャテノワとロデルンのあいだに見られるカリ長石の大きな結晶を含む花崗岩、キンツハイムの南で見られる花崗岩質物質の添加で層理が発達しアルミニウムに富む珪線石を含む片麻岩、不均質で大きな結晶を含むカイゼルベルグの花崗片麻岩、2種の雲母と様々な大きさの結晶を含み、鉱物配列に方向性のあるフェシュトの谷の上流に位置するテュルクハイムの花崗岩など、種類は多い。

花崗岩からできるワインは、早いうちから表現力に富み、果実よりも花のアロマを纏う。中程度の酸のおかげで素晴らしくフレッシュ、繊細で魅惑的である。特にリースリング種と他の晩生品種がここでは最適であり、8つのグラン・クリュはこの土壌である。

■ シレックス土壌

シレックスの土壌が見られる栽培地はアルザスではきわめて珍しく、アンドローとヴィレの村落地区のヴォージュ山脈底部丘陵の北端に位置している。

劈開性の層状岩石で光沢がありしばしばしわの寄っているシレックスは、地殻中で脱水され圧縮された変性粘土である。この岩石はヴォージュのもっとも古い歴史の変遷に立ち会っていて、これがかなり異なる2つのアルザスのシレックス土壌と関連している。

• ヴィレのシレックスは、およそ5億年前のアルザス最古の堆積岩である。緑灰色の水和白雲母（訳注：絹雲母）の大きな葉層がその色と、特徴ある輝きを岩に与えている。これらの岩は、熱いマグマとの接触による変質を被らなかった。このことから、この岩石上の土壌は比較的粘土質で厚い。この粘土が有効ミネラルに富んでいるとしても、その不透水性がこれをいわゆる「冷たい」土にしている。

• スタイゲのシレックスはワインのオリ色をし、上記よりやや若い4億3500万年前のものである。花崗岩マグマとの接触が、その熱による変成作用によって、密度が高く硬い（訳注：珪化作用）、黒い（訳注：有機物の石炭化）岩石へと変え、スレート状シレックスの様相となっている。もとの粘土の相次ぐ再結晶化（訳注：微細薄片化した白雲母が見られる）が、鉄分、マグネシウム、カリウム、ナトリウムなどのミネラルを豊かに供給した。この母岩の変化が、傾斜の上部には存在せずに、斜面上では礫が多くて黒い岩屑土となっている土壌をつくりだした。岩の分解による粘土化はほとんどない。有機成分の少なさは、炭素鉱物となって補われている。したがってぶどうは、その主な養分を、成分脱着のおこなわれる亀裂の入った地下深いところに求めざるを得ない。地表では色の濃い岩石は熱をよく溜め、しかも板状になったシレックスのあいだに生じる水分凝縮作用のおかげで完璧に乾燥に耐える。

これらのシレックス土壌は、スタイゲで見られる色の濃い石であれ、同じくヴィレで見られる粘土であれ、花崗岩の砂層より排水性は悪いが、ミネラルに富んでいる。たったひとつの、しかし有名なグラン・クリュが、スタイゲからアンドローへのシレックスの上にある。

このテロワールから生まれるワインは飲み頃に達するまで長くかかるが、素晴らしくみごとに熟成する。花と果実の控えめなアロマで、極上の、しばしば火打ち石のミネラル香に満ちて、高貴で上品な性格を形づくっている。それはまた驚くべきフレッシュさを保つ。リースリング種が完璧にこの土壌に適合する。口に含むと直線的で力に溢れ、この玄人好みのグラン・ヴァンには繊細な麝香の香りが感じられる。

アルザス ◆ アルザスの土壌

■ 火山・堆積岩性土壌

地上および海底での火山活動は、アルザスでは紀元前3億5000年から2億5000年にかけて活発だった。ヘルシニア造山運動によって山脈ができ、侵蝕にさらされる前の時代である。

火山活動のさなか溶岩とさまざまな噴出物、灰と水中凝灰岩が、急流が押し流す細かい砂に混じる。このミックスされた堆積物は、火山性物質を含む細かな砂質の、石炭紀のグレーワッケを構成している。

すなわち比較的細粒で、ときに、火山起源物質を含む砂岩である。珪酸分に富む岩石で硬く、しばしば片理を示し、含まれている火山岩の性質に応じて灰色から黒色である。酸性(訳注:SiO₂分が多いの意)、または塩基性(訳注:MgO、FeOに富むの意)で、火山の性質に応じて複雑なミネラル構成をもっている。それらは石英の他、鉄・マグネシウム、ナトリウム、カルシウム、硫酸塩等の有効ミネラル分である。

この母岩の変質が、粘土質ではない多くの礫が混ざった濃い色調で保熱性の高い土壌を形成している。

スタイゲ付近のシレックス土壌では、テロワールの豊かなミネラルを利用するためにぶどう樹は地下深くに根を伸ばさねばならない。

黒い火山性土壌にはほとんどぶどう畑は見られないが、タンの村のグラン・クリュ、ランゲン、同じくゲブヴィレール村のグラン・クリュ、キッテルレ等がある。

火山性の要素をもつ他のテロワールとしては、ペルム紀の砂岩が代表的なものである。ヘルシニア山脈の侵蝕によって、長石を含む粗粒の赤い砂がもたらされ、そこに新たな火山活動によって、ミネラル分に富んだ砕屑物が加えられた岩石である。この細粒状の土壌は粘土とシレックスにも富んでおり、石炭紀の黒いグレーワッケよりもよく水を保つ。

この火成砂岩はアンドローとイッテルスヴィールの村々のあいだからライヒスフェルトとノタルタンの両集落で見られ、グラン・クリュの区画ミュエンヒベルグがそこに含まれ、同じくグラン・クリュのキッテルレがあるゲブヴィレールの村落の一部も含まれる

火成岩土壌のワインではリースリングとピノ・グリ種が優位にあり、それらはこの土壌を得ると長熟型のワインとなる。アロマにはいきいきとした高貴な表情があり、果実味のアフターが長く口中に残る。グレーワッケ土壌では、ミネラルに支えられたワインは、力強く上品なストラクチャーをもつようになる。火成岩・砂岩においては、ワイン中のミネラルの風味はやや遅れて表れるが、その香のフィネスはすぐに感じられ、そして余韻は長い。

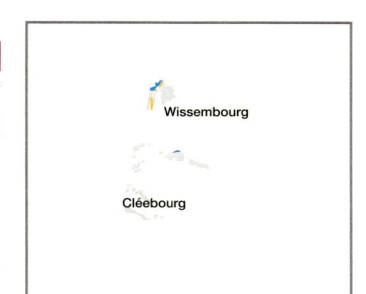

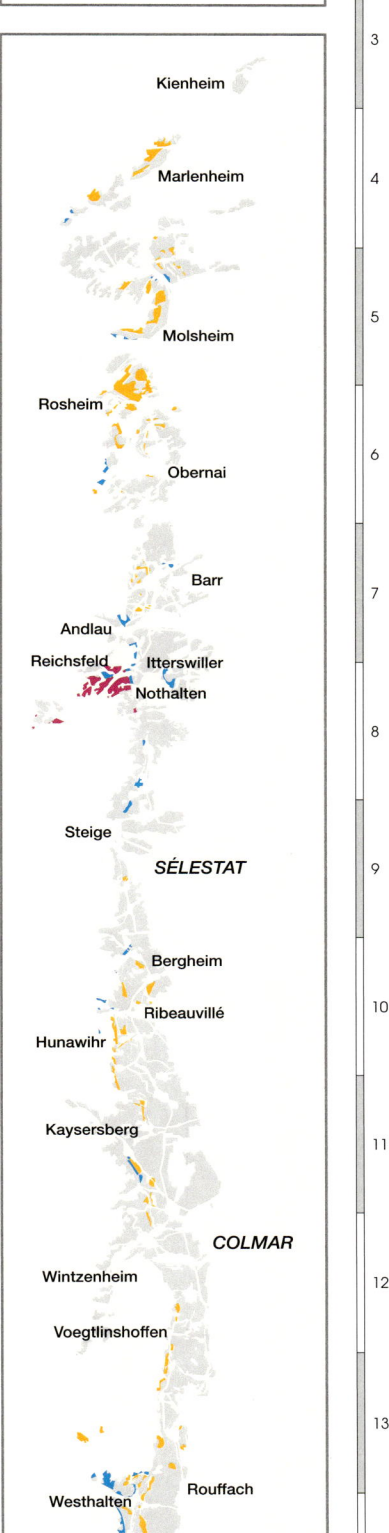

■ 砂岩土壌

砂岩は、河川あるいは河口で、含まれている石英粒の固結作用によって硬化した砂である。流れの強さの度合いによって、堆積物が細粒(訳注:粘土を含む)か、粗粒(訳注:石英粒を含む)かが決まるのである。

この砂岩堆積物は陸性の様々な地質年代に見られ、海洋性のものはまれである。ペルム紀や三畳紀の赤砂岩の厚い層(訳注:ブントザントシュタイン)として、古生代から2億5000万年前の中生代の境にきわめて広く分布する。

ペルム紀のものは粗い石英粒を含み、長石も多くときに火山灰を含んでいる。三畳紀のものは有名なヴォージュの砂岩で、細い粒は鉄の酸化物(訳注:赤色を呈する原因)に包まれている。そのため岩石は多孔質で透水性があり、有効ミネラル分に乏しい。

砂岩の変質は保水性のない軽い砂質土壌をもたらす。粘土がその土地の力を改善することがなければ本質的には貧弱であるが、この珪質のテロワールは粘土質層準が欠点を補い僅かの太陽光で暖まる場合はその限りではない。

砂岩層はぶどう畑全体に沿って分散しているが、特にヴィッセンブール、アンドロー、エフィグ、アメルシュヴィール、カッツェンタール、スルツマット、オルシュヴィール、ゲブヴィレールの各村落に多く分布する。

砂岩土壌を好む品種はリースリング、ミュスカ、シルヴァネール種のような晩生品種だが、早生品種であるピノ・グリ種もまた適応する。ワインは若いうちから花の香りが強く果実香が控えめで、徐々に香辛料の香りへと変化していく。ミネラルの風味も熟成とともに強調されていくが、過剰になることはない。この複雑なハーモニーがフィネスとエレガントさのもととなるのである。ヴォージュ砂岩層には3つのグラン・クリュが見られる。

■ 石灰岩土壌

海洋起源の2つの石灰岩地層群が、このテロワールのもっとも代表的なものである。すなわちジュラ紀のドッガー亜紀の黄白色の石灰岩と、三畳紀のムッシェルカルクの灰色石灰岩である。

ドッガー亜紀の黄白色石灰岩はアルザスではよく見られ、魚卵サイズの石灰岩粒が混じるため、ウーライトといわれる。温暖で流れのあるそれほど深くない海の堆積物で、構成する石灰岩床は巨大で硬い。

ムッシェルカルクの石灰岩は細かく灰色がかっていて塊状で硬い。泥灰岩層により他の地層と分け隔てられている、深海の堆積物である。

これらの岩の亀裂は簡単に水を流通させ、その水が石灰岩を分解する。しかしながら溶けやすい石灰の含有量は少なく、結晶化した部分はぶどう樹には吸収されない。石灰とマグネシウムの炭酸塩がほとんどすべてのミネラルである。その肥沃度は粘土の含有量と他の要素の量によって決まる。

化学的というより物理的な分解(訳注:亀裂)が、骸骨状で厚さの薄い黒色の、有機分に富んだ多量の礫を含む土壌を形成している。保水性が低いため、南向きの斜面では乾燥が心配される。

石灰岩上の栽培地は、マルレンハイムからモルシュハイムとロシャイムまで多く、ベルグハイムとフナヴィールのあいだ、およびヴォクトランショフェンとヴェストハルテンの村々に見られる。

石灰岩土壌のワインは香りと味わいが開くまでに時間を要する。多くの場合この土壌のワインを特徴付けるみごとな酸が、熟成とともに絶妙さを増すバランスと繊細なアロマを支えている。

ピノ・ノワール、そしてミュスカ種が、丸みと深さ、そして特徴的なブケをこの土壌から獲得している。花の香りと繊細なミネラルの風味は他の品種にも表れる。この石灰岩土壌には4つのグラン・クリュがある。

Wissembourg
Cléebourg
Kienheim
Marlenheim
Molsheim
Rosheim
Obernai
Barr
Andlau
Reichsfeld Ittersviller
Nothalten
Steige
SÉLESTAT
Bergheim
Ribeauvillé
Hunawihr
Kaysersberg
COLMAR
Wintzenheim
Voegtlinshoffen
Westhalten Rouffach
Guebwiller
Cernay
Thann

アルザス ◆ アルザスの土壌

■ 泥灰岩=石灰岩土壌

泥灰岩に被覆された石灰岩からなる礫岩は、第三紀の陥没時、ライン地溝の縁部の侵蝕に由来する堆積岩の崩落岩屑である。

後背地の起伏に応じて、急流は黄色がかったウーライトを様々な大きさの礫にした。それは同時に石灰粘土（訳注：泥灰岩）あるいは石灰砂を堆積し、多かれ少なかれ固結された礫岩といわれる岩石をつくり出した。これらの岩屑の固まりはいろいろな組成をもつが、常に溶けやすい石灰質に富み、土壌の肥沃さは有効ミネラルを固定し水を保つ粘土の量によって変化する。

表層土壌は母岩とほとんど変わらず、ところどころ美しい崖をつくりだしている。土地の傾斜と泥灰岩含有量によって保水力は異なるが、この苦灰質（訳注：マグネシウム、カルシウムに富む）岩はもっとも肥沃な土壌に数えられる。

泥灰岩・石灰岩質の礫岩は、平野部を縁取る丘の周縁部を形成している。この土壌は、シャラックベルグハイム、オーベルネ、バールの各村々、そしてベブレンハイムからシゴルスハイム、さらにインゲルスハイム、ヴィンツェンハイムにルーファック南西部で見られる。

すべてのぶどう品種が見られるが、特に早生のものがこの土壌に適する。ワインはそのしっかりした骨格、力強さ、バランスによって長い寿命が約束されている。スパイシーなトーンの複雑なアロマはゲヴュルツトラミネールとピノ・グリ種で最高潮に達する。12以上のグラン・クリュがある。

■ 泥灰=石灰=砂岩土壌

ヴォージュ山脈低部丘陵においては、数種の土壌からなる混合テロワールが普通で、多くは泥灰岩成分が石灰岩と砂岩を凌駕している。

このテロワールは、ムッシェルカルク、コイパー、そしてドッガー時代の海岸に近い海洋性の堆積環境によるものである。それは細粒砂岩変化した泥灰・石灰岩である。

ミネラルの媒体である粘土の他に、ドロマイトと炭酸カルシウム、鉄とマンガンの酸化物、そして土壌の通気に欠かせない石英質の砂を含んでいる。様々な堆積に起因する複雑さが、テロワールの豊かさとなって表れている。

表層土壌は侵蝕のされ方によって異なる。通常厚く泥混じり、微細孔質で水をよく保つ。マグネシウムの存在が肥沃さを補完している。

この種の混合土壌はマルレンハイムとオーベルネの集落のあいだ、ミッテルベルグハイム、リボーヴィレ、スルツマットの村落周辺で見られる。

気難しい品種——ゲヴュルツトラミネール、ピノ・ノワール、リースリング、ピノ・グリ種のような——が、この土壌のミネラルを享受する。ここからつくられるワインは、コクと余韻の長さ、フィネスをゆっくりと獲得していき、ミネラルを豊かに感じさせつつ素晴らしく熟成する。このテロワールは8つのグラン・クリュを育んでいる。

■ 石灰=砂岩土壌

この土壌は中生代の様々な地層中に存在する。基本的にはムッシェルカルク、ライアス統、ドッガー統のものであるが、漸新世にも見られる。

この土壌は陸性の環境から海洋性の環境へと移行するときに生ずる堆積物である。石灰砂岩、または細かい砂状の石灰岩、あるいはドロマイトなどである。砂の粒（訳注：石英）は石灰分によって固結され、白雲母と鉄、マグネシウムの酸化物が加わっている。これらの鉱物はほとんど変質することがないため、有効ミネラル分成分は貧弱なレヴェルにとどまっている。

これらの硬い岩石の崩壊は細粒化と言うより断片化であって、石灰質に富んだ砂にカルシウムの溶脱で残った粘土が混じっていて、それがミネラルを供給する。これはカルシウム・マグネシウム土壌で、砂と粗石が混じり、通気、透水性が高く、水分と有機物の保存性が低いが、素早く暖まりやすい。

比較的貧弱なこの土壌を好むぶどうは、スルツ=レ=バンとミュツィグのあいだ、ミッテルベルグハイム、ヴェストハルテン、スルツマット、それにオルシュヴィールでほんのわずかに見られる。石灰質と砂岩ではその性質は化学的に相異なるが、ぶどう樹によって吸収され果実として結実すると素晴らしいものとなる——生一本のシルヴァネール、力強いゲヴュルツトラミネールのように——。ミネラルの風味は、軽く通気性のよい土壌特有の花と果実の香りの後にでてくる。この土壌には2つのグラン・クリュが含まれる。

■ 泥灰=砂岩土壌

このテロワールは、砂岩の一種である泥灰・石灰岩土壌に対立するものである。第三紀の礫岩で、その礫はヴォージュ砂岩からなる後背地の起伏による砂混じりのものである。

中生代の泥灰岩あるいは砂混じりの粘土は、アルカリ（訳注：石灰）に較べより珪酸（訳注：石英）の多い同じタイプのテロワールに行き着く。泥灰岩の母岩には、ヴォージュ砂岩起源のあらゆる粒度の砂から、白色の珪質岩礫にいたるまでの構成物が見いだせる。これらの土壌は通常、泥灰・石灰岩質のものほど固化していない。

表土は、泥灰質に包まれた砂岩や砂、礫の多孔性を利用して通気性や種々のミネラル、保水性などに恵まれている。

点在するもののあまり広がっていない泥灰・砂岩テロワールは特に、ヴィッセンブール、ヴォルクスハイム、ロルシュヴィール、エギスハイムの近辺、それにルーファックからゲブヴィレール、セルネーのあいだに見られる。

ワインの力強さとボディは泥灰岩がもたらし、同時にデリケートなアロマ、砂岩に由来のフィネスと活発さも併せ持っている。リースリング、ピノ・グリとゲヴュルツトラミネール種のワインに、この土壌の素晴らしい複雑性が典型的に見出せる。グラン・クリュはこの土壌には5つがある。

アルザス ◆ アルザスの土壌

■ 粘土=泥灰岩土壌

柔らかいが緻密な粘土は、珪素と酸素の欠乏によって構成された薄層が分子レヴェルで重なり合った鉱物学的ミルフィーユである。その薄層はぶどうの根が捉えうるミネラルの陽イオンを含んでいる。

この土壌の陽イオン交換能力が、ぶどう畑における粘土の存在の評価を高めている——過剰な粘土の含有は土壌の不透水性につながり、ぶどうの成長と収穫量を阻害する欠点はあるが——。

泥灰岩は石灰質粘土である。カルシウムまたはマグネシウムの炭酸塩はここでは広範に見られ、ときおり石灰岩、ドロマイト、石膏に加え、まれに酸化鉄の薄層も存在し、土壌の化学的肥沃さを高めている。

この重く粘性の高い、また透水性が低く水を長く含む土壌は、雨の多い年には冠水の危険がある。「冷たい」と言われるテロワールだが、表土から水を抜き通気性を高める崩落岩に覆われた場合には興味深いものとなる。

この粘土・泥灰岩土壌は、コイパー、ライアス、ドッガー各地質の、海洋性または潟湖性の堆積地層に対比している。それはヴィッセンブールとクレーブール、ジンブレットとキーンハイム、なかでもバルブロンとベルグビーテン地溝内、それにリボーヴィレの破断地域内、ベルグハイムとリクヴィレのあいだに見られる。

このテロワールから生まれるワインは、多くの場合ゆっくりと変化していく。若いうちはカタくとっつきにくいが、素晴らしいアタックと、土壌の粘土のミネラル保有率の大きさを思わせる個性をもっている。しっかりとした構成で、余韻は長く、時間とともにミネラルを強く主張する複雑なアロマを纏う。もっとも豪奢なワインは、乾燥し、土地のポテンシャルを十分に活用できる年に生まれる。

ピノ・グリ、ゲヴュルツトラミネール、オーセロワあるいはピノ・ブラン種のような早生の品種はこのテロワールとよい相性を見せる。シルヴァネールとリースリング種は先の品種ほどではないにしろ、長熟型の素晴らしいワインが生まれる。5つの著名なグラン・クリュが数世紀に渡ってその本領を発揮している。

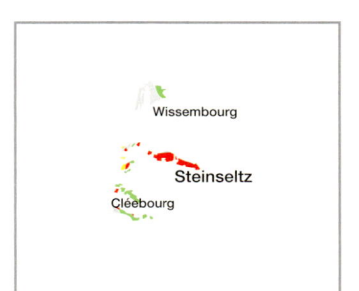

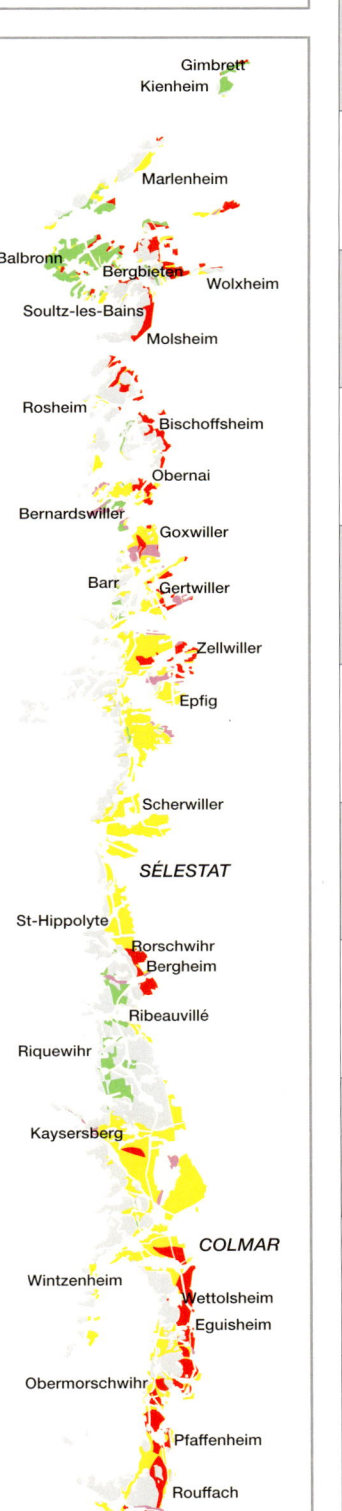

■ 山麓の崩落土壌

このテロワールはアルザスの栽培地においては、斜面の下部、谷の出口そして平野部と、もっとも広く展開している。これまで述べてきたテロワールの風化侵蝕の産物で、後背地に露出している。

鉱物構成は非常に種類が多く、また礫、細かい砂、粘土など、堆積物の大きさも幅広い。

この崩積物は、花崗岩と砂岩由来の珪質岩で、丘陵斜面の下部では細かい泥灰質となる。ぶどうにとっては最高の地であるが、過剰な粘土が排水を阻害するようなときには、逆に最悪の条件となる。

こうしたテロワールはオベルネーの南、シェルヴィレールからサンティポリットまで、およびコルマールの西、カイゼルスベルグからヴィンツェンハイムまで多く見られる。

ワインは母岩と地形環境からのミネラル組成に準ずる。過度になることなく水分が供給され、日照量が多い場合は晩生の品種に向く。軽い土壌でのリースリングとピノ・ブラン種、より粘性の高い土壌でのシルヴァネールとオーセロワ種から生まれるワインは、しっかりしたヴォリューム感のある、若いうちから飲み頃となるもの。クレマン・ダルザス用の栽培地としても大いに活用されている。

■ 堆積土壌

水の流れにより運搬されて堆積した礫、砂、黄土は段丘に集まるが、それらの構成物は洗われているため、谷の下部に見られる崩落堆積物とは区別される。

この土壌を形成している物質は運ばれてきた川の流路によって異なるが、ミネラル分は乏しい。黄土の被覆が珪質基盤上の土壌の性質を改善していることがある。またぶどう栽培の点から見れば、年間を通して水の確保が十分でき毎日の日照量が長い、平野部だけが適していることになる。

このような堆積土壌はゴクスヴィレール、ゲルトヴィレール、ツェルヴィレールやエフィグのような丘陵の麓に見出される。一方、カイゼルベルグや、ヴィンツェンハイム付近の谷底にも見られる。

もっとも多く消費されるアルザスワインはこれらの堆積土壌から生まれる。クレマンだけでなくリースリングやゲヴュルツトラミネール種からつくられるワインも、軽くバランスのとれた香りの、若いうちに愉しめるものである。

■ 黄土とロームの土壌

黄土は第四紀の氷河期に支配的だった西風によってもたらされた堆積物である。遠方の山から引きはがされてステップ状の地形に堆積した砂埃からなる。

石英、石灰岩、そしてわずかの粘土が薄黄色の泥岩を構成し、粒が非常に細かく多孔質で透水性があり、しかも保水性もある。

表層では黄土は脱石灰化され、相対的に粘土に富み赤茶色のロームとなっている。柔らかく豊かで、施肥によく対応する苦灰質土壌である。黄土のテロワールはヴィッセンブールとバールのあいだ、丘陵地の外側の境界に見られ、特にシュタインゼルツ、ヴォルクスハイム、スルツ=レ=バン、ビショップスハイム、ベルナルスヴィレール、エフィグ、次いでロルシュヴィレールとベルグハイムに多い。さらに、コルマールとルーファッハのあいだでは、特にヴィンツェンハイム、ヴェットルスハイム、エギスハイム、オーベルモルシュヴィール、ファッヘンハイムで知られている。

この土壌でのぶどうは、生理学的な意味での負荷を負うことがなく、そのため収穫量の厳しいコントロールを必要とする。収量を抑えると、繊細で生き生きとした若いうちに魅力を発揮する香り高いワインが生まれる。品種としてはシルヴァネールにピノ・ノワール、ピノ・ブランにリースリング種だが、クレマン用にも向く。

Grands Crus d'Alsace
アルザス・グラン・クリュ

アルザス・グラン・クリュを名乗れる区画は1680ヘクタールをカバーしている。1975年に制定されたこのアペラシオンは、テロワールがぶどう品種におよぼす影響を主眼にしたものである。生産量としてはアルザスワインの4パーセントにすぎない50の栽培地では、策定された面積の50パーセントでしかグラン・クリュ呼称は名乗られていない。ぶどうはリースリング、ゲヴュルツトラミネール、ピノ・グリ、ミュスカ種の4品種のみの栽培が認められている。

アルテンベルグ・ド・ベルグビーテン Altenberg de Bergbieten モルスハイムの丘陵で、215メートルから265メートルの標高、南東向きの緩い斜面に29.07ヘクタールを占めている。バルブロンの地溝に護られ、そのコイパー粘土・泥灰質土壌は比較的均質である。ドロマイト、石灰質砂岩、あるいは石膏の地層の存在が、土壌を粘性が高く重い、礫質なものにしており、水の循環に都合よく、土壌を暖めるのに役立っている。リースリング（8ヘクタール）とゲヴュルツトラミネール（5ヘクタール）種で13ヘクタールを占めている。

アルテンベルグ・ド・ベルグハイム Altenberg de Bergheim リボヴィレの破断地域の北部、グラスベルグの220メートルから330メートルの南向きのかなり急な斜面に35.06ヘクタールのグラン・クリュが広がる。基盤はコイパー粘土から漸新世の石灰質礫岩まで、8つの異なる地層からなっている。多くの断層が、しばしば砂岩化しているジュラ紀の泥灰岩と石灰岩のなかで交差し重なっている。それは泥灰・石灰・砂岩混成物のテロワール（訳注：破砕され、混じり合った土壌の特質と利点が強調された）なのである。ぶどう樹が植えられているのは22ヘクタールで、品種はゲヴュルツトラミネールが12、リースリングが7、ピノ・グリ種が3ヘクタールという割合である。

アルテンベルグ・ド・ヴォルクスハイム Altenberg de Wolxheim ライン断層手前の最後の丘、ホルンの南西の斜面は標高175メートルから250メートルにかけて切り立っており、ヴォルクスハイムのほうへ向かって南に曲がっている。ジュラ紀中期の地表は断層によって細分化され、泥岩と粘土、石灰砂岩と純粋な石灰岩などが斜面下部に崩積土壌を形成している。黄土とロームが東側の突出部を覆っていて、共通するのは泥灰・石灰・砂岩のテロワールである。31.2ヘクタールのうち、グラン・クリュを名乗っているのは、たった10ヘクタールほどに過ぎない。そのうちの8割はリースリング、2割がゲヴュルツトラミネール種である。

ブラント Brand 南北の広い谷を2つの丘がテュルクハイムの北で繋いでいて、それらの丘の標高240メートルから390メートルにかけての斜面は東南東と南側へ向かって開いている。土壌は白雲母と黒雲母を含む花崗岩のテロワールだが、かなり変質し砂岩化していて、厚い粒状の砂質で珪質となっている。グラン・クリュ北東部の突き出た丘はヴォージュ断層にさしかかっていて、花崗岩質の崩落土にムッシェルカルクが覆われている。策定された面積は57.95ヘクタールだが、現在14ヘクタールのリースリング、11ヘクタールのゲヴュルツトラミネール、7ヘクタールのピノ・グリ、そして1ヘクタールのミュスカ種が栽培されている。

ブリュデルタール Bruderthal モルスハイムの北西、ブリューデルタールの緩い南東向きの230メートルから300メートルの斜面上の18.4ヘクタールは、均質な石灰岩質土壌である。ムッシェルカルクとレッテンケーレの基盤は、上部が石灰岩とドロマイト、下部は石灰岩と黄土の互層からなる。ぶどうは10ヘクタールに植わっていて、現在、リースリング種が5ヘクタールと優勢であるが、この石灰岩土壌にはピノ・グリ（2ヘクタール）とゲヴュルツトラミネール種（3ヘクタール）のほうが適しているように思われる。

アイヒベルグ Eichberg エギスハイムの南東で、標高220メートルから350メートル、緩やか傾斜で東を向く2つの丘が、57.62ヘクタールのグラン・クリュを構成している。基盤は礫岩と第三紀の泥灰岩からなっていて、そのなかの礫は多くの場合、石灰岩というよりヴォージュ砂岩である。深部は石灰岩質であるが、表土は第四紀の崩落礫岩と崩落粘土に覆われており、これが土壌を弱酸性にしている。ここは、泥灰・石灰岩（北部）と泥灰・砂岩（南部）の中間的テロワールである。耕作されている30ヘクタールのうち、ゲヴュルツトラミネール種が16ヘクタールを占め、リースリングが8ヘクタール、ピノ・グリ種が6ヘクタールとなっている。

エンゲルベルグ Engelberg この広さ14.8ヘクタールのグラン・クリュは、ダーレンハイム村西部の標高235メートルから300メートルの緩やかな斜面上にあるが、北側部分はシャラッハベルグハイムの集落にまたがっている。基盤は軽く破断されていて、ジュラ紀中期の種々の地層が入り組んでいる。すなわち西側3分の2は泥灰・石灰岩で、東側は鉄分を含む石灰砂岩である。丘の頂部は第三紀の石灰質礫岩で、比較的礫の多く混じる泥灰・石灰・砂岩となっている。総面積の半分弱にぶどうは植えられ、3ヘクタールのリースリング、2ヘクタールのゲヴュルツトラミネール、1ヘクタールのピノ・グリ種からワインはつくられている。

フロリモン Florimont インゲルスハイムの西、ドルフベルグ丘陵の225メートルから290メートルの緩やか斜面に、グラン・クリュであるフロリモンは東向きにある。そこはライン地溝の縁取りをなす灰質礫岩の名残を示す丘で、ジュラ紀のウーライトと断層によって接している。このジュラ紀の地層は南南西向きで、隣のカッツェンタールの村に小さく張り出している。均質な泥灰・石灰岩テロワールに占める21ヘクタールで、植付けはゲヴュルツトラミネール種が7ヘクタールと、リースリング（4ヘクタール）、ピノ・グリ種（2ヘクタール）より優勢である。

フランクスタイン Frankstein 東向きの斜面に連なる56.2ヘクタールの区画は、ダンバッハ村の北からディッフェンタールの村まで、ヴォージュ断層とライン断層が会してひとつになった断層にまたがって、花崗岩質の傾斜の縁に大きく4つに分かれてある。西のテロワールはそれ自体が粗粒化した、2種類の雲母（黒と白）を含むダンバッハの花崗岩上にあり、340メートルの高さまでかなり急な傾斜である。断層東部では斜面は緩やかである。北は標高215メートル付近まで、三畳紀の砂岩質と粘土質基盤が露出している。対してその南側は花崗岩の崩積土壌に覆われている。ぶどうはリースリング種が8ヘクタール、ゲヴュルツトラミネール種が6ヘクタール、それに5ヘクタールのピノ・グリが栽培されている。

フローエン Froehn この14.6ヘクタールの小さなリューディは、ツェーレンベルグの集落の北東から南西を占めている。様々な方角を向いた斜面は265メートル付近から傾斜の始まる緩やかなものだが、およそ300メートルの頂上近くになると急になり、断層があることを示している。ぶどう畑はライアス亜統の種々の土壌──泥灰岩とシスト粘土──の上にあり、その地層は、グラン・クリュから外れている水平な頂部では石灰砂岩に変わる。この粘土・泥灰質のテロワールでは、主としてゲヴュルツトラミネール種（4ヘクタール）が栽培されているが、1.5ヘクタールのピノ・グリ、それにミュスカとリースリング種（それぞれ0.5ヘクタール）も

アルザス ◆ アルザス・グラン・クリュ

フェルステンタム Furstentum

キエンツハイム、ジゴルスハイム両村の北に位置し、標高は295メートルから400メートル、南南西に向いている。南北方向の断層がこの区画の上から下まで見られ、粘土質の泥灰岩、石灰質砂岩、砂混じりの粘土、ウーライトなど、ドッガー亜統の様々な地層が現れている。泥灰・石灰・砂岩テロワールである。西側の山腹では、第三紀の泥灰・石灰質礫岩の層序が保たれている。30.5ヘクタール中、栽培されているのは10ヘクタールのゲヴュルツトラミネール種に、ピノ・グリが4.5ヘクタール、リースリング種が3ヘクタールである。

ガイスベルグ Geisberg

リボーヴィレの集落の家々が集まる北側の縁に位置する8.53ヘクタールの小さな区画は、美しい段丘を持つ、標高250メートルから310メートルの南南西に向いた急斜面上に広がっている。三畳紀の泥灰・石灰・砂岩で、砂岩とドロマイト、ムッシェルカルク初期の泥灰岩、その上にムッシェルカルク中期の雑多な色をした砂岩質や石膏を含む泥灰岩が乗っている。石灰質というよりも砂岩質のこの土壌はリースリングに適し、現在4ヘクタールが栽培されている。

グルッケルベルグ Gloeckelberg

ヴォージュ山脈の縁、ロデルン村の北西、南東と南に向いたグレッケルベルグの斜面は250メートルから370メートルの高さにあり、上の方ではかなり急な斜度を見せている。長石の大きな結晶の混じる、タンネンキルヒ花崗岩の均質なテロワールであり、珪質で粗粒砂岩の土壌は下部は粘土質になっている。ヴォージュ砂岩の上の石炭紀のシストと砂岩が丘の頂にあり、やはり珪質の風化土壌をもたらしている。23.4ヘクタール中、ゲヴュルツトラミネールとピノ・グリが5ヘクタールずつ栽培されている。

ゴルデール Goldert

ゲベルシュヴィール村の北、ルーファッハ破断帯のヴォージュ砂岩のまっすぐな急斜面の麓、標高230メートルから360メートルに広がる45.35ヘクタールのグラン・クリュがゴルデール。砂岩質の崩落堆積物のうち、断層で切られたジュラ紀のウーライトの区画が西側を縁取っていて、グラン・クリュのなかではもっとも高位置にある。東向きの斜面は、石灰岩崩落堆積物の下方へいくにしたがってなだらかになり、そこでは石灰岩を主とする崩落堆積物が第三紀の礫岩層を覆っている。これらがこの大きなリュー=ディの、石灰岩を含む泥灰・石灰岩基盤を構成している。ぶどうはゲヴュルツトラミネール種が11ヘクタールと広く、リースリングとピノ・グリ種が3ヘクタールずつ、他の品種も2.2ヘクタールほど植えられている。

ハッチブーグ Hatschbourg

ヴクトリンショーフェンとハッシュタット両村のあいだで緩やかな傾斜で下る丘の220メートルから330メートル付近、南東向きの広さ47.36ヘクタールの斜面に位置する。その下層基盤は、ライン地溝縁部の第三紀の礫岩からなり、泥灰岩と石灰質礫の混合物である。ジュラ紀の地層がこのクリュの西側の境界をかすめている。土壌は中央部で砂岩と石灰岩、下部で黄土の泥といった具合で部分的に第四紀堆積層に覆われている。この泥灰・石灰岩テロワールには、ゲヴュルツトラミネール種が12ヘクタール、ピノ・グリ種が5ヘクタール、リースリング種が2ヘクタール、それにミュスカ種1.2ヘクタールが見られる。

ヘングスト Hengst

ヴィンツェンハイムの南、標高380メートルに達するローテンベルグの丘に、グラン・クリュで最大の広さ75.78ヘクタールのヘングストがある。235メートル付近までの南東の全斜面は第三紀礫岩の上にある。堆積土は下部3分の1がジュラ紀の石灰岩、中央部がムッシェルカルクの石灰岩、上部がヴォージュ砂岩となっている。石灰岩の礫の多さが、この地を泥灰・石灰岩土壌にしていて、ピノ・グリ(11ヘクタール)とリースリング種(6ヘクタール)よりも、ゲヴュルツトラミネール種が17ヘクタールと幅をきかしている。

カンツレールベルグ Kanzlerberg

アルテンベルグ・ド・ベルグハイムの西、ベルゲンバッハの谷間に、もっとも小さな3.23ヘクタールのグラン・クリュが230メートルから235メートルの南西向きの緩やかな斜面にある。三畳紀の断層で区切られた地帯に位置し、土壌はコイパー初期のドロマイトと石膏をともなう、灰色と黒色の粘土である。斜面下部には、上部のムッシェルカルク後期の石灰岩と泥灰岩が露出している。この粘土・泥灰岩土壌には、1.5ヘクタールとリースリング種が主として見られ、他にピノ・グリ(0.8ヘクタール)とゲヴュルツトラミネール種(0.5ヘクタール)もある。

カステルベルグ Kastelberg

アンドローの集落の北、南向きに切り立った標高240メートルから315メートルの斜面上にある4.7ヘクタールのこの区画は、その土壌の性質によってユニークなものとなっている。スタイゲのシストが花崗岩貫入時の熱によって、黒く非常に硬い珪酸質で鉱物に富む岩に変成されている。礫質混じりの土壌で、均質なシスト土壌からは分解による粘土はほとんどなく、リースリング種に適している。

ケスレール Kessler

ゲブヴィレールの集落の北、ウンテルリンガー丘陵の東南東の側面、300メートルから400メートル付近に位置する28.53ヘクタールのこのグラン・クリュの斜面も沈降断層を免れてはいない。その上部4分の3はヴォージュ砂岩の基盤で、断層によって挟まれたひも状のムッシェルカルクの介在層によって断たれている。この層は粘土・砂岩の堆積物に覆われている。下部では、第三紀の砂岩・礫岩が見られる。ケスラーはゲヴュルツトラミネール(10ヘクタール)、次いでピノ・グリ(4ヘクタール)とリースリング種(3ヘクタール)に好適な砂質のテロワールである。

キルヒベルグ・ド・バール Kirchberg de Barr

この40.63ヘクタールの小丘は南東を向いており、215メートルから347メートルの高さからバールの村を見下ろしている。地質はモザイクをなしていて、石灰砂岩、泥灰岩、ドッガー亜紀のウーライトが、断層によって重なっている。第三紀の砂岩質礫岩は上部と中央部を覆っていて、礫や岩屑の豊富な点が、ここを砂岩質土壌にしている。ここではゲヴュルツトラミネール(14ヘクタール)とリースリング(7ヘクタール)がピノ・グリ種(5ヘクタール)に勝っている。

キルヒベルグ・ド・リボヴィレ Kirchberg de Ribeauvillé

11.4ヘクタールのこのグラン・クリュは標高250メートルから350メートルのあいだで、上部が緩やかになっている中程度の傾斜上にある。南と南西に向いており、三畳紀の断層によって区切られた区画を占めている。下から上へ、フォルツィア砂岩、ムッシェルカルク初期のドロマイト泥灰岩、ムッシェルカルク中期の石膏とドロマイトの挟みのある砂質泥灰岩が重なっている。この、礫と粘土の混じる、泥灰・石灰・砂岩タイプの土壌はリースリング(4.4ヘクタール)、ピノ・グリ(0.8ヘクタール)、そしてミュスカ種(0.6ヘクタール)に適する。

キッテルレ Kitterlé

ゲブヴィレール集落のこのグラン・クリュは、ウンテルリンガー丘陵の砂岩の基部を基盤としている。270メートルから420メートルの標高で、段丘状に整備された非常な急斜面である。南西から南東までの様々な向きは、その25.79ヘクタールのうちに、種々の気候条件をもたらしている。土壌は単一で、礫岩がヴォージュ砂岩の上に重なって、粗い赤色の砂を供給している。西部では、断層がヴォージュ下層基盤の砂質・火山質のグレーワッケを露出させている。すべての岩床は珪質である。この砂質土壌のテロワールはリースリング(8ヘクタール)、ゲヴュルツトラミネール(5.5ヘクタール)、そしてピノ・グリ種(4.3ヘクタール)にあてられている。

マンブール Mambourg

ジゴルスハイムの村を背にして、マンブールのグラン・クリュは緩やかな斜面の61.85ヘクタールを占めている。ここはジゴルスハイムの丘陵によって勾配が強まっている。南および南東に向きが変わる東側の頂部をのぞいて斜面は南南西に向いていて、標高205メートルから340メートル付近に位置する。第三紀泥灰・石灰質礫岩の土壌で、斜面下部の大部分は水溶侵蝕をうけている。西は断層ドッガー亜統の鉄分の多い石灰砂岩とウーライトを露出させている。この重い土壌にはリースリング(3ヘクタール)とミュスカ種(1ヘクタール)も見られるが、ゲヴュルツトラミネール(24ヘクタール)とピノ・グリ種(6ヘクタール)に向いている。

マンデルベルグ Mandelberg

この小丘はミッテルヴィー

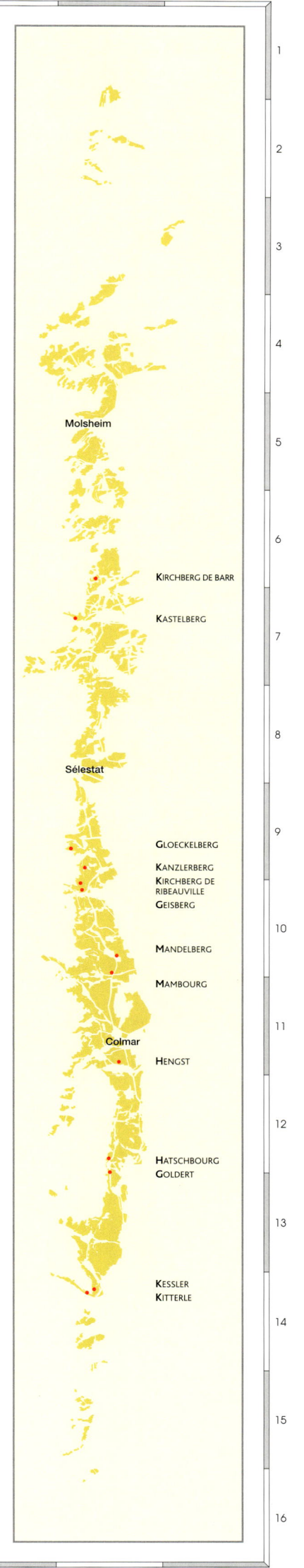

アルザス ◆ アルザス・グラン・クリュ

ルの村を北東に見下ろし、ライン断層によって形づくられた丘陵の東側の境界に広がっている。205メートルから256メートルの高さで、24.5ヘクタールの畑は南南西から南に向いている。石灰礫と泥灰岩が互層になった、第三紀礫岩の均質な泥灰・石灰岩土壌である。現在8ヘクタールにぶどうは植えられ、リースリングとゲヴュルツトラミネール種で半々に分け合っている。

マルクラン Marckrain ベンヴィールの南西、広さ53.35ヘクタールのグラン・クリュは東向きで、204メートルのワイン街道から325メートルのウンテルベルグまでの斜面にある。基盤はライン地溝縁の第三紀礫岩で、それが泥灰・石灰質テロワールをつくり出している。斜面下部には黄土に覆われた箇所が点在する。16ヘクタールを数えるゲヴュルツトラミネール種が、ピノ・グリ(4ヘクタール)とミュスカ種(2.2ヘクタール)を圧倒している。

メンヒベルグ Mœnchberg アイヒホーフェンの西、アンドローの北、メンヒベルグの斜面は南東部の山腹、220メートル〜261メートルほどのあいだに11.83ヘクタールを数える。サヴェルヌとバール破砕帯の南端で、地質構造上の運動が中生代と第三紀の地層を表土下に保存し、その上を傾斜地の水溶侵蝕によって形成された第四紀の粘土・砂質堆積物が覆っている。石灰質の第三紀礫岩はほとんど目に付くことはなく、テロワールは崩積性の泥灰・石灰岩である。ぶどうは上部をリースリング種(5.4ヘクタール)が占め、ピノ・グリ種(1ヘクタール)が中部、ゲヴュルツトラミネール種(0.7ヘクタール)が斜面下部に見られる。

オルヴィレール Ollwiller ヴューエンハイム村のこのグラン・クリュは緩やかな斜面で南南東に向いている。標高は280メートルから335メートル。深層基盤はライン地溝縁の第三紀礫岩で、ヴォージュ砂岩の礫とグレーワッケが混ざっている。粘土質のマトリックスが厚い砂質崩落土を含む土壌を重く粘性の高いものにしている。これはとくに上部の古い堆積土において著しい。この崩積性泥灰・砂質土壌の38.65ヘクタールには、リースリング(16ヘクタール)、ゲヴュルツトラミネール(4ヘクタール)とトケ・ピノ・グリ種(3ヘクタール)が植えられている。

オステルベルグ Osterberg この24ヘクタールのグラン・クリュは高さ240メートルから345メートルの斜面に南東を向いている。断層によって細分化された基盤の構造は、隣接するガイスベルグやリボーヴィレのキルヒベルグに似ていて、雑色の砂岩泥灰岩とムッシェルカルクのドロマイトが広く堆積している。南東の端では、泥灰岩とレッテンケーレのドロマイトがこれに加わる。泥灰・石灰・砂岩質のテロワールは粘土質の傾向があり、リースリング(4ヘクタール)とゲヴュルツトラミネール(3ヘクタール)、それにピノ・グリ種(1ヘクタール)が植えられている。

フェルシグベルグ Pfersigberg エギスハイムの村の北西から南西にかけて分離してはいるものの一連の4つの丘があり、総面積は74.55ヘクタールになる。南から東に向いた緩やかな斜面は、標高222メートルから348メートル付近にある。南北の方向に細長い断層で挟み込まれた第三紀礫岩の層が走っている。基盤の性質は多様で、北側では、泥灰・石灰岩(ジュラ紀石灰岩と、砂岩、花崗岩の礫)と、典型的なフェルシグベルグ土壌である粘土・泥灰・砂岩(ムッシェルカルクの礫)、そして南側の2つのエリアでは、礫と粘土の崩積土壌となっている。ぶどうは22ヘクタールと大半をゲヴュルツトラミネール種が占め、それにリースリングが12ヘクタール、ピノ・グリが6ヘクタール、ミュスカ種0.8ヘクタールとなっている。

フィングストベルグ Pfingstberg オルシュヴィールの北、ゲブヴィレールの破砕帯の三畳紀地層に、フィングストベルグのグラン・クリュが南東向き斜面、275メートルから370メートルの標高に28.15ヘクタールをカヴァーしている。中から強程度の勾配で、ヴォージュ砂岩からムッシェルカルクへと移行する地層が見られる。下部から上部へ、粘土・砂岩質の地層、そして雲母を含むヴォルツィア砂岩、さらにもっとも広く、貝殻化石を含むムッシェルカルク初期の石灰質砂岩が見られる。この石灰・砂岩テロワールに、リースリング5.5ヘクタール、ピノ・グリ3ヘクタール、ゲヴュルツトラミネール2.6ヘクタール、それにミュスカ種が0.8ヘクタールを占めている。

プレラーテンベルク Prælatenberg オルシュヴィレールの村のすぐ北に、キンツハイム村に属する2つに分かれたグラン・クリュがある。18.7ヘクタールの面積が、東南東に向いた250メートルから335メートルの高さの斜面を占めている。それらはタンネンキルヒの花崗岩中に見られる片麻岩土壌の飛び地である。2つの異なる片麻岩が、平野の方に広がる崩壊土壌を分けているヴォージュとライン断層を隔てて接している。風化の進んだ土壌は花崗岩・片麻岩質で、礫と砂が多く混じっている。リースリング(4ヘクタール)、ゲヴュルツトラミネール(2.5ヘクタール)、ピノ・グリ種(0.5ヘクタール)が栽培されている。

ランゲン Rangen グラン・クリュのなかでもっとも南に位置し、タンの村を見下ろしている。最大で40度にも達する非常に急な斜面は340メートルから470メートルの標高にあり、南南西を向いている。18.81ヘクタールの広さはヴォージュ断層縁の古生代の下層にあり、珪質の大きな破砕岩を形成している。この火山・堆積性のテロワールはアルザスでは唯一のものである。火山性の物質と、古生代の山地の風化生成物との混合物でなりたっている。下部の4分の3は、黒く硬い細粒の塩基性火山物質の混じる砂岩であるグレーワッケが露出している。上部では酸性の火山岩(溶岩)と、破断した堆積物の緑色ないし暗赤色の角礫岩が、火山の熱雲に由来する堆積物(溶結凝灰岩)の挟みをともなっている。年間1000ミリメートル近い降水にもかかわらず、ここでは斜面の侵蝕は微々たるものにとどまっている。ぶどうの栽培比率は、ピノ・グリ(9ha)とリースリング(4ha)がゲヴュルツトラミネール種(1ha)を上回っている。

ロザケール Rosacker リボーヴィレの破断地域の中央、フナヴィールの北西に、26.18ヘクタールのグラン・クリュが、上部が切り立った東南東向きの、255メートルから345メートルほどの中程度の傾斜の斜面を占めている。細分化している断層にもかかわらず、三畳紀の2つの地層が露出している。ムッシェルカルク上期の、ドロマイト化したアンモナイトの一種であるセラタイトの化石を含む泥灰・石灰岩層に、レッテンケーレ統のドロマイトと泥灰岩の細い層が走っている。テロワールは石灰岩質で重く、ところによってはヴォージュ砂岩の珪質の堆積物に覆われている。リースリング(12ヘクタール)とゲヴュルツトラミネール(3ヘクタール)とピノ・グリ種(2ヘクタール)が植えられている。

セーリング Saering ゲブヴィレールの村にあるグラン・クリュで、丘陵の礫岩の縁取りの上に、大きな断層に隔てられながら同じグラン・クリュであるキッテルレに隣接してある。標高260メートルから310メートルに位置し、南東に向いた26.75ヘクタールの栽培地は泥灰・砂岩の上にある。礫岩のなかでは、ヴォージュ砂岩の礫が、深いところの石灰岩の礫より多い。その石灰岩は東側エリアで露出している。層状になった砂質泥灰岩は、土壌の肥沃さを保持している。9ヘクタールに作付けがされているが、なかではリースリング種が6.4ヘクタールと、ゲヴュルツトラミネール(2ha)とピノ・グリ種(0.6ヘクタール)を圧倒している。

シュロスベルグ Schlossberg カイゼルベルグ村の北東、キエンツハイム村にある80.28ヘクタールのグラン・クリュである。235メートルから430メートルにかけてのかなりの急な傾斜が段丘状となって南に向いていて、東端に少し離れて北側に飛び地がある。グレーワッケと変質した片麻岩に由来するミグマタイト化した花崗岩が、大きな石英を含むタンネンキルヒの花崗岩に貫入された基盤層の骨格を形成している。これらの珪質岩石の風化変質は、粘土質の母体に粒状土壌を供給する。飛び地はヴォージュ断層を越えて続いており、ムッシェルカルクの石膏とドロマイトを含む砂質泥灰岩上にある。ぶどうはゲヴュルツトラミネール(7ヘクタール)、リースリング(3ヘクタール)、ピノ・グリ(2ヘクタール)、そしてミュスカ種(0.3ヘクタール)が見られる。

シューネンブーグ Schoenenbourg 破砕帯の真ん中、リクヴィールの集落に隣接した南南

アルザス ◆ アルザス・グラン・クリュ

東向きの傾斜は、特に丘陵の下部で際だっている。標高270メートルから375メートルに位置する53.4ヘクタールのこのグラン・クリュは、基盤によって2つの種類に分けられる。西部は、あらゆるコイパー地層が含まれ、ドロマイトと石膏が見られる灰色あるいは雑色の泥灰質粘土の土壌である。この泥灰質粘土は、頂部では砂礫に覆われていて、それが通気性を確保している。東部は、いくつものライアス統の地層上にあり、泥灰質石灰岩がその3分の1を覆っている。27ヘクタールとリースリング種がほとんどで、1.5ヘクタールがゲヴュルツトラミネール、0.5ヘクタールがピノ・グリとなっている。

ゾンマーベルグ Sommerberg
ニーデルモルシュヴィール集落のすぐ北で、非常に急な斜面は南西から南東へ向いている。270メートルから407メートルにある28.36ヘクタールの区画の均質性は、山際に位置しているという状況に起因している。雲母を含むテュルクハイムの花崗岩のテロワールはヴォージュ断層まで続き、区画はこの断層をまたいで、カッツェンタールにあるムッシェルカルクのアンモナイト・セラタイト化石を含む石灰岩上まで達している。花崗岩の風化残留層の上にあるテロワールには、13ヘクタールのリースリングと2ヘクタールのピノ・グリ種が栽培されている。

ゾンネングランツ Sonnenglanz
丘陵のほとんど東側境界、ベブレンハイム村の北西に32.8ヘクタールのグラン・クリュが222メートルから272メートルの標高の緩やかな斜面を占めている。基盤は第三紀の石灰礫岩と泥灰岩の互層からなる。このカルシウムとマグネシウムを含む重い泥灰・石灰岩質土壌は、ゲヴュルツトラミネール（8ヘクタール）とピノ・グリ種（6ヘクタール）に向き、リースリング種（1ヘクタール）にはあまり適していない。

スピーゲル Spiegel ベルグホルツの村の西、グラン・クリュのケスラーに隣接してある、260メートルから305メートルの標高で、シュピーゲルのテロワールは北から南へ中程度の傾斜の丘の中腹に伸びている。三畳紀の地層を切る断層の麓に位置し、この18.26ヘクタールのグラン・クリュは、第三紀の砂岩と泥灰岩互層の礫からなる礫岩の上にある。ムッシェルカルクの石灰岩の礫は、下側の古い堆積層から来ていて、北側部分に見られる。この泥灰質砂岩のテロワールは部分的に、三畳紀、とくに砂岩起源の崩積物に覆われている。ゲヴュルツトラミネール（4.3ヘクタール）とピノ・グリ（2.6ヘクタール）、リースリング種（1.7ヘクタール）がここで収穫される。

スポレン Sporen リクヴィールの南東260メートルから315メートルの標高に、広さ23.7ヘクタールのスポレンの緩やかな東向きの斜面（23,70ha）があり、ライアス統後期の粘土地層の断層部に位置する。東側ではドメール階の鉄分を含む石灰岩の結塊を含む、灰色薄片状の粘土質泥灰岩が露出している。西側は濃灰色の粘土質頁岩と、トアルス階のリン酸塩を含んだ砂岩がスポレンの大半を覆っている。この岩石はさらに第四紀の珪質土、およびムッシェルカルク、そして花崗岩の礫を含む第三紀礫岩の残留物に覆われている。粘土質泥灰質土壌が厚いこのテロワールは、ゲヴュルツトラミネール（6ヘクタール）とピノ・グリ種（1ヘクタール）に、珪質で覆われた層ではリースリング種（1.5ヘクタール）に好適である。

スタイネール Steinert ファッフェンハイム村の南西、広さ38.9ヘクタールのグラン・クリュが245メートルから348メートルの東向きの急斜面を占めている。石灰岩の基盤は下部の3分の1が石の多い崩落物に覆われている。上部には泥灰岩と石灰岩が露出している。この土壌はリースリング種（2ヘクタール）よりも、ゲヴュルツトラミネール（13ヘクタール）とピノ・グリ種（7ヘクタール）に向く。

スタイングリュブレール Steingrubler ヴェトルスハイム村の西に、南東向きの第三紀礫岩の上の230メートルから350メートルほどの斜面に22.94ヘクタールのグラン・クリュがある。畑には、ジュラ紀のウーライトとムッシェルカルク石灰岩、それにヴォージュ砂岩と花崗岩の3種類の円礫が遍在している。西でクリュの一部は、黒雲母と長石の大きな結晶を含んだ花崗岩の上に広がっている。このグラン・クリュは泥灰砂質、ないし泥灰石灰質のテロワールである。7ヘクタールのゲヴュルツトラミネールと4ヘクタールのリースリング、それに3ヘクタールのピノ・グリ種が見られる。

スタインクロッツ Steinclotz
200メートルから315メートルにある、広さ40.6ヘクタールのグラン・クリュが南南東の急斜面からマルレンハイムの村を見下ろしている。下から上へ向かって、ドロマイトの石灰岩とレッテンケーレの泥灰岩、続いてムッシェルカルク上期の石灰岩、そして泥灰岩、ドロマイトとムッシェルカルク下期の波状層理を示す石灰岩が見られる。この石灰質土壌は、5ヘクタールのリースリング、ゲヴュルツトラミネールを4ヘクタール、ピノ・グリ種1.6ヘクタール引き受けている。

フォルブール Vorbourg
ルーファッハをを見下ろして、この72.55ヘクタールのグラン・クリュは217メートルから320メートルの一部段丘状になった斜面を占めている。東南から南西に展開しており、その南側の端は南南東に曲がっている。基盤は、砂岩と石灰岩の礫が混じる第三紀礫岩の堆積層である。下部3分の1と北部は黄土に覆われている。この泥灰質石灰岩、ないし黄土混じりの泥灰砂岩のテロワールでは、12ヘクタールのゲヴュルツトラミネールと8ヘクタールのピノ・グリ、0.5ヘクタールのミュスカ種を栽培している。

ヴィーベルスベルグ Wiebelsberg
アンドローの村の北に、このグラン・クリュは12.5ヘクタールを南西から南南東向きの強い傾斜の上に占め、その標高は227メートルから320メートルほどである。断層に区切られたこの小さな丘陵は、風化し砂状になったヴォージュ砂岩からなっている。下部では砂は粘土を混じえ、土壌は崩積土である。斜面の上部にリースリング（8ヘクタール）のみが見られる。

ヴィネック＝シュロスベルグ Wineck-Schlossberg このグラン・クリュはカッツェンタールとアメルシュヴィール両村のあいだの標高270メートルから420メートル付近の南東向きの斜面に27.4ヘクタールにわたって広がっている。全域を占めているのは2種の雲母を含んだ花崗岩である。東側では花崗岩崩落物の堆積がヴォージュ砂岩を覆っている。西では大きな断層がミグマタイト花崗岩のなかを走っている。このテロワールには9ヘクタールのリースリング、3ヘクタールのゲヴュルツトラミネールと0.6ヘクタールのピノ・グリ種が栽培されている。

ヴィンツェンベルグ Winzenberg
ブリエンシュヴィレールの村のすぐ北にあるこのグラン・クリュは南東向きの2つの栽培地に分かれている。総面積は19.2ヘクタールで、標高233メートルから320メートル付近に位置する。北の区画と南の区画の西側半分は雲母を含んだ花崗岩の上にある。東側ではヴォージュ断層が、花崗岩と砂岩、そしてペルム紀の火山岩の礫岩からなる一区画を形づくっている。これらの珪質テロワールには、3ヘクタールのリースリング、2ヘクタールのゲヴュルツトラミネール、それにピノ・グリ種が1ヘクタール植えられている。

ツィンクフレ Zirnkœpflé
ヴェストハルテンとスルツマット両村のあいだに広がるこのグラン・クリュは東南東から南、そして南西の斜面を占めている。その強い傾斜は低い石垣に支えられ、標高は250メートルから428メートルにおよび、広さは68.4ヘクタールある。いくつもの断層が三畳紀とムッシェルカルクの地層を多くの区画に細分している。低部から上部へ、砂混じりの粘土、ヴォージュ砂岩、石灰砂岩、ドロマイト、石灰質泥灰岩、石灰岩が重なっている。これらすべては石灰・砂岩質テロワールで、ゲヴュルツトラミネール（22ヘクタール）、ピノ・グリ（7ヘクタール）、リースリング（5ヘクタール）、それに僅かのミュスカ種が植えられている。

ツォツェンベルグ Zotzenberg
ミッテルベルグハイムの村の北西のゆるやかな斜面の標高225メートルから310メートルのあいだに広さ36.45ヘクタールのグラン・クリュが、南から南東を向いてある。断層がジュラ紀ドッガー亜統の基盤を割っている。東から西へ地質は順に若くなっていて、鉄分を含んだ石灰砂岩、泥灰岩とウーライト、特に粘土と泥灰岩が卓越している。ゾッツェンベルグは泥灰・石灰・砂岩テロワールであり、8ヘクタールのゲヴュルツトラミネール、6ヘクタールのリースリング、2ヘクタールのピノ・グリ、それにミュスカ種が少々見られる。

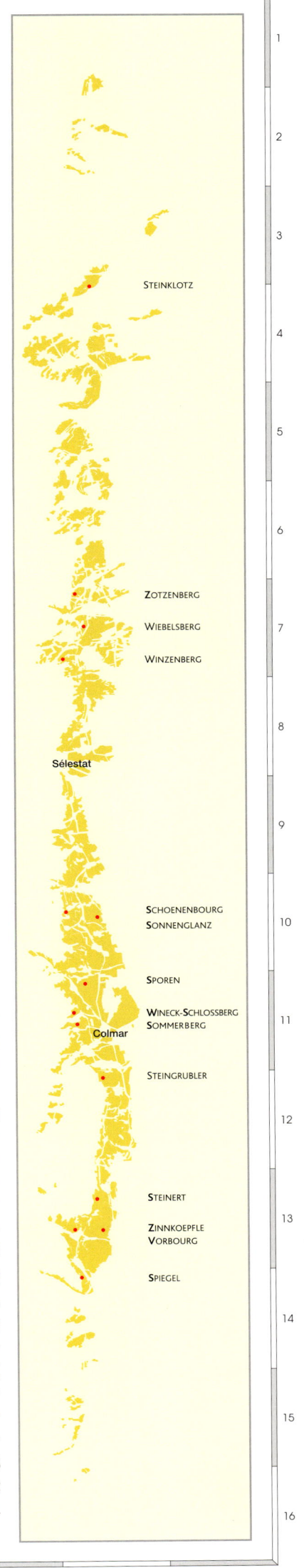

ジュラ地方

Jura
ジュラ

統計
栽培面積：1,900ヘクタール
年間生産量：90,000ヘクトリットル

飛び抜けて高い酒質のワインを産するにもかかわらず、あまりにも知られていないジュラの産地は、ジュラ山脈の西に位置するぶどう栽培に最適の斜面をもった丘陵に断続的に広がっている。栽培地は、300メートルから450メートルほどの標高で2キロメートルから4キロメートルの幅で約80キロメートルにわたり形成され、全体に南から西向きの斜面にある。この地では、なかにはフランスでもっとも偉大なワインのひとつに数えられるほどの素晴らしい赤と白のワインが生み出されている。

■ ぶどう栽培の始まりとその来歴

ジュラ地方へのぶどう樹の入植は紀元1世紀頃、ローマ人の征服によってもたらされた文化の伝播がこの地まで及んだ結果であり、その後、修道院に引き継がれたことによって発展した大きな流れのなかに含まれている。

ジュラでの最初期のぶどう栽培の証拠はそれほど多く残ってはいない。しかしながらぶどう畑の存在は紀元1世紀にさかのぼる小プリニウスの書簡集によって、あるいは同時代に栽培されていたぶどうの花粉の発見によって証明されている。フランスの多くのぶどう栽培地と同様に、本格的な発展は、5世紀、6世紀以来ワインの改良に務めてきた修道院の登場によるところが大きい。10世紀以降には多くの栽培地があったことを示す文書には枚挙に暇がない。そこには、サランやアルボワ、ロン=ル=ソニエ付近の現在でも見られるぶどう畑を中心にした栽培地区が描かれている。

続く世紀のぶどう栽培の発展は3つのタイプに分けられる。ひとつは高貴な階級に属する世俗集団あるいは修道院領地での栽培、2つめは多くの人口を抱える大小の町近辺でおこなわれたブルジョワ階級によるぶどう栽培、そして3つめはわずかな土地で農民が自家消費用におこなっていたそれである。

ジュラの栽培地は19世紀末にその絶頂期を迎え、およそ20000ヘクタールにも及んでいた。フィロキセラ禍や戦争といった困難な状況の影響をうけた衰退の時期を経た後、ジュラ地方のぶどう栽培は20世紀半ばよりその畑の真価を取り戻しつつある。

■ 地質と土壌

西へ向かってブレス（訳注：ソース河とジュラ山脈に挟まれた地方）の上に滑ったジュラ西部の山すそは、地質構造がたいへん複雑である。このことが、ジュラ地方独自のワインの性質を形づくる要因となっている。

深層ボーリングによる調査の結果は、第三紀末期にこの地方に起こった褶曲運動にともなってジュラの台地が西のブレスのほうへゆっくりと滑り込んだことを示している（[A]図参照）。それは数百メートルの厚さの地塊が10キロメートルほど衝上（訳注：下盤が上盤にのし上げる運動。ここではジュラの台地がブレスの地塊の上にのし上げたことを指す）移動したものである。この地滑りは、アルプス造山運動の東西方向の圧縮する力によって生じ、三畳紀後期の泥灰岩が変形しやすいものであったため、このような構造が形成された。この塩分と石膏の豊富な粘土質の層準は分離表面になり、押しかぶせ断層面の高さまで地滑りさせている。

この移動の際、岩石の塊は葉層状（訳注：薄い層が積み重なった状態）に分断され、ひとつの葉層の上に他の葉層が水平あるいは西の方へ少し隆起したかたちで幾重にも積み重なった。その結果、もとの地層配列は大量に破壊され、層序は混乱した状態になった。

その後、泥灰岩の層をより強度のある石灰岩の層が激しく侵蝕した。現在の景観はこの作用の結果であり、それは丘の頂部に石灰岩が見られ、窪地は主として泥灰岩であることからも分かる。

栽培地の基盤は9割以上が泥灰土である。この構造はモンティニー=レザルシュルの村にある断層によって証明されている（訳注：p157[B]図参照）。

表土（耕作可能な土壌）は厳密にいうと皆無であるか、あってもとても薄い。というのも耕作により土壌が柔らかくほぐれると、雨水がこれを押し流してしまうからである。逆に表土のやや厚い箇所は、これが基盤を覆い隠している。栽培されるぶどう品種を決定している重要なこれらの基盤には2つのタイプがある。

石灰岩の崩落物 褐色の粘土質のマトリックスに石灰岩礫が包まれていて、バジョース階の地層からなる、崖のふもとに豊富に見られる。この崩落物は特にトルソーとシャルドネ種に適した土壌を軽くしている。

珪質岩混じりの粘土 この土壌は基盤の石灰岩や石灰質泥灰岩が溶脱作用を受けた後の残留物で、平地や、やや緩やかな斜面で見られる。石灰岩や珪質岩石の円礫や角礫等と粘土質のマトリックスで形成されている。この土壌はトルソー種が好み、特にアルボワのような北の栽培地ではこの土壌が豊富に見られる。

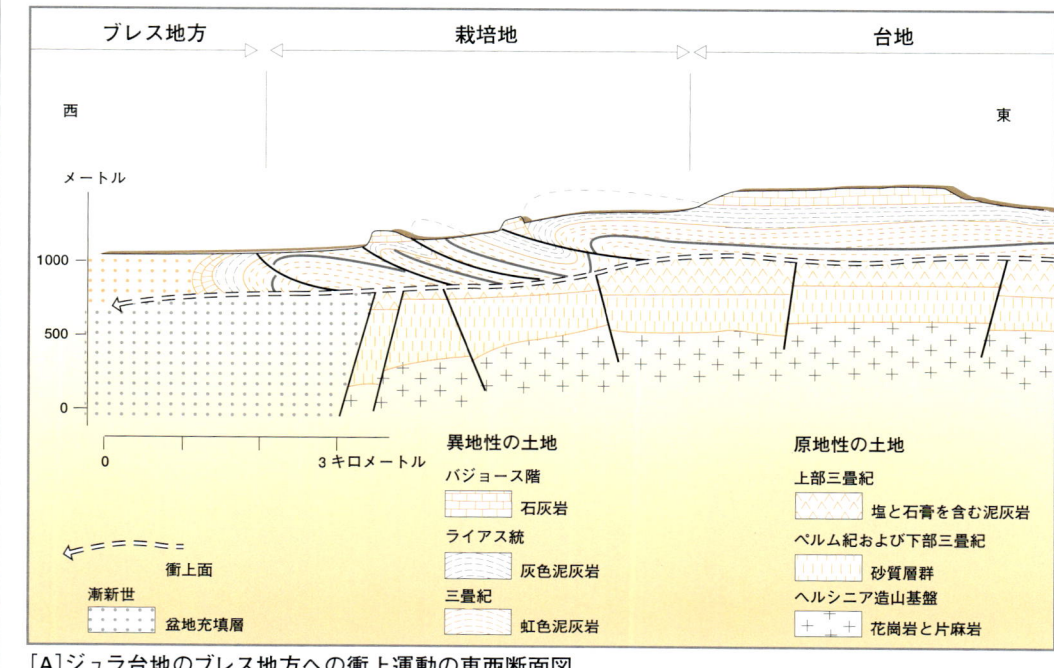

[A]ジュラ台地のブレス地方への衝上運動の東西断面図

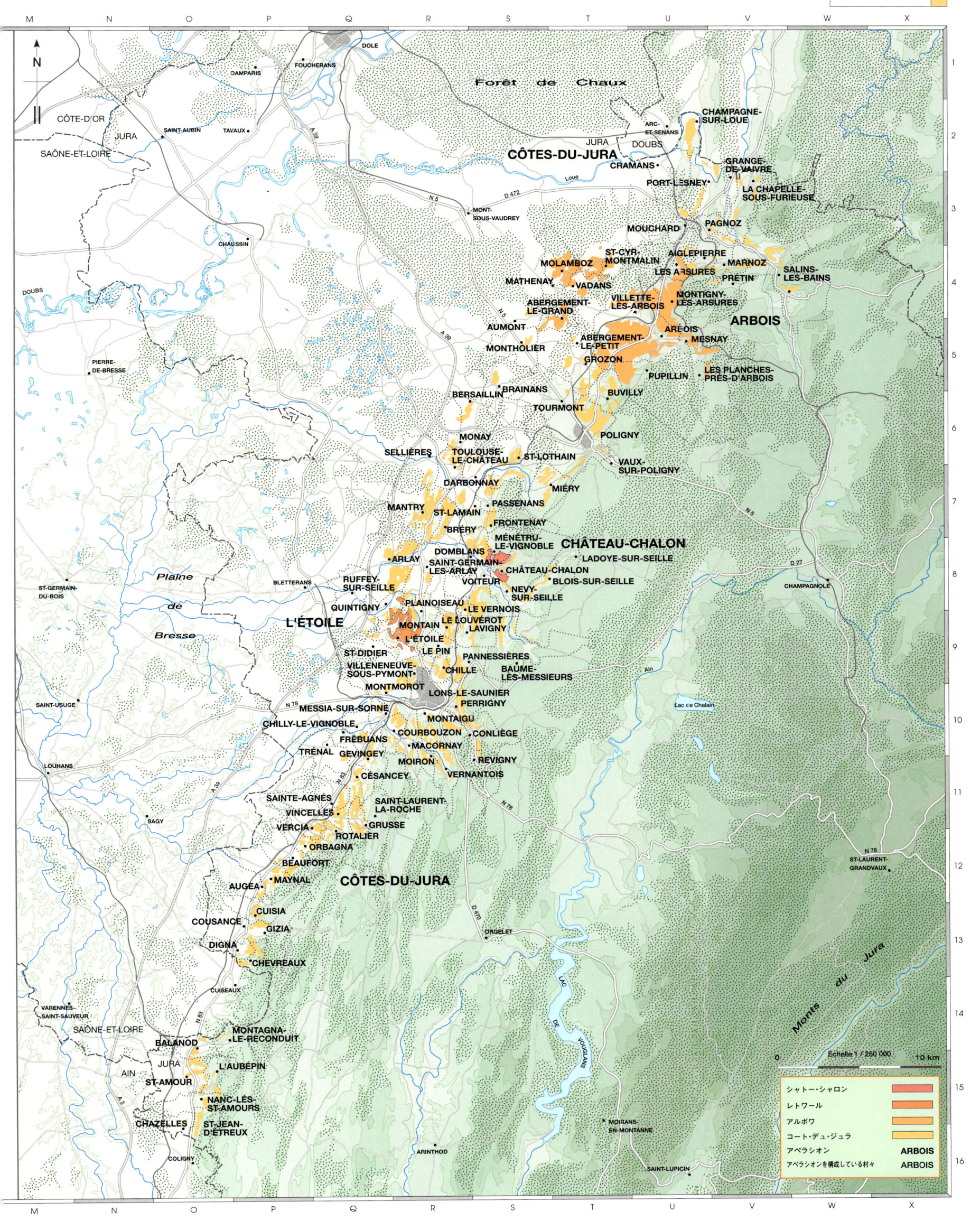

ジュラ地方

Jura Region Map

Map legend (凡例):
- シャトー・シャロン (Château-Chalon)
- レトワール (L'Étoile)
- アルボワ (Arbois)
- コート・デュ・ジュラ (Côtes-du-Jura)
- アペラシオン — **ARBOIS**
- アペラシオンを構成している村々 — ARBOIS

Échelle 1 / 250 000 — 10 km

Place names visible on the map:

Northern area (Arbois / Côtes-du-Jura):
CÔTE-D'OR, JURA, SAÔNE-ET-LOIRE, SAINT-AUBIN, TAVAUX, DAMPARIS, FOUCHERANS, DOLE, Forêt de Chaux, ARC-ET-SENANS, CHAMPAGNE-SUR-LOUE, CÔTES-DU-JURA, CRAMANS, MONT-SOUS-VAUDREY, PORT-LESNEY, GRANGE-DE-VAIVRE, LA CHAPELLE-SOUS-FURIEUSE, CHAUSSIN, DOUBS, MOUCHARD, PAGNOZ, AIGLEPIERRE, MARNOZ, SALINS-LES-BAINS, ST-CYR-MONTMALIN, LES ARSURES, PRÉTIN, MOLAMBOZ, MATHENAY, VADANS, VILLETTE-LES-ARBOIS, MONTIGNY-LES-ARSURES, ARBOIS, ABERGEMENT-LE-GRAND, AUMONT, ABERGEMENT-LE-PETIT, AREOIS, MESNAY, MONTHOLIER, GROZON, PUPILLIN, LES PLANCHES-PRÈS-D'ARBOIS, PIERRE-DE-BRESSE, BERSAILLIN, BRAINANS, TOURMONT, BUVILLY, POLIGNY

Central area:
MONAY, SELLIÈRES, TOULOUSE-LE-CHÂTEAU, ST-LOTHAIN, VAUX-SUR-POLIGNY, DARBONNAY, MIÉRY, MANTRY, PASSENANS, ST-LAMAIN, FRONTENAY, BRERY, MÉNÉTRU-LE-VIGNOBLE, CHÂTEAU-CHALON, DOMBLANS, LADOYE-SUR-SEILLE, ARLAY, SAINT-GERMAIN-LES-ARLAY, CHÂTEAU-CHALON, BLETTERANS, RUFFEY-SUR-SEILLE, VOITEUR, NEVY-SUR-SEILLE, BLOIS-SUR-SEILLE, CHAMPAGNOLE, ST-GERMAIN-DU-BOIS, Plaine de Bresse, QUINTIGNY, PLAINOISEAU, LE VERNOIS, LE LOUVÉROT, LAVIGNY, L'ÉTOILE, MONTAIN, ST-DIDIER, LE PIN, PANNESSIÈRES, VILLENEUVE-SOUS-PYMONT, CHILLE, BAUME-LES-MESSIEURS, MONTMOROT

Southern area (Lons-le-Saunier and south):
SAINT-USUGE, MESSIA-SUR-SORNE, LONS-LE-SAUNIER, PERRIGNY, MONTAIGU, Lac de Chalain, CHILLY-LE-VIGNOBLE, FRÉBUANS, COURBOUZON, CONLIÈGE, LOUHANS, TRÉNAL, GEVINGEY, MACORNAY, MOIRON, REVIGNY, CÉSANCEY, VERNANTOIS, SAINTE-AGNÈS, SAINT-LAURENT-LA-ROCHE, VINCELLES, VERCIA, GRUSSE, ROTALIER, SAGY, ORBAGNA, BEAUFORT, ST-LAURENT-GRANDVAUX, AUGEA, MAYNAL, CÔTES-DU-JURA, COUSANCE, CUISIA, GIZIA, DIGNA, ORGELET, CHEVREAUX, CUISEAUX, Monts du Jura, VARENNES-SAINT-SAUVEUR, SAÔNE-ET-LOIRE, BALANOD, MONTAGNA-LE-RECONDUIT, Lac de Vouglans, L'AUBÉPIN, AIN, JURA, ST-AMOUR, NANC-LÈS-ST-AMOURS, MOIRANS-EN-MONTAGNE, CHAZELLES, ST-JEAN-D'ÉTREUX, COLIGNY, ARINTHOD, SAINT-LUPICIN

ジュラ地方

■ 気候

ジュラの栽培地はその厳しい気候条件から、よりよい斜面の向きと適したぶどう品種の探求が余儀なくされているが、実際用いられている品種の多くはこの地方独特のものである。

ジュラの栽培地は、冬の寒さが季節のコントラストをつくり出している半大陸性の気候である。年間の平均日照量は1700時間と少なく、また年間の降水量は1100ミリメートルから1500ミリメートルと多めで、加えて4月の終わりまで霜害の恐れがある。年間を通した気候の特徴が、他の北方にある産地同様、ヴィンテージ毎の質を決定付ける重要な要素である。乾燥し好天に恵まれた日が多い年には、通常、収穫は9月半ばと早くなされ、とても良質のぶどうが得られる。以上のような気候状況の厳しさによって、栽培地にはある一定の傾向が見出せる。すなわち南あるいは南西の向きのよい斜面を備え、標高500メートル以上の高地は放棄して、霜の影響が少ない朝方の霧の続く低部が選ばれている。

ぶどう畑の南北を軸にとった場合、西向きの斜面が優勢であるが、石灰岩からなる丘陵の頂部の不規則性によって南西からさらに南向きの斜面まで栽培地として提供してくれている。これらは特に台地のすそに切込みを入れている谷の出口斜面で、アルボワのメスネ丘陵やポリニー村のトルイヨ丘陵、シャトー=シャロンやボーム=レ=メシューの袋谷の出口などがこれにあたる。これらの栽培地では台地から谷に沿ってもたらされる冷たい大気のため、ある一定以上の高さでしか栽培できなくなっている。

気候が比較的厳しいことはぶどう樹の品種選定をも左右している。プルサール、サヴァニャン、トルソー種等のジュラ独自の品種の発芽時期は遅いため——春の霜害を避けることができ、またぶどうの生育サイクルも短くなるためぶどう樹の負担も軽くなる——、不足しがちな日照量でも生育できるのは偶然ではない。

■ ぶどう品種

テロワールに加えて、ジュラのワインの独自性はこの地方で栽培される独特の品種——赤ワインにはトルソーとプルサール種、白ワインにはサヴァニャン種——によるところが大きい。

白ぶどう品種

サヴァニャン Savagnin
ナテューレ Naturé 種とも呼ばれ、栽培面積は約200ヘクタールで全体の12パーセントを占める。ぶどうの葉は切り込みのほとんどない小さな丸いかたちをしている。房も小さく粒は球形で、成熟は遅い。この品種が好む土壌はプルサール種と同じで、表面が覆われているいないにかかわらずライアス統や三畳紀の泥灰土である。ワインはたいへん複雑味のあるもので、クルミの強いアロマを纏っている。

シャルドネー Chardonnay
栽培の半分ほどを占め、もっとも広まっている品種である。アルボワ地方ではムロン Melon 種と呼ばれ、ブルゴーニュのシャルドネー種とは若干異なっている。ジュラ固有の品種ほど気難しくなく、すべての土壌のタイプで確実に成熟するが、特にライアス統の泥灰土に覆われた砂利混じりの起伏、例えばピュピヤンのカイヨー丘陵のようなところに適している。

黒ぶどう品種

トルソー Trousseau およそ100ヘクタール足らずが栽培され、面積の6パーセントを占めている。ぶどう樹の幹は太く丈夫でたくさんの小さくて丸い葉をつけている。ぶどうの房は小さく筒形をしている。果皮は黒く厚みがあり、卵形の果実は肉厚で糖分を多く含んでいる。この品種は特にアルボワ地方で多く栽培され、ワインは深みある色合いのコクのある熟成タイプとなる。繊細な品種のため、珪質や石灰質の珪岩の破片が豊富な礫質粘土の土壌の向きのよい斜面でしかうまく成熟しない。

プルサール Poulsard
Ploussard とも綴られ、およそ300ヘクタール、栽培面積の2割を占めている。ぶどうの葉は深い切れ込みがあり、明るい紅色のやや卵型の粒が隙間をあけて房になっている。ワインはやや濃い色合いで、熟成につれ玉ねぎの皮の美しい色合いを帯びてくる。この品種はジュラ地方のほとんどで栽培されているが、特に有名なのはピュピヤンの集落である。ライアス統の灰色の泥灰土、特にトアルス階の葉層状の泥灰土に直接根を張る場合には、完璧な成熟と品質が約束される。

ピノ・ノワール Pinot Noir
ブルゴーニュの品種だが、ここ数十年、特にアルレやヴェルモン南部で栽培されている。ワインはサクランボのアロマが特徴的な繊細で上質のものになる。

■ ワイン

あまりにも知られていないジュラのワインであるが、実際は無関心でいられないほどの強烈な個性をもったものである。とても長く熟成させることのできる白ワインはフランスでも並ぶもののない複雑さを備え、また赤ワインも素晴らしい。

ジュラのアペラシオンには、コート・デュ・ジュラとアルボワ、アルボワ・ピュピヤンが白、赤、ロゼワイン、エトワールで白ワインとヴァン・ジョーヌ、シャトー=シャロンでヴァン・ジョーヌが指定されている。またここでは白とロゼの発泡性のワインも生産されている。さらにヴァン・ジョーヌの他に珍しいヴァン・ド・パイユとマックヴァン・デュ・ジュラもつくられている。

赤ワイン トルソー種からつくられる赤ワインは濃い色合いと強烈なアロマをもち、熟成を可能にするしっかりしたタンニンの骨格がある。

プルサール種のワインは明るい紅色で、時にロゼに近い場合もある。ワインには小さな赤い果実のアロマとこの地方独特のミネラルの香りが感じられる。また驚くほど熟成させることができる。

ピノ・ノワール種のワインはエレガントでフルーティーだが、ジュラ地方の独特さにはやや欠けている。

これら3つの赤用品種は様々な割合でブレンドされることもある。

白ワイン 賞賛を得るべきサヴァニャン種の白は、全く独特なワインである。その強烈なアロマが際立った特徴であり、実際サヴァニャン種のワインは、ヴァン・ジョーヌとして醸造されなくてもジュラ独特のクルミのアロマといわゆる「ジョーヌ」の味わいを身に付けている。

シャルドネー種の白ワインはフルーティーな辛口で、この地方独特のミネラル分を感じさせる。シャルドネー種は発泡あるいは非発泡のワインをつくるためにしばしばサヴァニャン種とブレンドされる。

ヴァン・ジョーヌ Vin Jaune
サヴァニャン種のみからつくられるヴァン・ジョーヌは、醸造学の通則には全く反するやり方でつくられる唯一のワインである。

初めは伝統的な白ワインと同じ方法がとられた後、ぶどうの糖分がすべてアルコールに変わり全くの辛口になるまでゆっくりと発酵させる。その後228リットルの樽に入れ、表面に酵母の膜ができるように、蒸発分の目減りの補充を全くしないでおく。この膜は通常ワインを変質させ、飲むには適さないものにするのだが、この地では反対に素晴らしい質を与えてくれる。実際、ジュラでは、ワインに比類ない「ジョーヌ」の味わいをもたらすとてもゆっくりした酸化を促す嫌気性の酵母(サッカロミセス・オヴィフォルミス)が見られる。

そしてワインは最低6年と3ヵ月のあいだ補酒されることなく寝かされる。出来上がるのは黄金色、ときに琥珀色で、クルミとカレー・スパイス等が混じる驚くような香りを放ち、濃密なテクスチャーの際立った持続性を備えたもので、アフターにはほんのわずかな苦味も備わる。

これらすべてを身に付けると、ワインは「クラヴラン」と呼ばれる肩の張った瓶に入れられるが、その容量は620ミリリットルで、やはり全く規定から外れている。しかしこの容量は適当に決められたものではなく、6年の熟成の後、樽内に残ったのは総量の62パーセントという量に比例しているのである。

ヴァン・ジョーヌは「室温」で飲む唯一の白ワインであり、100年の熟成にも耐えられる。このワインの起源が中世にさかのぼるといういくつかの言い伝えがあるが、18世紀の初めに間違いなくシャトー・シャロンに登場したとする文献にしたがうほうがより確かだろう。

ヴァン・ド・パイユ Vin de Paille プルサール種とサヴァニャン、シャルドネー種からつくられる。ぶどうの房を乾燥した風通しのよい場所に置いた、藁の台か簀子の上に広げる。ぶどうは乾燥して、糖分がかなり凝縮する。クリスマスから2月の終わりにかけて圧搾され、甘口で干しスモモやオレンジの果実のコンフィのアロマが豊かなワインに変身し、長く熟成できるものとなる。

マックヴァン・デュ・ジュラ Macvin du Jara これはヴァン・ド・リクールで、未発酵のぶどうジュースに3分の1のマールを加えてつくられる。樫樽に入れられ、美しい琥珀色で16度から22度のアルコールをもつ。

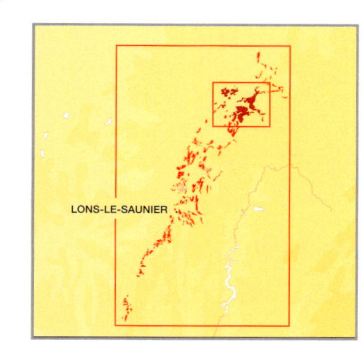

ジュラ地方 ◆ コート・デュ・ジュラ ◆ アルボワ ◆ アルボワ・ピュピヤン

Côte du Jura et Arbois
コート・デュ・ジュラとアルボワ

質の追求のため、ジュラの生産者たちはコート・デュ・ジュラのワインを生む栽培に適した丘陵の斜面を、シャブリのプルミエ・クリュと同じ広さのわずか750ヘクタールに限定している。ぶどう畑の真ん中にはアルボワとアルボワ・ピュピヤンという有名なアペラシオンの畑が、独特のテロワールで他と一線を画してある。

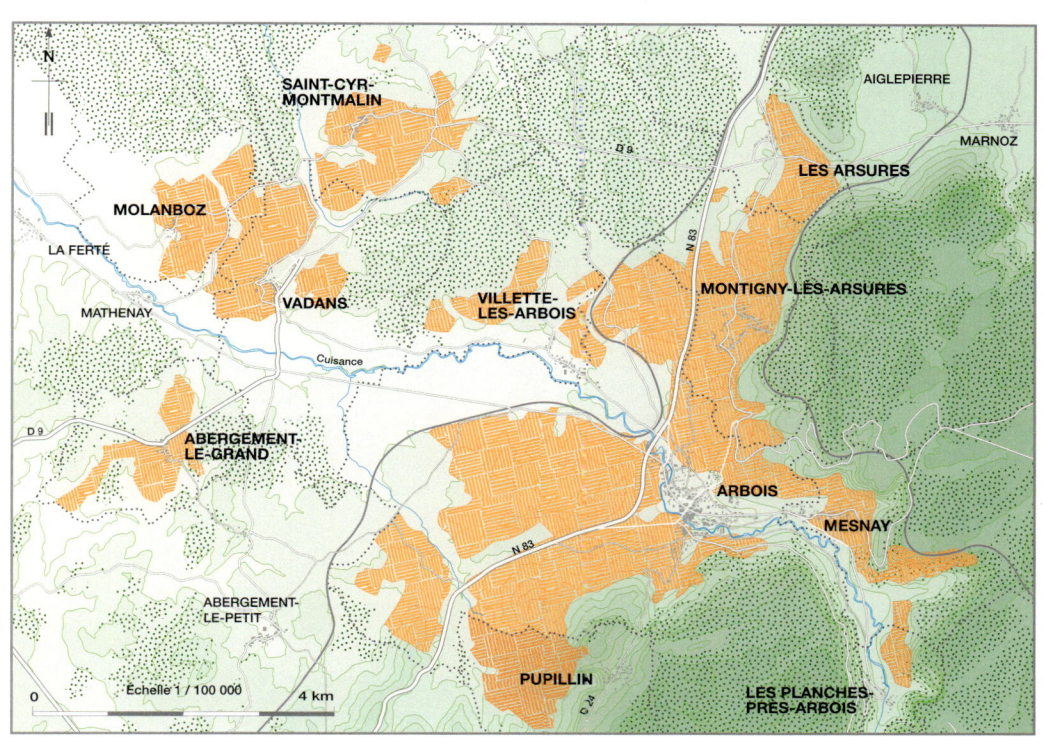

コート・デュ・ジュラ Côte du Jura （地図155ページ）

ルーの丘陵からジュラ地方の南まで広がっているこのアペラシオンには、一般的な状況と区別される特殊性なテロワールがいくつかある。

ルヴェルモン北部でよく見られるライアス統と三畳紀の泥灰土は、地質学的に混乱した構造のルヴェルモン南部では少なくなっている。斜面はだいたい西向きだが、丘陵は起伏の規則性を乱して、畑のある斜面の丘を孤立させている。

一方基盤の地質はジュラ紀上部までの層準が分布している。泥灰土より石灰岩の方が多く、起伏のコントラストの形成に寄与している。ここでは崩落物と表土が斜面にあるため、北部に較べて堆積が顕著である。

気候のデータにも微妙な違いが見られる。丘陵の南部は北部より降水量が少なく日照量が多い。この要因はもっとも泥灰土が少ないことと関係して、おそらく南の区域のワインがジュラらしい特徴に欠けることの理由となっている。

ここではジュラのすべての品種が栽培されているが、多いのは白ワインで、また赤は特にアルボワに集中している。

ルヴェルモン南部ではジュラ固有の品種が栽培されるところが減って、ピノ・ノワールとシャルドネー種が増えつつある。

統計（コート・デュ・ジュラ）
栽培面積：700ヘクタール
年間生産量：30,000ヘクトリットル

アルボワとアルボワ・ピュピヤン Arbois et Arbois Pupillin

この産地のほとんどが赤ワインで、泥灰土壌で栽培されるトルソー種とプルサール種からつくられている。

石灰岩の台地に護られて、アルボワのテロワールは三畳紀の虹色の泥灰土と灰色のライアス統の泥灰土が大半を占めていることで特徴付けられ、土壌は鉱物成分が豊富で、十分な保水能力がある。

斜面の下部は珪質結塊を含む粘土で厚く覆われ、台地の底部には石灰岩の崩落礫の堆積がある（[B]図参照）。

アルボワのテロワールではほとんどトルソー種が栽培されているが、それはぶどうが粘土とよい相性を見せるためである。したがってこの基盤がないピュピヤンの集落では、トルソー種は栽培されていない。

ピュピヤンの急な斜面は侵蝕されやすく、三畳紀の泥灰土を露出させている。この基盤はサヴァニャン種に適していて、特にプルサール種にとってはここフールの丘陵はその魅力を発揮できる理想的な状況にある。

また集落では石灰岩の崩落土がカイヨの丘陵のライアス統の泥灰土を覆っている箇所があるが、ここはシャルドネー種にとって最適の場所である。

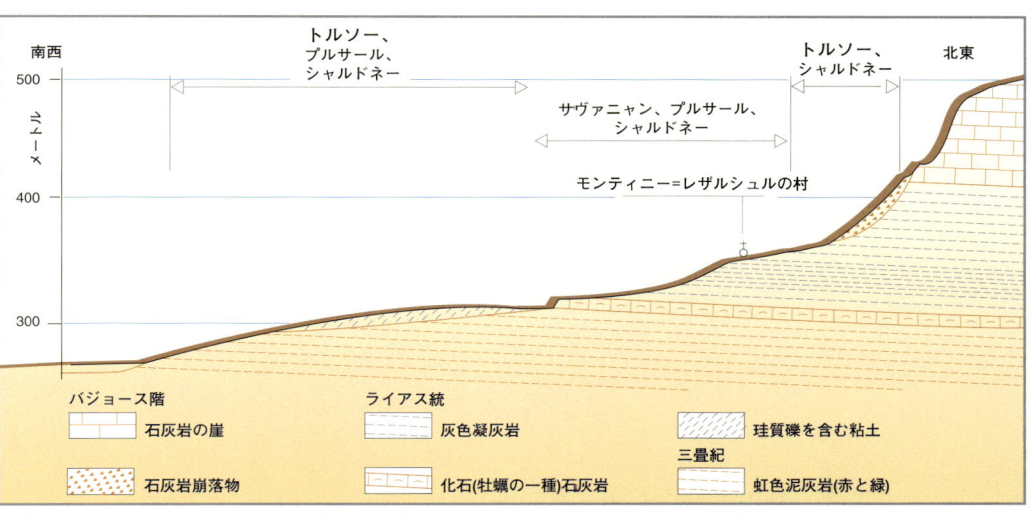

統計（アルボワ）
栽培面積：870ヘクタール
年間生産量：38,500ヘクトリットル

統計（ピュピヤン）
栽培面積：30ヘクタール
年間生産量：1,500ヘクトリットル

[B]モンティニー＝レザルシュルの栽培品種と、基盤および表土の関係を示す断面図

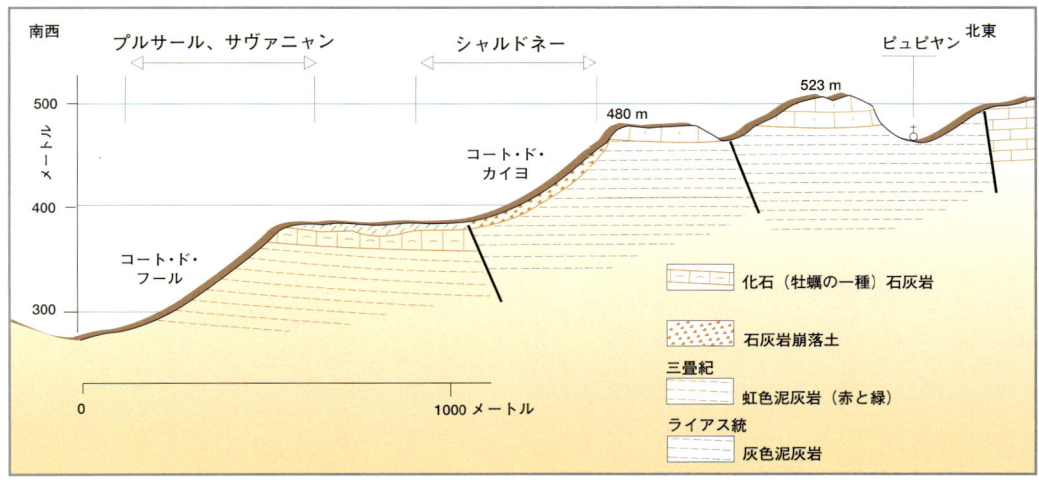

[C]ピュピヤンの栽培品種と、基盤および表土の関係を示す断面図

ジュラ地方 ◆ エトワール

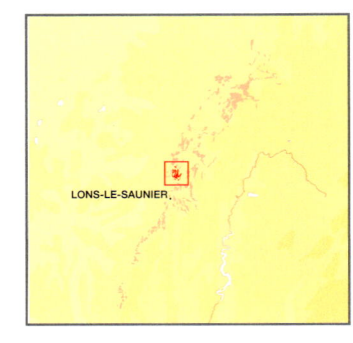

l'Etoile
エトワール

エトワールの産地は、シャトー=シャロンやアルボワと並び、ジュラ地方における3つの単独のアペラシオンのひとつであることを誇っている。エトワール（訳注：星）という名は、栽培地における基盤が無数のヒトデの化石を含んでいることからか、もしくは、斜面に畑を擁する5つの丘陵—ジュヌゼ、テロー、モントニー、モラン、ミュザール——がちょうど星の腕のようにこの地を取り囲んでいることに由来しているか、どちらであろう。

■ 気候

エトワールのぶどう畑は主にエトワールの集落周辺に位置するが、プレノワゾーやカンティニー、サン=ディディエ、リュフェの村々にも広がっている。

ジュラ地方の栽培地の気候の特徴はエトワールのアペラシオンにもあてはまる。しかしながら確認はできていないのだが、平均的な雨量は他の産地に較べ少ないようである。エトワールの生産者のほとんどは、春と夏の雷雨はぶどう畑に雨を降らせることなく、その周囲を回っているだけだと証言している。しかしながら数キロメートル東にいった、コート・デュ・ジュラを生産しているパネシエールやラヴィニー、ヴェルノワといったお隣の集落のぶどう畑が多い台地では、反対に雨がもたらされている。

この特殊性はおそらく地形と局地的な大気分布とに関係があるだろう。実際、エトワールの、標高差があるところとないところで、それが120メートルを越えない栽培地では上昇気流はほとんどおこらない。逆に東のおよそ200メートルから250メートルの高低差があるところでは、雷雨を起こしやすい乱気流がもたらされている。

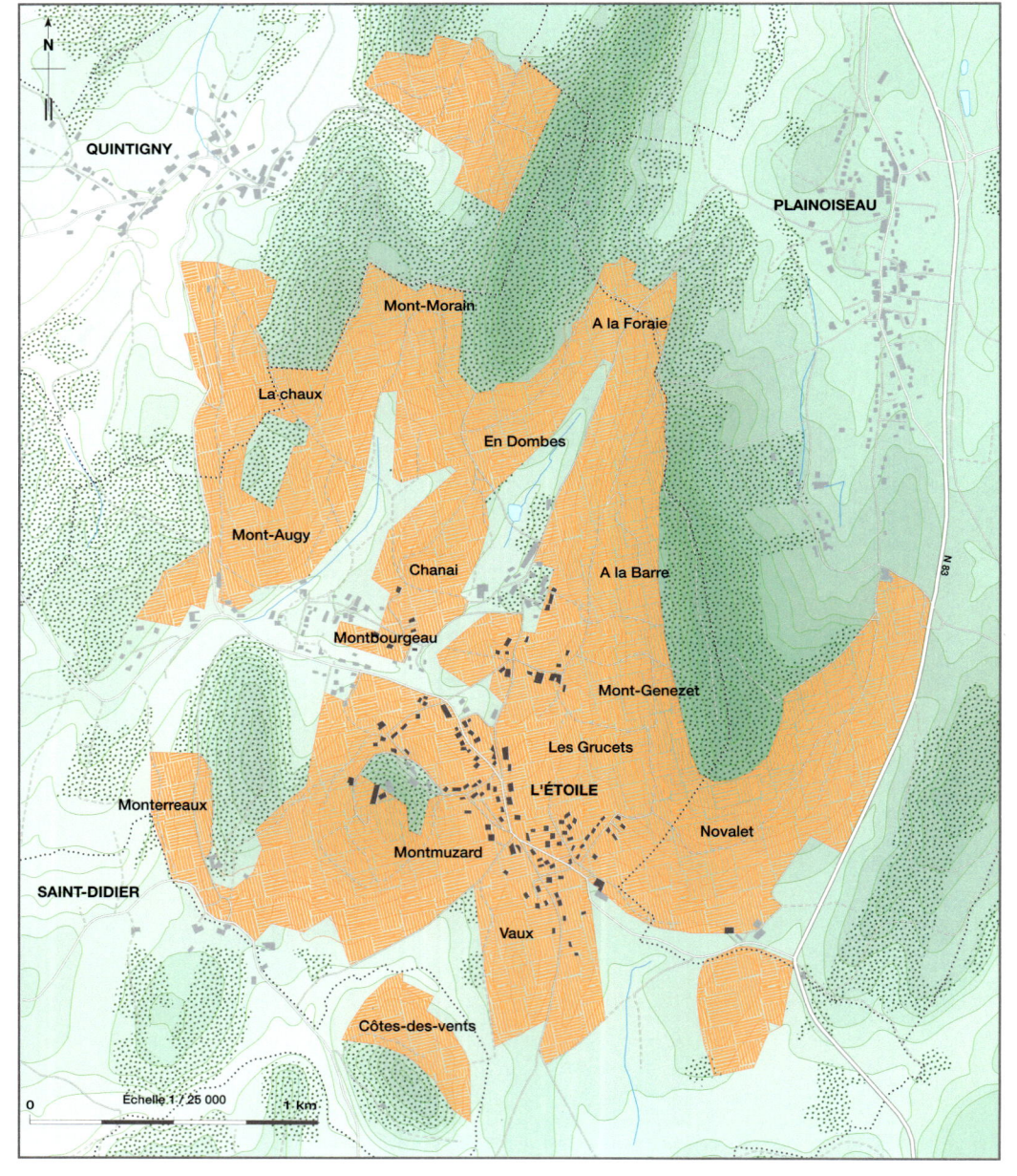

■ 地質と土壌

エトワールの基盤は、泥灰土を含む石灰岩や泥灰岩、多少目立つベージュやオークルの石灰岩の葉層に表されるジュラ地方の特徴を備えている。

3つの地質的な特殊性がエトワールのテロワールの独自性に刻まれている。この地ではジュラ紀の逆断層の構造の複雑さが東から西へと強まっている。さらにぶどう畑の東、台地と接しているところでは地質層序はほとんど混乱せず、シャトー=シャロンで見られるように大体そろっている。逆に西では、ブレス地方と接しているところでは地層が粉々に砕け、土壌はモザイク状になっているために、その性質はときに数十メートルごとに変わっている。

この地質上の複雑さは起伏にも表れている。円形に近いか南北の軸に沿ってわずかに長い偏円形の多くの丘陵が、南はロン=ル=ソニエ、北のアルレのあいだに点在しており、ひとつひとつが侵食を抑えている硬い石灰岩を頂部に露出させ、起伏が保たれている。この地勢によって様々な斜面の向きでの栽培が可能となっているが、多くは西向きで、まれにジュラでは珍しい東向きも見られる。粘土石灰質の土壌の性質はシャルドネー種の栽培に適しており、面積の9割を占めている。

丘陵頂部の石灰岩の台地は第四紀の侵食を起こした寒冷期のあいだの破片や堆積のもとを形成している。また泥灰土はエトワールのぶどう畑では露出していることはまれである。この土壌は珪質礫や石灰岩の破片を含む粘土で覆われているからである。この層の厚さは数メートルを超えることはなく、土壌を軽くするには十分である。

おそらく、これらの特殊性がエトワールのワインの独自性の原因といえるだろう。

■ ぶどう品種とワイン

白ワイン用の2つの品種と赤用の品種ひとつから、ヴァン・ジョーヌ、発泡および非発泡性の白ワイン、それにヴァン・ド・パイユがつくられている。

この地で、ガメ・ブラン種と呼ばれるシャルドネー種と、プルサール種に加えられるサヴァニャン種はエトワールの白ワインにはよく用いられる品種である。これらのブレンドにより火打石やハシバミのアロマのはっきりした白ワインが生まれる。口に含むと独特の甘美さがあり、酸味の少ないフィネスにあふれたワインである。

サヴァニャン種のみでつくられるヴァン・ジョーヌの他に、エトワールではシャルドネー種から黄金色の色調や銀色の光沢のあるとても評判のよい発泡酒を生産している。このワインの泡は細かく持続性があり、上質でエレガントなアロマは果実と花のニュアンスがある。また、ヴァン・ド・パイユはエトワールのアペラシオンのもうひとつの特産ワインである。

統計

栽培面積：80ヘクタール
年間生産量：3,600ヘクトリットル

ジュラ地方 ◆ シャトー=シャロン

Château-Chalon
シャトー=シャロン

　ジュラ地方の栽培地の中心に位置するシャトー=シャロンは、他に類を見ない環境でサヴァニャン種単一から偉大なワインを生産している。このわずかな量の珍しく力強いワインは、独特なクルミ様のアロマを纏い、100年の熟成にも耐えられる。このワインは力強さ、複雑さ、気品の宝庫といえるだろう。

■ 産地の景観

　シャトー=シャロンの景観は、その優美さと理想的な環境にあるぶどう畑によって際立ったものになっている。

　ぶどう畑はシャトー=シャロンの集落とメネトリュ=ル=ヴィニョーブル、ネヴィ=シュル=セーユ、ヴォワトゥール、ドンブラン各集落のいくつかの区画に広がっている。

　景観は、高低差270メートルから450メートルにおよび、勾配も20度以上に達する急な斜面が広がっている。斜面は、北はネヴィ=シュル=セーユの村から北西は県道205線のあいだにあり、日の出から日の入りまでの日照を享受できる。

　畑は威圧されるような断崖によって護られているため、ぶどうは完璧な成熟が可能となる。

■ 気候

　このテロワールにおいてサヴァニャン種がうまく成熟するための、必要かつ最適な気候条件を備えている。

　ジュラ地方のような厳しい気候環境においては、地形は気候にたいへん強い影響を与える。そしてシャトー=シャロンのぶどう畑はその独特な地形の恵みを十二分に享受している。

　ボーム=レ=メシュールの袋谷の出口にある南と南西向きの斜面は最大の日照時間を受けている。ぶどう畑に突き出し、よく開け頂部に石灰岩層がある段丘は、日中の太陽エネルギーを蓄え、夜間、急激に土壌が冷えるのを避けるため、それを放出している。さらに段丘はぶどう畑を北や北西から吹く冷たい風から護っている。

　ぶどうがもっともうまく成熟するのは斜面の3分の2のより上の部分で、そこにある畑は冷たい大気の影響を受けず、また雨水の排出を容易にする、袋谷による水路も見られる。

■ 地質と土壌

　栽培地一帯を見下ろすシャトー=シャロンの集落からの眺めは、この地の地質および地理的状況が並々ならぬものであることを教えてくれる。

　いくつかの断層が組み合わさりシャトー=シャロンの集落がある段丘の頂部は一段と高くなっている。メネトリュ=ル=ヴィニョーブルの村のある西の区画と、ネヴィ=シュル=セーユ村を見下ろす東の区画とはほぼ同じ標高にある。断崖はシャトー=シャロンの村のすぐ下にあり、ぶどう畑を護るかっこうになっていて、その底部は崩落石灰岩の堆積が豊富で下部の泥灰土と混ざりあい豊かな土壌となっている。この下層土はさらにぶどう樹を温め、成熟を促している。この断層の作用のおかげで、ライアス統の灰色から青みがかった泥灰土が、ジュラの他の栽培地に較べてより露出している。典型的な逆断層が見られる地に較べて、シャトー=シャロンのぶどう畑は顕著に奥まっていて、突出部を形成している台地をうまく背にしている。それはさらに西のほうで豊富に見られる断層群によって挟み込まれた地層の細切れの帯の外にある。ここで見られるライアス統の地層は圧延されることが少なく、連続的である。アルボワ地方でこの地層は120メートルの高さしかないのに対して、ここでは200メートル近くにまで達している。

　この貴重な地質学上の遺産によって、凍裂した岩棚が生んだ石灰岩の堆積が他の岩石に較べ半分以上を占め、より安定して供給されている泥灰土の斜面を、南あるいは南西の向きにしている。

■ ワイン

　シャトー=シャロンのヴァン・ジョーヌという特別のワインはサヴァニャン種のみからつくられ、複雑さにおける金字塔ともいえるワインである。

　力強く複雑な、この規格はずれのワインを表現する形容詞はなかなか見当たらない。若いうちから黄金色の色合いで、熟成につれ琥珀色に変化する。またヴァン・ジョーヌ特有のクルミやカレー・スパイス等の他にはない香りがあり、口に含むとしっかりとした力強さが感じられ、後口にわずかな苦味があり、風味がとても長く口に残る。これは1世紀のあいだでも寝かしておくことが可能な稀有なワインである。

統計
栽培面積: **45ヘクタール**
年間生産量: **1,600ヘクトリットル**

シャトー=シャロンの栽培地の東西方向の鳥瞰図

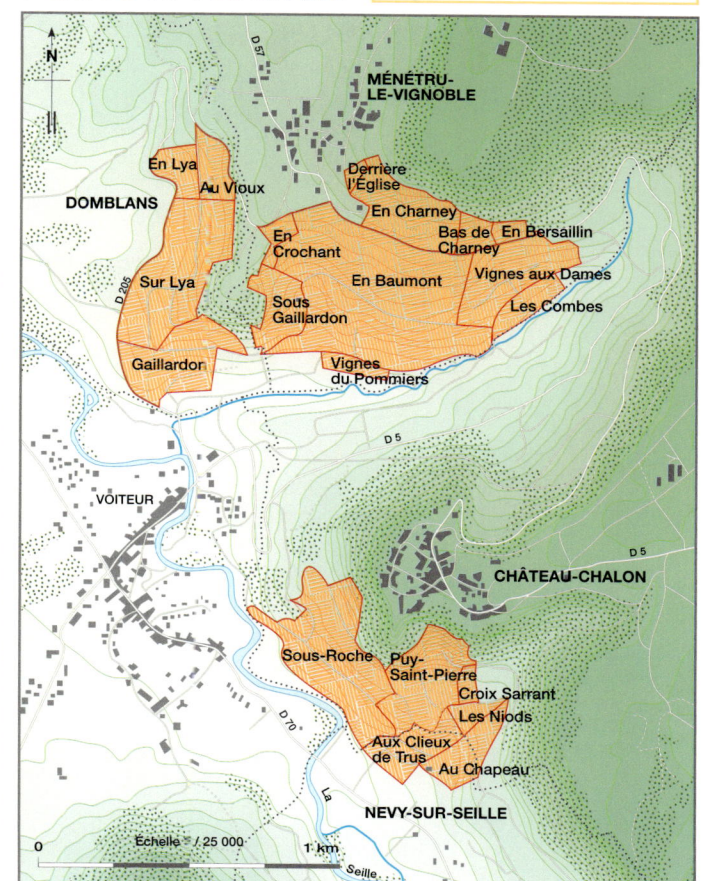

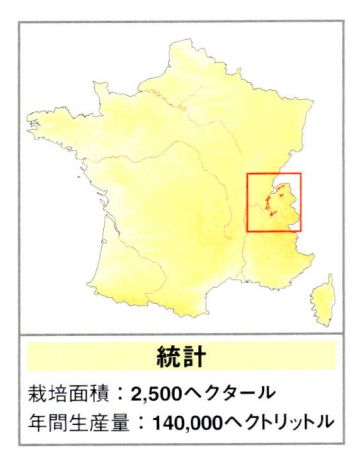

サヴォワ地方

Savoie
サヴォワ

高い山々と多量の積雪で知られるこの地方がぶどう栽培に適した条件を備えているというのは奇妙に聞こえるかもしれない。しかしながらフランス南東部に位置する、現在のサヴォワ県とオート゠サヴォワ県を含むこの地方は、いまだに簡単に扱われすぎているが、なかにはとても注目に値するワインを生産している産地がある。

統計
栽培面積：2,500ヘクタール
年間生産量：140,000ヘクトリットル

■ ぶどう栽培の始まりとその来歴

紀元前121年にローマ帝国の支配下になる以前のアロブロゲス族の領地において、ぶどうの栽培は既におこなわれていた。作家であるコルメラや大プリニウスによると、当時ローマでアロブロゲスのワインは高く評価されていたらしい。

ローマ人が去った後は、サヴォワのぶどう栽培は主として、谷の斜面を栽培地として開墾した修道士の仕事だった。

その後ぶどう畑は教会、そして貴族階級の所有となり、最後に市民の手にわたった。

17世紀から18世紀にかけて、ぶどう畑はかなり発展したが、とりわけ「農民のワイン」と呼ばれる酸っぱくアルコールの低いワインを大量に生産していた。

1830年以降、まとまった大きな領地は細分化されて農民に払い下げられ、1878年から1893年のフィロキセラ危機の後、栽培地の痛手からの回復はアペラシオン制度の登場とともに栽培方法の合理化を促した。そして20世紀後半には名実ともに良質のワインの生産地へと変貌を遂げた。

しかしながらサヴォワ独自のワインとしての生産を怠ってきたいくつかの栽培地では、生産者達は本来この地の品種ではないぶどう樹を引き抜かざるを得ない状況に追い込まれた。

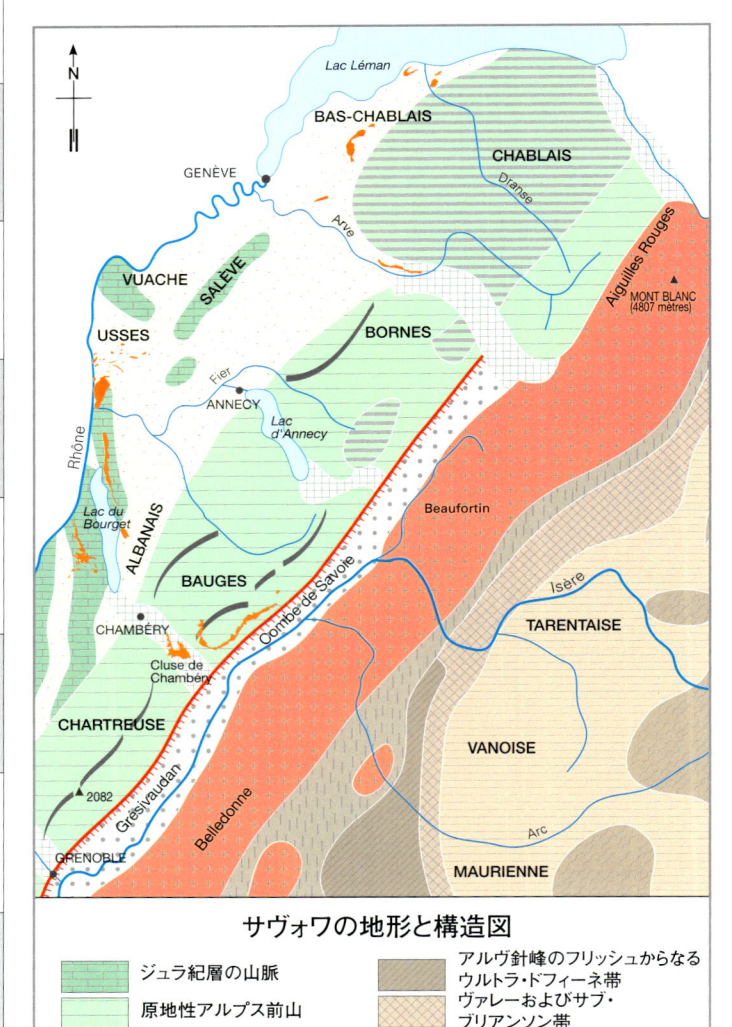

■ 産地の景観

地中深くから突然隆起した花崗岩質のモン゠ブラン山塊は、氷河期の最後の氷期に形成された広い渓谷と横谷によって分断された、比較的標高の低い石灰岩のアルプス前山地帯に囲まれている。

地質学上の構成 この地方はアルプス前山の山並み――大きな2つの谷と、いくつかの横谷によって分断されている――と、モン・ブランから続く山脈とに挟まれた旧来からの交通路のある谷間の部分によって形成されている。重要な要素は「シヨン・アルパン（訳注：アルプスの溝の意）」と呼ばれる、北東から南西に向かう断層線がこの地方の自然条件を支配していることである。

もっとも痩せた土壌 モレーンの台地や斜面の堆積物や集積物上のもっとも痩せた土壌が、もっとも良質のワインを生む。幾世紀にもわたる経験から、生産者はぶどう品種とテロワールの最良の一致を見出している。テロワールの性質と栽培されるぶどう樹、またその周辺に見られる微植物相にしたがって、この地方のワインがそれぞれ固有の特徴を纏うことは当然期待されるところである。

アルプス前山地域 アルプス前山地域はジュラとアルプス前山山脈のあいだの継ぎ目を形成している。白亜紀前期のこの地方特有のジュラ石灰岩を含む最近の背斜が、第三紀のモラッセと第四紀のモレーンの堆積物の下に沈降している。この地方は高山地帯としては350メートルから650メートルと、低めの標高で気候に恵まれ、氷河の湖と谷あいで農業を発達させた多くの集落が見られるところである。

アルプス山麓地帯 2000メートルの標高に達する石灰岩の山脈で、30キロメートルから40キロメートル毎に分断している横谷がなければ、越えられない障壁を形成している。アルプス前山地のシャルトリューズやボージュ、ボルヌの山々は山麓地帯を見下ろすいわば砦である。

ボージュ山塊の南や南西の斜面はクリューズ・ド・シャンベリーやコンブ・ド・サヴォワの栽培地になっていて、この山塊の麓に堆積したチトニアン階の石灰岩や泥灰岩の上に、シニャンやモンメリアン、アルバン、クリュエやサン゠ジャン゠ド゠ラ゠ポルト等のクリュが見られる。

ウルゴン階が侵蝕されたでできたシャルトリューズ山塊では、標高1933メートルのグラニエ山の堂々たる絶壁や後に発見された1248年の大崩落の跡、アビムのクリュを覆っている横谷底部の岩石破片の堆積など興味深い景色が広がっている。

またシニャンとモンメリアンのクリュはこの地でも最良の斜面の向きにあり、北にはシャンベリーとシャ山、ブルジェ湖が見られる。この湖とサヴォワ渓谷のあいだには、ウルゴン階の石灰岩の断崖がみごとなボージュ山塊がある。

シヨン・アルパン シヨン・アルパンはアルプスの構造の要のひとつである。北東から南西方向の大きな断層がこの地の地質構造を支配していて、西の石灰岩・泥灰岩の山脈と東の火成岩と変成岩からなる山脈を分断している。イゼール川が流れるこのサヴォワ渓谷は、日当たりのたいへんよい南西の斜面がティトン階の断崖からの崩落物である石灰岩礫で形成され、シニャンからサン゠ジャン゠ド゠ラ゠ポルトの集落にかけて良質のぶどう畑が連なっている。

サヴォワの地形と構造図

- ジュラ紀層の山脈
- 原地性アルプス前山
- 衝上したアルプス前山
- アルプス前山の峡谷
- アルプス外縁結晶質山塊（中央岩体）
- 断層
- 稜線
- サヴォワの栽培地
- アルヴ針峰のフリッシュからなるウルトラ・ドフィーネ帯
- ヴァレーおよびサブ・ブリアンソン帯
- ブリアンソン帯
- 低変成度結晶片岩
- 山麓のモラッセ
- 中央岩体を覆う堆積層
- シヨン・アルパンの堆積物
- 中部アルプスに占めるドフィーネ帯

サヴォワ地方

■気候

ほとんどが山地に属するサヴォワ地方の気候は変化に富み、谷は温暖で、山塊上では厳しい。また向きのよい斜面にあるぶどう畑は日照量にとても恵まれている。

北緯45度にあるというこの地方の地理的な位置によって、海洋性の強い影響を受けた大陸性の気候が見られる。厳しい冬と暑い夏は突然の予測できない天気の変化をもたらすことがある。

北東のオート=サヴォワ県側は海洋性気候の影響にさらされ、南部に較べずっと冷たい気候である。南部はもっとも地中海の影響を受けやすく、冬のあいだの日照時間も長く、気温も高い。

渓谷の斜面の日照を受ける向きは気候的な側面の別の要因である。はるか南仏を望む南向きの斜面はもっとも日照時間が長く、特に斜面の端で著しい。

というのも畑への熱量の供給は太陽光線が垂直に当たるほうがより大きいからである。したがって逆に太陽光線が地表すれすれに射す場合はエネルギーの恩恵はわずかである。

日照量 山がちでないところでのサヴォワで記録されている年間の平均日照時間は1874時間なので、栽培地では実際は2000時間まで増えるかもしれない。

なぜなら山々の斜面にある畑は平地に較べ、その斜面という性格上、日の出に始まり日没までしっかり日照を享受できるからである。

1600時間から2800時間と開きのあるこの国においては、サヴォワは日照時間に恵まれた地方と考えてよい。

気温 気温はもっとも高い山々の頂部ではたいへん厳しいが、同時にブリゾン=サンティノサンの村のブルジェ湖を見下ろす斜面のように、オリーブの木や蝉を観察できるようなプロヴァンス地方を想わせる暖かさに恵まれたところもある。

気候の多様性はなにより起伏によるところが大きく、つまり標高と太陽への斜面の向きが関係している。生産者たちはぶどう畑の区画を選択する際、これらの要素を考慮しなければならない。

寒気は、それが突然襲ってきた場合は手強い。しかしながらサヴォワの歴史的なぶどう品種は厳しい環境にも耐性があり、この地に適応している。

風 西からの風が優勢で、湿度と穏やかな気温をもたらしている。

温暖さが地中海に由来しているのに対して、厳しい寒気はこの地方でビーズと呼ばれる北風と結びついている。サヴォワでは、北から南まで起伏と斜面の向きに応じて、ビーズが異なる影響を与えている。

春には冷たい北風がぶどう畑にひどい被害を与える霜をもたらす。秋には朝方の東からの冷えて湿った風は霜を惹き起こし、日中の南フランスからの風がしばしば雷雨をもたらす。この状況は谷から山の頂に向かって昇る朝日がもたらす谷風によってさらに複雑になっている。

というのもその空気が湿っていると、生産者たちが恐れる雷雨になる可能性のある積乱雲の発達を促すからである。雲は大気中を移動しながら、山々の起伏によって発生する乱気流の影響で生まれたり消えたりしている。この動きはやがて、ぶどう樹に病害虫をもたらす驟雨となったり、畑に非常な打撃を与える雹を降らせたりもする。

降雨量 降雨量は西風と南西風に関連しており、この影響を受けている斜面では雨が多い。ぶどう畑の降雨量の記録は様々で、標高に加えて勾配によるところが大きい。

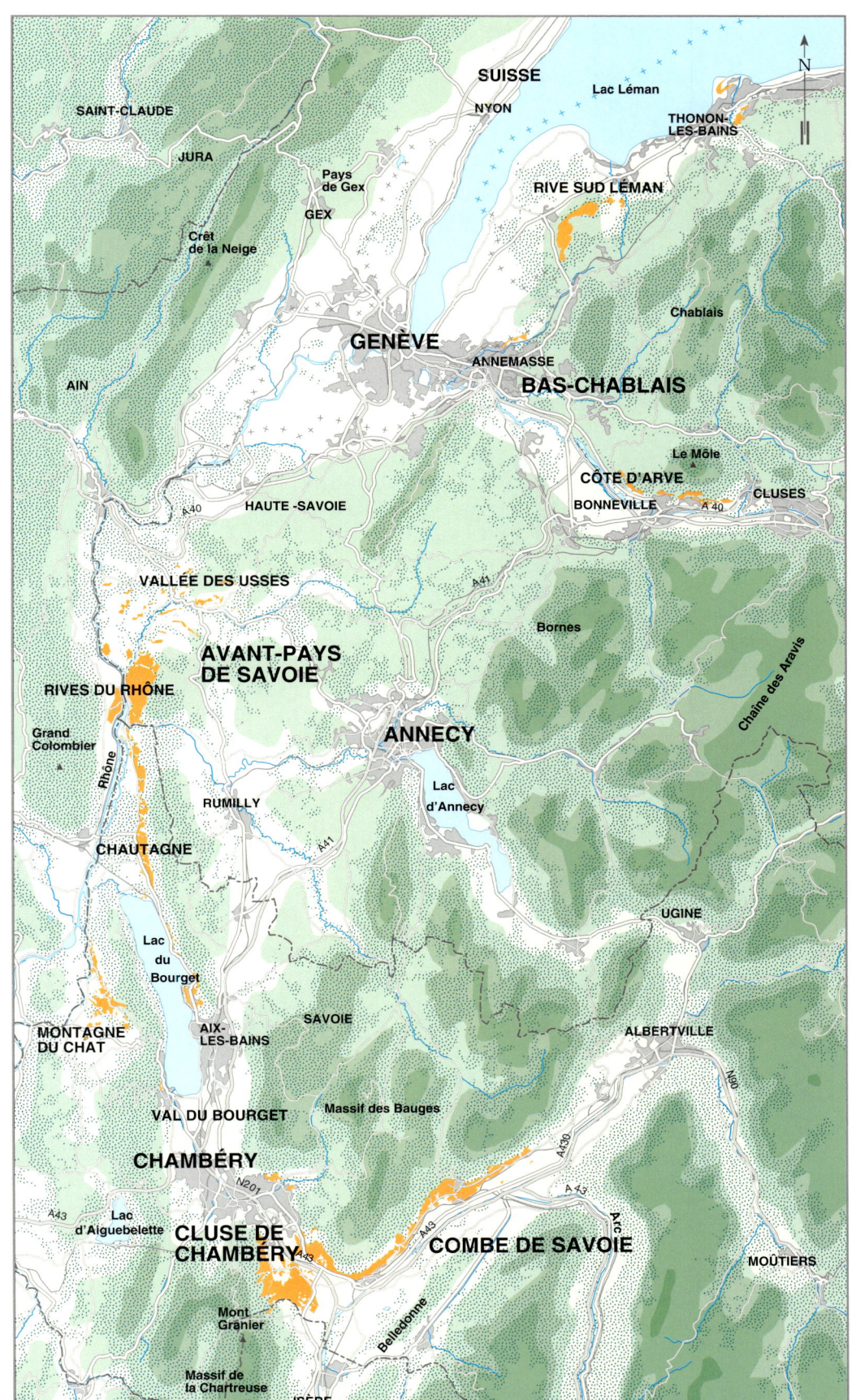

ウインクラーとアメリンの気温区分

地方	観測地	緯度	経度	高度	記録期間	10℃以上の平均積算気温
サヴォワ	シンドリュー	北緯45.5度	東経5度51分	340m	1972−2001年(30年間)	1373.3℃
シャンパーニュ	エペルネー	北緯49.02度	東経4度	90m	1982−2001年(20年間)	1169.9℃
アルザス	コルマール	北緯48.03度	東経7度19分	90m	1949−2001年(53年間)	1113.3℃

ぶどう栽培は、生育に適した季節の平均気温の積算が摂氏2840度以上、あるいは日中の平均気温が10度以上で少なくとも1000度以上のところでのみ可能であることが示されている。上に掲げた数値は、4月初旬から9月末までのぶどう樹の生育期間の観測記録に基づいて作成してある。

出典：メテオ・フランス

サヴォワ地方

サヴォワのワイン

1973年以来、クレピィとセイセルのアペラシオンが加わったが、この地方全体のアペラシオンとしてはヴァン・ド・サヴォワ、ルセット・ド・サヴォワの2つしか認められていない。この2つのアペラシオンは、19のテロワール毎のクリュが生み出すワインの酒質と特徴によって区別されており、ヴァン・ド・サヴォワ、ルセット・ド・サヴォワにそれぞれのクリュの名称を併記することができる。

サヴォワのぶどう畑は生産量の7割が白ワインで、栽培地はサヴォワとオート=サヴォワの2つの県に点在している。北から南の9つの地区を、ここでは大きく4つに括ってある。

◆バ=シャブレ

レマン湖南岸 シャスラ種の栽培地で、マラン、リパイユ、マリニャンの各クリュとクレピィのアペラシオンが生産されている。

コート・ダルヴ グランジェ種が栽培され、エーズ周辺の3つの集落からエーズのクリュ名付きワインを生産している。

◆サヴォワ前山地区

ヴァレ・デジュス ルセット種が占め、クリュはフランギーとなる。

ローヌ河沿岸 モレットとルセット種が栽培され、セイセルのアペラシオンを生産している。

ショターニュ ガメ種が多く見られ、クリュはショターニュとなる。

ヴァル・デュブルジェ 都市化のためにシャルピニャのクリュを失い、消滅寸前だがほんの少しヴァン・ド・サヴォワが生産されている。

シャ山 ルセット(別名アリアス、アルテッス)種が有名で、マレステルやモントゥーのクリュを生産し、ジョンギューのクリュでは赤と白が見られる。

◆クリューズ・ド・シャンベリー

この地区がモンテルミノのクリュでルセット種をいくらか栽培しているとしても、ここはアプルモンとアビムのクリュ、および量は少ないがシニャンとサン=ジョワール=プリューレの区画からつくられるジャケール種の領地であることには異論がない。ベルジュロンと呼ばれるルサンヌ種はシニャンのクリュに最適の土壌を見出し、シニャン=ベルジェロンのアペラシオンでワインを生産している。

◆コンブ・ド・サヴォワ

この地区の品種は様々で、モンドゥーズ種はアルバンで成功を収め、白のジャケール種はモンメリアンとクリュエ、およびサン=ジャン=ド=ラ=ポルトのクリュでワインを生産している。サン=ピエール=ダルビニーの町より上流にはヴァン・ド・サヴォワのアペラシオンが見られるだけである。

■ ぶどう品種

サヴォワの産地で見られるぶどう品種の多様性には、アルプスの騎馬国家の歴史のなかで発展した交易とその勢力の例証と見ることができるだろう。

白ぶどう品種

ジャケール Jacquere サヴォワの白用栽培地で1000ヘクタールと半分以上を占める品種は、この地方固有のぶどうである。この品種はクリューズ・ド・シャンベリーの地に繁栄をもたらし、コンブ・ド・サヴォワの畑にも同様に貢献している。というのもこの品種は、肥沃な土壌ではとても収量が多くなるが、同じ産地でもシニャンのような斜面、あるいはアプルモンのような異なるクリュでは、種々のテロワールと備わる斜面の向きの組み合わせによってぶどうが様々な質を見せ、注目に値するワインを生んでいる。

ルサンヌあるいはベルジュロン Roussette ou Altesse ほんのわずか(栽培面積の2パーセント、20ヘクトリットル)だけ、シニャン=トルメリーの極上のテロワールで栽培されていて、しばしば熟成も可能な素晴らしいワインとなる。

ルセットあるいはアルテッス Roussette ou Altesse 点在していて(栽培面積の12パーセント、90ヘクトリットル)、コクのあるスパイシーなワインを生む白ぶどう品種である。フランギーやシャ山のジョンギューやモントゥーのクリュで揮されている。

黒ぶどう品種

モンドゥーズ Mondeuse 素晴らしいテロワールにおいては芳醇でタンニンの豊富なワインを産する。サヴォワのもっとも純正種で、またまちがいなく古い赤ワイン用のぶどうである(栽培面積の8パーセント、60ヘクトリットル)。

ガメ Gmay ガメ種は最近サヴォワに導入された品種であるが、にもかかわらずこの地方の赤ワインのなかでは生産量がもっとも多い(栽培面積の17パーセント、260ヘクトリットル)。この品種はショターニュ地区でもっとも魅力が発揮されている。

ピノ・ノワール Pinot Noir 20ヘクトリットルと生産量はわずかだが、クリューズ・ド・シャンベリーの革新的な生産者にとっては成功を収めている。

ペルザン Persan かつての名高い「ロシュレのワイン」のぶどう品種で、実際はほとんど絶滅に近い状態にあったが、近年再植の動きが盛んとなりコンブ・ド・サヴォワ地区や、タランテーズ、モーリエンヌで見られる。痩せた土壌を好み色の濃くタンニンの強い、長期熟成できるワインとなる。

成功を収め、さらに面積は小さくなるがクリューズ・ド・シャンベリーやコンブ・ド・サヴォワの地区でも栽培されている。

シャスラ Chasselas スイスではファンダン種と呼ばれ、軽い口当たりのワインになる。その栽培はレマン湖の南の岸から、リパイユやマラン、マリニャンのクリュとクレピーのアペラシオンのワインを生産している。この品種はオート=サヴォワ県のぶどう畑で7割を占めている。

グランジェ Gringet 栽培面積の1パーセントだけで、アルヴの渓谷で有名なエーズの発泡性ワインを生んでいる。

珍しいぶどう品種

アリゴテやシャルドネ種がショターニュやクリューズ・ド・シャンベリー地区で栽培されているように、その他の品種もサヴォワでは受け入れられている。モレット・ブランシュはセイセルのクリュで栽培されているが、ルセット種とともにセイセル・ムスーの使用品種になっている。モンドゥーズ・ブランシュと特にマルヴォワジー種は、とりわけ17世紀に大いなる名声を享受したが、現在ではその名残が見られるだけで、わずかに2,3の生産者が栽培するのみである。

区域	クリュ	斜面の向き	地質と土壌	地質年代	品種	色
レマン湖南岸	クレピィ Crépy	西	漂礫土のモレーン	第四紀前期	シャスラ	白
	マリニャン Marignan	西	漂礫土のモレーン	第四紀前期	シャスラ	白
	マラン Marin	西	礫と砂	第四紀後期	シャスラ	白
	リパイユ Ripaille	西	砂と礫	第四紀現世	シャスラ	白
コート・ダルヴ	エーズ Ayze	南	砂礫と礫	第四紀後期	グランジェ	白
ヴァレ・デジュス	フランギー Frangy	南から南東	小石混じりのモレーンと砂質のモラッセ	第四紀と第三紀	アルテッス	白
ローヌ河岸	セイセル Seyssel	東から南東	粘土質のモレーン	第四紀後期	アルテッス*	白
ショターニュ	ショターニュ Chautagne	西	モレーンとモラッセの砂岩	第四紀と第三紀	ガメ*	赤*
シャ山	ジョンギュー Jongieux	西	モレーンと泥灰土	中生代(オーテリーヴ階)	ガメ*	赤*
	マレステル Marestel	西	泥灰質石灰岩	中生代(キンメリッジ階)	アルテッス	白
	モントゥー Monthoux	南西	土砂堆積とモレーン	第四紀後期	アルテッス	白
クリューズ・ド・シャンベリー	アビム Abyme	東	土砂堆積とモレーン	第四紀現世	ジャケール	白
	アプルモン Aprement	東	土砂堆積とモレーン	第四紀現世	ジャケール	白
	シニャン Chignin	南南西	石灰岩堆積と泥灰質石灰岩	中生代(オックスフォード階)	ジャケール	白
			モレーン	第四紀後期	モンドゥーズ*	赤
	シニャン=ベルジュロン Chignin-Bergeron	南	石灰岩堆積	第四紀現世	ルサンヌ	白
	モンテルミノ Monterminod	南	泥灰石灰岩とモレーン	中生代(ベリアス階)	アルテッス	白
	サン=ジョワール=プリューレ Saint-Jeoire-Prieuré	南西	モレーンと泥灰質石灰岩	中生代(オックスフォード階)	ジャケール*	白*
コンブ・ド・サヴォワ	アルバン Arbin	南東	土砂堆積とモレーン	第四紀現世	モンドゥーズ	赤
	クリュエ Cruet	南東	石灰岩堆積	第四紀	ジャケール	白*
	モンメリアン Montmélien	南	石灰岩堆積	中生代(オックスフォード階)	ジャケール*	白*
*主要なもの	サン=ジャン=ド=ラ=ポルト Saint-Jean-de-la-Porte	東	土砂堆積	第四紀現世	モンドゥーズ	赤

Bas-Chablais
バ＝シャブレ

オート＝サヴォワ県の北、レマン湖の南岸に一続きになった3箇所のぶどう畑の集まりがある。この産地は、シャスラ種が多く見られるスイス、ヴァレ州の栽培地の先である。またシャブレ山塊の裏側にはアルヴ渓谷を見下ろしていて、「コート・ダルヴ」の名を冠するにふさわしい栽培地があるが、ここではレマン湖畔と異なり、サヴォワの有名な微発泡性ワインに用いられるグランジェ種が目立っている。

■ レマン湖の南岸

歴史的にも有名なリパイユやマリニャン、クレピィの栽培地と、それほどではないがやはり名の知れたマランのぶどう畑ではシャスラ種が栽培されて、レマン湖のほとりからオート＝サヴォワ県の北西の端の丘陵まで広がっている。

リパイユ このクリュはドランスの三角形の扇状地を形成している新しい時代の砂と礫で構成された第四紀の湖成堆積物の台地に広がっている。この畑は湖水面より10メートルから25メートルの高さで、接しているレマン湖によって、厳しさが和らげられているバ＝シャブレの気候に恵まれている。

ここは同時に、かつて「リープ（訳注：灌木の茂み）」と呼ばれ、醸造所の名にもなっていた小楢が多く見られる森林に接している。

リパイユのワインはシャスラ種のみからつくられ、栽培は機械化もされているが、収穫は完全に熟した状態で人手によりおこなわれる。年間生産量は1100ヘクトリットル、およそ20万本でこの地の販売量のほとんどを占めている。この辛口の非発泡の白ワインは、明るい黄金色で、セイヨウサンザシの花や甘扁桃のような黄色い果実、レモンやパイナップルのような柑橘類の香りがあり、フレッシュで生き生きとし、シンプルな心地よいものである。したがってリパイユはフルーティーなうちに早く愉しむべきワインである。

マラン ぶどう畑はマランとその隣、ピュブリエの集落にあり、レマン湖とドランス川を見下ろす、25メートルから100メートルの高さのウルム氷期の丘陵と台地に広がっている。ここでの特色は「クロス」と呼ばれる栽培方法である。この、穀物を栽培している畑や牧草地のなかにぶどう畑が点在する光景は、昔からマランの美しい景観のひとつとなっている。畑の衰退を経た後、今日では、輝くような色合いをもち、微発泡で軽くフレッシュな味わいで1年以内が飲み頃の辛口白ワインによって、かつての繁栄を取り戻しつつある。

マリニャン 栽培地はボワジィ山のふもとのシーズの村にあり、モン＝ブラン山塊に由来する結晶質岩石の大きな礫に、変成岩や堆積岩片の混ざった、第四紀のモレーン堆積物上に広がっている。シャトー・ド・ブレントーンとトゥール・ド・マリニャンのぶどう畑では、930年に設立されたフィリー修道院の修道士によって所有されていた有名なテロワールにおいて、今日でも伝統的な栽培法を守り続けている。ここでもシャスラ――ファンダン・ヴェールあるいはファンダン・ルー種とも呼ばれる――種が栽培されているがマリニャンの栽培面積はずいぶん減少し、この微発泡でうっとりするような香りと味わいの、まぎれもなく良質のワインにもかかわらず、いまだに年間290ヘクトリットルしか生産されていない。

クレピィ この単独のアペラシオンをもつ産地ではシャスラ種が、バレゾンとロワザンからドゥヴェーヌとマソンギィの集落まで広がっている古いモレーン上で栽培されている。ここはまちがいなくサヴォワ全体でもっとも古く有名なクリュのひとつである。この畑は13世紀に、シュル・リー状態の醸造法から得られる微発泡のワインを生産していたフィリー修道院の所有であった。

現在、この地では耕作の機械化が進んでいる。ワインはマロラクティーク発酵もおこない、アルコール度数は通常11.8度ほどである。また生産量は平均で年間4200ヘクトリットルである。

クレピィは軽い味わいで、利尿作用があり、黄金色の輝く色合いと甘扁桃やセイヨウサンザシの香りを纏い、シャスラ種由来のすっきりした果実味を備えている。若いうちに飲むのがおいしいワインだが、注目すべきことに10年程度の熟成に耐えられることは、そのテロワールが伝統的に証明している。

コート・ダルヴ

ぶどう栽培の可能な標高の限界に素晴らしいテロワールで、モンドゥーズ・ブランシュ、グロス・ルセット、それにボン・ブラン種という3つのぶどう品種と、グランジェ種をブレンドしてヴァン・デーズという特徴のはっきりでた発泡性のワインを生産している。

エーズ この小さな栽培地は絶好の真南の向きにあるが、気候的にぶどう栽培の限界の区域に位置している。畑はボンヌヴィル（コート・ディヨ）からエーズを通ってマリニエの村まで広がり、ルペル階の海成モラッセ上で栽培されている。このモラッセは、標高600メートル付近で、高さ1863メートルの険しいモール山塊を見下ろしているアルプス前山山脈の中央部に位置するナップに衝上されている。またこの山の西では頂が、1200メートルから900メートルのあいだ、エーズの右側からコート・ディヨまで4キロメートルにわたって急に低くなっている。この560メートル以下の丘陵の下部に、主なぶどう畑が広がっている。隣には下の第三紀のモラッセと中生代の地層からなる横臥褶曲の先端部とが変則的に接している区域が見られる。マリニエの集落付近ではモラッセは多起源の礫岩と層状の砂岩、赤い粘土で構成されている。その他の栽培地では石灰岩の含有量に大きく差があるが、石灰岩がほとんどといえるところすらある。

ここは珍しいグランジェ種の領地で、ルセットとマルサンヌ、ファンダン・ヴェール種とのブレンドでいわゆる「サヴォワのシャンパーニュ」が生産されている。若いうちに飲むほうがよいとしても、2、3年は寝かせておくことができるワインである。この地の生産量は、非発泡性が115ヘクトリットル、発泡性が1550ヘクトリットルである。

サヴォワ地方 ◆ サヴォワ前山地区

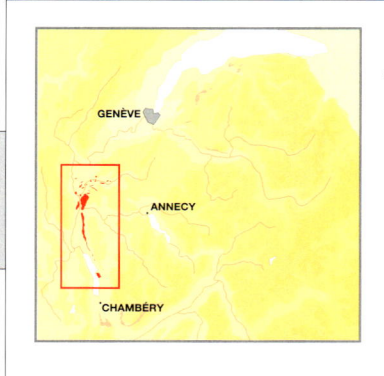

Avant-Pays de Savoie
サヴォワ前山地区

サヴォワの中央部の長く延びたこの産地は、サヴォワ県とオート=サヴォワ県にまたがり、ローヌ河の右岸とブルジェ湖の両岸に広がっている。ユスの渓谷からシャ山まで、ローヌ沿岸やショターニュ、ヴァル・デュ・ブルジェの栽培地を横切っていて、ここには有名な単独のアペラシオンをもつセイセルを始め、5つのクリュがある。

■ ヴァレ・デジュス

シャスラ種が広がる産地の向こう、南西に向かってオート=サヴォワ県の西の縁まで行ったところ、ローヌ河の支流の周辺にヴァレ・デジュスの畑が点在している。

フランギー この産地が名乗るルセット・ド・サヴォワ——生産量は1100ヘクトリットル——のアペラシオンのとおり、ワインはルセット種からつくられ、標高500メートル以下の南仏に向いた斜面の水捌けのよい土壌で栽培されている。

基盤はウルム氷期の台地や、リス氷期からウルム氷期にかけての堆積土の下に混ざりこんだ中新世のモラッセで形成されている。この累層を最近の侵蝕が掘り下げ、ぶどう畑に最適な向きの急な勾配の丘陵を形成している。

フランギーのクリュは小石混じりのモレーン上にあり、真南に向いた斜面でさらに向きがよく、日照時間に恵まれている。かつてこの畑は現在より大きかったが、最近20年間はまた新しく植樹がなされている。

フランギーのぶどう畑は、この地方の有名な品種であるルセット(あるいはアルテス)種の領地で、輝く黄金色の、上品な魅力の感じのよい辛口の白ワインがつくられている。このワインはスミレとハシバミの香りをもち、若いうちに愉しめるものにしても、熟成とともにアーモンドと蜂蜜の複雑なアロマを備えるようになる。

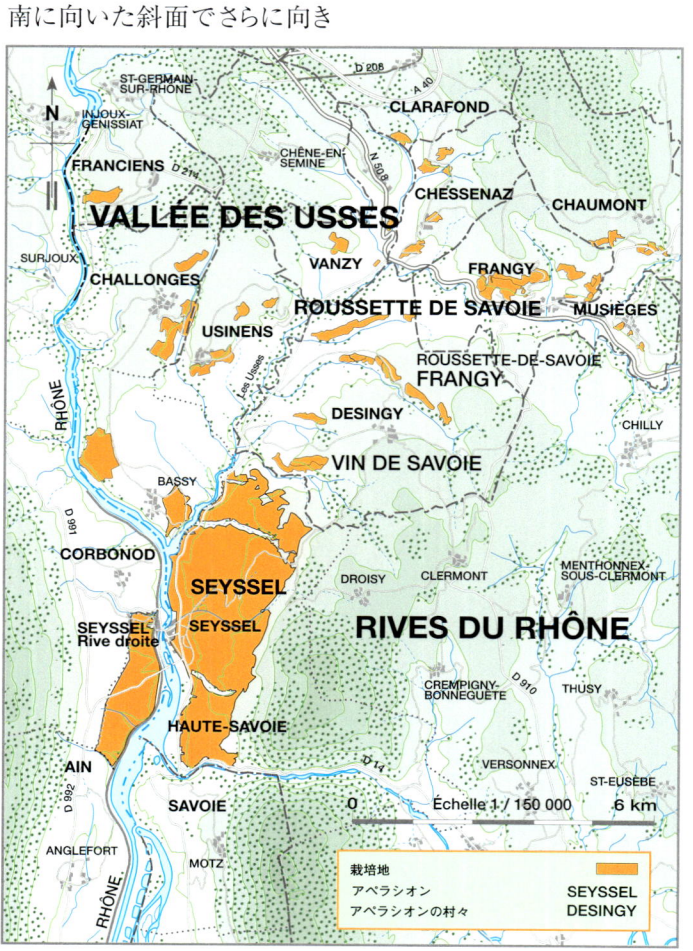

■ ローヌ河両岸

河の両岸、オート=サヴォワ県とアン県にまたがって、古くから有名なセイセルの発泡性ワインを生むモレットとルセット種が栽培されるテロワールがある。

セイセル ローヌ河をまたいで数キロメートル南南東に向かうと、オート=サヴォワ県からアン県へわたる。ルセット種はこの自然、または行政上の境界にかかわらず、川の両岸に面した丘陵を一様に覆っていて、地区の境界を越えて認められているアペラシオンのワインを生産している。

ヴァン・ド・サヴォワのアペラシオンにもかかわらず、ぶどう畑は、セイセル・リヴ・ドロワト(訳注:ローヌ川右岸にあるセイセルの栽培地)と特にコルボノ集落周辺のアン県に属する域内にも広がっている。

ウルム氷期の砕屑土砂の最近の下盤の上、標高200メートルから380メートル付近に、ぶどう畑の基盤にもなっているローヌ河の古い氷河でできたモレーンの台地が見られる。モン=ブラン山脈由来の土砂は氷河によって運ばれアルヴ渓谷に露出している。岩石や礫、砂などで形成されていて、セイセル下流の左岸を覆っている。岩石の塊を含む粘土モレーンはセイセルの北では左岸に、南では右岸に見られる。

しかしぶどう畑のもっとも重要なテロワールはコルボノの崩落による角礫岩の土壌である。ウルム氷期のローダニアン氷河(訳注:ローヌ氷河)によってわずかな距離を運ばれたこの土壌はグラン=コロンビエの断崖の崩壊から生じている。15メートルから20メートルの厚さのブルディガル階の上に位置しているこの地層は、ジュラ紀後期の角ばった石灰岩の破片で形成されている。また主に南南東を向いている畑の斜面は、ぶどうがうまく成熟するのに最適である。

現在、畑は約80ヘクタールを数え、そのうち5割がアルテス、2割がモレット、1割はモンドゥーズ種のような赤ワイン品種である。またセイセルとルセット・ド・セイセルのアペラシオンではルセット種単独で非発泡性の白ワインを生産している。

セイセル・ムスーについては大部分がモレット種からつくられ、わずかな割合でルセット(最低10パーセント)やシャスラ種とのブレンドが許されている。

年間生産量は、白ワイン全体でおよそ4000ヘクトリットル、赤ワインが500ヘクトリットルである。発泡性のワインが大部分を占めているが、赤ワインにおける、スミレやベルガモットの香りとバランスのとれた酒質には素晴らしいものがある。このワインは柔らかく上品だが、うまく熟成させることもできる。

■ ショターニュ

西に向いた斜面からローヌ河を見下ろし、際立って温暖な気候に恵まれたこの地区は、ガメ種にささげられたテロワールで、半地中海性の植生が見られるところである。サヴォワの真ん中にあってここは南仏の産地のようである。

ショターニュ この栽培地はセイセルとブルジェ湖の北端のあいだに位置し、渓谷の西の斜面に細長く連なっている。

谷の底は自然に湖に延びており、森に覆われているが、反対にグロ=フーの背斜を背にしている丘陵はぶどう畑に覆われて、リュフューやセリエール、モッツ、シャトーフォールなどの村を擁している。この北の部分ではぶどう樹はウルム氷期の台地に植えられ、およそ500メートルの高さまで丘陵や台地の上を段々状に広がっている。

しかしながらぶどう畑の大部分はモッツの南、グロ=フーのジュラ紀層を基盤にもつ、白亜紀層の背斜を覆っている中新世のホタテ貝の化石を含む石灰質モラッセの上に広がっている。

ショターニュは、アーモンドやオリーヴといった地中海の植生が見られるため、この地を「サヴォワのプロヴァンス」と表現することもある。冬暖かく、夏暑く、年間平均気温は摂氏20度にも達する。激しい風からは護られ、雪はほとんど降らず、年間の降雨量も平均で1076ミリメートルを超えることはない。

この地のスターであるガメ種はサヴォワの赤の45パーセントを生産しており、ワインはフレッシュでみずみずしいものとなる。

サヴォワ地方 ◆ サヴォワ前山地区

■ ヴァル・デュ・ブルジェ

都市化の波の犠牲になって、この地区にある小さなクリュ、シャルピニャと同様、消滅の危機にさらされている。

サンドリューとエクス=レ=バンのあいだで、湖の東の岸を形成している丘陵は狭くなり、グロ・フーの支脈はブルジェ湖を見下ろす険しい断崖となっている。

支脈の端、グレジーヌの入り江からエクス=レ=バンまではなだらかな斜面で、ぶどう畑が家並みと景観を競っている。このぶどう畑の市街化により、シャルピニャのクリュのように畑が縮小や失われているが、断崖にポツンと鷲の巣のようにあるブリゾン=サンティノサンのようにいくつかの区画が残っている。

オリーヴやアーモンド、イチヂクの木があり、セミの鳴き声が聞かれる集落には、融氷流水によって流し出された砂や礫で形成された台地があり、およそ400メートルの標高まで、オーテリーヴ階の泥灰土の地層がウルゴン階の石灰岩の山壁にうまくとって代わっている。

このたいへん恵まれた石灰質の堆積が加わって多様化した下盤で、熱心な生産者たちはガメとピノとモンドゥーズ種から赤ワインを、ルセットとシャルドネー種から白ワインを生産することに精を出している。

■ シャ山

ブルジェ湖をはさんでヴァル・デュ・ブルジェの対岸では、シャ山の石灰岩で形成された支脈の西の斜面が、ビュジェの産地を縁取っているこのサヴォワの栽培地区に広い斜面を提供している。

このぶどう畑はビュジェの産地の延長で、アン県との境を流れるローヌ河左岸に位置し、ジュラ山脈の支脈の、およそ250メートルから560メートルにかけての西の斜面で階段状に栽培されている。ジョンギューを見下ろす丘陵は、しばしば崩落物に隠されているが、キンメリッジ階の石灰質泥灰岩上に発達している。ジョンギューとジョンギュー=ル=オーのあいだでは北西から南東に走る断層が炭酸塩岩石層を斬っていて、産地の南部分はウルム氷期の粘土を多少含む、石灰質の堆積層上に広がっている。また南端のいくつかの区画はブルディガル階のモラッセ上にある。

マレステル、モントーの区画 年間1000ヘクトリットルの白ワインを産するマレステルのクリュは、同じくルセット・ド・サヴォワのクリュである、産出量110ヘクトリットルと小さなモントーと同様に、キンメリッジ階の石灰岩と崩落物上の、西向きの高く険しい斜面を占めている。ぶどう樹の根を受け入れてくれるような耕作可能な土壌がないため、ここではアイス・ピッケルが必要なほどの岩盤にほとんど直に植えられている。昨今この際だった特徴のあるワインに対する関心が増しており、そのため畑の拡張がおこなわれ、険しい斜面での表土を支え侵蝕を防ぐ石垣の整備が必要となっている。モントーとマレステルのワインは主にアルテッス種からつくられ、その困難な栽培状況から平均でヘクタール当たり25ヘクトリットルという、わずかな収穫量しかないにもかかわらずアロマや味わい、そして熟成能力の点で、互いにとても似通っている。

ジョンギューの区画 ジョンギューのクリュでは毎年平均で2100ヘクトリットルの白ワインと3700ヘクトリットルの赤ワインが、ヴァン・ド・サヴォワ・ジョンギューのアペラシオンの名のもと、生産されている。このクリュは、ルセット・ド・サヴォワとヴァン・ド・サヴォワの双方のアペラシオンを名乗ることができる。この2つのアペラシオンは、良質のワインの生産に最適なモレーン上の土壌に植えられたぶどうから生まれる。

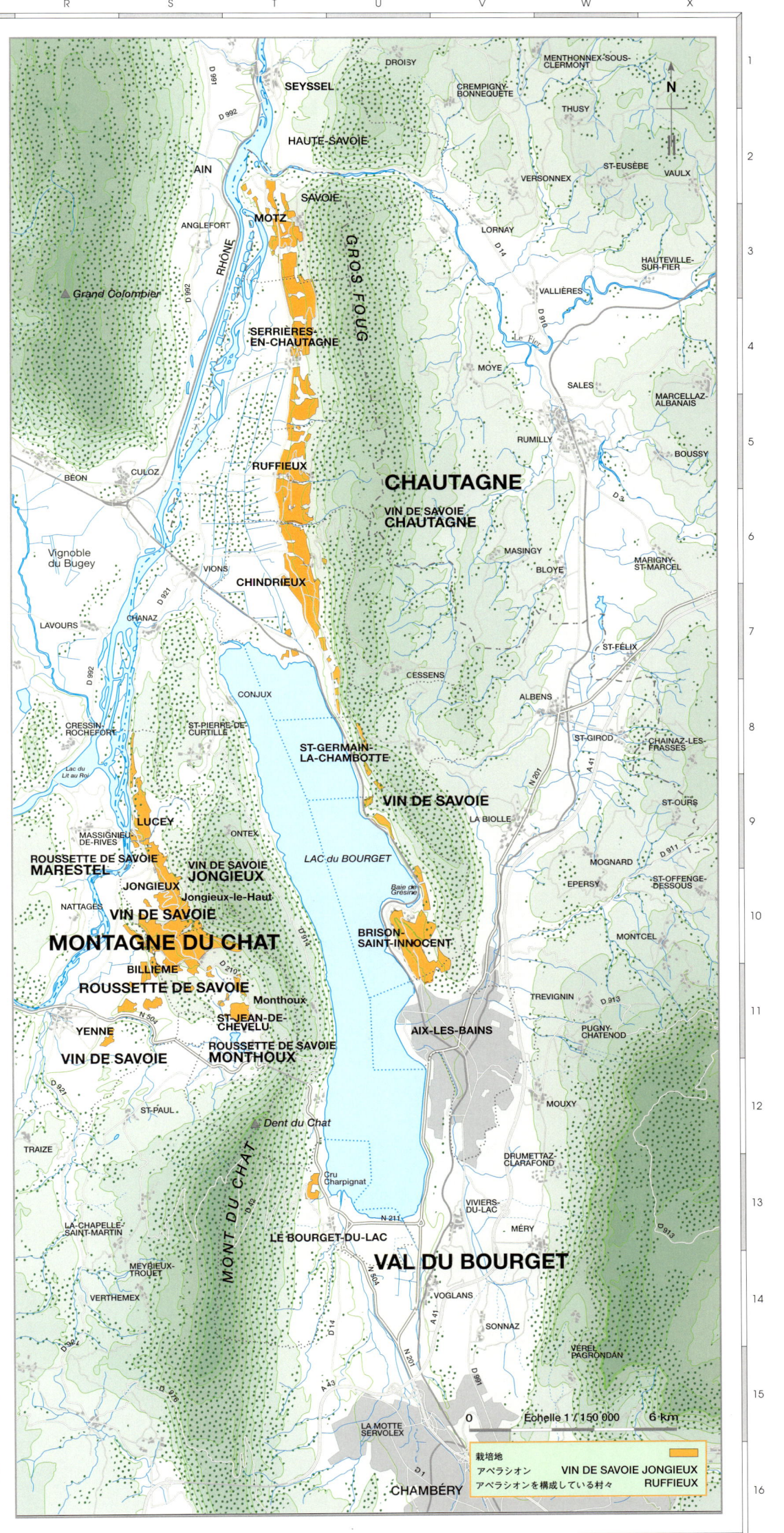

サヴォワ地方 ◆ クリューズ・ド・シャンベリー

Cluse de Chambéry
クリューズ・ド・シャンベリー

ローヌ河から離れ、イゼール河付近にいたると、シャンベリーとモンメリアンのあいだに位置し、アルプス前山のシャルトリューズ山塊とボージュ山塊とを分けている短い谷に入る。サヴォワ全体の半分以上を占めるのがこのクリューズの栽培地で、この地方第一の生産地といえる。生み出されるワインはほとんどが白で、主要ぶどうはジャケール種である。

■ クリューズ・ド・シャンベリーの6つのクリュ

この地区にはサヴォワ地方の有名なクリュが存在するが、そのなかのひとつ、たとえばシニャン=ベルジェロンをとっても、その素晴らしいワインはこのクリューズ・ド・シャンベリー地区の潜在能力を疑う人々を納得させるに十分である。

モンテルミノー シャンベリーの町に接するサンタルバン=リスの集落に位置し、ニヴォレの丘のふもとには、モンテルミノー城とその領地として1000年前から名を馳せていたぶどう畑が見られる。斜面は真南に向いており、畑は、ベリアス階の泥灰質の石灰岩が浸食された面を覆っているモレーンの上に広がっている。都市化のため先の世紀にほとんど消滅してしまったが、その生き残りとして現在12の区画、計9ヘクタールの畑が見られる。アルテス種が優勢なところで、年間150ヘクトリットルほどが、評価の高いモンテルミノーのルセット・ド・サヴォワとして生産されている。

サン=ジョワール=プリューレ ボージュ山塊の南に沿っているシャルル=レゾーの集落を過ぎると、斜面の向きとテロワールに恵まれた小さなクリュ、サン=ジョワール=プリューレに入る。南に向いた丘陵の20ヘクタールばかりの畑は、オックスフォード階の泥灰質の石灰岩土壌に広がっている。ここでは毎年460ヘクトリットルの白ワインがジャケール種からつくられ、お隣のシニャンに似た味わいで高く評価されている。クリュの付かない、ヴァン・ド・サヴォワのアペラシオンとなるワインは、斜面の下部、魅力的なルセット種を生み出すウルム氷期のモレーン上で生産されている。

シニャン シニャンのクリュはその酒質にかなった評判に恵まれ、現在も藪がぶどう畑に拓かれていっているほど、栽培に好適な地であり、クリューズ・ド・シャンベリー地区の素晴らしさを知るに足る栽培地である。ここはサヴォワのワインの中心地と考えてよいが、それは単に生産量のためではなく、栽培に適したテロワールの多様性やそこから生まれるワインの質のためである。このクリュの下部はカロヴォ=オックスフォード階の泥灰質の石灰岩上にあるが、ボージュ山塊の崖の崩落石灰岩に覆われている。南から南南西に向いた、標高300メートルから400メートルほどにある斜面である。

主要品種であるジャケール種は、上部にある石灰岩の崩落土壌の斜面が好むが、この土地は同時に、評判のルサンヌあるいはベルジュロン種にとっても適している。逆に渓谷までの斜面下部は、モンドゥーズやガメ、ピノ・ノワール種といった赤ワインの品種が栽培されている。

シニャンはサヴォワの主要な3つの生産地のひとつであり、特に白ワイン(8600ヘクトリットル)が大半を占め、ジャケール種からつくられるシニャンのクリュと、ルサンヌあるいはベルジュロン種からつくられるシニャン=ベルジュロンのクリュ(315ヘクトリットル)との2つのアペラシオンを含んでいる。また同時に700ヘクトリットルほどの、ほんのわずかな赤ワインとロゼが、主にモンドゥーズ種からつくられている。

シニャンは、その優雅さとフィネスにすぐ魅せられる、もっとも優れたジャケール種のワインであることはまちがいない。軽やかな辛口で香り高い白だが、早く愉しむべきワインである。モンドゥーズ、ピノ・ノワール、ガメ種からつくられるシニャンの赤は、その上品な風味、味わいから、いかにも白ワインのテロワールでつくられているという、よい意味での先入観を抱かせるものである。

シニャン=ベルジュロン ベルジュロン種は、美しい色合いと柑橘系やモクレンの花、マンゴーやカリンを思わせる香りをもった、とても特徴的なワインになる。このワインは際立った優雅さと素材のよさ、力強さ、フィネスを十分に体現している。なかにはローヌ地方の偉大な白に似通ったものもあり、その場合は完全に魅力が開花するまで数年間寝かせるべきワインとなる。

アプルモン シャルトリューズ国立公園に沿ったクリューズ・ド・シャンベリー地区のもう一方の斜面で、アプルモンの栽培地は、サヴォワのなかでももっとも広い面積にジャケール種を植えている。この品種はアプルモンの集落で160ヘクタールあまり、サン=バドルフで26ヘクタール、シャパレイヤンで60ヘクタールを占めていて、これはサヴォワの白ワイン全体の3割近くにあたる。

ぶどう畑の基盤は大部分がベリアス階の泥灰質の石灰岩で構成されている。しかし畑が覆われている表土はウルム氷期のモレーンの薄層である。この層の性質とわずかしかない厚みは、雨水による侵蝕を受けやすく、ことに急な斜面では特にもろくなっている。また東と南東に向いた斜面は、栽培には最適である。

ジャケール種はここでは単独で、年間26000ヘクトリットルを生産している。ワインは新鮮さを保つためにシュル・リー製法でつくられ、早めに瓶詰めされる。また微発泡のものもあり、とても辛口で軽く、みずみずしさが際立っている。これらのワインは、サヴォワのフォンデュ料理と伝統的に相性がよい。生産量が増え、サヴォワのワインを口にする消費者が比較的多くなっているにもかかわらず、この地のワインの特色等がうまく伝わっていないため、ますます評価の高まっている品質についてきちんと伝える努力が必要である。

アビム このクリュでは年間20000ヘクトリットル近くが、ミアン、マルシュ、シャパレイヤンの各集落で生産されている。ジャケール種からつくられ、味わいはアプルモンによく似ている。しかしながら事情通は、アーモンドや火打石のアロマを感じさせる繊細なニュアンスを纏ったこちらのワインを好む。

畑のほとんどは丘陵の崩壊物の上に広がっている。それは大惨事となった750年前の1248年に起ったグラニエ山の大崩壊の結果である。いくつかの村とサンタンドレの小さな町、隣り合った田畑もすべて、石灰質の小石や塊が見られる岩石と土砂に埋もれてしまった。長い年月作物は栽培されなかったが、付近の人々がこの不毛のアビムの丘陵に資格を与え、ずいぶん後になって12平方キロメートルにわたって厚く覆われた堆積物の上に、今日、発展して有名になったぶどう畑が拓かれた。

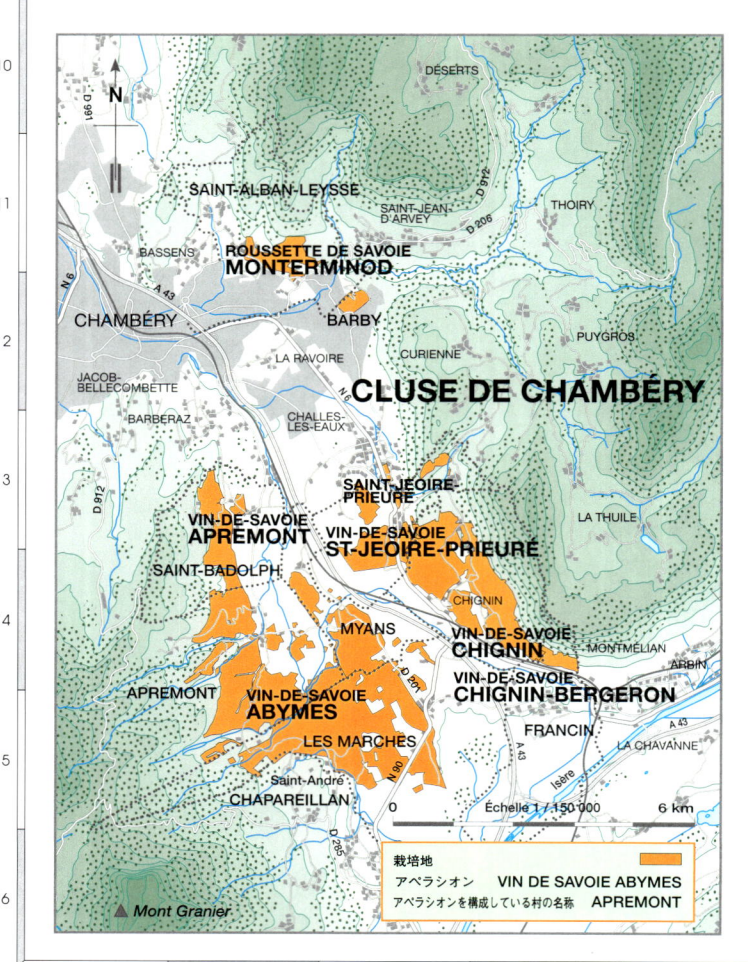

Combe de Savoie
コンブ・ド・サヴォワ

グレジヴォーダンの渓谷とクリューズ・ド・シャンベリー地区の先、このイゼール河沿いの低い谷間はアルプスの地質構造上注目すべき場所であると同時に、古くからぶどう栽培の盛んな土地でもあった。栽培地は右岸に限定され、フレテリーヴの集落より下流の、日当たりのよい斜面があてられている。またボージュ山塊の南から東にかけては、シニャンとシニャン=ベルジュロンのクリュからモンメリアンのクリュへ畑が続いている。

■ コンブ・ド・サヴォワの5つのクリュ

赤と白、双方のワインを生むぶどう畑のなかをワイン街道が延びているが、渓谷の中央部付近からはモン=ブランの雄姿に接することができる。

モンメリアン ラウル・ブランシャール（訳注：アルプスとその周辺に詳しい地理学者）によると、このぶどう栽培地こそが「天上の楽園（アルプス）」のまさに入り口にあたっている。かつて藪で覆われていた巨大な崖の崩壊跡に続く斜面には、パッチワーク状のぶどう畑が連なり、美しい景観を形づくっている。南東に向いたここモンメリアンのクリュは、ぶどう栽培に最適の地である。とはいえここもご多分に漏れず都市化の波に洗われているため、サヴォワのぶどう畑を確保しようとすると、斜面を登り、藪を切り開くほかはないだろう。

現在はお隣のシニャン=トルメリーの栽培地が高く評価されている。そこはほとんど平地であるにもかかわらず、モンメリアンのクリュを構成しているフランサンの集落の畑も少しばかり含まれている。ここでは若い世代の生産者たちが険しい斜面での耕作をするのを妨げるような石灰岩の堆積も藪も見られない。大きな成功を収めて、ベルジュロン種は新たにボージュ山塊の斜面に広がりつつある。

かつてモンメリアンのクリュで生産されるワインは評判だったが、今日ではその畑はほとんど残っていなくて、味わえるのはジャケール種と、最近ではルセット種からつくられるたいへん繊細な魅力のある白だけである。現在の時点でモンメリアンのクリュ全体の生産量は、年間100ヘクトリットル以下に減っている。

アルバン モンメリアンの村のすぐお隣、イゼール河を見下ろす斜面に、30ヘクタールほどの小さなぶどう畑が広がるアルバンの村がある。

ボージュ山塊の侵蝕された山腹を覆っている石灰岩と泥灰質石灰岩の土壌では、その窪地を埋め、上部にいくにしたがって薄くなり、しばしば黒い土壌と呼ばれるオックスフォード階の泥灰土の下盤がほとんど露出している。この土壌はぶどう畑とワインに少なからず影響を与えていて、生産者たちが見誤ることはまずない。フランソワ・ジェクス（訳注：ボージュ山塊周辺についての著作がある作家）によると、「もっとも繊細にして複雑、たっぷりとして果実味豊かでわずかに苦味を感じさせる味わいによって特徴付けられるワインを生産する特権を与えられているのは、この斜面の向きのよい泥灰土壌である。」と述べている。この意見は一般的な説明で、サヴォワの他のテロワールやそれ以外の産地にも関連している。例えばブルーゴーニュの「コート」もまたカローヴ=オックスフォード階の泥灰土壌に広がっていることを忘れてはならない。ただコート・ドールにはたくさんの崩落堆積物は見られないが…。

これらの岩石が、有機成分の豊富な還元性の海の環境で形成されたことは記憶に留めておかなければならない。これらはイオン化された微量元素となり樹液のなかに吸収され、ぶどう果からワインにまで生理学的に関与している。

モンドゥーズ種はアロブロゲス族以来、サヴォワに適性を見出し、このぶどう畑の名声のもととなっている。アルバンのクリュにおけるモンドゥーズ種の赤ワインは知られていて、少々熟成させるとワインを飲み込んでいる愛好家も認めるような素晴らしいものとなる。現在の生産量は年間で2000ヘクトリットル近くに達する。このワインを愉しむことは、地質基盤がワインの酒質におよぼす有機化学また生理学的な決定的影響を確かめる学習の場ともいえる。実際、同じ向きの斜面で似たようなテロワールでも、ぶどう畑にはそれぞれ産するワインの特徴を決定付ける、謂わば刻印のようなものがあり、限定的なアペラシオンはその証左である。

クリュエ アルバンの東には、70ヘクタールほどの広さで、年間およそ1500ヘクトリットルを産出するクリュエのクリュがある。この地方でよく知られた、ジャケール、シャルドネー、ルセット種（以上は白ワイン用）、赤ワインにはモンドゥーズとガメ種が栽培されている。畑は石灰岩崩落物の斜面と、低部ではキンメリッジ階の泥灰質石灰岩が露出したところに広がっていて、そこではピノ・ノワールとペルサン種（訳注：サヴォワ独自の黒ぶどう品種）が共生している。

サン=ジャン=ド=ラ=ポルト 谷を少し上流へ遡ると、この地区にあるクリュの最後であるサン=ジャン=ド=ラ=ポルトに入る。栽培面積は小さく、少なくとも現在はこの限られたクリュの産出量には期待がもてない。しかしこのクリュでは新たに畑が拓かれていて、将来的にはその限りではない。

そのいまだ広い範囲が藪で覆われている丘陵で栽培されるモンドゥーズ種からは、年間1200ヘクトリットルほどの素晴らしい赤ワインがつくられている。このクリュの潜在的な地質は、モンメリアンの上部やトルメリーより期待されている。

ヴァン・ド・サヴォワ 生産量の多いサン=ピエール=ダルビニーの集落では、上に見てきたクリュと同じ品種とモンドゥーズ種が、ヴァン・ド・サヴォワのアペラシオンのワインを生んでいる。フレテリーヴはこの谷の最後の集落で、白ワインにジャケール種、赤ワインにモンドゥーズ種を用いて、ヴァン・ド・サヴォワを生産している。このよくあるぶどう栽培の村は、マルヴォワジーやモンドゥーズ・ブラン種からつくられる珍しい良質なワインの生産で有名になったが、このような動きは前世紀よりこの地方で見られるぶどう品種の適性の模索によるところが大きいともいえる。

Bugey
ビュジェ VDQS

ジュラとサヴォワのあいだに位置するほとんど無名のこの地では、非発泡と発泡性の興味深いワインが生産されている。歴史的な9つの産地のうちの4つが、生産者の頑固さのおかげで現在も残っている。ここで生産されるワインの多様性を考えると、もっと名前が知られるに値する産地である。

統計
栽培面積：500ヘクタール
年間生産量：30,000ヘクトリットル

■ ぶどう栽培の始まりとその来歴

中世以来広い栽培面積を占めていたこの産地も、今日でははほとんどひっそりとぶどうが栽培されているのみである。

幾世紀も前からぶどうの栽培はビュジェの景観を形づくってきた。ローマ軍がこの地方に侵攻してきたとき、彼らはこの地にぶどうが栽培されているのを見い出している。中世には修道士たちが彼らの僧院の領地で、ぶどう栽培の発展に精力的な努力をかたむけた。その後ぶどう畑はたいへんな勢いで増え、10000ヘクタールにまで達し、1875年にフィロキセラが全滅させるまで拡大は続いた。今日では畑はわずか500ヘクタールにとどまっている、というのも他の産地と同様、ビュジェの生産者たちは良質のワインを得るためにもっともよい区画を選ぶ努力をしているからである。

■ 産地の景観

ビュジェの栽培地はアン県の南で、ジュラの北とサヴォワの東のあいだに位置している。

ビュジェのぶどう畑は広い土地に小島のように点在している。畑はアン県の南東の山岳地帯に見られ、この産地の北に位置するセルドンのクリュは、アン県の県庁所在地、ブールカン=ブレスの北東に接するルヴェルモン地方の延長にある。

丘陵のふもとに見られる土壌は礫質の砕屑物からなり、これらは粘土質であったり氷河に由来したりするが、すべて石灰質である。

地理的な位置から、「南のジュラ地方」と呼ばれるたいへん美しい起伏に富んだこの地方で、ぶどう畑はおよそ220メートルから550メートルの標高に広がっている。

最高峰は1530メートルのグラン・コロンビエで、ドフィーネ地方からアルプス、スイスまで壮大なパノラマを愉しむことができる。

■ 気候

ビュジェは全体に、暑い夏と厳しい冬によって特徴付けられる半大陸性気候の恩恵を受けている。

ビュジェの冬の厳しさはしばしば恵まれた地理的な状況によって和らげられている。またすぐ近くにあるアルプスに連なる最初の山々にぶつかる海洋性の気候も、同じような恩恵を与えている。

年間の平均降雨量はおよそ1200ミリメートルで、ぶどう畑に降る量は、イゼール河の北からリヨンにかけての西に広がる台地の地区よりかなり多い。この雨は夏のあいだ、つまりぶどうが成熟の段階に入って、気温が高くなる頃にとくに頻繁に激しく降る。

これらの気候的要因は、この地の地理的状況からするとぶどうの成熟にマイナスということはなく、むしろ成熟を促している。

■ ぶどう品種

ジュラとサヴォワのあいだにあって、ビュジェの栽培地はこれら2つの地方のぶどう品種を分かち合っている。

白ぶどう

シャルドネー Chardonnay
このブルゴーニュの品種による生産量は7000ヘクトリットルあり、ベレ盆地とローヌ河流域のモレーンのなだらかな斜面を覆っている粘土質の土壌において、その能力を発揮している。

早く成熟するので、よく時期を選んで収穫しなければならない。というのもこの品種はボトリティス菌に冒されやすく、菌は9月に急速に発生するからである。シャルドネー種からはまろやかで、ビュジェの白のお手本となるようなとても香り高いワインが生産されている。

アルテッス Altesse ルセット種とも呼ばれ、ビュジェとサヴォワでしか見られない品種である。ここではこのぶどうから700ヘクトリットルが生産されている。

ぶどう樹が古く、収量を制限した場合にはより良質なワインが生まれる。またシャルドネー種と同じ土壌を好み、しばしば一緒にブレンドされる。

モレット Molette この晩熟の品種はアルコール度の低いワインになるが、発泡性ワインをつくる場合にシャルドネーやジャケール種とブレンドされる。

ジャケール Jaquere 軽く、生き生きとしたワインになるこのぶどうは、発泡性ワインをつくる場合にシャルドネー種とブレンドされる。

その他の白ぶどう品種 アペラシオンでは、フレッシュで生き生きとしたワインをつくるアリゴテやピノ・グリ、モンドゥーズ・ブラン種の使用が許されている。

この最後の品種はシャスラ種に似たタイプで、この地方ではドンジーヌ種と呼ばれ、今では名残が見られるだけである。確かに幻の品種だが、古いぶどう樹から最良の年につくられたものは熟成させることができるほどのワインを生む。

黒ぶどう品種

ガメとピノ・ノワール種で年間5000ヘクトリットルの生産量があり、この地方の赤とロゼワインの9割を占めている。

ガメ Ganey 軽い口当たりで感じのよい、飲みやすいワインとなる。生産者のなかには古いぶどう樹から、より色が濃く力強い、タンニンがあって熟成に適しているワインをつくる者もいる。

ピノ・ノワール Pinot Noir マニクルのクリュで多く栽培され、構成のしっかりした香り高いワインとなる。

プルサール Poulsard このジュラ固有の品種はこの地方ではメスルあるいはメティ種と呼ばれ、色は薄いが熟成にとても美しい色合いとなるワインを生む。この品種はその多くが、ロゼの発泡ワイン用にセルドンのクリュで栽培されている。

モンドゥーズ Mondeuse この品種はお隣のサヴォワの栽培地でも見られる品種だが、この地方のとても古い品種である。

標高が低くの暑くなる土地で、慎重な生産者によってこのモンドゥーズ・ノワール種が栽培されると、タンニンのしっかりした色の濃い、熟成に向いたワインになる。

ビュジェ

■ワイン

ビュジェは現在VDQSだが、この地方で生産される赤、ロゼ、白の全てに与えられている。ここには4つのクリュと有名な発泡性のワインが含まれている。

クリュの名称が付かないヴァン・ド・ビュジェは、現在約330ヘクタールある栽培地から生みだされる。

この地の4つのクリュは総面積が170ヘクタールあり、セルドン、モンタニュー、マニクル、そしてヴィリュー=ル=グランからなる。

発泡性のワインは伝統的な製法、つまり瓶のなかで泡を生じさせ、貯蔵、ルミュアージュ（動瓶）、デゴルジュマン（澱抜き）される方法と、瓶のなかで部分的に発酵させてぶどうの果実味を保つ古来の製法（メトード・アンセストラル）とでつくられている。

セルドン ベリーの町から北西50キロメートルほどのところに位置するセルドンの栽培地は、8つの集落――アヴェルジュモン=ド=ヴァレ、ボワユー=サン=ジェローム、セルドン、ジュジュリュー、メリニャ、ポンサン、サンタルバン、それにサン=マルタン=デュ=モン――に広がっている。栽培地ははは1000ヘクタール近くあるが、ぶどうが植えられているのはそのうちの200ヘクタールほどで、ヴァン・ド・ビュジェ・セルドンとしての区画はわずか125ヘクタールしかなく、ここから年間およそ8000ヘクトリットルが生産されている。

このクリュはたいへん起伏に富んでおり、急な斜面ではぶどう畑は300メートルから550メートルの標高で階段状に栽培されている。またジュラ紀層由来の土壌はすべて石灰質である。

セルドンの珍しい赤とロゼのワインはガメ種からつくられ、栽培面積の9割を占めている。この地でメティ種と呼ばれるプルサール種は、隣のジュラではかなり多く栽培されているが、ここセルドンでは数ヘクタールしか見られない。

セルドンの大部分では、ガメとプルサール種から、香り高く、アルコール度数が7、8度しかないやや辛口のロゼの発泡酒が生産されている。製法は「古来の製法」と呼ばれるやり方である。それは瓶のなかでワインの一部が自然に再発酵するもので、ローヌ地方のディの産地でおこなわれているのと同じ製法である。

モンタニュー モンタニューの栽培地の素晴らしい景観の丘陵は、ベリーの町の西、約20キロメートルのところで、ローヌ河に臨んでいる。クリュはブリオール、モンタニュー、セイヨナーズの3つの集落に広がっている。面積35ヘクタールの畑は非常な急斜面にあるため、作業は困難を極める。収穫の多くで伝統的な製法による発泡性ワインが生産され、これは生産量の8割、1700ヘクトリットルにあたる。またこのワインはジャケールとシャルドネー種、ガメ、ピノ・ノワール、さらにモンドゥーズ種がブレンドされてつくられている。またモンタニューの微発泡性のワインはリヨンの町で好評を得ている。

アルテス（別名ルセット）種は、単一でルセット・ド・モンタニューのワインとなるが、生産量は250ヘクトリットルと少なく、ほとんどひっそりとつくられているに過ぎない。土壌は粘土質で、急な斜面では添え木され低く仕立てられた樹齢の古いぶどう樹が見られるが、収穫量を低く抑えたときには、評判のよいものとなる。このモンタニューのクリュからの生産量はおよそ2000ヘクトリットルである。

マニクル 断崖のふもと、マニクルのクリュは、標高300メートルほどの真南に向いた礫質土壌の段丘の上部にある。シェニュー=ラ=バルムとピジューの村落にある畑は、標高900メートルの山の上に建てられたベルナルド会の修道院によって、12世紀には開墾されていた。ベリー出身の有名な美食家であるブリア・サヴァランもこのぶどう畑に区画を所有していた。かつてはモンドゥーズ種がマニクルのほとんどを占めていたが、1800年代後半のフィロキセラの危機以降、この品種はほぼ同時期にもたらされたピノ・ノワール種に取って代わられた。マニクルの赤ワインの生産量は250ヘクトリットルだが、今日ではこのピノ・ノワール種からつくられている。

シャルドネー種からつくられるマニクルの白ワインの平均の年間生産量は200ヘクトリットルである。

長い間限定されてきたぶどうの栽培面積は、今日でも10ヘクタール弱しかない。ここでは豊かで良質のワインになるとしても、収量の低い品種が栽培されているからである。

ヴィリュー=ル=グラン このクリュは、19世紀にはすでに有名であった。北側は暑さが集中する、真南に向いた円形劇場的な地形に位置し、石灰岩の断崖に囲まれている。19世紀には160ヘクタールまで広がり、ルセットとモンドゥーズ種によるワインで有名であった。ぶどう樹はゴブレ型に仕立てられ、ヘクタールあたり10ヘクトリットルから20ヘクトリットルしか得られず、生産者にとっては生計を立てるのは不可能な量だった。こうして畑は第二次世界大戦の後には全く消滅してしまった。

しかしマニクルの生産者が所有するわずか2ヘクタールの区画で、1984年にビュジェ・ヴィリュー=ル=グランを名乗ることのできるアルテッスとモンドゥーズ種が再び栽培された。

またビュジェでは、マール・ド・ビュジェとフィーヌ・デュ・ビュジェという2つのオー=ド=ヴィが生産されている。マールはぶどうの絞り滓を、フィーヌはワインを蒸留してつくられる。

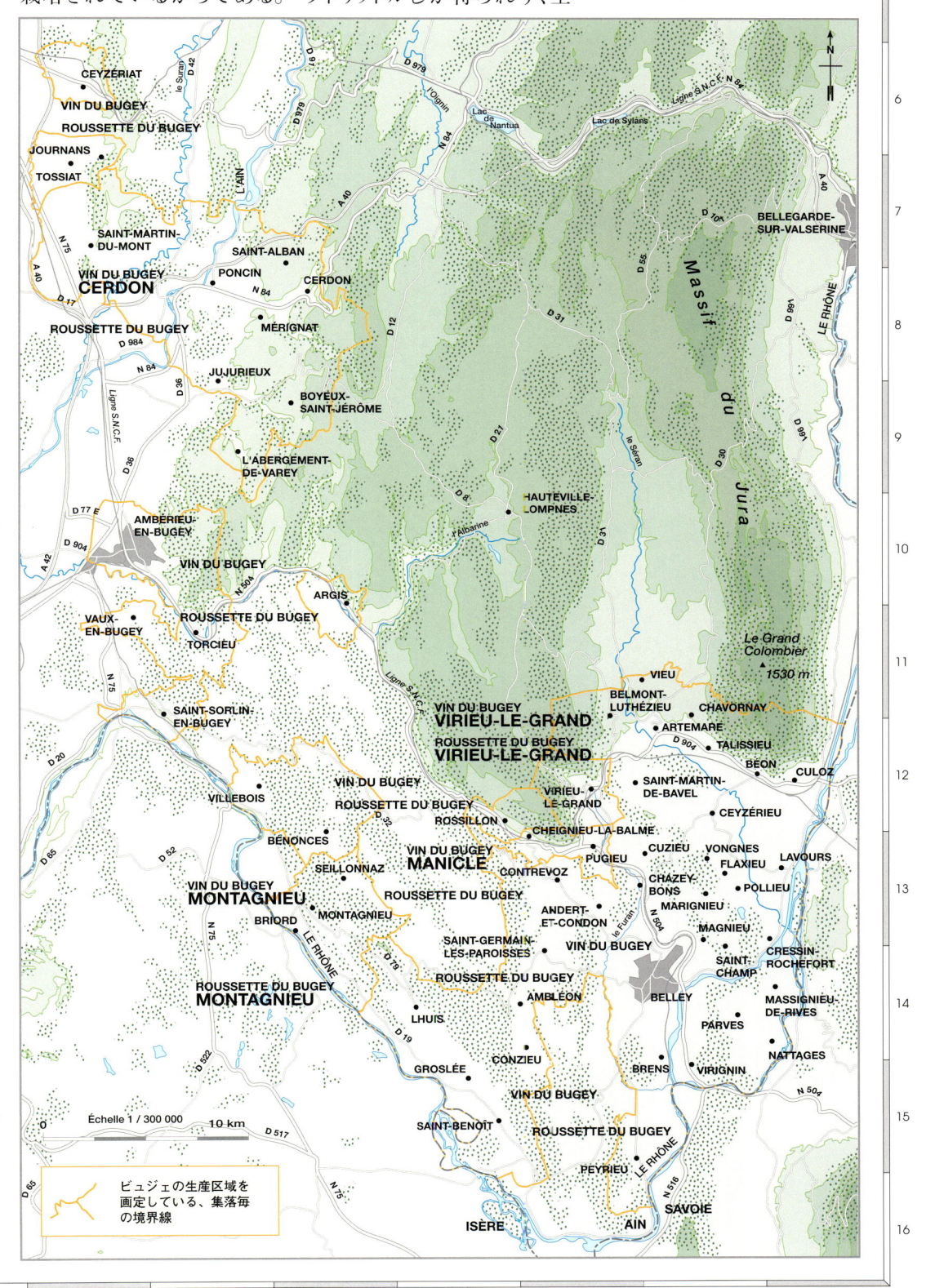

Bourgogne
ブルゴーニュ

ブルゴーニュの栽培地は、ヨンヌ県のオーセール市からソーヌ・エ・ロワール県のマコン市の南およびその先のローヌ県まで、断続的に延びている。コート・ドール県を横切って、ディジョン市からシャニーの町まで連なる栽培地は、並外れて優れ、アペラシオン毎の特徴を顕著に備えた赤ワインと、刮目すべき他に類を見ない力強さに満ちた辛口の白ワインを産出している。

統計
栽培面積：25,800ヘクタール
年間生産量：1,500,000ヘクトリットル

■ ぶどう栽培の始まりととの来歴

この地は、ブルゴーニュ大公国とシトー派の修道士たちが足跡を遺し、波瀾に富んだ歴史をくぐり抜けてきた。

ブルゴーニュに最初にぶどうを植えたのはケルト人のアエドゥイ族であるとする歴史家もいるが、現在の時点では誰がこの地方にぶどうを持ち込んだのか正確には分かっていない。そのかわり、ローマ人がガリア地方（訳注：ほぼ現在のフランス本土にあたる）を征服したときには、既に栽培が盛んであったことは明らかになっている。

他のワイン産地と同様、ブルゴーニュの栽培地も異民族によって破壊されたのはおそらく間違いない。そこに再びぶどうを植えたのは、4世紀末のブルグンド族（訳注：ゲルマン民族の一部族）である。しかし、本格的にブルゴーニュでワインづくりが盛んになるには、12世紀のシトー派修道院の設立を待たなければならなかった。1395年、雑多なぶどう品種の栽培が蔓延するようになると、当時のブルゴーニュ大公、フィリップ豪胆王は、「不実な」と形容されたガメ種を引き抜くよう命じた。宗教戦争で被害を受けたあと、ぶどう畑は再び息を吹き返し、太陽王ルイ14世の宮廷にまで迎えられるほどの名声を得るまでになった。フランス革命まではブルゴーニュのぶどう畑の大半は各宗派の手中にあったが、革命が勃発した時点で教会の財産は没収され、売却された。その結果として、一続きの広大な領地は細分されてしまった。今日それは、ブルゴーニュの栽培地が数多くの区画から構成されている要因のひとつとなっている。

■ 気候

西の大西洋、北東の大陸、南の地中海と、ブルゴーニュは3つの気候的要因の交わる場所に位置し、それぞれの強い影響をうけている。

気候の面において、ブルゴーニュ地方は上記のような状況にあるが、全体的には大陸性気候が優勢であると考えなければならない。

大陸性気候は、厳寒の冬と酷暑の夏が特徴である。冬の霜は頻繁で、ぶどうの生育期が始まる春先でも降ることがある。そして夏は極端に気温が上がる。しかしながら、最北のシャブリ地区からおよそ200キロメートル南のマコン地区まで、この気候が同じ状況をもたらしているとは考えられない。

そのため、ブルゴーニュ地方ではぶどうが植えられている畑の向いている方角がたいへん重要となる。そしてその方角はこの地においては南南東方向がベスト・ポジションとなる。

また、ほとんどの場合ぶどうが斜面に植えられているが、これは西風から樹を護り、平地に停滞する湿気の多い気団を避ける役割があるからである。加えて、ぶどう畑の各区画において、局地的な微気候毎に存在する気象条件の多様性を考慮するのが不可欠なら、同時に収穫年毎の気候的差異も忘れてはならない。

つまりブルゴーニュではヴィンテージの概念が大きく影響するといえる。

ブルゴーニュ地方におけるクリマとリュー＝ディ

クリマという言葉は、ブルゴーニュ地方においてはテロワール毎に限定されたぶどう畑の区画を意味している。テロワールの単位は非常に大きなものではあり得ず、数ヘクタールを超えることはない。よく知られているクロ＝ド＝ヴジョーのクリマは、確かにひとつにまとまった栽培地ではあるが、50ヘクタールにおよぶこのアペラシオンが同じテロワールを共有しているひとつのクリマとは見なされていない。

また、クリマとリュー＝ディ（訳注：行政上の土地台帳における区画）とが必ずしも一致するとは限らない。

まず、クリマがリュー＝ディと完全に一致し、さらにその区画の全域があてはまる場合を挙げてみよう。ヴォーヌ＝ロマネ村のグラン・クリュ、ロマネ＝コンティがこれにあたる。ロマネ＝コンティのクリマはリュー＝ディの全域を覆い、リュー＝ディの名をクリマに冠している。

一方で、クリマは、リュー＝ディの区画の一部しか指していない場合もある。この場合は、リュー＝ディのすべてが同じアペラシオンを名乗ることはできない。ボーヌのクリマ、ア・レキュはリュー＝ディの一部だけがプルミエ・クリュのクリマとなり、他の部分は村名畑のクリマとなっている。

同様にクリマは、リュー＝ディの異なる複数の区画の集まり、あるいは他の区画の一部にまたがって、ひとまとまりになった単位を形成している場合がある。多くのこの事例からピュリニー＝モンラシェ村のグラン・クリュ、シュヴァリエ＝モンラシェの例を挙げてみよう。このクリマは、リュー＝ディの地名であるシュヴァリエ＝モンラシェの全域を覆うだけでなく、カイユレという隣の区画の一部まで及んでいるのである。

従来、クリマの概念は、プルミエ・クリュとグラン・クリュの区画においてのみ重視されてきたが、最近では村名畑においても個性を際立たせ、また地理的にもより限定させるためにますます重視する傾向にある。

■ 産地の景観

北のシャブリから南のマコネーまで約200キロメートルにわたってあるブルゴーニュの栽培地は、4つの大きな生産地に分けることができる。

ディジョン市の北西、百数十キロメートルにあるヨンヌ県の栽培地は、オーセール市とトネールの町のあいだに小島のように浮かんでいる。その景観のなかに、高級辛口ワインとしてもっとも有名なシャブリ地区を始めとして、丘陵にあるいくつかの栽培地がある。

そして、ディジョン市とシャニーの町のあいだ、約55キロメートルにわたるグランド・コート（訳注：偉大な丘陵の意）にもぶどうは植えられている。ソーヌ平原にいたる中央高地最後の支脈の東南を向いた斜面に沿って、畑は細い帯状に連なっている。ブルゴーニュでもっとも偉大なワインを産するのはこの地区である。

このグランド・コートは、さらに2つのほぼ同じ長さの地区に分けることができる。北のコート・ド・ニュイ地区と南のコート・ド・ボーヌ地区で、北のコート・ド・ニュイはとりわけ力強い赤ワインを産出するのに対し、南のコート・ド・ボーヌは北部では精緻な赤ワインを、南部では卓越した辛口白ワインを生み出す。各地区とも、斜面の西側に位置する「山」と呼ばれる支脈のより標高の高い台地部分に、オート・コート・ド・ニュイとオート・コート・ド・ボーヌの栽培地を抱えている。

シャニーの町からマコン地区まで40キロメートルほどにわたるのが、コート・シャロネーズである。先に述べた「グランド・コート」と同様に、ぶどうはソーヌ平原に向かって傾斜した支脈に植えられている。ここでは、「グランド・コート」によく似た赤と白ワインを生んでいる。

マコネーは、ススヌセー＝ル＝グラン村からサン＝ヴェラン村の、ボジョレー地区との境界までおよそ45キロメートルにわたって広がっている。マコネーは、通称「マコネー山」と呼ばれる高低さのある丘の連なりから形成されている。この地区は良質な白ワインでその名を知られている。

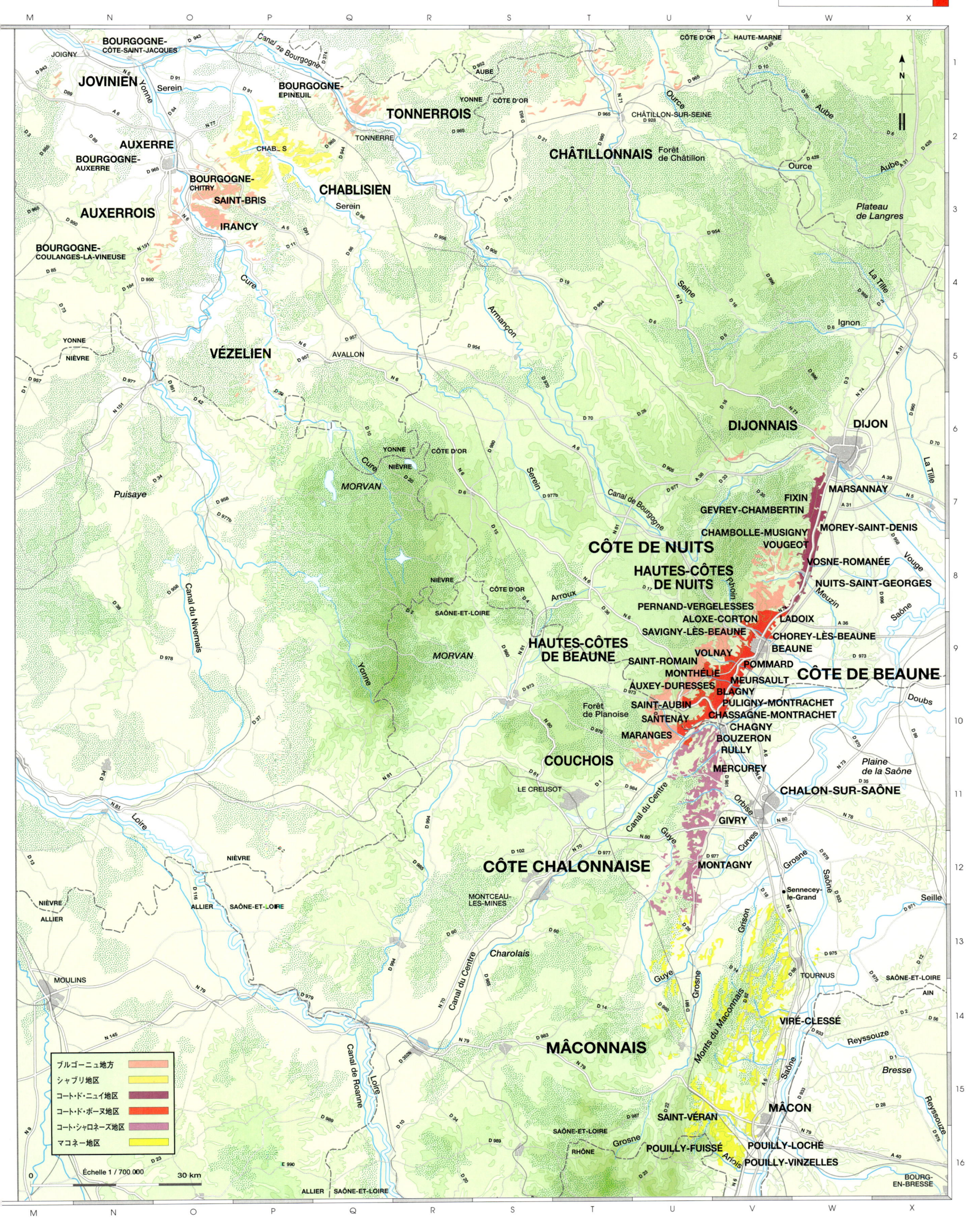

ブルゴーニュ地方

ブルゴーニュ地方

■ ぶどう品種

ピノ・ノワールとシャルドネー種がブルゴーニュを代表するぶどう品種ではあるが、その他のそれほど知られていない品種も、種々のアペラシオンとその多様性に積極的に関与している。

黒ぶどう

ピノ・ノワール Pinot Noir
ピノ・ノワール種はブルゴーニュが生み出す偉大なワインの要となるぶどうである。そして、はるか昔からコートの地において栽培されてきたことからも、おそらくこの地方原産の品種であろう。したがってこのぶどうがブルゴーニュの気候によく適応しているのも納得がいく。

早くに発芽するので春霜の害に襲われやすいが、同時にぶどうが生育する期間には素晴らしい天候を十二分に享受することができ、加えて冬眠中の冬霜には強い。ピノ・ノワール種の際立ってアロマティークな能力を十分に発達させられるのは石灰岩の基盤上においてであり、酸性土壌から生み出されるのはヴィラージュ以下のワインとなる。収量は低くタンニンは中程度、10度から12度とアルコール度数は低めで、決して濃厚な色のワインとはならない。しかしながら熟成する能力は相当に秘めている。

ガメ Gamay ボジョレーにおける赤ワイン専用のぶどうで、ブルゴーニュ地方の長い歴史に培われてきた品種である。ピノ・ノワール種とは反対に酸性土壌においてそのフィネスを発揮し、石灰質土壌ではシンプルなワインとなる。またピノ・ノワール種より生産性が高く、気候的に厳しい条件でもうまく適応することができる。

パストゥグランのアペラシオンでピノ・ノワールとガメ種をブレンドしたワインは、2つの品種の特性が組み合わさっている。すなわちガメ種のフルーティーさとさっぱりした味わいが、ピノ・ノワール種のしっかりして深みのある味わいに結びついている。

ピノ・グリ Pinot Gris あるいはピノ・ブーロ種と呼ばれ、多くのピノ・ノワール種の畑でほんの少し見られ、繊細でありながらもアルコール度数の高いワインとなる。

セザールとトレソー César et Tressot これらはヨンヌ県で占有的な品種だが数ヘクタールしか栽培されていない。トレソー種は絶滅の危機にあるが、反対にセザール種は現在でもイランシーで栽培されている。この品種をほんの少し加えるだけで、ピノ・ノワール種のワインに骨格と色付きのよさと熟成能力を付与することができる。

白ワイン

シャルドネー Chardonnay
世界中で好評を博しているシャルドネー種だが、生み出すワインがそのもてる要素を十二分に開花させるのは、生まれた土地、ここブルゴーニュ地方においてである。

ぶどうはピノ・ノワール種と同じく、発芽が早く、遅霜に襲われる心配がある。とはいえ、様々な土壌や気候条件にうまく適応することができる。また、収量を切り詰め、グラン・ヴァンを生むことも、逆に収穫量にはとらわれずそれなりのワインをつくることもできる品種である。アルコール度数は高く、収穫時の潜在アルコール度数が14度になることも珍しくはない。シャルドネー種は若いうちでも素晴らしいアロマを感じさせるが、熟成とともに力強く優雅に成長し、比類ない種々のアロマを纏うようになる。

アリゴテ Aligoté アリゴテは収量の多いラフな品種で、ワインにフレッシュさと軽い味わいをもたらすが、現在、栽培は制限された状況にある。しかしながら、この品種に適したところではとても興味深いワインとなる。例えばコート・シャロネーズはリュリー近くの小さな栽培地ブズロンでは、アリゴテ種でなければこの独自のブズロンというアペラシオンを名乗れず、他に、オーセール地区のシトリでも見られる。

ムロン・ド・ブルゴーニュ Melon de Bourgogne ミュスカデの名で、西（訳注：ロワール地方）へ移植された品種だが、今日でもヴェズレで栽培されている。

サシー Sacy ヨンヌ県だけに見られるほとんど目立たないぶどう品種だが、クレマン・ド・ブルゴーニュに美しい泡立ちを与える。栽培はせいぜい10ヘクタールほどしかない。

ソーヴィニヨン Sauvignon ヨンヌ県のサン=ブリで栽培されるこの品種は、ブルゴーニュ地方全体で名乗れるACブルゴーニュのアペラシオンの栽培品種には含まれず、シャブリ近郊の限られたサン=ブリのアペラシオンだけで栽培されている。

■ 地質と土壌

ブルゴーニュのぶどう畑の偉大なテロワールはすべて地質学上の**中生代、ジュラ紀**に当たる粘土質石灰岩上の土壌に広がっている。

この地方の地質は、2億4000万年前からの海底堆積物の集合体によって構成されている。この海底盆地はもともと、さらに古い**古生代**の**結晶質岩石**から形成され、現在では南のマコンと特にボジョレーの栽培地で露出している。

アルプスの隆起 6000万年前から始まったアルプスの隆起に沿った地域は後にソーヌ河の流域となり、3300万年前、リヨンからディジョンまで広がる断層の集まりに沿った溝を形成する地盤沈下をもたらした。

この沈下しつつある西側の斜面で、基盤に働く応力は交差した向きの断層組織を引き起こし続けた。ジュラ紀の時代に海だった堆積層はほとんどがほぼ水平に近いが、このようにして区域毎に異なった落差の垂直の断層によって島状の地質分布となった。その地質の分布は、それぞれの地質を構成している岩石の大きさや性質の違いがぶどう樹の根に影響を与え、ひいてはぶどう畑の多様性に寄与している。

海の堆積物 もっとも古いものから新しいものまで、**変成岩**や**花崗岩**で構成された基盤の上にあり、ぶどう畑の下に見られる海の堆積物は以下の土壌を含んでいる。

- **三畳紀層**。特に**シレックス**
- **ライアス統**の粘土質泥灰土
- ジュラ紀中部層。特に泥灰土
- ジュラ紀上部の主に石灰質土壌で覆われた泥灰土

起伏の形成 水の流れから、並行して進んだ岩石の侵食は、今日見られるブルゴーニュのぶどう畑が占めている斜面を形づくった。

このようにして形成された丘はさらに**新生代**と**第四紀**に少々変化し、以下の丘陵が出現した。

- ボジョレーの古生層と花崗岩の丘陵
- コート・シャロネーズの主に三畳紀の岩石からなる丘
- マコン、コート・ド・ボーヌとニュイの斜面の多くはジュラ紀中、下部層からなる
- シャブリのジュラ紀上位層の斜面

比較的荒々しい起伏の構成からあたかも逃れるかのように、ヨンヌ県、とりわけシャブリ地区ではパリ盆地の東の境界における、緩慢ではあるが絶え間ない隆起の影響による穏やかな侵食が進行していった。地殻の垂直な動きの大きさの違いは、ブルゴーニュのコートの複雑な地形に対比できる。ここでは、**ケスタ**で覆われた支脈が東から西へ階段状に広がっているコート付近の地形と景観に対し、ぎざぎざではあるがほとんどひとつにまとまっているシャブリの地を生んでいる。

この様々な向きが見られる丘陵において、一般的に気候は、寄木細工のような栽培地に変化を与え、複雑さと豊かさの形成に寄与している。

土壌の多様性 ブルゴーニュのぶどう畑の重要な要素がアルプスの隆起に起因する石灰質からなる基盤層だとしても、さらに、新しい時代の陸性の風化による岩石の変質が斜面の薄い土壌に見られ、その表土毎の差異がワインの多様性の要因ともなる微妙な違いをもたらしている。

石灰質の基盤層は雨水に溶けやすく、浸透してきた水に岩石中の炭酸塩分を溶かし出し、それは表土の乾燥にともない地表近くに上昇し溶け出した成分を沈殿させる。そのため相対的に粘土質の表土にこれらの成分は多く、逆に基盤中では少なくなる。

ジュラ紀の基盤層における炭酸塩の含有量の違いは、明らかにこの風化（訳注：表土の変質）に関係している。つまり純粋な炭酸カルシウムの割合が高い石灰質の岩は少量の粘土をもたらすが、対して炭酸カルシウムの割合が低くなるとより多くの泥灰土を生じさせる。

またブルゴーニュの土壌の差異化した構成を区別するには、上記の変質現象による残留物の侵蝕が斜面で生じたか、また平坦部、あるいは沈降域で起ったかによって異なることを忘れてはならない。

土壌、テロワール、ぶどう樹
数億年にわたる地質現象によって出来上がったこの寄せ木細工のような栽培地は、今日ぶどうの根によって耕されている。幾世紀も前から生産者達はこのことに気付き、見事な知恵でもってぶどう樹を栽培してきた。

多様な自然とテロワール——ブルゴーニュ地方ではクリマという言葉はテロワールと同義語として用いられる——の状況、またそれらが連なるのは南北に長い丘陵であるにもかかわらず、生み出される白ワインと赤ワイン双方に、それと分かる一貫性が見られることは驚くほかはない。

この一貫性は、他にわずかな品種はあるものの、要である赤ワイン用のピノ・ノワール種と白ワイン用のシャルドネー種によるが、また他方では、絶え間ない風化侵蝕によって粘土質の表土が薄くなり、ほとんど隠されていないに等しい石灰質の基盤層とに依存してもいる。このような状況においてぶどう樹はその薄く貧弱な土壌で生存するため、その根を基盤層の小さな亀裂にまで入り込ませているのである。

以上のことからも、ぶどう栽培における重要な連関をおろそかにしないために、表土である軟らかい土壌や硬結して割れ目が発達した基盤岩石において、ぶどう樹の根の表面は、ミネラルや有機物の微粒子とのあいだの緊密な交換の場となっていることを覚えておかなければならない。

ブルゴーニュ地方

■ アペラシオンの序列

100以上のアペラシオンと数え切れない「クリマ」の存在によって、ブルゴーニュ地方とその生み出すワインはたいへん複雑なものにされている。しかしながらこの豊富さは、ときにブルゴーニュの人々が罠を仕掛けることが好きであったとしても、比較的シンプルな概要によって構成されている。

このミクロの世界では微生物や昆虫、ミミズなどが交換を促し、また妨げもしているが、すべては水に依存している。したがってあらゆる段階での水の分布の形態が、ぶどう品種やそれにともなうワインの質や特徴を決定付けていることが理解できる。

丘陵 石灰岩、泥灰土、それに粘土層、それぞれへの侵食に対する抵抗力の大きな差は、一連の丘陵あるいはケスタを引き起こした炭酸塩の基盤層の厚さと隆起した高さの合計に比例している。南北方向の断層によって斬られた大きな紡錘形の地形は、すでに複雑なかたちとなっているこの地をさらに入り組んだものにしているため、ぶどう栽培者は古くからの知恵によって、土壌をあるべきところに維持し、さらに定期的に起こる大きな被害をもたらす激しい雨の後、しばしば客土をすることによって土壌の復元を図っている。

ともかくブルゴーニュの栽培地は比較的痩せていて、その多くは粘土質石灰岩の土壌に広がっており、そこでは基盤層の亀裂まで根を伸ばすピノ・ノワールやシャルドネ種のような品種が収量を抑えることによってアロマティークな特性を発揮させている。ぶどうは、丘陵を横切る小さな谷での起伏の状況や様々な向きによってあちこちに発生する微気候、また多かれ少なかれ表土である粘土質や丘陵を構成している基盤層の性質と結びついた斜面の勾配の変化による土壌中の水分に大きく影響されている。

そうしたなかでシャルドネ種は泥灰土の斜面でよく育ち、一方ピノ・ノワール種は石灰岩もしくは粘土質石灰岩の土壌に適応している。これはぶどう樹の生態の多様性を考慮した生産者の知恵のおかげで、この事実にさらに修正を加えるような状況はない。

寄木細工 上に見てきたような状況のなかで、ある統一性のもとブルゴーニュの栽培地は複雑な寄木細工の状態に区分され、リュー゠ディの細かい区画の線引きにも対応できるほどになっている。このような土地の区分と自然環境の区分が合致しているような地方は他にほとんど見られない。

今日知られている原産地統制名称制度に公認されているアペラシオンの構成が、中世初期の要素を含んでいるとしても、実際に確立されたのは主に19世紀のことである。

ブルゴーニュのアペラシオンは大きく4つに分かれた序列で編成され、ときにはそれ自体が再分割されている。ひとつのクラスからさらに上のクラスへの移行は、より厳しい生産状況のチニック——収穫時のぶどう果の糖分含有量や収量——をともなったいっそう正確な地理上の識別に関連している。

地方のアペラシオン——アペラシオン・レジオナル—— このアペラシオンは序列のなかで底辺を形成していて、地方規模での生産の区域によって特徴付けられている。このクラスにはヨンヌ県、コート゠ドール県、ソーヌ゠エ゠ロワール県、そしてボジョレーで生産されるAOCワインがすべて含まれている。ここには5つのアペラシオンがある。

クレマン・ド・ブルゴーニュ 発泡性の白またはロゼワインで、メトード・トラディショネル——シャンパーニュのように瓶内2次発酵をおこなう——でつくられる。ブルゴーニュの全ての品種が使用可能だが、その割合は伝統的に尊重されている。

ブルゴーニュ・アリゴテ この白ワインは独占的にアリゴテ種のみからつくられる。

ブルゴーニュ・パス゠トゥ゠グラン これはガメ種と3分の1以下のピノ・ノワール種のブレンドでつくられる赤ワインである。

ブルゴーニュ・オルディネールあるいはブルゴーニュ・グラントルディネール 赤、白、ロゼがあり、すべてのブルゴーニュのぶどう品種を単一、あるいはブレンドされてつくられる。

ブルゴーニュ 赤、白、ロゼがあり、主にピノ・ノワールとシャルドネ種からつくられるが、ピノ・ブランとピノ・グリ種も使用が認められている。

補遺 ブルゴーニュのアペラシオンのなかには地方よりもさらに限定された地理上の単位がいくつか定義されている。しばしば「サブ・リージョン（訳注:仏語はスー゠レジオナル）」と呼ばれ、地区——ブルゴーニュ・コート・シャロネーズ、ブルゴーニュ・オート・コート・ド・ニュイ、ブルゴーニュ・コート・ドーセールなど——や、村名——ブルゴーニュ・シトリィ、ブルゴーニュ・エピヌイユなど——、またはリュー゠ディ——ジョワニーのブルゴーニュ・コート・サン゠ジャック、ディジョンのブルゴーニュ・モントル・キュルなど——と結びついている。

マコンのアペラシオンはこのカテゴリーととらえられ、ブルゴーニュのサブ・リージョンという位置付けとなり、またボジョレーも同様に考えられる。

村名アペラシオン ここでは集落の名がアペラシオンの名称になり、村落規模の生産区域となる。コート・ドールのアペラシオンであるコート・ド・ニュイ゠ヴィラージュとコート・ド・ボーヌ゠ヴィラージュもこのカテゴリーとなる。ブルゴーニュでは村名アペラシオンのなかでも、収穫地であるそれぞれの区画——この地方で「クリマ」と呼ばれる——を識別するのが慣例である。

プルミエ・クリュ——1級—— 村名アペラシオンのなかで、たいへん水準の高いクリマには「プルミエ・クリュ」と記載される。例えばムルソー・プルミエ・クリュ・ペリエールのように。

グラン・クリュ——特級—— ある特定のクリマの評価が抜きん出て高い場合、アペラシオンはそれ自身の名前を名乗る。シャンベルタンはジュヴレ゠シャンベルタン村のリュー゠ディであるが、アペラシオンは村名を伴わずシャンベルタンの一語となる。

混乱を避けるために 19世紀末よりコートのいくつかの集落は名声を博しているリュー゠ディの名称を付け加えることができるようになった。例えばコルトンを含むアロース村はアロース゠コルトン村になり、シャンベルタンを含むジュヴレの集落はジュヴレ゠シャンベルタン村になり、モンラシェを分け合っている隣どうしのピュリニーとシャサーニュの村々はそれぞれピュリニー゠モンラシェとシャサーニュ゠モンラシェ村になっている。このアロース゠コルトン、ジュヴレ゠シャンベルタン、ピュリニー゠モンラシェ、シャサーニュ゠モンラシェは村の名であると同時にアペラシオンであり、コルトン、シャンベルタンやモンラシェもまたアペラシオンである。しかし前者の村名アペラシオンでは確かにしばしば高い酒質のワインを生産はするが、非常に優れたというほどではないのに対して、後者はグラン・クリュのアペラシオンであり、特に傑出した酒質のレヴェルに達するものである。

このような名称の類似はブルゴーニュのアペラシオンの混乱を確かに助長している。

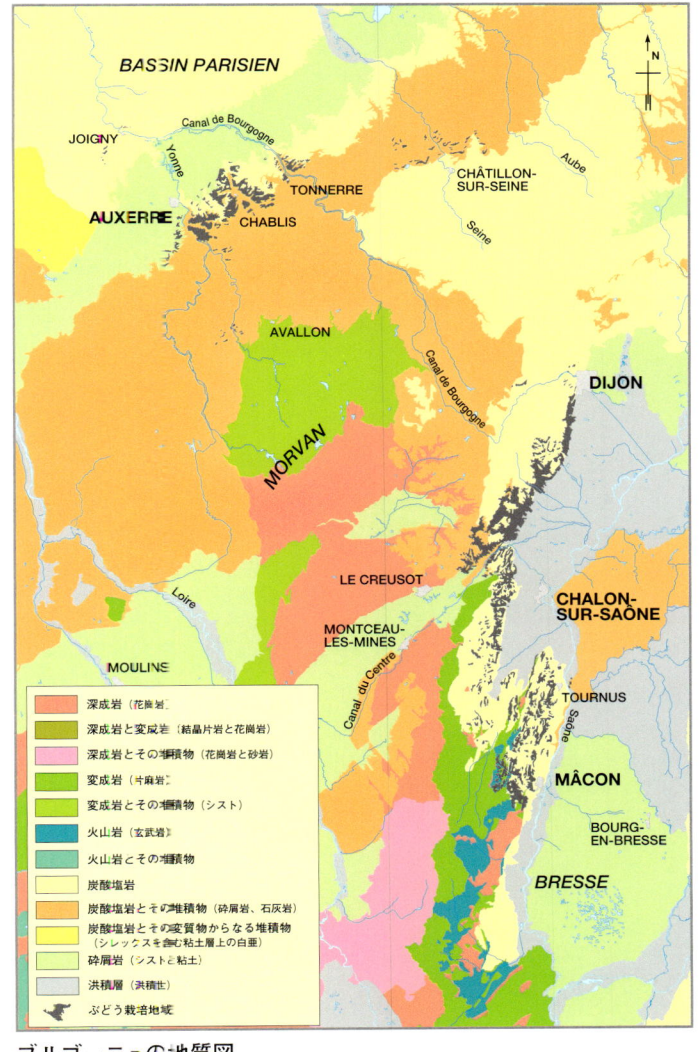

ブルゴーニュの地質図

ブルゴーニュ地方 ◆ ブルゴーニュのアペラシオン

アペラシオン	プルミエ・クリュのクリマ	グラン・クリュ
地方のアペラシオン 　ブルゴーニュ 　ブルゴーニュ・クレーレ 　ブルゴーニュ・ロゼ 　ブルゴーニュ・オルディネール 　ブルゴーニュ・グラントルディネール 　ブルゴーニュ・アリゴテ 　ブルゴーニュ・パストゥグラン 　クレマン・ド・ブルゴーニュ 　ブルゴーニュ・ムスー		
シャティヨネ 　地方のアペラシオン		
シャブリ 　プティ・シャブリ 　シャブリ 　シャブリ・プルミエ・クリュ 　シャブリ・グラン・クリュ	シャブリ・プルミエ・クリュ：ボーロワ、ベルディオ、ブニョン（ヴァイヨン）、ビュトー（モンマン）、シャプロ（モンテ・ド・トネール）、シャテン（ヴァイヨン）、ショーム・ド・タルヴァ、コート・ド・プレシャン（モンテ・ド・トネル）、コート・ド・キュイシ（レ・ボールガール）、コート・ド・フォントネー（フルショーム）、コート・ド・ジュアン、コート・ド・レシェ、コート・ド・サヴァン（ボーロワ）、コート・ド・ヴォーバルース、コート・デ・プレ・ジロ（レ・フルノー）、フォレ（モンマン）、フルショーム、ロム・モール（フルショーム）、レ・ボールガール、レゼピノ（ヴァイヨン）、レ・フルノー、レ・リー（ヴァイヨン）、メリノ（ヴァイヨン）、モン・ド・ミリュー、モンテ・ド・トネル、モンマン、モレン（レ・フルノー）、ピエ・ダルー（モンテ・ド・トネル）、ロンシエール（ヴァイヨン）、セシェ（ヴァイヨン）、トロエム（ボーロワ）、ヴァイヨン、ヴォクパン、ヴォ・ド・ヴェ、ヴォジロー（ヴォグロ）、ヴォ・リニョー、ヴォラン（フルショーム）、ヴォピュラン（フルショーム）、ヴォー・ラゴン、（ヴォ・ド・ヴェ）、ヴォグロ	シャブリ：レ・ブ グ ロ、プルーズ、ヴォーデジール、グルヌイユ、ヴァルミュール、レ・クロ、ブランショ
オーセロワ 　イランシー 　サン＝ブリ 　ブルゴーニュ・コート＝ドーセール 　ブルゴーニュ・クランジュ＝ラ・ヴィヌーズ 　ブルゴーニュ・シトリ	**コート＝ド＝ニュイ** フィクサン・プルミエ・クリュ：アルヴレ、クロ・ド・ラ・ペリエール（プロションと同区画）、クロ・デュ・シャピトル、クロ・ナポレオン、エルヴレ ジュヴレ・シャンベルタン・プルミエ・クリュ：オ・クロゾー、オー・コンボット、ベレール、シャンボー、シャンポネ、シェルボド、クロ・デ・ヴァロワーユ、クロ・デュ・シャピトル、クロ・プリュール、クロ・サン・ジャック、コンブ・オ・モワンヌ、クレピヨ、アネルゴ、エストゥルネル・サン・ジャック、フォントニ、イサール、ラ・ボシエール、ラ・ペリエール、ラ・ロマネ、ラヴォー・サン・ジャック、レ・カズティエ、レ・コルボー、レ・グーロ、プティト・シャペル、プティ・カズティエ、ポワスノ	ジュヴレ・シャンベルタン：シャンベルタン、シャンベルタン・クロ・ド・ベーズ、シャペル・シャンベルタン、シャルム・シャンベルタン、グリオット・シャンベルタン、ラトリシエール・シャンベルタン、マジ・シャンベルタン、マゾイエール＝シャンベルタン、リュショット・シャンベルタン
トヌロワ 　ブルゴーニュ・エピヌイユ **ジョヴィニアン** 　ブルゴーニュ・コート＝サン＝ジャック **ヴェズリアン** 　ブルゴーニュ・ヴェズレ	モレ・サン・ドニ　プルミエ・クリュ：オー・シャルム、オー・シュゾー、クロ・ボーレ、クロ・デゾルム、クロ・ソルベ、コート・ロティ、ラ・ビュシエール、ラ・リオット、ル・ヴィラージュ、レ・ブランシャール、レ・シャフォ、レ・シャリエール、レ・シュヌヴリー、レ・ファコニエール、レ・ジュナヴリエール、レ・グリュアンシェール、レ・ミランド、レ・リュショット、レ・ソルベ、モン・リュイザン	モ レ＝サ ン ド ニ：ク ロ・ド・ラ・ロ シ ュ、クロ・サン・ドニ、クロ・デ・ランブレ、クロ・ド・タール、ボンヌ・マール（一部）
コート＝ド＝ニュイ 　コート・ド・ニュイ＝ヴィラージュ	シャンボール・ミュジニー　プルミエクリュ：オー・ボー・ブラン、オー・コンボット、オー・エシャンジュ、デリエール・ラ・グランジュ、ラ・コンブ・ドルヴォー、レザムルーズ、レ・ボド、レ・ボルニーク、レ・カリエール、レ・シャビオ、レ・シャルム、レ・シャトロ、レ・コンボット、レ・クラ、レ・フスロット、レ・フュエ、レ・グロゼイユ、レ・グリュアンシェール、レ・オー・ドワ、レ・ノワロ、レ・ラヴロット、レ・プラント、レ・サンティエ、レ・ヴェロワーユ	シャンボール＝ミュジニー：ボンヌ・マール（一部）、ミュジニー
マルサネー 　マルサネー・ロゼ **フィクサン** 　フィクサン・プルミエ・クリュ **ジュヴレ・シャンベルタン** 　ジュヴレ・シャンベルタン・プルミエ・クリュ **モレ・サン・ドニ** 　モレ・サン・ドニ・プルミエ・クリュ **シャンボール・ミュジニー** 　シャンボール・ミュジニー・プルミエ・クリュ **ヴジョー** 　ヴジョー・プルミエ・クリュ **ヴォーヌ・ロマネ** 　ヴォーヌ・ロマネ・プルミエ・クリュ **ニュイ＝サン＝ジョルジュ** 　ニュイ＝サン＝ジョルジュ・プルミエ・クリュ	ヴジョー・プルミエ・クリュ：クロ・ド・ラ・ペリエール、ル・クロ・ブラン、レ・クラ、レ・プティ・ヴジョー ヴォーヌ・ロマネ・プルミエ・クリュ：オ・ドシュ・デ・マルコンソール、オー・ブリュレ、オー・マルコンソール、オー・レニョ、クロ＝デ・レア、クロ・パラントゥー、アノルヴォー、ラ・クロワ・ラモー、レ・ボー・モン、レ・ショーム、レ・ゴーディショ、レ・プティ・モン、レ・ルージュ、レ・シュショ ニュイ＝サン＝ジョルジュ・プルミエ・クリュ：オーザルジラ、オー・ブド、オー・ブスロ、オー・シェニョ、オー・シャン・ペルドリ、オー・クラ、オー・ミュルジェ、オー・ペルドリ、オー・トレ、オー・ヴィニュロンド、シェーヌ・カルトー、シャトー・グリ、クロザルロ、クロ・ド・ラ・マレシャル、クロ・デザルジリエール、クロ・デ・コルヴェ、クロ・デ・コルヴェ・パジェ、クロ・デ・フォレ・サン＝ジョルジュ、クロ・デ・グランド・ヴィーニュ、クロ・デ・ポレ・サン＝ジョルジュ、クロ・サン・マルク、アン・ラ・ペリエール・ノブロ、ラ・リシュモーヌ、レザルジリエール、レ・カイユ、レ・シャブッフ、レ・クロ、レ・ダモード、レ・ディディエ、レ・オー・プリュリエ、レ・ペリエール、レ・ポレ＝サン・ジョルジュ、レ・プーレット、レ・プロセ、レ・プリュリエ、レ・サン・ジョルジュ、レ・テル・ブランシュ、レ・ヴァルロ、レ・ヴォクラン、ロンシエール、リュ・ド・ショー	ヴジョー：クロ・ド・ヴジョー ヴォーヌ＝ロマネ：ロマネ・サン・ヴィヴァン、リシュブール、ロマネ・コンティ、ラ・ロマネ、ラ・ターシュ、ラ・グランド＝リュ 以下はフラジェ＝エシェゾー村：エシェゾー、グランゼシェゾー
オート＝コート＝ド＝ニュイ 　ブルゴーニュ・オート＝コート＝ド＝ニュイ	**コート＝ド＝ボーヌ** ラドワ・プルミエ・クリュ：バス・ムロット、ボワ・ルソ、オート・ムロット、ラ・コルヴェ、ラ・ミコード、ル・クル・ドルジュ、レ・ジョワユーズ ペルナン・ヴェルジュレス・プルミエ・クリュ：クルー・ド・ラ・ネ、アン・カラドー、イル・デ・ヴェルジュレス、レ・フィショ、ヴェルジュレス	ラドワ：コルトン（一部）、コルトン＝シャルルマーニュ（一部） ペルナン＝ヴェルジュレス：シャルルマーニュ（一部）
コート＝ド＝ボーヌ 　コート＝ド＝ボーヌ・ヴィラージュ **ラドワ** 　ラドワ・プルミエ・クリュ **ペルナン＝ヴェルジュレス** 　ペルナン＝ヴェルジュレス・プルミエ・クリュ **アロース＝コルトン** 　アロース＝コルトン・プルミエ・クリュ **ショレ＝レ＝ボーヌ** **サヴィニー＝レ＝ボーヌ** 　サヴィニー＝レ＝ボーヌ・プルミエ・クリュ **ボーヌ** 　ボーヌ・プルミエ・クリュ **コート＝ド＝ボーヌ** **ポマール** 　ポマール・プルミエ・クリュ	アロース＝コルトン・プルミエ・クリュ：クロ・デ・マレショード、クロ・デュ・シャピトル、ラ・クティエール、ラ・マレショード、ラ・トロップ・オ・ヴェール、レ・シャイヨ、レ・フルニエール、レ・ゲレ、レ・マレショード、レ・ムトット、レ・ポラン、レ・プティ・ロリエール、レ・ヴァロジエール、レ・ヴェルコ サヴィニー・レ・ボーヌ・プルミエ・クリュ：オー・クルー、オー・フルノー、オー・グラヴェン、オー・ゲット、オー・セルパンティエール、バス・ヴェルジュレス、バタイエール、シャン・シュヴレ、ラ・ドミノード、レ・シャルニエール、レ・オー・ジャロン、レ・オー・マルコネ、レ・ジャロン、レ・ラヴィエール、レ・マルコネ、レ・ナルバントン、レ・プイエ、レ・ルヴレット、レ・タルメット、レ・ヴェルジュレス、プティ・ゴドー、レドレスキュル ボーヌ・プルミエ・クリュ： ア・レキュ、オー・クシュリア、オー・クラ、ベリッサン、ブランシュ・フルール、シャン・ピモン、クロ・ド・ラ・フェギーヌ、クロ・ド・レキュ、クロ・ド・ラ・ムース、クロ・デザヴォー、クロ・デジュシュル、クロ・デュ・ロワ、クロ・サン・ランドリ、アン・ジュネ、アン・ロルム、ラ・ミニョット、ル・バ・デ・トゥロン、ル・クロ・デ・ムーシュ、レゼグロ、レザヴォー、レ・ブシュロット、レ・ブレサンド、レ・サン・ヴィニュ、レシュアシュ、レゼブノ、レ・フェーヴ、レ・グレーヴ、レ・マルコネ、レ・モンルヴ、レ・ペリエール、レ・レヴェルセ、レ・ソー、レ・スレ、レ・シジエ、レ・トゥロン、レ・トゥサン、レ・テュヴィレン、レ・ヴィーニュ・フランシュ、モンテ・ルージュ、ペルテュイゾ、シュル・レ・グレーヴ、シュル・レ・グレーヴ＝クロ・サント・アンヌ	アロース＝コルトン：コルトン、コルトン＝シャルルマーニュ、シャルルマーニュ 注：コルトンのアペラシオンは赤に限り、以下のようなクリマ（もしくはリューディ）を後につけることができる。バス・ムーロット、クロ・デ・メ、オート・ムーロット、ラ・トップ・オ・ヴェール、ラ・ヴィーニュ・オ・サン、ル・クロ・デュ・ロワ、ル・コルトン（またはクロ・デ・コルトン・フェヴレ）、ル・メ・ラルマン、ル・ロニェ・コルトン、レ・ブレサンド、レ・カリエール、レ・ショーム、レ・コンブ、レ・フィエトル、レ・グランド・ロリエール、レ・グレーヴ、レ・ランゲット、レ・マレショード、レ・ムートット、レ・ポラン、レ・ペリエール、レ・プジェ、レ・ルナルド、レ・ヴェルジェンヌ

ブルゴーニュ地方 ◆ ブルゴーニュのアペラシオン

アペラシオン	プルミエ・クリュのクリマ	グラン・クリュ
ヴォルネー ヴォルネー・プルミエ・クリュ ヴォルネー=サントノ モンテリー* モンテリー・プルミエ・クリュ オーセ=デュレス* オーセ=デュレス・プルミエ・クリュ サン=ロマン* ムルソー* ムルソー・プルミエ・クリュ ブラニー* ブラニー・プルミエ・クリュ ピュリニー=モンラシェ* ピュリニー=モンラシェ・プルミエ・クリュ シャサーニュ=モンラシェ* シャサーニュ=モンラシェ・プルミエ・クリュ サントーバン* サントーバン・プルミエ・クリュ サントネー* サントネー・プルミエ・クリュ マランジュ* マランジュ・プルミエ・クリュ	ポマール・プルミエ・クリュ：クロ・ブラン、クロ・ド・ラ・コマレーヌ、クロ・ド・ヴェルジェ、クロ・デゼプノー、デリエール・サン=ジャン、アン・ラルジリエール、ラ・シャニエール、ラ・プラティエール、ラ・ルフェーヌ、ル・クロ・ミコー、ル・ヴィラージュ、レザルヴレ、レ・ベルタン、レ・ブシュロット、レ・シャンラン=バ、レ・シャポニエール、レ・シャルモ、レ・コンブ・ドシュ、レ・クロワ ノワール、レ・フルミエ、レ・グランゼプノ、レ・ジャロリエール・プティゼプノ、レ・ペズロル、レ・プテュール、レ・リュジアン=バ、レ・リュジアン=オー、レ・ソシーユ ヴォルネー・プルミエ・クリュ：カレーユ、カレーユ・スー・ラ・シャペル、シャンパン、シャンラン、クロ・ド・ラ・バール、クロ・ド・ラ・ブス・ドール、クロ・ド・ラ・カーヴ・デ・デュック、クロ・ド・ラ・シャペル、クロ・ド・ラ・ルジョット、クロ・ド・ローディニャック、クロ・デ・シェーヌ、クロ・デ・デュック、クロ・デュ・シャトー・デ・デュック、クロ・デュ・ヴェルスイユ、アン・シュヴレ、アン・ロルモー、フレミエ、フレミエ=クロ・ド・ラ・ルジョット、ラ・ジゴット、ラソル、ラ・ロンスレ、ル・ヴィラージュ、レザングル、レゾシー、レ・ブルイヤール、レ・カイユレ、レ・カイユレ=クロ=デ=60ウヴレ、レ・グラン・シャン、レ・リュレ、レ・ミタン、ピテュール=ドシュ、ポワント=ダングル、ロバルデル、タイユ・ピエ モンテリー・プルミエ・クリュ：ラ・トピーヌ、ル・カス・ルジョ、ル・シャトー・ガイヤール、ル・クロ・ゴーテ、ル・メ・バタイユ、モンテリー、ル・ヴィラージュ、レ・シャン・フュリオ、レ・デュレス、レ・リオット、レ・ヴィーニュ・ロンド、シュル・ラ・ヴェル オーセ=デュレス・プルミエ・クリュ：バ・デ・デュレス、クリマ・デュ・ヴァル、クロ・デュ・ヴァル、ラ・シャペル、レ・ブレトラン、レ・デュレス、レゼキュソー、レ・グラン・シャン、ルーニュ ムルソー・プルミエ・クリュ：シャルム、クロ・デ・ペリエール、ジュヌヴリエール、ル・ポリュゾ、レ・ブシェール、レ・カイユレ、レ・クラ、レ・グート・ドール、レ・プリュール、レ・サントノ・ブラン、レ・サントノ・デュ・ミリュー、ペリエール、ポリュゾ、ラ・ジュヌロット、ラ・ピエス・スー・ル・ボワ、スー・ブラニー、スー・ル・ド・ダーヌ、ムルソー・ブラニー ブラニー・プルミエ・クリュ：アモー=ド=ブラニー、ラ・ガレンヌまたはシュル・ラ・ガレンヌ、ラ・ジュヌロット、ラ・ピエス・スー・ル・ボワ、スー・ブラニー、スー・ル・ド・ダーヌ、スー・ル・ピュイ ピュリニー=モンラシェ・プルミエ・クリュ：シャン・カネ、シャン・ガン、クラヴァイヨン、クロ・ド・ラ・ガレンヌ、クロ・ド・ラ・ムーシェール、ラ・トリュフィエール、ル・カイユレ、レ・シャリュモー、レ・コンベット、レ・ドモワゼル、レ・フォラティエール、レ・ペリエール、レ・ピュセル、レ・ルフェール、アモー・ド・ブラニー、ラ・ガレンヌ、スー・ル・ピュイ シャサーニュ=モンラシェ・プルミエ・クリュ：アベイ・ド・モルジョ、ブランショ・ドシュ、ボワ・ド・シャサーニュ、ラ・ブドリオット、カイユレ、クロ・サン=ジャン、ダン・ド・シアン、アン・カイユレ、アン・ルミリィ、ラ・グランド・モンターニュ、ラ・マルトロワ、レ・ブリュッソンヌ、レ・シャン・ガン、レ・ショーメ、レ・シュヌヴォット、レ・マシュレル、レ・ヴェルジェ、モルジョ、トントン・マルセル、ヴィド・ブルス サントーバン・プルミエ・クリュ：デリエール・ラ・トゥール、アン・クレオ、バ・ド・ヴェルマラン・ア・レスト、アン・モンソー、レ・ジャンプロ、シュル・ガメ、ラ・シャトニエール、スー・ロシュ・デュメ、アン・ルミリィ、レ・コルトン、レ・ミュルジェ・デ・ダン・ド・シアン、レ・コンブ、ピタンジュレ、ル・シャルモワ、ヴィラージュ、レ・カステ、デリエール・シェ・エドゥアール、ル・ピュイ、シュル・ル・サンティエ・デュ・クル、レ・フリオンヌ サントネー・プルミエ・クリュ：ラ・コム、レ・グラヴィエール、クロ・ド・タヴァンヌ、レ・グラヴィエール=クロ・ド・タヴァンヌ、ボールガール、クロ・フォバール、クロ・デ・ムーシュ、ボールペール、パスタン、ラ・マラディエール、グラン・クロ・ルソー、クロ・ルソー マランジュ・プルミエ・クリュ：クロ・ド・ラ・ブティエール、クロ・ド・ラ・フュシエール、ラ・フュシエール、ル・クロ・デ・ロワイエール、ル・クロ・デ・ロワ、ラ・クロワ・オー・モワンヌ、レ・クロ・ルソ	ピュリニー=モンラシェ：シュヴァリエ=モンラシェ、バタール=モンラシェ、ビヤンヴニュ=バタール=モンラシェ（一部）、モンラシェ（一部） シャサーニュ=モンラシェ：バタール=モンラシェ（一部）、クリオ=バタール=モンラシェ、モンラシェ（一部）

注：（*）印のついたアペラシオンは赤に限り、コート・ド・ボーヌの字句を後につけることができる（訳注：例、ムルソー・コート・ド・ボーヌ）。また、同じく赤に限り単にコート・ド・ボーヌ・ヴィラージュのアペラシオンに置き換えることができる。

アペラシオン	プルミエ・クリュのクリマ
オート=コート・ド・ボーヌ ブルゴーニュ=オート=コート・ド・ボーヌ	
コート・シャロネーズ ブルゴーニュ・コート・シャロネーズ ブズロン リュリー リュリー・プルミエ・クリュ メルキュレ メルキュレ・プルミエ・クリュ ジヴリー ジヴリー・プルミエ・クリュ モンタニー モンタニー・プルミエ・クリュ	コート・シャロネーズ リュリー・プルミエ・クリュ：アニュー、シャン・クルー、シャピトル、クロ・デュ・シェーニュ（ジャン・ド・フランス）、クロ・サン=ジャック、クルー、グレシニー、ラ・プレサンド、ラ・フォス、ラ・ピュセル、ラ・ルナルド、ル・メ・カド、ル・メ・カイエ、レ・ピエール、マルゴテ、マリスー、モレム、モンパレ、ピヨ、プレオー、ラブルセ、ラクロ、ヴォグリ メルキュレ・プルミエ・クリュ：クロ・ド・パラディ、クロ・デ・バロー、クロ・デ・グラン・ヴォワイヤン、クロ・デ・ミグラン、クロ・デ・モンテギュ、クロ・マルシリ、クロ・トネール、クロ・ヴォワイヤン、グラン・クロ・フォルトゥール、グリフェール、ラ・ボンデュ、レ・カイユート、ラ・シャシエール、レ・コンバン、ラ・ルヴリエール、ラ・ミッション、ル・クロ・デュ・ロワ、ル・クロ・レヴェック、レ・ビヨ、レ・シャン・マルタン、レ・クレ、レ・クロワション、レ・フルノー、レ・モンテギュ、レ・ノーグ、レ・リュエル、レ・ヴァゼ、レ=ヴェレ、サズネー ジヴリー・プルミエ・クリュ： セリエ・オー・モワンヌ、クロ・シャルル、クロ・ド・ラ・バロード、クロ・デュ・クラ・ロン、クロ・デュ・ヴェルノワ、クロ・ジュ、クロ・マルソー、クロ・マロール、クロ・サン・ポール、クロ・サン・ピエール、クロ・サロモン、レ・ボワ・シュヴォー、レ・グラン・プレタン、レ・グランド・ヴィーニュ、プティ・マロール、セルヴォワジーヌ モンタニー・プルミエ・クリュ：シャン・トワゾー、シャゼル、コルヌヴァン、クルー・ド・ボー・シャン、ラ・コンドミーヌ・デュ・ヴュー・シャトー、ラ・グランド・ピエス、ラ・ムーリエール、ル・クロ・ショドロン、ル・クルー、ル・クルーズ、レボール、ル・ヴュー・シャトー、レ・バセ、レ・ボー・シャン、レ・ボンヌヴォー、レ・ボルド、レ・ブショ、レ・ビュルナン、レ・シャニオ、レ・シャルムロ、レ・コエル、レ・コンブ、レ・クドレット、レ・クラブレット、レ・ガルシェール、レ・グレッス、レ・ジャルダン、レ・ラ、レ・マクル、マローク、レ・パキエ、レ・ペリエール、レ・ピダンス、レ・プラティエール、レ・レス、レ・トルフィエール、レ・ヴィーニュ・デリエール、レ・ヴィーニュ・デ・プレ、レ・ヴィーニュ・ロング、モン・ローラン、モンキュショ、モントルグ、サン=モリュ、サンティタージュ、スー・レ・フェイユ、ヴィーニュ・デュ・ソレイユ、ヴィーニュ・クラン、ヴィーニュ・サン・ピエール、ヴィーニュ=シュル=ル=クルー
クショワ ブルゴーニュ・コート=デュ=クショワ	

アペラシオン
マコネ マコン 注：マコンのアペラシオンは、以下の産地である村々の名称を後につけることができる。アゼ、ベルゼル=シャトレ、ビシー=ラ=マコネーズ、ビュルジ、ビュシエール、シャントレ、シャーヌ、ラ・シャペル=ド=ガンシェ、シャルドネー、シャルネー=レ=マコン、シャスラ、シュヴァニー=スヴィニュイエール、クレッセ、クリシュ=シュル=ソーヌ、クリュジイル、ダヴァイエ、フュイッセ、グレヴィリー、ユリニー、イジェ、レーヌ、ロシェ、リュニー、ミリー=ラマルティーヌ、モンブレ、ペロンヌ、ピエールクロ、プリッセ、プリュジリー、ラ・ロシュ=ヴィヌーズ、ロマネシュ=トラン、サンタムール=ベルヴュー、サン=ジャング=ド=シセ、サン=サンフォリアン=ダンセル、サン=ヴェラン、ソリニー、ソルトレ=プイィ、ヴェルジェ、ヴァンゼル、ヴィレ、ユシジー マコン・シューペリュール マコン・ルージュ マコン・ブラン ピノ・シャルドネー・マコン マコン・ロゼ マコン・ヴィラージュ プイィ=フュイッセ● プイィ=ヴァンゼル● プイィ=ロシェ● サン=ヴェラン 注：（●）印のアペラシオンは、クリマの名称を後につけることができる。 (訳注：1999年より、ヴィレ、クレッセ、レーズ、モンブレの4ヵ村で産するワインは、ヴィレ=クレッセのアペラシオンが認可された)

175

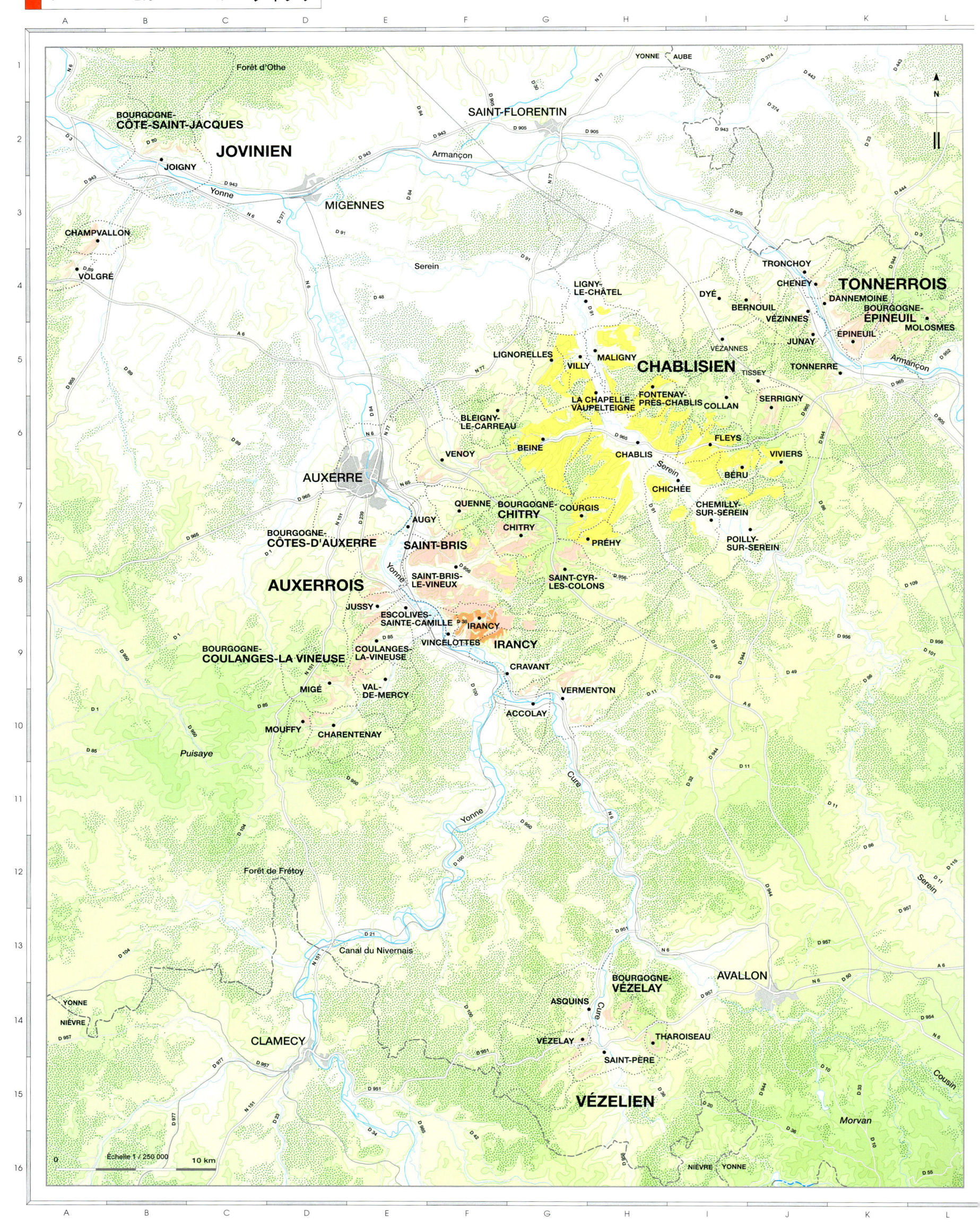

ブルゴーニュ地方 ◆ ヨンヌ県 ◆ シャブリ

ブルゴーニュ地方 ◆ ヨンヌ県 ◆ シャブリ ◆ **プティ・シャブリ**

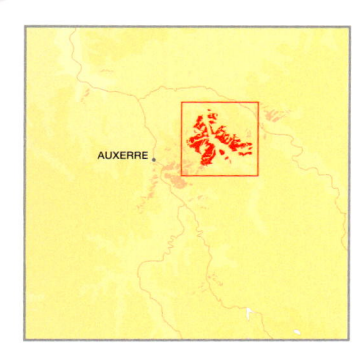

Chablis
シャブリ

ブルゴーニュの黄金の入り口であるシャブリの栽培地は、ブリオッシュやキノコの香りと、口中に満ちコクがありながらもキリッとした味わいの白ワインで名高いところである。独自のテロワールから生まれる独特なワインだが、シャブリはシャンパーニュと同じく世界でもっとも模倣されているワインでもある。あまりに多くのシャブリをかたるワインがあるため、この地では年に1回しか生産されないはずなのに、名前だけはシャブリというワインが世界中のいたるところで毎日飲まれている。

■ ぶどう栽培地とその自然要因

シャブリのぶどう畑はオーセロワの栽培地同様、ジュラ紀、キンメリッジ階の石灰岩と泥灰土の土壌に広がっている。

全体にまっすぐな地溝に沿っているブルゴーニュのコートのぶどう畑と反対に、シャブリの栽培地は曲がりくねった渓谷の景観を呈している。

畑はスラン川に沿って、低部から上部まで以下のような一連の地層によって形成された基盤上に広がっている。

- キンメリッジ階下部のトネール石灰岩は、シャブリの栽培地の南部分で独占的に見られる白亜の石灰岩である。
- 冷たい海特有の二枚貝エゾシラオガイの化石を含む石灰岩は、キンメリッジ階下部に属し、20メートルから30メートルの厚さの層を形成している。この地層は起伏の隆起（岩棚）をつくるのに十分な硬さがある。
- キンメリッジ階中部と上部の石灰岩と泥灰岩の層は平均80メートルほどの厚さがある。この層ではカキの化石を豊富に含む石灰岩層と灰色の泥灰土層が互層し、この地層を形成している斜面はたいていなだらかだが、なかにはかなり高低差をともなった場合もある。シャブリのグラン・クリュ、プルミエ・クリュに多く見られる斜面である。
- ポートランド階のバロア石灰岩が前述の層上に重なる。この地層は標高150メートルから230メートルのところにある。平均50メートルほどの厚さの泥灰土層によって二分された非常に硬い石灰岩で、ぶどう樹に適した地層である。
- 白亜紀のオーテリーヴ階の石灰岩がジュラ紀上部層に続いている。
- バレーム階の泥灰土と砂、粘土層は白亜紀のものである。

この一群の地層はシャンパーニュ地方のコート・デ・バールを形成(訳注:シャブリ地区の北東にあるトネール地区のすぐ東が、シャンパーニュ地方のコート・デ・バールとなる)していて、その名は隣のオーブ県にあるバール・シュル・セーヌとバール・シュル・オーブに因んでいる。またコート・ドールのようなはっきりしたケスタの風景が見られる、端のなだらかな丘陵で構成されたクルーブの頂を形成している。

この地層はパリ盆地の中心に向かって、北北西に傾いている。

小石や泥灰土や石灰岩を含むこのようなテロワールはぶどう樹の好む表土と基盤を構成している。

切り込みの深いコート・デ・バールと同じように、スラン川は南東に向かって大きく開いた谷のあるシャブリの丘陵を構成している。さらに東を流れているアルマンソン川は、トネール地区の栽培地に対して同じような働きをし、また西のヨンヌ川もオーセール地区のぶどう畑に対して同様の働きをしている。

シャブリとオーセールの栽培地は、ジュラ紀のキンメリッジ階の石灰岩と泥灰岩上に広がっていて、この土壌は、ぶどう畑があまり見られない丘陵上部のポートランド階の土壌よりも軟らかい。

ブルゴーニュのいたるところで見られるように、シャブリの栽培地も粘土質石灰岩の地質である。他の栽培地同様もっともよい畑は、水捌けと斜面の向きのよい褐色の石灰岩の土壌に位置するところである。シャルドネ種の多くは南向きの斜面に植えられているが、春の遅霜の害を受ける恐れがある。この地区の気候は大陸性で、冬はかなり冷え込み、霜に関しては春にも大きな被害をもたらすことがあるからである。

寒さによる被害を避けるためにシャブリの生産者たちは、重油による加熱器で大気を暖める、比較的効果がある方法を考え出した。この方法はよい結果をもたらすが、加熱器に大量の燃料を供給する必要があることと、また点火に比較的時間がかかるために突然の凍結には対応できないことがある。

もっと柔軟で効果的な方法である灌水も、ぶどう畑で同じように行われている。生まれたばかりのぶどうの芽を、大きな被害をもたらす凍結から守るために、ぶどう樹に水をまいてカヴァー代わりになる氷の繭をつくり、なかの新芽を摂氏0度に保ち、凍てつく風と厳しい寒さから避けるのである。

灌水装置はセラン川のような川の水か、あるいはベーヌの池のような人工的なため池に繋がれた配管システムによって供給されている。

この霜害をもっとも受けやすい4月末から5月初旬のあいだの2ヵ月間、生産者たちは霜に対する危惧に悩まされる。今日では前述の方法によって700ヘクタールが守られている。

シャブリの栽培地では、この地方でボーノワと呼ばれているシャルドネ種から白ワインのみを生産している。

それぞれのアペラシオンは、限定された生産区画と異なる特徴とによって区別されている。

プティ・シャブリ プティ・シャブリのぶどう樹は大部分がポートランド階の地層からなる丘陵の高いところにある台地に植えられており、土壌は石灰質である。一般的にこのワインは軽くフルーティーで、はつらつとしてミネラル分を感じさせるものである。ベーヌの集落では、プルミエ・クリュの畑に囲まれたプティ・シャブリの区画から、良質のワインが生産されている。

統計

栽培面積：570ヘクタール
年間生産量：32,000ヘクトリットル

シャブリ 面積の点ではACシャブリはシャブリ地区のもっとも広いアペラシオンである。

ACシャブリはこの地区の集落の周囲、丘陵の山腹あるいは台地上で、その状況や斜面の向きが様々なところに広がっている。シンプルなスタイルと複雑なスタイルのシャブリが隣り合っていることが示しているように、ぶどうの樹齢や収穫年、生産者の醸造法などが、ワインの特徴に影響を与えている。

一般的にシャブリは緑色に輝く美しい色合いで口当たりよく、粘性とミネラル分を感じさせ、シャルドネ種らしいバターやブリオッシュ、キノコ類のアロマを纏っている。ワインはさらに熟成させる力も備えている。

統計

栽培面積：2,900ヘクタール
年間生産量：170,000ヘクトリットル

ヨンヌ県の栽培地の地質図

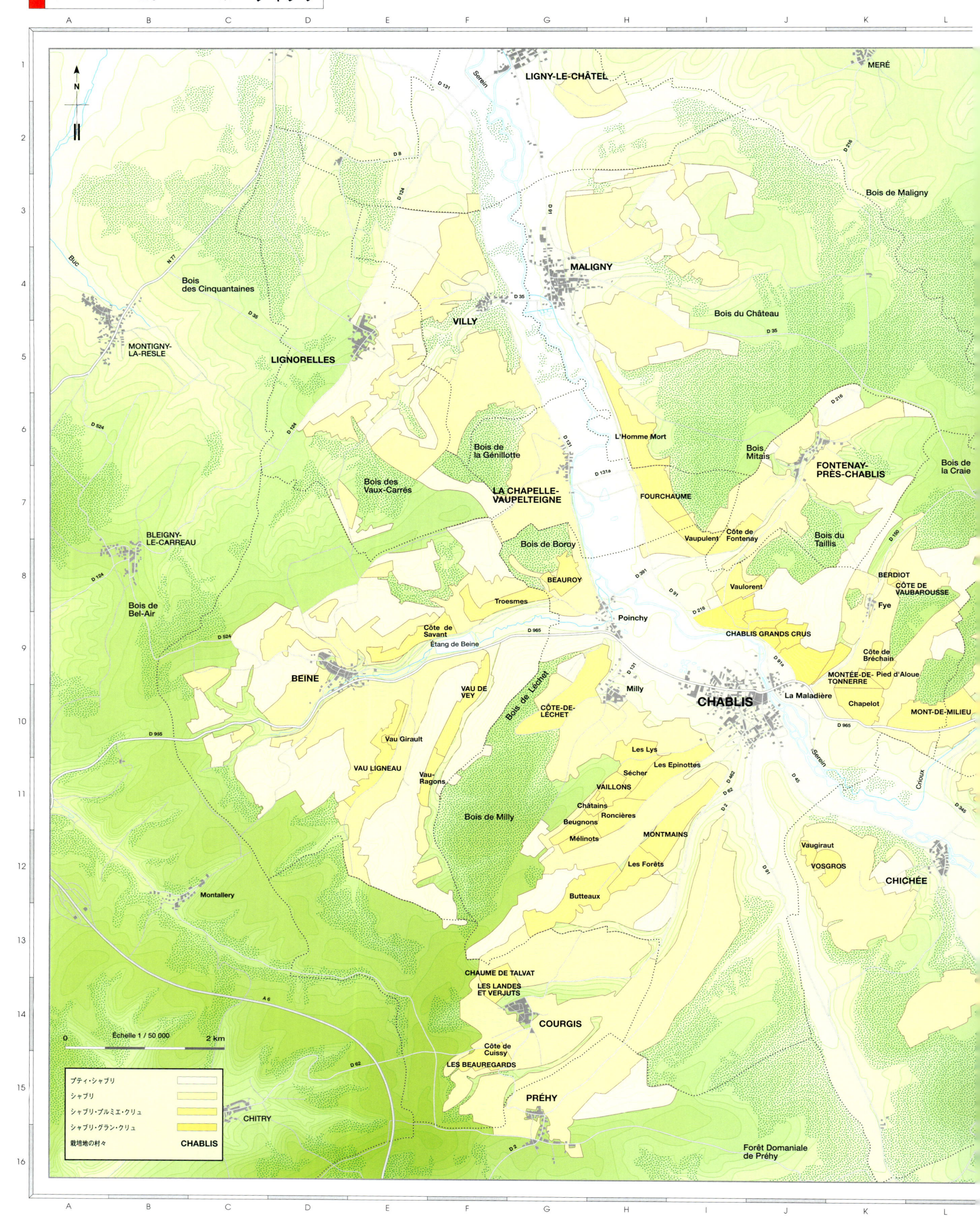

ブルゴーニュ地方 ◆ ヨンヌ県 ◆ シャブリ

凡例
- プティ・シャブリ
- シャブリ
- シャブリ・プルミエ・クリュ
- シャブリ・グラン・クリュ
- 栽培地の村々 — CHABLIS

Échelle 1 / 50 000

地名（マップラベル）

- MERÉ
- LIGNY-LE-CHÂTEL
- Bois de Maligny
- MALIGNY
- Bois du Château
- VILLY
- LIGNORELLES
- Bois des Cinquantaines
- MONTIGNY-LA-RESLE
- Buc
- Serein
- Bois de la Génillotte
- L'Homme Mort
- Bois Mitais
- FONTENAY-PRÈS-CHABLIS
- Bois de la Craie
- Bois des Vaux-Carrés
- LA CHAPELLE-VAUPELTEIGNE
- FOURCHAUME
- Côte de Vaupulent
- Côte de Fontenay
- Bois du Taillis
- BLEIGNY-LE-CARREAU
- Bois de Boroy
- BEAUROY
- Vaulorent
- BERDIOT
- CÔTE DE VAUBAROUSSE
- Bois de Bel-Air
- Troesmes
- Poinchy
- Fye
- Côte de Savant
- Étang de Beine
- CHABLIS GRANDS CRUS
- Côte de Bréchain
- BEINE
- VAU DE VEY
- Bois de Léchet
- CÔTE-DE-LÉCHET
- Milly
- CHABLIS
- La Maladière
- MONTÉE-DE-TONNERRE
- Pied d'Aloue
- Chapelot
- MONT-DE-MILIEU
- Vau Girault
- Les Lys
- VAU LIGNEAU
- Vau-Ragons
- Sécher
- Les Epinottes
- VAILLONS
- Châtains
- Ronçières
- Bois de Milly
- Beugnons
- Mélinots
- MONTMAINS
- Les Forêts
- Vaugiraut
- VOSGROS
- CHICHÉE
- Montallery
- Butteaux
- Serein
- Croux
- CHAUME DE TALVAT
- LES LANDES ET VERJUTS
- COURGIS
- Côte de Cuissy
- LES BEAUREGARDS
- PRÉHY
- CHITRY
- Forêt Domaniale de Préhy

ブルゴーニュ地方 ◆ ヨンヌ県 ◆ シャブリ ◆ シャブリ・プルミエ・クリュ

シャブリ・プルミエ・クリュ

他のブルゴーニュの産地同様、高い酒質のワインを生むいくつかのクリマ——ここではキンメリッジ階のカキの化石が豊富な土壌のことである——、これがプルミエ・クリュたらしめている。

スラン川の両岸に位置し、79のリュー=ディの区画がプルミエ・クリュの格付けを受けている。この数多なリストを簡潔にするため、政令によって、同じ性質のワインを生み出すリュー=ディは、いくつかの大きな区画（クリマ）と同じ名の下に再編成することが定められた。そのため79のリュー=ディも17のクリマの名の下に整理されている（下表参照）。

スラン川の右岸では、ぶどう畑は長く広大な丘陵に一定の向きで広がっており、グラン・クリュとプルミエ・クリュの畑がACシャブリのアペラシオンを分断しながら点在している。

左岸では、丘陵に均一さが減って、プルミエ・クリュの畑が様々な向きの斜面により分散したかたちで広がっている。

右岸左岸にかかわらずプルミエ・クリュの土壌中のミネラル分は重要で、ときにグラン・クリュを思わせるものがある。適正な収量での収穫の場合、ワインの複雑さやテクスチャー、特徴がはっきりと現れる。しかしより上質と見なされている右岸のプルミエ・クリュが、左岸のものより単純に優れているということにはならない。それぞれのクリマが区画毎の特徴を備え、その名称の評価に応じた価格で販売されているからである。

右岸

モン・ド・ミリュー Mont de Milieu モン・ド・ミリューはミネラル分のある複雑な味わいの高い酒質のもので、締まっていて熟成に時間がかかる。

モンテ・ド・トネール Moteé de Tonnerre この小さなクリマは稀な傑出した質のワインを生産し、純粋なミネラル分を備え長期熟成できる。

フルショーム Fourchaume 区画はグラン・クリュに隣り合う東から西向きの広い範囲の斜面に広がっていて、このことが様々な表情を見せるフルショームが存在する理由である。ワインは通常、豊かで調和がとれており、ミネラル分をあまり感じさせない。

左岸

ヴァイヨン Vaillons 上質、エレガント、繊細さを持ち味とし、それらがすぐに発揮されるワインである。

モンマン Montmains モンマンは若いうちからとても滑らかでまろやかなため、長い熟成には耐えられないように思われがちだが、年月とともに複雑さとミネラル分に富んだ味わいを備えるようになる。

コート・ド・レシェ Côte de Lechet ワインは斜度のある、たいへん日当たりに恵まれた斜面で生産され、ミネラル分の多い熟成に耐えうる硬さといった要素を備えている。

ボロワ Beauroy ボロワは魅力的でまろやか、フルーティーなワインで、ミネラル分をそれほど感じさせないすぐに飲まれるワインである。

統計
栽培面積：745ヘクタール
年間生産量：45,500ヘクトリットル

シャブリ・プルミエ・クリュとリュー=ディ
モン・ド・ミリュー：モン・ド・ミリュー、ヴァ・レ・ド・シゴ
モンテ・ド・トネル：モンテ・ド・トネル、シャプロ、ピエ・ダルー、スー・ピエ・ダルー、コート・ド・ブレシャン
フルショーム：ラ・フルショーム、ヴォーピュラン、コート・ド・フォントネ、ヴォーロラン、ロム・モール、ラ・グランド・コート、ラルディリエ、ボワ・セガン、フェルム=クヴェルト、ディーヌ=シアン、レ・クヴェルト
ヴァイヨン：レ・ヴァイヨン、シャタン、レ・ブニョン、レ・リス、シャンプラン
モンマン：レ・モン・マン、レ・フォレ、レ・ブー・デ・ビュトー
コート・ド・レシェ：コート・ド・レシェ、ル・シャトー
ボロワ：コート・ド・トレスム、スー・ボロワ、バンフェール、ヴァレ・デ・ヴォー、ル・ヴェルジェ
ヴォークパン：ヴォークパン、アドロワ・ド・ヴォークパン
ヴォグロ：ヴォグロ、アドロワ・ド・ヴォグロ、ヴォージロー
ヴォー・ド・ヴェ：ヴォー・ド・ヴェ、ヴィーニュ・ド・ヴォー・ラゴン、ラ・グランド・ショーム
ヴォー・リニョー：ヴォー・リニョー、ヴォー・ド・ロング、ヴォー・ジロー、ラ・フォレ、シュル・ラ・フォレ
レ・ボールガール：レ・ボールガール、ヴァレ・ド・キュイシー、レ・コルヴェ
レ・フルノー：レ・フルノー、モレン、コート・デ・プレ・ジロ、ラ・コート、シュル・ラ・コート
コート・ド・ヴォーバルース：コート・ド・ヴォーバルース
ベルディオ：ベルディオ
レ・ランド・エ・ヴェルジュ：レ・ランド・エ・ヴェルジュ
ショーム・ド・タルヴァ：ショーム・ド・タルヴァ

179

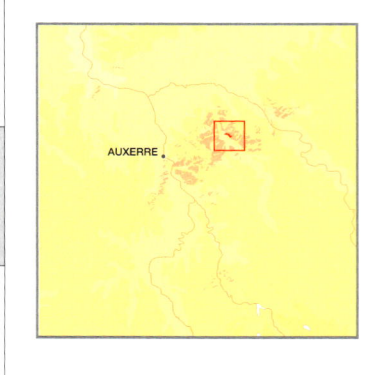

ブルゴーニュ地方 ◆ ヨンヌ県 ◆ シャブリ ◆ シャブリ・グラン・クリュ

Chablis Grands Crus
シャブリ・グラン・クリュ

南東に向いた丘陵の斜面に、7つのクリマがシャブリのグラン・クリュの栽培地を構成している。これらのクリマは非常に個性的で、各々の違いは、キンメリッジ階の石灰岩上の土壌のタイプや斜面の向き、130メートルから215メートルと幅のある標高差によるところが大きい。丘陵の上部に位置する区画からは複雑味のあるワインが生み出され、低いところでは、より豊かで力強いタイプが生産されている。

ブランショ Blanchot（12.19ヘクタール） このクリマはレ・クロに接していて、グラン・クリュの栽培地の東端に位置する。風通しはよいが、冷涼な谷の南東に向いた斜面に広がっている畑は主に午前中の太陽を享受できる。良質のぶどう果を育てる石灰岩の褐色土壌は、ミネラル分を感じさせ、しばしば硬い味わいだが比較的早く愉しめるワインを生み出している。収穫年に左右されることが大きく、天候に恵まれた年のブランショは、グラン・クリュでももっとも複雑なタイプとなる。

レ・クロ les Clos（24.79ヘクタール） もっとも広いグラン・クリュがこのレ・クロ。区画は南東から南西に向いたクループにあって、場所によって異なる勾配の斜面——具体的には上部でややきつく、下部はより緩やか——上に広がっている。もっとも優れたクリュは、クループ上部、標高215メートルほどのキンメリッジ階中部の石灰岩を母岩とする痩せた土壌に位置する。土壌は、小さなカキの化石が泥灰土によく混ざり込み、均質な状態になっている。また母岩である硬い石灰岩は表土から平均で80センチメートルほど下にある。丘陵の下部、標高150メートル付近では、土壌は肥沃で粘土質となっている。

グラン・クリュであるレ・クロの区画からは独自のタイプが生まれるが、それはミネラルを感じさせながらも濃密でたっぷりとし、またシナモンのようなスパイスと柑橘系の果実や蜂蜜のアロマが特徴的なワインである。レ・クロは、緑がかった輝きのある澄んだ美しい色合いで、常に香りと味わいの点でたいへん複雑である。口に含むと感じられるヴォリューム感は土壌に含まれる粘土質からのもので、また若いうちに目立つやや硬質の閉じた味わいは、キンメリッジ階の石灰岩に含まれるカキなどの化石に由来するミネラル分が影響している。

ヴァルミュール Valmur（12.03ヘクタール） ここでは2つの斜面の向きの恩恵を受けていて、ひとつは最大の日当たりを享受できる南向きの斜面、もうひとつはアンヴェール・ド・ヴァルミュールのリュー＝ディからなる西北西に向いた斜面である。褐色の石灰岩の土壌はたいへん良質で、裂け目のある母岩はぶどうの根が張るのに適している。ヴァルミュールのワインは柔らかくとてもアロマティークで、優れたテクスチャーのあるはつらつとした味わいの辛口である。またクリマの下部のさらに肥沃な土壌では、レ・クロに似た、より粘性のあるワインとなる。

ヴォーデジール Vaudésir（14.45ヘクタール） このクリマは、水のない谷に沿って都合よく真南に向いた斜面が階段状に広がっている。斜面の勾配はそこそこあるが、腐植土の層は安定している。ぶどう樹の根は、キンメリッジ階のなかを伸び進み、母岩の割れ目にいたっている。

ワインはとても完成度が高く調和が取れ、それに豊かさもあり、しばしばシャブリのなかでもっとも完璧なもののひとつと考えられている。ヴォーデジールの裏側は北北西に向いた斜面となっていて土壌の質は同様ではあるが、ぶどうは、南向きの斜面と同じようにはうまく成熟せず、ワインはやや複雑さを欠いたものになる。またかつてポンティニー修道院のが所有していた歴史的なムートンヌの畑の大部分はこのヴォーデジールのクリマにあり、ムートンヌはブランド名として流通している。ムートンヌの残りの区画はプルーズにある。

グルヌイユ Grenouilles（9.08ヘクタール） ヴァルミュールの西側とヴォーデジールの丘陵の南部分に囲まれているグルヌイユは、クループの南南西の向きの斜面にある、日照量を安定して享受できるクリマである。ほどよい勾配の斜面は水捌けもよく、完熟したぶどうがもたらされる。ワインは複雑で粘性があり、おそらくシャブリのグラン・クリュのなかでもっとも力強いワインといえるだろう。ヴォーデジールに較べやや上品さに欠けるが、それでも花の香りがミネラル分によくマッチしたたいへん優雅なワインである。

プルーズ Preuses（11.07ヘクタール） プルーズはヴォーデジールの西側の境界に接していて、比較的勾配のある窪地の地勢となっている。

南東に向いた斜面は午前中の日照を確保している。表土から深さ1メートルまでの構成は、まず最初の層となっている軽く柔らかい土壌がおよそ50センチメートルの深さ。続いてキンメリッジ階の硬く緻密な固結層に由来する土壌が20センチメートルほどあり、最下部は母岩直上の弾力性に富んだ粘土となっている。この母岩自体はとても硬いが、割れ目があり、ぶどうの根が入り込みやすい。

プルーズの色合いはたいていの場合明るい黄色である。また香りには花や燻し香、鉱物的なアロマがある。最初に口に含むと甘味と思わせるような、このワインを特徴付けているフィネスや繊細さ、ミネラル分は、表土部分を反映しており、口中で感じるシャープさは、貝の堆積層に由来する。最後に粘土からくる豊かさは、母岩から与えられるある種の新鮮さと結びついてワインに熟成とともにより大きなスケール感をもたらす。

ブグロ Bougros（14.35ヘクタール） ブグロのぶどう樹はグラン・クリュが連なる丘陵の西の端、標高130メートルから170メートル付近で栽培されている。このクリマは北西と南南西に向いた2つの緩やかな斜面に広がっており、シャルドネー種の栽培に適した泥灰土と粘土のやや深い土壌上にある。

ブグロのワインは芳醇でコクがあり、ミネラル分の強さが特徴である。またこのワインは他のグラン・クリュに較べて斜面の向きと標高の点で不利なために、複雑さと繊細さに欠けるといわれているが、とてもよく熟成する。

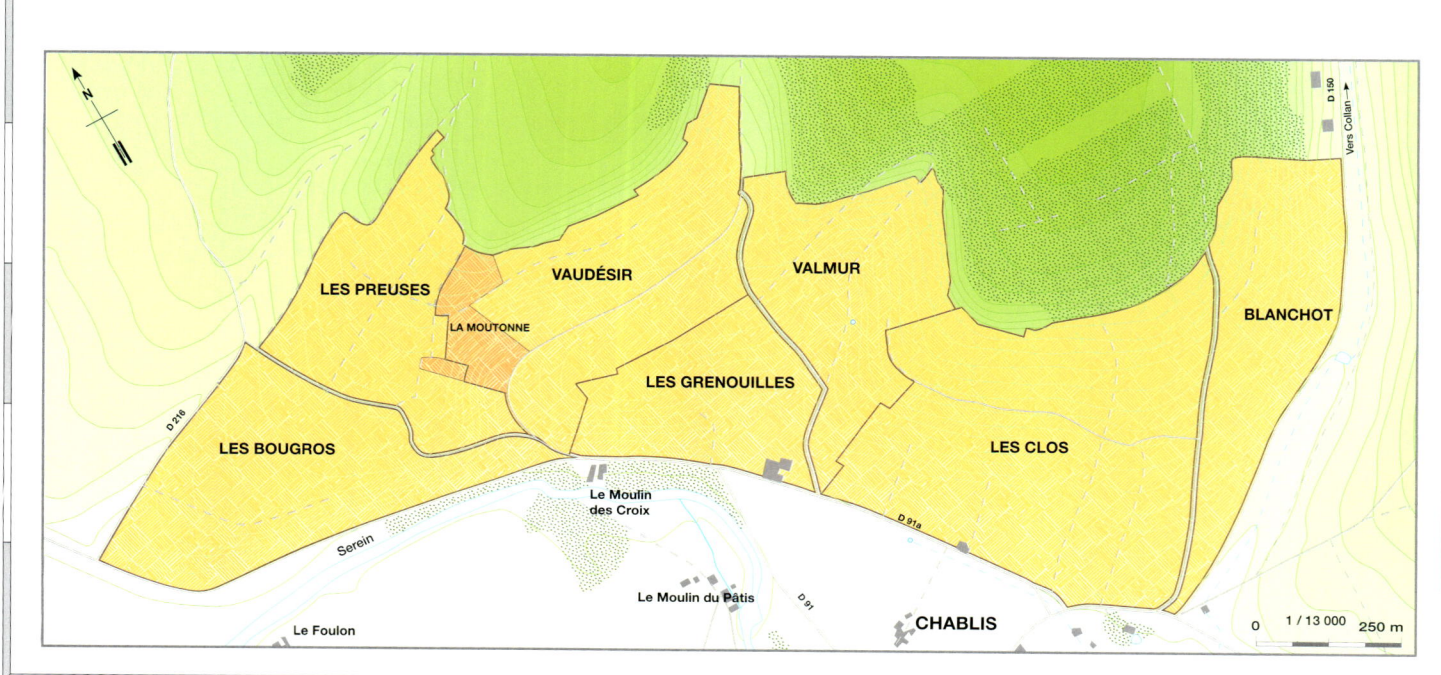

統計

栽培面積：100ヘクタール
年間生産量：5,400ヘクトリットル

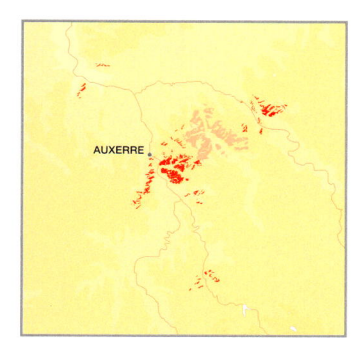

ブルゴーニュ地方 ◆ ヨンヌ県 ◆ **コート・サン＝ジャック** ◆ **クーランジュ** ◆ **イランシー** ◆ **サン＝ブリ** ◆ **シトリー** ◆ **エピヌイユ** ◆ **ヴェズレー**

Autres vignobles de l'Yonne
ヨンヌ県のその他の栽培地

シャブリがその際立った個性と高い名声によってヨンヌ県に君臨しているとしても、他の歴史ある畑を忘れるわけにはいかないだろう。フィロキセラで全滅する前は、いくつかの産地は中世からの大いなる名声を享受していた。今日これらの畑は、気概ある生産者たちの尽力によって、復興と再建の真っ只中にある。

ジョヴィニアン
ブルゴーニュ・コート・サン＝ジャック Bourgogne Côte Saint-Jacques ジョワニーのぶどう畑はもっとも北に位置する。畑はジョワニーの集落のあるヨンヌ川の右岸と、10キロメートルほど南西に下ったシャンヴァヨンとヴォルグレの村のあるヨンヌ川の左岸とに20ヘクタールほどがある。

アペラシオンがブルゴーニュ・コート・サン＝ジャックとなる、ジョワニーの村とヨンヌ川に突き出た丘陵にある畑は南南東の向きの斜面にあり、オテの森で覆われた台地によって北風から守られている。また川の存在によって気候は和らげられて、春の霜も防いでいる。

ぶどう樹が植えられているのは15ヘクタールに満たない広さで、テューロン階の柔らかい石灰質の母岩とその上に重なるシレックスを含む粘土土壌から、ピノ・ノワールやピノ・グリ種を用いたフルーティーで心地よい赤ワインとヴァン・グリが生産されている。

統計
栽培面積：12ヘクタール
年間生産量：715ヘクトリットル

オーセロワ
ブルゴーニュ・コート=ドーセール Bourgogne Côtes-d'Auxerre
オーセールの町の周辺のいくつかの寄り集まった村落から、この地方名のアペラシオンは生み出されている。ぶどう畑は、丘陵の山腹の小石混じりの土壌を含んだ南あるいは東に向いた斜面のおよそ500ヘクタールを占めている。フルーティーで心地よく馴染みやすい赤と白は、それぞれピノ・ノワール、シャルドネー種からつくられている。

統計
栽培面積：175ヘクタール
年間生産量：10,500ヘクトリットル

ブルゴーニュ・クーランジュ=ラ＝ヴィヌーズ Bourgogne Coulanges-la-Vineuse オーセールの南約15キロメートルのところに、ヨンヌ川の左岸を見下ろしている東を向いた小さな盆地の斜面上の丸くなった頂部を占めている畑がある。土壌は大部分がキンメリッジ階に由来し、またほとんどの斜面の向きは南南東で、西から吹く風から護られている。ピノ・ノワールとシャルドネー種からフルーティーで心地よい赤、白がつくられ、良年のものは実に個性的なワインになる。

統計
栽培面積：60ヘクタール
年間生産量：3,400ヘクトリットル

イランシー Irancy 畑は、北風を防ぐ、西南西に向いた円形劇場のようなかたちの斜面に位置している。総面積は315ヘクタールほどを数えるが、それらはイランシーとヴァンスロット、クラヴァンの各集落に広がっている。

テロワールはジュラ紀上部のキンメリッジ階、ポートランド階の泥灰土と石灰岩で構成されており、これは質のよいぶどうの栽培にたいへん適している。シャブリやリセィ(訳注：シャンパーニュ地方南部、ロゼの産地)のようにこの産地は、ポートランド階のケスタに見下ろされている泥灰土の斜面の一群に発達している。ポートランド階の馬蹄のかたちをした丘は、侵食によってコート・デ・バールから切り離され、ところどころ8度から10度という高低差のある斜面のキンメリッジ階の基盤層を保護している。

石灰質の非常に多い基盤層の存在が、この地でピノ・ノワール種が心地よいワインを生む理由である。イランシーとヴァンスロットの集落のはずれではぶどう畑の一部が、谷のおよそ60メートルほど上部に位置する古期ヨンヌ台地の残留堆積物で覆われたジュラ紀の基盤層の上に広がっていて、土壌には花崗岩が侵食されてできた砂と粘土が見られ、ここからのワインは軽よりフルーティーである。

イランシーでは赤ワインしか生産されていないが、ピノ・ノワール種のみというわけではなく、この地の固有の品種であるセザール種の存在を忘れてはならない。別名ロマン種と呼ばれ、弱い品種で春の霜に襲われやすいが、ワインに色の濃さと力強さ、熟成する力を与えることができる。北の産地においてはこの品種によってピノ・ノワール種をよいかたちで補うことができる。栽培は今日では5ヘクタールほどで、そのうち2ヘクタールに満たないのが、このアペラシオンでもっとも優れたワインを生む有名なパロットの区画である。

イランシーではセザール種がブレンドされていない場合は、しばしば軽くて色が薄くフルーティーで心地よい、早く愉しめるワインになる。またよい年のものでセザール種を含んでいると長期熟成が約束される。

統計
栽培面積：130ヘクタール
年間生産量：6,350ヘクトリットル

サン＝ブリ Saint-Bris イランシーの北に位置する7つの集落ではソーヴィニヨン・ブラン種から、辛口で生き生きとして張りのある白を産み出す。

ぶどう樹は、100ヘクタールほどの硬いポートランド階の石灰岩上に植えられており、台地と畑のある丘陵のあいだには懸崖が形成されている。境界がはっきりしていないとしても、畑は、石灰岩と化石を含む泥灰土で構成されたキンメリッジ階中部と上部の土壌の、勾配が中位からややきつい斜面に広がっている。

北の栽培地という状況と150メートルから275メートルにかけての標高という条件によって、ソーヴィニヨン種の広がりのある香りとミネラルの風味を体現している。この品種はここではキンメリッジ階の土壌でも斜面の向きのよくないところに植えられているため晩熟となるが、おかげでその強い特徴をより発揮するようになる。

統計
栽培面積：100ヘクタール
年間生産量：3,500ヘクトリットル

ブルゴーニュ・シトリー Bourgogne Chitry シトリーの白ワインはオーセール地区でもっとも有名である。畑は、北西から南東に向いた斜面上で、村の周りに弧を描くように広がっている。キンメリッジ階の中部から上部の粘土質石灰岩の土壌は、粘性とミネラル分に富んだ非常に興味を引くワインを生むシャルドネー種と、フルーティーで心地よいワインに変身するピノ・ノワール種のどちらにもよく適している。

統計
栽培面積：60ヘクタール
年間生産量：3,500ヘクトリットル

トネロワ
ブルゴーニュ・エピヌイユ Bourgogne Epineuil この歴史的なぶどう畑は、エピヌイユとトネールの周辺の7つの集落に160ヘクタールの広さが振り分けられている。土壌は大部分がジュラ紀の粘土質石灰岩とキンメリッジ階の泥灰土で構成されている。畑は、標高180メートルから250メートルにある南東に向いたやや険しい斜面の丘陵を覆っている。ここではほとんどピノ・ノワール種が栽培されており、淡い色合いでフルーティーな香りのワインを生産している。

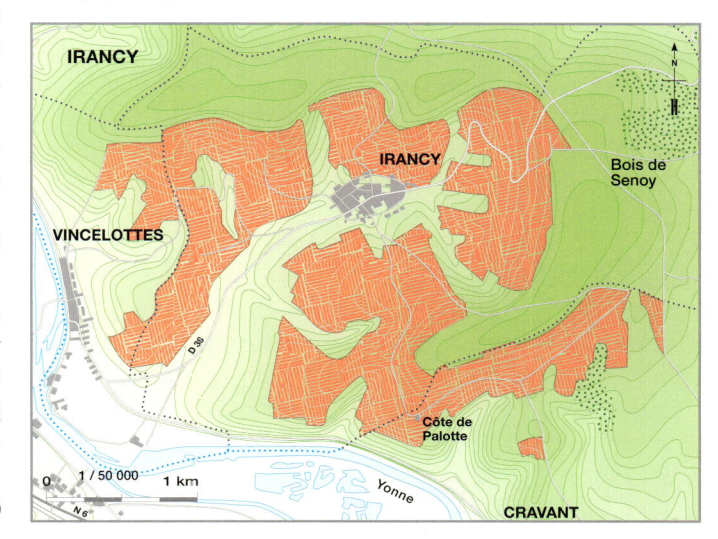

統計
栽培面積：85ヘクタール
年間生産量：5,150ヘクトリットル

ヴェズリアン
ブルゴーニュ・ヴェズレー Bourgogne Vézelay 100ヘクタールほどのヴェズレーのぶどう畑では、シャルドネー種から軽くてフルーティーな白と、ピノ・ノワール種から少量の赤ワインが生産されている。この地は春霜の危険にさらされているため、ジュラ紀の粘土質石灰岩土壌で栽培にもっとも適した東から西に向いた丘陵の斜面でも向きのよい、より安全なところにだけぶどう樹は見られる。

統計
栽培面積：50ヘクタール
年間生産量：2,550ヘクトリットル

ブルゴーニュ地方 ◆ コート=ドール

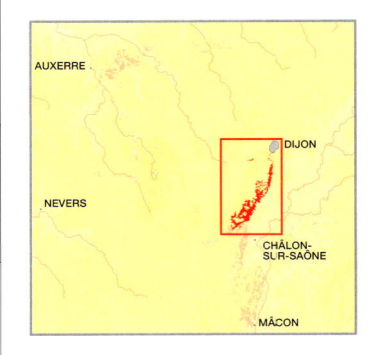

Côte-d'Or
コート=ドール

　コート=ドール県は、すべてのブルゴーニュ・ワインを象徴しているコート・ド・ニュイとコート・ド・ボーヌの赤と白のたいへん優れたワインによってその名声を享受している。しかしながらこの県にはこれらのコートに沿ったオート=コート・ド・ニュイやオート=コート・ド・ボーヌ、さらにはシャンパーニュ地方の最南端であるオーブ県との境界に位置するシャティヨネや、ディジョン市の南西のディジョネのような良質のワインを産する畑が点在していることも忘れるわけにはいかない。

ラ・コート la Côte

　栽培地は複雑な様相を見せているソース地溝帯の縁にあたる起伏上に見られる。

　コート・ド・ニュイとコート・ド・ボーヌ、2つの地区からなるコートは、その構成が独特である。栽培地は細長い帯状に延びており、ところどころで数百メートルの幅しかなく、ディジョン市からシャニーの町までおよそ50キロメートルにわたって連なっている。

　畑は、これら2つの町を結んでいる断層の裏側に沿って連なる、東向きの斜面があるケスタからなる丘陵に広がっている。

　アルプス山脈の形成　ブルゴーニュのコートの出現は、6000万年近く前のアルプス山脈の形成に始まる。その古い基盤は、大陸プレートの移動によって生まれたアルプス山脈の圧倒的な応力に抵抗できなかった。

　地層変形の激動帯の西側に位置していた、未来のコート=ドールは、北から南と、北東から南東の方向に平行な縦の剪断面に最初のかたちを現した。その後、新しい時代になって地殻の圧力が緩み、断層群に囲まれた紡錘形の地域は沈降し、さらに細かな区域に分断された。

　後の第三紀の終わり以降、この地質配列は新たな応力の影響をうけ、南東から北西方向の中心線に沿って大きな曲率半径をもった変形作用を受けた。今日の地形は、沈降した地区に再び応力が働き、堆積岩で覆われたそれぞれの区域が隆起し、さらに侵蝕作用をうけた結果である。

　このようにして小さな谷や窪地が生まれ、それらはほとんどの場合コートに垂直だが、特に密集した断裂帯のなかで削られた場合には平行になっている。この谷の出口では、斜面の緩やかな扇状地を段々になった寄木細工状の区画が覆っている。アルプス山脈と中央高地のあいだの崩壊した部分は、ソーヌとブレスの平原になっている（p226模式図を参照）。現在の紡錘形の地域（訳注：現在のコート・ドール）はところどころ東西の小さな谷によって切れ目が入れられていて、その斜面は「ラレ Larreys」と呼ばれている（訳注：具体的な例としてはモレ=サン=ドニのほぼ中央、村の西寄りの斜面を南北に分けている谷の斜面がそれにあたる。そこではクロ・デ・ランブレの上部斜面のAC ヴィラージュの区画に「ラレ・フロワ冷涼なラレ」の名称が見られる）。北向きの斜面が「冷涼なラレ」、その向かい側が「温暖なラレ」と呼ばれている。北向きの斜面には多くの場合 AC ヴィラージュといったアペラシオンが位置するのに対し、南向きの斜面にはプルミエ・クリュの区画が含まれていることもある。

　始新世の時代の終わり　4000万年前に、海が後退して岩石が露出するにつれ、地溝は侵蝕によって生ずる岩屑によって埋められ、1000メートル以上の厚さに積み重なった。これとは別に現在のブールカン=ブレス（訳注：アン県の県都）からブザンソン（訳注：ドゥー県の県都）にかけての地溝帯の東側の縁は、異なった変化を遂げた。

　大陸プレートが衝突した場に近づくにつれ、中生代の岩石は標高の高い場所に運ばれ、基盤の圧力の接線方向に褶曲、ひいては衝上断層を生じた。そしてこの衝上は以前に形成されていた地溝自体にも及んだ。

　ジュラ地方のぶどう栽培の発祥の地であるルヴェルモン地域は、アルプス山脈の形成にともなう、新しい変動によって生じた。この特殊な地形と気候の状況には、ピノ・ノワール種はあまり適していなく、やはりこの地方独特のプルサールやトルソー、サヴァニャン種など、またピノ・ノワール種よりもしばしばいたるところで見られるシャルドネ種がよい相性を見せている。

　コートに沿った地　沈降の変動の異なりによって侵蝕の度合いは様々で、ところどころで表土に覆われていた多様な基盤層が露わになっている。それらの基盤層を構成しているのは、ボジョレーでは大部分が花崗岩とシスト、マコネーやコート・ド・ボーヌ、コート・ド・ニュイでは粘土質石灰岩、コート・シャロネーズでは砂質粘土と石灰岩である。また、ときとして丘陵の表面に切り立った崖として断層面が現れている箇所があり、シャニーとディジョンのあいだの標高220メートルから最高でもボーヌ山のてっぺんである396メートルという、なだらかな斜面に連なるぶどう畑のアクセントとなっている。

　コートを貫通している国道74号線は、上質なぶどうを生む粘土質石灰土壌と、ソーヌ川地溝帯に集積した岩屑の土壌とのあいだの境界として走っているために、この道はしばしば村名アペラシオンと地方のアペラシオンを区分する役割も担っている。

　栽培地　断層の間隔や断層自体の長さによって各畑はさらに細かな区画に分けられている。実際にマルサネとフィサンの各アペラシオンにおいて、簡単に記憶できる方法としてある地質学者は、「ジゴーニュ（訳注：入れ子式の意）」と言う表現で、断層の多様性と密度を要約している。つまり平均してぶどう畑では、1キロメートル毎に100メートルの長さの断層が、100メートル毎にも10メートルの断層があり、同じく10メートル毎に1メートルの断層がある、と言う風にである。そしてこの最後の段階でぶどうの根は、たとえ土壌が薄くほとんど水分が供給されることがなくても、硬結した岩の割れ目に浸透した水を探し当てていることになるというのである。このことから基盤層の岩石の緊密な剪断が、少なくとも区画範囲でのワインの特徴に様々な影響を及ぼしていることが分かる。

　地質の複雑な構成　ブルゴーニュのぶどう畑に独自性をもたらしているのはこの地質の複雑な構成であるが、以下の要因も見過ごすことができない。すなわち第三紀の終わり──1000万年前──以降の斜面下部に見られる岩屑からなる扇状地の性質とその広がりが、地下水の流路と根が取り込むミネラル分──それを通じてのぶどう樹の働き──に大きな影響を与えている点である。つまりコートのなだらかな斜面における起伏の高さや窪みこそが、極端な雨や乾燥を和らげ、また増大させもしているのである。

　微気候　コートを目立たせているなだらかな窪地は、その大きさや向きによって非常に多様な微気候をもたらしている。ここでの日中と夜間の日較差は、東向きの斜面からうける影響よりも著しいものがある。斜面の存在はより長い日照を確保し、また雨やことに雷雨の後の水捌けを助けている。窪地の存在は水の流れとその働きを複雑にしている。以上の状況に対して影響を与えるクリマを区切っている数多くの石垣や小道は、偶然につくられたものではないことがわかる。

　ぶどう樹が小石の多い土壌を好むということは、畢竟、水がそこに滞留しないことを意味する。つまり土壌の水分はぶどう樹に対して非常に重要な役割を果している。根がその土壌を自分のものに出来るか否かによって、ぶどう樹における最適な水分保持は左右される。これは基盤層の岩石の亀裂に根を張ることによって、ぶどう樹は激しい気象変動の影響をかなりうけにくくなるということでもある。つまり、旱魃による生理的なストレスにも耐え、また多量の雨における果実の水ぶくれを避けることができるようになるのである。

　地下水の役割　コートのぶどう畑における地下水の役割は、同様にたいへん重要である。その分布はクリマによって異なっている。含まれる微量元素は豊富で、その差異がワインの特徴を助長している。なかにはモンラシェと隣接するグラン・クリュ（訳注：シュヴァリエ、バタール=モンラシェ）の特質をこの地下水の存在の影響と考える向きもあるが、これはまだ証明されていない。

　コートの基盤層の石灰岩は亀裂だらけで、地下水を長期にわたって留めておくことができないが、部分的には帯水層が存在しているという事実にも注目すべきである。この帯水層近辺のぶどう畑においては、その収穫年の気候条件に大きく影響されることが多い。その蓄えている水量の多寡により、好結果あるいは悪影響をぶどう樹に及ぼしているからである。

オート=コート Hautes-Côtes

オート=コート・ド・ニュイとオート=コート・ド・ボーヌの栽培地は、グランド・コートの西側に広がる標高350メートルから500メートルの台地と丘陵にある。

オート=コートの畑は総じてグランド・コートと同じ石灰岩と泥灰土の土壌に広がっている。区別される点としては、様々な斜面の向きと、なかでも目立った要素である高い標高とによって特徴付けられている。

この地の平均気温はグランド・コートに較べ明らかに低いため、ぶどうの成熟は遅く、また完熟が難しく、特にピノ・ノワール種において著しい。グランド・コートと摂氏5度に達する気温差が見られることもあり、日中と夜間の日較差も大きい。ただし、日照が得られる斜面の向きと、風からさえぎられている状況は好条件となっていて、これらはぶどうの質を決定付ける大きな要因となっている。

そのため気候条件は非常に重要だが、オート=コートとグランド・コートのぶどうの成熟には、毎年少なくとも1週間程度の差がある。この開きは収穫を9月の終わりから10月の半ばまでずれこますことにもなり、この時期のブルゴーニュの天候状況はぶどうにとって難しい場合がある。したがって収穫年の影響が大きく、それがワインにも表れている。

オート=コート・ド・ニュイのぶどう畑は、北はレウル=ヴェルジから南はマニ=レ=ヴィレールまで20ほどのコミューンにわたって広がっている。栽培地は南北15キロメートル、東西10キロメートルの形状で、生産されているのは9割以上が赤ワインである。

オート=コート・ド・ボーヌの栽培地はニュイに較べ南北に長く、構成している集落も30あまりに上る。そのため地理的にも均一の景観ではなく、大きく4つの区域に分けることができる。ひとつはコルトンの森のすぐ裏手に広がり、もうひとつはポマールから西の地続きの斜面、3つ目はサン=ロマンの畑の後ろ側、最後はマランジュの北西方向に位置している。この地では8割近く赤ワインが生産されている。

その赤ワインは、それぞれの区域毎の異なりはあるものの、それほど特筆すべき特徴は見当たらない。とはいえ赤も白もたいていの場合、生き生きとした軽やかさが愉しめるワインである。赤ワインはアフターは短かめながら総じて赤系の小さな果実のアロマがあり、なかでも白ワインにはとても素晴らしいものがあり、白い花と柑橘系のアロマが特徴的である。

統計（オート=コート・ド・ニュイ）
栽培面積：600ヘクタール
年間生産量：29,000ヘクトリットル

統計（オート=コート・ド・ボーヌ）
栽培面積：960ヘクタール
年間生産量：37,500ヘクトリットル

コート=ドール県のその他のぶどう畑

オーブ県のシャンパーニュ地方との境界にあるシャティヨネのぶどう畑は、クレマン（訳注：シャンパーニュと同じ製法による発泡酒）の生産を専門にしている産地である。ディジョン市周辺の歴史的なぶどう畑は一部が街なかにあり、残りは小島のように点在している。

シャティヨネ Châtillonnais
シャティヨン=シュル=セーヌ（訳注：p171の地図、T2の箇所）のぶどう畑はコート=ドール県の北限に位置し、オーブ県のシャンパーニュ地方南部から数キロメートルのところにある。コート・シャティヨネーズの丘陵は、ケスタの地形においてヨンヌ県の丘陵と較べ得るものだが、土壌に関してはコート・ド・ボーヌと同類のものが見られる。パリ盆地の中心に向かって単傾斜したジュラ紀の地層の配置は、南南東に向いたケスタの起伏を構成している。斜面はキンメリッジ階とオックスフォード階の泥灰土で形成され、中ほどのおよそ250メートル付近ではポートランド階の石灰岩となっている。この地はグランド・コートより気温が低く、ピノ・ノワールとシャルドネ種が、特にオックスフォード階の泥灰土が露出しているマシニーとモレムの集落で栽培されている。シャンパーニュに近いこともあって、シャティヨネの180ヘクタールほどのぶどう畑のほとんどはクレマン・ド・ブルゴーニュの生産に当てられている。

ディジョネ Dijonnais
ラレと呼ばれるディジョン市の南西周辺に、この地方のぶどう栽培の歴史の証人として6世紀以来受け継がれてきた有名なぶどう畑が小島のように点在している。畑の名をレ・マルク・ドール、シャン・ペルドリ、それにモントル・キュという。街の西、プロンビエールやデース、タラン、コルセル、アンセ、マレンといった集落にもいくつかの区画が残っている。

クショワ Couchois
クショワのぶどう畑は、グランド・コートの最南端に位置するマランジュ同様、ソーヌ=エ=ロワール県に位置してはいるが、テロワールに関しては、コート・ド・ボーヌの栽培地と十分な類似を見せているためこの章に載せた。ドゥーヌの渓谷（断層）の西にあり、認められている広さは360ヘクタールほどあるが、主にブルゴーニュ・コート=デュ=クショワのアペラシオンを名乗るコクとタンニンを感じさせる力強い赤ワインと、シャルドネ種からつくられる少量の白とが生産されている。

統計（ブルゴーニュ・コート・デュ・クショワ）
栽培面積：20ヘクタール
年間生産量：1,000ヘクトリットル

統計（コート=ドール県）
栽培面積：11,000ヘクタール
年間生産量：503,000ヘクトリットル

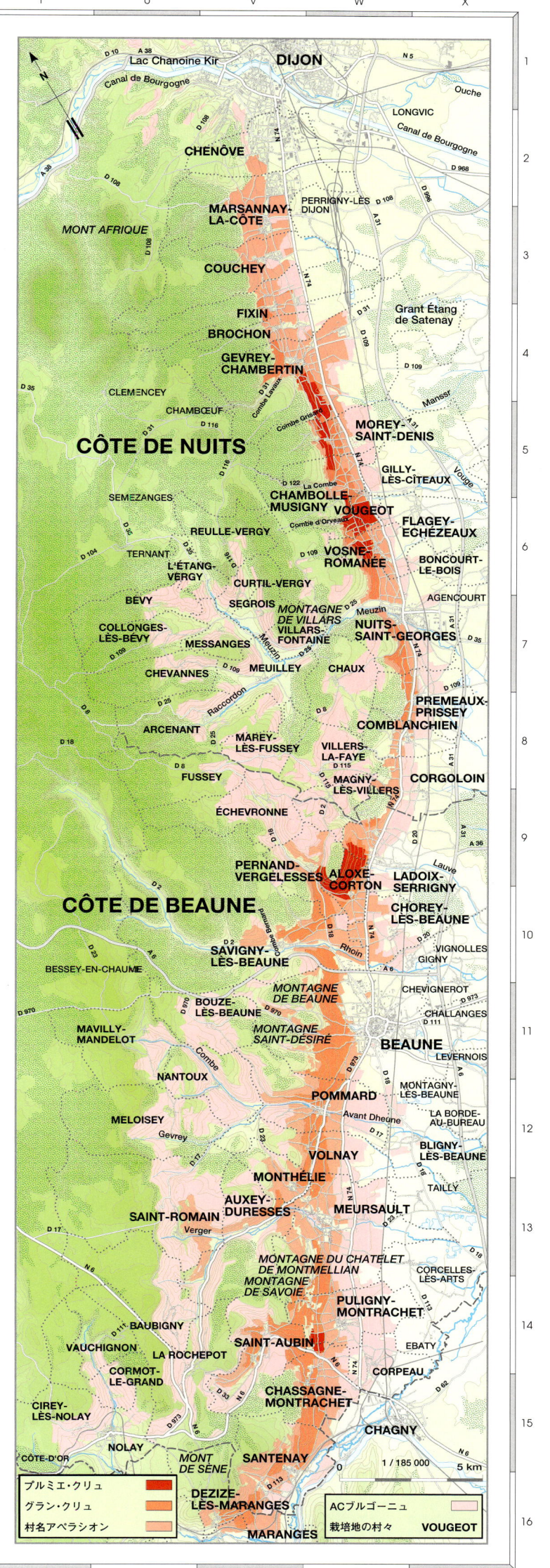

Côte de Nuits
コート・ド・ニュイ

ディジョン市の数キロメートル先より南北に連なる栽培地が、世界でもっとも有名なぶどう畑を擁する地である。産するのは構成がしっかりとした独自の個性をもった赤で、力強くしまったジュヴレ、シャンボルでは繊細さとフィネスを纏い、ヴォーヌでは滑らかで品位のあるワインとなる。これらはすべて傑出した長期熟成型である。

■ぶどう栽培地とその自然要因

ディジョン市の入り口からコルゴロワン(訳注:ニュイ=サン=ジョルジュの町の南、コート・ド・ニュイ地区最南端の村)集落のクロ・デ・ラングル(訳注:同村でもっとも南に位置する区画)まで、コート・ド・ニュイ地区は、ジュヴレの背斜から続くジュラ紀中部の地層で構成されている。

ぶどう畑の境界ともなっている国道74号線に沿った断層は、ブレス(訳注:マコン地区の東に広がる一帯)の第三紀層とジュラ紀の台地との接触面である。ブレスの地溝帯は非常に直線的で、真東に面し、はっきりとしたかたちでコート・ド・ニュイに表れている。

コート・ド・ニュイは第四紀の侵蝕による緩やかな窪みをもった斜面で構成されている。やや急な上部と、断層である第三紀層とジュラ紀の層との接触面を覆っている崩積層や堆積物で緩やかとなった下部が特徴である。

この地形がぶどう畑を、東に向いた斜面と、ほとんど傾斜のないふもとの部分とに広がることを可能にしている。

また、コートにちりばめられている小さな谷は開かれた崩積物の扇状地をつくり、とりわけジュヴレにおいて見られるように、平坦地の始まるところにぶどう畑が広がることを許している。

コート・ド・ニュイの基盤層
もっぱらジュラ紀中部の地層で構成されているが、ジュヴレの背斜の頂上部分や、そのジュヴレの北隣、ブロションの集落では、わずかではあるがよりはっきりとジュラ紀下部のライアス統の地層が見られる。

斜面は石灰岩の破片と黄土で覆われている。この土壌は山からの黄土と、石灰岩から粘土への溶解(訳注:石灰岩が水で溶解し、粘土分だけが残ったもの)で形成されている。

コート・ド・ニュイのように非常に年代の古い栽培地では、崩落物や岩石から粘土に変化した物質、さらには人の手による土地へのさまざまな働きかけによって土壌は豊かになっている。

およそ3000ヘクタールからなる石灰岩の地はジュラ紀中部の粘土質石灰岩と泥灰土で構成されているが、コート・ド・ニュイの基盤でもある。このごつごつした石灰岩から小石混じりの褐色の石灰質土壌が生まれ、引き締まって力強いワインの生産に寄与している。

コート・ド・ニュイの栽培地ではジュラ紀中部の3つの階、すなわちバジョース階、バス階、カローヴ階が見られ、そのいずれもが土壌の多様性の要因になっている。

ピノ・ノワール種が旱魃等の厳しい生育状況にあっても、その素晴らしさを開花させるのは、もっとも石灰分の強いジュラ紀中部の基盤岩上においてであることが知られている。

この観察結果から、テロワールの効果は主としてぶどう樹の根が基盤岩の亀裂に入り込んでいく力を発揮できるか否であることが明らかにされた。微生物とバクテリアの働きによって、ぶどう樹はその生育に必要な栄養素を吸収している。また微生物とバクテリアの働きはクリマ毎に異なり、これがアペラシオン毎の差異の特徴の違いを生み出しているのである。

コートにおけるぶどう畑の景観は、各集落(訳注:村名アペラシオン)毎の特徴が、ぶどう樹が植えられている斜面毎の異なりによっていることを表している。

丘陵の斜面の一般的な向き
丘陵の斜面はほとんどが真東に向いており、ぶどう樹にとっては最適である。多くの小さな谷では、南向き——この斜面は温暖なラレという名で表されている——、北向き——冷涼なラレ——の斜面もあるが、細かく見ると東南東か東北東の向きとなっている。さらにコート・ド・ニュイにおけるやや強めの勾配は、バジョース階とバス階の風化に強く耐久性のある石灰岩が優勢なことに関係していることに気付く。また標高差は様々で、南端と北端ではより小さく、コートで最大に達しているのは、中心部のジュヴレとモレ、シャンボルとヴォーヌのぶどう畑である。

斜面の中腹では良質の黄土が見られ、また斜面下部やときにはふもとでも表れていることがある。

グラン・クリュやプルミエ・クリュ、そして村名アペラシオンにおいても、それぞれのワイン独自のはっきりとした特徴が表れるための素晴らしい栽培条件の恩恵を受けている。丘陵のところどころは崩積物で厚く覆われ、これが斜面の上部にも見られ、ぶどう栽培にとっては土壌学的にもたいへん適した状態となっている。

コート・ド・ボーヌより北に位置するコート・ド・ニュイは、大陸的な影響と北風を受けやすくなっている。しかし反対に南西からの気候的状況の影響は受けにくい。

コート・ド・ニュイから西へ延びたオート=コート・ド・ニュイの栽培地はブルゴーニュの台地を背に、網状に広がった谷によって削られた丘陵に点在している。

統計
栽培面積:4,400ヘクタール
年間生産量:185,000ヘクトリットル

コート・ド・ニュイの栽培地の鳥瞰図

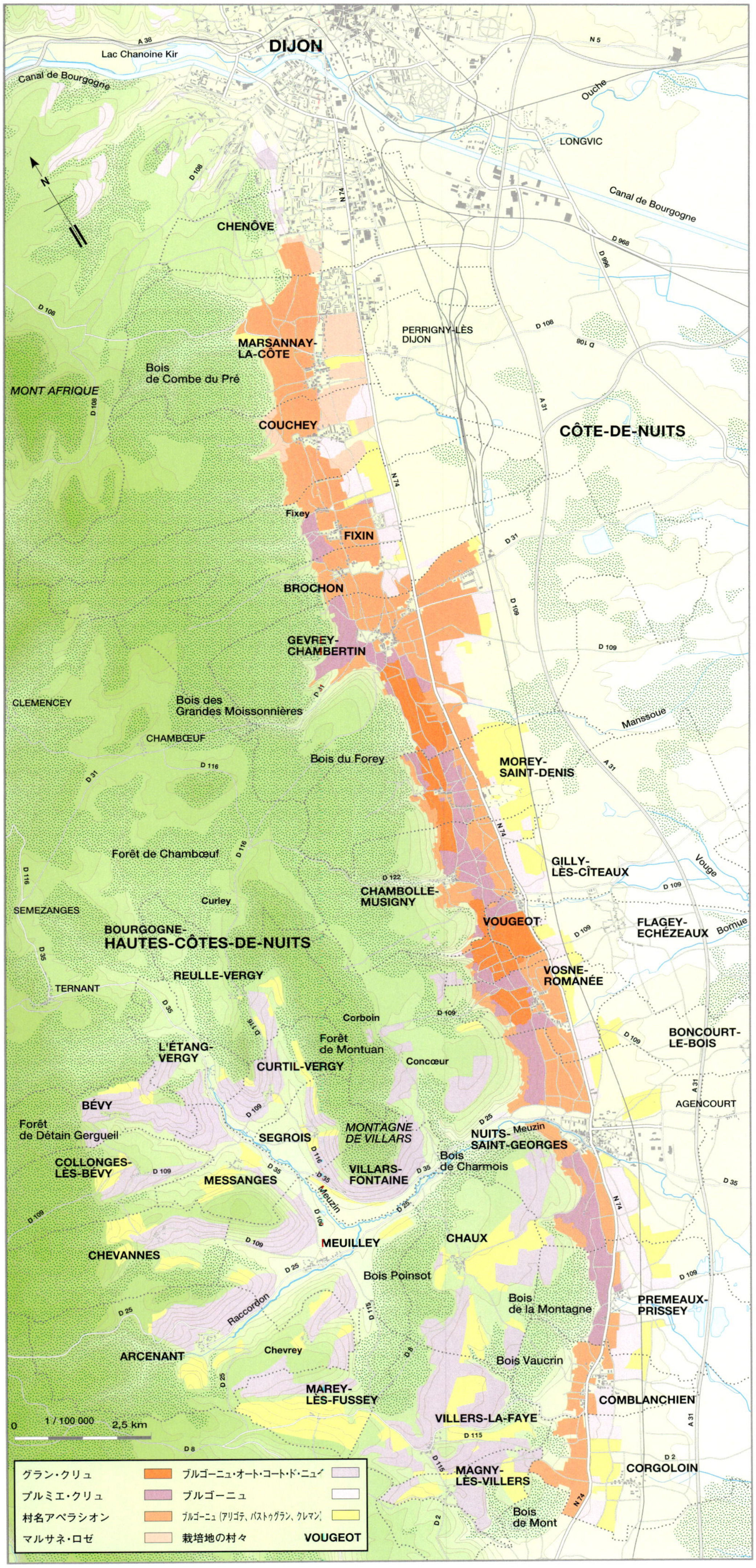

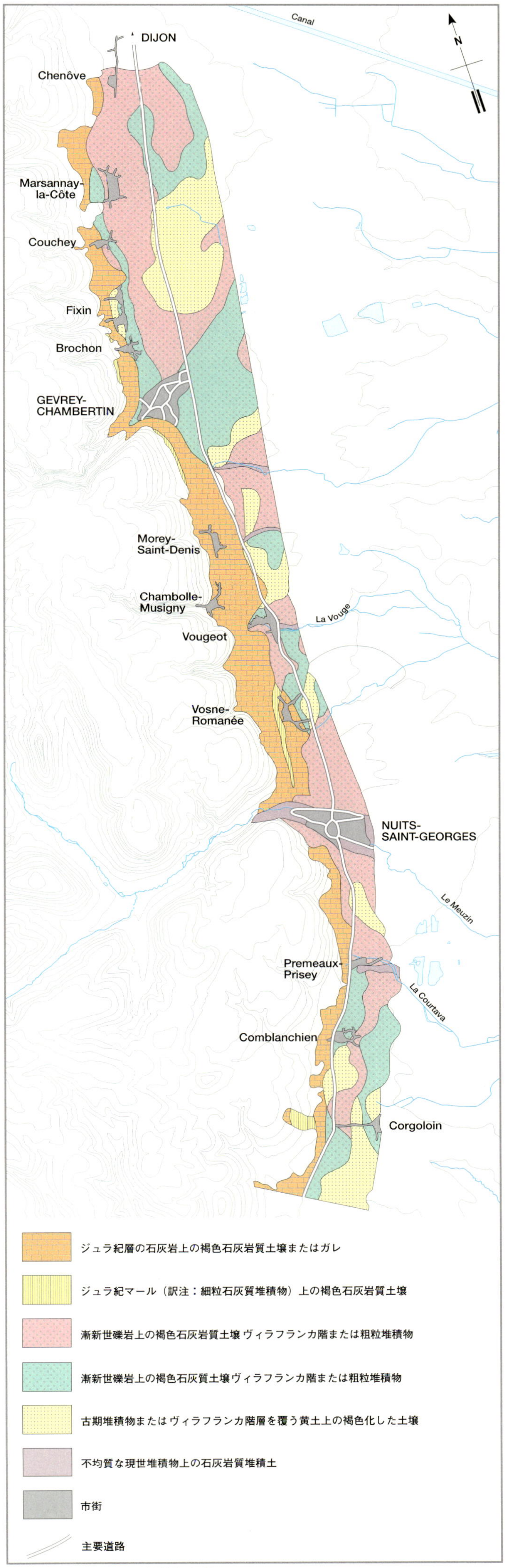

ブルゴーニュ ◆ コート=ドール ◆ **コート・ド・ニュイ**

コート・ド・ニュイの地質と土壌

凡例:
- ジュラ紀層の石灰岩上の褐色石灰岩質土壌またはガレ
- ジュラ紀マール（訳注：細粒石灰質堆積物）上の褐色石灰岩質土壌
- 漸新世礫岩上の褐色石灰岩質土壌 ヴィラフランカ階または粗粒堆積物
- 漸新世礫岩上の褐色石灰岩質土壌 ヴィラフランカ階または粗粒堆積物
- 古期堆積物またはヴィラフランカ階層を覆う黄土上の褐色化した土壌
- 不均質な現世堆積物上の石灰岩質堆積土
- 市街
- 主要道路

凡例（左図）:
- グラン・クリュ
- プルミエ・クリュ
- 村名アペラシオン
- マルサネ・ロゼ
- ブルゴーニュ・オート・コート・ド・ニュイ
- ブルゴーニュ
- ブルゴーニュ（アリゴテ、パストゥグラン、クレマン）
- 栽培地の村々

縮尺 1/100 000　2,5 km

185

ブルゴーニュ地方 ◆ コート=ドール ◆ コート・ド・ニュイ ◆ マルサネ ◆ フィサン

Marsannay et Fixin
マルサネとフィサン

ディジョン市を出てすぐのところ、マルサネとそれに続くフィサン、ブロションのぶどう畑は、コート・ド・ニュイの始まりの扉である。ここでは特徴のある赤ワインと、コート・ド・ニュイでは珍しい強い個性をもった白ワインがわずかに生産されている。また、マルサネを非常に有名にしている上質なロゼワインも生産している。

マルサネ Marsannay

コート・ド・ニュイのあちらこちらと同様にマルサネでも、ピノ・ノワール種が見せる様々な表情から始まる。

マルサネのぶどう畑はジュラ紀中部の粘土石灰質の土壌にあり、そのテロワールは断層、小さな谷や微気候の存在によって複雑なものとなっている。ここでの斜面は脊斜の中心部より短く、勾配はやや急である。そして丘陵の下部だけが緩やかで、ぶどう栽培に適した砕屑物の堆積の上に広がっている。ほとんど黄土で覆われているヴィラフランカ階の層準上は、畑としては価値のないものになっている。

マルサネでは北から南まで、はっきりと識別される4つの区域に分けられる。

マルサネの丘陵北部 素晴らしいワインで知られるマルサネの丘陵北部は、クロ・デュ・ロワ(訳注:アペラシオンはマルサネになるが、村としてはお隣のシュノーヴ村に位置する区画)——15世紀まではクロ・デ・デュックと呼ばれていた——から、モンターニュのクリマまで。斜面は整った形状で、下部が2度から3度という緩やかさに較べ、中腹では5度から8度とやや傾斜がついている。上部ではより傾斜があり、南ではバス階、北ではカローヴ階の石灰岩がこの斜面の原因となっている。また台地と平地のあいだではわずかな標高差しかない。この丘陵を構成している石灰質の褐色土壌が良質なワインの生産にたいへん適していて、骨格がしっかりし、タンニンが豊富で熟成向きのワインがつくられている。

クロ・デュ・ロワは、少し崩積土が混ざった素晴らしい斜面からつくられ、常に美しい色合いを纏っている。持続性のあるサクランボやプラムのアロマを備えるが、なめし皮や野性的な香りは感じられない。ワインは豊富なタンニンで溢れる果実味も隠れがちなため、滑らかになるには時間を要する。

モンシュヌヴォワは真ん中、真東に向いた斜面の最上の区画に広がっているため、もっとも日照量に恵まれている。このワインもクロ・デュ・ロワ同様、果実味溢れる印象があり、よりフレッシュで、タンニンによってそれほど覆われていない。バランスがよく、とろっとしてアフターも心地よいワインである。

ロンジュロワは、やや南に向いた斜面にあって、サクランボ等の赤いフルーツを思わせる繊細な果実味を備えている。滑らかで、適度な粘性もある。

モンターニュの区画からのワインは、ロンジュロワに非常によく似ている。

マルサネの谷間 コートのなかではあるが、畑は西寄りの緩やかな谷間の周りに形成されている。ジュヴレ=シャンベルタンやニュイ=サン=ジョルジュと同じように、マルサネのグランヴォー谷は大きく立派である。この谷間の北にはより小さいプレ谷も見られる。

畑の中心部とこの谷間の延長部では、崩積層と数千年にわたって運ばれた堆積物とで構成された扇状地が基盤岩を覆っている。ここの土壌は丘陵よりも深く、石灰岩質の褐色土壌というよりむしろ石灰質の褐色土壌である。またここは隣り合った丘陵よりも明らかに冷涼で、ぶどうの成熟時期も左右される。ワインはその豊富な果実味からより早く愉しめるようになり、また滑らかで優雅なかたちにまとまるのも早い。

エシェゾーでは、収穫は常に遅れて行われるが、ここは目立って素晴らしいクリマのひとつで、東に向いた斜面の、浅くほとんど砂利の混じっていない白亜質や赤い土壌には良質の粘土が含まれている。谷間の存在によって換気が絶えず行われるため、このクリマではぶどうの腐敗の心配をしなくても済む。ぶどうがしっかりと熟したときは、美しい酸と上品で滑らかなタンニンの、熟成が約束されたワインとなる。

ウズロワは扇状地のなかほどに位置し、礫混じりの土壌で、淡く澄んだ色合いの滑らかで、上品な赤い果実の風味を纏ったワインが生まれる。

フィノットではフィネス溢れるワインが、またレシーユのクリマでは深い土壌から、骨格のしっかりした香り高さが特徴のワインが、それぞれ生産されている。

マルサネの丘陵南部 谷によって描かれた丘陵は南に向かって広がり、わずかな厚さの黄土と母岩に直に接している細かい粘土とに覆われている。この地では香り高くエレガントが身上の、丘陵北部に較べると力強さでは劣るワインが生産されている。ヴォデネル、ポルト、プティ・ピュイ、ロゼ、プラント・ピトワ等、多くのクリマがあり、石灰質の素晴らしい褐色土壌で、ところどころピノ・ノワール種にたいへん適したレンジナ土を豊富に含んでいる。これは石灰質が豊富で、小石のたくさん混じったほとんど粘土のない土壌である。また水捌けもよく、ぶどうの成熟も保証されている。比較的高いpH値はしっかりしたタンニンとバランスがとれている。ワインは調和がとれ、肉厚でフルーティーであるが、酸がやや少ないため、丘陵北部のものより若干熟成能力においては譲る。とはいえこのフルーティーさが身上のワインも、収穫年がよければ長く熟成させることができる。

グラス・テートのクリマは、丘陵の基盤層が大きく突出した箇所にあり、土壌はより泥灰土質である。ここからは骨格のはっきりしたフィネス溢れるワインが生まれる。

ファヴィエールはこの丘陵でもっとも素晴らしいクリマのひとつである。ここは真東に向いた理想的な斜面の中腹で、偉大なワインを産出するための必要な条件を備えている。ファヴィエールは、豊かではあるが果実味を覆い隠すほどではないタンニンに恵まれた、品のあるワインを生み出している。

その上部の石灰質の堆積土壌に広がっているパルテールは、同じように東向きの斜面に恵まれている。このワインは繊細なテクスチャーを併せ持った、なかなか力強い味わいが特徴である。スグリやブラック・チェリー、刈り取られたばかりの干草のようなニュアンスの香りを纏っている。

グランド・ヴィーニュは、ファヴィエールから延びた水捌けのよい小石混じりの土壌を含む緩やか東向きの斜面に広がっている。ワインは輝くようなルビー色で、スミレやミモザ、スイカズラのような繊細な花の香りが凝縮して感じられる。すべてが上品でつやをも感じさせ、アフターも長いたいへんバランスに優れたワインである。

サン=ジャックは斜面上部に位置し、かなり痩せた土壌となっている。ここのワインはカタく引き締まっているが、果実味はよく表れている。

クシェの村落の上部 クシェの村落の丘陵に位置する区画はマルサネのアペラシオンを名乗ることができる。ヴォロンの谷によって分けられた真東に向いた斜面はまだ完全に再植が済んではいないが、その高い評判によって、ぶどう樹で覆われるようになるのもまもなくだろう。この耕作地の箇所は、北部より断層が多い。地質学者たちは、ここでは10メートル毎に1メートルの断層、100メートル毎に10メートルの断層といった分布が見られ、ワインの多様性を促進させる複雑さがあることを評価している。

クシェの斜面はマルサネの自然環境ととても似通っている。カローブ階の石灰質泥灰土で覆われた台地は、バス階の硬い石灰岩を露出した東の端が同じように痩せた褐色土壌で覆われているのを除いて、痩せたレンジナ土を含んでいる。ぶどう畑は標高350メートル以上の斜面上部まで広がっている。畑は物理的に良質で、ぶどう樹は吸収しやすい成分を含んだ石灰岩質の褐色土壌に植えられている。ここには多くの小岩片——約15パーセント——と適度な礫が見られる。ふもともマルサネと同じ状況にある。つまり小石混じりの基盤岩上のレンジナ土が、泥土と褐色の石灰岩質粘土土壌と互層しているのである。

クシェの丘陵からつくられるワインを特徴付けているのは、香り高さとフィネスである。ここからのワインはサクランボよりもラズベリーのアロマを纏い、またスグリやプラム、サクランボのニュアンスも感じさせる。もっとも有名なクリマは、シャン・サロモン、ジュヌリエール、シャリエール、プランテーユ、シャン・ペルドリ等である。

統計

栽培面積:185ヘクタール
年間生産量:10,000ヘクトリットル

フィサン Fixin

5つのプルミエ・クリュのクリマを擁しているフィサンから、コート・ド・ニュイの偉大なワインの扉は開かれる。

クシェの南からジュヴレ＝シャンベルタンの有名なラヴォーの谷間にいたるまでのコートの斜面は、区画が連なる上部で泥灰土が露出している。起伏のある地形はここでもとても重要で、高低さはところどころ100メートルに達するかあるいは越えている。

この状況はさらに3キロメートルほど南に下ったジュヴレ＝シャンベルタンの背斜のところでも見られる。背斜は、バジョース階の泥灰土が露出するほどの標高をもたらしている。また大部分が粘土からなるライアス統上部の土壌がここでは斜面の下部に表れている。畑が連なる傾斜のきつい斜面の基盤層はバジョース階の石灰岩によって形成されている。そして300メートルの標高までフィサンのぶどう畑の広がりを可能にしているのは、このバジョース階の泥灰土による。全体に土壌は深く、比較的緩やかな勾配だが、上部はバス階の石灰岩を含む急な斜面となっている。

フィセの丘陵──およびそこに位置する集落──は、クシェとの境界になっているフィサンの村北部にあり、顕著なバジョース階の泥灰土が見られるが、それは丘陵下部に限られている。ここにはプルミエ・クリュのアルヴレとエルヴレのリュー＝ディがある。

姿をくっきりと表している谷間にたたずむフィクサンの村の南に広がる斜面では、バジョース階の泥灰土の露出は目立っていないが、同じ性質の斜面である。勾配が15度に達するバス階の荒々しい中々に急な斜面の下部は、バジョース階の泥灰土が7度から8度ほどの緩やかな狭い段丘を形成していて、そこには、クー・ド・アレンのリュー＝ディに延びているプルミエ・クリュのクロ・ド・ラ・ペリエールのクリマがある。このクリマのワインは常に素晴らしい名声に恵まれ、過去のある時期にはグラン・クリュ並みの価格で販売されたこともあった。丘陵の上部はカローヴ階の堆積物が混じったレンジナ土で構成されている。

クロ・ド・ラ・ペリエールの下部にある、同じく古くから有名なプルミエ・クリュのクロ・デュ・シャピトル──傾斜は8度から9度ほど──は、2割ほどの礫の混じった褐色石灰岩と微粒子粘土との混合土壌で、偉大なワインの生産に非常に適した典型的なテロワールとなっている。

プルミエ・クリュのシュソのリュー＝ディは、ナポレオンの兵士であった往時の所有者が、皇帝の栄誉に因んで名づけたクロ・ナポレオンの通称で有名になった。

斜面下部の帯状になったライアス統の箇所は、一部黄土で覆われている。基本的にはここでも石灰岩質の褐色土壌だが、ほんのわずかに礫を含んでいて、それは他の斜面下部と同様である。ここでは村名アペラシオンのワイン──ACフィサン──しか生産されていない。このワインは良質だが、斜面上部のプルミエ・クリュに較べると熟成能力でかなり差がある。

フィサンの南部に接するブロションの村からラヴォーの谷まで、泥灰土の層はより高いところに位置しており、ぶどう畑はもっとも南の端でしかその恩恵に浴していない。

ブロションの集落では、フィサンのプルミエ・クリュの飛び地であるクー・ド・アレンは別として、北半分のぶどう畑が、標高300メートルから350メートルのバジョース階の泥灰土で構成された斜面に広がっている。ここはコート・ド・ニュイ・ヴィラージュのアペラシオンしか名乗れないが、それに対してジュヴレ＝シャンベルタン側の標高275メートルから300メートルの南の部分はジュヴレ＝シャンベルタンのアペラシオンを名乗れる。

統計
栽培面積：100ヘクタール
年間生産量：4,750ヘクトリットル

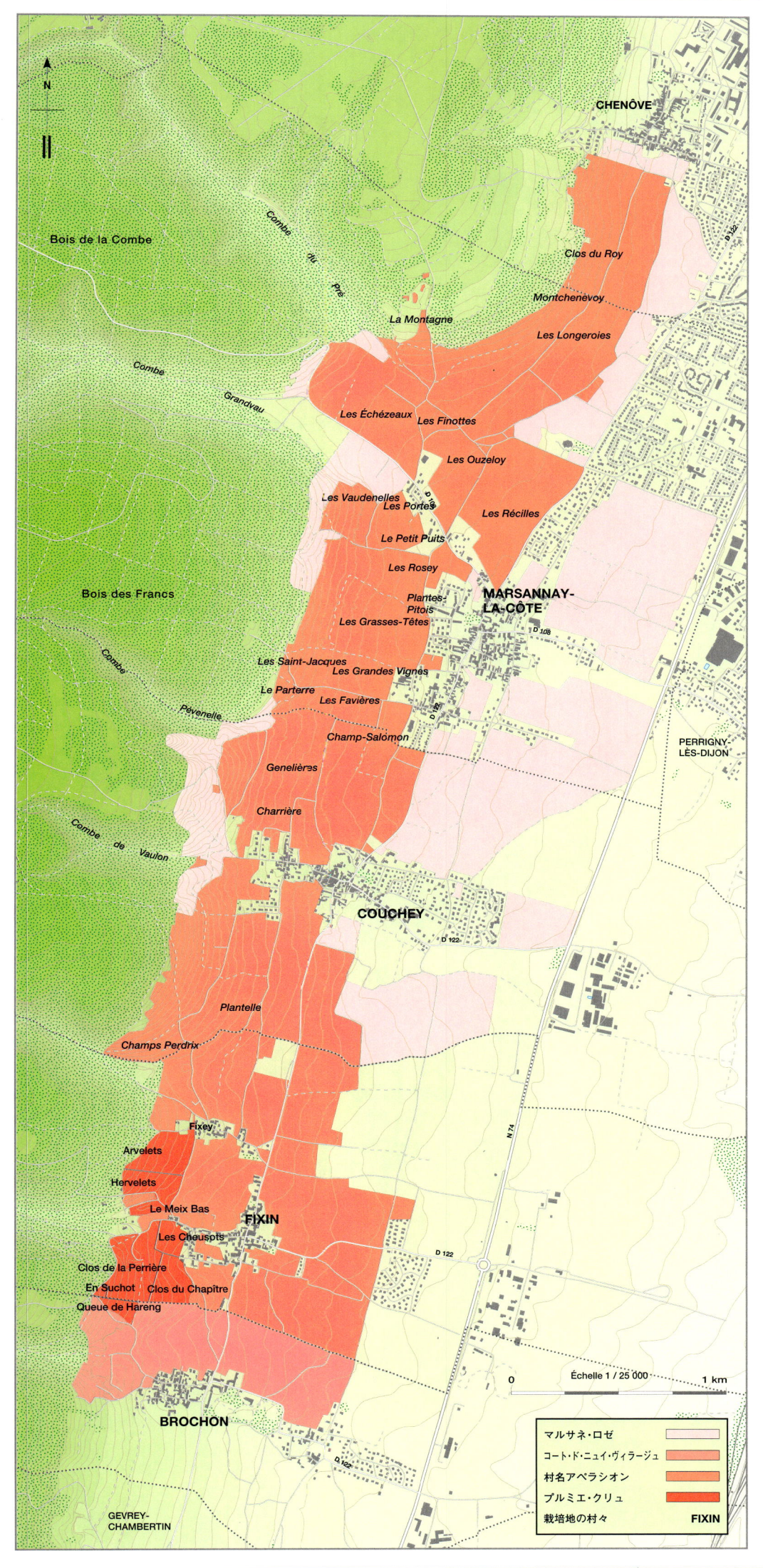

ブルゴーニュ地方 ◆ コート=ドール ◆ コート・ド・ニュイ ◆ ジュヴレ=シャンベルタン

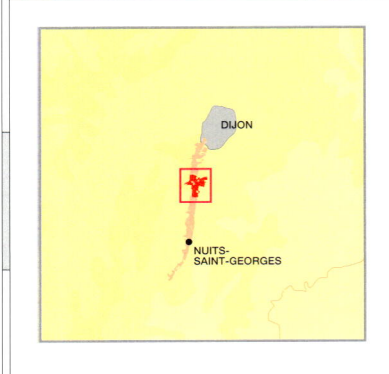

Gevrey-Chambertin
ジュヴレ=シャンベルタン

コート・ド・ニュイの24のグラン・クリュのうちの9つを擁するジュヴレ=シャンベルタンの村は、ブルゴーニュのグランド・コートの燦然と輝く入り口にあたっている。この地では、豊かなアロマと、複雑で素晴らしい優雅さと力強さを兼ね備えた、しっかりした構成の赤ワインが生み出されている。そのワインは長い熟成を経て初めてテロワールの豊かな魅力を存分に発揮するようになる、熟成タイプである。

■ ぶどう栽培地とその自然要因

ぶどう樹はラヴォーの谷の2つの斜面と、それに続く扇状地で栽培されている。

ラヴォー谷はコート・ド・ニュイでももっともみごとな渓谷で、平地に向かって広がる扇状地にぶどう畑は連なっている。ジュヴレ=シャンベルタンの栽培地はこの谷からの広がりと南北の斜面に発達しているため、それぞれ3つの異なる区域として分けられる。

すなわち北のサン=ジャックの丘陵と南のグラン・クリュの丘陵、そして中央部は、泥土と何千年ものあいだに運ばれてきた黄土と種々の成分で構成された扇状地の崩積層に広がっている。ここは、力強く肉付きのよいワインの生産にたいへん適したテロワールを形成している。さらに最南部では、グリザール渓谷からのもうひとつの扇状地でも栽培が見られる。

泥灰土層のあるおかげで、北部の丘陵では350メートルの標高までぶどう樹は栽培されている。軽く痩せたレンジナ土が見られ、より粘土質の土壌と組み合わさって、クロ・サン=ジャックに典型的なように、花の香りに果実とスパイスが合わさったようなアロマを纏った、複雑で優雅なワインを生むのに適している。

ジュヴレの南に位置する丘陵は台地から突き出ており、そこではわずかにレンジナ土で覆われたカローヴ階のあまり硬質でない石灰岩が露出している。斜面の上部ではバス階の石灰岩の切り出し場となっているため、ぶどう畑としては使われていない。ここでの畑の位置は300メートル以上の標高を越えることはない。

畑が広がるのは上部ではバス階の基盤上で、その下がバジョース階の泥灰土、そしてバジョース階下部のウミユリ石灰岩上の土壌である。

ジュヴレ=シャンベルタンでは、はっきりとした個性が備わる9つのグラン・クリュと4つにカテゴリー分けできる26のプルミエ・クリュ、そして ACジュヴレ=シャンベルタンのアペラシオンを名乗る数多くのリュー=ディがある。

ジュヴレ=シャンベルタン

このアペラシオンでは様々な表情のワインが見られるため、生産者たちは次第に、ジュヴレ=シャンベルタンというアペラシオンの後にラ・ブリュネル、シャン=シュニ、ジューヌ・ロワなどのクリマの名称をつけるようになりつつある。このアペラシオンの大部分は、ラヴォー渓谷からの扇状地に位置している。

メヴェル、クロ・タミゾ、ブリュネル等の区画が見られる国道74号線の上部の北寄りでは、ワインは香り高くしっかりしていて複雑である。

ラ・ジュスティス、クロワ・デ・シャン、クリュー・ブルイヤール、レ・クレ等の74号線下部の北側では、ワインはより柔らかく、早い時期から飲めるようになる。

3つ目は、サン=ジャックとブロションの丘陵の下部に位置する区画である。表土は風化した岩石で覆われていて、ここではジュヴレ=シャンベルタンのなかでももっとも力強く肉厚なワインがつくられている。アン・モトロ、オ・ヴェレ、アン・シャン、シャンペリエ、エヴォセル、パンス=ヴァン、ジューヌ・ロワ等からのワインはカタく引き締まり、香り高く長期熟成が約束されている。

最後は、グラン・クリュが連なる丘陵の下部に広がるぶどう畑である。真東に向いた斜面の、水捌けのよい石灰質の褐色土壌にあるヴィーニュ・ベル、シャン・シェニ、ジュイーズ、カルージョ等の区画からのワインは、さらに豊かで余韻の長いバランスのとれた味わいとなっている。

同時に、異なる区画からのぶどうをブレンドして、ACジュヴレ=シャンベルタンのワインとしても生産されている。

プルミエ・クリュ

谷の内側の部分、サン=ジャック丘陵の入り口では、真南に向いた斜面であるボシエール、ロマネ、ヴェロワーユ、ポワスノ、ラヴォー・サン=ジャック、エストゥルネル・サン=ジャックといった区画から、骨格がしっかりし、素晴らしいフィネスあるワインが生産されている。

クロ・サン=ジャックから斜面は東向きとなり、カズティエ、コンブ・オー・モワンヌ、グーロ、シャンポー等の区画からのワインは、よりしっかりして力強く、長期熟成向きのものとなる。

クロ・デュ・シャピトル、シャンポネ、イサール、フォントニー、コルボーの5つのプルミエ・クリュが扇状地のもっとも素晴らしいテロワールを占めている。これらのワインにはしっかりした骨格よりも繊細さが表れる。また粘土の多い土壌のため、粘性にも富んでいるが、特有の微気候がこの地の特徴を際立たせるのに一役買っている。

10を数えるプルミエ・クリュは、グラン・クリュが連なる丘陵の下部に位置し、香り高く肉厚で上質で魅力的なワインを生んでいる。もっとも有名な区画はプティト・シャペル、より上質なのはクロ・プリュール、またしっかりしたワインを生むのはコンボットのリュー=ディである。

グラン・クリュ

マジ=シャンベルタン Mazis-Chambertin 9.1034ヘクタールを占めるこのクリマは、マジ=バ4.5611ヘクタールとマジ=オー4.5423ヘクタール の2つのリュー=ディから構成されている。

このグラン・クリュはリュショットの下部、ラヴォー渓谷の出口に位置し、クロ=ド=ベーズの北側に沿っている。マジの基盤はクロ=ド=ベーズと同じバジョース階下部のウミユリ石灰岩で形成されている。表土は台地からの崩積物である厚みのない褐色の土壌で覆われている。

この表土は、上部ではところどころ10センチメートルほどの厚さしかないため、雷雨の後等には客土が必要である。逆に下部ではあちこちで1.5メートルくらいに達するほどの厚さがある。

マジで生産されるワインは、その濃い色合いと赤い果実の強烈な香り、ボディの力強さなどにおいてお隣のクロ=ド=ベーズと競っている。クロ=ド=ベーズ同様、素晴らしいフィネスと、熟成とともに発達するたいへんエレガントなアロマとを備えたワインだが、若いうちは、その力強い香りと味わいのために評価されにくい嫌いがある。その点からもしっかり熟成させるべきワインといえるだろう。

リュショット=シャンベルタン Ruchottes-Chambertin このグラン・クリュは、マジの上部に位置し、3.3037ヘクタールの栽培面積を占めている。クリマはリュショット・デュ・バ1.3114ヘクタールとリュショット・デュ・ドシュ1.9923ヘクタールの2つのリュー=ディからなる。

ぶどう畑が連なる丘陵の最上部に位置し、その基盤層は硬く、亀裂がたくさんあるために根が深く入り込みやすくなっている。上部はウーライトを含むジュラ紀の石灰岩土壌——白色ウーライト——で、凍結崩壊からなる岩屑の堆積が見られる。また下部は、ところどころ表土が薄く小石だらけで、硬い岩盤が露出しているのが見られる。

リュショット=シャンベルタンがミュジニーと較べられるのは、白色ウーライトの分解で生じた岩相が似通っているためである。

谷の出口に位置し、ぶどう樹は谷からの風を受けている。このためにリュショットのぶどう果は衛生的に完璧な状態にあるものの、他のグラン・クリュに較べ成熟が遅くなる。また同じ理由から素晴らしい酸が備わり、ワインはバランスに優れたものとなっている。

リュショットは、薄い表土のために収穫量は自ずと制限される。しかし出来上がるワインは完璧で、鮮やかに輝く澄んだルビー色が際立っている。マジのような力強さと活力はないものの、優雅な香りと素晴らしいフィネスを備え、アフターにスパイシーさが残るワインである。

シャペル=シャンベルタン Chapelle-Chambertin クロ=ド=ベーズの下部に位置する5.4853ヘクタールの区画がシャペル。アン・ラ・シャペル3.6924ヘクタールとジェモー1.7929ヘクタールとの区別される2つのリュー=ディで形成されている。標高260メートルから270メートル付近にあり、南はグリオットに隣接している。斜面の勾配は緩やかだが、土壌を構成している透水性のある白色石灰岩により、水捌けは十分である。土壌の大部分は泥灰質の石灰岩で

ブルゴーニュ地方 ◆ コート゠ドール ◆ コート・ド・ニュイ ◆ **ジュヴレ゠シャンベルタン**

岩盤がところどころ地表近くまで露出している。この小さなシャペルが位置する土壌は、グリオットに較べより肥沃となっている。

シャペル゠シャンベルタンはマジやクロ゠ド゠ベーズ、さらにシャンベルタンほどボディはしっかりしていないが、ジュヴレでもっとも「シャンボル」的と評される際立ったフィネスによって他のグラン・クリュとは一線を画している。香り高いワインは、熟成する力も備えている。

グリオット゠シャンベルタン
Griottes-Chambertin シャペルの南、クロ゠ド゠ベーズの下部で、村名アペラシオンである良質のリュー゠ディ、エトロワによって南のシャルムと分かたれている。面積は2.6918ヘクタールで、ジュヴレのグラン・クリュではもっとも小さい。

ぶどう畑は、ホタテの貝殻のかたちをした窪地の真東に向いたやや傾斜のある斜面を占めている。表土は痩せて薄く、厚さは30センチメートルを越えることがない。

土壌はシャルムに隣接している箇所では赤色と黒色で、下部では赤褐色、シャペル寄りではより白っぽくなっている。表土の下の岩盤は硬く、ところどころ露出している。

このグラン・クリュはとても水捌けがよく、バジョース階の多くの礫や化石が露出しているもろい岩盤が見受けられる。ぶどうの根は表土から基盤にまでたいへん深く伸び、このグラン・クリュのはっきりとした特徴をもたらしている。

グリオットは、非常に長熟タイプとは評されていないが、それが常に正しいとは限らない。確かにシャルムやシャンベルタンに見られるような上品さには欠けるが、グリオットにはやや柔らかなタンニンが備わり、それは少なめの酸を補ってもいる。最初の数年でまとまるバランスのよさやまろやかさが魅力のワインであるが、若いうちから愉しめるにしても、他のグラン・クリュと同様の熟成も可能で、その香りと味わいにおいて、素晴らしく発達する力を秘めている。

シャンベルタンのように、年とともにサクランボのジャムやスミレの香りを纏い、優雅で比類のないミネラルの風味を醸し出すようになる。グリオット゠

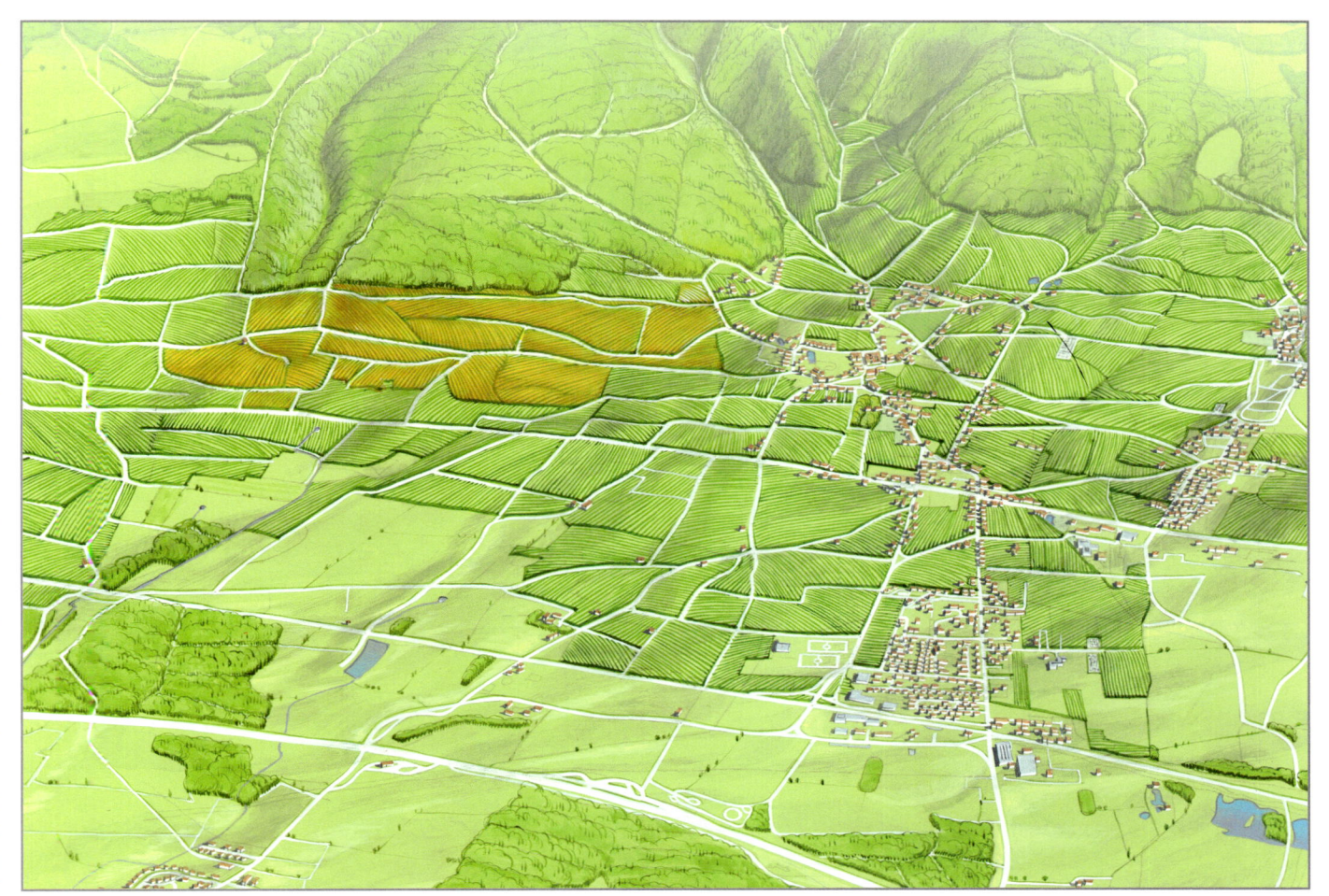

ジュヴレ゠シャンベルタンのグラン・クリュおよびその他の栽培地の鳥瞰図

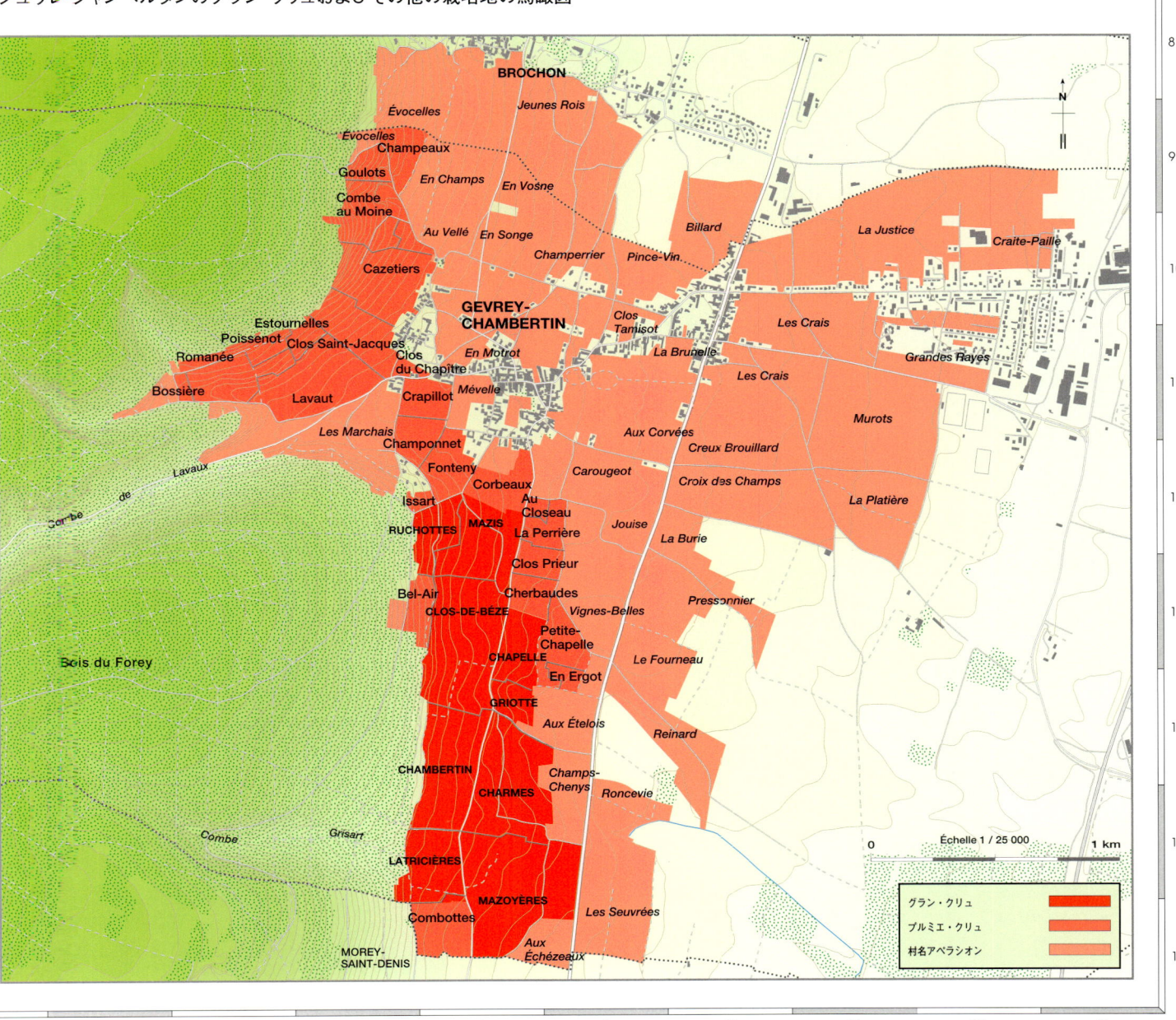

189

ブルゴーニュ地方 ◆ コート=ドール ◆ コート・ド・ニュイ ◆ **ジュヴレ=シャンベルタン**

シャンベルタンは、ぶどうの成熟が早いにもかかわらず、その豊かさと力強さでシャンベルタンやクロ=ド=ベーズと競っている。やや弱い酸は、調和のとれたタンニンによって補われている。

シャンベルタン=クロ=ド=ベーズ Chambertin-Clos-de-Bèze

南のシャンベルタン、北のマジのあいだに位置し、クロ=ド=ベーズは15.3887ヘクタールの栽培面積を占めている。

比較的緩やか斜面だが、シャンベルタンよりは傾斜があり、これによって排水は良好である。標高もシャンベルタンより5メートルほど高く、より起伏も見られる。

クロ=ド=ベーズはバジョース階下部のウミユリ石灰岩の基盤層と、ウミユリやサンゴの破片を多く含む黄色い石灰岩の上に広がっている。上部では土壌は白っぽく、泥灰土が豊富に含まれていて、この土壌はカキの化石を含む、バジョース階上部の泥灰土に由来している。シャペルとの境界となっている小道近くの表土は、石灰岩の破片が豊富な褐色の石灰岩とミネラル、塩分のために黒っぽくなっている。

また粘土質の微粒子が豊富な石灰質の土壌と泥土で構成された、ほとんど厚みのない堆積物で覆われたジュラ紀の地層が露出している。真東に向いた斜面の中腹にクロ=ド=ベーズは位置し、北風に恵まれ、雨をもたらす西風からは護られている。しかし最上の状況というわけではない。

クロ=ド=ベーズの区画からのワインは、シャンベルタンのアペラシオンを名乗ることができるが、通常、クロ=ド=ベーズ独特の素晴らしいフィネスと、シャンベルタンほどではない骨格によって区別される。とはいえ稀な力強さを備えた、上品で繊細なワインであることに変わりはない。クロ=ド=ベーズは、長いアフターと非常な長期間熟成させられるミュジニーにしばしば較べられる。

シャンベルタン Chambertin

シャンベルタンは、北隣のクロ=ド=ベーズほどの傾斜はないが、より冷涼な斜面の12.9031ヘクタールを占めている。

位置する丘陵はグリザール渓谷に近く、またジュヴレ=シャンベルタンの南の端まで達しており、「山」から吹く風の恩恵を受けている。

区画は、斜面の中腹ではジュラ紀中部、バジョース階下部のウミユリ石灰岩の露出したところに広がり、上部ではバジョース階の泥灰土が見られる。ほとんど厚みのない崩積物と黄土に覆われ、さらに褐色石灰岩質の土壌で覆われている。また斜面は理想的な東向きで、もっとも恵まれた向きにあるといえるだろう。

斜面の中腹に位置するこの卓越したテロワールは、理想的な成熟を遂げるピノ・ノワール種に最適な状況にある。丘陵のもっとも上部の区画は泥灰質の白く痩せた土壌を含み、優雅なワインを生み出している。また低部では褐色の泥灰質の石灰岩土壌から、より力強いワインが、中央部では複雑なワインが生産されている。

シャンベルタンの色合いは常に暗く、強烈な濃度を備えている。香りにおいては、類まれな優雅さと尋常ならざる芳香を発達させる。口に含むとワインのテクスチャーと粘性がすぐに認められ、その特徴は、力強く、際立った気品が感じられることである。また重々しいと同時に繊細で、アフターに長く残る味わいがある。ワインは若いときでさえ、類稀な個性が備わっている。

この素晴らしいテロワールの全ての特徴が発揮されるまでは、長いあいだ熟成させることが必要である。

シャルム=シャンベルタン Charmes-Chambertin

このグラン・クリュはシャンベルタンのすぐ下から丘陵の下部へ延び、12.2456ヘクタールを占めている。

シャルムの南に接するマゾイエールは、シャルムの名を名乗る権利もある。

区画はほとんど厚みのない赤色のレンジナ土壌で覆われた石灰岩の露出している箇所に広がっている。そこには泥灰土と鉄、ちょうどよい大きさのたくさんの小石などが見られる。基盤層は侵蝕への耐性があるが亀裂の入った岩盤で、このためぶどう樹は深くまで根を張ることができ、驚くほど樹齢が長くなる。そのためなかには樹齢100年以上に達するぶどう樹もある。

シャルム=シャンベルタンは若いうちは常にとても深く濃密な色合いのワインとなる。特有の粘性と肉厚なまろやかさ、そしてシャンベルタンと競えるくらいのアフターの長さを備えている。またシャルムのタンニンは常に濃密で力強い。熟成につれワインはスミレやカンゾウ、ヴァニラ、コーヒー豆、また時折マルメロといったアロマを感じさせるようになる。しなやかで緻密な味わいはたいへん優雅で、すべての余韻が非常に長く続く印象的なワインである。

シャンベルタンに隣接している丘陵の上部のワインは、このクリマではもっとも上品なものである。実際このワインには、下部で生み出される肉厚で凝縮したワインには見られない気品が表れる。

さらには良年のヴィエーユ・ヴィーニュからつくられ、じっくりと熟成させた場合、シャルム=シャンベルタンは、ブルゴーニュ地方でもっとも複雑なワインのひとつとなる。

マゾイエール=シャンベルタン Mazoyères-Chambertin

マゾイエールは、シャルム=シャンベルタンの南に接し、上部はラトリシエールに隣接する、18.5868ヘクタールの区画である。

ぶどう畑は、雨水の浸透によってもたらされた、まだ新しい時代の炭酸塩で固結化された石灰質の礫岩の基盤層上に広がっている。表土は礫岩に由来する30センチメートルから35センチメートルほどの厚さの耕作が容易な土壌で構成されている。グリザール渓谷の侵蝕作用によって、ぶどう樹の栽培に適した物質がもたらされている。

この谷に延びているグラン・クリュの状況は、より冷涼な微気候により、隣接するシャルムとはっきり区別することができる。このテロワールで、お隣でありながらまったく異なるグラン・クリュであるシャルムの名を名乗ることが許されているのは残念なことである。

丘陵の下部になるほど、土壌は重くならずにより厚くなっている。事実、この土壌はシャンベルタンで見られるものよりずっと細かい。このクリマは褐色と白色の土壌の混合、つまりすべて粘土石灰質土壌で、ピノ・ノワール種には最適なものとなっている。グラン・クリュとしては、丘陵の下部すぎるという異論がある場所だとしても、ワインは肉厚さや複雑味、長熟する力を備えている。斜面上部では、その肉厚さや複雑味、熟成する力は残したまま、ワインはより繊細さを表すようになる。

ラトリシエール=シャンベルタン Latricières-Chambertin

マゾイエールの上部、シャンベルタンの南に接している、7.3544ヘクタールの面積をラトリシエール6.9066ヘクタールとオー・コンボット0.4478ヘクタールの2つのリュー=ディが占めている。

ぶどう栽培に最適な痩せた土壌で構成され、丘陵の上部の基盤はシャンベルタンと同じウーライトの石灰岩からなる。低部のテロワールは、硬い基盤層が露出しているという点で、シャペルと似通っている。グリザール渓谷によってもたらされる寒さの影響があるにもかかわらず、他のクリマに較べ少しだけ暖かいという、微気候の特徴がある。

ラトリシエールのワインは色付きがよく、しばしばなめし皮のアロマが感じられる。味わいは力強いが、アフターは他のグラン・クリュほど長く複雑ではない。とはいえ当然素晴らしいワインで、長く熟成させることができる。

統計

栽培面積：500ヘクタール
年間生産量：22,650ヘクトリットル

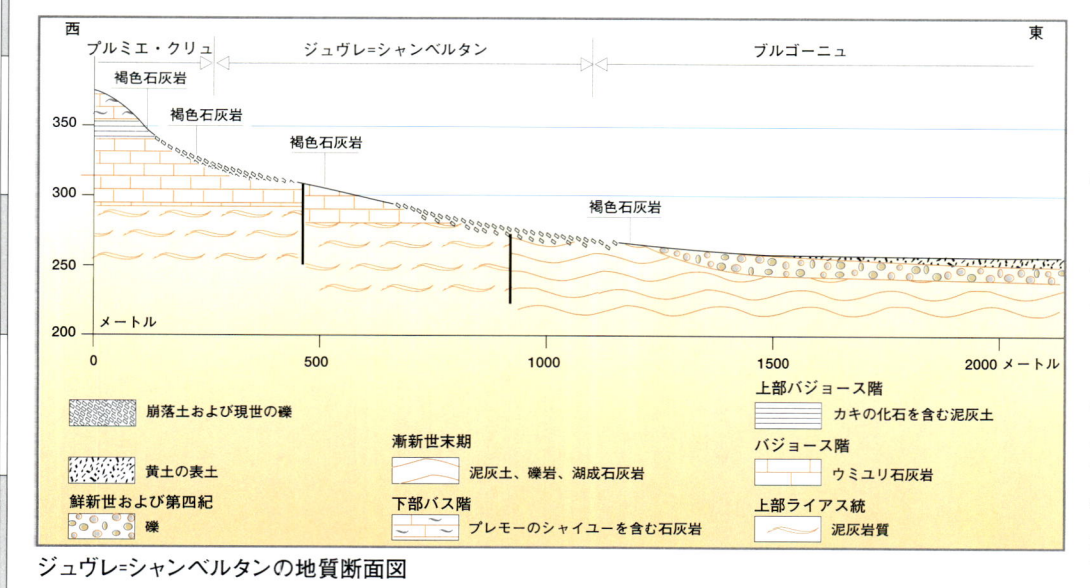

ジュヴレ=シャンベルタンの地質断面図

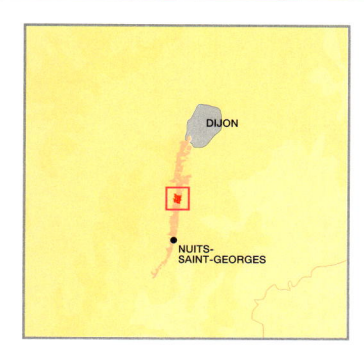

ブルゴーニュ地方 ◆ コート=ドール ◆ コート・ド・ニュイ ◆ モレ=サン=ドニ

Morey-Saint-Denis
モレ=サン=ドニ

1936年に原産地呼称制度ができる以前は、モレの白と赤のワインは、ほとんどがジュヴレとシャンボルの名前で販売されていた。現在およそ150ヘクタールとコートでもっとも狭いアペラシオンのひとつといえるこの小さな栽培地に、クロと呼ばれる石垣で囲われた区画が、グラン・クリュとプルミエ・クリュ、そして村名アペラシオンにさえクリマとして存在するのは注目すべきことである。

■ ぶどう栽培地とその自然要因

コートではしばしば見られるように、谷間によって斜面上のクリマは構成されている。

モレ=サン=ドニの栽培地では、谷間は狭く、畑はいわゆる「冷涼なラレ」にも広がっている。またこの名はリュー=ディとして実際の区画の名称でもあり、AC モレ=サン=ドニのワインが生産されている。

ジュヴレにあるラヴォー渓谷からシャンボルの谷間まで、斜面の3分の1より下に限ってカローヴ階の泥灰土の露出が見られる。3分の2より上は、バス階の急な斜面になっている。

ジュヴレ側の低部は第四紀の小石混じりの河川堆積物によって覆われており、村の南の中央部には沈降した断層があり、バス階が露出し石灰岩を含む緩斜面に覆われている。

5つのグラン・クリュに加えて、モレ=サン=ドニには赤と白の両方が生産できる20のプルミエ・クリュがある。

プルミエ・クリュ

グリザール渓谷の出口、モレとジュヴレとの境界でプルミエ・クリュのモン・リュイザンが、350メートルほどの高さから村を見下ろしている。畑は鉄分と粘土の少ない礫岩を含むバス階の石灰岩が露出した上に広がっており、この土壌はピノ・ノワールとシャルドネ種、双方に適している。ここでは赤ワインがほとんどだが、同時に熟成タイプのオイリーでミネラル分を感じさせる上品な白ワインも生産されており、むしろ白によってこのリュー=ディは有名になっている。しかしまた赤も上質なものである。

モン・リュイザンとほとんど同じ標高の南隣に、プルミエ・クリュのシャフォーとジュヌヴリエールがあり、双方とも上質でそこそこ熟成させられる赤ワインを生んでいる。丘陵の下部、グラン・クリュの下の斜面には、プルミエ・クリュがジュヴレとの境界からシャンボルとの境界まで村名アペラシオンとほとんど平行に沿って連なっている。

モレでは、ジュヴレの力強さからシャンボルのフィネスまで、さまざまな表情を見せる赤ワインを生んでいる。例えばソルベやクロ・デズルムは、凝縮感のある熟成がきくタイプで名高く、シャルムは繊細、ビュシエールは肉厚でバランスのよい熟成タイプ、といったふうに。

グラン・クリュ

クロ・ド・ラ・ロシュ Clos de la Roche プルミエ・クリュのモン・リュイザンのすぐ下に位置し、広さ16.9027ヘクタールを占めるグラン・クリュ。クロ・ド・ラ・ロシュ4.5693ヘクタールとモン=リュイザン=バ3.7418ヘクタールとモシャン2.5672ヘクタールのリュー=ディで形成されている(訳注:上記の他にレ・シャビオ等、トータル8つのリュー=ディからなる)。

ラトリシエール=シャンベルタンの南の延長部分にあたり、濃密でカタく引き締まったワインが生まれる。

このテロワールでは、腐植土は30センチメートルの厚さを越えることはない。表土にそれほど礫は見られないが、浅いところに大きな岩塊が出現している。その表土はぶどう栽培に適した成分が豊富な石灰岩質の褐色土壌である。

クロ・ド・ラ・ロシュはモレでもっともしっかりした構成のワインを生み出すグラン・クリュである。

力強く、濃い色合いで、非常に複雑な香りを纏うが、それらは果実の香りが主で、特に野生のサクランボやラズベリー、あるいはブルーベリー、カシス、また炒ったコーヒー豆、キャラメル、さらに年とともに黒トリュフの風味も醸し出すようになる。そこにしばしばスミレやコケモモ、湿った森の香りが優雅に組み合わさる。この豊かでコクのあるワインはモレでもっとも長く熟成する力を備えている。

クロ・サン=ドニ Clos Sait-Denis このグラン・クリュは6.626ヘクタールを占め、クロ・サン=ドニ2.1489ヘクタール、メゾン・ブリュレ1.8294ヘクタール、レ・シャフォー1.3392ヘクタール、カルエール1.3085ヘクタールの4つのクリマからなる。それらは37区画に分けられ、15の生産者が栽培している。

クロ・サン=ドニは常に肉厚で芳醇なワインである。この特徴は、6パーセントから12パーセントとほとんど礫のない泥灰質土壌と褐色石灰岩のおかげによるもので、またこの土壌は排水もよく、粘土も多く含んでいるため、ワインの滑らかさと口当たりのよさを保証してくれる。斜面の勾配は緩やかで、作業がしやすくなっている。

お隣のクロ・ド・ラ・ロシュに較べ優雅さがすぐに発揮され、香りは際立って上品で、赤い果実や野バラ、シナモンや炒ったアーモンドなどがバランスよく感じとれる。口に含むと繊細な滑らかさがあり、心地よいまろやかさと魅力的な長く続くアロマとが感じられる。このワインはさらにその構成と力強さによって、偉大なワインへと熟成をとげる。

クロ・デ・ランブレ Clos des Lambrays 小道一本でクロ・ド・タールの北に接している、8.6975ヘクタールの面積を占めているグラン・クリュである。

このグラン・クリュの特殊性は、斜面が見た目にもそれと判る3つの区域にはっきりと分けられ、土壌も異なることによる。

丘陵の低部はもっとも硬い基盤層と粘土質の土壌で、中腹部では東向きの素晴らしい斜面、また上部は、とても風通しのよい泥灰土壌にあり、ぶどうは常に健康に保たれている。また上部の泥灰土は、ワインにフィネスを付与し、低部の粘土石灰質の土壌はしっかりした力強さを約束する。そして、中腹部では双方の特徴が合わさった条件に恵まれている。

さらにこのグラン・クリュは低部の小さな区画を除いて、そのほとんどはひとつの偉大な生産者の手にゆだねられており、しっかりしたキュヴェの選択で、一貫性が感じられる個性のワインが生み出されている。

ワインは上質で気品があり、洗練され、クロ・ド・ラ・ロシュほど野性的ではなく、長い熟成に適している。1800年代のいくつかのヴィンテージと、1900年代初めのものでさえいまだに輝きを失っていない。

クロ・ド・タール Clos de Tart 7.5328ヘクタールのこのグラン・クリュは単独所有になり、ただひとつのドメーヌによってのみワインは生産されている。

バス階のなだらかな斜面に位置し、土壌は厚い崩積物で覆われている。クロ・ド・タールは、隣のクロ・デ・ランブレよりも起伏の点でより緩やかであるが、しかしながらここは、丘陵の上部と低部で露出している岩盤が異なっている。また畑には、南隣のボンヌ・マールのクリマに始まりクロ・デ・ランブレの上部まで続く石灰岩の岩脈が横切っている。このためにワインは優雅で絹のような口当たりを備えている。さらに特徴的なのは植えられているぶどう樹は、ブルゴーニュに多く見られるような傾斜に対して平行ではなく、垂直になっていることである。この選択は、表面のわずかな土壌をできるだけ自然侵蝕から護る目的で行われている。

クロ・ド・タールのワインは力強い味わいで、まるみがあり持続性も長い。このワインは力強さと優雅さという相反する2つの側面を兼ね備えた、明らかにブルゴーニュの「偉大な」ワインのひとつであり、このミネラル分を感じさせる優雅さはシャンボルのワインも想わせる。またスミレ、バラ、野バラ等の花や、キイチゴ、サクランボ等の果実、スパイスや白トリュフのニュアンスも感じられ、そのアロマは際立っている。そしてたいへん素晴らしく熟成するワインである。

ボンヌ・マール Bonnes Mares このグラン・クリュは15.0572ヘクタールの面積を占めているが、ここモレには1.5155ヘクタールが属し、残りはシャンボル側というふうに2つのコミューンにまたがっている。そのため解説は、このほとんどがあるシャンボル=ミュジニーに譲る(p193断面図も参照)。

統計

栽培面積:135ヘクタール
年間生産量:5,600ヘクトリットル

ブルゴーニュ地方 ◆ コート=ドール ◆ コート・ド・ニュイ ◆ シャンボル=ミュジニー

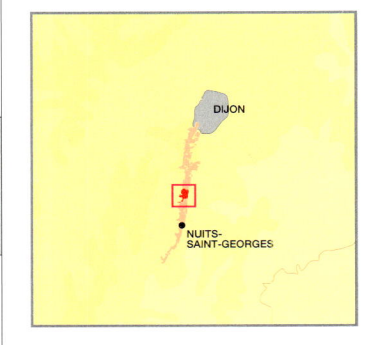

Chambolle-Musigny
シャンボル=ミュジニー

北のモレ=サン=ドニと南のヴジョーのあいだに位置し、シャンボルのぶどう畑は、ピノ・ノワール種にとって恵まれた環境である石灰岩と崩積層が広がる谷の出口に広がっている。ここではコート・ド・ニュイでもっとも「女性的」なワインがつくられている。この決して広くはないアペラシオンには、2つのグラン・クリュと24のプルミエ・クリュが見られる。

■ ぶどう栽培地とその自然要因

シャンボルの谷間は栽培地を2つの斜面にはっきりと分けており、その双方ともに東の方に向いている。

250メートルから300メートルにかけての緩やかな丘陵で、ぶどう畑は、バジョース階のウミユリ石灰岩を基盤層とする褐色石灰岩質、種々の崩積物、赤色泥土からなる土壌の上に広がっている。基盤岩石が表土近くまでせまっていて、砂礫層のなかでところどころ露出していることも珍しくない。

シャンボル=ミュジニーのぶどう畑ではワインに力強さを与えてくれる粘土が、他のコートの栽培地に較べより少ない。グラン・クリュであるミュジニーの北西の端に接している区画だけが唯一粘土質である。そのためこのリュー=ディは「アルジリエール(訳注:仏語で粘土の意)」と名付けられている。

この栽培地で多く見られる石灰岩からなる基盤層にはかなり亀裂が入っている。このためぶどう樹の根は亀裂にうまく入り込み、結果としてシャンボルのワインはその特徴であるフィネスをよく備えるようになる。

ここにはブルゴーニュの典型的なコートの斜面がみごとに表れている。丘陵の上部と低部では、ACシャンボル=ミュジニーのぶどう畑が見られ、石灰岩がほとんど露出している丘陵の中腹で、格好な箇所にはグラン・クリュが広がっている。また同じように丘陵の中腹で、村の中心部から広がったところにある崩積扇状地にはプルミエ・クリュが見られ、グラン・クリュに較べより気候的な影響をうけている。

シャンボル=ミュジニー

この村名アペラシオンは、はっきりと2つに分けられる。ひとつはグラン・クリュとプルミエ・クリュの西、丘陵の上部で、もう一方はこれらの東から国道74号線とのあいだに広がる丘陵の下部である。

上部では、フシェール、クリュー・ベザン等の北向きのクリマや、石灰質の豊富な土壌からなるレ・ヴェロワーユの区画等で、やや弱い年には少々軽いタッチが認められるものの、通常は素晴らしいフィネスのワインが生み出されている。

丘陵の下部の区画では、侵食によって堆積した土壌が緻密かつ厚くなっていて、ワインはフィネスを若干失うかわりに、しっかりした骨格と力強さを持ち合わせている。

典型的なシャンボル=ミュジニーを生産するため、一般的にはこの2つの区域のワインはブレンドされている。

プルミエ・クリュ

プルミエ・クリュの区画も、モレに隣接する丘陵北部と、村の中心に当たる谷からの扇状地部分、それにヴジョーに隣接する丘陵南部とはっきり3つに分けられる。それら3つの区域では、地形の状況が産するワインにそれぞれの特徴を付与し、加えてその他の諸要素からもより複雑さと多様性がもたらされ、魅力のあるものにしている。

丘陵北部 レ・フュエのクリマはボンヌ・マールのグラン・クリュのすぐ並びに位置しているが、小さな断層と斜面のその向きのわずかな違いによって、グラン・クリュからは外れている。また石灰岩の褐色土壌はほとんど厚みがない。ここでつくられるワインは粘性があり滑らかな口当たりで、よりつややかなボンヌ・マールを想わせる。

レ・クラはフュエに接し、谷の入り口で南のほうへ徐々に斜面の向きを変えている。土壌はより厚く、また少々粘土質が多くなっている。ここで生産されるワインもボンヌ・マールに似ている。

フュエの下部にはデリエール・ラ・グランジュのクリマのぶどう樹が、はっきりと東に向きを変えた丘陵に植えられている。ここではカタく引き締まったしっかりしたワインが生産されている。またボンヌ・マール下部には、レ・サンティエ、レ・ボド、レ・グリュアンシェール、レ・ラヴロットなどのクリマが見られ、力強くしっかりとしたタンニンの豊富なワインが生み出されており、シャンボルというよりむしろモレ的な個性を備えている。

扇状地 ここは栽培地の中心で、砂礫が豊富で、厚い褐色石灰岩質土壌にあるシャルムのようなクリマでは、花と赤い果実の素晴らしく華やかなアロマが感じられ、フィネスに満ち複雑さをもったワインが生産されている。

レ・フスロットとレ・プラントもまた扇状地の中心に広がり、素晴らしいフィネスのあるワインを生んでいる。

オー・ボー・ブランのクリマは扇状地の北の端に広がっている。このクリマは扇状地の南の端にあるヴジョーに接するレザムルーズのリュー=ディと対をなしており、ほとんど左右対称になっている。オー・ボー・ブランのワインはこの素晴らしいテロワールをよく反映し、豊かさと複雑さを備え、滑らかな味わいである。

丘陵南部 ここからのワインも扇状地のものと同じ特徴を備えている。つまりフィネスと繊細さを持ち合わせたとてもシャンボルらしいものである。

プルミエ・クリュのレザムルーズはミュジニーの下部に位置し、その個性はたいへん高く評価されている。このワインはシャンボルのプルミエ・クリュのなかでもっとも気品があり、モレ側の力強いスタイルと対をなしている。良年のこのクリマでは、ミュジニーに較べ少々濃密さに欠けるものの、ほとんど匹敵するくらいのワインが生み出される。

中央部のシャルムとレザムルーズを分けているレ・シャビオとオー・ドワのリュー=ディでは、レザムルーズより若干質は劣るが、同じタイプのワインが生産されている。

グラン・クリュ

ミュジニー Musigny この素晴らしいグラン・クリュは、10.7023ヘクタールを占め、レ・ミュジニー5.896ヘクタール、レ・プティ・ミュジニー4.1935ヘクタール、ラ・コンブ・ドルヴォー0.6128ヘクタールの3つのリュー=ディから構成されている。

この名高いクリマはシャンボルの丘陵の南に広がり、畑が占めている石灰質の岩だらけの台地からクロ・ヴジョーに接している。ここでは痩せて耕されていない荒地からもっとも素晴らしいテロワールまで、何の境もなく通り過ぎてしまう。

畑は最上部付近ではウーライトの土壌に広がり、低部では断層によって沈降したコンブランシアン石灰岩(訳注:コート・ド・ニュイ地区の最南部、コンブランシアンの村にちなんで名付けられた石灰岩)の上に広がっている。ミュジニーのクリュは4度から8度というやや勾配のきつい斜面にあり、基盤層のすぐ上に土壌はある。ほとんど厚みはなく、わずかに粘土を含む褐色石灰岩質土壌で、また傾斜のおかげで排水は上々である。土壌の厚みは上部から低部へ下るにつれて明らかに増しており、そのためにしばしば上部への客土が必要となる。

ミュジニーの特殊なテロワールは、豊富な粘土微粒子をもつ古い黄土と、砂の少ないことが特徴である。平均2割ほどの砂礫を含む崩積物が、さらにこの泥土と組み合わさって土壌を構成している。

このクリュの東向きの斜面では、日照の状況はより恵まれている。また小石が見られることから、夜間でも最初の数時間は暖かさを維持し、急激な温度変化を避けることができる。またシャンボルの谷とヴジョーに通じるオルヴォー渓谷のあいだに位置するため、夜間の「山(訳注:西に位置する標高の高い台地)」からの冷たい風を免れることができる。

ワインは輝くようなルビー色の素晴らしい色合いをしている。赤い果実や白い花、スパイスや東洋の香水のようなアロマは、非常に上質で際立っている。口に含むと味わいは滑らかで、香しい余韻がとても長く続く。絹やビロードの滑らかさを感じさせるワインは、力強さと繊細さが完璧に合致している。

0.5ヘクタールあまりの区画では、豊かで芳醇な白ワインを生み出すシャルドネー種が植えられている。これは赤ワインに適したテロワールからつくられていて、モレのプルミエ・クリュのモン・リュイザンが、白ワインのテロワールから産するのとは異なっている。ミュジニーの白ワインはブルゴーニュの偉大な白ワインのなかでもさらに特別である。独特の個性をもっているため、較べ得るワインは他に見当たらない。

ブルゴーニュ地方 ◆ コート=ドール ◆ コート・ド・ニュイ ◆ シャンボル=ミュジニー

ボンヌ・マール Bonnes Mares

村の北端に位置するボンヌ・マールは合計で15.0572ヘクタールの面積を占め、そのうち13.5417ヘクタールがシャンボル側に、1.5155ヘクタールがモレ側に広がっている。

モレのグラン・クリュであるクロ・ド・タールの南に接していて、斜面のいわゆる「素晴らしい腹」の部分、良質の黄土の堆積上にボンヌ・マールは広がっている。両村の境界付近の土壌はやや厚く、白い泥灰土の混じった粘土質石灰岩である。

モレ側のボンヌ・マールのワインは、輝くような濃い色合いをしている。香りはとても複雑で、サクランボやスミレ、スパイスや香木のアロマが感じられる。力強く豊満で粘性があり、若いうちはカタく厳しい味わいで、少々異なるがシャンベルタンを想わせるようなワインである。

シャンボルに位置するほうは、土壌はそれほど厚くなくて小石が多く、特徴的な赤い土壌はあまり見られない。この土壌は白い泥灰土が優勢で、より石灰分が豊富である。

シャンボル側のボンヌ・マールでは、モレ側で特徴的な、ときに厳しく感じられる力強さを失っているように思われる。しかし、たとえより洗練されているように見えても、シャンボル特有の優雅さや繊細さからは程遠い。したがってミュジニーとボンヌ・マールが同じコミューン産のワインと考えるのは難しくさえある。典型的なボンヌ・マールは、力強く豊満で粘性があり、タンニンが豊かである。このアロマと味わいの素晴らしい潜在力を完全に発揮させるには長い時間が必要である。

統計
栽培面積：180ヘクタール
年間生産量：7,400ヘクトリットル

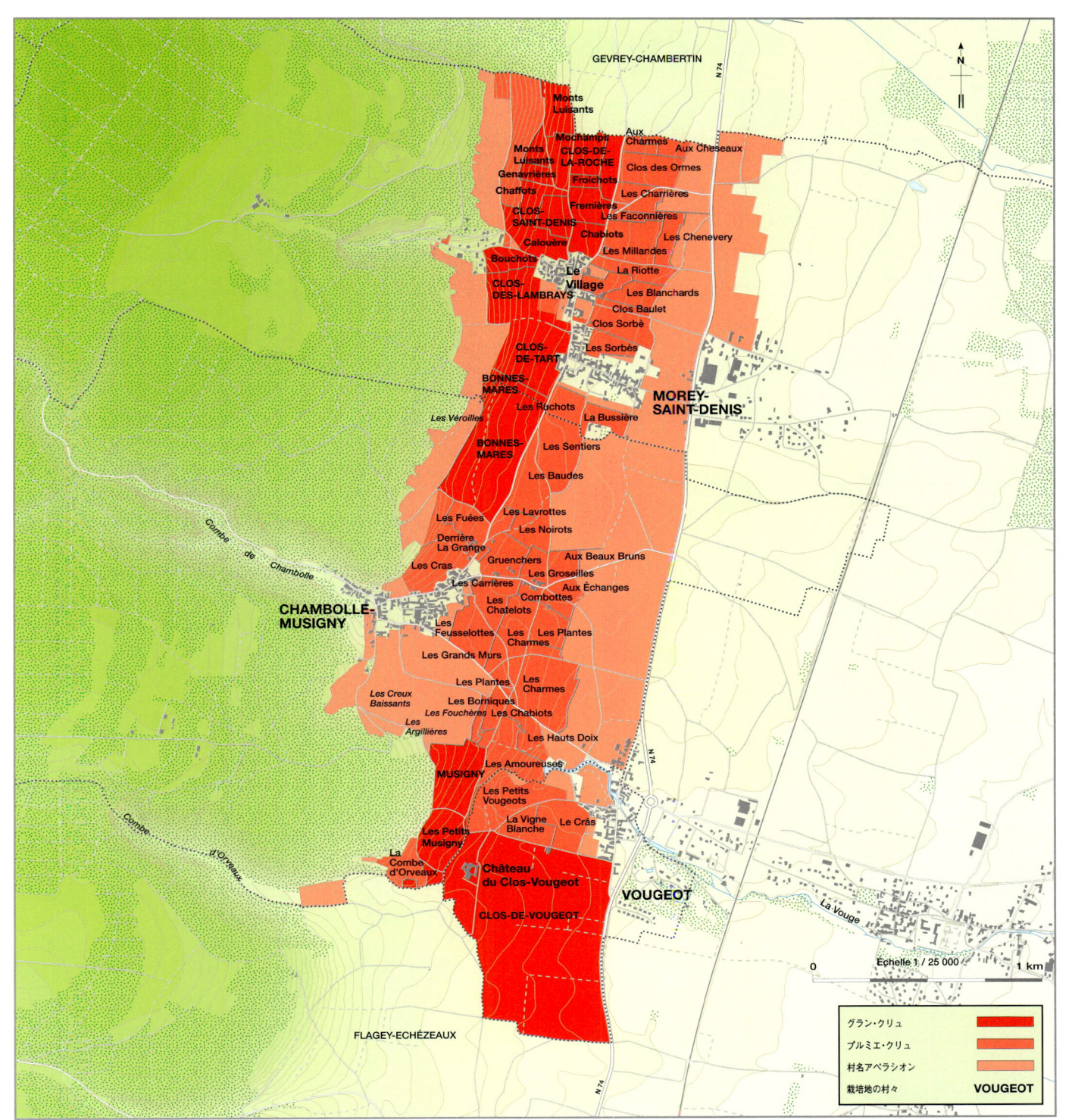

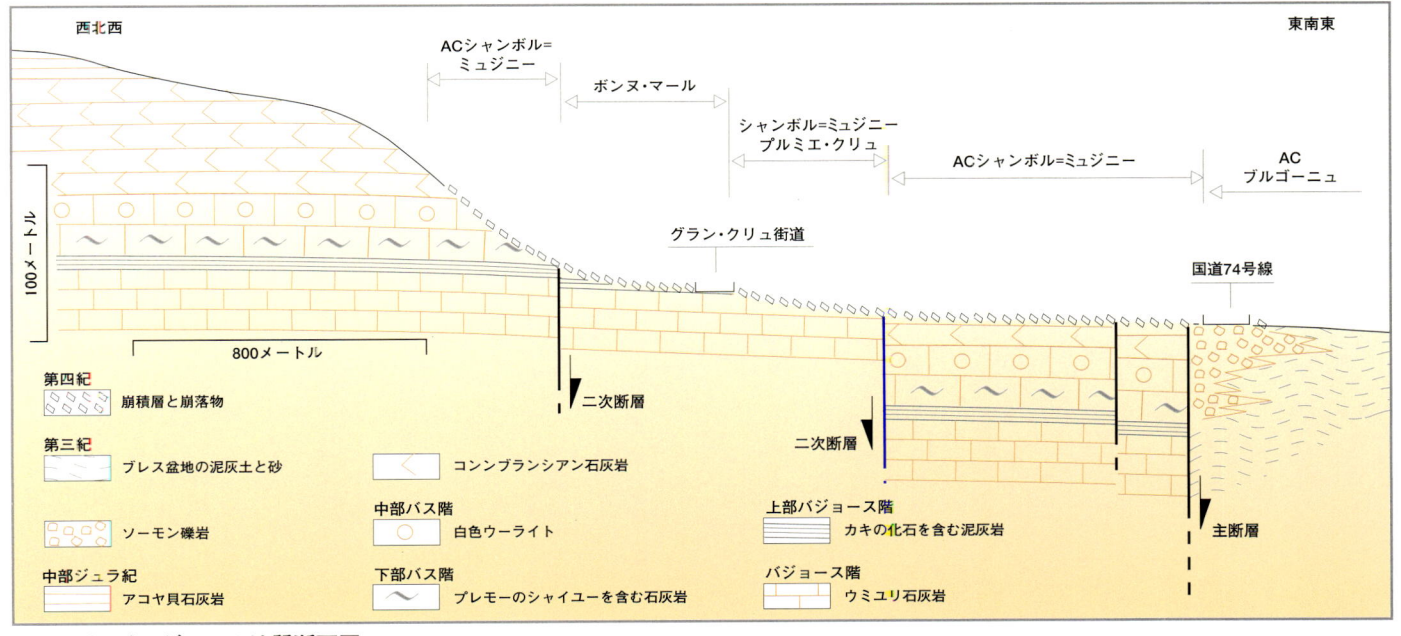

シャンボル=ミュジニーの地質断面図

ブルゴーニュ地方 ◆ コート=ドール ◆ コート・ド・ニュイ ◆ ヴジョー ◆ クロ・ド・ヴジョー

Vougeot et Clos de Vougeot
ヴジョーとクロ・ド・ヴジョー

ヴジョーの栽培地は、ブルゴーニュで産するワインのイメージを一身で象徴している名高い「クロ（訳注：囲い地のぶどう畑、またはその畑を囲う石垣）」の存在によって世界中に知られている。グラン・クリュであるクロ・ド・ヴジョーがあまりに有名なので、この小さな栽培地がプルミエ・クリュと村名アペラシオンであるヴジョー、そして珍しい白ワインの区画を擁していることはほとんど知られていない。

■ ぶどう栽培地とその自然要因

ヴジョーの栽培地は67.0867ヘクタールの広さがあるが、そのうちの50.591ヘクタールがクロで囲われたグラン・クリュになっている。そのため、プルミエ・クリュや村名アペラシオンのぶどう畑はわずかな面積しか残っていない。

グラン・クリュであるミュジニーのクリマのすぐ下に接している、ヴジョーの村の最上部にある区画は、実はシャンボル村に属している。区画は、有名なクロ・ド・ヴジョーのシャトー建設のために設けられた昔の採石場の前でシャンボルと分かれているに過ぎない。

丘陵の西から東、あるいは上部から低部まで、バス階の露出した石灰岩、バジョース階の泥灰土、断層の気まぐれによって生じた漸新世の泥灰土などが見られる。もっとも上部では、ウーライトの石灰岩上に土壌が形成されている。これは表面がレンジナ化しがちな石灰岩の褐色土壌で、40センチメートルから60センチメートルほどの厚さで見られる。この土壌は平均でおよそ2割と礫岩が豊富で、クロの低部を除いて粘土分は約4分の1と少なく、4割に達する泥土を含んでいる。この泥土が丘陵の下部まで土壌の大部分を形成している。

ヴジョー

4.8165ヘクタールの広さは、コートでもっとも小さな村名のアペラシオンである。区画はシャンボルとの境界線に沿って広がっていて、わずかな面積だけがプルミエ・クリュの東、ヴジョーの村の西に見られる。このわずかな生産量では、ヴジョーのワインが、やや質は劣るもののシャンボルのワインに近いという特徴を備えていると判断するのは難しい。

ここではたったひとつのドメーヌだけが、はっきりとしたミネラル分を感じさせる白ワインを生産している。

プルミエ・クリュ

ヴジョーのプルミエ・クリュのほとんどは丘陵の上部、クロの北側に沿って広がっており、合計で11.6792ヘクタールの広さがあり、4つのクリマから構成されている。

レ・クラは、4割近くと粘土を豊富に含み、同じく4割前後の円礫と礫が多量に混ざった漸新世の泥灰土上に広がっている。ワインがテロワール由来の風味よりミネラル分を感じさせるのは、この区画により炭酸塩が多く見られるからである。

ミュジニーの下部に位置するレ・プティ・ヴジョーのリュ=ディは、その半分近くを占めるクロ・ド・ラ・ペリエール同様、とても気品のあるワインを生み、「ペリエール（訳注：石の意）」という名の通り、この区画がミネラル分に富んでいる側面を表している。

クロ・ブランとも呼ばれるヴィーニュ・ブランシュは、レ・プティ・ヴジョーとレ・クラのあいだの中間、クロに沿った区画である。ここでも一軒のドメーヌが、オイリーでカタく引き締まった長期熟成タイプの珍しい白をつくっており、たいへん優雅で蜂蜜の香りを感じさせるワインである。

グラン・クリュ

クロ・ド・ヴジョー　石垣に囲まれた50.591ヘクタールを占めるこの区画は、明らかにブルゴーニュでもっとも広いひとつにまとまったグラン・クリュといえるだろう。このクリュは1キロメートル近い一辺と、およそ500メートル前後の幅で、国道74号線に沿って大まかな長方形の形をしている。

クロ全体は、その上部でシャンボルとフラジェを分けている、オルヴォー渓谷の中心線上に位置している。ここでは他のコートの谷間とは異なり、石垣によってその上部が閉ざされているために、下部とのぶどう畑に気候的な変動は見られない。

区画が広大なため、表土全体に統一性がなく、クロのどの場所でつくられたかによってワインは異なる表情を見せている。革命まで唯一の開墾者であったシトー派の修道士たちはこの状況に気付いていて、均一なワインをつくるために、おそらく異なる箇所のキュヴェをブレンドしていたであろう。今日では60以上もの生産者によって耕作されており、そのうちのいくつかはとても小さい区画のみを所有している。したがって所有者の数だけ異なるクロ・ド・ヴジョーのワインが存在するともいえるだろう。

畑は傾斜が2度から3度とわりと緩やかな斜面にあり、北はミュジニー、南はグランゼシェゾーに接している。東西は標高265メートルのもっとも上部から、240メートルの国道74号線まで広がっている。

テロワールは中々複雑さに富んでいて多くのこの地独特の要因が見られるが、伝統的、また土壌地理的にも、国道に平行してはっきりと区別できる3つの区域に分けられている。

クロの上部　活性石灰分を豊富に含んだ――40パーミルから45パーミル――バジョース階の石灰質の成層に広がっている。35センチメートルから40センチメートルと土壌はほとんど厚みがなく、多くの細礫と4割から5割の粘土を含んで、粒の目立った構成になっている。ここからつくられるワインは、クロのなかでもっとも上質かつ複雑で、気品があるとされている。

クロの中腹　ここの状況もまた良質のワイン生産には素晴らしいところである。傾斜は2度ほどで、土壌の厚さは平均で約45センチメートル、丘陵とオルヴォー渓谷由来の石灰質の砂礫土壌が広がっている。この土壌は6割ほどと粘土成分が豊富だが、重要なのはこの褐色石灰岩質土壌である。ここで生産されるワインは上部の繊細さと低部の力強さとが結び付いたものである。

クロの低部　標高240メートル付近、およそ1メートルの厚さの褐色土壌で覆われた親水性泥灰岩の基盤土上に広がっている。この土壌の性質は、平均で3分の1以上と、粘土を多く含んでいることと、3割に達するかなりの量の細かい泥土が見られ、ぶどう栽培には非常に適している。

ただしこの低部の区画は排水に難があるので、雨に多く見舞われた年には不利となる。というのも雨が多すぎるとぶどうの樹の根元は水に浸かってしまうからである。クロ・ド・ヴジョーの石垣に沿って走っているディジョンとボースを結ぶ国道74号線では、車道のアスファルトの層がぶどう畑よりも高い位置にある状態となっていて、斜面からの水の流れをせき止める格好となっている。このため多くの生産者が、健全な土壌を保つため、排水のためのやっかいな作業をおこなうハメとなってい

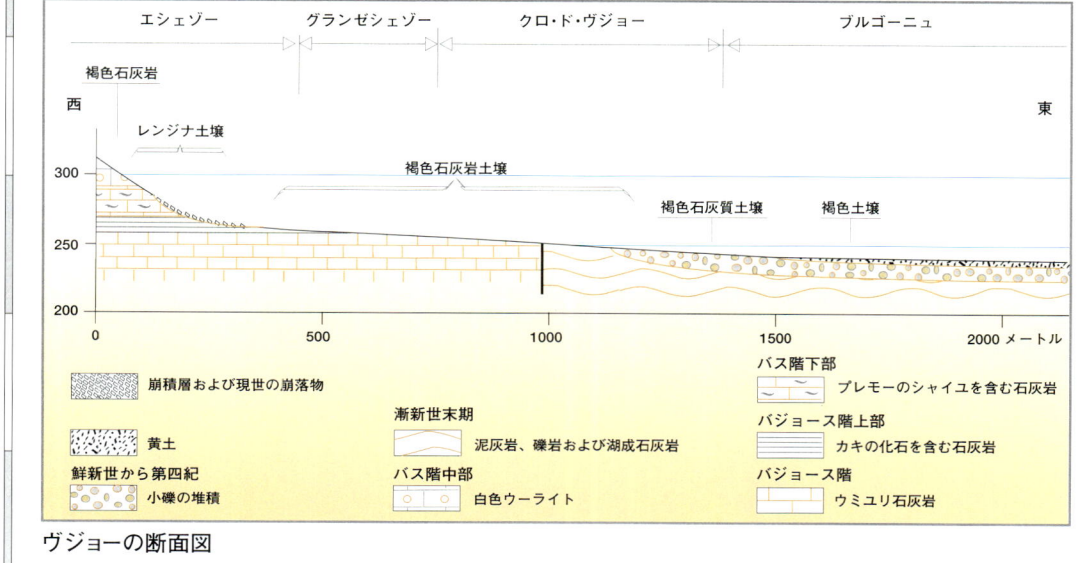

ヴジョーの断面図

ブルゴーニュ地方 ◆ コート=ドール ◆ コート・ド・ニュイ ◆ ヴジョー ◆ クロ・ド・ヴジョー

る。

しかしながらこの環境は乾燥した年にはとても都合がよい。土壌中の湿度は植物の水分状況をよい状態に保つことができるからである。粘土を多く含んだ、低部の区画からのワインの見事な力強さは、上部で生まれる優れて複雑なワインと非常にうまく組み合わすことができる。

さらにこの道路の影響から、以前には見られなかった冬場の凍結がこの周辺のぶどう畑で起るようになった。この現象はそれほど大きな影響を与えているわけではないが、テロワールの根本的な側面とそれがいかに複雑なバランスの上に成り立っているかを表している事例といえよう。

以上の3つの区域からのワインには確かに相違が見られるが、クロ・ド・ヴジョーというひとつの名称、またそのアペラシオンからは、ワインにおいて統一されたイメージが必要とされている。ところが実際には幾種類ものクロ・ド・ヴジョーがまかり通っている。

このような状況においては、出来上がったワインのタイプを定義付けることは難しく、またクロを構成している異なる区画の潜在的な力を測ることも難しい。

もっとも優れているのはミュジニーに近く、昔はミュジネと呼ばれていたクロの北西の区画であり、同じくグランゼシェゾーに接している南西の区画、グラン・モーペルテュイである。

ともかく、フランスにおけるぶどう栽培の象徴的な畑が、現在、その潜在的な力を十分に発揮できていないことは残念である。

クロのなかの異なる区画のワインすべてを試飲することによって、その偉大さや熟成能力がはっきり認識できる。もっとも見事なキュヴェは、ブラックチェリーやプラム、スパイスなどの複雑なアロマを感じさせる、優雅で気品のある素晴らしいワインである。若いときには閉じていて、シャンボルに見られるフィネスとヴォーヌの滑らかさとは対照的な、力強さと引き締まったカタさを感じさせる。

統計
栽培面積：65ヘクタール
年間生産量：2,600ヘクトリットル

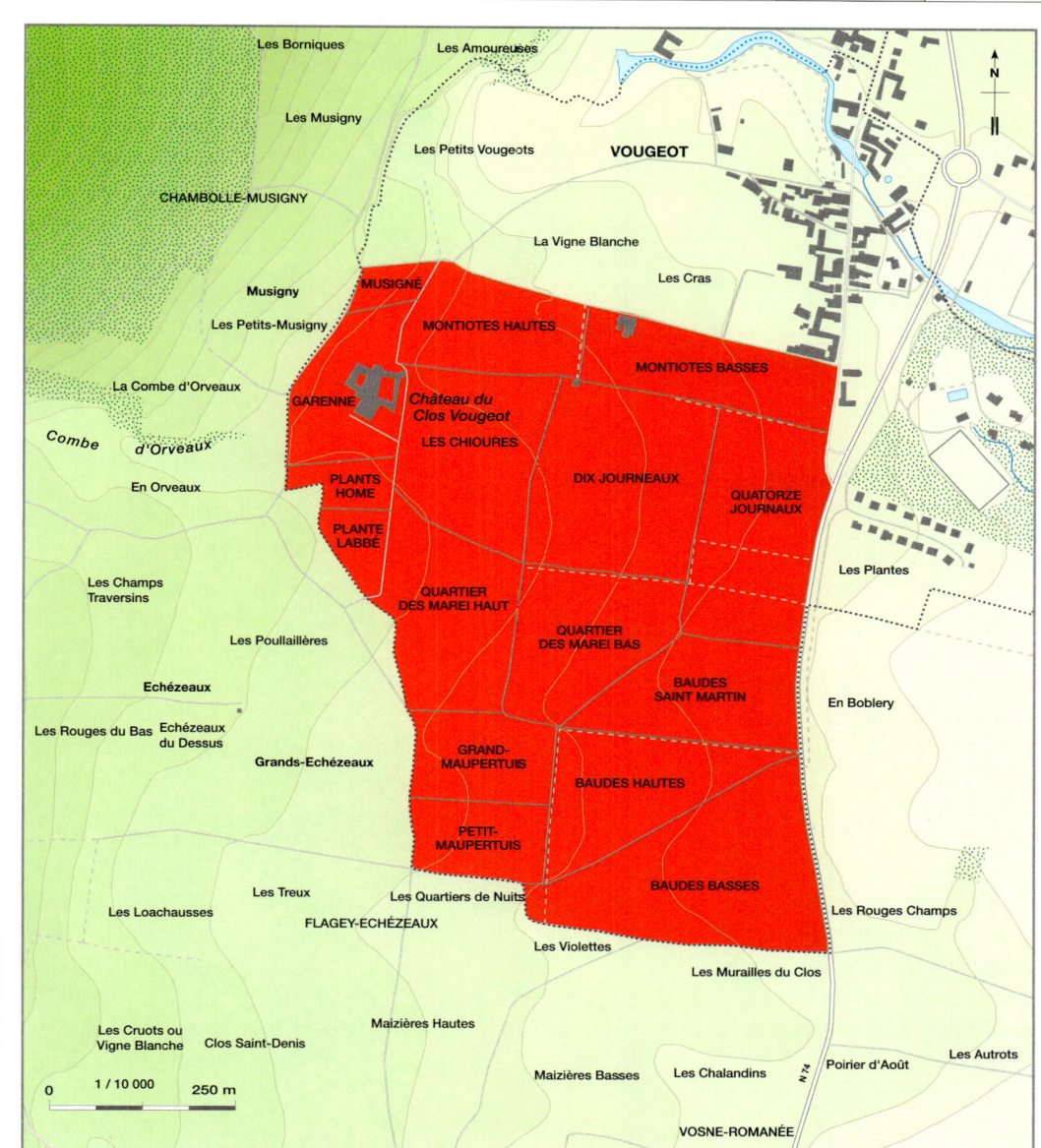

クロ・ド・ヴジョーの鳥瞰図

195

ブルゴーニュ地方 ◆ コート=ドール ◆ コート・ド・ニュイ ◆ ヴォーヌ=ロマネ

Vosne-Romanée
ヴォーヌ=ロマネ

ヴォーヌ=ロマネのアペラシオンはこの村で生産されるワインと、お隣フラジェ=エシェゾー村のワインとに与えられている。この2つの栽培地には、世界中に名の知られた8つのグラン・クリュと15のプルミエ・クリュがある。圧倒的な人気を誇るワインは、優雅さと気品で輝くばかりの滑らかさを感じさせる、フィネスと力強さの結びついたものである。

■ ぶどう栽培地とその自然要因

ヴジョーとニュイ=サン=ジョルジュのあいだに位置し、ヴォーヌ=ロマネはコンクールの谷間から開いた2つの斜面に広がっており、どちらも良好な日照を享受している。

ヴォーヌのぶどう樹は、標高235メートル前後の国道74号線から、上部はややきつい傾斜となっている350メートル近くの高さまでの丘陵に植えられている。

畑が広がる斜面は東を向いている。栽培地は北では1キロメートルほどの幅が中心部では1.5キロメートル以上に広がり、南のニュイ=サン=ジョルジュとの境界ではおよそ0.5キロメートルに狭められている。

地質は複雑で、低部、上部ともにバジョース階の泥灰土が見られ、コンブランシアンの石灰岩は斜面のあちこちに露出しているが、バス階の石灰岩は上部で露出している。

丘陵の下部、平地が始まるところでは、バジョース階の石灰岩と漸新世の礫岩が多く見られる。

表土はジュラ紀中部の粘土石灰質物質からできた褐色土壌である。この土壌はほとんど厚みがなく、村の上方にある畑ではおよそ10センチメートルから1メートルほどだが、東のほうや丘陵のふもとでは1メートル以上の厚さになっている。畑に見られるマトリックスは、すぐ下部の石灰岩の分解とその他の崩積物、それに黄土で、なかでも黄土は水の働きによって遥か遠方より運ばれてきたものである。またぶどう樹の根が深く入り込む亀裂のある基盤岩は表土近くにある。ヴォーヌでは主断層に加え多くの小さな断層が見られ、このことがテロワールに多様性をもたらし、ひいては多くのクリマの存在を説明してくれる。

ヴォーヌ=ロマネ

村名アペラシオンの区画は、プルミエ・クリュの上部、村の最上部のところと、プルミエ・クリュとの境になっている村を南北に通っている道路の東側に広がる部分に位置している。そして3つ目はニュイ=サン=ジョルジュのぶどう畑に接しているすぐ東側の栽培地で、ヴォーヌ村の教会と役場を結ぶ方向に走っている主断層の東側に位置している。AC ヴォーヌ=ロマネは、プルミエ・クリュとグラン・クリュを併せたより少ない100ヘクタール足らずの広さしかないが、その肉付きやタンニンの滑らかさ、気品等においてヴォーヌ=ロマネ村の典型的な特徴を備えていて、加えて区画毎に多くの異なる表情も見せている。

もっとも優れた村名ものはヴォーヌ村の北、シュショやロマネ=サン=ヴィヴァンの下部に位置し、ヴジョーのクロに接している。それらはヴォーヌからフラジェの村にかけての、**オート**あるいは**バス・メジエール、レ・カルティエール・ド・ニュイ、レ・ヴィオレット、レ・ミュレーユ・デュ・クロ**の各区画。またヴォーヌ村の最上部、マルコンソールの上の**ダモード**と同じくラ・ターシュの上部、シャン・ペルドリのリュー=ディでは、フィネス溢れるワインが生み出されている。村の南、ニュイ=サン=ジョルジュとの境界に位置するオー・レアの区画からも素晴らしいワインができる。

プルミエ・クリュ

プルミエ・クリュの区画は60ヘクタール弱を占めている。土壌はグラン・クリュとよく似ているがさらに痩せた地に広がっており、水捌けがよく、また東向きの日当たりのよい斜面にあるため、偉大なワインを生み出すにはたいへん適している。

生まれるワインはコクと優雅さがあり、たいへんうまく熟成する力がある。その絶頂期には、ボタンや野バラのような花の香りと下草、サクランボ、なめし皮や毛皮のような香りが渾然一体となった気高いアロマを備える。

15のプルミエ・クリュのうち、12がヴォーヌ村にあり、また3区画はフラジェ村に位置し、それらは大きく3つに分けることができる。

● ひとつはニュイ=サン=ジョルジュに隣接したアペラシオンの南部分である。**オー・ド・シュー・デ・マルコンソール**と**オー・マルコンソール**のクリマは地質的に同じ層にあるグラン・クリュのラ・ターシュの延長部分で、ワインもとても似通っている。**レ・ショーム**と**ル・クロ・デ・レア**はマルコンソールの下部に位置しており、より色が淡く柔らかで、早く開花するワインとなる。

● 斜面の最上部、ラ・ロマネとリシュブールの両グラン・クリュのすぐ上に、農道がなく耕作の難しさからフィロキセラ禍の後、見捨てられていた**オー・レニョ、レ・プティ・モン、ル・クロ・パラントゥー**の3つのプルミエ・クリュがある。なかでも1ヘクタール余りの小さなル・クロ・パラントゥーは、第二次大戦後ぶどう樹が再植され、際立ったその質が明らかになっている。繊細さと力強さ、それにフィネスを兼ね備えた赤だが、これはリシュブールに匹敵しうる酒質のワインである。

● ヴォーヌの北、フラジェ村に接しているところにもプルミエ・クリュがあり、そのうちのひとつである**レ・シュショ**はヴォーヌとフラジェのグラン・クリュ（訳注：ヴォーヌ側がリシュブールとロマネ=サン・ヴィヴァン、フラジェ側がエシェゾーとグランゼシェゾー）のあいだにある丘陵の広い区画を占めている。ここではコクがあり、優雅で素晴らしいワインが生産されている。シュショの上には同じくプルミエ・クリュのブリュレが、リシュブールを挟んでクロ・パラントゥーと同じ斜面に広がっている。しかしながら生産されるワインはクロ・パラントゥーとは若干異なっている。またブリュレの北には、**レ・ボー・モン、レ・ルー**

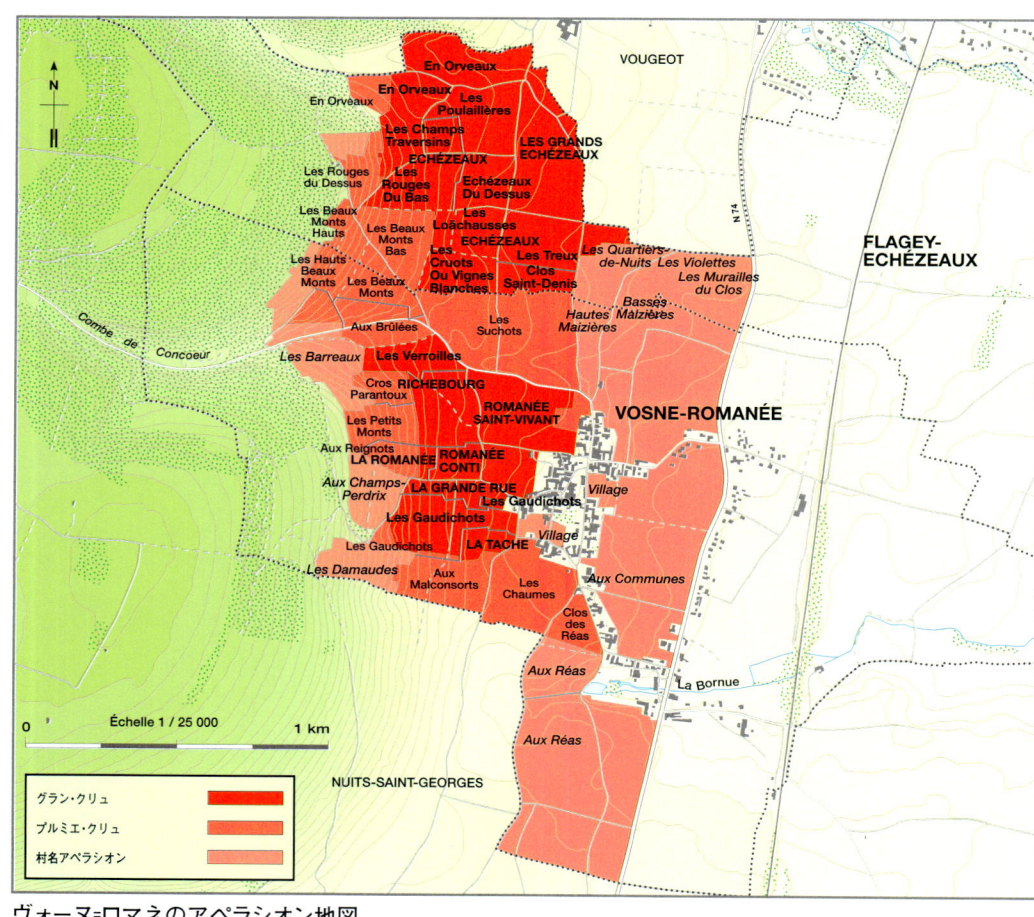

ヴォーヌ=ロマネのアペラシオン地図

ブルゴーニュ地方 ◆ コート=ドール ◆ コート・ド・ニュイ ◆ **ヴォーヌ=ロマネ**

ジュ、アノルヴォーが、フラジェ側に延びており、グラン・クリュのミュジニーとまではいかないにしろ、滑らかでフィネス溢れるワインを生んでいる。

グラン・クリュ

ヴォーヌのグラン・クリュは丘陵の中央部に位置している。覆っている土壌は石灰質で、ほとんど厚みがなく痩せていて、石灰岩と粘土、礫がバランスよく混ざり、排水にも優れている。

ブルゴーニュのもっとも偉大な赤ワインのなかでも、ヴォーヌのワインは格別のイメージでもって受け入れられている。その多くが波乱に富んだ歴史と結びついているとしても、並外れた繊細さを感じさせる滑らかな口当たりを備え、味わいから香り、その他すべてにおいて際立った特徴を有するワインそのものによるところが大きいだろう。そしてこれらはすべて、テロワールの複雑さを表現するようになるには時間をかける必要のある長期熟成タイプである。

ヴォーヌのグラン・クリュはスミレのアロマを纏い、滑らかな口当たりで精緻な構成を備えたワインである。しかしながらそのもたらす感動は、どのような言葉を駆使してもそれを描き出すことは不可能、というレヴェルなのである。

ロマネ=コンティ Romanée-Conti この神話的存在となっているグラン・クリュは、ヴォーヌの栽培地の心臓部ともいえる部分に1.805ヘクタールの面積を占めている。区画は東に向いた斜面の中腹にあり、その土壌は、異例ともいえる量の粘土と鉄を含んでいることが判明している。斜面の勾配は緩やかで、地質学者ロベール・ロテルがいう「泥土の落とし穴(訳注:ほぼ正方形に近い区画の中央部を中心に、なだらかな窪地となっているため)」が見られる。

表土は非常に細かい崩落物で、エシェゾーほど黄土が豊かではないが、母岩を覆い隠し侵蝕にも強い。母岩はここではプレモーの石灰岩の下にある貝殻を多く含む石灰岩である。水捌けのよい褐色石灰岩の土壌も見られる。表土の厚さは60センチメートルほどで、表面は粒が多く、深部では5割近い粘土質からなる多面体の組織が多い。上部は低部に較べ傾斜があり粘土の割合も少ないので、より侵蝕されやすい。そのため定期的に客土をおこなう必要がある。

ヴォーヌのグラン・クリュのなかでもロマネ=コンティは、熟成とともに野バラからバラの花びらに移ろうアロマによって識別できる。そしてグラン・クリュのなかでは、最上質の滑らかさを備えた1本である。

ラ・ロマネ la Romanée 面積0.8452ヘクタールのラ・ロマネは、フランスのアペラシオンではもっとも小さいものである。区画は7度ほどと傾斜のややはっきりした斜面の、泥灰質石灰岩上の石灰質崩落礫で構成された表土に位置している。小さな断層によってロマネ=コンティと分けられているが、テロワールと生み出されるワインの差異にはこれで十分である。

ロマネ=コンティほど豊富ではないが表土は4割弱の粘土を含み、同じような粒の多い構成を見せている。プレモーの石灰岩とウーライトの上に広がっているのはレンジナ土である。厚みのある褐色土壌は上部ほど石灰質の割合が高くなっている。さらにぶどう樹は土壌の侵蝕を抑えるために、斜面に垂直に植えられている。

ラ・ロマネはブラックチェリーのアロマによって、他のヴォーヌ=ロマネのグラン・クリュとの違いを識別できる。口に含むと、リシュブールの引き締まった酒躯とラ・ターシュの滑らかさを一身に併せ持ち、驚くほど調和がとれている。

ロマネ=サン=ヴィヴァン Romanée-Saint-Vivant ロマネ=コンティとリシュブールのすぐ下に位置し、東に向いた斜面に9.4374ヘクタールの広さを占めている。区画はバジョース階の泥灰岩で形成された基盤上にある。ここでは表土はロマネ=コンティより厚く、平均で90センチメートルに達する。石灰質粘土からなる褐色土壌で、活性石灰分が豊富(120パーミル)である。

ロマネ=サン=ヴィヴァンはヴォーヌのグラン・クリュのなかでは、スミレのアロマが特徴的であり、口に含むとこのワイン特有の生気といったものが感じられる。

ラ・ターシュ la Tâche 6.062ヘクタールを占めるこの区画は、1.4345ヘクタールのラ・ターシュと4.6275ヘクタールのレ・ゴーディショ、2つのリュー=ディから構成されている。畑は南のマルコンソールと北のグランド・リュとのあいだに位置し、わずかに傾斜し、完璧な日照を得られるとともに水捌けにも優れた礫混じりの斜面上に広がっている。

ヴォーヌのグラン・クリュのなかでは、ラ・ターシュはカンゾウのアロマで識別される。ワインは若いときでさえ、まろやかさと、際立った力強さが完璧に溶け込んだ素晴らしい粘性が感じられる。多くの愛好家たちが、このグラン・クリュがヴォーヌでもっとも偉大なワインであり、さらに全ブルゴーニュにおいて賞讃されるべき傑出した最上のワインであると考えている。

リシュブール Richebourg このグラン・クリュは面積8.0345ヘクタールを占めており、5.0518ヘクタールのル・リシュブールと2.9818ヘクタールのレ・ヴェロワーユ、2つのリュー=ディとで構成されている。

リシュブールは丘陵の中腹にあり、ロマネ=コンティやロマネ=サン=ヴィヴァンと小道1本によって分けられている。区画は総じて東向きの斜面の30センチメートルを越えることのないわずかな厚さの表土に広がっている。この薄い層の下には、崩落物と基盤層がある。リシュブールではぶどう樹が生き延びるため、根を基盤層深くまで這わしている。このことはグラン・クリュ毎の差異が、基盤層その他に由来する複雑な側面のある部分を表している。リシュブールのなかでもレ・ヴェロワーユの区画では斜面の向きが異なり、東北東に向いている。したがって収穫の日取りにも多少の開きがある。レ・ヴェロワーユから収穫されるぶどうの潜在アルコールはル・リシュブールより低いが、代わりにpH値で優れている。

リシュブールから生まれるワインはラズベリーのアロマによって、他のヴォーヌのグラン・クリュとの違いを嗅ぎ分けることができる。ワインは引き締まっていて張りがあり、ラ・ターシュほどの粘性はないが、ヴォーヌ=ロマネのなかではラ・ターシュに次ぐ偉大なグラン・クリュと考えられている。

ラ・グランド・リュ la Grande Rue 1.6507ヘクタールを占めるこのグラン・クリュは、ラ・ターシュと3つのロマネ(訳注:上からラ・ロマネ、ロマネ=コンティ、ロマネ=サン=ヴィヴァン)とのあいだに沿って広がっているが、そのテロワールは明らかに異なり、それは1本の農道を境として分けられている。

グランド・リュのワインは、昔からラ・ターシュを思わせる口当たりとほどよいタンニンによって見分けられる。

グランゼシェゾー Grandes-Echezeaux このフラジェ=エシェゾー村に属するグラン・クリュは、クロ・ド・ヴジョーの上部の石垣に沿って9.1445ヘクタールを占めている。緩やかな勾配の表土はクロに連続していて、バジョース階のスレート状の石灰岩で覆われた厚い層が見られる。

ヴォーヌ=ロマネのグラン・クリュのなかで、グランゼシェゾーは、シャンボルのグラン・クリュ、ミュジニーを思わせる繊細さとフィネスによって識別される。

エシェゾー Echezeaux エシェゾーは非常に広く、37.6922ヘクタールを占めている。このクリュは11の異なるリュー=ディから構成されており、ほとんどクロ・ド・ヴジョーと同じ状況が見られる。

下部の土壌は厚く、また上部は砂質となっている。畑は丘陵の中腹に広がり、北はグラン・クリュのミュジニーに、南はシュショを挟んでロマネ=サン=ヴィヴァンに続いている。

エシェゾーを構成しているリュー=ディのなかで、もっともグラン・クリュにふさわしいワインを生み出す区画を以下に挙げると、まず表土の厚いクリュオまたはヴィーニュ・ブランシュ、あるいは基盤が石灰岩のレゼシェズー・デュ・ドシューにスレート状のプレモー石灰岩とウーライト上に広がるレ・ルージュ・デュ・バ、そしてバジョース階の泥灰土と赤色泥土、凍裂した砂礫などが組み合わさったエシェゾーでもっとも優れたクリマのひとつであるレ・ボーモン・オーなどがある。

上質な区画から生まれるエシェゾーのワインは、スミレの香りと肉厚でしっかりした口当たりを備えている。

統計

栽培面積:**225ヘクタール**
年間生産量:**9,350ヘクトリットル**

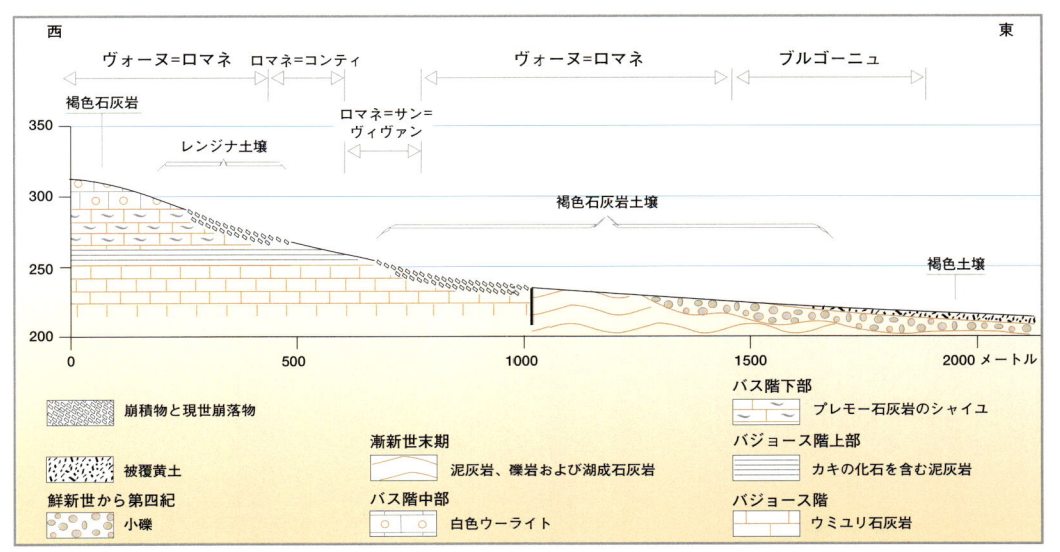

ヴォーヌ=ロマネの地質断面図

ブルゴーニュ地方 ◆ コート=ドール ◆ コート・ド・ニュイ ◆ ニュイ=サン=ジョルジュ

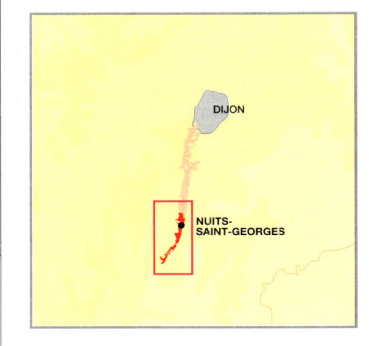

Nuits-Saint-Georges
ニュイ=サン=ジョルジュ

この栽培地はグラン・クリュこそ擁しないものの、40以上と豊富なプルミエ・クリュにより、世界中にその名を知られている。それらはニュイの町とすぐ南のプレモー=プリセの村とに振り分けられていおり、どちらのワインもニュイ=サン=ジョルジュのアペラシオンを名乗ることができる。生まれるのは骨格のしっかりした力強く長期熟成の赤と、少量の高い酒質の白ワインである。

■ ぶどう栽培地とその自然要因

ぶどう畑はムーザンの谷間から広がる2つの斜面と、そのすそ野に遠方からの崩積物がもたらされて出来た扇状地とに広がっている。

ムーザンの谷間の存在と、扇状地の中心に位置するニュイの町という状況から、栽培地ははっきりと北と南に分かれていることが見てとれる。

ニュイの町の北部 ラ・ロマネやロマネ=コンティを始めとする有名なクリマを含むブルゴーニュでもっとも素晴らしい丘陵をヴォーヌと分け合っている。区画が連なる斜面の標高は250メートルから310メートル前後と比較的高く、その傾斜もほぼ均一である。表土は褐色土壌で粘土質がほとんどなく、礫も少なく痩せている。この区域からのワインにはフィネスと優雅さが認められる。

南部プレモー方面 ぶどう畑は、いくつかの小さい谷からの出口に連なる丘陵に広がっており、そのなかでもっとも大きなものはヴァルロの谷である。基盤層の複雑さと気候的な要因が加わって、ここでは複雑なモザイク状のテロワールを呈している。一般的にこの南部丘陵の土壌は赤茶色で、北部よりも緻密で、鮮やかな赤い粘土を含んでいる。ワインは北部に較べより力強く、しっかりした骨格のタイプである。

2つの丘陵のあいだ 畑は「山」からもたらされた粘土石灰質の崩積層に広がっている。ACニュ=サン=ジョルジュとプルミエ・クリュを産する区画は、山すその始まり、標高240メートルから340メートルほどの栽培に最適な斜面に広がっている。この斜面は上部から低部までコンブランシアン石灰岩と白色ウーライト、ピンクのプレモー石灰岩などによって特徴付けられ、ふもとでは、少しだけ露出の見られるカキ殻を含む泥灰土質の石灰岩や、さらにバジョース階のウミユリ石灰岩等によって特徴付けられる。この層はほとんどが凍結破砕による崩落堆積物で覆われているが、同時に大粒の石灰岩礫と珪質結核（訳注：シレックス質の礫）が混ざった少々赤い泥質粘土も見られる。主断層の付近以上に、泥灰土の層が露出しているが、ほとんど泥質粘土と古い扇状地に由来する物質とで覆われており、これが泥土とムーザン小川の堆積土層を形成している。

厳しい感じのあるニュイ=サン=ジョルジュのワインは、若いうちはあまり魅力を発揮しない。しかしながらそれらのほとんどは、香り高く骨格がしっかりし、味わいにみごとな存在感のあるものである。ただしその特徴を発揮するには時間を要し、長期熟成が必要なワインといえるだろう。ニュイ=サン=ジョルジュはカタさを感じさせるワインだが、ヴォーヌに隣接する丘陵の北部ではフィネスを備え、プレモー側の南部では力強いタイプとなる。

ニュイ=サン=ジョルジュ 175ヘクタールを占める村名のアペラシオンは、栽培地の北部から南部まで、プルミエ・クリュが連なる斜面の上部と下部に振り分けられている。

プルミエ・クリュの上部斜面に連なる北部の村名アペラシオンは、わずかな厚さの表土に広がっており、これがワインに繊細さをもたらしている。オーザルジラのリュー=ディは、真南に向いた斜面の丘陵下部まで広がり、この区域でもっとも素晴らしいワインを生産している。

村名アペラシオンを生んでいる畑で、プルミエ・クリュの連なる帯の下に位置する区画は、ムーザンの谷とヴォーヌに通じるコルボワンの小さな谷に由来する崩積物を含む表土に広がっている。ここでは骨格のしっかりしたタイプがつくられているが、東へ進むにつれてワインは軽く洗練されたものになる。

町のすぐ南部の村名アペラシオンの畑は、ムーザンの谷の出口、標高280メートルから380メートルほどの、プルミエ・クリュから延びた斜面に広がっている。この丘陵の上部では、表土は石灰質の砂礫層で形成され、区画のある斜面は北東に向いている。プルミエ・クリュのヴォークランの上部でニュイの町の南端に位置するヴァルロは、斜面の向きの悪さと、標高の高い谷の出口に位置するため通常は冷涼でプルミエ・クリュに格付けされていないが、土壌は素晴らしく良質のワインが生産されている。

プルミエ・クリュと国道74号線のあいだ、丘陵低部の区域は、コートを形成しているジュラ紀の地層と、ブレス地方から続く平原の第三紀層とを分けている主断層上に広がっている。表土は粘土質で赤茶色をしており、多くがヴァルロの谷の扇状地からもたらされる石灰質の砂礫あるいは珪質結核を含んでいる。この物質はバジョース階とバス階の土壌を数10センチメートルから2、3メートルの厚さで覆っている。ここから産するACヴィラージュは、ジュヴレの村名ワイン同様、このクラスとしてはコート・ド・ニュイでもっとも注目されるものである。ワインには粘性があり、色も濃く、素晴らしい果実味を備えている。

北部のプルミエ・クリュ

北部のプルミエ・クリュの区画は、丘陵の中腹、ヴォーヌのグラン・クリュ、プルミエ・クリュからの延長上に位置している。

レ・ブドのクリマは、ヴォーヌ=ロマネのプルミエ・クリュであるマルコンソールと境界を接し、表土は粘土質で、骨格のしっかりした芳醇で優雅、そして熟成させることのできるワインを生んでいる。

レ・ダモードはレ・ブドの上部に位置し、10度ほどとやや傾斜のある斜面土で、上質で柔らかく滑らかなワインが生産されている。

ラ・リシュモーヌはダモードのすぐ下の斜面にあり、調和がとれて気品に満ちた、上質で繊細ながらもコクのあるワインを生産している。

オー・ミュルジェは若いうちから果実や花、スパイスのアロマを感じさせる。このワインは肉厚でがっしりしており、熟成させる潜在的な力を備えている。

オー・シェニョのリュー=ディでは、表土は非常に礫が多いが粘土を含んでいる。ニュイの町に近づくにつれ、ワインにはしっかりした構成が備わってくる。このプルミエ・クリュはややカタく締まった骨格と、その品位によって特徴付けられる。

レ・ヴィーニュロンドは、シェニョのすぐ下の区画で、ワインは黒ぶどう特有の強い果実味が早く表れ、濃密でがっしりとし、上質なタンニンが感じられる。

オー・ブスロはプルミエ・クリュが連なる丘陵の下部に位置し、表土は厚く、若いうちはしばしば厳しい味わいのワインだが、時間とともに素晴らしい粘性によってまろやかになっていく。

オー・トレ、またはクロ・ド・トレでは、骨格のしっかりした芳醇で濃い色合いと凝縮した味わいの長期熟成できるワインが生産されている。

オーザルジラはニュイの町に接している。このワインは上質の口当たりと滑らかさ、豊かさを備えているが、アフターに渋みを感じさせる。

南部のプルミエ・クリュ

ムーザンの谷の出口から始まる南部のワインは、ニュイのアペラシオンのなかでもカタく引き締まった頑丈なタイプと考えられている。これらは複雑で力強くタンニンも豊かなため、開花するのに時間を必要とする。

リュ・ド・ショーのクリマでは、立派な骨格とタンニンが目立つが、滑らかで上質なワインが生産されている。

その上に位置する**レ・クロ**は、この区画に限った斜面が窪地を形成している。ここでつくられるワインは、上質で繊細である。

北と南をリュ・ド・ショーとレ・プリュリエに挟まれた**レ・プロセ**ではしなやかだが、アフターにタンニンを感じさせるワインを生み、魅力を発揮させるためには熟成が必要である。

主要なプルミエ・クリュである**レ・プリュリエ**は、7ヘクタール余りを占め、上部では傾斜がきつくなっている。プリュリエのワインは豊かで丸みがあり、一貫した力強さを感じさせる。

レ・オー・プリュリエは、丘陵の上部レ・プリュリエのクリマの続きにあり、繊細で上質な心地よいワインが生産されている。

ロンシエのぶどう樹が植わる礫質の表土からは、柔らかく軽やかで上質な、アフターに少々タニックなところがあるワインが生まれる。

レ・ポワレのワインは、がっしりとして、潜在的な発達する力を秘めている。若いうちは、厳しい風味だが、熟成するにつれて洗練されてくる。

ブルゴーニュ地方 ◆ コート=ドール ◆ コート・ド・ニュイ ◆ **ニュイ=サン=ジョルジュ**

ル・クロ・デ・ポレ・サン=ジョルジュは、レ・ポワレのなかにあり、ニュイらしい品のある力強さをもったワインを生む。

レ・ポワレの上部斜面に位置するペリエールは、石の多い表土で、赤と白を生産している。赤ワインは、若いうちでも心地よい新鮮さと際立った果実味が特徴で、白はヴォリューム感のあるたくましさを感じさせるワインで、うまく熟成する力も備えている。

レ・プレットは傾斜のある上部斜面の砂利の多い区画で、白色ウーライトの断崖に接している。口当たりよくふくらみがあり、アフターに少々タンニンを感じさせるワインが生産され、要熟成タイプである。

ヴァルロの窪んだ谷の緩やかな斜面では、レ・シャブッフの区画からまろやかで骨格のしっかりしたワインを生んでいる。

レ・サン=ジョルジュの北隣のレ・カイユのクリマでは、レ・サン=ジョルジュとは全く異なるワインが生み出される。このワインには新鮮で果実味豊か、スパイシーなアロマが感じられる。若いときから魅力的で、軽快で滑らかな口当たりのたいへんエレガントなワインである。

レ・サン=ジョルジュの上部では、レ・ヴォークランがニュイの一徹さと気品を表している。加えてここのワインは複雑でエレガントなアロマを纏っている。若いうちは重々しく、開花するには時間が必要なワインである。多くの愛好家達は、このクリマがレ・サン=ジョルジュとともにグラン・クリュに値すると考えている。

レ・サン=ジョルジュでは、特に力強く完全で、バランスがとれアフターの長いワインが生産されている。このワインはニュイの南部には珍しく繊細なワインでもある。アロマには気品と複雑さがあふれている。若いうちから魅力的だが、完全に開花するまでには熟成を必要とする。レ・ヴォークラン同様、おそらくグラン・クリュに値すると一般的には考えられている。

シェーヌ・カルトーの小さいクリマは軽い砂質の表土で、軽やかな骨格だがタンニンの豊富な熟成する力のあるワインが生産されている。

プレモー=プリセの集落には9つのプルミエ・クリュがある。

レ・ディディエはレ・サン=ジョルジュのすぐ南に沿っている。ここから生まれるワインは濃密でそこそこ熟成させられ、レ・サン=ジョルジュほど力強くはないが、より香り高い。

レ・フォレは引き締まった骨格の、気品溢れるワインであり、アフターに感じるタンニンを覆うまろやかさを備えている。レ・フォレのクリマと同一のリュー=ディであるル・クロ・デ・フォレ・サン=ジョルジュは、古い樹齢のぶどう樹から、複雑で素晴らしい品格あるワインを産する。

オー・ペルドリはコルヴェの上に位置している。ここで生産されるワインは上質でエレガントだが、ややタニックである。しかし熟成によってまろやかになっていく。

オー・コルヴェのクリマからのワインは、心地よく芳醇だが、タニックな風味とくっきりとした豊かな骨格を感じさせる。強い個性と、たっぷりなタンニンを含んだワインである。

ル・クロ・デ・コルヴェでは、力強く肉厚で、たいへん個性的なワインが生産されている。

オー・コルヴェに含まれ、その南に位置するレ・コルヴェ・パジェのリュー=ディからのワインは、コルヴェとは全く異なっている。骨格は繊細で調和がとれ、上品でとっつきやすく、さらっとして魅力的なワインである。

レ・グランド・ヴィーニュは国道74号線を越えて東に位置する唯一のプルミエ・クリュである。粘土石灰質の表土によって、ワインは見事な骨格と力強さを備えたものになる。

レザルジリエール、またはクロ・デザルジリエールのクリマでは、その名が示すように粘土が豊富で、まろやかで芳醇なワインがつくられ、うまく熟成させることができる。

ル・クロ・ド・ラルロは小さな谷状のやや傾斜のある斜面に位置する。ここでは上質でエレガント、繊細な赤ワインと、芳醇でミネラル分があり見事な出来映えの白ワインが生産されている。

ル・クロ・ド・ラ・マレシャルでは、繊細な骨格とやや肉厚な口当たりの、エレガントなワインが生まれる。

統計
栽培面積：300ヘクタール
年間生産量：13,600ヘクトリットル

コンブランシアンとコルゴロワン Comblanchien et Corgoloin

コンブランシアンとコルゴロワンの集落の斜面と、シュノーヴ村（訳注：ディジョンのすぐ南、コート・ド・ニュイ地区の北の入口にあたる村）の斜面には明らかな類似性があることがわかる。

コート・ド・ボーヌの北端であるラドワの集落からコルゴロワン村まで、斜面はバス階上部の硬い石灰岩がところどころ露出している。この斜面は約4度とほぼ一定の傾斜の緩斜面で、標高350メートルから250メートルほどのすそ野まで下っている。

コンブランシアン村のかつてぶどう樹が植えられていた斜面は、昔の石切り場に由来する廃石で覆われているが、いくらかの区画はそれを免れている。

コルゴロワン村の台地は、わずかな石灰岩質の褐色土壌で30センチメートルほどの厚さに覆われ、およそ4度のやや緩やかな斜面は崩落物や礫、小石も豊富である。この地質によって台地の縁までぶどう樹が栽培される状況が生まれているが、そのふもとでは、粘土の多い褐色土壌が見られる。

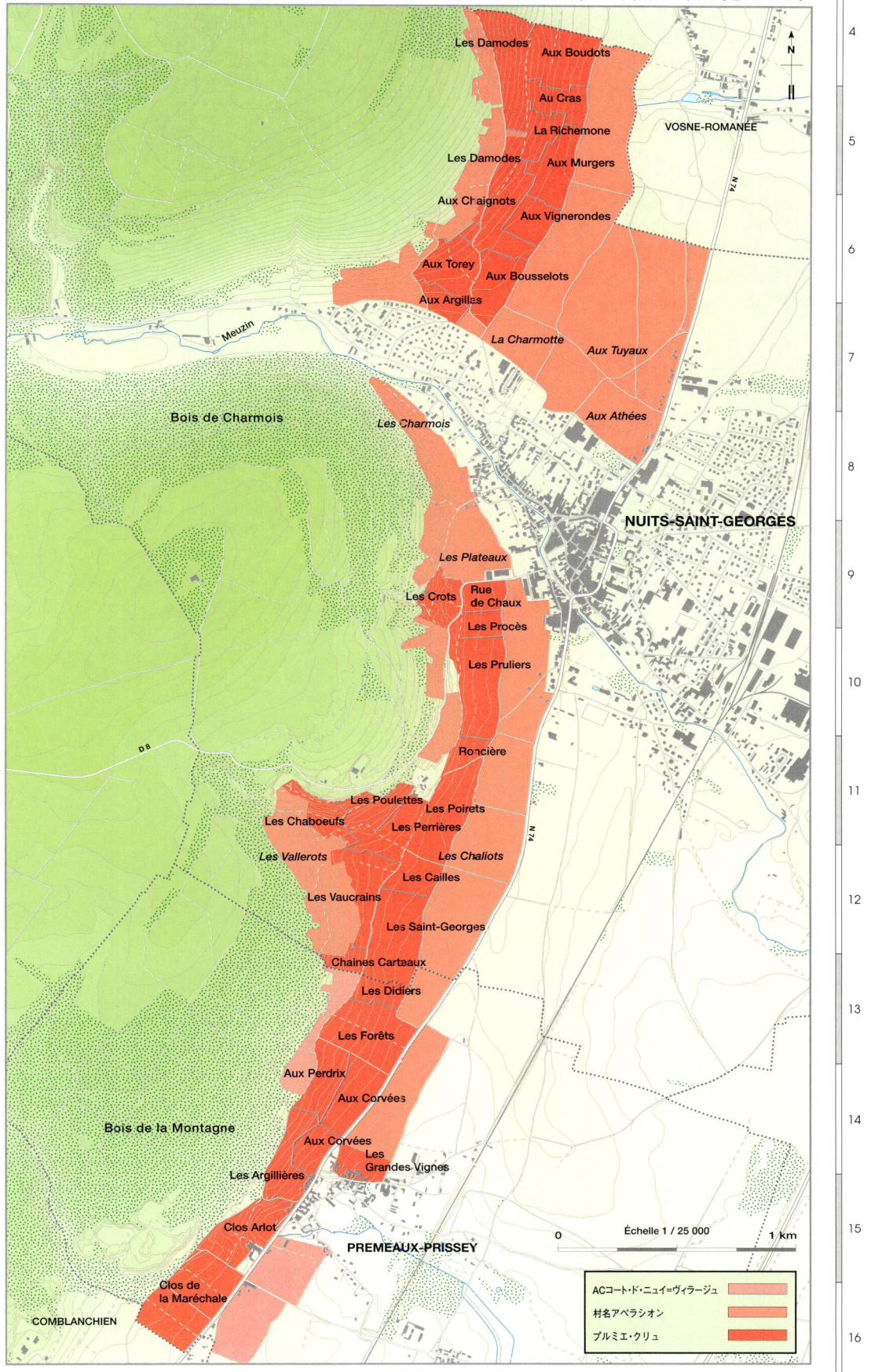

Côte de Beaune
コート・ド・ボーヌ

骨格のしっかりした赤とほんのわずかな白を産するコート・ド・ニュイとは対照的に、コート・ド・ボーヌでは柔らかく女性的な赤ワインと、抜きん出た白ワインを生んでいる。その傑出した白の産地であるコート・デ・ブラン（訳注：ムルソーからピュリニー、シャサーニュの一部にかけての栽培地）ではシャルドネ種によって、非常に人気が高く、他では見られない例外ともいえるワインを生み出している。

■ ぶどう栽培地とその自然要因

北のラドワの集落から南のマランジュまで、コート・ド・ボーヌはヴォルネーの向斜を中心にジュラ紀の地層の上に広がっている。

背斜と向斜の現象によって、コート・ド・ボーヌは、ジュラ紀の上部層が露出しているコルトンの丘の周辺にあるラドワから始まっている。この地層はヴォルネーの南で終わっており、ムルソーからは、ジュラ紀中部層が見られる。

一般的に、コート・ド・ボーヌは泥灰土の豊富なことが特徴であるが、これは露出が限定的、局地的なコート・ド・ニュイとはまったく対照的である。

この現象は、太古のコート・ド・ボーヌが、ニュイに較べより深い海底にあり、海退が非常にゆっくりと進んだためである（訳注：海退が緩慢だと、深い海底に堆積する泥の量も多くなる）。

今日この泥灰土の層は、コート・ド・ボーヌ全体で、コルトンの丘、コート・デ・ブラン、シャサーニュに始まりサントネーからマランジュへの延長部分の、3つのタイプに分けられるはっきりした特徴を備え、露出している。

ラドワとムルソーのあいだは、ジュラ紀上部、オックスフォード階の地層の区域である。コルトンの丘の頂上部に見られるように、石灰岩が規則正しく重なっているジュラ紀中部層の上に、ジュラ紀上部の泥灰石灰岩質の土壌は分布している。

100メートルの厚さに達するこのオックスフォード階の層では、堆積作用はとても複雑である。地層の性質はその広がり方向にしばしば急激な変化をもたらし、また厚さも同様に変化しているため、基盤層も非常に多様なものとなる。

厚く耐久性のある石灰岩の層が泥灰土の上に乗っている場合、侵蝕はぶどう栽培に最適な斜面をつくり、また、土壌の組成や区画毎の多様性を生んでいる。

いくつかのクリマでは、侵蝕によって斜面や隣接する谷間のジュラ紀の地層から引き剥がされた表層運搬物に恵まれている。この現象はワインに対するテロワールの影響を複雑にするばかりである。

ジュヴレの背斜とヴォルネーの向斜という2つの起伏の起源である構造地質上の運動は、ラドワから、コート・ド・ニュイを特徴付けているジュラ紀中部層の沈降を引き起こしている。この陥没は、コート・ド・ボーヌではヴォルネーまでのあいだにジュラ紀上部層を露出させ、またそこからジュラ紀中部層が、ムルソーからシャサーニュにかけて再び表れている。したがってここではコート・ド・ニュイと較べ得るような、カタく引き締まり、力強く複雑な熟成タイプの赤ワインが生産されている。

またここには地質学者がコート・デ・ブランと呼ぶ、ムルソーからピュリニー＝モンラシェと、シャサーニュ＝モンラシェの一部に広がる栽培地がある。シャサーニュではピノ・ノワール種の栽培も盛んではあるが、なんといってもこの地の鍵は、シャルドネ種にとって大切な泥灰土の存在にある。実際ここは太古の昔、深い海底で、ぶどう畑を見下ろす丘陵の頂付近で見られるような泥灰土の地層を形成している。

ジュラ紀中期に石灰岩の基盤層が形成されたが、その斜面上部はそれほど硬化していない泥灰土で終わっている。つまり数千年のあいだ、雨水や河川によって斜面には崩落物や粘土質の多い成分を含んだ泥土が運ばれてきたためである。

この粘土は土壌を肥沃にし、またシャルドネ種の栽培にたいへん都合がよい。というのもこのブルゴーニュの偉大な白ワインの品種は、かなり粘土を含んだ泥灰石灰岩質土壌を好むからである。

断層の働きによって、斜面の向きや高さ、基盤層の性質等が組み合わさって種々のクリマの並外れたモザイク状の構造を生み出しており、これがコート・ド・ニュイ同様、それぞれのワインに認められる独特の個性を生み出している。

コート・デ・ブランの偉大な白ワインに比肩し得るものは、世界中のどんな栽培地のシャルドネ種のワインをもってしても不可能だろう。

実際、ブルゴーニュではクリマがそれぞれの特徴を主張しているが、それらは時間とともに完全な姿を備えるという点では、コート・ド・ボーヌもコート・ド・ニュイの偉大な赤ワインとまったく同様である。そのため若いワインどうしの比較にはさほど重要な意味はない。

コート・ド・ボーヌの南端、シャサーニュ＝モンラシェの南部や、殊にサントネーやマランジュでは三畳紀、ライアス統の地層が見られ、ピノ・ノワール種が栽培されている。

ワインは濃い色合いで深みがあり、カタく引き締まったタイプで熟成する力も備えているため、コート・ド・ニュイと同じような特徴のものとなる。

統計

栽培面積：6,400ヘクタール
年間生産量：318,000ヘクトリットル

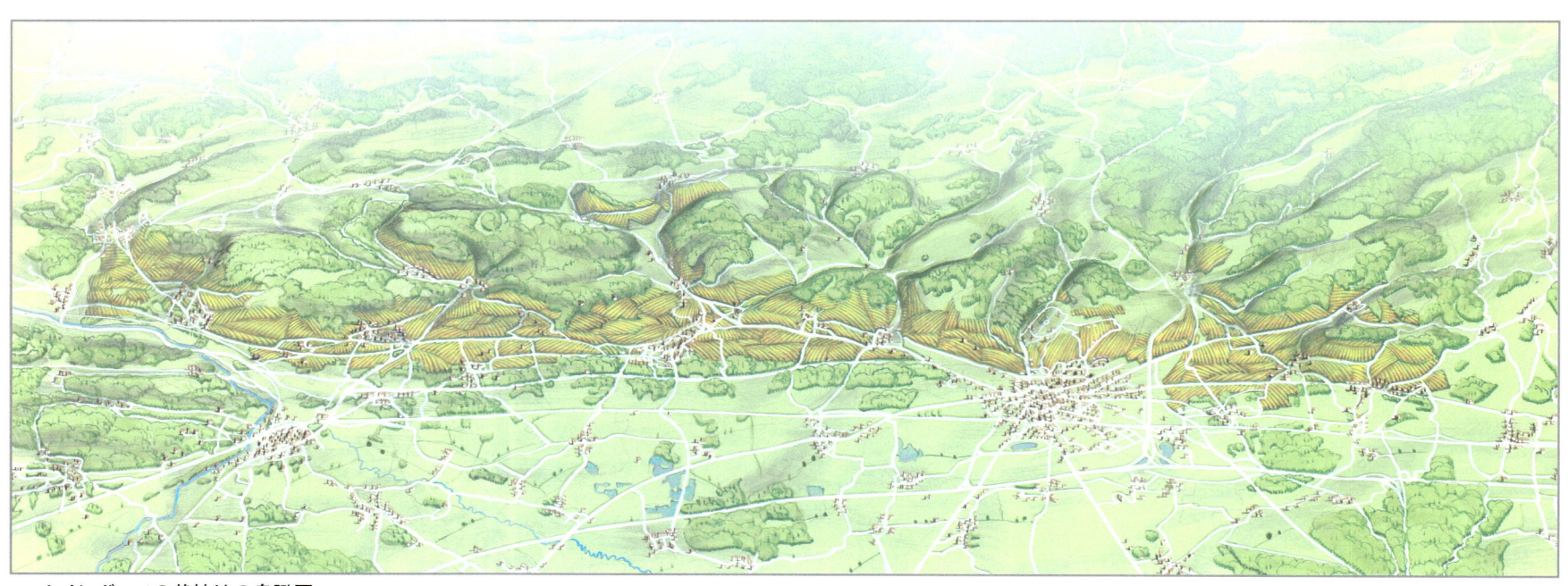

コート・ド・ボーヌの栽培地の鳥瞰図

ブルゴーニュ地方　◆　コート=ドール　◆　**コート・ド・ボーヌ**

□	古期沖積層を覆う粘土質黄土上の断層帯上土壌
■	ジュラ紀の硬質石灰岩および崩落石灰岩片上の褐色石灰岩質土壌
■	ジュラ紀の泥灰岩上の褐色石灰岩質土壌
■	ヴィラフランカ階の堆積層および古期沖積層の粗粒が見られる漸新世礫岩上の褐色石灰岩質土壌
■	ヴィラフランカ階の堆積層および古期沖積層の粗粒が見られる漸新世礫岩上の褐色石灰岩質土壌
■	古期沖積層およびヴィラフランカ階層を覆う黄土上の褐色化土壌
■	不均質な現世堆積物上の石灰質沖積土壌
■	市街地
／	主要道路

コート・ド・ボーヌの栽培地における地質図

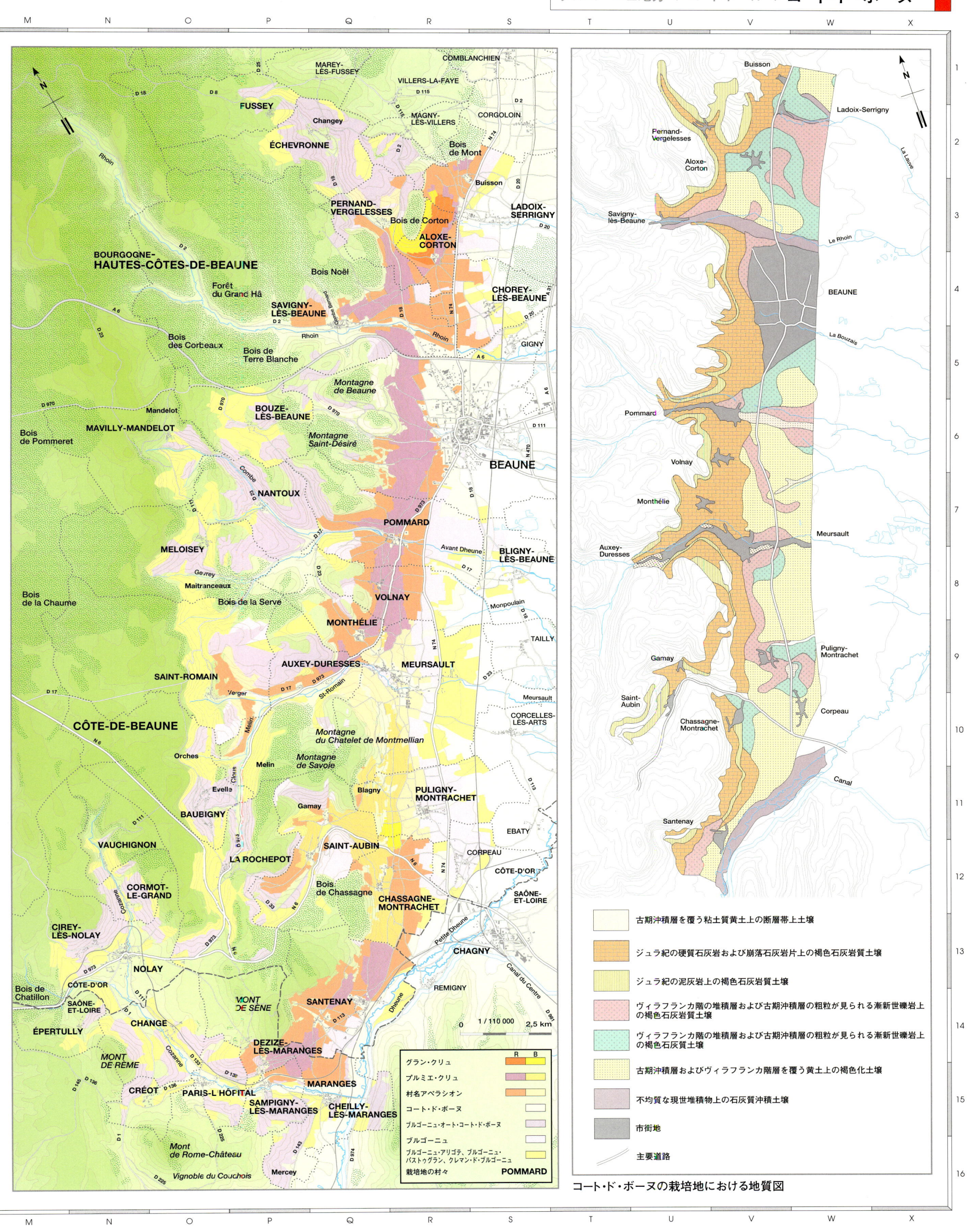

凡例：
- グラン・クリュ
- プルミエ・クリュ
- 村名アペラシオン
- コート・ド・ボーヌ
- ブルゴーニュ・オート・コート・ド・ボーヌ
- ブルゴーニュ
- ブルゴーニュ・アリゴテ、ブルゴーニュ・パストゥグラン、クレマン・ド・ブルゴーニュ
- 栽培地の村々　POMMARD

1 / 110 000　2,5 km

201

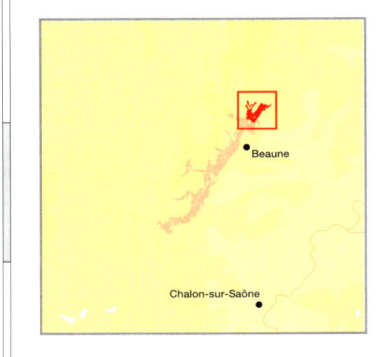

Aloxe-Corton, Pernand et Ladoix
アロース=コルトン、ペルナンとラドワ

コート・ド・ボーヌで唯一、赤のグラン・クリュであるコルトンは、際立って滑らかな口当たりとコート・ド・ニュイの力強さを帯び、コート・ド・ボーヌ特有の優雅さを併せ持っている。また以下の3つの集落では、豊かでどっしりとし、並外れた上品さを備えた素晴らしい白ワイン、コルトン=シャルルマーニュを生んでいる。

アロース=コルトン Aloxe-Corton

アロース=コルトンの栽培地はラドワとペルナンの集落のあいだ、コルトンの丘の南部から先に広がっている。

通常コルトンの赤ワインは、力強くエレガントで滑らかな熟成タイプである。白ワインについては、グラン・クリュ以外はそれほど目立たないが、豊かで芳醇なワインである。

アロース=コルトン 村名アペラシオンはプルミエ・クリュの周囲の東から南に延び、畑は、バス階上部の地層が露出している斜面のふもとに広がっている。表土は赤く色付いた石灰岩の褐色土壌で、豊富な粘土と、ときおり珪質の「シャイヨー」と呼ぶ塊が混じっている。またこの地のコルトンの丘の近くでは水捌けに問題があり、ひどい旱魃や酷暑のときに、より被害を受けやすい。このことは、村名アペラシオンでも区画により、むらがあることを説明している。

プルミエ・クリュ 14(訳注：アロースの村に属するプルミエ・クリュは8つ)のプルミエ・クリュを擁し、これらはコルトンの丘の丘陵下部、グラン・クリュのふもとに位置し、鉄分を含む小さなウーライトが豊富な塊のある石灰岩質土壌に広がっている。ここはまたたいへん向きのよい斜面に恵まれている。ワインは、気品や上品さでは及ばないものの、グラン・クリュにやや似ている。

もっとも有名なクリュは以下である。
- **ル・クロ・デ・マレショード**はコルトン・マレショードの下に位置し、繊細で豊かなワインを産する。
- **レ・ヴァロジエール**は東南を向いた斜面で、常に素晴らしい口当たりのワインが生産されている。
- **レ・フルニエール**はコルトン・ペリエールの下部で、ミネラル分のある生き生きとしたワインを生んでいる。

アロース=コルトンのプルミエ・クリュの白ワインについては、現在ではもはや生産されていないもようである。

統計
栽培面積：250ヘクタール
年間生産量：12,000ヘクトリットル

ぶどう畑は森に達する標高335メートル付近まで、斜面を覆っている。その斜面上部は石灰質の多い白い泥灰土からなり、シャルドネ種の栽培に適している。低部では勾配は緩やかになっているが、侵食は今も続いていて、泥灰土中の石灰岩質の層は多く厚くなっている。石灰岩質の多い土壌は、鉄分を含んだ粘土のため赤く色付いている。ここではカタく引き締まったコクのあるワインが生み出される。さらに低いところでは、コート・ド・ニュイに見られるジュラ紀中部層に表れる、薄い板状に割れたカローヴ階の黄色い石灰岩が見られる。したがって丘陵のこの区域のワインには自ずと力強さが備わっている。またこの東と南東に向いた丘陵には5つのプルミエ・クリュが広がっている。

ペルナン=ヴェルジュレス 村の周りとエシュヴロンヌの谷の斜面、それにとマニー=レ=ヴィレール集落の方向に村名アペラシオンが広がっている。ここでは赤と白が生産され、斜面の向きや標高から、種々の表情を見せている。とはいえ赤ワインのほとんどはたいへんしっかりしたタイプで、また白はシャルルマーニュに似ている。その白ワインは村名アペラシオンの生産量の4割以上を占めている。

ペルナン=ヴェルジュレス Pernand-Vergelesses

アロース=コルトンとサヴィニー=レ=ボーヌのあいだで、ペルナン=ヴェルジュレスのぶどう畑は、どっしりとしたコルトンの丘の背後に隠れている。

プルミエ・クリュ イル・デ・ヴェルジュレスのクリマは、東に向いた斜面の水捌けのよい褐色石灰岩質土壌に広がっており、柔らかくまた熟成もきくワインは、コート・ド・ボーヌでもっとも上質なもののひとつに挙げられる。

レ・バス・ヴェルジュレスは、粘土質の土壌に延びており、より豊満でコクのあるワインが生産されている。しかしプルミエ・クリュのレ・ヴェルジュレスの名を冠するクリマとしてはややフィネスに欠ける。

統計
栽培面積：130ヘクタール
年間生産量：6,000ヘクトリットル

ラドワ=セリニー Ladoix-Serrigny

ラドワ=セリニーはコート・ド・ボーヌ地区で最初の集落であると同時に、コート=ド=ニュイの名残が見られる栽培地でもあり、最北部の斜面がそれを示している。

ラドワの栽培地では、ラドワとビュイッソンの集落の西にしかぶどう畑は広がっていない。

ラドワ 村名ワインのぶどう樹の大部分は扇状地に植えられている。ここの土壌は、コート・ド・ニュイとコート・ド・ボーヌのあいだの実質的な境界を形成しているマニー=レ=ヴィレール集落の谷に由来する、ジュラ紀中部と下部層の崩落物で構成されている。ワインは素晴らしい口当たりとややタンニンの多い、コート・ド・ニュイを思わせるものが生産されているが、同時にフィネスとコート・ド・ボーヌ的な特徴も兼ね備えている。レ・グレション(訳注：このクリマはプルミエ・クリュとヴィラージュに分かれている)のような上部にあるいくつかのクリマでは、東北東の斜面の向きと白い泥灰土の表土からミネラル分が豊富で、オイリーでしっかりした熟成のきく白ワインが生産されている。

プルミエ・クリュ ラドワの7つのクリマがプルミエ・クリュを名乗ることができる。そのなかの、ラ・コルヴェやル・クル・ドルジュ、あるいはラ・ミコードなどのクリマはコート・ド・ニュイと同じ性質の真南に向いた丘陵に広がり、カタく引き締まってアフターの長いワインが生産されている。北東を向いた別の斜面には、レ・ジョイエットやボワ・ルソー、バス・ムロットなどのクリマがある。これらはコルトンの丘の周囲に延びていて、滑らかでフルーティーな、先の3アイテムほどカタくないワインを生む。

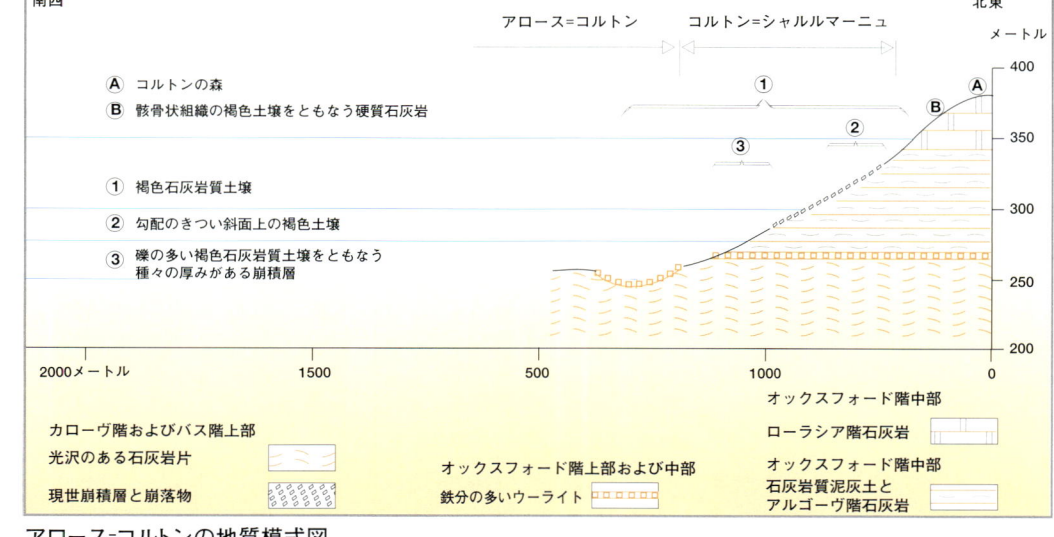

統計
栽培面積：110ヘクタール
年間生産量：4,800ヘクトリットル

アロース=コルトンの地質模式図

コルトンの丘

コルトンの丘の周囲には2つのグラン・クリュが、アロース=コルトン、ラドワ=セリニー、それにペルナン=ヴェルジュレスという3つの集落の栽培地にわたっている。

コルトンのグラン・クリュでは赤と白が生産され、もうひとつのグラン・クリュ、コルトン=シャルルマーニュでは白ワインのみが生産されている。

この2つのグラン・クリュは3つの異なる集落のアペラシオンにまたがっていて、若干説明を必要とする。

- コルトンを名乗る赤はグラン・クリュに指定されている斜面のすべてで生産することができるが、コルトン=シャルルマーニュの区画を除いて、リュー=ディの名称を記すことができる。
- グラン・クリュであるコルトンの白も丘陵の全域で生産することができるが、オスピス・ド・ボーヌ所有のコルトン・ヴェルジェンヌのキュヴェを除いて、リュー=ディの名称を記載することはできない。
- アロースとラドワの村に属するグラン・クリュの区画のいくつかは、コルトンの赤と白、およびコルトン=シャルルマーニュと、どのアペラシオンを名乗ることもできる。

グラン・クリュの区画は215メートルから350メートルに達する標高で、丘陵のもっとも優れた場所を占め、斜面の向きはラドワの端では東に、またペルナンの端では北西に変化している。この斜面の多様な向きは、中腹に見られる豊富な泥灰土と相俟ってぶどう樹の栽培にたいへん適している。丘陵の斜面下部にはバス階上部層の露出により、起伏が形成されている。ここでは珪質の「シャイヨー」を含む粘土分の豊富な赤色を帯びた石灰岩の褐色土壌が見られる。さらに上部では、カローヴ階の真珠層のある板状基盤が表れ、その上に鉄分を含む小さなウーライトの塊を多く含む石灰岩が重なり、さらに15メートル前後の厚い砂質泥灰土の石灰岩が見られる。そしてコルトンの丘の頂部を覆っている森までアルゴーヴ階の泥灰土が60メートルほどの厚さで広がっている。

このざらざらした泥灰土の表土は斜面の上部でも厚くなっているが、絶え間ない侵食を受けているため、客土が必要である。この土壌は1割ほどと礫がほとんどなく、粘土も最大で約3割と少なく、灰色あるいは黄色を示している石灰岩質の褐色土壌である。しかし活性石灰分は石灰岩から供給されるため、泥灰質土壌の基準を超えるくらい高い。

コルトン コルトンの赤ワインを産するテロワールは、オックスフォード階の鉄分を含むウーライトと、アンモナイトの破片を含む黄色または赤色の塊の石灰岩の地層から形成されている。丘陵の上部では15メートルほどの厚さで、ウミユリ類と珪質結核を含む、灰褐色あるいはピンクの石灰岩質の砂質泥灰土が見られる。

アロース=コルトン

コルトン Corton 頂部コルトンの森のすぐ下、丘陵上部に位置し、丘陵全体の名称にもなっているこのクリマでは、非常に力強くしっかりとした、たいへん長熟な赤と少しばかりの珍しい白ワインが生産されている。

コルトン・クロ・デュ・ロワ Corton Clos du Roi このクリマは東に向いた斜面にあり、鉄分を含む赤い表土と基盤には溶岩も見られる。濃い色合いで若いうちはカタいが、滑らかでしっかりとした熟成タイプのワインが生まれる。

コルトン・ルナルド Corton Renardes クロ・デュ・ロワの北に接している東に向いた斜面で、粘土の豊富な褐色石灰岩質土壌から、コクのある長く熟成させることのできるワインが生産されている。

コルトン・ブレサンド Corton Bressandes ルナルドとクロ・デュ・ロワのすぐ下の南東に向いた斜面で、厚みはないが砂礫と鉄分を含む小さなウーライトが豊富で、赤い表土に広がっている。ワインは豊かで品のある芳醇でエレガントなタイプのもの。

コルトン・レ・ポーラン Corton les Paulands ブレサンドの下部に位置し、ルナルドと同じ灰褐色あるいはピンクの石灰岩質の砂質泥灰土に広がるこのクリマでは、ルナルドによく似た、豊かではあるがカタく引締まり、加えてより長く熟成させることができるワインを生んでいる。

コルトン・ラ・ヴィーニュ・オー・サン Corton la Vigne au Saint 丘陵のふもと、粘土質の土壌から、深みとコクがあり、上質で力強い長期熟成タイプの偉大なコルトンが生産されている。

コルトン・レ・メ Corton les Meix 珪質結核の豊富な粘土質からなる土壌のクリマでは、滑らかで上質なボディのしっかりしたワインが生み出される。

コルトン・レ・ショーム Corton les Chaumes 砂利の多いこのクリマは水捌けがよく、素晴らしい口当たりを備えたエレガントで芳醇、十分な熟成も可能なワインを生む。

コルトン・レ・ランゲット Corton les Languettes 斜面上部の東南に向いた斜面で、コルトンとコルトン=シャルルマーニュのあいだに位置し、それぞれのテロワールの特徴を備えているため、このクリマは双方のアペラシオンを名乗ることが出来る。赤は上質で滑らかなワインで、その優雅さが比較的早く現れる。

コルトン・レ・プジェ Corton les Pougets このクリマは、丘陵の斜面が南に向きを変えたその上部に位置している。粘土質の泥灰土の表土にはシャルドネ種のほうが適している。しかしながらここではまるく、豊かでエレガントな赤ワインが生産されている。

ラドワ=セリニー

コルトン・ル・ロニェ・エ・コルトン Corton le Rognet et Corton 東に向いた水捌けのよい斜面は石灰岩質の砂質泥灰土からなり、豊かななかにもしっかりした構成の、バランスがよく素晴らしい口当たりを備えたワインを生んでいる。ワインは美しく熟成し、ミネラル分も豊かである。

コルトン・クロ・デ・コルトン・フェヴレ Corton Clos des Corton Faiveley ル・ロニェ・エ・コルトンのなかでも中心部のもっとも優れた箇所を占めているこのクリマでは、その個性に加え、より上質な艶やかさを纏っている。

コルトン=シャルルマーニュ Corton-Charlemagne コルトンの丘の南部分の斜面がコルトン=シャルルマーニュとして拓かれ、ラドワとペルナンの集落方向に向いて延びている。テロワールは、石灰岩の多い10センチメートルから20センチメートルの厚さの地層が、互層しているジュラ紀上部の泥灰土上に広がっている。森が占めている丘の頂部には、骸骨状組織の褐色石灰質土壌が見られ、ふもとには、カローヴ階の光沢を示す板状の石灰岩基盤が見られる。

コルトンの赤ワインとは対照的に、政令ではコルトン=シャルルマーニュの場合、構成しているリュー=ディを名乗ることは許可されていない。

コルトン=シャルルマーニュの心臓部ともいえるのは、アロースの集落に属するル・シャルルマーニュ、それにレ・プジェとレ・ランゲットの各リュー=ディであり、非常に豊かでアペラシオンの特徴を最大限に備えたワインが生まれる。ジュラ紀上部層の基盤上と南向きの斜面という状況から生まれる、粘性に富んだ豊かなワインは、その際立ったフィネスとテロワールの複雑さを十全に発揮するには、かなりの熟成期間が必要である。

ペルナンの集落に属する区画は同じような質のテロワールに恵まれているが、西あるいは北向きといってもよい斜面は日照量の少ない年には不利である。しかし天候に恵まれた年には、アン・シャルルマーニュと呼ばれるこの区画から、南向きの斜面からのワインほどオイリーではないものの、ミネラル分があり気品を備え、より溌剌としたワインが生み出される。

ラドワの集落に属する3つのクリマからのコルトン=シャルルマーニュも同様で、北向きに近い斜面のぶどうは恵まれない年には成熟しにくいが、よい年にはミネラル分を備えとろりとした口当たりの、長く熟成させることのできる素晴らしいワインが生産されている。

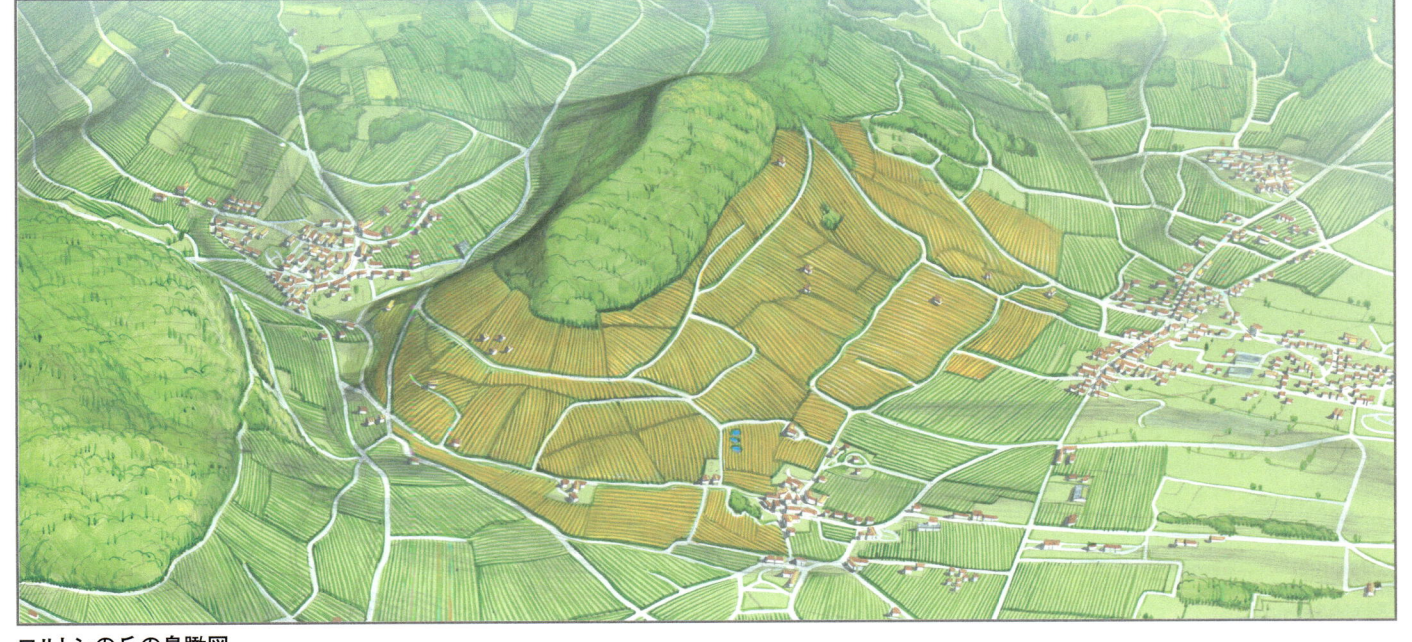

コルトンの丘の鳥瞰図

コルトン ◆ コルトンの丘

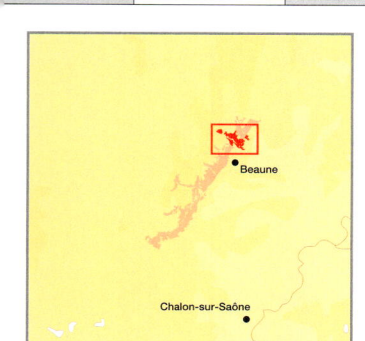

Savigny-lès-Beaune et Chorey-lès-Beaune
サヴィニー=レ=ボーヌとショレ=レ=ボーヌ

コルトンの丘を囲む3つの集落からのワインにはコート・ド・ニュイ的な個性も見られるため、実際のコート・ド・ボーヌはこの地から始まる、と考えるのもあながち的外れではない。事実、サヴィニーやショレから生まれるワインは、コート・ド・ニュイとを分かつ、コート・ド・ボーヌの繊細さとフィネスをはっきり表している。

サヴィニー=レ=ボーヌ Savigny-lès-Beaune

サヴィニー=レ=ボーヌの栽培地は、ロアン川が流れ出す谷間の両側の斜面と、そこから広がる扇状地の部分を占めている。

ブルゴーニュの丘陵でしばしば見られるように、ぶどう畑は谷間の両側と、堆積物が積み重なった谷の出口の扇状地の沖積土壌の上に広がっている。ロアン川は、6キロメートルほど上流にあるブイヤンの村落に端を発していて、そこにはブイヤンの谷とフォンテーヌ=フロワドの谷間と呼ばれる2つの大きな谷が形成されている。このため、コート・ド・ボーヌでも最大規模のアペラシオンを擁するサヴィニー=レ=ボーヌでは、南向き、および北向きの斜面、それに扇状地の中央部に広がる地から、3つのタイプのワインが生産されている。

丘陵南部 サヴィニーのアペラシオンは、この丘陵の斜面をボーヌと分け合っていて、高速道路A6号線がその分離帯となっている。同じ丘陵で、地層も同じジュラ紀上部層の基盤上に広がる砂と砂利の多い表土から生まれるワインは、アペラシオンは異なるもののたいへん似通っている。

若いときから柔らかく繊細、肉厚かつ滑らかなワインは、全ての魅力が十分に発揮されるのにそれほど時間を必要としない。また、ボーヌ北部のワインと同じ繊細さが見られるワインは、コート・ド・ボーヌの格好のお手本とも言えるだろう。

もっとも有名なプルミエ・クリュはレ・マルコネで、高速道路が通る前まではボーヌの同じプルミエ・クリュ、マルコネまで、レ・オー・マルコネ、レ・バ・マルコネの名称で延びていた。またレ・ナルバントンとレ・ジャロンは同様にラ・ドミノードのリュー=ディでも呼ばれている。ラ・ドミノードのなかの一部の区画のように、ワインがヴィニユ・ヴィーニュからつくられた場合、見事な熟成能力に恵まれる。

丘陵北部 サヴィニーはこの丘陵をお隣のペルナン=ヴェルジュレスの集落と分け合っている。サヴィニーに属する斜面は南向きで、オー・ゲットやオー・クル、オー・セルパンティエール等々のクリマを擁している。レ・シャルニエールのクリマから、斜面は東向きに変わり、プルミエ・クリュのレ・ヴェルジュレス(訳注:通常はオー・ヴェルジュレスと表記されている)が位置している。ペルナンのプルミエ・クリュに突き出した、このレ・ヴェルジュレスがサヴィニー=レ=ボーヌでもっとも名高いプルミエ・クリュである。そしてそのなかにあるラ・バタイエールと呼ばれるリュー=ディが、最上の区画とされている。

ここでのぶどうの成熟は他のぶどう畑に較べ早く、また、亀裂の入った母岩が表土近くにあるため、ぶどうの根は深くまで入り込みやすい。そして鉄分の見られる粘土質の表土はピノ・ノワールに最適なものとなっている。

つくられるワインは、ほとんどが色濃く豊かで、口に含むとある種の滑らかさを感じさせる。また潜在的に備えているアロマティークな力を発揮させるには多少時間を必要とする。

斜面が南に向いた「温暖なラレ」の谷のなかに進むほど、ますます石灰岩質の泥灰土壌になっていく。ここから産するワインは、それほど豊かではないが、繊細さとフィネスにおいて勝っている。このタイプのワインはオー・グラヴァンやオー・セルパンティエール、オー・ゲットのリュー=ディで見られる。

扇状地 ラドワの集落からコルトンの丘を西に見て、ボーヌ市に抜ける途中、国道74号線の両側に、ロアン川が運んできた粘土質石灰岩の崩積層上に広い栽培地が見られる。これらはサヴィニーとショレの両村に属し、サヴィニーの畑はすべて道路の西側、扇状地の上流方向にあり、村名アペラシオンの区域である。ここでは、タンニンが少なくやや豊かさや濃密さに欠けるが、若いうちでも愉しめる潑剌さと果実味をもったワインが生産されている。

優れたクリマは、ル・ヴィラージュ、オー・プティ・リアール、オー・グラン・リアール等である。しっかり熟したぶどうから仕立てられたワインは愉しめるものとなる。柔らかくフルーティーで、魅力的な果実味のワインとなるが、よい年のものは熟成させることもできる。

サヴィニーの白ワインは筋肉質のしっかりした構成で、滑らかさも備えている。ワインのまろやかさは、熟成につれパイナップルやバナナのようなトロピカルな風味、西洋サンザシの花のアロマとともに開花する。

生産量のほとんどを占める赤ワインは、斜面の向きによってタイプが異なっている。渋くタニックなものはめったになく、滑らかさと潑剌さ、果実味がいつも感じられる。丘陵の南部や北部に位置する区画のワインに較べると飲み頃は早い。

ペルナン=ヴェルジュレスから続く丘陵のワインは柔らかく肉厚で、潑剌さと果実味のある素晴らしい口当たりを備えている。ボーヌからの丘陵のワインはより豊かで、年によってラズベリーやブルーベリーが支配的となるアロマを備え、同時にはっきりとしたスパイシーさが感じられる。

扇状地では、土壌より気候の影響からワインは滑らかさと柔らかさを獲得し、非常に恵まれた年にはほどよい酸味を備えた素晴らしい果実味のワインとなる。生産量の1割ということが示しているように、サヴィニーには白ワインに適したテロワールがない。しかし表土が厚ければ、ボーヌの優雅さに匹敵するワインも出来得る。

統計
栽培面積:360ヘクタール
年間生産量:16,500ヘクトリットル

ショレ=レ=ボーヌ Chorey-lès-Beaune

ブイヤンの谷から下った扇状地に広がるショレでは、フルーティーで軽い赤ワインが生産されている。

コートに沿ったぶどう畑の風景とは異なり、ショレ=レ=ボーヌの栽培地は丘陵のふもとから1キロメートルほどのところに位置し、国道74号線の東に連なっている(訳注:一部、74号線の西側にも位置している)。

畑は大きく広いブイヤールの谷から下っているロアン谷の扇状地にあり、良質のぶどう栽培に適した粘土質石灰岩の崩積物をふもとまで押し流している。

ショレの表土は、谷から扇状地に運ばれた砂礫と、ジュラ紀上部層の石灰質泥灰土に由来する崩積物とで構成されている。ここでつくられるワインは、美しいルビー色でフルーティーなアロマを纏っている。

扇状地の出口では、ぶどう樹は、丘陵に見られるより厚い粘土石灰質の土壌に植えられ、畑は沖積性の泥灰土や砂利の上にも広がっていて、土壌の水捌けはよい。

暑い年に丘陵地において、水不足のストレスが原因でぶどうの成熟がストップするような状況に遭遇した場合、ショレのぶどう畑では、このような困難を避けるのに都合のよい状況に恵まれている。というのもショレではしばしばコート内のアペラシオンで知る限り、もっとも適した気温に恵まれているからである(訳注:丘陵とは異なる平地のため、その分厳しい日照を免れることができる、という状況を指すものと思われる)。

また、冷たく雨の多い年にはショレのテロワールでは、軽くはあるが心地よいフルーティーなワインが生産される。

もっとも優れたショレ=レ=ボーヌの赤ワインは柔らかく繊細である。滑らかで香り高く、飲みやすいワインで、口中ではまろやかなタンニンが感じられる。また果実の香りのなかではブラックチェリーのアロマが支配的である。

ショレの白ワインについてはほとんど目立たず、ひっそりと生産されているにすぎない。

統計
栽培面積:140ヘクタール
年間生産量:6,500ヘクトリットル

Beaune
ボーヌ

450ヘクタールにわたるボーヌのぶどう畑はコートでもっとも広い栽培地である。ここにはプルミエ・クリュに格付けされた42ものクリマがあり、これだけでアペラシオンの栽培面積の7割近くを占めている。ぶどう畑が広がる斜面は、全体的な景観やその傾斜や地質において統一が見られる。とはいえ様々な区画から生み出される赤と白は、それぞれ異なるクリマ毎の特徴を備えている。

■ ぶどう栽培地とその自然要因

栽培地は、ボーヌ市の西、北のサヴィニー=レ=ボーヌから南のポマールまでの4キロメートル近くにわたって帯状に広がっている。

ぶどう畑が連なる斜面は全体に南南東に向いているが、アペラシオンの南北の2つの端では斜面は南向きとなっている。また標高はおよそ230メートルから300メートルほどのあいだにあり、基盤層である硬度の石灰岩の上に、強度のない石灰岩質泥灰土壌が重なっている。ここでは侵蝕によって、良質なぶどうの栽培にたいへん適している崩積物で覆われた土壌に恵まれている。

平地と、ぶどう畑が連なる丘陵の頂部との高低差は約150メートルある。丘陵は小さな谷によって南北2つに分けられ、はっきりとした勾配でところどころきつい傾斜が見られる。頂部は360メートルほどでありながら、崩積物の堆積により、ぶどう畑は300メートル以上の高さまで見られる。

丘陵の頂上付近は、基盤層である石灰岩が非常に薄い表土に覆われているにすぎないため、ぶどう栽培には適さず、そのほとんどには針葉樹が植えられている。ところどころ石灰岩質の泥灰土が露出した箇所では表土が厚いため、珍しいコート・ド・ボーヌのアペラシオン（訳注：地区としてコート・ド・ニュイに対応するコート・ド・ボーヌではなく、アペラシオンとして、ACボーヌの畑が連なる上部斜面に広がる70ヘクタール弱の小さな栽培地）を名乗る、モンバトワのリュー=ディのようにぶどう樹が植えられているところもある。

プルミエ・クリュに格付けされた素晴らしいクリマのある斜面は、グレーヴに典型的に見られるような崩落したガレで形成されている。この斜面の中腹は砂礫が豊富で、丘陵のふもとを形成している土壌のなかにも2割ほど含まれている。斜面が急になっている上部はレンジナ土で、その下部から山麓までは褐色石灰岩質土壌が見られる。これはマルサネーやシュノーヴの集落に見られる土壌と同じであり、村名アペラシオンのワインが生産されている。

ボーヌのアペラシオンでは95パーセントが赤ワインで、ほどよい色合いと、しっかりとしてピュアな味わいのワインといわれている。ボーヌのワインに備わる繊細さやまろやかさ、滑らかさが、ポマールの力強さとサヴィニーのたくましさのあいだに存在している。またボーヌのワインは、すべての魅力が開花するのにかなりの時間を要する長期熟成タイプである。

450ヘクタールのぶどう畑のうち、プルミエ・クリュが322ヘクタール、130ヘクタールがACボーヌである。

ボーヌ

ACボーヌのぶどうは、3分の2が丘陵のふもとで、残りはプルミエ・クリュのさらに上部で栽培されている。他のアペラシオンの栽培地同様、ACボーヌからはプルミエ・クリュほどの個性は感じられない赤ワインが生産されているが、丘陵の上部で産する白にはプルミエ・クリュに匹敵するような素晴らしいワインも見られる。

プルミエ・クリュ

ボーヌの市街に沿って斜面の中腹部に、42のプルミエ・クリュが連なっている。畑は比較的均一に見えるが、やはり区画毎にワインの水準の高低は見られる。

丘陵の北部のほうが南に較べ滑らかなワインを生むといわれているにもかかわらず、高速道路A6号線に沿っているリュー=ディのレ・マルコネは、ボーヌでももっともタンニンが強く豊かで、熟成する力を備えているワインのひとつと考えられている。

マルコネからは南へ、それほど有名ではない4つのクリマ、レ・ペリエール、アン・ロルム、ア・レキュ、アン・ジュネが延びている。これらの区画は東南の向きのよい斜面にある。軽快で滑らかなペリエールを除いてはクリマ名付きで販売されるというよりは、ほとんどが他のプルミエ・クリュのワインとブレンドされる。

有名なクロ・デュ・ロワは斜面下部まで広がっているが、プルミエ・クリュに格付けされているのはその半分だけで、丘陵のふもとの特徴である軽い砂質の表土に達する前の部分までである。このクリュは完璧な斜面の向きに恵まれており、濃い色合いの、豊かで長く熟成させることのできるワインが生産されている。

レ・フェーヴのリュー=ディも、もっとも有名なもののひとつである。このクリマは理想的な向きの斜面の中腹で完璧な環境に恵まれている。泥灰土と礫の混ざった表土からは、アペラシオンでも最上質でエレガントなワインが生まれる。さらにこのワインには絹のようなつやがあり、素晴らしい気品と長熟する力を備えている。

ブレサンドのクリマは、丘陵の上部から中腹、フェーヴとサン・ヴィーニュの南、またトゥーサンの上部に接している。斜面は特に上部では起伏が見られる。ここでは上質で繊細、複雑でエレガント、気品があって長熟タイプのワインが生み出されている。

サン・ヴィーニュは丘陵のふもとまで広く占めていて、上部の泥灰土の表土から生産されるワインは、丘陵のふもとの特徴である軽い砂質の表土でつくられるワインにはない資質を備えている。

サン・ヴィーニュの南に接し、その南にはグレーヴが位置するレ・トゥーサンは、向きのよい丘陵の中腹の理想的なところにある。ここではつやがあってバランスがよく、典型的な熟成タイプのワインが生産されている。

ボーヌでもっとも広いレ・グレーヴのクリマの名称は、表土のすぐ下が細かい礫——グラヴィエ——であることに由来している。シュル・レ・グレーヴのリュー=ディも含めると丘陵の上部からふもとまで全部を占めていることになる。泥灰土の基盤には数多くの亀裂が走り、ぶどうの根が深く入り込むのに非常に適したものとなっている。このような状況からぶどうは早く成熟し、暑さが厳しい年、また多雨の年にも畑は素晴らしい水分環境を維持することができる。このリュー=ディから生まれるワインは、たいへんエレガントで洗練され、つややかな口当たりを備えている。

ヴィーニュ・ド・ランファン・ジェジュという名の広く知れ渡っている区画は、レ・グレーヴのクリマのなかでも斜面の中腹にある。グレーヴの特徴を備えたワインではあるがより肉厚である。

トゥロン——Theuronsまたは Teuronsと綴られることもある——のリュー=ディも、広い区画である。ここで生産されるワインのなかには、その名に値しないものもある。小道の下に位置するバ・デ・トゥロンの名で呼ばれる区画からのワインは滑らかで、このクリュの個性をよく表している。クリマの上部、アルゴーブ階の泥灰土の表土から生産されるワインも、エレガントで上質な、典型的なものである。

レ・クラのリュー=ディはトゥロンの上に位置している。ここは酸化した鉄分を含む赤い表土で、濃い色合いでコクのある、トゥロンより優れたワインが生産されている。

オー・クシュリアとそのなかにある有名なクロ・ド・ラ・フェギーヌの区画は、丘陵の上部、ブレサンドを思わせる起伏のあるなかに広がっている。この畑の斜面の向きは理想的で、赤ワインだけでなく、エレガントで柔らかな白ワインの生産にも適している。また双方ともに熟成させることができるが、同時に若いうちに飲んでもたいへん心地よいワインである。

ブーズ・レ・ボーヌ街道の左側の丘陵に、レ・レヴェルセ、レ・スレ、ラ・ミニョットあるいはモンテ・ルージュといった名前のいくつかのリュー=ディが広がっている。これらの区画からのワインはほとんどがオスピス・ド・ボーヌ用にブレンドされるので、そのタイプを特徴付けるのは難しい。

単独所有の区画である有名なクロ・ド・ラ・ムースは、上の区画と同じ斜面に位置している。ここでは繊細でフィネスに溢れたワインが生産されている。

シャン・ピュイモンのリュー=ディは、丘陵の上部までずっと続いており、礫の多い表土から、そのフィネスで有名なワインがつくり出されている。

丘陵の南の真ん中部分で

ブルゴーニュ地方 ◆ コート=ドール ◆ コート・ド・ボーヌ ◆ **ボーヌ**

は表土は珪酸分が多く、そこに小さな区画が数多く広がっていて、ブーズ街道の右側の丘陵からのものほど典型的ではないが、スパイシーな、場所によっては成功しているといえるワインが生産されている。**レザヴォー、ベリソー、レ・シジ、レ・ルヴェルセ、レ・テュヴィレン、ペルテュイゾ、クロ・サン=ランドリ、レゼグロ**等のリュー=ディでは、ほとんどがバランスがよく典型的なボーヌのACプルミエ・クリュの生産用にブレンドされている。またクロ・サン=ランドリの白ワインからも分かるように、この区域は特にシャルドネー種に適したところである。

シュアシューとヴィーニュ・フランシュのリュー=ディは中腹から下部に延びて、砂混じりの粘土が多い表土に広がっている。ここではボーヌの典型的ではないものの、複雑でスパイシー、力強く、素晴らしい熟成を遂げるワインが生産されている。また有名な**クロ・デズルシュル**はヴィーニュ・フランシュのクリマのなかにある。

エプノトと**ブシュロット**と**モンルヴノ**のリュー=ディは、お隣のポマールに続く丘陵の上部と低部をそれぞれ占めている。レゼプノトは丘陵のふもとに位置し、典型的ではないが心地よいワインがつくられている。その上のレ・ブシュロットのワインには、個性的なボーヌらしい特徴が表れている。丘陵上部のレ・モンルヴノでは、骨格のしっかりした赤ワインと白ワインが生産されている。

非常に有名な**クロ・デ・ムーシュ**は、ポマールとの境にあたる丘陵の中腹部分を占めている。エレガントで上質な赤ワインもつくられているが、ここではシャルドネー種に適した泥灰土の白い土壌が見られ、複雑さのある質の高い、長く熟成させられる卓越した白ワインが有名である。

オスピス・ド・ボーヌ

クロ・デザヴォーを除いて、オスピスでは、寄進されたプルミエ・クリュの8つのキュヴェが、アペラシオンの種々の区画のぶどうからブレンドされてつくられている。このブレンドが様々でありながらも、異なるキュヴェがそれぞれの特徴を備えていることを区別することは可能である。

クロ・デザヴォーのキュヴェは、ブーズ街道の左側の丘陵の中腹に位置するリュー=ディからのワインである。味わいはこの区域のものと一致していて、スパイシーでほぼ典型的である。

ニコラ・ロランのキュヴェは非常に個性的で、すべて丘陵の北側の区画からつくられる。

ブリュネのキュヴェは、ボーヌの典型で、ほどよい骨格を備えている。

モーリス・ドルーアンのキュヴェは、フィネスと優雅さで特徴付けられる。

ギゴーヌ・ド・サランのキュヴェは、ブレサンドの割合が多く、たいへんフィネスが感じられるワインである。

レ・ダームゾスピタリエール、ベトー、ルソー=デランドのキュヴェには、特に際立った特徴は表れていない。

統計

栽培面積：**410ヘクタール**
年間生産量：**18,350ヘクトリットル**

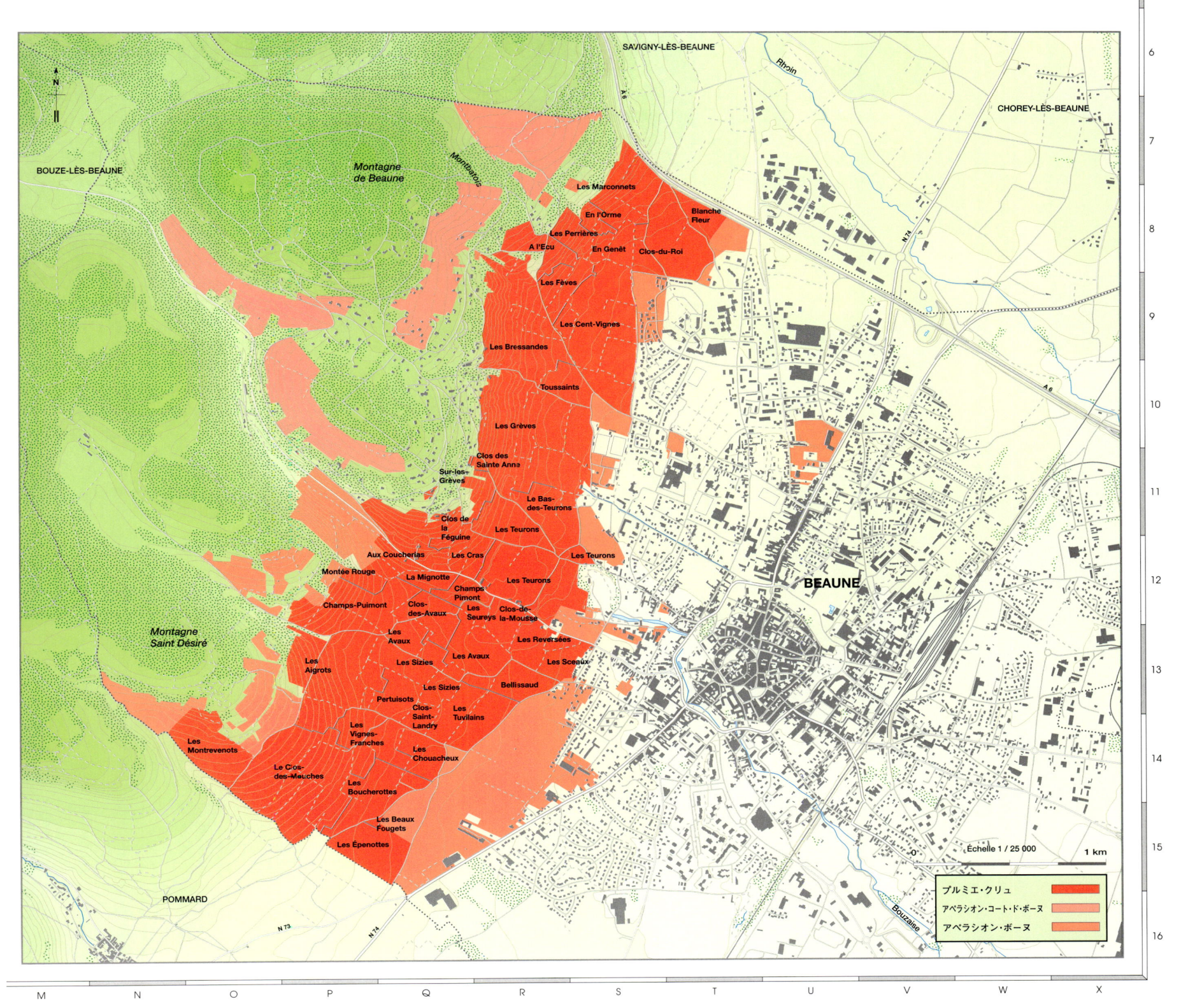

プルミエ・クリュ
アペラシオン・コート・ド・ボーヌ
アペラシオン・ボーヌ

Échelle 1 / 25 000

ブルゴーニュ地方 ◆ コート=ドール ◆ コート・ド・ボーヌ ◆ ポマール ヴォルネー

Pommard et Volnay
ポマールとヴォルネー

この隣あっている2つの産地では赤ワインのみがつくられ、双方ともに、それぞれ明確なイメージでもって受け入れられている。ポマールはコート・ド・ボーヌでもっとも男性的なワインを生むことで知られ、ヴォルネーは対して女性的と形容される。これらのイメージは誤りではないが、双方のアペラシオンには、それ以上に、単純に二極化できない微妙なニュアンスが備わっている。

ポマール Pommard

ポマールでは、北側の斜面から上質でエレガントなタイプ、南からは力強くしっかりしたワインが生産されている。

ボーヌの南から続いているポマールのぶどう畑は、広い谷によって二分された小高い丘陵に連なっている。この切り込みは東から東南に向いた高低差150メートルほどの急な勾配も見られる斜面をはっきりと区切っている。

ポマールで産するワインは大きく2つのタイプに分けられる。すなわちボーヌ方面の北側の斜面と、ヴォルネーに連なっている南側の丘陵である。

丘陵の土壌は双方ともに泥灰質で、良質のぶどう栽培にたいへん適している。また土壌の表面には石版石石灰岩（訳注：リトグラフの版に使われる、硬質で滑らかなキンメリッジ階の石灰質泥岩）が見られ、侵蝕を防いでいる。

丘陵の中腹にはプルミエ・クリュに格付けされた区画が広がり、その上部と下部では村名アペラシオンのワインが生産されている。

北側の斜面 上部の表土は、硬い石版石石灰岩が特徴である。その下にはおよそ25メートル前後の厚さで、多少ドロマイトを含んだ石灰岩が続いている。さらにその下部に鉄分を含むウーライトをともなったわずかな厚さの泥灰土と石灰質泥灰岩が見られる。またこれらすべては、シャトー・ド・ポマールの区画が位置する村名アペラシオンの広がる層で、真珠光沢のある石灰岩の板状基盤の上にある。

このぶどう畑の褐色石灰岩質土壌は、活性石灰分を多く含んでいる。この表土は厚さが50センチメートルほどしかないので、ぶどう樹の根は、風化し亀裂が多く見られる石灰岩の母岩に簡単に達することができ、これが、素晴らしい天然の排水をもたらしてくれる。

北の丘陵のワインは、まろやかさと気品、バランスのよさとエレガントさをともない、力強さというよりはフィネスを表している。レ・グランゼプノのリュー=ディでは、これらの特徴をもっとも顕著に纏ったワインが生産されている。

南側の斜面 ヴォルネーに隣接していて、土壌、地質も北側の斜面と同じ特徴を備えているが、基盤層は、畑の西にある断層によって混乱している。つまり鉄分を含んだウーライトが上にあり、またこちらでは崩積物の厚さがより増している。ワインは色濃く閉じており、若いうちはアルコールを感じ、カタく引き締まっている。これらの特徴からポマールは力強くしっかりしたワインといわれてきた。そのもっとも代表的なのは、レ・リュジアンのリュー=ディである。

扇状地 谷の出口に位置する多くのぶどう畑と同様に、ポマールは種々の成分の入り混じった泥土で形成された扇状地の存在に恵まれている。ここには、国道74号線までポマールの村名アペラシオンのワインを生産する畑が広がっている。またこの扇状地は国道の先、東の平地に広く突き出していて、こちらもおそらく同じアペラシオンのワインを生産するに値する。にもかかわらずこのテロワールのワインは、ACブルゴーニュのアペラシオンとなり、そのなかではもっとも優れたひとつとされている。

この関心を引く扇状地は、モザイク状の区画が複雑に入り組むオックスフォード階の地質の丘陵と同様に、コート・ド・ボーヌの真ん中でその独自性を示している。

ポマール
村名アペラシオンは、丘陵下部のプルミエ・クリュから続いていて、そこには崩積物や礫、泥土が栽培に適した粘土石灰質土壌の組成が見られる。また区画はプルミエ・ク

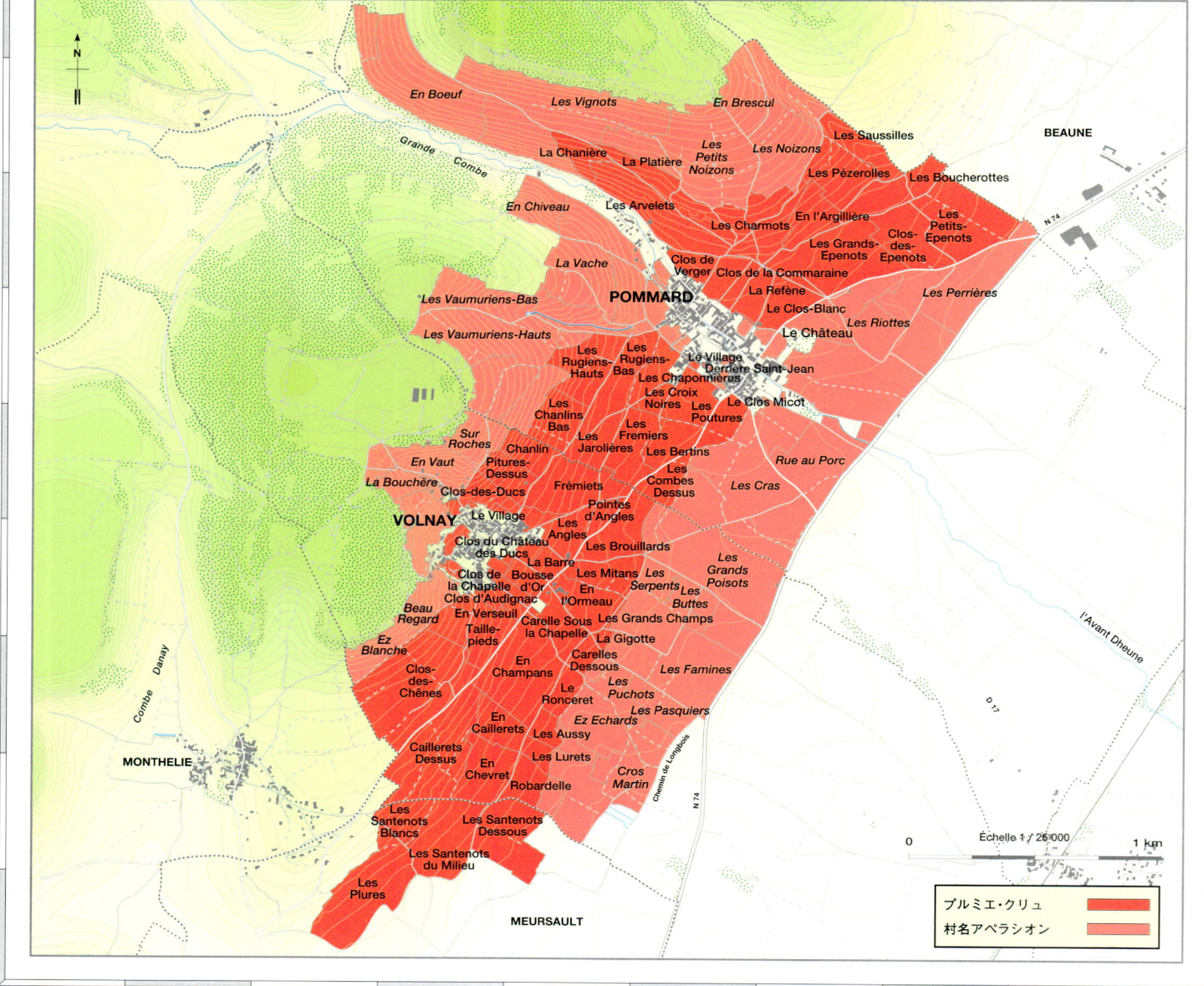

ブルゴーニュ地方 ◆ コート=ドール ◆ コート・ド・ボーヌ ◆ **ポマール** ◆ **ヴォルネー**

ヴォルネー Volnay

コート・ド・ニュイと同様、ジュラ紀中部層の上に広がる土壌から、ヴォルネーでは素晴らしいフィネス溢れるワインが生産されている。

リュの上部にもあり、表土はさらに痩せている。加えて標高が高いこともあって、土壌の温度は低くなっている。

北側のプルミエ・クリュ
レ・グランゼプノのクリマは、良好な排水には十分な砂礫を含んだ、粘土が豊富な泥灰土や褐色石灰岩質の土壌が覆う、南東に向いた斜面に広がっている。ここから生まれるワインは、上質でエレガントなタイプである。このクリマとお隣のレ・プティゼプノ、ル・クロ・デゼプノにまたがるところでは、より濃密で、フィネスと力強さが結び付きみごとに調和のとれたワインがつくられている。

レザルヴレのクリマは、谷の出口の温暖なラレに位置し、ポマールでもっとも傾斜のある斜面に広がっている。ここは3割ほどの砂礫を含むレンジナ土の混じった泥灰土壌で、バランスがよく、しっかりしていながらもフィネスを失っていないワインが生産され、これは北と南の丘陵の特徴がうまく統合されたよい例である。

ル・クロ・ブランはレ・グランゼプノから村の方へ続いている。区画は、谷からの粘土質石灰岩の崩積物が豊富な原地性の石灰岩と泥灰土の表土に広がっている。これが、ワインに活力と色合い、ポマールらしさを付与している。

南側のプルミエ・クリュ
レ・リュジアンのクリマはこの南側の斜面を象徴している。区画は中腹にあって東を向いている。表土は泥灰土と石灰岩質泥灰土から形成され、その上には粘土と砂礫の混じった鉄分を含む褐色石灰岩土壌が見られる。リュジアンはリュジアン・バも含めて非常にバランスがよく、グラン・クリュに匹敵するコクを備えていて、アペラシオンでもっとも力強いワインである。レ・フルミエは東に向いた斜面の中腹で、リュジアンと同じ表土に位置している。しかし、リュジアンに近いと同時に、ヴォルネー側にも接しているため、ヴォルネーの特徴であるフィネスも備えている。

統計
栽培面積：320ヘクタール
年間生産量：14,500ヘクトリットル

ポマール同様、ヴォルネーのぶどう畑は丘陵に連なるが、それは小さな谷によって少々えぐられた程度で、その点がポマールと大きく異なる。そのためポマールのグランド・コンブ（訳注：大きな谷の意だが、谷の形容ではなく名称）とは反対に、ヴォルネーでは他所からもたらされた土壌の成分は豊富ではなく、その構成は隣村に較べ、より均一である。

東に向いた斜面に位置する畑は冷たい風からさえぎられ、一見ポマールと同一の泥灰土壌の上に広がっている。実際ここではふもとから傾斜が急な中腹まで、ポマールと同じく鉄分を含むウーライトが混ざった泥灰土と石灰質泥灰土が見られ、同様に村名ワインのエリアは光沢のある石灰岩の板状基盤上に広がっている。

また中腹にはドロマイトを含む石灰岩が露出し、石灰分の多い黄色い泥灰土が30メートルの厚さで重なっている。頂部では、硬い石版石石灰岩が丘陵の上部を覆っていて、斜面を侵蝕から護っている。

ヴォルネーとポマールのテロワールを識別できるのは、ムルソーとモンテリー近くの区画に表れている、コート・ド・ニュイに見られるジュラ紀中部層と同じ地層が露出している箇所である。

ムルソーからシャサーニュ=モンラシェにいたる、ブルゴーニュでもっとも偉大な白ワインの産地にこの基盤層が重なっているということから、ヴォルネー独自のフィネス溢れるワインの特徴というものがおそらく説明できる。クロ・デ・デュックの区画の基盤層がこの地層であることははっきりと見てとれ、同様にカイユレとサントノのクリマのワインを口に含んだときにもその特徴が如実に感じとれる。

ヴォルネー

ヴォルネーの村名アペラシオンは、丘陵の中腹を横切っているプルミエ・クリュの上下に見られる。上部はしっかりした石灰岩の基盤上に広がっていて、この地層の性質と標高の高さにより、柔らかくフルーティーでエレガントなワインが生産されている。リュー=ディは、ボー・ルガールやラ・ブシェール、アン・ヴォー、シュル・ロシュ、エズ・ブランシュといった区画がある。

下部は、プルミエ・クリュとの境から国道74号線まで広がっている。畑はより厚い土壌にあり、粘土が豊富で、小さな谷からの扇状地には上方からの石灰岩の崩積物が混ざっている。

ここでは、プルミエ・クリュよりやや気品に欠けるとはいえ申し分のないワインが生まれるが、さらに収量を切り詰めた場合は、濃い色調の骨格のしっかりしたワインになる。リュー=ディはレ・グラン・ポワゾ、レ・セルパン、レ・ビュット、レ・ピュショ、エズ・エシャール等がある。

プルミエ・クリュ

ヴォルネーの栽培地においては、そのテロワールとワインにある種の統一性が見られるが、プルミエ・クリュに関しては、はっきりと異なる5つの区域に分けられる。

これらの区域のひとつめは村の周辺にある区画、その次は村より南に位置し国道73号線で東西に分けられ、一方はモンテリーに接し、もう一方はムルソーと境を接している区画。残りの2つは、ポマール側の、同じ73号線で上下に仕切られた区画である。

●村の周辺は、ル・ヴィラージュやラ・バール、アン・ヴェルスイユ、ブス・ドールやクロ・デ・デュックなど、一連のリュー=ディのまとまりで、そのうちのいくつかはとても小さい。ここでは上質で、エレガント、アロマティークなワインが生まれる。

●モンテリーに隣接する区域からは濃密で骨格のしっかりした、たいへんアロマティークなワインが生産されている。代表的なクリマは、クロ・デ・シェーヌとタイユ・ピエである。

●国道73号線の東でムルソーに接する区域は、このアペラシオンでもっとも上質で女性的なワインの地である。ここではカイユレやシャンパンのリュー=ディがその代表だが、サントノも同様である。ちなみにサントノはムルソーの集落に属しているが、ここでつくられる赤ワインはヴォルネーのアペラシオンを名乗ることができる。

レ・カイユレの区画は、水捌けをよくする砂礫を含んだ泥灰土と石灰質泥灰土壌で構成された表土で、勾配の緩やかな斜面の中腹という理想的な箇所にある。

このプルミエ・クリュでは、ヴォルネーの典型ともいえる地形が見られ、純粋で濃密、かつエレガントなワインが生産されており、さらに繊細で滑らかな口当たり、バランスのよさとアフターの長さを備えている。

レ・サントノはムルソーの集落に位置しており、ヴォルネー=サントノのアペラシオンとなる赤ワイン、あるいはムルソー=サントノの名称となる白ワインを生んでいる。ここはカイユレから続く丘陵の下部である。このプルミエ・クリュは真東に向いた斜面で、カイユレと全く同一の表土に恵まれている。産する赤は上質でエレガント、みごとな豊かさがあり、長く熟成させることのできるワインである。

●ポマールに接し、国道73号線の西側になる区域には、フレミエやシャンラン、ピテュール・ドシュ等のエレガントで上質なワインを産することで有名なリュー=ディがある。

レ・フレミエは東に向いた斜面で、粘土が豊富な泥灰土壌の表土に広がっており、これらが芳醇で優れた性格、澄んだ色合い、赤系の果実、白コショウのようなスパイシーな香り等をワインに付与している。

●同じポマール寄りの、73号線の東側では、レ・ブルイヤールやアン・ロルモー、レ・ミタン等の区画があり、力強くしっかりしているが、エレガントさやフィネスも兼ね備えたワインが生産されている。これらはややカタく引き締まったタイプで、おそらくお隣のポマールのテロワールが影響しているものと思われる。

統計
栽培面積：220ヘクタール
年間生産量：9,650ヘクトリットル

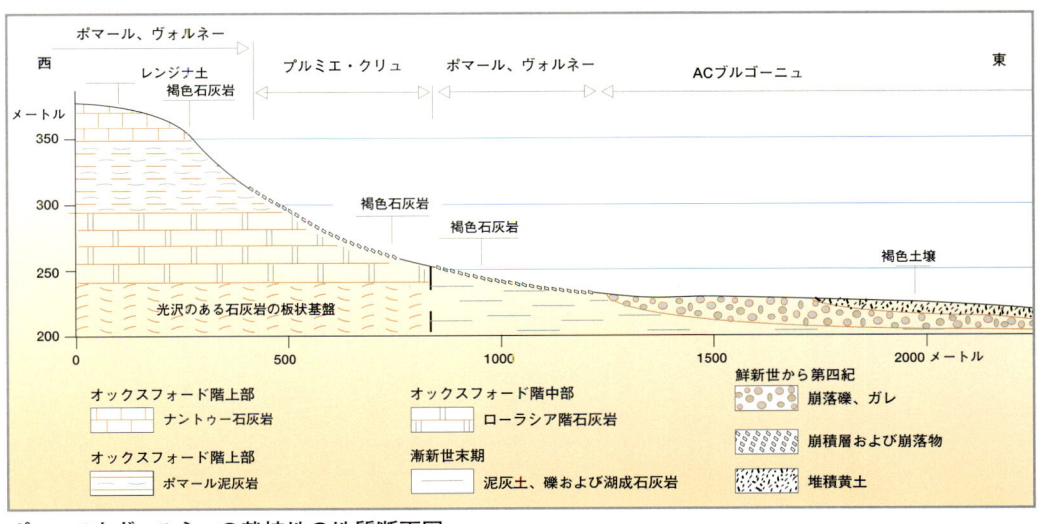

ポマールとヴォルネーの栽培地の地質断面図

Monthelie, Auxey-Duresses et Saint-Romain
モンテリー、オーセイ=デュレスとサン=ロマン

コートから奥まったところに位置する3つの栽培地は、有名なポマールやヴォルネー、ムルソーにごく近いが、これらのアペラシオンのような大きな需要がないことと同時に、そのわずかな生産量に悩んできた。産するのは、モンテリーやオーセイ=デュレスからの素晴らしい赤と、サン=ロマンのよくできた白ワインである。

モンテリー Monthelie

このアペラシオンは、力があり骨格のしっかりとした、熟成もきく赤ワインの生産に恵まれている。

ブルゴーニュの偉大なコートにある多くの村々と同様、この小さな産地の景観を生み、またそのワインに多様性を与えているのは谷間である。ムルソーを見下ろすような格好のモンテリーでは、他の栽培地と同じく種々のワインを生むが、それらはヴォルネーに続く丘陵、オーセイ=デュレスに延びたところ、そして谷からの扇状地からと、3つのタイプに分けられる。そしてその生産量の9割以上が赤ワインとなる。

モンテリー産のワインはヴォルネーに較べ個性的でしっかりして品があるが、やや繊細さに欠け、またポマールほどのボディはないが、よりフィネスを備えていると評されている。

オーセイ=デュレスの丘陵 畑は、テール・ブランシュと呼ばれる石灰岩のほとんどないアルゴーヴ階の泥灰土に広がっている。真東に向いた斜面で、この丘陵は白よりも赤ワインに適している。生産される赤は、力強くしっかりとし、反対側のヴォルネーから続く丘陵のようなフィネスは感じられない。また同時に、ややムルソーに似た白ワインもいくらか生産されているが、ムルソーほどのたくましさと豊かさは備えていない。レ・デュレスというプルミエ・クリュがひとつだけあり、男性的といわれる骨格のしっかりした、よく熟成させることのできるワインがつくられている。

ヴォルネーの丘陵 この丘陵では斜面の向きが東から南へと徐々に変化している。ここはポマールのような酸化鉄による赤い土壌で覆われたバス階の石灰岩の基盤層と、頂部の泥灰土で構成されている。ワインはオーセイ=デュレスの丘陵からのものより上質で、エレガントさではやや劣るもののヴォルネーに似たタイプを産する。

モンテリーのプルミエ・クリュの大半はこの丘陵にある。そのなかでもっとも有名なのはレ・シャン・フュリオのクリマで、ヴォルネーのクロ・デ・シェーヌに接し、国道73号線の上部に位置している。母岩を覆っている非常に痩せた表土からつくられるシャン・フュリオは、モンテリー、ヴォルネー2つのアペラシオンの一般的な特徴とは異なり、たいへんエレガントで繊細なワインで、テール・ブランシュの土壌から生まれる、色濃くしっかりしたヴォルネーのプルミエ・クリュ、クロ・デ・シェーヌに較べデリケートである。シュル・ラ・ヴェルもクロ・デ・シェーヌに隣り合わせ、またシャン・フュリオの上部に位置するが、ワインはよりしっかりしていて、エレガントさはあまり期待できない。村のすぐ東にあるル・クロ・ゴテでは、シャン・フュリオにとてもよく似たワインがつくられている。また村のすぐ上にあるプルミエ・クリュのメ・バタイユは、シャン・フュリオとシュル・ラ・ヴェル、2つを統合した感があり、このクリマのワインがモンテリーのタイプそのものと考えられている。また、レ・ヴィーニュ・ロンドのクリマは、プルミエ・クリュが広がる丘陵の真ん中にあり、ほとんど厚みのない表土から、構成がしっかりしてバランスのよい、モンテリーらしいワインが生産されている。

扇状地 プルミエ・クリュに格付けされていない村名アペラシオンのワインが、全生産量の4分の3以上を占め、広がりのあるモンテリーの谷間でつくられている。

これはコートでもたいへん興味を引く村名アペラシオンのひとつだが、香り高く骨格のしっかりした個性あるワインで、ヴォルネーを思わせるようなフィネスは感じられないものの、非常によく熟成する。畑の位置とテロワールの性質から白ワインの生産にも向いたアペラシオンにもかかわらず生み出される赤の、その量は少なく、年々増加しつつあるもののわずかな生産本数のみである。

しかしコンブ・ダネのリュー=ディのような谷間の底部にあるいくつかの区画は、白を生んでいる。オーセイ=デュレスの丘陵からの白ワインのように、力強く豊かなボディでムルソーを思わせるものだが、エレガントさは期待できない。

統計
栽培面積：120ヘクタール
年間生産量：5,600ヘクトリットル

オーセイ=デュレス Auxey-Duresses

モンテリーとサン=ロマンのあいだに位置するこのアペラシオンは、力強くしっかりとした、よく熟成させることのできる赤ワインの生産に適している。

オーセイ=デュレスはモンテリーの南西端に接し、ぶどう樹が覆う谷間の斜面が栽培地となっている。

生産量のおよそ7割が赤ワインとなるこのアペラシオンは、その大半が泥灰土とジュラ紀上部層であるオックスフォード階の亀裂が生じた石灰岩の基盤層の上に広がっている。

村の東南に位置する丘陵の畑は、ムルソーの栽培地へと接している。ここは谷間の内側へ向かう斜面で、畑は東北東から北北東の方向を占め、丘陵はそのまま有名なコート・デ・ブランに自然に続いている。

表土は15センチメートル前後の、礫の多い赤色がかった土壌で、その下には亀裂のある石灰岩の基盤層が見られる。

産するワインの多くは白で、そのなかには蜂蜜のアロマとたっぷりした口当たりで、ムルソー産ワインのキャラクターをはっきりと備えるが、酸味では優っている。

またこの丘陵の斜面の向きが微妙に異なることによって、ワインのタイプにも若干の変化が見られる。

上記の丘陵の向かいにある斜面はプルミエ・クリュを擁し、なかにはもっとも有名なクリマであるレ・デュレスが位置し、モンテリーと区画を分け合っている。

この区画は黄色い石灰質の泥灰土の表土で、南東に広がっている。丘陵の上部には、礫の多い土壌が30センチメートル弱の厚さで見られる。

生まれるのは、色濃く豊かで、少々洗練さには欠けるが口当たりのよい、エレガントで香り高いワインである。

プルミエ・クリュのクリマであるラ・シャペルは、ルーニュとレ・ブレトランのリュー=ディから構成されている。デュレスのすぐ西に接しているため土壌的にはよく似ているが、やや泥灰土が多く、石灰岩が少ない。産するワインは力強さのある心地よいもの。

クリマ・デュ・ヴァルとクロ・デュ・ヴァルのリュー=ディは真南に向いた斜面で、石灰岩の基盤の上に礫を多く含む泥灰土壌が広がっている。ここから生まれるワインは柔らかく肉厚でエレガントである。またこのワインは頂点に達するまでに長い熟成を必要とする。

ラ・シャペル下部のレ・グラン・シャンのクリマは、その上方からの崩落物の厚い表土に広がっている。ワインはシャペルより香り高いが、力強さはそれほどでもない、繊細なタイプ。

レゼキュソーのクリマは、丘陵の下部に位置しムルソーとの境に接している。粘土質の表土で、プルミエ・クリュに格付けされた人気のある白ワインが生産されている。

この斜面はプルミエ・クリュの区域の西、サン=ロマンとの境界まで続いている。ここではプルミエ・クリュに格付けされていない村名アペラシオンのワインがつくられていて、オーセイ=デュレスの生産量の8割を占めている。

南から南東に向いた斜面で、しっかりしてボディのある、開花するまでに熟成が必要な赤ワインが生産されている。

統計
栽培面積：140ヘクタール
年間生産量：6,400ヘクトリットル

ブルゴーニュ地方 ◆ コート=ドール ◆ コート・ド・ボーヌ ◆ モンテリー ◆ オーセイ=デュレス ◆ サン=ロマン

サン=ロマン Saint-Romain

高い標高に広がるこのアペラシオンは、ピノ・ノワール種よりもシャルドネー種の栽培に適していて、美しい酸を備えたミネラル分のある白ワインの生産にうってつけである。

サン=ロマンのぶどう畑は、オーセイ=デュレス側の標高290メートルからサン=ロマン・ル・オーの430メートルまでの高さのなかに広がっている。

山の中にある畑の勾配はきつく、ぶどうは年毎の気候的な要因に非常に左右される。晴天に恵まれた年にはワインは素晴らしいものになるが、逆に寒く雨の多い年には成功は見込めない。

この標高の高さのために、サン=ロマンでの収穫は常に他のアペラシオンより何日か遅く、出来上がるワインは他にはない生き生きした酸味が備わっている。

またこのアペラシオンには、多様性に富んだ基盤層が広がっている。ぶどう樹は、ところどころ泥灰土が覆う三畳紀やライアス統の地層の上や、ジュラ紀上部の石灰岩質泥灰土の表土に広がっている。斜面の底部では、崩積物がアルゴーヴ階の泥灰土のなかに見られる土壌で、特にシャルドネー種に適したものとなっている。

ジュラ紀上部の泥灰土壌から生まれる白ワインが生産量の半分以上を占めるが、新鮮さと生き生きした酸味の感じられるフルーティーなタイプである。ミネラル分に富み、心地よいワインだが、あまり置かないで早く飲む方がよいタイプでもある。

赤ワインも、地質的には白とほとんど同じ傾向の古い時代の土壌から生産されている。

サン=ロマンにおける赤はピノ・ノワール種の魅力的な果実味がよく表れている。とはいえオーセイ=デュレスのような骨格はなく、熟成には不向きである。

サン=ロマンにはプルミエ=クリュがないにもかかわらず、いくつかのリュー=ディは名前が知られており、徐々にラベルにもその名称が記載されるようになってきている。スー・ラ・ヴェルあるいはスー・ル・シャトーのような区画では、水捌けのよい泥灰土の東に向いた斜面から、豊かでミネラル分のあるワインが生産されている。

スー・ラ・ロシュやコンブ・バザンのようなクリマでは、西向きの斜面の素晴らしい石灰岩の土壌に恵まれており、ピノ・ノワール種にたいへん適している。

レ・ジャロンは、南から西に向いた斜面の白亜質の白い砂礫で形成された土壌から、上質でたっぷりした白を産する。

アン・ポワランジュやラ・ペリエールは東に向いた斜面で、頂部では泥灰土を赤い土壌が覆っている。ここではすっきりとしたタイプの赤ワインがつくられている。

統計

栽培面積：100ヘクタール
年間生産量：4,300ヘクトリットル

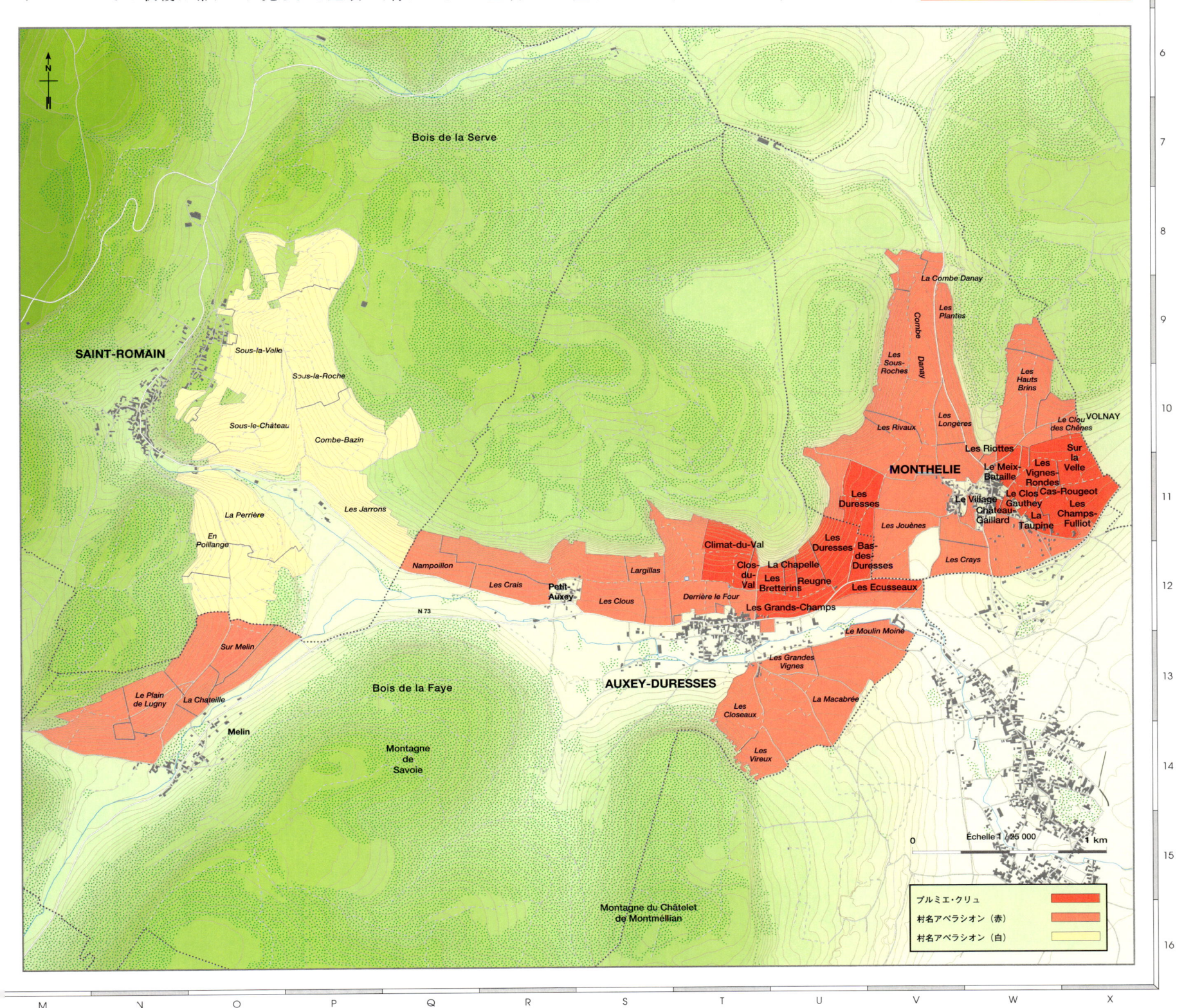

Meursault
ムルソー

コート・ド・ボーヌの真ん中、ここムルソーのぶどう畑から、非常に素晴らしい白ワインを産する連なりが始まり、南に続いている。世界的に有名なムルソーのワインは、華やかさと独特の芳醇さが特徴である。オイリーで長い余韻のワインは、十分な熟成を経てその際立ったテロワールからくる豊かさを余すところなく発揮する。

■ ぶどう栽培地とその自然要因

北のヴォルネーと南のピュリニー=モンラシェのあいだに位置するムルソーの栽培地は、230メートルから360メートルほどの高さのなだらかな斜面に広がっている。

東に向いたムルソーの栽培地は、オーセイ=デュレスの集落から続く丘陵と、それに谷間をはさんで向かい合う丘陵、2つの非対称な丘陵の斜面から構成されている。ムルソーの村の北に位置する斜面は短く、ヴォルネーから続く丘陵の南端部を形成している。それより長い、村の南にのびる斜面がある丘陵は、お隣のピュリニー=モンラシェに沿い、その先シャサーニュの村の手前に位置するグラン・クリュ、モンラシェの区画まで続いている。ブルゴーニュ最上の白ワインを生む、キラ星のような畑があるのはこの2つの丘陵で、そのためこの地はコート・デ・ブランと呼ばれている。

ヴォルネーの丘陵 丘陵の大部分を形成しているジュラ紀中期の上部層および中部層の泥灰土は、シャルドネーとピノ・ノワール種、双方に適している。この2つのタイプの表土の存在が、ヴォルネー・プルミエ・クリュとなる赤と、ムルソーのプルミエ・クリュになる白ワインを生み出す、サントノとプリュールのクリマがあることの説明となる。さらにそのムルソー・プルミエ・クリュとなる白は、他のムルソーのワインに較べると、異なるキャラクターを備えているというのがもっぱらの評判である。

サントノとプリュールのクリマの上にはプルミエ・クリュに格付けされたレ・クラとレ・カイユレ、2つのリュー=ディがあり、オイリーで豊か、そしてミネラル分のあるムルソーらしいワインを産するのに適した表土を備えている。

中央部分 ヴォルネーの丘陵の南端はムルソーの集落に続いていて、粘土石灰岩の崩積層が広がる扇状地となっている。

ここでは村名アペラシオンのムルソーが生産されており、コート・デ・ブランでもっとも素晴らしい村名格の白ワインといわれている。このワインは骨格がしっかりし豊かで余韻が長く、同じ丘陵に続いているプルミエ・クリュをやや感じさせるものである。

コート・デ・ブラン コート・ド・ボーヌ地区を構成している地層は大きく向斜構造が見られ、その底部にはヴォルネーが位置し、北端のコルトンの栽培地は、ジュラ紀上部層であるオックスフォード階の泥灰土の地層に広がっている。そして向斜構造という性質から、南にいくにしたがってジュラ紀中部層の地層である石灰岩、泥灰岩、粘土質岩が基盤層に見られる。ここがコート・デ・ブランの始まりであり、シャサーニュの南まで続いている。

ジュラ紀には深い海が、後のムルソーとなる場所に泥灰土を堆積させた。今日、その地層がぶどう畑を見下ろしている小高い丘の頂部になっている。過去数千年間の水の流れは、シャルドネー種の栽培に適した多量の粘土と泥土をその斜面の下に堆積させた。またムルソーでは、標高差のあるくっきりした丘陵全体に多くの断層や小さい谷がたくさんあるため、モザイク上のテロワールと、それぞれの個性が際立ったクリマが形成されている。

ムルソー コート・デ・ブランの丘陵は、オーセイ=デュレスの谷間の出口から始まっている。ここの土壌の性質は、その先のプルミエ・クリュと似ている。つまり多少崩積物で覆われたアルゴーヴ階の泥灰岩から形成されたレンジナ土、次いで粘土質の褐色石灰岩土壌が赤色レンジナ土をともないながら上部層からの崩落した礫が混ざったカローヴ階の石灰岩が表れ、最上部には基盤に由来する粗粒礫が見られるというものである。

しかしながらこのようなテロワールの類似はあるものの、谷の出口の状況による地形上の違いや区画が位置する斜面の向き、また標高の高低は考慮しなければならない。そして冷涼なテロワールでは、プルミエ・クリュの格付けを得られない。

リュー=ディのなかでは、**レ・クル、レ・カス・テート、レ・ティエ、レ・ナルヴォー**が有名である。この最後のクリマは、ジュヌヴリエールの上に位置し、プルミエ・クリュとほとんど同じレヴェルのワインを生産している。

栽培地の中央部には扇状地の崩積層が広がり、ここから生まれるワインは、エレガントで品のある一連のムルソーとは多少異なっている。はっきりと区別できるリュー=ディとしては、礫混じりの表土でミネラル分のあるワインがつくられる**クロマン**や、また**レ・フォルジュ**では粘土の豊富な表土から豊かでオイリーなワインを生んでいる。

プルミエ・クリュ
プルミエ・クリュに格付けされた畑は、標高260メートルから280メートルほどの斜面の中腹で、丘陵のもっとも優れた箇所に位置している。加えてたいへん良質な粘土泥灰土質の崩積層が母岩上に広がっている。区画は北から南へ、レ・グット・ドールからシャルムのクリマまで続き、そこでピュリニー=モンラシェと境を接している。

レ・グット・ドールのクリマは、泥灰土の豊富なバス階の基盤上に広がっている。高低差のある丘陵の東北東に向いた斜面で、豊かで粘性に富みアフターの長い、うまく熟成するワインがつくられている。

グット・ドールに続くところには、プルミエ・クリュの**レ・ブシェール**がバス階中部の泥灰土質の表土に広がっている。真東に向いた斜面から、つやがありまろやかでエレガント、そしてグット=ドールほどの複雑さはないワインが生産されている。

東南東に向いた斜面で、**レ・ポリュゾ**のクリマは完璧な日照に恵まれている。畑はウーライトを含む石灰岩のバス階下部の礫が多い表土に広がっている。ワインはやや粗野な風味もあり、特に若いうちはその感があるが、熟成すると素晴らしいフィネスとエレガントさを開花させる。菩提樹やドライフラワー、アーモンドのアロマが認められ、ミネラル分のある、うまく熟成させることのできるワインである。

プルミエ・クリュの**レ・ジュヌヴリエール**はムルソーでもっとも有名なクリマのひとつである。東南東に向いた斜面で、畑は白い泥灰土と風化したバス階の硬い石灰岩上のほとんど厚みのない表土に広がっている。

このクリマはアペラシオンのもっとも完璧なプルミエ・クリュと考えられている。ワインは豊かで溌剌とし、驚くほどの凝縮感と複雑さを備えている。さらにバランスにも優れた上質なワインは、際立ったテロワールの豊かさを忠実に表現している。

ペリエールの下部に位置し、ピュリニーと境を接している、31.1179ヘクタールを占める**レ・シャルム**のクリマが、石灰岩の基盤層上の崩積物からなる扇状地由来のやや平坦な土地に広がっていて、粘土質の表土は厚く水捌けはよい。

このクリマは、レ・シャルム・デュ・ドシュとレ・シャルム・デュ・ドスーという上下2つのリュー=ディから形成されている。ここではシャルムで生まれるワインの特徴を区別するため、現にあるレ・シャルム・デュ・ドシュとレ・シャルム・デュ・ドス−2つのリュー=ディのあいだに、レ・シャルム・デュ・ミリュー（訳注:真ん中の意）という想像上の区画を付け加えてみよう。レ・シャルム・デュ・ドシュとレ・シャルム・デュ・ミリューは、レ・シャルム・デュ・ドスーより複雑で気品のあるワインを産するとされている。またドスーの区画は、丘陵下部のより厚い表土に広がり、完璧だが豊かさと複雑さで少々劣るワインがつくられている。シャルムの場合もクロ・ド・ヴジョーに見られる異なる土壌の状況と同じで、非常に暑く乾燥した年には、この下部の区画は都合がよい。

レ・シャルムは口に含むと力強さがすぐに感じられるワインである。このワインはムルソーの特徴である豊満さと華やかさを完璧に備えている。またしっかりとした骨格でかなり粘性もあり、すべてが開花するには熟成期間が必要である。

プルミエ・クリュの**レ・ペリエール**のクリマは、ピュリニーとの境、丘陵のもっとも優れたところに位置している。区画は、硬い石灰岩の礫や泥灰土、良質の黄土が豊富なサー

モンピンク色の表土に広がっている。またグラン・クリュのモンラシェと同じく、バス階のドロマイト化した石灰岩上にある。ペリエールのワインは、とても気品があり華やかで、粘性がありミネラル分を含んだ熟成タイプである。

0.9452ヘクタールしかない**ル・クロ・デ・ペリエール**はシャルム・デュ・ドシュの上に位置している。ここはムルソーで最上のワインを生むとされる、もっとも素晴らしい区画である。ワインは上質で力強く、しばしばモンラシェと比較され、際立った熟成能力があり、一般的にはグラン・クリュの格付けに値すると評されている。

赤ワインは生産量全体の4パーセントを占めるだけである。ワインは柔らかくフルーティーで、通常は熟成の必要はない。これらは、ヴォルネーの丘陵のふもと部分にあるレ・ドレソルやレ・マルポワリエのリュー=ディのように、粘土質の厚い表土で生産されている。

統計
栽培面積：380ヘクタール
年間生産量：19,700ヘクトリットル

ブラニー Blagny

ピュリニーの集落で、ブラニー、ムルソー、ピュリニーの各アペラシオンの赤と白ワインが生産されている。

行政上はピュリニーに属しているブラニーの集落は、北でムルソーのぶどう畑に自然に続き、南の端でピュリニーの畑に続いている丘陵にある。

ここでは畑は高低差のある斜面を385メートルほどの高さまで上った、堆積物で覆われたアルゴーヴ階の泥灰土壌に広がっている。

丘陵は、ふもとより上部では砂礫の豊富な石灰岩質の褐色土壌で形成されている。ムルソー側にある斜面は南東を向いており、崩落したガレや礫が、泥灰土のように見える青みがかった白い風化した母岩で形成された基盤を覆っている。ピュリニー側では斜面は東向きで、畑は、崩積物からなる礫の多い赤く厚い表土に広がっている。

上記の土壌の性質から、この丘陵はシャルドネー種よりピノ・ノワール種の栽培に適していて、ここでつくられる赤ワインは豊かなボディを備えた上質なものとなる。

そしてここでは、ブラニーとムルソー、それにピュリニーの村名あるいはプルミエ・クリュのアペラシオンの赤ワインが生産されている。もっとも有名なのは**スー・ル・ド・ダーヌ**の区画で、白い泥灰土が見られるオックスフォード階中部層からなる小さな谷間に位置している。

新鮮でミネラル分を含み、花のアロマを備え、ムルソーの力強さよりもピュリニーのフィネスを思わせる構成のワインである。

統計
栽培面積：6ヘクタール
年間生産量：280ヘクトリットル

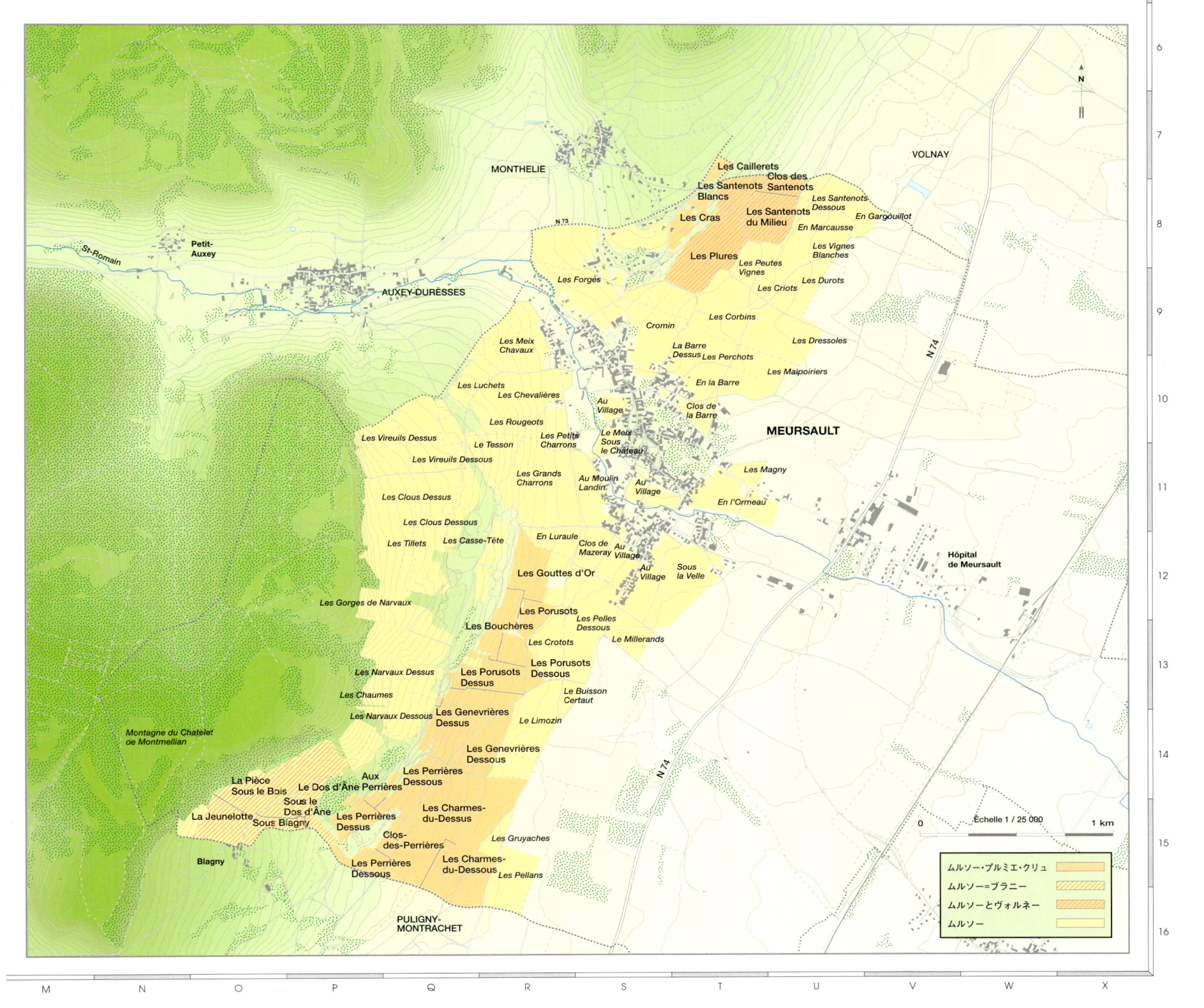

ブルゴーニュ地方 ◆ コート=ドール ◆ コート・ド・ボーヌ ◆ ピュリニー=モンラシェ

Puligny-Montrachet
ピュリニー=モンラシェ

ピュリニー=モンラシェの栽培地では、世界で最上の偉大な辛口白ワインを幾種類も産出している。個性の違いはあれ、これらは考え得るなかでもっともエレガントで気品あるワインである。そしてピュリニーで産するすべてのワインは、繊細さと華やかさ、熟成とともにさらに発達する際立って素晴らしいアロマを備えている。さらに粘性に富み口中での余韻の長い、忘れることのできないワインである。

■ ぶどう栽培地とその自然要因

ムルソーとシャサーニュのあいだにはさまれるようにしてある栽培地は、整った丘陵に均一に広がる区画から筋肉質で生一本なワインを生み出している。

北はムルソー、南はシャサーニュ=モンラシェのアペラシオンのあいだにあるピュリニー=モンラシェの栽培地は、ブラニーの集落のすぐ上に位置するぶどう畑が広がる標高225メートルから385メートルほどの整った丘陵を背にしている。そのため西の丘陵から吹きつける風からは遮られ、完璧といっていいほどの南東向きの斜面ということ以外には、気候的な影響をうけていない。

アペラシオンのそれぞれのクラス毎の区域は明確に分けられていて、畑は丘陵のふもとから上部まで広がっている。
- 村の東に広がる畑はACブルゴーニュのアペラシオンとなる。
- ACピュリニー=モンラシェとなる村名アペラシオンは、標高225メートルから245メートルほどの緩やかな斜面に連なっている。
- 村名アペラシオンのすぐ上から丘陵の上部までの斜面を占めているのが、プルミエ・クリュとグラン・クリュの区画である。

プルミエ・クリュの区画は、連なりの4分の3を占めてムルソー側に位置し、グラン・クリュは、連なりの残り4分の1で、シャサーニュ側に位置している。

ピュリニーの斜面を断層が北東から南西に走っている。この断層が村名アペラシオンと、プルミエ・クリュ、グラン・クリュの区画が連なる地帯との境となっている。

その上部では、斜面はバス階上部層のウーライトを含む地層で形成されている。

境界より低いACピュリニー=モンラシェが広がる一帯では、バス階中部の貝の化石を含む泥灰土の層を、基盤層である石灰岩に由来する角張った礫、シャイユー、粘土と黄土の混じりあった層が覆っている。この粗い礫が見られる土壌はシャルドネ種の栽培に最適で、また日中の熱を蓄え、昼と夜間の大きな温度較差を和らげている。

もっとも東の一帯は、鮮新世の粘土質の下層土の上に広がる、葉片状構造を示す、親水性の褐色石灰岩質土壌で形成されている。ここはレジオナルのアペラシオンである、ACブルゴーニュのぶどう畑が広がっている。

ピュリニー=モンラシェ

村名アペラシオンの畑が広がる断層の東に位置する一帯は、その緩やかな上部では石灰岩質の褐色土壌が見られ、すそ野は古い沖積層の上に堆積した褐色土壌から構成されている。

ACピュリニー=モンラシェとなる白ワインは、むらのない均一で高い酒質を誇るが、プルミエ・クリュほどの複雑さには達していない。

数多くのリュー=ディのなかでも、以下の2つのクリュは特に高い酒質を備えている。グラン・クリュのバタール、ビヤンヴニュ=バタール=モンラシェのすぐ東に接しているレザンセニエールでは、華やかで芳醇なワインがつくられている。レ・シャルムはアペラシオンの北の端に位置し、ムルソーのプルミエ・クリュであるレ・シャルムに隣り合う区画で、ワインは他のACピュリニー=モンラシェに較べ、エレガントさで勝っている。

プルミエ・クリュ

ピュリニーではプルミエ・クリュは17のクリマが認められている。これらの区画はグラン・クリュに接しているか、また、概して近いレヴェルの特徴を備えている。

プルミエ・クリュとグラン・クリュが連なる丘陵の斜面は、泥灰質の石灰岩と泥灰岩上にある白色、あるいは赤や褐色のレンジナ土、泥灰質石灰岩の堆積上にある褐色石灰岩質土壌で、ジュラ紀の基盤層の影響を密接にうけた表土となっている。

レ・コンベットのクリマは、シャン・カネとレ・ルフェールのあいだ、丘陵の中腹に位置する。ムルソーとの境界にもかかわらず、このリュー=ディではもっとも典型的なピュリニーがつくられていて、そのフィネスとエレガントさは、隣接するムルソーのレ・シャルム・デュ・ドシュのワインが備える力強さや豊かさと、はっきりとした対照をなしている。

レ・コンベットの下には同じプルミエ・クリュのレ・ルフェールが、酸化鉄や粘土が混じる泥灰土上に広がっている。ここから生まれるのは蜂蜜とシダのアロマが特徴的な、オイリーで骨格のしっかりしたワインである。またこの区画ではかつてピノ・ノワール種が栽培されていた。

ピュリニーの中央部、クラヴァイヨンのリュー=ディでは、粘土が豊富な厚い表土にもかかわらず水捌けがよく、肉厚で上質、粘性のある滑らかなピュリニーらしいワインがつくられている。またレ・ルフェール同様、このクリマでもピノ・ノワール種が植えられていた。

レ・フォラティエールのクリマは完璧な東向きの斜面に恵まれている。また区画に生じた緩やかな窪地によって、粘土質石灰岩の具合のよい崩積層がもたらされている。

生み出されるワインは品があり肉付きがよく、たいへんオイリーである。また熟成につれローストしたアーモンドや蜂蜜のアロマを備えるようになる。

モンラシェの北に接するル・カイユレのすぐ下に位置するレ・ピュゼルの区画は東南東の向きの斜面で、石灰岩の基盤上に、粘土と豊富な礫の見られる表土が広がっている。

このクリマから生まれるのは、たっぷりとしてまろやか、熟成する能力に恵まれた非常に香り高いワインである。グラン・クリュに隣接する区画で生産されるワインは、概してそれらに近いレヴェルといえるだろう。

ル・カイユレのクリマは、**ル・カイユレとレ・ドモワゼル**の2つのリュー=ディで構成されており、モンラシェとシュヴァリエ=モンラシェに接している。生まれるワインは、モンラシェと同等ではないにしても、2つのリュー=ディの少なくともレ・ドモワゼルにおいては、ほとんどその芳醇さ、バランス、フィネスにおいてシュヴァリエと競っている。

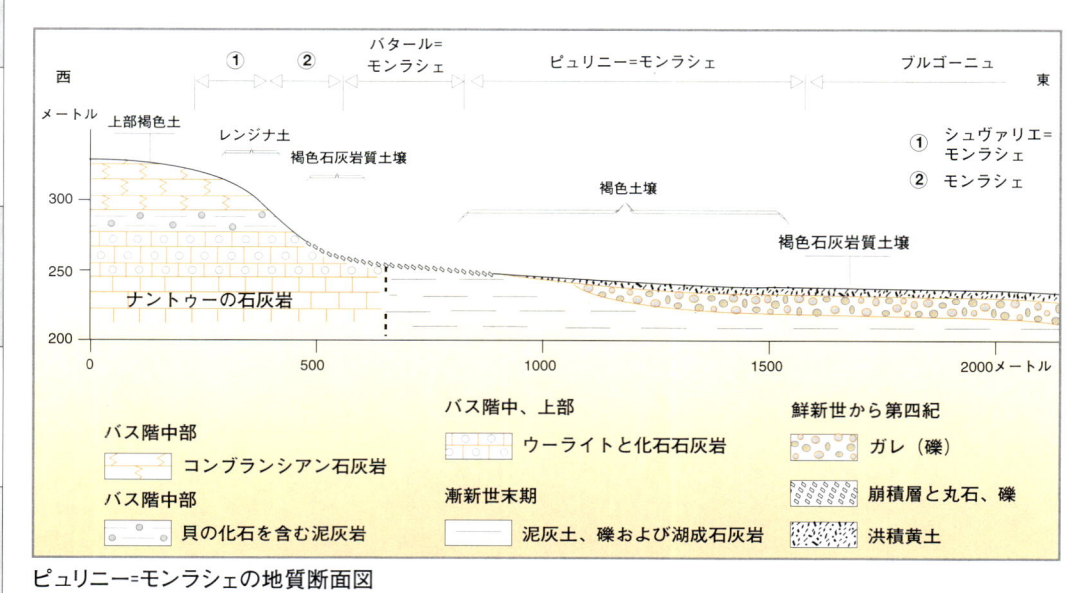

ピュリニー=モンラシェの地質断面図

統計
栽培面積：240ヘクタール
年間生産量：11,500ヘクトリットル

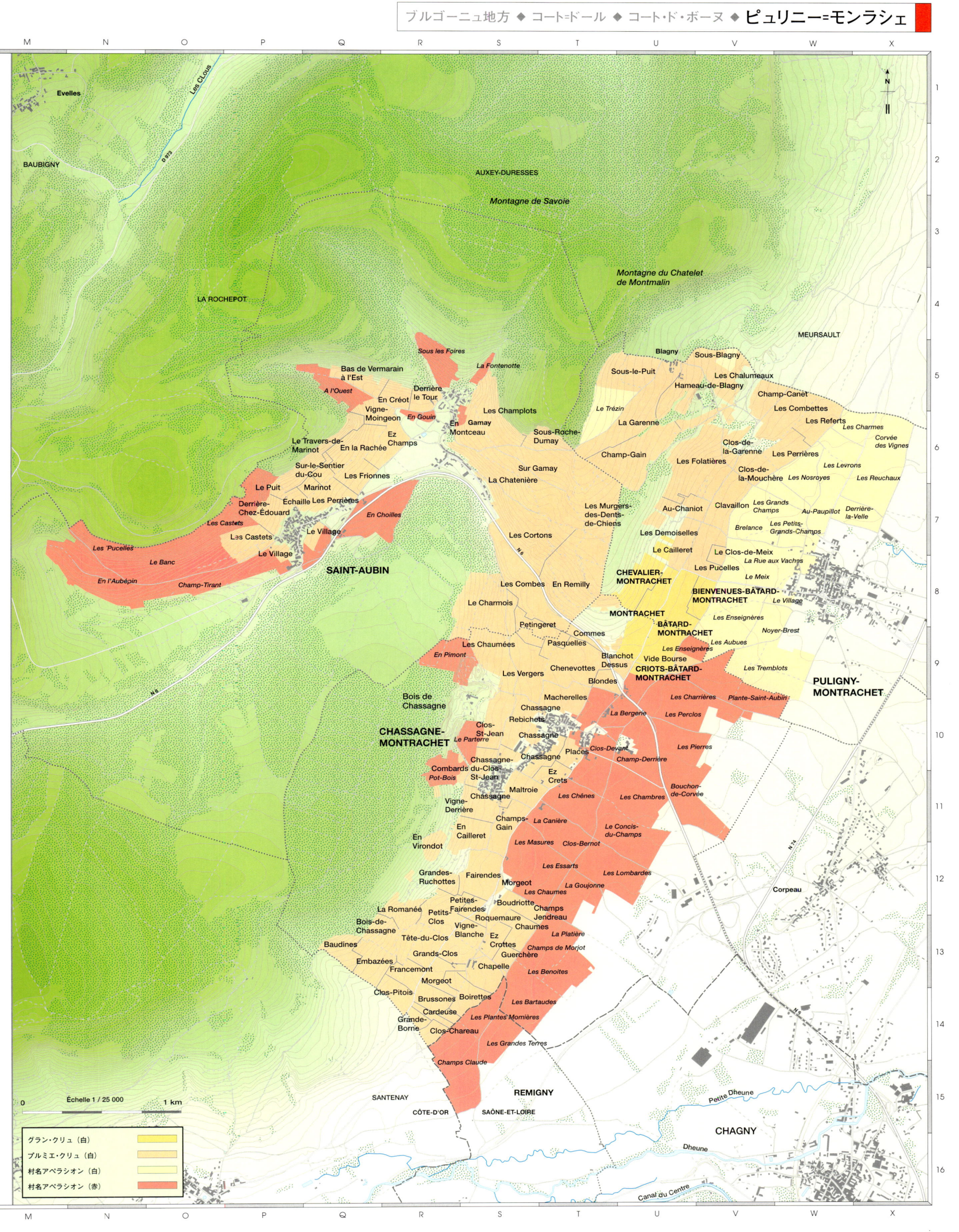

ブルゴーニュ地方 ◆ コート=ドール ◆ コート・ド・ボーヌ ◆ ピュリニー=モンラシェ

215

ブルゴーニュ地方 ◆ コート=ドール ◆ コート・ド・ボーヌ ◆ **ピュリニー ◆ シャサーニュ**

グラン・クリュ

モンラシェ Montrachet モンラシェの面積は7.998ヘクタールで、そのうち4.0107ヘクタールはピュリニー=モンラシェが、同じく3.9873ヘクタールをシャサーニュ=モンラシェが占め、2つの集落にまたがっている。

区画は丘陵の中腹の標高255メートルから270メートルの高さを占め、その下にあって同じく2つの集落に分かれているバタール=モンラシェと、ピュリニー側だけにありモンラシェの上に位置するシュヴァリエ=モンラシェとのあいだに鎮座している。

区画はシャサーニュ側では南に向き、ピュリニー側では東南向きとなっていて、6度ほどの勾配の斜面に広がっている。

表土は水捌けのよい褐色石灰岩質土壌で、上部のおよそ3分の1で見られる塩化力が強く、赤みがかった泥灰土はその活性石灰分の割合が多い。

50センチメートル前後の厚さの表土はたいへん痩せていて、珪質の砂や粘土、炭酸塩や酸化鉄等で構成されており、バス階のドロマイトを含む基盤層の上に広がっている。

見られる微気候は穏やかで、このことは地中海地方産の野菜が多く栽培されていることからも分かる。

南向きの斜面となるシャサーニュ側から産するワインは、ピュリニー側の繊細でエレガントと評されているものに較べ、より豊かでオイリーだといわれている。出自がいずれであってもモンラシェは、持てる魅力のすべてを発揮するには常に長い熟成を必要とする壮大なワインである。

その圧倒的なアロマのみならず、口当たりやバランス、アフターの余韻の長さなどにおいて最上級の賛辞に値するモンラシェだが、その味わいを述べることはそう簡単ではない。1本のモンラシェを口に含むことは——実際には、すべてのモンラシェがそうというわけにはいかないが——、忘れがたい至福のときであり、このワインの非凡な華やかさが永遠に心に刻み込まれることとなる。

シュヴァリエ=モンラシェ Chevalier-Montrachet モンラシェの上部、標高265メートルから300メートルに達する斜面上方に続いているシュヴァリエ=モンラシェは、ピュリニーの丘陵でも最上の箇所に位置し、7.3614ヘクタールを占めている。

この丘陵の頂部はところどころほとんど表土がないか、あってもバス階の基盤層である非常に硬い石灰岩を露出させている痩せた褐色土壌で覆われているにすぎない。シュヴァリエ=モンラシェの区画の上部はバジョース階の泥灰岩や泥灰質の石灰岩に由来する軽いレンジナ土を含む表土で、ピュリニーのアペラシオンが始まる境界に当たっている。侵蝕作用によってシュヴァリエの区画全体の勾配はおよそ12度ときつめとなっている。

もっとも優れたシュヴァリエの区画は、バジョース階の石灰岩上、またバジョース階と断層で接しているバス階の石灰岩上に広がっている中庸のレンジナ土上にある。またここはたいへん水捌けがよく、斜面は南南東に向いている。

シュヴァリエではぶどう樹は斜面に平行や垂直に植えられているが、その全体は伝統的に3つの帯状の区域に分けられ、それぞれで産するワインには、モンラシェのようにシャサーニュ側とピュリニー側とでのはっきりした違いは見られない。

最初の帯は、クリマの下部、モンラシェに接していて、この偉大な銘醸に似た感のあるワインが生産されている。中央部は、表土はそれほど厚くないがより石灰岩が多く、冷涼で、下部のワインに較べると豊かさでやや劣る。上部でつくられるワインはミネラル分があり、カタく引き締まっていて、常に際立ったフィネスを備えた素晴らしいものとなる。この3つの区域のワインは申し分ないものとするため、ほとんどブレンドされている。

シュヴァリエ=モンラシェには気品があり、すらりとして繊細なミネラル分を含み、若いうちはしばしばシダのアロマが感じられる。ワインはモンラシェに較べ、どっしりとした趣きにはやや欠けるが、口に含んだときのエレガントさと天を仰ぐようなフィネスによって、モンラシェと区別される。またモンラシェ同様、複雑でエレガントな際立ったアロマが表れるまで、長い熟成を必要とするワインである。

バタール=モンラシェ Batard-Montrachet モンラシェの下部斜面、11.8663ヘクタールの広めのグラン・クリュがピュリニー6.0221ヘクタールとシャサーニュ5.8442ヘクタール側に分かれて連なっている。区画は東南向きで、モンラシェに接している上部はやや緩やかな斜面にあり、バス階の石灰岩の基盤上にある表土は比較的厚い崩積物で覆われ、水捌けはよい。下るにつれ勾配はさらになだらかとなり、表土の厚みも増し、性質はより粘土質が勝ってくる。区画が広がる斜面は多少平坦に過ぎ、最上のワインの生産にはやや不向きである。

バタール=モンラシェは力強くどっしりとし、オイリーで豊満だが、モンラシェのエレガントさやシュヴァリエのフィネスは持ち合わせていない。

ビアンヴニュ=バタール=モンラシェ Bienvenues-Batard-Montrachet このクリマはバタールの北東の角にあり、区画の状況もバタールと似ていて、広さは3.686ヘクタールを占めている。

斜面は理想的な東向きにあり、緩やかで規則正しく、表土は比較的厚い。ビアンヴニュ=バタール=モンラシェはどっしりとして豊満な、バタールにたいへんよく似たワインである。

クリオ=バタール=モンラシェ Criots-Batard-Montrachet わずか1.5721ヘクタールのこの小さなクリマは、バタール=モンラシェの南西に接し、すべてシャサーニュ=モンラシェ側にある。非常に緩やかな傾斜の斜面に位置する区画は真南に向き、エレガントなワインが生産されているが、わずかな生産量のためにほとんど知られていない。

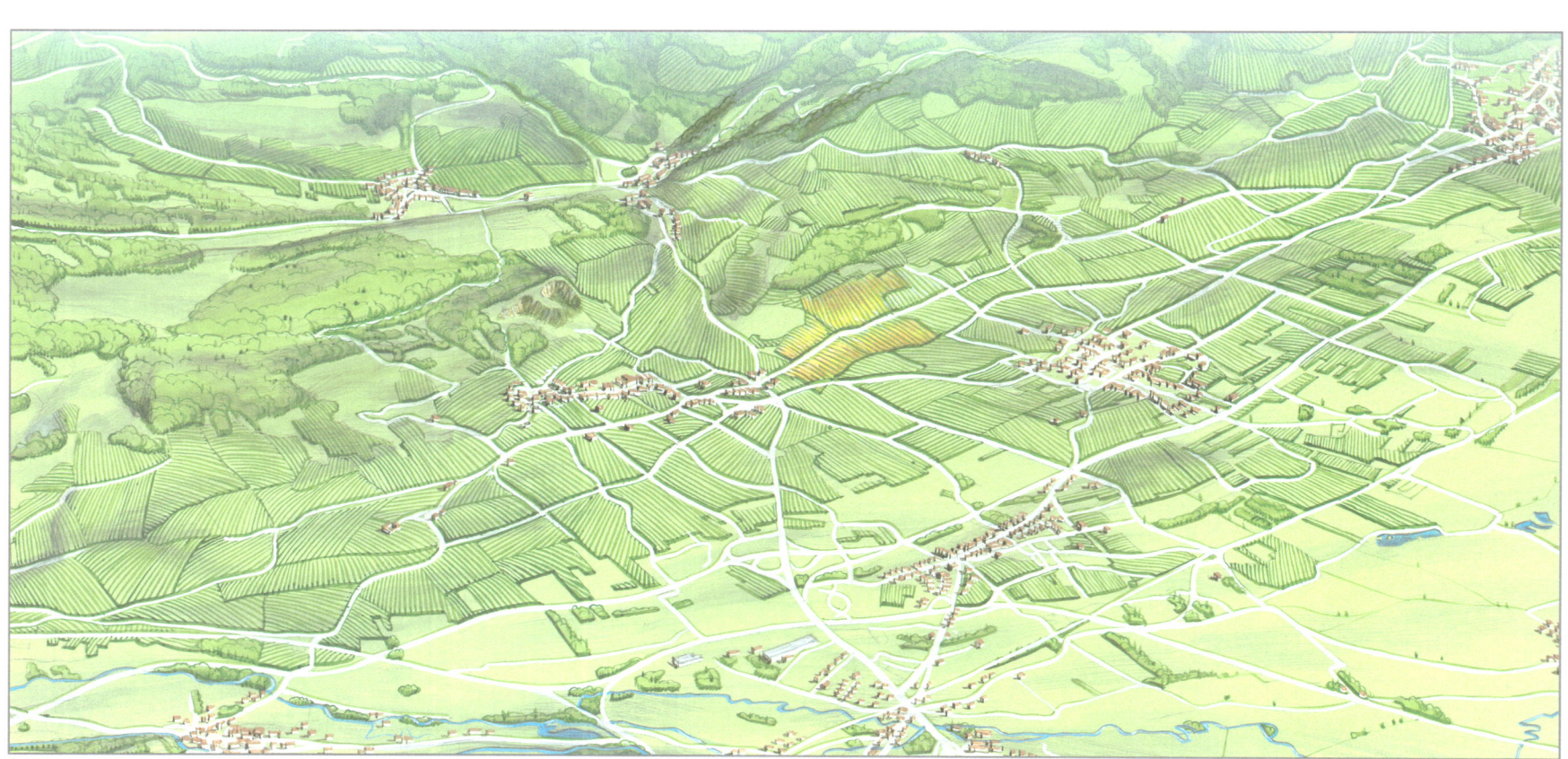

ピュリニーとシャサーニュの栽培地の鳥瞰図

Chassagne-Montrachet et Saint-Aubin
シャサーニュ゠モンラシェとサントーバン

コート・デ・ブラン南部、シャサーニュ゠モンラシェの栽培地は、世界でもっとも引く手数多な白のグラン・クリュを産する偉大な丘陵に続く入り口である。この「グランド・モンターニュ（訳注：シャサーニュの村の西側にある一まとまり丘陵）」の斜面では、シャルドネーとピノ・ノワール種からたいへん高い人気のワインがつくられている。またサントーバンのぶどう畑はコートの奥まったところに位置し、高い酒質の白ワインが評価を得ている。

シャサーニュ゠モンラシェ Chassagne-Montrachet

白で有名なシャサーニュ゠モンラシェだが、同時に素晴らしい赤ワインも生産されている。

シャサーニュの栽培地の北は、ピュリニー南端のグラン・クリュのある丘陵と、サントーバンの谷間からの出口に接している。

畑はそこから「グランド・モンターニュ」と呼ばれる丘陵の、向きのよい南南東の斜面に続いていて、プルミエ・クリュに格付けされた大半の区画を擁している。この斜面はピュリニーの丘陵の地質上の延長にあたるが、その景観はサントーバンの谷からの出口によって分けられている。ここはシャルドネー種に最適なテロワールで、さらに斜面を南に進むとピノ・ノワール種の栽培にも適している。

シャサーニュでは、大きな断層により**バス階**の基盤層に由来する**石灰岩**が、アルゴーヴ階の泥灰土の上に多く見られる。ヴォルネーを中心とする、コート・ド・ボーヌ全体の大きな向斜は、**ライアス統とジュラ紀**の硬質な石灰岩をここに再び出現させた。この土壌によって、ピノ・ノワール種の存在と、いくつかの区画で益々赤ワインの生産量が増えている理由が説明できる。またシャサーニュでは、酒質的に優るとも劣らぬ赤と白、双方のワインの生産量はほぼ同量となっている。それらは5つに分けられた生産区域から生まれる。

シャサーニュ゠モンラシェ

村名アペラシオンのぶどう畑は、ピュリニーからサントネーに続く県道113号線の東側と国道6号線の両側に広がっている。シャルドネー種はこの重い土壌にあまり適さず、赤ワインの生産に向いているにもかかわらず、これらの区域では白ワインづくりがたいへん盛んである。種々のリュー゠ディのなかでも、ピュリニーの同じ名のクリマに続く**レザンセニエール**では、同様な華やかで豊かなワインがつくられている。**ル・クロ・ルラン**に**レ・ショーム**、**クロ・ベルノ**の区画も評判のよいもの。

プルミエ・クリュ

モンラシェが鎮座する斜面にもいくつかプルミエ・クリュに格付けされたクリマがある。有名な**ダン・ド・シアン、ブランショ・ドシュ、アン・ルミリ**の各リュー゠ディで、**ダン・ド・シアン**ははっきりと分けられる2つの小さな区画からなり、ひとつは**モンラシェ**のすぐ上に位置し、アペラシオンの制定前にはその名を名乗っていたリュー゠ディで、もうひとつはその南西に位置する。**ブランショ・ドシュ**は、モンラシェの南に接し、それほど見劣りしない味わいのワインを生んでいる。**アン・ルミリ**に関しては素晴らしいプルミエ・クリュというレヴェルにとどまっている。

サントーバンの谷間からの出口では、丘陵に連なるプルミエ・クリュは真東を向いている。礫のほとんどない粘土からなる赤い表土では、**レ・ヴェルジェ**や**レ・シュヌヴォット、レ・ショーメ**といったクリマから、シャサーニュでもっともエレガントで洗練されたワインが生産されている。

4番めの区域はそれ自身2箇所から構成されており、ひとつは、**ラ・マルトロワ**や**レ・シャン゠ガン**のリュー゠ディを含む村のすぐ南で、もうひとつは**ブドリオット**や**モルジョ**といったクリマのある県道113号線の東で、丘陵南部に続いたところである。ここではミネラル分の少ない、オイリーで豊かなコクのある白ワインが生み出されている。この区域のいくつかのクリマでは礫を多く含んだ粘土が見られ、素晴らしい赤ワインの生産にも貢献している。例えば**ラ・ブドリオット**のリュー゠ディからの赤はバランスがよく繊細で、キルシュのアロマが備わり、また**モルジョ**のリュー゠ディでは、コクがあり骨格のしっかりした、豊かでボディのある熟成タイプのワインを産出している。

ル・クロ・サン゠ジャンでは細礫の多い珍しい表土から、古くから知られ、上質でエレガントな、プラムや桃のアロマが特徴的なワインが生産されている。またその多くが過小評価されているが、コート・ド・ボーヌらしい、ときによってはコート゠ド゠ニュイをも彷彿とさせる非常に素晴らしい赤もある。

アン・カイユレのクリマでは、シャサーニュでもっとも優れたプルミエ・クリュの白のひとつが生産されている。グラン・クリュの丘陵は別としてこの地で最上の丘陵は、間違いなく県道113号線の西、村の南からアペラシオンの南端に位置するところである。ここでは斜面も急で、区画は300メートル以上の標高にまで広がっている。わずかな厚さだが砂礫の豊富な土壌も見られる褐色石灰岩質土壌で、**アン・カイユレ**や**ラ・ロマネ、レ・グランド・リュショット**や**ル・クロ・ピトワ**などのクリマから、アペラシオンでもっとも完璧なワインが生産されている。

グラン・クリュ

グラン・クリュについてはp216ページを参照。

統計
栽培面積：310ヘクタール
年間生産量：16,000ヘクトリットル

サントーバン Saint-Aubin

この標高の高いところにある産地では、最近益々人気の、素晴らしい酒質の白ワインが生産されている。

ピュリニーとシャサーニュから奥まったところで、サントーバンでは、谷の多い景観のなか、ぶどう畑も様々な向きの斜面や、異なった種々の性質の土壌に広がっている。ここでは過小評価されている感のある素晴らしい白と、果実味溢れる瑞々しい赤が生産されている。

ぶどう畑ははっきりと分けられる2つの小山、サヴォワ山とバン山に広がっている。

サントーバンでは、景観はもはや単純なケスタではない。ぶどうは、標高300メートルから410メートルの高さまで見られ、モンラシェがある丘陵とシャサーニュからの斜面、それにラ・ロシュポーの集落に達するところまで、国道6号線に沿うようなかたちで植えられている。

これらの畑は4つの区域に分けられ、最初の2つはサヴォワ山のすそに広がり、後の2つはバン山の斜面に連なっている。

- 最初の区域にはプルミエ・クリュが広がり、モンラシェが位置する丘陵のちょうど裏側でピュリニーとシャサーニュのアペラシオンに接し、ガメの集落まで続いている。畑は石灰岩の崩積物で覆われた**アルゴーヴ階**の泥灰土と、シャルドネー種に最適な粘土質石灰岩の褐色土壌に広がっている。

レ・コンブと**ルミリ、ダン・ド・シアン**からはオイリーでエレガント、よく熟成する、ピュリニーやシャサーニュの優れたワインにやや似た白が生まれる。

ラ・シャトニエールのクリマのワインはたいへんバランスがよく、**ル・シャルモワ**ではしっかりしたタイプ、なかでも**レ・コルトン**からのものは特に評価が高く、いずれにしてもよい評判を得ている。またこの区域では白ワインが多く見られるが、**シュル・ガメ、シャンプロ、シャルモワ、レ・コンブ**などのリュー゠ディではピノ・ノワール種も栽培されている。

- 2つめはガメの集落の西の斜面にあり、**デリエール・ラ・トゥール**（訳注：p215の地図上では、デリエール・ル・トゥールとなっている）、**アン・クレオ**のプルミエ・クリュが、シャルドネー種にとって最適なアルゴーヴ階の石灰岩質の泥灰土上に広がっており、エレガントで上質、ミネラル分のあるワインがつくられている。

- 3番めの区域は、ガメとサントーバンの集落を結ぶ丘陵の上の斜面に連なる。ここもプルミエ・クリュに格付けされており、泥灰土の表土から、魅力的な白ワインと果実味豊かな心地よい赤が生産されている。なかでも**シュル・ル・サンティエ・デュ・クル**（訳注：p215の地図上ではクルの綴りのエルの文字が落ち、クとなっている）、**レ・カステ、レ・フリオンヌ**あるいは**デリエール・シェ・エドワール**のリュー゠ディが有名である。この最後の2つの区画では白の複雑さの域には達していない赤ワインの生産もおこなわれている。

- 最後にサントーバンの村の西には、帯状のぶどう畑がラ・ロシュポーの集落のほうへ広がっている。ここでは白も見られるが、ほとんどが村名アペラシオンとなる赤ワインの畑となっている。しかし近年次第に、サントーバンの特徴がより発揮できる白ワイン用のぶどう品種であるシャルドネー種が栽培されるようになってきている。

統計
栽培面積：155ヘクタール
年間生産量：7,800ヘクトリットル

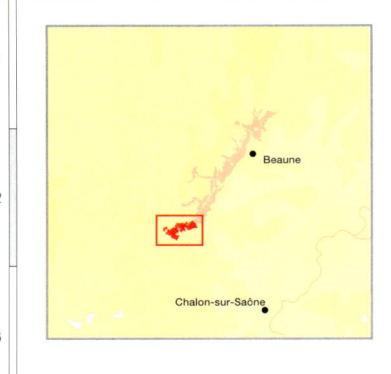

Santenay et Maranges
サントネーとマランジュ

コート・ド・ボーヌはサントネーと、その先のマランジュのアペラシオンで終わっている。ここでは地質上の大きな変化が重なり、多くの断層が形成され、コートでももっとも複雑なテロワールのひとつになっている。コート・ド・ニュイに見られる表土が再び現れている、これらの栽培地で産するワインは、濃厚で力強く、タンニンの多い長期熟成タイプである。

サントネー Santenay

このアペラシオンは粘土質石灰岩の表土によって、とても評判のよい赤ワインの生産に恵まれている。そのため、白ワインはほとんど見られない。

サントネーの畑は同名の村落に位置するが、わずかな部分がソーヌ=エ=ロワール県のルミニーの集落に属している。

ぶどう樹はコート・ド・ボーヌで最後の丘陵、標高215メートルから450メートルほどの高さに植えられており、全体的に南向きの傾斜のある斜面で、比較的一様な景観を呈している。丘陵は、サントネー・ル・オー(訳注:サントネーでは集落が2つに分かれてあり、p219の地図で向かって左にあるのがサントネー・ル・オー、右がサントネー・ル・バとなる)の集落とサン=ジャン(訳注:p219の地図ではその名が記されていないが、サントネー・ル・オーの集落のすぐ上にある鋭角三角形の村名アペラシオンの区画)を結ぶせまい谷によってくっきりと分けられている。

サントネーはヴォルネーを中心とする大きな向斜の南側の隆起に広がっていて、そこにはコート・ド・ニュイに見られるのと同じ、ジュラ紀中部層の石灰岩の多いごつごつした土壌が再び姿を表している。ライアス統上部層の泥灰土とバジョース階のウミユリ石灰岩上から生まれるワインは、鮮やかな色合いの、引き締まった力強いワインである。

しかしながら基盤層の特殊な成り立ちから、サントネーの栽培地には独特の複雑さがもたらされている。ブレス周縁の断層と、デューヌ川(訳注:栽培地の南東を沿うように流れる小河川)からモンソー(訳注:ソーヌ=エ=ロワール県は、コート・シャロネーズの西に位置する村)にいたる断層の交わりによって、この地ではたいへん複雑なテロワールが生み出されている。

ごつごつした岩の多い集まりとジュラ紀中部層の石灰岩のなかで、断層はいくつかの基盤を崩壊させ、その層に同じジュラ紀中部層の泥灰土をもたらしている。

このような泥灰土の基盤のひとつがサントネー・ル・オーの西南西で見られ、2つめはサントネー・ル・オーからサントネー・ル・バを結ぶ帯状の地帯。そして3つめはシャサーニュへ続く道の東側に位置している。この区域はオックスフォード階の泥灰土で、プルミエ・クリュの区画が広がっている。石灰岩あるいは泥灰岩の基盤上のこの泥灰土は、地滑りからもたらされた崩積物によってピノ・ノワール種に最適の表土となっている。プルミエ・クリュに格付けされたもっとも優れたクリマは、ウーライトの多いマグネシウムを含んだ石灰岩上のこの一帯である。

サントネー

灰色がかった石灰岩上のおよそ500メートルの高さにもなる斜面で、ピノ・ノワール種は十全に適応しているが、この粘土質の土壌は、プルミエ・クリュに格付けされるには役不足である。

サン=ジャンの小さな谷は2つの斜面を形成し、ひとつは南東に向いてスー・ラ・ロシュやビーヴォーの区画、それから南西にアン・シャロンのリュー=ディを抱えている。もうひとつは東向きの斜面で、スー・ラ・フェとレ・ブラの区画が広がっている。これら村名アペラシオンは評判のよいテロワールにあり、果実味豊かで柔らかく、ミネラル分もあり口当たりのよいワインが生産されている。

ふもとでは白いウーライトや、ウーライトの塊を含むジュラ紀上部層の石灰岩がおよそ300メートルの標高まで見られる。この区域はピノ・ノワール種に適しており、少々洗練さには欠けるが、標高の高いところに較べ、より力強く肉厚な村名アペラシオンのワインを生み出している。リュー=ディにはラ・コム、ル・オー・ヴィラージュ、レ・ソニエールがある。

村名アペラシオンの他のぶどう畑はアペラシオンの北部、プルミエ・クリュの下に位置している。ベルフォン、アン・ボワショ、レ・プラロン、レ・シャン・クロードで、この最後のクリマはルミニーの集落に属している。これらの区画はプルミエ・クリュに格付けされた優れたクリマのようなエレガントさを備えているが、豊かさと香りの持続性にやや欠けている。また村名アペラシオンでは、15パーセントほどの白ワインが生産されており、辛口でたくましく、シダとヘーゼルナッツのアロマを備えている。

プルミエ・クリュ

サントネーのプルミエ・クリュは、オックスフォード階の泥灰土の一帯にあり、多くのウーライトが見られるドロマイトを含む石灰岩上に広がっている。ここは地理的にはっきりと3つの区域に分かれていて、ひとつは東にあり、もうひとつは中央に、そして3つめは西に位置している。

レ・グラヴィエールのクリマは、シャサーニュからサントネーにいたる道路に沿ったプルミエ・クリュの丘陵の下部に広がっている。ここはサントネーでもっとも広いプルミエ・クリュのクリマである。ほとんどが赤ワイン用だが、わずかな量のシャルドネ種がル・クロ・デ・グラヴィエールで栽培されている。やや平坦なところにあり、活性石灰分が豊富で、その名が示す通り砂と礫の表土が広がっている。ワインは濃い色合いで粘性と際立った香りのあるエレガントなものである。

ル・クロ・デ・タヴァンヌは、レ・グラヴィエールに続いたところで、同じ質の土壌から、似たタイプの、しかしやや豊かさに欠けるワインがつくられている。ラ・コムは斜面の中腹に位置し、小石の多い表土でミネラル分のある骨格のはっきりした滑らかなワインがつくられている。ボールガールはラ・コムの南西に続いているが、小石の非常に多い褐色石灰岩質土壌に広がっている。ここでは力強くタンニンとコクのあるエレガントな熟成タイプのワインがつくられている。

ボールペールのリュー=ディは村の上部に位置し、東南向きの斜面は泥灰土の豊富な石灰岩の表土で、豊かでエレガントな熟成タイプのワインがつくられている。レ・マラディエールはボールペールと同じ自然環境だが、低部のみ斜面が南西に向いている。やや冷涼なテロワールでは、ワインは生き生きして各要素に優れた、熟成も可能なものとなる。

傾いた主要な断層に垂直に交わった断層によって、ジュラ紀下部層がル・グラン・クロ・ルソーのリュー=ディに表れている。褐色石灰岩質土壌のピノ・ノワール種から果実味豊かで力強くたくましい、かつたいへんエレガントなワインがつくられている。ル・プティ・クロ・ルソーは東に向いた斜面の同じ質の土壌に広がっていて、生産されるワインもほぼ似ているが、エレガントさに若干欠けている。

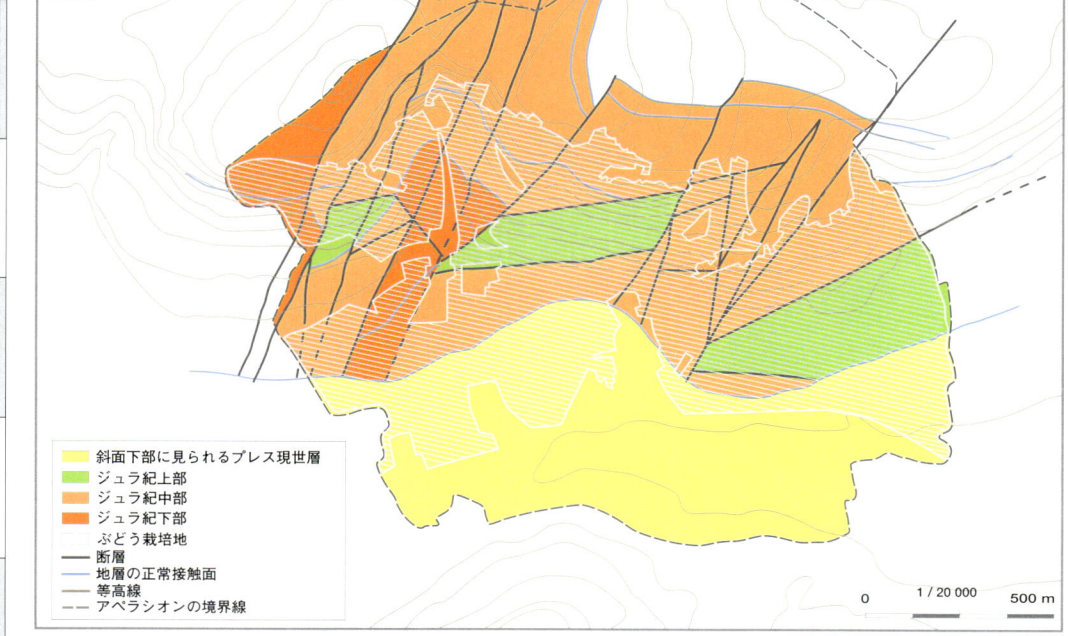

ロベール・ロテルによるサントネーの簡略化した地質図

統計

栽培面積:340ヘクタール
年間生産量:16,000ヘクトリットル

マランジュ Maranges

コート・ド・ボーヌでのもっとも南にあるマランジュの栽培地では、力強い赤ワインが生産されている。

マランジュのぶどう畑はソーヌ＝エ＝ロワール県に位置し、コートの他のアペラシオンが広がるお隣のコート＝ドール県にはまたがっていない。

このコート・ド・ボーヌ最南のアペラシオンは、シェイィ、サンピニ、ドズィズ（訳注：村名はそれぞれハイフンでマランジュと結ばれ、シェイィ＝レ＝マランジュというかたちで表記される）の各集落から構成されている。この地はグランド・コートに自然に続き、また一続きであるはずの栽培地は、ドズィズの集落を横切る北から南の断層によって2つに分けられている。またコザンヌの小河川が、南に広がるクショワ地区（訳注：産するのはACブルゴーニュ）とコート・シャロネーズとの境界になっている。

マランジュ

マランジュの栽培地は、東と南東、それに南に向かうひとつの丘陵の、標高200メートルから400メートルほどに広がっている。たいへん素晴らしい丘陵で、水捌けがよく、崩落物と黄土で覆われたジュラ紀の石灰岩質の泥灰土で構成されている。

栽培されているのはほとんどピノ・ノワール種で、産するワインはコート・ド・ボーヌというよりは、むしろコート・ド・ニュイのタイプといえるだろう。力強く濃い色合いで、少々渋みを感じさせ、おそらく若いうちはたくましく粗野な印象があるが、素晴らしい熟成をとげるワインである。特にプルミエ・クリュや当たり年の場合には、タンニンが落ち着くまで熟成を待つことが不可欠である。10数年の熟成を経るとマランジュの赤ワインの多くには、森の下草や野生の果実、毛皮のようなアロマが感じられるようになる。

プルミエ・クリュ

丘陵の中央部、南に向いた標高300メートルから350メートルほどの斜面に、6区画、計60ヘクタール以上のぶどう樹が植わるプルミエ・クリュのクリマが広がっている。

20ヘクタールを数えるラ・フュシエールのリュー＝ディは、プルミエ・クリュの帯の東西にわたり、その東は有名なサントネーのクロ・ルソーに接している。なかに含まれる広さ1.3ヘクタールのクロ・ド・ラ・フュシエールとともに、マランジュでもっとも上質なワインが生産されている。

その西の上部にはラ・クロワ・オー・モワンヌが続いており、ここからはたいへん滑らかなワインを産する。またプルミエ・クリュの東南の下部にはラ・ブティエールが位置し、コクがあり力強くかつエレガントなワインが生産されている。

レ・クロ・ルソーとクロ・デ・ロワエールのリュー＝ディでは、濃い色合いでがっしりしてタンニンが多く、魅力が開花するまでに時間を要するワインが生産されている。

ル・クロ・デ・ロワは上述のクリマに続いて、小さな貝殻が多く見られ亀裂のはいったシネムール階の石灰岩上の、水捌けのたいへんよい厚くない土壌に広がっている。このクリマで収穫されるぶどうからは、アペラシオンでもっとも申し分ないワインがつくられ、見事な骨格の複雑で上質、うまく熟成させられるものとなる。

マランジュでは珍しい白ワインもわずかに産するが、生産量はアペラシオンの数パーセント以下、広さも5ヘクタールほどにすぎない。しかしこの白は豊かで華やか、赤ワインと同じようにしっかりした骨格で、心地よいミネラル分があり、トロピカルフルーツやアプリコット、生のアーモンドのようなアロマが感じられ、よい熟成を経て開花するワインである。

統計

栽培面積：190ヘクタール
年間生産量：9,000ヘクトリットル

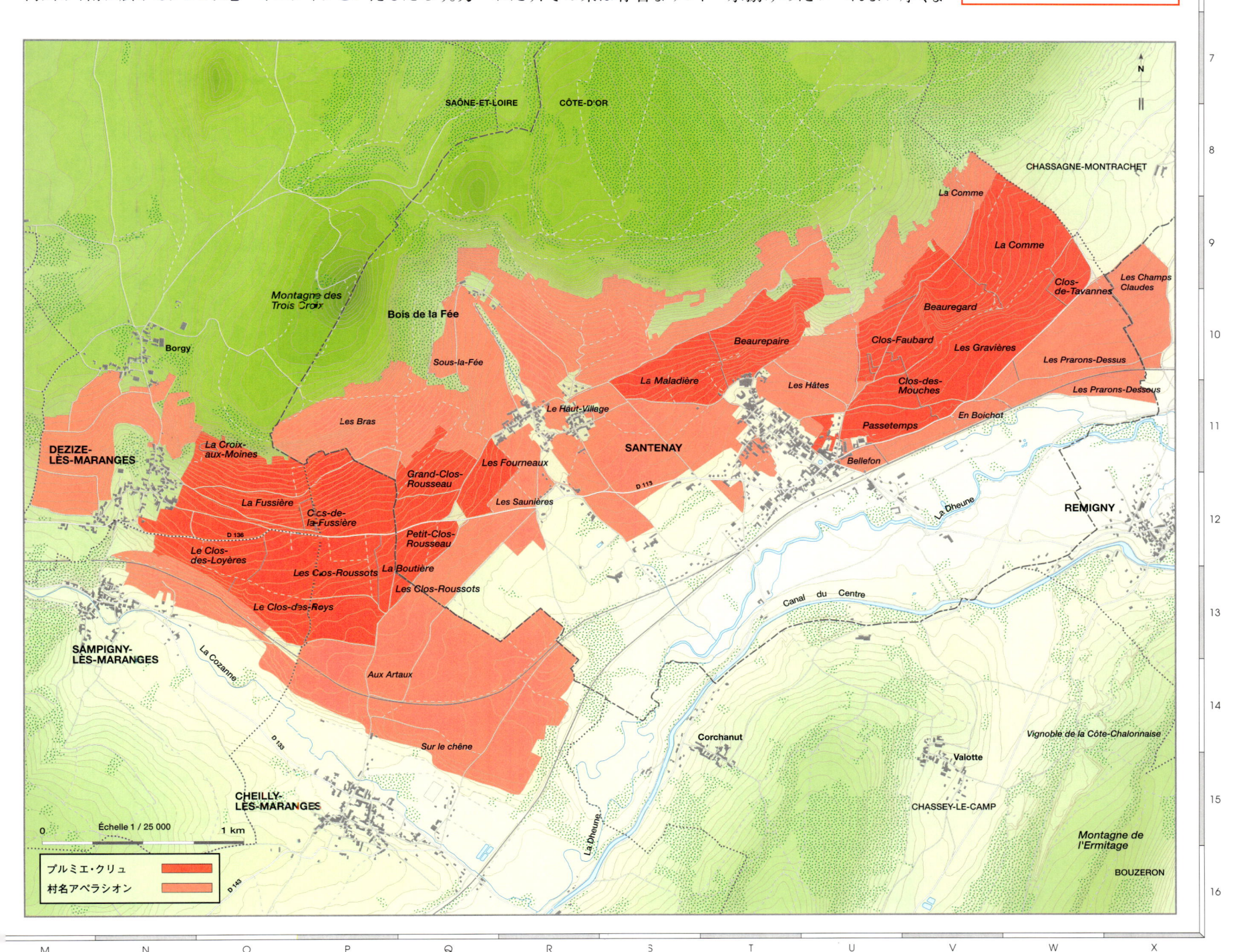

ブルゴーニュ地方 ◆ コート・シャロネーズ ◆ ブズロン ◆ リュリー ◆ メルキュレ

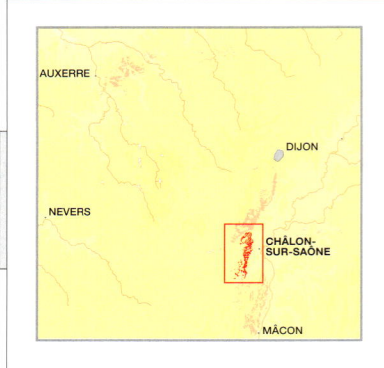

Côte Chalonnaise
コート・シャロネーズ

地質学上の主要な累層が繰り返し現れるコート＝ドールに続いているコート＝シャロネーズでは、評判のよい赤と白、双方のワインを産する。ここには5つの独自のアペラシオンをもった産地があり、メルキュレとジヴリーでは人気のある赤と少量の白ワイン、リュリーではよく知られた白ワインとその半分ほどの赤、ブズロンとモンタニーでは白ワインのみを産出している。

■ ぶどう栽培地とその自然要因

北のコート・ド・ボーヌと南のマコネー丘陵のあいだで、コート・シャロネーズの栽培地は、幅7キロメートル、長さ35キロメートル以上にわたって帯状に広がっている。

コート・シャロネーズは、断層によって切れ込みを入れられ、南東方向を主とする様々な向きが見られる狭い丘陵を形成している。ここには、ブズロン、リュリー、メルキュレ、ジヴリーそしてモンタニーという5つのアペラシオンが含まれ、それらはサン＝ヴァンサン山（訳注：モンタニーの30キロメートルほど西、ソーヌ・エ・ロワール県のほぼ中央に位置する）の地塊から形成されている。

この地は緩やかな斜面からなる丘陵が点在する景観によってコート・ド・ボーヌと区別される。コート＝ドールの卓状の景観は、複雑な断層によって細かく分けられた丘の並びにとって代わられている。コート・シャロネーズでは地層の傾斜がサン＝デゼール（訳注：ジヴリーの南にある集落）の断層の位置で突然逆転しており、畑は2種類の地質構造の上に広がっている。北の方では、地層が平原の方へ傾いており、それが南の方ではモルヴァン山地（訳注：シャロネーズの北西、クショワ地区の先に広がる地）へと続いている。

ドゥーヌ川からソーヌ平野までのコート・シャロネーズの基盤は断層で斬られたジュラ紀と三畳紀の地層によって特徴付けられ、硬質の石灰岩と泥灰質石灰岩、ところどころ砂岩が露出している。この地層は一方で東に傾き、ピノ・ノワール種に適応し、またもう一方で西に傾いてシャルドネ種に適する状況を生んでいる。そこではライアス統の泥灰土と虹色の三畳紀の泥灰土を、シャルドネ種が自らのものとしている。シャロネーズ南部、モンタニーで白ワインのみが生産されているのは、この地層が多く見られることによるためである。

この地の景観は、主に西向きの丘からなるモンタニーの栽培地が、グローヌ川を越えたマコネーの畑の連なりに向かい合っている。

ピノ・ノワール種は、シャロネーズの北部の褐色石灰岩や石灰質土壌を好むが、この区域には三畳紀とライアス統の累層は見られない。サン＝ヴァンサン山の北東端に連なる結晶質の岩石からなる基盤上で、畑は東に向き、ソーヌ平野を臨んでいる。

コート・シャロネーズの栽培地　2400ヘクタールと、その全面積の半分以上で、ACブルゴーニュとACブルゴーニュ・コート・シャロネーズのワインが生産されている。畑は主に花崗岩の古い基盤と三畳紀の砂岩を含む地層に上広がっており、この層はモンタニーの北、平地との境にあるビセ・スー・クリュショーの集落から丘陵部に沿って露出している。そこでは断層のひとつがグローヌ川の両岸までキンメリッジ階を下げていて、このことが黄土で覆われた土壌の説明ともなっている。キュル・レ・ロシュの南では、畑が、東のマコネー山地の連なりに面した、向きのよい丘陵に続いている。

モンタニーの南、サン＝ヴァルランの集落周辺および、ビュクシーとジヴリーのあいだのサン＝デゼールの集落周辺で産する赤はそれぞれ力強いながらも違いを見せている。一方より北部のメルセあるいはフィンテースの村々周辺でつくられるワインは、石灰岩質の優った土壌から、フィネスと滑らかなタンニンによって特徴付けられている。

シャロネーズ北端のシャニーの町から中央部、サン＝デザールの村落まで広がる畑は、サン＝ヴァンサン山からの地塁の上に形成されている。これはモンソー・レ・ミーヌ盆地とソーヌ平野のあいだで、古生代の古い基盤が隆起したためである。その後侵蝕によって、シャセの丘陵とエルミタージュ、フォリーそれぞれの丘、3つの塊に区切られ、その北と東の斜面はジュラ紀の堆積物で覆われている。そしてフォリーの丘によって、ブズロンとリュリーの栽培地が分けられている。

統計
栽培面積：485ヘクタール
年間生産量：31,500ヘクトリットル

ブズロン Bouzeron　畑は、シャニーの町に向かって開いた谷の、ジュラ紀上部層と中部層が削られてできた2つの斜面に広がっている。

ブルゴーニュ地方では珍しく、ブズロンは、この土壌でもっとも魅力を発揮するアリゴテ種からつくられる、高い評判を得ている白ワインの地である。ワインはその新鮮さと透明感のある果実味、ミネラル分とで他とは一線を画している。若いうちに愉しむワインとされているが、熟成もきく。ブズロンのアリゴテは他の栽培地のものとは異なり、香りの点でも非常に興味を引く仕上がりを見せている。

栽培地の半分は西向きで、残りの半分は東と南東に向きを変えている。ぶどう樹はほとんど厚みのない表土に植えられ、標高はおよそ270メートルから350メートルと高く、急な傾斜の斜面に広がっているが、この高さではシャルドネ種をよい状態で成熟させるのは難しい。しかしこのテロワールは冷涼ではあるが、ブルゴーニュでもっとも優れた基盤を備えているといえるだろう。実際、上部には、粘土と石灰岩が混ざったオックスフォード階の白い泥灰土が広がっており、この土壌はあのコルトン＝シャルルマーニュを生むコルトンの丘陵上部と同様な地質となっている。さらにコルトンではかつてアリゴテ種はシャルドネ種と伍して混じって植えられていた。また石灰岩の豊富なこの土壌もブズロンにおいては、コート・ド・ボーヌのアロース＝コルトンやムルソーほどの、高い収量は望めない。

アペラシオンのもっとも代表的なテロワールは、ラ・ディゴワーヌ、レ・クルー、フォルテュヌのリュー＝ディのように、村の上部に位置するところである。

統計
栽培面積：60ヘクタール
年間生産量：3,350ヘクトリットル

リュリー Rully　リュリーのぶどう畑は、シャニーの町に属する区画と、リュリーの村から南西方向に約4キロメートルにわたって広がっている。

生産量のほとんどを占める白ワインは、コート・ド・ボーヌの良質のワインに似ている。また赤ワインは生き生きした果実味を備えている。この赤は心地よいワインではあるが、メルキュレやジヴリーと競えるほどではない。

リュリーとブズロンのあいだに位置するフォリーの丘の一部は、コート＝ドール南部に較べより豊かでオイリーなワインの生産に適した微気候の恩恵をうけ、ぶどう畑は護られている。したがってリュリーはコート・ド・ボーヌで産するワインとのあいだに確かに類似性があるといえるだろう。断層によって、ここではジュラ紀中部層と上部層が交互に現れ、地層はソーヌ平野まで下っている。また、理想的な南東の斜面には、シャルドネ種に最適なウーライトを含む石灰岩の表土と泥灰土が見られる。しかしながら畑はおよそ230メートルから300メートルと、コート・ド・ボーヌより50メートルほども高所にあるので、ぶどうは成熟するのがさらに遅くなる。

もっとも勾配のある斜面にプルミエ・クリュが広がっており、なかでも上方にあるラブルセやクルー、ラクロのクリマは豊かでオイリーなワインを産することで知られており、また南の、モン・パレ、ヴォヴリー、グレシニーのクリマではよりミネラル分のある上質なワインが生産されている。シャニーの町にある有名なクロ・サン・ジャックでは、東向きの斜面のピュリニーに似た粘土質石灰岩の表土から、ヴィエーユ・ヴィーニュによる高い酒質のワインがつくられている。

統計
栽培面積：335ヘクタール
年間生産量：16,200ヘクトリットル

メルキュレ Mercurey　リュリーから続くメルキュレの栽培地は、標高230メートルから320メートルほどの東と南東、南を向いたの斜面の、泥灰岩と泥灰質石灰岩の土壌に広がっている。この基盤層は、地質的にはジュラ紀上部層と中部層に由来し、後者は特に赤ワインの生産に適している。つまりピノ・ノワール種は、硬質な石灰岩層に由来する礫質の表土で十全な生育をとげることができる。ワインは濃い色合いの熟成タイプだが、フィネスも併せ持っている。

60数ヘクタールほどの広さ

がある白は、メルキュレではたいへん少数派である。このワインはお隣のリュリーに較べ、よりオイリーでしっかりした骨格だが、モンタニーほどのミネラル分は備えていない。また赤同様、コート・ド・ボーヌの白とある種の共通点を備えている。

メルキュレでは30に上る優れたクリマがプルミエ・クリュに格付けされている。なかでもクロ・デュ・ロワ、クロ・ヴォワイヤン、マルシリィ、クロ・デ・フルヌー、クロ・デ・モンテギュは古くからのプルミエ・クリュとしてアペラシオンの中心的存在である。

統計
栽培面積：645ヘクタール
年間生産量：29,000ヘクトリットル

ジヴリー Givry　ジヴリーの栽培地は、シャロン゠シュル゠ソーヌ市の向かい、ソーヌ平野との境に、全体に東方に向いたなだらかなジュラ紀上部層上に広がっている。ピノ・ノワール種に最適なオックスフォード階の小石が混じった石灰質泥灰土壌からは、肉厚で色の濃い赤ワインがつくられる。白はここでは少数派で、シャルドネ種が30数ヘクタールに植えられているにすぎないが、心地よくたいへんバランスのよいワインである。

ACジヴリーは、ポンセの丘陵下部からビュクシーの集落への道路までを占めており、同様にリュシリーの村落の周りの丘陵の上部にも見られる。

プルミエ・クリュに格付けされたうちの7つのクリマは、東と南と南東の素晴らしい向きの斜面に恵まれている。なかでももっとも有名なクリマはクロ・ジュで、ドラシー・ル・フォールの集落に位置し、真東に向いた勾配のある斜面に6.5ヘクタールを占めている。風化した石灰岩の表土は小石が豊富で赤く、この区画だけに見られる酸化鉄が多く含まれている。蓄積された太陽熱によってぶどうの成熟が促され、ワインは色の鮮やかなスモーキーな香りのある個性豊かなものになる。

セルヴォワジーヌやセリエ・オー・モワンヌでは真南の斜面から申し分のないワインがつくられ、またクロ・サロモンやクロ・シャルレ、クロ・デュ・ヴェルノワ、クロ・ド・ラ・バロード、クロ・サン゠ポールなどのリュー゠ディでも上質なワインを生んでいる。

統計
栽培面積：645ヘクタール
年間生産量：29,000ヘクトリットル

モンタニー Montagny　栽培地はコート・シャロネーズの南端に位置し、白ワインのみを生産している。畑は、斜面の向きがところどころ異なるものの全体的には東南東を向いた、標高400メートルほどまで上るくっきりとした勾配の丘陵に広がっている。

モンタニーはそれとはっきりわかるミネラル分と、しばしば感じられるシダとヘーゼルナッツの香りが特徴であり、ワインはシャロネーズのグラン・ヴァンとはっきりいえるだろう。

ぶどう畑は、泥灰土あるいはライアス統や三畳紀の粘土質の泥灰質石灰岩の厚い褐色土壌に広がっている。これらはバジョース階の硬いウミユリ石灰岩の基盤上にあり、丘陵の頂部を形成している。

ビュクシーの集落の上部に広がる区画の北の箇所は、よりミネラル分を備えるもののそれほど豊満ではないワインの生産で知られている。表土は実際、シャブリと同じキンメリッジ階の石灰岩が優勢な土壌である。アペラシオンの南部では粘土がより多く、つくられるワインに若いうちはある種のカタさも感じられるが、年を経る毎に力強さを備えたものになる。

アペラシオンの中央部では、北と南の特徴を総合した感のある上質なワインがつくられている。

プルミエ・クリュに52のクリマが格付けされているが、その大半はわずかな面積しかないので、お互いにブレンドされ、モンタニー・プルミエ・クリュでリリースされている。そのなかでも有名なクリマは、ビュクシーの集落の北ではル・ヴィュー・シャトーとレ・ピダンス、南ではレ・コエルで、筋肉質でややカタい、熟成させられるワインが生産されている。中央部での有名な区画はレ・ビュルナンとモンキュショで、コート・ド・ボーヌのワインとはまた異なるタイプの白がつくられている。

統計
栽培面積：290ヘクタール
年間生産量：15,500ヘクトリットル

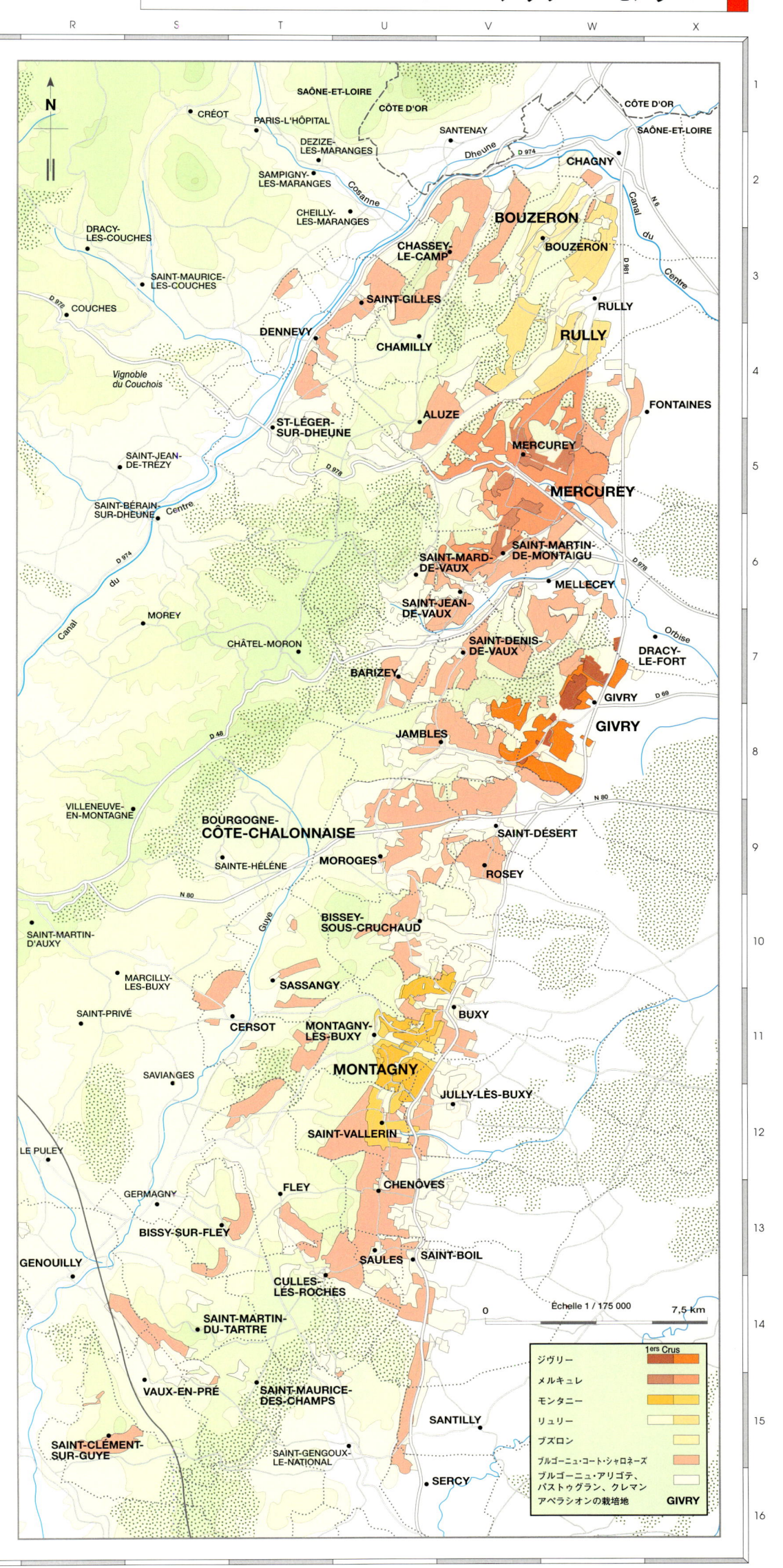

ブルゴーニュ地方 ◆ マコネー ◆ マコン ◆ プイィ=フュイッセ ◆ プイィ=ロシェ ◆ プイィ=ヴァンゼル

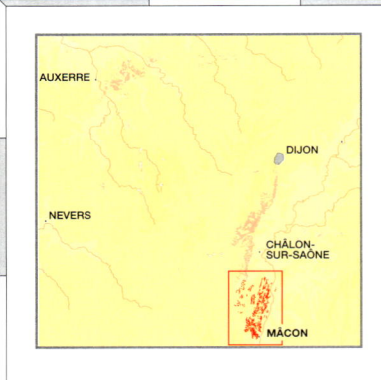

Mâconnais
マコネー

マコネーはブルゴーニュでもっとも南に位置する栽培地である。ここではピノ・ノワール種と、すでにボジョレー地区ともいえる箇所に植えられているガメ種から赤もつくられているが、なんといっても有名なのは白ワインで、なかには非常な名声を博しているものもある。プイィ=フュイッセ、プイィ=ロシェ、プイィ=ヴァンゼル、サン=ヴェランやヴィレ=クレッセで産するワインがそれである。

■ ぶどう栽培地とその自然要因

マコネーの栽培地は、北はスヌセ=ル=グランの集落から、南はマコン市の先まで50キロメートル以上の長さで、幅広い帯状に広がっている。

東のソーヌ河と西のグローヌ川、それに南をボジョレーの丘陵に囲まれたマコネーの景観は、もっとも標高のあるところで500メートルに達する丘陵の連なりから形成されていて、ぶどう畑も400メートル付近まで見られる。

コート・シャロネーズとの境界ははっきりしている。畑を擁するマコネー丘陵は、その中央部が陥没する以前、コート・シャロネーズ南部とともに構成されていた背斜ドームを形成している。地層はソーヌ平野に向かって傾いており、いくつか同一方向の傾きを示している大きなブロック、すなわち褶曲のない状態を形成している。侵蝕はもっとも硬い地層を残し(訳注:それが結果的に起伏となる)、一方でより柔らかい地層を、大きな溝のかたちに掘削している。ぶどう畑は南南西から北北東方向に平行に連なる丘陵に護られて、小さな谷間に広がっている。なかでも人目を引くのは、おそらくクリュジーユの集落の西に位置する丘であろう。

マコネー丘陵を構成している丘や低山の集まりは、北北東からの連なりと、それにほとんど直角に切り込んでいる東南東の方向の断層によって分けられた支脈のかたちで現れている。

アルプス山脈の隆起にともない、断層の作用によってマコネー山地の構成は異なりを生じ、大きく6つに分けられる区域が生じた。

・テゼ、コルマタン、シャペーズの各集落(訳注:コルマタン、シャペーズはp223の地図上ではS4、テゼは地図上に記されていないがコルマタンの数キロメートル南)で囲まれるようにしてある孤立した丘陵は、グローヌ川を見下ろしていて、流域の第三紀と第四紀の地層が現れている。

・ブラノの集落(訳注:p223のT7)がそのほぼ中心に位置する丘陵は、クリュニーの町の北東、グローヌ川に沿って広がっている。

・もっとも大きな連なりは、北はスヌセ=ル=グランの集落から始まり、南はフュイッセの村まで続いている。ここでは地質上、完全な層序が見られる。西側は花崗岩塊が、ぶどう畑を西風から護っている丘の頂部を形成している。バジョース階の地層からなるケスタは、ふもとにある、三畳紀とライアス統の窪地を見下ろしている。南側が切断されたこの標高の高いケスタは、ヴェルジゾンとソリュトレの有名な断崖絶壁を形づくっている。またバジョース階の上に見られるカローヴ階からオックスフォード階にかけての泥灰土は、クリュジーユ、ビシー、アゼ、イジェ、ヴェルゼの各村落に続く小さな谷間を形成している。この東側はジュラ紀上部層の石灰岩によって縁取られている。

・トゥルニュの町からシャントレの集落までの連なりには、ヴィレやクレッセ、レゼの集落の西側に主な起伏を形成しているバジョース階のケスタが認められる。また同時に東側にはジュラ紀中部層と上部層の起伏が見られる。

・リュニーの集落のすぐ北には、ジュラ紀層のみが現れている限られた土壌の小さな丘陵が見られる。

・マコン市の北、高速道路に沿って、やはりジュラ紀層だけが露出している小さな丘陵がいくつかある。これらによってヴィレ、クレッセ、レゼの各集落を繋ぐ丘陵と、ソーヌ平野とが分けられている。

さらにマコネーは次のような3つのタイプの表土で特徴付けられる。

・表土が褐色で石灰岩、泥灰質石灰岩、あるいは石灰質を含んだ土壌は、シャルドネー種から熟成タイプのワインを生むのにたいへん適している。これは主にプイィとサン=ヴェランの区域に見られ、マコネーの南に広がっている。

・この地でブルーズ belouzes と呼ばれる粘土質あるいは珪質粘土の土壌は、心地よい白とガメ種からの赤を産することのできる酸性土壌である。

・南部で見られとぎれとぎれとなっている、基盤層が花崗岩や火山岩からなる典型的な珪質土壌は、ガメ種がその魅力を十全に発揮するお隣のボジョレーの土壌に似通っている。

マコン Mâcon 6500ヘクタールを占め、いくつかのマコンのアペラシオンに加え、ACブルゴーニュやグラントルディネールその他のレジオナルを生産している。赤はマコン、マコン・シューペリュール等のアペラシオンがあり、産する村の名前を付けることができる。これらはガメとピノ・ノワール種からつくられ、多くが飲みやすくフルーティーな心地よいもので、若いうちに少々冷やして飲むべきワインである。

白も赤と同じく複数のアペラシオンがあるが、それに加えマコン・ヴィラージュ、ピノ・シャルドネー・マコンも名乗れる。異なるテロワールの性質と生産者によって同じシャルドネー種から、軽くフルーティーなワインから複雑なものまで様々なタイプが生産されている。そのためこの地で素晴らしい1本に巡り合うことはそう難しいことではない(訳注:赤と白にしか触れられていないが、少量のロゼもある)。

統計(マコン)
栽培面積:3,750ヘクタール
年間生産量:250,000ヘクトリットル

プイィ=フュイッセ Pouilly-Fuissé マコン市の南西、フュイッセとソリュトレ、ヴェルジゾン、シャントレの4ヵ村の周りに弧を描くように聳えた険しい断崖の下部を覆っている、700ヘクタール以上に植わるシャルドネー種の栽培地がプイィ=フュイッセの産地である。畑は標高250メートルから350メートルほどに位置し、様々な向きの斜面に細かく分割されている――ほとんどは東南東だが、真南や真東にも向いている――。土壌は主に粘土質石灰岩だが、同時にかなりのシストを含む箇所がある。

これらは、集落毎にぶどうの成熟具合の差が顕著に現れることからも分かるように、テロワールが非常に多様性に富んでいることを示している。格付けやプルミエ・クリュといったテロワールの差別化を図る手だてがないため、生産者達は4つの集落に点在するリュー=ディの名称によってワインを分けているが、なかには非常な評判を博しているものもある。シャントレの集落のワインで、レ・ヴェルシェールとル・クロ・レシエの区画からのものは豊かでたっぷりとしたタイプ、ヴェルジゾンの集落のクレあるいはラ・ロシュから産するワインはたくましく鋭敏なタイプとして知られている。他にもフュイッセ村のレ・ヴィーニュ・ブランシュ、レ=クロ、レ=コンベット、ソリュトレ在のレ・ブティエール、オー・シャイユー、オー・クロなどのリュー=ディは素晴らしい名声に恵まれている。

統計(プイィ=フュイッセ)
栽培面積:760ヘクタール
年間生産量:44,200ヘクトリットル

プイィ=ロシェ Pouilly-Loché 30ヘクタールほどの小さな産地は、プイィ=フュイッセの東、またプイィ=ヴァンゼルの畑の北に位置し、独自のアペラシオンを名乗っている。ここではシャルドネー種からプイィ=フュイッセとさほど変わらないワインが生産されているが、よりフローラルではつらつとしたタイプであると評されている。

統計(プイィ=ロシェ)
栽培面積:31ヘクタール
年間生産量:1,700ヘクトリットル

プイィ=ヴァンゼル Pouilly-Vinzelles ここも約50ヘクタールと小さな栽培面積で、プイィ=ロシェの南、プイィ=フュイッセの東を占めている。ロシェ同様、ヴァンゼルもシャルドネー種からつくられるが、ワインはプイィ=フュイッセほど豊かでないものの、ロシェと同じくより新鮮さを感じさせるといわれるタイプが生産されている。実際、これら2つのアペラシオンは、おそらくその制定当時の生産者組合の力関係から生まれてしまったにすぎないであろう。事実、産するワインのそれぞれの特徴という観点から、アペラシオンの存在の意義をはっきりさせることは誰もできないだろう。

統計(プイィ=ヴァンゼル)
栽培面積:55ヘクタール
年間生産量:2,800ヘクトリットル

サン=ヴェラン Saint-Véran
サン=ヴェランでは、プイィ=

ブルゴーニュ地方 ◆ マコネー ◆ サン=ヴェラン ◆ ヴィレ=クレッセ

フュイッセの栽培地の北と西と南に接する7つの集落、計535ヘクタールにぶどうが植わっている。ところどころ厚い粘土質石灰岩の表土でシャルドネー種から、箇所にもよるがたいへんプイィ=フュイッセに似た白が生産されている。栽培地北部、ダヴァイエとプリッセの集落ではまろやかで比較的早飲みタイプのワインを産し、反対に南の栽培地では、よりカタめで少々熟成させるべきワインが生産されている。

統計（サン=ヴェラン）
栽培面積：620ヘクタール
年間生産量：38,000ヘクトリットル

ヴィレ=クレッセ Viré-Clessé
畑は、マコネー丘陵のもっとも東側の丘陵のひとつで、東向きの斜面を占めている。この地は、ソーヌ河の西、サンタルバンの集落に位置するACマコンの畑と小さな谷間によって分かたれているにすぎない。そのため起伏は2つの丘陵の周りに限られている。

• 最初の丘陵の頂部には、基盤層であるウミユリ石灰岩によって形成されたライアス統の多量の泥灰土が見られる。この頂はヴィレの集落の西で、畑をビュルジとペロンヌの両村（訳注：これらの村々はヴィレ=クレッセの産地ではない）に分けている。またクレッセの集落から続く土壌は、西側のサン=モーリス・ド・サトンネーの向斜まで連なっている。

• 2番めの丘陵はさほど重要ではないが、オックスフォード階上部層の石灰岩からなるアルゴーヴ階の泥灰土が形成されている。これはヴィレではなくクレッセの集落がある丘陵でよりはっきりしている。クレッセでは西隣の山腹が加わり、ライアス統の泥灰土とサン=ピエール・ド・ランクの石灰質の礫岩で覆われた、シレックスを含む第三紀の粘土層とが見られる。

ワインは豊かさとオイリーさがあり、アカシアやヘーゼルナッツ、菩提樹の花のアロマが特徴で、熟成とともにミネラル分も感じられるようになる。ヴィレ=クレッセはコート・ド・ボーヌに較べ得る酒質を備えたワインである。

統計（ヴィレ=クレッセ）
栽培面積：260ヘクタール
年間生産量：11,500ヘクトリットル

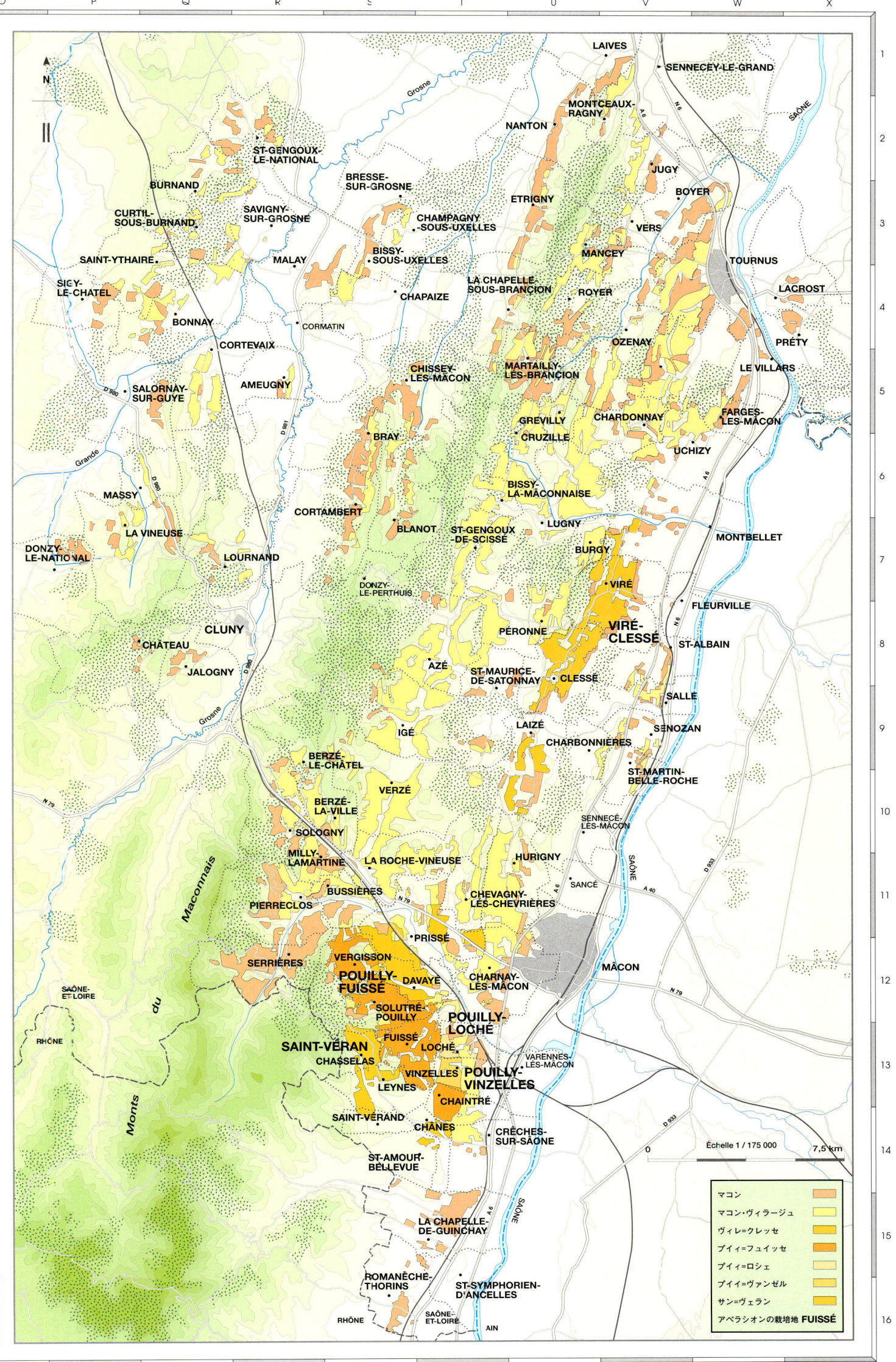

Beaujolais
ボジョレー

ボジョレーは、唯一のぶどう品種、ガメ種から種々の赤ワインがつくられている素晴らしい栽培地だが、それに値する敬意は払われていないようである。さらにヌーヴォーと呼ばれる魅力的な新酒が世界的に名を馳せているため、10に上る独自のアペラシオンをもつ産地の高い酒質のワイン――そのなかには傑出した水準のもの見られる――があることを忘れてしまいがちである。

統計
栽培面積：23,000ヘクタール
年間生産量：1,400,000ヘクトリットル

■ ぶどう栽培の始まりとその来歴

地理的な状況と航行可能なソーヌ川の存在によって、日照に恵まれたボジョレーの丘陵では、非常に古い時代からぶどう栽培がおこなわれてきた。

他の多くの産地同様、ボジョレーもカエサルのローマ軍によって発展を見たが、これらはリヨンで発掘されたアンフォラ――主にワイン等の運搬用の両の取っ手が付いた壺――からも確認できる。ローマ帝国の崩壊と蛮族による荒廃の後、近隣のクリュニーのような大修道院が他の栽培地と同じく、ここボジョレーの地でもぶどう栽培を促進させた。修道士の残した文書には、この地方の人口が既に多かったことに加え、土壌は花崗岩質でただひとつのぶどう品種の栽培に適していることが記されている。このことは、ガメ種の存在の重要な根拠といえる。

その後、ぶどう栽培は、100年戦争、ペストの流行、大飢饉、宗教戦争やフランス革命などにより度々の中断を余儀なくされた。19世紀末、畑は1880年の酷寒による悲惨な霜害から立ち直ったばかりだったが、鉄道の開通のおかげで、フィロキセラ禍が再びぶどう畑に大損害を与えることとなった。この災害の解決策となったアメリカ産の台木を見出したのは、ここボジョレーの住人であるヴィクトール・ピュイヤであった。

これらの危機を乗り越えてボジョレーのぶどう畑は再び息を吹き返し、現在にいたっている。

■ 産地の景観

ぶどう畑は、北はアゼルグの谷間から南はリヨン市の周辺までおよそ55キロメートルに連なり、東西の幅はせまい箇所で12キロメートル、広いところで15キロメートル以上にわたる。

ボジョレー丘陵を西の境界としてぶどう畑は、ソーヌ河のほうへ下る連続したなだらかな起伏の丘陵と丸い頂きの丘の連なりに広がっている。

ソーヌ川の支流である小河川の流れがぶどう畑の排水を担いながら、丘陵を西から東、北西から南東へと削っている。

一般的な斜面の向きは東から南東、そして南で、ほとんどの畑で早朝から日照を享受できる恩恵を被っている。北向きの斜面はぶどう栽培には向いていない。

畑は標高500メートルから200メートルまで見られる。この標高の違いによって、もっとも早熟な区域と晩熟な区域とのあいだでは、収穫日におよそ2週間ほどの開きが生じることとなる。

ボジョレーの醸造法、またはマセラシオン・カルボニック

世界中でおこなわれている赤ワインの醸造方法は、果梗と果肉とを分け圧搾して果汁を取り出し、果皮に触れさせ醸しをおこなう、という手順を踏む。

ボジョレーにおいては、ぶどう果は手摘みで収穫され、果皮にキズが付かないよう注意深く移動、そして発酵用の密閉タンクに入れられる。タンク内のぶどう果の重みで底部の実の果皮は自然に裂け、果汁がたまり、発酵が始まる。その際、酵母によってぶどう果の糖分はアルコールと炭酸ガスに分解され、その炭酸ガスが充満したなかで発酵が続くことになる。

この方法では、ぶどう果のリンゴ酸はエタノールに変化し、早く消費されるタイプのワインに有利な減酸がおこなわれる。さらにこの醸造法からは、ボジョレー特有の発酵からくるアロマがもたらされる。

■ 気候

内陸に位置するにもかかわらず、ボジョレーは3つの大きな気候区分の影響を受けているため、もっともぶどうが早く熟する栽培地のひとつである。

年間平均気温が摂氏11.2度のボジョレーでは、全体的に温暖な気候と考えられている。ここではそのほとんどで大西洋気候の影響下にあるが、夏のあいだは地中海性気候の影響も受ける。また大陸性気候の影響は、冬と春の初めの冷たく乾燥した北東の風によって強く感じられる。

寒冷な年には平均気温は10度を割り込むこともあるが、逆に暑い年には12度を上回ることがある。さらに興味深いことに1988年以来、平均気温は上昇し続けている。

春先の霜は、芽生え始めた畑にしばしば大損害をもたらす。夏のあいだは、海洋からの風より畑を護っている中央高地の支脈によって、雹を含む雷雨の原因となる暑い上昇気流が発生する。

通常の年間日照量は1925時間で、冬期の最少の月で50時間、最大の7月で290時間である。

畑に主に吹くのは西からの風で、北風や南風も見られる。東風はほとんど吹くことがなく、したがって蒸発量は少ない。

年間の平均降雨量は過去35年間で722ミリメートルだが、もっとも少なかった年の495ミリメートル――1973年――と、最大を記録した年の1039ミリメートル――1977年――ではかなりの開きがある。また年間を通して降る量は一定で、毎月40ミリメートルから80ミリメートルほどの降雨量がある。

🍇 ぶどう品種

ボジョレーにおけるもっとも素晴らしいぶどう品種がガメ種であることに議論の余地はない。

最近の研究では、ガメ種の起源が、今日では絶滅している白ぶどう品種のグエ種 Gouais とピノ・ノワール種の交配種であることが確認されている。このことから、1000年以上も前にブルゴーニュで品種改良の動きがあったことへの信憑性が高まった。

ガメ種は粘土質石灰岩の土壌では収量過多となるため、その地から除かれたとしても、ボジョレーのシストを含む痩せた土壌では、ガメ種は備わる特徴を十全に現し、また多様性にも富みその持てる魅力を完全に発揮することができる。今日栽培されているのはもっとも質的に優れているもので、ガメ・ロンド種とガメ・ジョフレ種の2品種がこれに相当する。

良質のぶどうを生産するためには、この丈夫な品種をヘクタールあたり約1万株と高い密植度で植付け、逆に1株の収量は制限しなければならない。そのためには、芽数を置かないよう短かめの剪定がなされるべきである。

ガメ種はフランスでおよそ36400ヘクタール栽培されているが、そのうちボジョレーでは22500ヘクタールほどを占めている。

ボジョレー

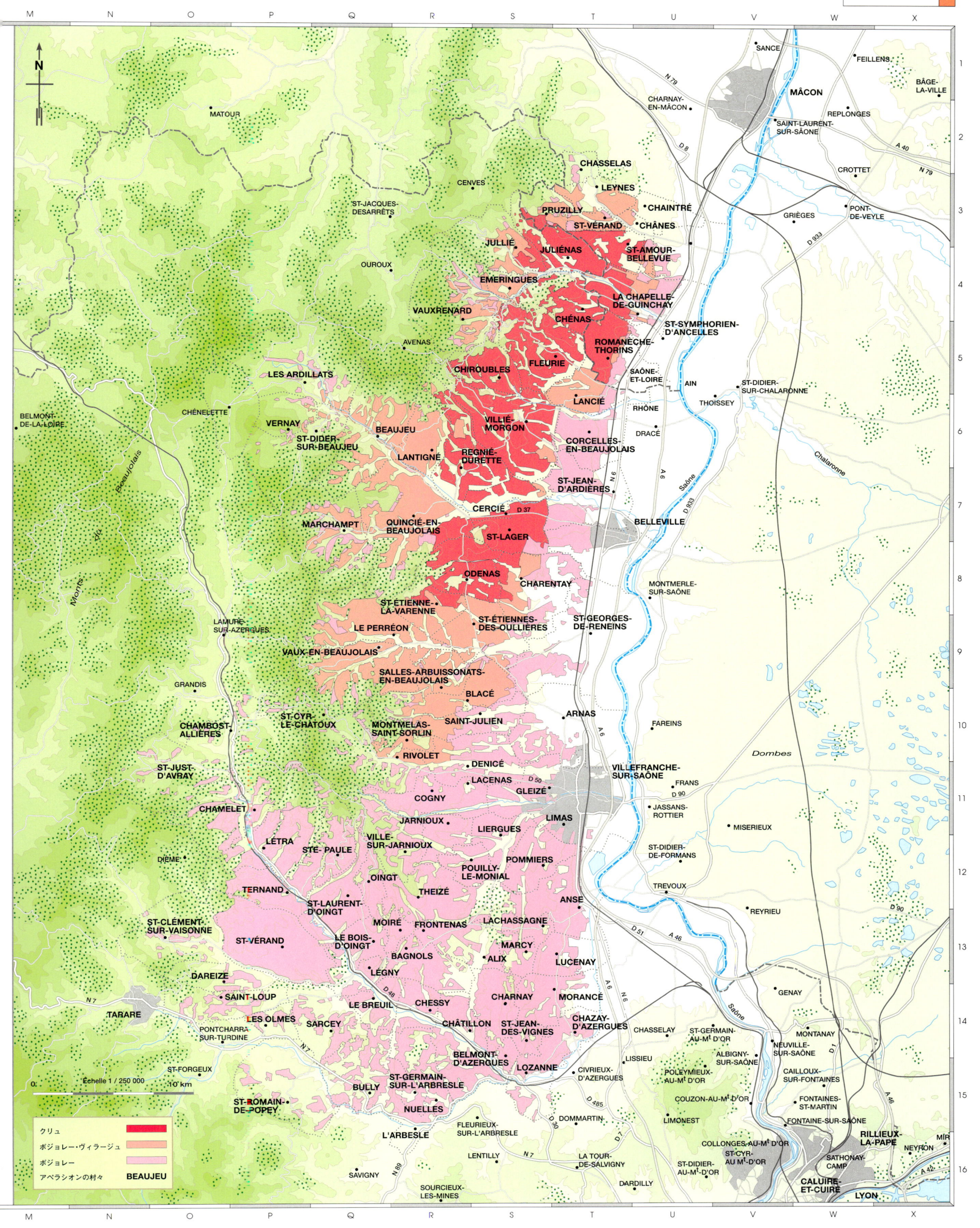

地図上の地名

クリュ (Cru)
- CHASSELAS
- LEYNES
- PRUZILLY
- ST-VÉRAND
- CHAINTRÉ
- CHÂNES
- JULLIÉ
- JULIÉNAS
- ST-AMOUR-BELLEVUE
- EMERINGUES
- LA CHAPELLE-DE-GUINCHAY
- VAUXRENARD
- CHÉNAS
- ROMANÈCHE-THORINS
- CHIROUBLES
- FLEURIE
- LANCIÉ
- VILLIÉ-MORGON
- RÉGNIÉ-DURETTE
- ST-LAGER

ボジョレー・ヴィラージュ (Beaujolais-Villages)
- LES ARDILLATS
- VERNAY
- BEAUJEU
- LANTIGNÉ
- CORCELLES-EN-BEAUJOLAIS
- ST-JEAN-D'ARDIÈRES
- CERCIÉ
- MARCHAMPT
- QUINCIÉ-EN-BEAUJOLAIS
- ODENAS
- CHARENTAY
- ST-ÉTIENNE-LA-VARENNE
- ST-ÉTIENNES-DES-OULLIÈRES
- LE PERRÉON
- VAUX-EN-BEAUJOLAIS
- SALLES-ARBUISSONATS-EN-BEAUJOLAIS
- BLACÉ
- MONTMELAS-SAINT-SORLIN
- SAINT-JULIEN
- RIVOLET
- DENICÉ

ボジョレー (Beaujolais)
- CHAMBOST-ALLIÈRES
- ST-CYR-LE-CHATOUX
- ST-JUST-D'AVRAY
- CHAMELET
- LÉTRA
- STE-PAULE
- COGNY
- JARNIOUX
- LACENAS
- GLEIZÉ
- LIERGUES
- LIMAS
- VILLE-SUR-JARNIOUX
- POUILLY-LE-MONIAL
- POMMIERS
- DIÈME
- TERNAND
- OINGT
- THEIZÉ
- ANSE
- ST-CLÉMENT-SUR-VAISONNE
- ST-LAURENT-D'OINGT
- MOIRÉ
- FRONTENAS
- LACHASSAGNE
- ST-VÉRAND
- LE BOIS-D'OINGT
- MARCY
- BAGNOLS
- ALIX
- LUCENAY
- DAREIZE
- LÉGNY
- SAINT-LOUP
- LE BREUIL
- CHESSY
- CHARNAY
- MORANCÉ
- TARARE
- LES OLMES
- SARCEY
- CHÂTILLON
- ST-JEAN-DES-VIGNES
- CHAZAY-D'AZERGUES
- PONTCHARRA-SUR-TURDINE
- BELMONT-D'AZERGUES
- LOZANNE
- ST-FORGEUX
- ST-ROMAIN-DE-POPEY
- BULLY
- ST-GERMAIN-SUR-L'ARBRESLE
- NUELLES
- L'ARBESLE

アペラシオンの村々: BEAUJEU

凡例
- クリュ
- ボジョレー・ヴィラージュ
- ボジョレー
- アペラシオンの村々

Échelle 1 / 250 000
0 — 10 km

ボジョレー Beaujolais

ACボジョレーの産地の大部分は、ヴィルフランシュ=シュル=ソーヌ市より南に位置し、珪質粘土と石灰質粘土が主となる種々表土に広がっている。

ACボジョレーはその多くが紫がかったレッドチェリーの色調を呈し、土壌の性質や収穫年によって異なるものの、主にイチゴやラズベリー、キイチゴ、カシスを思わせる赤い果実のアロマを備えている。口に含むとタンニンはほとんど感じなく、酸味のある弾けるような味わいで、口当たりのよい瑞々しいワインである。また果実味そのものといった感じのワインだが、そこそこカタさもある。ボジョレーの多くは新酒として販売され、しっかりしたつくりのワインでも通常、生産から2年ほどのあいだに飲まれている。

珪質粘土の土壌では香り高くエレガントなワインを産するのに対し、粘土質から石灰質粘土の土壌では熟成させることのできるようなタンニンのしっかりした濃い色合いのワインが生産されている。

醸しの期間は大体5日から7日間である。また温度のコントロールと酵母の株の選択がワインの質にとって大切なことが明らかにされている。

栽培地の北と南の区域は、もっとも石灰質の多い土壌で、シャルドネ種からボジョレー・ブランのアペラシオンを名乗れる珍しい白ワインが生産されている。このワインは輝くような黄金色で口に含むと滑らかでエレガント、アカシアやセイヨウサンザシのような白い花のアロマが感じられる。醸造法や収穫年にもよるが3年から5年は寝かせることができる。

統計
栽培面積：10,500ヘクタール
年間生産量：670,000ヘクトリットル

ボジョレー=ヴィラージュ Beaujolais-Villages

ボジョレー=ヴィラージュは、栽培地南のACボジョレーとクリュ最南部ブルイィとのあいだ、およびカンシエ（訳注：p225の地図上のR7、カンシエ=アン=ボジョレーがそれにあたる）の集落からマコネーとの境界にいたるシャントレの村までの10のクリュ・ボジョレーの産地に隣接した区域など、総数39ヵ村から産する。

ACボジョレー=ヴィラージュでは、種々の性質の表土に加え、190メートルから500メートルという高低差が見られる区画毎の差異にも関連し、産するワインにはいくつかのタイプがある。

もっとも低部に位置する区画は粘土質から砂質の黄土の表土で、古い沖積土の緩やかな斜面や台地に広がっている。ここでは滑らかで軽いワインが生産されている。

斜面の中腹部では畑は、泥質の砂やしばしば礫を含んだ砂質の黄土で覆われており、ボジョレー=ヴィラージュのヌーヴォー発祥地であるサンテティエンヌ=デ=ウイエール（訳注：p225の地図上のS9）の集落に見られるような沖積扇状地の台地や緩やかな斜面に広がっている。

アルビュイッソナ（訳注：p225の地図上のR10、サル=アルビュイッソナザン=ボジョレーがそれにあたる）の集落あるいはル・ペレオン（訳注：p225の地図上のR9）の村のほうには、片麻岩あるいは花崗岩でできた多少険しい丘陵が見られる。

クリュ・ボジョレーの村々に接しているボジョレー=ヴィラージュの産地は、味わい的にもそれらに類似したワインができるような土壌に広がっている。例えばブルイィの丘に続くサン=ラジェ（訳注：p225の地図上のS7）の丘陵は、片麻岩、閃緑岩、花崗岩、凝灰岩、シスト等の結晶質の岩石に由来する酸性の砂質泥土の土壌で形成されている。またボージュー（訳注：p225の地図上のQ6）の集落の急な斜面ではシストが多く見られる。

大方のワインは3年以内に飲むべきものだが、アルビュイッソナやカンシエあるいはサンテティエンヌ=ラ=ヴァレンヌ（訳注：p225の地図上のR8）といった集落の周辺のように、熟成能力のあるワインを生む例外的な土壌もある。

若いうちのボジョレー=ヴィラージュは、紫がかったガーネット色で、赤や黒系の果実のアロマだが、ぶどうが完熟した年にはフルーツ・コンフィのアロマが感じられる。口に含むと豊かでバランスよく、魅力的である。熟成につれ、ドライフルーツのアロマが発達し、より複雑な香りを纏うようになる。

統計
栽培面積：6,000ヘクタール
年間生産量：350,000ヘクトリットル

ボジョレー・ヌーヴォー Beaujolais nouveau

昔はできたてのボジョレー・ヌーヴォーはリヨンの居酒屋で売られているにすぎなかったが、今では世界的な成功を収めるにいたっている。

ガメ種独特のはつらつとしたアロマを備えた非常に若々しいボジョレーは、まだ安定はしていないものの、新酒特有のわずかな濁りに炭酸ガスと果実味が感じられ、同じようなタイプのワインのなかでも並ぶものがないほど傑出している。

ヌーヴォーを味わうとき、その大成功を収めた理由を理解できるにしろ、リヨンの居酒屋でその気取りない味わいを愛でたひいき筋しか出会えなかった時代に較べると、今日の過熱しすぎとも思える人気と、世界中いたるところで勝ち得た名声は価格にしっかりと反映される傾向にある。

統計
栽培面積：8,250ヘクタール
年間生産量：500,000ヘクトリットル

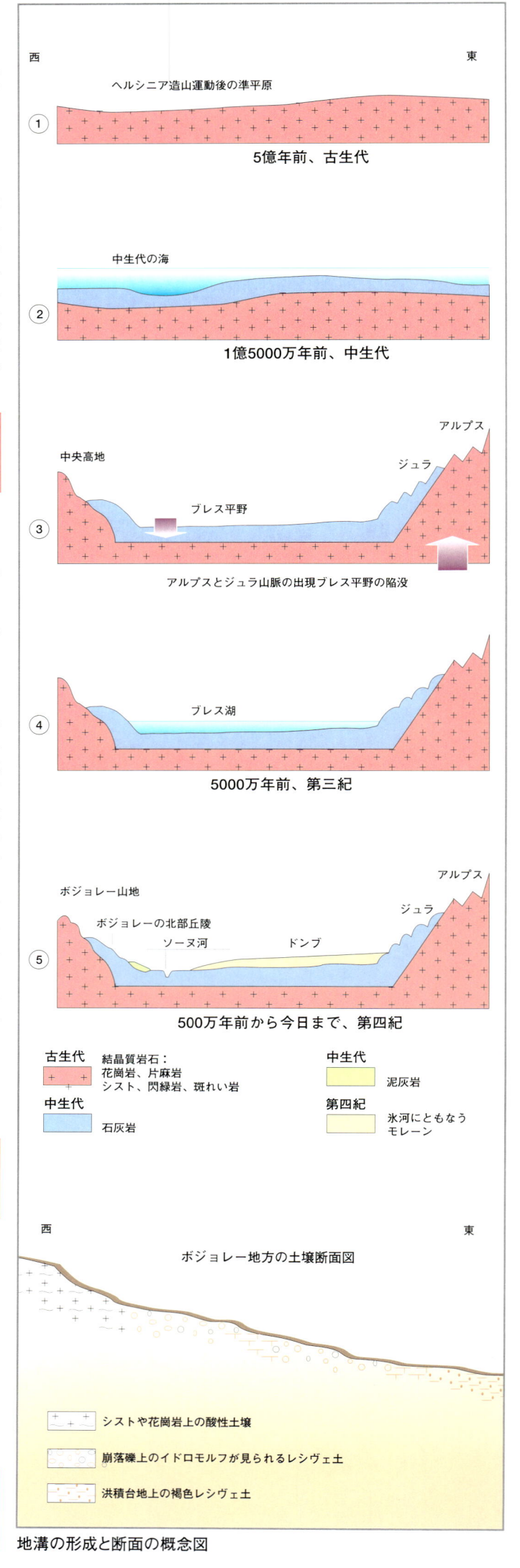

地溝の形成と断面の概念図

① 5億年前、古生代 — ヘルシニア造山運動後の準平原

② 1億5000万年前、中生代 — 中生代の海

③ アルプスとジュラ山脈の出現 ブレス平野の陥没 — 中央高地、ブレス平野、ジュラ、アルプス

④ 5000万年前、第三紀 — ブレス湖

⑤ 500万年前から今日まで、第四紀 — ボジョレー山地、ボジョレーの北部丘陵、ソーヌ河、ドンブ、ジュラ、アルプス

凡例：
- 古生代：結晶質岩石：花崗岩、片麻岩、シスト、閃緑岩、斑れい岩
- 中生代：石灰岩
- 中生代：泥灰岩
- 第四紀：氷河にともなうモレーン

ボジョレー地方の土壌断面図

- シストや花崗岩上の酸性土壌
- 崩落礫上のイドロモルフが見られるレシヴェ土
- 洪積台地上の褐色レシヴェ土

ボジョレー

■ 地質と土壌

ボジョレーの地質は、中央高地、東端のヘルシニア造山運動を受けた基盤から形成されていて、そこには異なる4つの地質時代が見られる。

3億年間続いた古生代末期 ヘルシニア造山運動にともなった褶曲が、現在のフランスのほとんどに高い山脈をもたらしたが、その後の侵蝕によって平坦となった。ヘルシニア造山運動後、侵蝕はさらに花崗岩と片麻岩で構成された準平原を生み出した。

今日のボジョレーを構成している花崗岩、火成岩、シストからなる土壌は、この古生代の地質の表層が風化したものである。

これらが、ボジョレー＝ヴィラージュのアペラシオンとクリュ・ボジョレーの10のアペラシオン、双方とで優勢な土壌である。

1億5000万年にわたる中生代 静かな長い堆積作用が続いた時代である。この時代、古生代の大陸基盤は浅い海に覆われ、海底には三畳紀の砂質および珪質物とジュラ紀の粘土質石灰岩の堆積が続いた。

第三紀 ピレネーやアルプスの高い山脈を出現させた基盤層の活発な活動が見られた。この活動はさらにラインやロワール、アリエやソーヌの平原を生んだ陥没をもたらした。また同時に、中央高地の支脈の隆起を誘発し、今日のブルゴーニュやボジョレーのぶどう畑が連なる丘陵の斜面を形成した。

ボジョレーでは、この大変動の際ゆっくりと形成された断層束が、南部におけるジュラ紀の粘土質石灰岩の土壌、あるいは北部の結晶片岩の土壌を横切っている。

第四紀 氷河が、ボジョレー南部で珪質粘土のモレーンを堆積させた。さらに海が引いた後は、モーヴェーズ川（訳注：シェナとジュリエナの境を流れている）やアルディエール川（訳注：同じくブルイィとレニエの境界を流れる）のような河川による掘削が進み、沖積台地が形成された。

このような状況およびいくつかの異なる基盤層によって、ボジョレーの土壌の多様性が形成された。それらは以下に大きく3つのグループに分けることができる。

● 堆積岩は、物理的、化学的、生物学的現象の結果生じた。物理的な現象とは、侵蝕や運搬、積み重なりによるもので、化学的な現象は、岩石の溶解やその成分の濃縮に起因する。また生物学的な現象は、堆積（訳注：珊瑚等の堆積）や沈殿（訳注：珪質物や石灰質物の形成）によるものである。

● 噴出岩は、噴出によって表面に現れるか、貫入によって地中深くに留まっているものである。これらは速度の差はあれ、後に結晶質岩石になる。

● 変成岩は上述の双方に由来し、地中深くで受けるかなりの圧力の増加と温度上昇によって変化したものである。

ボジョレーの栽培地を形成している土壌は基盤層の変質物であり、その土壌の性質は場所毎の基盤層の特徴によるところが大きい。

以上のようなことから、礫が多く乾燥している表土は小さな丘の上部に位置し、濃密なワインがつくられている。また厚い表土は保水性も高く、斜面の低部に広がるのと同様、小さな谷間にも見られ、感じのよい上質なワインを生んでいる。

ソーヌ河周辺では、土壌は陸成堆積物と河川堆積物の両者が交錯しているところに発達し、軽やかなワインがつくられている。

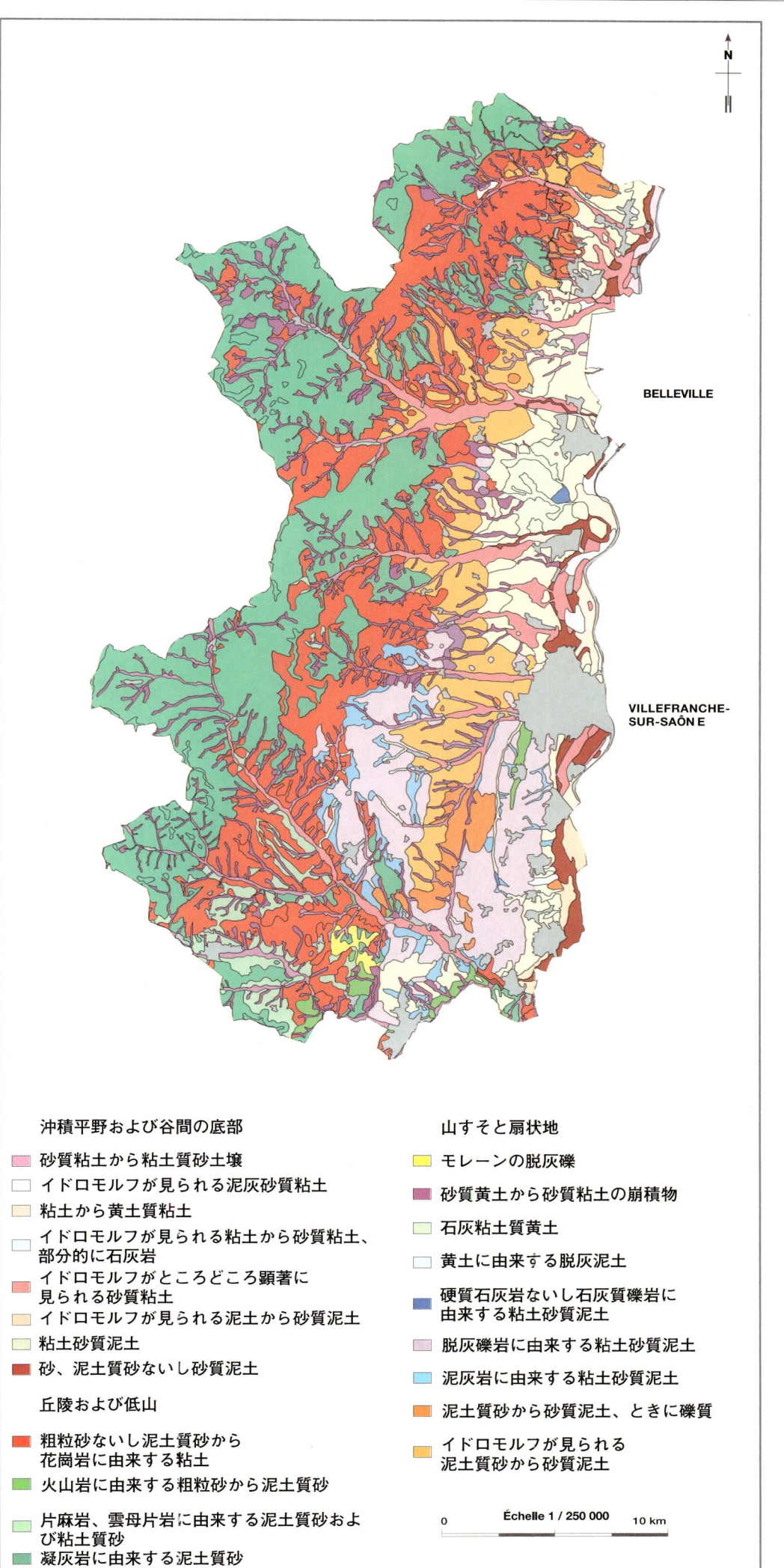

沖積平野および谷間の底部
- 砂質粘土から粘土質砂土壌
- イドロモルフが見られる泥灰砂質粘土
- 粘土から黄土質粘土
- イドロモルフが見られる粘土から砂質粘土、部分的に石灰岩
- イドロモルフがところどころ顕著に見られる砂質粘土
- イドロモルフが見られる泥土から砂質泥土
- 粘土砂質泥土
- 砂、泥土砂ないし砂質泥土

丘陵および低山
- 粗粒砂ないし泥土質砂から花崗岩に由来する粘土
- 火山岩に由来する粗粒砂から泥土質砂
- 片麻岩、雲母片岩に由来する泥土質砂および粘土質砂
- 凝灰岩に由来する泥土質砂

山すそと扇状地
- モレーンの脱灰礫
- 砂質黄土から砂質粘土の崩積物
- 石灰粘土質黄土
- 黄土に由来する脱灰泥土
- 硬質石灰岩ないし石灰質礫岩に由来する粘土砂質泥土
- 脱灰礫岩に由来する粘土砂質泥土
- 泥灰岩に由来する粘土砂質泥土
- 泥土質砂から砂質泥土、ときに礫質
- イドロモルフが見られる泥土質砂から砂質泥土

Échelle 1 / 250 000　0　10 km

Carte réalisée par Nicolas Besset Comité de Développement du Beaujolais d'après source SIRA / SOL CONSEIL

ボジョレーの土壌図

ボジョレー ◆ クリュ・ボジョレー

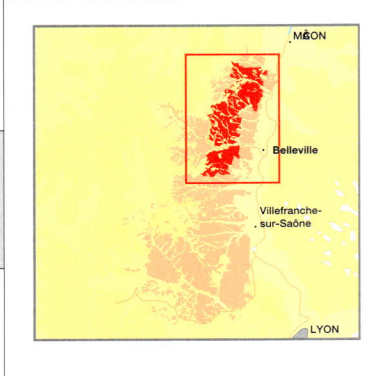

les Crus du Beaujolais
クリュ・ボジョレー

ボジョレーの10のクリュはこの地方のまさに白眉ともいうべき地で、他のボジョレーの産地に較べ、よりガメ種の特質を発揮している。クリュのそれぞれは、柔らかなタイプやしっかりしたタイプ、あるいは繊細な味わいのものから力強いそれまで、はっきりとした個性を備えている。その持ち味が十全に引き出されたとき、ワインは見事なしかも熟成もきくものとなる。

サンタムール Saint-Amour

ボジョレーの北東端に位置し、その生産量のほとんどは早飲みされているが、実は寝かせることのできるワインを産するクリュである。

サンタムールの畑は、古生代の結晶質岩石を基盤とし、その上に生じた花崗岩の砂を表土としている。この脱灰されたテロワールは、岩石の構成鉱物を包んだ粘土を含む珪質粘土からなっている。

このアペラシオンでは、もっとも優れたワインはカピタンやル・パヴィヨンなどのジュリエナに近いリュー=ディで生産されているので、サンタムール全体で統一性のある個性を見つけ出すのは難しい。

ワインにはカシスやマルメロ、桃を思わせるアロマがあり、ときにはバラやモクセイソウ、スミレのニュアンスも感じられる。

繊細で溢れる魅力のサンタムールは長熟タイプというわけではなく、収穫後2年以内がもっとも愉しめるワインである。

統計
栽培面積：320ヘクタール
年間生産量：18,200ヘクトリットル

ムーラン=ア=ヴァン Moulin-à-Vent

クリュ・ボジョレーでもっとも有名なムーラン=ア=ヴァンでは、ワインも完璧なものがつくられていて、年によっては非常に長く熟成させることのできるものが生まれる。

ムーラン=ア=ヴァンの表土は古生代にさかのぼる。それは侵蝕作用を受けた、非常に浸透性のある痩せた砂で構成された花崗岩質の土壌である。

台地の斜面下部や扇状地の緩やかな斜面には黄土を含んだ砂が見られる。土壌は、砂質黄土あるいは砂質粘土の崩積層と、この地で多く見られる花崗岩由来の粗粒砂とが互層している。

丘陵を上ると、多く見られるのは、花崗岩由来の粗粒砂を含んだ黄土質の砂で構成された土壌で、傾斜のきつい斜面上ではマンガンのような鉱物成分を多く含み、ほとんど断層を生じていない。この特殊な構成の土壌は、生み出すワインの特徴においておそらく興味深い役割を果たしているといえるだろう。しかし科学的な証明はこれからの課題である。

このアペラシオンのワインは熟成能力に優れており、とき を重ねるにしたがって、お隣のブルゴーニュのものと驚くほど似通ったところを見せることがある。

愛好家達はこのクリュをボジョレーの王様とみなしている。ワインは様々な香りに溢れ、キイチゴやカシス、ブラックチェリーやイチゴ、ラズベリーなどの赤い果実をメインに、控えめだがはっきりとスミレやアイリスの香りも備え、コショウやカンゾウなどのスパイシーな芳香も際立っている。

口に含むとしっかりした骨格を感じさせるが、特にヴィエーユ・ヴィーニュから収量を抑えて生産されたワインの場合により顕著である。

熟成につれ、動物的、鉱物的なニュアンスを纏い、系統的にもガメ種のもととなっているピノ・ノワール種に特徴的なアロマさえ感じられるようになる。口中では、ブルゴーニュのような骨格が感じられ、豊かで凝縮し、しっかりとしていながら滑らかで力強いワインである。

5年から10年の熟成能力があるが、当たり年にはそれ以上も可能である。醸造過程でより多くのフェノール化合物を抽出するため、つくり手毎に様々な工夫が見られる。生産者のなかには除梗し、醸しを2、3週間と長めにおこない、またその後の熟成に新樽をあてがうものもいる。

その上ワインをより複雑にしているのはリュー=ディの存在である。例えばカルケラン、トラン、シャン=ド=クール、ロシェグル等は、それぞれの区画の個性を主張している。

熟成する質と能力はぶどう樹に密接に関係している。ある生産者のグループは、このことを理解していて、ヴィエーユ・ヴィーニュの区画を選別し、加えて、ヘクタールあたり最大56ヘクトリットルまで認められている収量を40ヘクトリットルまで抑え、ワインを生産している。このようにテロワールとぶどう樹自身の力によって、瓶のなかで長いあいだ熟成させることができるようなワインとなる。

さらにムーラン=ア=ヴァンは、ガメ種に備わる繊細さも含め驚くほど複雑さに富んでいることによって評価されている。

統計
栽培面積：680ヘクタール
年間生産量：38,500ヘクトリットル

ジュリエナ Juliènas

知名度の高いこのクリュは、ソーヌ=エ=ロワール県とローヌ県、双方にまたがって、北部の4つの集落に位置している。

畑はプリュジリーとエメランジュ、ジュリエ、それにジュリエナの集落にまたがっている。ぶどう樹が植えられているのは、花崗岩上の乾燥して痩せた土壌だが、急な傾斜の斜面ではマンガンと斑岩の岩脈が見られる。ジュリエナの集落の下、東向きの斜面では、主に中生代の沖積土が基盤層となる、厚い粘土質の表土上に畑が広がっている。

ジュリエナはたくましいワインで、特に粘土の多い土壌から生まれるものは、数年の熟成を経た後にその真価を発揮する。フクシアやレッドチェリーを思わせるつやのある際立った色合いで、ラズベリー様の赤い果実の強い香りと、しばしばスパイシーさを含んだサクランボの種や桃の香りも感じられる。口に含むと骨格ははっきりしていて、肉付きのよい、調和のとれた良質のワインである。

統計
栽培面積：600ヘクタール
年間生産量：34,200ヘクトリットル

シェナ Chènas

このクリュでは素晴らしいワインが生産されているにもかかわらず、あまり知られていない。というのもワインは、お隣の名高いムーラン=ア=ヴァンの名称で販売することが許されているからである。

シェナは10のボジョレーのクリュのなかではもっとも小さなアペラシオンである。しかしながらわずかな面積にもかかわらず、このクリュは強力な切り札ともいうべき真に上質なテロワールを備えている。生産者にいわせると、このシェナからムーラン=ア=ヴァンのもっとも優れたものは生み出されているという。

シェナの表土のなかでも、急な斜面は大部分が花崗岩由来の粗粒砂で構成されている。なかには有名なマンガンの鉱脈が走る区域があり、ワインに特有の個性と特にスミレのアロマを付与している。これらは確かにムーラン=ア=ヴァンにとても似通っている。

シェナのワインのほとんどは、青みがかった美しい色合いが特徴である。アロマは複雑で、果実味や花、そしてスパイシーさを備えている。それらはカシスやラズベリーを思わせる赤い系統の果実に、バラやボタン、アイリスやスミレの驚くほど繊細なアロマが備わる。よくできたものはそれらに、カンゾウやコショウのようなスパイシーなニュアンスが複雑さを加えている。口に含むとバランスはよいが、若いうちはタンニンも感じられ、カタく引き締まった印象を与える。樹齢の古いぶどう樹から収量を抑えて生産された場合のシェナは非常にうまく熟成し、なかでも良い年のものは価格と質の見合ったたいへんお買い得なワインとなる。

統計
栽培面積：285ヘクタール
年間生産量：16,000ヘクトリットル

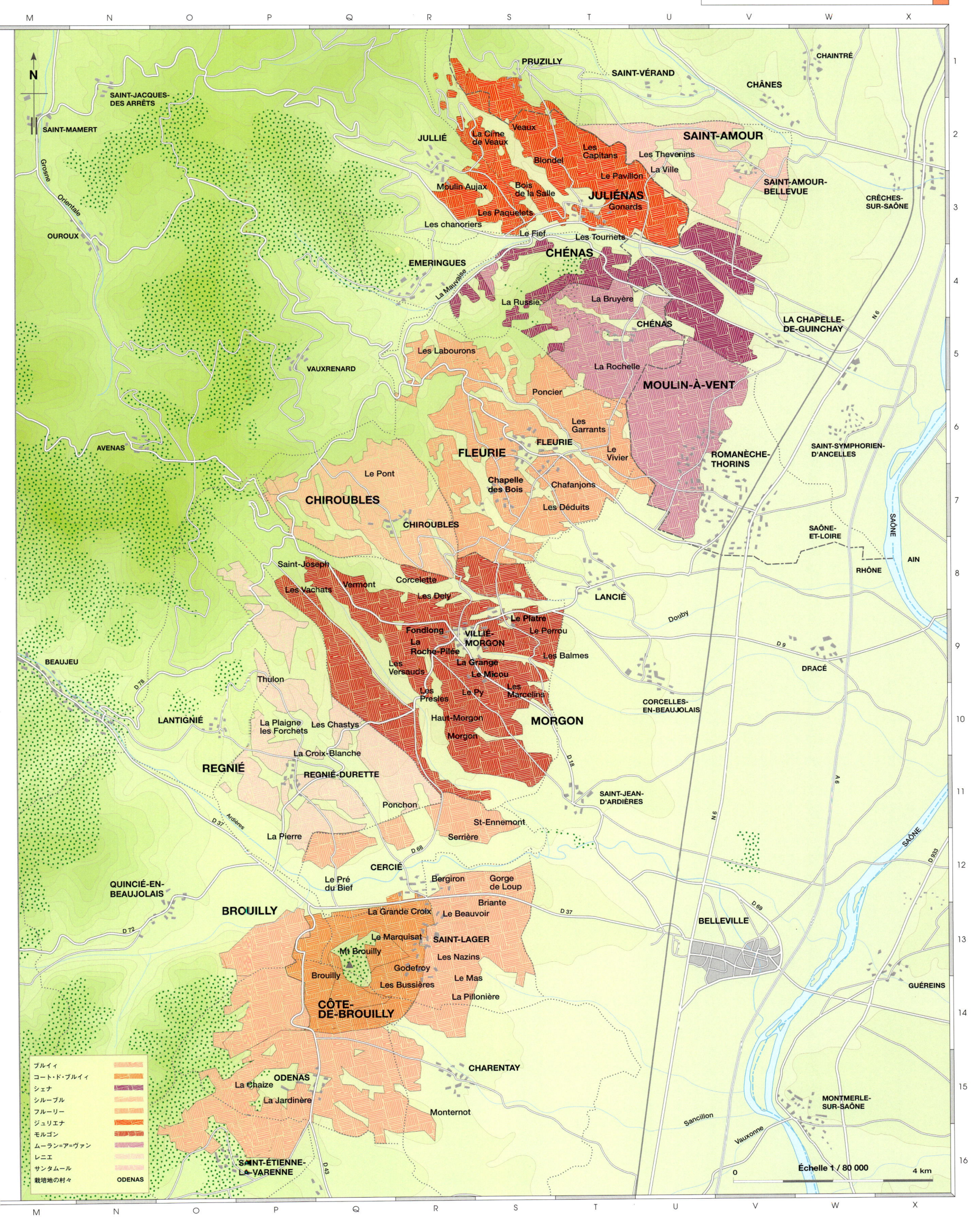

ボジョレー ◆ クリュ・ボジョレー

ボジョレー ◆ クリュ・ボジョレー

フルーリー Fleurie

尾根の連なりを背にして、フルーリーのぶどう畑は標高220メートルから430メートルほどのところにある。南東と北西の向きの斜面から、エレガントでつややか、フィネス溢れるワインが生産されている。

花崗岩の砂で形成されている土壌はここではとても均質である。畑の上部では母岩が露出しており、ぶどう樹は根を張るのが難しい。東向きの斜面下部では、表土は沖積土で肥沃になっていて、厚く、粘土が多くなっている。

個性のあるテロワールは分けて醸造され、ラベルにその名も記載されている。それらはラ・ロシェット、シャペル・デ・ボワ、グリーユ・ミディ、ジョワ・デュ・パレ、マドーヌあるいはカトル・ヴァンなどのリュー=ディで、質的にもっとも水準の高いところである。

ワインは赤系統の果実のアロマが主体だが、スミレ、バラ、アイリス、ボタンのような花の香りも感じられる。グラスを傾けると、見事な骨格とかすかなフュメ香を纏ったアロマが口中いっぱいに広がる。

フルーリーは上品で調和がとれ、香りの持続性の高い美しい輪郭のワインである。また粘土質の表土からつくられるものは、十分な熟成も愉しめる。

統計
栽培面積：875ヘクタール
年間生産量：50,000ヘクトリットル

シルーブル Chiroubles

シルーブルはクリュ・ボジョレーのなかでもっとも女性的である。畑は同名の集落がある、理想的な向きで均整のとれた標高の高い斜面に広がっている。

比較的高い350メートルから400メートルの標高で、南を中心に南東から南西に向いた均整のとれた丘陵の急な斜面に広がっている。

酸性の痩せて軽い表土は浸透性があり、ほとんど花崗岩に由来する砂で構成されている。またところどころ砂質黄土から砂質粘土の崩積物を含んでいる。

タンニンはあるものの口当たりは軽く、バラやボタンを思わせる花のアロマが主で、ときにプラムやサクランボのような果実も感じられるたいへん香り高いワインである。

主なリュー=ディは、ジャヴェルナンでは色の濃いワイン、シャトネーからは軽く香り高い赤、ル・ポン・デ・ジュールで産するワインはスミレのアロマを纏い、シャテニエ・デュランでは構成のしっかりしたタイプ、そしてレ・ロシュはもっとも完璧なワインを生む。また非常に向きのよい斜面では表情豊かなワインを産し、なかでもグロス・ピエールのリュー=ディでは色濃く骨格がしっかりして、モルゴンに近いタイプが生産されている。

統計
栽培面積：375ヘクタール
年間生産量：21,500ヘクトリットル

モルゴン Morgon

標高352メートルのピイの丘は、東方に傾いたなだらかな斜面に広がるぶどう畑を見下ろしている。そこにはワインにまさにモルゴンの特徴をもたせる、シストが変質し分解した「ロシュ・プリ（訳注：直訳は腐った岩）」と呼ばれる土壌が広がっている。

モルゴンの土壌の地質と性質は複雑で、このアペラシオンに特有のものである。

土壌は多少の粘土を含んだ風化した岩石で形成されている。これらは、マグネシウムが少量見られ、酸化鉄が豊富な黄鉄鉱を含むシストに由来する、もろく変質した結晶質の岩石で構成されている。これらの鉱物によって土壌は赤褐色になっている。有名なロシュ・プリは、シストと青緑色のたいへん古い噴出岩の風化が非常に進んだものである。

この地のワインが熟成後に纏うシェリー酒を思わせる独特のアロマと、明らかにモルゴンと分かる特徴は、この特殊なテロワールによる。

モルゴンにおいてリュー=ディはますます頻繁に用いられるようになっている。なかでももっとも有名で個性的なのは、ピィであるが、他にもロシュ・ピレ、グロ・ブラ、ジャヴェルニエールあるいはコルスレットなどのリュー=ディも注目に値する。

モルゴンは複雑で、アロマは若い内はクルミや桃、アンズのような果実の香りが主に感じられる。また同時にキルシュやシナモン、カンゾウ、ショウガのようなはっきりしたスパイシーな香りも表れている。シェリーのアロマは熟成した典型的なモルゴンに主に感じられる。この豊かでコクがあり、つやも感じさせるワインの口当たりには、比較的しっかりしたタンニンも感じることができる。また口中に長く残り、うまく熟成する力があるワインである。樽熟成された一部のキュヴェは、よりモルゴンらしい骨格のしっかりワインに仕上がる。

統計
栽培面積：1,150ヘクタール
年間生産量：66,000ヘクトリットル

レニエ Régnié

クリュ・ボジョレーのなかではもっとも新しく認められたところで、レニエ=デュレットただひとつの集落周辺に広がり、大きな高低差を占めるぶどう畑によってその景観は際立っている。

アヴナの山を背にして、ぶどう畑はデュレット村の最初の丘陵の標高220メートル付近から、テューロンの区画の上部とバスティのリュー=ディがあるおよそ500メートルの高さにまで広がっている。

土壌は多くがカリ長石を多く含むピンク色の花崗岩に由来する砂で構成されている。基盤層にはときに斑岩も見られ、その成分、鉱物種類は多い。この痩せた砂地の土壌は軽く浅くて水捌けがよく、全体の7割ほどを占めている。

レニエは紫がかった赤いサクランボの色調で、赤い果実とともに桃のアロマを纏っている。口に含むと軽い口当たりだが、テロワールや収穫年、醸造法によってはコクも備わる。熟成する力には限界があるが、これも前述の条件しだいで長くなることがある。またレニエでは、マセラシオン・アショー（訳注：発酵前に果実を加熱し、色素等の抽出を図る方法）という醸し法がいくつかの生産者でおこなわれている。これは香り高さと構成力をもたらすフェノール化合物の抽出を高めることができる。レニエはクリュ・ボジョレーのなかではもっとも新酒としてリリースされるワインでもある。

統計
栽培面積：750ヘクタール
年間生産量：29,000ヘクトリットル

ブルイィ Brouilly

ブルイィのぶどう畑は、サン=ラジェ、セルシエ、カンシエ、オデナ、サンテティエンヌ・ラ・ヴァレンヌとシャランテの集落に位置し、コート・ド・ブルイィが広がる丘を囲んでいる。

ブルイィのアペラシオンを覆っている酸性の痩せて乾燥した土壌にはいくつかの種類が見られ、4つの区域に分けることができる。

サンテティエンヌ・ラ・ヴァレンヌからカンシエの集落までの畑の西の部分は、ピンク色の土壌で、花崗岩の砂で形成されている。この土壌は、砂質粘土のマトリックスで埋められた花崗岩の小さな粒である。

ブルイィの閃緑岩上では、母岩の酸性度が低下し、礫質の表土はより色が暗く組成が異なっている。

シャランテの集落付近の表土は、粘土質のマトリックスに埋められた石灰質と珪質、および砂岩質の礫で構成されている。また結晶化した粒の大きい砕屑と細かい粘土、風化した岩の破片なども様々な割合で含まれている。

ワインは生き生きとしたルビー色ないしガーネット色で、主にサクランボやブルーベリー、カシスのアロマに、カンゾウやコーヒー豆、ボタンを思わせる花の香りが混じる。口に含むとコクがあり肉厚で、バランスのよさが感じられる。ブルイィはそこそこ熟成させることのできるワインである。

統計
栽培面積：1,300ヘクタール
年間生産量：76,000ヘクトリットル

コート・ド・ブルイィ Côte de Brouilly

ぐるりをぶどう畑に囲まれたブルイィの丘は484メートルの標高があり、その頂部にはウドンコ病の脅威を払うために建立された教会があり、人目を引いている。

頂部を除いて、ブルイィの丘は全周囲をぶどう樹で覆われているため、あまり栽培に適さない向きに位置する畑も見られるが、そこは急な傾斜の斜面によって補われている。

基盤層の性質は均質で、デヴォン紀上部の古生層から形成され、珪岩と変朽閃緑岩を含んでいる。これが有名なブルイィの青い岩石で、その特徴的な硬さが火山に由来していることを示している。この岩石は畑にたいへん多く見られ、ワインの個性を形づくっている。

澄んだガーネットの強い色合いで、赤い果実とブラックチェリー、スパイスのアロマが感じられる。口に含むとタンニンは覆い隠され滑らかで、たいへんバランスがよく、余韻も長い。またこのワインは比較的熟成させることができる。

統計
栽培面積：325ヘクタール
年間生産量：18,700ヘクトリットル

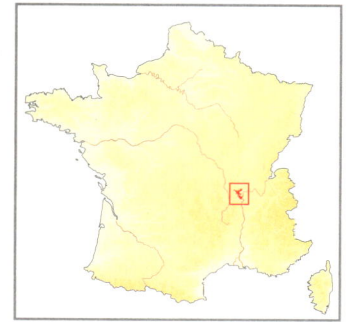

Coteaux du Lyonais
コトー・デュ・リヨネ

コトー・デュ・リヨネのぶどう畑はリヨネの丘陵を背にして、ボジョレー南部のほうへ続いている。リヨン市の南から北への広大な土地に広がっているにもかかわらず、ぶどう樹はわずかな面積しか占めていない。このアペラシオンでは、ガメ種からボジョレーと同じタイプの赤ワインと、シャルドネー種からつくられる白ワインが生産されている。

■ ぶどう栽培の始まりとその来歴

コトー・デュ・リヨネにおけるぶどう栽培は、遅くとも、修道士たちの働きが見られた中世までさかのぼることができるだろう。

サヴィニー（訳注：右下地図上のU12）あるいはモルナン（訳注：右下地図上のV15）の集落のベネディクト会、ミルリー（訳注：右下地図上のX15）村のケレスティヌス会、リヨンの聖アウグスティヌス会の修道士たちはぶどう園を管理し、できたワインの販売もおこなっていた。彼らはこの地における軽視できないぶどう栽培の証人である。畑は19世紀末に絶頂を迎え、13500ヘクタールに達していた。その後フィロキセラの侵入、ベト病の流行、都市化等によって面積は、20年前のAOC認定で安定するまで、段階的に減少した。

■ 産地の景観

ぶどう畑は、北はボジョレー、南はヴァレ・デュ・ローヌ、西はリヨネの丘陵、東はソーヌとローヌの両河川のあいだで、リヨン市の周りに弧を描くように広がっている。

景観は、東西30キロメートル、南北40キロメートルのあいだに広がる丘陵と台地からなる。リヨネの丘陵は谷が刻まれ、大陸性気候の厳しさを和らげている。この地は7つの区域に分けることができる。

ローヌ峡谷 この落盤した大きな地溝はリヨンの台地に縁取られている。

リヨン台地 結晶質岩石の基盤が侵蝕によって平らにされ、イズロン（訳注：右下地図上のV14、テュランの集落の南を流れる）とガロン（訳注：右下地図上のX14、ヴルルの集落の西を流れる）の小河川によって分断されている。

モン=ドール（訳注：右下地図上のX11、ポレミュー=オー=モン=ドールの集落が位置する丘陵） 粘土石灰岩の堆積土壌の根無し地塊で形成されている。

イズロン丘陵 幅が狭く長く連なり、硬い結晶質の岩石で形成されている。

ブレヴェンヌ川（訳注：右下地図上のU13、ベスネの集落の東を流れる） リヨネの丘陵とイズロン丘陵を分けている。

リヨネの丘陵 結晶質の岩石でできており、この地全体を見下ろしている。

タラールの丘陵（訳注：右下地図上のT11、サン=フォルジューの集落の北に位置する） リヨネとボジョレー丘陵をつないでいる。

■ 気候

コトー・デュ・リヨネの気候はブルゴーニュとローヌ地方との橋渡しを務めており、海洋性、大陸性、地中海性気候の合流点になっている。

西の中央高地の存在が、湿気を含んだ海洋性気候がもたらす雨からぶどう畑を護っている。高い気温をもたらす大陸性気候は東に向いた斜面の畑には最適で、そしてもっとも支配的な乾燥して暑い地中海性気候が、前述の2つの気候を和らげている。

畑は標高200メートルから400メートルのところにあり、例外的な状況を除いて500メートルを越えるところはない。降水量は年間平均600ミリメートルから800ミリメートルで、平均気温は摂氏11度である。また栽培地では北風ないし南風、時々北西の風が吹く。

🍇 ぶどう品種とワイン

お隣のボジョレー同様、ガメ種がフルーティーで瑞々しい赤ワインの主品種であり、シャルドネー種は新鮮で香り高い白ワインを生んでいる。

5日から7日間ほど、ぶどうの房全体を破砕せずに醸しをおこなうボジョレーの醸造法は、この地でももっとも頻繁におこなわれている方法である。このやり方は特にガメ種に適しており、アロマティークな表情とワインの口当たりにバランスのよさをもたらしている。そのフルーティーさを愉しむために若いうちに飲むべきワインである。

シャルドネー種からつくられる白ワインは、その新鮮さとフルーティーさからやはり若いうちに飲まれてしまうが、2年から3年は寝かせることができる。

■ 地質と土壌

ぶどうが植わる各区域の地質学的な観察は、この地において、中央高地に由来する噴出岩や変成岩が優勢であることを示している。

コトー・デュ・リヨネの表土は軽く砂質で浸透性があり、多様性に富んでいる。この土壌には、黄土、泥土、沖積土の薄い層、シスト、砂岩、石灰岩と粘土などを主とする堆積岩、変成岩、花崗岩タイプの噴出岩等が見られる。そしてこれらが珪質で礫混じりの土壌と砂質粘土と粘土砂岩の構成を生んでいる。

土壌学的には、花崗岩と変成岩の風化による土壌がぶどう畑をもっとも広く覆っている。その厚さはわずかで、母岩のタイプにより異なっている。

リヨン台地のモンタニー（訳注：右下地図上のW15）の集落周辺がもっとも良質な地で、花崗岩主体の土壌は、ボジョレー北部の花崗岩質の砂に似通っている。また塩基性岩上では泥土質砂岩の構成からなる土壌である。モレーンと氷河の融水によって運ばれた堆積土壌が、とりわけリヨン台地の東部に見られる。小石混じりの砂質泥土の組成は透過性があり、ぶどう栽培に適している。またモン=ドールで見られるジュラ紀の浅い土壌には小石が多く、粘土質砂岩や粘土質石灰岩の組成で、シャルドネー種によく適応する。

統計
栽培面積：350ヘクタール
年間生産量：22,000ヘクトリットル

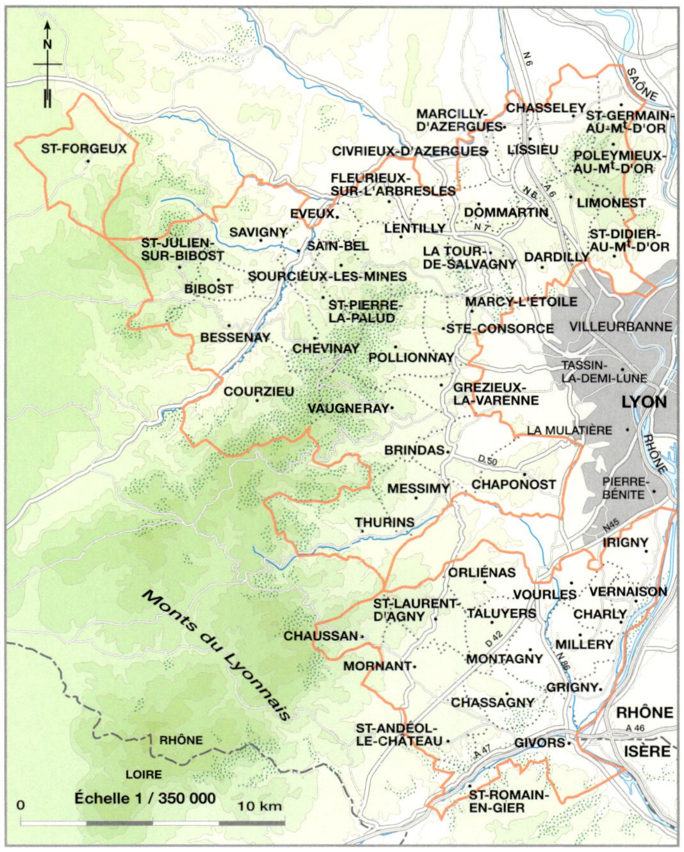

Vallée du Rhône
ローヌ河流域

統計
栽培面積：73,100ヘクタール
年間生産量：3,650,000ヘクトリットル

しばしばコート・デュ・ローヌと呼ばれるフランス南部のこの重要な栽培地は、テロワールとぶどう品種、またつくられるワインの性質、この両面から見てはっきりと異なる2つの区域に分けられる。双方に見られる唯一の特徴としては、地質的な現象によって数回にわたり削られ形づくられたこの素晴らしい流域の丘陵および台地に、ぶどう畑が存在しているということにつきる。

■ ぶどう栽培の始まりとその来歴

おそらく紀元前6世紀には、小アジアのギリシア人であるフォカイア人によってローヌ河流域にぶどうが植えられていたらしいが、その本当の発展を見るのはガリア征服を待たねばならない。

当時ガリアの首都であったリヨンは、その地理的状況から、ローヌ河流域における商業の大部分の流通を担っていた。未だに多く残っている、当時のローマ遺跡がこのことを物語っている。帝国の崩壊と蛮族の時代の後、フランスのほとんどの地域でそうであったように、ぶどう耕作をおこない、その繁栄の基礎を築いたのは修道士たちであった。しかしながら、この地方におけるもっとも重要な出来事のひとつとして、1309年から1417年にかけて教皇庁のアヴィニョン移転があった。教皇ヨハネス22世は、この地方の経済を一変させたぶどう栽培の創始者であった。

15世紀から16世紀にわたって、この地方のワインはその名声を保っていた。ルイ14世がプロヴァンス地方をフランスに併合した後、ローヌのワインは宮廷を征服した。宗教戦争がこの地方全体におそるべき荒廃をもたらし、1685年には人口は半分にまで減ってしまった。17世紀末から18世紀の初頭にオランジュ公国がフランスに併合され、さらに1719年にはアヴィニョン公国が同じ道をたどった。大革命の時代の混乱の後、19世紀になってローヌの栽培地は繁栄の時期を迎えたが、今度はフィロキセラの突然の侵入によって、その歩みが引き留められてしまった。

この地方の畑が真に生き返るのは20世紀になってからである。シャトーヌフ＝デュ＝パプの生産者であったルロワ男爵の推進のもと、ローヌ産ワインの質の明確化がおこなわれ、同時にフランス全土へとその動きは広がっていった（訳注：AC法制定の動きを指している）。

■ 第三紀中新世の古代の海周辺におけるテロワールの形成

南部に広がるACコート・デュ・ローヌを特徴付けているテロワールの多様性は、完成されたワインとする場合、ブレンドの必要性を要求している。それなしにはそれぞれの区域からつくられるワインは、隣接する区画と他の区画との対照をなしたり、また相違が見られるままで、生産者と消費者双方にとって、統一したイメージをもつことができないままでいたことだろう。

この必要不可欠な一体化への動きは、この地域が、地質的、また地形的にもきわめて複雑な地帯に属しているためで、ここは、アルプスと中央高地からの、非常に不均一な影響にさらされているのである。

とはいえ、この地に一体性をもたせるような地質学的な事象を指摘しておくことが望ましいだろう。これによって初めてローヌ河流域全体におけるテロワールの体系的描写が可能になるからである。それは地中海のこの地方への侵入である。この侵入は、第三紀後半、地質学的には中新世の名称で呼ばれる時期にあたる2400万年前に始まって、鮮新世末期の300万年前に終わった。

中新世の海の定着 中新世初期、フランス南部は、アルプスをつくり上げた動構造地質学的な変動の準備期にあった。

ローヌ河流域は、アルプス連峰が盛り上がるのに対して沈降していった。その結果、地中海の西から海が窪んだ土地に進み、リヨンに達した。海はアルプスの連なりを迂回して、ヘルベティア帯──現在のスイスに見られる──から中央ヨーロッパに及んだ。そしてはるか遠方で、地中海の東から進入してきた海と出会った。その結果海は非常に広大な面積を占め、この時代の名残が、現在の黒海やカスピ海となっている。

このローヌの海はもともと存在していた起伏に入り込み、マルセイユの入り江と同じように陸地を削り、沿岸部を形成した。海は活動を始めたアルプスから、何本もの川を受け入れて、それが現在のローヌ河流域の原型となった。ニヨン（訳注：p233のS11）の町周辺にデルタを定着させた古エーグ川、古イゼール川（訳注：p233のU4、サン＝マルスランの村の南を流れる）やあるいは古デュランス川（訳注：p233のS15、カヴァヨンの村の南を流れる）がその一例である。これらの河川は、将来内アルプスの山々となる、主として石灰質からなる起伏から砕屑物を運んだ。風化侵蝕により2億年のあいだ削られた中央高地の水路網は、それほど機能しておらず、中新世の海にほとんど砕屑物をもたらしてはいない。

中新世の海の埋積 アルプスの変動は、ローヌ地方東部への河川の流入を激化させ、砂と粘土の中新世の海への堆積が進んだ。1000万年前、中新世の広大な海は、ドフィーネ地方南部、クレスト（訳注：サヴォワ地方東部）、ヴィザンからヴァルレアス（訳注：ともにコート・デュ・ローヌ＝ヴィラージュを構成している栽培地）、カルパントラ（訳注：シャトーヌフ＝デュ＝パプの東に位置する町）、アプト（訳注：アヴィニョンの東、50キロメートルにある集落）、リュベロン南部にかけて、数百メートルの砂と泥灰土で埋め立てられた。その結果海は、それまで占めていた広大な面積全体に堆積物を流入させた河川のもと、消え失せた。

ローヌ河流域とコート・デュ・ローヌ

ローヌ河流域のタイトルの章では、コート・デュ・ローヌのアペラシオンを名乗るかどうかを問わず、この広いぶどう産地を構成するアペラシオンの全てが紹介されている。

「コート・デュ・ローヌ」という名称はこの章のなかでは、ACコート・デュ・ローヌを名乗るぶどう畑──飛び地になっている畑も含め──にのみ用いている。これらは、ディオワーズ、コトー・デュ・トリカスタン、コート・デュ・ヴィヴァレ、コート・デュ・ヴァントゥー、そしてコート・デュ・リュベロンの各アペラシオンを除く、ローヌ河流域南部の全てのぶどう畑に対応している。

コスティエール・ド・ニームの栽培地は地理的にはローヌ地方に属するが「ラングドック」の章で扱われる。

この章での「コート・デュ・ローヌ」の名称は、252ページと253ページに紹介される16の村名を後ろに続けるか、あるいはそうでない「コート・デュ・ローヌ＝ヴィラージュ」も同様に、ローヌ地方全体ではなくこのアペラシオンそのものに対応している。

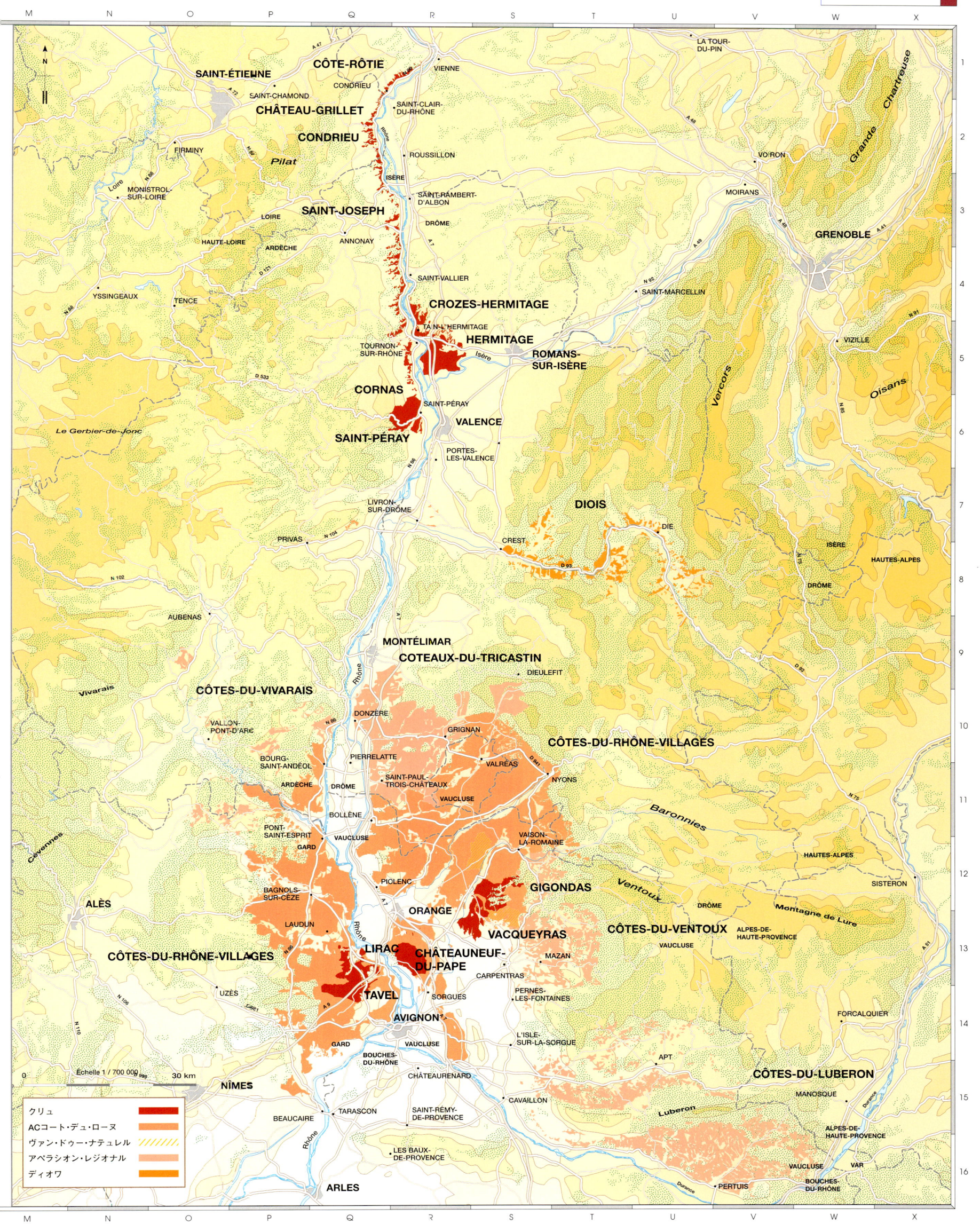

ローヌ河流域

凡例:
- クリュ
- ACコート・デュ・ローヌ
- ヴァン・ドゥー・ナテュレル
- アペラシオン・レジオナル
- ディオワ

Échelle 1 / 700 000　30 km

主要アペラシオン

- SAINT-ÉTIENNE
- CÔTE-RÔTIE
- CHÂTEAU-GRILLET
- CONDRIEU
- SAINT-JOSEPH
- CROZES-HERMITAGE
- HERMITAGE
- CORNAS
- SAINT-PÉRAY
- DIOIS
- COTEAUX-DU-TRICASTIN
- CÔTES-DU-VIVARAIS
- CÔTES-DU-RHÔNE-VILLAGES
- GIGONDAS
- VACQUEYRAS
- CÔTES-DU-VENTOUX
- LIRAC
- CHÂTEAUNEUF-DU-PAPE
- TAVEL
- CÔTES-DU-LUBERON

主要都市・地名

VIENNE, CONDRIEU, SAINT-CHAMOND, FIRMINY, ROUSSILLON, SAINT-CLAIR-DU-RHÔNE, Pilat, ISÈRE, LOIRE, MONISTROL-SUR-LOIRE, HAUTE-LOIRE, ARDÈCHE, ANNONAY, SAINT-RAMBERT-D'ALBON, DRÔME, LA TOUR-DU-PIN, VOIRON, Grande Chartreuse, MOIRANS, GRENOBLE, YSSINGEAUX, TENCE, SAINT-VALLIER, SAINT-MARCELLIN, VIZILLE, TAIN-L'HERMITAGE, TOURNON-SUR-RHÔNE, ROMANS-SUR-ISÈRE, Vercors, Oisans, ISÈRE, HAUTES-ALPES, SAINT-PÉRAY, VALENCE, PORTES-LES-VALENCE, Le Gerbier-de-Jonc, LIVRON-SUR-DRÔME, PRIVAS, CREST, DIE, DRÔME, AUBENAS, MONTÉLIMAR, DIEULEFIT, Vivarais, VALLON-PONT-D'ARC, DONZÈRE, PIERRELATTE, GRIGNAN, BOURG-SAINT-ANDÉOL, ARDÈCHE, DRÔME, SAINT-PAUL-TROIS-CHÂTEAUX, VALRÉAS, NYONS, Baronnies, BOLLÈNE, VAUCLUSE, PONT-SAINT-ESPRIT, GARD, VAISON-LA-ROMAINE, HAUTES-ALPES, SISTERON, BAGNOLS-SUR-CÈZE, PIOLENC, Ventoux, Montagne de Lure, ALÈS, LAUDUN, ORANGE, MAZAN, DRÔME, ALPES-DE-HAUTE-PROVENCE, CARPENTRAS, PERNES-LES-FONTAINES, FORCALQUIER, UZÈS, SORGUES, L'ISLE-SUR-LA-SORGUE, AVIGNON, GARD, VAUCLUSE, BOUCHES-DU-RHÔNE, CHÂTEAURENARD, CAVAILLON, APT, MANOSQUE, NÎMES, BEAUCAIRE, TARASCON, SAINT-RÉMY-DE-PROVENCE, LES BAUX-DE-PROVENCE, Luberon, ALPES-DE-HAUTE-PROVENCE, ARLES, VAUCLUSE, PERTUIS, VAR, BOUCHES-DU-RHÔNE, Cévennes, Rhône, Durance

233

ローヌ河流域

堅固な土壌の回復 650万年前、堆積した小石や泥灰土や粘土の厚さは150メートル以上に達した。これらの堆積物は今日、ヴァルレアス、ヴィザン、ヴァンソブル、ビュイッソン、ロエクス、サン=モーリス=シュル=エーグ、ラストー（訳注:以上はコート・デュ・ローヌ=ヴィラージュを構成している集落）丘陵の土台となっている。

この堆積作用は、ジブラルタル海峡が閉じたことにより、突然中断される。このため地中海は部分的に干上がってしまった。アルプス地方の河川と、それらの合流によってつくられた古ローヌ河は、海面が低下するいっぽうなので、これまで以上に激しく土壌を削った。この作用は既に形成されていた堆積物をも削り、当時の谷床は現在よりも200メートルも低いところにあった。

鮮新世の海の定着と消失
ジブラルタル海峡が再び開くというのは、同時に大西洋からの海水の供給を意味し、地中海もかつての容積を回復させた。そして海は再びローヌ地方に進入し、リヨンの南にまで達した。

この変動は、青色の泥灰土の堆積物——古い沿岸底泥——の起源であり、クローズ=エルミタージュの東、ヴァンソブル、ロエクス、ラストーそしてガール川沿いの村ドマザン、フルネ、テジエで露出している。

アルプスとローヌの新地層形成の始まり 第三紀から第四紀に移行する時代に起こった。300万年前、鮮新世の海が消失し、アルプスは現在とほぼ同様の地形といえるものとなった。アルプスの地層堆積がそのころに始まり、ローヌ河流域に、粗い礫の多い高く広い段丘をいくつか形成した。

氷河期という恐るべき気候変動にもかかわらず、この堆積は引き続き進行し、最近の洪水の傷跡を残し、現代にまで続いている。我々がローヌ河流域のテロワールの描写を始められるのは、この骨組みができた以降の時代からである。

変質した原地性ないしほとんど移動していない基盤層
以下では便宜上「原地性基盤層」を、形成初期以来その場所にある古い岩体で、多かれ少なかれ化学的変質作用を受けたり、断層と割れによって切断されたものとしたほうが都合がよい。

地殻変動、風化による変質、様々な物理的プロセス等によって条件付けられる、岩石、基盤の断片化は、通常岩石破片を誕生させる。これらの岩片は元の基盤から移動してはいるが、その特性は保持している。概してそれらが崩落土砂や砂となるのである。

ローヌの軸部と東西の支流の若干広い流域では、中新世と鮮新世の海成および陸成の堆積物が存在する——砂、泥灰岩、ドローム川、ヴォークリューズ川、ガール川等の川成の砂、礫、泥——。

ローヌ軸の両側では、岩石が中新世と鮮新世の盆地に、水の流れを媒介として以下を供給した。

- 中央高地の縁の非常に古い、噴出岩と変成岩——ローヌ北部の右岸、左岸、なかでもクローズ=エルミタージュとタンの町周辺で見られる、花崗岩、片麻岩、雲母片岩——。
- アルプスの支脈、アルデッシュ、ガール両県に連なる、泥灰質ないし砂質の石灰岩の起伏。左岸ではバロニー、ニヨンセーの各山地、ヴァントゥー、ラファールからシュゼット（訳注:コート・デュ・ローヌ=ヴィラージュを構成している村々）の集落周辺の丘陵、右岸ではアレの町からモンテリマールにかけての丘と台地。
- 流域に見られる上述の基盤層——ローヌ河とその支流が運んだ第四紀の堆積物——の上を「クリームを塗った」ようにくまなく薄く覆っている層。

これらの堆積物のそれぞれがテロワールとしての潜在的な力をもっている可能性があるのだが、そのためには、ぶどう樹がその基本的な特性を常に引き出せるように、構成する鉱物の変化、あるいは構造の再編などを経なければならない。

235ページの表は、ローヌ地方の各アペラシオンにおいて、土壌へと変化する潜在能力を示した全ての基盤層の性質とその割合を表している。

北部ローヌ右岸と左岸
コート・ロティからサン=ペレまでのローヌ北部の右岸と左岸の基盤層はそのほとんどが原地性といえる。そこには、花崗岩に属する火成岩と、それに関連した変成岩——片麻岩、種々の雲母片岩——が見られる。堆積岩は非常に少ない量しか見られない——シャトーブール（訳注:コルナスのすぐ北の集落）、コルナス、サンペレの石灰岩——。

火成岩と変成岩 トゥールノンの花崗岩はローヌ右岸のもっとも典型的な火成岩の代表であり、同時にエルミタージュとクローズ=エルミタージュの一部を特徴付けている。

その岩相は、センチメートル単位の大きな長石結晶、はっきりと目認できる石英、豊富な黒雲母の存在等で特徴付けられる。多くの場合北東から南西、次いで北北東から南南西へ走る破断束の影響を受けている。これらの花崗岩は少なくとも6000万年におよぶ変質を受けている。

その特徴である結晶の粗さが風化作用を促進させ、結果として砂化——大きな岩が砂になっていく過程——が起こる。第三紀と第四紀の気候条件下、石英はほとんどこの作用を受けなかったため、風化残留砂層の大部分を構成している。

それに反し、雲母、長石は分解され、粘土化している。その長石と雲母に含まれていた陽イオン——カリウム、鉄、カルシウム、ナトリウム、マグネシウム等——が使えるものとなる。それらは岩石中の間隙水に溶けて、その結果、ぶどう樹の根によって容易に吸収される。

ヴィオンからアンピュイの集落までの最北に位置する区域に特徴的な変成岩についても事情は同じである。それらは種類の変化に富んでいて——片麻岩、ミグマイト等——、風化生成物の種類も多い。これらの共存状態のもっとも有名な例は、コート・ロティのコート=ブリュヌとコート=ブロンドの丘陵である。それぞれの基盤は片麻岩で、鉄とマグネシウムが豊富で、風化変質を受けやすい。

土壌が粗く、酸性で乾燥しているといったデメリットとは逆に、この種の基盤上に植えられたぶどう樹は、基盤である粘土質岩石の深い亀裂のなかに、効果的に蓄えられた水と、カリウムあるいは鉄分が多い陽イオンを見いだす。

ここに見られるテロワールはローヌ全体でも質的に、もっとも豊かなものに数えられる。

中生代の堆積岩 堆積岩はきわめて局地的に分布しているだけで、ローヌ北部においてはマイナーな役割しか演じていない。シャトーブールからコルナス間の南北に延びたジュラ紀の石灰岩からなる細長い丘陵と、同じくふもとにギルエラン=グランジュの町とサン=ペレの集落を擁するクリュッソルの丘が、この種の岩石を基盤層にしている。

この炭酸塩からなる基盤はその上に崩積物を形成している。変質にはきわめて敏感で、純粋な石灰分等の構成成分はほとんど溶出してしまうほどである。粘土質石灰岩ないし泥灰岩は、粘土質の部分をその場に残し、元の岩石中に少量見られる鉄を含む鉱物層——黄鉄鉱——は酸化物の状態へと変化している——変質した石灰岩に一体化した褐色粘土はこれに由来している——。

初期の岩石が大量に粘土を含んでいる場合を除いて、ここから上等なテロワールが生まれることはほとんどない。火成岩、変成岩からなる隣接したテロワールと比較して、それらは全体的に陽イオンが少なすぎる。この地でつくられるワインは、香り高くはあるが、それほど複雑というわけではない。

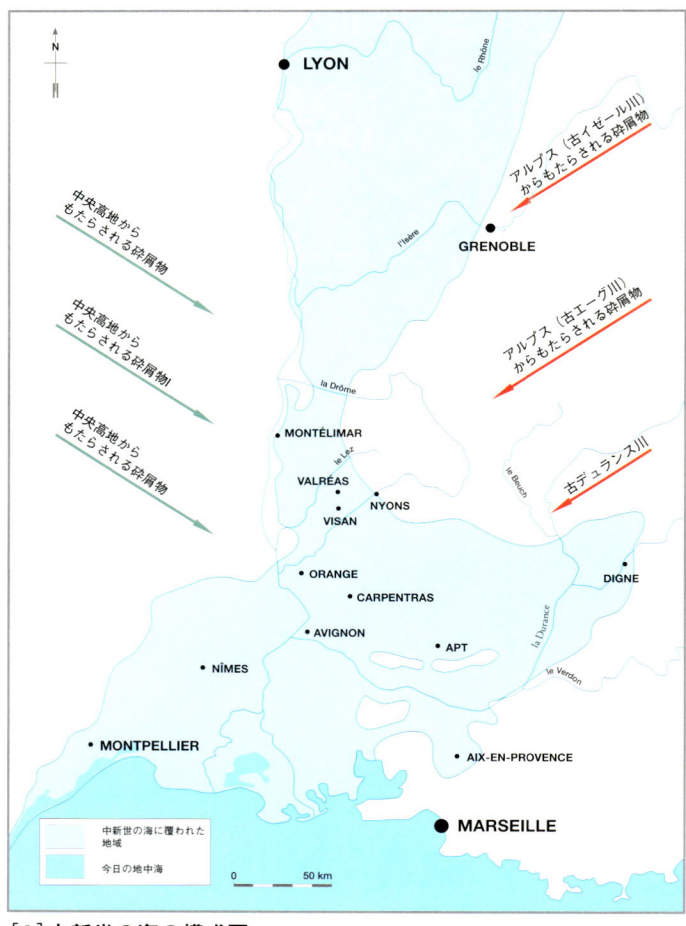

[A] 中新世の海の模式図
中新世の、コバルト帯を含む青色物が堆積した当時の海。およそ1500万年前

ローヌ河流域

南部ローヌの右岸と左岸

ローヌ南部における原地性基盤に由来するテロワールの性格を明らかにするために、共通要素を挙げねばならないとすれば、それは石灰岩ということになろう。実際、第三紀の盆地の外縁は、中生代の炭酸塩の地層——混じりけのない石灰岩、粘土質石灰岩、泥灰岩、砂質石灰岩、石灰分で固化した砂岩——が支配的な起伏からなっているのである。これらは、左岸において、ランス(訳注:コトー・ド・トリカスタン北東部に位置する)、ニヨンセー、バロニーの各山地の骨組みとなっている。

サン=ロマン=アン=ヴィエノワ(訳注:p250、K7)の村の丘や、ラファールからシュゼットの集落周辺の起伏、ボーム=ド=ヴニーズ、ヴァケラス、ジゴンダス、サブレ、セギュレ各村々に見られる丘陵、ロシュギュード、ラガルド=パレオル、ピオラン、モンドラゴン、モルナスの各集落が位置するユショー(訳注:p250、C7)丘陵、そしてシャトーヌフ=デュ=パプの西側の連なりについても同様である。

右岸では、サン=ジュスト、サン=マルタン、サン=マルセルの各村々が位置する崩積物が取り巻くアルデッシュ丘陵(訳注:p250、D5)に同じ性格が見いだされる。また、ヴァルボンヌ山塊と、サン=ジェルヴェ、ローデュンとシュスクラン(訳注:コート・デュ・ローヌ=ヴィラージュを構成する村々)の各集落の一部を擁するセーズ川の向斜がそうである。ユゼジオワの広い台地にも関係がある。そこではヴァリギエール、プジャック(訳注:p250、D10)等のいくつかの村々は石灰岩地帯のなかにある。さらに、タヴェルの栽培地におけるマラヴァン川の窪地周辺に見られる、淡く上品でバラ色に色付いたバレーム階の白石灰岩もそうである。

これら全ての地方は、非常に複雑なテロワールから構成されていることを強調しておかなければならない。「中生代石灰岩」と呼ばれる原地性の岩体とその崩落礫、幅広い様々な年代の堆積物等が混ざり合っているのである。過度の一般化によって正確な状況をゆがめないためには、こうした総論だけでなく、それぞれの栽培地のテロワールを詳細に記述する必要がある。そこではまさに至宝たる各々のぶどう畑が説明されることとなる。

変質ないし非変質の異地性起源の地層

南部右岸と左岸、第三紀の地層群 ここでは、中新世、鮮新世の海が占めていた古代にできた異なる種類の堆積地層が問題となる(p236の地質図参照)。その各々を以下に列挙する。

中新世の海成の砕屑性堆積層(酸化コバルトを含む青色を帯びた岩石と砂) ローヌ南部の右岸ではほとんど見られないが、この地層群は左岸、ヴィザンからヴァルレアにかけてと、カルパントラ(訳注:p250、J10)の町の盆地で広く露出している。右表はその分布を示したものである。

それらは、石英、変質雲母、石灰岩粒——生物体化石破片——を含む砂粒大の粒子からなる。風化によって軟らかくなり、ぶどう樹の根が入り込めるテロワールを供給するが、その保水力は多くの場合十分ではない。さらに、石英粒が多いので、陽イオンの多様性を欠いている。

中新世の河川作用による堆積層 これは小礫と粘土の互層する基盤で、右岸では見られず、左岸でヴァルレアスからヴァンソブル、ビュイッソンからケラーヌにかけての丘陵をつくっている。そこから生じるテロワールは、ぶどう樹にとってきわめて質の高い岩石成分を含んでいる。この地層中の粘土の存在は、急斜面でありながらも乾燥の心配を取り除いてくれている。

粘土に含まれるミネラルは多彩で、そのことが当然陽イオンの多様性を保証している。生産者たちはこの地層の上に広がる、非常に質の高いテロワールを利用できるのである。ヴァルレアス、ヴァンソブル、サン=モーリス=シュル=エーグ、ラストー、ケラーヌ、そしてヴィザンの集落が広がるコート・デュ・ローヌ=ヴィラージュの産地では、上記のテロワール上に選ばれたぶどう樹が植えられている。

鮮新世の海成による堆積層(泥灰岩と砂) これらの地層はローヌ河の両岸に見られる。鮮新世の青い泥灰岩は、広い面積を占めているガール川周辺のピュジョー、ドマザン、フルネの各集落を除いてはわずかに見られるにすぎない。このきめ細かい泥灰土は、土壌としては質が低く、鮮新世の砂や第四紀の段丘からの礫等と混じったかたちでしか良質のテロワールは生まれ得ない。

鮮新世の砂は、中新世の酸化コバルトを含む青色をおびた土壌に似ていて、シャトーヌフ=デュ=パプのエリア南東部、なかでもガール県の全域、ロクモール、ピュジョー、ロシュフォール、タヴェル、リラック、セーズとドマザン——ドマザンの典型的な礫混じりの砂——の各集落で見られる。これらの砂は第四紀の砂礫と混じりあっていて、ときとして上質なワインづくりに非常に適したテロワールとなっている。

鮮新世の陸成による堆積層(砂礫) この地層はヴァンソブル村のコリアンソン川周辺、ヴィザンの集落のなかでもノートル=ダーム=デ=ヴィーニュ上部、ビュイッソンとサン=ロマン=ド=マルガルドそれぞれの村でしか見られない。その特性は中新世の河川作用になる砂礫と同様である。

クリュ、ヴィラージュ	テロワール											
	1	2	3	4	5	6	7	8	9	10	11	12
コート・ロティ	●	●										
コンドリュー、シャトー・グリエ	●	●										
サン=ジョゼフ	●	●	●							●		
コルナス	●	●	●					●				
サン=ペレ	●	●						●				
エルミタージュ	●	●							●			
クローズ=エルミタージュ	·	·					●		●	●		
シャトーヌフ=デュ=パプ				●	·	·		·		·		·
リラック				●	●					●	●	
タヴェル				●	●					●		
ジゴンダス	●	●		●	●							●
ヴァケラス	●	●		●	●							●
ロシュギュード				●								
ルセ=レ=ヴィーニュ							●			●	●	
サン=モーリス=シュル=エーグ							●	●				
サン=パンタレオン=レ=ヴィーニュ							●			●		
ヴァンソブル							●		●	●		
ボーム=ド=ヴニーズ	●	●	·									
ケラーヌ							●			●		
ラストー							●			●		
ロエクス							●			●		
サブレ							●	●				
セギュレ							●	●				
ヴァルレアス							●			●		
ヴィザン							●			●		
シュスクラン				●	●			●		●		
ローデュン				●	●					●		
サン=ジェルヴェ				●	●			●		●		

ローヌ地方の、独自のアペラシオンの産地と、コート・デュ・ローヌ=ヴィラージュを構成している村々のテロワールにおける主要基盤、またはその岩石

変質した原地性、あるいはわずかに移動した基盤、またはその岩石
1. 変質した花崗岩および変成岩(ローヌ河右岸および左岸)。
2. 斜面上で移動した変質崩落岩石(ローヌ河右岸および左岸)。
3. ローヌ河右岸の河川による堆積錐の砕屑岩(花崗岩粒および変成岩粒)。
4. 変質した中世代の石灰岩とその崩落礫(ローヌ河右岸および左岸)。
5. 中生代の粘土質石灰岩、石灰岩と泥灰岩の互層、砂岩質石灰岩、石灰分によって固化した砂岩およびその崩落礫(ローヌ河右岸および左岸)。

非原地性、あるいは移動した後再堆積し多少変質が見られる基盤、またはその岩石
6. 中新世の海成砕屑性堆積物(ローヌ河左岸、ヴァルレアからヴィザンの集落にかけてとカルパントラの町周辺に見られる酸化コバルトを含む青色を帯びた砕屑岩からなる土壌)。
7. 鮮新世の青色泥灰質泥灰土。
8. 左岸の中新世、鮮新世の石灰岩(礫および粘土)を主とする河川による砕屑堆積物とその崩落物。
9. 変質が非常に進んでいる、台地最上部の珪質が優った粘土質沖積物で非原地性。
10. ローヌ河の珪質石灰岩。中程度から軽微に変質している(イゼール川との合流付近を含む)。
11. 南部、ローヌ河右岸の支流域の石灰質から珪質の沖積物。中から軽度に変質している。
12. 南部、ローヌ河左岸の支流域の石灰質沖積物。中から軽度に変質している。

●●● 基盤層、またそこに見られる岩石等の割合の多寡

ローヌ河流域

南部右岸と左岸、第四紀の地層群 ここで検討するのは第四紀の、変質、あるいは未変質の堆積層である。

300万年前、鮮新世の海が消失した後、ローヌの水路網が現れたが、その運搬力はその後匹敵するものが無いほどのものであった。事実、ソーヌ河を介してライン河を受け入れ、この並はずれた河に小石、砂利等の砕屑物を大量に運ばせることになった。高い標高の箇所が侵蝕によって大きくえぐられた段丘のかたちに、それを見ることが出来る。

激しく変質した古いローヌ段丘 ローヌの高い段丘は、アルプスの花崗岩礫と様々な変成岩、同じく変成した珪岩、そしてアルプスの支脈から引きちぎられた炭酸塩鉱物の混じり合ったものからなる。

300万年から120万年続いた、広範囲にわたる岩石やその破片の拡散堆積は、大きな気候変動の影響を受け、炭酸塩岩、花崗岩、変成岩の全てが破壊された。当時のもので今日残るのは、変質した岩の石英と珪岩礫のみである。段丘はその堆積時には、現在より2倍から3倍の厚さがあり、「地球化学的削磨」がこの厚みの減少の原因であると断定できる。

この時代のもっとも有名で典型的な段丘は、シャトーヌフ゠デュ゠パプとリラックのもので、黄色がかった石英質の礫がきわめて豊富である。さらにソヴテール(訳注:p250、G10)とシャトーヌフ゠ド゠ガダーニュ(訳注:p250、H12)の集落の一部をそこに含めるべきである。この段丘に由来するテロワールには注目すべき特性があり、それは陽イオンの豊かさよりも、石英質の礫、粘土と石英の相互関係と構造にある。

中程度あるいはわずかに変質した現世のローヌ段丘 後になって、別の拡散堆積がローヌ河にもたらされ、段丘、谷間は現在の流域レヴェルにまで高さは段階的に低くなった。それらは古い時代の段丘の珪岩礫を再編し、リラック、タヴェル、シュスクラン、ローデュン、サン゠ジェルヴェの集落の表土となっている。

この段丘は多様な質のテロワールを生む。いくつかは素晴らしいものであるが、別のものは粘土が少なく、乾燥に弱い。そうした土壌からは香りの幅の広いワインを期待することはできない。

ローヌ左岸支流の変質あるいは未変質の段丘 この段丘の構成の多くを占めるのは石灰岩である。そのもっとも古い時代のものは現在では消失していて、残っている部分の変質はおだやかなものである。ケラーヌとヴィオレの集落のあいだにあるデュー平原や、ヴァルレアス、サン゠パンタレオン、ルセの村々に見られる酸化コバルト帯を含む青色土壌上、あるいはヴィザンとテュレット村周辺の鮮新世泥灰岩上の飛び地等がそうである。またエーグ川流域の素晴らしい段丘ともなっている──ヴァンソブル、サン゠モーリス、ビュイッソン、サン゠ロマン゠ド゠マルガルド、サント゠セシール゠レ゠ヴィニュ、セリニャンの村々が広がっている──。それは、セギュレ、サブレ、ジゴンダス、ヴァケラス、ボーム゠ド゠ヴニーズの各村が位置するウヴェーズ川周辺でも同様である。

ローヌ河流域のテロワールのこうした地形学的概観は、いかにその成り立ちが変化に富んだものか、この地方が形成されるにあたってどれほどの水の流れがあったかを教えてくれる。

長石が分解して粘土になるとき、それはテロワールにとっては非常に喜ばしいことである。不活性ミネラルはその成分が開放され、新たな構造が現れてくる。ぶどう樹はそれを糧として果実を豊かにするのである。

ローヌ河流域の地質図

古生代
- 花崗岩
- 花崗岩と片麻岩
- 片麻岩
- シストと砂岩

中生代
- 石灰岩
- 粘土、石灰岩

第三紀
- 泥灰岩
- 砂と粘土

第四紀
- 沖積層
- 火山岩
- 玄武岩

ローヌ河流域における母岩からテロワールの形成過程

		母岩	主要過程(変質、風化、運搬)	生成された基盤	アペラシオン
ぶどう畑	北部	花崗岩および付随する変成岩	その場における変質 (p238断面図参照)	変成岩、崩積物、沖積錐	コート・ロティ、コンドリュー、シャトー゠グリエ、コルナス、サン゠ペレ、クローズ゠エルミタージュ(一部)、エルミタージュ
	平野部	礫岩、沖積層および新生代堆積層	運搬と再堆積	古、中、新生代の沖積層	シャトーヌフ゠デュ゠パプ
	南部				
	丘	中生代石灰岩	破砕、ゲル化、石灰化	中生代、新生代の石灰層と陸生層の互層	ヴァルレア
			礫、崩落層		
			完新世堆積(平野の形成)		

ローヌ河流域

■ ぶどう品種

ローヌの各アペラシオンでは計21品種のぶどうの使用が認められている。そのうち黒ぶどうが13、白ぶどうが8品種で、いくつかは主品種として用いられ、その他は補助品種となる。

🍇 黒ぶどう

主品種

グルナッシュ Grenache
たくましく多産な品種だが、6月5日から15日頃の開花時期における不結実が多い。地域によって異なるもののほぼ9月15日から10月10日のあいだに収穫時期を迎える。強風と乾燥にはよく耐える品種である。グルナッシュ種はローヌ南部の赤ワインといくつかのフルーティーなロゼのベースとなっている。その潜在アルコール分は高く、酸は弱い。ローヌ南部のぶどう畑では、栽培品種のうち55パーセントから60パーセントを占めている。ACコート・デュ・ローヌ全体で見られ、またシャトーヌフ=デュ=パプの主品種である。豊かで力強く、黒い果実、森の下草等にスパイシーなアロマを纏い、長熟タイプのワインになる。

シラー Syrah 6月5日から15日頃にかけて開花を迎え、ヴィンテージと各産地によって異なるが、9月10日から10月5日くらいのあいだに熟す。ローヌでは広く栽培され、表現力豊かな品種である。寒暖の差の激しくないおだやかな気候を好む。シラー種はローヌ北部の赤ワインの主品種だが、その香りの豊かさと色調の強さから、南部でも徐々に多く用いられるようになってきていて、今日ではローヌ南部でも15パーセントを占めるにいたっている。シラー種からつくられるワインは、色濃くカシス等の香りが豊かで、タンニンが強いにもかかわらず非常にエレガントで長熟である。エルミタージュ、コート・ロティ、コルナス、サン=ジョゼフ、そしてクローズ=エルミタージュで用いられる唯一の黒ぶどう品種である。

ムルヴェードル Mourvèdre
6月5日から15日頃に開花し、10月に完熟期を迎える、標準的な収量が見込める品種である。暑さと日照量を必要とし、特に成熟の最終時期はそうである。そのためローヌ南部が最適地となっている。乾燥には強いが、一定量の水分は必要である。強風には弱い。ムルヴェードル種のワインは非常に力強く、熟成とともに発達するアロマを備える。この品種には抗酸化作用があり、ロゼに使用されると、鮮度を保ち、香りを豊かにする。南部のぶどう品種のうちの3パーセントほどを占めるのみで、主にシャトーヌフ=デュ=パプのブレンド用として用いられている。

補助品種

カリニャン Carignan 多産かつ安定した品種で、開花時期は6月8日から15日頃にかけて、また果実の熟するのは、産地毎に異なるもののほぼ9月25日から10月25日のあいだである。暑さを好み、乾燥にも強い風にも耐えるため、暑く乾いた土地が好適地となる。あまり肥沃でない丘陵の斜面から、ふくらみのあるたくましいタンニンの強いワインを生む。

サンソー Cinsaut 収量は多産、かつ安定している。かなりたくましい品種で、9月前半には熟する。ことさら暑さを好み、乾燥と強風に耐える。ワインの色は薄いが、そのアロマは上品でフルーティーであり、酸とタンニンは弱い。特にロゼワインと新酒に向き、タヴェルとシャトーヌフ=デュ=パプ、そしてACコート・デュ・ローヌの全域に見られる。

クノワーズ Counoise シャトーヌフ=デュ=パプとタヴェルで、かつてはムタルディエ Moustardier の名で知られていたが、今ではほんのわずかが残るのみである。カリニャン種に極めて近いワインを生むが、よりタンニンは弱い。

ミュスカルダン Muscardin シャトーヌフ=デュ=パプで用いられる生産性の低いぶどうで、その高い酸のレベルによって、花のブケと、心地よい新鮮さをもたらす。

ヴァカレーズ Vaccarèse 銀茶色の果皮をもつぶどうである。わずかにシャトーヌフ=デュ=パプで見られ、シラー種によく似たワインを生む。その個性はグルナッシュ種の激しさを和らげ、フィネスと構成をワインに付与する。

カマレーズ Camarèse ACコート・デュ・ローヌの指定品種である。ヴァカレーズ種とはまた異なり、そのため黒ぶどうの21品種に数えられている。ぶどう品種の研究家、ピエール・ガレによれば、銀茶系ぶどうの同義語なのであるという。

ピクプル・ノワール Piquepoul Noir シャトーヌフ=デュ=パプとACコート・デュ・ローヌで栽培が認められているブレンド用品種であるが、ほとんど栽培されていない。花と果実の風味が際立ち、たっぷりした酸を備え、色は薄いが豊かなワインを生む。

テレ・ノワール Terret Noir シャトーヌフ=デュ=パプで認められた品種であるが、今日ではほとんど見られない。心地よいブーケの、軽く色の薄いワインをつくる。

グルナッシュ・グリ Grenache Gris グルナッシュ・ノワール種の果皮が灰色になった変種で、わずかに栽培されているのみである。ロゼワインの醸造に用いられる。

クレレット・ロゼ Clairette Rosé これはクレレット種の果皮がピンクになった変種で、現在ではほとんど栽培されていない。リラックで見られ、ロゼワイン醸造用である。

🍇 白ぶどう

主品種

グルナッシュ・ブラン Grenache Blanc グルナッシュ・ノワール種の白の変種。力強いぶどうで、コクがあり、酸が弱く、まろやかで余韻の長い白ワインになる。シャトーヌフ、タヴェル、ヴァケラス、そしてACコート・デュ・ローヌの白ワインに用いられる。

クレレット・ブランシュ Clairette Blanche 9月25日から10月25日頃に収穫期を迎えるたくましいぶどうで、強い風には弱く、痩せて乾燥した礫混じりの土壌を好む。柔らかく繊細な花の香りのあるワインを生む。シャトーヌフ、リラック、タヴェル、ヴァケラス、そしてACコート・デュ・ローヌの白ワインに使用される。

マルサンヌ Marsanne たくましく豊かなぶどうで、9月15日前後から完熟期に入る。抵抗力のある品種で、熱く礫がちの、豊かとはいえない土壌に向く。ワインは力強いが酸は弱く、アロマは熟成によって発達する。コンドリューとシャトー=グリエを除く、ローヌ北部で産する白では、ルサンヌ種とブレンドされることが多い。南部では全域にわたって見られる。

ルサンヌ Roussanne 9月中に熟する、中程度の収量がある品種で、熱く水捌けのよい礫混じりの土壌を好み、丘陵の斜面に広がる礫の豊富な黄土、石灰質土壌が好適地である。上品で複雑な、極めて繊細なワインを生む。コンドリューとシャトー=グリエ以外の北部の白ワインでは、マルサンヌ種と組み合わせられる。南部では、グルナッシュ・ブランやクレレット、ブルブラン種とアサンブラージュされる。

ブルブラン Bourboulenc 抵抗力のあるたくましい品種で、9月25日から10月25日前後にかけて熟し、暑さを好む。晩生のため、生育は南部に限られる。新鮮でフローラルなアルコール度の低い、早くから愉しめるワインがつくられる。シャトーヌフ、リラック、タヴェル、ヴァケラス、ACコート・デュ・ローヌで見られる。

ヴィオニエ Viognier たくましく抵抗力のある品種で、9月始めには熟する。貧弱で乾いた礫がちの土壌に最適となる品種である。アルコール度が高く、まろやかで骨太なワインを産む。若いうちはスミレとアカシアの花の香りが豊かなワインで、時間が経つにつれ、ムスクや桃、アプリコットなどの複雑なアロマを纏う。コンドリューとシャトー=グリエでは単一で用いられ、またACコート・デュ・ローヌに使用が認められている南部でも徐々に多く見かけるようになってきている。

補助品種

ユニ・ブラン Unis Blanc 非常に生産性は高いが長所の少ないぶどうで、ACコート・デュ・ローヌでの使用品種としてリストアップされているが、ほんのわずかを残すのみとなっている。またリラックでも認められていて、生き生きとした新鮮さを支えている。

ピクプル・ブラン Piquepoul Blanc ピクプル・ノワール種の変種である。シャトーヌフ=デュ=パプとACコート・デュ・ローヌ、それぞれの白ワインに認められている。辛口で平均的な質のワインとなるが、よい酸があり、フレッシュ感を支えるものとなっている。タヴェルとリラックのロゼにも用いられる。

ミュスカ・ア・プティ・グラン Muscat à Petits Grains

このぶどうは、ローヌの一般的な辛口ワインのアペラシオンで認められた品種ではなく、ACコート・デュ・ローヌ=ヴィラージュの産地のひとつ、ボーム=ド=ヴニーズで甘口白ワインの生産に用いられ、その際のアペラシオンは、ミュスカ・ド・ボーム=ド=ヴニーズとなる。適度に丈夫なぶどう品種で、9月の2週目までには成熟する。またより完熟させるためには、痩せた日当たりのよい土地が適する。この品種は、ワインにとても繊細なマスカットのアロマを付与してくれる。

ローヌ河流域 ◆ 北部栽培地域

Vignoble Septentrional
ローヌ地方北部の栽培地域

ローヌ河流域北部の栽培地はまったく独立した2つ地区が一括りにされている。ひとつはヴィエンヌからモンテリマールの町まで、段丘状の景観をつくりながら河沿いに聳えていて、もう一方はドローム川を見下ろす山の斜面上に拓かれた栽培地である。その最初の産地こそがローヌ地方北部の栽培地で、もうひとつはディオワのそれである。

■ 産地の景観

畑の大部分は強い傾斜地にあり、そのため石垣を丘腹上につくって段丘を保っている。

ローヌ北部の栽培地の景観は目を見張るような険しい斜面が特徴である。そこでは、土壌のもろさと風化による侵蝕のおそれがあり、表土の流出を防ぐために、人々は色々と工夫をこらさねばならなかった。このような経緯から、人々はこの地方で「シャレ Chalais」と呼ばれる石垣をつくり、土壌を維持してきた。そしてそれが素晴らしい段丘状の景観をつくり出したのである。

ディオワの栽培地はドローム川右岸でヴェルコール山地の斜面を背にし、左岸はアルプス前山の南の支脈の斜面を背にしている。そこでは傾斜はローヌ北部ほど顕著なものでなく、ぶどう樹はより伝統的なやり方で栽培されている。

基盤層の地質的な起源が、ローヌ地方北部とディオワの大きな違いとなっている。

ローヌ地方北部 その基盤は、中央高地の東端が破壊されて露出している、古生代の古い岩盤である。このなかには、異地性の花崗岩から、片麻岩や雲母片岩のような変成岩まで、様々な岩石層が混在している。

例外的に、北部栽培地の南端のローヌ河右岸、シャトーブールの村からギルエラン=グランジュ(訳注:p239のO10だが、地図上では単にギルエランとなっている)の町まで、粘土分の少ない石灰岩が露出した中生代の地層の飛び地が見られる。そこでは侵蝕によって、ぶどう栽培の好適地となる斜面の崩落礫が生まれている。若干の第四紀の基盤層は、氷河時代に由来する沖積土を主とし、ローヌ河の右岸に沿って、レンズ状のようなかたちで点在している。

左岸では、こうした地層が大きい規模で発達しており、特にクローズ=エルミタージュの栽培地南部で顕著である。他の異地性の物質も斜面のぶどう畑には見られ、それらは高くなった沖積錐のかたちで、あるいは風成表層堆積物、すなわち黄土が風化し表層沈着したかたちで現れている。

ディオワ 基盤層は中生代だが、より詳しくいえばジュラ紀のものである。この地層は、泥灰土と粘土質石灰岩の互層で、堆積時とアルプス隆起時に強く圧密されている。この現象が、有名な「ディオワの黒土」と呼ばれる、板状の泥灰土を生んでいる。この土壌の性質は、とりわけミュスカ種に向いている。

第四紀層のテロワールもまたディオワの代表的なものである。起伏の激しいこの産地にあって、顕著な風化から生成された地層である。主として、石灰岩礫、運ばれた沖積土が河岸段丘の上部、そして隆起したかつての扇状地に見られる。

■ 気候

ローヌ地方北部の気候は、リヨネ気候と形容される。それは地中海性気候と、ブルゴーニュの半大陸性気候との中間である。

ローヌ北部の、「リヨネ気候」といわれる気候は、中央高地の東側斜面にあって複雑な様相を呈している。そこでは大陸、大西洋そして地中海の影響が交互に作用する。

この気候のもっともはっきりした性格が現れるのはその地中海性の夏で、午後遅くには雲で覆われることもあるものの、澄んだ空と、夕立のとき以外の気まま吹いてくる弱い風が、その特徴である。気温は摂氏25度から35度と高く、降水量のほとんどは雷雨によるものである。

冬は大陸性気候の影響下となるが年により不規則で、1941年から42年にかけての冬のように、ときには全くこの性格が見られない年もある。例年でも地中海あるいは大西洋気候の影響によって、大陸性気候は数日間中断されるというのが普通である。そしてこの大陸性気候の冬は寒い。北あるいは北東の風が強弱はあるものの、常に吹いている。空は澄んでいるか、薄曇りで、また非常に低い雲に覆われるときもある。降雨量は少ない。

夏から冬へ季節が移り変わるときは、地中海あるいは大西洋気候が優勢であるが、その期間は年によってほとんど異なる。

モンテリマールを境に、ぶどう樹はまだその影響を逃れられないとはいえ、地中海性気候の影響は薄れ、ディの村周辺では標高2000メートルに達するヴェルコール山地の存在によって大陸性気候に変わる。栽培地は1年を通じて日照量に恵まれ、ぶどう樹の生育に適したサイクルで雨にも恵まれている。ミストラルよりも穏やかではあるものの、強い北風はローヌ河流域のこのあたりでは日常的なものであり、その冷たく乾いた吹き付けは、雨後の空気を乾燥させ、ぶどうの病気が広がるのを防いでくれる。そのため、吹きさらしとなっている畑ではぶどうの成熟が遅れるという欠点がある。

ディオワは山がちの栽培地という気候背景に恵まれている。たっぷりした日照はプロヴァンスを思わせるが、涼しい夜と厳しい冬は山の存在を刻み付けている。

統計
栽培面積:4,100ヘクタール
年間生産量:210,000ヘクトリットル

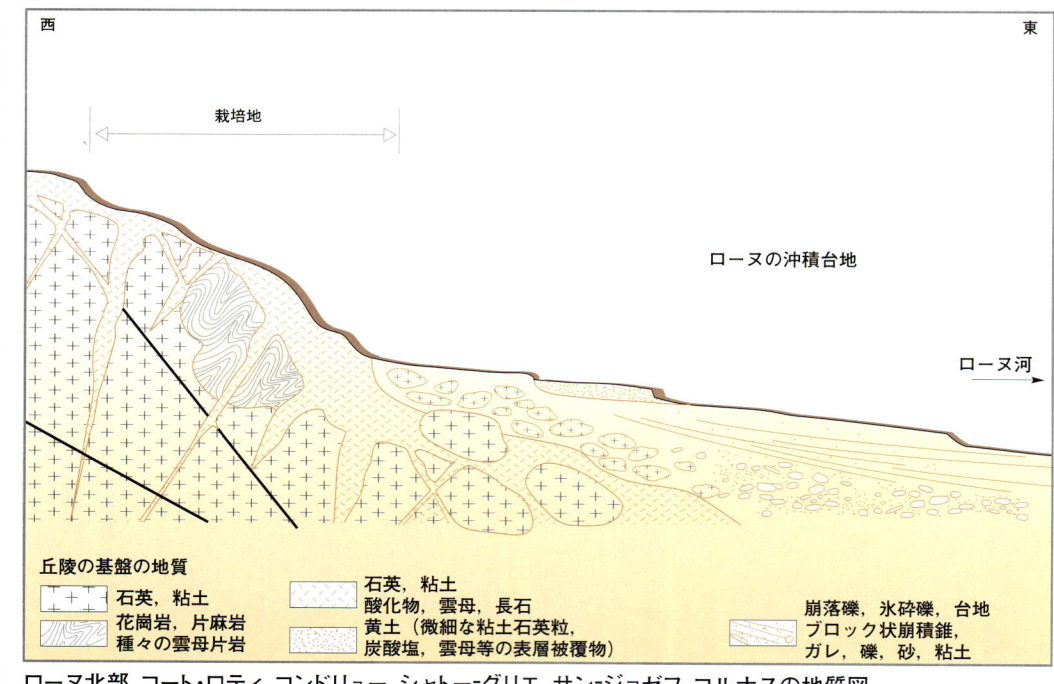

ローヌ北部、コート・ロティ、コンドリュー、シャトー=グリエ、サン=ジョゼフ、コルナスの地質図

丘陵の基盤の地質
- 石英、粘土
- 花崗岩、片麻岩 種々の雲母片岩
- 石英、粘土 酸化物、雲母、長石
- 黄土 (微細な粘土石英粒、炭酸塩、雲母等の表層被覆物)
- ブロック状崩積錐
- 崩落礫、氷砕礫、台地
- ガレ、礫、砂、粘土

ローヌ河流域 ◆ 北部栽培地域

🍇 ぶどう品種

北部の栽培地では、赤も白も基本的にぶどう品種を単独で用いる。そのことが、品種が極めて多様な南部との大きな違いとなっている。

フランスでもっとも古い栽培地のひとつであるローヌ北部に連なる畑には、歴史的かつこの地方の伝統的な品種が植えられている。おそらくペルシア起源であるシラー種は、全ての赤ワインのベースとなっている。起源が定かでない白ぶどう、マルサンヌとルサンヌ、あるいはヴィオニエ種も、このローヌ河流域北部で育まれ、そこに好適地を見い出している。

ディオワのアペラシオンで、古い歴史がある発泡酒のクレレット・ド・ディの栽培地に植わるのはミュスカとクレレット種である。より地中海的なこれらの品種が、この地を植物相的にはローヌ地方南部に近づけている。シャティヨン・アン・ディオワのアペラシオンにおいては最近、赤ワイン同様白もブルゴーニュの品種を使用しており、この地の伝統から逸脱してはいるが、質としてはよい成果を収めている。

■ ワイン

ローヌ地方北部の栽培地とディオワのそれが地理的に同じ纏まりとして位置付けられるとしても、各々のワインは非常に異なったものである。

産地としてある種、統一が見られる状況から生まれるにもかかわらず、ローヌ地方北部のワインはそれぞれ独特な個性を備えている。よく似た土壌で生育し、同じ品種からつくられていても、それぞれを見分けるのはかなり容易である。

赤ワインの一般的な特徴は、力強く骨格がしっかりとして、常に豊かさと気品とを表している。

ローヌ河右岸を北から南へは、力強く滑らかなコート・ロティの赤、魅力と果実香に溢れ、しばしば素晴らしい質感をもつサン=ジョゼフ、そして強く荒々しい野性的なコルナスを見分けることができる。左岸では、黒い果実の香りが豊かなクローズ=エルミタージュ、そして力強くかつ極めて繊細な、例外的ともいえる存在のエルミタージュがある。

コンドリューとシャトー=グリエの白ワインはヴィオニエ種単独でつくられ、リッチで肉厚、滑らかでとろりとし、その芳醇な香りは極めて上品で複雑である。

ルサンヌとマルサンヌ種はサン=ジョゼフとクローズ=エルミタージュ、サン=ペレのアペラシオンで見事にその力量を発揮している。そしてサン=ペレでは同じ品種から、普通のスティル・ワインと発泡酒であるサン=ペレ・ムスーの両方がつくられている。

しかし、この2つの品種がもっとも完璧に花開くのはやはりエルミタージュのテロワールである。それは、豊かなアロマと緻密な構成で、滑らかでたっぷりとし、赤ワイン同様、素晴らしいフィネスを纏っている。

コンドリューでつくられる甘口や、同じく甘口のエルミタージュのヴァン・ド・パイユのような希少なワインも記しておこう。そしてこれらの栽培地には、ロゼワインが存在しないことも。

クレレット・ド・ディの発泡酒はディオワの生産量の多くを占め、ミュスカ種のアロマを備えた上品で心地よいワインである。

クレレット種からつくられるクレマン・ド・ディとコトー・ド・ディのアペラシオンは、同品種の生育地の北限ともなっている。

シャティヨン・アン・ディオワの赤、白、ロゼは、山地のワインの特徴を備え、フルーティーで軽い。

ローヌ河流域 ◆ 北部栽培地域 ◆ コート・ロティ

Côte Rôtie
コート・ロティ

この歴史ある栽培地は、険しい斜面に不揃いに居並ぶ石垣の景観が特徴的である。石垣は、古生代の基盤、岩石から形成された土壌が風や雨によって侵蝕され、流失するのを防いでいる。そしてこの段丘での栽培は、この地で支配的なシラー種の偉大な特質にたいへんよく適応している。

■ 産地の景観

コート・ロティは、中央高地がこの地方に張り出したその突端を遮っている丘陵に広がり、ローヌ平野に面している。

この栽培地の起伏は特徴的で印象深いものである。起伏はローヌ河の川面の高さである150メートル前後に始まり、谷を見下ろすもっとも高い段丘の標高300メートル付近にまで達し、急な階段状の景観を形成している。これらの段丘のそれぞれは、見られる基盤層の性質によって様子が異なる。つまりコート・ブロンド(訳注:コート・ロティを構成している丘陵のひとつで、p241のQ7)と似通ったテロワールでは、もろく不安定な砂を生む基盤が侵蝕されるので、石垣を積んだ狭い段丘を構成する必要を生ずる。またコート・ブリュヌ(訳注:p241のR7)と似たテロワールでは、黒っぽい粘土質のマトリックスがより多く、表土をしっかりと安定させているので、石垣の段丘の幅はより広くなっている。

■ 地質と土壌

テロワールは、ローヌ平野を生んだ中央高地の断層によって生じた。

断層は、亀裂の多い古生代の変成岩で形成された基盤を露出させている。この状況は、破断していない母岩のあいだに、ぶどう樹の根を入り込みやすくさせ、ミネラルと水分の吸収を容易にしているのが特徴である。

コート・ロティでは比較的均一なテロワールが見られるにもかかわらず、生産者たちはその差異を把握していて、この栽培地を大きく、コート・ブロンドとコート・ブリュヌの2つに分けて区別している。

コート・ブロンドに共通するテロワール ランスモン、トリオット、ル・モラール、タキエール、ル・グテ等のリュー=ディがあり、大半が片麻岩から形成されている。多くの珪酸分を含む母岩の風化は、この地で「アルズル Arzels」と呼ばれる、明色でもろい粘土質の砂を生んでいる。さらに丘陵の上部を覆っている石灰質の風成堆積物、黄土等が急斜面上にもたらされ、表土を再石灰化している。これらのタイプの緻密で厚い基盤の性質によって、コート・ブロンドとコート・ブリュヌのワインを区別しうるフィネスの特徴を説明することができる。

コート=ブリュヌに共通するテロワール フォンジュアン、ランドンヌ、ロジエ、コート・ボーダン、ムートンヌ等のリュー=ディが含まれ、そのほとんどが雲母片岩で形成されている。この母岩にはコート・ブロンドの片麻岩に由来する土壌ほど珪酸分は含まれていないが、かなり鉄分が豊富で、風化によって黒っぽい色の粘土分に富んだ表土になっている。この密で厚い基盤はコート・ブロンドとは明らかに異なり、コート・ブリュヌのワインがより男性的であることを説明している。

統計
栽培面積:205ヘクタール
年間生産量:8,500ヘクトリットル

■ 気候

コート・ロティに見られる気候はリヨネ気候と呼ばれ、地中海性気候に較べ気温が高く、湿気も多い状況にある。

栽培地は、畑が連なる丘陵に沿ったローヌ河の流れに関係してその特色が見られる微気候の恩恵を受けている。ヴィエンヌの町の北で　川幅を細めたローヌ河は流れの向きを南東から南西へと変え、河川に沿う丘陵の斜面も全体的に南向きとし、ぶどう栽培にたいへん適したテロワールを形成している。この暑く、日照量の多い微気候によって、コート・ロティの畑の広がる斜面が「焼かれた Rotie」と名付けられていることの説明がつくだろう。

またぶどう畑は同時に、ビーズと呼ばれる、ヴィエンヌの町の上流から狭められた谷間をわたってくる北風にさらされている。この風が太陽の焼けつくような暑さを和らげ、真南に向いたテロワールにとっては都合のよい微気候ともなっている。また、地中海から吹き付ける風の影響を受けるぶどう樹を安定させるために、生産者たちは3本の栗を添え木にして株を仕立てる方法を考案した。この特徴的な仕立て方はこの地でトレピエ、カバーヌあるいはシャペルと呼ばれている。

🍇 ぶどう品種

ぶどうは、長い歴史があり、ローヌ地方北部での赤ワインづくりに用いられてきた、遍く見られ、唯一の品種であるシラー種である。

この地では「スリーヌSerine」と呼ばれ、クローン選抜や新しい栽培地の開発とともに、絶滅しつつある伝統的なシラー種で、コート・ロティでも限られた区画でしか見られない。現在この素晴らしい品種を保存するために、古くからの区画で調査がなされている。また、歴史的に白ぶどう品種であるヴィオニエ種は、コート・ブロンドに似通ったテロワールで栽培されるシラー種とアサンブラージュされて、生まれるワインのフィネスを際立たせている。ヴィオニエ種のブレンドは政令によって20パーセント以下に制限されているが、実際10パーセントを超えて用いられることはめったにない。

■ ワイン

一般的にコート・ロティの赤は、エレガントさとフィネスによって和らげられてはいるが、偉大な力強さが持ち味のワインである。

コート・ロティで産するワイン全体が傑出した水準だとしても、もっとも典型的かつ複雑なワインは、小さなレナール川に分けられたアンピュイの2つの丘陵――向かって右側がコート・ブリュヌ、左側がコート・ブロンド――から生産されている。

コート・ブロンドに共通する珪酸分が豊富なテロワールのワインは、とりわけヴィオニエ種と合わさった場合、花の香りにフュメ香といったアロマティークな複雑さが非常に発達する。また口に含むと、粘性と結びついた繊細なタンニンが感じられる。この丘陵の真ん中、階段状になったムーリーヌのリュー=ディでは、素晴らしい微気候の恩恵を受け、傑出したワインがつくられている。

粘土が豊富なコート・ブリュヌに共通するテロワールのワインには、熟した果実や煮つめた果実、さらに干しスモモ、下草のアロマが感じられる。口に含むとコート・ブロンドよりも骨格がしっかりして豊かだが、同じようなエレガントさを纏いながらもフィネスにはやや欠ける。またタンニンはよりはっきり感じられ、強い。この丘陵のもっとも有名なリュー=ディはラ・テュルクとラ・ランドンヌである。

コート・ブリュヌのすぐ上流に位置するコトー・デュ・ヴェルネーのヴィアリエールのリュー=ディでは、タンニンの強いたくましい濃い色調のワインが生産されている。またコート・ブロンドの下流、テュパン・エ・スモンの栽培地では、コート・ロティの力強さに滑らかさが加わったワインがつくられている。

コート・ロティは、若いうちはカタく引き締まって閉じており、数年の熟成後にやっと開花するワインである。

ローヌ河流域 ◆ 北部栽培地域 ◆ コート・ロティ

コート・ロティの栽培地の鳥瞰図

ローヌ河流域 ◆ 北部栽培地域 ◆ コンドリュー ◆ シャトー゠グリエ

Condrieu et Château-Grillet
コンドリューとシャトー゠グリエ

コンドリューとそこに含まれるシャトー゠グリエのぶどう畑は、地理的に北はコート・ロティ、南はサン゠ジョゼフの栽培地のあいだに位置している。白ワインだけを生み出すこれら2つのアペラシオンは、ローヌ北部で唯一、この地を最上のテロワールと選択したヴィオニエ種のみからつくられている。

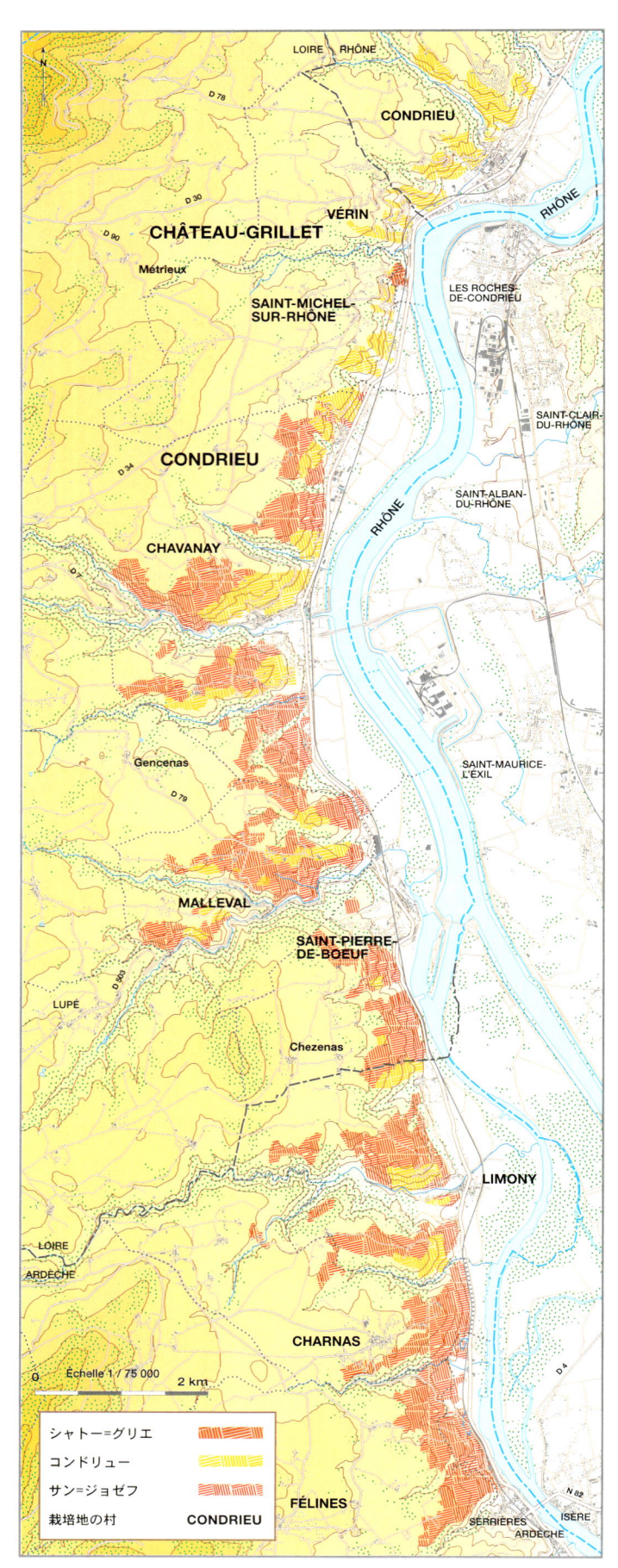

■ 産地の景観

シャトー゠グリエを含むコンドリューのアペラシオンは、中央高地の東の縁に位置し、ローヌ河に接している。

栽培地の景観は特徴的である。畑は30度前後まで達する急斜面にあり、侵蝕および流失しやすい基盤、土壌のため、土を留める石垣が見られる。石垣は土壌を確保すると同時に、激しい雷雨がもたらす多量の雨水をうまく排水するという特質がある。コンドリューの畑が点々と連なるなかに、広さ3.8ヘクタールのシャトー゠グリエが、165メートルから250メートルほどの標高の斜面でまとまった素晴らしい景観をつくっている。ここでローヌ河は「コンドリューの岩」にぶつかった後、流れの向きを南から西に変え、河に沿った丘陵の斜面も南向きとしている。そのため段々畑状に植えられたぶどう樹は、北風からうまくさえぎられている。

地質と土壌

これら2つのアペラシオンの土壌には共通性がある。双方ともに、古生代の変成岩である片麻岩上に広がっている。

石垣によって保護されている母岩は、風化によってもろい砂質粘土の表土を生んでいる。またその基盤には亀裂が入っているため、ぶどう樹の根が深くまで張り、ミネラルや水分を取り込むことができる。氷河期にこの地方で吹いていた北風が、ところどころに第四紀の石灰岩の堆積や黄土を積もらせた。この地層は、コンドリューのコトー・ド・シェリ（訳注：シャトー゠グリエのすぐ北に位置する）のリュー゠ディのように、ごく一部の土壌がレンズ状に盛り上がっていたり、畑のない丘陵の上部では表土を覆ったりしている。そして侵蝕によって変質し、すぐ下の層の酸性土壌に石灰分やミネラルをもたらしている。

🍇 ぶどう品種とワイン

ヴィオニエ種のみからつくられる、コンドリューとシャトー゠グリエだが、この品種にとってはこれらのアペラシオンが最上の地である。実際ここでヴィオニエ種は、比類なき傑出したエレガントさに達する。

コンドリュー コンドリューでは辛口の白ワインが生産の大半を占めている。黄金色に輝く深い色合いで、スミレやモモ、アプリコットのアロマを纏った香り高さが身上のワインである。口に含むと、ボリュームがあり、フィネスに溢れている。やや甘口のワインはそれほど流通しておらず、大部分が地元で消費されている。また年によって、ヴィオニエ種は極甘口となるような完熟の極みに自然に達することがある。このタイプは現在、公式に認定しようとする動きの対象となっている。

シャトー゠グリエ シャトー゠グリエでは、いくつかの区画からのキュヴェを樽で熟成させている。テロワールの影響と結びついて、このやり方は、コンドリューとははっきり異なるシャトー゠グリエの個性をワインに付与してくれる。抜栓してすぐは控えめなため、シャトー゠グリエのその潜在的な力を十分開花させるには、ある程度空気に触れさせる必要がある。

■ 気候

この2つのアペラシオンは、高い気温と多湿が特徴のリヨネ気候の影響を受けている。

ほとんどのぶどう畑が位置する斜面の向きは南南東で、加えて石が多く見られる丘陵では、ときとして気温が摂氏40度を超えることもある。しかしこの状況が、ヴィオニエ種にとって完熟したぶどうを得るのに非常に適したものとなっている。シャトー゠グリエという名は、館が焼け焦げたからだとする言い伝えよりも、むしろこの炎暑ともいえる気候の特殊性に由来しているのかもしれない。

統計（コンドリュー）
栽培面積：105ヘクタール
年間生産量：4,100ヘクトリットル

統計（シャトー゠グリエ）
栽培面積：4ヘクタール
年間生産量：120ヘクトリットル

ローヌ河流域 ◆ 北部栽培地域 ◆ サン゠ジョゼフ

Saint-Joseph
サン゠ジョゼフ

　アペラシオンはローヌ河右岸に点在する26の集落に、およそ60キロメートルの長さで見られる。サン゠ジョゼフは北のコンドリューの栽培地——4つの集落ではサン゠ジョゼフとコンドリューの双方が生産できる——と南のコルナスとをつないでいる。またこの栽培地は中央高地の東の端にその根を張り、気候も含め南から南東向きの斜面の理想的な景観のなかに連なっている。

■ 産地の景観

アペラシオンの過度の拡張の後も、栽培地は、ローヌ北部の起伏を特徴付け、際立たせている段丘の景観のなかにある。

　1956年にサン゠ジョゼフのアペラシオンが制定された時点では、ローヌ北部の険しい丘陵が見られるトゥールノンの町周辺の、古くから栽培を続けてきた6つの集落の畑のみが認められた。1969年には、アペラシオンは他の20の村々にまで広げられた。加えて畑は丘陵のふもとと上部の機械化が可能な区画まで広がったが、上質のぶどう栽培には向かないところでもあった。需要がまだ少なかった時代、畑を維持する労働力の不足のため、もっとも優れたワインを生む険しい斜面が、最初に見捨てられた。80年代の初め、生産者たちはやっと、このような畑の拡張がアペラシオンの個性を弱め、ありきたりなワインしか生まないことに気付いた。そのため、決して放棄すべきではなかった歴史ある丘陵の区画を回復するという思いから、新たに限定を加えてのアペラシオンの見直しがおこなわれたのである。その見直しによって、栽培地は7500ヘクタールから半分以下の3500ヘクタールまで減らされた。生産者たちにとっては重大事となるこの作業は、同時にテロワールにおける彼らの能動的なかかわりをも明らかにした。以上のような、テロワールを重視した耕作を復活させたということのように、今日我々は、古くから栽培されてきた歴史ある丘陵の価値を回復させた他の多くの事例を見い出すことができる。

■ 地質と土壌

第四紀あるいは中生代起源の土壌も稀に見られるが、このアペラシオンの特徴は、そのほとんどに共通する古生代の基盤である。

　古生代の土壌のなかに、サン゠ジョゼフの南部のシャトーブールの村やギルエラン゠グランジュの町周辺では中生代の土壌が点在し、同様に、ローヌ河とその支流からの沖積性堆積物や侵蝕の結果による第四紀の土壌も見られる。

古生代の母岩上の土壌
アペラシオンの土壌の大部分は、花崗岩質の火成岩上に広がっている。この岩塊は風化しやすくぼろぼろになって、この地方で「ゴール Gores（訳注：日本での俗称はマサ）」と呼ばれる粘土質の砂質土壌が生まれる。流されやすいこの土壌は、段丘の景観の特徴である石垣によって保護しなければならない。ある区域では、熱による土壌の固化という変成作用により、この母岩を、片麻岩と雲母片岩に変化させている。片麻岩は変質しやすい特徴から花崗岩に近く、また雲母片岩からなる土壌は独特で、サラス（訳注：p243のW13）の集落付近では、粘土の多い濃い色の土壌によって区別される。

石灰岩上の土壌
この中生代の石灰岩塊は、シャトーブールとギルエラン゠グランジュ周辺の、アペラシオンの限られた箇所を占めている。ぶどう畑はこの緻密な岩塊上ではなく、シャトーブールのロワイエの区画のような、侵蝕や変質からなる石灰岩の崩落礫の堆積上に広がっている。

第四紀の物質の土壌
第四紀の氷河堆積層はローヌ河右岸ではほとんど見られない。というのもアルプス隆起の際、河は絶え間なく中央高地の方へ押し出され、氷河堆積物は削り取られてしまったからである。またアペラシオンの元ともなっているサン゠ジョゼフの丘陵のふもとに位置するトゥールノンの町では、氷河堆積物の薄層がいくらか残っている。
　中央高地のヘルシニア準平原に切り込んでいる険しい渓谷の出口では、ローヌ河のいくつかの支流が砂と砂礫で形成された物質を堆積させてきた。この扇状地がローヌ平野と較べて一段高くなっているところ、例えばトゥールノン周辺のサン゠ヴァンサンのリュー゠ディのようなところでは、ぶどう畑として開墾することができた。
　同じ時代、北から吹き付ける荒々しい風によって、石灰質の微粒子と、多くは侵蝕や流れで取り除かれてしまう黄土を表層に沈積させた。この土壌がレンズ状に残り、また移動、再度堆積したりしたが、ぶどう栽培には適しているため、なかでも白ぶどう品種によい相性を見せている。

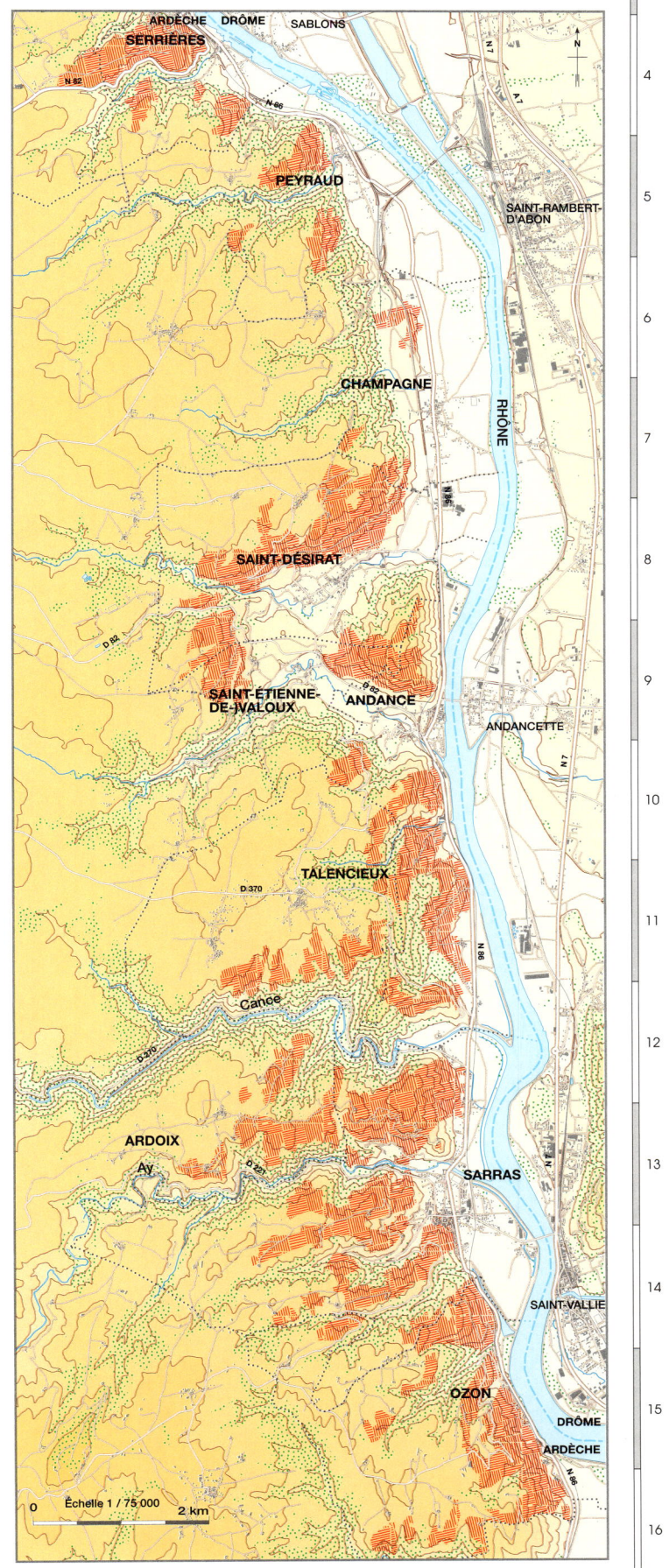

ローヌ河流域 ◆ 北部栽培地域 ◆ サン゠ジョゼフ

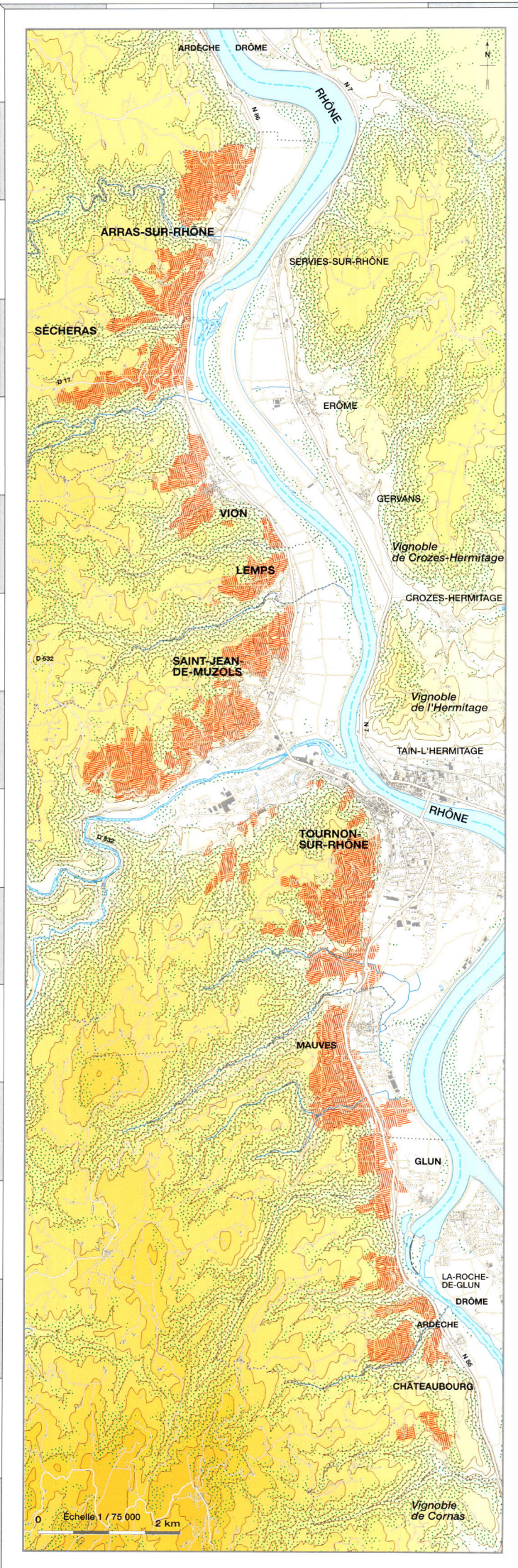

■ 気候

このアペラシオンの南北にわたる緯度の違いを考慮するなら、過渡的な位置にあるこの地で、一般的な気候を定義づけるのは難しいだろう。

サン゠ジョゼフのぶどう畑は他の北部の栽培地と同様、リヨネ気候と地中海気候の交錯するところに位置している。そして南北に60キロメートル近くにわたって伸びていることから、これらの気候の影響を同じようには受けていない。

例えばトゥールノン周辺でははっきりと地中海性気候が見られるのに対し、シャヴァネー（訳注：p242のB8）の集落では明らかにリヨネ気候の影響下にある。さらにこの2つの気候に、中央高地の縁の台地に見られるような山岳気候の影響を加えることができる。

ここでは微気候もたいへん重要である。それぞれの共通の影響に加え、斜面の向きや勾配、そして見落とせない標高の影響も受けている。サン゠ジョゼフでは同じ丘陵でも、150メートルにおよぶ高低差があることも珍しくない。

畑は通常、日照量の豊富な気温の高い地形にあり、北風と、ヴィヴァレ山地に近いことからもたらされる霧から護られ、ぶどう栽培には最適の条件を備えている。加えて南南東の向きの斜面も同じ理由から理想的といえる。

また、ローヌ河の谷間にあってサン゠ジョゼフでは、南部の畑が受けているのと同じ風の状況が見られる。つまりビーズと呼ばれる冷たく乾燥した北風が非常によく吹いている。この風が雨の後にわたってくると、ぶどうを乾かし、病気や腐敗を防いで生産者の味方になってくれる。しかし風だけでなく同時に、おだやかで果実の成熟に適した気温を享受できる乾燥が続く気候によっても護られていることも知っておかねばなるまい。

暖かく湿気を含んだ南風はサン゠ジョゼフでは稀である。この風は収穫時期のあいだ成熟を促すが、雨の前兆でもある。年間平均降雨量は700ミリメートルから800ミリメートルで、トゥールノンの南、モーヴの集落とのあいだに位置する歴史的な栽培地、サン゠ジョゼフの丘陵では夏のあいだ乾燥しているが、コート・ロティ等の北端に較べ年間を通じての降水分布は一定である。

🍇 ぶどう品種

サン゠ジョゼフではまだローヌ北部の伝統品種、つまり、赤ワインにはシラー、白にはマルサンヌとルサンヌ種が栽培されている。

サン゠ジョゼフの赤ワインのベースとなっているのはシラー種の単一品種である。ときに粗い印象を和らげるため、法律では10パーセントまで、白ワイン用品種であるマルサンヌとルサンヌ種を加えることが認められている。白ワインは、コンドリューとシャトー゠グリエを除く他の北部の白の栽培地と同様、2つの品種からつくられるが、そのうち95パーセント近くがマルサンヌ種である。多くの白ワインを生むぶどう樹と同じように、上記2品種もシャトーブールやギルエラン゠グランジュ周辺のような特に石灰質の土壌が見られるところを好む。

■ ワイン

赤ワインがアペラシオン全体の9割を占めており、テロワールの多様性を考慮すると本当に様々なタイプのワインが見られる。

一般的に、サン゠ジョゼフの赤ワインにはカシス等の黒い果実や、コショウ等のスパイス、カンゾウや下草のアロマがあり、口に含むとエレガントさやフィネスが感じられる。またワインには人気のもととなっている特徴的な滑らかさもある。さらにもっとも典型的といえるのは、タンニンが豊富なため、ゆっくりと熟成させる必要がある点だろう。

アペラシオンの拡張を考えると、区域によってワインに大きな違いが見られて当然だろう。シャヴァネーの谷間付近の北部のワインは、コート・ロティのタイプに近く、ラ・ロシュ・ド・グリュンやシャトーブールの村々がある南からのものは、コルナスに近い。そしてこのアペラシオンの歴史的中心地であるトゥールノンやモーヴ周辺の丘陵から生み出される赤が、もっとも典型的な熟成タイプのワインである。

サン゠ジョゼフの白ワインの生産量はわずかである。これは、桃のような黄色い果実とともに、蜜を含む白い花のアロマを主に感じることができる、たいへん香り高いワインである。また口に含むと、豊かさとオイリーさが際立つバランスのよいワインで、数年間寝かせることもできるが、若いうちのフルーティーさを愉しむのがベストといえるだろう。

統計
栽培面積：920ヘクタール
年間生産量：38,000ヘクトリットル

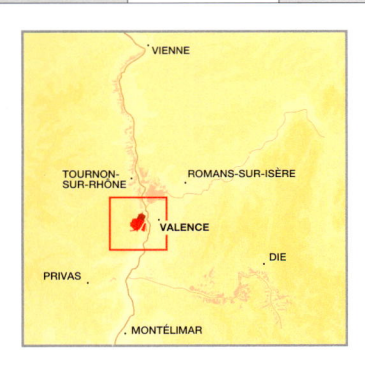

Cornas et Saint-Péray
コルナスとサン=ペレ

ローヌ河右岸に位置する、隣り合ったコルナスとサン=ペレのアペラシオンは、ヴァランス(訳注:ドローム県の県都)市の人口密集地近くに広がっている。伝統的なローヌ北部の景観のなかで、2つの栽培地の気候、また地質土壌的な特殊性から、多様性に富んだワインが生産されている。

■ 産地の景観

コルナスではサン=ペレ同様、ぶどう畑は石垣に支えられた小さな段丘で栽培されており、この石垣は急斜面の土壌を留めておく役割を果している。

古くから名を馳せ、またその非常にキツい耕作でも有名なエルミタージュの先に、コルナスとサン=ペレのアペラシオンはあり、丘陵とふもとの沖積土壌の畑で栽培はおこなわれてきた。なかでも、コルナスにおいてはより広い土地へと畑は拓かれ、ローヌ河より200メートルから300メートル上部に位置する、吹きさらしの台地上での栽培もおこなわれている。これらの場所での作業は機械化に頼ることができ、コルナスの名声を築き上げてきた伝統的な丘陵の栽培地と同じとはいえない。この拡張がアペラシオンに幸いするのかどうかは未来が応えてくれるだろう。またいくつかの美しい歴史的な丘陵がヴァランスの街の都市化に押され、消失している。

コルナス

■ 自然要因

コルナスの伝統的な景観は、南に向かって開いており、アルレットの丘によって北風から護られている。

階段状になってしっかりと保護された畑は、ぶどうの成熟を促す、非常な猛暑をもたらす気候の恩恵を受けている。エルミタージュの下流、15キロメートルほどしか離れていないにもかかわらず、コルナスでは常に収穫の開始が1週間前後早い。また一部の畑は主に花崗岩に属する古生代の噴出岩上に広がっている。

北では、中生代の堆積による根無し地塊であるアルレットの丘がサン=ジョゼフとの境界を形づくっている。この密集した石灰岩の連なりは侵蝕され、南の斜面から、お隣ピエ・ラ・ヴィーニュの集落付近に流出し堆積している。しかしこれはアペラシオンのわずかな部分にしか現れていない。

🍇 ぶどう品種とワイン

コルナスでは、古くからの区画、および新しく拓かれた畑、全てでシラー種のみが栽培されている。

シャイヨのような、古くから栽培されてきた中心部にある丘陵の区画から生み出されるワインが、もっとも代表的なコルナスである。ワインは、このアペラシオン特有の黒味がかった濃く深い色合いを呈し、凝縮して力強く、がっしりとして、若いうちはタニックでカタい。そのため、それぞれの要素のバランスがとれ、味わいの頂点に達するまで長い熟成を必要とする。ピークに達した後は、力強さを残したまま、際立った気品と比類ないエレガントさを備えた、素晴らしい個性を発揮するようになる。逆に、丘陵のふもとと頂部の最近拡張された畑では、特徴のそれほどはっきりしないあまり個性的でないワインがつくられている。

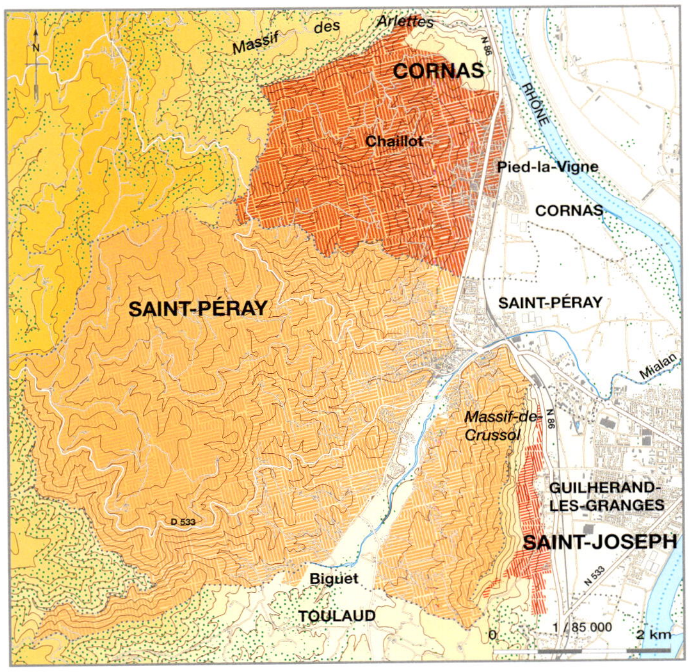

統計
栽培面積:91ヘクタール
年間生産量:4,000ヘクトリットル

サン=ペレ

■ 自然要因

花崗岩質の段丘とクリュソルの丘のあいだのほぼ北から南に向いた断層を流れているミアラン川の谷間は、大きく北に開いている。

ミアラン川の谷間によって、コルナスが免れている北風のビーズが吹き込んでいる。このことがサン=ペレをコルナスよりも冷涼な環境にしている。また、おそらく上記の状況から、サン=ペレが白ワインの生産に適していることの説明がつくだろう。

コルナスの花崗岩質の斜面はサン=ペレの西の部分、ビゲからトゥーローのリュー=ディまで続いている。南南東に向いた斜面は、速い流れのミアラン川によって石灰質の丘と分けられている。クリュソルの丘は北西の斜面だけがサン=ペレのアペラシオンに属している。畑は黄土に覆われた石灰岩の堆積上に広がっている。ミアラン川の谷間では、畑は、氷河に由来する第四紀の沖積土壌で形成されたいくつかの段丘につくられている。

🍇 ぶどう品種とワイン

サン=ペレでは白ぶどうのマルサンヌとルサンヌ種だけが許可されており、そのうちマルサンヌ種がほとんどを占めている。

サン=ペレでは2つのタイプのワインがつくられていて、ひとつは泡のでない普通の辛口の白ワインで、もうひとつは発泡酒である。双方ともに、白い花のアロマを纏ったたいへん香り高く、繊細でバランスのよいワインで、酸は弱めである。発泡酒は、生産量の3分の2近くを占めているが、市場においてサン=ペレの発泡酒はそれほど人気が高くなく、この割合は減少する傾向にある。この状況が進むほど、この特異なワインがローヌの一連のラインナップのなかで認められるのを難しくしている。

栽培の大半を占めるマルサンヌ種は、この地でルセットRoussette種と呼ばれている。しかしこれをルサンヌ種や、同じくルセットとも呼ばれるサヴォワのアルテッス種と混同してはならない。

統計
栽培面積:55ヘクタール
年間生産量:2,500ヘクトリットル

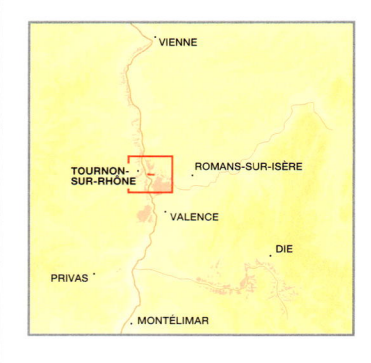

ローヌ河流域 ◆ 北部栽培地域 ◆ エルミタージュ

Hermitage
エルミタージュ

傑出したワインを生み、歴史的にも名を馳せてきた注目すべきエルミタージュは、フランスの栽培地のなかでももっとも重要かつ最上位に位置付けられるべき産地である。ローヌ北部の王冠とでも形容できるこのアペラシオンはさらに、赤と同じく白ワインも非常に評価の高い、唯一の地である。

■ 産地の景観

エルミタージュはローヌ河の左岸、西はローヌ河に沿って続くタンの丘と、東のブテルヌ川のあいだに横たわる丘陵に広がっている。

アルプスの隆起の際、ローヌ河は中央高地の東の縁に向かって押し付けられた。第四紀には河川の流れはピエール=エギュイユの丘（訳注：p248のB12、ジェルヴァンの村にある小山）の西の縁を削り、また海面の急激な変化も手伝い、河川沿いの切り立った断崖を生んだ。このようにして、ローヌ河は左岸に古生代の岩石からなる丘陵を孤立させ、そこに現在のエルミタージュとクローズ=エルミタージュのぶどう畑が広がっている。

地層は硬い母岩で形成されているが、風化によって、流出しやすい不安定な花崗岩質の砂質土壌を生んでいる。西側の景観は、土壌を支えるための多くの石垣が見られる非常に急な斜面が特徴である。グレフューの区画の東からは、傾斜はいくぶん緩やかになり、円礫が見られる第四紀層の段丘となっている。ここでの土壌は流れにくく安定しているため、土留めの石垣もほとんど必要でなくなってくる。そして丘陵の西に較べ、より広い区画にぶどうは植えられている。この地では、プロヴァンス語で窪みを意味するボームのリュー=ディの景観が特徴的である。水の働きにより、上部の黄土の表層はカルシウム分が不足している。その浸み込んだ水に溶出した石灰分が深部で再沈殿し、下部層の小石を膠着させて硬結した層を形成している。侵蝕によって柔らかい下部層が流出し、窪みが生まれるのに対し、上部の硬い礫岩の層は残ったままとなる。

■ 地質と土壌

この小さな産地に、それほど多くの基盤層は見られない。エルミタージュではローヌ北部でよく目にする古生代の地層が見られるが、同時に第四紀の地層も目立っている。

古生代の地層 雲母片岩と片麻岩で覆われた花崗岩から形成されている。これらの岩石はたいへん亀裂の多い風化した層になっていて、ヴァローニュ、ラ・シャペル、それにレ・ベサールの、丘陵の西側の区画に見られる。また基盤は、変質によりもろい砂質粘土になっている花崗岩質の砂質表土を生んでいる。

第四紀層 氷河の融解の際——アルプスの沖積層——、ローヌ河に堆積した古い沖積台地の種々の地層から形成されている。もっとも古い堆積物は丘陵の最上部にある——ル・メアル、レ・ボーム、ロクール、ラ・クロワの各区画——。またもっとも新しい堆積物は、斜面下部のローヌ河に近い、グレフュー、ディオニェールのリュー=ディに見られる。第四紀末期には、激しい北風が、石灰質の風成堆積物である黄土を堆積させたが、これは丘陵上部の、侵蝕や流出によって消失していない地形である台地上に広がるレルミト、メゾン・ブランシュの区画に、唯一存在している。

■ 気候

この大きく真南に向いて開いた丘陵の斜面では、ほとんど丸一日中太陽の光に恵まれている。

ローヌ渓谷の川筋に対して垂直に向いた丘陵は、北風と春先の霜から護られ、ぶどう栽培に最適な微気候を享受している。また真南に向いているにもかかわらず、ぶどう樹の根の土壌深く入り込む力のおかげで乾燥に苦しむこともない。

降雨量は十分で、ときに激しく降ることがある。彼岸嵐の後の過度の雨水による表土の流出等の悪影響を避けるために、生産者たちは石垣を築き、水路網をつけた。これらの作業は、この独特な険しい丘陵の斜面に位置するテロワールの永続性を半ば保証するものである。

ぶどう品種

エルミタージュでもローヌ北部の伝統品種が使われている。つまりシラーにマルサンヌとルサンヌ種だが、そのなかでルサンヌ種はほとんど目立たない存在である。

規制ではシラー種による赤ワインの醸造に10パーセントまで白ぶどう品種を加えることが許されている。種々のテロワールの差異を考えると、植えられている品種と土壌のタイプとのあいだには十分な一致が見られる。

シラー種は、花崗岩質の丘陵の西側のベサールの区画、あるいは沖積土壌上のメアルを始めとするいくつかのリュー=ディで、その多くが栽培されている。

白ぶどう品種、特にマルサンヌ種は、より石灰質の土壌であるメゾン・ブランシュ、レルミト、ロム等のテロワールに集中している。

■ ワイン

種々のテロワールが、そこから生み出される赤、白双方のワインに同じように多様性をもたらしているが、共通しているのは卓越したエレガントさを備えていることである。

エルミタージュで広くぶどう畑を拓いてきたいくつかの大きな醸造所が、アペラシオンの、異なるリュー=ディを数多く所有している。これらの生産者は、区画毎に現れる個性よりも、その異なりを補足し合い、完成度の高いワインを生むことを望んできた。

このような経緯から、濃い色合いで、熟した果実やスパイス、森の下草等の豊かで複雑なアロマを纏う、たいへん表情の豊かな香り高いエルミタージュの赤が生み出されてきた。口に含むと、繊細さと力強さ、と同時にタンニンが感じられ、長熟タイプであることを約束している。

白ワインは独特で、香り高く豊か、粘性に富みバランスのとれたものである。この独自な表情を見せる白は、常に酸が控えめで、その持ち味である複雑さに匹敵するような素晴らしい料理に合わせることができる。

現在いくつかの生産者においては、各テロワールの個性を尊重し、リュー=ディ毎のワインをアサンブラージュすることなく、販売を始めている。

ヴァローニュ 耕作も不可能に近いような目もくらむほど急な斜面の硬い花崗岩質の土壌から、力強くしまったワインが生み出される。

ベサール 花崗岩質の基盤と、急斜面上で分解された花崗岩質の表土は、がっしりして力強い赤ワインの生産には理想的である。ここからのワインは間違いなく長い熟成を必要とする。

レルミト 石灰質の優った表土で、生まれる赤はカタさと複雑さにやや欠け、しばしばアサンブラージュされる。ここはまた素晴らしい白ワインの地でもある。

メアル 理想的な斜面の向きで、丘陵のもっとも完璧な部分を占めている。熱を吸収する小礫が多く見られる、分

統計
栽培面積：136ヘクタール
年間生産量：5,200ヘクトリットル

ローヌ河流域 ◆ 北部栽培地域 ◆ **エルミタージュ**

河川による堆積物ないし河岸段丘に由来する土壌

- 段丘上部，河川ないし氷河に由来する粘土質の赤色土壌で鉄，珪酸，アルミナ分を含み，石灰分はない
- 段丘上部，しばしば軽度に固化している小礫が見られる土壌
- 石灰岩，珪岩，稀に見られる結晶質岩からなる崩積物上の石灰岩質土壌
- 段丘下部，ウルム期の小礫上に広がる透水性の大きい褐色砂礫質土壌
- 段丘下部，ウルム期の小礫土壌（固結岩屑土）
- 現世の沖積土壌上の粘土砂質黄土を覆う褐色石灰粘土質土壌
- 崩積層ないし部分的に礫の見られる沖積層上の褐色砂や粗粒砂

トゥールノンの花崗岩ないし花崗斑岩に由来する土壌

- 褐色土壌および固結岩屑土壌
- 厚みのない砂岩を覆う，40〜60cmの厚さの褐色砂礫質土壌
- 粘土砂質土壌上の60〜100cmの厚みがある砂質礫層

黄土起源ないし黄土に結びつく土壌

- 厚い層となっている，黄土，細粒石灰礫をともなった砂質粘土が見られる黄褐色土壌
- 厚い層となっている，黄土，花崗岩質の砂をともなった砂質粘土が見られる黄褐色土壌

解された花崗岩と砂岩の表土は、ワインにフィネスをもたらしている。赤白ともに、際立った気品と複雑さ、そして見事なバランスを備えたワインを生み出している。

ボーム、メゾン・ブランシュ これらの区画には特に石灰質が多く、素晴らしい白ワインが生まれている。

レ・グレフュー このリュー=ディからのワインは繊細で香り高いが、それほど長く熟成はできない。

ロクール 卓越した白を生むが、赤ワインも素晴らしい。

ミュレ、ディオニェール、ロム、ラ・クロワ 緩やかな起伏上の軽い表土は、フィネス溢れる白ワインの生産により適している。

ヴァン・ド・パイユ 1980年代の初めから、この古い伝統を持つ希少な甘口ワインが復活した。

マルサンヌやルサンヌ種の白ぶどうは最良の成熟状態で収穫され、最低でも45日間、室温で自然乾燥される——かつて藁を敷いた台の上に広げられていたためこの名がついた——。この期間、脱水作用によってぶどうの実は乾燥し、かなりの糖分の凝縮が得られる。注意深く圧搾された後、糖度の高い豊かな果汁はゆっくりと発酵し、オイリーで深みのあるたっぷりとしたワインとなる。主に果実のコンフィのアロマが際立つ、非常に香り高く力強い甘口ワインである。

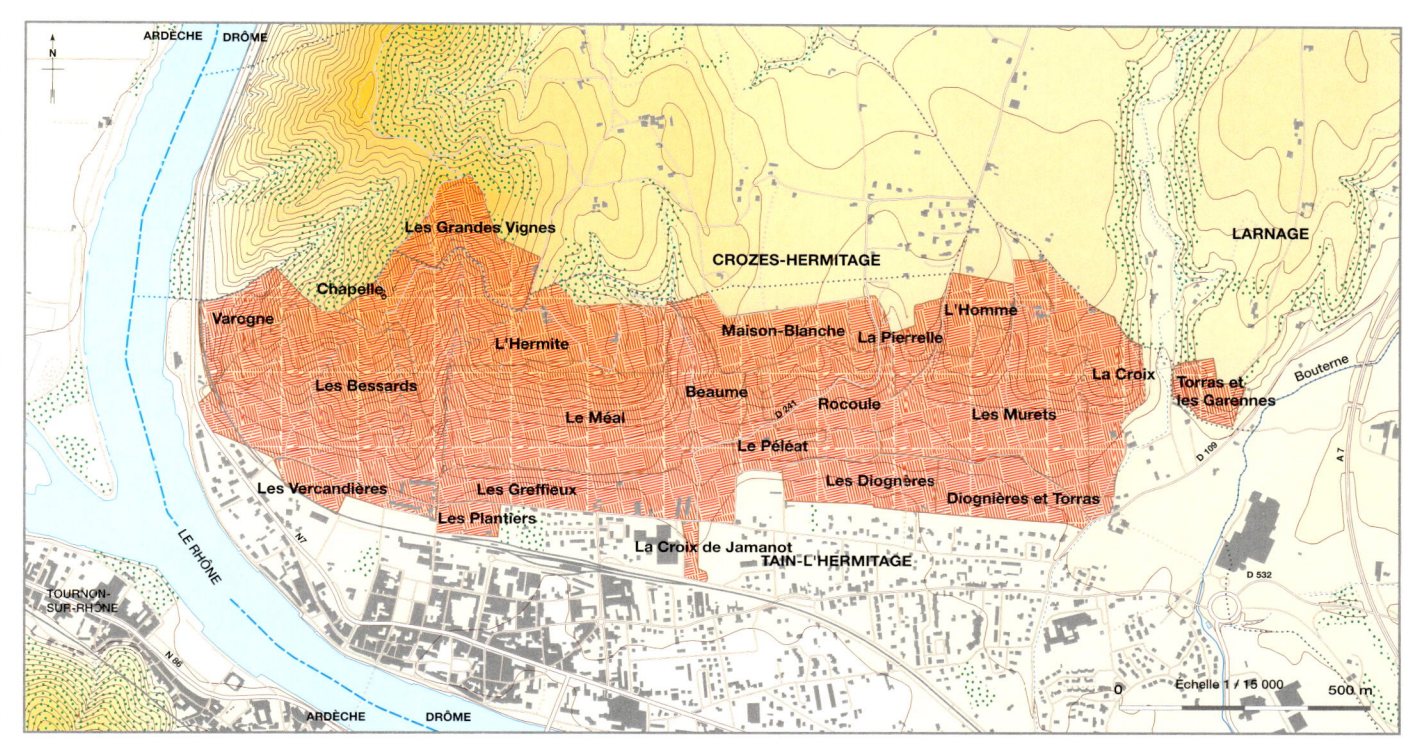

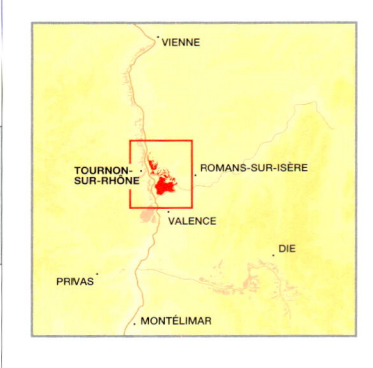

ローヌ河流域 ◆ 北部栽培地域 ◆ クローズ=エルミタージュ

Crozes-Hermitage
クローズ=エルミタージュ

ローヌ河の左岸、11の集落上に連なるクローズ=エルミタージュの産地は、ローヌ北部でもっとも生産量の多いアペラシオンである。独自のアペラシオンをもつエルミタージュも包括し、また畑は北寄りの丘陵部と、南の台地という不均質なテロワールに広がっており、この相違から赤、白ともに各々、様々な種類のワインが生産されている。

■ 産地の景観

クローズ=エルミタージュでは、北に位置する丘陵と、南に広がる沖積台地の景観とのコントラストがはっきりしている。

北では、ローヌ河に切り立ったぶどう畑の斜面は南南東に向いている。

畑は、その特徴である古生代を起源とする地層に由来する表土が連なる丘陵に広がっている。

この地では風化によって、不安定な粘土質の砂が生まれている。そのほとんどが丘陵地のため、侵蝕を食い止め、また母岩を覆っている耕作可能なわずかな土壌の流出を防ぐために形成された石垣で支えられた段丘が目立つ。これはローヌ北部でよく見られる景観の栽培地である。そして斜面上での耕作は機械化が不可能なため、すべての作業は手仕事でおこなわなければならない。

アペラシオンの南では、シャシーの広い台地(訳注:下図、C15)がクローズ=エルミタージュの多くをなし、畑は平坦なところに広がっているため、作業の機械化を可能にしている。

■ 地質と土壌

クローズ=エルミタージュでは、ローヌ北部で一般的な古生代と第四紀の地層、岩石が見られるが、さらにここ独自の第三紀の地層も加わっている。

古生代の地層 この地層は北寄り、北のセルヴ=シュル=ローヌと南のクローズの村とのあいだの切り立った斜面だけに見られる。基盤層は花崗岩で形成されており、対岸のトゥールノンの町周辺に広がるサン=ジョゼフのぶどう畑のものと同質であるといわれている。

第三紀層 砕屑物に由来する地層で、上述の地層とドフィーネ帯下部の堆積層に接している。これはラルナージュ(訳注:下図、C12)の村付近だけに見られ、独特の基盤は真っ白なカオリン(訳注:粘土鉱物の一種)を含む砂岩を生んでいる。

第四紀層 第四紀の間氷期の最中、沖積土層の一連の堆積が栽培地の東と西の起伏を形成し、アルプス高地の侵蝕に由来する砂礫層で構成された台地がはめ込まれたように居並ぶ地形を形づくった。これがアルプスの第四紀氷成堆積層である。最上位の層がもっとも古い台地に対応していて、メルキュロール(訳注:下図、D13)やシャノ=キュルソン(訳注:下図、D14)村の北で見られる。またもっとも新しい層はクローズやメルキュロールの集落で見られ、有名なパンの丘陵(訳注:下図、C13)がこれである。

また県道532号線の南に位置するシャシーの台地は、逆三角形に近い形状をなし、その頂点はポン=ド=リゼール(訳注:下図、C16)の集落で、ローヌ河とイゼール川の合流点となっている。黄土である第四紀の石灰質の風成堆積物が台地上部を覆っていたが、そのほとんどは風による侵蝕で飛ばされた。それがジェルヴァン(訳注:下図、A12)の集落付近の丘陵に再堆積し、レ・ブランのリュー=ディのような白ぶどう品種に適した土壌を生んでいる。

■ 気候

ローヌ北部栽培地域のなかではその南に位置し、ローヌ河に向かって大きく開いた栽培地のため、ここでは地中海性気候が強く感じられる。

タン=レルミタージュの町の南から、豊富な日照量と高い平均気温を特徴とする地中海性気候の影響がさらに感じられるようになる。また降雨量も比較的一定である。

しかしながら、栽培地の南の部分、シャシーの台地の円礫をともなった土壌の表土は水分の保持がしにくく、雨量の不足は成熟期のぶどう樹にストレスをもたらす。

🍇 ぶどう品種とワイン

栽培品種は伝統的で、2つのタイプの赤ワインともにシラー種、そして同じく2つのタイプが見られる白ワインにマルサンヌとルサンヌ種が用いられている。

シラー種は広く栽培されていて、全ぶどう品種の9割を占めている。白ぶどうのマルサンヌとルサンヌ種は、クローズあるいはメルキュロールの集落の石灰岩質からなる白い土壌や、ラルナージュ村のカオリンを含む砂質土壌で、その多くが栽培されている。またアペラシオンの南と北では、生まれる赤ワインは異なる特徴を示している。南で産する赤は、香り高くよい構造があり、そこそこ熟成させられるワインであるものの早飲みタイプといえる。逆にタンの町の北の丘陵で生まれるいくつかのワインは、よりしっかりした酒躯を備えた、長い熟成に耐えるものである。

生産量の1割を占める白ワインのうち、もっとも優れたものはメルキュロールの集落に見られる。これらの白は、伝統的製法と近代的に醸造されたものでは、異なる特徴を示す。伝統的なつくりのものはマロラクティーク発酵がおこなわれ、スパイシーで粘性に富み豊かなボディの、しばしば寝かせることのできるワインになる。最近の製法によるものは、より早飲みタイプで、新鮮な柑橘類の風味が感じられる香り高いワインとなる。

統計
栽培面積:1,250ヘクタール
年間生産量:60,000ヘクトリットル

Diois
ディオワ

クレレットで有名なこの産地はアルプスの峰々を臨む位置にある。畑はドローム川の渓谷を見下ろし、またプロヴァンス地方とローヌ地方北部とのつなぎ目ともなっている。ヴェルコールとグランダスの山々の高い断崖が北部に連なり、南には特殊な形状のソー山が位置し、そしてローヌ河からの窪地が西の境界を形づくっている。

■ 産地の景観

ドローム川は現在、静かな流れであるとしても、地質時代には活発に活動し、南のアルプスの支脈に切り込んでいた。

この侵蝕は、産地の中心にあって、オーレル、バルサック、ヴェルシュニー（訳注：下図、T13周辺に見られる村々）の各集落で囲まれたような丸く広い窪地を形成し、その周囲はティトン階の硬い石灰岩の断崖によって囲まれている。断崖はドローム川に横切られ、ポンテ（訳注：下図、S12）やセヤン（訳注：下図、R13）の集落に見られるような谷間を生んでいる。ディオワのぶどう畑は、このティトン階の断崖のすぐ下の斜面に広がっている。

■ 地質と土壌

アペラシオン内で露出している地層は、ジュラ紀と第四紀に属している。

ディオワの栽培地ではその周囲に、有名な断崖を形成しているジュラ紀上部のティトン階の層が現れている。この地層は、大部分が泥灰土と粘土質石灰岩の互層からなるジュラ紀中部と下部層の上に広がっている。地層を構成している物質は、中生代にヴォコンシア地溝と呼ばれる構造盆地のなかに堆積したもので、かなりの厚さがあり、変成作用がおこる限界に達するほどの圧密を生じている。上記の現象によって生じたシスト質泥灰土からなる土壌は、ディオワの「黒い土壌」として認知され知れ渡っている。これらの土壌はドローム川の左岸、オーレル、バルサック、ヴェルシュニーの各集落で囲まれた窪地の内側に見られる。

第四紀層は主に、侵蝕の結果形成されたものである。それらは、ヴェルシュニー村上部のペイラシュの集落周辺に見られるような、ドローム川の高い段丘を覆っているティトン階石灰岩の堆積からなる断崖や、バルナーヴ（訳注：下図、U14）村にあるセル・デ・ヴィーニュのように高い段丘に由来する非原地性の崩積層、あるいはセヤンの集落に見られるモンマルテルのような河岸段丘、さらにバルナーヴ村のレ・プロのような古い扇状地等である。

■ 気候

地中海性気候がこの山間の栽培地ではいまだ優勢なため、夏は猛暑で乾燥し、冬は寒い。

ヴェルコール山地に両側から挟まれ、ドローム渓谷は、これらの山々の険しい縁によって北風から護られ、また同時にセヤン村の断崖によってミストラルからも護られている。しかしながらセヤンから先の、ドローム川が東西方向へ流れに沿った地では、西風と北風に対して全く無防備なため、この条件下でのぶどう栽培は制限されている。このような状況から、ぶどう栽培の適所についての検討が必要とされている。

🍇 ぶどう品種とワイン

ディオワの栽培地におけるぶどう品種は特殊で、ローヌ北部の区域のものとは一致しない。さらに生産されるアペラシオンの違いによっても用いられるぶどう品種は異なっている。

ディオワでは4つのアペラシオンのワインが生産されている。

クレレット・ド・ディ 香り高い白の発泡酒で、瓶内2次発酵させる伝統的な製法でつくられる。このワインは、ディオワの黒い土壌によく適応するミュスカ種と、熟しきらないものの、生き生きしたフィネスをもたらすクレレット種からつくられる。

クレマン・ド・ディ 白の発泡酒で、クレレット種のみから、クレレット・ド・ディと同じメトード・トラディショネルでつくられる。

コトー・ド・ディ 非発泡性の白ワインで、同じようにクレレット種のみからつくられる。

シャティヨン・アン・ディオワ 白、赤、ロゼの非発泡性ワインである。赤とロゼはガメ種からつくられ、このような山間部では、特に新鮮さが際立つものとなる。数年前からピノ・ノワールあるいはシラー種ともブレンドされるようになってきた。標高の高いところの畑では、シャルドネーとアリゴテ種から白ワインがつくられていて、柑橘類のアロマを感じさせる新鮮な飲み口のものである。

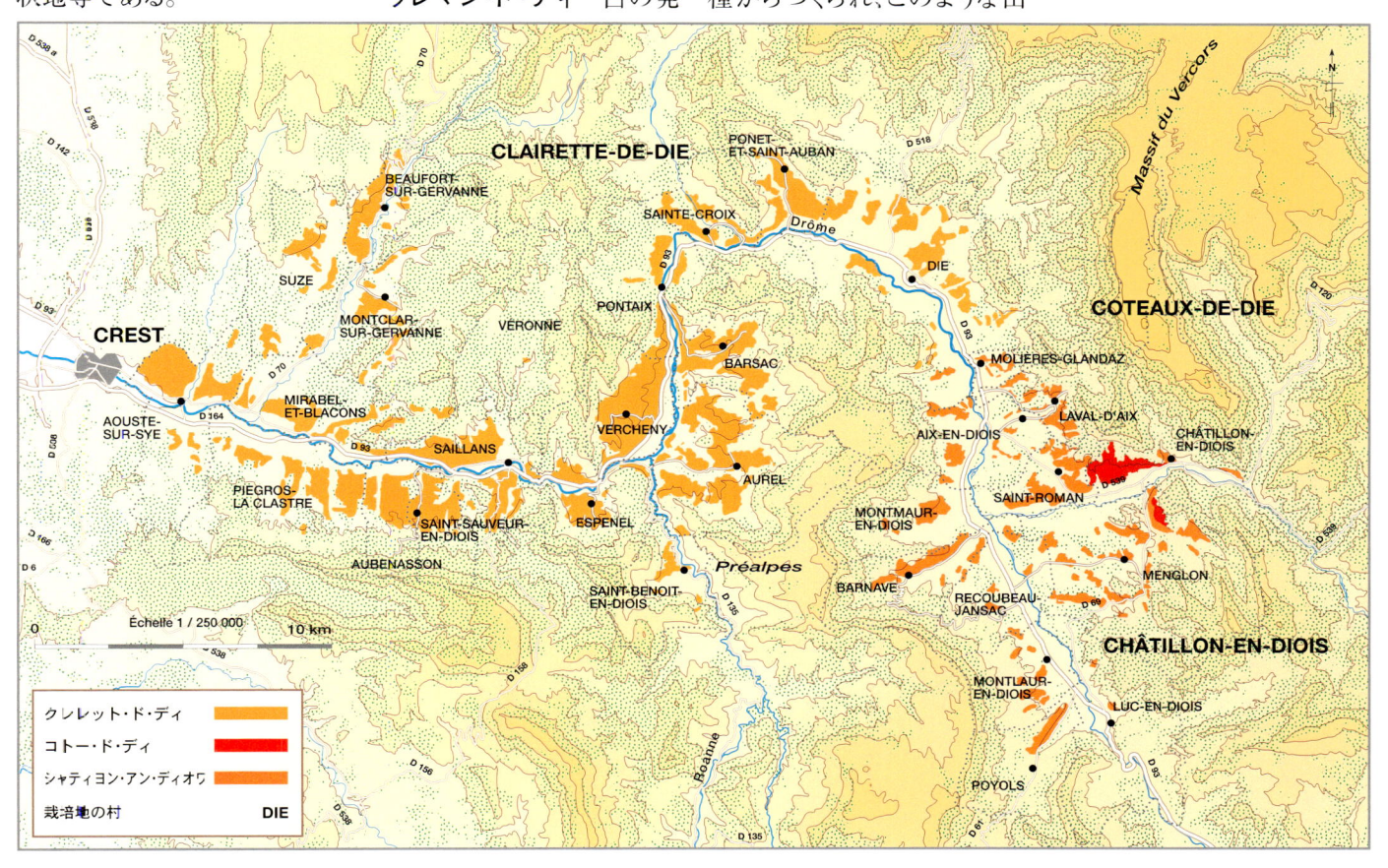

統計
栽培面積：1,350ヘクタール
年間生産量：83,500ヘクトリットル

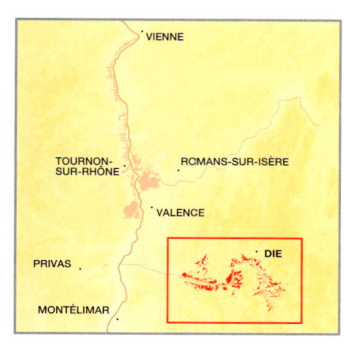

ローヌ河流域 ◆ 南部栽培地域

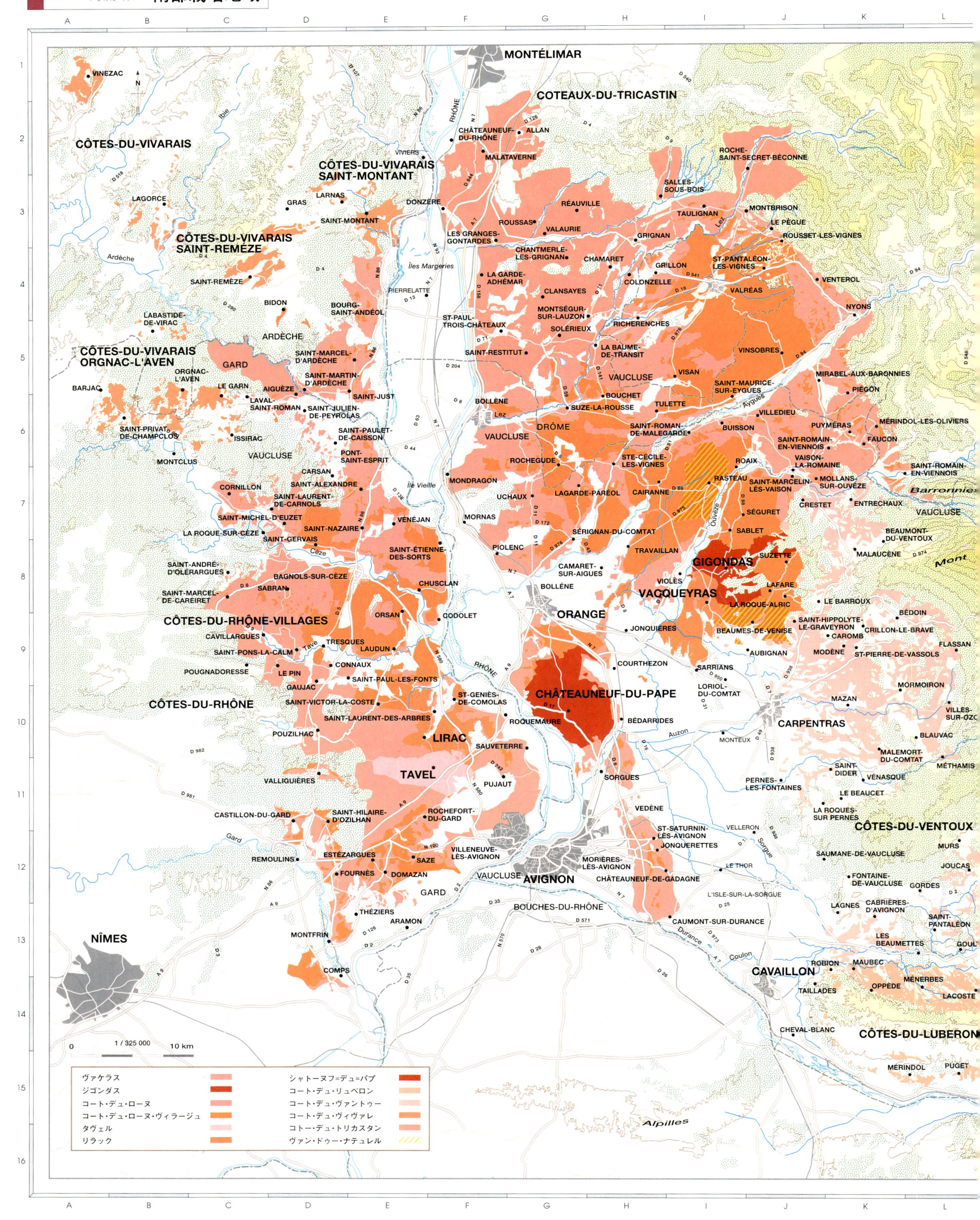

凡例:
- ヴァケラス
- ジゴンダス
- コート・デュ・ローヌ
- コート・デュ・ローヌ・ヴィラージュ
- タヴェル
- リラック
- シャトーヌフ=デュ=パプ
- コート・デュ・リュベロン
- コート・デュ・ヴァントゥー
- コート・デュ・ヴィヴァレ
- コトー・デュ・トリカスタン
- ヴァン・ドゥー・ナチュレル

Vignoble méridional
ローヌ地方南部の栽培地域

ローヌ南部が、北部に較べ地理的にはまとまっているとしても、逆に畑は複雑で多様性に富んだ土壌に広がっている。それはローヌ河に加え、アルプスそしてセヴェンヌ高地からの堆積物によるテロワールの形成に起因している。地質的に多様性に富んだなか、多くのぶどう品種がワインに様々な表情を付している。

■ 産地の景観

ローヌ河に沿ってリボン状に長く伸びている北部の栽培地とは反対に、南部のぶどう畑は、オランジュ市を中心にして円状にひとつにまとまっている。

南部の栽培地は、北のドンゼール(訳注：左図、F3)の村付近の狭路に始まる。河を狭めている起伏は、地中海性の気候と植物相の境界を示している。この狭路の向こうにあるモンテリマール市周辺が南部と北部の区域を分けるが、ここはぶどう畑としての価値はない。また南部の栽培地は、周りを取り囲んでいる高い起伏によって境界がつくられている。西は石灰質の荒地の広がるアルデッシュの台地、東はバロニーとヴァントゥーのアルプスから連なる支脈、南ではアルピーユの丘陵がその標高の低さにもかかわらず、湿気を含んだ地中海からの風のほとんどを遮っている。

南東の境界については議論の余地がある。というのもリュベロンは、プロヴァンス地方の栽培地と、デュランス川(訳注：左図、M16)流域に見られるアルプスの影響との移り変わりのところに広がっているからである。

南部の地質は、堆積盆地として現れている。この盆地は、第三紀の大きな窪地に、狭い丘陵とそれによって切断された白亜紀の起伏とが交互に重なる形状で見られる。このまとまりはローヌ河とその支流が運んできた沖積土により、広く覆われている。またこの地方の地質的な歴史は、南北に走るローヌ河の存在によって支配されている。このいわば軸に沿って、海、湖、あるいは河川の進入と土砂の堆積が幾度も、交互に起こり、この地における多様性をよく説明している――p232からp236を参照のこと――。

ローヌ河の右岸では、起伏は比較的均一である。グラ(訳注：左図、D3)やオルニャック(訳注：グラの南西)を始めとする、一続きの石灰岩の台地に縁取られ、標高は北から南に徐々に低くなっている。これらの台地とローヌ河とのあいだは起伏に富んだ地形が連なっていて、アルデッシュ、セーズ、ターヴ等の河川とその支流によってところどころ分断されている。ここではぶどう畑は丘陵と台地を占めている。

左岸では、河川に沿ってユショーやシャトーヌフの村々がある丘が続き、より複雑である。その東ではバロニーや、ダンテル・ド・モンミラーユ山に囲まれ、畑はエーグ、ウヴェーズの両河川沿いの台地に広がっている。

■ 気候

優勢なローヌの地中海性気候は、プロヴァンスやラングドックの栽培地とは異なり、ミストラルの存在が強く感じられる。

南部の栽培地は、大西洋の影響をほとんど受けていない。ここでは、高気圧の居座る長い期間と、夏と冬の乾燥した季節が特徴である。

年間の平均降雨量は600ミリメートルから900ミリメートルのあいだである。降る時期や場所によって雨量はバラバラであるが、その平均的な多さを考えさせないくらいぶどう樹への影響は少ない。雨は、ときに激しく雹を伴う雷雨の場合もあり、年間あるいは数年を通じても不規則で、わずか数日のあいだにまとまった量が降ることも珍しくない。生産者たちは春の開花時のトラブルや厳しい夏の暑さ、9月の腐敗の危機、そして10月の収穫時の嵐などを常に心配している。

また北風によって澄み渡る空は、年間で2700時間という際立った日照量を与えてくれ、特に冬のあいだにおいて顕著である。そして南部全体は、平均で年間摂氏12度から14.5度という気温に恵まれている。

激しい北風であるミストラルは、イタリアはジェノヴァ湾付近で発達する低気圧からもたらされ、冷たく乾燥していて、このあたり一帯に吹きすさぶ。病気の発生を抑えてくれるため雨の後には効果的だが、逆に、天気が続くような場合には、その乾燥させる力が、ぶどうの成熟にとって害をなすことになる。

🍇 ぶどう品種とワイン

ローヌ南部のぶどう畑は、この地を構成している異なったテロワールに適応するぶどう品種を知って、たいへん多様性に富んだものとなっている。

この地の栽培品種はフランスでもっとも複雑である。大部分の赤とロゼにはグルナッシュ・ノワール種が用いられ、ワインにボディと独特な熱気といったものを与えている。シラーとムルヴェードル種は酸と色合いを強め、グルナッシュ種の風味が過度にならないよう和らげながら補っている。またサンソー種はロゼには理想的だが、カリニャン種については議論の余地がある。

白ワインは、クレレット、グルナッシュ・ブラン、ブルブラン、マルサンヌ、ルサンヌ種からつくられている。

シャトーヌフ=デュ=パプ、ジゴンダス、ヴァケラス、リラック、そしてタヴェルの5つの独自のアペラシオンが、ローヌ南部の栽培地を構成している。さらに16の村の名を付け加えることができるコート・デュ・ローヌ=ヴィラージュのアペラシオンと、それ以外のACコート・デュ・ローヌである。

これらすべてのアペラシオンでは、その多くが、赤、白、ロゼの3種にわたり、様々なタイプの土壌で生産されている。さらに、ローヌ河流域のものとは区別されるが、トリカスタン、ヴィヴァレ、ヴァントゥー、そしてリュベロンの各産地のワインがあることも付け加えておこう。

統計
栽培面積：69,000ヘクタール
年間生産量：3,440,000ヘクトリットル

ローヌ河流域 ◆ 南部栽培地域 ◆ コート・デュ・ローヌ・ヴィラージュ

Côte du Rhône Villages
コート・デュ・ローヌ・ヴィラージュ

ローヌ河流域の広大な栽培地は、北のヴィエンヌから南のタラスコン（訳注：p233, Q15）の町まで、6つの県、171の集落にわたって広がっている。その面積においてはボルドーに次いでフランス第2位の広さを誇る。地中海性気候の影響のもと、コート・デュ・ローヌのアペラシオンの大半と、すべてのコート・デュ・ローヌ・ヴィラージュのアペラシオンのワインが生産されているのは、この地方の南部である。

そのテロワールのポテンシャルから、ローヌ南部の95の集落で産するワインには、コート・デュ・ローヌのアペラシオンの後にヴィラージュの表記を続けることができ、さらにその後に16の村の名称を付け加えることができる集落が25ある。

■ ガール県の村々

サン＝ジェルヴェ Saint-Gervais この集落にだけ、砂岩質の赤い粘土の斜面や小礫の多い石灰質粘土の表土が乾燥した高台に広がっている。このテロワールからは、クレレット、ルサンヌ、ブルブラン種を用いた良質の白ワインと、グルナッシュ種から繊細でいてがっしりとした、熟成タイプの赤ワインが生産されている。またロゼも芳醇で豊か、アフターの長いワインである。

シュスクラン Chusclan シュスクラン、オルサン、コドレ、バニョル＝シュル＝セーズとサンテティエンヌ＝デ＝ソールの村々では、200ヘクタール近い栽培地を2つのタイプの表土が分けあっている。赤色の粘土質砂土壌の平原でグルナッシュとシラー種から軽いワインを産する地と、円礫で覆われた丘陵と台地のシラー種から上質のワインを生み出すところである。赤、ロゼーシュスクランでは白ワインは認められていない―ともに、強すぎないボディの、早く愉しめるワインである。

ローデュン Laudun シャトーヌフで見られる丸石が、ローデュンの村のふもとからサン＝ヴィクトールとトレスクの村々に見られる。丸石は粘土質砂土壌を覆っていて、そこからグルナッシュとシラー、サンソー、ムルヴェードル種による骨格のしっかりした熟成タイプの赤ワインがつくられている。また粘土と石灰岩の混ざった砂質の丘陵では、より軽いワインと素晴らしいロゼワインが生産されている。もっとも石灰質の多い土壌はクレレットとルサンヌ、ブルブラン種が植えられ、生まれる白はローデュンではたいへん名の知れたワインである。

■ ヴォクリューズ県の村々

ボーム＝ド＝ヴニーズ Beaumes-de-Venise ボーム＝ド＝ヴニーズやシュゼット、ラファール、ラ・ロック＝アルリックの村々に広がるこのテロワールは、軽く丸石もほとんどなく、砂岩の区域と砂質のモラッセが点在する軟らかい石灰岩質土壌とで構成されている。ここではグルナッシュ・ノワールやシラー、ムルヴェードル、サンソー種から軽くてエレガントな赤と、柔らかくてフルーティーなロゼがつくられている。赤ワインはダンテル・ド・モンミラーユ山（訳注：p253, V12）によって護られた南向きの斜面で生産されており、特にシラー種からは、実に個性的なワインがつくられている。

サブレ Sablet モンミラーユ山の北側でジゴンダスと接しているこの栽培地はほとんどが、上質で繊細なワインの生産に適した砂質土壌で覆われている。しかしながら畑を横切っているウヴェーズ川の右岸では、丸石で覆われたデューの台地で、グルナッシュ・ノワール種から力強い熟成タイプのワインがつくられている。ロゼと白ワインは、その生産される箇所により、なめらかで軽いタイプから、骨格のしっかりした力強いタイプまで見られる。

セギュレ Séguret 有名なダンテル・ド・モンミラーユ山のふもとに広がるこの丘陵のテロワールは、ウヴェーズ川沿いの粘土質石灰岩の台地を覆っている。グルナッシュ・ノワール、シラー、ムルヴェードル種からフルーティーな赤と繊細なロゼがつくられている。またクレレット、ルサンヌ、ブルブラン種からつくられる白ワインは、軽くエレガントである。なかにはヴァケラスやジゴンダスに近いワインを産する良質な区域も見られる。

ラストー Rasteau 南に向いたミストラルから護られた丘陵では、褐色石灰岩質土壌や痩せた泥灰土、あるいは赤色砂岩質土壌から、主にグルナッシュ・ノワール種による強い個性をもった赤ワインが生み出されている。デューの台地では、力強く豊かで、熟成に値する高いポテンシャルのあるワインの生産が可能である。またロゼは、クレレットとルサンヌ、ブルブラン種からつくられる白ワイン同様、肉厚なタイプである。

ケラーヌ Cairanne 畑は丘陵と古い石灰岩質土壌の荒地を覆っている。もっとも骨格のしっかりした赤は、真南に向いた粘土質石灰岩土壌の丘陵のムルヴェードル種から生まれるもので、素晴らしい複雑さに達する。エーグ川近くの台地では泥土の多い厚い表土から、滑らかでフルーティーなワインが生産されている。デューの台地では、グルナッシュ種から深みある表情のワインがつくられている。赤とロゼは、力強くスパイシーで整った輪郭を備え、クレレットとルサンヌ、ブルブラン種からつくられる白ワインは、エーグ川沿いの台地でその魅力をもっとも発揮している。

ロエクス Roaix ロエクスの小さな栽培地では、ウヴェーズ川沿いの丸石で覆われた台地と、それに続く脱灰された赤色の粘土質の斜面上で、控えめなタンニンの滑らかなワインが生産されている。赤とロゼの栽培品種には伝統的なものも見られ、後者にはカマレーズ種が用いられている。クレレットとルサンヌ、ブルブラン種からつくられる白ワインは、新鮮でフローラルである。

■ ドローム県の村々

ロシュギュード Rochegude 畑は軽い浸透性のある赤色粘土質土壌からなり、グルナッシュ、シラー、ムルヴェードル種から滑らかで心地よい赤とロゼワインがつくられている。クレレットとルサンヌ、ブルブラン種から生まれる白は、1年以内に飲まれるべきワインである。

サン＝モーリス Saint-Maurice ところどころ丸石で覆われ、多少礫の混じった粘土質石灰岩土壌の畑は、ミストラルから護られた丘陵の200メートルから320メートルほどの標高に位置している。そこで栽培されるグルナッシュ種から、数年間の熟成は十分可能なボディのしっかりした赤ワインが生産されている。ロゼはカタく引き締まり、クレレットとルサンヌ、ブルブラン種からつくられる白は、香り高くエレガントなワインである。

ヴァンソブル Vinsobres 有名なヴァンソブルの小石混じりの泥灰土の丘陵から、グルナッシュとシラー、ムルヴェードル種を用いた赤が生み出される。ワインは力強くタニックで、アフターが長く続き、輪郭の美しい熟成タイプである。畑はミストラルから護られ、標高400メートル付近の高さにまで上っていて、他に芳醇

ローヌ河流域 ◆ 南部栽培地域 ◆ **コート・デュ・ローヌ・ヴィラージュ**

なロゼと、クレレットとルサンヌ、ブルブラン種からつくられる調和がとれ、長い余韻を感じさせる白ワインがある。

ルセ゠レ゠ヴィーニュ Rousset-les-Vignes 赤とロゼだけを産するこの栽培地は、丘陵の小石の多い砂質土壌の斜面に広がっている。グルナッシュ、ムルヴェードル、サンソー種からつくられる赤ワインは、タンニンを感じさせるカタく引き締まった骨格と、溢れんばかりのフィネスが特徴の素晴らしい個性を備えている。そしてこのワインは熟成を要するタイプでもある。

サン゠パンタレオン゠レ゠ヴィーニュ Saint-Pantaleon-les-Vignes このテロワールは粘土質石灰岩の丘陵と砂の多い窪地に広がり、フルーティーで軽い上質なワインが生産されている。遅摘みされたグルナッシュやシラー、ムルヴェードル種からつくられる赤は、タンニンも十分でしっかりした構成の熟成タイプとなる。ロゼはフルーティーで新鮮さを感じさせるワインである。

■ 教皇の飛び地

ドローム県にぐるりを囲まれたヴィザンとヴァルレアスの栽培地は、ヴォクリューズ県の飛び地となっている。この歴史的な飛び地は、14世紀には教皇の所有地であった。

ヴィザン Visan 小石の多い赤色の粘土質石灰岩の土壌では、グルナッシュ・ノワール種から、数年寝かせることのできる赤ワインが生産されている。クレレット、ルサンヌ、ブルブラン種を用いる白はロゼ同様、引き締まったフルーティーなワインである。

ヴァルレアス Valréas 畑は、丸石混じりで赤色の粘土質の厚い土壌の台地と粘土質石灰岩の丘陵に広がっている。赤はほどよい力強さと骨格を備えたバランスのよいもので、グルナッシュ種からつくられるロゼも赤ワイン同様、とてもフルーティーなワインである。クレレット、ルサンヌ、ブルブラン種からできる白ワインは、香り高く、豊かなタイプである。

統計

栽培面積：7,800ヘクタール
年間生産量：336,000ヘクトリットル

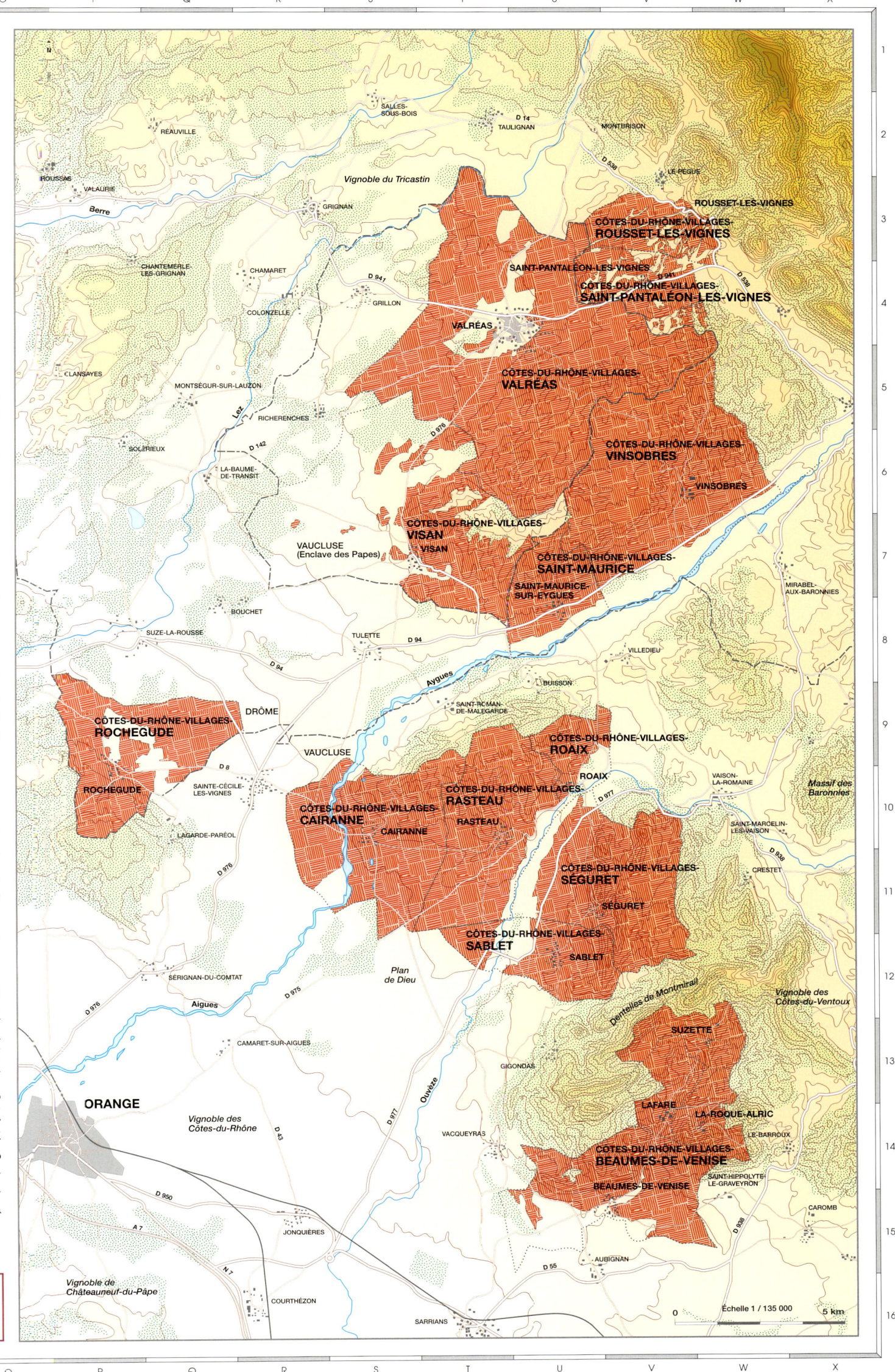

ローヌ河流域 ◆ 南部栽培地域 ◆ タヴェル

Tavel
タヴェル

タヴェルの歴史的な栽培地は、唯一種の、卓越した素晴らしいロゼ色のワインの生産によって、他のローヌのアペラシオンと一線を画している。この豊かで複雑味のあるワインは、ローヌあるいはプロヴァンスの太陽を浴びた瑞々しいロゼ、という古くからのイメージには全くそぐわず、むしろフランスの偉大なワインの仲間入りをするべきなのは明らかである。

■ 産地の景観

シャトーヌフ=デュ=パプの産地とアヴィニョン市のあいだ、ローヌ河のガール県側に、タヴェルのぶどう畑は、丘陵と台地の景観のなか、緩やかな斜面に広がっている。

タヴェルのぶどう畑は、西に続く石灰岩の起伏に寄りかかるようなかたちで東向きの斜面に広がっている。斜面はマラヴァンの小河川によって削られ、東の方の礫を含む石灰岩質土壌の段丘まで、緩やかになっている。この段丘はローヌ河の古い河床を示している。そしてこの東向きの畑は、ワインにタヴェルたる独自性をもたらしている。

■ 地質と土壌

タヴェルは、北の砂質石灰岩の丘と、南のガルドンの広大な石灰岩台地を分けて東西に走る大きな断層の南側に位置している。

700万年前の中新世から鮮新世への変わり目のとき、ローヌ河の水路網が地中海の後退に続いて、沖積平野に入り込んだ。ローヌ河はサン=ローラン=デザルブル(訳注:p250、E10)の峡谷によって流れを変え、現在のヴァロング(訳注:下図、C14)のリュー=ディ周辺の高い台地に丸石を堆積させた。この台地はタヴェルとリラックで分かち合っている。

タヴェルの栽培地は地質的に異なる2つの区域に分けることができる。

西の部分 バレーム階と白亜紀下部のベドール階に堆積した石灰岩と粘土質石灰岩に寄りかかるように広がっていて、その地形はマラヴァンの小河川の侵蝕によってなだらかになっている。表面に多くの亀裂が入りさらに細かくなったこれらの石灰岩は、赤色の粘土質マトリックスの非常に礫多い土壌を生み、ぶどうの根は石灰岩のひび割れを利用して伸びていくことができる。この浅く痩せた表土により、収穫量はわずかになるが、ワインにはアロマティークな凝縮がもたらされることになる。

ウルゴン階のサンゴ礁に由来する石灰岩相が、丘陵の頂部を覆っている。母岩は緻密で非常に硬く、ぶどうの栽培を困難にしている。これらはたいへん乾燥しやすい地層のため、ぶどう栽培の適性には限界があり、頂部と斜面は通常ヒイラギガシ等の潅木で覆われている。この石灰岩の区域は、東西の中心線の周囲に畑が広がるヴェスティド(訳注:下図、C15)のリュー=ディに相当する。

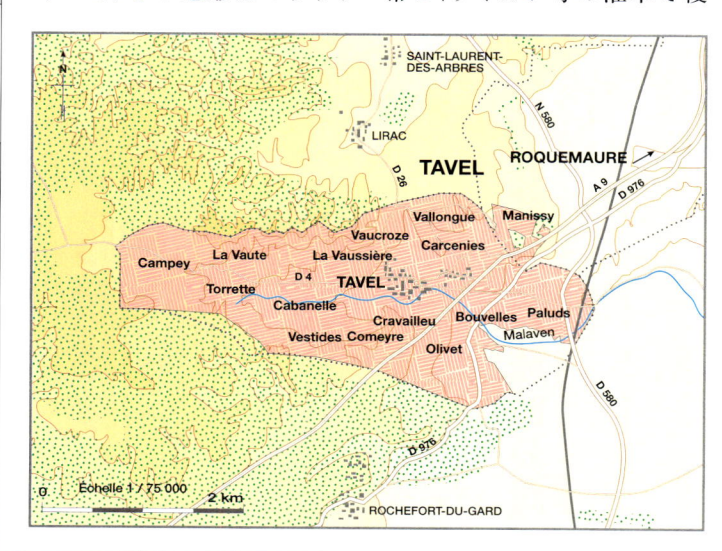

東の部分 ローヌの海と河川に由来する地層上に畑は広がっている。

北東にはヴァロングのリュー=ディが、ローヌ河がもたらした石英質の丸石を含むヴィルフランシュ階の高い台地に広がっている。この台地はリラックまで続き、河川に由来する堆積層としては、第四紀初めともっとも古いものである。このアルプス起源の堆積層は5メートルもの厚さに達し、砂質のマトリックスと最大で直径30センチメートルほどとかなり大きい丸石で構成されている。ぶどう樹はこの熱く、水分バランスのとれた表土でよく生育している。

南では第三紀の終わりの鮮新世の砂質の地層が、ヴァロングの台地からの石英質の丸石と、同じくヴェスティドからの石灰質の砂礫によって、崩積層として現れている。このル・プランのリュー=ディでは、軽くフルーティーなワインが生産されている。このテロワールこそが、古来よりタヴェルがロゼワインに向いた地であることを示してきたことは明らかである。

■ 気候

タヴェルはローヌの地中海性気候が優勢で、大西洋からの影響は直接受けていない。

ローヌ南部のもっとも暑い栽培地で、夏の乾燥は、このぶどう畑に年間150日前後は吹くミストラルによってさらに強調されている。この状況は、水分の維持が難しい薄い石灰岩質の表土において特に顕著で、アペラシオンのもっとも西の部分で見られる。しかしながら、たくましい性質のサンソー種に適し、凝縮と品質を約束するのは、この極端な条件にある。

年間およそ750ミリメートルの平均降雨量を見ると、タヴェルのぶどう畑に降る量は決して少なくない。だがこの地方の栽培地がすべてそうであるように、年間を通しての降水分布は一定ではなく、幸いなことにもっとも多いのは収穫が終わった後の10月なのである。

🍇 ぶどう品種

栽培ぶどうは主に赤ワイン用の品種で構成されているが、同時に白ワイン用のぶどうも、このロゼの力強さを洗練させるために用いられている。

グルナッシュ・ノワール種が栽培面積の半分以上を占めているが、そこにサンソー、ムルヴェードル、シラー、カリトール(訳注:Calitor、南仏、主にプロヴァンスで栽培されている果皮の赤いぶどう)、カリニャン種を加えることができ、最後のカリニャン種の使用は10パーセント以内に制限されている。

また許可されている白ぶどう品種は、クレレット・ブランシュとクレレット・ロゼ、ピクプル、ブルブラン種である。このなかで60パーセントを超えて用いられる品種はない。

■ ワイン

タヴェルは、いわゆるロゼワインとは一線を画する。これは、他のロゼにはないポテンシャルをもったワインである。

タヴェルは、芳醇で力強く、深みを感じさせる色合いをしている。香りは複雑で豊か、赤い果実とドライフルーツのアロマが感じられる。口に含むと、普通ロゼには感じられない豊かさが広がり、常に力強く、とろっとしている。

タヴェルは単なる喉の渇きをいやすロゼなどではなく、それにあった料理を用意すべき偉大なワインとみなされている。

タヴェルに対する無知から、消費者はいくつかの生産者に対して、柔らかく軽いタイプの生産を求めているが、このテロワールの素晴らしいポテンシャルが考慮されないのは嘆かわしいことである。

統計	
栽培面積	921ヘクタール
年間生産量	41,500ヘクトリットル

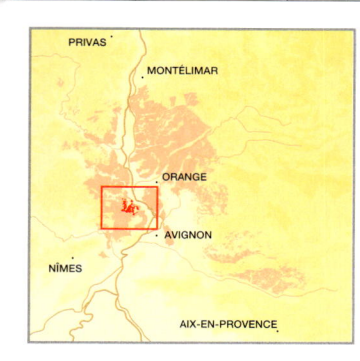

ローヌ河流域 ◆ 南部栽培地域 ◆ リラック

Lirac
リラック

リラックは、ガール県内にある2つのクリュの内のひとつである。アペラシオンは、ローヌ河の右岸、リラックとロクモール、サン＝ジェニエ＝ド＝コモラ、サン＝ローラン＝デザルブルの集落に広がっている。ローヌ河の重要な商業輸送路の経由地であるロクモールの港に近いことが、歴史的にこのクリュの名声を高めてきた。

■ 産地の景観

リラックの栽培地は、その南はタヴェルと接し、ローヌ河とターヴ川の合流地点の以南、斜面と台地からなる景観のなかにある。

鮮新世の終わりから第四紀半ばまで、この地域でローヌ河はその河床を何度か変えてきた。今日東のほうへ流れがそれているが、ローヌ河は、この時代、今のアペラシオンの地を直接流れ下っていたいくつかの河川としてあった。これは現在の、サン＝ローラン＝デザルブルの谷間からの川が南に流路を変えたところにあたっている。

氷河期があった第四紀、ローヌ河はアルプス起源の多量の丸石を運んできた。この沖積土は今日でも存在し、ぶどう栽培にとって素晴らしい土壌を形成している。

中生代の石灰岩の堆積は、栽培地の西の部分に見られ、ガルドンの台地の起伏とサン＝ヴィクトールの森をつくって、耕作地を見下ろしている。これらの堆積はまた、北のサン＝ジェニニ（訳注：下図、T14）の丘と南のアスプル（訳注：下図、T15）の丘陵も形成した。侵蝕に強いこの堅固な谷間を通って、海とローヌ河は絶えず窪地のなかに流路をつくり、丘陵の斜面と台地に、丸石や砂等を堆積させた。

■ 地質と土壌

地理的にこの栽培地は、鈍角三角形の二辺をなすようなかたちにあるラングドックとプロヴァンス、両地方の構造的な会合点の端に位置している。

ヴァリスカン造山運動における南西から北東方向の断層は、その南でガルドンの台地とアスプルの丘陵を分けているが、それは2つの構造地質上の境界でもある。サン＝ジェニエの丘の断層は栽培地の北を横切り、ローヌ河の対岸をシャトーヌフ＝デュ＝パプまで続いている。この断層はミストラルを受け止めてそびえ石灰岩の起伏をもたらしている。この起伏は破砕と沈降作用により、南から進入してきた鮮新世の地中海と、ローヌ河の前身であった河川を通していた。海は深いところで、河川の砂で覆われた厚い粘土を堆積させ、古ローヌ河はアルプスの大きな丸石を堆積させた。

この地層は侵蝕され、現在は独特な斜面を備えた台地として残っている。

アペラシオンの主なテロワールは、はっきりした3つの区域に分けられる。すなわち石灰質の砂礫で表面が覆われた鮮新世の石灰岩あるいは砂岩の斜面、今日のローヌ河の段丘から崩落した礫と、流れにより運ばれてきた丸石が見られる鮮新世の砂質土壌、そしてお隣タヴェルから続くヴァロングの台地となっているローヌ河の古い段丘とに分けられる。北のローヌ河とターヴ川の合流地点では、切れ端のような段丘の栽培地が、リラックというアペラシオンの構成の役割の一端を担っている。

■ 気候

ローヌの南部区域の中心にあって、典型的な地中海性およびローヌ河沿岸の気候が見られる。

リラックのぶどう畑は、年間約2700時間の日照量に恵まれており、降水量は少なく、年間およそ650ミリメートルから750ミリメートルほどである。この降水量は恵まれているお隣のタヴェルよりも少なめである。ローヌ南部のすべての畑と同様に、降水量の分布は年間を通して毎年一定していない。アペラシオンの北部で激しいミストラルは、その北にまっすぐに居並ぶ石灰岩質の最初の起伏にぶつかるため、ぶどう果の成熟への影響は結果的に適切なものとなっている。

🍇 ぶどう品種

リラックでの栽培品種は、ローヌ南部で古くから見られるものに含まれるが、いくらかの制約がある。

リラックの赤とロゼワインに用いられるぶどうは、主にACコート・デュ・ローヌの品種と同じである。ただしグルナッシュ・ノワール種は40パーセント以下で、シラーとムルヴェードル種は双方で25パーセント以下に、サンソーとカリニャン種のうち後者は10パーセント以内に抑える規定がある。またロゼワインには、リラックのアペラシオンの規定によって許可された白ぶどう品種に、20パーセント以内で赤ワイン用品種が補われている。

白ワインの主な品種は、クレレット、ブルブラン、グルナッシュ・ブラン種で、それぞれ60パーセントを超えて用いることはできない。

■ ワイン

当初は、タヴェルよりも豊かで肉厚なロゼワインの産地として知られていたが、今日では赤、白、ロゼ3色ともに有名である。

リラックの赤ワインは今日、芳醇でしっかりした熟成タイプという評判を獲得している。また同時に繊細で、他の多くのローヌ南部のワインほど荒々しくなく、特にムルヴェードル種が使われている場合にはそれが顕著である。ロゼは力強く豊かで、質的にタヴェルに似通っているにもかかわらず、それほど知られていない。タヴェルでも見られることだが、リラックでは残念なことに、ロゼはある種の標準化がおこなわれ、テロワールの潜在的な力がグラスのなかにいつも現れているとはいいがたい。白に関してはその評価は定まっている。ワインはややローデュン（訳注：コート・デュ・ローヌ・ヴィラージュのクリュ）のタイプに近く、人気がある。美しい色合いで、花と果実の香りを纏い、品があり、バンランスのよさが特徴である。

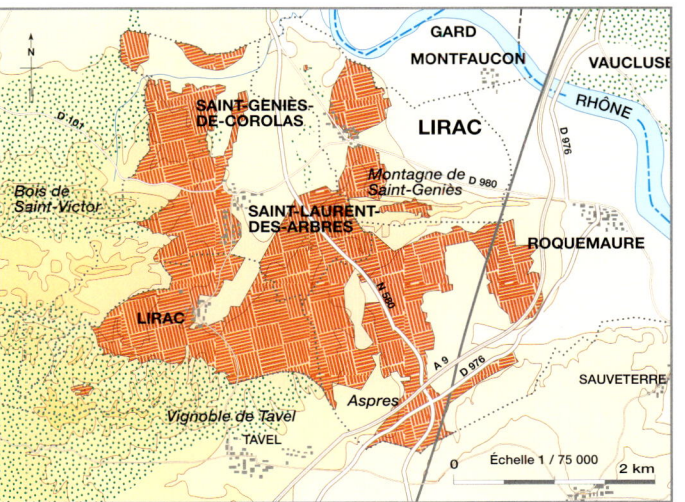

統計
栽培面積：718ヘクタール
年間生産量：22,000ヘクトリットル

ローヌ河流域 ◆ 南部栽培地域 ◆ ジゴンダス

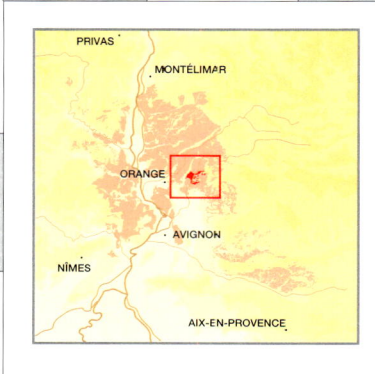

Gigondas
ジゴンダス

ダンテル・ド・モンミラーユ山地のふもとに位置するジゴンダスの栽培地は、ヴォクリューズ県のこのアペラシオンの語源ともなっている集落上に広がり、力強くがっしりとし、豊かでスパイシーな色の濃い赤と、少量のロゼワインとを生産している。その赤はシャトーヌフ=デュ=パプで産するワインの名声を利用してはいないものの、力強さと生一本という点ではたいへん似通っている。

■ 産地の景観

ジゴンダスの栽培地は、ウヴェーズ川左岸の高い段丘とダンテル・ド・モンミラーユ山地のすそ野、2つのタイプの地形にまたがって広がっている。

ぶどう畑はウヴェーズ川の段丘の100メートルから250メートルほどの標高に広がっている。東にそびえるダンテル・ド・モンミラーユ山地が、2つめの地形を形づくっている。この山地はサンタマン山の頂上で732メートルの高さがあり、さらに、グラン・モンミラーユ、ダンテル・サラジーヌ、ダンテル・デ・フロレの3つの峰が南から東へ平行に連なっている。威圧的な切り立った石灰岩からなる断崖は、いくつかの小河川によって侵蝕され、その泥灰土をふもとに堆積させ、段丘と分けられている。

統計
一栽培面積：1,250ヘクタール
年間生産量：42,000ヘクトリットル

■ 地質と土壌

この人目を引く断崖の起源は、構造地質的なものによる。それは、ニームの断層の形成を助けた、三畳紀の岩塩層と石膏層の緩慢で力強い再隆起によっている。

この再隆起は、三畳紀の上に位置するすべての層の上昇と変形を生んでいる。この断裂、隆起、垂直化は、有名なギザギザの切り立った地形、つまりジュラ紀の硬い石灰岩が起伏、垂直化し、かつ強化された層を生み、この層はより柔らかく侵蝕されやすい冷えた泥灰岩の層によって垂直に断たれた。標高の高い斜面では、ぶどうが植えられている基盤は、大部分がジュラ紀と白亜紀のものである。石灰質の断崖は斜面の下にあらゆる大きさの砂礫を供給している。村の南では、漸新世の、粘土質の砂、泥灰土、砂岩、石膏等の異なる色合いで種々の成分からなる岩石、土壌が露出している。より新しい時代の土壌は、この南部の区域にもっともよく見られるものである。これらは鮮新世あるいは第四紀の堆積物、崩積性物からなる地層や河川堆積段丘によって覆われた中新世の砂と石灰質の砂岩質土壌である。畑のほとんどは、ウヴェーズ川沿いの古い段丘とダンテル・ド・モンミラーユからの斜面上に見られる。ジゴンダス特有のがっしりして芳醇なワインを生むのは、丸石が見られるまさに段丘の土壌である。

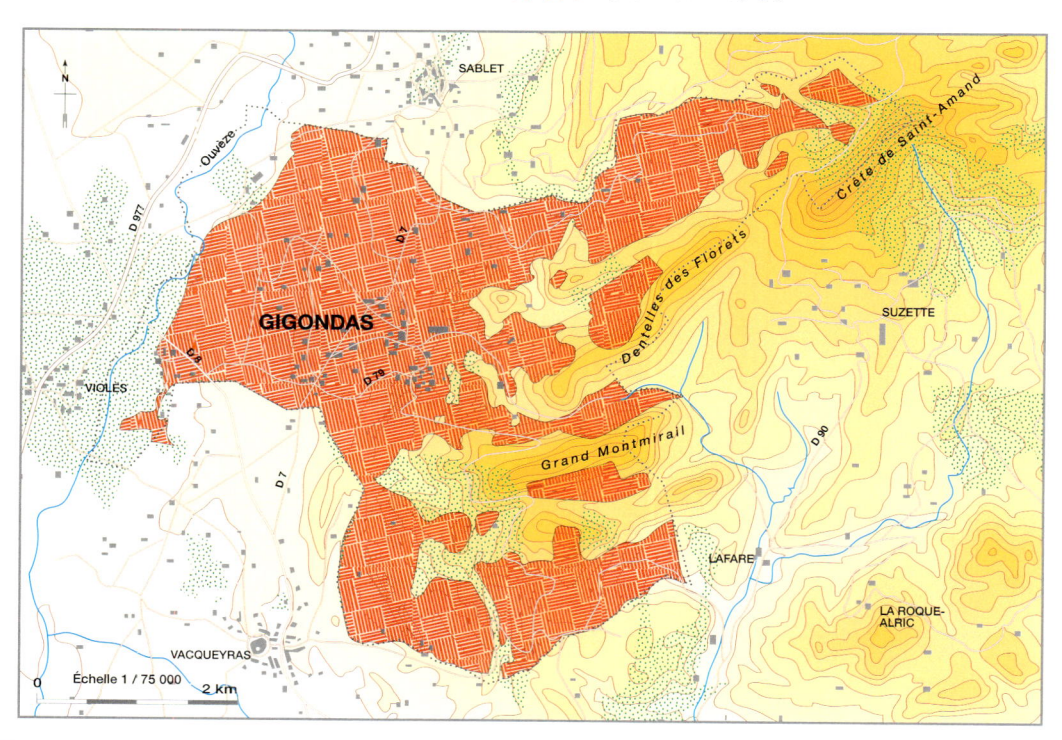

■ 気候

ぶどうが植えられている100メートルから500メートル前後の、高低差がある地形は、栽培に最適ないくつかの微気候を生む原因となっている。

ウヴェーズ川沿いの段丘では、地中海とローヌ河流域の気候が見られ、高い気温と豊富な日照量、中程度の、しかしその分布が一定でない降雨量が特徴である。北からの乾燥した風であるミストラルはここにはよく吹きつけ、天候の状況によってプラスにもマイナスにもなり得る。ダンテル・ド・モンミラーユに続く栽培地では、生物気候条件は、標高や斜面の向き、土壌のタイプによって急激に変化する。このことは、泥灰土の基盤は温まるのが遅いためぶどう樹の栽培に最適とはいえない点、また標高の高さがもたらす独自の気候という面から、ウヴェーズ川沿いの段丘の畑とこの地とのあいだに、ぶどうの成熟について2週間前後の差をもたらしている。

🍇 ぶどう品種

このテロワールにグルナッシュ・ノワール種は完璧に適応していて、収量の少なさが、ワインをタンニンの強い色の濃いものにしている。

グルナッシュ・ノワール種は、最適ともいえる環境をこの地に見い出している。この品種が最低でも80パーセントを占め、シラーとムルヴェードル種で補われるが、これらも最適な微気候と土壌で栽培されている。そしてこれらの品種が様々な香りのトーンを洗練させ、また一方で熟成を保証するとしても、このアペラシオンの個性を十全に開花させるものではなく、逆にアサンブラージュは制限されるべきである。サンソー種も許されているが、この品種のフィネスやエレガントさはジゴンダスらしい特徴を描き出さない。

■ ワイン

それほどの生一本さはないものの、シャトーヌフのワインの特徴にほぼ近く、ジゴンダスは力強く、たいへんスパイシーなワインである。

長期熟成型の赤ワインは、暗く深い色合いと赤系や黒系の果実のアロマが特徴である。口に含むと常にがっしりとし、黒コショウ等のスパイシーさを纏い、力強く野性的であると同時に、グルナッシュ・ノワール種の柔らかさが感じられる。ジゴンダスはたいへん個性的な豊かなワインで、全ての要素が開花するまでに熟成を必要とする。

3パーセントとわずかな量のロゼは、鮮やかな色調と熟した果実の香りを備えた、まろやかでボリュームに満ちたワインであり、きちんとした料理を用意すべきしっかりした1本といえるだろう。ジゴンダスでは白ワインがこのアペラシオンを名乗ることは認められていない。

ローヌ河流域 ◆ 南部栽培地域 ◆ ヴァケラス

Vacqueyras
ヴァケラス

ヴァケラスの栽培地はヴァケラスとサルリアン（訳注：下図、V16）の集落に広がっていて、はっきりと異なる2つのタイプの土壌から、力強く豊かな酒質と細身で柔らかな味わいの赤ワインを生んでいる。95パーセントと生産量のほとんどを占める赤に加えて、ヴァケラスではいくらかのロゼとほんのわずかな白ワインもある。

■ 産地の景観

アペラシオンを構成しているぶどう畑は、有名なダンテル・ド・モンミラーユ山地のふもと、ウヴェーズ川の左岸に位置している。

北に接している名高いジゴンダスと、南東のボーム=ド=ヴニーズの畑のあいだにあって、ヴァケラスの栽培地は、ジゴンダスとは対照的に、ダンテル・ド・モンミラーユ山地の斜面においてはほんの一部だけしかない。畑はより広い部分を、ウヴェーズ川に沿った標高60メートルから160メートルほどの段丘上に占めている。また地形からすると、畑は東と西の区域に分けることができる。

東側の畑は、ダンテル・ド・モンミラーユ山地に属するシュゼットの丘の構造山壁と、固結していない岩石の落下を促すようなきつい勾配の斜面の差別侵蝕の影響を受けている。

西側の栽培地は、ほぼ水平でわずかに南に傾いた広い面積上にあり、これはウヴェーズ川沿いの、石灰岩の乾燥した高台となっている古い段丘である。メールの小河川はこの丸石の見られる栽培地の東端の斜面を流れ、そこには窪地となっている崩積層の土壌が広がるが、ヴァケラスのアペラシオンとして最適なテロワールとはいえない。

■ 地質と土壌

ここでは主に2つの累層が見られる。西のウヴェーズとメール、両河川のあいだのウヴェーズ川が運んできた丸石のある高い段丘と、メール川の東、中新世のモラッセの砂質土壌の区域である。

漸新世の根無し地塊である砂質のモラッセの区域は、垂直に屹立したジュラ紀の断崖が見下ろすシュゼットの丘の斜面に寄りかかっている。

ウヴェーズ川沿岸とウルム氷期の低い段丘の現世の沖積土が覆う区域はアペラシオンの指定外である。

リス氷期の段丘は、30メートルから40メートルほどの高さから川を見下ろしている礫の多い広大な台地に代表される。表面は、脱炭酸化された砂岩の礫とシレックスが石灰岩の破片に混ざり、赤色の石灰質粘土土壌となっている。この40センチメートルから80センチメートルと薄い表土は、古い地質である鮮新世の泥灰土とヘルヴェティア階の砂を覆っている、浸透性のある厚い砂礫層の上に広がっている。下層は斜面に露出しているが、上部では段丘の小石に覆われている。リス氷期の段丘は、構成物の性質や保温力、過度にならない保水力等によって乾燥に悩まされる場合があるものの、ここからは熟成タイプで力強くがっしりとした、色の濃いワインが生まれる。

東の部分は、中新世のヘルヴェティア階、次いでブルディガル階の地層に発達している。このたいへん侵蝕されやすい地層は、ほとんどが狐色の丸い砂で構成されているが、この砂にはレンズ状に固められた柔らかい砂岩が見られ、もろく砕けて、砂質、ときに砂岩質の小石を含む土壌をもたらしている。

さらに、硬結した砂岩の丘を分かつ小河川がこの地層を掘り下げ、ダンテル・ド・モンミラーユからもたらされた石灰質の細礫が表面を覆っている。ブルディガル階の地層はこの区域の丘陵に露出していて、石英質の石灰岩、礫岩あるいは石灰質の泥灰土が現れ、崩壊によって、薄く均質でしばしば礫を多く含む土壌がもたらされている。このブルディガル階の地層は、たいへん不均質な漸新世の地層上にあり、アペラシオンではほんのわずかしか見られない沿岸あるいはラグーンの砕屑岩相を表している。

ヘルベチア階のモラッセの分布区域では、土壌の働きは、とりわけその厚さと、地形的な位置によるところが大きい。またここでは保水力が重要である。つくられる赤ワインは、台地のワインより細身で、それほどしっかりした骨格ではないものの、そこそこ熟成も可能である。

しかしわずかなロゼと白ワインにとっては素晴らしいテロワールといえるだろう。そしてこれら2つの区域が相補うかたちで、ヴァケラスの名声のもととなっている。

■ 気候

ヴァケラスはローヌでの気候的にもっとも暑い区域の東の境界に位置している。

降水量は650ミリメートルと少なめで、年間を通じて不均一に振り分けられている。また平均気温は摂氏13.5度である。ミストラルは、隣接する丘陵によって定まった方向に向けられ、影響は大きい。乾燥しがちだが、ウヴェーズ川が、隣の高地の森と同様、和らげる働きをしている。またヴァケラスでは、季節はずれの朝霧に見舞われやすい。

🍇 ぶどう品種とワイン

このアペラシオンでは古くからの伝統的なぶどう品種により、赤、白、ロゼが生産されている。

生産量の95パーセントを占める赤ワインは、ロゼも同じだが、グルナッシュ・ノワール、シラー、ムルヴェードル、サンソー種からつくられる。もっともがっしりしたものはジゴンダスのワインにも比肩される。赤は力強く、熟成タイプである。4パーセントと珍しいロゼは肉厚なタイプであり、1パーセントしかない白ワインは、ほとんどがクレレット、グルナッシュ・ブラン、ブルブラン種からつくられ、目立つことはない。

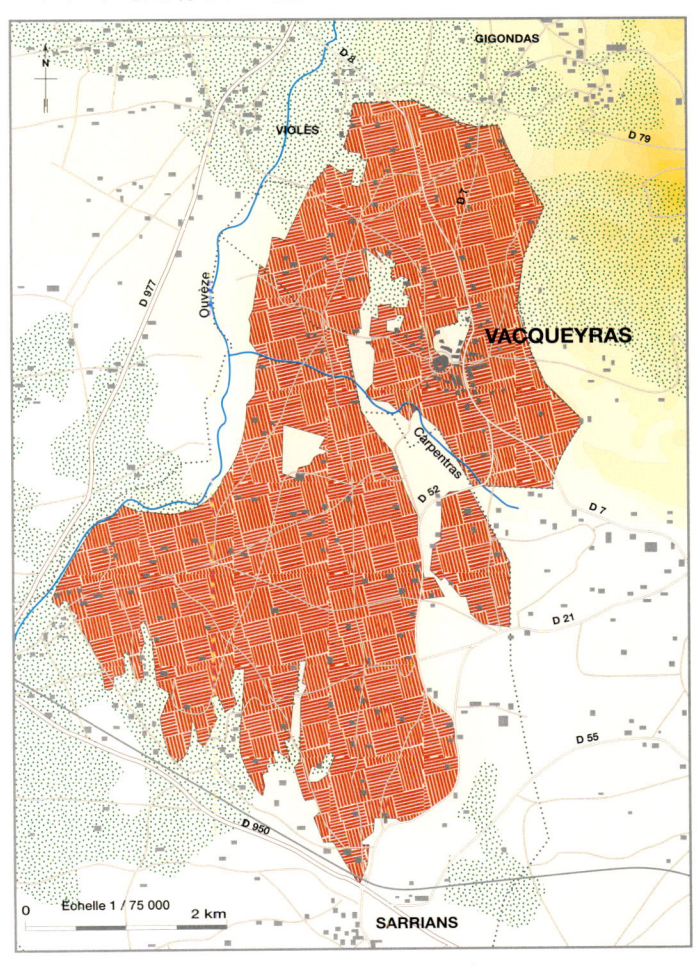

統計
栽培面積：1,250ヘクタール
年間生産量：40,000ヘクトリットル

ローヌ河流域 ◆ 南部栽培地域 ◆ シャトーヌフ=デュ=パプ

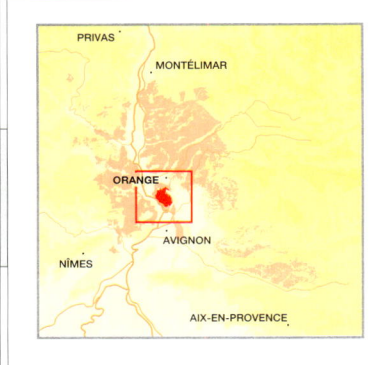

Châteauneuf-du-Pape
シャトーヌフ=デュ=パプ

シャトーヌフ=デュ=パプはヴォクリューズ県にある村で、アヴィニョンの町から上流17キロメートル、オランジュの下流9キロメートルほどの地点の、ローヌ河の左岸を見下ろす高台に位置している。一纏まりとなった栽培地は、有名な丸石で覆われた緩やかな斜面や台地を覆っている。13品種の栽培が認められている畑はシャトーヌフ=デュ=パプの村を中心に、周囲のクルテゾン、ベダリード、オランジュ、ソルグの各町村にも広がっている。

■ 産地の景観

流域の中心線に沿って、シャトーヌフの高台は、もっとも標高のある箇所で128メートルに達する半円のドームの形状をなし、その西側はローヌ河に沿い、東側ではコート・デュ・ローヌとコート・デュ・ローヌ=ヴィラージュのアペラシオンの栽培地を臨んでいる。

シャトーヌフの高台は異なる起源と性質の母岩で形成され、海と河川の侵食から護られてきたが、これは現在のローヌ河のほとりで数百メートルの深さにまで存在する硬い石灰岩の基盤のおかげである。この基盤層に関連付けられた丸石で覆われた台地は、脆い現世の地層の斜面で縁取られている。

ぶどう畑は頂部付近から続く台地に広がり、同様に北はオランジュ、東はクルテゾンとベダリードの各町村、南はシャトーヌフの村の斜面を覆っている。ソルグの集落では、畑はローヌ河の段丘下部に広がっている。

■ 地質と土壌

シャトーヌフ=デュ=パプの表土は地質と同様、複雑で、その起源や年代、性質の異なる様々な堆積物からなっている。

もっとも古い土地はランプルディエ（訳注：右図、M6）の丘陵で、この丘陵は、西でローヌ河を見下ろす、白亜紀のバレーム階からベドール階の石灰岩が見られる断崖が特徴だが、地質はシレックスを含む灰色の石灰岩と粘土質石灰岩からなる。川の上に屹立するこのドームは、地表ではわずか100メートルほどの高さに対して、深さはおよそ800メートル下まで続いている。またこの丘陵は大部分が、ヒイラギガシやローズマリー、ラヴェンダーの一種であるスパイク等の野生の灌木で覆われている。そしてここは大規模なローヌ河川の開発現場に近く、骨材を求めて、採石場という点からも注目された。1960年代には土木工事用の新式の重機により、土地の一部が拓かれ、耕作地に転用された。現在の、コンブ（訳注：右図、N9）を名乗るリュー=ディ付近がそれにあたり、乾燥に弱い性質にもかかわらず、質のよいぶどう畑に育ち、特に白ワインの生産に向いたものとなっている。排水に優れ、また熱をため込む性質から、この土壌は、雨がちの年には優れたワインを生むが、逆に乾燥した年では骨格のしっかりしたワインの生産は難しくなる。ただし許されている灌漑に頼った場合は別である。

しかし、シャトーヌフのほとんどを占める高台では、その基礎的な地質は、ローヌ河流域全体と同様、中新世の海が堆積させた砂と砂岩からなっている。これらは特に高台の頂部周辺、つまり北はオランジュとクルテゾン、南はベダリードとシャトーヌフの各町村のあいだで露出している。またこの地質はたいていの場合、高地からもたらされた丸石で覆われている。

鮮新世には、新しい海が南から入り、この地を満たした。したがってシャトーヌフの丘陵は島となっていた。この海が引いた後、今日の頂部に当たるところに、丸石の広大なナップを堆積させたが、このナップは赤色の粘土のマトリックスに混ざった、様々な大きさのアルプス起源の珪岩である。

この地層は、カブリエール、モン=ルドン、ファルゲロール、ラ・クローやレ・ボワ・セネショーの区画で見られる。粘土が豊富ですぐに温まる土壌は、乾燥にも強い。またアペラシオンによく見られる、凝縮しがっしりとした質の高い赤の生産にもっとも適している。

リス氷期の新しい状況から、ローヌ河は別の低い段丘を堆積させた。それはソルグの集落付近の、アペラシオン南部を占めている。また支流であるウヴェーズ川は、ベダリードの集落付近で、ロケットの段丘を形成している。オランジュの演習地のある段丘では、原地性の礫にアルプスの丸石が混ざって形成されていて、おそらくローヌ河とその支流であるエーグ、ウヴェーズ両河川のかつての合流点を示しているものと思われる。この土壌は段丘の上部と同じ質だが、浸透性のある厚い砂礫層の上に広がっているため、乾燥に弱い。ソルグの段丘の北にある灌漑用の古い水路の跡がそうした状況を裏付けている。またもっとも時代の新しい沖積土の土地はアペラシオンから除かれている。

■ 気候

南部区域の真ん中で、シャトーヌフ=デュ=パプは、年間2800時間の日照量と摂氏14度の平均気温に恵まれ、ローヌ全域でももっとも暑いところである。

年間降雨量は650ミリメートルと少なめで、夏のあいだ雨が降らないために乾燥による問題が生じやすい。したがって生産者はぶどう畑を潤してくれる稀な雷雨を待ち望んでいる。しかし雨不足にならなければ、その今度はその雷雨と雹が生産者を悩ませることになる。さらにローヌ河の軸部に沿った高台にあるため、ぶどう畑はより激しいミストラルにさらされている。しかしこれによって、8月の雷雨と9月の雨の後でもぶどう果の乾燥が促され、主にグルナッシュ種のような果皮の薄い品種にとっては、カビや病気の蔓延を防いでくれる。反対に乾燥した時期には、ミストラルはぶどうがうまく成熟するには有害となる。

🍇 ぶどう品種

アペラシオンの認定以来、13品種の使用が許可されているが、テロワールと収穫年が特徴付ける違いと組み合わさって、生み出されるワインはたいへん多様性に富むものとなる。

赤ワインの主な品種は、栽培の7割を占めるグルナッシュ・ノワール種で、ワインにボディとまったりした味わい、それにアルコールの高さを付与する。グルナッシュ種が収量を抑えてつくられると、このテロワールで完全さを発揮する。ムルヴェードルとシラー種は、ワインにバランスのよさをもたらし、サンソー種はアルコール分を下げる働きをするが、たいていの場合これらの品種も加えられている。

白に関しては、グルナッシュ・ブラン、クレレット、ブルブラン、ルサンヌ種が優勢である。その他の白ぶどう品種はあまり見られない。マルサンヌ種はアペラシオンの許可品種のなかに入っていない。

■ ワイン

アペラシオンでは赤ワイン同様、白ワインの酒質も評価されている。

シャトーヌフ=デュ=パプの平均の収穫量は、ヘクタール当たり35ヘクトリットルと少ない。そのため、ぶどうの凝縮された糖分によってアルコール度数は高くなり、たいてい14度にまで達する。生産量のおよそ7パーセントを占める白は、赤ワイン同様、ローヌ・ワインの白眉である。まろやかで熱さとフィネスがあり、ときにほのかな樽香を感じさせ、年とともに蜂蜜のはっきりしたアロマを纏うようになる。赤ワインはがっしりして、非常に色が濃く、熟した果実やスパイス、フュメ香が感じられる。また完全な魅力を備えるようになるまでは、4年から5年は待たねばならないワインで、最良の年のものは数十年寝かせておくことも可能である。

統計

栽培面積：4,630ヘクタール
年間生産量：189,800ヘクトリットル

ローヌ河流域 ◆ 南部栽培地域 ◆ シャトーヌフ=デュ=パプ

13のぶどう品種
- グルナッシュ
- クレレット
- ムルヴェードル
- ピクプル
- テレ・ノワール
- シラー
- クノワーズ
- ミュスカルダン
- ヴァカレーゼ
- ピカルダン
- サンソー
- ブルブラン
- ルサンヌ

ORANGE

Canal de Pierrelatte
la Bertaude
Bois Lauzon
Bois Lauzon
Coudoulet
Chapouin
la Janasse
le Bousquet

Cabrières
Palestor
la Gardiole
Baratin

Mayrette du Levant
la Grande Meyré
LES PALUDS
COURTHEZON

Maucoil
Brusquières Ouest
les Brusquières
Bois Dauphin
Pignant
les Bédines Nord
les Cassanats

Massif du Lampourdier
Mont-Redon
Fargueroi Nord
Cabrières
la Guigasse
le Pied Long
Pignan
le Chistia

Beau Renard Nord
l'Arnesque
Farguerel Sud
le Pied de Baud
la Roquette
Pignan
le Rayas
Valori
la Carrière

Combes d'Arnevel
Pradel
le Coteau de l'Ange
les Grandes Galiguières
Vaudieu
le Pointu
le Grès
l'Etang
Saint-Georges Nord
Saint-Georges Sud

le Four à Chaud
le Grand Pierre
le Cristia
Pallintau

Combes Masques Nord
Beau Renard Sud
la Gardine
les Terres Bianches
le Castelas
le Grand Pierre
le Mourre de Gaud
le Mourre des Perdrix
la Crau Est
les Saintes Vierges Nord

Combes Masques Sud
le Tresquys
les Bousquets
les Roumiguières
Chemin de Courthezon
Charbonnières Ouest
Charbonnières Est
la Crau Ouest
la Crau Sud
la Font du Loup
les Saumades Sud
les Saintes Vierges Sud

Colombis
le Grand Deves
les Esqueirons
le Devès d'Estouard
les Bourguignons
le Parc
Marcoux
la Font du Pape
Bois Sénéchaux
Montalivet
Blachières
la Crau
la Crau Est
Duvet Ouest
Duvet Est
la Chartreuse Nord

la Crose
Barbe d'Asne
les Cabanes
le Village
Puits-Neuf
St-Théodoric
Coste Froide
la Solitude
la Crau Ouest
la Petite Crau

CHÂTEAUNEUF-DU-PAPE
le Lac
la Cerise
les Parrans
le Clos
Relagnes
le Boucoup
Mont-de-Vies
Mont Pertuis
Font du Loup
Chemin de Châteauneuf
la Crau Sud
Font de Michèle
Reveirores-Ouest
Reveirores-Est
le Grand Plantier

Pierre à Feu
le Bois de la Ville
le Moulin à Vent
les Mascaronnes
la Fortiasse
la Grenade
le Limas
la Bigotte
le Chemin de Sorgues
la Nerthe
Pied-Redon
les Garrigues
Marron
Cabane de Saint-Jean
Coteau de Saint-Jean
Patouillet
Croix de Bois
Saint-Loup

le Bois de la Ville
le Bois de Bourson
les Marines
la Petite Bastide
les Combes
les Escondudes
Salvine
Pigeoulet

les Grands Serres Ouest
les Plagnes
le Grand Chemin de Sorgues
la Rigole
Cansaud
les Rèves
Pieredon
Terre Ferme
Rascassa
le Coulaire-Ouest

ISLON ST LUC
le Grand Serres
les Gallimardes
Camsaud
Plan du Rhône
Plan du Rhône
Noffres
BÉDARRIDES

le Petit Serres
les Bas Serres
les Serres
les Coulets

RHÔNE
GARD
VAUCLUSE
le Grand Coulet
la Crousroute

ILE D'OISELET
SAUVETERRE
Roubine de Thiel
SORGUES

Echelle 1 / 35 000

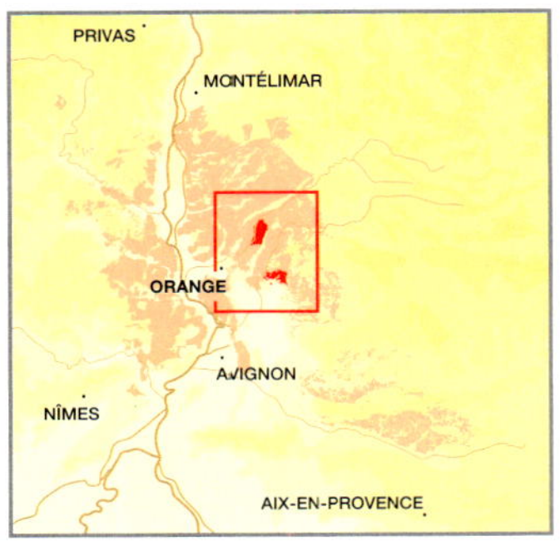

ローヌ河流域 ◆ 南部栽培地域 ◆ ヴァン・ドゥー・ナテュレル

Vins Doux Naturels
ヴァン・ドゥー・ナテュレル

ボーム=ド=ヴニーズとラストー、2つのワインの産地は、フランスのヴァン・ドゥー・ナテュレルのなかではもっとも北に位置している。実際、これら特殊な醸造法のワインの大部分は、ルシヨンやラングドック地方で生産されているが、それらはフランスでもっとも暑い気候に恵まれている地中海沿岸に位置していて、その恩恵を享受しているためである。

■ 産地の景観

ラストーとボーム=ド=ヴニーズのヴァン・ドゥー・ナテュレルを生産する畑は、真南に向いたくっきりとした丘陵上に広がっている。

ラストーのアペラシオンでヴァン・ドゥー・ナテュレルを産する畑は、大部分がラストーの集落に広がっているものの、いくつかの区画はお隣のケランヌとサブレの村々にもあり、その生産のために使用が認められている。ぶどう樹は、標高200メートルから300メートル前後の、エーグとウヴェーズの両河川を分けている丘陵の山腹で栽培されている。この山腹とふもとでは、畑はデューの台地を見下ろし、またこれに続いている丸石の見られる広い段丘にも広がっている。

ミュスカ・ド・ボーム=ド=ヴニーズのアペラシオンの畑は、そのほとんどがボーム=ド=ヴニーズの集落に広がっているが、栽培地の一角に入り込んでいるオビニャンの村にもわずかな区画がある。

畑は、有名なダンテル・ド・モンミライユのふもと、シュゼットの丘の南斜面で、標高が300メートルを越えないところに広がっている。

■ 地質と土壌

このタイプのワインにとってテロワールの概念は副次的と思われがちだが、一般的なワインと同様、重要であることは明白である。

ラストー ヴァン・ドゥー・ナテュレルを生むぶどう畑は、中新世の砂質粘土の丘陵に広がっている。この丘陵の上部には、原地性の丸石が見られる厚い礫質層がある。斜面の下部では、ウヴェーズ川の古い段丘が2つの高さに分かれてあり、上は200メートル、下は140メートルほどのところでデューの台地に続いている。この2つの段丘は、中新世の砂や、ウヴェーズ川が入り込んでいるプレーサンス階の粘土上に広がっている。

ボーム=ド=ヴニーズ 栽培地の独特な景観は、ローヌ河流域のなかでは特殊な構造地質的な現象によって説明がつく。深部の大きな断層によって再隆起した非常に古い三畳紀の地層が、三畳紀以後に堆積した地層を持ち上げた。三畳紀の土壌は、栽培地の北、コワユーの丘で露出している。また南では、三畳紀以後の地層が続いている。グランジエの非常に硬結したモラッセでは、モンミラーユに由来する泥灰土、砂、砂岩、礫岩からなる漸新世の地層が起伏を形成し、その上にブルディガル階、現世の地層を支えているヘルベチア階の石灰質の砂の地層、表土には古い第四紀の丸石が見られる。

■ 気候

豊富な日照の地であるが、これらの醸造には、もっとも向きのよい斜面が必要である。

このワインは最大級の日照量が重視される。それにより、もととなるぶどうの糖分から豊かなアルコール分が引き出されるのである。さらに、風の要素を考慮しなければならない。ミストラルは、ぶどうの成熟時期を遅らせて、自然の糖分をかなり凝縮させるのに役立っている。この風の存在は非常に重要で、地中海の風がラングドックとルシヨンのヴァン・ドゥー・ナテュレルに果たしている調整役を、この地ではミストラルが担っているからである。また弱い品種であるミュスカ種に関しては、降雨の後、直ちに乾燥させることが必要なため、最適な微気候が求められる。

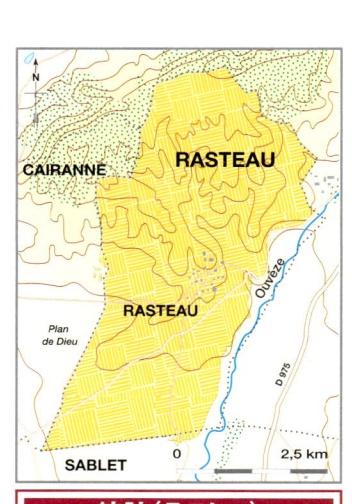

ぶどう品種

ミュスカ・ド・ボーム=ド=ヴニーズはミュスカ・ア・プティ・グラン種だけから独占的につくられる。またラストーでは、グルナッシュ・ノワール単一品種(訳注：他にグルナッシュ・グリ、同じくブランも最大で1割以下の使用が認められている)のみが用いられる。

ミュスカ・ア・プティ・グラン種は弱い品種で、収穫時は小さなコンテナーで運び、清潔な状態を保つ等の注意深い手当てが必要とされる。したがって、栽培も風通しがよく、向きのよい斜面の痩せた土壌が向く。

ラストーでは、たいへん古い樹齢のグルナッシュ種が、自然の完熟と成分の豊かな凝縮を必要とするヴァン・ドゥー・ナテュレルのために用いられている。

統計(ボーム=ド=ヴニーズ)
栽培面積：415ヘクタール
年間生産量：13,500ヘクトリットル

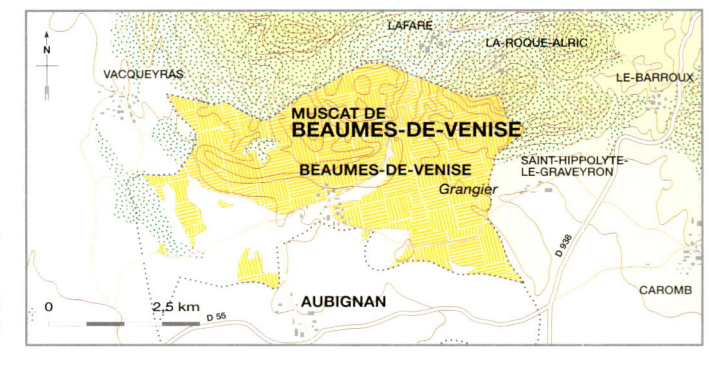

■ ワイン

ミュスカ・ド・ボーム=ド=ヴニーズは白だけだが、ラストーでは黄金色と赤の両方がつくられている。

ミュスカ・ド・ボーム=ド=ヴニーズ 全てのヴァン・ドゥー・ナテュレルと同様、発酵途中にワインを蒸留したアルコールを添加することによって、発酵を止めてつくられる。

ワインはぶどうに由来するアロマを大事にするため、なるべく空気に触れさせるのを避け、早めに瓶詰めされる。

出来上がるのは、つやのある金色に輝く色合いで、ミュスカ種に柑橘類とバラの香りが合わさる、繊細さと力強さを備えた香り高いワインで、かなり冷やして、また熟成させずに愉しむべきものである。

ラストー 素早い圧搾と果皮の引き上げによって黄金色につくられるか、あるいは醸しをおこなった場合は赤にもなる。

ミュスカ種同様、途中で発酵を停止させてつくられる。主なアロマは、赤い果実やそのコンフィ、サクランボのオー・ド・ヴィで、後にドライフルーツなどのアロマに発展する。若いうちに愉しむワインだが、熟成させることもできる。

統計(ラストー)
栽培面積：35ヘクタール
年間生産量：1,000ヘクトリットル

ローヌ河流域 ◆ 南部栽培地域 ◆ コトー・デュ・トリカスタン ◆ コート・デュ・ヴィヴァレ

Tricastin et Vivarais
トリカスタンとヴィヴァレ

ローヌ河流域の両側に広がるトリカスタンとヴィヴァレの栽培地は、ヴァントゥーやリュベロン、ディオワと同様、コート・デュ・ローヌのアペラシオンは名乗れず、それぞれ独自のアペラシオンに認定されている。しかしながら自然要因や栽培品種、生産方法等においては、これらと、コート・デュ・ローヌには共通点が見られる。

コトー・デュ・トリカスタン Coteaux du Tricastin ──地図は p250 を参照──

ローヌ河の左岸側で、南部栽培地域ではもっとも北に位置するトリカスタンでは、接しているACコート・デュ・ローヌとかなり似たワインが生産されている。

■ 自然環境

栽培地は、南のサン=ポール=トロワ=シャトーの集落と北のレズ川のあいだに広がり、その北は、オリーヴ栽培の北限でもある。

あまり変動を受けていないローヌ河沿岸を除いて、ぶどう畑の起伏は、細かく繰り広げられて。種々の侵蝕が、不均一で、ほとんどはもろい土壌に作用している。

豊富な日照量、夏のあいだの乾燥やミストラルの存在などによって、この地の気候はおそらく地中海性と見なすことができる。しかしながら起伏のある地形が、このことを断定的にはいえないものにしている。つまりより暑い南の区域から離れるにつれ、そして東の標高1200メートルほどのランス山のふもとに近づくにつれ、気候には変化が見られ、湿気が多くなる。そして畑の北は、地中海性の植生であるオリーヴとグルナッシュ種の栽培の北限と一致している。

■ 地質と土壌

地質的に、この地方はたいへん多様性に富んでいる。その大部分はヴァルレア（訳注：p250、I4）の堆積盆地のなかに広がる第三紀層から形成されている。

侵蝕によって改変され、堆積物はトリカスタンの東で、様々な物質、とりわけ泥灰質や砂質のモラッセを露出させている。侵蝕されていない硬い石灰岩の層は、ぶどう栽培には適していない。ローヌ河の沿岸では、畑は、広く見られるヴィラフランカ階の第四紀層の段丘に位置する土壌を占めている。これはラ・グランド・アデマール、レ・グランジュ・ゴンタルドそしてルサの村々周辺に見られる。

統計
栽培面積：2,490ヘクタール
年間生産量：112,000ヘクトリットル

🍇 ぶどう品種とワイン

トリカスタンは、接しているACコート・デュ・ローヌとよく似た特徴を備えている。

生産量の95パーセントを占める赤ワインはグルナッシュ・ノワール種からつくられ、ワインにフィネスとエレガントさを与えている。トリカスタンの東で栽培され、ここがグルナッシュ種の成熟の限界でもある。シラー種は栽培地の気候により適しており、グルナッシュ・ノワール種を香りと骨格において補っている。2、3パーセント前後の生産量のロゼはフルーティーで軽く、わずかな量の白ワインも果実味豊かでバランスがよい。また白用の栽培品種には、マルサンヌ、ルサンヌ、ヴィオニエ種のようなローヌ北部のぶどうも用いられ、グルナッシュ・ブラン、クレレット種のような南部の品種との共存が見られる。

コート・デュ・ヴィヴァレ Côte du Vivarais ──地図は p250 を参照──

ローヌ河の右岸、南部栽培地域ではもっとも北に位置するヴィヴァレの栽培地はローヌとセヴェンヌ地方（訳注：ローヌ地方のすぐ西に広がる一帯）のつなぎ目ともなっている。

■ 自然要因

この高台に点在するぶどう畑は、サン=モンタン（訳注：p250、E3）の集落でローヌ河に、一方ヴィネザック（訳注：p250、A1）の村ではセヴェンヌの丘陵地に接している。

畑が点在するグラ（訳注：p250、D3）の台地の標高は、400メートル前後に達する。この高台はアルデッシュ川によって切り込まれている。西では、陥没地溝によってセヴェンヌの高地と分断され、前セヴェンヌの地溝はそれ自体南のバルジャック（訳注：p250、A5）の集落のほうへ、アレス（p233、N13）の地溝によって続いている。

栽培地は、ローヌからセヴェンヌ地方にいたる地中海性気候の気候勾配の影響を受けている。纏まった畑があるサン=モンタンの集落周辺を除き、地中海性気候は栽培地の残りの部分ではかなり弱まっているが、それは標高の高さとセヴェンヌの高地に近いことによるものである。

ぶどう畑は豊富な日照量に恵まれているが、同時に冷気と湿気も優っていて、これによってぶどうの成熟がゆっくりと進むことになる。ヴィヴァレの栽培地における収穫時期は、ローヌ地方のなかでは常に遅いほうである。

■ 地質と土壌

ぶどう畑の多くが点在するグラの台地は、ウルゴン階と呼ばれる中生代ジュラ紀の山の連なりの石灰岩によって形成されている。

石灰岩は局所的に侵蝕され、洞窟学者と考古学者のあいだではよく知られた、オルニャック（訳注：p250、B5）の鍾乳洞やショーヴェの洞窟等のカルスト地形の起伏を生んでいる。畑はこの台地において、脱灰された粘土質の土壌に島状に点在し、セヴェンヌ地方に近いところでは、例えばヴィネザックの村周辺のように三畳紀の別の物質が見られる。また畑はバルジャックやラゴルス（訳注：p250、B3）、イシラック（訳注：p250、C6）の集落周辺において、第三紀の泥灰質と石灰質の地層の上に広がっている。またサン=モンタンの村では、グラの台地のふもとで、ローヌ河の古い沖積段丘の部分と、石灰岩の堆積層の部分に畑が広がっているという特殊な状況が見られる。

統計
栽培面積：542ヘクタール
年間生産量：28,000ヘクトリットル

🍇 ぶどう品種とワイン

ローヌ南部の栽培品種が見られるが、この地では、気候的な状況等を考慮に入れ、各区域毎にふさわしい品種を選んでいる。

気候的な状況からグルナッシュ・ノワール種の割合は、他のローヌの栽培地に較べて小さい。反対にシラー種は、この温暖で涼しいテロワールによく合って、徐々に増加している。最低グルナッシュ種を3割、シラー種を4割以上使用せねばならず、残りをサンソーとカリニャン種で補っている。これらの品種は生産量の80パーセントを占める赤と、15パーセントほどのロゼ、双方に用いられ、フルーティーでさわやかなワインを生んでいる。

5パーセントと少量の白ワインはグルナッシュ・ブランとマルサンヌ、クレレット種からつくられ、新鮮で心地よいものとなる。そしてこれらすべては若いうちに飲むべきワインである。

ローヌ河流域 ◆ 南部栽培地域 ◆ コート・デュ・ヴァントゥー ◆ コート・デュ・リュベロン

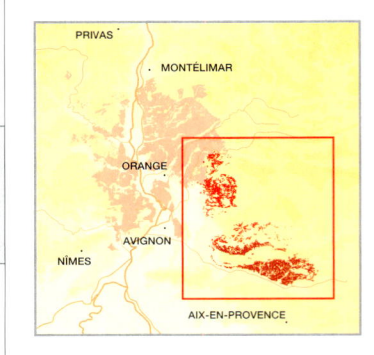

Ventoux et Luberon
ヴァントゥーとリュベロン

この2つのアペラシオンは、ローヌの栽培地としては中心から外れており、しばしば同一視されてもいる。しかし気候状況、テロワールもはっきりと異なっていて、双方ともに多様性に富んだワインを生んでいる。また、ヴァントゥーでは赤、リュベロンでは白ワインが多く生産されている。

コート・デュ・ヴァントゥー Côtes du Ventoux

このヴォクリューズ県の栽培地は、ヴァントゥー山(訳注:p263、S9)とヴォクリューズの台地(訳注:p263、T12)に囲まれ、そのふもとで赤と少量のロゼ、そしてほんのわずかな白ワインを生産している。

■ 産地の景観

ヴァントゥーの栽培地は、その北西で AC コート・デュ・ローヌの畑と隣り合っている。南ではクロン(訳注:p263、Q13)川がアプト(訳注:p263、U13)の町を中心とする谷間のなかを流れおり、コート・デュ・リュベロンとの境を示している。

ヴァントゥーの栽培地はローヌの中心線からはずれている。畑は河の左岸から奥まった堆積盆地に位置し、以下に挙げる3つの区域から構成されている。

マロセーヌ(訳注:p263、R9)盆地 最初の区域で、この区域の東のヴァントゥー山と、西のダンテル・ド・モンミラーユ(訳注:p263、Q9)、北東のバロニー(訳注:p263、V8)の各山地とのあいだの、北寄りに位置している。この盆地のなかにはグロズー川が北に流れ、ヴェゾン・ラ・ロメーヌ(訳注:p263、Q8)の集落の上流でウヴェーズ川と合流している。

カルパントラ(訳注:p263、Q11)の広大な円形劇場型の斜面 2つめの区域で、ヴァントゥーの栽培地の中央部に位置する。ヴァントゥー山によって見下ろされている、この広い農業地帯は、上質ワイン用とテーブルワイン用の畑、サクランボの果樹園とトリュフ用の耕地等に分かれている。また、西に向かって平行に流れる小河川の集まりが排水を担っているが、その主なものはネスク川で、ソーの台地(訳注:p263、T10)に源を発し、中生代の厚い堆積のある峡谷を刻んだ後、平原に通じている。

南の3つめの区域 アプトの町の北からフォンテーヌ・ド・ヴォクリューズ(訳注:p263、R12)の村まで、ヴォクリューズの台地と、クロン川の右岸に沿っている。畑は、この川の流れによってコート・デュ・リュベロンの栽培地とも接しており、周辺の7つの集落はヴァントゥーとリュベロンのアペラシオン双方を名乗ることができる。

■ 地質と土壌

畑は、堂々とした起伏が連なる斜面とそのふもとに位置している。ヴァントゥー山とヴォクリューズの台地からなるこれらの連なりは、ほとんどがウルゴン階の石灰岩で形成されている。

マロセーヌ盆地のなか、ぶどう畑の北では、砂や砂岩混じりの石灰質土壌で構成されたヘルヴェティア階の土地が広がっている。これは中新世の海の入り江としてに残っていたものに相当している。

カルパントラの盆地はその中心が、もっとも新しい地層で占められている。これは現世の沖積土、あるいは第四紀の古い段丘である。また東に進むほど、地質的に古い時代の母岩の露出が見られる。ここでは中新世の砂質のモラッセ、なかでも硬結した砂岩と固化した粘土質の石灰岩が特徴となるブルディガル階のモラッセが見られる。この地層は、クリヨン・ル・ブラーヴ(訳注:p263、R9)からメタミス(訳注:p263、S11)の村々まで広がる丘の連なりを生んでいる。

その向こうに、ベドアン(訳注:p263、S9)からモルモワロン(訳注:p263、S10)の村々にいたる窪地が見られる。ここはオーブ階とセノマン階の海成の砂質層が掘り下げられ、起伏のふもとは古い時代の礫混じりの台地で広く覆われている。そこから斜面は勾配を増すため標高は一気に上がり、斜面の硬い石灰岩の層の上には石灰質の痩せた荒地が広がる。母岩は角張った礫あるいは丸石を供給し、斜面の下部の畑はぶどう栽培に最適なテロワールとなっている。

南ではクロン川の上流で、中新世の砂や砂岩混じりの地層が見られる。この地層は褐色の砂に変わり東へ続き、グー(訳注:p263、S13)、ルシヨン(訳注:p263、S13)、リュストレル(訳注:p263、U12)の各村々の栽培地の景観を生んでいる。アプトの町の向こう、コート・デュ・ヴァントゥーの東の端は、漸新世の粘土質石灰岩の地層に乗っている。ふもとにはぶどう栽培の助けとなる砂礫層がもたらされている。

■ 気候

地中海性気候の恩恵を受けているヴァントゥーの栽培地だが、さらに東に連なる種々の高地の存在によって護られている。

バロニー山地、ダンテル・ド・モンミラーユ山地下部のシュゼットの丘、標高1909メートルのヴァントゥー山、そしてヴォクリューズ台地と、これらの連なりに近いことが、ぶどう畑に気候的影響と保護を与えている。

栽培地は大きく3つの区域に分かれているにもかかわらず、気候状況はほぼ同じで、北のマロセーヌの盆地と、アプトの町周辺に広がる南の区域で、わずかに成熟が遅れる程度である。この南の区域は、全般的にリュベロンの方向、真南に向いた理想的な斜面に恵まれている。

🍇 ぶどう品種とワイン

ヴァントゥーのぶどう畑では、ローヌ南部と同じ品種から、種々のタイプのワインを生産している。

今日、コート・デュ・ヴァントゥーのアペラシオンで産する赤ワインのタイプを正確に定義付けるということは比較的難しい。というのもその特徴と個性の多くが、各生産者がおこなっている醸造方法によるところが大きいからである。あるものは滑らかで軽く、口に含むと軽やかで繊細な果実味があり、あるいは、深く濃い色合いで豊富なタンニンの力強く凝縮したワインもある。後者のような力強いヴァントゥーの赤は、10年間の熟成も可能となるようなワインに仕上がっている。そして熟成香や古いワインが備える複雑さは、まさにテロワールを真に具現化したものといえる。評判が高まりつつあるこの栽培地は、その独自性の確立を求められながら、発展し続けている。ヴァントゥーのワインが高いポテンシャルを備えていることは間違いないが、まだその全てを発揮しきれていない。

赤ワインは生産量の85パーセントと、コート・デュ・ヴァントゥーのワインの大半を占めている。ロゼの生産量は15パーセント近くあり、ほとんどがフルーティーでフローラル、心地よく瑞々しいワインである。ロゼは、この地の観光の活性化にも与り、人気が高まりつつある。

赤とロゼはそのほとんどがグルナッシュ・ノワールとシラー種からつくられる。サンソーやムルヴェードル、あるいはカリニャン種といったぶどうも畑に見られ、補助品種として用いられている。

白は1パーセントに満たない生産量で、ほとんど目立たないが、美味なワインである。クレレット、ブルブラン、グルナッシュ・ブラン、ルサンス種からつくられ、その多くは軽く、フルーティーである。

さらにヴァントゥーではいくつかの新酒も生産されていることを付け加えておこう。

統計(ヴァントゥー)

栽培面積:**6,550ヘクタール**
年間生産量:**312,300ヘクトリットル**

コート・デュ・リュベロン Côtes du Luberon

ヴォクリューズ県、カヴァイヨンの町の東に広がるリュベロンの栽培地では、和らいだ地中海性気候のもと3色のワインがあるが、もっとも多い割合を占めているのは白ワインである。

■ 産地の景観

畑は、1125メートルの主峰ムル・ネグルを擁するリュベロン山地の南北のふもとに広がる。

北は、クロン川の谷間がヴァントゥーの栽培地との境を示している。谷を遡り、アプトの町を過ぎるところあたりからは、ぶどう畑は向きのよい斜面にあるものの、どんどん狭くなっていく。南では、デュランス川（訳注：下図、U16）によって境界が示され、この川は高地の周辺をめぐった後、クロン川の流れを受け、アヴィニョンの町でローヌ河に合流している。東のほうでは、レーズ渓谷の向こう、ラ・トゥール・デーグ（訳注：下図、V15）の集落付近で、連なりの頂部に向かって標高は高くなり、すぐ東のオート・プロヴァンスのアペラシオンであるコトー・ド・ピエルヴェールのぶどう畑と接している。

■ 地質と土壌

リュベロンのぶどう畑は、プロヴァンスからの連なりに続く起伏上に広がっているが、この連なりは白亜紀の硬い石灰岩で形成され、西側でヴォクリューズの平原の下に入り込んでいる。

ぶどう畑は、北東でマノスク（訳注：下図、X14）の第三紀の盆地に続いており、東はミラボー（訳注：p263、W16）村の谷を境としている。この高地の中心部を形成している石灰質あるいは泥灰質の種々の母岩は、その性質からぶどう栽培地としての価値はほとんどない。さらに、気候と標高の高さが禍してぶどうの成熟は見込めない。

アプトの町の南西では、ウルゴン階が、砂質の層と大きな粒のシレックスの層として現れており、その低部では、脱灰された赤色の粘土が積み重なっている。このテロワールこそが良質のぶどう畑となるのである。また東では、漸新世の堆積が多く見られるが、これは石灰岩や泥灰土、あるいは厚い礫岩である。この区域で重要となる標高の高さ——サン=マルタン=ド=カスティヨン（訳注：下図、V13）の集落で550メートルに達する——の問題を埋め合わせる、小礫の量や地勢の状況が土壌を暖めるのに有効であるとき、土地はぶどう栽培に適したテロワールとなる。

中新世の海は、この地方全体を覆い、クロン川の谷の下流の斜面、およびペイ・デーグの南に砂を堆積させた。ここでもまた、質のポテンシャルを決定するのは、地勢の状況と土壌の厚さ、表面を覆っている小石等である。

最終的に第四紀層は、丸石を含む古い沖積土からなる斜面下部と、台地の礫が覆う緩斜面のすべてを構成し、デュランス川の谷の上部にも断片的に見られる。

■ 気候

気候は、ローヌ地方の地中海性気候と、より涼しいオート・プロヴァンスの気候との境目に当たっている。

栽培地の年間平均気温は摂氏12度から13度である。北と南の斜面のあいだに大きな差はないが、むしろ東と西で違いが見られ、これはその標高の相違によって説明される。また山地の向きがミストラルの影響を著しく制限し、さらに北では、ヴォクリューズの台地とヴァントゥー山もミストラルから保護する役目を果たしている。

🍇 ぶどう品種とワイン

赤、白、ロゼを較べると、高いのは白ワインの割合である。

栽培地の東部では地中海性気候が希薄になっているため、新鮮な白ワインの生産に適した状況を生んでいる。古くからユニ・ブラン種が用いられてきたが、今日では、グルナッシュ・ブラン、クレレット、ヴェルメンティーノ、ルサンヌ種からつくられ、より繊細で、香り高いワインとなっている。芳醇で果実味豊かな赤は、グルナッシュ・ノワールとシラー種からつくられる。後者は、ところどころで成熟の限界が見られるグルナッシュ種に替わり、徐々に増えつつある。ロゼは、グルナッシュとサンソー、シラー種を使用するが、新鮮でさっぱりとしていて、ときにわずかなスパイシーさが感じられる。

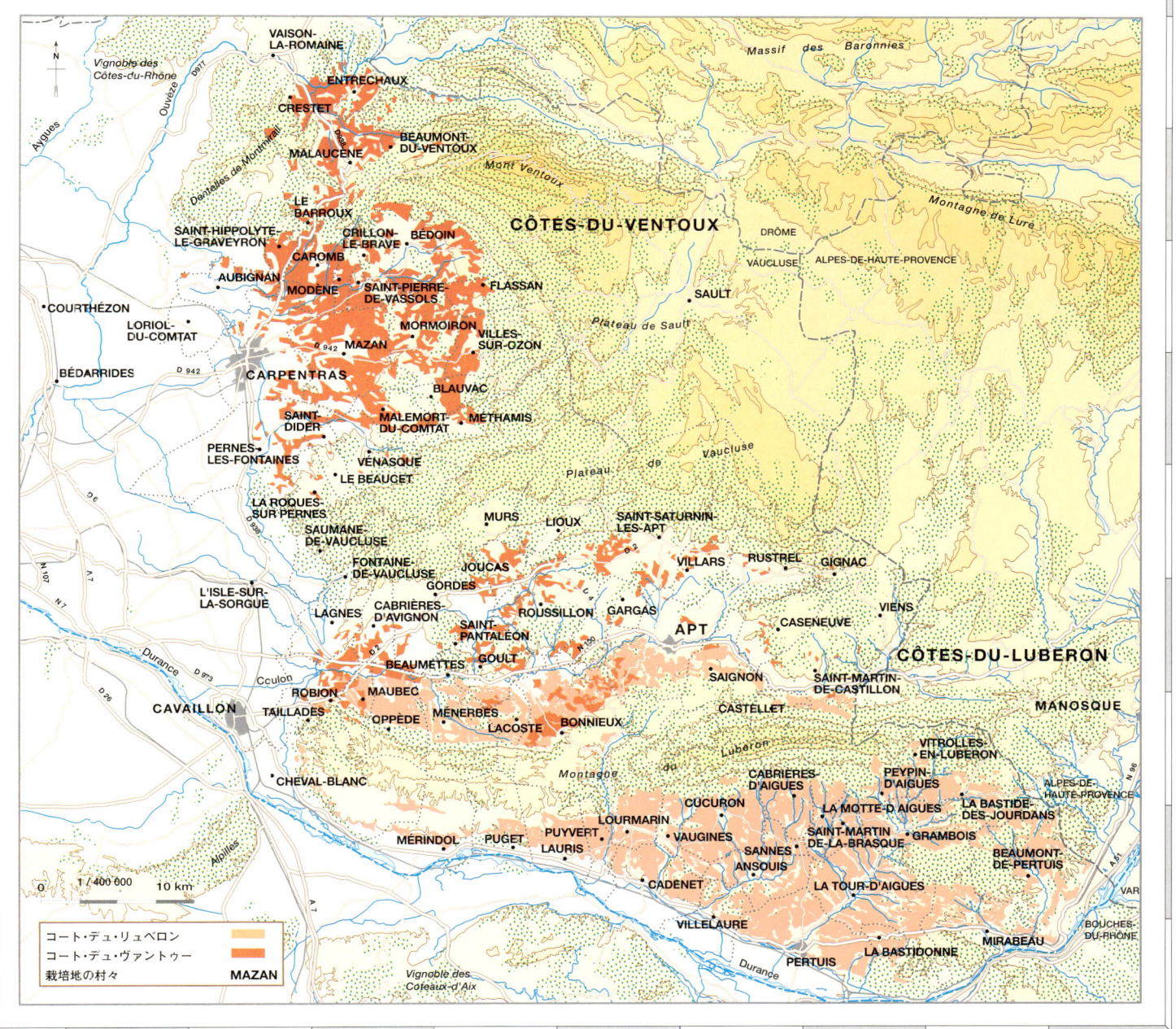

統計（リュベロン）

栽培面積：3,300ヘクタール
年間生産量：170,000ヘクトリットル

… プロヴァンス地方

Provence
プロヴァンス地方

9つの、その面積において大きく異なるアペラシオンがプロヴァンスの栽培地の景観を形づくっている。これらのアペラシオンはイタリア国境に近いニースの後山から西はレ・ボー=ド=プロヴァンス（訳注：下図、B13）まで続いている。北はマノスク（訳注：下図、F12）の町周辺のオート・プロヴァンスの丘陵地を覆い、南は地中海沿岸に達している。

統計
栽培面積：27,200ヘクタール
年間生産量：1,155,000ヘクトリットル

■ ぶどう栽培の始まりとその来歴

歴史家たちはこの地方にぶどうをもたらしたのは、紀元前6世紀頃にフェニキア人、あるいは現在のマルセイユをつくったフォカイア人たちであると考えている。

フェニキア人の後を継いだギリシャ人は、プロヴァンス地方全域にわたってぶどう栽培を広めたが、ワインづくりの真の発展を見るのはローマ人によるガリアの国（訳注：現在のフランスの領土にほぼ相当する）の征服後のことである。蛮族の侵入によりローマ帝国が滅亡すると、ぶどう栽培には陰りがさすが、その後の修道士たちの貢献が今日に続くワイン生産の隆盛を導いた。16世紀から17世紀にかけてのプロヴァンス地方は、ペストの流行、幾度もの宗教戦争、あるいは地中海での海戦等の非常な困難な時代に見舞われ、ぶどう栽培には不向きな時期が続いた。これらの世紀の後、フランス革命とナポレオン帝政の時代が続き、ぶどう栽培は日の目を見ることが出来なかった。この地のぶどう栽培が大きく飛躍するのは、19世紀をまたねばならなかった。しかし、19世紀末にフィロキセラ禍が襲いこの地方のぶどうはほとんど全滅してしまった。再びぶどう樹が植えられるようになったのは20世紀の初めである。以上のような数次にわたるこの地方を襲った災難から立ち上がって、今日のぶどう栽培の発展は、生産されるワインの質の向上を目指しての研究以外には妨げるものがないほどの隆盛を見るにいたっている。

■ 産地の景観

テロワールの多様性、驟雨やしばしば吹きつける激しい風といった気候の気まぐれが、プロヴァンスの景観にも通ずるスタイルと多様性をもたらしている。

大きくプロヴァンス西と北の栽培地全体を覆っている景観の大半は、丘陵と侵蝕によって削り出された石灰岩の壁の繰り返しである。そこには、カシスの入り江、レ・ボー=ド=プロヴァンス、サント=ヴィクトワール山（訳注：p268、D3）、プロヴァンスの栽培地の北限ともなっているサント=ボーム山地（訳注：p268、F8）等の景勝の地がある。これらの伝統的な風景には石灰質の荒れ地、オリーヴの木とぶどう樹がつきものである。東は、地中海に面した結晶質のモール山塊が、マキと呼ばれる茨の多い藪や灌木、コルク樫、栗の木等の林で覆われている。このあたりの景観は上述の北や西の栽培地とは異なり、なだらかな曲線を描く丘や小山が灌木や森に覆われていて、同じ地質的起源のコルシカ西部に似ている。東の海沿い、サン=トロペとカンヌのあいだには、火山岩からなるエステレル山塊（訳注：p266、J13）には、目を見張るような斑岩の塊が連なりに点在している。南東端では、アルプス南部の起伏の激しい山並みが延び、かつてのニース伯爵領の極端に俗化した海岸沿いへと続いている。

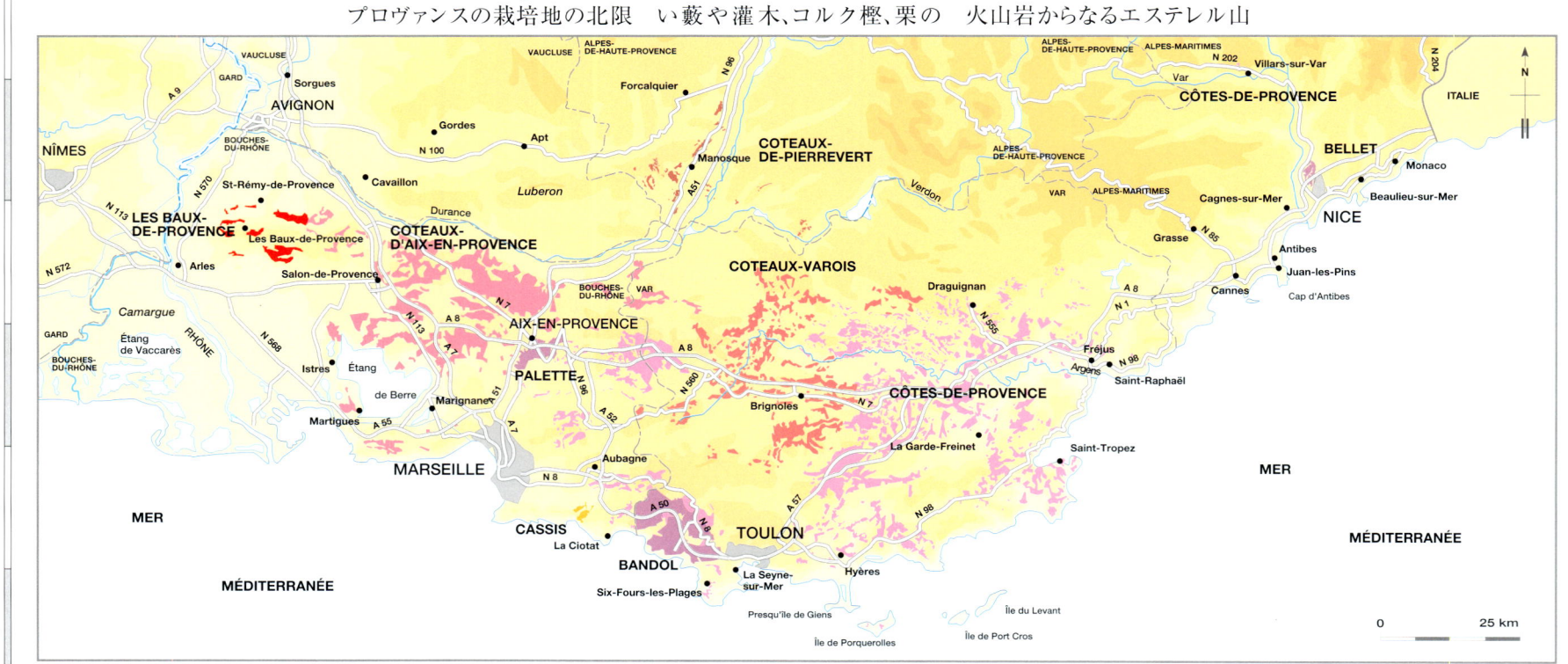

プロヴァンス地方

■ 気候

日照はプロヴァンスの気候の第一に挙げられる特徴である。しかし、強い風や起伏がもたらす微気候等が、過剰になるのを和らげている。

年間の総日照時間が2,700時間から2,900時間になるプロヴァンス地方の気温は年間を通して特に高く、ことに夏期に著しい。

栽培地が広がる丘陵の起伏の多様性が、ときには隣どうしの畑でも非常に異なる微気候を生み出している。

すべての地中海沿岸地域と同様に多量の降雨があるが、特定の時期に限られている。ときに激しく降る雨は、主として、ぶどうの収穫時期の秋と春の開花の頃に集中している。夏は暑く乾燥し、無風の日には地表内部の温度も時々焼け付くほどである。

プロヴァンスには幾つかの種類の風が吹いて、この地方の気候全般を支配している。そのうちもっとも強力なのはミストラルと呼ばれる風である。

ローヌ河の流れを通り道として北西から吹きつける。ミストラルもエステレル山塊に達すると和らぎ、アルプ゠マリティーム県のぶどう畑は難を免れる。アルプスの雪の上で冷やされてくる風のため、冬場は凍てつくように吹きすさぶ。夏のミストラルはある程度の涼しさをもたらし、また乾いた風なので、地中海からの湿気を帯びた風がもたらすぶどうの病気を護る役を果たしている。

■ ワイン

プロヴァンスというアペラシオンは疑いもなく地中海的性格を帯びている。それはテロワール、気候のみならず、プロヴァンスのぶどう生産者たちが長年にわたって身につけてきた風土の技の賜物なのである。

この万人が認める地方的特徴の陰には信じがたいほどの多様性が潜んでいる。各アペラシオンは赤、白、ロゼのワインを生んでいる。赤は、果実味豊かでそそられるコート・ド・プロヴァンス、コトー・デクス、コトー・ヴァロワ、それにコート・ド・ピエルヴェール等のタイプと、バンドール、パレット、ベレ、レ・ボー゠ド゠プロヴァンス、コート・ド・プロヴァンス、コトー・デクスで産する、熟成によりその魅力を開花させるタイプがある。

コート・ド・プロヴァンス、コトー・ヴァロワ、コトー・デクス、バンドールで産する高い名声のあるロゼは、辛口で生き生きとした香り高いワインである。

カシス、バンドール、コート・ド・プロヴァンス、ベレ、パレット等の白は果実味豊かで、たっぷりとしたまろやかなワインである。また樽で醸造されるものもある。

ヴァン・キュイ Vin Cuit 地方色の濃いこの甘口ワインは、伝統的な「クリスマスの大晩餐」で13種のデザートに添えた飲み物として、エクス゠アン゠プロヴァンスの町周辺で代々伝えられてきた。

このまったく規格外ともいえるワインの製法は、ぶどう果汁を銅製の釜に入れて煮詰めることから始め、その際の燃料にはこの地方で多く見られるオリーヴの枝等が用いられる。果汁を沸騰寸前の温度に13、14時間保ち、量が4割くらいになるまで加熱する。その後濃縮したぶどう煮汁を冷まし、樽や容器に入れて2、3カ月間かけて発酵させる。これを1年ほど熟成させ、瓶に詰め翌年のクリスマスに供する。

ワインは長期保存に耐えるものであり、アンズやモモ、オレンジの皮等の香りが順に現れ、さらにマルメロ、ドライ・フルーツへと変化する。かすかに酸化した風味で、アルコール度数は16度に達する。

そのため、通常のワインのカテゴリーあるいは税法上においてもその範疇に入らないため、あまり知られていない。

ぶどう品種

土壌の性質や微気候といった諸要素を考慮して生産者が選び出した、テロワールに適合したぶどう品種は、生み出すワインの品質を決定付けている。

プロヴァンスでは、土地の起伏や気候の種類が、ぶどう品種の選定において多彩な可能性を提供している。この地方の各アペラシオンで認められている品種は12種類以上にのぼり、また単一品種だけからつくられることは稀である。多く見られるぶどう品種はこの地方の種々のアペラシオンでも主品種となっているが、補助品種はそれぞれのアペラシオン毎に異なっている。

赤とロゼにはほとんどの場合グルナッシュ、シラー種が使用され、地域によってはそれにムルヴェードル、サンソー、ティブルン、カベルネ・ソーヴィニヨン、カリニャン種等が用いられる。さらに数は少ないが、カステート、フォル・ノワール種等も見られる。

白では、ユニ・ブラン種が、首位の座を次第にロール種——地中海沿岸原産の品種で別名ヴェルメンティーノ——に譲りつつある。補助品種としてはクレレット、マルサンヌ、およびセミヨン種が様々な割合で用いられている。

黒ぶどう品種

シラー Syrah この小さな青みがかった輝きをもつ黒ぶどうは、しっかりした酒躯の色濃いワインを生み、つくられてすぐはタンニン分が多いため厳しい風味だが、長期熟成が可能な上質のタイプである。若いときには黒スグリ、年とともにタバコや果物のコンフィの香りを備える。

グルナッシュ Grenache スペイン原産のこの品種は、何世紀も前からプロヴァンス地方のワインのベースで、アルコール度は高く強いボディの、まろやかで香しいものとなる。若いうちは赤系の果実の香りを纏い、熟成が進むにつれて、熱く香辛料の風味に変化をしていくワインは、力強さと粘性を備えたものである。

サンソー Cinsault 果実の美しさと味のよさから、プロヴァンス地方の原産になるこの品種は食卓にのぼる生食用としても栽培されてきた。暑さにも強く、良質のワインになることができる。ことにヴィンテージに恵まれたときにそうである。長いあいだプロヴァンスではサンソー種をロゼワイン用に用いてきたが、グルナッシュやシラー種等と合わせると、出来上がるワインの味を和らげる性質を備えている。

ティブルン Tibouren プロヴァンス原産のティブルン種は、ロゼワインのぶどう品種である。モモ等の果肉の白い果実の香りと風味を付与し、上質で繊細なワインを生み出す。その香り高く、フィネスと豊かさを備えたワインとなる特質は、他のこの地方の品種ともよい相性を見せる。

ムルヴェードル Mourvédre 南国原産の実の小さくつんだ房のぶどうは、暑い石灰質のテロワールを好む。しっかりした骨組みで繊細なタンニンの、くっきりした輪郭のワインで、若いうちはスミレとキイチゴのアロマが香る。長期熟成に適しており、年とともに柔らかさとエレガントさを感じさせる味わいとなり、タバコや香辛料、シナモンの風味を備えるようになる。

カリニャン Carignan 痩せたテロワールに適し、以前は南の産地では広く見られたぶどうであるが、今日ではずいぶんと減ってきている。あまり評判のよくないカリニャン種だが、丘陵地で栽培し、収量を切り詰めると、骨格がしっかりして色の濃い、強いボディの質のよいワインとなる。単独で用いられることはないが、他品種とアサンブラージュする際のベースとなる。

カベルネ・ソーヴィニヨン Cabernet Sauvignon この地ではあまり見られないが、ボルドーで広く用いられているこの素晴らしい品種は、豊富なタンニンとしっかりした骨格、力強いボディのエレガントなワインで、長期間の熟成に向く。その特徴的なグリーン・ペパーと黒スグリの風味が、伝統的なプロヴァンスのワインとはっきり区別している。

その他の品種 多くのぶどう品種が認められていて、プロヴァンスの種々のアペラシオンで用いられる。クノワーズ Counoise 種がコトー・デクスとボーで、カリトール Calitor 別名ペクワトゥア Pecouitouar 種がバンドールのロゼワインに、ブラケ Braquet 種、それにフォル・ノワール Folle Noire 別名フエラ Fuella 種はベレの赤とロゼに、といった具合である。

白ぶどう品種

ロール Rolle 別名ヴェルメンティーノ種。お隣、イタリア北部のリグーリア原産の品種で、昔からプロヴァンス、特にニース周辺で栽培されていて、丈夫で味のよいぶどうである。また年々、栽培面積も増している。ワインは柑橘類と洋梨の風味を纏い、十分なフィネスに粘性が合わさる、バランスのとれた心地よいものである。

ユニ・ブラン Ugni Blanc イタリアはトスカーナ地方の原産になり、たくましい品種で、実は丸く果汁の豊富な房をつける。透明感に優れ、フルーティーな白が出来上がるが、収量の抑制や最新の醸造技術の導入等によって、今まで以上に繊細さに富んだワインが得られるようになった。

クレレット Clairette プロヴァンスでは非常に古くから栽培されている株種で、痩せた土地に適している。収量は少なく、その楕円形の実は、果肉の白い果物の芳香を纏ったワインを生み出す。

セミヨン Sémillon 丈夫で収量の多い品種であるが腐敗しやすい。このボルドーの品種は、白い花と蜂蜜の豊かな香りを纏い、まろやかで粘性のあるワインに仕上がる。

その他の品種 バンドールではブルブラン Bourboulenc 種が、ベレではルサンヌ Roussanne、マヨルカン Mayorquin、ピニュロール Pignerol の各品種が見られ、その他ピノ・グリ Pinot Gris 種等がわずかに散在している。

プロヴァンス地方

■ 地質と土壌

プロヴァンスの独特で複雑な地質の詳細は、4つの時代に分けて記述することが出来る。

古生代 この時代に非常に大きな山塊がヘルシニア造山運動によって形成された。結晶質岩石の山々は侵蝕作用により徐々に削られ運ばれた。削られた物質は、北でヴァール県の石灰岩の山地、南はモール山塊、東はエステレル山塊、そして南西のイエール市（訳注：p264、G16）付近の海に囲まれた窪地に、ペルム紀の礫岩、砂岩、および赤色や緑色の頁岩で特徴付けられた地層となって堆積した。この時代の地層でその後の変化を受けた後、残っているのがモールおよびタンヌロン（エステレル）山塊である。この非常に長い地質時代を経た後、火山活動が起こり、現在のエステレル山塊に見られる赤色に富んだ鮮やかな岩石（訳注：流紋岩）を形成した。

中生代 削られたヘルシニア山塊には海が入ってきて水に覆われた。三畳紀、ジュラ紀、白亜紀の非常に厚い堆積物はこの海に積もったものである。現在この地方に見られる三畳紀の堆積物は、礫岩、砂岩、苦灰質石灰岩、および泥灰岩である。ジュラ紀では、サンゴ礁が石灰岩化した礁性石灰岩、苦灰質石灰岩、泥灰岩を主としている。白亜紀の堆積物は、地中海沿岸のネルト（訳注：マルセイユ市のすぐ北西）、マルセイエヴェール（訳注：マルセイユ市の南の海沿い）、サント＝ボーム（訳注：バンドールの栽培地の北部）、ファロン（訳注：トゥーロン市のすぐ北）の石灰岩からなる各山々を形成している。白亜紀の終わりに海退が起こり、アルプス地帯が水面に姿を現した。エクス＝アン＝プロヴァンスの地に見られるような広い窪地に赤色粘土や湖成石灰岩が堆積した。重要な褶曲の働きが今日の地形構造の下書きとなっている。

第三紀 始新世には、ピレネー山脈の形成という大きな運動の影響を受け、プロヴァンスの石灰岩地帯における東西方向の起伏が形成された。この地方を覆っていた堆積層が基盤からはがれて、三畳紀の地層はアルプス前山の南縁の上にのし上げられた。斬新世には前の時代起伏が侵蝕され、その砕屑物である礫岩、砂岩、泥灰岩が褶曲構造でできた連なりのすそ野に堆積している。中新世になるとアルプスの上昇運動は益々激しくなり、中新世の海はプロヴァンスの南西部に限定されたが、一部は高地を避けて進入した。

第四紀 この時代は重要な氷河で特徴付けられる。起伏の形成が今日と同様、比較的安定していた間氷期（訳注：2つの氷期のあいだの暖かい時代）が時々あった。アルプスの氷河活動が、デュランス氷河ではシステロン（訳注：マルセイユ市の北東、約150キロメートル）の村、ヴェルドン氷河についてはコルマール（システロンの村の東、約50キロメートル）の集落で止まったと見るならば、プロヴァンス地方は氷河周縁の活動にともなうと考えられる種々の現象に見舞われている。この地方の起伏は主として海成ないし湖成石灰岩で形成されており、その他にわずかながらモールやタンヌロンの山地にあるような古生代基盤の変成岩、およびエステレル山塊での稀な噴出岩が見られる。またエステレル山塊での火山活動以降も、ブーシュ＝デュ＝ローヌ県のローニュ（訳注：p274、G12）の集落にあるボーリューの「小さな火山」や、トゥーロン市の北のエヴェノス（訳注：p268、H12）の村周辺で見られるような後期火山活動の堆積物もある。谷や盆地は堆積物と崩落物からなっている。今日の堆積平野の上には、第四紀のいくつかの時代にできた堆積台地が連なり、プロヴァンス地方の景観を特徴付けている。

このように複雑な地質形成の過程で岩石の形成、変形、起伏や谷の侵蝕に、続いて土壌形成が起こっている。土壌はその土地の基盤岩類の変質物、あるいは砂、礫、粘土等の堆積からなる種々の厚さの被覆物である。物理的、化学的また生物学的な要因によって、土壌はその厚さ、肥沃度を増し、酸性化する。そして人間が土壌の能力を保ち、また逆に破壊をおこないもする。

ぶどう樹は土壌なしに地質基盤上で健全に成育することはできない。そうではあるが、強いぶどうの根は岩石のなかに侵入していくことができる。基盤と土壌の相互作用はぶどう生産者が知らなければならない基本的なことがらである。基盤岩石の多様性から土壌形成の歴史、土地の起伏は複雑になり、加えて人間の営みの影響がこれに加わり、さらに複雑さを増す。

土壌分布図は母岩、土壌、歴史、それと人間の土地へのかかわりの関係を示そうとするものである。

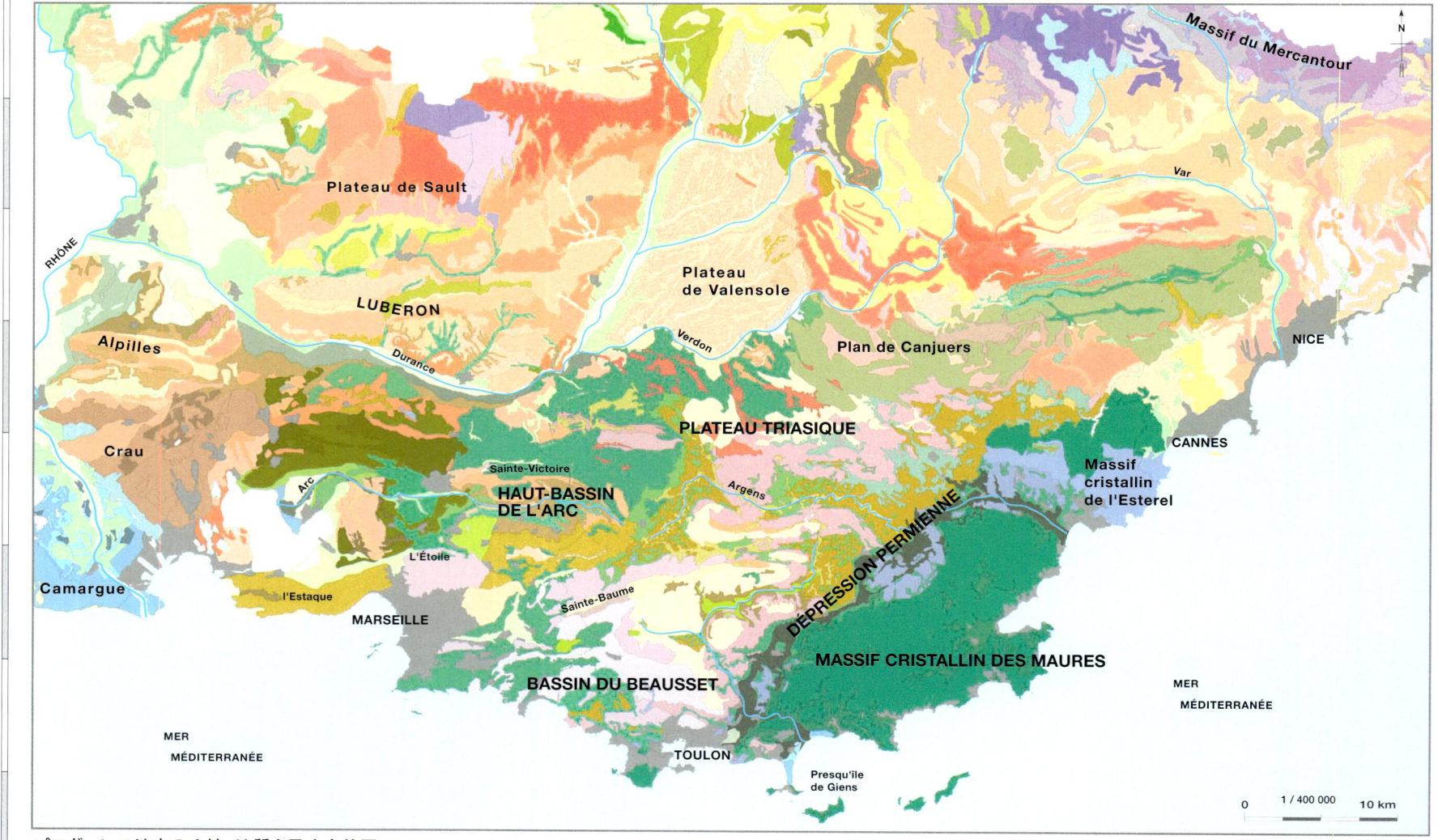

プロヴァンス地方の土壌、地質を示す全体図

Côtes de Provence
コート・ド・プロヴァンス

エクス=アン=プロヴァンス市（訳注：p268、A3）からフレジュス市（訳注：p269、w6）のあいだに広がるこのアペラシオンは、プロヴァンス地方におけるワイン全体の4分の3を占めている。コート・ド・プロヴァンスではそのテロワールの多様性に応じて、ロゼ、赤、白の各ワインがそれぞれの特徴を発揮してつくられている。

■ 気候

これほど広い栽培地では局所気候の概念が非常に重要になってくる。

栽培地全域の平均気温は摂氏11度から14度である。雨量は地域毎の変化が少なく、平均の総雨量は600ミリメートルから800ミリメートルで、200ミリメートルほどの地域差があるに過ぎない。秋から春にかけての降雨日数は60日から80日に及んでいる。また北西地域では、ミストラルと呼ばれる、夏暑く冬は冷たい風に大きく支配されている。この風が多くの害虫をぶどう樹から遠ざけている。サント=ヴィクトワール山（訳注：p268、D3）に強く吹き付けた後、西から東にその勢いを増しながら吹きすさぶが、エステレル山塊（訳注：p269、W6、サン=ラファエル市の北に連なる山々）の支脈を越えると勢いを弱める。

■ ぶどう品種とワイン

コート・ド・プロヴァンスのアペラシオンはロゼの生産で有名であるが、多様なタイプの赤と白ワインも産出している。

ロゼと赤は主にグルナッシュとシラー種、2種類のぶどうからつくられる。他にムルヴェードル、カリニャン、カベルネ・ソーヴィニヨン、またサンソー、ティブルン種も用いられている。この地のぶどうである最後の2品種はワインにフィネスを付与するため重宝されている。ロール種は白ワインのベースとなるぶどうで、ユニ・ブランとクレレット種がこれを補っている。ロゼはアペラシオンの4分の3を占めているが、つくりの点ではデリケートさを要求するワインである。多くの生産者たちは、赤、白、ロゼのうちもっとも容易につくることができるのはロゼだが、また、うまくつくることがもっとも難しいのもロゼであることに異論はないといっている。

栽培地が広くテロワールも数多いので、ワインは軽く愉しみやすいものから飲み応えのあるものまで種々のタイプが見られる。この多様性は白ワインにも、そして赤、ロゼワインについてもいえることである。

統計
栽培面積：19,330ヘクタール
年間生産量：855,000ヘクトリットル

■ 主要な栽培地

栽培地は、土壌、地形、気候条件の多様性に応じて6つの区域に分けられる。

栽培地は西から東に向かって、

- 粘土石灰質の土壌上の栽培地で、気候条件がそれぞれ異なる3つの区域、サント=ヴィクトワール山、ボーセ盆地（訳注：p268、G11のボーセの村の西に広がる）、それに北部（Haut-Pays）である。
- 地中海に沿った、通称「海岸沿い Bordure Maritime」の、結晶質岩石が分布しているモール山塊周辺の地。
- 内陸の谷と呼ばれている侵蝕された地で、イエール（訳注：p268、L13）市の北の石灰岩と結晶質岩の基盤上にある三日月状の大きな谷。
- フレジュス市の北で、エステレル山塊の火山岩により特徴付けられている区域。

の6区域に分けられる。

サント=ヴィクトワール山 エクス=アン=プロヴァンス市の東、サント=ヴィクトワール山のふもとに広がるぶどう畑は、わずかに大陸性気候の影響を受けているが、海洋性のそれが気候の厳しさを和らげている。オーレリアン山（訳注：p268、F7のナン=レ=パンの村から北に数キロメートルにある山地）とサント=ボーム山地（訳注：p268、F8）が送り込む海からの気団によってアルク川（訳注：p268、D4のルーセの村の南からエクス=アン=プロヴァンス市へ流れている）の谷の上流域の気候は緩和されている。サント=ヴィクトワール山の岩山はこの微気候を支持し、多少なりともぶどう樹がさらされるミストラルの影響を和らげている。この地はアペラシオン全体の1割の生産量を受け持っている。石灰岩と粘土質砂岩に由来する礫の多い土壌は良質なぶどう畑を支え、個性を発揮したワインが生産されている。これは特に赤ワインに顕著である。

ボーセ盆地 この石灰質の土壌に広がるコート・ド・プロヴァンスのぶどう畑はバンドルのアペラシオンと接しており、多くの生産者はこれら2つのアペラシオンのワインを生産している。バンドルに隣接したいくつかの村に広がる栽培地は地中海気候の影響を強くうけている。西及び北からの冷たい風は、大きな円形劇場型をした石灰岩の丘陵と崖によりさえぎられ、畑は保護されている。白い石灰岩が熱をたしている。畑はテラス状——レスタンク Restanques と呼ばれる——に開墾されバンドルの代表的な赤ワイン用の品種であるムルヴェードル種が丘を広く覆っている。

北部 国道7号線の北側、ブリニョール（訳注：p268、K7）とル・ミュイ（訳注：p269、T5）の町のあいだの石灰岩の丘陵と谷間が広がる一帯に、酸化鉄に富む土壌のためしばしば濃赤色を呈しているところがある。粘土石灰質の土壌に灌木の林と共存しているぶどうとオリーヴの木々は、古くからの内陸プロヴァンスの農業の基本形態となっている。土地の標高とアルプスに近いという点が地中海性気候の色合いを薄めている。冬は比較的厳しいものの、昼間は夏を想わせるくらいまで気温が上がり、風もなくおだやかである。春と夏には雹をともなう夕立が思い掛けず襲うこともあって、ぶどうに大きな被害を及ぼす。アペラシオン全体のほぼ4分の1を生産するこの地域は、プロヴァンス地方の古くからの景観に満ちている。連なりの中腹に点在する村々、小さな教会、石垣が組まれたテラス等の心のなかにしまって置きたい懐かしいプロヴァンスの風景である。この地で産する赤は骨格のしっかりしたしまったタイプで、それにふくよかで果実味とフィネスに富んだロゼと白がある。

モール山塊の海岸沿い 非常に古い時代の結晶片岩と花崗岩からなるモール山塊は古生代基盤の名残である。イエールからサン=トロペを通ってフレジュスのはずれに達する連続した丘陵は、森と、マキと呼ばれる茨の灌木林に覆われている。結晶質岩石の基盤上に広がるぶどう畑は、地中海性気候の影響をもろにうけている。この区域のなかには、ポルケロール島（訳注：p269、N16）や、イエール市の沖合の島等、陸地以外の畑もある。内陸部の栽培地に植えられているぶどう樹は、栗とコルク樫と共存している。

内陸の谷 モール結晶質山塊と石灰岩の丘陵との接合部、イエール市の外れから中世の村レザルクス（訳注：p269、R5）のあいだにかけて、侵蝕作用が三日月型の谷を削った。土壌は一部が結晶質岩石に由来し、他方は石灰岩に由来している。この谷を覆うぶどう畑は、北部に広がる栽培地同様、コート・ド・プロヴァンスのアペラシオン全体のほぼ半分を産している。これらの畑には重要な生産地であるキュエール（訳注：p268、K10）、ピエルフー=デュ=ヴァール（訳注：p269、M10）、ピュジェ=ヴィル（訳注：p268、L9）、ル・カネ・デ・モール（訳注：p269、P7）、ヴィドーバン（訳注：p269、Q5）、レザルクス等の村々が含まれている。ぶどう生産者の意識は高く、この地域の経済を担っている。

フレジュスのテロワール モール山塊とエステレル山塊のあいだ、アルジャン川（訳注：p269、V6）の河口にローマ人は戦闘用の城——フォラム・ジュリ（Forum Julii）——を築き、これが後のフレジュス市のもととなっている。

非常に弱まったミストラルからも保護され、また地中海性気候の影響もあり、この地の気候は極めておだやかである。結晶質山塊の砦に囲まれ海洋の影響を広く取り入れているぶどう畑が、この地の特徴のひとつともなっている古い時代の火山活動の跡を残している土地の上に広がっている。

プロヴァンス地方 ◆ コート・ド・プロヴァンス ◆ コトー・ヴァロワ

凡例:
- コトー・ヴァロワ
- コート・ド・プロヴァンス
- アペラシオンの村々 **CORRENS**

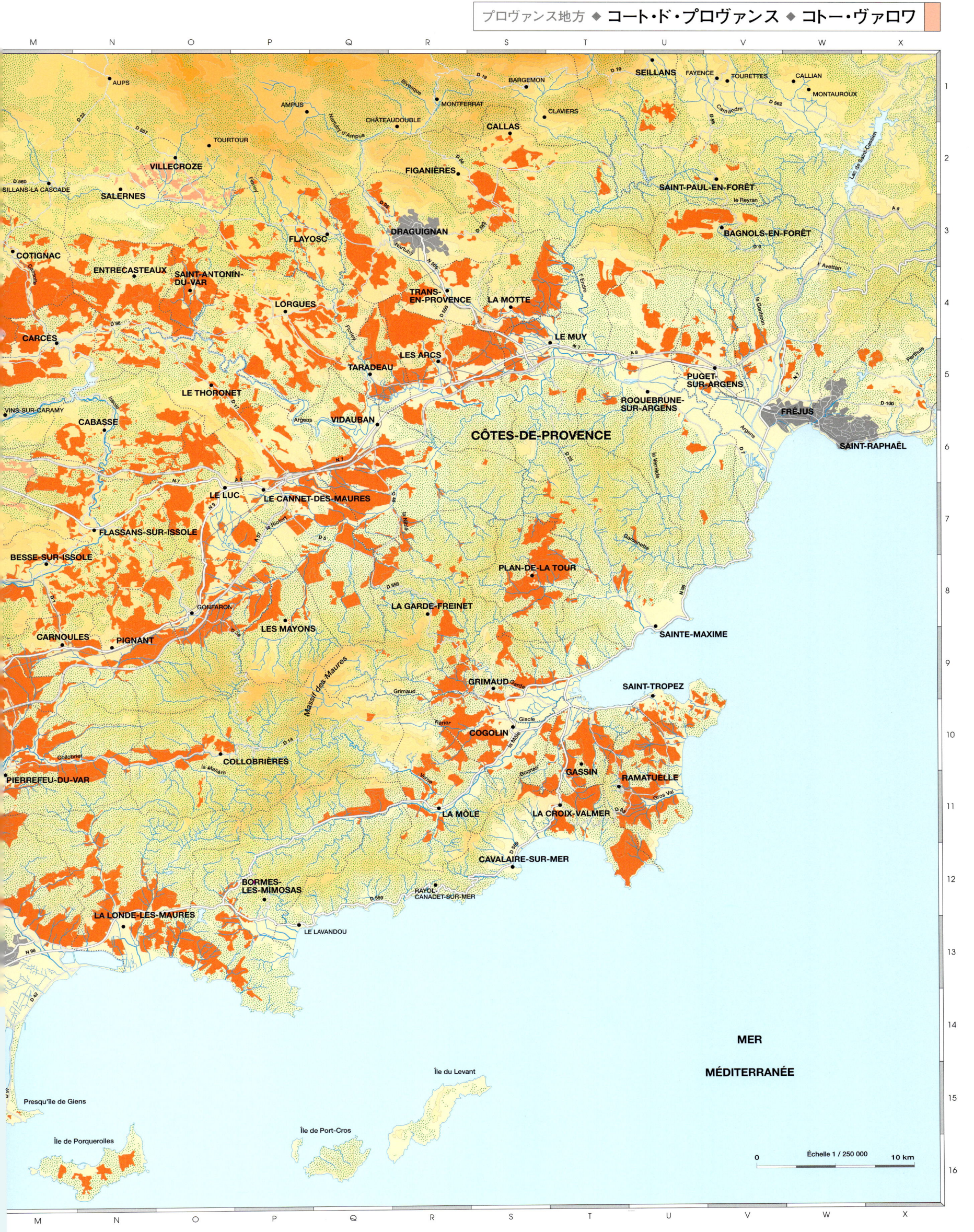

プロヴァンス地方 ◆ コート・ド・プロヴァンス ◆ コトー・ヴァロワ

プロヴァンス地方 ◆ バンドール

Bandol
バンドール

　歴史的なバンドールの栽培地はヴァール県の8つの村々にまたがって、長期熟成型の名高い赤と、同様に素晴らしいロゼと白を産する。この地では、優れたワインを生み出すための条件、すなわち、地質と土壌、南向きの斜面、そして強い日差しを和らげてくれるこの地方では必要不可欠な海からの風、などがすべて揃っている。

■ 産地の景観

南に面したこの栽培地は、400メートルほどに達する大きな円形劇場型に連なる丘陵からなる。

　北は1,147メートルに達するサント゠ボーム山塊（訳注：p268、F8）、北東には801メートルのコーム（訳注：トゥーロン市の北、数キロメートルに位置する）の山々に囲まれ、バンドールの栽培地はいくつもの段丘の斜面に連なり、海岸まで下ってきている。石垣が段丘を水平に隈取りテラス状となっていて、この地の典型的な景観を呈している。ローマ人たちは、ぶどう栽培の邪魔となっていた土壌中の石灰岩の塊を用いてこの石垣──レスタンク Restanques と呼ばれる──を最初につくりあげた。石垣は急斜面上での耕作を容易にし、薄い表土を維持し侵蝕を防いでいる。

■ 気候

バンドールは、質の高いぶどう栽培に申し分のない気候に恵まれている。

　バンドールは年間3,000時間に達するプロヴァンスで最高の日照量を得ている。ミストラルの影響もあるにはあるが、バンドールに達するまでには弱まっていて、その弊害というより、畑を乾燥した状態に保ちぶどうの健康にとっては益をなしている。

　地中海より吹き付ける東から南東の風は、ぶどう樹に必要にして十分な雨をもたらしている。その雨は秋から冬にかけてほぼ均等に降り、雨量は平均で650ミリメートル前後である。夏は常に海風が強烈な暑さを和らげ、ぶどうがゆっくりとよい条件下で熟する状況をつくり出している。

■ 地質と土壌

バンドールは、他の栽培地に見られる「石灰岩地帯」と同様な土壌の地である。

　バンドールの畑はほとんどが上部白亜紀──サントン階、コニャック階、ヴァルドン階──の珪質石灰岩の上に位置している。カナドー（訳注：Canadeau、左図、F13、ル・プラン・デュ・カステレの村のすぐ東）およびテレグラフ（訳注：Télégraphe、左図、E9）のほんの一部の区画は離れ小島状の分布を見せている三畳紀層の岩石上と、第三紀漸新世のサンノワ階の石灰質の崩落土壌上にある。これらの崩落物はサナリー゠シュル゠メール（訳注：左図、G16）、バンドール、サン゠シール゠シュル゠メール（訳注：左図、D12）の村々のジュラ紀およびジュラ紀前期ライアス統の地層に由来している。

　サントン階、コニャック階、ヴァルドン階の地層は、大きな一枚板状に露出している石灰質砂岩と厚歯二枚貝化石を含む石灰岩の挟みをもった泥灰岩との互層からなっている。これらの地層はラ・カディエール・ダジュール（訳注：左図、E12）の集落からシャトー・ヴィヴューを通ってル・カステレ（訳注：左図、F11）の村にいたる岩盤となって露出している。カステレの村のラ・ルヴィエールの区画、カナドー、テレグラフの村々の一部は、母岩が他の地に較べ粘土質で、ヴァルドン階の泥灰岩からなっている。

　三畳紀の基盤層上の土壌は、灰白色石灰岩、残留苦灰岩、赤色粘土の上に発達している。カナドー、テレグラフ、グ

統計
栽培面積：**1,770**ヘクタール
年間生産量：**45,000**ヘクトリットル

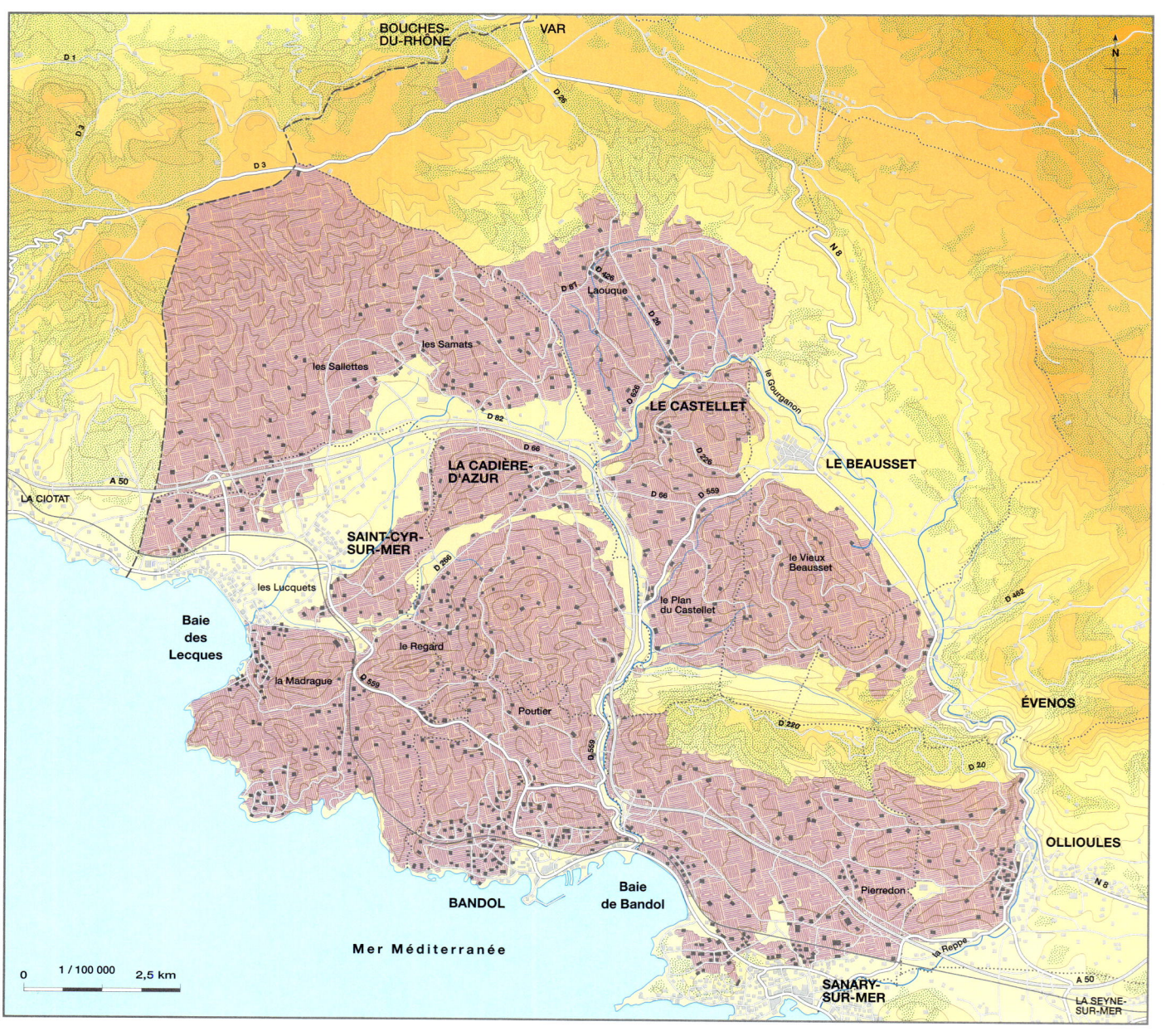

プロヴァンス地方 ◆ バンドール

🍇 ぶどう品種

ムルヴェードル種のぶどうはバンドールの地に最高のテロワールを見い出している。これほどすべての性質が優れた土地は他では見られない。

バンドールの地に最良の環境を見い出したムルヴェードル種は、そこで素晴らしい特質を発揮している。気まぐれなこのぶどう品種は大量の日照量を必要としている反面、出来上がる赤ワインに繊細さと気品を備えさせるために、穏やかな気候も必要としている。したがって、地中海からの涼しい風が重要となり、またこのテロワールを理解する上で欠かすことが出来ない。その効果は、涼しい海風からさえぎられているような他の栽培地におけるムルヴェードル種が生み出すワインが重くキレの悪いものになってしまうことからも理解できる。バンドールではぶどうはゆっくり熟し、例外的な酒質の赤をこのテロワールから生み出している。

以上の事がらをよく理解している生産者たちは、その酒質を保持するため厳しい規制をも課していて、他の栽培地で見られるようなそれよりも厳しい。具体的には、ヘクタールあたり5,000本以上という栽植密度と、ヘクタールあたり40ヘクトリットル以下という収量を保ち、ヴァンダンジュ・ヴェールト——これはぶどう果が色付き始める前の初夏の頃に一部の房を落とし、残りの房の凝縮度を高めるためにおこなう——の励行等である。他にも、バンドールのアペラシオンを名乗るワインに用いるぶどうの樹齢は、植付け後8年を経過したものでなければならないというような規制もある。

赤に限っては全体の50パーセント以上ムルヴェードル種を用いることが義務付けられていて、残りの大半をグルナッシュとサンソー種の2品種によって補うことができる。これらのぶどうはムルヴェードル種とともに、アペラシオンの主要品種として認められている。シラーとカリニャン種は赤とロゼワインの、いわば第二の補助品種であるが、最近これらの割合は10パーセント以下に定められた。ティブルンとカリトール——別名ペクワトゥア——種は、赤ワインに用いることは許されず、ロゼにのみ使用できる。

ユニ・ブラン、クレレット、ブルブラン種はバンドールの白ワインになる。この際の補助品種はソーヴィニヨン・ブラン種である。

🍷 ワイン

バンドールの赤ワインはその酒質と独自性から、フランスの最高級ワインのひとつに掲げられることへの異論の余地はない。

バンドールの赤ワインは若いうちは力強く、どっしりしているが素晴らしいフィネスは表に出てきていないが、何年か熟成させるとフィネス、エレガントさが発揮され独特なものとなる。地中海沿岸の灌木やコショウの風味に杉、タバコ、カンゾウのアロマも備わり、口当たりは絹のようで、アフターに繊細なタンニンを感じさせる。そして非常に長く熟成させることのできるワインである。

バンドールのワインの半分が赤であり、暖かみと繊細さのあるロゼがこれに次ぐが、用いるムルヴェードル種の割合は少なくなっている。白はずっと少なく全体の1割に過ぎないが、よい酒質のワインで、たっぷりとしてコクがあり数年の熟成に耐える。

ラン・ヴァラの丘の両側およびテレグラフからマドラグ岬(訳注:左図、C13)まで続く南西丘陵の両側によく見られる。

崩落土壌の礫はジュラ紀のバス階の泥灰岩と苦灰質石灰岩起源のものである。

サナリー=シュル=メールとバンドールの区域ではぶどうが、第三紀サンノワ階の湖成石灰岩の薄層とライアス統——ヘッタンジュ亜階——の黄色苦灰質石灰岩の中に根を張っている。

砂質泥灰岩と石灰質砂岩の互層はぶどう栽培の上から見て、非常に興味深いものがある。バンドールの栽培地における土壌の主要母岩は、次に述べる2つのタイプの土壌に変化する可能性を備えている。

第1のタイプは、泥灰岩の上を覆う白みがかった骸骨状の石灰質土壌で、バンドールで最上のものである。

第2は、森の下土——砂岩上に発達する地中海沿岸の赤色残留土壌——に見られ、希にアレンの谷(訳注:p270、F13のル・プラン・デュ・カステレの村の南東)に見られるものである。古いコンモニの森のあまり急でない斜面の木々が伐採されて以来、砂岩質母岩上に多くの礫に混ざって残っているのが見られる。サン=シール=シュル=メールとラ・カディエール・ダジュールの村々のあいだにあるヴェルドレーズ Vardelaise、ガルグルー Guargueloup、プラドー Pradeaux の各区画はこの赤い土壌の上ある。普通この赤色土は窪地に流され堆積溜まりの厚い層になっている。急傾斜の斜面には、水の流れによって細かい粒子は流され、骸骨状となった白い土壌だけが残っている。第四紀の寒く乾燥していた時代に、砕けやすい石灰質砂岩と砂質泥灰岩が風による侵食作用で部分的に厚い黄土を生み出した。

上部白亜紀層の残留土を含む石灰岩は、ウルゴン階あるいはジュラ紀の硬質石灰岩に似た経過をたどって変化している。すなわち脱石灰化、鉄分が多くなる——石灰分が流され、残った部分の鉄分が相対的に増加する——という過程である。しかしこの地では石灰層の厚さがそれほどではないので、石灰分の流失によってカルスト地形が形成されるほどではない。石灰岩の急な斜面の下部には、その崩落物によってレンジナ土に似た土壌が形成されている。非常に乾燥しているので、このレンジナ土は丘の上部にも落下することなく留まっている。以前はこの土壌も耕作されていたが、早い段階で放棄されてしまった。同様にライアス統の泥灰質石灰岩はレンジナ土を生んでいる——マレン区域(訳注:p270、プティエの村の北)——。

ヴァルドン階の泥灰岩が露出しているいくつかの栽培地、なかでもテレグラフ周辺には特に上と同様な骸骨状の土壌が生じていて、より硬い。最初期の脱灰作用が始まったばかりで、厚さ1メートルほどの新生石灰岩を生じている。

バンドールとサナリー=シュル=メール区域では、ぶどう畑はジュラ紀——バス階——及びライアス統の石灰岩の基盤上に存在している。この岩石もレンジナ土を形成し、塩化物を含んでいる。この母岩が硬いと、地中海沿岸でよく見られる赤みを帯びた基盤上の赤色土となる。この優れた土壌は基盤層の複雑な構造を受け継いでいるものである。

バンドールの栽培地は、ボーセの村(訳注:p270、H12)の向斜上に、3,000万年前南から他の土地が衝上したものである。この南側の非常に複雑な露出をともなった基盤と、北の整然とした単斜構造を示す露出した構造は侵食によって分かたれ、その地質と土壌はより複雑となっている。

バンドールの栽培地の鳥瞰図

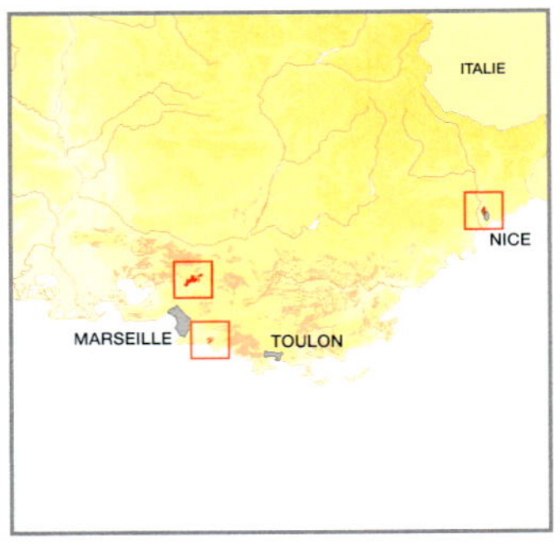

プロヴァンス地方 ◆ パレット ◆ カシス ◆ ベレ

Palette, Cassis et Bellet
パレット、カシスとベレ

この3つの栽培地はバンドールとともにプロヴァンスの村名アペラシオンを構成していて、いずれも熟成のきく赤、白、ロゼを産する。それぞれのワインの性格は異なり、パレットでは力強く上質で洗練された赤を、カシスでは豊かで長期熟成の力を秘めた白、そして繊細でエレガントなベレの赤、といった具合である。

パレット Palette

畑はメルイユ（訳注：下図、E15）とトロネ（下図、F13）の村々、それにエクス=アン=プロヴァンス市の一部に広がってる。

■ 自然要因

畑はランジェス（訳注：トロネの南にある丘）、グラン=カブリとサングル山（訳注：下図、G14のボーレキュイユの村の東にある山）に護られ、岩山や急な丘陵からなる天然の円形劇場風の景観を呈している。

栽培地は南西から北東に延びた楕円形をしている。その全体は広い円形劇場のかたちを見せ、山に囲まれ北風から護られ、モンテーゲ（訳注：メルイユの西にある丘）とランジェスの丘の台地に延びている。サント=ヴィクトール山の偉容と、その南に広がる森がこの天然の円形劇場を囲み、そこを東から西にアルク川が横切り、エクス=アン=プロヴァンス市周辺に堆積物の岸辺をもたらしているという、素晴らしい景観を呈している。そしてこの栽培地の微気候はぶどうの成熟にとって十全な環境となっている。

山々によって北風から護られていることに加え、アルク川のお陰で、ぶどうにとってよい影響をもたらすベール湖から来る海の微風をうけている。

森、連なりの起伏、それにアルク川が栽培地の大きな温度調節の役割を果たしている。このような状況から、パレットでの収穫は、通常、プロヴァンス地方の他の栽培地に較べ遅くなっている。北向き、及び北西向きの斜面が多いためぶどう樹は強すぎる日差しを避けることができ、加えて石灰礫を含む土壌、微気候等の諸条件が、独特で上質なワインの生産にとって決定的な要素となっている。以上の条件が、恐らくパレット独特のフィネスの説明となっているのだろう。

この地の丘陵の畑は、ランジェス石灰岩と呼ばれる第三紀の岩石に由来する礫を含む土壌からなっている。

ぶどう品種

アペラシオンは多くの品種の使用を認めている。なかにはこの地独特のぶどうが多くある。

赤とロゼワインは、80パーセント（訳注：INAOでは50パーセント）が、グルナッシュ、ムルヴェードル種、そしてアルルの植物と呼ばれているサンソー種からつくられている。これらに約10種類の補助品種が用いられる。そのうちで、シラー、カリニャン種の他、あまり知られていないカステCastet、マノスカンManosquenとも呼ばれているテウリエ téoulier、デュリフ Durif 種、時々見られるブラン・フルカ Brun Fourcat、テレ・グリ Terret Gris、プティ・ノワール Petit Noir、ミュスカ・ノワール Muscats Noirs 種も使われている。

白ワインは、地方色が強く出たかたちで栽培されているクレレットを主にして、ブルブラン、ユニ・ブラン、グルナッシュ・ブラン、ミュスカ・ブラン、テレ・ブレ Terret Bourret、ピクプル Piquepoul、パスカル Pascal、アラニャン Aragnan、コロンバール Colombard 種等が補助品種として用いられている。このアペラシオンを代表するぶどう園、シャトー・シモーヌで栽培されているフルミント Furmint というぶどう品種は、フランスではここだけでのもので、ハンガリーのトカイ種であることを記しておこう。ただし白ワインを仕上げる過程で少量ブレンドされるだけなので、品種自体の質的な力を推し量るのは難しい。また、公式に認められているすべての白ワイン用の品種は、15パーセントを超えない範囲で赤及びロゼに使用してもよいことになっている。この地に植えられているぶどう樹には非常に古いものがあり、なかには樹齢100年以上になるものもある。

統計
栽培面積：40ヘクタール
年間生産量：1,230ヘクトリットル

■ ワイン

生み出されるワインは赤、白、ロゼともに信頼のおけるものである。陽光に恵まれた所謂南国のワインとしては典型的なものではないが、非常に高い酒質で十分な熟成能力を備えている。

パレットでは赤が45パーセントを占めるが、太陽の恵みを十分にうけたこの地方の典型的なワインが備える特徴は見られない。所謂暑い産地のワインにもかかわらず、ブラインド・テイスティングをおこなうとより北の栽培地のものと勘違いしてしまうことがままある。しっかりした構成で充実したボディのワインは、類稀なるフィネスと素晴らしい優美さを備えている。若いうちはタンニンを感じさせ閉じているが、熟成が進むにつれ完璧な液体となり、非常に高く評価されるものとなる。この状態に達すると、タバコと皮の風味を見事なエレガントさとともに纏う。

35パーセントを占める白ワインは、見事なバランスと口中に長く残る風味、粘性も十分で素晴らしいフィネスがある。若いうちから心地よい口当たりであるが、熟成とともに複雑な風味が増してくる。

フルーティーで繊細、上品なロゼは白ワインと同じような特徴をもち熟成も可能。

パレットの半分強はシャトー・シモーヌで生産され、現在の所有者の父はこの並外れたぶどう園の立役者として有名。

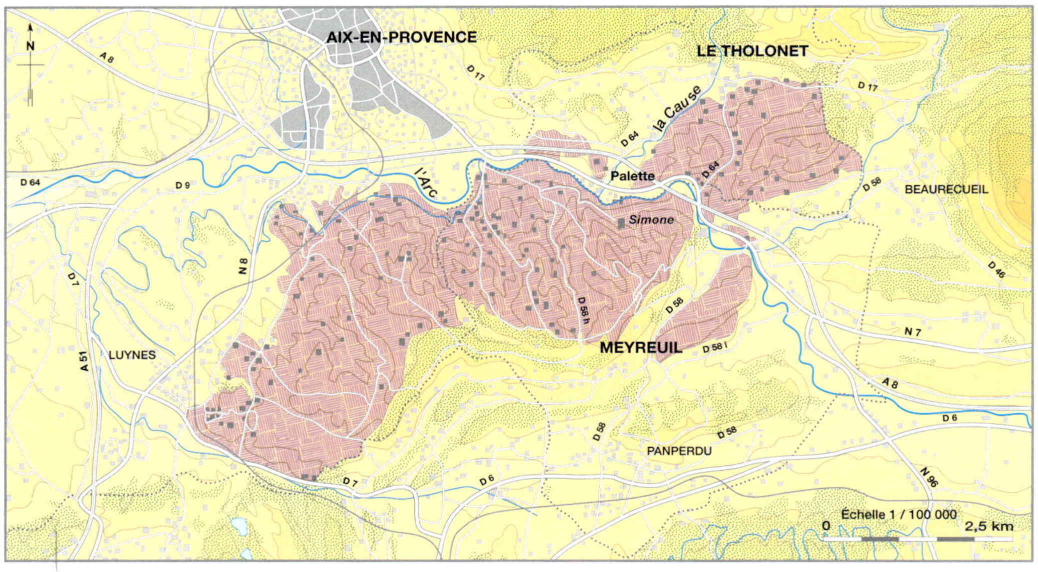

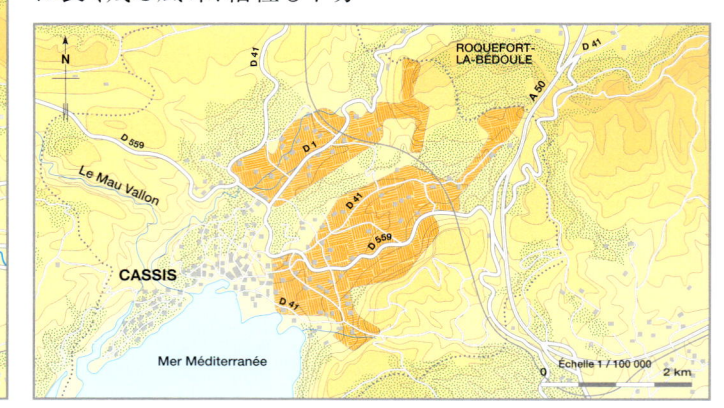

プロヴァンス地方 ◆ パレット ◆ カシス ◆ ベレ

カシス Cassis

今日まで維持されている素晴らしいテロワールを有する歴史的な栽培地は、観光と都市化の波にあえいでいる。

■ 自然要因

カランクの丘陵（訳注：カシスの町の西に連なる丘陵）とカネーユ岬（訳注：町の東南にある岬）のあいだ、標高400メートルに達するフランスの海岸ではもっとも高い崖をいただいて、ぶどう畑は同名の町に広がっている。

畑は、数多くの自然の擁壁、石灰岩の崖を避けて町の周囲を取り巻いている。急な傾斜がしばしばなため、ぶどうはテラスをつくって植えなければならない。総面積182ヘクタールの栽培地は大きく2つに分かれ、さらにそれらの周囲——ひとつはシオタ市（訳注：p268、D12）に通ずる県道沿いの税関事務所付近、もうひとつは海岸沿い——に小さな区画が見られる。ミストラルから護られている畑は、ぶどう果を熟させるのに好都合な地中海から常に吹き付けている海風の恩恵を受けている。また春の雨は芽吹きを助け、秋の雨は乾燥しきった大地を活性化する。年間3,000時間に及ぶ日照量は、ぶどう樹にとってこの地方における最大の条件でもあるため、その根を地中深く伸ばし水分を取り込まなければならない。丘の上にあるぶどう畑は、腐植土に恵まれず痩せた土壌のため上質なワインの生産に適している。より軽やかなワインを生む上部の畑に対し、下部にある畑は石灰岩礫が多くより肥沃となっている。これらの多様な区画から生み出される種々のワインを区別するため、カシスの栽培者たちはテロワールの序列を申請している。

🍇 ぶどう品種とワイン

カシスでは全生産量の4分の3近くがこのアペラシオンを有名にしている白ワインで占められているが、良質の赤とロゼワインもつくられている。

白ワインはこの海沿いのテロワールに適した、クレレットとマルサンヌの2品種のぶどうからつくられている。熟すのが遅いクレレット種は、新鮮な風味と素晴らしいアフターの続くワインを生む。一方マルサンヌ種はあまり収量は多くないもののたくましいぶどう樹で、力強いアロマとメリハリ、粘性を備えたワインとなる。

上記以外の品種は補助的な役割で、ユニ・ブラン種とこの地でドゥシヨン Doucillon 種と呼ばれているブルブラン種、それにパスカル・ブラン Pascal Blanc、ソーヴィニヨン、テレ・ブラン Terret Blanc 種が用いられる。

これらの白は、使われるぶどう品種によって異なるものの、若いうちはそれぞれの品種独自のアロマと、新鮮な口当たりのまろやかで、生き生きとしたワインである。しばしばアフターにヨードの風味を感じ取ることがあるが、これは風がもたらす地中海の影響からである。ヴィンテージに恵まれると10年近く熟成させることができ、複雑な芳香を備え、蜂蜜のような色合いを帯びる。

赤とロゼワインには、プロヴァンス地方で伝統的に用いられているムルヴェードル、グルナッシュ、サンソー、それにカリニャンの4品種が使用される。他にあまり知られていないが、バルバルー・ローズ Barbaroux rose、テレ・ノワール Terret Noir 種が補助品種として5パーセントまで認められている。

全体の4分の1に満たない量しかないロゼは、フルーティーで若いうちに愉しむべきワインである。

赤ワインはあまり知られていないが、フィネスと骨格の点で譲るもののバンドールのワインによく似ている。

カシスでは夏になると観光客が多くなり、ワインも飛ぶように売れるため、生産者の一部にはワインの質を維持することよりも、本来あるべき生産量を上回るような収穫量からワインをつくり出すものもいる。このような事態は長い目で見れば、カシスというアペラシオンの価値、品位といったものを傷つけることになる。現在、このアペラシオンで生産に従事している14人の栽培者たちは、微々たる力ながら、あまり有名ではないものの、この優れた力を秘めたテロワールを世に知らしめる努力をしている。

統計
栽培面積：185ヘクタール
年間生産量：6,310ヘクトリットル

ベレ Bellet

本来の栽培地の広さとしては、ベレはニースの街なかに650ヘクタールを占めている。この都市化が進んでいる今日においては、実際の面積は50ヘクタール弱に縮小されようとしている。

■ 自然要因

ベレのアペラシオンはサン＝ロマン＝ド＝ベレ（訳注：下図、S14で、ニース市の北西に位置する）村の周辺、海を見下ろす丘の標高200メートルから400メートルのあいだに広がっている。

ニースの市中にその全体を包み込まれるようにしてあるベレのぶどう畑は、切り立った台地の景観のなかで古くから栽培が続けられてきた区画が残っている。

ここでは5ヘクタールという広さの規模のドメーヌがある一方で、ぶどう樹の栽培のほとんどは非常に細かく分けられた傾斜の急な斜面や、別荘にカーネーションの温室等が立ち並ぶなか、極めて狭いテラスでなされている。その大部分が都市化のために他の用途や用地へと転化されてしまったなかで、現在ある区画は、栽培者たちの根強い努力によって耕作が続けられているのである。

アペラシオンは年間2,800時間というかなり豊富な日照量と、地中海それに山々の影響下にある。ヴァール川が畑の西側を流れ、暑さを和らげ川風を送ってくる。夕方には地中海から海風が上り、朝はこの風が海岸に向かって下りアルプスの涼しさをもたらしている。平均の降雨量は830ミリメートルでプロヴァンスの栽培地としては多いほうである。

土壌はほとんどが珪灰質の砂質土壌で、その多くが砂岩に由来していて、粘土分は2割ほどと少ない。砂岩質や石灰岩質の土壌のなかには円礫がかなり見られる。この礫は昔、海から運ばれてきたもので、土壌、岩石の変質を助けている。以上のような土壌は透水性に富み、硬く痩せているため、収量は減りぶどう果の濃縮をもたらす。

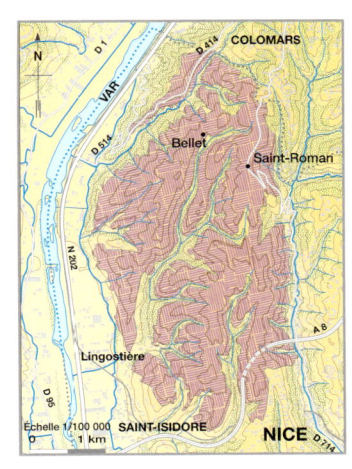

🍇 ぶどう品種とワイン

ワインはこの地のブラケ、フォル・ノワール、それにロールの3品種からつくられている。

赤はその引き込まれる色合いが特徴のフルーティーで上品なワインで、痩せた土壌の低い収量のぶどう果からつくられるため、好ましいメリハリが備わっている。高い標高で産するため若いうちは驚くほどの瑞々しさと繊細さを発揮する。熟成のポテンシャルも十分で、年とともに心地よい複雑さを纏う。

ロゼワインはブラケ種を用い、力強い味わいで香辛料の風味を備えている。

白はほとんどロール種——イタリアのヴェルメンティーノ種と同じである——からつくられる豊かでエレガントなワインで、花と柑橘類のアロマを纏い、熟成も可能である。ロール種の他には、ルサンヌ、ほとんど消滅したマヨルカン、クレレット、ブルブラン、シャルドネー、ミュスカ、それに特有のピニュロール種等がブレンドされている。

次の2品種はこの地特有のぶどうである。

ブラケ Braquet この地特有のぶどう品種で、フィネス溢れる香り高いワインを生む。それほど濃い色調ではないが、よく熟成する。

フォル・ノワール Folle Noire フエラ Fuella 種とも呼ばれるこの品種は、早熟で樹勢が強く、気まぐれであることからこの名が付いている。独特の色合いとメリハリを付与し、ブラケ種と組み合わされベレとなる赤を生んでいる。

その他、伝統的なぶどう品種であるサンソーやグルナッシュ種等も赤ワインには使われている。

統計
栽培面積：38ヘクタール
年間生産量：820ヘクトリットル

プロヴァンス地方 ◆ コトー・デクス=アン=プロヴァンス ◆ レ・ボー=ド=プロヴァンス

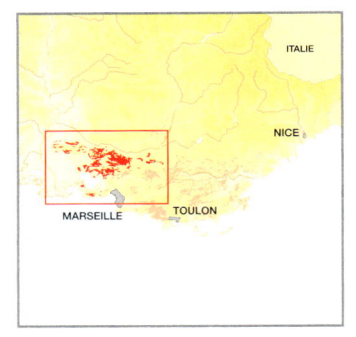

Coteaux d'Aix-en-Provence et les Baux-de-Provence
コトー・デクス=アン=プロヴァンスとレ・ボー=ド=プロヴァンス

非常に広いコトー・デクスは、ブーシュ=デュ=ローヌ県の47の村々とヴァール県の2村落にまたがり、たいへん興味を引く赤、ロゼ、白ワインを産している。またブーシュ=デュ=ローヌ県の7つの村落を含むアルピーユ丘陵からは、レ・ボー=ド=プロヴァンスがコトー・デクスを補うかたちで赤とロゼワインだけを生んでいる。

■ 自然要因

コトー・デクスとボー=ド=プロヴァンスの栽培地の東はコート・ド・プロヴァンスに続き、北はデュランス川、南はベール湖とのあいだに位置している。

この西から東にわたっている広い栽培地は、大きく3つの区域に分けることができる。ひとつはベール湖周辺に近いところ、ふたつめは内陸に向かったコトー=ド=プロヴァンスと呼ばれている、サロン=ド=プロヴァンスの町からアルティーグの村にいたる丘陵地、そして3番めの栽培地がボーである。

栽培地は上記のように大きく3つに分けられ、畑はそのなかに点在している。丘陵地の割合と均質な景観のところでも、畑は数メートルから400メートルの標高に見られる。全体では、ぶどうの収穫は早いところから遅いところまで数週間の開きがある。

デュランス川、アルピーユ丘陵、サント=ヴィクトワール山を結ぶ三角形の地帯に広がるコトー・デクスの栽培地はプロヴァンス石灰岩に属している。この地は東西方向のピレネー山脈形成期に隆起した現在のジニャック=ラ=ネルト、ラ・ファール・レ・オリヴィエ、エギュイユ、トレヴァルス等の起伏が、露出した岩塊によって目立っている。そしてこれらの起伏はぶどう畑となっている。これらの起伏のあいだにはアルク、トゥルーブル、デュランス等の河川による規模がまちまちの堆積盆地が広がっている。

ボーのぶどう畑が点在するアルピーユ丘陵は高さ400メートルに達する急な障壁を形成し、長さ30キロメートル近くに及んでいる。この起伏を囲んで白亜紀石灰岩を主とする基盤上に畑が広がっている。ぶどうは、連なりの北及び南面の崩落礫あるいは三角州の上に植えられている。水捌けがよく、貧弱な土壌が良質のぶどうを育てるのに特に適しているのである。年間2700時間から2900時間の日照量と、520ミリメートルから680ミリメートルの降雨量という条件の他に、1年を通じて100日前後、北から南から吹きつけるミストラルも大きな気候的要因のひとつである。暑く乾燥する夏に、この風はぶどうを病気から遠ざけ、果実の成熟を助けている。

レ・ボーの産地はクラウ平原を隔てて地中海に面しているので、豊かな日照量と乾燥した地中海性気候の恩恵に浴している。

🍇 ぶどう品種とワイン

主としてグルナッシュ、サンソー、ムルヴェードル種がこの地の赤ワインに用いられている。希に見られる白はコトー・デクス=アン=プロヴァンスで生産されている。

コトー・デクスでは赤とロゼをほぼ同量産し、白ワインは6パーセントほどと非常に慎ましい量があるに過ぎない。ボーの栽培地では白はつくられず、赤ワインが主となり全生産量の3分の2を占め残りがロゼである。

これら2つのアペラシオンの赤ワインは力強さとともにエレガントさを備え、素晴らしいフィネスを感じさせるもので、長期間の熟成にも耐える。ロゼと白ワインは、用いる品種とどのような仕込みをおこなったかによって個性は異なってくる。

赤とロゼにおいては、グルナッシュ種が主体でサンソーとカリニャン種がこれを補っている。カベルネ・ソーヴィニョン、シラー、ムルヴェードル、クノワーズ種も用いることが許されているがその割合は総面積の10パーセント以下である。コトー・デクスの白ワインはレ・ボーでもつくることはできるが、アペラシオンはコトー・デクス=アン=プロヴァンスとなる。認められている品種はユニ・ブラン、ソーヴィニヨンとセミヨン、それにこれらを補うクレレット、ロール、グルナッシュ・ブランとブルブラン種である。

統計(コトー・デクス)
栽培面積：3,800ヘクタール
年間生産量：168,000ヘクトリットル

統計(レ・ボー)
栽培面積：260ヘクタール
年間生産量：7,850ヘクトリットル

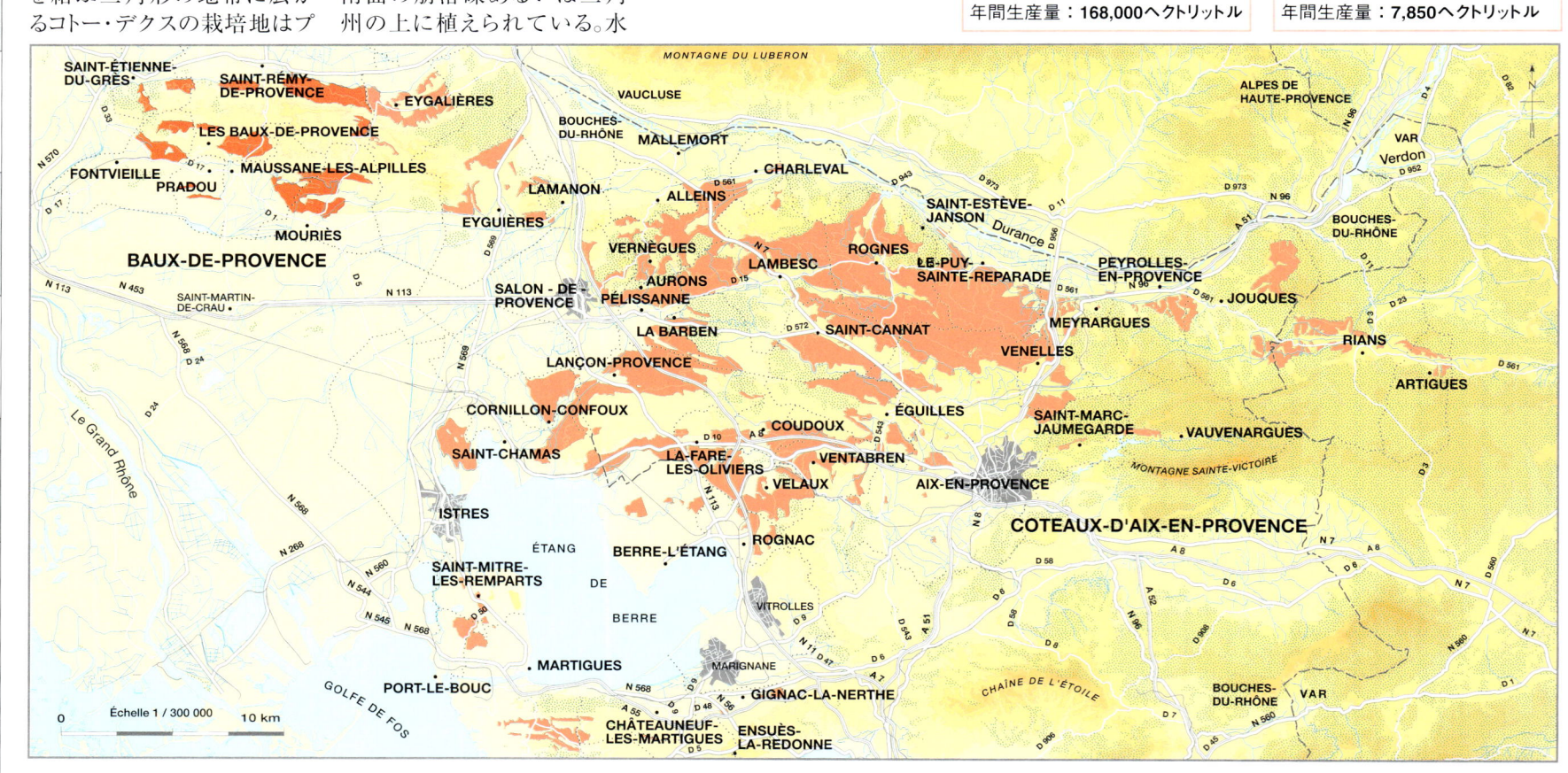

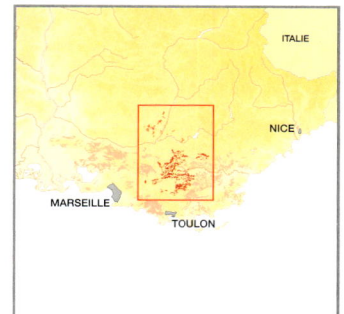

Coteaux Varois et Pierrevert
コトー・ヴァロワとピエルヴェール

よく知られたワイン産地のなかでも上位を占めるプロヴァンス地方にあって、コトー・ヴァロワとコトー・ド・ピエルヴェールの両栽培地は、今日でもまだそれほど知られているという訳ではなく、その名はこの地方のテロワールを思い描いたときに、やっと頭に浮かんでくるといったような状況にある。

コトー・ヴァロワ Coteaux Varois (地図は p268,269を参照)

サント=ボーム（訳注：p268,F8）とベションの岩肌が露出した山塊のあいだに広がるコトー・ヴァロワは、テロワールと人間、2つの要素が生み出した栽培地ということができる。

■ 自然要因

今日コトー・ヴァロワのアペラシオンは、ブリニョール（訳注：p268,K6）の集落を始めとする、28の村々に広がっている。

コトー・ヴァロワのアペラシオンはその性質のかなりの部分が地質に由来している。この栽培地のぶどうは全般的に、東西方向に褶曲している小礫とシレックスの互層が見られる、粘土質石灰岩の土壌の上に植えられている。山がちの台地は三畳紀の地層群からなり、そこからこの地域の水源が生まれヴァール県内を縦横に流れている。南にはモール山塊と、これを分けている大きな窪地が見られる。西と北はプロヴァンス内陸部の景観を特徴付けている2つの山地、サント=ボーム山塊とベション山に囲まれている。

栽培地は地中海沿岸の内陸部の気候下にある。他のプロヴァンス地方の栽培地が地中海の影響をうけているのに対し、コトー・ヴァロワは、山々の連なりによって海からの影響をさえぎられているため、より大陸性気候になっている。秋と春は他に較べより温和であるが、夏季は時々炎暑となり、冬はより寒い。

🍇 ぶどう品種とワイン

この地では種々の品種から、プロヴァンスらしい特徴を備えたワインが生産されている。

他のプロヴァンスのアペラシオンと同様、コトー・ヴァロワでは数種類のぶどう品種からアペラシオンとテロワールの特徴を備えたワインが生み出されている。

赤ワインは、グルナッシュ、シラー、ムルヴェードル3品種の少なくとも2品種を用い、併せて80パーセント以上の使用が義務付けられている。補う品種はカリニャン、サンソー、カベルネ・ソーヴィニヨン種であるが、この地方の特色を備えたワインという点からも、典型的なボルドーの品種であるカベルネ・ソーヴィニヨン種を始めとして、補助品種の割合は20パーセントを超えてはならない。ワインはフルーティーで軽く、若いうちに愉しむべきものである。

ロゼはサンソーとグルナッシュ種、併せて70パーセント以上用いねばならず、そのなかでグルナッシュ種は40パーセント以上を占める必要がある。加えて、少なくとも20パーセントはセニエの手法でつくられていなければならない。

白ワインはロール種を少なくとも30パーセント以上含まなければならない。クレレット、グルナッシュ・ブラン、セミヨン、ユニ・ブランの各品種が残りを補うことができる。

統計
栽培面積：1,800ヘクタール
年間生産量：70,000ヘクトリットル

コトー・ド・ピエルヴェール Coteaux de Pierrevert

ピエルヴェールの小さな栽培地はアルプ=ド=オート=プロヴァンス県に位置し、ヴォクリューズ、ブーシュ=デュ=ローヌ、及びヴァールの3県と境を接しているところである。アペラシオンを構成している11の村落は、ぶどう畑を北から南に貫いているデュランス川に沿っている。

■ 自然要因とワイン

このアペラシオンは、そのテロワールがもたらすワインの質のよさほどには有名ではない。

デュランス川の西側ではリュール山地が、ディニュからカステラーニュの村々は東を、そしてヴェルドン川が南の境界を形成している。栽培地は地中海性気候の影響下にあるため夏は極端に暑く、雲の高さが低く薄いので日中と夜間の気温差が激しい。日照は強く年間2,250時間に達する。驟雨は稀で、冬場にまとまって降る。そのため乾いたミストラルの影響もあり、夏は旱魃気味となる。

コトー・ド・ピエルヴェールは次の3区域からなる。

デュランス川の西岸 ヴィルヌーヴ（訳注：下図,T12）の村からコルビエール（訳注：下図,S15）の集落にいたるデュランス川の堆積台地の、河川を臨む東向きの斜面。

ピエルヴェールとモンフュロン これら2つの村落はやはりデュランス川の右岸に位置している。しかし川から離れている第三紀漸新世及び中新世の地層上に広がっている。ぶどう畑は東から南東に面している。

デュランス川左岸 この区域を構成する5つの村々のなかの3村は、ヴァレンソール台地（訳注：下図,W13）の東の境界に沿っていて、カンソン（訳注：下図,W16）とサン=ローラン=デュ=ヴェルドン（訳注：下図,W15）の2村は南寄りにある。なかで広めの畑が見られるのは、ヴァレンソール台地の標高580メートル付近からの斜面から始まる区画で、非常に礫の多いテロワールのため水捌けは良好である。

赤とロゼワインは軽く新鮮な風味で、グルナッシュ・ノワール種を主に、カリニャン、サンソー種に補われているが、これらの品種は、この地の気候条件に適したシラー種にとって替わられつつある。ムルヴェードル、ウイヤード、テレ種等も認められてはいるが、あまり使われていない。

白ワインはユニ・ブラン種が主で、アペラシオンで許可されているクレレットはあまり用いられていない。話しの種でしかないマルサンヌやルサンヌ、ピクプル種にいたってはまったく使われていない。ワインは軽くフルーティーなタイプで、1年以内に飲むべきである。

統計
栽培面積：320ヘクタール
年間生産量：16,000ヘクトリットル

Corse
コルス

コルスのぶどう畑は25世紀前から存在している。この地中海に浮かぶ島のテロワールと気候は、ぶどう栽培に十全に適応している。幾世紀もの歳月をかけてこの地独自の品種が生み出され、大陸では見られないようなたいへん独特な赤、ロゼ、白を生んできた。それらは凡庸なものではなく、高い酒質を誇るワインである。

統計
栽培面積：2,600ヘクタール
年間生産量：100,000ヘクトリットル

■ ぶどう栽培の始まりとその来歴

地中海の有名な島コルスは、幾度にもわたり、他からの支配による有為転変を経てきた。

コルス島にぶどうが導入されたのは、紀元前6世紀に小アジアから来たギリシャの船乗りたちによってであったと考えられている。その後、紀元前94年にはアレリア（訳注：p277、S9）の港にローマ軍が駐留し、徐々にぶどう栽培を計画的に広め、発展させてきた。1572年には、当時圧政を敷いていたジェノヴァ共和国がすべての農地保有者に、所有地のなかにぶどうを植えることを義務付ける通達を出した。17世紀以降、ぶどうは島全体に見られるようになり、1973年には作付け面積は9,800ヘクタールに達している。

1874年の報告は、島民の4分の3の主な収入源はぶどう栽培によるものであることを強調している。この同じ年、島はフィロキセラ禍に見舞われた。

その後、ぶどう栽培が経済的に復活するには1957年まで待たねばならなかった。1959年には北アフリカからおよそ17,000人の、近代的なぶどう栽培やワイン醸造を身に付けた引き揚げ者たちが入植した。入植者たちは、島の伝統的なぶどう品種や独自の栽培方法の変革を試み、近代的な栽培法に加え、地中海地域で普及していたぶどう品種を採用したが、結局これは放棄せざるをえなかった。

本来のワインが再び生産されるようになった今日、コルスには大きく2つのタイプが見られる。ひとつは伝統的な島独自の品種からのものと、他方はコルスの品種に、地中海沿岸で栽培されているいくつかのぶどう品種を種々の割合で取り入れたものである。

統計
栽培面積：2,000ヘクタール
年間生産量：175,000ヘクトリットル

■ 地質と土壌

コルスのぶどう畑は4種類の地質の上に広がっているが、いずれもぶどう栽培にとってたいへん好都合なものである。

東部区域 ソレンツァーラ（訳注：p277、R11）村からカップ・コルス（訳注：p277、R1のコルス岬）も含む東部区域は、山岳地帯からのシストの分解によって生じた土壌である。

シストに由来する土壌は表面を覆うだけでかなり薄く、またカップ・コルスは明らかに礫質である。島の東部に連なる栽培地の土壌はかなり硬い。

沿岸区域 シストに由来する土壌の連なりに沿ってソレンツァーラからバスティア（訳注：p277、S4）の町までの沿岸地帯は古い時代の沖積物、ないし泥灰砂質岩石および結晶質岩塊起源の土壌である。土地の起伏によって堆積物と粘土の割合は非常に変化している。生産されるワインはその構成やフィネスにおいて様々なタイプが見られる。

南部及び西部区域 花崗岩からなり、島の3分の2を占めている、現在のコルスのもととなっている島の古い部分である。この岩石の風化物は花崗岩質の砂である。土壌は軽い組織でかなり厚く、透過性に富み、侵蝕されやすい。保水性が低いのでヴィンテージの影響をうけやすく、年毎のワインの違いが大きい。

パトリモニオとボニファシオ これら北と南の2つの町の周辺は、粘土質石灰岩の区域になっている。

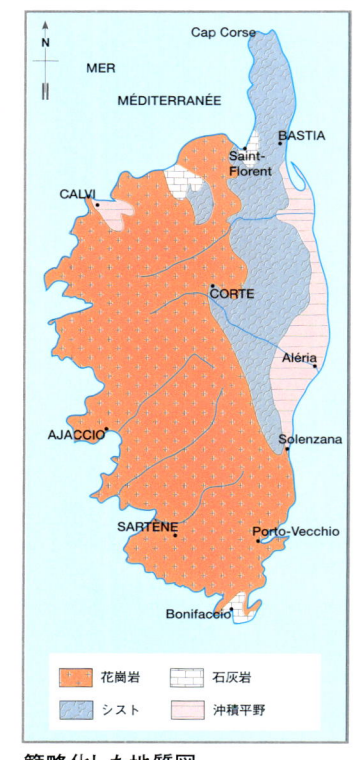

簡略化した地質図

■ 産地の景観

ときに非常に険しい斜面の起伏は、海と山地からの双方の影響にさらされている。

コルスは、標高2,706メートルに達する最高峰モンテ・チントゥを頂く、地中海の島である。島の北から南には、2,000メートル以上の高峰が20座以上連なる中央山脈が走っている。これら山々から多くの水の流れが発し、島の全域に狭くて深い谷を刻み込んでいる。斜面は非常に急で、高山に近い影響と、また気象も変化しやすいということから、ぶどう樹はよい意味で抑制された生育過程をたどる。

■ 気候

コルスは地中海の島のなかではもっとも標高の高い地形が形成されていて、山地性と海洋性の気候が混ざり合っている。

年間2,750時間の日照を受けている島において、山々が果たしている役割はぶどうの栽培にとっては決定的である。畑は標高10メートルから400メートル前後にわたって広がっているので、山々が与える影響と、変わりやすい天候とがぶどう樹の生育を抑制している。加えて海洋の影響が島の中央部まで入り込んでいるので、栽培地は驚くほど涼しい。そのためぶどう樹は、しばしばより北の栽培地の状況に近い状態に置かれている。ただ内陸深くに位置しているポンテ゠レッチャ（訳注：p277、Q6）の村周辺の畑だけは海風の影響を受けることが少ない。雨量は不規則ではあるものの多く、海岸地帯で年間700ミリメートル、山地で1,500ミリメートルほどに達する。

■ ぶどう品種

コルスで栽培が許可されているぶどう、10品種のうち4種だけが古くからこの地でずっと用いられてきたが、これらのぶどうこそが島のワインの真の独自性を発揮させている。

白ぶどう品種

ヴェルメンティーノ Vermentino マルヴァジア Malvasia 種とも呼ばれ、イタリアのサルデーニャ島やトスカーナ地方、またプロヴァンス地方のベレでも見られ、ロール Rolle 種とも呼ばれる。ワインはフレッシュな辛口で、花の香りを纏い、熟成させるとアフターに、アペラシオンによってはアーモンドやゼラニウム、ときにテレピン油の風味が感じられるものとなる。アペラシオンによって異なるが、75パーセントから100パーセントの割合でワインに用いられる。また遅摘みされると、甘口仕立てのワインとなる。この品種は島の随所で見られ、赤ワインにも使われる。

黒ぶどう品種

ニェルーチオ Nielluccio 有名なパトリモニオのワインの主品種で、島の東部に広く見られる。イタリアはキアンティの主品種、サンジョヴェーゼ種に非常に近い。色濃く、肉付きのよい、赤系の果実やマキの潅木の風味を備えたワインになり、よく熟成もする。ロゼはフ

コルス

ルーティーで麝香を纏ったものとなる。

シアカレルー Sciaccarellu
主としてアジャクシオ、バラーニュ、サルテーヌの栽培地に見られるが、島内全域の畑に広がっている。色は淡く、低い収量のそこそこの熟成も可能なワインで、赤系の果実に香辛料の香りが合わさり、年を経るとコーヒーやカラメルの香りに変化する。シアカレルー種は非常に個性的なぶどう品種でおそらくこの地でもっとも優れたものには違いないが、ブレンドしたほうがより好ましい結果を生む。

カルカヨール Carcaghjolu
島の南、フィガリ地区に限られている品種。あまり知られていないが色濃く、骨組みのしっかりした、キイチゴやマキに自生する果実の風味を備えたワインとなる。

その他の品種
コルスの栽培地で用いられているフランス南部の品種として、赤及びロゼ用としてグルナッシュ・ノワール、サンソー、ムルヴェードル、バルバローサ Barbarossa、カリニャン、シラー種が挙げられる。

白用にはユニ・ブラン種や、ほとんど忘れ去られているコディヴァルタ Codivarta 種が補助的に用いられている。ミュスカ・ア・プティ・グラン種はミュスカ・デュ・カップ・コルスの生産に使われている。

■ワイン

コルスには9つのアペラシオンがある。そのなかのヴァン・ド・コルスは島を大きく覆うアペラシオンであり、アジャクシオとパトリモニオの2つは村名アペラシオン、それにヴァン・ドゥー・ナテュレルのミュスカ・デュ・カップ・コルス等がある。

ヴァン・ド・コルス アペラシオンは島の東部の台地と丘陵を覆い、さらにポンテ=レッチャの小区域が含まれている。コルス全体の栽培地の半分を占める、島で最大のアペラシオンである。赤、ロゼ、および白ワインが、許可されているすべてのぶどう品種から生産されている。

コルス・コトー・デュ・カップ・コルス このアペラシオンでは赤及びロゼワインも生産することができるが、もっぱら白に主力が注がれている。シストの見られる土壌でマルヴォアジー種から非常に優れた白が生み出されている。

コルス・カルヴィ 花崗岩質のテロワールでたいへん温和な気候のバラーニュ地区では、ヴェルメンティーノ種から素晴らしいフィネスを備えた白ワインがつくられている。またシアカレーやニェルーチオ、グルナッシュ種からは、肉付きのよい、熟成に優れた赤ワインが生産されている。

コルス・フィガリ 水捌けと風通しのよい花崗岩質の土壌では、ヴェルメンティーノ種から白ワインを、ニェルーチオ、シアカレルー、グルナッシュ、そしてごく少量のカルカヨール種から赤ワインを生んでいる。カルカヨール種はこの地区独特の品種で、色濃く、寝かすことのできるワインを生む。ここではロゼワインも同じ品種にサンソー種をブレンドしてつくられている。

コルス・ポルト・ヴェッキオ 花崗岩質の砂質土壌の丘の上でニェルーチオ、シアカレルー、グルナッシュ・ノワール、サンソー種等のぶどうから繊細で香り高いロゼがつくられている。赤ワインは肉付きよく、熟成にも適したものである。ヴェルメンティーノ種からつくられる白は辛口でフルーティーなタイプである。

コルス・サルテーヌ リザネーズとオルトーロ、両河川のあいだに点在する小さないくつかの畑では、シアカレルー、グルナッシュ・ノワール、サンソー種等の品種から赤とロゼを生産している。しっかりした味わいの、熟成に適したワインである。

ミュスカ・デュ・カップ・コルス このアペラシオンはパトリモニオとコルス・コトー・デュ・カップ・コルスの栽培地の一部を含んでいる。シストが見られる土壌上で、ミュスカ・ア・プティ・グラン種から美しい黄金色のヴァン・ドゥー・ナテュレルがつくられる。花や柑橘類の香りを纏い、わずかに酸化した風味を備えた、豊かでバランスに優れたしなやかなワインである。

アジャクシオはp279、**パトリモニオ**はp278を参照。

コルス ◆ パトリモニオ

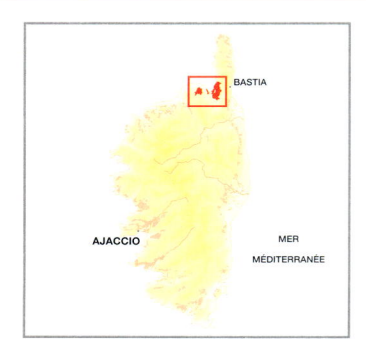

Patrimonio
パトリモニオ

サン=フローラン湾（訳注：下図、D14）に臨んでいるパトリモニオの栽培地は、コルスでもっとも古く、また名声を得てきた。そのため、1968年にはこの島で最初のアペラシオンに指定された。歴史的にも古く、またこの地が原産となる誇るべきぶどう品種のニェルーチオ種は、このパトリモニオのアペラシオンで、力強く長熟なワインを生んでいる。

■ 産地の景観

パトリモニオのぶどう畑は島の北部、西側の海沿いに位置し、カップ・コルス（訳注：P277、R1）の付け根に広がっている。

パトリモニオの栽培地はバルバジーオ（訳注：下図、E15）の村から、パトリモニオ（訳注：下図、D14）の集落、さらに西はアグリアートの砂丘地帯（訳注：下図、A15）の入り口まで広がり、7つの村々を含んでいる。

アジャクシオのぶどう畑ほど分散していなく、パトリモニオやファリノール（訳注：下図、D14）、オレッタ（訳注：下図、D16）やカスタ（訳注：下図、B15）の村落のもとに集まっている。傾斜はやや急で、50メートル以下の比較的低い標高の斜面に畑は広がっていて、その全体はサン=フローラン湾に向かって開いた窪地である。

■ 気候

海と山のあいだにあって、ぶどう畑は風と湿度そして夜の涼気の恵まれている。

その位置からも分かるようにパトリモニオのアペラシオンは、島の北部にしばしば激しく吹きつける北東風に曝されている。この風は海がもたらす湿気を追い払い、ぶどう樹の病気を防ぎ健康に成育させる一助となっている。しかし湿気は、風のない季節には日照量に恵まれすぎているため、しばしば襲われる旱魃を防いでもいる。

ぶどう畑は、その上にそびえる標高1,000メートル近い高山の影響も受けている。夜間、山頂から吹き降ろす風が昼のあいだ暖められた畑の暑さを和らげ、ぶどうが極端に早く熟するのを防いでいる。

また険しい山々、薄い表土、乾燥した気候、そして風等によって収量は非常に低く抑えられ、これらの要因はワインに重要な濃縮度をもたらす。以上はパトリモニオというアペラシオンの特質の重要な要素であり、またその質を保証している。

■ 地質と土壌

パトリモニオのぶどう畑では2種類の土壌が認められる。ひとつは石灰岩の崩落土であり、他方は花崗岩に由来するものである。

栽培地の東部、アペラシオンの歴史的また心臓部であるパトリモニオの村周辺にはこの地でもっとも典型的な土壌が分布していて、そこから生産されるワインの高い名声のもととなっている。この土壌は多少石灰質で粘土が混ざった構成で、下盤は石灰岩ないし頁岩質の岩塊である。その島というよりは本土と同じ大陸的な地質、土壌の栽培地にはニェルーチオ種が広く植えられていて、力強くタンニンの豊富なワインが生産されている。

西寄り、アペラシオンの心臓部からアグリアート砂丘に続いている畑は花崗岩に由来する砂にしばしば粘土質が見られる土壌で、これは花崗岩が風化され、分解したものである。

🍇 ぶどう品種

ニェルーチオ種はアペラシオンのほとんどで見られ、赤とロゼワインの主品種であり、白にはヴェルメンティーノ種が用いられる。

ニェルーチオ パトリモニオにこの品種は最良の地を見つけた。ここでは生産量の約半分を占めていて、赤で90パーセント以上、ロゼには75パーセント以上を用いなければならない。十分熟した果実からは、力強くタンニンの多い赤ワインが出来上がる。アルコール度数は13度、またはそれ以上になり、長く熟成させることができるワインである。

グルナッシュ・ノワール 少量、ニェルーチオ種にブレンドされ、しなやかさと繊細さが加わった赤ワインとなる。また、シアカレルーとヴェルメンティーノ種も、グルナッシュ・ノワール種同様、赤とロゼにほんのわずか、使用されることも付け加えておこう。

ヴェルメンティーノ 白ワインの生産用に許されている唯一の品種である。しばしばニェルーチオ種とブレンドされ、繊細さを備えた赤とロゼワインを生んでいる。ロゼに用いると柔らかに仕上がり、かつ品種特有のきれいな酸味が備わる。
グルナッシュとヴェルメンティーノ種は甘口ワインの生産にも使用が認められている。

ミュスカ・ア・プティ・グラン ヴァン・ドゥー・ナテュレルのミュスカ・デュ・カップ・コルスを生むぶどう品種。このパトリモニオのアペラシオンの一部でも栽培されている。

アレアティコ Aleatico ミュスカ種のアロマをもつぶどうで、果皮は黒く、ラピュと呼ばれるあまり知られていない甘口ワインのベースとなる品種である。

■ ワイン

トリモニオのアペラシオンで生産されるワインは赤、ロゼ、白ワインである。また限られた区域でミュスカ・デュ・カップ・コルスと、きわめて珍しい甘口ワイン、ラピュがつくられている。

ニェルーチオ種から生み出されるパトリモニオの赤は、色濃く骨格がしっかりしている。黒系の果実、香辛料、皮革のアロマを纏い、時間を経る毎に森の下草等の香りが増してくる。完熟していなく、成分の濃縮度が低いぶどう果は、そこそこの豊かさと赤い果実の風味の飲みやすいものにはなるが、熟成には向かない。

ヴェルメンティーノ、別名マルヴァジア種からつくられる白ワインは非常に繊細で、白や黄色の花の香りに梨やカリンの果実の香りが合わさり、調和している。

ロゼワインは新鮮さがあり上品で、白ワインと同様若いうちに愉しむべきものである。

ラピュは赤の天然甘口ワインで、グルナッシュと過熟したアレアティコ種とをブレンドしてつくられる。ワインはグレープ・ブランデーで発酵を停止し、樽熟成の後、瓶詰めされる。

統計
栽培面積：390ヘクタール
年間生産量：17,500ヘクトリットル

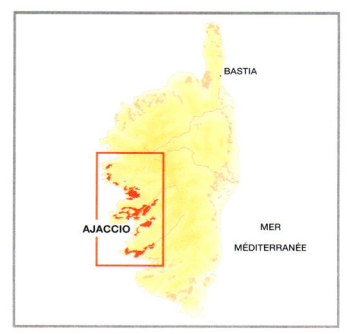

Ajaccio
アジャクシオ

　山がちの景観のなか、アジャクシオの栽培地では、ぶどうは非常に古くからつくられている伝統的な作物である。そして伝統的な品種であるシアカレルー種誕生の地であり、フィネスに満ちた色の淡い赤ワインを生むが、それは力強く厳しさを感じさせるパトリモニオのワインとは非常に異なっている。またサリ=ドルチーノ（訳注：下図 V9）村の380メートル付近にある畑は、コルスの栽培地のなかではもっとも高い標高を誇っている。

■ 産地の景観

　島の南西、北はポルト湾（訳注：p277、M8）から南のヴァリンク湾（訳注：p277、N13）までの一帯にこのアペラシオンは広がっている。

　アジャクシオのアペラシオンは北から南まで60キロメートルほど、36の村々に分かれて広がっている。

　ぶどうは海岸沿いから、4つの河川が削った緩やかな斜面で栽培されている。北部のサウォーネ湾（訳注：下図 T9）を臨むリアモーヌ川沿いの斜面はサリ=ドルチーノの集落付近で標高380メートルほどに達している。

　さらに南のグラヴォーナ（訳注：下図 X9）及びプリュネリ（訳注：下図 X11）、両河川沿いの斜面に連なるぶどう畑はアジャクシオ湾に向かって延び、さらに南にタラヴォ川（訳注：下図 X14）に沿った栽培地の一群がある。

■ 地質と土壌

　分散しているが、アジャクシオのぶどう畑はいずれも花崗岩質土壌の上に広がっており、均質である。

　アジャクシオのアペラシオンはその広さにもかかわらず、全体的に均質な栽培地で、土壌は花崗岩質の砂である。この砂は島の南部を構成している種々の花崗岩の風化、分解による産物である。

　組織が軽く粘土を含み比較的薄い。しばしば粘土分が多くなり硬くなった箇所が、斜面の上部や下部、所々に見られる。斜面を下るにつれ土壌も厚くなり、栽培可能な面積は多くなっている。

■ ぶどう品種とワイン

　アジャクシオのワインの繊細さは、用いられる品種と軽い組織の表土の複合効果によるものである。

シアカレルー　アジャクシオの栽培地の47パーセントはこの品種で占められている。多少過熟した状態で収穫され、透明感に優れた色合いで、ほどよい構成の、赤い果実や香辛料の風味を感じさせる赤ワインとなる。

グルナッシュ　ワインにまろやかさを与え、伝統的にシアカレルー、ときにニェルーチオ種とブレンドされワインに色合いと骨組みを与える。

シアカレルーとグルナッシュ種からつくられるロゼは、淡い色合いで赤い果実の芳香を纏い、調和のとれた酸味を備えている。

ヴェルメンティーノ　花崗岩質土壌から、フルーティーで独特な風味の、心地よい白を生むぶどう品種である。

■ 気候

　島南部の乾燥した気候は、土壌や地形とともに当然ながらワインの生産に影響を与えている。

　変化の多い起伏とそこに広がる土壌の構成、組織は、多くの風化、分解をうけやすい。この現象は秋と春の多量の降雨によって一層顕著となっている。また、谷に深く入り込んでいるので強風からぶどう畑は保護され、温暖な平均気温の恩恵を受けている。しかし、これらの気象条件は年によってまちまちで、ヴィンテージに非常には敏感である。

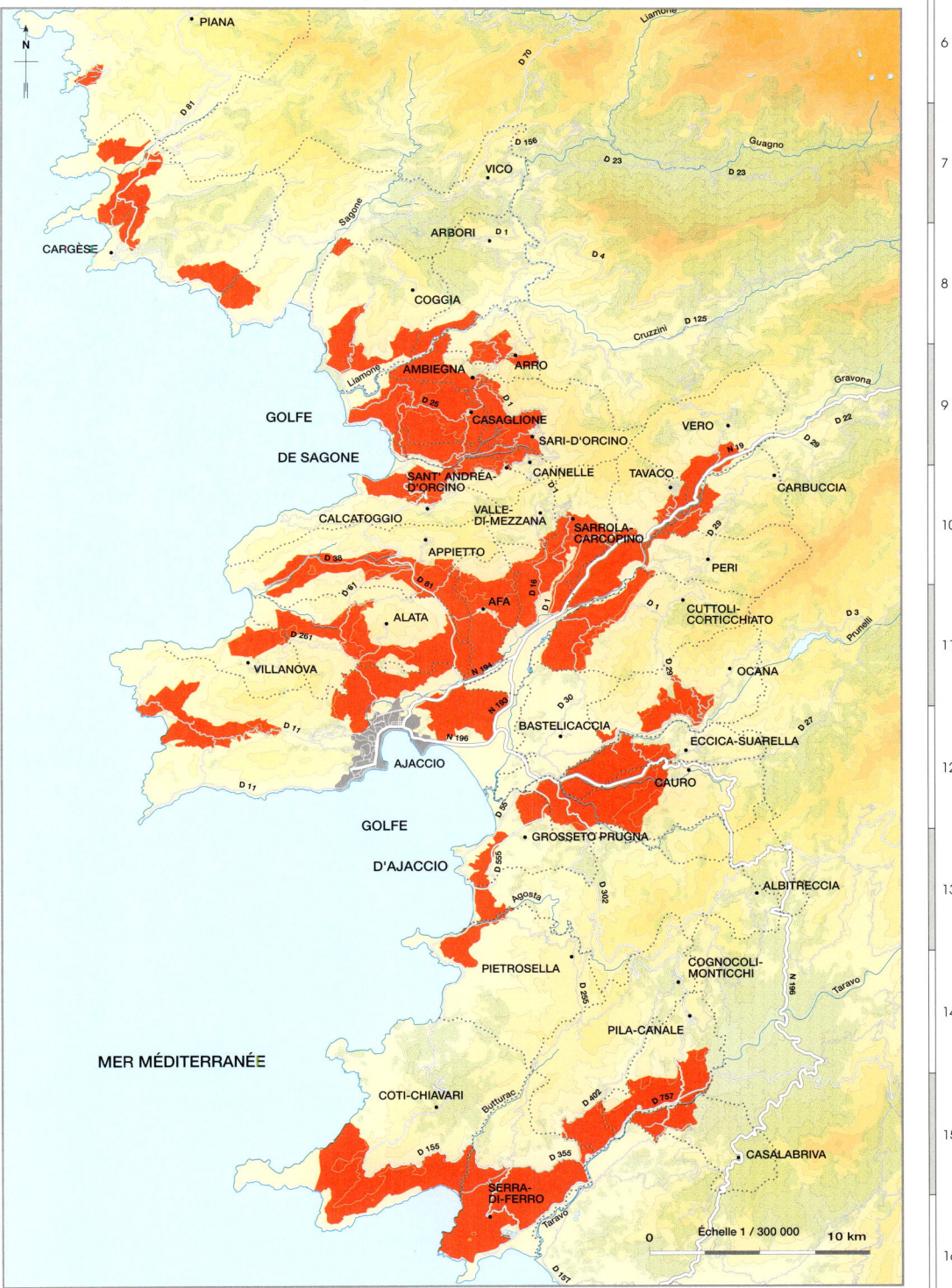

統計
栽培面積：195ヘクタール
年間生産量：6,700ヘクトリットル

Languedoc
ラングドック

ラングドック地方

統計
栽培面積：41,500ヘクタール
年間生産量：2,000,000ヘクトリットル

ラングドック地方の歴史的な栽培地は、ローマの昔からアルジェリアの独立にいたるまで、長きにわたり幾多の変遷を経てきた。日常消費用のワインの生産が長く続いたので、この地方は、しばしばなおざりにされ、素晴らしいテロワールがあることなど忘れられてしまっている。今日、優れたぶどう品種の選定や、より良質なぶどう果を得るための栽培方法の実践によって、本来の素晴らしさを取り戻しつつある。

■ ぶどう栽培の始まりとその来歴

ぶどうの葉の化石がモンペリエ市郊外のカスルノー=レ=レズで発見され、ここラングドック地方には先史時代にすでにぶどうが存在していたことが証明されている。

紀元前5世紀、ギリシャ人がアグド（訳注：p283、N10）の町付近にぶどうを植え、これが最初の取り引きされるためとしての栽培であった。4世紀後、ローマは、後にガリアへの帝国の発展の基礎となる広大な属州を現在のナルボンヌ（訳注：p283、J12）市周辺に築き、大規模なぶどう畑の開墾の始まりへと繋がっていく。ナルボンヌの港は首府であり、また商業の中心地であった。そしてぶどう栽培は順調に発展し、ローマ産のワインの輸出に損害を与えるまでになる。それゆえ92年、ドミティアヌス帝はこの地のぶどう樹を引き抜く決定を下した。それから184年後の276年、プロブス帝はこの決定を取り消し、ぶどう畑は歴史的な危機をくぐり抜け何とか持ちこたえた。

782年、修道会の大修道院長であった聖ブノワはアニアーヌ（訳注：p287、O5）の村に、その後多くの修道院の源となる宗教的な施設を建立し、そしてこれらの修道院は18世紀にいたるまで国中のぶどう栽培の発展に重要な役割を果たしてきた。

1681年、カナル・デュ・ミディの掘削により、この地方の栽培地は大幅な増加が促された。1709年には大寒波がフランスのほとんどすべてのぶどう畑に大きな損害を与えたが、幸い南部の栽培地は免れることができ、逆にこの機に乗じ経済的には潤った。19世紀末には、ヨーロッパのすべてのぶどう畑を全滅させたフィロキセラ禍がこれまでの発展を阻んだが、数年後には早くも立ち直った。

1907年、多くの社会的経済的な要因が、いまだに語り継がれている有名な騒乱（＊）を引き起こし、その結果として、不正行為を禁ずる公共機関が生まれた。

フィロキセラ禍、1914年の第一次世界大戦、また、ますます肉厚な赤ワインを求める消費動向等の結果、北部の多くのぶどう畑が見捨てられ、鉄道輸送の発達のおかげでラングドック地方のぶどう畑の増大が推し進められた。

1962年、アルジェリアの独立によって、フランスは、そのほとんどをこの地方で補っていた大量のテーブルワインの売り先を失う。このような状況下で、非常に収量が多い、質のよくない種々のぶどう品種が、需要に応えるために肥沃な平野で栽培されていた。上記のような経緯から、消費者からは、ラングドック地方は質のよくないぶどう栽培地域という印象をもたれ、今日までそれを打ち崩すのはなかなか難しい状況が続いていた。1970年代の終わりごろから生活様式が変化し、食生活の習慣にもその影響が現れてきた。それにともないワインの消費量は年々少なくなり、代わって消費者はますます質のよいものを求めるようになってきた。そして以上のような流れを反映して、この地方でも、収量を多くあげている栽培地のぶどう樹は引き抜かれ、質のよいテロワールでの高貴種の栽培が促されるようになった。

このようにして、ラングドック地方は今日、その本質を見い出し、テロワールの秘められた力を発揮し始めている。

（＊）訳注：混ぜ物をしたワインに端を発したぶどう栽培者の叛乱

■ 産地の景観

栽培地は、切り立った巨大な円形劇場のような地形をなし、沿岸とリヨン湾を見下ろしていて、海岸から40キロメートル足らずのところで200キロメートル以上の長さにわたっている。

この広大な地方を構成している種々のアペラシオンの栽培地は、1000メートルに達する連なりや台地でその境界を区切られており、400メートル付近の高さにまで見られる畑はそれらの山々によって護られている。また栽培地は2つのはっきりと異なる地塊で形成されている。ひとつは中央高地の最南部と、東はセヴェンヌ高地（訳注：ローヌ地方のすぐ西に広がる一帯）、それに西側のモンターニュ・ノワール（訳注：p282、C8）からなり、他方は、コルビエール高地（訳注：p282、D15）とリムーザンやマルペール（訳注：p282、B12）の、ピレネーの山すそに連なる丘陵の集まりである。このふたつのあいだにあるのが、ラングドック地方からアキテーヌ地方を切り離しその入り口ともなっている、カナル・デュ・ミディ沿いのスイユ・ド・ノルーズ（訳注：p282、B11）である。

■ 地質と土壌

ラングドックにおけるぶどう栽培の土壌は、実際パズルのように入り組んで構成されているが、良質の栽培地の形成に適しているという共通の特徴を備えている。

ラングドックのぶどう畑の地質は複雑で、そこには地球生成史の4つの時代が記されている。そしてそれぞれの時代で、以下に挙げるようなぶどう栽培に適した土壌の形成に優れた母岩を備えている。
- 古生代では、珪質岩と砂。
- 中生代では、砂岩と石灰岩。
- 第三紀の丸石と石灰質の泥土。
- 最後に第四紀の丸石と河川、及び海岸に由来する砂礫。

ラングドック地方の各アペラシオンのぶどう畑は、たいていの場合、険しい斜面上の強く侵食された箇所に局地的に現れている。表土の大半は、侵食によってもほとんど変化しておらず、しばしば非常に多くの礫を含み、しかも原地性の硬い母岩に由来するという共通の特徴をもっている。これらの土壌は表層部では、保水力が弱いため、ぶどうの根は深くまで入り込む必要があり、このことはたいへん重要な点である。そのおよそ数メートルの深部においては、下盤は自然で良好な水捌けをもたらしている。

土壌は痩せていて有機物にも乏しく、細粒からなる部分は酸化鉄に由来する赤褐色に色付いている。またこの土壌は、石灰岩の母岩上でさえ活性石灰分が少なく、これは地中海の典型的な、脱炭酸された「テラ・ロッサ」と呼ばれる赤土である。

これら、ラングドック地方の表土全体に共通する特徴が、気候の過度な厳しさを若干和らげている。ぶどう樹はこの表土と保水力によく適応しているが、品種毎に当然異なり、それぞれに適した状況で栽培されなければならない。

ラングドック地方

■ 気候

ラングドック地方は地中海に向いており、内陸部とは、2つの流れであるローヌ河と、スイユ・ド・ノルーズとロラゲ(訳注:スイユ・ド・ノルーズの北西、数キロメートルにある村)付近の運河によって通じているだけである。

これらの流れは送風管の役割を果しており、大量の風がスピードを上げて吹き込み、この地方を乾燥させ、東ではミストラル、西のセルスを生み、スペインではカタルーニャ地方に吹くトラモンタンという北風になる。そして年間200日前後も吹きすさぶ。

沿岸地域では、年間50日ほどしか雨が降らない──ルカト岬(訳注:p282、J15)で450ミリメートル──とはいえ降水量の勾配はとても大きく、衝立状の地形に地中海から吹く風がぶつかるため、沿岸を離れて500メートル付近の高さまで上ると雨量はすぐに800ミリメートル前後に達する。

暑い季節は同時に乾季にあたり、夏のあいだは非常に雨が少ない。7月から8月にかけては雨の降らない日が40日から50日続くことも稀ではない。しかし、この状況がぶどう樹とワインにとってはたいへん重要である。豊かな日照量と高い気温にぶどうの成熟を妨げる要因はまったくといっていいほどないが、水は常にもっとも大きな問題である。

ラングドック地方の植生は、この変化する気候の状況を反映している。全体を見渡すと、もっとも暑く乾燥した区域から、もっとも涼しく雨の多い区域まで、植生の変化が観察できる。この植生を読み解くことは、新たなぶどう品種の導入には不可欠な指針となっている。またこの気候状況によって、ラングドックの地は地中海のテロワールと定義付けることができる。

🍇 ぶどう品種とワイン

ラングドック地方ではたいへんヴァラエティに富んだ赤、白、ロゼワインがつくられており、大きくは同じ系統であるが、すべて異なった特徴を備えている。

赤ワイン ガーネットに近い色合いが特徴のワインで、豊かでたくましく、たとえ以前の荒削りな風味を失っているとしても、それはエレガントさとまろやかさ、それに香り高さを獲得したためである。この地方では、このような良質のワインはずっとあったが、誤ったイメージの需要からこれらのタイプが長いあいだ目立たずにきた。今日産地のイメージは再評価がなされ、本来の特徴が認められつつあり、上記のタイプのワインも求められるようになってきている。

この広大な地方に見られる自然状況の多様性の前においては、ワインも、醸造的に異なるつくり、あるいは土壌の適性に合った様々なぶどう品種のブレンド次第で数多くのタイプが存在するというべきだろう。

栽培されるぶどうは、以下のような伝統的な品種によっている。すなわちスペインが起源となるカリニャン種は、ここに最適の相性を表し、同じくグルナッシュ種は東から南東向きの斜面のあまり肥沃でない表土で質の高いワインを生んでいる。そしてサンソー種は、ほとんどの場合、ロゼワイン用に用いられている。

これらの伝統的な品種に加えて、30年ほど前から、香り高い品種、たとえばムルヴェードル種のように、より暑い産地で用いられる品種だが、深部では冷えた土壌に適しているようなぶどうも使用されるようになった。またシラー種は、より涼しい区域で栽培されている。ボルドーというより広くアキテーヌ地方の品種であるカベルネ・ソーヴィニヨン、コット、それにメルロ種は、ラングドック地方の西の端、スイユ・ド・ノルーズの南付近で、大西洋の湿った気候の影響を受ける最後のところである、マルペールやカバルデスのような栽培地で評価が高まっている。

白ワイン グルナッシュ・ブラン、ブルブラン、マカブー、ピクプル、それにミュスカ種のような伝統的なぶどう品種からつくられる。またリムーのような栽培地では、シャルドネーやマルサンヌ、ルサンヌ、ロール種が認められるようになったばかりである。

最近の栽培法は、ヘクタールあたりの植付け密度を上げる一方、ぶどう樹は支柱で固定され、しっかり剪定をおこない一株あたりの収量は抑えている。また、この新しい栽培方法は、環境とのバランスということも教えてくれている。区画はしばしば小さく区切られ、起伏の激しいところにもよく適応している。

以上のように、ラングドック地方のテロワールにおいては、品種や栽培法が注意深く選択され、同時に適した醸造方法によってもその価値を高めている。

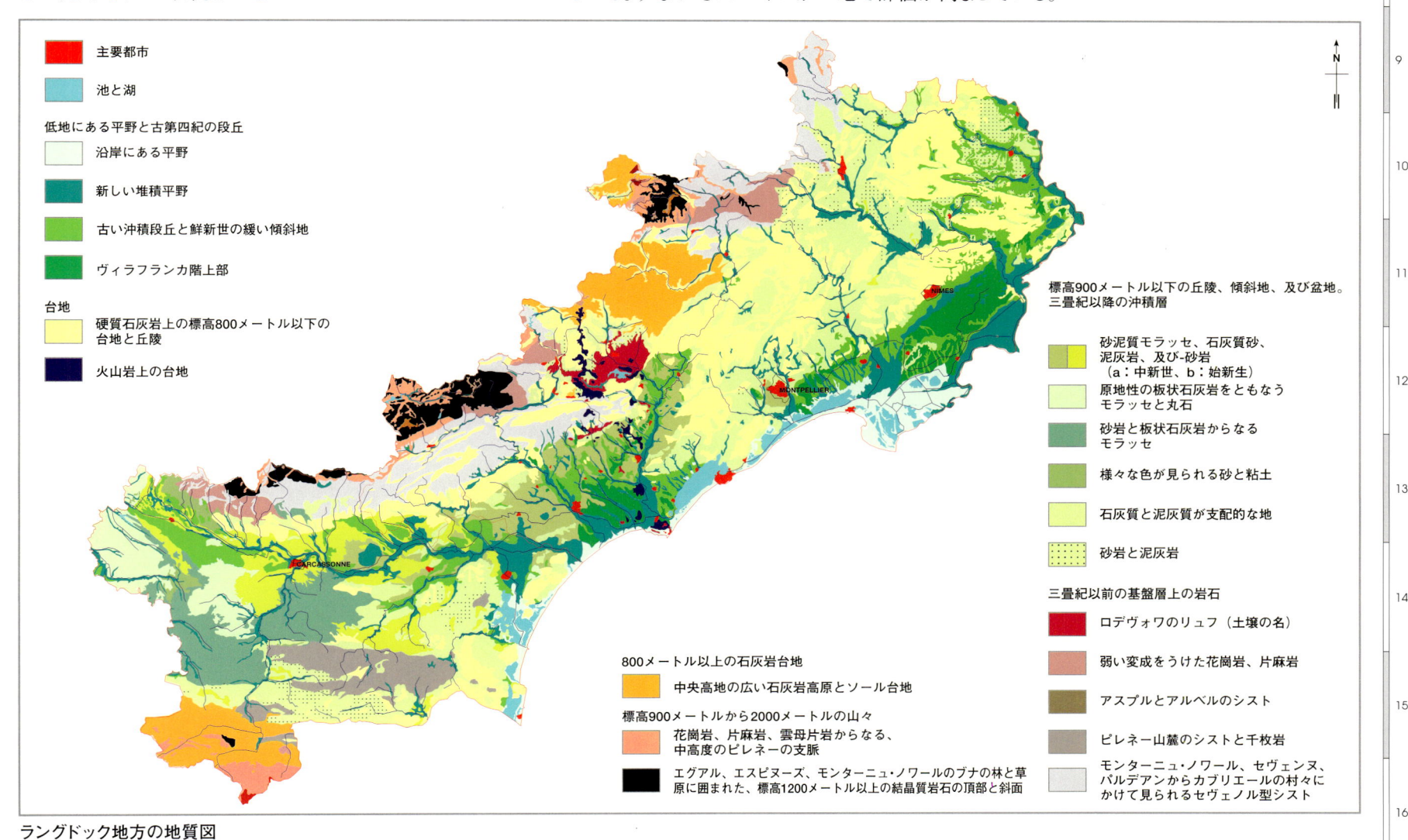

ラングドック地方の地質図

281

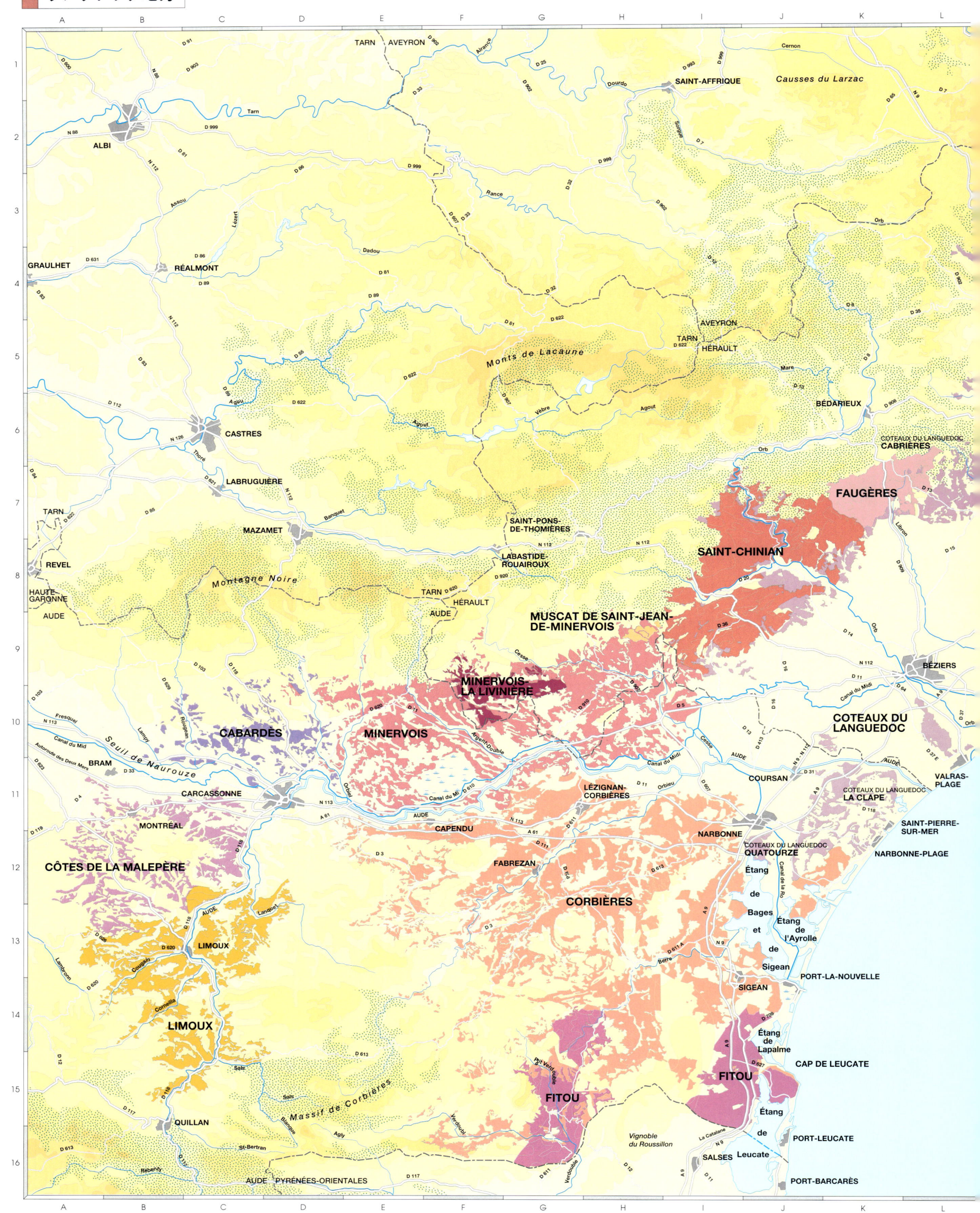

ラングドック地方

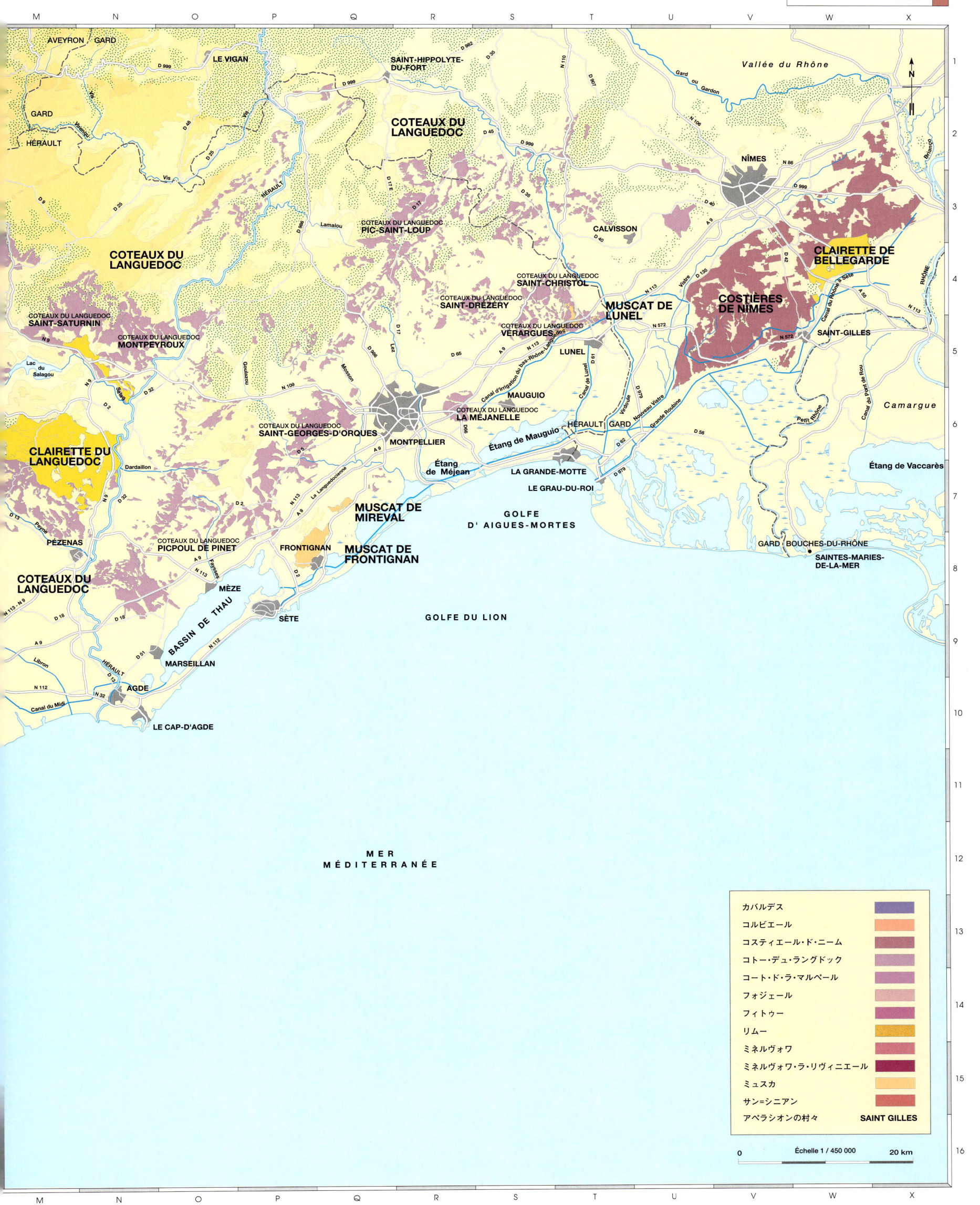

ラングドック地方

地名・地域名

- AVEYRON
- GARD
- HÉRAULT
- LE VIGAN
- SAINT-HIPPOLYTE-DU-FORT
- Vallée du Rhône
- COTEAUX DU LANGUEDOC
- NÎMES
- COTEAUX DU LANGUEDOC PIC-SAINT-LOUP
- CALVISSON
- CLAIRETTE DE BELLEGARDE
- COTEAUX DU LANGUEDOC SAINT-CHRISTOL
- COTEAUX DU LANGUEDOC SAINT-DRÉZÉRY
- MUSCAT DE LUNEL
- COSTIÈRES DE NÎMES
- COTEAUX DU LANGUEDOC SAINT-SATURNIN
- COTEAUX DU LANGUEDOC MONTPEYROUX
- COTEAUX DU LANGUEDOC VERARGUES
- LUNEL
- SAINT-GILLES
- Lac du Salagou
- COTEAUX DU LANGUEDOC LA MÉJANELLE
- MAUGUIO
- Camargue
- CLAIRETTE DU LANGUEDOC
- COTEAUX DU LANGUEDOC SAINT-GEORGES-D'ORQUES
- MONTPELLIER
- Étang de Mauguio
- Étang de Vaccarès
- PÉZENAS
- Étang de Méjean
- LA GRANDE-MOTTE
- LE GRAU-DU-ROI
- COTEAUX DU LANGUEDOC PICPOUL DE PINET
- FRONTIGNAN
- MUSCAT DE MIREVAL
- GOLFE D' AIGUES-MORTES
- GARD / BOUCHES-DU-RHÔNE
- SAINTES-MARIES-DE-LA-MER
- MUSCAT DE FRONTIGNAN
- COTEAUX DU LANGUEDOC
- MÈZE
- BASSIN DE THAU
- SÈTE
- GOLFE DU LION
- MARSEILLAN
- AGDE
- LE CAP-D'AGDE
- MER MÉDITERRANÉE

凡例

- カバルデス
- コルビエール
- コスティエール・ド・ニーム
- コトー・デュ・ラングドック
- コート・ド・ラ・マルペール
- フォジェール
- フィトゥー
- リムー
- ミネルヴォワ
- ミネルヴォワ・ラ・リヴィニエール
- ミュスカ
- サン゠シニアン
- アペラシオンの村々　SAINT GILLES

Échelle 1 / 450 000　　0　20 km

ラングドック ◆ コトー・デュ・ラングドック

Coteaux du Languedoc
コトー・デュ・ラングドック

アペラシオンは、ナルボンヌ市からニーム市まで90キロメートル近い長さにわたって、多様性に富んだテロワールの上に広がっている。ここには、フォジェール、サン＝シニアンとクレレット・デュ・ラングドックの3つのアペラシオンがひとつにまとまり、ラルザック台地、ソミエール台地、グレ・ド・モンペリエのなかにコトー・デュ・ラングドック・サン＝サテュルナン等の地区名を付けることのできる8つのアペラシオンがある。さらに10を数えるテロワールにカブリエール、モンペイルーなどの6つの地区名付きアペラシオンが点在している。

■ 産地の景観

地理的な観点からすると、領域内は非常に多様性を帯びている。また、ぶどう畑はあちこちで、石灰岩の荒地や池、沿岸の平原と境界を接している。

コトー・デュ・ラングドックのアペラシオンの広大な領域は、1000メートル近い標高の擁壁に寄りかかった格好になっている。この壁とは、エスピヌーズ、ソマイユ、カルーの各山地と、ラルザックの石灰質高原の南の端、それにセラム、ピク＝サン＝ルー、オルテュスの各高地等を含んでいる。そして、さらに東にはエグアル高地も控えている。

■ 気候

高い気温と2000時間に及ぶ日照量、風からさえぎられていること等、ぶどう栽培にはとても適した状況となっている。

畑は、ぶどう栽培に最適な気候状況のもと、海抜0メートルから標高400メートル前後まで、いたるところに見られる。この広大な栽培地のなかでは、気候条件も様々で、海から離れることによる温度勾配によっても変化が見られる。この勾配の影響は、標高による別の勾配にも重なり、ワインづくりに適したぶどう樹のサイクルが実現されている。

ベジエ市（訳注：p286、K12）の南やピクプル＝ド＝ピネ（訳注：p287、N11）のぶどう畑のような沿岸では、このサイクルは、およそ3月15日から10月15日までの7ヵ月間である。

ベルルー（訳注：p285、O12）の村の北、サン＝シニアンの栽培地の北端あたり、沿岸から40キロメートル弱離れた標高200メートル付近では、ぶどう樹のサイクルは5ヵ月間しかなく、ほぼ4月15日から9月25日までである。

ぶどう樹のサイクルは、高所では、600ミリメートルから800ミリメートルと、幅のある雨量にも関係している。また、内陸に入るにつれて、湿気と海風の影響がどんどん少なくなることにもよる。

いたるところで、その中腹にはぶどう畑が広がっている1000メートルもの高さがある山地、それぞれが、地中海から来る湿気と暑さの影響をさえぎっている。この地中海からの気団は、夏のあいだの水不足を和らげるが、逆に秋分の頃に激しい雷雨をもたらし、その激しさは24時間の降雨量が150ミリメートルに達するほどである。

これらの状況は総体的にぶどう栽培にとっては有利にはたらき、素晴らしいテロワールから高貴種による上質なワインの生産を可能にしているが、同時に沖積平野では簡単に凡庸なワインを生んでしまう。この気候的な条件のよさが、間接的に、しかしとても大きく、この地方のぶどう栽培の悪い評判にかかわっていることは明らかである。

統計
栽培面積：9000ヘクタール
年間生産量：490,000ヘクトリットル

■ 地質と土壌

気候状況が最適である場合、ぶどう樹の生育サイクルを制限する要因が必要である。それは表土の肥沃さという点となり、もっと正確には摂取できる水分量、ということになる。

このアペラシオンでは、高い酒質のワインの生産にあてられている畑は、平均よりも少ない保水力の表土に広がっていて、それは特に標高の高いところに見られる。このような表土は、夏のあいだの水分供給が保証されなければならず、その十分ではない水分量が、ぶどう果の完璧な成熟をもたらしてくれる。

上記の点から、地質的にたいへん複雑なこの地を見ると、母岩により4つのタイプの土壌の存在が認められる。

シスト 古生代のシストからなる標高の高い地で、サン＝シニアン、フォジェール、カブリエールで見られる。この岩石上の土壌は侵蝕でほとんど変化せず、さらに痩せている。生じた起伏はとてもはっきりしていて、15度を超えるような傾斜が目立っている。表土も痩せていて、薄層状で、根が深く張るのに適している。

硬質石灰岩 ラ・クラープ（訳注：p286、H15）、ラルザック台地、ピク＝サン＝ルーで見られる中生代の硬い石灰岩と脱炭酸化した赤い土壌。一般的に起伏は、この土壌の侵蝕された表面で、わずかな傾斜の石灰質の台地のかたちになっているが、険しい起伏を見せることもある。ドリーネの底ではテラ・ロッサ、ケスタの端では砂礫層の豊富な箇所が伝統的にぶどう畑によって占められてきた。今日では機械によって下盤を砕き、サン＝ジャン＝ド＝ミネルヴォワ（訳注：p295、T8）の台地のように素晴らしい結果がもたらされている。

丸石やガレ 第三紀末期の丸石と中新世の礫岩は、古い沖積台地や扇状地を形成していて、これらはグレ・ド・モンペリエやラルザック台地、ベジエ台地、クレレット・デュ・ラングドック、ペズナ（訳注：p286、K9）やカトゥールズ（訳注：p286、G16）の区域に見られる。

石灰質の泥土と泥灰石灰岩 ピク＝サン＝ルーとラ・クラープ、ピクプル＝ド＝ピネの石灰質の泥土と泥灰石灰岩上の土壌はすべて、岩石、小石、礫といった粒の大きい要素を多く含んでいる。ぶどう樹の根が入り込む深さと自然の水捌けのよさ、さらに細かい土壌中の2割前後の粘土、そしてわずかに含まれる有機成分を備えている。

これら土壌の差異は、大きく石灰岩の有無、特に活性石灰分の含有量によって決まり、この特徴が台木の選択、また部分的にタンニンの質への影響を与えている。

🍇 ぶどう品種とワイン

栽培品種としては、赤ではグルナッシュ、シラー、ムルヴェードル種が優勢で、ロゼはサンソー、そして白ワインにはヴァラエティに富んだ品種が用いられている。

数種類の品種のブレンドは、ここでは、それぞれのアペラシオン毎の相違を際立たせる要因のひとつとなっている。スペイン原産のカリニャン種はここに最適の地を見い出し、ベルルーの村付近では4割を占めている。とはいえピク＝サン＝ルーでブレンドされる割合は10パーセント以内に留まっている。

グルナッシュ、シラー、ムルヴェードル種の3品種はいたるところで見られ、なかでもムルヴェードル種は、もっとも暑い区域だが深部は冷えた土壌のある栽培地に割り当てられている。またグルナッシュ種は南から南東向きの痩せた土壌と相性がよく、サンソー種はロゼワインづくりに用いられ、シラー種はもっともポピュラーな品種である。

赤ワイン しっかりした構成でコクがあり、香り高く、風味は口中に長く残る。アペラシオン毎の相違は、用いる各品種のブレンドからもたらされるとはいえ、テロワールの力もあなどれない。それは、シスト上にある畑では、ワインはエレガントで早い仕上がりを見せ、石灰岩の土壌では、力強く複雑で熟成タイプを生む、ということにも現れている。

白ワイン 豊かで粘性があり、しばしば熟成タイプも見られる。ワインは、グルナッシュ・ブラン、クレレット、ブルブラン、ピクプル、ルサンヌ、マルサンヌ、そしてヴィオニエ種といった多くの品種を選択できることに恵まれている。ピクプル＝ド＝ピネだけが、ピクプル種単一でつくられる。

ラングドック地方 ◆ コトー・デュ・ラングドック ◆ サン=シニアン ◆ フォジェール ◆ クレレット・デュ・ラングドック

Saint-Chinian, Faugères et Clairette du Languedoc
サン=シニアン、フォジェールとクレレット・デュ・ラングドック

サン=シニアンとフォジェールの隣り合ったアペラシオンは、赤とロゼワインだけ（訳注：フォジェールでは2005年以降、白の生産が認可された）を産し、共通のシストからなる土壌でぶどうは栽培されている。気候的に同じような状況のなか、用いる品種も同様なため、ワインは必然的に土壌の性質によって区別される。さらに東では、歴史的なクレレット・デュ・ラングドックの栽培地で人気のある白ワインを生産している。

■ 自然要因とワイン

ベジエ市（訳注：p285, T16）の北、エロー県に位置するサン=シニアンとフォジェールの栽培地は、カルーとエスピヌーズの山地のふもとを背にしている。

これらの栽培地は似たような気候状況で、山々によって北風から護られている。年間の平均気温は摂氏14度で、とりわけ暖かく、冬の霜などは見られない。また空気は乾燥し、日照量も十分である。

ワインはオーソドックスなカリニャン、グルナッシュ、シラー、ムルヴェードル種等の品種からつくられるので、この2つのアペラシオンの違いは、土壌の性質によって区別される。

サン=シニアン テロワールは、オルブとヴェルナゾブルの両河川の流れによって大きく2つの区域に分けられる。北の部分にはシストと砂岩が多く見られ、南では、礫が土壌の9割を占め、40センチメートルほどの深さにまで達している。このタイプの土壌は水分を蓄えず、したがってぶどう樹はひどい乾燥に適応しなければならない。シストが見られる北側の中心部には、ロクブランとベルルーの村々が位置するが、ロクブランの集落は、標高300メートル前後の険しい丘陵地で砂岩を含むもろいシストからなる土壌が特徴である。ベルルーの村では、土壌は粘土混じりの柔らかい片理をもった薄板状の重なりで構成されている。このテロワールは、中生代の海でボーキサイトが粘土と混ざり、それと海底に堆積した石灰岩から形づくられている。またとても薄い表土をともなった小さな台地も見られ、ぶどう樹は母岩である石灰岩のなかへうまく根を張っている。

フォジェール 平地からいきなり300メートル前後の高さまで上り、同じようにシストの土壌だが、サン=シニアンよりも砂岩を多く含んでいる。また同時に、古生代の海の堆積に由来する粘土も見られる。

統計（サン=シニアン）
栽培面積：3,150ヘクタール
年間生産量：142,000ヘクトリットル

統計（フォジェール）
栽培面積：1,950ヘクタール
年間生産量：84,000ヘクトリットル

クレレット・デュ・ラングドック 辛口から甘口、フレッシュな、もしくはランシオ香を帯びた白ワインが、クレレット種からつくられている。畑は石英の円礫やシレックス、石灰岩の塊などから構成されている。

統計（クレレット・デュ・ラングドック）
栽培面積：100ヘクタール
年間生産量：4,000ヘクトリットル

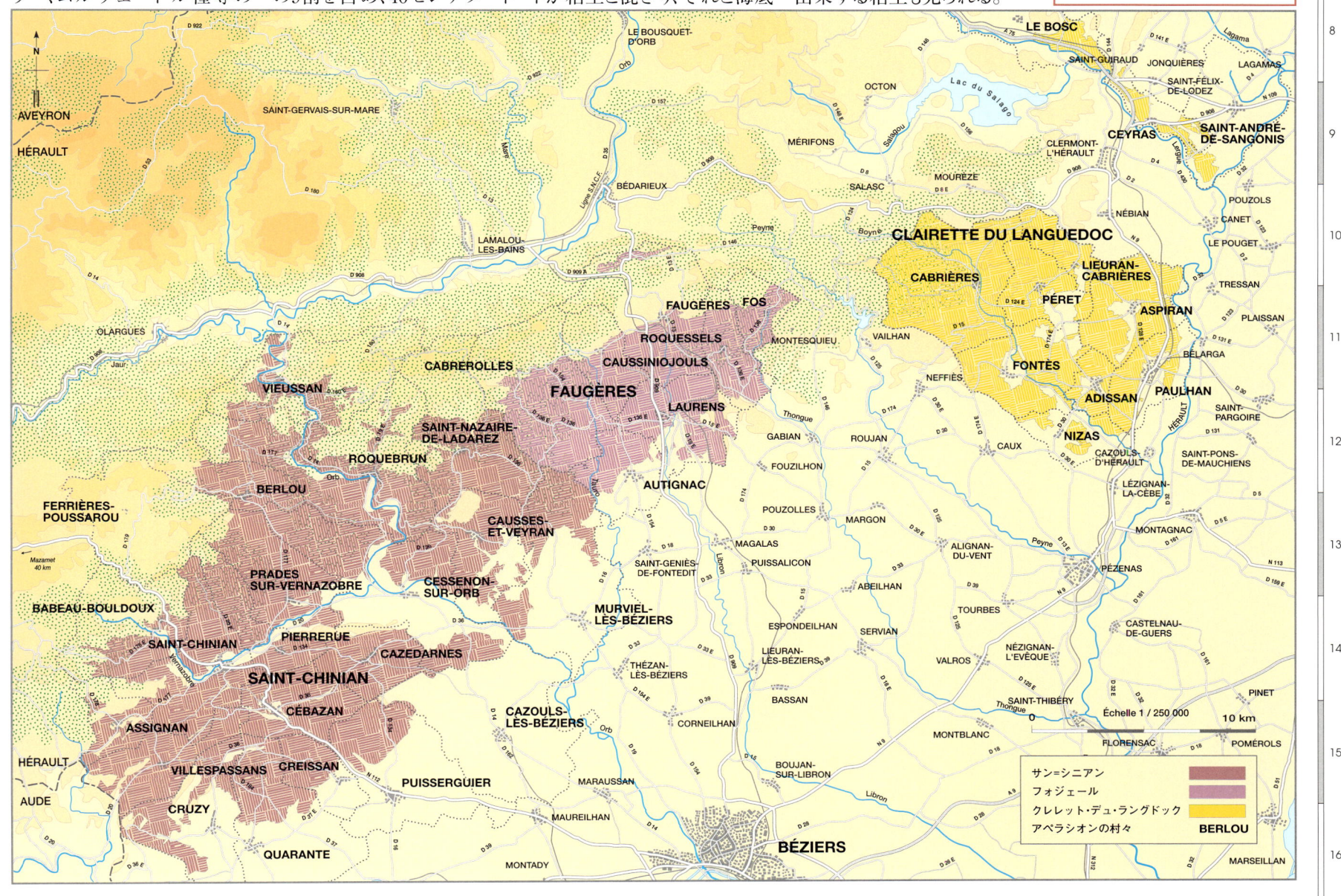

285

ラングドック地方 ◆ コトー・デュ・ラングドック

■ テロワールの分類

フォジェール、サン=シニアン、クレレット・デュ・ラングドックのアペラシオンとは別に、コトー・デュ・ラングドックのテロワールのタイプを明確にするための分類がなされている。

風の影響——海風、セルス、トラモンタン、それにミストラル——や降水量——ナルボンヌ市で550ミリメートル、ニーム市で750ミリメートル——、加えて平均気温や日照量などから大きく7つの気候区域に分けることができる。

ラ・クラープ la Clape 標高200メートルに達するこの栽培地は、沿岸地方を見下ろしている。川と海の沖積土に囲まれ、下盤はウルゴン階の硬い石灰岩で、侵食された台地は、地中海地方特有の赤い表土と石灰分の多い泥土の斜面となっている。沿岸と平行に2つの斜面をつくり、ひとつは南東向き、もう一方は北西を向いている。暑く乾燥し、セルスとトラモンタンの風の影響を強く受け、降水量は年間500ミリメートルとわずかである。

カトゥールズ Quatourze ナルボンヌ市とバージュ湖のあいだの、たいへん乾燥した気候の丸石で覆われた台地で栽培されており、ムルヴェードル種の適地である。

ピク=サン=ルー Pic-Saint-Loup モンペリエ市の北20キロメートルのところ、畑は、同じ名の丘陵の70メートルから250メートルほどの斜面に連なっている。そしてオルテュスの丘と、コルコンヌの村を見下ろすクタークの石灰質高原によって北西に続いている。

土壌は、石灰岩の塊と砂礫層が特徴で、テラ・ロッサやしばしば泥灰土の粘土質のマトリックスに覆われている。全体は、泥灰岩の下盤上に広がっている。砂礫層の厚さはワインの特徴に影響を与えるが、その起源——河川扇状地、堆積、中生代の川の台地等——によって異なっている。

地中海と大陸性気候の影響を受けているこの地は、ぶどう果の成熟期間中に重要となる日中と夜間の気温差が大きく、上質で凝縮感のあるワインの生産に適している。

ペズナ Pézenas 地中海の影響はあまり見られず、したがって湿度も高くない。積算気温は高く、ムルヴェードル種は南東のもっとも適した区域でしか栽培されていない。下盤は、中新世と鮮新世の泥土と石灰岩のモラッセで形成されており、凸状の頂や、しばしば石灰質のセメントで固められた丸石が見られる礫岩のグループをともなっている。エロー県のヴィラフランカ階の台地は、モンターニュ・ノワールに源を発していペイヌ川の流れによって断層を生じている。またペズナの北西には玄武岩を含む地層があることも付け加えておこう。

カブリエール Cabrières ヴィスーの鋭鋒を背にして、ここでは地質的な逆転が見られる。土壌にはシストが多く、シラー種の香り高さが十全に発揮されたワインを産する。

ラルザック台地 Terrasses du Larzac この地は地質的にたいへん入り組んでいて、強い気候勾配が見られる。サン=ジャン=ド=フォスでの降水量は、エスカレット山地のふもとの1200ミリメートルに対して、700ミリメートルであり、積算気温は1600度から1300度と幅がある。地質的な観点からは以下のとおりである。

- オクトン(訳注:右図、K6)、メリフォン、それにラビュー(訳注:右図、O6、ジニャックの村の西、数キロメートル)の村々はペルム紀の砂岩上にあり、ラビューではときに玄武岩が優勢である。
- サン=ジャン=ド=ラ=ブラキエール(訳注:右図、M5)の村に見られるシスト。
- サン=サテュルナンとジョンキエール(訳注:右図、N5)各集落の第四紀の古い台地。
- サン=ギロー(訳注:p287、M6)、ジニャック、アニアーヌの鮮新世のモラッセ。
- モンペイルーの石灰質高原の石灰岩、ないし運ばれた石灰岩上の赤い表土。これは石灰質の崩落物と固化破砕物からなる河川扇状地として存在し、ラルザック南部、またサン=ジャン=ド=フォスやアニアーヌに位置している。

これらは凍結破砕した石灰岩、あるいは小さな規模の氷河の削剥による生成物で、ゴツく、珪質粘土のマトリックスに覆われている。表土は痩せているため、ぶどう樹は香り高いワインの生産に向いた根の張り方となる。

サン=サテュルナン Saint-Saturnin ラルザック台地のふもとで、暑い気候と、風をさえぎる環境に恵まれている。

モンペイルー Montpeyroux ラルザック石灰質高原に連なる支脈の端で、構成のしっかりした赤ワインを生んでいる。

ソミエール台地 Terres de Sommieres この地はセヴェンヌ高地の保護を受けておらず、ミストラルが吹きつける。逆にセヴェンヌ高地は、南や南東の地中海からの風の衝立てとなっている。9月に雨の降る恐れがあり、特にヴィドゥルル川(訳注:右図、V7)の東側で大きい。雨に降られても、スヴィニャルグやレクー(訳注:右図、U3)、ガリーグあるいはフォンタネス(訳注:右図、T4)の村々の砂岩質の礫岩、またクレスピアンやモンミラ(訳注:右図、V2)の集落の石灰岩と泥灰土の互層が見られるような畑は、素早く乾燥する。

この区域の北部では生育サイクルの短いぶどう品種が栽培されている。

グレ・ド・モンペリエ Grès de Montpellier この区域は、西のエロー川(訳注:右図、P4)、北をピク=サン=ルー、東にヴィドゥルル川、南は海岸線とで境界を定められている。積算気温は摂氏1750度に達し、およそ10メートルから70メートルの標高に広がるぶどう畑は、生育サイクルのポテンシャルが長い。降雨量は700ミリメートル近くあるが、夏のあいだの雨のない日は45日にも及び、地中海の品種すべてが栽培されている。都市化を免れた土壌は鮮新世の礫岩と砂利で形成されており、栽培地としては、もはやサン=ジョルジュ=ドルク付近でしか見られず、そこは珪質粘土の塊で有名なところでもある。そのすぐ東、ジュヴィニャック村に見られるブルディガル階の泥土と粘土質の

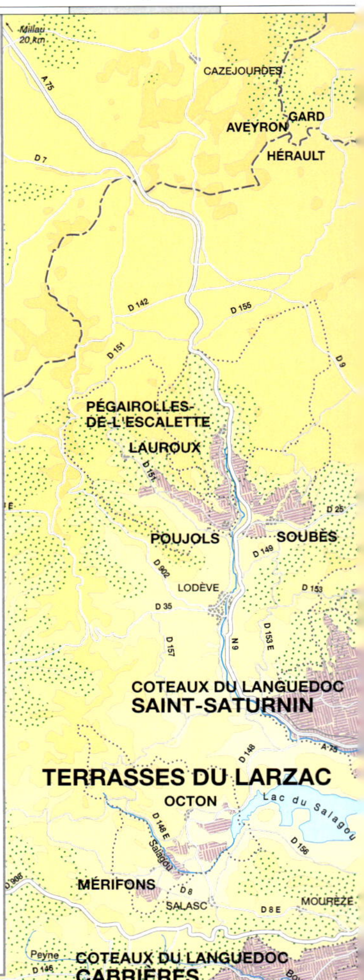

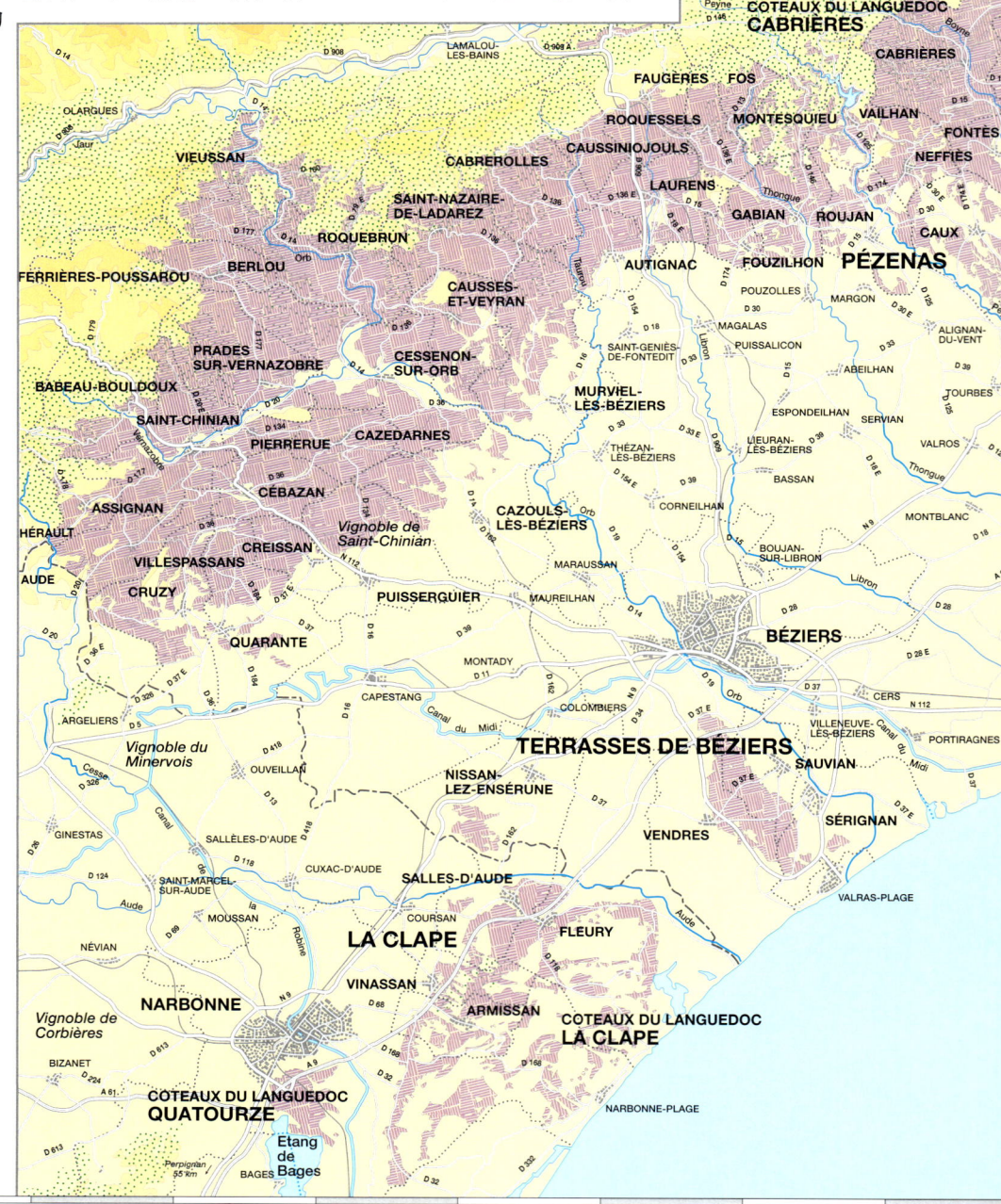

ラングドック地方 ◆ コトー・デュ・ラングドック

マトリックスに包まれた亀裂のある石灰岩が、この産地の西部を特徴付けている。

ヴェラルグ Verargues 粘土質石灰岩からなる台地上で、しっかりしたワインを生む。

サン=ドレゼリー Saint-Drezery ここは標高105メートルから125メートルほどの古い河川の緩斜面にある。

サン=ジョルジュ=ドルク Saint-Georges-d'Orques 中世から名高い地である。

メジャネル la Méjanelle 丸石で覆われた台地から、肉厚なワインを産する。

サン=シストル Saint-Chistol 丸石で覆われた台地で海風をうけ、ムルヴェードル種からコクのあるワインを生む。

ピクプル=ド=ピネ Picpoul-de-Pinet セート市のモン・サン=クレールに向かい合い、トーの湖を見下ろす斜面に広がる栽培地で、6つの村々にわたっている。南に向いた斜面で、畑は温暖で、際立った日照に恵まれている。また北西の風からはうまくさえぎられ、夏の暑さを和らげてくれる湿気を含んだ海風を享受している。

土壌は、第三紀の、部分的に赤色化した砂質泥土の緩斜面に広がり、わずかな石灰分があり、痩せている。水分の維持が重要となるため、根は深くまで入り込んでいる。ここではピクプル種が、単一品種のワインを生んでいる。この地によく適応しているが、そのフィネスと香り高さのために、水分量をより制限することが求められている。

ワインは緑色がかった黄金色で、セイヨウサンザシと菩提樹のアロマが備わり、自然の心地よい酸味が特徴である。

ベジエ台地 Terrasses de Béziers 西のオード川（訳注：左図、J15）と東のトング川（訳注：左図、K11）、南北はモンターニュ・ノワールからの支脈と地中海沿岸のあいだに位置している。畑のある斜面は南東に向いており、南では20メートルほどの標高が、北にいくにつれ100メートル前後まで上り、その傾斜は緩やかである。気候的には、地中海の影響をうけ、またモンターニュ・ノワールによって護られている。積算気温は摂氏1800度に達し、降雨量は平均で700ミリメートル前後である。泥土質の泥灰土、石灰岩の堆積層、ヴィラフランカ階の丸石の土壌の3つのタイプが、この地を特徴付けている。

栽培地
- アペラシオン：COTEAUX DU LANGUEDOC CABRIÈRES
- アペラシオンの村々：CASTELNAU-LE-LEZ

ラングドック地方 ◆ コルビエール

Corbières
コルビエール

コルビエールはラングドック地方でも、もっとも山がちな栽培地である。畑はすべてオード県内にあり、自然とルション地方の栽培地へと続いていて、深く刻まれた谷の連なりによってのみ分断されている。その広さと土壌の多様性は、気候的な影響とともに、11の特徴あるテロワールをもたらしている。

■ 産地の景観

コルビエールの広大なぶどう畑は、カルカッソンヌ市からルカト湖(訳注:p282、J16)、そしてピレネーの支脈からモンターニュ・ノワールのふもとまで広がっている。

コルビエールのぶどう畑は、コルビエール高地の南東の正面を占めている。栽培地は、北でオード川を、東ではフィトゥーからナルボンヌ市へ続く沿岸を見下ろしている。起伏ははっきりしており、谷によって刻まれたクループを形成し、段々状の斜面は急な傾斜を見せている。沿岸から20キロメートルほど入ったトーク山地のふもと、テュシャン(訳注:p290、L14)からヴィルヌーヴ=レ=コルビエール(訳注:p291、N11)の村々のあいだでは、ぶどうは標高400メートル付近まで栽培されている。

3つの山地が、盆地と斜面で形成された栽培地の範囲を定めているが、その3つとは、トーク、ムトーメ(訳注:p290、F12)、それにアラリック(訳注:p290、H4、コミーニュの村の南に連なる)の山々である。

■ 気候

石灰質の土壌とそこに繁る潅木という典型的な植生からは、地中海性気候の影響の大きいことが窺えるが、西では大西洋からの気候の影響も感じられ始める。

風はいたるところで吹きつけ、険しい起伏が気候状況とともに条件の異なる区画を増加させている。境界を形づくっている3つの山地は、以下の気候的条件を構成している。

- 沿岸から遠ざかると、年間およそ100日ほど吹きつける、湿気を含んだ海風の影響はますます小さくなる。
- 100メートル毎の標高差で生じる摂氏0.7度の気温勾配と、降水量の勾配から、標高の開きは、昼と夜の大きな気温格差を生み出している。
- 年間200日前後も吹きすさぶセルスが乾燥をもたらす要因のひとつだが、ぶどう畑が位置する斜面の向きにより、その影響は大きく異なる。

■ テロワールとワイン

ピレネーと中央高地のあいだにあって、その地史は非常に複雑である。これがコルビエールの土壌が多様性に富んでいることの説明となる。

コルビエールの栽培地はたいへんヴァラエティに富んだ土壌に広がっているため、大まかに端折って述べることは至難のわざである。したがってテロワールのひとつひとつの特徴を記し、これを地質学、あるいはそこに顕著に見られる土壌との関係から記述するほうが適切である。以下に各テロワールを詳述する。

シジャン Sigean グリュイサン、ポル=ラ=ヌーヴェル、シジャン、ポルテル、トレイユ、カーヴ、ラパルム、フィトゥー、ロクフォール=デ=コルビエール、ルカト、ペイリアック=ド=メール、そしてバージュの各村々で形成されている。

沿岸部に広がる畑は、小高い丘の泥灰質石灰岩からなる白い斜面を覆っていて、斜面下部には第四紀の赤い砂岩質の河川礫層が見られる。ぶどう畑は全面的に地中海性気候の恩恵をうけていて、高い気温と、湿気を含んだ大気がもたらすわずかな降水量が特徴である。この状況下においてぶどう品種は、ムルヴェードル種がもっともよい適応を見せる。

カリニャン、グルナッシュ・ノワール、サンソー、シラー、そしてムルヴェードル種が赤のベースとなり、白ワインはブルブラン、マカブー、グルナッシュ・ブラン種を用いる。

出来上がる赤は、豊かで骨格のしっかりした熟成タイプで、たいていの場合ムルヴェードル種が要となっている。ロゼたいへん香り高く、白ワインは素晴らしいフィネスを備えている。

デュルバン Durban テロワールを構成しているのは、ヴィルセック=デ=コルビエール、デュルバン、フレス、フィヤ、サン=ジャン=ド=バルー、アンブル、カステルモール、カスカテル、テュシャン、パジオル、ヴィルヌーヴ=デ=コルビエールの各集落である。

栽培地は600メートルに達する丘陵の岩壁で周りを取り囲まれているため、畑は、地中海の恩恵にはわずかしか与ることができない。土壌は全体的に痩せて薄いため、夏のあいだの際立った乾燥はぶどうの生育期間を延ばし、凝縮した果実の収穫には都合のよいものとなっている。丘陵に広がるぶどう畑には、異なる多くの区画が見られ、ところどころで露出している母岩をうまく利用している。

ぶどうは、カリニャン、グルナッシュ・ノワール、サンソー、シラーそしてムルヴェードル種が赤ワインに用いられ、また白ワインは、グルナッシュ・ブランとマカブー種からつくられる。

赤ワインは肉厚でバランスがとれ、樽熟の後、時間をかけて開く熟成タイプ。ロゼは軽くフルーティー、白は辛口で香り高いワインである。

ケリビュス Queribus もっとも南に位置するこの区域はパデルン、キュキュニャン、デュイヤックの各村々で形成されている。

ぶどう畑は、およそ250メートルから400メートルに達する高低差のある谷の礫混じりの斜面に広がっている。この標高と土壌等が、40日間も畑に雨の降らないような夏のあいだの乾燥を和らげてくれる。そしてこれらの要因によって、ぶどうの成熟はゆっくりと進む。

カリニャン、グルナッシュ、サンソー、シラー種が赤とロゼワインの生産に使用され、シラーとグルナッシュ種は特に香り高さという点からは最適の状況に恵まれている。白ワインはマカブー、マルヴォジー、マルサンヌ、ミュスカ、ピクプル、グルナッシュ・ブラン種でつくられる。

赤ワインには、香り、また味わいの点でも力強さがある。そして時とともに燻したような複雑なアロマが発達する。さらに、しっかりとした骨格にフィネス、エレガントさを備えている。繊細さを感じさせるロゼは、新鮮で瑞々しいワインで、白ワインはゆったりとしてバランスよく、トロピカルフルーツの風味に満ちている。

テルムネス Termenès 畑

統計

栽培面積:15,150ヘクタール
年間生産量:690,000ヘクトリットル

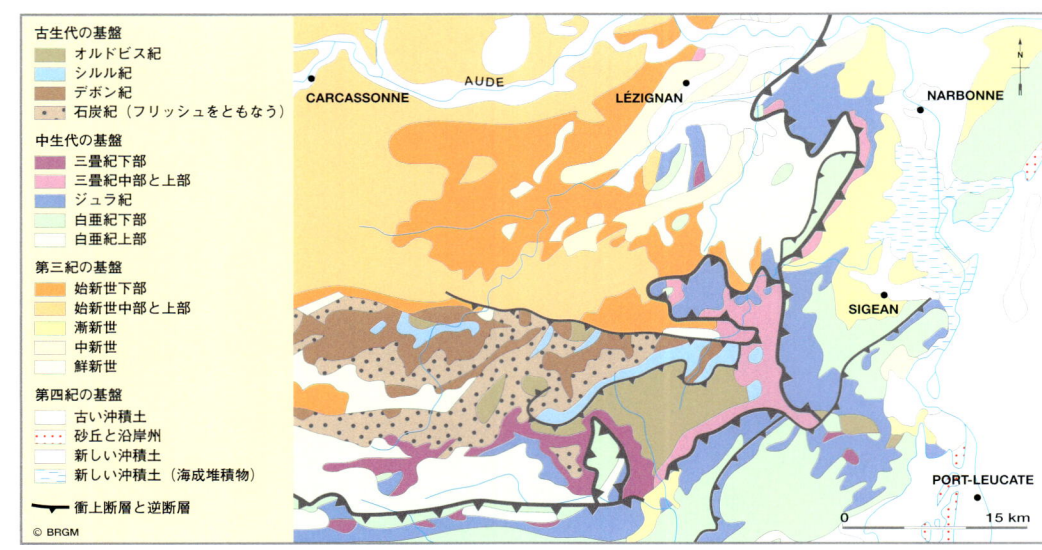

コルビエールの栽培地の地質図

古生代の基盤
- オルドビス紀
- シルル紀
- デボン紀
- 石炭紀(フリッシュをともなう)

中生代の基盤
- 三畳紀下部
- 三畳紀中部と上部
- ジュラ紀
- 白亜紀下部
- 白亜紀上部

第三紀の基盤
- 始新世下部
- 始新世中部と上部
- 漸新世
- 中新世
- 鮮新世

第四紀の基盤
- 古い沖積土
- 砂丘と沿岸州
- 新しい沖積土
- 新しい沖積土(海成堆積物)
- 衝上断層と逆断層

ラングドック地方 ◆ コルビエール

は点在していて、ルフィアック、モンガイヤール、デルナスイエット、ダヴジャン、メゾン、フェリヌ＝ミネルヴォワ、ヴィルージュ＝テルムネス、ヴィーニュヴィエーユ、ラロック＝ドファ、そしてテルムの村々に広がっている。

標高400メートルから500メートルと、栽培地はコルビエールでももっとも高いところに点在している。粘土質石灰岩の丘陵とシストが見られる高い台地の、深く刻まれた斜面は、種々の気候の影響にさらされている。つまり地中海の環境が山々に影響され、ぶどうの成熟を遅らせる状況を生み出している。潜在的なぶどう樹の生育サイクルは比較的短いが、この地ならではのぶどう果の凝縮は、有利な晩夏の気候によってもたらされている。

シラー、グルナッシュ、サンソー、カリニャン種が赤とロゼワインのベースとなっていて、またルサンヌ、ブルブラン、マルサンヌ、グルナッシュ・ブランとマカブー種が白ワインに使われる品種である。

赤はスパイシーで、長期熟成型である。熟成につれ、下草やトリュフのような複雑なアロマを纏うようになり、たいへん調和がとれた味わいとなる。ロゼはまろやかで香り高く、高地のテロワールからつくられる白ワインは、豊かで香り高さに溢れている。

サン＝ヴィクトール Saint-Victor この栽培地は、クストゥージュ、フォンジョンクーズ、ジョンキエール、タレラン、トゥールニサン、カンティヤン、アルバの各村落、それにサン＝ピエール＝デ＝シャンとサン＝ローラン＝ド＝ラ＝カブルリスの村々の一部からなる。

地理的にはコルビエールの中心にあり、地中海性の均一な気候に恵まれているが、沿岸からは30キロメートル以上離れている。およそ150メートルから300メートルと標高差がある広い台地の土壌は、砂岩と粘土、石灰岩、そして局地的にシストで構成されている。ぶどう樹の生育サイクルは4月半ばから9月半ばにわたり、異なる品種をうまく成熟させている。

カリニャンとグルナッシュ＝ノワール、シラー種が赤とロゼワイン用に用いられ、そしてマ

ルサンヌ、ルサンヌ、グルナッシュ・ブランとマカブー種が白ワイン用の品種である。

赤ワインは豊かでまろやかで、タンニンはよく溶け込んでいる。ロゼは種々のタイプがあるが、ほとんどは生き生きとして新鮮、白ワインは力強いアロマとバランスのよさが特徴である。

フォンフロワド Fontfroide ここは、モントルドン＝コルビエール、ネヴィアン、ナルボンヌ、ビザネ、サンタンドレ＝ド＝ロクロングの各集落と、オルネゾンの村の一部とで形成されている。

栽培地は、フォンフロワドの小さな小山によって沿岸と分けられている。気候は地中海性だが、海からもたらされる湿気を含んだ風の影響はわずかで、フランスでももっとも雨の少ない地のひとつとなっている。暑さと乾燥は、水分をうまく維持することのできる浸透性のある土壌によって補われ、ムルヴェードル種のような生育サイクルの長い品種にとっても、素晴らしい成熟を見込める。

カリニャン、グルナッシュ・ノワール、サンソー、ムルヴェードル、シラー種が赤とロゼワインのベースである。またグルナッシュ・ブラン、ブルブラン、マカブー種がほとんどの白ワインに使われている。

赤は、紫の際立った色合いと赤い小さな果実の香りが特徴である。またタンニンを感じさせるしっかりした口当たりで、熟成とともにスパイスやコショウの風味を備えるようになる。ロゼはサーモンピンクの色合いで、上質でフルーティー、また白ワインは溌剌としたタイプながら粘性もあり、調和がとれている。

ラグラス Lagrasse 中心部、サン＝ヴィクトールの北西に位置し、カンプロン、リボート、ラグラスの各集落と、ファブルザン、サン＝ピエール＝デ＝シャン、コネッザン＝ヴァル、リューザン＝ヴァル、それにセルヴィエザン＝ヴァルの村々の一部で構成されている。

この地は特にぶどう栽培に適した状況を与えられている。部分的にアラリック山地の南の峰によってセルスから護られ、ぶどう樹は、硬い石灰岩上に広がる典型的な地中海

の赤い土壌──テラ・ロッサ──の養分を汲み上げている。はっきりしたとした地中海性気候の恩恵を受け、実際の生育サイクルは長いため、ぶどう果の遅い成熟と、ワインが纏う豊かなアロマ等の点からも、この地はぶどう栽培にたいへん適している。また標高150メートルから250メートル付近まで段々状に上っているぶどう畑は、その高さのおかげで夏の暑さの影響も和らげられている。

カリニャン、シラー、ムルヴェードル、そしてグルナッシュ・ノワール種が赤とロゼワインの生産に用いられている。マカブー、グルナッシュ・ブラン、マルサンヌ、ルサンヌ、そしてマルヴォワジー種は、白ワインを生み出すのに使われている。

つくられる赤ワインは熟成に適した性質を備えていて、時間を経る毎にルビー色はさらに美しい琥珀色を帯びた赤色に変化し、赤系の果実の香りに動物の香りを纏うようになる。口中に長く残り、上質で滑らかなタンニンを感じさせる。ロゼは力強く、潅木のアロマがあり、新鮮でフローラルである。黄金色に輝く白はコルビエールを代表するワインである。多少時間がたつと、木のなかにわずかに燻したような香りを含んだ、エキゾチックなアロマを備える。白はその大半が豊かで極めてアフターの長いワインである。

セルヴィエ Serviès もっとも西の栽培地であり、フォンティエ＝ドード、モンティラ、モンズ、プラデルザン＝ヴァル、ヴィルトゥリトゥール、ラバスティド＝アン＝ヴァル、モンロー、マイロンヌ、ヴィラーラン＝ヴァル、トリーズ、アルケット＝アン＝ヴァルの各村々と、セルヴィエザン＝ヴァル、リューザン＝ヴァル、コネッザン＝ヴァルの集落の一部とで形成されている。

コルビエールの西、ぶどう畑は広い窪地にあり、北でアラリック山地、南はラカンプの台地によって閉ざされている。ここは地中海性と大陸性気候の影響を同時に享受し、独特な環境となっている。夏の乾燥は、8月にしばしば起こる雷雨によって和らげられ、この雨水は、泥灰土と石灰質のモラッセの土壌に都合よくしみ込むのである。セルヴィエ

のテロワールには、畑に多く見られるシラー種のようなぶどう品種の成熟に、たいへん適した状況が与えられている。シラーやグルナッシュ、カリニャン種が赤とロゼワインのベースである。またグルナッシュ・ブランとマカブー種が白ワインにはもっともよく用いられている。

シラー種が女王であるこの地では赤ワインが優勢である。この品種からは気品のある味わいのエレガントなワインがつくられる。ロゼもシラー種からつくられ、上質で豊かなワインとなる。また豊か粘性があり、新鮮な白はここでは珍しい存在である。

アラリック山地 Montagne d'Alaric フルール、バルベーラ、カパンデュ、ドゥーザン、コミーニュ、ムー、フォンクヴェールトの各集落で形成されている栽培地である。

ぶどう畑は、コルビエールのはっきりとした地中海性気候と、空気のそれほど乾燥していない大西洋気候との合流点となる区域を占めている。しかしながら潜在的な植生サイクルは長く、ぶどう樹は石灰岩と河川礫層の標高100メートルを越えない台地の土壌で栽培されている。しばしば、特定の品種の成熟は9月15日を過ぎないと最適な状態に達しない。この地で迎える夏の終わりは、シラーやグルナッシュ種のようなぶどうの成熟期にぴったりと適応している。

グルナッシュ・ノワール、シラー、サンソー、カリニャン、それにムルヴェードル種は赤とロゼワインの構成品種で、グルナッシュ・ブラン、ヴェルメンティーノ、ルサンヌ、マルサンヌ種は白ワイン用である。

赤ワインの割合が多く、濃い色合いをしたそれらは、スパイシーで、野生の熟した赤い果実の複雑で力強いアロマによって特徴付けられる。また濃密と同時にエレガントで、溶け込んだタンニンとの調和が見事にとれている。ロゼは新鮮で豊か、白ワインは大抵の場合、フローラルで上質である。

レジニャン Lézignan レジニャン＝コルビエール、コニアック、クリュスカード、モンブランの各村々と、フェラルス、リュック＝シュル＝オルビュ、オルネゾン、エスカール、カネ＝ドードの集落の一部で形成されている。

コルビエールの栽培地のもっとも北部に位置し、このテロワールは、古い第四紀の小礫の多い台地で構成された広い平坦地を占めている。ここは河川礫層の栽培地で、特に良質のぶどう栽培に適している。ぶどう樹が植えられている標高は平均で50メートルほど、地中海沿岸から30キロメートル弱離れているにもかかわらず、長い生育サイクル

289

ラングドック地方 ◆ コルビエール

に恵まれている。

　カリニャン、グルナッシュ・ノワール、シラー、ムルヴェードル種の各品種が赤とロゼワインのベースとなり、またグルナッシュ・ブランとマルサンヌ、ルサンヌ種が白ワインに用いられる。

　赤ワインは、灌木やコショウ、丁子のアロマに、よく熟した黒系の果実の香りも備えている。このアロマティークな複雑さは、口中で豊かさとエレガントさ、フィネスとともに愉しめる。アフターにはタンニンがしっかり感じられるが、エレガントである。ロゼは柔らかく新鮮、白にはしばしば、トロピカルフルーツやアニスの香りが感じられ、力強くアフターの長いワインである。

ブテナック Boutenac　コルビエールのほぼ中心にあり、ブテナック、モンスレの村々、テザン、サン＝ローラン＝ド＝ラ＝カブルリス、ファブルザン、フェラル、オルネゾン、リュック＝シュル＝オルビュの各集落の一部とで形成されている。

　ぶどう畑は、理想的な向きの小さな丘陵の連なりに広がっていて、沖積土の谷間を通ってくる地中海性気候の影響をうけている。土壌は痩せていて収量はかなり制限されるが、品種のアロマティークな表情をもたらすには好都合である。またこの地は長い生育サイクルとなっていて、ムルヴェードル種の完璧な成熟を約束している。

　カリニャン、グルナッシュ・ノワールとグルナッシュ・グリ、シラー、ムルヴェードル種が赤とロゼワインにあてられ、グルナッシュ・ブランとマルサンヌ、ルサンヌ種が白ワインに用いられている。

　赤ワインは、灌木やタイム、ローズマリー、スパイス、ときにカンゾウのアロマが感じられる。口に含むと豊かさに溢れ、調和がとれている。またタンニンも繊細で溶け込んでいる。ロゼは白ワインと同様、大半がフローラルでフルーティーである。

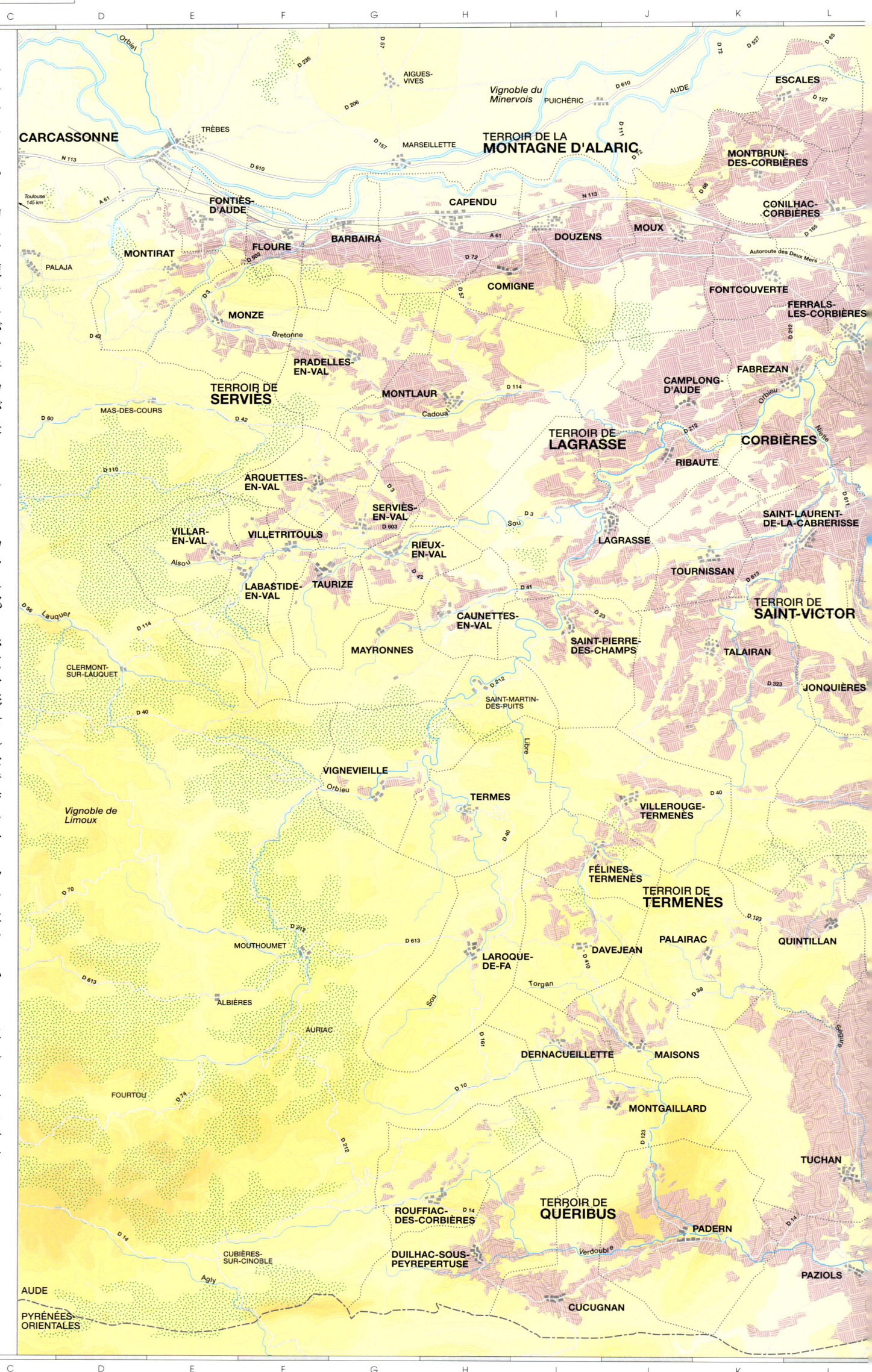

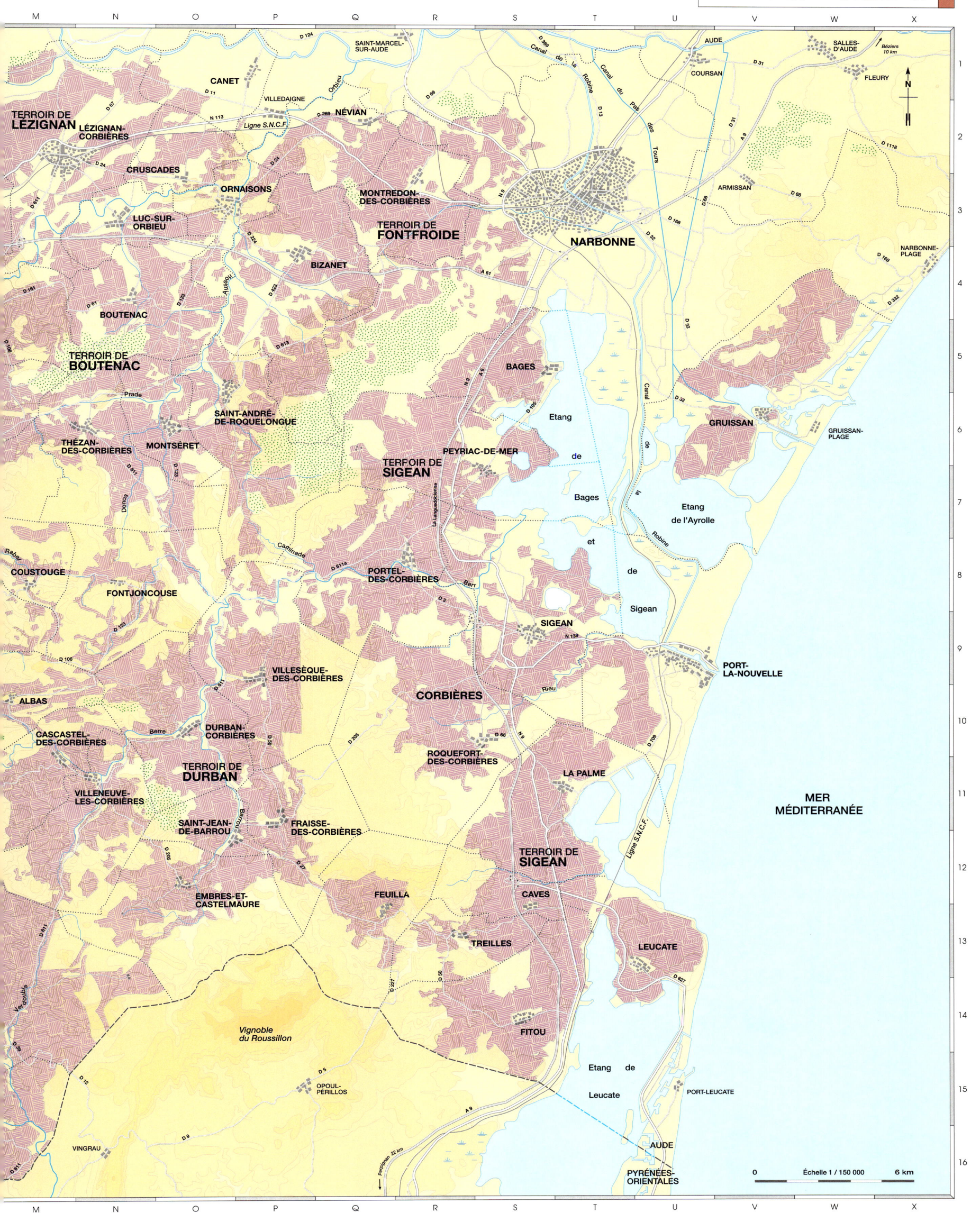

ラングドック地方 ◆ コルビエール

地図中の地名

- SAINT-MARCEL-SUR-AUDE
- CANET
- VILLEDAIGNE
- NÉVIAN
- COURSAN
- AUDE
- SALLES-D'AUDE
- Béziers 10 km
- FLEURY
- TERROIR DE LÉZIGNAN
- LÉZIGNAN-CORBIÈRES
- CRUSCADES
- ORNAISONS
- MONTREDON-DES-CORBIÈRES
- Ligne S.N.C.F.
- TERROIR DE FONTFROIDE
- NARBONNE
- ARMISSAN
- NARBONNE-PLAGE
- LUC-SUR-ORBIEU
- BIZANET
- BOUTENAC
- TERROIR DE BOUTENAC
- BAGES
- GRUISSAN
- GRUISSAN-PLAGE
- Prade
- SAINT-ANDRÉ-DE-ROQUELONGUE
- THÉZAN-DES-CORBIÈRES
- MONTSÉRET
- PEYRIAC-DE-MER
- TERROIR DE SIGEAN
- Etang de Bages et de Sigean
- Etang de l'Ayrolle
- Canal de la Robine
- COUSTOUGE
- FONTJONCOUSE
- PORTEL-DES-CORBIÈRES
- SIGEAN
- PORT-LA-NOUVELLE
- ALBAS
- VILLESÈQUE-DES-CORBIÈRES
- CORBIÈRES
- CASCASTEL-DES-CORBIÈRES
- DURBAN-CORBIÈRES
- ROQUEFORT-DES-CORBIÈRES
- LA PALME
- TERROIR DE DURBAN
- MER MÉDITERRANÉE
- VILLENEUVE-LES-CORBIÈRES
- SAINT-JEAN-DE-BARROU
- FRAISSE-DES-CORBIÈRES
- TERROIR DE SIGEAN
- EMBRES-ET-CASTELMAURE
- FEUILLA
- CAVES
- TREILLES
- LEUCATE
- FITOU
- Vignoble du Roussillon
- Etang de Leucate
- OPOUL-PÉRILLOS
- PORT-LEUCATE
- VINGRAU
- AUDE
- PYRÉNÉES-ORIENTALES

Échelle 1 / 150 000　0 — 6 km

ラングドック地方 ◆ フィトゥー

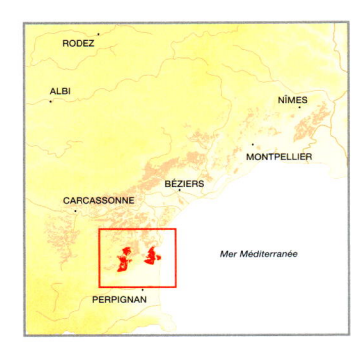

Fitou
フィトゥー

フィトゥーの栽培地は、コルビエールのアペラシオンの南に続いたところに位置し、その一部をなしている。このクリュによってラングドック地方のもっとも南の部分は終わり、ルシヨン地方への入り口となっている。ここでは地理的に切り離された、テロワールの性質がまったく異なる2つの区域で、それぞれの特徴のはっきりしたワインが生産されている。

■ 産地の景観

ナルボンヌとペルピニャンの町のあいだ、栽培地ははっきりと区別できる2つの小島のかたちに分かれている。ひとつは地中海沿岸、もうひとつはコルビエール高地の中央部である。

地理的にアペラシオンは、互いに離れた2つの島状に分かれている。ひとつはルカト湖のほとり、ルカトとフィトゥーの村々の周りに位置している。畑は、湖によって海から分離されている小さな丘の上を占めている。もうひとつは、内陸に20キロメートルほど入ったテュシャン=パジョルの盆地と、ヴィルヌーヴ=レ=コルビエールの村の周りに広がっている。こちらの畑はピレネーに通ずる支脈の上に拓かれている。

■ 地質と土壌

その双方の栽培地の粘土質から石灰質、ないしシストが見られる表土は、フィトゥーのワインに力強さと野性味を与えている。

沿岸に広がるフィトゥーの栽培地も2つの区域で構成されており、西寄りのほうはパルムとルカトの湖のほとりに位置し、もう一方は地中海に面し、ルカトの集落にある。

テロワールはほとんどが粘土質石灰岩で形成されている。このアペラシオンのもととなっているフィトゥーの集落がある高原も、節理の多い硬質石灰岩からなり、ぶどう樹の根は、脱石灰化された赤い粘土の塊が見られる土壌中に入り込んでいる。カリニャンとグルナッシュ種は、収量を抑えてつくられ、素晴らしいフィネスが特徴の上質なワインに変身している。

内陸の畑はシストの表土上に広がっていて、沿岸部と同様、2つの区域に分けられる。地理的にははっきり区別できるとしても、以下の栽培地はテロワールの点では比較的同質である。すなわちトーシュ山のふもと、パジョルとテュシャンの集落からなる南の部分と、北に上って、ヴィルヌーヴ=レ=コルビエールの周辺に見られる栽培地である。

ここでは赤色を帯びた石灰岩から、荒々しくがっしりした力強いワインがつくられ、また、黒いシストからは、よりエレガントで上質、フィトゥーの典型的なワインが生み出される。

統計
栽培面積：2,600ヘクタール
年間生産量：110,000ヘクトリットル

■ 気候

ぶどう畑のある2つの区域は離れていて環境も異なっているので、同じ気候的状況を享受してはいない。

沿岸の畑は、地中海地方の日照量と高い気温をともなう夏に恵まれ、そのあいだの降雨量はわずかだが、不足分は、90パーセントに達する湿気の多い大気によって補われている。しかし秋の収穫前になると降水量は多くなりがちで、それがこの地方の気候的な主な欠点といえる。というのもカリニャンやグルナッシュ種等の品種は、乾燥や風には強いが、逆にベト病やウドン粉病にかかりやすいからである。内陸に加え、標高700メートル以上の丘陵によって地中海から隔てられた栽培地では乾燥しており、気候状況は周りを取り囲むコルビエールのアペラシオンと同じである。

🍇 ぶどう品種とワイン

フィトゥーのワインは、コクがあり力強さで知られている。その個性は、テロワールによるものと同時に、カリニャンとグルナッシュの両品種からももたらされる。

アペラシオンの花形品種はカリニャン種で、この地でボワ・デュール Bois Dur とも呼ばれている。カリニャン種はシストが見られる土壌の斜面に適し、風に強いという長所があるため、この地方のあちこちで栽培されている。痩せた土壌で、あまり芽数を置かないよう短く仕立てられ、ワインに色の濃さと豊富なタンニン、肉厚さを付与し、またある種独特の苦味を感じさせるため、これらの特徴を生かしたブレンドがなされる。グルナッシュ・ノワール種は吹きつけるトラモンタンに対しても同じような抵抗力があり、ワインに香りしさと酸、アルコール分をもたらし、加えて冷たい粘土質石灰岩の土壌によく適応する。

上記2品種を補うものとして、沿岸地の高い気温状況を好むムルヴェードル種や、内陸で標高が高く涼しい栽培地でフィネスをもたらす品種としてシラー種等が使われている。

豪雨の年を除いて、フィトゥーのヴィンテージ毎による質は安定している。

つくりは伝統的な手法が用いられ、木樽による熟成がおこなわれている。しかしながら早く愉しめるフルーティーなワインを求める消費者の声に応えるために、カリニャン種を減らしマセラシオン・カルボニックでつくられたワインがますます増えているのもまた現実である。

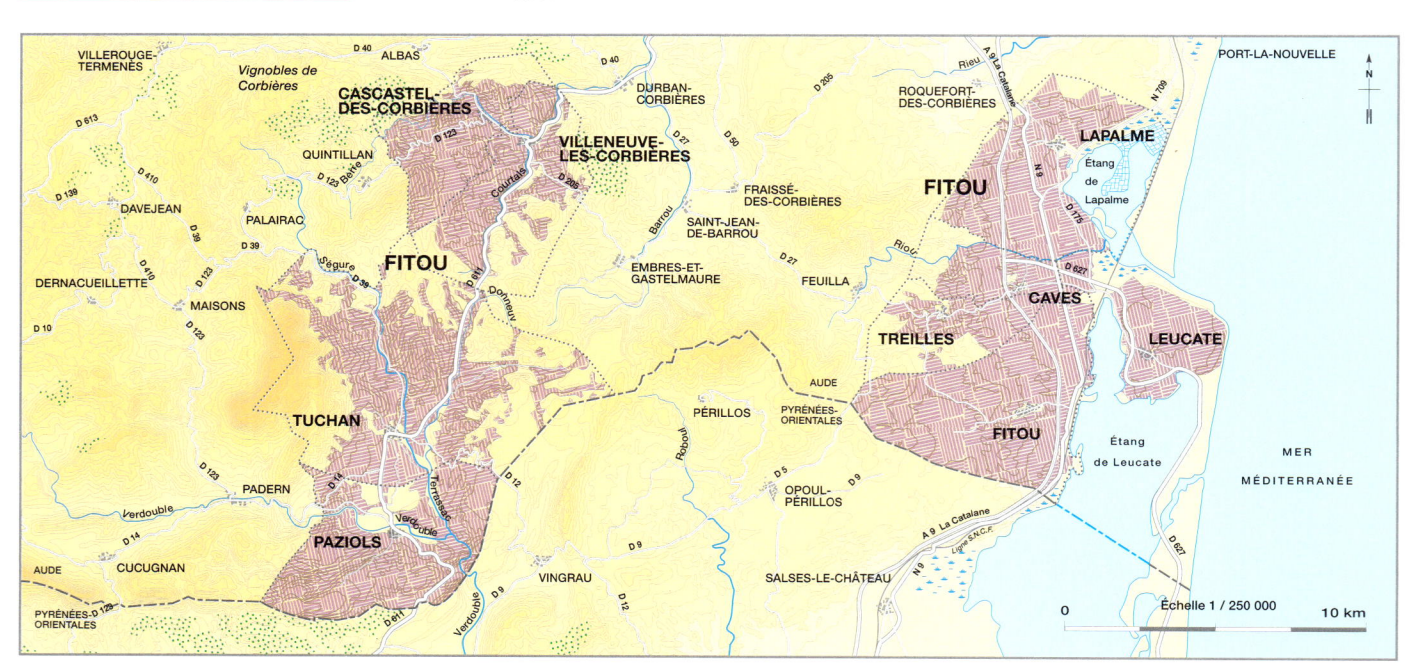

Minervois
ミネルヴォワ

このアペラシオンからの眺めが、地中海沿岸を見下ろしているラングドック地方の階段状の地形を理解するのにもっとも適しているだろう。ミネルヴォワの栽培地は、東はナルボンヌ市の北から、西はカルカッソンヌ市まで50キロメートル近くにわたって連なり、また標高はカナル・デュ・ミディに接する50メートルほどからカサニョールの村周辺の350メートル前後までと差があり、さらに南北の幅は20キロメートル弱に達している。

■ 産地の景観

モンターニュ・ノワールを背にして階段状に高さが増していく水平部が続き、栽培地は、真南に向いた広大な円形劇場の様相を呈している。

オード平原(訳注:オード河が地中海に注ぎ込む一帯)と地中海沿岸を見下ろして、ミネルヴォワの栽培地は、ナルボンヌ市の北から西のカルカッソンヌ市まで50キロメートル近くにわたって連なり、その西でカバルデスのぶどう畑と接している。また南ではコルビエールに、東でサン=シニアンの栽培地に続いている。アペラシオンは、クラムー、アルジャン・ドゥーブル、オニョン、セスの主な4つの河川が横切り、いずれもモンターニュ・ノワールに端を発し、栽培地の南側を流れるオード河に注いでいる。

これら4本の河川とその他の小河川が、第四紀の堆積物を運び、さらに段丘を削り出し、そこには氷河期の3つの層を見ることができる。

地層区分	性質	土壌のタイプ	景観
古生代	シスト、砂岩	シストに由来する礫質土壌	やや険しい斜面の中高度の山々
古生代の地層と、不整合に重なる第三紀の地層	石灰岩と石灰質泥灰岩	硬質石灰岩と、石灰岩と泥灰土の崩積層	広大な台地ないしは石灰質高原
	モラッセの堆積盆地	礫岩、砂岩、黄土	丘陵地
第四紀	沖積野	多様な組織が見られる礫質の段丘	緩やかな段丘

ミネルヴォワの栽培地に見られる地質と土壌、及びその景観

■ 気候

モンターニュ・ノワールとコルビエールのあいだにあって、この栽培地は、風と雨の大きな通り道となっている。

マランは通常湿気を含んだ東風で、特に春と秋に吹く。セルスはときに湿気を含み、その頻度と激しさが特徴である。気温と同様、降雨量の点からも、南と北に向いた双連なりの丘陵が栽培地を3つに分けていて、特に標高差による雨量の勾配がはっきりしている。それは、カサニョール(訳注:p295、N8)の村では800ミリメートルある雨量が、コルビエールの栽培地であるブテナックの集落付近とともにオード県でもっとも乾燥した地であるミルペセ(訳注:p295、V12)の村では平均で500ミリメートル前後という点に現れている。

東のウピア(訳注:p295、R12)の丘陵の区域 地中海性気候は春と秋に顕著だが、特徴としては湿気を含んだ海風であるマランがもたらす雷雨がある。

年間降水量は500ミリメートルから600ミリメートルと幅があり、また気温は西の区域に較べ、高い。

西の区域 ロール=ミネルヴォワ(訳注:p294、K13)の丘で形成され、大西洋からの気候が弱められているものの、はっきりと感じられ始める地である。600ミリメートルを超える降水量は、東の区域よりも一定で頻度が高く、また東ほど激しくない。

中央部 その位置的な関係からも雨を免れていて、降水量は400ミリメートルから500ミリメートルと少なく、乾燥し、夏のあいだはかなりの水不足に見舞われる。

ここはぶどう栽培地としてはもっとも暑い区域であるものの、標高が上がるにしたがって、フェリーヌ=ミネルヴォワ、シラン、ラ・リヴィニエール等のモンターニュ・ノワールを背にした村々は、より雨に恵まれている。そして日中の暑さは、頂部付近の冷たい大気がもたらす夜間の冷気によって和らげられている。

また大西洋気候が内陸に向かって入り込んでいることによる、東西の降水勾配も考慮に入れなければならない。この気候条件によって、中央部は栽培上7つの区域に分けることができる――p294上図参照――。

■ 地質と土壌

地質的にミネルヴォワは、ピレネー山脈と、このアペラシオンの北部が属しているモンターニュ・ノワールを分けている大きな向斜の一部である。

第三紀のあいだ、海進と海退の後、向斜谷は、特に始新世の時代の、石灰質の泥灰土からなる柔らかな部分と密集した石灰岩と砂岩層による硬い部分と互層によって形成された堆積物によって埋められた。

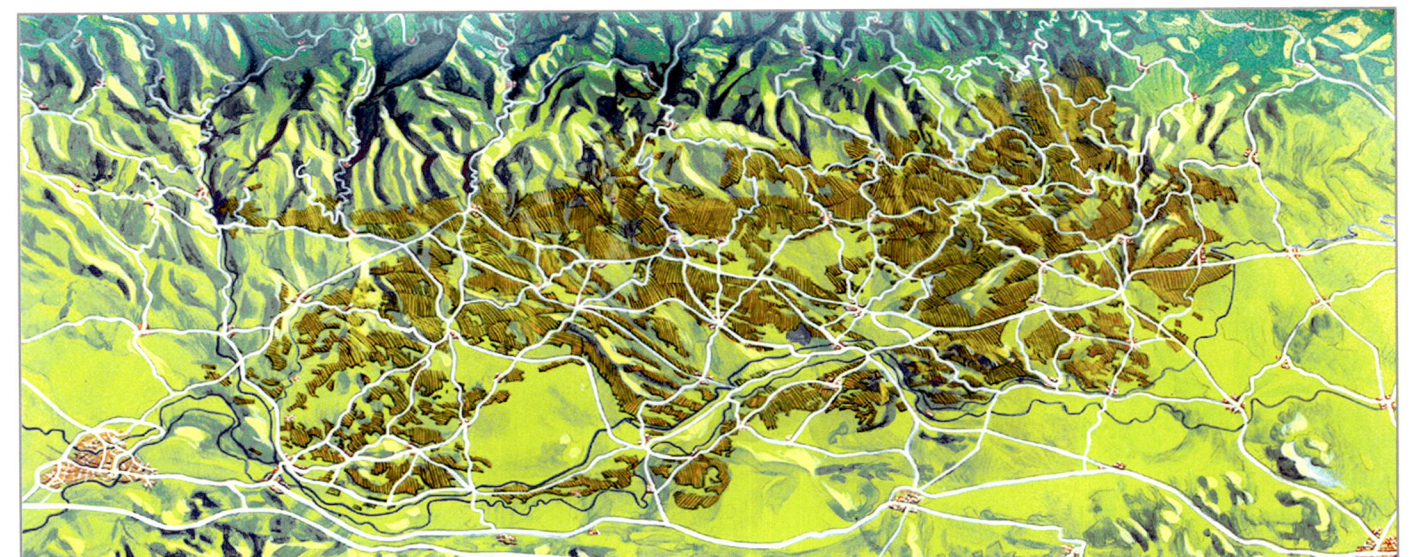

この地層は、中央高地から続いている古い古生代のシルル紀のシストとデボン紀の石灰岩からなる基盤層を覆いつくしている。ピレネーの隆起のさなか、地層は変形し、砂岩と礫岩の層を削って形成されたモラッセ堆積物に湖成石灰岩がはさまった層が窪みを埋め、現在のミネルヴォワの栽培地が出来上がった。第四紀に交互に現れた氷河期と暖かい間氷期によって、いくつかの強さの異なる侵蝕が

ミネルヴォワの栽培地の鳥瞰図

ラングドック地方 ◆ ミネルヴォワ

おこった。またオニョンやアルジャン・ドゥブル等の河川がモンターニュ・ノワールから流れ下り、かなりの量の岩石を剥ぎ取り、それを広い面積に居並ぶ4列の段丘に供給した。したがって、ミネルヴォワでは南北に、4つの異なる景観によって現される土壌地質学的単元が認められる。

最初の階段状の地形は、一連なりの段丘によって占められているが、そこでは氷河期の3つの層を、この景観から完全に読み取ることができる。この段丘はオード河によってもたらされているが、同時にモンターニュ・ノワールから下る急流の集まり、すなわちセス、レピュドル、オニョン、アルジャン・ドゥブル、クラムー等の小河川によっても形成されている。この古い段丘の土壌は変化をうけており、しばしば、溶脱され表面が酸性の丸石が多く見られる。また深部まで赤くなった粘土の積み重なりの層準は、この地方で「テュレ」と呼ばれる石灰岩の積み重なりをともなったりもしている。そしてこの土壌は、良質なぶどう栽培に適した河川礫層の集まりを形成している。

標高上部の階段状の畑は、泥灰質の泥土と砂岩質の石灰岩層が互層になり、侵蝕され、痩せた土壌である。第三紀末の、乱されごちゃごちゃになった砂岩層の傾斜は、エーニュとアジャネの村々の東に位置するムレル（訳注：p295、R11）の栽培地と、ラ・リヴィニエール地区の西の「階段の足」と呼ばれる地形の2つの異なった景観を形成している。

またこれらの地質の上には、東のサン=ジャン=ド=ミネルヴォワやパルデヤン（訳注：サン=ジャン=ド=ミネルヴォワの北、5キロメートルほどにある）の集落に広がる石灰質高原や、中央部の西寄り、フェリーヌやカサニョールの村々に現れているモンターニュ・ノワールのシスト等が見られる。

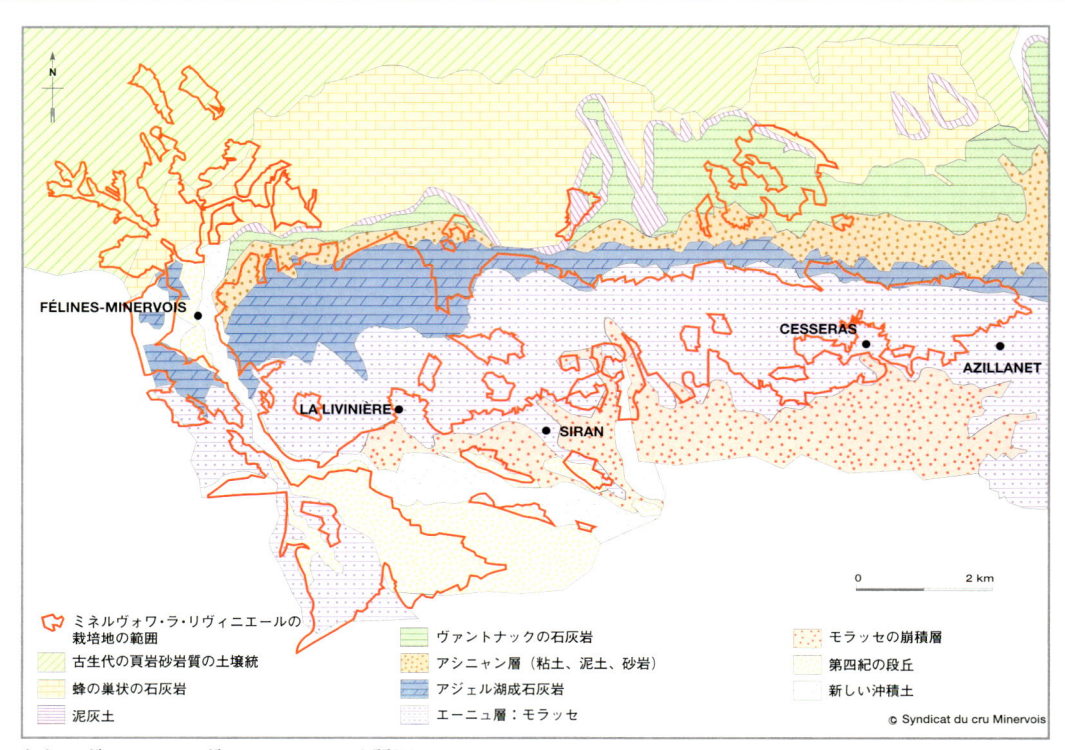

■ ぶどう栽培区域

地質、土壌、地形、そして気候学的な観点から、ぶどう栽培に適した地として区分けされた7つのテロワールが画定されている。

セール Serres 海からの影響をさえぎる起伏がまったくなく、地中海性気候にもっともさらされた区域である。9月の湿度は高いが、土壌の水分量はわずかである。赤ワインのベースとなるカリニャン種は、グルナッシュとムルヴェードル種を補助品種としている。白に関しては、ブルブランとマカブー種にその適応を見い出している。

コース Causse 地中海の影響にさらされているが、モンターニュ・ノワールからの冷涼な大気の影響もうけている。ここはミュスカ・ド・サン=ジャン=ド=ミネルヴォワで有名な区域である。またグルナッシュ、カリニャン、シラー種がこのテロワールに適している。

クラムー Clamoux ミネルヴォワの中央部からは丘陵の連なりによって分断されているが、この丘陵が地中海の影響に対する壁となり、それを和らげている。ここはカリニャン種の栽培の限界地点となっていて、かわりにグルナッシュ・ノワール種がベースのぶどう品種となっている。

コート・ノワール Côtes Noires 大西洋の影響を標高の高い上部でうけている。土壌上ではシストが多く見られる。グルナッシュとシラー種がベースとなり赤を生むが、この区域ではマルサンヌとルサンヌ種もよく適応し、白ワインも産している。

アルジャン・ドゥブル Argent Double ミネルヴォワの真ん中で、もっとも乾燥した栽培地である。ここは2つの区域から構成され、それらは泥灰土、あるいはルテシア階中部の崩積性物の表土が優勢なところと分かれている。

• ムレルの栽培地は東に位置し、礫混じり石灰質の薄い泥灰粘土質土壌で、保水力に乏しい。斜面の一般的な向きは、他の畑と同様南だが、微気候は多様性に富んでいる。

• オード河に沿ったバルコニー部分は、その流れとマルセイエットの湿地帯の窪地を見下ろしている。土壌は2通りに分かれ、ひとつは斜面上部の薄い表土で、もうひとつは斜面中腹から低部の保水力のある厚い表土である。

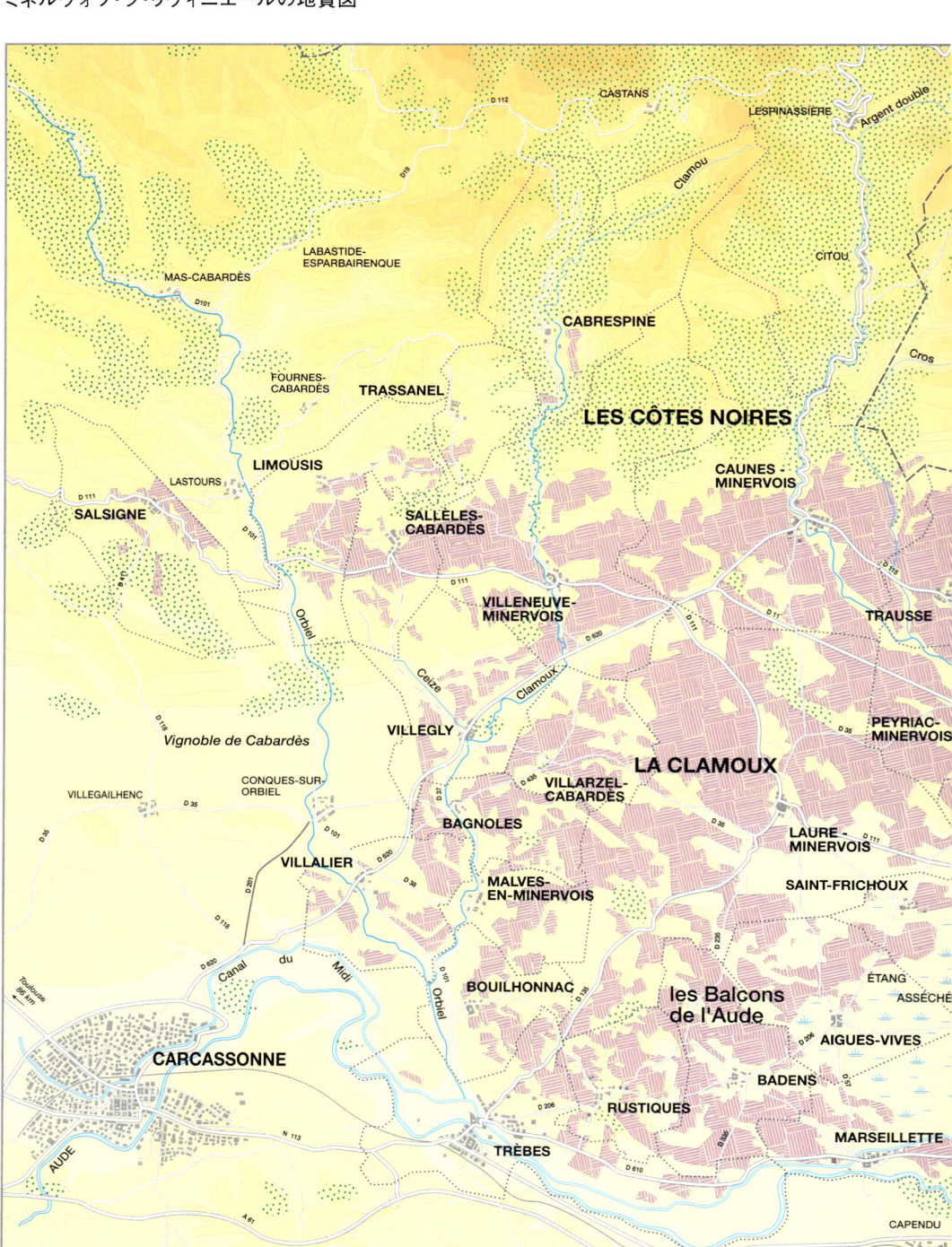

ミネルヴォワ・ラ・リヴィニエールの地質図

ミネルヴォワ・ラ・リヴィニエール Minervois la Livinière

ミネルヴォワ・ラ・リヴィニエールのぶどう畑は、モンターニュ・ノワールのふもとに位置する「小さな石灰質高原」と呼ばれる環境のなか、ミネルヴォワの真ん中に組み込まれている。

リヴィニエールのアペラシオンは、フェリーヌとラ・リヴィニエール、シランの各村々の周囲を流れるオニョン川によって西を区切られ、エスペーヌ川が東の境界となっている。

あちこちの景観はしばしば南イタリアや北アフリカを思わせる。ミネルヴォワの真ん中のという地理的条件から、リヴィニエールの栽培地は雨を免れている。ここは特に乾燥した区域で、年間降水量は400ミリメートルから500ミリメートルだが、夏場の降雨量が多くなっている。

そして日中の暑さも山からもたらされる夜の冷気の影響で和らげられている。

畑は、主に南向きで、勾配も3度ほどと一定の傾斜の斜面になっていて、全体的に北や北西からの風セルスからさえぎられた状況となっている。

ミネルヴォワの真ん中にあって、ミネルヴォワ・ラ・リヴィニエールのアペラシオンとして画定された地は、その土壌や景観がミネルヴォワ全体を小さくし、すべての要因を和らげた状況にある。

表土は溶脱された泥灰質土壌で、深部はもろい石灰質砂岩や扇状地の堆積物、表面が蜂の巣状の硬質石灰岩で形成されている。

カリニャンとグルナッシュ種も見られるが、シラーとムルヴェードル種でブレンドの最低6割を占めている。ワインは赤のみで、ミネルヴォワのしっかりした構成と、特にエレガントさを備えている。

統計（ラ・リヴィニエール）
栽培面積：200ヘクタール
年間生産量：8,000ヘクトリットル

ぶどう品種とワイン

ここではカリニャン種が赤とロゼワインにとって最高の品質を約束してくれる。また珍しい白は、多くのぶどう品種からつくられている。

カリニャン種は赤ワインのベースとなっているが、アペラシオンの東から西に向かうに従い、その量を減らしている。またサンソー種はロゼの生産にしか用いられない。グルナッシュ・ノワール種はあちこちで栽培され、特に石灰質の泥土と石灰土の土壌に適し、暑い栽培地向きのムルヴェードル種は、ミネルヴォワ中央部の向きのよい斜面で栽培されている。シラー種もよく見られるが、暑く早熟な区域ではスパイスと燻したアロマを備え、晩熟の区域では小さな果実のアロマを纏う。

赤 ラングドックのワインのなかでも容易に見分けがつき、上質でエレガントだが、常に地中海地方の特徴は保っている。

白 ブルブラン、マルサンヌ、ルサンヌ、グルナッシュ・ブラン種がベースとなり、生産量はわずかである。

統計（ミネルヴォワ）
栽培面積：4,800ヘクタール
年間生産量：225,000ヘクトリットル

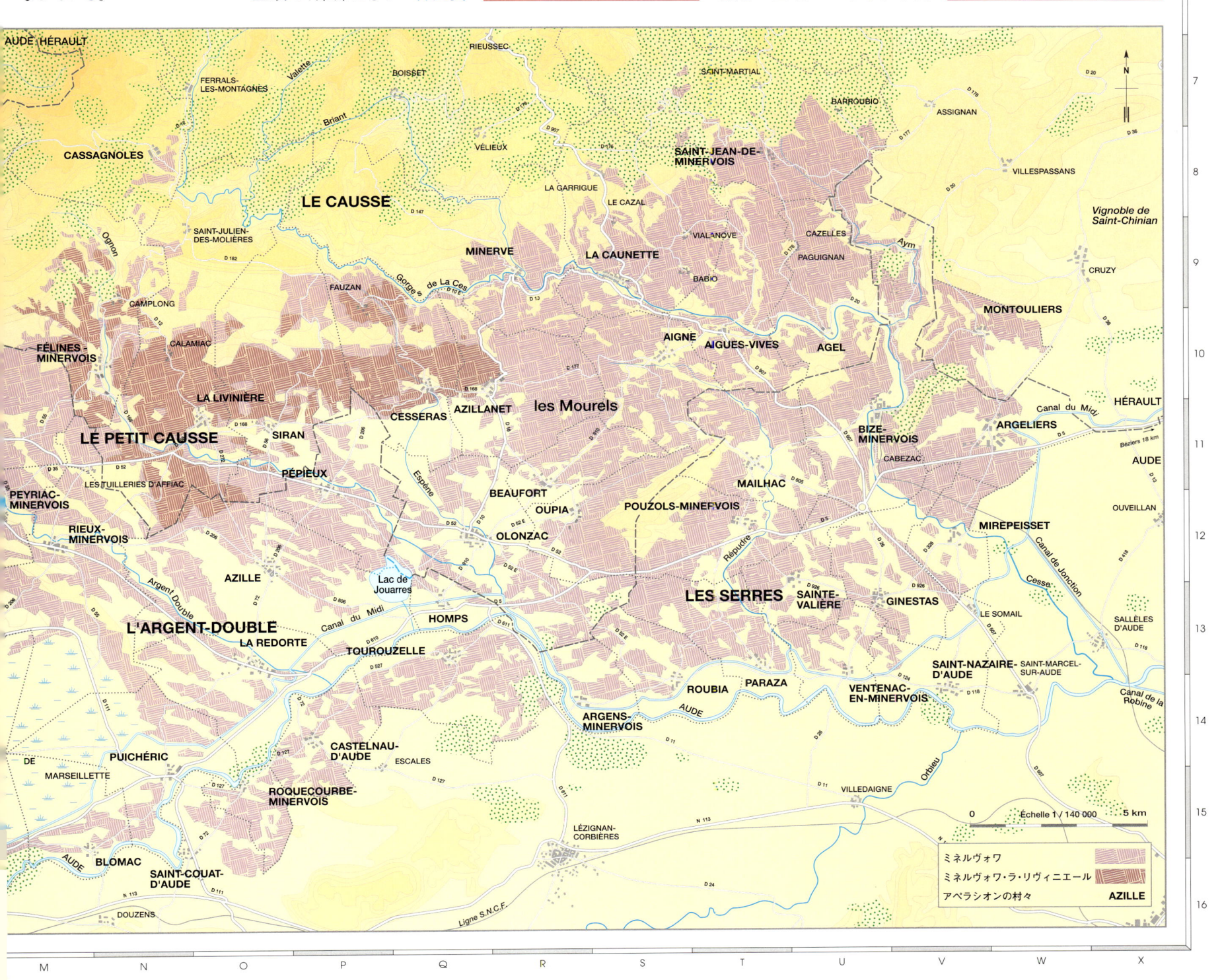

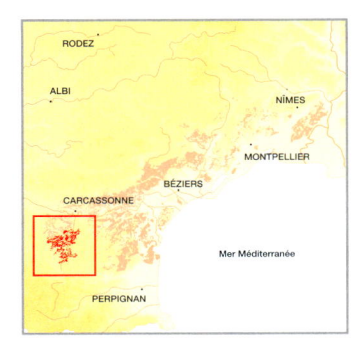

ラングドック地方 ◆ リムー

Limoux
リムー

歴史あるリムーの栽培地は、古代ローマの歴史家リウィウスによって西暦の初めよりたたえられた、フランスでもっとも古い発泡性のワインの生産で知られている。1531年、ベネディクト会の修道士が、後にシャンパーニュ地方でも真似られることになる新たな手法の発泡性ワインを生み出すことに成功した。今日リムーでは、シャルドネ種を用いた素晴らしい魅力を備えた非発泡性のワインの地としても成功している。

■ 産地の景観

カルカッソンヌ市の南20キロメートルほどのところ、畑はオード県に広がり、ラングドック地方の西端でアキテーヌ地方とピレネー山麓のあいだに位置している。

アペラシオンの栽培地は、リムーの集落の周りに集められ、ある種のまとまりを見せている。畑は、西のシャラブル（訳注：下図、A14）と東のラカンプの両台地のあいだ、オード河の深い谷間に刻まれた斜面に密集している。ピレネーの支脈の端を背にしており、東から南に向いた斜面に恵まれ、およそ150メートルから450メートル付近までの標高で階段状に形成されている。

■ 地質と土壌

丘陵の南斜面の栽培地には、軽い粘土質石灰岩と、礫の多い土壌の組み合わせが見られる。

ぶどう畑の表土はほとんどが新生代末期にピレネーの侵蝕によって生じた砕屑岩で形成されている。この土壌は肥沃なところがほとんどなく、わずかに石灰質で痩せて薄いため、深く根を張るには適している。また様々な組織を持っているが、粘土や泥土、砂質が優勢なので、排水はよい。表土上の堆積物は、昼間の日光の反射と夜間の熱の放射を容易にしており、ぶどうの安定した成熟がもたらされる。

統計
栽培面積：120ヘクタール
年間生産量：7,400ヘクトリットル

■ 気候

アペラシオンを囲む3方向の自然の防御物が、海からの影響を制限し、地中海から大西洋への過渡的な気候をもたらしている。

穏やかで過渡的な気候状況は、西のアキテーヌ地方、南の山々、また同様に東のコルビエール高地の存在等が地中海からの強すぎる影響を和らげている結果である。したがって畑の年間降水量は630ミリメートルと比較的少ない。日照量も非常に多く、年間平均気温は摂氏13度に達するが、夜間は気温の下がりかたが顕著である。昼と夜の気温に差があることは、白ワインの生産に適している。さらにこの特徴は、畑が斜面上部に階段状に広がっていることによっても強められている。

栽培地は、気候的に4つのテロワールに分類される。

オータンのテロワール Terroir d'Autan リムーの村の周囲に見られるこの中心をなす栽培地は、2つの山の連なりのおかげで東西からの風を避けることができ、暑く乾燥した気候が特徴となっている。

大西洋のテロワール Terroir Oceanique アペラシオン西側の自然が削った谷の斜面を覆っていて、湿気は多いが、年によって異なるものの夏のあいだの暑い時季がこれを緩和している。

地中海のテロワール Terroir Méditerraeen もっとも暑い区域である。カルカッソンヌ市への入り口にあたり、海風によって、しばしば高くなる湿度が抑えられている。

オート・ヴァレのテロワール Terroir Haute-Vallée 栽培地の南、300メートル以上の標高に広がり、もっとも晩熟な地である。他の栽培地に較べより寒く、湿気が多い。

🍇 ぶどう品種とワイン

リムーの栽培地では、3つのぶどう品種から4つの異なるアペラシオンのもと、白ワインのみが生産されている。

ラングドック地方で唯一、リムーの栽培品種は独特である。他産地の3品種がここでは素晴らしい結果を生み出している。ガイヤックのモーザック種とロワール地方のシュナン種はこの地では晩熟となるが、ワインにボディと酸を与える。ブルゴーニュ地方のシャルドネ種は、早熟な品種だが、香り高く豊かで粘性に富んだワインをもたらす。これら3品種が4種類の独特なワインを生んでいる。

ブランケット、メトード・アンセストラル Blanquette, Méthode Ancestrale モーザック種単一からつくられる。泡の生成は直接瓶内でおこなわれる。

ブランケット・ド・リムー Blanquette de Limoux モーザック種を最低90パーセント以上用い、他にシャルドネとシュナン種の使用が認められている点で、前述のものと区別される。

クレマン・ド・リムー Crémant de Limoux ブランケット・ド・リムーと異なり、モーザック種の割合が60パーセントでよい。

リムー Limoux 非発泡性の白ワインで、3つの品種の使用が認められているが、なかではシャルドネ種の割合が大きい。つくりは伝統的で、樫樽で熟成される。

ワインの表情はテロワールによっても異なる。

オータンのテロワールは、キャラメルの風味が残るフローラルなワインを生む。

大西洋のテロワールでは、アルコールと酸のバランスのよい芳醇なワインがつくられている。

地中海のテロワールのワインは、肉厚な口当たりで、トロピカルフルーツのアロマに溢れている。

もっとも寒いテロワールであるオート・ヴァレでは、多くがミネラル分の風味が特徴的なバランスのよい味わいで、熟成タイプのワインを産する。

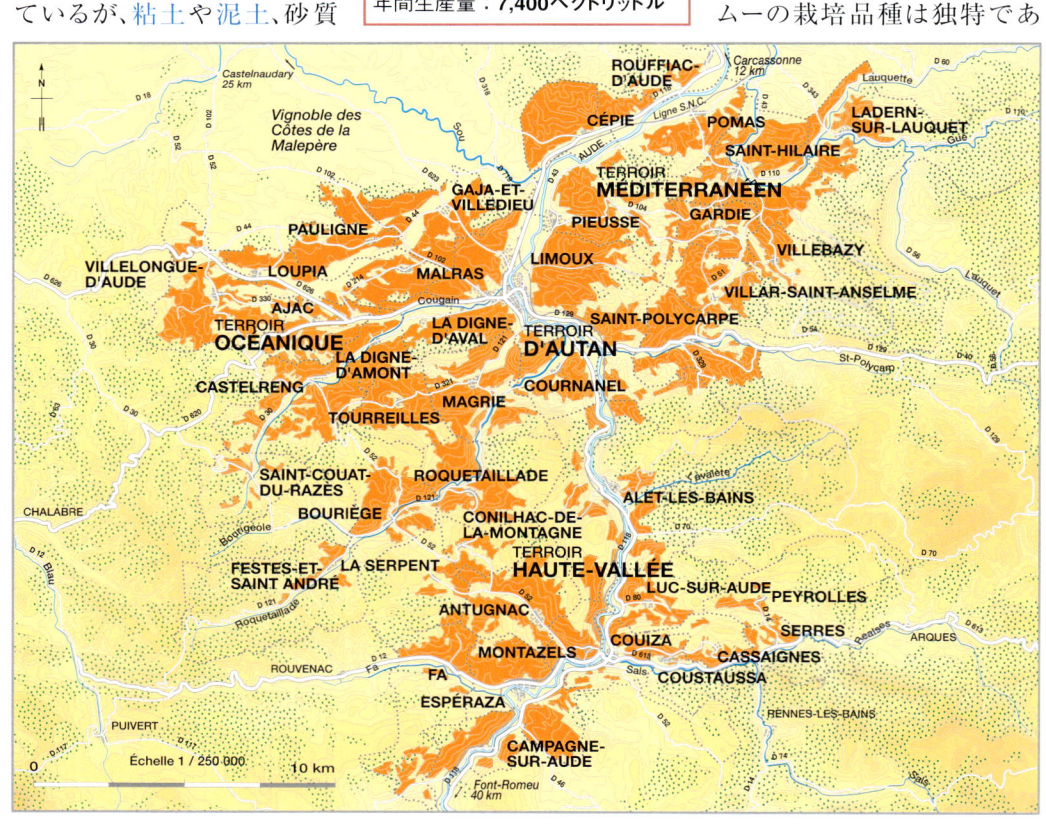

Côte de la Malepère et Cabardès
コート・ド・ラ・マルペールとカバルデス

この2つの栽培地は、ともにラングドック地方の西の端に位置し、大西洋からの気候の影響が見られるところである。ここではアキテーヌ地方の影響も見られるぶどう品種から赤とロゼワインがつくられている。コート・ド・ラ・マルペールのぶどう畑はピレネーの支脈に広がり、カバルデスはその向かい、中央高地の支脈のすそ野を栽培地としている。

■ 気候

2つの栽培地を分けているスイユ・ド・ノルーズ（訳注：p282、B11）は、海からの大気の通り道となっている。

ラングドック地方とアキテーヌ盆地をカナル・デュ・ミディで結び、地中海と大西洋のあいだでいわば分水嶺ともいえるスイユ・ド・ノルーズの北と南に位置し、マルペールとカバルデスの栽培地は、双方ともにこの2つの大海の影響が混じり合った過渡的な気候の恩恵を受けている。この回廊地帯に入り込むことによって、穏やかで温暖な大西洋気候は、この区域で優勢な地中海性気候の夏のあいだの乾燥を緩和している。とはいえ優勢なのは地中海性気候で、その影響は畑が広がる斜面の向きや標高によって異なっている。またこの影響は、ほとんどが南向きの斜面のカバルデスで著しく、マルペールでの斜面は様々な方向を向いている。

コート・ド・ラ・マルペール Côte de la Malepère VDQS

コート・ド・ラ・マルペールのぶどう畑は、直径が20キロメートル前後の平たい円錐丘のようなかたちを見せ、標高はふもとでおよそ100メートル、最上部では400メートルほどに達している。

この小山は、その相対する斜面同士で地中海と大西洋の異なる気候の影響下にある。具体的には、ラヴァレットあるいはルラン（訳注：右図、X5）の村々のように奥まった栽培地では地中海の植生が見られるが、グラマジーやアレーニュ（訳注：右図、U7）のようにさえぎるもののところでは、大西洋とピレネーの影響も感じられる。

砕屑物の下盤は、ピレネーが侵蝕されたことによる生産物である。表土は深部と同様に組織の変化が見られ、この栽培地は4つのはっきりと区別できるテロワールに分けられる。

ドミニケン Dominicain
栽培地の北西にあるこのテロワールに広がる畑は、北から西に向いた小山のふもとから、西に向いた斜面の中腹に続き、それから様々な方向の斜面が見られる丘陵に連なっている。また北西端のヴィルシスクルの集落では、礫混じりの自然の段丘が見られる。

カルカッソンヌ Carcassonne
非常に地中海的なこのテロワールは、標高の異なる2区域から形成されていて、ひとつは北向き、他方は南向きの斜面に広がり、ともに礫混じりの段丘に連なっている。

ベル・オード Belle Aude
東に位置するこのテロワールでは、畑は斜面上部と下部に広がり、その方向は東南東と東向きである。

ラーズ Razes
外からの気候的な影響をもっともうけやすく、また下盤も多様性に富んでいる。段丘の上部と下部、スー川の谷間の沖積土壌、それに丘陵が連なるラゲルの集落周辺の礫混じりの段丘に見られる斜面のほとんどは南に向いている。その他いくつかの標高の高い斜面では、北東向きとなっている。

これらのテロワール全体で用いられているぶどう品種には独特なものがある。それは薄い表土、礫や砂岩、南から南東に向いた斜面の石灰岩、クループの頂部付近等では、グルナッシュ、シラー、サンソー種が見られ、また斜面のより厚い泥灰土質の泥土上では、2つのカベルネであるフランとソーヴィニヨン、メルロ、コット種が並んで栽培されているといった具合である。これらの品種の割合は、暑いところから涼しいところまでのカヴァーしている4つのテロワールによって異なっている。

マルペールのワインは個性的で力強くタンニンも十分で、コショウと香辛料の風味を備えている。

統計（マルペール）
栽培面積：640ヘクタール
年間生産量：34,500ヘクトリットル

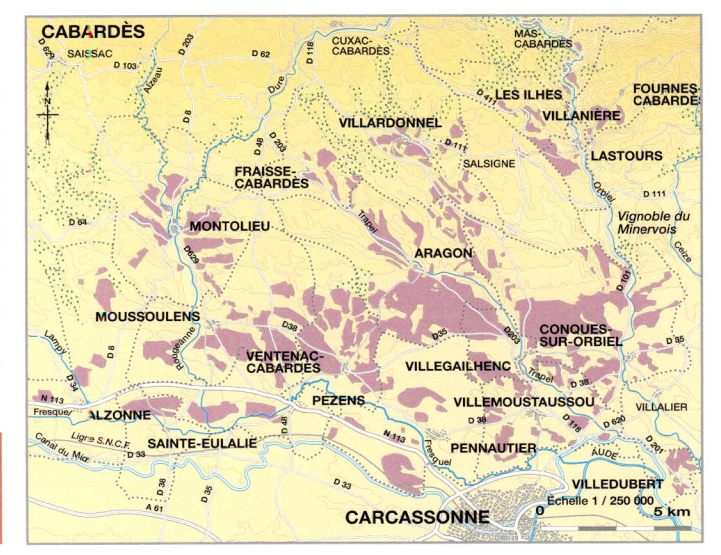

カバルデス Cabardès

カバルデスのぶどう畑は、東のオルビエル川と西のデュール川のあいだ、15キロメートルほどにわたる長い斜面を覆っている。

カバルデスは、隣に広がるマルペールの栽培地とは、その地形及び土壌の性質によって、異なっている。

アペラシオンを形成しているぶどう畑は真南に向いた斜面にあり、全体的には地中海性の気候状況で、それは西に位置する集落、モントリュー（訳注：右図、U13）にオリーヴの樹が見られることからも分かる。

表土は、蜂の巣状の石灰質泥土が見られる区域と、ヴァントナックと呼ばれる石灰岩の土壌とに分けられる。ひとつめの土壌は、水分をわずかしか維持できないが、ぶどう樹は深くまで根を張ることができ、このことが地中海の様々な品種に都合のよさをもたらしている。

2番めは石灰岩と泥灰土の薄い互層で、この土壌でも水分の維持が重要となり、夏のあいだは非常に乾燥するが、アキテーヌ地方原産の品種がうまく成熟するにはよい相性を見せる。

グルナッシュ・ノワール、シラー、メルロそしてカベルネ・ソーヴィニヨン種からは、大西洋側のアキテーヌ地方のエレガントさと、太陽の地の力強さとたくましさとが十全に結び付いたワインが生み出される。またこれらの品種からのワインは通常わりと早く飲み頃を迎えるが、樽熟成されたものは、熟成のきく、比較的長く寝かせることのできるワインとなる。

統計（カバルデス）
栽培面積：550ヘクタール
年間生産量：29,500ヘクトリットル

ラングドック地方 ◆ コスティエール・ド・ニーム

Costières de Nîmes
コスティエール・ド・ニーム

コスティエール・ド・ニームの栽培地は、古くから関係が見られたローヌ地方とラングドックのあいだを取り持つ格好となってはいるものの、やはりローヌ河流域のぶどう畑とははっきりと一線を画している。土壌的にはローヌ地方と同様河川に由来している。にもかかわらずこのテロワールは、気候の点ではローヌとは異なった状況にある。というのもこのアペラシオンにとってはアルピーユ丘陵（訳注：プロヴァンス地方はレ・ボー・ド・プロヴァンスの町の東に連なる丘陵）が衝立の役目をなさず、地中海からの種々の影響をうけているからである。

■ 産地の景観

アペラシオンは、北東から南西に幅約15キロメートル、長さ30キロメートル以上にわたって帯状に連なっている。

ヴィドゥル川の支流であるヴィストルの小河川が北西の境となり、ガルドン川が北東で境界を定めている。全体は、海抜0メートルから147メートルにいたる高低差のある台地と丘陵で構成され、東を区切っているプティ・ローヌの低い平原を見下ろすことができる。また南の斜面はプティ＝カマルグの湿地に向かってゆっくりと傾斜している。

コスティエールでは長いあいだぶどう樹の栽培がおこなわれてきたが、灌漑設備が敷設されて以来、その耕作面積は他の果樹栽培のために減少してきた。そのぶどう樹の栽培方法は様々で、伝統的な仕立て方が見られる一方、この地では珍しい新しいタイユを好む生産者もいる。

■ 地質と土壌

コスティエールは、ローヌの栽培地を生んだ地質現象と同じ要因に由来し、表土も同質である。

コスティエールの栽培地を形成している表土は、グレッス Gress と呼ばれる、ローヌ河とデュランス川が運んだ礫混じりの沖積土で構成されている。この沖積土は、安定化と侵蝕、そして堆積作用が交互におこったことにより生じ、今日では多少変化している。また大部分は、黄色の粒の大きい砂で覆われた土壌に丸石や平らな小石が見られるというかたちで形成されている。ところどころ、表土あるいは深部に、砂質の多い赤い粘土や、たいへんもろい丸石の変質が原因であるガパンGapan と呼ばれている層が見られる。この変質は、赤色の層のもとになる鉄化合物が酸化され、深部まで及んでいる。また同様に、丸石が石灰岩によって固化された、タパラスTaparas と呼ばれる丸い礫岩も見られる。ほとんどの場合グレッスは、鉱物学的には同じ性質であるものの、その色調において明るい黄色から暗い赤色までの異なる色の砂で覆われた石英の砂礫層のかたちで現れている。

礫の層の厚さは、ほんのわずかな距離でも大きく差があり、ところどころ15メートルにも達している。この状況によって、雨水が自由地下水層まで浸透することができ、乾燥した季節でも畑に水分を供給することができる。

■ 気候

乾いた夏と不規則な降雨が見られるコスティエールの気候は、地中海性ということができる。

ローヌ河流域の南で、コスティエールの栽培地は、ミストラルと北東からの風の影響を受けている。年間の平均降雨量は724ミリメートルと多く、また激しいが、日数的には少ない。平均気温は摂氏14.3度で、9.3度から19.3度というわずかな勾配が見られる。また、生育期間の積算気温は3592度と高く、モンペリエに勝っている。日照時間の合計の平均は2666時間で、雨の降る日が少ないために、多くなっている。雪や冬の凍結、遅霜はめったに見られない。

🍇 ぶどう品種とワイン

このアペラシオンでは、ローヌ地方に近いワインが、同じ栽培品種からつくられている。

赤とロゼワインは、グルナッシュ・ノワール、ムルヴェードル、シラー、サンソー種からつくられ、白ワインは、クレレット、グルナッシュ・ブラン、ブルブラン、ユニ・ブラン種が用いられている。ワインはローヌ地方南部のものに似ており、品種だけでなく醸造方法もそれに寄与している。またベルガルド（訳注：左図、F13）の集落では、クレレット種から素晴らしい辛口白ワイン、クレレット・ド・ベルガルドが生産されている。

統計（コスティエール）
栽培面積：4,150ヘクタール
年間生産量：235,000ヘクトリットル

統計（クレレット）
栽培面積：30ヘクタール
年間生産量：1,600ヘクトリットル

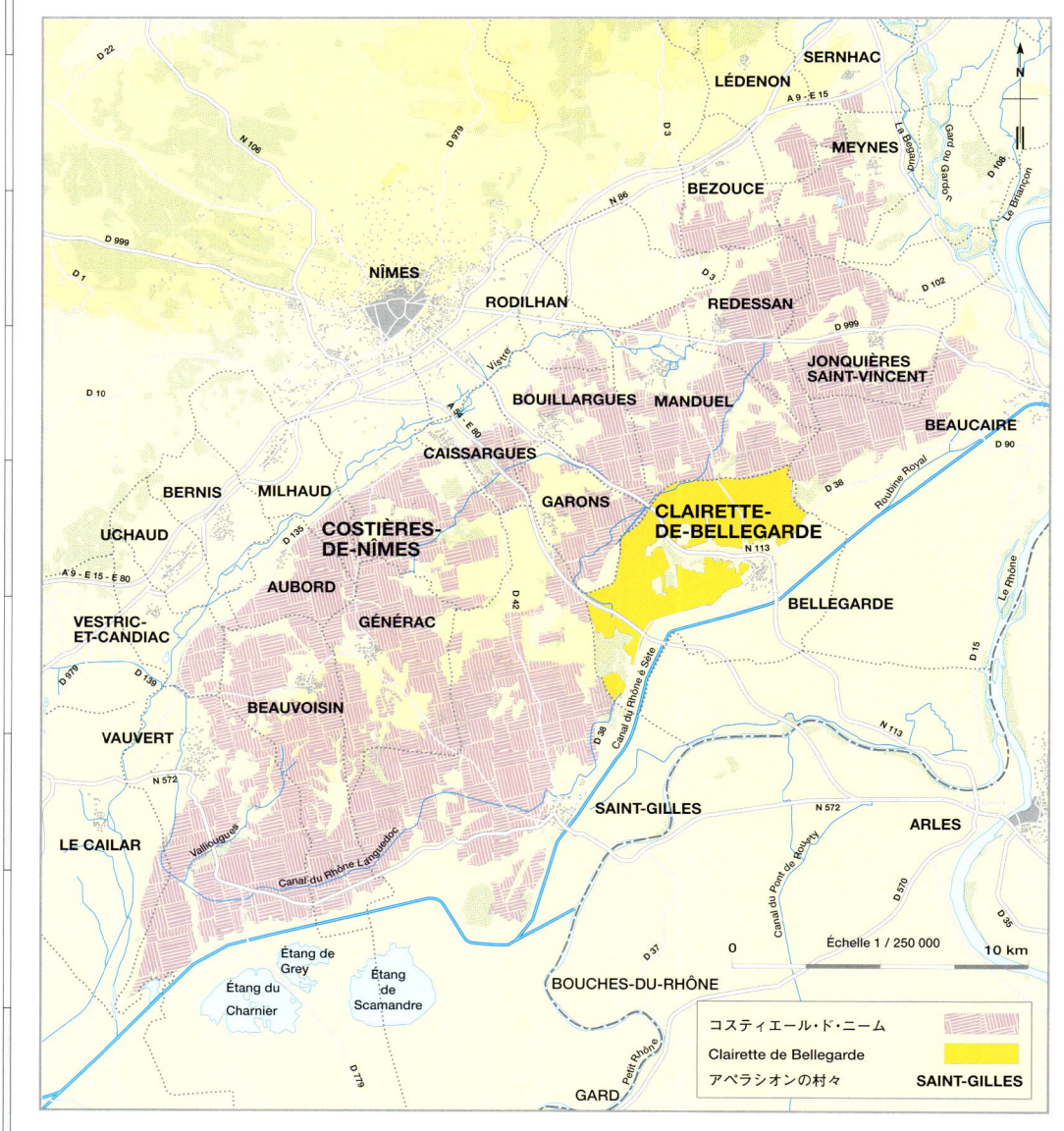

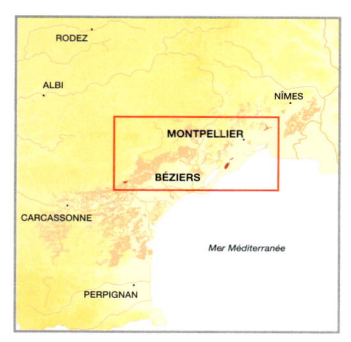

Vins Doux Naturels
ヴァン・ドゥー・ナテュレル

ラングドック地方の4種類のヴァン・ドゥー・ナテュレルはすべてエロー県で産し、そのうちの3種の産地は地中海沿いに位置し、4つめはより内陸の栽培地にある。多くの礫が見られる石灰岩土壌に植えられたミュスカ・ブラン種からは、華やかなアロマを纏い、若いうちのフルーティーさを愉しむ人気の高いワインが生まれる。

ぶどう品種

多くの同属品種のなかで、「ドレ（訳注：金色）」ともいわれるミュスカ・ア・プティ・グランとミュスカ・ド・フロンティニャン種だけが、ヴァン・ドゥー・ナテュレルの生産に用いられる。

ギリシャ原産のこの品種は、古代ローマ以来、ここ地中海沿岸で栽培されている。ぶどうは褐色の小さな果実が特徴で、成熟すると小さな赤い斑点で覆われる。またアロマが非常に発達し、独特である。このワインの醸造には、ヘクタールあたり25ヘクトリットルから28hヘクトリットルと、収量を切り詰めることが必要で、タイユはゴブレ（訳注：株づくり）と呼ばれる仕立て方である。これにより、夜間、表土から放射される熱を享受することができ、短いサイクルでのぶどうの成熟が可能となる。収穫は完熟をまって手摘みでおこなわれる。発酵前のぶどう果汁に含まれる糖分から換算した潜在アルコール度数は平均で14.5度以上、つまり果汁1リットルあたり250グラムの糖分を含んでいることになる。

地質と土壌

ほとんど乾ききっている石灰岩の下盤は、ミュスカ種の成熟に適したテロワールを形成している。

ラングドックの4種類のヴァン・ドゥー・ナテュレルが生み出される表土は、どれも石ころだらけで、ときに岩石ですら見られる。

表面から40センチメートルほどでも、7割に達する比率で粒の大きい成分で構成され、この現象は深部ではさらに増している。4つのアペラシオンでは、リュネルあるいはミルヴァルの畑の一部のように、河川礫層である赤い表土が優勢なところ、またサン＝ジャン＝ド＝ミネルヴォワやガルディオール（訳注：ミュスカ・ド・ミルヴァル、フロンティニャンの栽培地）の緩斜面の上部のように、硬い石灰岩の見られる栽培地がある。この硬質石灰岩は破片状であるか、あるいはよく摂理が発達したものである。これらのテロワールで石灰岩は、たとえ量がわずかでも、常に表土のもっとも細かい土壌にも見られる。下盤はすべてわずかな水分量しか含んでいないが、暖まる力には優れている。さらに岩石の緻密な組織にもかかわらず、自然な排水力に富んでいることも特徴のひとつである。

ミュスカ・ド・リュネル Muscat de Lunel

ミュスカ・ド・リュネルを生み出す栽培地は、モンペリエ市の北東、10キロメートルほどのところに広がっている。

リュネルのぶどう畑はローヌ河に由来する台地に広がり、粘土や片麻岩で覆われた珪質の砂礫層で構成されている。ローヌ河の河口流域という開けた景観の地で、畑にはミストラルが吹きつけている。この気候状況がぶどう果の凝縮を高め、甘口ワイン特有の力強さを付与しているが、新鮮なぶどう果本来のアロマと花を想わせる軽快なそれによって、その甘さはバランスのとれたものとなっている。

統計
栽培面積：320ヘクタール
年間生産量：11,000ヘクトリットル

ミュスカ・ド・ミルヴァル Muscat de Mirval

セート市とモンペリエ市のあいだ、ミルヴァルの栽培地は、地中海沿岸に広がっている。

ミルヴァルのぶどう畑は、ガルディオールの小山の斜面を背にして、石灰岩の表土に広がっている。北西の乾燥した風から護られ、畑は南に向いた斜面で、直接海風の影響をうけている。ワインは口に含むと、混じり気のない十分な粘性の甘みあるものだが、それがぶどうや柑橘類、さらには白い花の新鮮なアロマによってよい調和を見せている。

統計
栽培面積：270ヘクタール
年間生産量：7,900ヘクトリットル

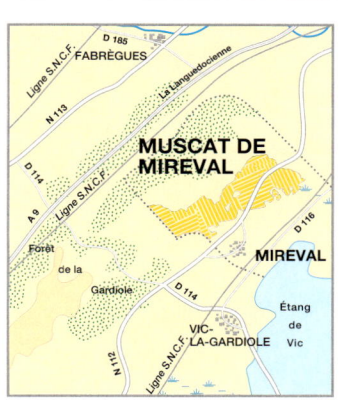

ミュスカ・ド・フロンティニャン Muscat de Frontignan

フロンティニャンの栽培地はミルヴァルの南西に続き、同じような状況が見られる。

このクリュもまたガルディオールの石灰岩の丘陵を背にして、同じように護られている。そして南向き、地中海からの海風の影響に恵まれている点も同様である。この微気候がぶどうの成熟に最適な環境をもたらし、アルコール分も十分で粘性に富んだ、乾したアプリコットやトロピカルフルーツのアロマを感じさせるワインを生産する。

統計
栽培面積：130ヘクタール
年間生産量：5,150ヘクトリットル

統計
栽培面積：780ヘクタール
年間生産量：24,000ヘクトリットル

ミュスカ・ド・サン＝ジャン＝ド＝ミネルヴォワ Muscat de Saint-Jean-de-Minervois

名高いミュスカ・ド・サン＝ジャン＝ド＝ミネルヴォワを産する地は、他の3種よりかなり内陸にある位置によって区別される。

このアペラシオンの畑は、サン＝ジャン＝ド＝ミネルヴォワの集落だけに位置している。地中海すぐ近くの沿岸で栽培される他のミュスカ種とは異なり、海から30キロメートル以上離れた標高250メートルから280メートル付近でつくられている。春には、畑を見下ろすパルデヤン（訳注：サン＝ジャン＝ド＝ミネルヴォワの北、5キロメートルほどにある）の集落付近から冷気が降りてくる。9月は日照量に恵まれ気温は穏やかで、昼と夜の日較差が大きい。このような状況のためぶどうは晩熟で、ミルヴァルやフロンティニャンの1ヵ月ほど後でないと成熟しないが、豊かでバランスがよくフィネス溢れた、ライチやパッションフルーツのアロマを感じさせるワインを生産することができる。

Roussillon
ルシヨン地方

この歴史ある地方は、1790年以降はピレネーゾリアンタルの県名で、地中海に面したピレネー山脈のふもとにある。ぶどう栽培地は、非常に起伏に富んだ地形と多様な土壌、及び微気候によって特徴付けられる。あまり知られていないが素晴らしいヴァン・ドゥー・ナテュレル同様、注目すべき伝統的なワインも生産されている。

統計
栽培面積：38,000ヘクタール
年間生産量：1,500,000ヘクトリットル

■ ぶどう栽培の始まりとその来歴

古い歴史をもつこの地方は、ヴァン・ドゥー・ナテュレルによって有名だが、その醸造法は13世紀に開発された。

紀元前8世紀、ギリシャ人の水夫によってぶどうが伝えられて以来、ルシヨン地方のぶどう栽培の歴史は長く、波乱万丈であった。サラセン人によって荒らされ、アラゴン王国の属国となった後独立し、またフランスに併合されるという歴史を交互に経て、この地方は、今日名声を得ているヴァン・ドゥー・ナテュレルの地として発展を遂げてきた。テンプル騎士団、ヨハネ騎士団、そしてエルサレム騎士団は、この地に広大なぶどう畑を所有していた。13世紀には、医学博士のアルノー・ド・ヴィラノーヴァが、おそらくモサラベの徒に教示を得て、いわば「ぶどう果汁とワインの精神の奇跡的な結婚」を開発、つまり最初のミュタージュ（訳注：p301、"ヴァン・ドゥー・ナテュレルの特徴"を参照）をおこなった。この方法は、1299年、ペルピニャンの町で一般的に見られるようになった。

続く世紀では、ぶどう畑は政治や経済的な情勢によって増加や減少を繰り返した。その後リヴザルドの町への鉄道の開通も手伝って、1741年から1882年のあいだにぶどう樹の栽培面積は8倍の76000ヘクタールに達する増加を見た。19世紀の終わりにはフィロキセラがぶどう畑を全滅させ、その栽培面積を回復するには1935年まで待たねばならなかった。そして現在、もっとも優れた土壌を厳選しての質の追求の結果、ルシヨン地方は、この名声ある歴史的なテロワールを再発見している。

■ 気候

非常に多い日照量と高い気温、それにわずかな降水量、加えて3日に2日は吹く風の影響が、この地の気候を特徴あるものにしている。

年間2600時間とルシヨン地方の気候は際立った日照量が特徴である。冬の気温は温暖で、夏のあいだは暑く乾燥している。降雨量の多くは秋に見られ、その年毎や区域の異なりによって年間で350ミリメートルから600ミリメートルの開きがある。また春と夏には、ぶどう畑にとっては害をなす雷雨が頻発する。しかしこの雨は土壌にしみ込むことなく排出される。このような乾燥した状況は、北西からの激しい風であるトラモンタンによっても増大するが、この風はぶどう樹の清潔な状態の維持と果実の成熟には有益である。

■ 地質と土壌

ルシヨン地方の堆積物からなる階段状の地形は3つの高地に縁取られ、土壌気候学的に5つの区域に分けられる。

ルシヨン地方の栽培地は、北にコルビエール高地、西のカニグー山塊（訳注：p302、E14）、南をアルベール高地（訳注：p302、J15）に囲まれ、地中海に向かって開けた階段状の地勢を示している。ぶどう畑は暑く乾燥した土壌を占めており、肥沃な沖積平野は野菜畑や果樹園に利用されている。この大きな堆積盆地は、その沈降がピレネー山地の褶曲にさかのぼり、また南から北へテーク、テート、アグリーの3河川が横切っているが、これらの河川は、第四紀の異なる氷河形成のさなか、現在の畑が占める段丘の起伏を形成した。同時に、ぶどう畑は、花崗岩、珪岩、石灰岩からなる山地の支脈にも広がっている。

この地方の栽培地は、土壌気候学的に次の5つの区域に分けられる。

アルベールの支脈 バニュルスの栽培地に位置し、やや湿気のある温暖な地中海性気候のなか、シストからなる土壌の地である。

バージュ（訳注：p302、L12）の村にあるパッサの砂礫の丘と、同じくトゥルイヤ（訳注：p302、K12）の集落に広がる砂礫の丘は、鮮新世の砕屑物からなり、湿度があり温暖な地中海性気候の影響下にある。

リヴザルテ クレストの段丘の表土は小石混じりで、気候は温暖でやや乾燥した地中海性のそれである。

アグリー川流域 コルビエール山麓の石灰岩、モンネールやカラマニーの集落のシストや片麻岩、ルケルド村の花崗岩質の砂、そしてモーリーのアプト階のシスト等、異なる起源の表土がモザイク状に形成されていて、気候は地中海性で、やや乾燥して温暖である。

スルニア（訳注：p302、D8）の集落の周辺、**西部区域**はやや湿気を含んだ涼しい地中海性気候である。

もっとも痩せて乾燥した暑い表土の土地は、伝統的にヴァン・ドゥー・ナテュレルの産地にあてられている。また今日では、良質で表情豊かなワインであるコート・ド・ルシヨンとコート・ド・ルシヨン・ヴィラージュのアペラシオンも元気である。

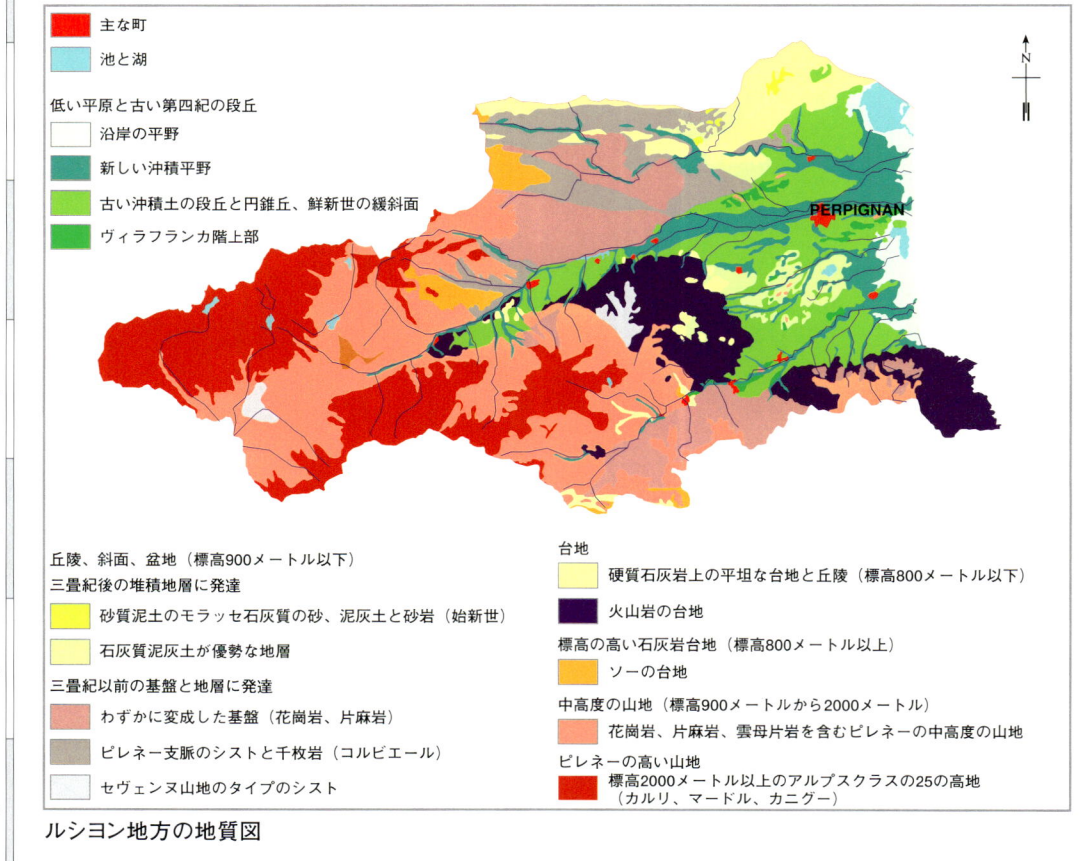

ルシヨン地方の地質図

丘陵、斜面、盆地（標高900メートル以下）
三畳紀後の堆積地層に発達
- 砂質泥土のモラッセ石灰質の砂、泥灰土と砂岩（始新世）
- 石灰質泥灰土が優勢な地層

三畳紀以前の基盤と地層に発達
- わずかに変成した基盤（花崗岩、片麻岩）
- ピレネー支脈のシストと千枚岩（コルビエール）
- セヴェンヌ山地のタイプのシスト

台地
- 硬質石灰岩上の平坦な台地と丘陵（標高800メートル以下）
- 火山岩の台地
- 標高の高い石灰岩台地（標高800メートル以上）
- ソーの台地

中高度の山地（標高900メートルから2000メートル）
- 花崗岩、片麻岩、雲母片岩を含むピレネーの中高度の山地

ピレネーの高い山地
- 標高2000メートル以上のアルプスクラスの25の高地（カルリ、マードル、カニグー）

低い平原と古い第四紀の段丘
- 沿岸の平野
- 新しい沖積平野
- 古い沖積土の段丘と円錐丘、鮮新世の緩斜面
- ヴィラフランカ階上部

主な町／池と湖／PERPIGNAN

ルシヨン地方 ◆ ヴァン・ドゥー・ナテュレル

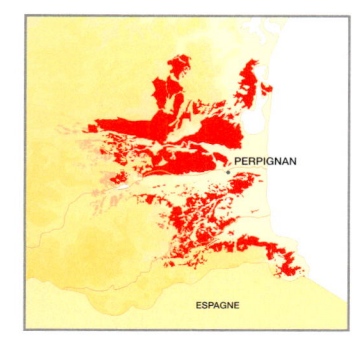

Vins Doux Naturels
ヴァン・ドゥー・ナテュレル

しばしばワインがベースの食前酒に間違えられ、またヴァン・キュイ（訳注：p265、ワインの項のヴァン・キュイを参照）でもないルシヨンのヴァン・ドゥー・ナテュレルは、いまだにあまり知られていないものの、フランスでもっとも偉大なワインのひとつに数えることができる。この地では、非常に乾燥した土壌から、並外れた、豊かでコクのある、ものによってはたいへん長く熟成させられるワインが生み出されている。

■ ヴァン・ドゥー・ナテュレルの特徴

痩せて乾燥したテロワールは際立った日照量に恵まれ、昔から、豊かな甘口のヴァン・ドゥー・ナテュレル天然のワインを生産している。

ヴァン・ドゥー・ナテュレルづくりは、ぶどう果汁の発酵中にその果汁の一部を、アルコール添加によって残すことによる。この操作はミュタージュ Mutage と呼ばれ、酵母が果汁の糖分をアルコールに変えている最中に、その働きを中止させ、これによって、ワインのアルコール度数と残糖分の双方を高めることができる。

今日、バニュルスやモーリー、リヴザルトのワインは、他のルシヨンのヴァン・ドゥー・ナテュレルと同じく、生産上の厳しい条件に応じている。

- 1ヘクタールあたりの収穫量は抑え、40ヘクトリットルを超えてはならない。
- 完熟したぶどう、すなわち果汁1リットル中最低250グラム以上の糖分を必要とする。
- 栽培するぶどうは4つの高貴種、すなわちグルナッシュ、マカブー、マルヴォワジー、ミュスカ種のみに限られる。
- 発酵途中におこなわれるミュタージュは、ワインからつくられたアルコールを添加しなければならない。

ミュスカ種からつくられるヴァン・ドゥー・ナテュレルがたいていの場合、特徴的な果実のアロマを残すために素早く瓶詰めされるのに対し、黒ぶどうからつくられるVDNは、ある程度の熟成期間を経てから市場に出荷される。

白ぶどうからつくられるヴァン・ドゥー・ナテュレルは褐色の色合いで、ドライフルーツや蜂蜜のアロマを纏うが、グルナッシュ・ノワール種からつくられるワインはレンガ色で、果実のコンフィやカカオ、乾しスモモ等の調和のとれたアロマを感じさせる。

これらのワインすべては15度から18度のアルコール分と、リットルあたりの残糖分が50グラムから100グラムの量で残り、強い甘さを備えている。

ヴァン・ドゥー・ナテュレル用のぶどう品種

赤はグルナッシュ・ノワール種からつくられ、白はグルナッシュ・ブラン、グルナッシュ・ロゼ、マカブー、マルヴォワジー、ミュスカ種からつくられる。

グルナッシュ Grenaches
グルナッシュ種には、ノワール、ブラン、グリ（ロゼ）と3品種があり、ルシヨン地方では重要な役割を果たしている。この品種の主な特徴は、丈夫さと乾燥に強いこと、そして完熟した果実を生み出す力があることである。グルナッシュ・ノワール種は特にバニュルスやモーリーで使用されている。出来上がるワインは力強く、濃い色で、酸味のほとんどない際立った果実味を備えている。またグルナッシュ・ブラン種はとりわけリヴザルトで見られる。グルナッシュ・ロゼ種はグリとも呼ばれ、多くの場合、グルナッシュ・ノワールとブラン種のブレンドに使用される。

マカブー Macabeu この典型的なスペインのカタルーニャ地方原産のぶどうは、アスプルとアグリーの丘陵を占め、乾燥に弱く、また肥沃すぎる土壌にも適さない。つくられるワインには、若いうちはフローラルなアロマがあり、よい酸化熟成をする。

マルヴォワジー・デュ・ルシヨン Malvoisie du Roussillon
トゥルバ Tourbat 種とも呼ばれ、今日ではルシヨン地方にしか存在しない。この品種はうまく完熟するためには時間がかかるため、もっとも日照量の多いテロワールで栽培されなければならない。ワインは、口に含むとエレガントさとちょっとした酸味が感じられ、しっかりした構成の白で、希少で人気がある。

ミュスカ・ア・プティ・グラン Muscat à Petits Grains
ミュスカ・ブランともミュスカ・ド・フロンティニャン種とも呼ばれる。ミュスカ種からのVDNすべてに独占的に用いられるのがこの品種だが、例外的にリヴザルトでのみ、ミュスカ・アレキサンドル種が使用される場合がある。ワインは上質でバランスのよいものとなる。

ミュスカ・アレキサンドル Muscat d'Alexandrie ミュスカ・ア・グロ・グラン Muscat à Gros Grans 種あるいはミュスカ・ロマン Muscat Romain 種の名で知られている。この品種は、イタリア、スペイン、北アフリカといった地中海のすべての沿岸で栽培されている。晩熟で力強さはないが、高い気温にも強く、香りのよい卵型の粒の大きな房で、食用としても人気がある。つくられるワインは力強いアロマを備えた独特なタイプのものである。

■ ワイン

ルシヨンのさまざまなヴァン・ドゥー・ナテュレルのなかでは、バニュルス、モーリー、リヴザルトのクリュが有名である。

バニュルス Banyuls 栽培地は、コリウールとポール＝ヴァンドル、バニュルス、セルベールの各村々に広がっている。畑はカンブリア紀のシストが見られる急な斜面に広がり、海に面し、段々畑に整えられている。激しい雷雨の雨水を流し、侵蝕されるのを防ぐために、溝による排水網がある。

グルナッシュ・ノワールとロゼ種が主要栽培品種で、カリニャンやサンソー、シラー種で補うが、わずかに過ぎない。

長い醸しの後、木樽に入れてカーヴ内、あるいは熟成が促進させられるように屋外の太陽の下で熟成される。

伝統的なバニュルスは、レンガ色で、煮た果実や乾しスモモ、ロースト香を備えている。まだ若いときに瓶詰めされ、酸化が進んでいないワインは、この地方で「リマージュ Rimages」と呼ばれる。また白のバニュルスも多少はある。

バニュルス・グラン・クリュ Banyuls Grand Cru アペラシオンの同じ区域で生産されるが、4分の3以上のグルナッシュ・ノワール種を用い、最低30ヵ月の熟成を経て生み出されるワインである。

統計
栽培面積：1,400ヘクタール
年間生産量：30,000ヘクトリットル

モーリー Maury 畑は、モーリーの集落と、アグリー川の北に位置する村々のいくつかを覆っている。ここではほとんどでグルナッシュ・ノワール種が栽培されているが、VDNに定められた品種のすべての栽培が可能である。ワインは常に色が濃くアルコール度の高いもので、若いうちはカシスやキイチゴのアロマがあり、熟成するとカカオのそれが感じられる。

統計
栽培面積：1,000ヘクタール
年間生産量：30,000ヘクトリットル

リヴザルト Rivesaltes 畑はピレネーゾリアンタル県の86の村々と、オード県の9つの集落に広がり、テートとテーク、アグリーの各河川の礫の多い段丘とシストや粘土質石灰岩の支脈を占めている。

褐色をしたリヴザルトは、グルナッシュ・ブラン、マカブー、マルヴォワジー、ミュスカ種からつくられる。またレンガ色のリヴザルトは、グルナッシュ・ノワール種がベースとなる。このワインは最低24ヵ月以上熟成され、また5年以上熟成させたものはオール・ダージュと記載することができる。

ガーネット色のリヴザルトは、グルナッシュ・ノワール種がベースで、果実味を残すために早く瓶詰めされる。

統計
栽培面積：8,000ヘクタール
年間生産量：130,000ヘクトリットル

ミュスカ・ド・リヴザルト Muscat de Rivesaltes 栽培地は、リヴザルトやモーリー、バニュルスの畑に相当している。栽培品種は、プティ・グラン、アレキサンドルのどちらかのミュスカ種のみである。

すぐにそれと分かる輝く色合いで、新鮮なぶどうと柑橘類、トロピカル・フルーツのアロマが特徴的なワインである。

統計
栽培面積：5,000ヘクタール
年間生産量：150,000ヘクトリットル

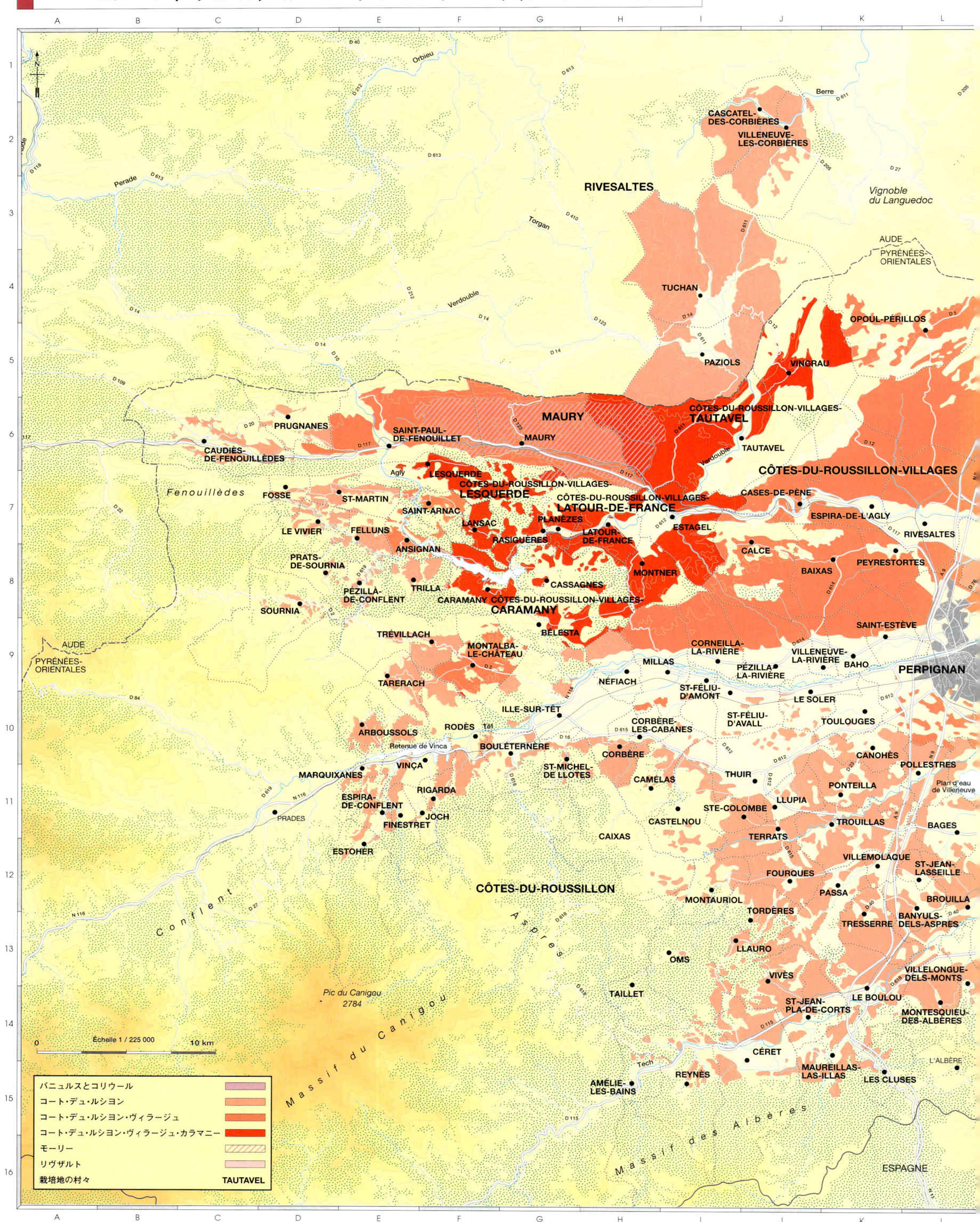

ルシヨン地方 ◆ コート・デュ・ルシヨン ◆ コート・デュ・ルシヨン・ヴィラージュ ◆ コリウール

凡例:
- バニュルスとコリウール
- コート・デュ・ルシヨン
- コート・デュ・ルシヨン・ヴィラージュ
- コート・デュ・ルシヨン・ヴィラージュ・カラマニー
- モーリー
- リヴザルト
- 栽培地の村々　TAUTAVEL

Échelle 1 / 225 000　0 — 10 km

ルシヨン地方 ◆ コート・デュ・ルシヨン ◆ コート・デュ・ルシヨン・ヴィラージュ ◆ コリウール

コート・デュ・ルシヨン Côtes du Roussillon

赤、ロゼ、白ワインを産するこのアペラシオンは、アルベール高地からコルビエール高地まで、ピレネーゾリアンタル県の118の村々にわたって広がっている。

生産量の8割を占める赤は濃い色合いで力強く、ほとんどセニエ法でつくられているロゼは肉厚で濃密である。これらワインは双方ともに、カリニャン、グルナッシュ・ノワール、シラー、サンソー、ムルヴェードル種のうち最低3品種のブレンドでつくられる。カリニャンはほとんどの場合、マセラシオン・カルボニック法でつくられる。シラー、ムルヴェードル、ルドネール・ペリュ・ノワール Lledoner Pelut Noirとマカブー種もまた赤とロゼの構成品種として使われている。希少な白ワインは、マカブーとグルナッシュ・ブラン種からつくられるが、最近ではマルサンヌ、ルサンヌ、ヴェルメンティーノ種も用いられ、出来上がるワインは力強く肉厚である。

統計
栽培面積：6,100ヘクタール
年間生産量：245,000ヘクトリットル

コート・デュ・ルシヨン・ヴィラージュ Côtes du Roussillon Villages

コート・デュ・ルシヨン・ヴィラージュのアペラシオンを名乗る赤ワインは、テート川の南に位置する32の村々で産する。

アグリー川流域に限定された栽培地で産するこのアペラシオンは、収量がヘクタールあたり45ヘクトリットルと、50ヘクトリットルまで認められているコート・デュ・ルシヨンにくらべ厳しい。

ぶどう品種はシラーとムルヴェードル種を最低3割以上用いなければならず、またサンソー種はここでは禁止されている。以下の4つの地区名をアペラシオンに付け加えることを認められている。

カラマニー Caramany ヴィラージュのアペラシオンの南西で、分解された片麻岩に由来するテロワールが、カラマニーとベルスタ、カサーニュの村々に広がっている。

ラトゥール=ド=フランス Latour-de-France シストが見られるテロワールで、トータヴァルとカラマニーのあいだ、ラトゥール=ド=フランス、カサーニュ、モンネール、プラネーズの集落に位置している。

レスケルド Lesqurde カラマニーの北、花崗岩の砂のテロワールは、レスケルド、ランサック、ラジゲールの村々を覆っている。

トータヴァル Tautavel モーリーの東、石灰岩で構成されたこの栽培地は、トータヴァルとヴァングロー、両村に広がっている。

統計
栽培面積：3,100ヘクタール
年間生産量：100,000ヘクトリットル

コリウール Collioure

コリウールのアペラシオンはバニュルスの栽培地に定められた区域と同じで、バニュルス、セルベール、コリウール、ポール=ヴァンドルの村々に広がっている。

コリウールの赤ワインは力強くコクがあり、がっしりとしているが、フィネスを欠いておらず、かなり熟成させることができる。主にグルナッシュ・ノワール、ムルヴェードル、シラー種からつくられ、これらを合計で6割以上用いなければならない。またカリニャンとサンソー種を二次的に補うことができる。ロゼも同じように力強く肉厚で、同じぶどうからつくられるが、グルナッシュ・グリ種が補助品種となっている。

統計
栽培面積：400ヘクタール
年間生産量：15,000ヘクトリットル

■「伝統的」なワインのぶどう品種

ルシヨン地方の栽培地が、素晴らしいヴァン・ドゥー・ナテュレルの生産で知られているとしても、「伝統的」な優れた赤ワインを無視することはできないだろう。

ルシヨン地方の栽培地に指定されたほぼ全体で、「伝統的な」赤、白、ロゼワインを生産することができる。

この特別日照量の多い状況では、自然に赤ワインが適しているとされているが、ルシヨン地方ではますますロゼと希少な白ワインの生産が増加している。これらのいわば新顔ともいえるワインの生産のため、ぶどう畑では、次に挙げる品種が栽培されている。

シラー Syrah この品種はルシヨンのあちこちに見られる。ワインは上質で、他の品種とのブレンドによって溶け込むバランスのよい複雑なアロマを備えている。

ムルヴェードル Mourvedre フィロキセラの直後に畑の多くが消滅してから、この品種は少しずつ面積を増やしてきた。ワインはタンニンが多く引き締まり、ときとともにたいへん複雑なアロマが感じられるようになる。またさらにグルナッシュ種が加えられた場合は、熟成がゆっくり進むという利点もある。

ルドネール・ペリュ Lledoner Pelut この品種はグルナッシュ種にとても近く、実際は絶滅している。

カリニャン Carignan 丘陵には非常に樹齢が古く、また収量も低いカリニャン種がまばらに見られる。これらの株から収穫されたぶどうはたいへん良質で、高く評価されている。

コニャック

Cognac
コニャック

コニャックは世界でもっとも繊細で洗練されたオー=ド=ヴィである。それは、多様性に富んでいるが主に石灰岩の土壌と、大陸と大西洋が出会って生じる気候、そして経験に基づくノウハウが結びついて生まれる。また自然要因と同様、優れたコニャックは、科学的な蒸留、ブレンドの技術、そして熟成によるところが大きい。

統計
栽培面積：75,300ヘクタール
年間生産量：390,000ヘクトリットル

上記に示された栽培面積は、この地方におけるぶどう栽培地の総面積のため、最終的にワイン——ピノー・デ・シャラント、ヴァン・ド・ペイ——となるものも含まれている。また生産量は、100パーセントの純粋アルコールに換算した量である。

■ 自然要因

コニャックの栽培地は、アキテーヌ盆地の北、大西洋のほとりに位置している。

コニャック市の周りを取り巻くぶどう畑は、シャラントとシャラント=マルティーム両県に位置している。西は、ジロンド河の岸辺とレ島とオレロン島によって境界を区切られ、東は、中央高地の最初の支脈が始まるアングレーム市で終わっている。景観は、平原と起伏のなだらかな低い丘陵で構成されている。シャラント川がこの地方を横切り、さらに、ネ川やアンテンヌ川、スーニュ川などの小河川によって、うるおっている。

年間の平均気温は摂氏13度、大西洋の影響で冬も割合と暖かく、コニャックの気候は、温暖な地域と冷涼な地域の境に位置している。また平均の降水量はおよそ800ミリメートルである。

コニャック地方の気候は場所によって違いを生じている。温暖で日照量に恵まれた海沿いの地区に較べ、この地方の東部は、大西洋から離れることと東にいくにしたがって高くなる標高のため、温度は低くなっている。しかしすべてがこれで説明されるわけではなく、コニャック市の周りに乾燥して暑い局地気候が見られることは特筆すべきである。

しかし全体的に見れば気候的な差は、それほど大きいものではないが、このように地理的に近く、また小さな区域毎の違いの方が、しばしば栽培地の大きな地区同士の相違よりはっきりしていることがある。

ぶどう品種

ユニ・ブラン種が支配的だが、それはこの品種から酸が強く、アルコール分の低いワインが生産されるためである。

コニャックのぶどう畑でもっとも多いのはユニ・ブラン種で、古くはサンテミリオン種と呼ばれていた。この品種は遅く収穫を迎えるため、コニャック地方が熟する北限でもある。酸の割合が多く、蒸留されるワインには不可欠な特徴であるアルコール度数の低いワインの生産に向いている。さらに、病気にたいへん強いぶどうである。またフォル・ブランシュ Folle Blanche やコロンバール Colombard 種が補助品種として認められているが、あまり見られない。

INAO で認められている品種はさらに、メスリエ・サン・フランソワ Meslier Sanit-François やジュランソン・ブラン Jurançon Blanc、モンティル Montils、セミヨン Sémillon、そしてセレクト Sélect 種がある。

■ 地質と土壌

コニャックの栽培地の土壌は、そのほとんどが粘土質石灰岩の、この地方独特の多様性に富んだ表土から形成されている。

栽培地の基盤層は、主に中生代の海底に積み重なった堆積岩で形成されている。これは、ジュラ紀と白亜紀の石灰岩で、堆積の状況から多少柔らかくなっている。第三紀と第四紀の堆積物が石灰岩の層を覆ったが、同時に構造地質的な運動が基盤層を含めた地質の分布や構成を大きく変えた。

この地方の土壌は、大きく5つのタイプに分けられる。

シャンパーニュの土壌　白亜紀の粘土質石灰岩の土壌で、柔らかい石灰岩と白亜の上の薄い表土である。ここではしばしば化石を見つけることができる。この表土は、ところどころ険しい丘陵のケスタの景観が続くグランド・シャンパーニュとプティット・シャンパーニュのクリュの大部分を覆っている。また同時にジロンド河のほとりのメシェールの崖にも見られる。

表土に見られる石灰岩礫の割合はたいへん高く、60パーセントを超える。この土壌に植えられたぶどうは萎黄病にかかりやすくなるため、石灰岩に抵抗力のある台木の選択と、畑に鉄分を供給する世話が必要とされる。これは、蒸留した際にでるワインの廃液に溶けやすく、株の根元にまかれる。

モンモリロナイトを多く含むタイプの粘土は、表土に、質のよい組成と肥沃さ、適切な保水力を与える。厚みのなさにもかかわらず、この表土は、多孔質の基盤層で毛管現象による水分の上昇が起こるために、乾燥の恐れがほとんどない。この毛管上昇とは、夏のあいだ特にひどい乾燥に応じて、ゆっくり再上昇する水分に対しスポンジのように機能している。

グロワ　上と同じ薄い粘土質石灰岩の土壌だが、赤く、ジュラ紀の硬い石灰岩に由来する小礫がとても多い。こ

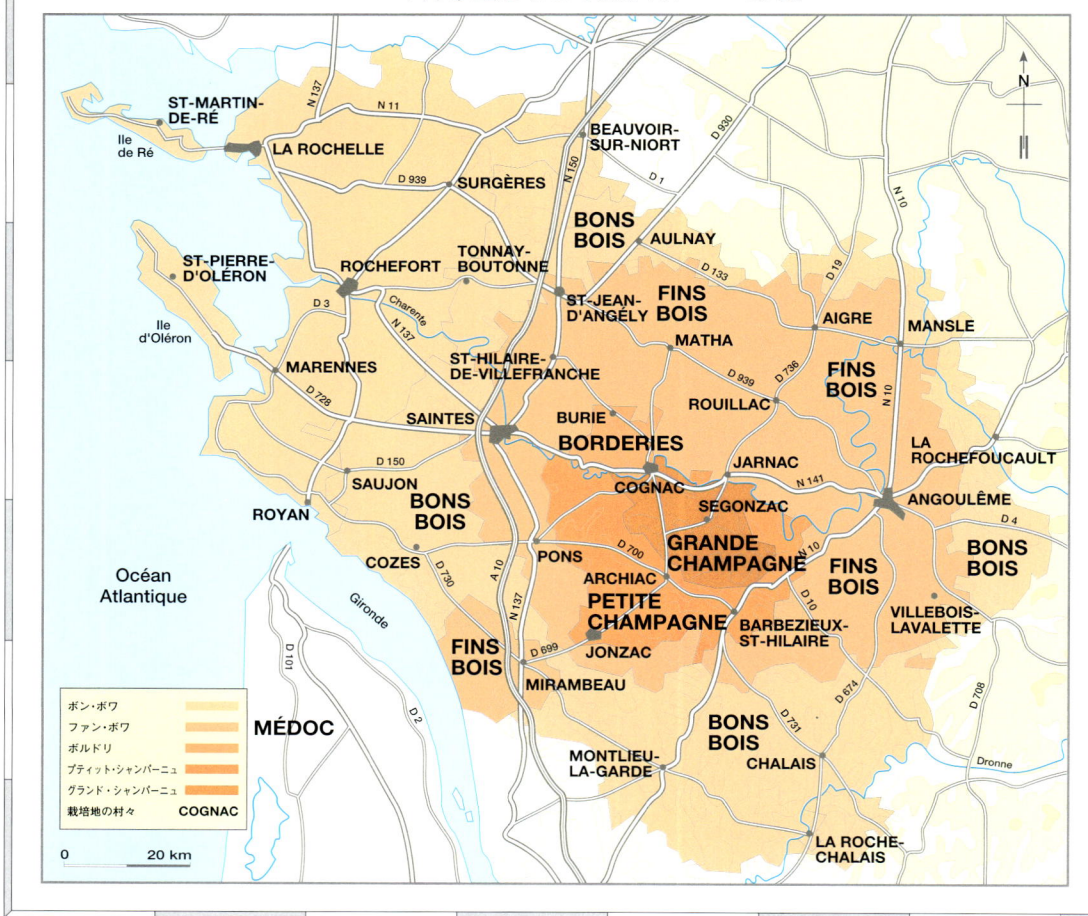

の表土はコニャック市の北のぶどう畑の一部と、ファン・ボワ地区のほとんどを覆っている。

石灰岩の硬さは、ぶどうに影響を与える。萎黄病がシャンパーニュの表土より少ないとしても、浸透性のある基盤なので、ぶどう樹の根は、水分を求めて石灰岩の塊のなかを深くまで入り込まなければならない。有機物の含有率は常に高く、5パーセントに達するが、それで必ずしもここの土壌が丈夫であるということにはならない。細かい土壌成分の量がほんのわずかなので、保水力が減っているからである。

ペイ・バの粘土「ペイ・バ」と呼ばれているのは、コニャック市の北、ファン・ボワ地区のなかの窪んだ平坦な区域のことである。基盤層は、ジュラ紀のパーベック階にさかのぼり、当時の潟湖による堆積物である。表土は粘土分が多く、含有率は60パーセントにも達する。基盤は目が詰んでどっしりと重く、赤や緑色の粘土や泥灰土、石膏、近くの丘陵から下ってきた——その頃、熱帯性の気候がこの地方に運搬力のある河川を生じさせていた——第三紀の石灰質の砂礫層等から形成されている。

この土壌は、その地形と粘土の多さから排水はゆっくりとおこなわれるため、ぶどうの栽培は難しいと見なされている。春、雨の多い年に、ベト病が発生した場合は、ヘリコプターから薬剤散布をすることができる。水分過多が長く続くと、ぶどう樹の根は深部まで伸びることができず、その後の乾燥に苦しむことになる。そのためいくつかの区画では排水溝が敷設されている。この区域がフィロキセラ禍を免れた数少ない地のひとつである理由は、畑が慢性的な冠水状態となっているおかげである。現在でも接木されていないフランス原産の株が存在している。またここは特に霜に弱い区域である。

珪質粘土の土壌 たいていの場合石灰岩の下盤上にあるにもかかわらず、表土上には石灰岩がないか、あっても非常に少ない、不規則な土壌を形成している。主に栽培地の西に位置し、ファン・ボワ、ボン・ボワ、ボルドリのクリュのなかで、大きな面積を占めている。

いくつかの区域、とりわけボルドリのクリュの表土は、石灰岩の洗脱の結果によるシレックスを含む粘土が見られ、さらに、石灰岩を覆っている多少厚みのある他の土地から運ばれた泥土や砂の堆積も見られる。そして粘土質の場合は「ヴァレンヌ Varennes」、泥土では「ドゥーサン Doucins」と呼ばれる。この地方の地質図を作成する土壌学者にとって、ドゥーサンという言葉は、ぶどう畑の珪質粘土の表土全体を指している。これらは、母岩によって、砂質、粘土質、泥土質あるいは石灰質のドゥーサンに区別される。

ほとんど膨張しないカオリナイトタイプの粘土と高い割合の泥土は、しばしばねっとりとし、また固化も見られ、表土の組織をもろくしている。しばしばこのように変化が進んだ表土は、時間とともに、粘土分が地中深くに濃集し不透水層となって水分過剰となりやすい。加えて表土に礫が少なく、緩やかな傾斜、春に残存水分が多いこと等が、今度は土壌を冷たくしている。上記のような深くて有機物がかなり豊かな表土では、ぶどう樹の丈夫さを保つのは難しい。そのためここはしばしば牧草地に推奨されている。

砂 ジロンド河周辺や、いくつかの河川の流域、ことに栽培地の南部には砂質の土壌が見られる。この砂は「含鉄砂」と呼ばれ、中央高地で岩石が侵蝕されこの地にもたらされたものである。

この表土はボン・ボワのクリュの広い部分を占めているが、ぶどう畑は、近くの牧草地、松林、栗林といったなかに分散している。

土壌はかなり痩せていて、非常に浸透性が高いため、ぶどう樹に水不足のストレスをもたらす場合がある。反面、素早く暖まり、ぶどうはやや早熟になる。多少酸性なため、時々石灰を撒く必要があり、また有機的な土壌改良も、その土質を向上させるために必要である。

■ オー=ド=ヴィに見られるテロワールの影響

ワインとそのテロワールの関係を定義づけるのは容易ではない。この関係は、否定されるものではないが、ワインが蒸留される場合は、より複雑になるだけである。

オー=ド=ヴィとそのテロワールのあいだに存在する関係をよく理解するためには、「ヴァン・ド・ブーシュ(訳注：蒸留用のワイン)」としてのみとらえるべきで、本来のそのまま飲用するワインの概念を当てはめるべきではない。

わずかな収量とぶどう果の熟度といった条件は、オー=ド=ヴィの酒質には影響しない。実際、良質のオー=ド=ヴィをつくることにおいては、ぶどう果の腐敗や傷のない良好な状態での収穫は欠かせないが、ユニ・ブラン種という頑健な品種の場合、それほど問題はない。

また同時にオー=ド=ヴィづくりに適した醸造と、遅くとも冬の終わりには処置されるべき蒸留までのワインの保存状態のよさが必要である。さらに、硫黄はオー=ド=ヴィ内で嫌な味を生むため、亜硫酸添加による安定化はほとんど不可能で、常に年毎の不確かな寒さと高い酸——これがオー=ド=ヴィのアロマティークな酒質に影響を与える——によって微生物学的な悪影響を防がなければならない。そして高くも低くもない、ほどほどのアルコール度数が必要なのである。

コニャックの特徴を決定付けるのは、蒸留と樫樽での熟成である。種々の産地のオー=ド=ヴィ毎の特徴に違いがあるとしても、自然環境とオー=ド=ヴィの酒質のあいだの関係を説明する試みは空しい結果に終わっている。今日では、テロワールの影響と醸造技術、とりわけ蒸留方法とを切り離すことはできない。

この地方の専門家は試飲によってテロワールによる違いを見出し、クリュの存在意義を裏付けている。

シャンパーニュ ボワほど豊かでないアロマだが、ずっと上質であるのが特徴である。香りには、ぶどうと菩提樹の花が感じられ、樽熟成がそれをより発達させている。

ボワ 木樽の短い熟成から生まれる力強いアロマを持っている。「テロワールの風味」という表現はむしろ否定的で、アロマが強すぎるときにそう呼ばれる。

ボルドリ 何人かの鑑定家には、強烈なスミレの香りで区別できるといわれている。さらに特定のヴィンテージにおいては、その収穫されたぶどうとの明らかな関連性があるという訳ではないものの、他より優れた酒質をオー=ド=ヴィに付与している。

将来に期待すべき科学的な研究がまだおこなわれていないので、経験に基づいて認められたテロワールの影響を説明する仮説を立てるだけにとどまっている。

ぶどう畑の日照量の影響に言及できたとしても、酵母の違いや海に近いことのほうが、オー=ド=ヴィに与える影響としてはより実際的である。

テロワールの影響のひとつとしては、石灰岩の存在があげられる。もっとも評判のよいクリュは、もっとも石灰岩の多いテロワールにある。またこの存在は、ぶどう樹の代謝にも影響している。

2つめの仮説は、表土への水分供給の規則正しさによるものである。つまりシャンパーニュの土壌では、浸透性、あるいは不浸透性の層上で見られる水分不足の乱れが避けられていることがわかる。

これらの仮説は「テロワール」の相違でヴァン・ド・ブーシュの違いを説明することが難しいことに加え、蒸留という作業がさらにその関連性を混乱させているので、今後確かめていく必要のある課題となっている。

■ クリュ

土壌の特徴から、地質学者のアンリ・コカンは、1860年頃、コニャックの6つのクリュを決定付けた。その後この決定は、1938年のAOCの制定によって認められた。

グランド・シャンパーニュ Grande Champagne 栽培地の中心部、13000ヘクタールを覆っている。ここでは、炭酸カルシウムの豊富な石灰岩の土壌から、もっともエレガントでもっとも上質、加えてもっとも複雑なオー=ド=ヴィが生産されている。その魅力のすべて開花するには樽による長い年月の熟成を必要とする。

プティット・シャンパーニュ Petite Champagne 上のグランド・シャンパーニュの畑を部分的に囲み、16000ヘクタールの広さがある。グランド・シャンパーニュに似たコニャックを生むが、やや繊細さに欠ける。

フィーヌ・シャンパーニュはこの2つのクリュのブレンドで、グランド・シャンパーニュが最低50パーセント含まれなければならない。

ボルドリ Borderies 栽培地の北、4000ヘクタールの面積のもっとも小さいクリュである。このコニャックはまろやかで香り高く、ときにスミレを感じさせる。

コニャックの中心部に位置するグランド・シャンパーニュ、プティット・シャンパーニュ、ボルドリの各クリュは、ぶどう栽培ももっとも盛んである。

ボワ Bois この地区はファン・ボワ、ボン・ボワ、ボワ・ア・テロワールのクリュを含み、ファン・ボワは硬い石灰岩が見られる表土、ボン・ボワは粘土質で、石灰質の乏しい表土、ボワ・ア・テロワール珪質の表土が特徴である。やや品には欠けるが、濃密なアロマを備え、早く熟成するオー=ド=ヴィが生まれる。

ピノー・デ・シャラント Pineau des Charentes これはコニャックと、同地方で産する白や赤の様々な品種のぶどう果汁とをブレンドしたものである。種類としてはヴァン・ド・リクールになる

Armagnac
アルマニャック

アルマニャックは、古くからの技術を培ってきた栽培者や酒商によってつくられる歴史あるオー=ド=ヴィである。白ぶどうから醸造されたワインは、伝統的なアランビックで一冬をかけて蒸留され、滴り落ちる透明な液体は樫樽に入れられ、長い熟成の歳月が始まる。

統計

栽培面積：16,000ヘクタール
年間生産量：20,000ヘクトリットル

上記に示された栽培面積は、この地方におけるぶどう栽培地の総面積のため、最終的にワイン——AOCフロック・ド・ガスコーニュ（訳注：普通のスティル・ワインではなく甘口のヴァン・ド・リクールで白とロゼがある）、ヴァン・ド・ペイ・デ・コート・ド・ガスコーニュ——となるものも含まれている。また生産量は、100パーセントの純粋アルコールに換算した量である。

■ 産地の景観

アルマニャックの栽培地は、ガロンヌ河、ランドの森、ピレネー山脈によって区切られた大きな三角形の中心部であるガスコーニュ地方に位置している。

フランスでももっとも古いオー=ド=ヴィであるアルマニャックは、3つの文化の出会いによって生まれたものである。すなわちそれは、この地方にぶどう樹を導入したローマ人と、アランビックによる蒸留をおこなったアラブ人、そして樽を考案したケルト人の文化である。

アルマニャックは最初、治療薬として用いられていた。その後オー=ド=ヴィとして樽で販売されるようになり、次いで瓶詰めされるようになった。

アルマニャックの地方は今日、3つのアペラシオンで構成されており、その外縁は1909年5月25日のファリエールの政令によって定められた。

- バザルマニャック
- アルマニャック=テナレーズ
- オータルマニャック

ぶどう畑はジェール県のほとんどと、隣のランド県にロテ=ガロンヌ県の小さな区域にも広がっている。そして生産の大部分を占める、バザルマニャックと多少のアルマニャック=テナレーズの栽培地は、西に片寄っている。オータルマニャックは栽培地が小島状に点在している。このアペラシオンの外縁は、その線引きを変更している最中である。

アルマニャックの栽培地は、アドゥール河の盆地に広がり、一方でガロンヌ河流域に臨んでいる。

この地を流れる河川はぶどう畑を分け合い、水路網は扇の形となっていて、その要はラスムザン（訳注：下図、F14、ジェール県の県都であるオーシュ市の南、50キロメートルほど）の町周辺の台地で、源となっている。ドゥーズ、ミドゥーズ、アロス、リベレット等の川は、アドゥール河の水かさを増し、一方でオス、オズー、イゾート、ジェリーズ、バイーズ、ジェール等の河川は、ガロンヌ河に注いでいる。南北に流れるバイーズ川はアルマニャック=テナレーズを横断し、この地のほぼ中心線となっている。アドゥールとガロンヌの両河川は、つくられたアルマニャックを船でバイヨンヌやボルドー市の港に運び、最初の輸出の助けとなった。

■ 気候

アルマニャックは、大西洋と地中海、そしてピレネーというといくつかの、ときに相反する気候同士の影響をうけている。

アルマニャックでは大西洋気候の影響が大きく、しばしば雨をもたらす西風が特徴である。海と栽培地を分けているランドの森は、緩衝材の役割を果しており、西から東へ段階的に減少する降雨量を和らげている。各ぶどう畑での降雨量を測定すると平均で年間700ミリメートルから800ミリメートルのあいだに収まっていて、たいへん穏やかである。

地中海性気候の影響もまた、アペラシオンの東の地区では感じられる。それは南東から吹くオータン風によって特徴付けられる。この風は熱く乾燥していて、春にはぶどう樹の発芽を促す。したがって、アルマニャックの栽培地は、西では大西洋気候の影響が強く、東では大陸的な影響を強く受けていることになる。この多様性にもかかわらず、一般的な気候状況においては、その温暖さが特徴である。四季を通じての気温の差は特に小さい。冬はやや短く穏やかで、平均気温は摂氏7度である。春は湿気が多くて暖かく、平均気温は15度に達するが、4月まで霜の恐れが続く。

また、多少の雷雨に見舞われるとしても、夏は一般的に乾燥している。この季節の気温は、平均で20度と穏やかで暖かい。秋もまだ暖かいままで、平均気温は10度前後で晴れた日が多い。この気候状況全体が、ぶどうのゆっくりとした生育と控えめな収量の、しかも完璧な成熟にはたいへん都合がよい。

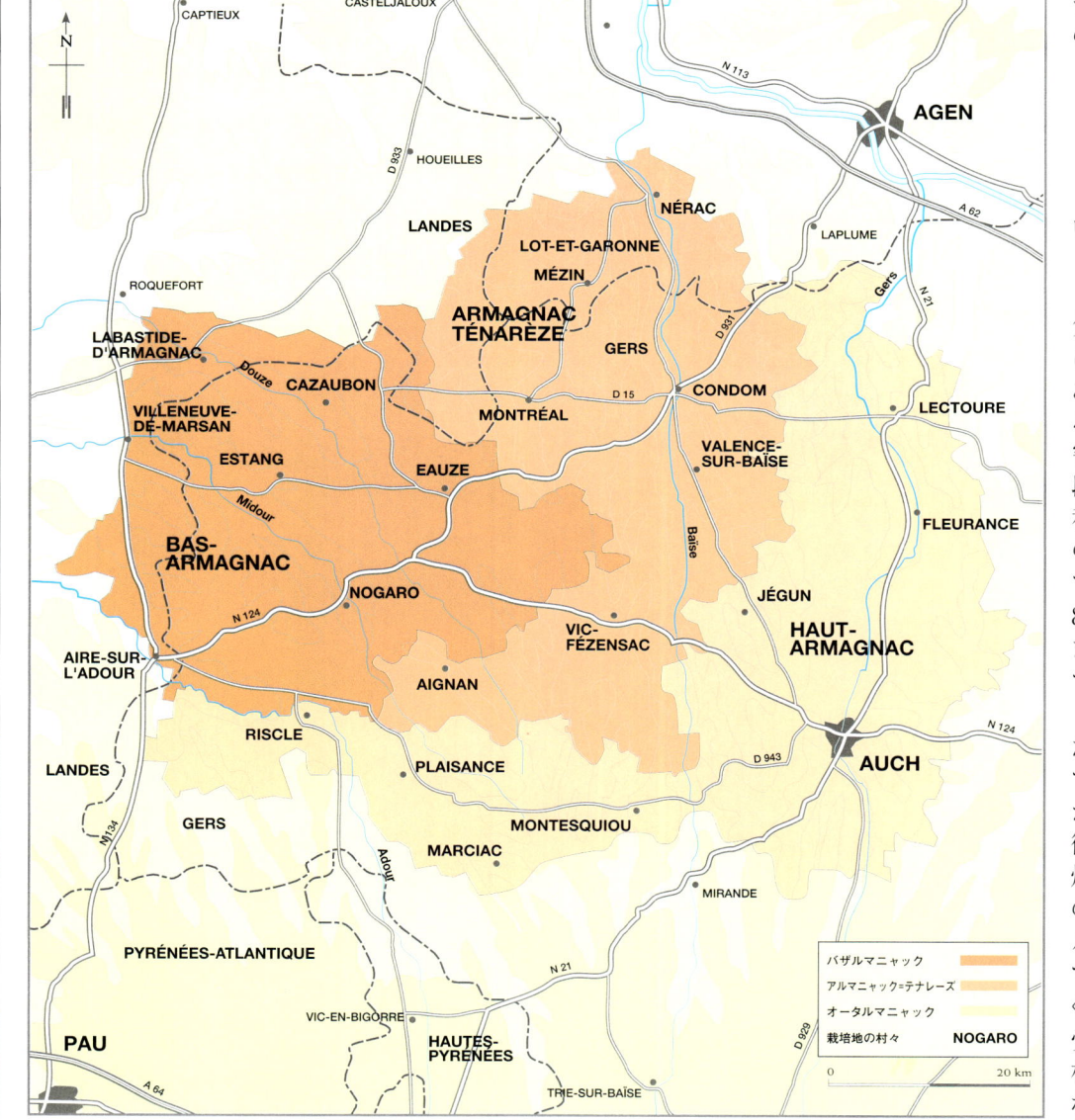

アルマニャック

🍇 ぶどう品種

アルマニャックの生産に許可されているぶどうは10種類で、それぞれが、その環境条件に適応できるような特徴を備えている。

ユニ・ブラン Ugni Blanc 全栽培面積の半分を占め、あらゆるタイプの土壌によく適応する。

バコ22A baco22A ユニ・ブラン種の補助品種で、栽培の4割を占めている。この品種はバザルマニャックにもっとも多く植えられている。そして、このテロワールの特徴である砂質と泥砂の土壌によい相性を見せている。逆に石灰質の土壌には弱いので、テナレーズやオータルマニャックの栽培地にはほとんど見られない。

フォル・ブランシュ Folle Blanche この非常に早熟なぶどうはこの地方の様々な品種を補っており、コロンバール Colombard 種も同様だが、こちらはむしろオー=ド=ヴィではなくヴァン・ド・ペイにあてられている。

その他の蒸留用のぶどうは、フランスの古い品種のため今日ではほとんど栽培されていない。唯一グレス Graisse 種だけが認められ、クローン選抜の計画のなかで再び日の目を見ることになったばかりである。

アルマニャックのテロワールで用いられるぶどう品種はすべて、潜在アルコール度が9度から10度と中程度から低く、酸の多い果汁を生む。この2つの要素がオー=ド=ヴィの生産にとって酒質の要となる。

■ 地質と土壌

アルマニャックの土壌のほとんどは、第三紀と第四紀の時代のものである。そしてとりわけピレネー山脈の形成に関連している。

アルマニャックの栽培地の土壌は第三紀以来、多くの海進によってその場に積もった堆積物の結果である。

中新世の初め——アキテーヌ階—— この地方を覆っていた海は、断続的な海進と海退が繰り返され、ピレネーに由来する堆積物を積もらせながら、段階的に引いていった。この時代、泥灰土と石灰岩で形成された湖成、また河川に由来する堆積物は、現在のぶどう畑が見られる地域に積み重なった。続いて起こった侵蝕は、今日、アペラシオンの北東で、泥灰土の堆積によって分離されている石灰岩層に見ることができる。

ヘルヴェティア階 海がこの地方を覆い、それから最終的には引いたのだが、引いた後のその場所に海の砂の堆積——「褐色の砂」の名で知られている——を残し、これが主に現在のバザルマニャックの地区となっていて、部分的にアルマニャック=テナレーズまではみ出している。侵蝕が渓谷、次いで丘陵の斜面を掘削したところでは、ほとんどの場合斜面の頂部では砂が、下部では泥灰土と石灰岩が見られる。

第四紀中期 西からの風による風成堆積の地層が見られる。もっとも重い砂はランドの砂であり、表土はブルベーヌと呼ばれる粘土と細かい砂で形成され、この地方の周縁部に積み重なっている。ブルベーヌは今日、バザルマニャックとアルマニャック=テナレーズの一部の表土を特徴付けている。このブルベーヌは、丘陵のすべての頂部や、あるいは渓谷の底部、連なる斜面の上の砂質土壌を覆っているのが分かる。

この砂は酸化した鉄によって色づき、そのために「褐色の砂」という名がついている。しばしばこの砂は、組織がしっかりして密集した硬さがあり、この地では「テルブーク」と呼ばれる。

■ オー=ド=ヴィにおけるテロワールの影響

アルマニャック産オー=ド=ヴィにおけるテロワールの影響はよくわかっていない。というのも、畑で収穫された果実が液体となってグラスに満ちるまでのあいだには、多くの要因が影響を及ぼしているからである。

収穫、醸造、そして貯蔵の状況が、良質のオー=ド=ヴィの生産には重要となるが、特にアルマニャックのような果汁段階での亜硫酸処理が禁じられているものでは、その醸造方法がアルマニャックのスタイルに影響を及ぼしている。

次いで、蒸留——主に連続式アランビック蒸留器——の最中に採られる方法の選択と、アランビックの調整によって、オー=ド=ヴィのタッチがもたらされる。

熟成はアルマニャックの質とスタイルに、重要な痕跡を残すが、細かくは主に、使用される樽、新樽で寝かせる期間、蒸留責任者によるブレンド、そして熟成期間などである。

これらの要因を考慮に入れても、アルマニャックのその酒質におけるテロワールの影響をはっきり評価するのは難しい。しかしながらテロワールの相違が、オー=ド=ヴィの多様性に大きく関与していることは確かである。

バザルマニャックで産するオー=ド=ヴィは、評判が高い。それはしばしばまろやかさと果実味で評価されている。この個性は、砂とブルベーヌのテロワールや、ぶどう品種のユニ・ブランやフォル・ブランシュに較べてバコ種によるワインがメインで蒸留されることなど、複数の要因の結びつきに関連している。

アルマニャック=テナレーズでは、オー=ド=ヴィはしばしばより生き生きしてコクがある。そして、長いあいだの熟成を経て、初めてその魅力をすっかり開花させる。またこれは粘土質石灰岩が優勢な土壌で、ほとんどユニ・ブラン種のみで蒸留された結果である。

醸造の状況が同じ場合、土壌とぶどう品種の組み合わせは、アルマニャックの異なるテロワールのオー=ド=ヴィのあいだで感じられる相違のおそらく鍵となるだろう。

■ クリュ

アルマニャックの産地を形成している地質の多様性は、由来する栽培土壌にも同じ多様性をもたらしている。

バザルマニャック Bas-Armagnac アルマニャックの西側を占める、ブルベーヌと褐色の砂の地である。この土壌には石灰岩の存在しないことが特徴であり、一般的に酸性である。

バザルマニャックは、ぶどう畑と森が交互に見られる、なだらかでゆったりとした景観の地である。斜面の下部は穀物畑で占められ、中腹はぶどう畑、そして上部は樫の森で覆われている。丘陵の頂部を覆う木々がつくりだす濃い影から、この地はアルマニャック・ノワールと呼ばれている。

アルマニャック=テナレーズ Armagnac-Ténarèze アルマニャックの栽培地の中央に位置し、東西をバザルマニャックとオータルマニャックにはさまれた過渡的な地区である。ここではまだ砂とブルベーヌの層が見られるが、「テレフォール」と呼ばれる石灰質重粘土と、「ペリュスケット」という、ときに母岩まで侵蝕された石灰岩に由来する土壌も見られる。またしばしばブルベーヌで覆われた谷間があり、その東の斜面は湖成の石灰岩で、西の斜面と丘陵の頂部は褐色の砂で形成されている。そして土壌の性質により、ぶどう畑は、ヴァン・ド・ペイ・デ・コート・ド・ガスコーニュの白もしくは赤——主に粘土質石灰岩——、あるいはアルマニャック——ブルベーヌや砂——のどちらに適しているかが吟味される。

オータルマニャック Haut-Armagnac 東に位置し、石灰岩と粘土石灰岩の地で、このためアルマニャック・ブランと呼ばれている。険しい途切れ途切れの丘陵が連なる景観の地で、土壌はところどころブルベーヌで覆われている。南東に向いた谷間は一風変わった非対称を呈している。

この地区では、ぶどうはよく吟味された斜面の向きに栽培され、その収量は非常に制限されている。また石灰質の割合の高い土壌ということから萎黄病を防ぐため、台木と品種はよく土壌に適応するものが選択されている。

地質学	農業地質学		地理的分布
風成堆積	ランドの砂	珪質土壌	バザルマニャック
	ブルベーヌ	珪質粘土土壌	
海成堆積 海進 （ヘルヴェティア階）	活性砂 （褐色砂）	珪質土壌	アルマニャック=テナレーズ
湖成堆積 石灰岩の地層と 石灰岩間の泥灰土 （アキテーヌ階）	テレフォール 石灰岩層上の ペリュスケ	粘土石灰岩と 石灰岩の土壌	オータルマニャック

※農業地質学欄：カルシウム分の溶脱された土壌

地質用語解説

ア行

圧密 Compaction 砂や粘土などのもろい細粒物の集合体が圧力によって、緻密なものになること。

アプト階 Aptien 中生代白亜紀前期（1億2500万年前から1億1200万年前）の地質年代。模式地がヴォクリューズ県、アプトにあることから。

アリオス Alios ランド地方の砂。鉄分や有機物を含んだ被覆の薄い土壌。砂交じりの灰白土に見られ、自由地下水を制限して、根が深く入り込む障害になる。

アルゴーヴ階 Argovien ジュラ紀の階で上部オックスフォード階に対比。模式地はスイスのアルゴー地方。

アンテルフリューヴ Interfluve 2つの河川、あるいは2つの干上がった谷のあいだに舌状に広がっている土地。

アンモナイト Ammonites 古生代中期から中生代全期（4億2千万年前から6千500万年前までの時代）にかけて生息していた、この時代に特有な生物の化石。現生種は南太平洋地域に生息するオウム貝。一見扁平な巻き貝のように見えるが、体の構成は頭足類でアンモナイト亜綱に分類される。

イグニンブライト Ignimbrites 花崗岩質の組成をもつ火山岩で、流紋岩や黒曜石の引き伸ばされた破片が半溶融して石基に密着している。火山の爆発や、裂け目から熱雲とともに放出された岩片が溶結したものである。

異地性 Allochtone 岩体や堆積物が、現在ある場所と異なる地において生成または形成されたことを示す形容詞。

イドロモルフ Hydromorphe 明色の土壌や砂質変質岩中によく見られる赤、オーカー、灰色の斑点。主に酸化力のある水の浸透や、酸化がこの色の原因となる。

イリゼ Irisé 酸化力がある水の浸透作用により、岩が様々な色に着色する現象。有機物や硫化鉄に富み、透水性あるいは亀裂の多い岩石によく見られる。

岩棚 Replat 山の長く緩やかな斜面で、直線的なことが特徴となっている起伏。斜面のふもとの堆積はしばしばこの岩棚を形成するが、褶曲した岩や残丘でも見られる。

ヴァリスカン造山運動 Varisque 古生代デヴォン紀初期からペルム紀後期（4億900万年前から2億4500万年前）にかけて、現在のヨーロッパ全域にわたる山系が形成された。ペルム紀から現在にいたるあいだに平坦になってしまったが、この間の褶曲の大方の方向は、今日でも削られた地層の名残の配列から知ることができる。ヘルシニア造山運動山系を参照。

ヴァルドン階 Valdonien 中生代白亜紀末期、7200万年前から6500万年前の地質年代。

ヴィラフランカ階 Villafranchien 180万年前頃を中心とする、第三紀と第四紀の境にあたる地層年代だが、今日ではあまり用いられない。模式地はイタリア、ヴィラフランカ。

ヴォコンス地溝 Fosse Vocontienne ヴォコンス族が定住していたドローム県からアルプ=ド=オート=プロヴァンス県にかけて分布する、白亜紀以降永続的に沈下している窪地。厚い粘土石灰質堆積物が形成されている。

ウーライト Oolithique 平均粒径0.5～2ミリメートルくらいの魚卵状の粒で構成された岩石の組織を表す形容詞。同心性の層をなす粒は、多くが石灰質を含むが、ときには酸化鉄や燐酸塩、海緑石を含むこともある。

ウルゴン階 Urgonien 中生代白亜紀の1億1500万年前から1億年前に亘る、珊瑚礁成の地層。模式地は南仏、ブーシュ=デュ=ローヌ県のオルゴン。

ウルム氷期 Würm 新生代第四紀更新世の10万年前から有史時代の初めにかけての地質年代。ウルムはダニューブ川の支流の名称。

運搬 Transport 岩石が風雨の作用で山体から剥奪され、砂、礫、粘土などになり、水により運ばれ、川や海の底に堆積するまでの過程。

雲母 Mica 10オングストロームの厚さの、葉片状層からなる結晶構造をもったアルミニウムを含む、含水珪酸塩鉱物。

雲母片岩 Micashiste 石英や様々な雲母で構成された変成岩で、堆積岩がもとになっていることが多い。地下深部の高圧と地殻変動にともなって岩石に作用する動力的歪みにより成層構造がよく発達し、薄い板状に剥離しやすい。

円礫岩 Poudingue 大きく丸い礫を含む礫岩。礫岩を参照。

黄褐色 Fauve 茶からオレンジにわたる、酸化した砂の色調。

黄土 Loess 直径6ミクロン以下の微細な粒子で構成された陸源砕屑土。氷河期に形成され、炭酸塩を含む成層されていない堆積土壌で、肥沃である。

押し被せ断層 Charriage 断層には、元来積み重なっていた岩石（地層や火成岩）の上方にあった地層が断層面を境に下部に落ちる形の正断層と、下方にあった地層が断層面を境に上方にある地層のさらに上部にのし上がる動きを示す逆断層とがある。逆断層のなか、断層面の傾きが水平面に近いと、もとは下方にあった岩石が上部の岩石の上に押し被さった形態をとる。このような断層を押し被せ断層という。

オックスフォード階 Oxfordien 中生代ジュラ紀後期にあたる1億5700万年前から1億5500万年前の地質年代。模式地が英国、オックスフォードに見られることから。

オーテリーヴ階 Hauterivien 中生代白亜紀前期、1億3500万年前から1億3200万年前の地質年代で、模式地はスイス、ヌーシャテルの近郊、オートリーヴ。

オーブ階 Albien 中生代白亜紀のなかの、1億1100万年前から9600万年前のあいだの地質年代。

オルドヴィス紀 Ordovicien 古生代の5億1000万年前から4億3900万年前にあたる地質年代。

カ行

骸骨状 Squelettique 1:風化した岩石の粒間物質と石基が水の浸透により溶けた状態。2:母岩の成分が露出してしまうほど厚みのない、痩せた土壌。

海進 Transgression 海水が陸の領域を侵蝕していくこと。

崖錐 Cône de Déjection 斜面の下部や谷の出口に、水の流れによって運ばれた様々な大きさの岩、堆積錐。

海退 Régression 非常に長い年月にわたる海の後退により、陸が広がること。反意語：海進。

海緑石性 Glauconieux 海緑石（グロコナイト）は、粘土鉱物と雲母族鉱物の中間の組成および構造をもった、濃緑色の鉱物。鉄分とリン酸塩に富んでいる。

角閃岩 Amphibolite 角閃石（Ca、Na、Al、K、Mg、Feなどを含む珪酸塩鉱物）と長石（Na、K、Ca、Alを含む珪酸塩鉱物）を多く含んだ変成岩。

花崗岩 Granite 深成火成岩の一種で、主に石英と長石で構成されている。また雲母、角閃石、輝石等の副成分鉱物の存在により、花崗岩が地殻中でどのような物理化学条件下において形成されたかを知ることができる。

火山滓 Scorie 0.1ミリメートル以上2ミリメートル以下の小さな粒の火山放出物を指す。同義語：ガラス質凝灰岩（Cinérite）。

化石砂 Falum 炭酸塩からなる化石を含んだ砂。化石以外の構成物質は砂質あるいは粘土質の砂。

下層 Substrat 地表より下にある土壌および地層。

活性石灰分 Calcaire Actif 炭酸同化作用（光合成）が順調におこなわれるために必要な、土壌に含まれるカルシウムの含有量。石灰岩が岩石中の細い裂け目を通ってきた水と反応し、植物が容易に構成成分として吸収されやすい状態になった微量の溶液分。またそのような状態になった石灰岩。

褐炭粘土 Argile à Lignite 石炭ほど炭化していない有機物（炭質物）を含む粘土、および粘土岩質。

カルクリート Calcrête 種々の岩石の表面に発達した石灰質の殻。岩石の陸性風化作用によって形成される。

カロヴォ、オックスフォード階 Callovo-Oxfordien 中生代ジュラ紀の中期から後期、1億6100万年前から1億5500万年前を指す地質年代。この時代の模式地が英国ウィルシャー州、ケラウェイズ（ラテン名、カロヴィウム）とオックスフォード、両地域にまたがっていることから。

緩斜面 Glacis 山すそのわずかに傾斜した緩やかな斜面で、平地と山稜を結ぶ部分。

完新世 Holocène 地質年代最後の世で、1000年前から現在までを指す。第四紀。

岩石学 Lithologie 岩石の性質について研究する学。

乾燥 Dessiccation 堆積物、堆積岩、粘土などから水分が失われること。体積が減少し、収縮にともなう干裂がおこる。

基盤 Assiette（d'Argile Plastique） 積み重なっている岩石（本書では可塑性粘土）の基盤。

基盤 Socle 地殻の硬く固化した岩盤で、ほとんどの場合古生代およびそれ以前の火成岩や変成岩からなる。

凝灰岩 Tuf 1:炭酸塩の豊富な水源からの水によって形成された、硬くない多孔質の陸成炭酸塩岩。炭酸ガスを消費する植物の活動により、炭酸濃度が低下して生ずる。2:様々な大きさの火山噴出物の集積によってできた、硬くない多孔質の岩石。

キンメリッジ階 Kimméridgien 中生代ジュラ紀後期にあたる1億5500万年前から1億5200万年前の地質年代。英国、ドーセット州のキンメリッジで見られることから。

絹雲母 Séricite 地殻表面や内部で、岩石の風化過程でできた微小な白雲母の一種。

クイズ階 Cuisien 古第三紀の亜階、イプレス階の旧称。5000万年前から4600万年前のこの時代の模式地がオワーズ県、キュイーズに見られることから。

グラーヴ Graves 5～20パーセントの硬くない礫混じりの砕屑岩の総称（礫の大きさは炭酸塩岩で直径0.5～3ミリメートル、陸成堆積岩で1～3ミリメートル）。

グラヴェット Gravette 直径1～3ミリメートルの小さな粒の礫を含む礫岩質岩石。

クラス・ド・フェール Crasse de Fer アリオスの項、参照。

グレーワッケ Grauwacke 緑泥石や粘土が豊富な粒間固結物で、多量（80パーセント）の破砕された岩片（砕屑岩）が固められた岩石。成層砕屑岩。

黒雲母 Mica Noir 鉄分とマグネシウムを含む、雲母の一群。雲母を参照。

珪化作用 Silicification 岩石、堆積物への二酸化珪素の浸透作用によって、それらが珪酸分の多いものに変化すること。

珪質 Silice シリカ。珪素の酸化物

地質用語解説

構成された物質の総称、および酸化珪素。鉱物では水晶、石英、玉髄、オパール等がある。

傾斜 Pendage 層理、断層、節理等の岩石における面の、水平面に対する角度、および北を基準にした方向。

珪線石 Sillimanite $SiAl_2O_5$の組成をもった鉱物で、片麻岩、雲母岩片などにしばしば含まれる。

ケスタ Cuesta 硬い地層に支配された斜面をもつ地形。コスティエールの項、参照。

結晶質 Cristallin 結晶が裸眼で確認できる岩の組織を指す形容詞。広い意味においてこのような組織をもった岩石を指す（例：中央山塊の基盤古期岩石）。

結氷破砕 Gélifractée 結氷により破砕された岩。岩石中および割れ目に存在する水分により引き起こされる。第四紀の氷河期にはこの現象により多量の堆積物が蓄積された（氷堆積、モレーン、グレーズ等）。

原地性 Autochtone 地層や岩石が形成された場所から移動していないこと。

玄武岩 Basalte 火山岩の一種。黒色で流動性の溶岩から形成されたことを示している場合が多く見られる。大陸プレートの裂け目や、プレート内部の深部に達している割れ目に沿って噴出する。玄武岩からなる火山は一般に標高が低く、溶岩が広がって流れることが多い。

コイパー Keuper ドイツで広く見られる、2億3000万年前から2億1900万年前の中生代三畳紀の地層群。

向斜 Synclinal 地層が構造力を受けて中央部が窪んだ形態で、もとの水平層の最上部が窪みの最低部になっている。

更新世 Pléistocène 新生代第四紀前期の164万年前から西暦元年までの地質年代。

洪積世 Diluvium 164万年前から1万年前にかけての地質年代。この時代には非常に大きな洪水が地球各所に起こり、沖積堆積物が形成された。もと第四紀（洪水時代）といわれていたのに相当する（訳注：現在では洪積世という言葉は使用せず、正しくは更新世という表記を用いる）。

構造運動 Tectonique 火成岩や長い年月を経て硬化した堆積岩などに作用する力によって生ずる、これらの岩石の物理的変形とその過程。

コキナ Lumachelle 貝殻を含む、ほとんど硬化していない砂。

固結 Cimenté 堆積物や堆積環境、風化状態等から生ずる異なる様々な成分（珪酸分、炭酸塩、硫酸塩、酸化鉄等）により、もとの岩石の構成物質（砂、礫、生物の遺骸等）が固められた状態。

呉須 Safre フランス南部で多く見られる、粘土炭酸塩を含む堆積岩が分解されてできた新生代第三紀中新世の新しい土壌で、コバルト、マンガン、鉄などを含む。

コスティエール Costière わずかに傾斜した堆積岩中の硬い地層が、柔らかい地層を侵蝕から保護してできた、典型的な起伏の地形。オック語でブルゴーニュ地方のコートと同義語。地形学のケスタとも同じ。

古生代 Paléozoïque 顕生代を動物化石の変遷をもとに古生代、中生代、新生代と3分割した、最初の地質時代。5億7000万年前から2億4500万年前に相当する。

コニャック階 Coniacien 中生代白亜紀後期、8850万年前から8660万年前の地質時代。この時代の模式図がシャラント=マリティーム県のコニャック地方で見られることから。

サ行

砕屑岩 Détritique 粘土、砂、礫等の岩屑から形成された岩石。

砂岩 Grès 直径65ミクロン～2ミリメートルの石英の粒子で構成（85パーセント）された砕屑堆積岩。珪酸分、炭酸塩類、酸化化合物（鉄、マンガン等）が構成粒を固結していて、このセメント物質が岩石の色調を生んでいる。

サネット階 Thanétien 新生代第三紀暁新世後期、5900万年前から5300万年前の地質年代で、英国はテムズ河河口のサネット半島に見られることから。

サンノワ階 Sannoisienn フランスに見られる3370万年前から2800万年前の、淡水から海成新生代第三期漸新世下部層で、ルペル階の下部にあたる。

砂漠的 Désertiques 砂漠特有の環境条件。日中と夜間の激しい気温変動、強風、恒常的な乾燥が特徴。

差別侵蝕 Erosion Différentielle 露出、あるいは重なり合った岩石が、部分、部分で著しく異なった侵蝕を示すこと。岩石を構成している物質の結合力、化学的性質の相違が侵食のされ方の違いとなって現れる。

残丘 Butte Témoin 高く孤立した地形を示し、その周縁に広く露出している岩石に較べ、この頂部は侵蝕からは免れている。堆積盆地の周囲に見られる典型的な地形である。

三畳紀 Trias 中生代を三分した最初の時代で、2億4500万年前から2億500万年前に相当する。トリアス紀ともいう。

酸性土壌 Sol Acide 水分の浸透と含有鉱物の性質によって、PH値がたいへん低くなっている土壌。多くの生物にとっては害のある土壌である。

サントン階 Santonien フランス南西部、サントンジュ地方に見られる、8700万年前から8300万年前までの中生代白亜紀後期の地質年代および地層対比基準。

試金石 Lydienne シリカ（玉髄）で固化され、海性原生物や放散虫の微細な珪質化石で形成された堆積岩。黄鉄鉱の粒や石炭のもとになる物質を含むこともある。碧玉、放散虫岩と同じ。

始原始層 Primitif 造山や火山活動などの岩石や地質現象で、最も古くに起こった時代を指す名称。古語。

シスト Schiste 変成岩のなかでも粒径の細かい結晶粒からなり、薄い葉片様に剥がれる性質をもった岩石。また受けた圧力の大きさの違いにより、1:スレート片岩、斑岩、結晶片岩等、2:葉層状になった水晶と雲母鉱物類から構成された変成岩とに大きく分けられる。（訳注:日本、英国、米国等でSchisteといった場合は上記の通りだが、フランスで上の説明に当てはまるのはSchiste Cristallin結晶片岩となり、単にSchisteというと頁岩を指すので注意が必要である。

自然排水 Ressuyer 土壌中の浸透した水分が、自然に排水されること。

縞状片麻岩 Gneiss Rubané 特に葉片状の縞模様が現れた片麻岩。

シャイユー Chaille 白亜（チョーク）のような炭酸カルシウムを主とする堆積岩のなかに見られる、二酸化珪素に富んだ塊。堆積物が固化する過程の初期に珪酸分がアメーバ状に濃集し、固まることにより形成される。シレックス、フリント、燧石などはこの類の岩石である。

シャッティ階 Chattien 新生代第三紀漸新世後期2930万年前から2330万年前のあいだの地質年代。

シャンパーニュ階 Campanien 中生代白亜紀後期にあたる8350万年前から7200万年前の地質年代。この時代の模式図は、ボルドー地方の北に位置するシャラント県のシャンパーニュ・サントンジュで見られる。

褶曲 Plissement 岩石にたわみや曲がりを起こさせる、地殻内部の歪力の現れ。

ジュラ紀 Jurassique 中生代の2億800万年前から1億4600万年前の地質年代。フランス東部からスイスにかけてのジュラ地方に広く分布している。

準平原 Pénéplaine 通常、平野において流水による土地の侵蝕によってできた、平坦あるいはわずかに傾斜した形状。

礁 Récifal、Récifaux 熱帯および亜熱帯地方の海中における炭酸塩の自然構造とその堆積物。サンゴ礁。

シルル紀 Silurien 4億3900万年前から4億900万年前までの古生代中葉の紀。

白雲母 Mica Blanc 雲母族鉱物のなかでアルミニウム含有量の多い一群。雲母を参照。

侵蝕 Érosion 地表の岩石や土壌が風雨、及び化学変化により削られること。

浸透性土壌 Sol Filtrant 多孔質で、水分が浸透しやすい土壌。

深部地層 Sol Profond 地中深くにあって、深層地下水が広がる厚みある土壌や地層。

スタンプ階 Stampien パリ盆地に見られる、3370万年前から2800万年前の新生代第三紀漸新世の海成層。ルペル階の古い名称。

スパルナス階 Sparnacien フランスにおける新生代古第三期暁新統最上部にあたる、5300万年前から5000万年前の地層。模式地はシャンパーニュ地方の中心地エペルネに見られるが、発音上の都合により、sをかぶせこのような名称にしている。

スピライト Spilite ナトリウムに富んだ長石を豊富に含んだ玄武岩質の火山岩。

スメクタイト Smectites 1:モンモリロナイトとバイデライトを含む粘土の一種。2:モンモリロナイト族鉱物の一族。

石炭紀 Carbonifère 古生代後期にあたる3億6000万年前から2億9000万年前の地質時代。

石灰岩、石灰質土壌 Calcaire 炭酸カルシウム（結晶の外形を示していない方解石）の微粒からなる岩石。硬質ものから軟質のものまでその性質は多様である。日本のそれとは異なり、フランスやヨーロッパの石灰岩には軟質で粘土分を多く含むものが見られる。サンゴ礁が崩れ、貝やサンゴの遺骸が海底に堆積して形成されることが多い。粘土分から珪酸分が水に溶け、岩石中に不規則な脈状に濃集、固化したシレックスがしばしば見られる。

石灰礫岩 Calcirudite 粒径2ミリメートル以上の石灰岩片（礫）からなる岩石。

セノマン階 Cénomanien 中生代白亜紀後期、9700万年前から9020万年前の地質時代。

鮮新世 Pliocène 新生代第三期後期にあたる520万年前から164万年前の間の地質年代。

漸新世 Oligocène 3540万年前から2330万年前の、新生代第三紀古第三紀で最も後期の世。

閃緑岩 Diorite 地下の深くでマグマが固結して出来た深成火成岩の一種で、長石（斜長石:Caに富む長石）、角閃石、雲母からなる。外観は緑がかった黒から灰色。

層位 Horizon ほとんど水平な土壌、地層を特徴づける性質。風化した岩石からなる土壌中の鉱物質母体に存在する鉱物や有機物成分によって分類される、土壌の分けかた。その主成分である炭酸塩、硫酸塩、酸化物は、水の浸透や動植物の働き（植物の場合は根）によって、土壌深く入り込んでいる。

造構軸 Axe Tectonique 構造運動の歪力が働く方向（軸と表現しているが、方向に平行な軸の集合）。ひとつの褶曲はこの軸ひとつを含んでいる。

造山運動 Orogenèse 大陸プレートの衝突、海洋と大陸両プレートの相互作用などで山脈が形成される運動。

粗粒砂、粗粒砂岩 Arène 緻密で硬い岩石（花崗岩、片麻岩など）が風化によって崩壊し、粗い砂や砂岩となった状態。また、もとの硬い岩石の表面が粗粒の殻になっている状態を指すこともある。

タ行

第三紀 Tertiaire 6500万年前から165万年前までの地質年代。

地質用語解説

堆積岩　Roche Sédimentaire　水中や大気中の岩石の破片、また水中の沈殿物によって形成された岩。

堆積物　Sédiment　水や大気などの流体によって運ばれ、重力と流れの作用で川底や海底、あるいは地上に積もった粘土、砂、岩片などの総称。堆積作用は層理の原因ともいえ、地殻変動の影響をうけない堆積は、あるひとつの層の上の層は下の層より新しい。

第四紀　Quaternaire　165万年前から現在にいたるまでの地質年代。

多起源性　Polygéniques　大陸、海洋、火山など様々な起源場所からの構成物を含む、砕屑堆積岩。また非常に異なった条件下での侵蝕や風化の影響をうけた岩石の表面の記述に用いる形容詞。

多孔質ドロマイト　Cargneules　白雲石(ドロマイト)からなる小孔の多い岩石。

脱灰作用　Décalcification　岩石中の炭酸カルシウム(石灰分)が水分中に溶けだし、少なくなったり失われたりすること。

脱炭酸塩作用　Décarbonatation　岩石中の炭酸塩鉱物(炭酸カルシウムや炭酸マグネシウム)が酸性浸透水によって失われる岩石の変質。

脱離　Désorption　新しい環境条件(湿度、水の酸度などの急激な変化)によって、鉱物や岩石(ことに粘土に顕著)に吸着されていた元素(分子)が放出されること。

谷線　Thalweg または Talweg　起伏のある土地の窪んだところ(峡谷と同じ)。狭義には水の流れる筋。

多面体　Polyèdre　多くの微小面をもった立体物質。結晶、また乾燥してひび割れた土壌の形態の記述に使われる。

炭酸塩　Carbonate　本来は炭酸塩そのものを指すが、炭酸カルシウムを豊富に含んだ岩や土壌を総称して石灰岩、石灰質土壌ということが多い。カルボネート。

断層束　Faisceau de failles　地殻に起こったほとんど平行な破砕面(断層面)の集合。破砕帯を参照のこと。

断片的　Fragmentaire　岩石などのなかに欠けたところ(ラキュナ)があること。

地質学　Géologie　地球(ジオイド)の内部と、その誕生からの歴史について研究する諸科学全体を指す(訳注:これは広義の地質学の説明であって、その意味において日本では地球科学が同義語となろう)。

地質土壌学　Géopédologie　地質学と土壌学に共通している分野。殊に陸上の現象に研究が集中している。

中新世　Miocène　新生代新第三紀、2330万年前から520万年前のあいだの地質年代。

中生代　Mésozoïque　2億4500万年前から6500万年前の三畳紀、ジュラ紀、白亜紀からなる地質年代。

沖積層　Alluvion　現在の水系にともなった作用で堆積した泥、砂、礫、岩などの堆積物。湖底堆積物は沖積層とは区別されることが多い。

長石　Feldspath　主に火成岩、変成岩に見られる、アルミニウムと珪素を主成分とする珪酸塩鉱物。含まれているアルカリおよびアルカリ土類成分(カルシウム、ナトリウム、カリウム)の割合によりいくつかの種類に分けられる。

地塁　Horst　両側をほとんど平行に走る正断層で区切られた、山脈状の高まり。反義語は地溝(Graben)。

沈殿　Précipitations　岩石の破片、あるいはひび割れた岩の内部で、水の浸透によって融解成分(無水珪酸、炭酸塩、硫酸塩、酸化物)が結晶化すること。

ディヴェルティキュル　Diverticule　岩質物全体を取り囲んでいる範囲からわずかにはみ出た延長。周縁部。

泥灰岩　Marne　多少(35〜65パーセント)の炭酸塩を含んだ粘土質岩石。マール。

泥土　Limon　粒度がたいへん細かい(直径2〜20ミクロン)粒子で構成された、陸源性砕屑岩質土壌。

ティトン階　Thitonien　中生代ジュラ紀最上部、1億4100万年前から1億3500万年前の地質年代で、以前はポートランド階の名称が用いられていた。

テュフォー　Tuffeau　小さい粒の粘土質石灰岩で、ときに石英や雲母の砕屑岩粒や、海緑石を含む。

デヴォン紀　Dévonien　4億900万年前から3億6000万年前までの地質年代。模式地が英国デヴォンシャー州、デヴォンにみられることから。

鉄鉱　Sidérolithique　様々な岩石の大陸風化作用によって生まれた、赤色粘土で形成されている含鉄瘤塊。フランスにおいては白亜紀末期から新生代第三紀のあいだによく見られる。

テューロン階　Turonien　中生代白亜紀の9100万年前から8800万年前の地質年代で、模式地はロワール地方トゥレーヌに見られる。

テラ・ロッサ　Terra Rossa　石灰岩土壌において炭酸塩鉱物と石灰質の溶解がもたらす赤褐色の粘土。

天然構造物　Construction　生物の骨格が集積し、鉱物の集合体として高く積み上がったもの(例:礁、ことに珊瑚礁)。

トアルス階　Toarcien　中生代ジュラ紀後期の1億8700万年前から1億7800万年前地質年代で、模式地はロワール地方、アンジューの南、トゥアルセ。

撓曲　Flexure　褶曲が岩石の破断(断層)を生ずる前に、地層の変形(引き伸ばし)を起こすこと。

土壌学　Pédologie　土壌とその歴史に関する、科学全般。

土壌自然変成　Pédoclimatique　ある一定期間、地表に露出した岩石の堆積や風化の条件。

土壌生成学　Pédogenèse　土壌の生成に関する現象の総称。

ドッガー統(下位)　Dogger (inférieur)　ドッガーは中生代ジュラ紀のうち1億7800万年前から1億5700万年前の統だが、そのうちの1億7500万年前から1億5400万年前がドッガー統下部となる。英国、ヨークシャー州のドッガーから。

ドメール階　Domérien　中生代ジュラ紀プリンスバッハ階の亜階にあたる1億8800万年前から1億8400万年前の地質年代。典型はイタリア、モンテ・ダマーロに見られる。

ドリーネ　Doline　岩石、特に炭酸塩を含む岩石の溶解によってできるすり鉢状の窪地。

トルトン階　Tortonien　1100万年前から650万年前の間の新生代第三紀中新世後期の地質年代。

ドロマイト　Dolomite　白雲石を参照。

ナ行

二形性　Dimorphise　植物、動物、鉱物の同一種が性、生存条件、環境などにより2つの異なった形態を示すこと。

ネオクレタッセ　Néocrétacé　白亜紀末期

根無し地塊　Lambeau　地塊の上に断層、衝上断層、押し被せ構造などで異地性の地層がもたらされ、その層が侵蝕によりもとの地層から切り離され、孤立した状態となっている地塊や岩体。

粘土、粘土鉱物　Argile　原子配列的に見ると、非常に細かい(7〜14オングストローム)薄片からなる結晶の集合で、可塑性が著しい岩石(土)。水に強い親和性を示す。アルミニウムを主成分に含む珪酸塩鉱物で、構造を形成している原子(Fe、K、Mg、Na など)の性質と大きさで多くの種類に分けられる。

粘土質マトリックス　Matrice Argileuse　マトリックス中で粒径が4ミクロン以下の陸源粒子。

濃集　Concrétion　岩石や堆積岩、あるいは変質岩の表面や内部に見られる鉄た炭酸塩、二酸化珪素、石膏などの化学的凝固。液体の循環に深くかかわり、陸地における岩石の風化にともなっておこり、また海底における炭酸塩の活動場所や火山活動付近でよく見られる。

濃度　Concentration　物質の化学成分や、岩石、堆積物中の化石、または特有の鉱物片における濃集度合いを表す指標(重量/容積パーセント等)。

ハ行

背斜構造または背斜　Anticlinal　地層の褶曲形態のひとつで、本来水平である地層が馬具の鞍のように上方に凸の形に変形する形態、またその形態を示している地層群。

白亜紀　Crétacé　1億4600万年前から6500万年前の中生代最後の紀。この紀は大きく2つに分けられ、さらに12の期に細分されている。

白雲石、白雲岩　Dolomie　カルシウムとマグネシウムの複合塩(ドロマイト)を主構成鉱物とする岩石で、副構成鉱物として方解石や砕屑性鉱物を含むこともある。岩石名称であり、また $CaMg(CO_3)_2$ の組成をもった鉱物名でもある。

破砕帯　Champ de Fractures　地殻の裂罅(れっか)、すなわち主として垂直断層が特に多い地域。

バジョース階　Bajocien　中生代ジュラ紀のなかの1億7400万年前から1億6600万年前までの地質年代。

バートン階　Bartonien　新生代第三紀古第三紀始新世のなかの4200万年前から3860万年前の地質年代。この時代に堆積した地層の模式地が英国ハンプシャー州バートンに見られることから。

パーベック階　Purbeckien　英国はドーセット州、パーベックに見られる、ジュラ紀と白亜紀の過渡期にあたる時代の地層で、陸成堆積物が特徴となっている。

バレーム階　Barrémien　1億3200万年前から1億2500万年前の中生代白亜紀前期の地質年代。模式地はアルプ=ド=オート=プロヴァンス県のバレーム。

斑岩　Porphyre　微晶質石基のなかに石英、長石の結晶を含む火成岩。

バンケット　Banquette　ほとんど平な地形において現れる、小さいが急激な高低さ。侵蝕された沖積土の土地にしばしば見られる。棚。

斑れい岩　Gabbro　深成岩(地下深くでマグマが冷却固化した火成岩)の一種。輝石、まれに角閃石、かんらん石、黒雲母などが含まれている石基と、長石(斜長石:Caに富む長石)で形成されている。黒色でしばしば白い斑点(長石結晶)を含む。

ヒトデ石灰岩　Calcair à Asteries　新生代第三紀中新世アキテーヌ階(2300万年前から2030万年前)のヒトデの化石を含む石灰岩。

氷河時代　Période Glaciaire　雨季と乾季が周期的に繰り返された寒冷気候が続いた時代。

氷河堆積物　Dépôts Morainique　氷河によって運ばれた陸生堆積物。氷河に接している岩石が、氷結と圧力の作用をうけて破砕され、氷河によって運搬され生ずる。

表層　Superficiels　1:厚みのない最近(第四紀)の堆積物。2:岩を含んだ下層土のため、ほとんど発達していない土壌。

漂礫土　Blocaux　谷間の斜面下部に点在する堆積物で、斜面上部の岩石の風化によって生ずる。本来は氷河によって運ばれた堆積物を指す。

微粒石灰砂岩　Carcarénite　主に2から0.063ミリメートルの石灰岩の微粒子で構成された炭酸カルシウム岩。

風化節理　Diaclase　浸透水の作用で岩石に生じた垂直の割れ目。石灰岩、石灰質泥岩にしばしば見られるが、花崗岩、片麻岩などの結晶質岩石にも見られる。

地質用語解説

フタナイト　Phtanites　粒状石英の微小結晶からなる薄層が重なり合った珪質堆積岩。

プラキアージュ　Plaquage　岩石を覆う堆積物や化学的沈殿物によって生じた薄い地層。

プラジナイト　Prasinite　片岩状の変成岩。通常緑色で、石英、曹長石(ナトリウム長石)、角閃石で構成されている。

プラノソル　Plansol　リトモルフを参照。

フランドル階　Flandrien　完新世の項参照。

ブリオヴェール系　Briovérien　古生代以前、原生代後期の6億5000万年前から5億4000万年前の時代に堆積した地層。

ブルディガル階　Burdigalien　新生代第三紀中新生世前期(2150万年前から1630万年前)の地質年代。この時代の地層の模式図がジロンド県はボルドー地方に見られることから。

ブルベーヌ　Boulbène　排水の悪い、石灰粘土質土壌。フランス南西地方でよく見られ、赤色から白色にいたる色調で特徴づけられている。地下水による岩石の風化、変質によって生成される。

プレーサンス階　Plaisancien　新生代漸新世中期、355万年前から26万年前の地層が堆積した時代。フランスにおいてこの時代の地層は粘土質堆積岩が特徴となる。

噴出岩　Roche Éruptive　火山活動によって形成された岩石。

劈開性　Clivable　鉱物がその構造中、他の部分から力学に弱い方向、またはこれとほとんど平行に分裂することが常におこる性質(例、方解石、長石など)。

ヘッタンジュ階　Hettangien　中生代ジュラ紀の最古(2億800万年前から2億400万年前)にあたる地質年代で、模式地はロレーヌ地方ヘッタンジュ。

ベドゥール階　Bédoulien　中生代白亜紀前期のアプティアンよりさらに前の、1億1250万年前から1億1120万年前の地質年代。世界的名称にはなっていない。

ペペライト　Pépérite　海底で、爆発的に放出された粒径1ミリメートル以下の玄武岩質ガラスの破片で構成された火山岩。

ベリアス階　Berriasien　中生代白亜紀最下、1億4600万年前から1億4100万年前の間の地質年代。アルデッシュ県ベリアスに典型的に見られることから。

ヘルヴェティア階　Helvétien　かつて1500万年前から1100万年前の中新世中期にあたるとされていた地質年代。現在ではランギアン、セラヴァリアンおよび旧ヴィンドボニアンに相当する。

ヘルシニア系　Hercynien　デヴォン紀からペルム紀にかけての古生代末期において、造山活動が起こった時代。大陸プレートの移動により山脈が形成された。

ヘルシニア造山運動山系　Chaîne Hercynienne　古生代中期から後期デヴォン紀中期、それに二畳紀にかけて起こったヘルシニア造山運動(米ではヴァリスカン造山運動)にともなって、大陸プレートが移動して生じた山系。当時の山脈はアルプス、ピレネー等が現在の形になる前の、中生代三畳紀からジュラ紀にかけての侵食作用によって平坦化された。これらの山系の名残はブルターニュ地方、中央山塊、ヴォージュ山脈、アルデンヌ地方に見られる。

ペルム紀　Permien　古生代後期、2億9000万年前から2億4500万年前の間の地質時代。

偏在　Ubiquiste　ある岩石の構成物が、おなじタイプの他の多くの岩石にも見られること。例として、花崗岩類にとって石英は偏在である、という具合。

変質岩　Altérites　岩の風化により生ずるもろい岩石。その主なしくみは、岩石のミネラル分の溶出であるが、生じた溶液が岩石を構成している鉱物粒の隙間を満たし、溶液が溶かし込んでいる物質が沈殿すると、あたかも砂や砂利をセメントが固めるように鉱物粒を強固に結合させて硬い岩石になることもある。砂の層が砂岩になるしくみもこれと似ている。変成岩と混同しないこと。

変成岩　Roche Métamorphique　変成作用を参照。

変成作用　Métamorphisme　堆積岩あるいは火成岩が、生成したときの温度や圧力と著しく異なった条件下に置かれ、粗粒や成層した岩石に変化すること。岩石が地下深くに造山運動で押し込まれたり(沈降)、マグマの影響をうけた場合、あるいは移動するプレートのあいだに挟みこまれた状態等々が変成作用の主要原因としてあげられ、このような作用をうけた岩石を変成岩という。また変成作用は以下の3つ:接触変成(主に高温による)、広域変成(高温と強い圧力が主要因)、構造変成(強い圧力が主)に分けられる。

片麻岩　Gneiss　粗粒の変成岩で、石英と長石からなる明白色の薄層と、雲母や角閃石からなる黒色の薄層が交互に重なり成層構造の縞模様を示す。上記の鉱物の他にアルミニウム珪酸塩を含む柘榴石、珪線石等を含有することもあり、種類は非常に多い。

崩積物　Colluvions　斜面を流れる水に乗って移動した細かい岩石の粒の総称。

母岩　Roche Mère　風化した岩や土壌のもととなる岩石。ただしこれらは同じ性質である必要はなく、うけた作用により全き変化している場合がある。

ボーキサイト　Bauxite　酸化アルミニウムの豊富な変質岩。アルミニウムの主要鉱石(変質岩の項、参照)。

ポゾラン　Pouzzolane　粒径2ミリメートル以下の微小な火山放出物質で、ほとんど固化されていない状態で火山のそや周縁に集積する。石英と石灰質物質を豊富に含んでいて、湖底や海底に堆積し、それぞれの堆積物と互層している。

ポドゾル　Podzol　温和な低温地域に特徴的な土壌で、第四紀の気候の影響を受けた地域に顕著に現れている。

ポートランド階　Portlandien　英国、ポートランドに見られる、1億4100万年前から1億3800万年前の中生代ジュラ紀層群上部の名称。現在はティトン階の呼称を用いる。

マ行

マグネシウム　Magnésium　周期律表第12番元素。この元素は珪酸塩、炭酸塩とともに存在し、単体元素は水に溶けやすい。海水中の塩分の13パーセントがマグネシウムである。

マトリックス　Matrice　岩石中で、大きな粒のあいだを埋めている粒度が細かい鉱物質の物質。微結晶質あるいは非晶質であるセメント物質とは異なる。

マンガン　Manganèse　珪酸塩、酸化物とともに存在する金属で、たやすく鉄と置き換わる。また浸透した水に簡単に溶ける。

ミグマタイト　Migmatite　変成作用をうけた後、あるいはその作用中にマグマとなり、より大きな火成岩マグマと混ざり合った変成岩。

脈　Veines　鉱物で満たされた岩石中の亀裂。岩石の亀裂に鉱物分を含んだ溶液が通り、鉱物が沈殿して生ずる。ときに水溶液ではなく、マグマから分岐した液の場合もある。

ミンデル氷期　Mindel　65万年前から35万年前にいたる地質時代で、第二氷河期にあたる。

ムッシェルカルク　Muschelkalk　2億4300万年前から2億3000万年前の、ドイツに分布する中生代三畳紀前期の地層群。

ムリエール　Meulière　水分の浸透によって、珪化作用をともなう風化が進んでためにできた、海綿状の珪化した岩石。粘土質の炭酸塩岩(泥灰土もそのひとつ)は陸性のこの作用を顕著にうけることが多い。

メタディオライト　Métadiorite　閃緑岩をもととする変成岩。

メッシナ階　Messinien　新生代第三紀中新世後期(670万年前から520万年前)を指す地質年代。この時代地中海は著しく海退した。

モラッセ　Molasses　細粒と粗粒の層が交互に積み重なった(互層)陸成堆積岩で、造山運動末期に山の表面が風化作用により裾野に堆積した。一部には石灰岩を多く含むものもある。

モレーン　Moraine　氷河堆積物を参照。

モンモリロナイト粘土　Argile Montmorillonite　Al, Si, Na, MgおよびOH基からなる厚い葉片状の構造単位3層(幅は14オングストローム)からなる、粘土鉱物および粘土。

ヤ行

溶解　Dissolution　浸透した水に鉱物が溶けること。

ラ行

ライアス統　Lias　2億800万年前から1億7800万年前に亘る、ジュラ紀でもっとも下部の地層。

ラボタージュ　Rabotage　岩石の表面が、氷河、衝上断層、溶岩流などの移動している堅固な物体によって物理的な侵食を受ける過程。

ランド地方の砂　Sable des Landes　アリオスの項、参照。

リス氷期　Riss　75万年前から12万8000年前までの第四期更新世の氷期。

リトモルフ　Lithomorphe　2層からなる土壌群で、表層部は透水性があり、内部および床部はほとんど不透水性である場合をいう。プラノソルと類似している。

粒状　Granulaire　裸眼で見ることができる大きさの鉱物の粒(2～5ミリメートル)からなる、岩石の組織。

流土　Solifluxion　山の斜面から重力の影響で、岩石や土壌が転がり落ちたり、流れ出したりすること。この現象の主要因は水であり、結氷と解氷の交互の繰り返しによって進行が加速される。

流紋岩　Rhyolite　構成は、花崗岩と同じ組成をもつ、極微晶質からガラス状微小物質組織の噴出火成岩。

リュード階　Ludien　新生代古第三紀の3700万年前から3370万年前に堆積した地層群で、シャンパーニュ地方はランス近郊のリュードに見られる。

リュベフィエ　Rubéfié　変質岩の鉄分によって黄土色から赤色を帯びた状態。

緑色泥灰土　Marne Verte　鉄分がいくらか豊富な粘土によって、緑がかっている泥灰土。

ルテシア階　Lutétien　新生代第三紀古第三期、5000万年前から4210万年前までの地質年代。この時代の模式地がルテキア(現在のパリの古称)に見られることから。

礫、礫岩　Conglomérat　構成成分が丸く大きく(50パーセント以上が直径2ミリメートル以上:礫)の砕屑岩片からなる岩石で、炭酸塩鉱物、珪酸塩鉱物、鉄鉱物などで固化されている。

レッテンケーレ　Lettenkohle　2億3000万年前から2億2200万年前に亘る、コイパーのなかの最古期の地層群。

レディ階　Lédien　古第三紀始新世中期、ルテシア階の時代に堆積した地層群がベルギーのレードに見られることから。

レンジナ　Rendzines　炭酸塩岩上腐葉土。石灰岩、ドロマイトなどの炭酸塩岩石の上部を覆う腐葉土。

ローム　Lehm　直径62ミクロン以下の粒からなる、炭酸塩を含まない赤褐色の微泥質粘土で黄土(レス)の上層位を形成している。

アペラシオン索引

【凡　例】

ロマネ=コンティ　Romanée-Conti ......197.........196

↑ アペラシオンの位置がわかる地図が記載されているページ
↑ アペラシオンについて記載されているページ

＜ア行＞

日本語	フランス語	解説	地図
アジャクシオ	Ajaccio	279	279
アルザス	Alsace	144	144
アルザス・グラン・クリュ	Alsace Grand Cru	144/145	
アルザス・グラン・クリュ・アイヒベルグ	Alsace Grand Cru Eichberg	150	145
アルザス・グラン・クリュ・アルテンベルグ・ド・ヴォルクスハイム	Alsace Grand Cru Altenberg de Wolxheim	150	144
アルザス・グラン・クリュ・アルテンベルグ・ド・ベルグビーテン	Alsace Grand Cru Altenberg de Bergbieten	150	144
アルザス・グラン・クリュ・アルテンベルグ・ド・ベルグハイム	Alsace Grand Cru Altenberg de Bergheim	150	145
アルザス・グラン・クリュ・ヴィネック=シュロスベルグ	Alsace Grand Cru Wineck-Schlossberg	153	145
アルザス・グラン・クリュ・ヴィーベルスベルグ	Alsace Grand Cru Wiebelsberg	153	144
アルザス・グラン・クリュ・ヴィンツェンベルグ	Alsace Grand Cru Winzenberg	153	145
アルザス・グラン・クリュ・エンゲルベルグ	Alsace Grand Cru Engelberg	150	144
アルザス・グラン・クリュ・オステルベルグ	Alsace Grand Cru Osterberg	152	145
アルザス・グラン・クリュ・オルヴィレール	Alsace Grand Cru Ollwiller	152	145
アルザス・グラン・クリュ・ガイスベルグ	Alsace Grand Cru Geisberg	151	145
アルザス・グラン・クリュ・カステルベルグ	Alsace Grand Cru Kastelberg	151	144
アルザス・グラン・クリュ・カンツレールベルグ	Alsace Grand Cru Kanzlerberg	151	145
アルザス・グラン・クリュ・キッテルレ	Alsace Grand Cru Kitterlé	151	145
アルザス・グラン・クリュ・キルヒベルグ・ド・バール	Alsace Grand Cru Kirchberg de Barr	151	144
アルザス・グラン・クリュ・キルヒベルグ・ド・リボヴィレ	Alsace Grand Cru Kirchberg de Ribeauvillé	151	145
アルザス・グラン・クリュ・グルッケルベルグ	Alsace Grand Cru Gloeckelberg	151	145
アルザス・グラン・クリュ・ケスレール	Alsace Grand Cru Kessler	151	145
アルザス・グラン・クリュ・ゴルデール	Alsace Grand Cru Goldert	151	145
アルザス・グラン・クリュ・シュロスベルグ	Alsace Grand Cru Schlossberg	152	145
アルザス・グラン・クリュ・シェーネンブール	Alsace Grand Cru Schoenenbourg	153	145
アルザス・グラン・クリュ・スタイネール	Alsace Grand Cru Steinert	153	145
アルザス・グラン・クリュ・スタイングリュブレール	Alsace Grand Cru Steingrubler	153	145
アルザス・グラン・クリュ・スタインクロッツ	Alsace Grand Cru Steinklotz	153	144
アルザス・グラン・クリュ・スピーゲル	Alsace Grand Cru Spiegel	153	145
アルザス・グラン・クリュ・スポレン	Alsace Grand Cru Sporen	152	145
アルザス・グラン・クリュ・セーリング	Alsace Grand Cru Saering	152	145
アルザス・グラン・クリュ・ゾンネングランツ	Alsace Grand Cru Sonnenglanz	153	145
アルザス・グラン・クリュ・ゾンメルベルグ	Alsace Grand Cru Sommerberg	153	145
アルザス・グラン・クリュ・ツィンクフレ	Alsace Grand Cru Zinnkoepflé	153	145
アルザス・グラン・クリュ・ツォツェンベルグ	Alsace Grand Cru Zotzenberg	153	144
アルザス・クレヴェネール・ハイリゲンスタイン	Alsace Klevener de Heiligenstein	143	144
アルザス・グラン・クリュ・ハッチブール	Alsace Grand Cru Hatschbourg	151	145
アルザス・グラン・クリュ・フィングストベルグ	Alsace Grand Cru Pfingstberg	152	145
アルザス・グラン・クリュ・フェルシグベルグ	Alsace Grand Cru Pfersigberg	152	145
アルザス・グラン・クリュ・フォルブール	Alsace Grand Cru Vorbourg	153	145
アルザス・グラン・クリュ・フュルステンタム	Alsace Grand Cru Furstentum	150	145
アルザス・グラン・クリュ・フランクスタイン	Alsace Grand Cru Frankstein	150	144
アルザス・グラン・クリュ・ブラント	Alsace Grand Cru Brand	150	145
アルザス・グラン・クリュ・ブリュデルタル	Alsace Grand Cru Brudertal	150	144
アルザス・グラン・クリュ・プレラーテンベルグ	Alsace Grand Cru Praelatenberg	152	144
アルザス・グラン・クリュ・フローエン	Alsace Grand Cru Froehn	150	145
アルザス・グラン・クリュ・フロリモン	Alsace Grand Cru Florimont	150	145
アルザス・グラン・クリュ・ヘングスト	Alsace Grand Cru Hengst	151	145
アルザス・グラン・クリュ・マンブール	Alsace Grand Cru Mambourg	151	145
アルザス・グラン・クリュ・マンデルベルグ	Alsace Grand Cru Mandelberg	151	145
アルザス・グラン・クリュ・マルクラン	Alsace Grand Cru Marckrain	152	145
アルザス・グラン・クリュ・ミュエンヒベルグ	Alsace Grand Cru Muenchberg	152	145
アルザス・グラン・クリュ・メンヒベルグ	Alsace Grand Cru Moenchberg	152	144
アルザス・グラン・クリュ・ランゲン	Alsace Grand Cru Rangen	152	145
アルザス・グラン・クリュ・ロザケール	Alsace Grand Cru Rosacker	152	145
アルボワ	Arbois	157	157
アルボワ・ピュピヤン	Arbois-Pupillin	157	157
アルマニャック	Armagnac	307	306
アルマニャック=テナレーズ	Armagnac-Ténarèze	307	306
アロース=コルトン	Aloxe-Corton	202	204
アンジュー	Anjou	104	103
アンジュー・ヴィラージュ	Anjou Villages	104	103
アンジュー・ヴィラージュ・ブリサック	Anjou Villages Brissac	104	103
アントル=ドゥー=メール	Entre-Deux-Mers	51	52/53
アントル=ドゥー=メール・オー=ブノージュ	Entre-Deux-Mers Haut-Benauge	51	52/53
イランシー	Irancy	181	181
イルレギィ	Irouléguy	93	93
ヴァケラス	Vacqueras	257	257
ヴァランセー	Valençay	118	118
ヴァン・ダントレーグ・エ・デュ・フェル	Vins d'Entraygues et du Fel	94	95
ヴァン・デスタン	Vins d'Estaing	94	95
ヴァン・デュ・トゥアルセ	Vins du Thouarsais	104	103
ヴァン・デュ・ビュジェ	Vin du Bugey	169	169
ヴァン・デュ・ビュジェ・ヴィリュー=ル=グラン	Vin du Bugey Virieu-le-Grand	169	169
ヴァン・デュ・ビュジェ・セルドン	Vin du Bugey Cerdon	169	169
ヴァン・デュ・ビュジェ・マニクル	Vin du Bugey Manicle	169	169
ヴァン・デュ・ビュジェ・モンタニュー	Vin du Bugey Montagnieu	169	169
ヴァン・ド・サヴォワ	Vin de Savoie	162	161
ヴァン・ド・サヴォワ・アイズ	Vin de Savoie Ayze	163	163
ヴァン・ド・サヴォワ・アビム	Vin de Savoie Abymes	166	166
ヴァン・ド・サヴォワ・アプルモン	Vin de Savoie Apremont	166	166
ヴァン・ド・サヴォワ・アルバン	Vin de Savoie Arbin	167	167
ヴァン・ド・サヴォワ・クリュエ	Vin de Savoie Cruet	167	167
ヴァン・ド・サヴォワ・サン=ジャン=ド=ラ=ポルト	Vin de Savoie Saint-Jean-de-la-Porte	167	167
ヴァン・ド・サヴォワ・サン=ジョワール=プリューレ	Vin de Savoie Saint-Jeoire-Prieuré	166	166
ヴァン・ド・サヴォワ・シニャン	Vin de Savoie Chignin	166	166
ヴァン・ド・サヴォワ・シニャン=ベルジュロン	Vin de Savoie Chignin-Bergeron	166	166
ヴァン・ド・サヴォワ・ショターニュ	Vin de Savoie Chautagne	164	164
ヴァン・ド・サヴォワ・ジョンギュー	Vin de Savoie Jongieux	165	165
ヴァン・ド・サヴォワ・マラン	Vin de Savoie Marin	163	163
ヴァン・ド・サヴォワ・マリニャン	Vin de Savoie Marignan	163	163
ヴァン・ド・サヴォワ・モンメリアン	Vin de Savoie Montmélian	167	167
ヴァン・ド・サヴォワ・リパイユ	Vin de Savoie Ripaille	163	163
ヴァン・ド・ラヴィルデュー	Vins de Lavilledieu	85	85
ヴィレ=クレッセ	Viré-Clessé	223	223
ヴヴレー	Vouvray	116	117
ヴォーヌ=ロマネ	Vosne-Romanée	196	196
ヴォルネー	Volnay	209	208
ヴジョー	Vougeot	194	195
エシェゾー	Echezeaux	197	196
エルミタージュ	Hermitage	246	247
オーセ=デュレス	Auxey-Duresses	210	211
オータルマニャック	Haut-Armagnac	307	306
オー=ポワトゥ	Haut-Poitou	104	103
オー=メドック	Haut-Médoc	29	27
オー=モンラヴェル	Haut-Montravel	77	78/79
オルレアン	Orléans	118	118
オルレアン=クレリ	Orléans-Cléry	118	118

＜カ行＞

日本語	フランス語	解説	地図
カール・ド・ショーム	Quarts de Chaume	107	107
ガイヤック	Gaillac	73	74/75
ガイヤック・プルミエール・コート	Gaillac Premières Côtes	73	74/75
カオール	Cahors	70	70
カシス	Cassis	272	272
カディヤック	Cadillac	51	52/53
カノン・フロンサック	Canon Fronsac	66	66
カバルデス	Cabardès	297	297
カンシー	Quincy	124	124
クール=シュヴェルニー	Cour-Cheverny	118	118
グラーヴ	Graves	44	45
グラーヴ・ド・ヴェイル	Graves de Vayres	51	52/53
グランゼシェゾー	Grands-Echezeaux	197	196
グランド・シャンパーニュ	Grande Champagne	305	304
グリオット=シャンベルタン	Griotte-Chambertin	189	189
クリオ=バタール=モンラシェ	Criots-Bâtard-Montrachet	216	215
クレピー	Crépy	163	163
クレレット・デュ・ラングドック	Clairette du Languedoc	285	285
クレレット・ド・ディ	Clairette de Die	249	249
クレレット・ド・ベルガルド	Clairette de Bellegarde	298	298
クローズ=エルミタージュ	Crozes-Hermitage	248	248
クロ・サン=ドニ	Clos Saint-Denis	191	193
クロ・デ・ランブレ	Clos des Lambrays	191	193
クロ・ド・ヴジョー	Clos de Vougeot	194	195
クロ・ド・タール	Clos de Tart	191	193
クロ・ド・ラ・ロシュ	Clos de la Roche	191	193
グロ・プラン・デュ・ペイ・ナンテ	Gros Plant du Pays Nantais	100	101
コート・デュ・ヴァントゥー	Côte du Ventoux	262	263
コート・デュ・ヴィヴァレ	Côte du Vivarais	261	250
コート・デュ・ヴィヴァレ・オルニャック・ラヴァン	Côte du Vivarais Orgnac l'Aven	261	250
コート・デュ・ヴィヴァレ・サン=モンタン	Côte du Vivarais Saint-Montant	261	250
コート・デュ・ヴィヴァレ・サン=ルメーズ	Côte du Vivarais Saint-Remèze	261	250

アペラシオン索引

コート・デュ・ジュラ	Côte du Jura	157	157
コート・デュ・フォレ	Côte du Forez	125	125
コート・デュ・ブリュロワ	Côte du Brulhois	83	83
コート・デュ・フロントネー	Côte du Frontonnais	84	85
コート・デュ・フロントネー・ヴィロードリック	Côte du Frontonnais Villaudric	84	85
コート・デュ・フロントネー・フロントン	Côte du Frontonnais Fronton	84	85
コート・デュ・マルマンデ	Côte du Marmandais	81	81
コート・デュ・リュベロン	Côte du Luberon	262	263
コート・デュ・ローヌ	Côte du Rhône	252	250
コート・デュ・ローヌ・ヴィラージュ	Côte du Rhône Villages	252	252/253
コート・デュ・ローヌ・ヴィラージュ・ヴァルレア	Côte du Rhône Villages Valréas	252	253
コート・デュ・ローヌ・ヴィラージュ・ヴァンソブル	Côte du Rhône Villages Vinsobres	252	253
コート・デュ・ローヌ・ヴィラージュ・ヴィザン	Côte du Rhône Villages Visan	252	253
コート・デュ・ローヌ・ヴィラージュ・ケラーヌ	Côte du Rhône Villages Cairanne	252	253
コート・デュ・ローヌ・ヴィラージュ・サブレ	Côte du Rhône Villages Sablet	252	253
コート・デュ・ローヌ・ヴィラージュ・サン=ジェルヴェ	Côte du Rhône Villages Saint-Gervais	252	252
コート・デュ・ローヌ・ヴィラージュ・サン=パンタレオン=レ=ヴィーニュ	Côte du Rhône Villages Saint-Pantaléon-les-Vignes	252	253
コート・デュ・ローヌ・ヴィラージュ・サン=モーリス	Côte du Rhône Villages Saint-Maurice	252	253
コート・デュ・ローヌ・ヴィラージュ・シュスクラン	Côte du Rhône Villages Chusclan	252	252
コート・デュ・ローヌ・ヴィラージュ・セギュレ	Côte du Rhône Villages Séguret	252	253
コート・デュ・ローヌ・ヴィラージュ・ボーム=ド=ヴニーズ	Côte du Rhône Villages Beaumes-de-Venise	252	253
コート・デュ・ローヌ・ヴィラージュ・ラスト	Côte du Rhône Villages Rasteau	252	253
コート・デュ・ローヌ・ヴィラージュ・ルセ=レ=ヴィーニュ	Côte du Rhône Villages Rousset-les-Vignes	252	253
コート・デュ・ローヌ・ヴィラージュ・ロエクス	Côte du Rhône Villages Roaix	252	253
コート・デュ・ローヌ・ヴィラージュ・ローデュン	Côte du Rhône Villages Laudun	252	252
コート・デュ・ローヌ・ヴィラージュ・ロシュギュード	Côte du Rhône Villages Rochegude	252	253
コート・デュ・ルシヨン	Côte du Roussillon	303	302/303
コート・デュ・ルシヨン・ヴィラージュ	Côte du Roussillon Villages	303	302/303
コート・デュ・ルシヨン・ヴィラージュ・カラマニー	Côte du Roussillon Villages Caramany	303	302/303
コート・デュ・ルシヨン・ヴィラージュ・トータヴェル	Côte du Roussillon Villages Tautavel	303	302/303
コート・デュ・ルシヨン・ヴィラージュ・ラトゥール・ド・フランス	Côte du Roussillon Villages Latour de France	303	302/303
コート・デュ・ルシヨン・ヴィラージュ・レスケルド	Côte du Roussillon Villages Lesquerde	303	302/303
コート・ドーヴェルニュ	Côte d'Auvergne	125	125
コート・ドーヴェルニュ・ブド	Côte d'Auvergne Boudes	125	125
コート・ドーヴェルニュ・シャンテュルグ	Côte d'Auvergne Chanturgue	125	125
コート・ドーヴェルニュ・シャトーゲイ	Côte d'Auvergne Châteaugay	125	125
コート・ドーヴェルニュ・コラン	Côte d'Auvergne Corent	125	125
コート・ドーヴェルニュ・マダルグ	Côte d'Auvergne Madargues	125	125
コート・ド・カスティヨン	Côte de Castillon	67	67
コート・ド・サン=モン	Côte de Saint-Mont	91	91
コート・ド・デュラス	Côte de Duras	80	81
コート・ド・トゥール	Côte de Toul	138	139
コート・ド・ブール	Côte de Bourg	64	65
コート・ド・ブラーユ	Côte de Blaye	64	65
コート・ド・ブルイィ	Côte de Brouilly	230	229
コート・ド・プロヴァンス	Côte de Provence	267	268/269
コート・ド・ボルドー・サン=マケール	Côte de Bordeaux Saint-Macaire	51	52/53
コート・ド・ミロー	Côte de Millau	94	94
コート・ド・モンラヴェル	Côte de Montravel	77	78/79
コート・ド・ラ・マルペール	Côte de la Malepère	297	297
コート・ロアネーズ	Côte Roannaise	125	125
コート・ロティ	Côte Rôtie	240	241
コスティエール・ド・ニーム	Costières de Nîmes	298	298
コトー・ヴァロワ	Coteaux Varois	275	268/269
コトー・ダンスニ	Coteaux d'Ancenis	100	101
コトー・デクス=アン=プロヴァンス	Coteaux d'Aix-en-Provence	274	274
コトー・デュ・ヴァンドモワ	Coteaux du Vendômois	118	118
コトー・デュ・ケルシー	Coteaux du Quercy	72	72
コトー・デュ・ジェノワ	Coteaux du Giennois	124	124
コトー・デュ・ジェノワ・コーヌ=シュル=ロワール	Coteaux du Giennois Cosne-sur-Loire	124	124
コトー・デュ・トリカスタン	Coteaux du Tricastin	261	261
コトー・デュ・ラングドック	Coteaux du Languedoc	284	286/287
コトー・デュ・ラングドック・ヴェラルグ	Coteaux du Languedoc Vérargues	287	286/287
コトー・デュ・ラングドック・カトゥールズ	Coteaux du Languedoc Quatourze	286	286/287
コトー・デュ・ラングドック・カブリエール	Coteaux du Languedoc Cabrières	286	286/287
コトー・デュ・ラングドック・サン=クリストル	Coteaux du Languedoc Saint-Christol	287	286/287
コトー・デュ・ラングドック・サン=サテュルナン	Coteaux du Languedoc Saint-Saturnin	286	286/287
コトー・デュ・ラングドック・サン=ジョルジュ=ドルク	Coteaux du Languedoc Saint-Georges-d'Orques	286	286/287
コトー・デュ・ラングドック・サン=ドレゼリ	Coteaux du Languedoc Saint-Drézéry	287	286/287
コトー・デュ・ラングドック・ピク・サン=ルー	Coteaux du Languedoc Pic Saint-Loup	286	286/287
コトー・デュ・ラングドック・ピクプル・ド・ピネ	Coteaux du Languedoc Picpoul de Pinet	287	286/287
コトー・デュ・ラングドック・モンペイルー	Coteaux du Languedoc Montpeyroux	286	286/287
コトー・デュ・ラングドック・ラ・クラープ	Coteaux du Languedoc la Clape	286	286/287
コトー・デュ・ラングドック・ラ・メジャネル	Coteaux du Languedoc la Méjanelle	287	286/287
コトー・デュ・リヨネ	Coteaux du Lyonnais	231	231
コトー・デュ・レイヨン	Coteaux du Layon	105	106
コトー・デュ・レイヨン・サントーバン=ド=リュネ	Coteaux du Layon Saint-Aubin-de-Luigné	105	106
コトー・デュ・レイヨン・サン=ランベール=デュ=ラテ	Coteaux du Layon Saint-Lambert-du-Lattay	105	106
コトー・デュ・レイヨン・ショーム	Coteaux du Layon Chaume	105	106
コトー・デュ・レイヨン・フェ・ダンジュ	Coteaux du Layon Faye d'Anjou	105	106
コトー・デュ・レイヨン・ボーリュー=シュル=レイヨン	Coteaux du Layon Beaulieu-sur-Layon	105	106
コトー・デュ・レイヨン・ラブレー=シュル=レイヨン	Coteaux du Layon Rablay-sur-Layon	105	106
コトー・デュ・レイヨン・ロシュフォール=シュル=ロワール	Coteaux du Layon Rochefort-sur-Loire	105	106
コトー・デュ・ロワール	Coteaux du Loir	118	118
コトー・ド・ディ	Coteaux de Die	249	249
コトー・ド・ピエルヴェール	Coteaux de Pierrevert	275	275
コトー・ド・ローバンス	Coteaux de l'Aubance	106	106
コニャック	Cognac	304	304
コリウール	Collioure	303	302/303
コルス	Corse	277	277
コルス・カルヴィ	Corse Calvi	277	277
コルス・コトー・デュ・カップ・コルス	Corse Coteaux du Cap Corse	277	277
コルス・サルテーヌ	Corse Sartène	277	277
コルス・フィガリ	Corse Figari	277	277
コルス・ポルト・ヴェッキオ	Corse Port Vecchio	277	277
コルトン	Corton	203	204
コルトン・クロ・デ・コルトン・フェヴレ	Corton Clos des Corton Faiveley	203	204
コルトン・クロ・デュ・ロワ	Corton Clos du Roi	203	204
コルトン=シャルルマーニュ	Corton-Charlemagne	203	204
コルトン・ブレサンド	Corton Bressandes	203	204
コルトン・ラ・ヴィーニュ・オー・サン	Corton la Vigne au Saint	203	204
コルトン・ル・コルトン	Corton le Corton	203	204
コルトン・ルナルド	Corton Renardes	203	204
コルトン・ル・ロニェ・エ・コルトン	Corton le Rognet et Corton	203	204
コルトン・レ・ショーム	Corton les Chaumes	203	204
コルトン・レ・プジェ	Corton les Pougets	203	204
コルトン・レ・ポーラン	Corton les Paulands	203	204
コルトン・レ・メ	Corton les Meix	203	204
コルトン・レ・ランゲット	Corton les Languttes	203	204
コルナス	Cornas	245	245
コルビエール	Corbières	288	290/291
コンドリュー	Condrieu	242	242

＜サ行＞

サヴィニー=レ=ボーヌ	Savigny-lès-Beaune	205	204
サヴニエール	Savennières	108	108
サヴニエール・クレ・ド・セラン	Savennières Coulée de Serrant	108	108
サヴニエール・ロシュ・オー・モワーヌ	Savennières Roche aux Moines	108	108
サン=ヴェラン	Saint-Véran	223	223
サン=シニアン	Saint-Chinian	285	285
サン=ジュリアン	Saint-Julien	36	37
サン=ジョゼフ	Saint-Joseph	243	243/244
サン=ジョルジュ=サンテミリオン	Saint-Georges-Saint-Emilion	58	59
サンセール	Sancerre	122	123
サンタムール	Saint-Amour	228	229
サンテステフ	Saint-Estèphe	42	43
サンテミリオン	Saint-Emilion	54	56/57
サントーバン	Saint-Aubin	217	215
サント=クロワ=デュ=モン	Sainte-Croix-du-Mont	51	52/53
サントネー	Santenay	218	219
サン=ニコラ=ド=ブルグイユ	Saint-Nicolas-de-Bourgueil	114	115
サン=フォワ・ボルドー	Sainte-Foy-Bordeaux	51	52/53
サン=ブリ	Saint-Bris	181	176
サン=プルサン	Saint-Pourçain	125	125
サン=ペレ	Saint-Péray	245	245
サン=ロマン	Saint-Romain	211	211
ジヴリー	Givry	220	221
シェナス	Chénas	228	229
ジゴンダス	Gigondas	256	256
シノン	Chinon	112	113
シャサーニュ=モンラシェ	Chassagne-Montrachet	217	215
ジャスニエール	Jasnières	118	118
シャトー・グリエ	Château-Grillet	242	242
シャトー・シャロン	Château-Chalon	159	159
シャトーヌフ=デュ=パプ	Châteauneuf-du-Pape	259	259
シャトーメイヤン	Châteaumeillant	124	124
シャブリ	Chablis	177	178/179
シャブリ・グラン・クリュ	Chablis Grand Cru	180	180
シャブリ・プルミエ・クリュ	Chablis Premier Cru	179	178/179
シャペル=シャンベルタン	Chapelle-Chambertin	188	189
シャルム=シャンベルタン	Charmes-Chambertin	190	189
シャンパーニュ	Champagne	126	126/127
シャンベルタン	Chambertin	190	189
シャンベルタン=クロ=ド=ベーズ	Chambertin-Clos-de-Bèze	190	189
シャンボル=ミュジニー	Chambolle-Musigny	192	193
シュヴァリエ=モンラシェ	Chevalier-Montrachet	216	215
シュヴェルニー	Cheverny	118	118
ジュヴレ=シャンベルタン	Gevrey-Chambertin	188	189
ジュランソン	Jurançon	88	89
ジュリエナ	Juliénas	228	229
ショレ=レ=ボーヌ	Chorey-lès-Beaune	205	204
シルーブル	Chiroubles	230	229
セイセル	Seyssel	164	164
セロン	Cérons	45	45
ソーテルヌ	Sauternes	48	49
ソシニャック	Saussignac	79	78/81
ソミュール	Saumur	109	109
ソミュール=シャンピニー	Saumur-Champigny	109	109

アペラシオン索引

<タ行>

日本語	仏語	頁	頁
タヴェル	Tavel	254	254
テュルサン	Tursan	90	91
トゥーレーヌ	Touraine	110	111
トゥーレーヌ・アゼール=リドー	Touraine Azay-le-Rideau	110	111
トゥーレーヌ・アンボワーズ	Touraine Amboise	110	111
トゥーレーヌ・ノーブル・ジュエ	Touraine Noble-Joué	110	111
トゥーレーヌ・メスラン	Touraine Mesland	110	111

<ナ行>

日本語	仏語	頁	頁
ニュイ=サン=ジョルジュ	Nuits-Saint-Georges	198	199
ネアック	Néac	63	63

<ハ行>

日本語	仏語	頁	頁
バザルマニャック	Bas-Armagnac	307	306
パシュラン・デュ・ヴィク・ビル	Pacherenc du Vic Bilh	87	87
バタール=モンラシェ	Bâtard-Montrachet	216	215
パトリモニオ	Patrimonio	278	278
バニュルス	Banyuls	301	302/303
バルサック	Barsac	48	49
パレット	Palette	272	272
バンドール	Bandol	270	270
ビアンヴニュ=バタール=モンラシェ	Bienvenues-Bâtard-Montrachet	216	215
ピノー・デ・シャラント	Pineau des Charentes	305	304
ピュイスガン=サンテミリオン	Puisseguin-Saint-Emilion	58	59
ビュゼ	Buzet	82	83
ピュリニー=モンラシェ	Puligny-Montrachet	214	215
ファン・ボワ	Fins Bois	305	304
フィーヌ・シャンパーニュ	Fine Champagne	305	304
プイィ=ヴァンゼル	Pouilly-Vinzelles	222	223
プイィ=シュル=ロワール	Pouilly-sur-Loire	121	121
プイィ=フュイッセ	Pouilly-Fuissé	222	223
プイィ=フュメ	Pouilly-Fumé	121	121
プイィ=ロシェ	Pouilly-Loché	222	223
フィエフ・ヴァンデーン	Fiefs Vendéens	100	101
フィエフ・ヴァンデーン・ヴィクス	Fiefs Vendéens Vix	100	101
フィエフ・ヴァンデーン・ピソット	Fiefs Vendéens Pissotte	100	101
フィエフ・ヴァンデーン・ブレム	Fiefs Vendéens Brem	100	101
フィエフ・ヴァンデーン・マルイユ	Fiefs Vendéens Mareuil	100	101
フィサン	Fixin	187	187
フィトゥー	Fitou	292	292
フォジェール	Faugères	285	285
ブズロン	Bouzeron	220	221
プティ・シャブリ	Petit Chablis	177	178/179
プティト・シャンパーニュ	Petite Champagne	305	304
ブラニー	Blagny	213	213
ブランケット・ド・リムー	Blanquette de Limoux	296	296
ブルイイ	Brouilly	230	229
フルーリー	Fleurie	230	229
ブルグイユ	Bourgueil	114	115
ブルゴーニュ	Bourgogne	173	171
ブルゴーニュ・ヴェズレ	Bourgogne Vézelay	181	176
ブルゴーニュ・エピヌイユ	Bourgogne Epineuil	181	176
ブルゴーニュ・オート・コート・ド・ニュイ	Bourgogne Hautes Côte de Nuits	186	183
ブルゴーニュ・オート・コート・ド・ボーヌ	Bourgogne Hautes Côte de Beaune	183	183
ブルゴーニュ・クランジュ・ル・ヴィヌーズ	Bourgogne Coulanges le Vineuse	181	176
ブルゴーニュ・コート・サン・ジャック	Bourgogne Côte Saint-Jacques	181	176
ブルゴーニュ・コート・シャロネーズ	Bourgogne Côte Chalonnaise	220	221
ブルゴーニュ・コート・デュ・クショワ	Bourgogne Côte du Couchois	183	171
ブルゴーニュ・コート・ドーセール	Bourgogne Côtes d'Auxerre	181	176
ブルゴーニュ・シトリ	Bourgogne Chitry	181	176
ブルゴーニュ・パストゥグラン	Bourgogne Passetoutgrains	173	
プルミエール・コート・ド・ブラーユ	Premières Côtes de Blaye	64	65
プルミエール・コート・ド・ボルドー	Premières Côtes de Bordeaux	51	52/53
フロンサック	Fronsac	66	66
ベアルン	Béarn	92	92
ベアルン・ベローク	Béarn Bellocq	92	92
ペサック=レオニャン	Pessac-Léognan	46	46
ペシャルマン	Pécharmant	77	78/79
ベルジュラック	Bergerac	76	78/79
ペルナン=ヴェルジュレス	Pernand-Vergelesses	202	204
ベレ	Bellet	272	273
ポイヤック	Pauillac	38	39
ボーヌ	Beaune	206	207
ボジョレー	Beaujolais	226	225
ボジョレー・ヴィラージュ	Beaujolais Villages	226	225
ポマール	Pommard	208	208
ポムロル	Pomerol	60	61
ボルドー	Bordeaux	22	23
ボルドー・コート・ド・フラン	Bordeaux Côte de Francs	67	67
ボルドー・オー=ブノージュ	Bordeaux Haut-Benauge	51	52/53
ボンヌゾー	Bonnezeaux	107	107
ボンヌ=マール	Bonnes-Mares	193	193

<マ行>

日本語	仏語	頁	頁
マコン	Mâcon	222	223
マジ=シャンベルタン	Mazis-Chambertin	188	189
マゾイエール=シャンベルタン	Mazoyères-Chambertin	190	189
マックヴァン・デュ・ジュラ	Macvin du Jura	156	156
マディラン	Madiran	86	87
マランジュ	Maranges	219	219
マルシヤック	Marcillac	94	95
マルゴー	Margaux	30	31
マルサネ	Marsannay	186	187
ミネルヴォワ	Minervois	293	294/295
ミネルヴォワ・ラ・リヴィニエール	Minervois la Livinière	295	295
ミュジニー	Musigny	192	193
ミュスカデ	Muscadet	100	101
ミュスカデ・コート・ド・グラン=リュー	Muscadet Côtes de Grand-Lieu	100	101
ミュスカデ・コトー・ド・ラ・ロワール	Muscadet Coteaux de la Loire	100	101
ミュスカデ・セーヴル・エ・メーヌ	Muscadet Sèvre et Maine	100	101
ミュスカ・デュ・カップ・コルス	Muscat du Cap Corse	277	277
ミュスカ・ド・サン・ジャン・ド・ミネルヴォワ	Muscat de Saint-Jean-de-Minervois	299	299
ミュスカ・ド・フロンティニャン	Muscat de Frontignan	299	299
ミュスカ・ド・ボーム=ド=ヴニーズ	Muscat de Beaumes-de-Venise	260	260
ミュスカ・ド・ミルヴァル	Muscat de Mireval	299	299
ミュスカ・ド・リヴザルト	Muscat de Rivesaltes	301	302/303
ミュスカ・ド・リュネル	Muscat de Lunel	299	299
ムーラン=ア=ヴァン	Moulin-à-Vent	228	229
ムーリス	Moulis	33	35
ムヌトゥー=サロン	Menetou-Salon	124	124
ムルソー	Meursault	212	213
メドック	Médoc	26	27
メルキュレ	Mercurey	220	221
モーリー	Maury	301	302/303
モゼール	Moselle	138	139
モレ=サン=ドニ	Morey-Saint-Denis	191	193
モルゴン	Morgon	230	229
モンターニュ=サンテミリオン	Montagne-Saint-Emilion	58	59
モンタニー	Montagny	220	221
モンテリー	Monthelie	210	211
モンバジャック	Monbazillac	77	78/79
モンラヴェル	Montravel	77	78/79
モンラシェ	Montrachet	216	215
モンルイ	Montlouis	116	117

<ラ行>

日本語	仏語	頁	頁
ラ・グランド・リュ	la Grande Rue	197	196
ラストー	Rasteau	260	260
ラ・ターシュ	la Tâche	197	196
ラトリシエール=シャンベルタン	Latricières-Chambertin	190	189
ラドワ	Ladoix	202	204
ラランド・ド・ポムロル	Lalande de Pomerol	63	63
ラ・ロマネ	la Romanée	197	196
リヴザルト	Rivesaltes	301	302/303
リシュブール	Richebourg	197	196
リストラック・メドック	Listrac-Médoc	34	35
リムー	Limoux	296	296
リュサック=サンテミリオン	Lussac-Saint-Emilion	58	59
リュショット=シャンベルタン	Ruchottes-Chambertin	188	189
リュリー	Rully	220	221
リラック	Lirac	255	255
レニエ	Régnié	230	229
レトワール	l'Etoile	158	158
レ・ボー=ド=プロヴァンス	les Baux-de-Provence	274	274
ルイィ	Reuilly	124	124
ルーピアック	Loupiac	51	52/53
ルセット・ド・サヴォワ	Roussette de Savoie	162	161
ルセット・ド・サヴォワ・フランジ	Roussette de Savoie Frangy	164	164
ルセット・ド・サヴォワ・マレステル	Roussette de Savoie Marestel	165	165
ルセット・ド・サヴォワ・マレステル・アルテス	Roussette de Savoie Marestel Altesse	165	165
ルセット・ド・サヴォワ・モンテルミノード	Roussette de Savoie Monterminod	166	166
ロゼット	Rosette	78	78/80
ロゼ・デ・リセ	Rosé des Riceys	137	136/137
ロマネ=コンティ	Romanée-Conti	197	196
ロマネ=サン=ヴィヴァン	Romanée-Saint-Vivant	197	196

地名索引

【凡例】

ヴォーヌ=ロマネ　Vosne-Romanée　(21)..196....E13
- (21) = 県番号
- 196 = 記載ページ
- E13 = 地名が位置する地図上のマス目記号

県番号一覧

番号	カナ	フランス語	番号	カナ	フランス語	番号	カナ	フランス語	番号	カナ	フランス語
(01)	アン	Ain	(24)	ドルドーニュ	Dordogne	(48)	ロゼール	Lozère	(72)	サルト	Sarthe
(02)	エーヌ	Aisne	(25)	ドゥー	Doubs	(49)	メーヌ=エ=ロワール	Maine-et-Loire	(73)	サヴォワ	Savoie
(2A)	コルス=デュ=シュド	Corse-du-Sud	(26)	ドローム	Drôme	(50)	マンシュ	Manche	(74)	オート=サヴォワ	Haute-Savoie
(2B)	オート=コルス	Haute-Corse	(27)	ユール	Eure	(51)	マルヌ	Marne	(75)	パリ	Paris
(03)	アリエ	Allier	(28)	ユール=エ=ロワール	Eure-et-Loir	(52)	オート=マルヌ	Haute-Marne	(76)	セーヌ=マルティーム	Seine-Martime
(04)	アルプド=オート=プロヴァンス	Alpes-de-Haute-Provence	(29)	フィニステール	Finistère	(53)	マイエンヌ	Mayenne	(77)	セーヌ=エ=マルヌ	Seine-et-Marne
(05)	オート=アルプ	Hautes-Alpes	(30)	ガール	Gard	(54)	ムルト=エ=モゼール	Meurthe-et-Moselle	(78)	イヴリーヌ	Yvelines
(06)	アルプ=マリティーム	Alpes-Maritimes	(31)	オート=ガロンヌ	Haute-Garonne	(55)	ムーズ	Meuse	(79)	ドゥー=セーヴル	Deux-Sèvres
(07)	アルデッシュ	Ardèche	(32)	ジェール	Gers	(56)	モルビアン	Morbihan	(80)	ソンム	Somme
(08)	アルデンヌ	Ardennes	(33)	ジロンド	Gironde	(57)	モゼール	Moselle	(81)	タルン	Tarn
(09)	アリエージュ	Ariège	(34)	エロー	Hèrault	(58)	ニエーヴル	Nièvre	(82)	タルン=エ=ガロンヌ	Tarn-et-Garonne
(10)	オーブ	Aube	(35)	イール=エ=ヴィレーヌ	Ille-et-Vilaine	(59)	ノール	Nord	(83)	ヴァール	Var
(11)	オード	Aude	(36)	アンドル	Indre	(60)	オワーズ	Oise	(84)	ヴォクリューズ	Vaucluse
(12)	アヴェロン	Aveyron	(37)	アンドル=エ=ロワール	Indre-et-Loire	(61)	オルヌ	Orne	(85)	ヴァンデ	Vendée
(13)	ブーシュ=デュ=ローヌ	Bouches-du-Rhône	(38)	イゼール	Isère	(62)	パ=ド=カレ	Pas-de-Calais	(86)	ヴィエンヌ	Vienne
(14)	カルヴァドス	Calvados	(39)	ジュラ	Jura	(63)	ピュイ=ド=ドーム	Puy-de-Dôme	(87)	オート=ヴィエンヌ	Haute-Vienne
(15)	カンタル	Cantal	(40)	ランド	Landes	(64)	ピレネーザトランティーク	Pyrénées-Atlantiques	(88)	ヴォージュ	Vosges
(16)	シャラント	Charente	(41)	ロワール=エ=シェール	Loir-et-Cher	(65)	オート=ピレネー	Hautes-Pyrénées	(89)	ヨンヌ	Yonne
(17)	シャラント=マリティーム	Charente-Maritime	(42)	ロワール	Loire	(66)	ピレネーゾリアンタル	Pyrénées-Orientales	(90)	テリトワール・ド・ベルフォール	Territoire de Belfort
(18)	シェール	Cher	(43)	オート=ロワール	Haute-Loire	(67)	バ=ラン	Bas-Rhin	(91)	エソーヌ	Essonne
(19)	コレーズ	Corrèze	(44)	ロワール=アトランティーク	Loire-Atlantique	(68)	オー=ラン	Haut-Rhin	(92)	オード=セーヌ	Hauts-de-Seine
(21)	コート・ドール	Côte-d'Or	(45)	ロワレ	Loiret	(69)	ローヌ	Rhône	(93)	セーヌ=サン=ドニ	Seine-Saint-Denis
(22)	コート・デュ・ノール	Côtes-du-Nord	(46)	ロット	Lot	(70)	オート=ソーヌ	Haute-Saône	(94)	ヴァル=ド=マルヌ	Val-de-Marne
(23)	クルーズ	Creuse	(47)	ロッテ=ガロンヌ	Lot-et-Garonne	(71)	ソーヌ=エ=ロワール	Saône-et-Loire	(95)	ヴァル・ドワーズ	Val-d'Oise

＜ア＞

カナ	フランス語	参照
アイ	Aÿ	(51)..133..U12
アイシュオーフェン	Eichhoffen	(67)..144..F11
アイテルスヴィラー	Itterswiller	(67)..144..F12
アヴァンサン	Avensan	(33)....27..S12
アヴァントン	Avanton	(86)..103..W14
アヴィーズ	Avize	(51)..134..D11
アヴィニョン	Avignon	(84)..250..G12
アヴィレ=ランジェ	Avirey-Lingey	(10)..136..J13
アヴェロン=ベルジェル	Avéron-Bergelle	(32)....91...U2
アヴォルスハイム	Avolsheim	(67)..144...G6
アヴォワーヌ	Avoine	(37)..113..O11
アヴォン=レ=ロッシュ	Avon-les-Roches	(37)..113..W14
アヴネ=ヴァル=ドール	Avenay-Val-d'Or	(51)..133..W11
アギオーヌ	Aghione	(2B)..277...R9
アゲサック	Aguessac	(12)....95..W13
アコレ	Accolay	(89)..176..G10
アサス	Assas	(34)..287...S5
アジ=シュル=マルヌ	Azy-sur-Marne	(02)..132..G14
アジェル	Agel	(34)..295..U10
アシニャン	Assignan	(34)..285..N15
アジャクシオ	Ajaccio	(2A)..279..T12
アジャック	Ajac	(11)..296..C13
アジャネ	Azillanet	(34)..295..Q11
アジュデ	Hagedet	(65)....87..W13
アジル	Azille	(11)..295..O12
アスカラ	Ascarat	(64)....93..P15
アスカン	Asquins	(89)..176..G14
アスタフォール	Astaffort	(47)....83..T14
アスピラン	Aspiran	(34)..285..W11
アスペール	Aspères	(30)..287...L5
アゼ	Azé	(41)..118....F8
アゼ	Azé	(71)..223....T8
アゼ=シュル=シェール	Azay-sur-Cher	(37)..111...R6
アゼ=ル=リドー	Azay-le-Rideau	(37)..111..Q15
アテ=シュル=シェール	Athée-sur-Cher	(37)..111...S7
アディサン	Adissan	(34)..285..W12
アニアン	Aniane	(34)..287...O6
アネッツ	Anetz	(44)..101...V4
アピエット	Appietto	(2A)..279..U10
アファ	Afa	(2A)..279..U11
アプト	Apt	(84)..263..T13
アプルモン	Apremont	(73)..166..A15
アベルジュモン=ル=グラン	Abergement-le-Grand	(39)..157...S6
アベルジュモン=ル=プティ	Abergement-le-Petit	(39)..155...T5
アボ	Abos	(64)....89...Q7
アマラン	Amarens	(81)....74...G5
アムニー	Ameugny	(71)..223...R5
アメリ=レ=バン=パラルダ	Amélie-les-Bains-Palalda	(66)..302..H15
アメルシュヴィール	Ammerschwihr	(68)..145...T5
アユーズ	Aluze	(71)..221...V4
アラゴン	Aragon	(11)..297..W13
アラス=シュル=ローヌ	Arras-sur-Rhône	(07)..244...B3
アラタ	Alata	(2A)..279..T11
アラモン	Aramon	(30)..250..E13
アラン	Allan	(26)..250...G2
アランティエール	Arrentières	(10)..137...U5
アリコ=ボルド	Arricau-Bordes	(64)....87..T14
アリックス	Alix	(69)..225..S13
アリニー=コーヌ	Alligny-Cosne	(58)..124..K11
アルヴェイル	Arveyres	(33)....52....I4
アルガジョラ	Algajola	(2B)..277...O5
アルガンソン	Argançon	(10)..137...Q5
アルカンバル	Arcambal	(46)....70..L13
アルケット=アン=ヴァル	Arquettes-en-Val	(11)..290...F6
アルコンヴィル	Arconville	(10)..137...T8
アルサック	Arsac	(33)....31..Q11
アルサン	Arcins	(33)....27..T11
アルザン	Arzens	(11)..297..W5
アルジ	Argis	(01)..169..T10
アルシ=ル=ポンサール	Arcis-le-Ponsart	(51)..129..N12
アルシアック	Archiac	(17)..304..E14
アルジェイエ	Argelliers	(34)..287...P6
アルジャン=ミネルヴォワ	Argens-Minervois	(11)..295..R14
アルジャントン=レグリーズ	Argenton-l'Eglise	(79)..103..S10
アルジュリエ	Argeliers	(11)..295..V11
アルジュレス=シュル=メール	Argelès-sur-Mer	(66)..303..O13
アルスナン	Arcenant	(21)..185..N14
アルソンヴァル	Arsonval	(10)..137...R4
アルゾンヌ	Alzonne	(11)..297..T15
アルタン	Artins	(41)..118....D9
アルタンヌ=シュル=アンドル	Artannes-sur-Indre	(37)..111..S14
アルタンヌ=シュル=トゥエ	Artannes-sur-Thouet	(49)..109..P11
アルティーグ	Artigues	(83)..274..K13
アルティーグ=プレ=ボルドー	Artigues-près-Bordeaux	(33)....52..D5
アルティグルーヴ	Artiguelouve	(64)....89...S9
アルテス	Arthès	(81)....75....N8
アルテュン	Arthun	(42)..125..X12
アルトマール	Artemare	(01)..169..W12
アルトマンスヴィラー	Hartmannswiller	(68)..145..R14
アルドワ	Ardoix	(07)..243..U13
アルナス	Arnas	(69)..225..T10
アルバ	Albas	(11)..291..M10
アルバ	Albas	(46)....70..E12
アルバナ	Arbanats	(33)....45....T5
アルバン	Arbin	(73)..167..S15
アルビ	Arbis	(33)....52..J11
アルビトレッシア	Albitreccia	(2A)..279..W13
アルビュ	Arbus	(64)....89...R8
アルブカーヴ	Arboucave	(40)....91...N5
アルブソル	Arboussols	(66)..302..E10
アルブフイユ=ラガルド	Albefeuille-Lagarde	(82)....85...T2
アルブラド=ル=バ	Arblade-le-Bas	(32)....91...R3
アルベ	Albé	(67)..144..D12
アルベララ	Arbellara	(2A)..277..P13
アルボラ	Arboras	(34)..287...N5
アルボリ	Arbori	(2A)..279....U8
アルボワ	Arbois	(39)..157...V7
アルマン	Allemant	(51)..135..U10
アルマンチュー	Armentieux	(32)....91...V7
アルミサン	Armissan	(11)..286..I15
アルム=エ=コー	Armous-et-Cau	(32)....91..W6
アルレ	Arlay	(39)..155...R8
アレ=レ=バン	Alet-les-Bains	(11)..296..E14
アレーニュ	Alaigne	(11)..297...T7
アレラック	Alairac	(11)..297..W5
アレリア	Aléria	(2B)..277...S9
アレン	Alleins	(13)..274..F12
アロ	Alos	(81)....74...F5
アロー	Allauch	(13)..268...B8
アロー	Arro	(2A)..279...U9
アロース=コルトン	Aloxe-Corton	(21)..204..G10
アロゼス	Arrosès	(64)....87..U13
アロンヌ	Allonnes	(49)..103..U8
アンオー	Anhaux	(64)....93..O15
アングラード	Anglade	(33)....65..N7
アングラール=ジュイヤック	Anglars-Juillac	(46)....70..E12
アングランド	Ingrandes	(49)..103..O6
アングランド=ド=トゥーレーヌ	Ingrandes-de-Touraine	(37)..115..V13
アングレ	Ingré	(45)..118....I4

地名索引

日本語	フランス語	参照
アングレーム	Angoulême	(16)..304....F13
アンシー=シュル=モゼール	Ancy-sur-Moselle	(57)..139....R8
アンシェ	Anché	(37)..113....S14
アンジェ	Angé	(41)..111....U6
アンジェー	Angers	(49)..103....Q6
アンシェール	Unchair	(51)..129....O10
アンシニャン	Ansignan	(66)..302....E7
アンジャント	Engente	(10)..137....U4
アンシュエ=ラ=ルドンヌ	Ensuès-la-Redonne	(13)..274....F16
アンス	Anse	(69)..225....T12
アンスイ	Ansouis	(84)..263....U15
アンスニ	Ancenis	(44)..101....V4
アンゼクス	Anzex	(47)....83....M10
アンダンス	Andance	(07)..243....W9
アンチュニャック	Antugnac	(11)..296....D15
アンティサンティ	Antisanti	(2B)..277....R9
アンディヤック	Andillac	(81)....74....G6
アンデール=エ=コンドン	Andert-et-Condon	(07)..169....V13
アントルカストー	Entrecasteaux	(83)..269....N4
アントルショー	Entrechaux	(84)..263....R8
アントレーグ=シュル=トリュイエール	Entraygues-sur-Truyère	(12)....95....Q3
アンドロー	Andlau	(67)..144....E11
アンバレス=エ=ラグラーヴ	Ambarès-et-Lagrave	(33)....52....D3
アンビエニャ	Ambiegna	(2A)..279....U9
アンビエルル	Ambierle	(42)..125....V8
アンピュイ	Ampuis	(69)..241....R8
アンビルー=シャトー	Ambillou-Château	(49)..103....S8
アンブリュ	Ambrus	(47)....83....N11
アンブレオン	Ambléon	(01)..169....V14
アンベール	Amberre	(86)..103....V13
アンベール=エ=カステルモール	Embres-et-Castelmaure	(11)..291....O13
アンボネ	Ambonnay	(51)..131....T14
アンボワーズ	Amboise	(37)..111....U16
イヴェルセ	Yversay	(86)..103....V14
イヴラック	Yvrac	(33)....52....E4
イェンヌ	Yenne	(73)..165....R11
イサック=ラ=トゥレット	Yssac-la-Tourette	(63)..125....M10
イジェ	Igé	(71)..223....S9
イシジャック	Issigeac	(24)....79....R12
イシラック	Issirac	(30)..250....C6
イストル	Istres	(13)..274....D14
イスプール	Ispoure	(64)....93....Q15
イゾン	Izon	(33)....52....G3
イツァック	Itzac	(81)....74....F5
イニィ=コンブリジー	Igny-Comblizy	(51)..133....O13
イラー	Illats	(33)....45....U7
イランシー	Irancy	(89)..181....V14
イリニー	Irigny	(69)..231....X14
イル=シュル=テット	Ille-sur-Têt	(66)..302....G10
イルーレギュイ	Irouléguy	(64)....93....O14
インゲルスハイム	Ingersheim	(68)..145....U6
ヴァイサック	Vaïssac	(82)....72....H16
ヴァイラン	Vailhan	(34)..286....K8
ヴァイロケス	Vailhauquès	(34)..287....P6
ヴァヴレ=ル=グラン	Vavray-le-Grand	(51)..136....F13
ヴァヴレ=ル=プティ	Vavray-le-Petit	(51)..136....F12
ヴァキエ	Vacquiers	(31)....85....W7
ヴァキエール	Vacquières	(34)..287....T3
ヴァケラス	Vacqueyras	(84)..257....W12
ヴァズラック	Vazerac	(82)....72....D13
ヴァダン	Vadans	(39)..157....S5
ヴァノー=ル=シャテル	Vanault-le-Châtel	(51)..136....F10
ヴァラージュ	Varages	(83)..268....I1
ヴァラード	Varades	(44)..101....V4
ヴァラディ	Valady	(12)....95....N7
ヴァラン	Varrains	(49)..109....Q11
ヴァランジュー	Valanjou	(49)..103....Q8
ヴァランセー	Valençay	(36)..118....I15
ヴァリエール=レ=グランド	Vallières-les-Grandes	(41)..111....U5
ヴァリギエール	Valliguières	(30)..250....D11
ヴァル=ディ=カンポロロ	Valle-di-Campoloro	(2B)..277....S7
ヴァル=ディ=メザーナ	Valle-di-Mezzana	(2A)..279....U10
ヴァル=ド=ヴィエール	Val-de-Vière	(51)..136....G12
ヴァル=ド=メルシー	Val-de-Mercy	(89)..176....E9
ヴァルプリオンド	Valprionde	(46)....72....B10
ヴァルフロネス	Valflaunès	(34)..287....R4
ヴァルレア	Valréas	(84)..253....T5
ヴァレ	Vallet	(44)..101....U6
ヴァレール	Valaire	(41)..111....U5
ヴァレール	Vallères	(37)..111....Q14
ヴァレラック	Valeyrac	(33)....27....Q3
ヴァレンヌ	Varennes	(86)..103....V13
ヴァレンヌ=シュル=フゾン	Varennes-sur-Fouzon	(36)..118....I15
ヴァレンヌ=シュル=ロワール	Varennes-sur-Loire	(49)..103....U5
ヴァロリー	Valaurie	(26)..250....G3
ヴァングロー	Vingrau	(66)..302....J5
ヴァンサ	Vinça	(66)..302....F10
ヴァンザック	Vensac	(33)....27....O3
ヴァンジー	Vanzy	(74)..164....C11
ヴァンスロット	Vincelottes	(89)..181....T14
ヴァンセル	Vincelles	(51)..133....N10
ヴァンセル	Vincelles	(39)..155....Q11
ヴァンゼル	Vinzelles	(71)..221....S13
ヴァンソーブル	Vinsobres	(26)..253....W6
ヴァンゾラスカ	Venzolasca	(2B)..277....S6
ヴァンタブラン	Ventabren	(13)..274....G14
ヴァンディ	Vindey	(51)..135....S11
ヴァンディエール	Vandières	(51)..133....O9
ヴァンティズリ	Ventiseri	(2B)..277....R11
ヴァンデミアン	Vendémian	(34)..287....O8
ヴァントゥイユ	Venteuil	(51)..133....R10
ヴァンドゥイユ	Vandeuil	(51)..129....P10
ヴァンドーム	Vendôme	(41)..118....G9
ヴァントナック=アン=ミネルヴォワ	Ventenac-en-Minervois	(11)..295....U14
ヴァントナック=カバルデス	Ventenac-Cabardès	(11)..297....U14
ヴァンドラック=アレラック	Vindrac-Alayrac	(81)....74....G4
ヴァンドル	Vendres	(34)..286....J14
ヴァンドルーヴル=デュ=ポワトゥー	Vendeuvre-du-Poitou	(86)..103....W13
ヴァントロル	Venterol	(26)..250....J4
ヴィアラ=デュ=タルン	Viala-du-Tarn	(12)....95....T14
ヴィアレ	Vialer	(64)....87....T14
ヴィアンヌ	Vianne	(47)....83....O12
ヴイィ	Oeuilly	(51)..133....Q11
ヴィイエール	Vihiers	(49)..103....Q9
ヴィーニュヴィエイユ	Vignevieille	(11)..290....G9
ヴィール=オー=ヴァル	Wihr-au-Val	(68)..145....R7
ヴィール=シュル=ロ	Vire-sur-Lot	(46)....70....B11
ヴィヴィエ	Viviers	(89)..179....R11
ヴィヴィエ=シュル=アルトー	Viviers-sur-Artaut	(10)..137....O11
ヴィヴェス	Vivès	(66)..302....J13
ヴイエ	Vouillé	(86)..103....V14
ヴィエイユヴィーニュ	Vieillevigne	(44)..101....S8
ヴィエラ	Viella	(32)....87....U11
ヴィエル=チュルサン	Vielle-Tursan	(40)....91....N3
ヴィエルヴィ	Vielleviе	(15)....95....N3
ヴィエルセギュール	Vielleségure	(64)....92....D13
ヴィオレス	Violès	(84)..250....H8
ヴィオン	Vion	(07)..244....C6
ヴィク=シュル=セイユ	Vic-sur-Seille	(57)..139....W13
ヴィク=ラ=ガルディオル	Vic-la-Gardiole	(34)..299....X10
ヴィク=ル=コント	Vic-le-Comte	(63)..125....N14
ヴィク=ル=フェスク	Vic-le-Fesc	(30)..287....V2
ヴィクス	Vix	(85)..101....W15
ヴィゲロン	Vigueron	(82)....85....R5
ヴィコ	Vico	(2A)..279....U7
ヴィザン	Visan	(84)..253....T7
ヴィッジアネロ	Viggianello	(2A)..277....P13
ヴィッセンブール	Wissembourg	(67)..144....K1
ヴィドバン	Vidauban	(83)..269....Q6
ヴィトリ=アン=ペルトワ	Vitry-en-Perthois	(51)..136....C15
ヴィトリ=ル=クロワゼ	Vitry-le-Croisé	(10)..137....Q9
ヴィトロル=アン=リュベロン	Vitrolles-en-Lubéron	(84)..263....V14
ヴィナサン	Vinassan	(11)..286....H15
ヴィニョネ	Vignonet	(33)....56....L15
ヴィヌイユ	Vineuil	(41)..118....B14
ヴィヌー=スー=レゼクス	Vignoux-sous-les-Aix	(18)..124....F6
ヴィヌザック	Vinezac	(07)..250....A1
ヴィネ	Vinay	(51)..133....S13
ヴィノン	Vinon	(18)..123....W13
ヴィヤン	Viens	(84)..263....V13
ヴイユ	Veuil	(36)..118....I16
ヴィラー	Villars	(84)..263....U12
ヴィラー=アン=ヴァル	Villar-en-Val	(11)..290....E7
ヴィラー=サンタンセルム	Villar-Saint-Anselme	(11)..296....F12
ヴィラー=フォンテーヌ	Villars-Fontaine	(21)..185....P12
ヴィラヴァール	Villavard	(41)..118....E9
ヴィラズイユ	Virazeil	(47)....81....V14
ヴィラゼル=カバルデス	Villarzel-Cabardès	(11)..294....I12
ヴィラゼル=デュ=ラゼス	Villarzel-du-Razès	(11)..297....W6
ヴィラック	Virac	(81)....74....J5
ヴィラニエール	Villanière	(11)..297....W12
ヴィラノヴァ	Villanova	(2A)..279....S11
ヴィラリエ	Villalier	(11)..294....H13
ヴィラントネル	Villardonnel	(11)..297....V14
ヴィラントロワ	Villentrois	(36)..118....H15
ヴィリー	Villy	(89)..178....F5
ヴィリエ	Villiers	(86)..103....V14
ヴィリエ=サン=ドニ	Villiers-Saint-Denis	(02)..132....E14
ヴィリエ=シュノ=ロワール	Villiers-sur-Loir	(41)..118....F8
ヴィリエ=モルゴン	Villié-Morgon	(69)..229....S9
ヴィリエフォー	Villiersfaux	(41)..118....F9
ヴィリニャン	Virignin	(01)..169....W15
ヴィリュー=ル=グラン	Virieu-le-Grand	(01)..169....V12
ヴィル=アン=タルドノワ	Ville-en-Tardenois	(51)..129....O14
ヴィル=シュル=アルス	Ville-sur-Arce	(10)..137....N11
ヴィル=シュル=オーゾン	Villes-sur-Auzon	(84)..263....S10
ヴィル=シュル=ジャルニュー	Ville-sur-Jarnioux	(69)..225....R12
ヴィル=ドマンジュ	Ville-Dommange	(51)..131....O9
ヴィル=ラ=グラン	Ville-la-Grand	(74)..163....O11
ヴィルヴェイラック	Villeveyrac	(34)..287....P9
ヴィルヴェック	Villevêque	(49)..103....R5
ヴィルヴナール	Villevenard	(51)..135....U7
ヴィルガイラン	Villegailhenc	(11)..297....W14
ヴィルグージュ	Villegouge	(33)....23....S9
ヴィルグリー	Villegly	(11)..294....H12
ヴィルクローズ	Villecroze	(83)..269....O2
ヴィルシクル	Villesiscle	(11)..297....T4
ヴィルセーク	Villesèque	(46)....70....G15
ヴィルセーク=デ=コルビエール	Villesèque-des-Corbières	(11)..291....P9
ヴィルデュー	Villedieu	(84)..250....J6
ヴィルデュー=ル=シャトー	Villedieu-le-Château	(41)..118....D9
ヴィルデュベール	Villedubert	(11)..297....X15
ヴィルトリトゥールス	Villetritouls	(11)..290....F7
ヴィルナーヴ=ド=リオン	Villenave-de-Rions	(33)....52....H11
ヴィルナーヴ=ドルノン	Villenave-d'Ornon	(33)....47....T7
ヴィルヌーヴ	Villeneuve	(33)....65....N13
ヴィルヌーヴ	Villeneuve	(04)..275....U12
ヴィルヌーヴ=シュル=ヴェール	Villeneuve-sur-Vère	(81)....74....J6
ヴィルヌーヴ=スー=ピモン	Villeneuve-sous-Pymont	(39)..155....Q9
ヴィルヌーヴ=ド=デュラス	Villeneuve-de-Duras	(47)....81....V9
ヴィルヌーヴ=ド=マルザン	Villeneuve-de-Marsan	(40)..306....B11
ヴィルヌーヴ=ド=ラ=ラオ	Villeneuve-de-la-Raho	(66)..303....M11
ヴィルヌーヴ=ミネルヴォワ	Villeneuve-Minervois	(11)..294....J11
ヴィルヌーヴ=ルヌヴィル=シュヴィニ	Villeneuve-Renneville-Chevigny	(51)..134....D13
ヴィルヌーヴ=レ=コルビエール	Villeneuve-les-Corbières	(11)..292....G13
ヴィルヌーヴ=レ=ザヴィニョン	Villeneuve-lès-Avignon	(30)..250....F12
ヴィルヌーヴ=レ=ブロック	Villeneuve-lès-Bouloc	(31)....85....V7
ヴィルヌーヴ=レ=マグロンヌ	Villeneuve-lès-Maguelonne	(34)..287....R9
ヴィルヌーヴ=レ=モンレアル	Villeneuve-lès-Montréal	(11)..297....U5
ヴィルノクス=ラ=グランド	Villenauxe-la-Grande	(10)..135....P16
ヴィルバジー	Villebazy	(11)..296....F12
ヴィルパッサン	Villespassans	(34)..285....O15
ヴィルフランシュ=デュ=ケイラン	Villefranche-du-Queyran	(47)....83....N10
ヴィルフランシュ=ド=ロンシャ	Villefranche-de-Lonchat	(24)....78....C4
ヴィルボワ	Villebois	(01)..169....S12
ヴィルボワ=ラヴァレット	Villebois-Lavalette	(16)..304....G14
ヴィルマチエ	Villematier	(31)....85....W6
ヴィルミュール=シュル=タルン	Villemur-sur-Tarn	(31)....85....W5
ヴィルムスートスー	Villemoustaussou	(11)..297....W14
ヴィルモラック	Villemolaque	(66)..302....K12
ヴィルモンテ	Villemontais	(42)..125....W10
ヴィルラード	Virelade	(33)....45....T6
ヴィルラブル	Villerable	(41)..118....F9
ヴィルージュ=テルムネス	Villerouge-Termenès	(11)..290....J10
ヴィルレスト	Villerest	(42)..125....X9
ヴィルロール	Villelaure	(84)..263....V14
ヴィルロング=デル=モン	Villelongue-dels-Monts	(66)..302....L12
ヴィルロング=ドード	Villelongue-d'Aude	(11)..296....A12
ヴィレ	Villé	(67)..144....C12
ヴィレ	Viré	(71)..223....T7
ヴィレーヌ=レ=ロッシュ	Villaines-les-Rochers	(37)..111....P8
ヴィレール=アルラン	Villers-Allerand	(51)..131....P9
ヴィレール=オー=ヌード	Villers-aux-Noeuds	(51)..131....P10
ヴィレール=スー=シャティヨン	Villers-sous-Châtillon	(51)..133....Q10
ヴィレール=フランクー	Villers-Franqueux	(51)..129....T8
ヴィレール=マルムリ	Villers-Marmery	(51)..131....U12
ヴィレール=ラ=ファイエ	Villers-la-Faye	(21)..185....Q15
ヴィレット=レ=ザルボワ	Villette-lès-Arbois	(39)..157....P8
ヴィロードリック	Villaudric	(31)....85....V6
ウィンツァンハイム	Wintzenheim	(68)..145....T7
ウージェニー=レ=バン	Eugénie-les-Bains	(40)....91....O3
ヴージョ	Vougeot	(21)..193....U9
ヴヴレ	Vouvray	(37)..117....Q7
ヴヴレ=シュル=ロワール	Vouveray-sur-Loir	(72)..118....D9
ヴェイル	Vayres	(33)....52....H4
ヴェイル=モントン	Veyre-Monton	(63)..125....N13
ヴェール	Vers	(71)..223....V3
ヴェール=トゥーロン	Vert-Toulon	(51)..135....X6
ヴェザーニ	Vezzani	(2B)..277....R9
ヴェジンヌ	Vézinnes	(89)..176....J1
ヴェスコバート	Vescovato	(2B)..277....S6
ヴェスタルテン	Westhalten	(68)..145....S11
ヴェストホーフェン	Westhoffen	(67)..144....E4
ヴェストリック=エ=カンディアック	Vestric-et-Candiac	(30)..298....A13

地名索引

読み	綴り	参照
ヴェズレー	Vézelay	(89)..176..G14
ヴェゾン=ラ=ロメーヌ	Vaison-la-Romaine	(84)..250...J7
ヴェットルスハイム	Wettolsheim	(68)..145...U7
ヴェデーヌ	Vedène	(84)..250..H11
ヴェネジャン	Vénéjan	(30)..250...E7
ヴェラック	Vérac	(33)....23....S9
ヴェラルグ	Vérargues	(34)..287...V5
ヴェラン	Vérin	(42)..242....C5
ヴェリー	Verrie	(49)..103....T8
ヴェリーヌ	Vélines	(24)....78....D7
ヴェルゴワニャン	Vergoignan	(32)....91....R2
ヴェルシア	Vercia	(39)..155..P11
ヴェルジー	Verzy	(51)..131..T11
ヴェルジソン	Vergisson	(71)..221..S12
ヴェルシュニー	Vercheny	(26)..249..S13
ヴェルズネー	Verzenay	(51)..131..S11
ヴェルゼ	Verzé	(71)..223..U12
ヴェルダン=シュル=ガロンヌ	Verdun-sur-Garonne	(82)....85....T6
ヴェルテュ	Vertus	(51)..134..C14
ヴェルディニー	Verdigny	(18)..123..V10
ヴェルテゾン	Vertaizon	(63)..125..O12
ヴェルトゥイユ	Vertheuil	(33)....27....R7
ヴェルトゥー	Vertou	(44)..101....S6
ヴェルドレ	Verdelais	(33)....52..J14
ヴェルドン	Verdon	(24)....79....R9
ヴェルナントワ	Vernantois	(39)..155..R11
ヴェルヌイユ	Verneuil	(51)..133..N10
ヴェルヌイユ=アン=ブルボネ	Verneuil-en-Bourbonnais	(03)..125....N6
ヴェルネー	Vernay	(69)..225....P6
ヴェルネーグ	Vernègues	(13)..274..E12
ヴェルネゾン	Vernaison	(69)..231..X14
ヴェルピリエール=シュル=ウルス	Verpillières-sur-Ource	(10)..137..Q13
ヴェルマントン	Vermenton	(89)..176..G10
ヴェルリュ	Verlus	(32)....91....R5
ヴェレ	Vairé	(85)..101..Q12
ヴェレーツ	Véretz	(37)..111....R6
ヴェロ	Vero	(2A)..279....W9
ヴェロンヌ	Véronne	(26)..249..S12
ヴォエグトリンスホーフェン	Voegtlinshoffen	(68)..145....S9
ヴォー	Vaux	(57)..139....S8
ヴォー=ザン=ビュジェ	Vaux-en-Bugey	(01)..169..R11
ヴォー=ザン=プレ	Vaux-en-Pré	(71)..221..S15
ヴォー=ザン=ボージヨレ	Vaux-en-Beaujolais	(69)..225....Q9
ヴォー=シュル=ポリニー	Vaux-sur-Poligny	(39)..155....U6
ヴォーヴェール	Vauvert	(30)..298....B14
ヴォーヴナルグ	Vauvenargues	(13)..274....I14
ヴォーグ	Veaugues	(18)..123..U15
ヴォーシエンヌ	Vauciennes	(51)..133..R12
ヴォーシニョン	Vauchignon	(21)..201..N12
ヴォーシュレティヤン	Vauchrétien	(49)..106....G4
ヴォージン	Vaugines	(84)..263..T15
ヴォードマンジュ	Vaudemanges	(51)..131..U14
ヴォーニュレ	Vaugneray	(69)..231..V13
ヴォーヌ=ロマネ	Vosne-Romanée	(21)..196..E13
ヴォールナール	Vauxrenard	(69)..225....R4
ヴォルヴィック	Volvic	(63)..125..M11
ヴォルクス	Volx	(04)..275..T12
ヴォルクスハイム	Wolxheim	(67)..144....G5
ヴォルグレ	Volgré	(89)..176....A4
ヴォルネー	Volnay	(21)..208..D13
ヴォワトゥール	Voiteur	(39)..155....S8
ヴォワニー	Voigny	(10)..137....U4
ヴォワプルー	Voipreux	(51)..134..D14
ヴォンニュ	Vongnes	(01)..169..W13
ヴザイユ	Vouzailles	(86)..103..V13
ウサン	Houssen	(68)..145....V5
ウシャン	Ouchamps	(41)..118..A16
ウジリー	Ouzilly	(86)..103..W13
ウスト=シュル=シイ	Aouste-sur-Sye	(26)..249..P13
ウセー	Houssay	(41)..118....F9
ウソン=シュル=ロワール	Ousson-sur-Loire	(45)..124....I9
ウドン	Oudon	(44)..101......T4
ヴナスク	Venasque	(84)..263..R11
ヴネル	Venelles	(13)..274..H13
ヴノワ	Venoy	(89)..176....F6
ウピア	Oupia	(34)..295..R12
ヴュー	Vieu	(01)..169..W11
ヴュー	Vieux	(81)....74....F7
ヴュー	Vue	(44)..101....P6
ヴュー=タン	Vieux-Thann	(68)..145..G16
ヴューエンハイム	Wuenheim	(68)..145..R13
ヴューサン	Vieussan	(34)..285..O11
ヴリニー	Vrigny	(51)..131..N8
ウルジュ	Hourges	(51)..129..P10
ヴルル	Vourles	(69)..231..W14

読み	綴り	参照
ヴロー	Velaux	(13)..274..F14
エイネス	Eynesse	(33)....53....S6
エイメ	Eymet	(24)....78..L15
エイラン	Eyrans	(33)....65....O8
エイル=モンキューブ	Eyres-Moncube	(40)....91....M3
エヴ	Eveux	(69)..231..U12
エヴノ	Evenos	(83)..270..I13
エーズ	Ayse	(74)..163..T16
エーニュ	Aigne	(34)..295..S10
エール=シュル=ラドゥール	Aire-sur-L'Adour	(40)....91....Q3
エガリエール	Eygalières	(13)..274..D11
エギーユ	Eguilles	(13)..274..G13
エギスハイム	Eguisheim	(68)..145....U8
エギュイエール	Eyguières	(13)..274..D12
エキュイユ	Ecueil	(51)..131..O10
エギリー=スー=ボワ	Eguilly-sous-Bois	(10)..137....P9
エグ=ヴィヴ	Aigues-Vives	(34)..295..T10
エグ=ヴィヴ	Aigues-Vives	(11)..294..K14
エクーヴル	Ecouvres	(54)..139..P14
エクス=アン=ディワ	Aix-en-Diois	(26)..249..V13
エクス=アン=プロヴァンス	Aix-en-Provence	(13)..272..C13
エクス=レ=バン	Aix-les-Bains	(73)..165..U11
エグモルト=レ=グラーヴ	Ayguemorte-les-Graves	(33)....45....S5
エグル	Aigre	(16)..304..F12
エグルピエール	Aiglepierre	(39)..155....U4
エグルフュイユ=シュル=メイヌ	Aigrefeuille-sur-Maine	(44)..101....S7
エギューズ	Aigueze	(30)..250..D5
エコテ=ロルム	Ecotay-l'Olme	(42)..125..X14
エシカ=シュアレラ	Eccica-Suarella	(2A)..279..W12
エスピアン	Espiens	(47)....83..P12
エシピラ=ド=コンフラン	Eipira-de-Conflent	(66)..302...E11
エシピラ=ド=ラグリー	Espira-de-l'Agly	(66)..302....K7
エシュヴロンヌ	Echevronne	(21)..201...Q2
エシューヴル	Esvres	(37)..111..S12
エスカール	Escales	(11)..290....L1
エスカスフォール	Escassefort	(47)....81..V13
エスカゾー	Escazeaux	(82)....85....Q6
エスカタラン	Escatalens	(82)....85....S3
エスキュレス	Escurès	(64)....87..U15
エスクサン	Escoussans	(33)....52..I11
エスクロット	Esclottes	(47)....81..T10
エスコリーヴ=サント=カミーユ	Escolives-Sainte-Camille	(89)..176....E8
エスシャルスク	Estialescq	(64)....89..Q13
エスタジェル	Estagel	(66)..302.....I7
エスタン	Estang	(32)..306..B12
エスティヤック	Estillac	(47)....83..R13
エステザルグ	Estézargues	(30)..250..D12
エステン	Estaing	(12)....95....Q5
エストエール	Estoher	(66)..302..E12
エスピエ	Espiet	(33)....52......I7
エスプネル	Espenel	(26)..249..S14
エスペラザ	Espéraza	(11)..296..D15
エソイエ	Essoyes	(10)..137..P12
エソーム=シュル=マルヌ	Essômes-sur-Marne	(02)..132..G13
エタンプ=シュル=マルヌ	Etampes-sur-Marne	(02)..132..H13
エティ	Aiti	(2B)..277....Q7
エディ	Aydie	(64)....87..U12
エトージュ	Etoges	(51)..135....V5
エトリエ	Etauliers	(33)....65....P7
エトリニィ	Etrigny	(71)..223....U3
エトレシー	Etréchy	(51)..134..B15
エニャン	Aignan	(32)....91....V3
エピエ	Epieds	(49)..109..Q12
エピヌイユ	Epineuil	(89)..176....K5
エプフィグ	Epfig	(67)..144..F12
エペニェ=シュル=デーム	Epeigné-sur-Dême	(37)..118..C10
エペニェ=レ=ボワ	Epeigné-les-Bois	(37)..111....T7
エペルチュリー	Epertully	(71)..201..M14
エペルネー	Epernay	(51)..133..T12
エムランジュ	Emeringes	(69)..229....R4
エルヴィル	Ailleville	(10)..137....S5
エルゲルスハイム	Ergersheim	(67)..144....H5
エルザ	Ersa	(2B)..277....N2
エルヌ	Elne	(66)..303..N12
エルモンヴィル	Hermonville	(51)..129....S8
エルリスハイム=プレ=コルマール	Herrlisheim-près-Colmar	(68)..145....U9
エローム	Erôme	(26)..248..A11
エロン	Ayron	(86)..103..V14
エンシル	Aincille	(64)....93..R16
オー	Haux	(33)....52....G9
オード=ボダロー	Haut-de-Bosdarros	(64)....89..W15
オーヴィラー	Auvillar	(82)....83..W14
オーヴィレール	Hautvillers	(51)..133....T10
オークセ=デュレス	Auxey-Duresses	(21)..211..T13

読み	綴り	参照
オーサック	Aussac	(81)....74..J11
オージー	Augy	(89)..176....E7
オージェ	Augea	(39)..155..P12
オーシュ	Auch	(32)..306..F13
オーズ	Eauze	(32)..306..C12
オーセール	Auxerre	(89)..176....E7
オーティニャック	Autignac	(34)..285..S12
オーテザ	Authezat	(63)..125..N14
オート=グーレーヌ	Haute-Goulaine	(44)..101....S6
オート=コンツ	Haute-Kontz	(57)..139....U2
オーバニャン	Aubagnan	(40)....91....N4
オーバンジュ	Aubinges	(18)..124......I5
オービアック	Aubiac	(47)....83..R13
オービエール	Aubières	(63)..125..N12
オービニャン	Aubignan	(84)..260......I9
オービニェ=シュル=レイヨン	Aubigné-sur-Layon	(49)..106....G7
オービリー	Aubilly	(51)..129..R13
オーブ	Aubous	(64)....87..U11
オーブナソン	Aubenasson	(26)..249..R14
オーベルタン	Aubertin	(64)....89..S11
オーボール	Aubord	(30)..298..B12
オーメラ	Aumelas	(34)..287....P7
オーモン	Aumont	(39)..155....S5
オーランサン	Aurensan	(32)....91....R4
オーリオル	Auriolles	(33)....53....P9
オーリオン=イデルヌ	Aurions-Idernes	(64)....87..U13
オーリヤック=シュル=ドロ	Auriac-Dropt	(47)....81..V11
オーレル	Aurel	(26)..249..T14
オーロン	Aurons	(13)..274..E12
オカナ	Ocana	(2A)..279..W11
オクトン	Octon	(34)..286....K6
オザンバック	Osenbach	(68)..145..S10
オジェ	Oger	(51)..134..D12
オジェンヌ=カントール	Ogenne-Camptort	(64)....92..D13
オストーフェン	Osthoffen	(67)..144....H5
オズネ	Ozenay	(71)..223....V4
オセス	Ossès	(64)....93..P12
オゾン	Ozon	(07)..243..W15
オットロット	Ottrott	(67)..144....E9
オドナ	Odenas	(69)..229..Q15
オドラツハイム	Odratzheim	(67)..144....F4
オプル=ペリヨス	Opoul-Périllos	(66)..302....L4
オペード	Oppède	(84)..263..R14
オベルネ	Obernai	(67)..144....G9
オベルホーフェン=レ=ヴィッセンブール	Oberhoffen-lès-Wissembourg	(67)..144....K2
オベルモルシュヴィール	Obermorschwihr	(68)..145....T9
オム	Oms	(66)..302..I13
オメ	Omet	(33)....52..I12
オメッサ	Omessa	(2B)..277....Q7
オラー	Oràas	(64)....92..A11
オランジュ	Orange	(84)..259....O3
オリヴェ	Olivet	(45)..118....J5
オリウル	Ollioules	(83)..270..I15
オリエール	Ollières	(83)..268....G4
オリジィ	Olizy	(51)..133....O8
オルグイユ	Orgueil	(82)....85....V5
オルサン	Orsan	(30)..252..D13
オルシュヴィール	Orschwihr	(68)..145..S11
オルシュヴィレール	Orschwiller	(67)..144..D16
オルセ	Orcet	(63)..125..N13
オルタファ	Ortaffa	(66)..303..M12
オルテス	Orthez	(64)....92..C11
オルドナック	Ordonnac	(33)....27....R5
オルニャック=ラヴァン	Orgnac-l'Aven	(07)..250..B6
オルネゾン	Ornaisons	(11)..291....P3
オルバーニャ	Orbagna	(39)..155..Q12
オルバス=ラベイ	Orbais-l'Abbaye	(51)..133..F15
オルム	Ormes	(51)..131..O8
オルムト	Olmeto	(2A)..277..O13
オルリエナ	Oliénas	(69)..231..W14
オルレアン	Orléans	(45)..118....J4
オレッタ	Oletta	(2B)..278..D16
オロンザック	Olonzac	(34)..295..R13
オロンヌ=シュル=メール	Olonne-sur-Mer	(85)..101..Q13
オワ	Oyes	(51)..135....U8
オワリィ	Oiry	(51)..134....D9
オワリィ	Oisly	(41)..111....V6
オワロン	Oiron	(79)..103....T11
オン	Homps	(11)..295..Q13
オンゼン	Onzain	(41)..111....V12

<カ>

読み	綴り	参照
カーヴ	Caves	(11)..292....J14

317

地名索引

読み	綴り	参照
カーズ=ド=ペーヌ	Cases-de-Pène	(66)..302.....J7
カール	Cars	(33)....65....O11
カイゼルスベルグ	Kaysersberg	(68)..145.....S5
カイヤック	Caillac	(46)....70....H12
ガイヤック	Gaillac	(81)....74....G10
ガイヤン=アン=メドック	Gaillan-en-Médoc	(33)....27.....P5
ガイヨン	Gayon	(64)....87....T14
カイラヴェル	Cailhavel	(11)..297.....V6
ガイラン	Gailhan	(30)..287.....T3
カイロー	Cailhau	(11)..297.....V6
カヴァレール=シュル=メール	Cavalaire-sur-Mer	(83)..269....S12
ガヴィニャーノ	Gavignano	(2B)..277.....R7
カヴィニャック	Cavignac	(33)....65....V12
カヴィラルグ	Cavillargues	(30)..250.....C9
カヴェッシィ	Casevecchie	(2B)..277.....R9
カオール	Cahors	(46)....70....J13
カザ	Cazats	(33)....23....T15
カサーニュ	Cassagnes	(66)..302.....G8
ガザクス=エ=バカリッス	Gazax-et-Baccarisse	(32)....91.....W5
カサグリョーヌ	Casaglione	(2A)..279.....U9
カサニューズ	Cassaniouze	(15)....95.....M2
カサニョール	Cassagnoles	(34)..295.....N8
カサラブリヴァ	Casalabriva	(2A)..279....W15
ガサン	Gassin	(83)..269....T10
ガジェック=エ=ルイヤック	Gageac-et-Rouillac	(24)....78....K10
カシス	Cassis	(13)..272....I15
ガジャ=エ=ヴィルデュー	Gaja-et-Villedieu	(11)..296....D12
カスイユ	Casseuil	(33)....53....M14
カズヴィエイユ	Cazevieille	(34)..287.....Q4
カズウル=レ=ベジエ	Cazouls-lès-Béziers	(34)..286....I11
カスカテル=デ=コルビエール	Cascastel-des-Corbières	(11)..292....E12
ガスク	Gasques	(82)....83....W13
カスタネ	Castanet	(81)....74.....L7
カスタネード	Castagnède	(64)....92....A11
カズダルヌ	Cazedarnes	(34)..285....P14
カスティ=ザン=ドルト	Castets-en-Dorthe	(33)....23....U14
カスティヨン	Castillon	(64)....87....U14
カスティヨン=デュ=ガール	Castillon-du-Gard	(30)..250....D11
カステピュゴン	Castetpugon	(64)....87....R12
カステラール=ディ=カシンカ	Castellare-di-Casinca	(2B)..277.....S6
カステルヴィエル	Castelviel	(33)....52....L11
カステルサグラ	Castelsagrat	(82)....83....X12
カステルサラザン	Castelsarrasin	(82)....85.....R2
カステルナヴェ	Castelnavet	(32)....91.....V4
カステルヌー	Castelnou	(66)..302....I11
カステルノー=シュル=ギュピ	Castelnau-sur-Gupie	(47)....81....T13
カステルノー=チュルサン	Castelnau-Tursan	(40)....91.....O4
カステルノー=デストレトフォン	Castelnau-d'Estrétefonds	(31)....85.....U7
カステルノー=ド=ゲール	Castelnau-de-Guers	(34)..287....M10
カステルノー=ド=メドック	Castelnau-de-Médoc	(33)....27....R12
カステルノー=ド=モンミラル	Castelnau-de-Montmiral	(81)....74.....D7
カステルノー=ド=レヴィ	Castelnau-de-Lévis	(81)....74.....K9
カステルノー=ドード	Castelnau-d'Aude	(11)..295....P14
カステルノー=ペゲロル	Castelnau-Pégayrols	(12)....95....T13
カステルノー=モントラティエ	Castelnau-Montratier	(46)....72....E11
カステルノー=ル=レス	Castelnau-le-Lez	(34)..287.....T6
カステルフラン	Castelfranc	(46)....70....E11
カステルモロン=ダルブレ	Castelmoron-d'Albret	(33)....53....O11
カステルラン	Castelreng	(11)..296....B13
カステレ	Castellet	(84)..263....U14
カステノー=リヴィエール=バッス	Castenau-Rivière-Basse	(65)....87....W11
カストリー	Castries	(34)..287.....T6
カストル=ジロンド	Castres-Gironde	(33)....45.....S5
カスヌーヴ	Caseneuve	(84)..263....U13
カセーニュ	Cassaignes	(11)..296....F15
カゼール=シュル=ラドゥール	Cazères-sur-l'Adour	(40)....91.....P2
カゾージタ	Cazaugitat	(33)....53....O10
カゾボン	Cazaubon	(32)..306....C11
カダラン	Cadalen	(81)....74....I11
カダルザック	Cadarsac	(33)....52......I5
カチュ	Catus	(46)....70....H10
カッツェンタール	Katzenthal	(68)..145....N6
カディヤック	Cadillac	(33)....52....H13
カディヨン	Cadillon	(64)....87....T13
カドジャック	Cadaujac	(33)....47.....U9
カドネ	Cadenet	(84)..263....T15
カナル	Canals	(82)....85.....U6
カニャーノ	Cagnano	(2B)..277.....S3
カネ	Canet	(11)..291.....O1
カネ	Cannet	(32)....87....W10
カネ=タン=ルシヨン	Canet-en-Roussillon	(66)..303.....N9
カネジャン	Canéjan	(33)....47.....K8
カネル	Cannelle	(2A)..279.....V10
カノエス	Canohès	(66)..302....K10
カバッス	Cabasse	(83)..269.....N6
カバナック=エ=ヴィラグレン	Cabanac-et-Villagrains	(33)....45.....R7
カバラ	Cabara	(33)....52.....K6
ガバルナック	Gabarnac	(33)....52....I13
カパンデュ	Capendu	(11)..290.....H3
カピアン	Capian	(33)....52....H10
ガビアン	Gabian	(34)..286.....J9
カブスタニー	Cabestany	(66)..303....M10
カブリエール	Cabrières	(34)..285....U10
カブリエール=ダヴィニョン	Cabrières-d'Avignon	(84)..263....R13
カブリエール=デーグ	Cabrières-d'Aigues	(84)..263....U15
カブレロール	Cabrerolles	(34)..285....Q11
カブレスピーヌ	Cabrespine	(11)..294.....J9
カプロン	Caplong	(33)....53.....R8
カマルザック	Camarsac	(33)....52....G6
カマレ=シュル=エーグ	Camaret-sur-Aigues	(84)..250....H8
カミアック=エ=サン=ドニ	Camiac-et-Saint-Denis	(33)....52......I7
カミラン	Camiran	(33)....53....N13
カメラ	Camélas	(66)..302....H11
カユザック=シュル=ヴェール	Cahuzac-sur-Vère	(81)....74.....G7
カラス	Callas	(83)..269.....S2
カラマニー	Caramany	(66)..302.....F8
カランザナ	Calenzana	(2B)..277.....O6
カラント	Quarante	(34)..285....O16
ガリーグ	Garrigues	(34)..287.....T4
ガリエス	Gariès	(82)....85.....Q6
カリニャック	Calignac	(47)....83....P13
カリニャン=ド=ボルドー	Carignan-de-Bordeaux	(33)....52.....E7
カルヴィ	Calvi	(2B)..277.....N5
カルヴィソン	Calvisson	(30)..287.....W4
ガルガ	Gargas	(84)..263....T13
カルカッソンヌ	Carcassonnne	(11)..297.....X4
カルカトッジオ	Calcatoggio	(2A)..279.....T10
カルキランヌ	Carqueiranne	(83)..268....K14
カルクフー	Carquefou	(44)..101.....S5
カルゴン	Galgon	(33)....66.....G9
カルサック=ド=ギュルゾン	Carsac-de-Gurson	(24)....78.....D4
カルザン	Carsan	(30)..250.....D7
ガルシー	Garchy	(58)..121....S13
カルジェーズ	Cargèse	(2A)..279.....R8
カルス	Calce	(66)..302.....J8
カルセス	Carcès	(83)..269....M4
カルダン	Cardan	(33)....52....H11
ガルディ	Gardie	(11)..296....E12
カルデス	Cardesse	(64)....89....P11
ガルドガン=エ=トゥルティラック	Gardegan-et-Tourtirac	(33)....67....W13
カルトレーグ	Cartelègue	(33)....65.....P8
ガルドンヌ	Gardonne	(24)....78.....J8
カルナス	Carnas	(30)..287.....T3
カルナック=ルフィアック	Carnac-Rouffiac	(46)....70....E14
カルヌル	Carnoules	(83)..269....M9
カルパントラ	Carpentras	(84)..263....Q11
カルビュッシア	Carbuccia	(2A)..279....W10
カルボン=ブラン	Carbon-Blanc	(33)....52.....D5
カルリュ	Carlus	(81)....74....L10
ガレーヴ	Garéoult	(83)..268.....K8
カレッス=カサベール	Caresse-Cassaber	(64)....92....A11
ガレリア	Galéria	(2B)..277.....N7
カロン	Caromb	(84)..263....R10
ガロン	Garons	(30)..298....D12
ガン	Gan	(64)....89....U13
カン=ラ=スルス	Camps-la-Source	(83)..268.....L7
カンサス	Campsas	(82)....85.....U5
カンザック	Quinsac	(33)....52.....D9
カンシー	Quincy	(18)..124....E11
カンシエ=アン=ボージョレ	Quincié-en-Beaujolais	(69)..229....O12
カンジェイ	Cangey	(37)..111....W14
カンセグレ	Campsegret	(24)....79.....Q4
カンソン	Quinson	(04)..275....W16
カンデ=シュル=ブーヴロン	Candé-sur-Beuvron	(41)..118....A15
カンティ	Quantilly	(18)..124.....F5
カンティニー	Quintigny	(39)..158.....A9
カンティヤン	Quintillan	(11)..291....Q11
カンド=サン=マルタン	Candes-Saint-Martin	(37)..111.....M8
カントナック	Cantenac	(33)....31.....U7
カントワ	Cantois	(33)....52....J11
カンパーニュ	Campagne	(34)..287.....U4
カンパーニュ=シュル=オード	Campagne-sur-Aude	(11)..296....D16
カンパニャック	Campagnac	(81)....74.....E5
カンビュール	Cambieure	(11)..297.....V6
カンピュニャン	Campugnan	(33)....65.....P9
カンブ	Cambes	(33)....52.....E9
カンブ	Cambes	(47)....81.....V12
カンブラン=エ=メイナック	Camblanes-et-Meynac	(33)....52.....D8
カンプリエ	Campouriez	(12)....95.....P2
カンプロン=ドード	Camplong-d'Aude	(11)..290.....J5
カンベイラック	Cambayrac	(46)....70....G14
カンボン	Cambon	(81)....75.....N9
キーンハイム	Kienheim	(67)..144.....H2
ギエ=シュル=セーヌ	Gyé-sur-Seine	(10)..137....N13
キエンツハイム	Kientzheim	(68)..145....B10
キュイ	Cuis	(51)..134....B10
ギュイトル	Guîtres	(33)....23.....T8
キュージュ=レ=パン	Cuges-les-Pins	(13)..268.....E9
キュエ	Cuers	(83)..268....K10
キュオン	Cuhon	(86)..103....V13
キュガン	Cugand	(85)..101....U3
キュキュナン	Cucugnan	(11)..290....I16
キュキュロン	Cucuron	(84)..263....U14
キュク	Cuq	(47)....83....T14
キュクロン	Cuqueron	(64)....89.....Q9
キュサック=フォール=メドック	Cussac-Fort-Médoc	(33)....27....T10
ギュザルグ	Guzargues	(34)..287.....S5
キュシャ	Cuisia	(39)..155....P13
キュジュー	Cuzieu	(01)..169....W13
キュシュリィ	Cuchery	(51)..133.....R9
キュトリ=コルティシアート	Cuttoli-Corticchiato	(2A)..279....W11
キュトルスハイム	Kuttolsheim	(67)..144.....H4
キュナック	Cunac	(81)....75.....N9
キュネージュ	Cunèges	(24)....78....K11
キュブザック=レ=ポン	Cubzac-les-Ponts	(33)....23.....R9
キュブヌゼ	Cubnezais	(33)....65....U13
キュミエール	Cumiéres	(51)..133....S11
キュル=レ=ロシュ	Culles-les-Roches	(71)..221....T14
キュルサン	Cursan	(33)....52.....H7
キュルセィ=シュル=ディーヴ	Curçay-sur-Dive	(86)..109....Q15
キュルティル=ヴェルジィ	Curtil-Vergy	(21)..185....O11
キュルティル=スー=ビュルナン	Curtil-sous-Burnand	(71)..223.....Q3
キュロス	Culoz	(01)..169....X12
キュンファン	Cunfin	(10)..137....S13
ギルエラン=グランジュ	Guilherand-Granges	(07)..245....Q15
キルシュハイム	Kirchheim	(67)..144.....G4
キンツハイム	Kintzheim	(67)..144....E15
クイザ	Couiza	(11)..296....E15
ギイヤック	Guillac	(33)....52.....S9
ギイヨ	Guillos	(33)....45.....S9
グー	Goult	(84)..263....S13
グー	Goux	(32)....91.....T5
グー	Gueux	(51)..131.....N8
クヴィニョン	Couvignon	(10)..137.....S7
クーデュール	Coudures	(40)....91.....N3
クード	Couddes	(41)..111.....V6
グートラン	Goutrens	(12)....95.....M7
クーフィ	Couffi	(41)..111.....V7
クーフェ	Couffé	(44)..101.....T4
クーランジュ=ラ=ヴィヌーズ	Coulanges-la-Vineuse	(89)..176.....E9
クール=シュヴェルニー	Cour-Cheverny	(41)..118....B15
クール=ド=ピル	Cours-de-Pile	(24)....79.....P8
クール=ド=モンセギュール	Cours-de-Montségur	(33)....53....R12
クヴロ	Couvrot	(51)..136....C14
クェンヌ	Quenne	(89)..176.....F7
ククーク	Couquèque	(33)....27.....R5
クザンス	Cousance	(39)..155....P13
クジエ	Couziers	(37)..111.....M8
クストゥージュ	Coustouge	(11)..291.....M8
クストサ	Coustaussa	(11)..296....E15
クッシェ	Couchey	(21)..187....P10
クテュール	Coutures	(33)....53....P12
クテュール	Coutures	(49)..103.....R7
クテュール=シュル=ロワール	Couture-sur-Loir	(41)..118.....D9
クドー	Coudoux	(13)..274....F14
クトラ	Coutras	(33)....23.....U8
クビズー	Coubisou	(12)....95.....R5
グブヴィラー	Guebwiller	(68)..145....R12
クブゾン	Courbouzon	(39)..155....R10
クフラン	Couffoulens	(11)..297.....X6
クフルー	Coufouleux	(81)....74....C13
クベイラック	Coubeyrac	(33)....53.....P8
グラ	Gras	(07)..250.....D3
クラヴァン	Cravant	(89)..181....W14
クラヴァン=レ=コトー	Cravant-les-Coteaux	(37)..113....S13
クラオン	Craon	(86)..103....U13
クラシュン	Classun	(40)....91.....O3
グラディナン	Gradignan	(33)....47.....O7
グラナス	Granace	(2A)..277....P13
グラマジー	Gramazie	(11)..297.....U6
クラマン	Cramans	(39)..155.....T2
クラマン	Cramant	(51)..134....C13
クララフォン	Clarafond	(74)..164....C10
クラレ	Claret	(34)..287.....S2
グラン	Gland	(02)..132.....I12

地名索引

日本語	フランス語	参照
グランジュ=ド=ヴェーヴル	Grange-de-Vaivre	(39)..155 .....V2
クランゼィ	Clansayes	(26)..250 .....G4
グランヌ	Glannes	(51)..136 ..C16
グランボワ	Grambois	(84)..263 ..V15
グリゾル	Grisolles	(82)....85 .....U6
クリッソン	Clisson	(44)..101 .....T7
グリニー	Grigny	(69)..231 ..W15
グリニャン	Grignan	(26)..250 .....H3
グリモー	Grimaud	(83)..269 .....S9
グリュイサン	Gruissan	(11)..291 .....V6
グリュース	Grusse	(39)..155 ...Q11
クリュエ	Cruet	(73)..167 ....S14
クリュジー	Cruzy	(34)..285 ..N16
クリュジル	Cruzille	(71)..223 .....U6
クリュスカド	Cruscades	(11)..291 .....N2
クリュニー	Crugny	(51)..129 ...O11
グリュン	Glun	(07)..244 ...D12
グリヨン	Grillon	(84)..250 .....H4
クリヨン=ル=ブラーヴ	Crillon-le-Brave	(84)..263 ...R10
グルヴィリー	Grevilly	(71)..223 .....U5
クルヴィル	Courville	(51)..129 ...N11
クルジ	Courgis	(89)..178 ...G14
クルジーユ	Crouzilles	(37)..113 ....X15
クルシャン	Courchamps	(49)..109 ...P11
クルジュー	Courzieu	(69)..231 ...U13
クルジョネ	Courjeonnet	(51)..135 .....V7
クルゼイユ	Crouseilles	(64)....87 ....V13
クルセル=サピクール	Courcelles-Sapicourt	(51)..130 .....K7
クルタニョン	Courtagnon	(51)..129 ....T15
クルット=シュル=マルヌ	Crouttes-sur-Marne	(02)..132 ...D14
クルティ	Courties	(32)....91 ....W6
クルティジー	Courthiezy	(51)..132 ....L12
クルテゾン	Courthézon	(84)..259 .....N6
クルトモン=ヴァレンヌ	Courtemont-Varennes	(02)..132 ....K11
クルトロン	Courteron	(10)..137 ....N14
クルナネル	Cournanel	(11)..296 ...D13
クルノン=ドーヴェルニュ	Cournon-d'Auvergne	(63)..125 ...N12
クルノンセック	Cournonsec	(34)..287 .....P8
クルノントラル	Cournonterral	(34)..287 .....Q8
クルピアック	Courpiac	(33)....52 .....K8
クルマ	Courmas	(51)..131 ...N10
クルメ=モンドバ	Couloumé-Mondebat	(32)....91 .....V4
グルウ=レ=バン	Gréoux-les-Bains	(04)..275 ...U15
クレヴォー=ダヴェロン	Clairvaux-d'Aveyron	(12)....95 .....N8
クレーシュ=シュル=ソーヌ	Crèches-sur-Saône	(71)..223 ....T14
クレード	Clèdes	(40)....91 .....O5
クレーブール	Cléebourg	(67)..144 ......J3
クレオ	Créot	(71)..201 ...N15
クレオン	Créon	(33)....52 .....G8
クレサック	Crayssac	(46)....70 ....H11
クレサン=ロシュフォール	Cressin-Rochefort	(01)..169 ....X14
クレザンシー	Crézancy	(2)..132 ....J12
クレザンシー=アン=サンセール	Crézancy-en-Saancerre	(18)..123 ....T12
グレジヤック	Grézillac	(33)....52 ......J7
グレジュー=ラ=ヴァレンヌ	Grézieu-la-Varenne	(69)..231 ....V12
グレジレ	Grézillé	(49)..103 .....S7
クレステ	Crestet	(84)..263 .....Q8
クレスピャン	Crespian	(30)..287 .....V2
グレゼ	Gleizé	(69)..225 ....S11
グレゼル	Grézels	(46)....70 ...D12
グレッサン	Creissan	(34)..285 ....O15
クレッス	Creysse	(24)....79 .....Q8
クレッセ	Clessé	(71)..223 .....U8
クレッセル	Creissels	(12)....95 ....V14
グレヌーズ	Glénouze	(86)..109 ...R16
クレラ	Claira	(66)..303 ...M11
クレラック	Cleyrac	(33)....53 ...N10
クレリ=サン=タンドレ	Cléry-Saint-André	(45)..118 ......I5
クレルモン=スビラン	Clermond-Soubirant	(47)....83 ....V13
クレルモン=フェラン	Clermont-Ferrand	(63)..125 ...M12
クレレ=シュル=レイヨン	Cléré-sur-Layon	(49)..106 ....H11
グローヴ	Grauves	(51)..134 ....B11
クローズ=エルミタージュ	Crozes-Hermitage	(26)..248 ....B12
グロスレ	Groslée	(01)..169 ...U15
グロゼット=プリューニャ	Grosetto-Prugna	(2A)..279 ...U13
グロゾン	Grozon	(39)..155 .....T5
グロッサ	Grossa	(2A)..277 ...O14
クロム=ラ=モンターニュ	Coulommes-la-Montagne	(51)..131 ...M9
クロワニョン	Croignon	(33)....52 .....H6
クロンジュ=トゥアルセ	Coulonges-Thouarsais	(79)..103 ....S11
クロンビエ	Coulombiers	(86)..103 ....X13
ケイサック	Queyssac	(24)....79 .....P6
ケイラック	Queyrac	(33)....27 .....P4
ケクサス	Caixas	(66)..302 ....H12
ケサルグ	Caissargues	(30)..298 ..C11
ゲベルシュヴィール	Gueberschwihr	(68)..145 ....T9
ゲラン	Guérin	(47)....81 ....S16
ケランヌ	Cairanne	(84)..253 ....S11
ゲルトヴィレール	Gertwiller	(67)..144 ...G10
コー	Caux	(34)..286 .....L9
コー=エ=ソーザン	Caux-et-Sauzens	(11)..297 .....X4
コーズ	Cozes	(17)..304 ....C14
コース=エ=ヴェイラン	Causses-et-Veyran	(34)..285 ...Q13
コース=ド=ラ=セル	Causse-de-la-Selle	(34)..287 .....O4
コーディエス=ド=フヌイエード	Caudiès-de-Fenouillèdes	(66)..302 .....C6
コードコスト	Caudecoste	(47)....83 ...U13
コードロ	Caudrot	(33)....52 ....L14
コーヌ=クール=シュル=ロワール	Cosne-Cours-sur-Loire	(58)..124 ....K11
コーヌ=ミネルヴォワ	Caunes-Minervois	(11)..294 ...J10
コーベイユ	Caubeyres	(47)....83 ....N11
コーボン=サン=ソヴール	Caubon-Saint-Sauveur	(47)....81 ....U12
コーモン	Caumont	(33)....53 ...O11
コーモン	Caumont	(32)....91 .....S3
コーモン	Caumont	(82)....83 ....X15
コーモン=シュル=デュランス	Caumont-sur-Durance	(84)..250 .....I3
コーロ	Cauro	(2A)..279 ..W12
コーロワ=レ=エルモンヴィル	Cauroy-lès-Hermonville	(51)..129 .....S7
コキュモン	Cocumont	(47)....81 ....S15
ゴクスヴィレール	Goxwiller	(67)..144 ...F10
コゴラン	Cogolin	(83)..269 ....S10
コサード	Caussade	(82)....72 ...G14
コシニオジュル	Caussiniojouls	(34)..285 ....R11
コジャ	Coggia	(2A)..279 .....U8
コティ=シャヴァリ	Coti-Chiavari	(2A)..279 ...U15
コティニャック	Cotignac	(83)..269 ....M3
コドレ	Codolet	(30)..252 ...E13
コニー	Cogny	(69)..225 ....R11
コニジ	Connigis	(02)..132 ...J13
コニャック	Cognac	(16)..304 ...E13
コニョコリ=モンティッシ	Cognocoli-Monticchi	(2A)..279 ..W14
コニラック=コルビエール	Conilhac-Corbières	(11)..290 .....K3
コニラック=ド=ラ=モンターニュ	Conilhac-de-la-Montagne	(11)..296 ...D14
コネット=アン=ヴァル	Caunettes-en-Val	(11)..290 ....H8
コノー	Connaux	(30)..250 ....D9
コミーニュ	Comigne	(11)..290 ....H4
コラン	Collan	(89)..176 ......I6
コラン	Corent	(63)..125 ...N13
コラン	Correns	(83)..268 .....K4
ゴランナック	Golinhac	(12)....95 .....N6
ゴリアック	Gauriac	(33)....65 ...O14
コリウール	Collioure	(66)..303 ....P13
コリニー(ヴァル=デ=マレ)	Coligny(Val-des-Marais)	(51)..134 ....C16
コルクエ=シュル=ローヌ	Corcoué-sur-Logne	(44)..101 ....R8
コルゴロワン	Corgoloin	(21)..185 ....S15
コルコンヌ	Corconne	(30)..287 .....S2
ゴルジュ	Gorges	(44)..101 .....T7
コルセル=アン=ボージョレ	Corcelles-en-Beaujolais	(69)..225 .....T6
コルタンベール	Cortambert	(71)..223 .....S6
ゴルド	Gordes	(84)..263 ....S13
コルド=シュル=シエル	Cordes-sur-Ciel	(81)....74 .....H4
コルド=トロザンヌ	Cordes-Tolosannes	(82)....85 .....S3
コルトヴェ	Cortevaix	(71)..223 .....Q4
コルナス	Cornas	(07)..245 ....P13
ゴルナック	Gornac	(33)....52 ....K12
コルニエ=レ=カーヴ	Cornillé-les-Caves	(49)..103 .....S6
コルニロン	Cornillon	(30)..250 ....C7
コルニロン=コンフー	Cornillon-Confoux	(13)..274 ...E13
コルネイヤン	Corneillan	(32)....91 .....R4
コルネイラ=デル=ヴェルコル	Corneilla-del-Vercol	(66)..303 ...M11
コルネイラ=ラ=リヴィエール	Corneilla-la-Rivière	(66)..302 ......I9
コルバラ	Corbara	(2B)..277 ....O5
コルプ	Corpe	(85)..101 ....U13
コルベール	Corbère	(66)..302 ....H10
コルベール=アベール	Corbère-Abères	(64)....87 ....V15
コルベール=レ=カバーヌ	Corbère-les-Cabanes	(66)..302 ....H10
コルボノ	Corbonod	(01)..164 ....A13
コルマール	Colmar	(68)..145 ....U7
コルミシー	Cormicy	(51)..129 .....S7
コルムレィ	Cormeray	(41)..118 ....B16
コルモ=ル=グラン	Cormot-le-Grand	(21)..201 ...N12
コルモユー	Cormoyeux	(51)..133 ....T10
コルモントルイユ	Cormontreuil	(51)..131 .....Q9
コローニュ=レ=ベヴィ	Collongnes-lès-Bevy	(21)..185 ....N12
コロビエール	Collobières	(83)..269 ....P10
コロンツェル	Colonzelle	(26)..250 ....H4
コロンビエ	Colombier	(24)....79 ....P11
コロンベラ=フォッス	Colombé-la-Fosse	(10)..137 ....U4
コロンベ=ル=セック	Colombé-le-Sec	(10)..137 ....U5
コロンベ=レ=ドゥー=エグリーズ	Colombey-les-Deux-Eglises	(52)..137 ...W6
コワザール=ジョシュ	Coizard-Joches	(51)..135 ....V7
コワラック	Coirac	(33)....52 ....K11
コン	Comps	(33)....65 ...O14
コン	Comps	(30)..250 ...D14
コンカ	Conca	(2A)..277 ...R12
コンク=シュル=オルビエル	Conques-sur-Orbiel	(11)..297 ...X14
コンクルゾン=シュル=レイヨン	Concourson-sur-Layon	(49)..106 .....J8
コンジィ	Congy	(51)..135 .....V6
コンシェ=ド=ベアルン	Conchez-de-Béarn	(64)....87 ....T12
コンジュー	Conzieu	(01)..169 ...U14
コンツ=レ=バン	Contz-les-Bains	(57)..139 .....U2
コンティニー	Contigny	(03)..125 ....O6
コンドリュー	Condrieu	(69)..242 ....D4
コントル	Contres	(41)..111 .....U5
コントルヴォ	Contrevoz	(01)..169 ....V13
コンドン	Condom	(32)..306 ....E11
コンヌ=ド=ラバルド	Conne-de-Labarde	(24)....79 ....P10
コンバイヨー	Combaillaux	(34)..287 .....R6
ゴンファロン	Gonfaron	(83)..269 .....O8
コンブファ	Combefa	(81)....74 .....L4
コンブランシアン	Comblanchien	(21)..185 ...R15
コンブルー	Combleux	(45)..118 .....K8
コンブルジェ	Comberouger	(82)....85 .....R5
コンプレニャック	Comprégnac	(12)....95 ...U14
コンペイル	Compeyre	(12)....95 ..W12
コンリエージュ	Conliège	(39)..155 ....S10

＜サ＞

日本語	フランス語	参照
サーズ	Saze	(30)..250 ..E12
サイヤ	Sayat	(63)..125 ..M12
サイヤン	Saillans	(33)....66 ...F11
サイヤン	Saillans	(26)..249 ...R13
サヴィニー	Savigny	(69)..231 ...U12
サヴィニー=アン=ヴェロン	Savigny-en-Véron	(37)..113 ....N10
サヴィニー=シュル=アルドル	Savigny-sur-Ardres	(51)..129 ....P11
サヴィニー=シュル=グローヌ	Savigny-sur-Grosne	(71)..223 .....R3
サヴィニー=レ=ボーヌ	Savigny-lès-Beaune	(21)..204 ....A11
サヴィニャック=ド=デュラス	Savignac-de-Duras	(47)....81 ....U10
サヴォニエール	Savonnières	(37)..111 .....P6
サヴニエール	Savennières	(49)..108 ...D10
サヴネス	Savenès	(82)....85 .....T6
サッサンジィ	Sassangy	(71)..221 ....T10
サシー	Sacy	(51)..131 ....O10
サシー=シュル=マルヌ	Saâcy-sur-Marne	(77)..132 ....B15
サシェ	Saché	(37)..111 ....R15
サジリー	Sazilly	(37)..113 ....T14
サセ	Sassay	(41)..111 .....V4
サチュラルグ	Saturargues	(34)..287 .....V5
サディヤック	Sadillac	(24)....79 ....O12
サディラック	Sadirac	(33)....52 .....F8
サナリー=シュル=メール	Sanary-sur-Mer	(83)..270 ...G16
サバザン	Sabazan	(32)....91 .....U3
サブラン	Sabran	(30)..250 ....D8
サブレ	Sablet	(84)..253 ...U12
サマザン	Samazan	(47)....81 ....T15
サマデ	Samadet	(40)....91 .....N4
サモナック	Samonac	(33)....65 ....P14
サラガシー	Sarragachies	(32)....91 .....T3
サラジエ	Sarraziet	(40)....91 .....N3
サラス	Sarras	(07)..243 ..W13
サラン	Saran	(45)..118 ......J4
サラン=レ=バン	Salins-les-Bains	(39)..155 ...W4
サリ=ソランザラ	Sari-Solenzara	(2A)..277 ...R12
サリ=ド=ベアルン	Salies-de-Béarn	(64)....92 ....B11
サリ=ドルシーノ	Sari-d'Orcino	(2A)..279 .....V9
サリアン	Sarrians	(84)..257 ....V16
サリスト	Saliceto	(2B)..277 .....V7
サリニャック	Salignac	(33)....23 .....S8
サリネル	Salinelles	(30)..287 .....U3
サル=ザルビュイッソナ=アン=B	Salles-Arbuissonnas-en-B.	(69)..225 ....R9
サル=スー=ボワ	Salles-sous-Bois	(26)..250 .....H3
サル=ドード	Salles-d'Aude	(11)..286 ....H14
サル=モンジスカール	Salles-Mongiscard	(64)....92 ....C11
サル=ラ=スルス	Salles-la-Source	(12)....95 .....O7
サルヴァニャック	Salvagnac	(81)....74 ....A10
サルシー	Sarcy	(51)..129 ...Q13
サルシーニュ	Salsigne	(11)..294 ...F10
サルス=ル=シャトー	Salses-le-Château	(66)..303 ...M6
サルセィ	Sarcey	(69)..225 ...Q14
サルダン	Sardan	(30)..287 .....U2
サルテーヌ	Sartène	(2A)..277 ....P14
サルブフ	Salleboef	(33)....52 .....F6

地名索引

サレイユ	Saleilles	(66)..303..M10
サレール=カバルデス	Sallèles-Cabardès	(11)..294..H10
サレルヌ	Salernes	(83)..269....N2
サローラ=カルコピーノ	Sarrola-Carcopino	(2A)..279..V10
サロルネ=シュル=ギュイ	Salornay-sur-Guye	(71)..223....Q5
サロン	Sarron	(40)....91....Q5
サロン=ド=プロヴァンス	Salon-de-Provence	(13)..274..E12
サン	Sannes	(84)..263..U15
サン=アン=ジエ	Saint-Romain-en-Gier	(69)..231..W16
サン=イヴォワーヌ	Saint-Yvoine	(63)..125..N14
サン=イザン=ド=スーディアック	Saint-Yzan-de-Soudiac	(33)....65..U10
サン=イザン=ド=メドック	Saint-Yzans-de-Médoc	(33)....27....R5
サン=イテール	Saint-Ythaire	(71)..223....Q3
サン=ヴァラン	Saint-Varent	(79)..103..S11
サン=ヴァルラン	Saint-Vallerin	(71)..221..U12
サン=ヴァンサン=ド=バルベラルグ	St-Vincent-de-Barbeyrargues	(34)..287....R5
サン=ヴァンサン=ド=ペルティニャ	Saint-Vincent-de-Pertignas	(33)....53....M7
サン=ヴァンサン=ド=ポール	Saint-Vincent-de-Paul	(33)....52....E2
サン=ヴァンサン=ド=ラモンジョワ	St-Vincent-de-Lamontjoie	(47)....83..Q14
サン=ヴァンサン=リヴ=ドルト	Saint-Vincent-Rive-d'Olt	(46)....70..G12
サン=ヴィヴィアン	Saint-Vivien	(24)....78....D6
サン=ヴィヴィアン=ド=ブライ	Saint-Vivien-de-Blaye	(33)....65..R12
サン=ヴィヴィアン=ド=メドック	Saint-Vivien-de-Médoc	(33)....27....O3
サン=ヴィヴィアン=ド=モンセギュール	Saint-Vivien-de-Monségur	(33)....53..R13
サン=ヴィクトール=ラ=コスト	Saint-Victor-la-Coste	(30)..252..C16
サン=ヴェラン	Saint-Véran	(71)..223..S14
サン=ヴェラン	Saint-Véran	(69)..225..P13
サン=ガヴィーノ=ディ=カルビニ	San-Gavino-di-Carbini	(2A)..277..Q13
サン=カナ	Saint-Cannat	(13)..274..G13
サン=カプレ=ド=ブライ	Saint-Caprais-de-Blaye	(33)....65....P4
サン=カプレ=ド=ボルドー	Saint-Caprais-de-Bordeaux	(33)....52....E9
サン=カプレーズ=デメ	Saint-Capraise-d'Eymet	(24)....79..O13
サン=カンタン=ド=カプロン	Saint-Quentin-de-Caplong	(33)....53....R7
サン=カンタン=ド=バロン	Saint-Quentin-de-Baron	(33)....52......I7
サン=ギロー	Saint-Guiraud	(34)..287....M6
サン=クア=デュ=ラゼス	Saint-Couat-du-Razès	(11)..296..C14
サン=クア=ドード	Saint-Couat-d'Aude	(11)..295..O15
サン=クリストフ=ヴァロン	Saint-Christophe-Vallon	(12)....95....N6
サン=クリストフ=シュル=ル=ネ	St-Christophe-sur-le-Nais	(37)..118..B11
サン=クリストフ=デ=バルド	St-Christophe-des-Bardes	(33)....57....Q7
サン=クリストフ=ラ=クープリー	Saint-Christophe-la-Couperie	(49)..101....U5
サン=クリストリ=ド=ブライ	Saint-Christoly-de-Blaye	(33)....65..R11
サン=クリストリ=メドック	Saint-Christoly-Médoc	(33)....27....S4
サン=クリストル	Saint-Christol	(34)..287....U5
サン=クレール	Saint-Clair	(82)....83..W12
サン=グレゴワール	Saint-Grégoire	(81)....75....P7
サン=クレスパン=シュル=モワーヌ	Saint-Crespin-sur-Moine	(49)..101....U7
サン=クレマン	Saint-Clément	(30)..287....U3
サン=クレマン=シュル=ヴァルゾンヌ	Saint-Clément-sur-Valsonne	(69)..225..O13
サン=クレマン=シュル=ギュイエ	Saint-Clément-sur-Guye	(71)..221..R15
サン=クレマン=ド=リヴィエール	Saint-Clément-de-Rivière	(34)..287....R6
サン=クロード=ド=ディレ	Saint-Claude-de-Diray	(41)..118..B14
サン=コロンバン	Saint-Colomban	(44)..101....R8
サン=サヴァン	Saint-Savin	(33)....65...T10
サン=ザシャリー	Saint-Zacharie	(83)..268....E7
サン=サチュール	Saint-Satur	(18)..123..W10
サン=サチュルナン=シュル=ロワール	Saint-Saturnin-sur-Loire	(49)..106....H2
サン=サチュルナン=レ=アプト	Saint-Saturnin-lès-Apt	(84)..263...T12
サン=サチュルナン=レ=ザヴィニョン	St-Saturnin-lès-Avignon	(84)..250..H12
サン=サルドス	Saint-Sardos	(82)....85....S5
サン=サンドゥー	Saint-Sandoux	(63)..125..N14
サン=シール	Saint-Cyr	(86)..103..X13
サン=シール=アン=ブール	Saint-Cyr-en-Bourg	(49)..109..Q11
サン=シール=シュル=メール	Saint-Cyr-sur-Mer	(83)..270..D12
サン=シール=シュル=ローヌ	Saint-Cyr-sur-le-Rhône	(69)..241....W3
サン=シール=シュル=ロワール	Saint-Cyr-sur-Loire	(37)..111....Q6
サン=シール=モンマラン	Saint-Cyr-Montmalin	(39)..157....S4
サン=シール=ラ=ランド	Saint-Cyr-la-Lande	(79)..103...T10
サン=シール=ル=シャトゥー	Saint-Cyr-le-Chatoux	(69)..225..Q10
サン=シール=レ=コロン	Saint-Cyr-les-Colons	(89)..176....G8
サン=ジウリアーノ	San-Giuliano	(2B)..277....S8
サン=シエ=シュル=ジロンド	Saint-Ciers-sur-Gironde	(33)....65....O3
サン=シエ=ダブザック	Saint-Ciers-d'Abzac	(33)....23.....T8
サン=シエ=ド=カネッス	Saint-Ciers-de-Canesse	(33)....65..O13
サン=ジェニ=デ=フォンテーヌ	Saint-Génis-des-Fontaines	(66)..303..M13
サン=ジェニ=デュ=ボワ	Saint-Genis-du-Bois	(33)....52..K10
サン=ジェニエス=デ=ムルグ	Saint-Geniès-des-Mourgues	(34)..287....U5
サン=ジェニエス=ド=コモラ	Saint-Geniès-de-Comolas	(30)..255..S14
サン=ジェネス=ド=ブライ	Saint-Genès-de-Blaye	(33)....65..O10
サン=ジェリ=デュ=フェック	Saint-Gély-du-Fesc	(34)..287....Q6
サン=ジェリィ	Saint-Géry	(24)....78.....J2
サン=ジェルヴェ	Saint-Gervais	(30)..252..A11
サン=ジェルマン=エ=モン	Saint-Germain-et-Mons	(24)....79....Q8
サン=ジェルマン=オー=モン=ドール	St-Germain-au-Mont-d'Or	(69)..231..X11
サン=ジェルマン=シュル=ヴィエンヌ	Saint-Germain-sur-Vienne	(37)..111....N8
サン=ジェルマン=シュル=モワーヌ	Saint-Germain-sur-Moine	(49)..101....V7
サン=ジェルマン=シュル=ラルブルル	St-Germain-sur-l'Arbresle	(69)..225..R15
サン=ジェルマン=ダルセ	Saint-Germain-d'Arcé	(72)..118..A10
サン=ジェルマン=デ=プレ	Saint-Germain-des-Prés	(49)..103....P6
サン=ジェルマン=デストウイユ	Saint-Germain-d'Esteuil	(33)....27....R6
サン=ジェルマン=デュ=ピュック	Saint-Germain-du-Puch	(33)....52....H5
サン=ジェルマン=ド=グラーヴ	Saint-Germain-de-Grave	(33)....52...J13
サン=ジェルマン=ド=ラ=リヴィエール	Saint-Germain-de-la-Rivière	(33)....66..B12
サン=ジェルマン=ラ=シャンボット	Saint-Germain-la-Chambotte	(73)..165....U8
サン=ジェルマン=レ=アルレ	Saint-Germain-lès-Arlay	(39)..155....R8
サン=ジェルマン=レ=パロワッス	Saint-Germain-les-Paroisses	(01)..169..U13
サン=ジェレオン	Saint-Géréon	(44)..101....U4
サン=ジェロー	Saint-Géraud	(47)....81...T12
サン=シクスト	Saint-Sixte	(42)..125..W12
サン=シジスモン	Saint-Sigismond	(49)..103....O6
サン=シニャン	Saint-Chinian	(34)..285..N14
サン=シバール	Saint-Cibard	(33)....67..W12
サン=シプリアン	Saint-Cyprien	(66)..303..N11
サン=シプリアン=シュル=ドゥルドゥ	Saint-Cyprien-sur-Dourdou	(12)....95....M5
サン=ジャック=ド=トゥアール	Saint-Jacques-de-Thouars	(79)..103..S11
サン=シャマ	Saint-Chamas	(13)..274..D14
サン=シャン	Saint-Champ	(01)..169..W14
サン=ジャン=サン=モーリス=シュル=ロワール	St-Jean-St-Maurice-sur-Loire	(42)..125..W10
サン=ジャン=ダルディエール	Saint-Jean-d'Ardières	(69)..225.....T7
サン=ジャン=ダンジェリー	Saint-Jean-d'Angély	(17)..304..D12
サン=ジャン=デ=ヴィーニュ	Saint-Jean-des-Vignes	(69)..225..S14
サン=ジャン=デトルー	Saint-Jean-d'Etreux	(39)..155..P16
サン=ジャン=ド=ヴォー	Saint-Jean-de-Vaux	(7[illegible])..221....V6
サン=ジャン=ド=ヴュー	Saint-Jean-le-Vieux	(64)....93..R15
サン=ジャン=ド=キュキュル	Saint-Jean-de-Cuculles	(34)..287....R5
サン=ジャン=ド=シュヴリュ	Saint-Jean-de-Chevelu	(73)..165...T11
サン=ジャン=ド=ソーヴ	Saint-Jean-de-Sauves	(86)..103..U12
サン=ジャン=ド=テュラック	Saint-Jean-de-Thurac	(47)....83...T13
サン=ジャン=ド=デュラス	Saint-Jean-de-Duras	(47)....81..W10
サン=ジャン=ド=トゥアール	Saint-Jean-de-Thouars	(79)..103..S11
サン=ジャン=ド=バルー	Saint-Jean-de-Barrou	(11)..291..O11
サン=ジャン=ド=ビュエージュ	Saint-Jean-de-Buèges	(34)..287....O3
サン=ジャン=ド=フォス	Saint-Jean-de-Fos	(34)..287....O5
サン=ジャン=ド=ブライ	Saint-Jean-de-Braye	(45)..118....K4
サン=ジャン=ド=ブレニャック	Saint-Jean-de-Blaignac	(33)....52.....L7
サン=ジャン=ド=ミネルヴォワ	Saint-Jean-de-Minervois	(34)..295.....T8
サン=ジャン=ド=ミュゾル	Saint-Jean-de-Muzols	(07)..244....C7
サン=ジャン=ド=モーヴレ	Saint-Jean-des-Mauvrets	(49)..106....H2
サン=ジャン=ド=ラ=ブラキエール	Saint-Jean-de-la-Blaquière	(34)..287....M5
サン=ジャン=ド=ラ=ポルト	Saint-Jean-de-la-Porte	(73)..167...T13
サン=ジャン=ド=ラ=リュエル	Saint-Jean-de-la-Ruelle	(45)..118.....J4
サン=ジャン=プージュ	Saint-Jean-Poudge	(64)....87..S13
サン=ジャン=プラ=デ=コール	Saint-Jean-Pla-des-Corts	(66)..302...J14
サン=ジャン=ラセイユ	Saint-Jean-Lasseille	(66)..302...L12
サン=ジャングー=ド=シセ	Saint-Gengoux-de-Scissé	(71)..223.....T7
サン=ジャングー=ル=ナシオナル	Saint-Gengoux-le-National	(71)..223....R2
サン=ジュエリィ	Saint-Juéry	(81)....75....N8
サン=ジュスト	Saint-Just	(07)..250....E6
サン=ジュスト=シュル=ディーヴ	Saint-Just-sur-Dive	(49)..109..Q12
サン=ジュスト=ダヴレー	Saint-Just-d'Avray	(69)..225..O11
サン=ジュネス=ド=カスティヨン	Saint-Genès-de-Castillon	(33)....67..U14
サン=ジュネス=ド=ロンボー	Saint-Genès-de-Lombaud	(33)....52....G9
サン=ジュリアン	Saint-Julien	(69)..225..S10
サン=ジュリアン=アン=サンタルバン	St-Julien-en-Saint-Alban	(07)..239..N14
サン=ジュリアン=シュル=ビボ	Saint-Julien-sur-Bibost	(69)..231...T12
サン=ジュリアン=デメ	Saint-Julien-d'Eymet	(24)....79..M13
サン=ジュリアン=ド=コンセル	Saint-Julien-de-Concelles	(44)..101....S5
サン=ジュリアン=ド=シェドン	Saint-Julien-de-Chédon	(41)..111....U7
サン=ジュリアン=ド=ペイロラ	Saint-Julien-de-Peyrolas	(30)..250....D6
サン=ジュリアン=ベイシュヴェル	Saint-Julien-Beychevelle	(33)....37....W4
サン=シュルピス	Saint-Sulpice	(31)....74..B14
サン=シュルピス=エ=カメラック	Saint-Sulpice-et-Cameyrac	(33)....52.....F4
サン=シュルピス=ド=ギルラーグ	St-Sulpice-de-Guilleragues	(33)....53..P13
サン=シュルピス=ド=ファレラン	Saint-Sulpice-de-Faleyrens	(33)....57....I10
サン=シュルピス=ド=ポミエ	Saint-Sulpice-de-Pommiers	(33)....53..M11
サン=ジョルジュ	Saint-Georges	(82)....72..H13
サン=ジョルジュ=オート=ヴィル	Saint-Georges-Haute-Ville	(42)..125..X14
サン=ジョルジュ=シュル=アリエ	Saint-Georges-sur-Allier	(63)..125..O13
サン=ジョルジュ=シュル=シェール	Saint-Georges-sur-Cher	(41)..111.....T7
サン=ジョルジュ=シュル=レイヨン	Saint-Georges-sur-Layon	(49)..106......I8
サン=ジョルジュ=シュル=ロワール	Saint-Georges-sur-Loire	(49)..103....P6
サン=ジョルジュ=ド=リュザンソン	Saint-Georges-de-Luzençon	(12)....95..U14
サン=ジョルジュ=ド=ルネン	Saint-Georges-de-Reneins	(69)..225.....T9
サン=ジョルジュ=ドルク	Saint-Georges-d'Orques	(34)..287....Q7
サン=ジョルジュ=レ=バイヤルゴー	St-Georges-lès-Baillargeaux	(86)..103..X14
サン=ジョルジューデ=セット=ヴォワ	Saint-Georges-des-Sept-Voies	(49)..103....S7
サン=ジョワール=プリューレ	Saint-Jeoire-Prieuré	(73)..166..C13
サン=シリス	Saint-Cirice	(82)....83..V15
サン=ジル	Saint-Gilles	(51)..129..M10
サン=ジル	Saint-Gilles	(71)..221....U3
サン=ジル	Saint-Gilles	(30)..298..D14
サン=シルヴァン=ダンジュー	Saint-Sylvain-d'Anjou	(49)..103....R5
サン=ジロン=デグヴィーヴ	Saint-Girons-d'Aiguevives	(33)....65..Q10
サン=シンフォリアン=ダンセル	St-Symphorien-d'Ancelles	(71)..223...T16
サン=スラン=シュル=リール	Saint-Seurin-sur-l'Isle	(33)....23....V8
サン=スラン=ド=カドゥルヌ	Saint-Seurin-de-Cadourne	(33)....27....S6
サン=スラン=ド=キュルザック	Saint-Seurin-de-Cursac	(33)....65....N9
サン=スラン=ド=ブール	Saint-Seurin-de-Bourg	(33)....65..P15
サン=スラン=ド=プラ	Saint-Seurin-de-Prats	(24)....78....C8
サン=セーヴ	Saint-Sève	(33)....53..O13
サン=セオル	Saint-Céols	(18)..124.....J5
サン=セバスチャン=シュル=ロワール	Saint-Sébastien-sur-Loire	(44)..101....S6
サン=セリエス	Saint-Sériès	(34)..287....V5
サン=セルヴ	Saint-Selve	(33)....45....S6
サン=セルナン	Saint-Sernin	(47)....81..V10
サン=セルナン=ド=ラバルド	Saint-Cernin-de-Labarde	(24)....79..Q11
サン=ソヴール	Saint-Sauveur	(33)....27....R8
サン=ソヴール	Saint-Sauveur	(24)....79....Q7
サン=ソヴール=アン=ディワ	Saint-Sauveur-en-Diois	(26)..249..R14
サン=ソヴール=ド=メイラン	Saint-Sauveur-de-Meilhan	(47)....81..R14
サン=ソヴール=ド=ランドモン	St-Sauveur-de-Landemont	(49)..101....U5
サン=ソルラン=アン=ビュジェ	Saint-Sorlin-en-Bugey	(01)..169..S11
サンターニュ	Saint-Agne	(24)....79....R8
サンタイ	Saint-Ay	(45)..118......I5
サンタヴィ	Saint-Avit	(47)....81..U13
サンタヴィ=サン=ナゼール	Saint-Avit-Saint-Nazaire	(33)....53....U5
サンタヴィ=ド=スーレージュ	Saint-Avit-de-Soulège	(33)....53....R7
サンタヴェルタン	Saint-Avertin	(37)..111....R6
サンタオン=ル=ヴュー	Saint-Haon-le-Vieux	(42)..125....W8
サンタオン=ル=シャテル	Saint-Haon-le-Châtel	(42)..125....W9
サンタガト=ラ=ブトレッス	St-Agathe-la-Bouteresse	(42)..125..X12
サンタスティエ	Saint-Astier	(47)....81....V9
サンタニャン	Saint-Agnan	(02)..132..K13
サンタマン=シュル=フィオン	Saint-Amand-sur-Fion	(51)..136..C12
サンタマン=タランド	Saint-Amant-Tallende	(63)..125..M13
サンタムール	Saint-Amour	(39)..155..O15
サンタムール=ベルヴュー	Saint-Amour-Bellevue	(71)..229....V3
サンタルナック	Saint-Arnac	(66)..302.....F7
サンタルバン	Saint-Alban	(01)..169....S7
サンタルバン=レゾー	Saint-Alban-les-Eaux	(42)..125....W9
サンタルバン=レッス	Saint-Alban-Leysse	(73)..166..B11
サンタルベン	Saint-Albain	(71)..223....V8
サンタレクサンドル	Saint-Alexandre	(30)..250....E7
サンタンデオル=ル=シャトー	Saint-Andéol-le-Château	(69)..231..V16
サンタントナン=デュ=ヴァール	Saint-Antoinin-du-Var	(83)..269....O4
サンタンドレ	Saint-André	(66)..303..N13
サンタンドレ=エ=アペル	Saint-André-et-Appelles	(33)....53....P7
サンタンドレ=ダプション	Saint-André-d'Apchon	(42)..125....W9
サンタンドレ=デュ=ボワ	Saint-André-du-Bois	(33)....52..K13
サンタンドレ=ド=キュブザック	Saint-André-de-Cubzac	(33)....23....R9
サンタンドレ=ド=サンゴニ	Saint-André-de-Sangonis	(34)..285....X9
サンタンドレ=ド=ビュエージュ	Saint-André-de-Buèges	(34)..287....P3
サンタンドレ=ド=ロクロング	Saint-André-de-Roquelongue	(11)..291....P6
サンタンドレ=ドレラルグ	Saint-André-d'Olérargues	(30)..250....C8
サンタンドレア=ドルシノ	Sant'Andréa-d'Orcino	(2A)..279..V10
サンタンドレン	Saint-Andelain	(58)..121..Q12
サンタンドロニー	Saint-Androny	(33)....65....N8
サンタントワーヌ	Saint-Antoine	(33)....23....R8
サンタントワーヌ	Saint-Antoine	(32)....83..V15
サンタントワーヌ=シュル=イール	Saint-Antoine-sur-l'Isle	(33)....23....V8
サンタントワーヌ=デュ=ケイレ	Saint-Antoine-du-Queyret	(33)....53....O8
サンタントワーヌ=ド=ブルイユ	Saint-Antoine-de-Breuilh	(24)....78.....F8
サンディエ=シュル=ロワール	Saint-Dyé-sur-Loire	(41)..118..B14
サンティエール=ド=シャレオン	Saint-Hilaire-de-Chaléons	(44)..101....P7
サン=ティエリー	Saint-Thierry	(51)..129.....T9
サン=ディディエ	Saint-Didier	(39)..158..A14
サン=ディディエ	Saint-Didier	(84)..263..Q11
サン=ディディエ=オー=モン=ドール	Saint-Didier-au-Mont-d'Or	(69)..231..X12
サン=ディディエ=シュル=ボージュ	Saint-Didier-sur-Beaujeu	(69)..225....Q6
サンティポリット	Saint-Hippolyte	(33)....57....Q9
サンティポリット	Saint-Hippolyte	(12)....95....P2
サンティポリット	Saint-Hippolyte	(68)..145....V2
サンティポリット	Saint-Hippolyte	(66)..303....N7
サンティポリット=ル=グラヴロン	Saint-Hippolyte-le-Graveron	(84)..263....Q9
サンティレール	Saint-Hilaire	(11)..296...F11
サンティレール=サン=メスマン	Saint-Hilaire-Saint-Mesmin	(45)..118.....J5
サンティレール=デュ=ボワ	Saint-Hilaire-du-Bois	(33)....53..M12
サンティレール=ド=ヴィルフランシュ	Saint-Hilaire-de-Villefranche	(17)..304..D12
サンティレール=ド=クリッソン	Saint-Hilaire-de-Clisson	(44)..101.....T7
サンティレール=ド=ノアイユ	Saint-Hilaire-de-la-Noaille	(33)....53..O14
サンティレール=ド=ルーレ	Saint-Hilaire-de-Loulay	(85)..101.....T8
サンティレール=ドジラン	Saint-Hilaire-d'Ozilhan	(30)..250..D11
サンテーニェ	Saint-Agnet	(40)....91....Q5
サンテグジュペリ	Saint-Exupéry	(33)....53..M13
サン=デジラ	Saint-Désirat	(07)..243....V8

サンテステーヴ	Saint-Estève	(66)..302 ....K9
サンテステーヴ=ジャンソン	Saint-Estève-Janson	(13)..274 ..G12
サンテステフ	Saint-Estèphe	(33)....43.....T4
サンデゼール	Saint-Désert	(71)..221 ....V9
サンテティエンヌ=デ=ズイエール	Saint-étienne-des-Oullières	(69)..225 ....S9
サンテティエンヌ=デ=ソール	Saint-étienne-des-Sorts	(30)..252 ..D11
サンテティエンヌ=デュ=グレ	Saint-étienne-du-Grès	(13)..274 ..B12
サンテティエンヌ=デュ=ボワ	Saint-étienne-du-Bois	(85)..101 ..R10
サンテティエンヌ=ド=ヴァルー	Saint-étienne-de-Valoux	(07)..243 ....U9
サンテティエンヌ=ド=シニー	Saint-étienne-de-Chigny	(37)..111 ....P6
サンテティエンヌ=ド=バイゴリー	Saint-étienne-de-Baïgorry	(64)....93 ..N14
サンテティエンヌ=ド=メール=モルト	Saint-étienne-de-Mer-Morte	(44)..101 ....Q9
サンテティエンヌ=ド=リス	Saint-étienne-de-Lisse	(33)....57 ....S9
サンテティエンヌ=ラ=ヴァレンヌ	Saint-étienne-la-Varenne	(69)..229 ..P16
サンテニャン	Saint-Aignan	(33)....66 ..E13
サンテニャン	Saint-Aignan	(41)..111 ....V7
サンテニャン=グランリュー	Saint-Aignan-Grandlieu	(44)..101 ....R7
サンテミリオン	Saint-émilion	(33)....57 ....M8
サンテュサージュ	Saint-Usage	(10)..137 ..R11
サンテュルシス	Saint-Urcisse	(47)....83 ..U13
サンテラン	Saint-Hérent	(63)..125 ..N16
サンテルブロン	Saint-Herblon	(44)..101 ....V4
サントゥーアン	Saint-Ouen	(41)..118 ....G8
サントゥーアン=レ=ヴィーニュ	Saint-Ouen-les-Vignes	(37)..111 ..V14
サントゥフレーズ=エ=クレリゼ	Saint-Euphraise-et-Clairizet	(51)..131 ....M9
サントーニ=ラングロ	Saint-Aunix-Lengros	(32)....91 ....U6
サン=ドーネ	Saint-Daunès	(46)....72 ..C10
サントーネス	Saint-Aunès	(34)..287.....T7
サントーバン	Saint-Aubin	(21)..215 ....Q8
サントーバン=ド=カデレック	Saint-Aubin-de-Cadelech	(24)....79 ..O14
サントーバン=ド=ブライ	Saint-Aubin-de-Blaye	(33)....65 ....P4
サントーバン=ド=ブランヌ	Saint-Aubin-de-Branne	(33)....52.....L7
サントーバン=ド=ランケ	Saint-Aubin-de-Lanquais	(24)....79 ..Q10
サントーバン=ド=リュイネ	Saint-Aubin-de-Luigné	(49)..106 ....C4
サントーバン=ル=デペン	Saint-Aubin-le-Dépeint	(37)..118 ..B10
サン=ドニ=ド=ヴォー	Saint-Denis-de-Vaux	(71)..221 ....V7
サン=ドニ=ド=ピル	Saint-Denis-de-Pile	(33)....23.....T9
サン=ドニ=ド=ロテル	Saint-Denis-de-l'Hôtel	(45)..118.....L5
サン=トマ=ラ=ガルド	Saint-Thomas-la-Garde	(42)..125 ..X14
サン=ドレゼリー	Saint-Drézéry	(34)..287.....T5
サン=トロジャン	Saint-Trojan	(33)....65 ..P13
サン=トロペ	Saint-Tropez	(83)..269 ....U9
サン=ナゼール	Saint-Nazaire	(30)..250 ....E7
サン=ナゼール	Saint-Nazaire	(66)..303 ..N10
サン=ナゼール=ド=ラダレス	Saint-Nazaire-de-Ladarez	(34)..285 ..Q12
サン=ナゼール=ドード	Saint-Nazaire-d'Aude	(11)..295 ..V13
サン=ナボール	Saint-Nabor	(67)..144 ....E9
サン=ニコラ=ド=ブルグイユ	Saint-Nicolas-de-Bourgueil	(37)..115 ..Q13
サン=ニコロ	San-Nicolao	(2B)..277 ....S7
サン=ネクサン	Saint-Nexans	(24)....79 ....P9
サン=パテルヌ=ラカン	Saint-Paterne-Racan	(37)..118 ..C11
サン=パトリス	Saint-Patrice	(37)..115..W13
サン=パルゴワール	Saint-Pargoire	(34)..287 ....N9
サン=バルテルミー=ダンジュー	Saint-Barthélemy-d'Anjou	(49)..103 ....R6
サン=パルドン=ド=コンク	Saint-Pardon-de-Conques	(33)....45 ....X8
サン=パレ	Saint-Palais	(33)....65 ....O2
サン=パンタレオン	Saint-Panthaléon	(46)....72 ..D10
サン=パンタレオン	Saint-Panthaléon	(84)..263 ..S13
サン=パンタレオン=レ=ヴィーニュ	Saint-Panthaléon-les-Vignes	(26)..253 ....U4
サン=ピエール	Saint-Pierre	(67)..144...F11
サン=ピエール=ダルヴィニー	Saint-Pierre-d'Albigny	(73)..167 ..U13
サン=ピエール=デ=シャン	Saint-Pierre-des-Champs	(11)..290.......I8
サン=ピエール=デロー	Saint-Pierre-d'Eyraud	(24)....78 ......J8
サン=ピエール=ド=ヴァソル	Saint-Pierre-de-Vassols	(84)..263 ..R10
サン=ピエール=ド=クレラック	Saint-Pierre-de-Clairac	(47)....83 ..U12
サン=ピエール=ド=シュヴィエ	Saint-Pierre-de-Chevillé	(72)..118 ..B10
サン=ピエール=ド=バ	Saint-Pierre-de-Bat	(33)....52 ...J11
サン=ピエール=ド=ビュゼ	Saint-Pierre-de-Buzet	(47)....83 ..N11
サン=ピエール=ド=ブッフ	Saint-Pierre-de-Boeuf	(42)..242 ..C11
サン=ピエール=ド=モン	Saint-Pierre-de-Mons	(33)....45....W9
サン=ピエール=ドーベジエ	Saint-Pierre-d'Aubézies	(32)....91....W4
サン=ピエール=ドーリヤック	Saint-Pieere-d'Aurillac	(33)....52 ..K15
サン=ピエール=ラ=パリュ	Saint-Pierre-la-Palud	(69)..231 ..V12
サン=フィアクル=シュル=メーヌ	Saint-Fiacre-sur-Maine	(44)..101 ....S6
サン=フィリップ=デギーユ	Saint-Philippe-d'Aiguille	(33)....67..W12
サン=フィリップ=デュ=セニャル	Saint-Philippe-du-Seignal	(33)....53 ....U6
サン=フィルベール=ド=グラン=リュ	St-Philbert-de-Grand-Lieu	(44)..101 ....R7
サン=フィルベール=ド=ブエーヌ	Saint-Philibert-de-Bouaine	(85)..101 ....S8
サン=フェリックス=ド=フォンコード	Saint-Félix-de-Foncaude	(33)....53 ..M12
サン=フェリックス=ド=ロデス	Saint-Félix-de-Lodez	(34)..287 ....N6
サン=フェリュー=ダヴァル	Saint-Féliu-d'Avall	(66)..302 ....J10
サン=フェリュー=ダモン	Saint-Féliu-d'Amont	(66)..302 ......I9
サン=フェルム	Saint-Ferme	(33)....53 ..Q10
サン=フォー	Saint-Faust	(64)....89....T11
サン=フォルジュー	Saint-Forgeux	(69)..231 ..U11
サン=ブノワ	Saint-Benoît	(01)..169 ..U15
サン=ブノワ=アン=ディオワ	Saint-Benoit-en-Diois	(26)..249....T14
サン=ブノワ=ラ=フォレ	Saint-Benoît-la-Forêt	(37)..113 ..S11
サン=ブリ=ル=ヴィヌー	Saint-Bris-le-Vineux	(89)..176.....F8
サン=プリヴァ	Saint-Privat	(34)..287....M5
サン=プリヴァ=ド=シャンクロ	Saint-Privat-de-Champclos	(30)..250 ....B6
サン=フリシュー	Saint-Frichoux	(11)..294 ..K13
サン=ブリス	Saint-Brice	(33)....52 ..L11
サン=プルサン=シュル=シウル	Saint-Pourçain-sur-Sioule	(03)..125 ....O6
サン=フロラン	Saint-Florent	(2B)..278 ..D15
サン=フロラン=デ=ボワ	Saint-Florent-des-Bois	(85)..101 ..T12
サン=フロラン=ル=ヴィエイユ	Saint-Florent-le-Vieil	(49)..103 ....N7
サン=ペイ=ダルマン	Saint-Pey-d'Armens	(33)....57 ..R13
サン=ペイ=ド=カステ	Saint-Pey-de-Castets	(33)....53 ....N7
サン=ペール	Saint-Père	(58)..124 ..K11
サン=ペール	Saint-Père	(89)..176 ..H15
サン=ペルドゥー	Saint-Perdoux	(24)....79 ..P12
サン=ベルドッフ	Saint-Baldoph	(73)..166 ..B14
サン=ペレ	Saint-Péray	(07)..245 ..P14
サン=ボージル	Saint-Beauzile	(81)....74 ....E6
サン=ボージル=ド=モンメル	Saint-Bauzille-de-Montmel	(34)..287.....T4
サン=ボージル=ド=ラ=シルヴ	Saint-Bauzille-de-la-Sylve	(34)..287 ....O7
サン=ポール	Saint-Paul	(33)....65 ..O10
サン=ポール=アン=フォレ	Saint-Paul-en-Forêt	(83)..269 ....V2
サン=ポール=ド=フヌイエ	Saint-Paul-de-Fenouillet	(66)..302 ....E6
サン=ポール=ド=ルブレサック	Saint-Paul-de-Loubressac	(46)....72 ...F11
サン=ポール=トロワ=シャトー	Saint-Paul-Trois-Châteaux	(26)..250.....F4
サン=ポール=レ=フォン	Saint-Paul-les-Fonts	(30)..250 ....E9
サン=ポーレ=アン=ケソン	Sainte-Paulet-de-Caisson	(30)..250 ....E6
サン=ボネ=レ=ザリエ	Saint-Bonnet-Lès-Allier	(63)..125 ..N13
サン=ポリカルプ	Saint-Polycarpe	(11)..296 ..E13
サン=ポルキエ	Saint-Porquier	(82)....85 ....S3
サン=ボワル	Sainmt-Boil	(71)..221 ..U13
サン=ポン=ド=モーシアン	Saint-Pons-de-Mauchiens	(34)..287 ....N9
サン=マーニュ=ド=カスティヨン	Saint-Magne-de-Castillon	(33)....67 ..U15
サン=マール=ド=ヴォー	Saint-Mard-de-Vaux	(71)..221 ....V6
サン=マール=ド=クーテ	Saint-Mars-de-Coutais	(44)..101 ....Q7
サン=マキシマン=ラ=サント=ボーム	Saint-Maximin-la-Ste-Baume	(83)..268 ....H5
サン=マケール	Saint-Macaire	(33)....52 ..J15
サン=マケール=デュ=ボワ	Saint-Macaire-du-Bois	(49)..103 ....S9
サン=マチュー=ド=トレヴィエ	Saint-Mathieu-de-Tréviers	(34)..287 ....R4
サン=マトレ	Saint-Matré	(46)....70 ..C14
サン=マリアン	Saint-Mariens	(33)....65 ..V11
サン=マルク=ジョームガルド	Saint-Marc-Jaumegarde	(13)..274 ....I14
サン=マルシャル	Saint-Martial	(33)....52 ..K12
サン=マルセラン=レ=ヴェゾン	Saint-Marcellin-lès-Vaison	(84)..250 .....J7
サン=マルセル=カンプ	Saint-Marcel-Campes	(81)....74 .....J3
サン=マルセル=ダルデッシュ	Saint-Marcel-d'Ardèche	(07)..250 ....D5
サン=マルセル=ド=カレレ	Saint-Marcel-de-Careiret	(30)..250 ....C8
サン=マルタン	Saint-Martin	(66)..302 ....E7
サン=マルタン=シュル=ノエン	Saint-Martin-sur-Nohain	(58)..121 ....R8
サン=マルタン=スー=モンテギュ	St-Martin-sous-Montaigu	(71)..221 ....V6
サン=マルタン=ダルデッシュ	Saint-Martin-d'Ardèche	(07)..250 ....D5
サン=マルタン=ダルボワ	Saint-Martin-d'Ablois	(51)..133 ..R13
サン=マルタン=ダロッサ	Saint-Martin-d'Arrossa	(64)....93 ..O12
サン=マルタン=デ=ボワ	Saint-Martin-des-Bois	(41)..118 ....E9
サン=マルタン=デュ=タルトル	Saint-Martin-du-Tartre	(71)..221 ..S14
サン=マルタン=デュ=ピュイ	Saint-Martin-du-Puy	(33)....53 ..N11
サン=マルタン=デュ=モン	Saint-Martin-du-Mont	(01)..169 ....R7
サン=マルタン=ド=ヴィルルグラン	St-Martin-de-Villereglan	(11)..297....W7
サン=マルタン=ド=カスティヨン	Saint-Martin-de-Castillon	(84)..263 ..V13
サン=マルタン=ド=ギュルソン	Saint-Martin-de-Gurson	(24)....78 ....E4
サン=マルタン=ド=サンゼ	Saint-Martin-de-Sanzay	(79)..103 ..S10
サン=マルタン=ド=ブラヴェル	Saint-Martin-de-Bavel	(01)..169..W12
サン=マルタン=ド=ブローム	Saint-Martin-de-Brômes	(04)..275 ..V15
サン=マルタン=ド=マコン	Saint-Martin-de-Mâcon	(79)..109 ..P15
サン=マルタン=ド=ラ=ブラスク	St-Martin-de-la-Brasque	(84)..263 ..V15
サン=マルタン=ド=レルム	Saint-Martin-de-Lerm	(33)....53 ..N12
サン=マルタン=ドーセスカ	Saint-Martin-de-Sescas	(33)....52...L15
サン=マルタン=プティ	Saint-Martin-Petit	(47)....81 ..S13
サン=マルタン=ベル=ロシュ	Saint-Martin-Belle-Roche	(71)..223 ..V10
サン=マルタン=ル=ボー	Saint-Martin-le-Beau	(37)..121 ..V10
サン=マルタン=ラコサード	Saint-Martin-Lacaussade	(33)....65 ..N10
サン=マルティノ=ディ=ロータ	San-Martino-di-Lota	(2B)..277 ....S4
サン=ミシェル	Saint-Michel	(82)....83..W15
サン=ミシェル=ド=フロンサック	Saint-Michel-de-Fronsac	(33)....66 ..D15
サン=ミシェル=ド=モンテーニュ	Saint-Michel-de-Montaigne	(24)....78 ....B7
サン=ミシェル=ド=ラピュジャード	Saint-Michel-de-Lapujade	(33)....53 ..Q14
サン=ミシェル=ド=リュフレ	Saint-Michel-de-Rieufret	(33)....45.....T7
サン=ミシェル=ドゥーゼ	Saint-Michel-d'Euzet	(30)..250 ....D7
サン=ミシェル=ロット	Saint-Michel-de-Llotes	(66)..302 ..G10
サン=ミッシェル=シュル=ローヌ	Saint-Michel-sur-Rhône	(42)..242 ....C6
サン=ミッシェル=シュル=ロワール	Saint-Michel-sur-Loire	(37)..111 ....O7
サン=ミトル=レ=ランパール	Saint-Mitre-les-Remparts	(13)..274 ..D15
サン=ムレーヌ=シュル=オーバンス	Saint-Melaine-sur-Aubance	(49)..106 ....G2
サン=メアール=ド=ギュルソン	Saint-Méard-de-Gurçon	(24)....78.....F6
サン=メーム=ル=トゥニュ	Saint-Même-le-Tenu	(44)..101 ....Q8
サン=メクサン	Saint-Maixant	(33)....52.....I14
サン=メダール	Saint-Médard	(46)....70 ..G10
サン=メダール=デラン	Saint-Médard-d'Eyrans	(33)....47..W13
サン=メダール=ド=ギジエール	Saint-Medard-de-Guizières	(33)....23 ....U8
サン=モーリス	Saint-Maurice	(63)..125 ..O13
サン=モーリス=シュル=エーグ	Saint-Maurice-sur-Eygues	(26)..253 ....U8
サン=モーリス=デ=シャン	Saint-Maurice-des-Champs	(71)..221 ..T15
サン=モーリス=ド=サトネー	Saint-Maurice-de-Satonnay	(71)..223.....T8
サン=モール	Saint-Maur	(18)..124 ..L15
サン=モリヨン	Saint-Morillon	(33)....45 ....S6
サン=モン	Saint-Mont	(32)....91 ....S4
サン=モンタン	Saint-Montant	(07)..250 ....E3
サン=ラジェ	Saint-Lager	(69)..229 ..R13
サン=ラファエル	Saint-Raphaël	(83)..269....W6
サン=ラマン	Saint-Lamain	(39)..155 ....R7
サン=ランヌ	Saint-Lanne	(65)....87..W11
サン=ランベール=デュ=ラテ	Saint-Lambert-du-Lattay	(49)..106 ....D4
サン=リメ	Saint-Rimay	(41)..118.....F9
サン=リュスティス	Saint-Rustice	(31)....85 ....U7
サン=リュミエ=アン=シャンパーニュ	St-Lumier-en-Champagne	(51)..136 ..C13
サン=リュミン=ド=クーテ	Saint-Lumine-de-Coutais	(44)..101 ....Q7
サン=リュミン=ド=クリッソン	Saint-Lumine-de-Clisson	(44)..101.....T7
サン=ルー	Saint-Loup	(82)....83 ..V14
サン=ルー	Saint-Loup	(58)..124 ..K11
サン=ルー	Saint-Loup	(69)..225 ..P14
サン=ルーベス	Saint-Loubès	(33)....52.....F3
サン=ルブエ	Saint-Loubouer	(40)....91 ....O3
サン=レーグル	Saint-Règle	(37)..111.....T5
サン=レオン	Saint-Léon	(33)....52......I9
サン=レオン	Saint-Léon	(47)....83 ..N10
サン=レオン=ディシジャック	Saint-Léon-d'Issigeac	(24)....79...T13
サン=レジェ=シュル=デューン	Saint-Léger-sur-Dheune	(71)..221.....T5
サン=レジェ=ド=モンブリエ	Saint-Léger-de-Montbrillais	(86)..109 ..R14
サン=レジェ=レ=ヴィーニュ	Saint-Léger-les-Vignes	(44)..101 ....Q6
サン=レスティチュ	Saint-Restitut	(26)..250.....F5
サン=レミ	Saint-Rémy	(24)....78.....F4
サン=レミ=アン=モージュ	Saint-Rémy-en-Mauges	(49)..101 ....V5
サン=レミ=ド=プロヴァンス	Saint-Rémy-de-Provence	(13)..274 ..B11
サン=ローム=ド=タルン	Saint-Rome-de-Tarn	(12)....95...T15
サン=ローラン	Saint-Laurent	(58)..121 ..R10
サン=ローラン=ダニー	Saint-Laurent-d'Agny	(69)..231 ..V15
サン=ローラン=デ=ヴィーニュ	Saint-Laurent-des-Vignes	(24)....79 ....N9
サン=ローラン=デ=ゾーテル	Saint-Laurent-des-Autels	(49)..101 ....U5
サン=ローラン=デザルブル	Saint-Laurent-des-Arbres	(30)..255 ..S14
サン=ローラン=デュ=ヴェルドン	Saint-Laurent-du-Verdon	(04)..275..W15
サン=ローラン=デュ=ボワ	Saint-Laurent-du-Bois	(33)....52...L12
サン=ローラン=ド=カルノル	Saint-Laurent-de-Carnols	(30)..250 ....D7
サン=ローラン=ド=ラ=カブルリス	St-Laurent-de-la-Cabrerisse	(11)..290 ....K6
サン=ローラン=ド=ラ=プレーン	Saint-Laurent-de-la-Plaine	(49)..103 ....P7
サン=ローラン=ドワン	Saint-Laurent-d'Oingt	(69)..225 ..Q12
サン=ローラン=ヌアン	Saint-Laurent-Nouan	(41)..118 ..C13
サン=ローラン=メドック	Saint-Laurent-Médoc	(33)....27 ....S9
サン=ローラン=ラ=ロシュ	Saint-Laurent-la-Roche	(39)..155 ..R11
サン=ローランーデ=コンブ	Saint-Laurent-des-Combes	(33)....57 ....O9
サン=ローランーデュ=プラン	Saint-Lurent-du-Plan	(33)....53 ..M13
サン=ローランーデュ=モテ	Saint-Laurent-du-Mottay	(49)..103 ....O7
サン=ロテン	Saint-Lothain	(39)..155 ....S6
サン=ロマン	Saint-Romain	(21)..211 ....N9
サン=ロマン	Saint-Roman	(26)..249 ..V14
サン=ロマン=アン=ヴィエノワ	Saint-Romain-en-Viennois	(84)..250 ....K7
サン=ロマン=シュル=シェール	Saint-Romain-sur-Cher	(41)..111 ....V7
サン=ロマン=ド=ポピィ	Saint-Romain-de-Popey	(69)..225 ..P15
サン=ロマン=ド=マルガルド	Saint-Roman-de-Malegarde	(84)..250......I6
サン=ロマン=ル=ノーブル	Saint-Romain-le-Noble	(47)....83 ..U13
サンク=マルス=ラ=ピル	Cinq-Mars-la-Pile	(37)..111 ....P6
サングレイラック	Singleyrac	(24)....79 ..N12
サンセール	Sancerre	(18)..123..W11
サンタ=マリア=ポッジォ	Santa-Maria-Poggio	(2B)..277 ....S7
サンタ=ルチア=ディ=タラーノ	Santa-Lucia-di-Tallano	(2A)..277 ..P13
サンタ=ルチア=ディ=モリアーニ	Santa-Lucia-di-Moriani	(2B)..277 ....S7
サンチュリ	Centuri	(2B)..277 ....R2
サンテイィ	Santilly	(71)..221 ..V15
サント	Saintes	(17)..304 ..D13
サント=アナスタジ=シュル=イソール	Sainte-Anastasie-sur-Issole	(83)..268.....L8
サント=アニェス	Sainte-Agnès	(39)..155 ..Q11
サント=イノサント	Sainte-Innocente	(24)....78....L10
サント=ヴァリエール	Sainte-Valière	(11)..295 ..U12
サント=ヴェルジュ	Sainte-Verge	(79)..103 ..S10
サント=ウラリー	Sainte-Eulalie	(33)....52 ....E4
サント=ウラリー	Sainte-Eulalie	(11)..297 ..U15
サント=ウラリー=デメ	Sainte-Eulalie-d'Eymet	(24)....78 ..K14
サント=クロワ	Sainte-Croix	(81)....74 ....K7
サント=クロワ	Sainte-Croix	(26)..249...T12

地名索引

カナ	原名	参照
サント=クロワ=デュ=モン	Sainte-Croix-du-Mont	(33)....52.....I14
サント=クロワ=ド=カンティヤルグ	Ste-Croix-de-Quintillargues	(34)...287....S4
サント=コロンブ	Sainte-Colombe	(33)....67....U14
サント=コロンブ=アン=ブリュロワ	Ste-Colombe-en-Bruilhois	(47)...83..R12
サント=コロンブ=ド=デュラス	Sainte-Colombe-de-Duras	(47)...81...T10
サント=コロンブ=ド=ラ=C.	Ste-Colombe-de-la-C.	(66)...302...J11
サント=コンソルス	Sainte-Consorce	(69)...231..W13
サント=ジェム	Sainte-Gemme	(33)....53..Q13
サント=ジェム	Sainte-Gemme	(79)..103...S11
サント=ジェム	Sainte-Gemme	(51)..133....N8
サント=ジェム=アン=サンセロワ	Ste-Gemme-en-Sancerrois	(18)..123....V7
サント=ジェム=シュル=ロワール	Sainte-Gemmes-sur-Loire	(49)..103...Q6
サント=セシル=デュ=カイル	Sainte-Cécile-du-Cayrou	(81)...74....D6
サント=セシル=レ=ヴィーニュ	Sainte-Cécile-les-Vignes	(84)..250...G6
サント=テュール	Saint-Tulle	(04)..275...T14
サント=パザンヌ	Sainte-Pazanne	(44)..101...Q7
サント=バゼイユ	Sainte-Bazeille	(47)...81...T13
サント=ピエトロ=ディ=タンダ	Santo-Pietro-di-Tenda	(2B)..278..C16
サント=フォワ=ラ=グラン	Sainte-Foy-la-Grande	(33)....53....T6
サント=フォワ=ラ=ロング	Sainte-Foy-la-longue	(33)....52...L13
サント=フロランス	Sainte-Florence	(33)....53...M7
サント=ポール	Sainte-Paule	(69)..225..Q12
サント=マキシム	Sainte-Maxime	(83)..269...U8
サント=モール=ド=トゥーレーヌ	Saint-Maure-de-Touraine	(37)..111...Q9
サント=ラドゴンド	Sainte-Radegonde	(33)....53....P7
サント=ラドゴンド	Sainte-Radegonde	(79)..103..S10
サント=リュフィーヌ	Sainte-Ruffine	(57)..139....S8
サントネー	Santenay	(21)..219...T11
ザントライユ	Xaintrailles	(47)...83..N12
サンバン	Sambin	(41)..118..A16
サンピニー=レ=マランジュ	Sampigny-lès-Maranges	(71)..219..N13
サン=ポン=ラ=カルム	Saint-Pons-la-Calm	(30)..250...D9
サン=ルメーズ	Saint-Remèze	(07)..250....C4
ジアン	Gien	(45)..124...H7
シーズ	Sciez	(74)..163...R6
シーニュ	Signes	(83)..268...H9
シヴァック=アン=メドック	Civrac-en-Médoc	(33)....27...R5
シヴァック=シュル=ドルドーニュ	Civrac-sur-Dordogne	(33)....53...N6
シヴァック=ド=ブライ	Civrac-de-Blaye	(33)....65...T12
ジヴォール	Givors	(69)..231..W16
シウラック	Cieurac	(46)....70..K16
ジヴリィ	Givry	(71)..221..W7
ジヴリィ=レ=ロワジィ	Givry-lès-Loisy	(51)..135..W5
シヴリュー=ダゼルグ	Civrieux-d'Azergues	(69)..231..V11
シヴレ=ド=トゥーレーヌ	Civray-de-Touraine	(37)..111...T6
シェ=クサン=レッツ	Cheix-en-Retz	(44)..101...P6
シェイィ=レ=マランジュ	Cheilly-lès-Maranges	(71)..219..P15
シェイエ	Cheillé	(37)..111..Q15
シェシィ	Chécy	(45)..118...K4
シェジー	Chessy	(69)..225..R14
シェジー=シュル=マルヌ	Chézy-sur-Marne	(02)..132..G14
シェスナ	Chessenaz	(74)..164..D11
ジェティニェ	Gétigné	(44)..101..U7
シェナ	Chénas	(69)..229...U5
シェニー	Chaigny	(45)..118......I4
ジェニエ	Genillé	(37)..111....T8
ジェニサック	Génissac	(33)....52....I5
シェニュー=ラ=ボーム	Cheignieu-la-Balme	(01)..169..V13
シェヌット=トレーヴ=キュノー	Chênehutte-Trèves-Cunault	(49)..103....T7
ジェヌイィ	Genouilly	(71)..221..R13
シェネ	Chenay	(51)..129...S9
ジェネストン	Genestone	(44)..101...S7
ジェネラック	Générac	(33)....65...Q8
ジェネラック	Générac	(30)..298..C13
シェムリ	Chémery	(41)..111..W6
シェメレ	Chéméré	(44)..101...P6
シェリー	Chéry	(18)..124..B12
シェリー	Chierry	(02)..132..H12
シェルヴ	Cherves	(86)..103..U13
ジェルヴァン	Gervans	(26)..248..A12
シェルヴィレール	Scherwiller	(67)..144..F14
シェルヴェイ	Chervey	(10)..137...Q9
ジェルク=レ=バン	Sierck-les-Bains	(57)..139...U3
ジェルミニィ	Germigny	(51)..130...L8
ジェルメーヌ	Germaine	(51)..129..U16
ジェロ	Gelos	(64)...89..V10
ジェンヌ	Gennes	(49)..103...S7
シギー=ラ=シャテル	Sigy-le-Châtel	(71)..223...P4
シグレス	Sigoulès	(24)....78..L11
シゴルスハイム	Sigolsheim	(68)..145...U5
ジゴンダス	Gigondas	(84)..256..C13
シサック=メドック	Cissac-Médoc	(33)....27...R7
シシィ=シャゼル	Scy-Chazelles	(57)..139...S8
シシェ	Chichée	(89)..178..L11
ジジャ	Gizia	(39)..155..P13
シジャン	Sigean	(11)..291..QS9
シス=フール=ラ=プラージュ	Six-Fours-la-Plage	(83)..268..G14
シスコ	Sisco	(2B)..277...S3
システル	Sistels	(82)....83..U15
シセ	Cissé	(86)..103..V14
シセ=アン=トゥーレーヌ	Chissay-en-Touraine	(41)..111...T6
シゼ=ラ=マドレーヌ	Cizay-la-Madeleine	(49)..109..O12
シセ=レ=マコン	Chissey-lès-Mâcon	(71)..223...T5
シソー	Chisseaux	(37)..111...T6
ジソーニ	Ghisoni	(2B)..277...Q9
ジソナッシア	Ghisonaccia	(2B)..277..S10
シトネ	Chitenay	(41)..118..B15
シトリィ	Chitry	(89)..176...G7
シトリィ	Citry	(77)..132..D15
シニー=レ=ローズ	Chigny-les-Roses	(51)..131..Q11
ジニャック	Gignac	(84)..263..V12
ジニャック	Gignac	(34)..287...O6
ジニャック=ラ=ネルト	Gignac-la-Nerthe	(13)..274..F16
シニャン	Chignin	(73)..166..D14
シネ	Cinais	(37)..111...N8
ジネスタ	Ginestas	(11)..295..V13
ジネステ	Ginestet	(24)....79...M6
シノン	Chinon	(37)..113..Q13
シミアーヌ=コロング	Simiane-Collongue	(13)..268...A6
ジモー	Gimeaux	(63)..125..M10
シャ	Chas	(63)..125..O12
シャーヌ	Chânes	(71)..223..T14
シャイエ=スー=レ=ゾルモー	Chaillé-sous-les-Ormeaux	(85)..101..S13
シャイユ	Chailles	(41)..111...V4
シャヴァーニュ	Chavagnes	(49)..106...H5
シャヴァネ	Chavanay	(42)..242...B8
シャヴォ=クルクール	Chavot-Courcourt	(51)..133..T14
シャヴォルネ	Chavornay	(01)..169..W11
シャエーニュ	Chahaignes	(72)..118....C9
ジャクシュ	Jaxu	(64)...93..R14
シャサーニュ=モンラシェ	Chassagne-Montrachet	(21)..215..R10
シャサニー	Chassagny	(69)..231..W15
シャジー=ボン	Chazey-Bons	(01)..169..W13
シャシー=ル=カン	Chassey-le-Camp	(71)..221..V3
シャスヌイユ=デュ=ポワトゥ	Chasseneuil-du-Poitou	(86)..103..W14
シャスネ	Chacenay	(10)..137..P10
シャスラ	Chasselas	(71)..223..S13
シャスレ	Chasselay	(69)..231..W11
シャセ	Chacé	(49)..109..Q11
シャゼ=ダゼルグ	Chazay-d'Azergues	(69)..225..T14
シャゼル	Chazelles	(39)..155..O15
シャティヨン	Châtillon	(69)..225..R14
シャティヨン=アン=ディワ	Châtillon-en-Diois	(26)..249..W13
シャティヨン=シュル=シェール	Châtillon-sur-Cher	(41)..111..W7
シャティヨン=シュル=マルヌ	Châtillon-sur-Marne	(51)..133..O10
シャテル=サン=ジェルマン	Châtel-Saint-Germain	(57)..139...R7
シャテル=ド=ヌーヴル	Châtel-de-Neuvre	(03)..125..O5
シャテルギヨン	Châtelguyon	(63)..125..M10
シャトー	Château	(71)..223..Q8
シャトー=ギベール	Château-Guibert	(85)..101..T12
シャトー=シャロン	Château-Chalon	(39)..159..W14
シャトー=ティエリー	Château-Thierry	(02)..132..G12
シャトー=テボー	Château-Thébaud	(44)..101...S7
シャトー=デュ=ロワール	Château-du-Loir	(72)..118..B10
シャトーヴェール	Châteauvert	(83)..268...J4
シャトーヴュー	Châteauvieux	(41)..111..V7
シャトーゲィ	Châteaugay	(63)..125..M11
シャトーヌフ=デュ=パプ	Châteauneuf-du-Pape	(84)..259..Q10
シャトーヌフ=デュ=ローヌ	Châteauneuf-du-Rhône	(26)..250..F2
シャトーヌフ=ド=ガルダーニュ	Châteauneuf-de-Gardagne	(84)..250..H12
シャトーヌフ=ル=ルージュ	Châteauneuf-le-Rouge	(13)..268..C4
シャトーヌフ=レ=マルティーグ	Châteauneuf-les-Martigues	(13)..274..E16
シャトーブール	Châteaubourg	(07)..244..D15
シャトーメイヤン	Châteaumeillant	(18)..124..K15
シャトノワ	Châtenois	(67)..144..E15
シャトリャ	Chiatria	(2B)..277..S8
シャニー	Chagny	(71)..221..W2
シャノ=キュルソン	Chanos-Curson	(26)..248..D14
シャノナ	Chanonat	(63)..125..N16
シャパレイヤン	Chapareillan	(38)..166..B15
シャブリ	Chablis	(89)..178..I10
シャブリ	Chabris	(36)..118..I14
シャブルネ	Chabournay	(86)..103..W13
シャペーズ	Chapaize	(71)..223...S4
シャポノ	Chaponost	(69)..231..W14
シャマデル	Chamadelle	(33)....23..U7
シャマレ	Chamaret	(26)..250..H4
シャミリー	Chamilly	(71)..221..U4
シャムリー	Chamery	(51)..131..O11
シャムレ	Chamelet	(69)..225..P11
シャラシュベルグハイム=イルムステット	Scharrachbergheim-Irmstett	(67)..144...G5
シャランテ	Charentay	(69)..229..R15
シャラントネー	Charentenay	(89)..176..D10
シャランドレ	Chalandray	(86)..103..U14
シャリュ	Chalus	(63)..125..N15
シャルイユ=サントラ	Chareil-Cintrat	(03)..125...N7
シャルジェ	Chargé	(37)..111..V15
シャルセ=サン=テリエ=シュル=オーバンス	Charcé-St-Ellier-sur-Aubance	(49)..103...R7
シャルテーヴ	Chartèves	(02)..132..J11
シャルドネー	Chardonnay	(71)..223..V5
シャルナス	Charnas	(07)..242..C15
ジャルナック	Jarnac	(16)..304..E13
ジャルニュー	Jarnioux	(69)..225..R11
シャルネー	Charnay	(69)..225..S14
シャルネー=レ=マコン	Charnay-lès-Mâcon	(71)..223..T12
シャルボニエール	Charbonnières	(71)..223..U9
シャルム=ラ=コート	Charmes-la-Côte	(54)..139..QS15
シャルリー	Charly	(02)..132..E14
シャルリー	Charly	(69)..231..W15
シャルルヴァル	Charleval	(13)..274..F11
シャレ	Chalais	(16)..304..F15
シャレ	Charrais	(86)..103..V13
ジャロニー	Jalogny	(71)..223..Q8
シャロン=シュル=ヴェール	Châlons-sur-Vesle	(51)..129..S10
シャロンジュ	Challonges	(74)..164..B11
シャロンヌ=シュル=ロワール	Chalonnes-sur-Loire	(49)..106...B3
シャン=シュル=レイヨン	Champ-sur-Layon	(49)..106...F6
シャンヴァロン	Champvallon	(89)..176..A3
シャンヴォワジィ	Champvoisy	(51)..133..M9
ジャンヴリー	Janvry	(51)..131..M8
ジャンカッジョ	Giuncaggio	(2B)..277..R8
ジャンサック	Gensac	(33)....53..Q7
シャンジィ	Changy	(42)..125..V8
シャンジィ	Changy	(51)..136..E13
シャンジュ	Change	(71)..201..N14
シャンセ	Chançay	(37)..117...T5
シャンゾー	Chanzeaux	(49)..106...D6
シャンソー=シュル=ショワジュール	Chanceaux-sur-Choisille	(37)..111..Q5
シャンデュー	Champdieu	(42)..125..X13
シャンテル	Chantelle	(03)..125...N7
シャントセ=シュル=ロワール	Champtocé-sur-Loire	(49)..103..O6
シャントソー	Champtoceaux	(49)..103..M7
シャントメルル	Chantemerle	(51)..135..R15
シャントメルル=レ=グリニャン	Chantemerle-lès-Grignan	(26)..250..G4
シャントレ	Chaintré	(71)..223..T13
シャンヌ	Channes	(10)..136..J16
シャンパーニュ	Champagne	(07)..243..W7
シャンパーニュ=シュル=ルー	Champagne-sur-Loue	(39)..155..U2
シャンパニー=スー=ユクセル	Champagny-sous-Uxelles	(71)..223..T3
シャンピエ	Champillet	(36)..124..J15
シャンピニー=ル=セック	Champigny-le-Sec	(86)..103..V13
シャンピニョル=レ=モンドヴィル	Champignol-les-Mondeville	(10)..137..R9
シャンピヨン	Champillon	(51)..133..U10
シャンプラ=エ=ブジャクール	Champlat-et-Boujacourt	(51)..133..R8
ジャンブル	Jambles	(71)..221..U8
シャンブレ=レ=トゥール	Chambray-lès-Tours	(37)..111..R11
シャンブレシー	Chambrecy	(51)..129..P13
シャンボール=ミュジニー	Chambolle-Musigny	(21)..193..C13
シャンボスト=アイエール	Chambost-Allières	(69)..225..O10
シャンボン=シュル=シス	Chambon-sur-Cisse	(41)..111..W11
ジュ=ベロック	Jû-Belloc	(32)....91..U5
ジュイ=レ=ランス	Jouy-lès-Reims	(51)..131..N9
シュイィ	Chouilly	(51)..134..D9
ジュイネ=シュル=ロワール	Juigné-sur-Loire	(49)..106..G2
ジュイヤック	Juillac	(33)....53..P7
シュヴァニー=レ=シュヴリエール	Chevagny-les-Chevrières	(71)..223..T11
シュヴァル=ブラン	Cheval-Blanc	(84)..263..Q14
ジュヴァンジェ	Gevingey	(39)..155..U11
シュヴァンヌ	Chevannes	(21)..185..N13
ジュヴィニャック	Juvignac	(34)..287..R7
シュヴィネ	Chevinay	(69)..231..U13
シュヴェルニー	Cheverny	(41)..118..B15
ジューク	Jouques	(13)..274..J12
シューズ	Suze	(26)..249..Q12
シューズ=ラ=ルース	Suze-la-Rousse	(26)..250..G8
ジュヴレ=シャンベルタン	Gevrey-Chambertin	(21)..189..S11
シュヴロー	Chevreaux	(39)..155..P13
ジュエ=レ=トゥール	Joué-les-Tours	(37)..111..Q11
ジュカ	Joucas	(84)..263..S12
ジュガザン	Jugazan	(33)....52...L8
シュサルグ	Sussargues	(34)..287..R7
シュシー	Choussy	(41)..111..U6
ジュシー	Jussy	(57)..139..S8
ジュシー	Jussy	(89)..176..E8
ジュジィ	Jugy	(71)..223..V2

地名索引

シュジィ=シュル=シス	Chouzy-sur-Cisse	(41)..111..W12
ジュジュリュー	Jujurieux	(01)..169....S8
シュスクラン	Chusclan	(30)..252..D12
シュゼ=シュル=ロワール	Chouzé-sur-Loire	(37)..115..Q15
シュゼット	Suzette	(84)..253..V13
ジュナ	Junas	(30)..287....V4
シュニュ	Chenu	(72)..118...A11
シュヌシェ	Cheneché	(86)..103..W13
シュネ	Cheney	(89)..176....J4
ジュネ	Junay	(89)..176....J5
シュノーヴ	Chenôve	(21)..187....S2
シュノーヴ	Chenôves	(71)..221..U13
シュノンソー	Chenonceaux	(37)..111....T6
シュフェ	Chouffes	(86)..103..V12
シュミエ=シュル=アンドロワ	Chemillé-sur-Indrois	(37)..111....U8
シュミリー	Chemilly	(03)..125....O4
シュミリー=シュル=スラン	Chemilly-sur-Serein	(89)..179..N14
シュメリエ	Chemellier	(49)..103....S7
ジュランソン	Jurançon	(64)....89..V10
シュリー=アン=ヴォー	Sury-en-Vaux	(18)..123....V9
ジュリー=レ=ビュクシー	Jully-lès-Buxy	(71)..221..V12
ジュリエ	Jullié	(69)..229....R2
ジュリエナ	Juliénas	(69)..229....T3
ジュルナン	Journans	(01)..169....R6
ジュンゴルツ	Jungholtz	(68)..145..R13
ショー	Chaux	(21)..185..Q13
ジョー	Joch	(66)..302..F11
ジョー=ディニャック=エ=ロワラック	Jau-Dignac-et-Loirac	(33)....27....P3
ショーサン	Chaussan	(69)..231..V15
ショードフォン=シュル=ロワール	Chaudefonds-sur-Loire	(49)..106....B4
ジョーヌ	Geaune	(40)....91....O4
ショーミュジィ	Chaumuzy	(51)..129..R14
ショーモン	Chaumont	(74)..164...E11
ショーモン=シュル=ロワール	Chaumont-sur-Loire	(41)..111....T6
ショーリア	Chauriat	(63)..125..O12
ジョクール	Jaucourt	(10)..137....R5
ジョネ=クラン	Jaunay-Clan	(86)..103..W13
ジョルゴンヌ	Jaulgonne	(02)..132..J10
ジョレ=レ=ボーヌ	Chorey-lès-Beaune	(21)..204..G13
ジョワニー	Joigny	(89)..176....B2
ジョンキエール	Jonquières	(84)..250....H9
ジョンキエール	Jonquières	(34)..287....N6
ジョンキエール	Jonquières	(11)..290....L8
ジョンキエール=サン=ヴァンサン	Jonquières-Saint-Vincent	(30)..298..F11
ジョンギュー	Jongieux	(73)..165..S10
ジョンケリー	Jonquery	(51)..133....Q8
ジョンケレット	Jonquerettes	(84)..250..H12
ジョンザック	Jonzac	(17)..304..D15
ジョンシュリー=シュル=ヴェール	Jonchery-sur-Vesle	(51)..130....K6
シラン	Siran	(34)..295..O11
ジリア	Zilia	(2B)..277....O5
シリー=ル=ヴィニョーブル	Chilly-le-Vignoble	(39)..155..Q10
シル	Chille	(39)..155....R9
ジルーサン	Giroussens	(81)....74..D14
シルーブル	Chiroubles	(69)..229....R7
シルリー	Sillery	(51)..131..S10
シレ=アン=モントルイユ	Chiré-en-Montreuil	(86)..103..V14
ジロンド=シュル=ドロ	Gironde-sur-Dropt	(33)....53..M14
シンドリュー	Chindrieux	(73)..165....T6
ジンブレード	Gimbrède	(32)....83..T15
ジンブレット	Gimbrett	(67)..144......I1
ジンメルバック	Zimmerbach	(68)..145....K5
スイィ	Seuilly	(37)..111....N9
スヴィニー=ド=トゥレーヌ	Souvigny-de-Touraine	(37)..111....T6
スヴィニャルグ	Souvignargues	(30)..287....U3
スーサック	Soussac	(33)....53....P9
スーサン	Soussans	(33)....31....Q4
スージェ	Sougé	(41)..118....O5
スーベ	Soubès	(34)..286....L4
スーマンサック	Soumensac	(47)....81..W10
スーランジ	Soulangis	(18)..124....G6
スール	Seur	(41)..118..A15
スーレン=シュル=オーバンス	Soulaines-sur-Aubance	(49)..106....F3
スエル	Souel	(81)....74....H5
スゴンザック	Segonzac	(16)..304..E13
スザンセ	Cesancey	(39)..155..Q11
スゼ=シャンピニー	Souzay-Champigny	(49)..109..R10
スセル	Soucelles	(49)..103....R5
ステンセルツ	Steinseltz	(67)..144....K2
ステンバック	Steinbach	(68)..145..Q15
ストツハイム	Stotzheim	(67)..144..G11
スヌイヤック	Senouillac	(81)....74....H8
スノザン	Senozan	(71)..223....V9
スブルコーズ	Soubleacuse	(65)....87..W13
スプロンカト	Speloncato	(2B)..277....P5

スポイ	Spoy	(10)..137....R6
スマン	Semens	(33)....52..J13
スモワ	Semoy	(45)..118....J4
スリエール	Soulières	(51)..135....X4
スリニャック	Soulignac	(33)....52..I10
スルシュー=レ=ミーヌ	Sourcieux-les-Mines	(69)..231..V12
スルツ=オー=ラン	Soultz-Haut-Rhin	(68)..145..S13
スルツ=レ=バン	Soultz-les-Bains	(67)..144....F6
スルツマット	Sourtzmatt	(68)..145..S10
スルニャ	Sournia	(66)..302....D8
セ	Saix	(86)..109..R13
セアイユ	Séailles	(32)....91....V2
セイシュ	Seyches	(47)....81..W13
セイセル	Seyssel	(74)..164..B14
セイセル(右岸)	Seyssel(rive droite)	(01)..164..A14
セイラン	Seillans	(83)..269....U1
セイロナス	Seillonnaz	(01)..169..T13
セイロン=スルス=ダルジャン	Seillons-Source-d'Argens	(83)..268....H4
セール	Serres	(11)..296..F15
セール=エ=モンギュヤール	Serres-et-Montguyard	(24)....79..N15
セール=ガストン	Serres-Gaston	(40)....91....M4
セギュレ	Séguret	(84)..253..V11
セグロワ	Segrois	(21)..185..O12
セゴ	Ségos	(32)....91....Q4
セゴン	Saigon	(84)..263..U13
セサック	Cessac	(33)....52....K9
セザック	Cézac	(33)....65..U13
セザック	Cézac	(46)....72..E10
セザバ	Cézabat	(63)..125..N11
セザンヌ	Sézanne	(51)..135....T11
セジー	Seigy	(41)....11....V7
セシュラ	Sécheras	(07)..244....A4
セスタ	Cestas	(33)....45....M7
セステロル	Cestayrols	(81)....74......I7
セスノン=シュル=オルブ	Cessenon-sur-Orb	(34)..285..Q13
セスラ	Cesseras	(34)..295..Q10
セゼリア	Ceyzériat	(01)..169....R6
セゼリュー	Ceyzérieu	(01)..169..W12
セッセ	Cesset	(03)..125....N6
セナック	Cénac	(33)....52....E8
セヌセル=グラン	Sennecey-le-Grand	(71)..223....V1
セバザン	Cébazan	(34)..285..O15
セピー	Cépie	(11)..296..E11
セブラザック	Sébrazac	(12)....95....Q5
セメアック=ブラション	Séméacq-Blachon	(64)....87..U14
セラ	Ceyras	(34)..285..W9
セラ=ディ=フィウモルボ	Serra-di-Fiumorbo	(2B)..277..R10
セラ=ディ=フェロ	Serra-di-Ferro	(2A)..279..U16
セリエール	Sellières	(39)..155....R6
セリエール	Serrières	(71)..223..R12
セリエール	Serrières	(07)..243....U4
セリエール=アン=ショターニュ	Serrières-en-Chautagne	(73)..165....T4
セリニー	Serrigny	(89)..176....J6
セリニャック	Sérignac	(46)....70..C13
セリニャック	Sérignac	(82)....85....Q4
セリニャック=シュル=ガロンヌ	Sérignac-sur-Garonne	(47)....83..Q11
セリニャン	Sérignan	(34)..286..K14
セリニャン=デュ=コンタ	Sérignan-du-Comtat	(84)..250....G7
セル	Selles	(51)..131..W5
セル=シュル=ウルス	Celles-sur-Ource	(10)..137..M11
セル=シュル=シェール	Selles-sur-Cher	(41)..118....I14
セル=レ=コンデ	Celles-lès-Condé	(02)..132..K13
セルヴ=シュル=ローヌ	Serves-sur-Rhône	(26)..248..A10
セルヴィエ=アン=ヴァル	Serviès-en-Val	(11)..290....G6
セルヴィオーヌ	Cervione	(2B)..277....S7
セルシー	Sercy	(71)..221..U16
セルジー=エ=プラン	Serzy-et-Prin	(51)..129..O11
セルシエ	Cercié	(69)..229..Q12
セルセィ	Cersay	(79)..103..R10
セルソ	Cersot	(71)..221..T11
セルドン	Cerdon	(01)..169....T8
セルナック	Sernhac	(30)..298....F8
セルニュソン	Cernusson	(49)..103....R9
セルネ	Cernay	(68)..145..R15
セルネ=レ=ランス	Cernay-lès-Reims	(51)..131....R7
セルベール	Cerbère	(66)..303..Q16
セルミエ	Sermiers	(51)..131....P11
セレ	Céret	(66)..302..H13
セレスト	Ceyreste	(13)..268..D11
セレット	Cellettes	(41)..118..B15
セロン	Cérons	(33)....45....U7
セン=ベル	Sain-Bel	(69)..231..U12
ソアン=アン=ソローニュ	Soings-en-Sologne	(41)..111..W5
ソヴィアン	Sauvian	(34)..286..K13
ソヴテール	Sauveterre	(82)....72..D12

ソヴテール	Sauveterre	(30)..250..G10
ソヴテール=ド=ギエンヌ	Sauveterre-de-Guyenne	(33)....53..N11
ソヴラード	Sauvelade	(64)....92..D12
ソー	Saux	(46)....70..B15
ソーヴァニャ=サント=マルト	Sauvagnat-Sainte-Marthe	(63)..125..N14
ソーカ	Saucats	(33)....45....Q6
ソーゴン	Saugon	(33)....65....R9
ソージョン	Saujon	(17)..304..C13
ソーゼ	Sauzet	(46)....70..F14
ソーテイラルグ	Sauteyrargues	(34)..287....S3
ソーテルヌ	Sauternes	(33)....49..Q13
ソーマンヌ=ド=ヴォークリューズ	Saumane-de-Vaucluse	(84)..263..R12
ソーモン	Saumont	(47)....83..Q13
ソール	Saules	(71)..221..U13
ソシニャック	Saussignac	(24)....78..J10
ソテュラック	Soturac	(46)....70..A12
ソッタ	Sotta	(2A)..277..T14
ソドイ	Saudoy	(51)..135..S12
ソミエール	Sommières	(30)..287....V4
ソミュール	Saumur	(49)..109..Q10
ソラロ	Solaro	(2B)..277..R11
ソリエス=ポン	Solliès-Pont	(83)..268..K11
ソリュトレ=プイィ	Solutré-Pouilly	(71)..221..S12
ソルグ	Sorgues	(84)..259..T16
ソルシー	Saulcy	(10)..137..W4
ソルジェ=ロピタル	Saulgé-l'Hôpital	(49)..103....R7
ソルシェリィ	Saulchery	(02)..132..E15
ソルセ	Saulcet	(03)..125....O6
ソルベ	Sorbets	(40)....91....P4
ソルボ=オカニャーノ	Sorbo-Ocagnano	(2B)..277....S6
ソレード	Sorède	(66)..303..M13
ソレリュー	Solérieux	(26)..250....G5
ソロニー	Sologny	(71)..223..R10
ゾンザ	Zonza	(2A)..277..Q12

<タ>

ダーレンハイム	Dahlenheim	(67)..144....G5
タイエ	Taillet	(66)..302..H14
タイヤード	Taillades	(84)..263..Q14
タイユカヴァ	Taillecavat	(33)....53..S12
ダヴァイエ	Davayé	(71)..223..S12
タヴァコ	Tavaco	(2A)..279..V10
タヴァン	Tavant	(37)..113..V15
タヴェール	Tavers	(45)..118....H6
タヴェル	Tavel	(30)..254..C15
タヴェルヌ	Tavernes	(83)..268....J2
ダヴジョン	Davejean	(11)..290...I12
タグリオ=イゾラッシオ	Taglio-Isolaccio	(2B)..277....S6
タスク	Tasque	(32)....91....U4
タドゥース=ユソー	Tadousse-Ussau	(64)....87..S12
タバナック	Tabanac	(33)....52..F10
ダマザン	Damazan	(47)....83..N10
ダムリィ	Damery	(51)..133..R11
タヤック	Tayac	(33)....67..W11
タラザニ	Talasani	(2B)..277....S7
タラドー	Taradeau	(83)..269..Q5
タランシュー	Talencieux	(07)..243..V11
タランス	Talence	(33)....47...Q3
タランド	Tallende	(63)..125..N13
タリシュー	Talissieu	(01)..169..W12
タリュ=サン=プリ	Talus-Saint-Prix	(51)..135....S7
タリュイエ	Taluyers	(69)..231..W15
タルゴン	Targon	(33)....52......I9
ダルディリー	Dardilly	(69)..231..W12
ダルドナック	Dardenac	(33)....52....J8
ダルボネー	Darbonnay	(39)..155....S7
タルモン=サンティレール	Talmont-Saint-Hilaire	(85)..101..R13
タララック	Tarerach	(66)..302....E9
ダレ	Dallet	(63)..125..N12
ダレーゼ	Dareizé	(69)..231..O13
タレラン	Talairan	(11)..290....K8
タローヌ	Tallone	(2B)..277....R8
タロワゾー	Tharoiseau	(89)..176..H14
タロン=サディラック=ヴィルナヴ	Taron-Sadirac-Villenave	(64)....92...I11
タン	Thann	(68)..145..P15
タン=レルミタージュ	Tain-l'Hermitage	(26)..247..T10
ダンゴルスハイム	Dangolsheim	(67)..144....F5
タンコワネ	Tancoigné	(49)..106....I8
ダンバック=ラ=ヴィル	Dambach-la-Ville	(67)..144..F13
ダンモワーヌ	Dannemoine	(89)..176....J4
ツェルヴィレール	Zellwiller	(67)..144..G11
ツェレンベルグ	Zellenberg	(68)..145....U4
ディ	Die	(26)..249..U12

323

地名索引

カナ	ローマ字	参照
ディーニャ	Digna	(39)..155...P13
テイエ	Teillé	(44)..101.....T3
ディエ	Dyé	(89)..176....Y4
ディエール	Dierre	(37)..111.....S6
ティエスト=ユラヌー	Tieste-Uragnoux	(32)....91....U6
ティザック=ド=キュルトン	Tizac-de-Curton	(33)....52......I6
ディジィ	Dizy	(51)..133...U11
ディジョン	Dijon	(21)..185.....P1
ディストレ	Distré	(49)..109...P11
ティゼ	Thizay	(37)..111.....N8
ディセ	Dissay	(86)..103..X13
ディセ=スー=クルシロン	Dissay-sous-Courcillon	(72)..118..C10
ティネ	Tigné	(49)..106....H7
ディファンタル	Dieffenthal	(67)..144..E14
ティリエール	Tillières	(49)..101....U7
ティル	Thil	(51)..129.....T9
ティルーズ	Thilouze	(37)..111...S15
テクー	Técou	(81)....74..H12
テザン=デ=コルビエール	Thézan-des-Corbières	(11)..291....N6
テシー	Taissy	(51)..131....R9
テジエ	Théziers	(30)..250..E13
テゼ	Taizé	(79)..103...T11
テゼ	Theizé	(69)..225..R12
テゼ	Thésée	(41)..111.....V6
テナック	Thénac	(24)....78..K12
デニャック	Daignac	(33)....52.....J7
デヌゼ=スー=ドゥエ	Dénezé-sous-Doué	(49)..103....S8
テヌゼー	Thénezay	(79)..103..U13
テネー	Thenay	(41)..111....U6
テネー	Draché	(37)..111....Q9
デミュ	Dému	(32)....91...W2
テュイール	Thuir	(66)..302..J11
テュシャン	Tuchan	(11)..292..E15
テュパン=エ=スモン	Tupin-et-Semons	(69)..241....P9
テュラゴー	Thurageau	(86)..103..W13
テュラン	Thurins	(69)..231..V14
テュルカン	Turquant	(49)..109...S11
テュルクハイム	Turckheim	(68)..145....S6
テュレット	Tulette	(26)..250....H6
デュイアック=スー=ペイルペルテューズ	Duilhac-sous-Peyrepertuse	(11)..290..G15
デュー	Diou	(36)..124...A15
デュース	Diusse	(64)....87...T11
デューパンタル	Dieupentale	(82)....85.....T5
デューリヴォル	Dieulivol	(33)....53...R11
デューン	Dunes	(82)....83..U14
デュオール=バシャン	Duhort-Bachen	(40)....91.....P2
デュラヴェル	Duravel	(46)....70..B11
デュラス	Duras	(47)....81..U11
デュルバン=コルビエール	Durban-Corbières	(11)..291..O10
テラ	Terrats	(66)..302..J10
デルナキュイエット	Dernacueillette	(11)..290...I13
テルナン	Ternand	(69)..225..P12
テルネー	Ternay	(86)..109..Q15
テルネー	Ternay	(41)..118....E9
テルム	Termes	(11)..290...H10
テルム=ダルマニャック	Termes-d'Armagnac	(32)....91.....T3
トゥアール	Thouars	(79)..103..S11
トゥアルセ	Thouarcé	(49)..107...U3
トゥアルセ=シュル=ロワール	Thouarcé-sur-Loire	(44)..101....S5
トゥイヤック	Teuillac	(33)....65..Q13
トゥー	Thou	(45)..124.....J9
ドゥー	Doux	(79)..103..U13
ドゥヴェーヌ	Douvaine	(74)..163....P7
トゥヴォワ	Touvois	(44)..101..Q9
ドゥザン	Douzens	(11)..290.....I3
トゥール	Tours	(37)..117....N7
トゥール=アン=ソローニュ	Tour-en-Sologne	(41)..118..B15
トゥール=シュル=マルヌ	Tours-sur-Marne	(51)..131..S15
トゥールーズ=ル=シャトー	Toulouse-le-Château	(39)..155....S6
ドゥエ=ラ=フォンテーヌ	Doué-la-Fontaine	(49)..109..N11
ドゥエル	Douelle	(46)....70..H12
トゥザック	Touzac	(46)....70..B11
トゥヌイユ	Theneuil	(37)..113..W16
ドゥネヴィ	Denevy	(71)..221....T4
トゥルヴ	Tourves	(83)..268......I6
トゥルージュ	Toulouges	(66)..302..K10
トゥルゼル	Tourouzelle	(11)..295..Q13
ドゥルゾン	Doulezon	(33)....53..O7
トゥルトゥネー	Tourtenay	(79)..109..P15
トゥルニサン	Tournissan	(11)..290....J7
トゥルニュ	Tornus	(71)..223..W3
トゥルノン=シュル=ローヌ	Tournon-sur-Rhône	(07)..244..D9
トゥルモン	Tourmont	(39)..155....T6
トゥレイユ	Tourreilles	(11)..296..C13
トゥレンヌ	Toulenne	(33)....45...V8
トゥロー	Toulaud	(07)..245..P16
トーヴネー	Thauvenay	(18)..123..X12
トータヴェル	Tautavel	(66)..302.....J6
トーリアック	Tauriac	(33)....65..R15
トーリニャン	Taulignan	(26)..250.....I3
トクス	Tox	(2B)..277....S8
ドザンジィ	Desingy	(74)..164..C12
トシア	Tossiat	(01)..169....R7
トジエール=ミュトリ	Tauxières-Mutry	(51)..131..R14
ドジズ=レ=マランジュ	Dezize-lès-Maranges	(71)..219..N11
ドナザック	Donazac	(11)..297...U7
ドナザック	Donnazac	(81)....74...H6
トナック	Tonnac	(81)....74....F4
ドニセ	Denicé	(69)..225...S11
ドヌイユ=レ=シャンテル	Deneuille-lès-Chantelles	(03)..125...N7
ドヌザック	Donnezac	(33)....65....T5
ドネ	Denée	(49)..106....E2
トネー=ブトンヌ	Tonnay-Boutonne	(17)..304..D12
トネール	Tonnerre	(89)..176....J5
トノン=レ=バン	Thonon-les-Bains	(74)..163....V5
ドベーズ	Daubèze	(33)....52..L10
ドマザン	Domazan	(30)..250..E12
トミノ	Tomino	(2B)..277....S2
トラヴァイヤン	Travaillan	(84)..250....H8
トラエンハイム	Traenheim	(67)..144....F5
ドラギニャン	Draguignan	(83)..269....R3
トラサネル	Trassanel	(11)..294....H9
トラシー=シュル=ロワール	Tracy-sur-Loire	(58)..121..O11
ドラシィ=ル=フォール	Dracy-le-Fort	(71)..221...X7
ドラシェ	Draché	(37)..111...Q9
トラムリー	Tramery	(51)..129..P12
トランザン=プロヴァンス	Trans-en-Provence	(83)..269...R4
ドランクール	Dolancourt	(10)..137..Q5
トランヌ	Trannes	(10)..137..Q3
トリーズ	Taurize	(11)..290....F7
トリーラ	Trilla	(66)..302....F8
トリニー	Trigny	(51)..129..P12
トルイヤ	Trouillas	(66)..302..K11
トルシュー	Torcieu	(01)..169..S11
トルデール	Tordères	(66)..302..J13
ドルノ	Dornot	(57)..139....R9
ドルマン	Dormans	(51)..133..N11
ドルリスハイム	Dorlisheim	(67)..144..G7
トレ	Trets	(13)..268....E5
トレ=ラ=ロシェット	Thoré-la-Rochette	(41)..118....F9
トレイユ	Treilles	(11)..292...I14
トレヴィラック	Trévillach	(66)..302....F9
トレエ	Tréhet	(41)..118....D9
トレスク	Tresques	(30)..252..B14
トレセール	Tresserre	(66)..302..K13
トレッス	Tresses	(33)....52....E6
トレナル	Trenal	(39)..155..Q10
トレパイユ	Trépail	(51)..131..T13
トレプー=ラシェル	Trespoux-Rassiels	(46)....70...I14
トレベス	Trèbes	(11)..294...I15
トレモン	Trémont	(49)..106..H9
トレラン	Trelins	(42)..125..W13
トレルー=シュル=マルヌ	Trélou-sur-Marne	(02)..132...I11
トレロン	Treslon	(51)..129..Q12
ドレン	Drain	(49)..103..M7
トロー	Trôo	(41)..118....E9
トロース	Trausse	(11)..294..L11
トロワ=ピュイ	Trois-Puits	(51)..131....P9
トロワシー	Troissy	(51)..133..N11
トロンショワ	Tronchoy	(89)..176.....J4
ドンザック	Donzac	(33)....52...I12
ドンザック	Donzac	(82)....83..V13
ドンジェル=ル=ナショナル	Donzy-le-National	(71)..223....P7
ドンジェルマン	Domgermain	(54)..139..P15
ドンゼール	Donzère	(26)..250....F3
ドンタン	Domptin	(02)..132..E13
ドンブラン	Domblans	(39)..159..T12
ドンマルタン	Dommartin	(69)..231..W12

＜ナ＞

カナ	ローマ字	参照
ナヴェイユ	Naveil	(41)..118....F9
ナストラング	Nastringues	(24)....78....F7
ナゼル=ネグロン	Nazelles-Négron	(37)..111..N13
ナタージュ	Nattages	(01)..169..X14
ナルカステ	Narcastet	(64)....89..W12
ナルボンヌ	Narbonne	(11)..291....T3
ナン=レ=サンタムール	Nanc-lès-Saint-Amour	(39)..155..O15
ナン=レ=バン	Nans-les-Pins	(83)..268..G7
ナントゥイユ=シュル=マルヌ	Nanteuil-sur-Marne	(77)..132..C14
ナントゥイユ=ラ=フォレ	Nanteuil-la-Forêt	(51)..129..S16
ナントゥー	Nantoux	(21)..201....P7
ナントン	Nanton	(71)..223..U2
ニース	Nice	(06)..273..S16
ニーデルモルシュヴィール	Niedermorschwihr	(68)..145....S6
ニーム	Nîmes	(30)..287..X2
ニザ	Nizas	(34)..285..X13
ニサン=レ=アンスリュヌ	Nissans-lez-Enserune	(34)..286...I13
ニュイ=サン=ジョルジュ	Nuits-Saint-Georges	(21)..199....V9
ニュエル	Nuelles	(69)..225..R15
ニュゼジュル	Nuzéjouls	(46)....70..H10
ニヨン	Nyons	(26)..250....K5
ヌイエ=ル=リール	Neuillé-le-Lierre	(37)..111....S4
ヌイユ=シュル=レイヨン	Nueil-sur-Layon	(49)..106...I10
ヌヴィ=シュル=ロワール	Neuvy-sur-Loire	(58)..124....J9
ヌーヴィル=シュル=セーヌ	Neuville-sur-Seine	(10)..137..M13
ヌーヴィル=ド=ポワトゥー	Neuville-de-Poitou	(86)..103..W14
ヌフォン	Neuffons	(33)....53..O12
ネアック	Néac	(33)....63..U15
ネヴィ=シュル=セイユ	Nevy-sur-Seille	(39)..159..V15
ネヴィアン	Névian	(11)..291..Q2
ネウル	Néoules	(83)..268.....J7
ネール=ラ=モンターニュ	Nesle-la-Montagne	(02)..132..H13
ネール=ル=ルポン	Nesle-le-Repons	(51)..133..O12
ネシェール	Neschers	(63)..125..N14
ネフィアック	Néfiach	(66)..302..H9
ネフィエ	Neffiès	(34)..286....L9
ネラック	Nérac	(47)....83..O13
ネリジャン	Nérigean	(33)....52......I6
ネレ	Néret	(36)..124..K15
ノアイユ	Noailles	(81)....74......I6
ノイック	Nohic	(82)....85....V5
ノヴェアン=シュル=モゼール	Novéant-sur-Moselle	(57)..139....R9
ノヴェラ	Novella	(2B)..277..Q5
ノエ=レ=マレ	Noë-les-Mallets	(10)..137..P10
ノーヴィアル	Nauviale	(12)....95....N5
ノーサンヌ	Naussannes	(24)....79..U11
ノートル=ダム=ダランソン	Notre-Dame-d'Allençon	(49)..103....R7
ノガロ	Nogaro	(32)..306..C13
ノジャル=エ=クロット	Nojals-et-Clotte	(24)....79..V13
ノジャン=エ=ポスティヤック	Naujan-et-Postiac	(33)....52....K8
ノジャン=シュル=ロワール	Nogent-sur-Loir	(72)..118..B10
ノジャン=ラベッス	Nogent-l'Abbesse	(51)..131....T8
ノジャン=ラルトー	Nogent-l'Artaud	(02)..132..F15
ノジャンテル	Nogentel	(02)..132..F15
ノタルテン	Nothalten	(67)..144..E10
ノルドハイム	Nordheim	(67)..144..G3
ノレ	Nolay	(21)..201..N13
ノワイエ=シュル=シェール	Noyers-sur-Cher	(41)..111..V15
ノワイヤン=ラ=プレーヌ	Noyant-la-Plaine	(49)..103....S8
ノワゼ	Noizay	(37)..117....U7
ノンデュー	Nomdieu	(47)....83..Q14

＜ハ＞

カナ	ローマ字	参照
バ	Bats	(40)....91....N4
パ=ド=ジュー	Pas-de-Jeu	(79)..103...T11
バージュ	Bages	(11)..291....S5
バージュ	Bages	(66)..302..L11
バール	Barr	(67)..144..F10
バール=シュル=オーブ	Bar-sur-Aube	(10)..137....T6
バール=シュル=セーヌ	Bar-sur-Seine	(10)..136..K3
バイ	Baye	(51)..135....T6
パイエ	Paillet	(33)....52..G11
バイヨン=シュル=ジロンド	Bayon-sur-Gironde	(33)....65..O15
ハイリゲンスタイン	Heiligenstein	(67)..144..E10
パヴァン	Pavant	(02)..132..E15
バオ	Baho	(66)..302....K9
バガ=タン=ケルシー	Bagat-en-Quercy	(46)....70..F15
バガス	Bagas	(33)....53..N13
バザ	Bazas	(33)....23..T15
パサヴァン=シュル=レイヨン	Passavant-sur-Layon	(49)..106...I10
バシー	Bassy	(74)..164..B13
バシュ	Bassu	(51)..136..F15
バシュエ	Bassuet	(51)..136..E12
パジョル	Paziols	(11)..292..E15
バス=グーレーヌ	Basse-Goulaine	(44)..101....S6
バステリカシア	Bastelicaccia	(2A)..279..V12
バダン	Badens	(11)..294..K15
パッサ	Passa	(66)..302..K12
バッサン	Bassens	(33)....52....C4
パッシィ=グリニー	Passy-Grigny	(51)..133..N9
パッシィ=シュル=マルヌ	Passy-sur-Marne	(02)..132..K11
パッスナン	Passenans	(39)..155....S7

地名索引

カナ	ローマ字	参照
ハットスタット	Hattstatt	(68)..145.....U9
パデルン	Padern	(11)..290....K15
パトリモニオ	Patrimonio	(2B)..278....D14
バニュルス=シュル=メール	Banyuls-sur-Mer	(66)..303....Q15
バニュルス=デル=ザスプル	Banyuls-dels-Aspres	(66)..302....L13
パニョーズ	Pagnoz	(39)..155.....V3
バニョル	Bagnoles	(11)..294.....I13
バニョル	Bagnols	(69)..225....R13
バニョル=アン=フォレ	Bagnols-en-Forêt	(83)..269.....V3
バニョル=シュル=セーズ	Bagnols-sur-Cèze	(30)..252....C11
バヌイユ	Baneuil	(24)....79.....T8
バヌー=ラ=フォス	Bagneux-la-Fosse	(10)..136....K15
バネ	Bannay	(18)..123.....X8
パネ=デリエール=バリーヌ	Pagney-derrière-Barine	(54)..139....Q14
パネシエール	Pannessières	(39)..155.....S9
バボー=ブルドゥー	Babeau-Bouldoux	(34)..285....N14
バユ=スービラン	Bahus-Soubiran	(40)....91.....P3
パラザ	Paraza	(11)..295....T13
パラシィ	Parassy	(18)..124.....H4
パラドゥー	Paradou	(13)..274....C12
バラノ	Balanod	(39)..155....O14
バラン=ミレ	Ballan-Miré	(37)..111.....P6
パランピュイール	Parempuyre	(33)....27...V14
パリ=ロピタル	Paris-l'Hôpital	(71)..201....O15
バリー=ディルマド	Barry-d'Islemade	(82)....85.....T2
バリサーグ	Baleyssagues	(47)....81....U10
パリゼ	Barizey	(71)..221....V11
パリゾ	Parisot	(81)....74...E13
バリュー=スー=シャティヨン	Baslieux-sous-Châtillon	(51)..133.....Q9
パルヴ	Parves	(01)..169....W14
バルサック	Balsac	(12)....95.....N8
バルサック	Barsac	(33)....49.....S5
バルサック	Barsac	(26)..249....T13
バルジー=シュル=マルヌ	Barzy-sur-Marne	(02)..132....K10
バルジャック	Barjac	(30)..250.....A5
バルジョル	Barjols	(83)..268.....J2
バルスロンヌ=デュ=ジェール	Barcelonne-du-Gers	(32)....91.....Q3
パルセ=メスレ	Parçay-Meslay	(37)..117....O5
パルダイヤン	Pardaillan	(47)....81...V11
バルタリ	Barrettali	(2B)..277.....R3
バルディーグ	Bardigues	(82)....83....W15
バルナーヴ	Barnave	(26)..249....U14
バルナック	Parnac	(46)....70....G11
パルニー=レ=ランス	Pargny-lès-Reims	(51)..131....N14
パルネ	Parnay	(49)..109....R11
バルノ=シュル=レーニュ	Balnot-sur-Laignes	(10)..136....K13
バルバスト	Barbaste	(47)....83....O13
バルバッジョ	Barbaggio	(2B)..278....C16
バルビー	Barby	(73)..166....C12
バルブシャ	Barbechat	(44)..101.....T5
バルブジュー=サンティレール	Barbezieux-Saint-Hilaire	(16)..304....E14
バルプセ	Parpeçay	(36)..118.....J15
バルブロン	Balbronn	(67)..144.....E5
バルベイズ	Parbayse	(64)....89.....Q9
バルベラ	Barbaira	(11)..290.....C5
バルボンヌ=ファイエル	Barbonne-Fayel	(51)..135....R13
バレゾン	Ballaison	(74)..163.....Q8
バレラック	Palairac	(11)..290.....J11
バロヴィル	Baroville	(10)..137.....T7
パロー=デル=ヴィードル	Palau-del-Vidre	(66)..303....M12
バロン	Baron	(33)....52.....H6
パンシュラッシア	Pancheraccia	(2B)..277.....R8
パンズー	Panzoult	(37)..113....U14
バンソン=エ=オルキニー	Binson-et-Orquigny	(51)..133....P10
パンタ=ディ=カシンカ	Penta-di-Casinca	(2B)..277.....S6
バンドール	Bandol	(83)..270....F15
ピア	Pia	(66)..303....M8
ピアナ	Piana	(2A)..279.....S6
ピアノットリ=カルダレッロ	Pianottoli-Caldarello	(2A)..277....P15
ピーニャ	Pigna	(2B)..277....O5
ピエールヴェール	Pierrevert	(04)..275....S14
ピエールクロ	Pierreclos	(71)..223....R11
ピエールフィット	Pierrefitte	(79)..103....S12
ピエールリュ	Pierrerue	(34)..285....O14
ピエグロ=ラ=クラストル	Piégros-la-Clastre	(26)..249....Q14
ピエゴン	Piégon	(26)..250.....K6
ピエディグリジオ	Piedigriggio	(2B)..277.....Q6
ピエトラコルバラ	Pietracorbara	(2B)..277....O6
ピエトロセラ	Pietrosella	(2A)..279....U14
ピエリィ	Pierry	(51)..133....T13
ピエルフー=デュ=ヴァール	Pierrefeu-du-Var	(83)..269....M10
ピオラン	Piolenc	(84)..250.....F8
ビギュリア	Biguglia	(2B)..277.....S5
ビザネ	Bizanet	(11)..291.....Q4
ビシー=シュル=フレ	Bissy-sur-Fley	(71)..221....S13
ビシー=スー=ジュクセル	Bissy-sous-Uxelles	(71)..223.....S3
ビシー=ラ=マコネーズ	Bissy-la-Mâconnaise	(71)..223.....U6
ビショフスハイム	Bischoffsheim	(67)..144....G8
ビズ=ミネルヴォワ	Bize-Minervois	(11)..295....U10
ビスイユ	Bisseuil	(51)..133....X12
ビセ=スー=クリュショー	Bissey-sous-Cruchaud	(71)..221....U10
ピソット	Pissotte	(85)..101....W13
ビダレ	Bidarray	(64)....93....N11
ビドン	Bidon	(07)..250....D4
ピニー	Pigny	(18)..124.....E7
ピニャン	Pignan	(34)..287.....R8
ピニャン	Pignans	(83)..269....N9
ピニョル	Pignols	(63)..125....O13
ピヌイユ	Pineuilh	(33)....53.....P6
ピネ	Pinet	(34)..287....N11
ビボ	Bibost	(69)..231....U12
ピュイ=レヴェック	Puy-l'Evêque	(46)....70....C11
ピュイヴェール	Puyvert	(84)..263....T15
ピュイガイヤール=ド=ケルシー	Puygaillard-de-Quercy	(82)....72....H16
ピュイシェリック	Puichéric	(11)..295....N14
ピュイジュー	Puisieulx	(51)..131....S10
ピュイスガン	Puisseguin	(33)....59...V14
ピュイスルシ	Puycelci	(81)....74.....C6
ピュイセルギエ	Puisserguier	(34)..285....P15
ピュイッソン	Buisson	(84)..250.....I6
ピュイミロル	Puymirol	(47)....83....U12
ピュイメラ	Puyméras	(84)..250.....K6
ピュイユ=アン=トゥーレーヌ	Bueil-en-Touraine	(37)..118....C10
ピュイルビエ	Puyloubier	(13)..268.....E3
ピュヴィリー	Buvilly	(39)..155.....T6
ピュース	Pieusse	(11)..296....D12
ビュード	Budos	(33)....45.....T9
ピュエ	Bué	(18)..123....V12
ピュエシャボン	Puéchabon	(34)..287....P5
ピュク=ダジュネ	Puch-d'Agenais	(47)....83....N9
ビュクシー	Buxy	(71)..221....V11
ビュクスイユ	Buxeuil	(10)..137....M12
ビュシー=アルビュー	Bussy-Albieux	(42)..125....X12
ピュジェ	Puget	(84)..263....S15
ピュジェ=ヴィル	Puget-Ville	(83)..268.....L9
ピュジェ=シュル=アルジャン	Puget-sur-Argens	(83)..269....V5
ビュシエール	Bussières	(71)..223....S11
ビュジュー	Pugieu	(01)..169...V13
ビュシュナリ=サラスケット	Bussunarits-Sarrasquette	(64)..93....S15
ピュジョー	Pujaut	(30)..250....F11
ピュジョル	Pujols	(33)....53.....N7
ピュジョル=シュル=シロン	Pujols-sur-Ciron	(33)....45.....U8
ビュスク	Busque	(81)....74....I14
ビュスタンス=イリベリー	Bustince-Iriberry	(64)....93....R14
ビュゼ=シュル=バイーズ	Buzet-sur-Baïse	(47)....83....O11
ピュニャック	Pugnac	(33)....65....S13
ピュピヤン	Pupillin	(39)..157.....U8
ピュブリエ	Publier	(74)..163....V4
ピュヨー	Puyôo	(64)....92....B10
ピュヨル=カザレ	Puyol-Cazalet	(40)....91....O5
ピュラロック	Puylaroque	(82)....72....H12
ビュリー	Bully	(42)..125....W10
ビュリー	Bully	(69)..225....Q15
ビュリー	Burie	(17)..304....D13
ビュリニー	Bulligny	(54)..139....P16
ビュリニー=モンラシェ	Puligny-Montrachet	(21)..215....W9
ビュル	Buhl	(68)..145....R12
ビュルジー	Burgy	(71)..223....U7
ビュルナン	Burnand	(71)..223.....Q3
ビュロッス=マンドゥース	Burosse-Mendousse	(64)....84....S14
ピラ=カナル	Pila-Canale	(2A)..279...W14
ビリー=ル=グラン	Billy-le-Grand	(51)..131....U13
ビリエーム	Billième	(73)..165....S11
ビロン	Billom	(63)..125....O12
ピロンダン	Philondenx	(40)....91....O5
ピンボ	Pimbo	(40)....91....O5
ファ	Fa	(11)..296....D15
ファイ=ダンジュー	Faye-d'Anjou	(49)..106....G5
ファイサック	Fayssac	(81)....74.....I8
ファヴレ=マシェル	Faveray-Mâchelles	(49)..106.....F6
ファヴロル	Faverolles	(36)..118....H15
ファヴロル=エ=コエミィ	Faverolles-et-Coëmy	(51)..129....P12
ファヴロル=シュル=シェール	Faverolles-sur-Cher	(41)..111.....T6
ファバ	Fabas	(82)....85.....U5
ファブルザン	Fabrezan	(11)..290....K5
ファリノル	Farinole	(2B)..278....D14
ファル	Fals	(47)....83....T14
ファルグ	Fargues	(33)....49....U13
ファルグ	Fargues	(40)....91.....N2
ファルグ	Fargues	(46)....70....D14
ファルグ=サンティレール	Fargues-Saint-Hilaire	(33)....52.....E7
ファルジュ=レ=マコン	Farges-lès-Mâcon	(71)..223....W5
ファレイラ	Faleyras	(33)....52.....J8
ブアン	Buanes	(40)....91....O3
プアンセ	Pouançay	(86)..109....Q14
ブイィ	Bouilly	(51)..131....M10
プイィ=シュル=ロワール	Pouilly-sur-Loire	(58)..121....Q13
プイィ=ル=モニアル	Pouilly-le-Monial	(69)..225....S12
プイエ	Pouillé	(41)..111.....U7
ブイエ=サン=ポール	Bouillé-Saint-Paul	(79)..103....S10
ブイエ=ロレッツ	Bouillé-Loretz	(79)..103.....S9
フィガニエール	Figanières	(83)..269....R2
フィガリ	Figari	(2A)..277....P14
フィクサン	Fixin	(21)..187....O13
フィトゥー	Fitou	(11)..292....I15
プイドラギュン	Pouydraguin	(32)....91.....U4
フィネストレ	Finestret	(66)..302....E11
フイヤ	Feuilla	(11)..291....Q12
ブイヤック	Bouillac	(82)....85.....S6
ブイヤルグ	Bouillargues	(30)..298....D11
ブイヨン	Pouillon	(51)..129.....S9
ブイロナック	Bouilhonnac	(11)..294....I14
ブー	Bou	(45)..118.....K5
ブー=ベレール	Bouc-Bel-Air	(13)..268.....A5
プーサン	Poussan	(34)..287....P9
フージーヌ	Feusines	(36)..124....J15
ブーシェ	Bouchet	(26)..250.....H6
ブーズ=レ=ボーヌ	Bouze-lès-Beaune	(21)..201....P6
ブーズロン	Bouzeron	(71)..221....W3
ブード	Boudes	(63)..125....N15
フール	Fours	(33)....65....O9
ブール	Bourg	(33)....65....Q15
ブール=サンタンデオル	Bourg-Saint-Andéol	(07)..250.....E4
ブールヌフ=アン=レッツ	Bourgneuf-en-Retz	(44)..101.....P7
ブーレ	Bourré	(41)..111.....U6
ブエ	Bouaye	(44)..101.....R6
フェイ	Féy	(57)..139.....S9
フェスティニー	Festigny	(51)..133....P12
フェノル	Fénols	(81)....74....J11
フェラル=レ=コルビエール	Ferrals-les-Corbières	(11)..290....L4
フェラン	Ferran	(11)..297....U6
フェリエール=エ=サン=タンドレ	Festes-et-Saint-André	(11)..296....B15
フェリエール=プサルー	Ferrières-Poussarou	(34)..285....M13
フェリュン	Felluns	(66)..302.....E7
フェリン	Félines	(07)..242....C16
フェリン=テルムネス	Félines-Termenès	(11)..290.....I11
フェリン=ミネルヴォワ	Félines-Minervois	(34)..295....N10
フェルブリアンジュ	Fèrebrianges	(51)..135....V6
フェング	Feings	(41)..118....A16
フォ	Fos	(34)..285....S11
フォコン	Faucon	(84)..250.....K6
フォジェール	Faugères	(34)..285....S11
フォス	Fosse	(66)..302....D7
フォソイ	Fossoy	(02)..132....I12
フォッセ=エ=バレイサック	Fossès-et-Baleyssac	(33)....53....P14
フォドア	Faudoas	(82)....85.....Q6
フォリーユ	Faurilles	(24)....79....T13
フォルカルケレ	Forcalqueiret	(83)..268.....K8
フォンヴィエイユ	Fontvieille	(13)..274....D11
フォンクーヴェルト	Fontcouverte	(11)..290....K4
フォングナン	Fontguenand	(36)..118....I15
フォンジョンクーズ	Fontjoncouse	(11)..291....N8
フォンタネス	Fontanès	(34)..287.....S4
フォンタネス	Fontanès	(30)..287....V3
フォンテ	Fontet	(33)....23...V14
フォンティエ=ドード	Fontiès-d'Aude	(11)..290.....E3
フォンテーヌ	Fontaine	(10)..137.....T7
フォンテーヌ	Fontaines	(71)..221.....X4
フォンテーヌ=シュル=アイ	Fontaine-sur-Aÿ	(51)..131....Q14
フォンテーヌ=ド=ヴォークリューズ	Fontaine-de-Vaucluse	(84)..263....R12
フォンテーヌ=ド=ニュイジー	Fontaine-Denis-Nuisy	(51)..135....R14
フォンテーヌ=ミロン	Fontaine-Milon	(49)..103.....S5
フォンテーヌ=レ=コトー	Fontaine-les-Coteaux	(41)..118.....E9
フォンテス	Fontès	(34)..285....V11
フォンテット	Fontette	(10)..137....R11
フォンデット	Fondettes	(37)..111.....P6
フォントヴロー=ラベイ	Fontevraud-l'Abbaye	(49)..109....S12
フォントネ=プレ=シャブリ	Fontenay-Près-Chablis	(89)..178.....J7
フォンロック	Fonroque	(24)....79....M13
フガロル	Feugarolles	(47)....83....Q11
ブグロン	Bouglon	(47)....81....T16
ブゲネ	Bouguenais	(44)..101.....R6
フゲロル	Fougueyrolles	(24)....78.....F7
プザン	Pezens	(11)..297....V15

地名索引

読み	地名	参照
ブザンヌ	Bezannes	(51)..131.....P9
ブジィ	Bouzy	(51)..131.....S14
ブジエ	Bouzillé	(49)..103.....N7
フジェール=シュル=ビエーヴル	Fougères-sur-Bièvre	(41)..118...A16
プジャール	Peujard	(33).....23.....R8
プジヤック	Pouzilhac	(30)..250...D10
ブシュメーヌ	Bouchemaine	(49)..108.....F8
プジョル	Poujols	(34)..286.....K4
フジロン	Fouzilhon	(34)..286.....K9
ブズース	Bezouce	(30)..298.....E9
プゾル=ミネルヴォワ	Pouzols-Minervois	(11)..295...S12
ブゾン=ジェルナーヴ	Bouzon-Gellnave	(32)...91.....U3
プティ=パレ=エ=コルナン	Petit-Palais-et-Cornemps	(33).....23.....U9
ブトナック	Boutenac	(11)..291.....N4
ブニアーグ	Bouniagues	(24)....79...P11
プニィ	Pougny	(58)..124...K11
プニャドレッス	Pougnadoresse	(30)..250.....C9
ブネ	Benais	(37)..115...T12
プファッフェンハイム	Pfaffenheim	(68)..145...T10
フュイッセ	Fuissé	(71)..221...S13
フュー	Fieux	(47).....83...P14
フュステロー	Fustérouau	(32)...91.....U3
フュセ	Fussey	(21)..201.....P2
フュリアニ	Furiani	(2B)..277....S5
ブラ	Bras	(83)..268......I5
プラ=ド=スルニア	Prats-de-Sournia	(66)..302.....D8
ブライエ	Blaye	(33)....65...N11
フラヴォー	Fravaux	(10)..137.....R6
フラキシュー	Flaxieu	(01)..169...W13
プラサック	Plassac	(33)....65...N12
フラサン	Flassan	(84)..263...S10
フラサン=シュル=イソール	Flassans-sur-Issole	(83)..269.....N7
フラジェ=エシェゾー	Flagey-Echézeaux	(21)..196...G12
ブラジモン	Blasimon	(33)....53.....M9
ブラジュローニュ=ボーヴォワール	Bragelogne-Beauvoir	(10)..136....I15
ブラスレ	Blaslay	(86)..103...V13
ブラスレ	Brasles	(02)..132...H12
ブラセ	Blacé	(69)..225...S10
プラップヴィル	Plappeville	(57)..139.....S7
プラディーヌ	Pradines	(46)....70....I12
プラデル=アン=ヴァル	Pradelles-en-Val	(11)..290.....F5
プラド=シュル=ヴェルマゾブル	Prades-sur-Vernazobre	(34)..285...O13
プラト=ディ=ジョベリーナ	Prato-di-Giovellina	(2B)..277.....Q6
プラド=ル=レス	Prades-le-Lez	(34)..287.....S6
プラネーズ	Planèzes	(66)..302.....G7
ブラノ	Blanot	(71)..223.....S7
フラマラン	Flamarens	(32)....83...U15
プラロン	Pralong	(42)..125...X13
フラン	Francs	(33)....67...W11
ブラン	Brens	(81)....74...G10
ブラン	Brens	(01)..169...W14
プラン=ド=ラ=トゥール	Plan-de-la-Tour	(83)..269.....S8
フランギィ	Frangy	(74)..164...D11
フランクイユ	Francueil	(37)..111.....T7
ブランクール	Branscourt	(51)..130.....K7
ブランクフォール	Blanquefort	(33)....27...V15
フランクラン	Franclens	(74)..164...A11
ブランサ	Bransat	(03)..125.....N6
ブランザ	Blanzat	(63)..125...M11
フランサン	Francin	(73)..166...D15
ブランダ	Brindas	(69)..231...V13
ブランヌ	Branne	(33)....52.....K6
ブリアック	Bouliac	(33)....52.....D7
フリーユ	Fourilles	(03)..125.....N7
ブリエージュ	Bouriège	(11)..296...C14
ブリエール	Briare	(45)..124......I1
ブリエール	Pourrières	(83)..268.....F4
ブリエンシュヴィレール	Blienschwiller	(67)..144...E13
ブリオール	Briord	(01)..169...T13
ブリオン=サン=ティノサン	Brison-Saint-Innocent	(73)..165...U10
ブリオン=プレ=トゥエ	Brion-près-Thouet	(79)..103...T10
プリゴンリュー	Prigonrieux	(24)....78.....L7
ブリサック	Brissac	(34)..287.....P2
ブリサック=カンセ	Brissac-Quincé	(49)..106.....H3
フリスト	Feliceto	(2B)..277...O5
ブリゼ	Brizay	(37)..111.....O9
プリッセ	Prissé	(71)..223...S11
ブリニー	Bligny	(51)..129...R13
ブリニー	Bligny	(10)..137.....R8
ブリニェ	Brigné	(49)..106......I6
プリニャック=アン=メドック	Prignac-en-Médoc	(33)....27.....Q5
プリニャック=エ=マルカン	Prignac-et-Marcamps	(33)....65...S16
ブリニョル	Brignoles	(83)..268.....K6
ブリネー	Brinay	(18)..124...D10
ブリモン	Brimont	(51)..129.....U8
ブリュ=オーリアック	Brue-Auriac	(83)..268......I3
ブリュゲロール	Brugairolles	(11)..297...V6
プリュジリィ	Pruzilly	(71)..229.....S1
ブリュッシュ	Bruch	(47)....83...P12
ブリュニー=ヴォダンクール	Brugny-Vaudancourt	(51)..133...R14
ブリュニケル	Bruniquel	(32)....72....I15
ブリュニャン	Prugnanes	(66)..302.....D6
プリュネリ=ディ=フュモルボ	Prunelli-di-Fiumorbo	(2B)..277...R10
ブリュレー	Bruley	(54)..139...Q14
プリンセ	Prinçay	(36)..103...X13
プルイィ	Preuilly	(18)..124...E12
プルイィ	Prouilly	(51)..129...Q10
ブルイエ	Brouillet	(51)..129...N12
ブルーズ	Bouleuse	(51)..129...Q12
ブルーヤ	Brouilla	(66)..302...L12
フルーランス	Fleurance	(32)..306...G12
フルーリ	Fleurie	(69)..229.....S6
フルーリィ	Fleury	(11)..286....I14
フルーリィ=ラ=リヴィエール	Fleury-la-Rivière	(51)..133...S10
フルーリィ=レ=オーブレ	Fleury-les-Aubrais	(45)..118.....J4
フルーリエル	Fleuriel	(03)..125.....N7
フルーリュー=シュル=ラルブレル	Fleurieux-sur-l'Arbresle	(69)..231...V11
フルール	Floure	(11)..290.....F3
フルールヴィル	Fleurville	(71)..223.....W7
プルーン	Pruines	(12)....95...O5
フルク	Fourques	(66)..302...J12
ブルグイユ	Bourgueil	(37)..115...S13
ブルグハイム	Bourgheim	(67)..144...G10
プルシィ	Pourcy	(51)..129...S15
ブルシー=ル=グラン	Broussy-le-Grand	(51)..135...W9
プルシュー	Pourcieux	(83)..268.....G5
ブルゼ=レ=キサック	Brouzet-lès-Quissac	(30)..287.....T2
ブルソー	Boursault	(51)..133...Q12
プルタン	Pretin	(39)..155.....V4
ブルデル	Bourdelles	(33)....53...O15
ブルテルネール	Bouleternère	(66)..302...G10
フルデンハイム	Furdenheim	(67)..144...H4
ブルナゼル	Bournazel	(81)....74......I3
フルヌ=カバルデス	Fournes-Cabardès	(11)..297...X12
フルネス	Fournès	(30)..250...D12
ブルム=シュル=メール	Brem-sur-Mer	(85)..101...Q12
フレ	Flée	(72)..118.....B9
ブレ	Bourret	(82)....85.....S4
ブレ	Bray	(71)..223.....S5
フレイ	Fley	(71)..221...T13
フレイ	Fleys	(89)..179...N10
プレイ	Préhy	(89)..178...G16
プレイサック	Prayssac	(46)....70...E11
フレイヨスク	Flayosc	(83)..269...Q3
フレーヌ	Fresnes	(41)..118...B16
プレーヌ	Poulaines	(36)..118....I15
プレーン=サン=ランジュ	Plaines-Saint-Lange	(10)..137...N14
プレーン=セルヴ	Pleine-Selve	(33)....65.....P2
プレクサン	Preixan	(11)..297...X6
フレクスブール	Flexbourg	(67)..144.....E5
プレザンス	Plaisance	(24)....79...P13
プレザンス	Plaisance	(32)....91.....U5
フレジェロル	Fréjairolles	(81)....75...O10
ブレシニャック	Blésignac	(33)....52......I8
フレジュ	Fréjus	(83)..269.....V5
ブレジラック	Brézilhac	(11)..297.....U5
ブレス=シュル=グローヌ	Bresse-sur-Grosne	(71)..223.....S3
ブレスネ	Bresnay	(03)..125...O5
ブレゼ	Brézé	(49)..109...Q12
ブレソル	Bressols	(82)....85.....U4
ブレゾン=ゴイエ	Blaison-Gohier	(49)..103.....S7
プレッサン	Plaissan	(34)..287...O8
フレス	Fraisse	(24)....78.....I5
フレス=カバルデス	Fraisse-Cabardès	(11)..297...V13
フレッセ=デ=コルビエール	Fraissé-des-Corbières	(11)..291...P12
プレティ	Préty	(71)..223.....X4
ブレティニョル=シュル=メール	Brétignolles-sur-Mer	(85)..101...P12
フレテリーヴ	Fréterive	(73)..167...V12
ブレナン	Brainans	(39)..155.....S6
ブレニー=ル=カロー	Bleigny-le-Carreau	(89)..176...F6
ブレニャック	Blaignac	(33)....23...U14
プレニャック	Preignac	(33)....49.....U7
ブレニャン	Blaignan	(33)....27.....R5
フレネ=アン=レス	Fresnay-en-Retz	(44)..101.....P8
ブレノ=レ=トゥル	Blénod-lès-Toul	(54)..139...P16
プレノワゾー	Plainoiseau	(39)..158.....F9
フレビュアン	Frébuans	(39)..155...Q10
ブレム	Blesmes	(02)..132....I12
プレモー=プリセィ	Premeaux-Prissey	(21)..199...T15
ブレリー	Bréry	(39)..155.....R7
ブレレ	Bléré	(37)..111.....S6
ブレン	Brains	(44)..101.....Q6
ブレン=シュル=アロンヌ	Brain-sur-Allonnes	(49)..103.....U7
ブロヴァック	Blauvac	(84)..263...S11
プロヴェルヴィル	Proverville	(10)..137.....S6
ブロー=レ=サン=ルイ	Braud-et-Saint-Louis	(33)....65...O5
ブローザ	Plauzat	(63)..125...N14
フロージャグ	Flaujagues	(33)....53...P6
フロージャック	Flaugeac	(24)....79...M15
フロージャック=プジョル	Flaujac-Poujols	(46)....70...K14
フローズ	Frozes	(86)..103...V14
ブローズ	Broze	(81)....74...G8
フローセイユ	Frausseilles	(81)....74...G5
フローニャック	Flaugnac	(46)....72...E11
ブロキエ	Broquiès	(12)....95...R15
プロジャン	Projan	(32)....91.....Q5
プロション	Brochon	(21)..187...N15
ブロセー	Brossay	(49)..109...O12
ブロック	Bouloc	(31)....85.....V7
フロッセ	Frossay	(44)..101.....P5
プロプリアノ	Propriano	(2A)..277...O13
ブロマック	Blomac	(11)..295...M15
フロランサック	Florensac	(34)..287...N12
フロランタン	Florentin	(81)....74...J10
フロランタン=ラ=シャペル	Florentin-la-Capelle	(12)....95...Q4
フロレサ	Floressas	(46)....70...C13
ブロワ	Blois	(41)..111.....V4
ブロワ	Broyes	(51)..135.....T9
ブロワ=シュル=セイユ	Blois-sur-Seille	(39)..155...T8
フロワック	Floirac	(33)....52.....D6
プロンサ	Prompsat	(63)..125...M10
フロンサック	Fronsac	(33)....66...G15
フロンティニャン	Frontignan	(34)..299...W12
フロンテナ	Frontenas	(69)..225...R13
フロントナック	Frontenac	(33)....52.....K9
フロントネー	Frontenay	(39)..155...S7
フロントン	Fronton	(31)....85.....V6
ベイド=ベアルン	Baigts-de-Béarn	(64)....92...C10
ベイシャ=エ=カイヨー	Beychac-et-Caillau	(33)....52...F5
ペイリアック=ド=メール	Peyriac-de-Mer	(11)..291...N4
ペイリアック=ミネルヴォワ	Peyriac-Minervois	(11)..295...M12
ペイリエール	Peyrière	(47)....81...W12
ペイリュー	Peyrieu	(01)..169...V15
ペイリュス=ヴィエイユ	Peyrusse-Vieille	(32)...91...W5
ペイリュス=グランド	Peyrusse-Grande	(32)...91...X5
ペイルカーヴ	Peyrecave	(32)....83...V16
ペイルロー	Peyreleau	(12)....95...X12
ペイレストルト	Peyrestortes	(66)..302...K8
ペイロ=カゾーテ	Payros-Cazautets	(40)....91...O4
ペイロー	Peyraud	(07)..243...V5
ペイロール	Peyrole	(81)....74...G13
ペイロール	Peyrolles	(11)..296...F15
ペイロール=アン=プロヴァンス	Peyrolles-en-Provence	(13)..274....I13
ペヴィ	Pévy	(51)..129...Q9
ベヴィー	Bévy	(21)..185...N12
ベーヌ	Beine	(89)..178...V4
ベール=レタン	Berre-l'Etang	(13)..274...E15
ベオン	Béon	(01)..169...W12
ペガイロル=ド=ブエーグ	Pégairolles-de-Buèges	(34)..287....N4
ペガイロル=ド=レスカレット	Pégairolles-de-l'Escalette	(34)..286...K3
ベガダン	Bégadan	(33)....27....Q4
ベクサ	Baixas	(66)..302...K8
ベグル	Bègles	(33)....45....R2
ベゲ	Bèguey	(33)....52...H12
ペコラード	Pécorade	(40)....91...P4
ペサック	Pessac	(33)....47....N4
ペサック=シュル=ドルドーニュ	Pessac-sur-Dordogne	(33)....53...Q6
ベサン	Bessens	(82)....85.....T4
ベジエ	Béziers	(34)..286...J12
ベジュ=ル=ゲリー	Bézu-le-Guéry	(02)..132...D13
ペジラ=ド=コンフラン	Pézilla-de-Conflent	(66)..302...E8
ペジラ=ラ=リヴィエール	Pézilla-la-Rivière	(66)..302...J9
ペスカドワール	Pescadoires	(46)....70...D11
ペズナ	Pézenas	(34)..287...M6
ベスネー	Bessenay	(69)..231...U12
ベセー	Bessay	(85)..101...U13
ベダリード	Bédarrides	(84)..259...X13
ベッス=シュル=イソル	Besse-sur-Issole	(83)..269...M8
ベッソン	Besson	(03)..125...O5
ベドアン	Bédoin	(84)..263...R9
ベトラック	Bétracq	(64)....87...V13
ベトン	Bethon	(51)..135...Q14
ペニエ	Peynier	(13)..268...D5
ベニョー	Baigneaux	(33)....52...K10
ペノーティエ	Pennautier	(11)..297...W15

地名索引

日本語	フランス語	参照
ベノンス	Bénonces	(01)..169...T12
ペパン=デーグ	Peypin-d'Aigues	(84)..263...V14
ペピュー	Pépieux	(11)..295...O12
ベブレンハイム	Beblenheim	(68)..145....U4
ベライエ	Bélaye	(46)....70...E13
ベランクス	Bérenx	(64)....92...B11
ペリ	Peri	(2A)..279...W10
ベリー	Berrie	(86)..109...Q14
ペリサック	Périssac	(33)....23....S8
ペリサンヌ	Pélissanne	(13)..274...E13
ペリニー	Perrigny	(39)..155...S10
ペリニャ=レ=サルリエーヴ	Pérignat-lès-Sarliève	(63)..125...N13
ベリュ	Berru	(51)..131....S7
ベリュ	Béru	(89)..179...P11
ペルアイユ=レ=ヴィーニュ	Pellouailles-les-Vignes	(49)..103....R5
ベルヴァル=スー=シャティヨン	Belval-sous-Châtillon	(51)..133....L2
ベルヴィラー	Berwiller	(68)..145...S14
ベルヴィル	Belleville	(69)..225....U7
ペルヴィル	Perville	(82)....83...V12
ベルヴェーズ=デュ=ラゼス	Belvèze-du-Razès	(11)..297....T6
ベルヴェデール=カンポモロ	Belvédère-Campomoro	(2A)..277...O13
ベルガルド	Bellegarde	(81)....75....P9
ベルガルド	Bellegarde	(30)..298...E12
ベルガルド=デュ=ラゼス	Bellegarde-du-Razès	(11)..297....T7
ベルグハイム	Bergheim	(68)..145....V3
ベルグビーテン	Bergbieten	(67)..144....F5
ベルゴデール	Belgodère	(2B)..277....P5
ベルゴルツ	Bergholtz	(68)..145...T12
ベルゴルツ=ツェル	Bergholtz-Zell	(68)..145...Z11
ベルザイヤン	Bersaillin	(39)..155....S6
ベルジェール	Bergères	(10)..137....S8
ベルジェール=スー=モンミラーユ	Bergères-sous-Montmirail	(51)..135....Q7
ベルジェール=レ=ヴェルテュ	Bergères-les-Vertus	(51)..134...D15
ベルシュ	Boersch	(67)..144....E8
ベルジュラック	Bergerac	(24)....79...N8
ベルステット	Berstett	(67)..144.....I1
ベルゼ=ラ=ヴィル	Berzé-la-Ville	(71)..223...R10
ベルゼ=ル=シャテル	Berzé-le-Châtel	(71)..223....R9
ベルセール	Bellesserre	(31)....85....L9
ベルソン	Berson	(33)....65...P12
ベルチュイ	Pertuis	(84)..263..U16
ベルティニョル	Bertignolles	(10)..137...P10
ベルナック	Bernac	(81)....74.....J8
ベルナルドヴィレール	Bernardswiller	(67)..144....F9
ベルナルドヴィレ	Bernardvillé	(67)..144...F10
ベルナン=ヴェルジュレス	Pernand-Vergelesses	(21)..204....F6
ベルニ	Bernis	(30)..298...B12
ベルヌ=レ=フォンテーヌ	Pernes-les-Fontaines	(84)..263...Q11
ベルヌイユ	Bernouil	(89)..176......I4
ペルネード	Bernède	(32)....91...Q3
ベルノン=シュル=ブレンヌ	Vernon-sur-Brenne	(37)..117....S7
ベルバ	Bellebat	(33)....52....J9
ベルピニャン	Perpignan	(66)..302....L9
ベルフォール=デュ=ケルシー	Belfort-du-Quercy	(46)....72..G12
ベルフォン	Bellefond	(33)....52....K9
ベルベーズ	Belbèse	(82)....85....P4
ベルモン=ダゼルグ	Belmont-d'Azergues	(69)..225...R15
ベルモン=リュテジュー	Belmont-Luthézieu	(01)..169...V11
ベルモンテ	Belmontet	(46)....72...B10
ベルル	Berlou	(34)..285...O12
ペレ	Péret	(34)..285....V11
ベレー	Belley	(01)..169..W14
ペレグルー	Pellegrue	(33)....53....Q9
ベレスタ	Bélesta	(66)..302...G9
ベロック	Bellocq	(64)....92...B10
ペロンヌ	Péronne	(71)..223....U8
ベンウィール	Bennwihr	(68)..145....U5
ポイヤック	Pauillac	(33)....39....V8
ボーヴォワール=シュル=ニオール	Beauvoir-sur-Niort	(79)..304..D11
ボーヴォワザン	Beauvoisin	(30)..298..B13
ボーエン	Boën	(42)..125..W12
ボーケール	Beaucaire	(30)..298..G11
ボージャンシー	Beaugency	(45)..118...H6
ボージョー	Beaujeu	(69)..225...Q6
ボーチラン	Beautiran	(33)....45....S5
ボーヌ	Beaune	(21)..207...V12
ボーネイ	Beaunay	(51)..135....W5
ボーピュイ	Beaupuy	(47)....81...U13
ボーピュイ	Beaupuy	(82)....85....P4
ボーフォール	Beaufort	(39)..155...P12
ボーフォール	Beaufort	(34)..295...R11
ボーフォール=シュル=ジェルヴァンヌ	Beaufort-sur-Gervanne	(26)..249...R11
ボーマルシェ	Beaumarchés	(32)....91....V5
ボーム=ド=ヴニーズ	Beaumes-de-Venise	(84)..253...V15
ボーム=レ=メシュー	Baume-les-Messieurs	(39)..155....S9
ボーメット	Beaumettes	(84)..263...R13
ボーモン	Beaumont	(86)..103...X13
ボーモン	Beaumont	(63)..125..M12
ボーモン=アン=ヴェロン	Beaumont-en-Véron	(37)..113...O12
ボーモン=シュル=ヴェル	Beaumont-sur-Vesle	(51)..131...T11
ボーモン=シュル=デーム	Beaumont-sur-Dême	(72)..118..C10
ボーモン=デュ=ヴァントゥー	Beaumont-du-Ventoux	(84)..263....R9
ボーモン=ド=ペルチュイ	Beaumont-de-Pertuis	(84)..263..W15
ボーモン=ド=ロマーニュ	Beaumont-de-Lomagne	(82)....85....Q5
ボーモン=モントゥー	Beaumont-Monteux	(26)..248..D16
ポーラン	Paulhan	(34)..285..W12
ポーリーヌ	Pauligne	(11)..296..C12
ボーリュー	Beaulieu	(34)..287....T5
ボーリュー=シュル=レヨン	Beaulieu-sur-Layon	(49)..106....E4
ボーリュー=シュル=ロワール	Beaulieu-sur-Loire	(45)..124......I9
ボール	Baule	(45)..118....I5
ポール	Paulhe	(12)....95..W13
ポール=ヴァンドル	Port-Vendres	(66)..303...P14
ポール=サン=ペール	Port-Saint-Père	(44)..101...Q7
ポール=サント=フォワ=エ=ポンシャ	Port-Sainte-Foy-et-Ponchapt	(24)....78...G8
ポール=ド=ブー	Port-de-Bouc	(13)..274..D16
ポール=ラ=ヌーヴェル	Port-la-Nouvelle	(11)..291....V9
ポール=レスネ	Port-Lesney	(39)..155....V6
ボールガール=ヴァンドン	Beauregard-Vendon	(63)..125..N10
ボシュガン	Bossugan	(33)....53....N7
ポセ=シュル=シス	Pocé-sur-Cisse	(37)..111...V15
ボダロー	Bosdarros	(64)....89...V13
ボダンサック	Podensac	(33)....45....U6
ポッジオ=ディ=ナッザ	Poggio-di-Nazza	(2B)..277...R10
ポッジオ=ドレッタ	Poggio-d'Oletta	(2B)..278...D15
ポッジオ=メッサーナ	Poggio-Mezzana	(2B)..277....S6
ボニー=シュル=ロワール	Bonny-sur-Loire	(45)..124.....J9
ボニファチオ	Bonifacio	(2A)..277...Q16
ボニュー	Bonnieux	(84)..263...S14
ボヌイユ	Bonneil	(02)..132...F13
ボヌタン	Bonnetan	(33)....52....F7
ボネ=エ=サントーバン	Ponet-et-Saint-Auban	(26)..249...T11
ボネー	Bonnay	(71)..223...Q4
ボビニー	Baubigny	(21)..201...O11
ポマ	Pomas	(11)..296...E11
ポマール	Pommard	(21)..208...F11
ポミエ	Pommiers	(69)..225...S12
ボム	Bommes	(33)....49...P11
ポムロール	Pomerol	(33)....61....T5
ポムロール	Pomerols	(34)..287...N11
ポヨル	Poyols	(26)..249..V16
ポリオネー	Pollionnay	(69)..231...V13
ポリジィ	Polisy	(10)..136....L12
ポリゾ	Polisot	(10)..136....L12
ポリニー	Poligny	(39)..155....T6
ポリュー	Pollieu	(01)..169..W13
ボルゴ	Borgo	(2B)..277....S5
ボルシュ	Baurech	(33)....52....E9
ポルテ	Portet	(64)....87...S11
ポルテ	Portets	(33)....45....T5
ポルテル=デ=コルビエール	Portel-des-Corbières	(11)..291...Q8
ポルト=ヴェッキオ	Porto-Vecchio	(2A)..277...R14
ボルヌ=アン=ブリ	Baulne-en-Brie	(02)..132...L14
ボルム=レ=ミモザ	Bormes-les-Mimosas	(83)..269...P12
ボレーヌ	Bollène	(84)..250....F6
ポレストル	Pollestres	(66)..302...L11
ポレミュ=オー=モン=ドール	Poleymieux-au-Monts-d'Or	(69)..231...X11
ボワイエ	Boyer	(71)..223....V3
ボワイユー=サン=ジェローム	Boyeux-Saint-Jérôme	(01)..169....T9
ボワスロン	Boisseron	(34)..287....V4
ボワッス	Boisse	(24)....79...S13
ポワリィ	Poilly	(51)..129...Q13
ポワリィ=シュル=セラン	Poilly-sur-Serein	(89)..179...P15
ポン	Pons	(17)..304...D14
ポン=サン=テスプリ	Pont-Saint-Esprit	(30)..250....E6
ポン=サン=マルタン	Pont-Saint-Martin	(44)..101....R7
ポン=ド=リゼール	Pont-de-l'Isère	(26)..248..C16
ポン=ド=リュアン	Pont-de-Ruan	(37)..111....Q7
ポンサン	Poncin	(01)..169....S8
ポンシルク	Pontcirq	(46)....70...F10
ポンテイラ	Ponteilla	(66)..302...K11
ポンテクス	Pontaix	(26)..249...T12
ポンテヴェス	Pontevès	(83)..268...K3
ポントルヴォワ	Pontlevoy	(41)..111...V14
ポンヌヴィル	Bonneville	(74)..163...S16
ボンヌヴィル=エ=サン=タヴィ=ド=F	Bonneville-et-St-Avit-de-F	(24)....78...D7
ポンピィ	Pompiey	(47)....83...N12
ポンピニャック	Pompignac	(33)....52....E5
ポンピニャン	Pompignan	(82)....85....U6
ポンファヴェルジェ=モロンヴィリエ	Pontfaverger-Moronvilliers	(51)..131....X6
ポンポール	Pomport	(24)....79..M10

<マ>

日本語	フランス語	参照
マイィ=シャンパーニュ	Mailly-Champagne	(51)..131...S11
マイエ	Maillé	(86)..103...V14
マイラック	Mailhac	(11)..295...T11
マヴィリー=マンドロ	Mavilly-Mandelot	(21)..201...O6
マグリー	Magrie	(11)..296..D13
マコー	Macau	(33)....27...V13
マコルネ	Macornay	(39)..155...R10
マコン	Mâcon	(71)..223...V12
マザン	Mazan	(84)..263...R10
マザンジェ	Mazangé	(41)..118....E8
マシー	Massy	(71)..223...Q6
マジオン	Mazion	(33)....65....O9
マシニュー=ド=リーヴ	Massignieu-de-Rives	(1)..169...X14
マシュガ	Massugas	(33)....53....Q8
マシュクル	Machecoul	(44)..101...P8
マス=グルニエ	Mas-Grenier	(82)....85....S5
マズイユ	Mazeuil	(86)..103...V12
マスカラース=アロン	Mascaraàs-Haron	(64)....87....S3
マスリーヴ	Maslives	(41)..118...B14
マゼール	Mazères	(33)....45....V10
マゼール=ルゾン	Mazères-Lezons	(64)....89...V11
マゼロール=デュ=ラゼス	Mazerolles-du-Razès	(11)..297....T6
マソーニュ	Massognes	(86)..103...U13
マソンジィ	Massongy	(74)..163...Q7
マタ	Matha	(17)..304...E12
マッセ	Massais	(79)..103...R10
マディラック	Madirac	(33)....52....F9
マディラン	Madiran	(65)....87..W12
マトネー	Mathenay	(39)..157...R5
マニー=レ=ヴィレール	Magny-lès-Villers	(21)..185..Q15
マニュー	Magnieu	(1)..169..W13
マノスク	Manosque	(4)..275...T13
マラタヴェルヌ	Malataverne	(26)..250....F2
マラン	Marin	(74)..163....V4
マランジュ=シルヴァンジュ	Marange-Silvange	(57)..139....U3
マリニー	Maligny	(89)..178....G4
マリニー=ブリゼ	Marigny-Brizay	(86)..103..W13
マリニエ	Marignier	(74)..163..U16
マリニュー	Marignieu	(1)..169..W13
マリュール	Marieulles	(57)..139....S9
マルイユ=シュル=アイ	Mareuil-sur-Aÿ	(51)..133..W12
マルイユ=シュル=シェール	Mareuil-sur-Cher	(41)..111....V7
マルイユ=シュル=レイ=ディセ	Mareuil-sur-Lay-Dissais	(85)..101..U13
マルイユ=ル=ポール	Mareuil-le-Port	(51)..113...P11
マルヴ=ザン=ミネルヴォワ	Malves-en-Minervois	(11)..294...T13
マルヴァル	Malleval	(42)..242...B11
マルヴィエ	Malviès	(11)..297....V7
マルキサーヌ	Marquixanes	(66)..302...E11
マルクー	Marcoux	(42)..125..X13
マルゲ=メイメス	Margoûet-Meymès	(32)....91....V3
マルゲロン	Margueron	(33)....53....L8
マルゴー	Margaux	(33)....31....R6
マルサ	Marsas	(33)....65..V14
マルサネー=ラ=コート	Marsannay-la-Côte	(21)..187....Q7
マルサル	Marsal	(81)....75...R9
マルシアック	Marciac	(32)..306..D14
マルシィ	Marcy	(69)..231....S13
マルシィ=レトワール	Marcy-l'Etoile	(69)..231..W12
マルシャック	Marcillac	(33)....65...R4
マルシャック=ヴァロン	Marcillac-Vallon	(12)....95....O6
マルシャン	Marchampt	(69)..225...Q7
マルシリィ=アン=ボース	Marcilly-en-Beauce	(41)..118...F9
マルシリィ=ダルゼルグ	Marcilly-d'Arzergues	(69)..231..W13
マルシリィ=ル=シャテル	Marcilly-le-Châtel	(42)..125..X13
マルスネ	Marcenais	(33)....65..W14
マルセィ	Marçay	(37)..111...N9
マルセイエット	Marseillette	(11)..294...L15
マルセリュ	Marcellus	(47)....81..C14
マルソン	Marçon	(72)..118..C10
マルティーグ	Martigues	(13)..274...E15
マルディエ	Mardié	(45)..118....K4
マルティネ=ブリアン	Martigné-Briand	(49)..106....H7
マルティヤック	Martillac	(33)....47..U14
マルテリー=レ=ブランション	Martailly-lès-Brancion	(71)..223....S12
マルドゥイユ	Mardeuil	(51)..133....S12
マルトル	Martres	(33)....52...K10
マルノーズ	Marnoz	(39)..155....V4
マルフォー	Marfaux	(51)..129....S14
マルマンド	Marmande	(47)....81..T14
マルモール	Mallemort	(13)..274...F11

327

地名索引

日本語	フランス語	参照
マルモール=デュ=コンタ	Malmort-du-Comtat	(84)..263..R11
マルモン=パシャ	Marmont-Pachas	(47)....83..R14
マルラ	Malras	(11)..296....C12
マルレンハイム	Marlenheim	(67)..144....G4
マレ	Malay	(71)..223....R3
マレ=レ=フュセ	Marey-lès-Fussey	(21)..185..P15
マロー=オー=プレ	Mareau-aux-Prés	(45)..118......I5
マローザ	Malauzat	(63)..125..M11
マロセーヌ	Malaucène	(84)..263....R9
マングロン	Menglon	(26)..249..W14
マンザック	Minzac	(24)....78....C3
マンシー	Mancy	(51)..133..T14
マンシィ	Mancey	(71)..223..U3
マンデュエル	Manduel	(30)..298..E11
マントリー	Mantry	(39)..155..R7
マンル	Mansle	(16)..304..G12
ミエリ	Miéry	(39)..155..T7
ミエンヌ	Myennes	(58)..124..K10
ミジェ	Migé	(89)..176..D9
ミセ	Missé	(79)..103..T11
ミッテルヴィール	Mittelwihr	(68)..145..T4
ミッテルベルグハイム	Mittelbergheim	(67)..144....E11
ミネ=オークサンス	Migné-Auxances	(86)..103..W14
ミネルヴ	Minerve	(34)..295..R9
ミメ	Mimet	(13)..268..B6
ミヤン	Myans	(73)..166..C14
ミュール	Murs	(84)..263..S12
ミュール=エリネ	Mûrs-Erigné	(49)..106..F2
ミュシー=シュル=セーヌ	Mussy-sur-Seine	(10)..137..O15
ミュジエージュ	Musièges	(74)..164..E12
ミュツィグ	Mutzig	(67)..144..F7
ミュティニー	Mutigny	(51)..133..V11
ミュルヴィエル=レ=ベジエ	Murviel-lès-Béziers	(34)..285..K14
ミュルヴィエル=レ=モンペリエ	Murviel-lès-Montpellier	(34)..287..P7
ミュルル	Murles	(34)..287..Q6
ミラ	Millas	(66)..302..I9
ミラヴェ	Milhavet	(81)....74..J5
ミラベル	Mirabel	(82)....72..K4
ミラベル=エ=ブラコン	Mirabel-et-Blacons	(26)..249..Q13
ミラベル=オー=バロニー	Mirabel-aux-Baronnies	(26)..250..J5
ミラボー	Mirabeau	(84)..263..W15
ミラモン=サンサック	Miramont-Sensacq	(40)....91..P5
ミランボー	Mirambeau	(17)..304..D15
ミリー=ラマルティーヌ	Milly-Lamartine	(71)..223..R11
ミルヴァル	Mireval	(34)..299..W8
ミルフルール	Mirefleurs	(63)..125..N13
ミルペセ	Mirepeisset	(11)..295..V12
ミルボー	Mirebeau	(86)..103..V12
ミレリ	Millery	(69)..231..W15
ミロー	Milhaud	(30)..298..B12
ミロー	Millau	(12)....95..W14
ムイレィ	Meuilley	(21)..185..P13
ムー	Moux	(11)..290......J3
ムード=シュル=ロワール	Muides-sur-Loire	(41)..118..C14
ムーヌ	Meusnes	(41)..111....W7
ムーラン	Mourens	(33)....52..J12
ムーラン	Mourenx	(64)....92..E13
ムーラン=ヌフ	Moulin-Neuf	(24)....78....C2
ムーリ=アン=メドック	Moulis-en-Médoc	(33)....35....T8
ムーリエ=エ=ヴィルマルタン	Mouliets-en-Villemartin	(33)....53....N6
ムーレ	Mouret	(12)....95..O6
ムーレス=エ=ボースル	Moulès-et-Baucels	(34)..287....R1
ムーレディエ	Mouleydier	(24)....79..R7
ムーロン	Moulon	(33)....52......J6
ムシー	Moussy	(51)..133..S13
ムジイ=トゥレ	Mouzieys-Teulet	(81)....75..P11
ムジイ=パラン	Mouzieys-Panens	(81)....74..H3
ムシャール	Mouchard	(39)..155..U3
ムジロン	Mouzillon	(44)..101....T7
ムスーラン	Moussoulens	(11)..297..T14
ムスティエ	Moustier	(47)....81..V11
ムゼイユ	Mouzeil	(44)..101..T3
ムゼル	Mezel	(63)..125..N12
ムヌトゥ=シュル=ナオン	Menetou-sur-Nahon	(36)..118..I14
ムヌトゥ=ラテル	Menetou-Râtel	(18)..123..T10
ムネトリュ=ル=ヴィニョブル	Ménétru-le-Vignoble	(39)..159..V11
ムフィー	Mouffy	(89)..176..D10
ムリア	Meria	(2B)..277..S2
ムリエス	Mouriès	(13)..274..B11
ムルヴィル	Meurville	(10)..137..Q7
ムルソー	Meursault	(21)..213..U10
ムロワゼ	Meloisey	(21)..201..O8
ムン=シュル=ロワール	Meung-sur-Loire	(45)..118..I5
メイナル	Maynal	(39)..155..P12
メイヌ	Meynes	(30)..298....F9
メイラール	Meillard	(3)..125..N5
メイラン=シュル=ガロンヌ	Meilhan-sur-Garonne	(47)....81..S13
メイロンヌ	Mayronnes	(11)..290....G8
メウーヌ=レ=モンリュー	Méounes-lès-Montrieux	(83)..268......J8
メーヴ=シュル=ロワール	Mesves-sur-Loire	(58)..121..R16
メエール	Méhers	(41)..111....W6
メーズ	Mèze	(34)..287..O11
メサ	Messas	(45)..118....H5
メサンジェ	Mésanger	(44)..101..U4
メサンジュ	Messanges	(21)..185..O12
メジ=ムーラン	Mézy-Moulins	(2)..132..J11
メシア=シュル=ソルヌ	Messia-sur-Sorne	(39)..155..R10
メジエール=レ=クレリー	Mézières-lez-Cléry	(45)..118......I5
メシミー	Messimy	(69)..231..V14
メスクル	Mescoules	(24)....79..M12
メステリュー	Mesterrieu	(33)....53..O12
メゾヌーヴ	Maisonneuve	(86)..103..U13
メゾン	Maisons	(11)..290..J13
メタミ	Méthamis	(84)..263..S11
メドン=シュル=セーヴル	Maisdon-sur-Sèvre	(44)..101....T7
メネ	Mesnay	(39)..157..W7
メネトレオル=スー=サンセール	Ménétréol-sous-Sancerre	(18)..123..W11
メネトロル	Ménétrol	(63)..125..N11
メネルブ	Ménerbes	(84)..263..S14
メラルグ	Meyrargues	(13)..274..I13
メラン	Mesland	(41)..111..U12
メランドール	Mérindol	(84)..263..R15
メランドール=レ=ゾリヴィエ	Mérindol-les-Oliviers	(26)..250..K6
メリー=プレムシー	Mery-Prémecy	(51)..129..R12
メリニャ	Mérignas	(33)....53..M8
メリニャ	Mérignat	(1)..169..T8
メリニャック	Mérignac	(33)....47..L1
メリフォン	Mérifons	(34)..286....K7
メルイユ	Meyreuil	(13)..272..E15
メルキュエス	Mercuès	(46)....70..I11
メルキュレ	Mercurey	(71)..221..V5
メルキュロル	Mercurol	(26)..248..C13
メルセ	Mellecey	(71)..221..W6
メルフィ	Merfy	(51)..129....S9
メルロー	Merlaut	(51)..136..E14
メレィ=シュル=アルス	Merrey-sur-Arce	(10)..137..M11
モーヴ	Mauves	(7)..244..D11
モーヴ=シュル=ロワール	Mauves-sur-Loire	(44)..101..T5
モーギョ	Mauguio	(34)..287..U7
モーザック	Meauzac	(82)....85..T1
モーサン=レ=ザルピーユ	Maussane-les-Alpilles	(13)..274..B11
モーゼ=トゥアルセ	Mauzé-Thouarsais	(79)..103..S10
モーヌ	Mosnes	(37)..111..W15
モーベック	Maubec	(84)..263..R13
モーミュソン=ラギアン	Maumusson-Laguian	(32)....87..V10
モーラン	Maurens	(24)....79..O5
モーリアック	Mauriac	(33)....53..N9
モーリィ	Maury	(66)..302..G6
モーリー	Mauries	(40)....91..P5
モールー	Mauroux	(46)....70..A13
モーレイヤ=ラス=イラス	Maureillas-las-Illas	(66)..302..K15
モスチュエジュル	Mostuéjouls	(12)....95..X11
モゼ=シュル=ルエ	Mozé-sur-Louet	(49)..106..E3
モッツ	Motz	(73)..165..T3
モデーヌ	Modène	(84)..263..R10
モナシア=ドーレーヌ	Monacia-d'Aullène	(2A)..277..P14
モニエール	Monnières	(44)..101..T7
モネ	Monay	(39)..155..S6
モネーン	Monein	(64)....89..P9
モネスティエ	Monestier	(24)....78..J11
モネテ=シュル=アリエ	Monétay-sur-Allier	(3)..125..O6
モラン	Moslins	(51)..133..T15
モラン=シュル=ウーヴェーズ	Mollans-sur-Ouvèze	(26)..250..J7
モランジ	Morangis	(51)..133..S15
モランセ	Morancé	(69)..225..T14
モランボス	Molamboz	(39)..157..R5
モリエール	Molières	(82)....72..E13
モリエール=グランダ	Molières-Glandaz	(26)..249..V13
モリエール=レ=アヴィニョン	Morières-lès-Avignon	(84)..250..G12
モリシェール	Maulichères	(32)....91..S3
モリゼス	Morizès	(33)....53..M14
モリヌフ	Molineuf	(41)..111..W10
モルジグリャ	Morsiglia	(2B)..277..R2
モルスハイム	Molsheim	(67)..144..G6
モルティファオ	Moltifao	(2B)..277..Q6
モルナス	Mornas	(84)..250..F7
モルナン	Mornant	(69)..231..V15
モルモワロン	Mormoiron	(84)..263..R10
モレ=サン=ドニ	Morey-Saint-Denis	(21)..193..T4
モローグ	Morogues	(18)..124..J4
モロージュ	Moroges	(71)..221..U9
モローム	Molosmes	(89)..176..L4
モロザグリャ	Morosaglia	(2B)..277..R6
モワラックス	Moirax	(47)....83..S13
モワレ	Moiré	(69)..225..R13
モワロン	Moiron	(39)..155..R11
モン=サン=ペール	Mont-Saint-Père	(02)..132..J11
モン=ディス	Mont-Disse	(64)....87..T12
モン=プレ=シャンボール	Mont-près-Chambord	(41)..118..B15
モン=ル=ヴィニョブル	Mont-le-Vignoble	(54)..139..Q15
モンカール	Moncale	(2B)..277..O6
モンガイヤール	Mongaillard	(47)....83..O12
モンガイヤール	Montgaillard	(40)....91..N2
モンガイヤール	Montgaillard	(11)..290..J13
モンカレ	Montcaret	(24)....78..C7
モンキュ	Montcuq	(46)....72..C10
モンギュー	Montgueux	(10)..136..K8
モンクラ	Moncla	(64)....87..S11
モンクラー	Montclar	(11)..297..W6
モンクラー=シュル=ジェルヴァンヌ	Montclar-sur-Gervanne	(26)..249..R12
モンクリュ	Montclus	(30)..250..B6
モンコー	Moncaup	(64)....87..W14
モンコー	Moncaut	(47)....83..Q13
モンゴージィ	Mongauzy	(33)....53..P15
モンサギュエル	Monsaguel	(24)....79..Q12
モンジャン=シュル=ロワール	Montjean-sur-Loire	(49)..103..O6
モンジュノ	Montgenost	(51)..135..Q15
モンジョア	Montjoi	(82)....83..W12
モンジョー	Monjaux	(12)....95..T13
モンズ	Monze	(11)..290..E4
モンスエ	Montsoué	(40)....91..N2
モンセギュール	Monségur	(33)....53..Q12
モンセギュール=シュル=ローゾン	Montségur-sur-Lauzon	(26)..250..G4
モンセレ	Montséret	(11)..291..O6
モンソー=ラニー	Montceaux-Ragny	(71)..223..U2
モンソロー	Montsoreau	(49)..109..S11
モンターニャ=ル=ルコンデュイ	Montagna-le-Reconduit	(39)..155..P14
モンターニュ	Montagne	(33)....59..R13
モンタグーダン	Montagoudin	(33)....53..O14
モンタゼル	Montazels	(11)..296..D15
モンタゾー	Montazeau	(24)....78..E6
モンタニー	Montagny	(69)..231..W15
モンタニー=レ=ビュクシー	Montagny-lès-Buxy	(71)..221..U11
モンタニャック	Montagnac	(34)..287..M10
モンタニャック=シュル=オーヴィニョン	Montagnac-sur-Auvignon	(47)....83..P13
モンタニュー	Montagnieu	(01)..169..T13
モンタボン	Montabon	(72)..118..B10
モンタルザ	Montalzat	(82)....72..G13
モンタルバ=ル=シャトー	Montalba-le-Château	(66)..302..F9
モンタン	Montans	(81)....74..G11
モンティラ	Montirat	(11)..290..D3
モンティエ=アン=イール	Montier-en-L'Isle	(10)..137..S5
モンティセロ	Monticello	(2B)..277..P5
モンティニー	Montigny	(18)..123..S16
モンティニー=シュル=ヴェール	Montigny-sur-Vesle	(51)..129..P9
モンティニー=レ=ザルシュール	Montigny-lès-Arsures	(39)..157..V5
モンティニャック	Montignac	(33)....52..J10
モンティリエ	Montilliers	(49)..103..Q8
モンテイン	Montain	(39)..155..R9
モンテーヌ	Montaïn	(82)....85..S4
モンテギュ	Montaigu	(39)..155..R10
モンテギュ=ド=ケルシー	Montaigu-de-Quercy	(82)....72..A10
モンテグロッソ	Montegrosso	(2B)..277..O5
モンテスキュー	Montesquieu	(47)....83..Q12
モンテスキュー	Montesquieu	(34)..286..K8
モンテスキュー	Montesquiou	(32)..306..E14
モンテスキュー=デ=ザルベール	Montesquieu-des-Albères	(66)..302..L14
モンテスコ	Montescot	(66)..303..M11
モンテック	Montech	(82)....85..T4
モンテューサン	Montussan	(33)....52..F4
モンテュレル	Monthurel	(02)..132..J13
モンテリー	Monthelie	(21)..211..V11
モンテル	Montels	(81)....74..F7
モント	Monte	(2B)..277..R6
モントゥー=シュル=シェール	Monthou-sur-Cher	(41)..111..V6
モントゥー=シュル=ビエーヴル	Monthou-sur-Bièvre	(41)..111..U5
モンドゥメルク	Montdoumerc	(46)....72..G11
モントゥリエ	Montouliers	(34)..295..W10
モントゥリュー	Montoulieu	(34)..287..R1
モントー	Monteaux	(41)..111..U12
モントージュン	Montlauzun	(46)....72..C11
モントール	Montord	(03)..125..N7
モントトン	Monteton	(47)....81..V12
モンドマン=モンジヴルー	Mondement-Montgivroux	(51)..135..T8
モンドラゴン	Mondragon	(84)..250..F7

地名索引

読み	名称	参照
モントリエ	Montholier	(39)..155.....S5
モントリオル	Montauriol	(66)..302...I12
モントリシャール	Montrichard	(41)..111.....U6
モントリュー	Montolieu	(11)..297..U13
モントルイユ=アン=トゥーレーヌ	Montreuil-en-Touraine	(37)..111...U14
モントルイユ=オー=リオン	Montreuil-aux-Lions	(02)..132...C13
モントルイユ=ベレー	Montreuil-Bellay	(49)..109...P13
モントルレ	Montrelais	(44)..101.....V4
モントロン	Monthelon	(51)..133...T14
モントワール=シュル=ル=ロワール	Montoire-sur-le-Loir	(41)..118.....E9
モンネール	Montner	(66)..302.....H8
モンバザン	Montbazin	(34)..287.....Q9
モンバジヤック	Monbazillac	(24)....79..O10
モンバドン	Monbadon	(33)....67..V12
モンパルティエ	Montbartier	(82)....85.....U4
モンプイヤン	Montpouillan	(47)....81...T15
モンフェルミエ	Montfermier	(82)....72..F12
モンフォール	Montfort	(49)..103.....S8
モンフォール=シュル=アルジャン	Montfort-sur-Argens	(83)..268.....L4
モンフォコン	Monfaucon	(24)....78.....H5
モンプザ	Monpezat	(64)....87..V14
モンプザ=ド=ケルシー	Montpezat-de-Quercy	(82)....72..F12
モンプトン	Montbeton	(82)....85.....T3
モンフュロン	Montfuron	(04)..275..S13
モンフラン	Montfrin	(30)..250..D13
モンブラン=デ=コルビエール	Montbrun-des-Corbières	(11)..290.....K2
モンプランブラン	Monprimblanc	(33)....52...I15
モンブリエ	Mombrier	(33)....65..Q13
モンブリゾン	Montbrison	(26)..250.....I3
モンブレ	Montbré	(51)..131...Q10
モンペイルー	Montpeyroux	(24)....78.....C5
モンペイルー	Montpeyroux	(34)..287.....N6
モンベール	Montbert	(44)..101.....X4
モンペリエ	Montpellier	(34)..287.....S7
モンベレ	Montbellet	(71)..223.....W7
モンマダレス	Monmadalès	(24)....79..R11
モンマルヴェス	Monmarvès	(24)....79..R13
モンミラー	Montmirat	(30)..287.....N4
モンムラ=サン=ソルラン	Montmelas-Saint-Sorlin	(69)..225..R10
モンメリアン	Montmélian	(73)..167..R15
モンモール=アン=ディワ	Montmaur-en-Diois	(26)..249..U14
モンモロー	Montmorot	(39)..155..R10
モンリヴォー	Montlivault	(41)..118..B14
モンリュー=ラ=ガルド	Montlieu-la-Garde	(17)..304..D15
モンルイ=シュル=ロワール	Montlouis-sur-Loire	(37)..117.....S9
モンレアル	Montréal	(11)..297.....U5
モンレアル	Montréal	(32)..306..D11
モンロール	Montlaur	(11)..290.....G5
モンロール=アン=ディワ	Montlaur-en-Diois	(26)..249..V15

＜ヤ＞

読み	名称	参照
ユイエ	Huillé	(49)..103.....S4
ユイソー=シュル=コソン	Huisseau-sur-Cosson	(41)..118..A14
ユイム	Huismes	(37)..113..Q10
ユール	Hure	(33)....23..V14
ユクラ=デュ=ボスク	Usclas-du-Bosc	(34)..287.....M5
ユシジー	Uchizy	(71)..223.....V6
ユジナン	Usinens	(74)..164..B12
ユショー	Uchaud	(30)..298..A12
ユショー	Uchaux	(84)..250.....G7
ユスラン=レ=シャトー	Husseren-les-Château	(68)..145.....S8
ユゾ	Uzos	(64)....89..W11
ユソー	Usseau	(86)..103..X12
ユナヴィール	Hunawihr	(68)..145...T4
ユフォルツ	Uffholtz	(68)..145..R15
ユリニー	Hurigny	(71)..223..U11
ユルヴィル	Urville	(10)..137.....S8
ユルゴン	Urgons	(40)....91.....N4
ユルシエール	Urciers	(36)..124..K15
ユルタカ	Urtaca	(2B)..277.....Q5
ユンブリニー	Humbligny	(18)..124.....K4

＜ラ＞

読み	名称	参照
ラ・ヴァレット=デュ=ヴァール	La Valette-du-Var	(83)..268..J12
ラ・ヴァレンヌ	La Varenne	(49)..103.....M7
ラ・ヴィヌーズ	La Vineuse	(71)..223.....Q7
ラ・ヴィル=デュー=デュ=タンプル	La Ville-Dieu-du-Temple	(82)....85.....T2
ラ・ヴェルネル	La Vernelle	(36)..118...I14
ラ・エ=フアシエール	La Haie-Fouassière	(44)..101.....S6
ラ・カディエール=ダジュール	La Cadière-d'Azur	(83)..270..E12
ラ・ガルド	La Garde	(83)..268..J13
ラ・ガルド=アデメール	La Garde-Adhémar	(26)..250.....F4
ラ・ガルド=フレネ	La Garde-Freinet	(83)..269.....R8
ラ・クテュール	La Couture	(85)..101...T13
ラ・クレッス	La Cresse	(12)....95..W12
ラ・クロ	La Crau	(83)..268..K12
ラ・クロワ=アン=トゥーレーヌ	La Croix-en-Touraine	(37)..111.....S6
ラ・クロワ=ヴァルメール	La Croix-Valmer	(83)..269...T11
ラ・コーネット	La Caunette	(34)..295.....S9
ラ・シオタ	La Ciotat	(13)..268..D11
ラ・シャペル=ウーラン	La Chapelle-Heulin	(44)..101.....T6
ラ・シャペル=ヴォベルテーニュ	La Chapelle-Vaupelteigne	(89)..178.....G7
ラ・シャペル=サン=ソヴール	La Chapelle-Saint-Sauveur	(44)..101.....V3
ラ・シャペル=サン=メマン	La Chapelle-saint-Mesmain	(45)..118.....J4
ラ・シャペル=シュル=フュリューズ	La Chapelle-sur-Furieuse	(39)..155.....V3
ラ・シャペル=シュル=ロワール	La Chapelle-sur-Loire	(37)..115..U15
ラ・シャペル=スー=ブランシオン	La Chapelle-sous-Brancion	(71)..223...T4
ラ・シャペル=バス=メール	La Chapelle-Basse-Mer	(44)..101.....T5
ラ・シャペル=モントドン	La Chapelle-Monthodon	(02)..133..N13
ラ・シャペルド=ギンシェ	La Chapelle-de-Guinchay	(71)..223...T15
ラ・シャルトル=シュル=ル=ロワール	La-Chartre-sur-le-Loir	(72)..118.....C9
ラ・シュヴロリエール	La Chevrolière	(44)..101.....R7
ラ・ジュメリエール	La Jumellière	(49)..106.....C5
ラ・ショセール	La Chaussaire	(49)..101.....U6
ラ・セル	La Celle	(83)..268.....K7
ラ・セル=シュル=ロワール	La Celle-sur-Loire	(58)..124..K10
ラ・セル=スー=シャントメルル	La Celle-sous-Chantemerle	(51)..135..S15
ラ・セルパン	La Serpent	(11)..296..C14
ラ・ソーヴ	La Sauve	(33)....52.....H8
ラ・ソーヴタ	La Sauvetat	(63)..125..N14
ラ・ソーヴタ=デュ=ドロ	La Sauvetat-du-Dropt	(47)....81..W11
ラ・ディーニュ=ダヴァル	La Digne-d'Aval	(11)..296..D13
ラ・ディーニュ=ダモン	La Digne-d'Amont	(11)..296..C13
ラ・トゥール=デーグ	La Tour-d'Aigues	(84)..263..V15
ラ・トゥール=ド=サルヴァニー	La Tour-de-Salvagny	(69)..231..W12
ラ・ヌヴィル=ラリ	La Neuville-aux-Larris	(51)..133.....R8
ラ・バスティド=デ=ジュルダン	La Bastide-des-Jourdans	(84)..263..W14
ラ・バスティドンヌ	La Bastidonne	(84)..263..V16
ラ・バルベン	La Barden	(13)..274..F13
ラ・パルム	La Palme	(11)..292..J12
ラ・ファール=レ=ゾリヴィエ	La Fare-les-Oliviers	(13)..274..F14
ラ・ファルレード	La Farlède	(83)..268..K12
ラ・フォッス=ド=ティネ	La Fosse-de-Tigné	(49)..106.....H8
ラ・フォルス	La Force	(24)....78.....K7
ラ・フォルス	La Force	(11)..297.....T5
ラ・プランシュ	La Planche	(44)..101.....S8
ラ・ブレード	La Brède	(33)....45.....R5
ラ・ベルヌリー=アン=レス	La Bernerie-en-Retz	(44)..101.....O7
ラ・ボーム=ド=トランジ	La Baume-de-Transit	(26)..250.....H5
ラ・ポソニエール	La Possonnière	(49)..118..B11
ラ・ポムレ	La Pommeraye	(49)..103.....O7
ラ・ボワシエール=デュ=ドレ	La Boissières-du-Doré	(44)..101.....U6
ラ・モール	La Môle	(83)..269..R11
ラ・モット	La Motte	(83)..269.....S4
ラ・モット=デーグ	La Motte d'Aigues	(84)..263..V14
ラ・ランド=ド=フロンサック	La Lande-de-Fronsac	(33)....23.....N9
ラ・リヴィエール	La Rivière	(33)....66..C14
ラ・リヴィニエール	La Livinière	(34)..295..O11
ラ・リムジニエール	La Limouzinière	(44)..101.....R8
ラ・ルグリピエール	La Regrippière	(44)..101.....U6
ラ・ルドルト	La Redorte	(11)..295..O13
ラ・ルモーディエール	La Remaudière	(44)..101.....T6
ラ・レオル	La Réole	(33)....53..O14
ラ・ロキーユ	La Roquille	(33)....53...T7
ラ・ロクブリュサンヌ	La Roquebrussanne	(83)..268.....J8
ラ・ロシュポ	La Rochepot	(21)..201..P12
ラ・ロック=アルリック	La Roque-Alric	(84)..253..W14
ラ・ロック=シュル=セーズ	La Roque-sur-Cèze	(30)..250.....C7
ラ・ロック=シュル=ペルヌ	La Roque-sur-Pernes	(84)..263..Q12
ラ・ロシュ=ヴィヌーズ	La Roche-Vineuse	(71)..223..S11
ラ・ロシュ=クレルモー	La Roche-Clermault	(37)..113..P14
ラ・ロシュ=シャレ	La Roche-Chalais	(24)..304..F16
ラ・ロシュ=ド=グリュン	La Roche-de-Glun	(26)..248..B16
ラ・ロシュ=ノワール	La Roche-Noire	(63)..125..O13
ラ・ロシュ=ブランシュ	La Roche-Blanche	(63)..125..N13
ラ・ロンド=レ=モール	La Londe-les-Maures	(83)..269..N13
ラーニュ	Lagnes	(84)..263..R13
ラヴァル=サン=ロマン	Laval-Saint-Roman	(30)..250.....C6
ラヴァル=デクス	Laval-d'Aix	(26)..249..V14
ラヴァルダック	Lavardac	(47)....83..O12
ラヴァルダン	Lavardin	(41)..118.....E9
ラヴァレット	Lavalette	(11)..297..X5
ラヴィニー	Lavigny	(39)..155.....S9
ラヴール	Lavours	(1)..169..X13
ラヴェリュヌ	Lavérune	(34)..287.....R8
ラヴォーレット	Lavaurette	(82)....72...I13
ラウルカード	Lahourcade	(64)....89.....O7
ラオンタン	Lahontan	(64)....92..A10
ラカジュント	Lacajunte	(40)....91.....O5
ラカペル=カバナック	Lacapelle-Cabanac	(46)....70..B12
ラガルデル	Lagardelle	(46)....70..D12
ラガルド=パレオル	Lagarde-Paréol	(84)..250.....G7
ラガルマ	Lagarmas	(34)..287.....N6
ラクール=サン=ピエール	Lacourt-Saint-Pierre	(82)....85.....U3
ラグピィ	Lagupie	(47)....81..T13
ラグラーヴ	Lagrave	(81)....74...I10
ラグラッス	Lagrasse	(11)..290.....J7
ラグローレ=サン=ニコラ	Lagraulet-Saint-Nicolas	(31)....85.....R7
ラクロスト	Lacrost	(71)..223.....X4
ラケネクシィ	Laquenexy	(57)..139..U8
ラゴール	Lagor	(64)....92..D12
ラコスト	Lacoste	(84)..263.....S14
ラコマンド	Lacommande	(64)....89..R11
ラゴルス	Lagorce	(07)..250.....B3
ラザック=デメ	Razac-c'Eymet	(24)....79..N14
ラザック=ド=ソシニャック	Razac-de-Saussignac	(24)....78...I9
ラジェリィ	Lagery	(51)..129..O13
ラシゲール	Rasiguères	(66)..302.....G7
ラジメ	Razimet	(47)....83.....N9
ラシャサーニュ	Lachassagne	(69)..225..S13
ラシャペル	Lachapelle	(47)....81..V12
ラスーブ	Lasseube	(64)....89..S13
ラスーブタ	Lasseubetat	(64)....89..T15
ラスカゼール	Lascazères	(65)....87..W14
ラスカバン	Lascabanes	(46)....70..D10
ラスグレッス	Lasgraisses	(81)....74..J12
ラストゥール	Lastours	(11)..297..X13
ラストー	Rasteau	(84)..253..T10
ラスナ	Lacenas	(69)..225..S11
ラズネィ	Lazenay	(18)..124..B14
ラスラード	Lasserade	(32)....91.....U4
ラセール	Lasserre	(64)....87..V13
ラセール=ド=プルイユ	Lasserre-de-Prouille	(11)..297.....T5
ラッス	Lasse	(64)....93..P13
ラップ	Laps	(63)..125..O13
ラデルン=シュル=ローケ	Ladern-sur-Lauquet	(11)..296...F11
ラド	Lados	(33)....23..U15
ラドイエ=シュル=セイユ	Ladoye-sur-Seille	(39)..155.....T8
ラトゥール=ド=フランス	Latour-de-France	(66)..302.....H7
ラトゥール=バ=エルヌ	Latour-Bas-Elne	(66)..303..N12
ラドヴェーズ=ヴィル	Ladevèze-Ville	(32)....91...U6
ラドヴェーズ=リヴィエール	Ladevèze-Rivière	(32)....91.....V6
ラドー	Ladaux	(33)....52...I10
ラトリーユ	Latrille	(40)....91.....Q4
ラトレーヌ	Latresne	(33)....52...I6
ラドワ=セリニー	Ladoix-Serrigny	(21)..204.....K7
ラニュクス	Lannux	(32)....91.....R4
ラバスタン	Rabastens	(81)....74..C12
ラバスティド=アン=ヴァル	Labastide-en-Val	(11)..290.....F7
ラバスティド=サン=ピエール	Labastide-Saint-Pierre	(82)....85.....V4
ラバスティド=ダルマニャック	Labastide-d'Armagnac	(40)..306..U12
ラバスティド=デュ=ヴェール	Labastide-du-Vert	(46)....70..F11
ラバスティド=デュ=タンプル	Labastide-du-Temple	(82)....85.....S1
ラバスティド=ド=ヴィラック	Labastide-de-Virac	(07)..250.....B5
ラバスティド=ド=レヴィ	Labastide-de-Lévis	(81)....74......I9
ラバスティド=マルナック	Labastide-Marnhac	(46)....72..E10
ラバルテート	Labarthète	(32)....91.....R4
ラバルト	Labarthe	(82)....72..E13
ラバルド	Labarde	(33)....31..V9
ラパンシュ	Lapenche	(82)....72..H12
ラファール	Lafare	(84)..253..V14
ラフィット	Lafitte	(82)....85.....R4
ラプヤード	Lapouyade	(33)....23...T7
ラプリュム	Laplume	(47)....83..R14
ラブルガード	Labourgade	(82)....85.....R4
ラブレ=シュル=レイヨン	Rablay-sur-Layon	(49)..106.....E5
ラベシエール=カンドゥイユ	Labessière-Candeil	(81)....74...I13
ラベルジュモン=ド=ヴァレ	L'Abergement-de-Varey	(01)..169.....S9
ラマ	Lama	(2B)..277.....Q5
ラマグドレーヌ	Lamagdelaine	(46)....70..K12
ラマチュエル	Ramatuelle	(83)..269..U10
ラマノン	Lamanon	(13)..274..E12
ラマルク	Lamarque	(33)....22.....T6
ラムー	Ramous	(64)....92..B10
ラモット=モンラヴェル	Lamothe-Montravel	(24)....78.....B8
ラモット=ランドロン	Lamothe-Landerron	(33)....53..P16
ラモンジィ=サン=マルタン	Lamonzie-Saint-Martin	(24)....78.....L8
ラモンジョワ	Lamontjoie	(47)....83..W12
ララゼ	Larrazet	(82)....85.....R4
ラランド	Lalinde	(24)....79..U8

地名索引

カナ	ローマ字	参照
ラランド=ド=ポムロール	Lalande-de-Pomerol	(33)....63...T12
ラリヴィエール	Larrivière	(40)..91.....O1
ラリュスカード	Laruscade	(33)....65...X12
ラルセィ	Larçay	(37)..111....R6
ラルナージュ	Larnage	(26)..248...C12
ラルナス	Larnas	(07)..250...D3
ラルブレル	L'Arbresle	(69)..225..R15
ラローク	Larroque	(81)....74....B6
ラロック	Laroque	(33)....52...H12
ラロック=デ=ザルベール	Laroque-des-Albères	(66)..303..M14
ラロック=ド=ファ	Laroque-de-Fa	(11)..290..M14
ラロワン	Laroin	(64)....89...T10
ラン	Lemps	(7)..244.....C6
ラングラード	Langlade	(30)..287....X3
ランクロワートル	Lencloître	(86)..103..W12
ランケ	Lanquais	(24)....79....S9
ランゴワラン	Langoiran	(33)....52..F10
ランゴン	Langon	(33)....45....V8
ランザック	Lansac	(33)....65...Q14
ランザック	Lansac	(66)..302....F7
ランシエ	Lancié	(69)..225....T6
ランジェ	Langeais	(37)..111....O6
ランス	Reims	(51)..131....O7
ランソン=プロヴァンス	Lançon-Provence	(13)..274..E13
ランティニー	Lentigny	(42)..125..W9
ランティニエ	Lantignié	(69)..229..O10
ランディラ	Landiras	(33)....45....T8
ランテリィ	Lentilly	(69)..231..V12
ランド	Lempdes	(63)..125..N12
ランドヴィエイユ	Landevieille	(85)..101..Q12
ランドモン	Landemont	(49)..101....U5
ランドルーア	Landerrouat	(33)....53....S9
ランドルヴィル	Landreville	(10)..137..N12
ランドルーエ=シュル=セギュール	Landerrouet-sur-Ségur	(33)....53..O12
ラントン	Ranton	(86)..109..R16
ランピュー	Rampieux	(24)....79..W13
ランブラ	Lembras	(24)....79....O6
ランベイエ	Lembeye	(64)....87..U18
ランベック	Lambesc	(13)..274..F12
リアン	Rians	(83)..274..K13
リイ	Lye	(36)..118..H15
リードセルツ	Riedseltz	(67)..144....K3
リール=シュル=タルン	Lisle-sur-Tarn	(81)....74..E11
リヴァレンヌ	Rivarennes	(37)..111..P14
リヴィエール	Rivière	(33)..113..R14
リヴィエール	Rivières	(81)....74......I9
リヴィエール=シュル=タルン	Rivière-sur-Tarn	(12)....95..W12
リヴェール=カゼル	Livers-Cazelles	(81)....74.....J4
リヴォレ	Rivolet	(69)..225..R10
リヴザルト	Rivesaltes	(66)..302....L7
リヴロン=シュル=ドローム	Livron-sur-Drôme	(26)..239..O13
リエルグ	Liergues	(69)..225..S11
リオコー	Riocaud	(33)....53....T8
リオン	Riom	(63)..125..M11
リオン	Rions	(33)....52..G12
リガルダ	Rigarda	(66)..302..F11
リグー	Ligueux	(33)....53....U7
リクヴィール	Riquewihr	(68)..145....T4
リグレ	Ligré	(37)..113..R16
リシュー	Lissieu	(69)..231..W11
リシュランシュ	Richerenches	(84)..250....H5
リス=アン=シャンパーニュ	Lisse-en-Champagne	(51)..136..D12
リスクル	Riscle	(32)....91....S4
リストラック=ド=デュレーズ	Listrac-de-Durèze	(33)....53....P8
リストラック=メドック	Listrac-Médoc	(33)....35..Q6
リゾクール=ビュシェ	Rizaucourt-Buchey	(52)..137..W4
リニー=ユス	Rigny-Ussé	(37)..111..O7
リニー=ル=シャテル	Ligny-le-Chatel	(89)..178...G1
リニエール=ド=トゥーレーヌ	Lignières-de-Touraine	(37)..111..Q14
リニャン=ド=ボルドー	Lignan-de-Bordeaux	(33)....52...F7
リニョル=ル=シャトー	Lignol-le-Château	(10)..137...U6
リニョレル	Lignorelles	(89)..178...D5
リネ	Ligné	(44)..101....T4
リバニャック	Ribagnac	(24)....79..O11
リブルヌ	Libourne	(33)....61....N8
リボーヴィレ	Ribeauvillé	(68)..145....T3
リボート	Ribaute	(11)..290....J6
リマ	Limas	(69)..225..T11
リムー	Limoux	(11)..296..D12
リムジ	Limousis	(11)..294..G10
リムレ	Limeray	(37)..111..V15
リモニー	Limony	(7)..242..D13
リモネ	Limonest	(69)..231..W11
リモン	Rimons	(33)....53..O11
リュイ	Lhuis	(1)..169..U14
リュイエ=シュル=ロワール	Ruillé-sur-Loir	(72)..118....C9
リュイネ	Luigné	(49)..103....R8
リュイン	Luynes	(37)..111....Q6
リュー	Lioux	(84)..263..S12
リュー=アン=ヴァル	Rieux-en-Val	(11)..290..G7
リュー=ミネルヴォワ	Rieux-Minervois	(11)..295..M12
リュード	Ludes	(51)..131..R11
リューラン=カブリエール	Lieuran-Cabrières	(34)..285..V10
リュガソン	Lugasson	(33)....52....K9
リュゲニャック	Lugaignac	(33)....52....K7
リュゴ=ディ=ナッサ	Lugo-di-Nazza	(2B)..277..R10
リュサック	Lussac	(33)....59....T9
リュジエ	Luzillé	(37)..111....T7
リュシェ=トゥアルセ	Luché-Thouarsais	(79)..103..S11
リュスティック	Rustiques	(11)..294..J15
リュストレル	Rustrel	(84)..263..U12
リュスネ	Lucenay	(69)..225..T13
リュセ	Lucey	(54)..139..P14
リュセ	Lucey	(73)..165....S9
リュゼ	Luzay	(79)..103..S11
リュセ=ル=マール	Lucay-le-Mâle	(36)..118..H16
リュゼック	Luzech	(46)....70..F12
リュソー=シュル=ロワール	Lussault-sur-Loire	(37)..117....V8
リュック	Ruch	(33)....53....N8
リュック=アン=ディワ	Luc-en-Diois	(26)..249..W15
リュック=シュル=オード	Luc-sur-Aude	(11)..296..E15
リュック=シュル=オルビュー	Luc-sur-Orbieu	(11)..291....N3
リュック=ド=ベアルン	Lucq-de-Béarn	(64)....89..N10
リュドン=メドック	Ludon-Médoc	(33)....27..V13
リュナ	Lunas	(24)....78....L5
リュニー	Lugny	(71)..223....U7
リュネ	Lunay	(41)..118....E8
リュネル	Lunel	(34)..287....V6
リュネル=ヴィエイユ	Lunel-Vieil	(34)..287..V6
リュピアック	Lupiac	(32)....91..W3
リュフェ=シュル=セイユ	Ruffey-sur-Seille	(39)..155..Q8
リュフュー	Ruffieux	(73)..165....T5
リュミオ	Lumio	(2B)..277..O5
リュリ	Luri	(2B)..277....S2
リュリー	Rully	(71)..221..W3
リュリー=シュル=アルモン	Lury-sur-Arnon	(18)..124..B11
リラック	Lirac	(30)..255..T14
リリー=シュル=ロワール	Rilly-sur-Loire	(41)..111..U5
リリー=ラ=モンターニュ	Rilly-la-Montagne	(51)..131..Q11
リル=ドロンヌ	L'Ile-d'Olonne	(85)..101..Q12
リル=ブシャール	L'Ile-Bouchard	(37)..113..W15
リル=ルース	L'Ile-Rousse	(2B)..277..P4
リレ	Liré	(49)..103..N7
ル・アイラン	Le Haillan	(33)....45..P1
ル・ヴァル	Le Val	(83)..268....K5
ル・ヴィヴィエ	Le Vivier	(66)..302..D7
ル・ヴィラール	Le Villars	(71)..223....X5
ル・ヴェルディエ	Le Verdier	(81)....74....E7
ル・ヴェルノワ	Le Vernois	(39)..155..S9
ル・ヴォドルネー	Le Vaudelnay	(49)..109..O13
ル・カステレ	Le Castellet	(83)..270..F11
ル・カネ=デ=モール	Le Cannet-des-Maures	(83)..269..P7
ル・ガルン	Le Garn	(30)..250....C6
ル・クドレ=マクアール	Le Coudray-Macouard	(49)..109..P12
ル・クレスト	Le Crest	(63)..125..N13
ル・ケラール	Le Cailar	(30)..298..A14
ル・シャン=サン=ペール	Le Champ-Saint-Père	(85)..101..T13
ル・セリエ	Le Cellier	(44)..101....T4
ル・ソレール	Le Soler	(66)..302..J10
ル・タイヤン=メドック	Le Taillan-Médoc	(33)....27..U15
ル・タブリエ	Le Tablier	(85)..101..T13
ル・トゥルネ	Le Tourne	(33)....52..F10
ル・トゥレイユ	Le Thoureil	(49)..103....S7
ル・トリアドゥ	Le Triadou	(34)..287....S5
ル・トリュエル	Le Truel	(12)....95..R15
ル・トロネ	Le Tholonet	(13)..272..F13
ル・トロネ	Le Thoronet	(83)..269....O5
ル・バルー	Le Barroux	(84)..263..R9
ル・バレ	Le Pallet	(44)..101....T6
ル・パン	Le Pin	(82)....83..X15
ル・パン	Le Pin	(39)..155..R9
ル・ピアン=シュル=ガロンヌ	Le Pian-sur-Garonne	(33)....52..J14
ル・ピアン=メドック	Le Pian-Médoc	(33)....27..U14
ル・ビニョン	Le Bignon	(44)..101..N3
ル・ピュイ	Le Puy	(33)....53..Q12
ル・ピュイ=サン=レパラード	Le Puy-Sainte-Réparade	(13)..274..H12
ル・ピュイ=ノートル=ダム	Le Puy-Notre-Dame	(49)..109..N13
ル・プー	Le Pout	(33)....52..G7
ル・フェル	Le Fel	(12)....95..O3
ル・プラデ	Le Pradet	(83)..268..J10
ル・ブルイユ	Le Breuil	(51)..133..N15
ル・ブルイユ	Le Breuil	(69)..225..Q14
ル・ブルー	Le Boulou	(66)..302..K14
ル・ブルヴェ	Le Boulvé	(46)....70..D14
ル・ブルゴー	Le Burgaud	(31)....85....S7
ル・ブルジェ=デュ=ラック	Le Bourget-du-Lac	(73)..165..T13
ル・プレシ=グランモワール	Le Plessis-Grammoire	(49)..103....R6
ル・フレックス	Le Fleix	(24)....78....H7
ル・フレン=シュル=ロワール	Le Fresne-sur-Loire	(44)..101..W4
ル・ペーグ	Le Pègue	(26)..250....J3
ル・ペルラン	Le Pellerin	(44)..101..Q6
ル・ペレオン	Le Perréon	(69)..225..R9
ル・ボーセ	Le Beaucet	(84)..263..R12
ル・ボーセ	Le Beausset	(83)..270..G11
ル・ボスク	Le Bosc	(34)..285..V8
ル・ボワ=ドワン	Le Bois-d'Oingt	(69)..225..Q13
ル・マリエ	Le Marillais	(49)..103..N7
ル・ミュイ	Le Muy	(83)..269..T4
ル・メニル=アン=ヴァレ	Le Mesnil-en-Vallée	(49)..103....O7
ル・メニル=シュル=オジェ	Le-Mesnil-sur-Oger	(51)..134..D12
ル・モンタ	Le Montat	(46)....72..F9
ル・ランドロー	Le Landreau	(44)..101....T6
ル・リュック	Le Luc	(83)..269..P6
ル・ルーヴロ	Le Louverot	(39)..155..R9
ル・ロシュロー	Le Rochereau	(86)..103..V13
ル・ロルー=ボトロー	Le Loroux-Bottereau	(44)..101..T5
ルイヤック	Rouillac	(16)..304..F13
ルイユ	Reuil	(51)..133..Q10
ルイリィ	Reuilly	(36)..124..A13
ルイリィ=ソヴィニー	Reuilly-Sauvigny	(02)..132..K12
ルー=マルゾン	Rou-Marson	(49)..109..P10
ルーアン	Rouans	(44)..101..P6
ルヴィニー	Revigny	(39)..155..S11
ルーヴル=レ=ヴィーニュ	Rouvres-les-Vignes	(10)..137..U6
ルヴォワ	Louvois	(51)..131..S13
ルーサ	Roussas	(26)..250..G3
ルージー	Louzy	(79)..103..T10
ルージャン	Roujan	(34)..286..K3
ルーセ	Rousset	(13)..268..C4
ルーセ=レ=ヴィーニュ	Rousset-les-Vignes	(26)..253..W3
ルーニー	Reugny	(37)..117..T3
ルーバン	Loubens	(33)....53..N13
ルーピアック	Loupiac	(33)....52..H13
ルーピアック	Loupiac	(81)....74..D12
ループ	Loupes	(33)....52...F7
ルーファック	Rouffach	(68)..145..T11
ルーベス=ベルナック	Loubès-Bernac	(47)....81..W9
ルーラン	Roullens	(11)..297..W5
ルヴリニィ	Leuvrigny	(51)..133..P14
ルエール	Louerre	(49)..103..S7
ルカト	Leucate	(11)..292..K14
ルキュンベリー	Lecumberry	(64)....93..S16
ルクボー=ジャンサック	Recoubeau-Jansac	(26)..249..V15
ルシー=モンフラン	Louchy-Montfrand	(3)..125..N6
ルジエ	Rougiers	(83)..268..H6
ルシヨン	Roussillon	(84)..263..S13
ルスー=デバ	Loussous-Débat	(32)....91..V4
ルスリージュ	Louslitges	(32)....91..W5
ルゼ	Rezé	(44)..101..S6
ルティエ	Routier	(11)..297..V7
ルデッサン	Redessan	(30)..298..E10
ルヌン	Renung	(40)....91..P2
ルネゾン	Renaison	(42)..125..W9
ルビア	Roubia	(11)..295..T14
ルピア	Llupia	(66)..302..J11
ルピア	Loupia	(11)..296..B12
ルフィアック	Rouffiac	(81)....74..K10
ルフィアック=デ=コルビエール	Rouffiac-des-Corbières	(11)..290..G15
ルフィアック=ド=シグーレス	Rouffignac-de-Sigoulès	(24)....79..N4
ルフィアック=ドード	Rouffiac-d'Aude	(11)..296..E11
ルベール	Loubers	(81)....74..G5
ルムイエ	Remouillé	(44)..101..S8
ルムーラン	Remoulins	(30)..250..D12
ルラン=ラピュジョル	Lelin-Lapujolle	(32)....91..S3
ルル=ヴェルジー	Reulle-Vergy	(21)..185..O10
ルルナン	Lournand	(71)..223..R7
ルルマラン	Lourmarin	(84)..263..T15
ルレッス=ロシュムニエ	Louresse-Rochemenier	(49)..103..S8
レ・ヴェルシェール=シュル=レイヨン	Les Verchers-sur-Layon	(49)..106....J9
レ・カバンヌ	Les Cabannes	(81)....74..H4
レ・グランジュ=ゴンタルド	Les Granges-Gontardes	(26)..250..J9
レ・クリューズ	Les Cluses	(66)..302..K15
レ・サル=ド=カスティヨン	Les Salles-de-Castillon	(33)....67..W13
レザルー	Les Alleuds	(49)..103..R7
レザルク	Les Arcs	(83)..269..R5

地名索引

レザルシュール	Les Arsures	(39)..157....W4	
レザルディラ	Les Ardillats	(69)..225....P5	
レ・ジュルム	Les Ulmes	(49)..109...O11	
レ・ジレス	Les Ilhes	(11)..297...W12	
レ・ゼグリゾット=エ=シャロール	Les Eglisottes-et-Chalaures	(33)....23.....V7	
レ・ゼサール	Les Essarts	(41)..118.....D9	
レ・ゼサント	Les Esseintes	(33)....53...N13	
レ・セルクー=スー=パサヴァン	Les Cerqueux-sous-Passavant	(49)..103.....R9	
レ・ソリニエール	Les Sorinières	(44)..101.....S6	
レ・ゾルム	Les Olmes	(69)..225...P14	
レ・トゥーシュ	Les Touches	(44)..101.....S3	
レ・トロワ=ムチエ	Les Trois-Moutiers	(86)..109...R15	
レ・バルト	Les Barthes	(82)....85.....S1	
レ・プランシュ=プレ=アルボワ	Les Planches-près-Arbois	(39)..157...W8	
レ・ボー=ド=プロヴァンス	Les Baux-de-Provence	(13)..274...A11	
レ・マテル	Les Matelles	(34)..287.....R5	
レ・マルシュ	Les Marches	(73)..166...C15	
レ・マルトル=ド=ヴェイル	Les Martes-de-Veyre	(63)..125..M13	
レ・ムチエ=アン=レス	Les Moutiers-en-Retz	(44)..101.....P7	
レ・メイヨン	Les Mayons	(83)..269.....P8	
レ・メニュー	Les Mesneux	(51)..131.....O9	
レ・モンティ	Les Montils	(41)..118...A15	
レ・リセ	Les Riceys	(10)..136...L14	
レ・レーヴ=エ=トゥメラーグ	Les Lèves-et-Thoumeyragues	(33)....53.....S7	
レ・レッシュ	Les Lèches	(24)....78.....L2	
レ・ロッシュ=レヴェック	Les Roches-l'Evêque	(41)..118.....E9	
レアルヴィル	Réalville	(82)....72...F14	
レイヌ	Leynes	(71)..223..S13	
レイネス	Reynès	(66)..302...I15	
レイラック	Layrac	(47)....83..S13	
レイリッツ=モンカサン	Leyritz-Moncassin	(47)....83....M9	
レヴィニャック=ド=ギエンヌ	Lévignac-de-Guyenne	(47)....81..U11	
レーヴ	Laives	(71)..223.....V1	
レオヴィル	Réauville	(26)..250.....G3	
レオジェア	Léogeats	(33)....45.....U9	
レオニャン	Léognan	(33)....47...P12	
レクー	Lecques	(30)..287.....U3	
レクトゥール	Lectoure	(32)..306...G11	
レケルド	Lesquerde	(66)..302......F7	
レシ	Lecci	(2A)..277...R13	
レシー	Lessy	(57)..139.....S8	
レジェ	Legé	(44)..101.....R9	
レジニャン=コルビエール	Lézignan-Corbières	(11)..291.....N2	
レジニュー	Lézignan	(42)..125...X14	
レシュスフェルド	Reichsfeld	(67)..144..D12	
レスタンクリエール	Restinclières	(34)..287.....T5	
レスティネ	Restigné	(37)..115..U13	
レスティヤック=シュル=ガロンヌ	Lestiac-sur-Garonne	(33)....52..G10	
レゼ	Laizé	(71)..223.....U9	
レタン=ヴェルジィ	L'Etang-Vergy	(21)..185..N11	
レドノン	Lédenon	(30)..298.....E9	
レトラ	Létra	(69)..225...P12	
レトワール	L'Etoile	(39)..158..D13	
レニー	Légny	(69)..225..Q13	
レニー	Reigny	(18)..124...L15	
レニエ=デュレット	Régnié-Durette	(69)..229..Q11	
レニャック	Reignac	(33)....65.....R6	
レヌー	Leigneux	(42)..125..W12	
レパール=メドック	Lesparre-Médoc	(33)....27.....P6	
レピエル	Lespielle	(64)....92...J11	
レミニー	Remigny	(71)..219...X12	
レムレ	Lémeré	(37)..111.....O9	
レリィ	Lhéry	(51)..129..O13	
レルネ	Lerné	(37)..111....M8	
レンバック	Leimbach	(68)..145...P16	
ロアイヤン	Roaillan	(33)....45..V10	
ロエクス	Roaix	(84)..253..U10	
ローザン	Rauzan	(33)....52.....L8	
ローゼンヴィレール	Rosenwiller	(67)..144.....E7	
ローデュン	Laudun	(30)..252..D14	
ローニュ	Rognes	(13)..274..G12	
ローベパン	L'Aubépin	(39)..155...P15	
ローラゲル	Lauraguel	(11)..297.....V7	
ローラン	Laurens	(34)..285..S12	
ローリ	Lauris	(84)..263..S15	
ロール=ミネルヴォワ	Laure-Minervois	(11)..294..K13	
ローレ	Lauret	(40)....91.....P6	
ローレ	Lauret	(34)..287.....S3	
ローロ	Llauro	(66)..302....J13	
ロククルブ=ミネルヴィヴァ	Roquecourbe-Minervois	(11)..295..O15	
ロクセル	Roquessels	(34)..285...S11	
ロクバロン	Rocbaron	(83)..268.....L9	
ロクブラン	Roquebrun	(34)..285...P12	
ロクブリュンヌ	Roquebrune	(33)....53...P13	
ロクブリュンヌ=シュル=アルジャン	Roquebrune-sur-Argens	(83)..269.....U5	
ログリャーノ	Rogliano	(2B)..277.....S2	
ロケタイヤード	Roquetaillade	(11)..296..D14	
ロザンヌ	Lozanne	(69)..225..S15	
ロジー	Rosey	(71)..221.....V9	
ロシュ=サン=スクレ=ベコンヌ	Roche-Saint-Secret-Béconne	(26)..250......I2	
ロシュ=シュル=ウルス	Loches-sur-Ource	(10)..137..O12	
ロシュグード	Rochegude	(26)..253...P10	
ロシュコルボン	Rochecorbon	(37)..117.....O6	
ロシュセルヴィエール	Rocheservière	(85)..101.....S9	
ロシュフォール=シュル=ロワール	Rochefort-sur-Loire	(49)..107...V11	
ロシュフォール=デュ=ガール	Rochefort-du-Gard	(30)..250...F11	
ロシヨン	Rossillon	(01)..169..U12	
ロスハイム	Rosheim	(67)..144.....G7	
ロタリエ	Rotalier	(39)..155..Q12	
ロックフォール	Roquefort	(47)....83..R12	
ロックフォール=デ=コルビエール	Roquefort-des-Corbières	(11)..291...R11	
ロックフォール=ラ=ベドゥル	Roquefort-la-Bédoule	(13)..268..C10	
ロックモール	Roquemaure	(30)..255..U14	
ロット	Rott	(67)..144.....J2	
ロディラン	Rodilhan	(30)..298..D10	
ロデス	Rodès	(66)..302...F10	
ロデルン	Rodern	(68)..145.....U2	
ロニャック	Rognac	(13)..274...F14	
ロネー	Rosnay	(85)..101...T13	
ロネー	Rosnay	(51)..130.....L8	
ロビオン	Robion	(84)..263..R14	
ロピタル=ドリオン	L'Hôpital-d'Orion	(64)....92..C12	
ロマーニャ	Romagnat	(63)..125..M13	
ロマーニュ	Romagne	(33)....52.....J8	
ロマネシュ=トラン	Romanèche-Thorins	(71)..229.....V7	
ロミニー	Romigny	(51)..133.....P7	
ロム	Lhomme	(72)..118.....C9	
ロムステン	Romestaing	(47)....81..S16	
ロムニー=シュル=マルヌ	Romeny-sur-Marne	(02)..132...F15	
ロムリー	Romery	(51)..133...T10	
ロリー=マルディニー	Lorry-Mardigny	(57)..139..S10	
ロリオル=デュ=コンタ	Loriol-du-Comtat	(84)..263...P10	
ロルー	Lauroux	(34)..286.....K4	
ロルグ	Lorgues	(83)..269.....P4	
ロルシュヴィール	Rorschwihr	(68)..145.....V2	
ロワイエ	Royer	(71)..223.....U4	
ロワザン	Loisin	(74)..163.....P8	
ロワジィ=アン=ブリ	Loisy-en-Brie	(51)..135...W5	
ロワジィ=シュル=マルヌ	Loisy-sur-Marne	(51)..136..A14	
ロン=ル=ソニエ	Lons-le-Saunier	(39)..155..R10	
ロンティニョン	Rontignon	(64)....89..W11	

<ワ>

ワットヴィレール	Wattwiller	(68)..145..R14	
ワルバッハ	Walbach	(68)..145.....S7	
ワン	Oingt	(69)..225..Q12	
ワンゲン	Wangen	(67)..144......F4	

監　　修　飯山敏道
　　　　　東京大学理学部地質学科卒、同大学院前期課程終了、パリ大学理学部大学院博士課程終了。
　　　　　フランス国家理学博士、東京大学名誉教授

翻　　訳　中野　操
　　　　　関西学院大学文学部仏文学科卒、フランス国立ナント大学留学。
　　　　　帰国後ワイン貿易商社勤務
　　　　　現在ピノフードサービス代表取締役
　　　　　シニアワインアドバイザー、(社)日本ソムリエ協会認定ソムリエ

　　　　　浜屋　昭
　　　　　広島大学講師

編　　集　村田雅且
編集協力　海老原英三、フランク・ロビション

フランスワイン　テロワール・アトラス

2005年5月20日　初版発行

編　者　ブノワ・フランス
発行者　鈴木利康
発行所　飛鳥出版株式会社
　　　　〒101-0052　東京都千代田区神田小川町3-2　天心館ビル
　　　　電話　03(3295)6343
印　刷　富士美術印刷株式会社

価格はカバーに表示してあります。
落丁・乱丁本はお取り替えいたします。